城市污泥厌氧消化理论与实践

戴晓虎　著

科学出版社
北　京

内 容 简 介

随着我国污水处理设施的不断完善，污泥产量日益增加，其处理处置形势日益严峻。在众多污泥处理工艺中，厌氧消化工艺具有生物减量效果好、稳定化程度高、能量回收高、环境影响低等特点，被认为是现代污水处理厂的重要组成部分。作者针对我国污水厂污泥有机质含量低、含砂量高等特点，经过多年研究，开发了污泥高含固厌氧消化工艺，并开展了工程示范运用。本书系统介绍污水厂污泥特性及处理处置技术、污泥厌氧消化工艺、污泥高含固厌氧消化物质转化及影响因素、热水解改善污泥高含固厌氧消化、低有机质污泥厌氧消化、污泥与城市有机质协同共消化、高含固厌氧消化污泥深度处理及资源化技术，并展示了污泥高含固厌氧消化工程示范案例。

本书可供污水污泥处理领域的科研人员、工程技术人员、厌氧消化工艺运行管理人员和高等院校市政工程、环境工程专业的本科生、研究生参考。

图书在版编目(CIP)数据

城市污泥厌氧消化理论与实践／戴晓虎著. —北京：科学出版社，2019.10

ISBN 978-7-03-061907-5

Ⅰ.①城… Ⅱ.①戴… Ⅲ.①城市—污泥处理—厌氧处理—研究 Ⅳ.①X799.303

中国版本图书馆CIP数据核字(2019)第147034号

责任编辑：许 健／责任校对：谭宏宇
责任印制：黄晓鸣／封面设计：殷 靓

科学出版社 出版
北京东黄城根北街16号
邮政编码：100717
http://www.sciencep.com

南京展望文化发展有限公司排版
广东虎彩云印刷有限公司印刷
科学出版社发行 各地新华书店经销

*

2019年10月第 一 版 开本：787×1092 1/16
2022年 7 月第二次印刷 印张：32 3/4
字数：756 000

定价：180.00元

（如有印装质量问题，我社负责调换）

序

在国家实施“水体污染防治行动计划”重大战略的背景下，我国城镇污水处理设施不断完善，水污染治理力度前所未有，成效显著。但是由于我国污水处理厂建设长期“重水轻泥”，污泥处理处置没有及时跟进，导致污泥问题未能得到有效解决，形势十分严峻。城市污泥不仅含有重金属、病原菌等污染物质，也含有碳、氮、磷等资源物质，具有双重属性。《水污染防治行动计划》明确指出，污水处理设施产生的污泥应进行稳定化、无害化和资源化处理处置。然而，目前我国城市污泥大多只进行了减量化处理，很少进行稳定化处理、资源化利用，与国外相比有很大差距。

在现有的污泥处理方法中，厌氧消化具有资源回收高、环境影响低等特点，被认为是未来污泥生物处理技术的重要发展方向，也是未来“概念污水厂”污水污染物能源资源回收的重要技术之一。然而我国城市污泥具有“含砂量高、有机质低”的特点，导致传统低含固污泥厌氧消化存在有机质转化率低、设施有机负荷低、工程运行效益低等瓶颈问题，限制了该技术在我国的推广应用。以高含固污泥厌氧消化为代表的高级厌氧消化技术已成为国际该领域的研究热点。

戴晓虎教授作为同济大学环境学院优秀毕业生，1987 年由国家教委公派留学德国，2009 年作为海外高层次人才、中组部“千人计划”特聘教授全职回国工作。回国十年来，戴晓虎教授围绕国家污泥处理处置的重大需求，利用在国外积累的数十年研发及实践经验，组建团队致力于研发适合我国城市污泥泥质的新原理、新技术和新装备。在国家自然科学基金、国家水污染控制重大专项、国家科技支撑计划、国家重点研发计划等多项科研项目、课题的支持下，创新性地提出了以“高含固厌氧消化技术”为核心的污泥高级稳定化及资源化利用技术路线，在深入揭示此过程中物质转化、能量迁移规律的同时，取得了“基于高温高压热水解污泥高级厌氧消化生物质燃气回收技术”与“污泥与城市有机固体废弃物协同厌氧消化技术”等关键技术的突破，并率先在长沙、镇江、西安、牡丹江等地建立典型工程示范案例，填补了多项国内空白，推动了我国污泥处理处置行业的快速发展。共发表学术论文 300 余篇，其中 SCI 论文 210 余篇，高被引论文 5 篇，获得授权发明专利 100 余项，获得 2017 年上海市技术发明一等奖和第十八届中国专利优秀奖，在基础理论、技术创新与工程示范等方面处于国际领跑地位。

《城市污泥厌氧消化理论与实践》是戴晓虎团队十余年攻坚克难的结晶，总结了城市污泥厌氧消化技术从基础研究、关键技术突破，到工程示范的全链条创新成果，特别是针对污泥高级厌氧消化系统物质转化规律、能量流物质流代谢途径、过程的调控原理和机制等方面做了大量创新性工作，本书的研究成果可以为“概念污水厂”污水中污染物能源资源回收提供理论支撑，相信该书的出版可以推动污泥处理处置与资源化利用技术成果的及时分享和交流，为从事城市污泥处理处置研发、管理、运行的相关人员及高等院校环境领域的研究生及本科生提供参考，对于推进我国污泥处理处置与资源化利用技术的研发与应用具有积极意义。在此，向该书的作者表示衷心的祝贺！希望作者及团队再接再厉，能够做出更多、更好的成果，为我国城市污泥问题的解决做出更多贡献。

曲久辉

清华大学教授、中国科学院生态环境研究中心研究员

中国工程院院士、美国工程院外籍院士

2019年10月

前 言

随着我国城镇化水平的不断提高，污水处理设施建设得到了高速发展。与此同时，剩余污泥产量急剧增加，污泥处理处置形势日益严峻。同时，污泥中富集了丰富的碳、氮、硫、磷、钾等能量和营养物质，随着未来对污水处理理念的提升，污水厂的功能将从污染物消减逐步走向资源、能源物质回收的转变，而污泥的资源化处理处置是污水污染物资源化回收的重要环节。在众多的污泥处理暨资源与能源回收的方法中，厌氧消化具有碳、氮、磷回收率高、环境影响低等特点，被认为是未来污水处理生物技术的重要发展方向，如何实现污泥中物质与能量的高效生物转化是污泥厌氧消化新技术发展的研究重点。

传统的污泥厌氧消化工艺处理物料为浓缩污泥，属于低含固厌氧消化工艺[进料固体物含量(TS)为2%~5%]，处理效率较低{有机负荷(OLR)[以挥发性固体含量(VS)计]为0.6~1.6 kg/(m^3·d)}、产能效益低。高含固厌氧消化技术通过提高厌氧消化进料含固率(≥10%)，来提升系统有机负荷和产能效率，具有处理效率高[进料TS为10%~20%，OLR(以VS计)为3.0~8.5 kg/(m^3·d)]，反应器体积小、加热保温能耗低等潜在优势。本书作者和研究团队率先提出了高含固污泥厌氧消化的概念，并实现了反应器中的TS 10%~20%稳定运行，污泥降解率和单位有机质产气率仍然能够达到传统污泥厌氧消化TS为2%~5%时的效果，因而容积产气率和净产能得到显著提高(达到传统污泥厌氧消化技术的4~10倍)。因此，在全球环境变化、资源能源短缺的背景下，高含固厌氧消化为污泥厌氧消化技术效率的提升提供了新的技术路线，对实现我国城市污泥的稳定化和生物质能源的高效回收具有重要意义，符合国家节能减排和循环经济的战略发展方向。

自2009年以来，本书作者和研究团队针对污泥厌氧消化技术，特别是高含固厌氧消化工艺展开了系统研究，研究内容覆盖高含固厌氧消化物质转化规律及影响因素、污泥预处理及后处理技术、低有机质污泥厌氧消化、污泥与城市有机质协同共消化、厌氧消化后污泥深度处理及资源化利用技术、工程示范及成果转化等方面。在国内外权威期刊发表论文300余篇，其中SCI收录论文200余篇，获授权专利100余项，已在长沙、镇江等建立工程示范案例，研究成果获上海市技术发明一等奖、中国专利优秀奖等奖励，为我国污泥处理处置技术发展做出了重要贡献。

本书共9章。第1章系统介绍了污水厂污泥来源、产量、特性以及处理处置技术，并重点分析了我国常规污水厂污泥处理处置技术路线以及存在的问题。第2章着重概述污水厂污泥厌氧消化工艺，包括其定义、过程、作用、物质转化规律、预处理方法，并分析了该工艺在我国的运用现状。为了使读者对污水厂污泥及厌氧消化工艺有清晰和系统的认知，第1和2章中包含了部分教科书和已有文献的内容。第3~8章主要包括高含砂污泥厌氧消化、污泥高含固厌氧消化物质转化及影响因素、热水解技术的改善作用以及厌氧消化后污泥深度处理及资源化研究等内容，全部来自于本书作者和团队的研究成果。第9章重点介绍了本书作者和研究团队主导完成的污泥高含固厌氧消化工程示范案例。

本书中内容源于作者与40位研究生以及课题组其他成员的研究工作，主要包括博士后院士杰、张栋、李宁、李小伟、易境，博士研究生薛勇刚、陈阳、段妮娜、罗凡、王涛、许颖、杨东海、华昱、李磊、董李鹏、陈思思、卓桂华、王国鹏、张微、唐燕飞等，硕士研究生陈功、刘晓光、沙超、王凯丽、赵玉欣、叶宁、盖鑫、高鹏、廖年华、刘文静、李宗翰、李晓帅、何进、胡崇亮、熊南安、于晓庆、于春晓、赵水纤、许昊、杨晓同、夏兆辉、王友晴、许龙、刘芮、郑琳珂、耿慧等，在此对所有做出贡献的研究生和团队其他成员表示衷心感谢！

本书的主要研究成果得到了国家自然科学基金重点项目、国家水体污染控制与治理科技重大专项、国家重点研发计划、国家863计划、国家科技支撑计划、国家自然科学基金面上项目、科技部国际合作项目等的支持，在此深表谢意！在本书作者和研究团队开展科研过程中，得到了本领域专家学者、技术合作单位和技术应用单位的同仁们的大力支持，在此一并表示感谢！同时感谢作者和团队所在单位在科研过程和书籍撰写过程中给予的大力支持！

由于时间仓促，加之作者水平有限，书中不足和疏漏之处在所难免，敬请同行和读者批评指正。

作者
2019年2月于同济大学

目 录

第1章　污水厂污泥来源、特性及处理处置技术

近年来，随着我国城市化进程的加快、城市人口的增加，城市工业废水与生活污水的排放量日益增多，城市污水处理率也逐年提高，城市污水处理厂的污泥产量也急剧增加。据统计，截至2017年6月底，全国累计建成的城镇污水处理厂共4 063座，城镇污水处理能力已达到1.78×10^{8} m^{3}，年污泥产量超过4.0×10^{7} t（以含水率80%），预计到2020年底年污泥量将达到6.0×10^{7} t（戴晓虎，2012）。

污泥具有“污染”和“资源”双重属性，一方面含有重金属、有机污染物、病原菌等有毒有害物质，若不进行无害化处理处置，会对自然环境和人类健康产生二次污染；另一方面，污泥中含有大量的蛋白质、糖类等可生物降解有机物，若不进行稳定化处理就进入环境，易腐化发臭，污染环境，同时会导致污泥中有机物、N、P等有用资源的浪费。因此，探讨污水处理厂污泥的“减量化、稳定化、无害化、资源化”处理处置技术是水处理领域关注的焦点之一。

1.1　污水厂污泥来源及产量

（1）污泥来源

根据来源不同可分为：① 初沉污泥，来自污水处理的初沉池，是原污水中可沉淀的固体；② 剩余污泥，来自活性污泥法后的二次沉淀池；③ 腐殖污泥，来自生物膜法后的二次沉淀池；④ 化学污泥，来自于化学沉淀法处理污水后产生的沉淀物（图1-1）。其中初沉

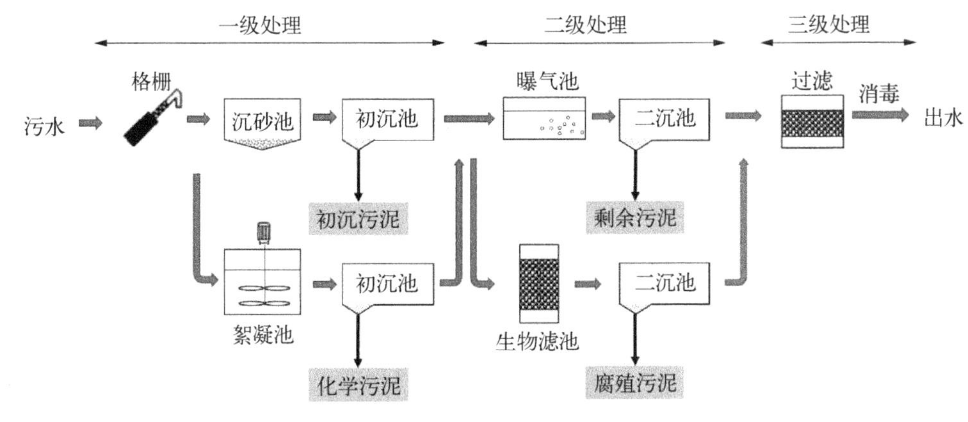

图1-1　污水处理厂污泥的产生及来源

污泥、剩余污泥、腐殖污泥统称为生污泥或新鲜污泥。生污泥经厌氧消化或好氧消化处理后，称为消化污泥(高廷耀等,2014)。

(2) 污泥产量

污水处理中的污泥产量，视污水水质与处理工艺而异。例如，生活污水二级处理采用普通生物滤池时，每人每天产生的剩余污泥为0.1 L(含水率为95.0%)；采用高负荷生物滤池时，每人每天产生的剩余污泥为0.4 L(含水率为95.0%)；采用活性污泥法时，每人每天产生的剩余污泥为2.0 L(含水率为99.2%)。城市污水厂设计时，其污泥产量可参考经验数据(表1-1)，同时要考虑初沉池效率、污水水质和污泥龄(图1-2)的影响。

表1-1 城市污水厂污泥量

污泥来源	污泥量/(L/m^3)	含水率/%	密度/(kg/L)
沉砂池的沉砂	0.03	60.0	1.500
初沉池	14~25	95.0~97.5	1.015~1.020
生物膜法	7~19	96.0~98.0	1.020
活性污泥法	10~21	99.2~99.6	1.005~1.008

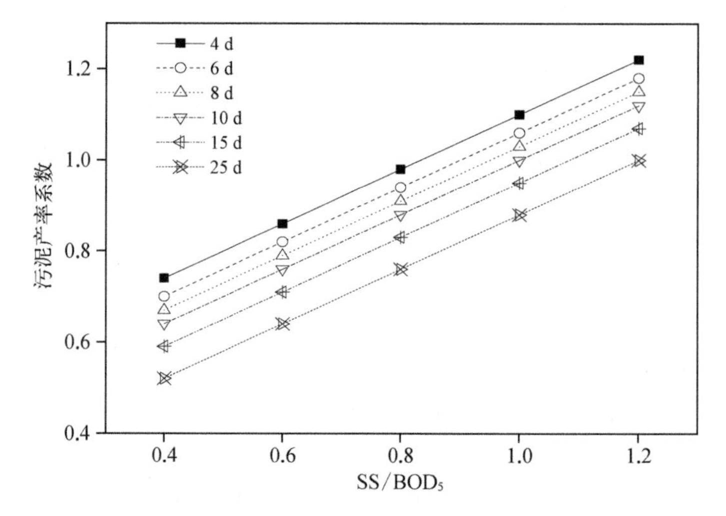

图1-2 不同污泥龄条件下进水 SS/BOD_5 比值对污泥产率系数的影响
(Lescher and Loll,1996)

剩余活性污泥量主要由两部分构成：一是由有机物降解所产生的微物量增殖；二是进水中不可降解及惰性悬浮固体的沉积。因此，剩余干污泥量可以用式(1-1)计算：

$$\Delta X = YQ(S_0 - S_e) + (SS_0 - SS_e) \times fQ - k_d VX_v \quad (1-1)$$

式中，ΔX 为系统每日产生的剩余污泥量，kg/d；Y 为污泥产率，用VSS和 BOD_5 的比值表示；k_d 为衰减系数，d^{-1}；Q 为污水流量，m^3/d；S_0、S_e 为进、出水中 BOD_5 浓度，kg/m^3；f 为SS的污泥转换率，用单位SS中的MLSS来表示；SS_0、SS_e 为进、出水中悬浮固体SS浓度，kg/m^3。

德国排水技术协会(ATV)制定的城市污水设计规范(ATV-DVWK-A 131)中给出了剩余污泥量的计算表达式。该公式与式(1-1)基本相同，同时考虑了活性污泥代谢过程中惰性残余物及温度修正。从上式可以看出，污水中悬浮物质SS对污泥产量影响很大，约60%的原污水的SS会转移到污泥中去。如果原污水中SS无机成分高，会直接导致污泥的有机含量降低，形成低有质污泥。

$$Y = 0.75 + 0.6 \times \frac{X_{SS}}{S_{BOD}} - \frac{(1 - 0.2) \times 0.17 \times 0.75 \times T_{TS} \times F_T}{1 + 0.17 \times t_{TS} \times F_T} \tag{1-2}$$

式中，Y为综合污泥产率，kg SS/kg BOD_5；X_{SS}为进水SS浓度，mg/L；S_{BOD}为进水BOD浓度，mg/L；T_{TS}为污泥温度，℃；F_T为温度修正系数；t_{TS}为污泥泥龄，d。

1.2　污水厂污泥的特性

污泥是水处理过程中的副产物，其性质受多种因素影响。从水的来源、用途以及成为废水之后的收集、运输，直到废水处理，都影响着污泥的性质。因此污泥是一种多组分的复杂产物，每个污水厂的污泥性质大不相同。只有了解污泥的特性，才能更好地处理处置和利用污泥。为了更好地体现不同污泥的特性差别，人们提出了诸如物理指标、化学指标等多个表征污泥性质的指标。物理指标参数提供了污泥可加工性和可操作性的一般信息；化学指标参数与污泥中的有机物含量以及有毒化合物等有关，为污泥的能源、资源化利用提供依据；其他指标参数显示了污泥的病原微生物和营养元素的含量等，可用来评估污泥利用的安全性和营养价值。在此基础上，对我国污水厂污泥的泥质特征进行系统调研，并分析了影响我国污水厂污泥特性的可能原因。

1.2.1　物理指标

(1) 含水率

污泥中所含水分重量与污泥总重量的百分比称为污泥的含水率[式(1-3)]，相应的固体物质在污泥中的质量分数则称为含固率。污水处理厂排放的污泥一般有很高的含水率，比例接近1，与不溶性颗粒物的组成和大小有关。颗粒越小，有机物含量越高，则污泥的含水率也越高。

$$\eta = \frac{m_w}{m_w + m_s} \times 100\% \tag{1-3}$$

式中，η为污泥含水率，%；m_w为污泥的水分质量，kg；m_s为污泥的总固体质量，kg。

污泥中的水有间隙水、毛细水、表面吸附水和内部结合水四种存在形式。间隙水是指颗粒间隙中的游离水，约占污泥水分的70%，可通过重力沉降与泥粒分离。毛细水是指在高度密集的细小污泥颗粒周围的水，由毛细管现象形成，约占污泥水分的20%，可通过施加离心力、负压力等外力来破坏毛细管表面张力而分离。表面吸附水是指在污泥颗粒表面附着的水分，常在胶体状颗粒表面上出现，需用混凝方法分离。内部结合水是污泥颗粒细胞内部水分或者是无机污泥中金属化合物所带的结晶水等,可用热力方法将其转变为外部水,也可通过生物分解手段去除。污泥中的水的形态也可通过标记[1]H 核,当震动频率达到共振动频率时,由不同赋存状态的水与污泥结合能的不同,横向弛豫时间的不同,划分为自由水、机械结合水和结合水。自由水不受污泥毛细作用影响,结合能较弱;机械结合水结合能介于自由水与结合水之间;结合水存在于污泥颗粒内部或细胞内。不同含水率污泥物理性状不同,含水率为 80%左右时污泥呈现柔软塑态,不易流动;含水率 60%左右时污泥几乎为固体状态;含水率为 35%左右时污泥则为聚散状态;当含水率为 10%左右时污泥呈现粉末状。

污泥含水率与污泥体积密切相关(图 1-3),通过含水率可以估算出污泥脱水过程中污泥体积的减少量,见式(1-4)。若含水率从 96.5%降低到 93.0%,则污泥体积减小一半;若含水率从 96.5%降低到 65.0%,污泥体积减小到原来的十分之一。

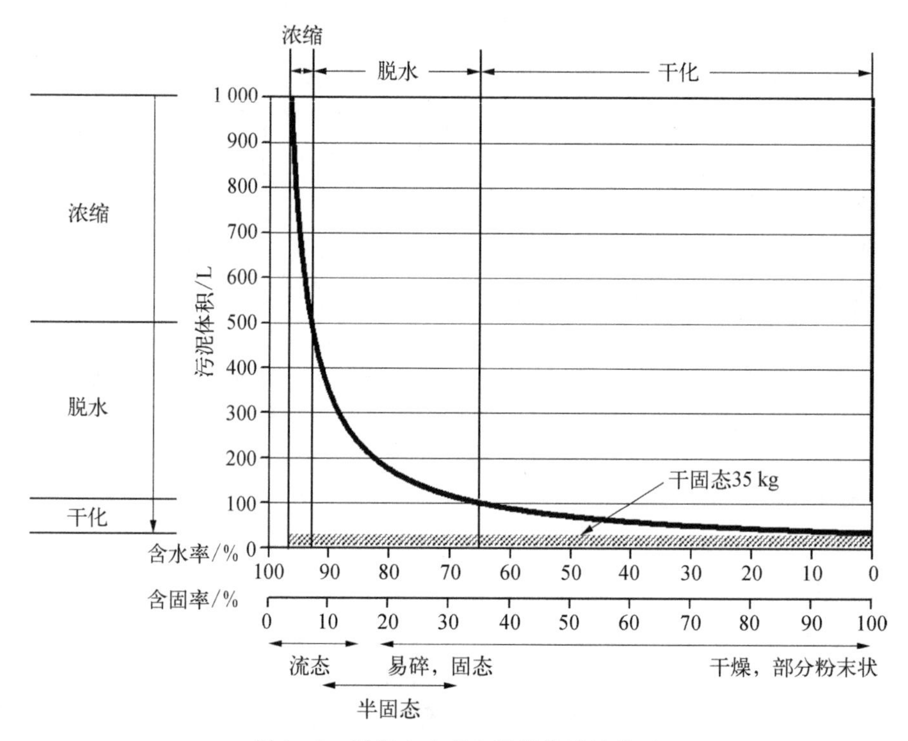

图 1-3　污泥含水率和污泥体积的关系

$$\frac{m_1}{m_2} = \frac{S_2}{S_1} = \frac{100 - P_2}{100 - P_1} \approx \frac{V_1}{V_2} \tag{1-4}$$

式中,S_1、S_2 为污泥浓缩前后的含固率;m_1、m_2 为污泥浓缩前后的质量;P_1、P_2 为污泥浓缩前后的含水率;V_1、V_2 为污泥浓缩前后的体积。

(2) 含固率/干固体质量

如前所述,未经脱水、干化等处理的污泥中 90%以上都是水,固体物质所占比例即含固率,是干固体物质在污泥中的质量分数,与含水率相对应。干固体质量是污泥处理处置过程中最主要的特征之一。

(3) 含砂量

城市污水处理厂进水中往往携带一定量的砂粒，这些砂粒大部分会进入污泥中。无机砂粒的存在不仅会对污泥脱水机和污泥泵产生磨损，堵塞污泥管道，同时会直接导致污泥有机质含量降低，从而影响污泥后续厌氧消化效能。

在排水系统比较完善的国家，污水中砂的含量较低，从而污泥中砂含量也较低，且粒径一般都大于200 μm。我国由于排水系统不完善，污泥中含砂量普遍较高，且粒径小于200 μm的砂占了90%以上(图1-4)。沉砂池砂渣、初沉污泥及剩余污泥提砂平均粒度分别为40.3 mm、35.1 mm和31.0 mm，三者0~90 μm的沙粒体积分布占到92%、91.7%和94.6%，表明污泥中的砂粒以细微尺寸为主，且随着污水处理工艺的提升污泥中砂粒粒径呈下降的趋势(图1-5)。

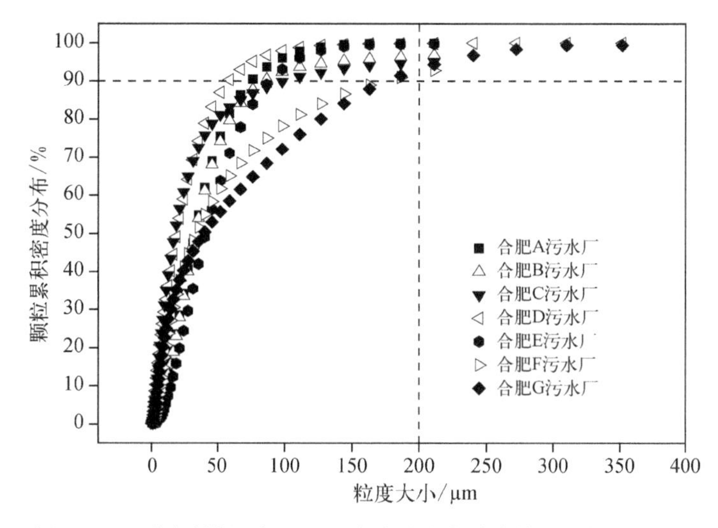

图1-4　不同城镇污水厂污泥中砂的粒度分布情况(沙超,2014)

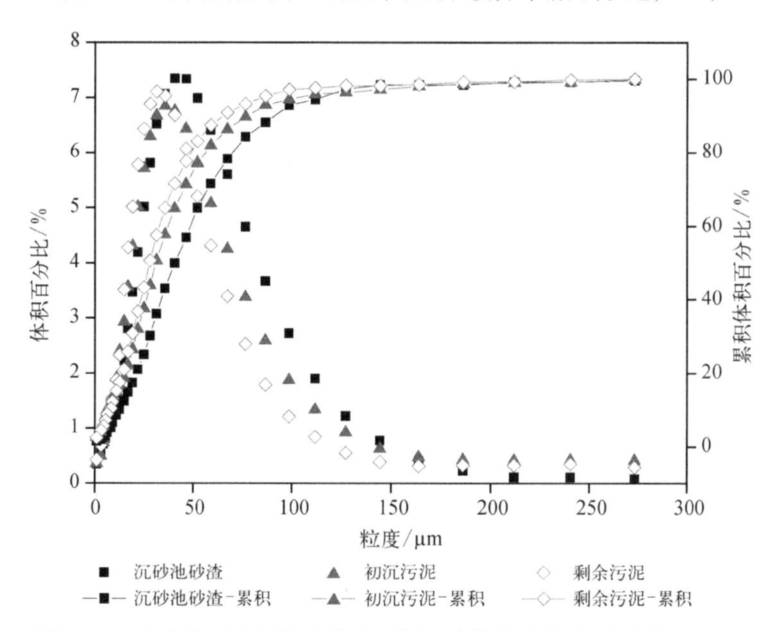

图1-5　重庆某污水厂各取样点污泥中砂的粒度分布(李宗翰,2017)

(4) 浓缩性能和沉降性能

将污泥混合液静置放于量筒中，污泥中的间隙水会被慢慢地释放出来，而缓慢搅拌会促进这个释放过程。一般采用容量为 1 L 的量筒，放置 30 min，沉淀污泥与所取混合液体积之比为污泥沉降比(SV)，单位为%[式(1-5)]。通过观察污泥沉降比可以了解污泥特性，比如上清液是否清澈、是否含有难沉悬浮絮体、是否发生污泥膨胀、絮体粒径大小及紧凑程度等。

$$SV = \frac{V_s}{V} \times 100\% \tag{1-5}$$

式中，SV 为污泥沉降比，%；V_s 为混合液静置沉降 30 min 后，沉淀污泥的体积，mL；V 为污泥混合液的体积，mL。

由于 SV 受到污泥浓度的影响，通常采用污泥体积指数(SVI)指标直接衡量活性污泥沉降性能，该指标指曝气池混合液静沉 30 min 后，相应的 1 g 干污泥所占的体积，单位 mL/g。

$$SVI = \frac{SV}{MLSS} \times 10^4 \tag{1-6}$$

式中，SVI 为污泥体积指数，mL/g；SV 为污泥沉降比，%；MLSS 为混合液悬浮固体浓度，mg/L。

污泥体积指数能较好地反映活性污泥的松散程度和凝聚沉降性能。污泥体积指数小于 100 mL/g，表示污泥沉降性能很好；污泥体积指数在 100~150 mL/g，表示沉降性能一般；污泥体积指数在 150~300 mL/g，表示沉降性能不好；若污泥体积指数大于 300 mg/L，说明可能发生污泥膨胀。

(5) 脱水性能

为了便于污泥的运输、处理和处置，需要对污泥进行脱水处理，脱水的难易程度用脱水性能来表示。由于城镇污泥中含有大量的胶状物质，所以和其他污泥相比，在相同消化度的情况下，城镇污泥的脱水性能只能算一般(消化程度好)或者比较差(未完全消化)。机械脱水的原理是通过施加自然或者人工(离心机)的重力场以及正负压力(真空或者压力过滤机)，来去除污泥中的间隙水、吸附水和毛细水。污泥脱水的难易程度或脱水性能通常可用污泥比阻(r)或毛细吸水时间(capillary sunction time，CST)来衡量。

污泥比阻“r”的物理意义是在 1 m^2 过滤面积上截留 1 kg 干泥时，滤液通过滤纸时所克服的阻力，单位为 s^2/g，在工程单位制中其量纲为 cm/g，可用于确定最佳的混凝剂及其投加量，以及最合理的过滤压力和用来计算过滤产率等。污泥比阻越大，脱水性能越差。一般城镇污泥比阻值在 10^9 至 10^{13} 之间，消化污泥为 10^{11}，而初沉污泥要高一到两个数量级。通过添加混凝剂可以将污泥比阻降低一到两个数量级。

污泥毛细吸水时间是衡量污泥脱水性的另一个指标，系指污泥中毛细水在滤纸上渗透 1 cm 所需要的时间。常用 CST 测定仪进行测定，主要包括泥样容器、吸水滤纸和计时器三部分，其测定简便、测定速度快、测定结果较稳定，但容易受污泥含水率的影响。CST 越大，表明污泥的脱水性能越差。一般情况下，当 CST 小于 20 s 时脱水较容易。然而绝大多数处理厂的初沉污泥和剩余污泥的CST均在20 s以上，需经调理，方可进行后续的机械脱水处理。

污泥中水分分布(moisture distribution)特征也可用于衡量污泥脱水性能，可用热干化法、体积膨胀法、热重差热分析法(TG/DTA)、热重差示扫描量热法(TG/DSC)、低场核磁共振法等多种方法测试。上述测试方法各有优缺点，可测试出不同赋存形态的水分。其中运用低场核磁共振(low field nuclear magnetic resonance, LF-NMR)测试自由水、机械结合水、结合水的含量(图1-6)，与其他测试方法相比具有快速、准确、无损等优点(Mao et al., 2015)，可计算出自由水、机械结合水、结合水分别占总含水量之比。一般而言，自由水占比越高，则污泥脱水性能越好。

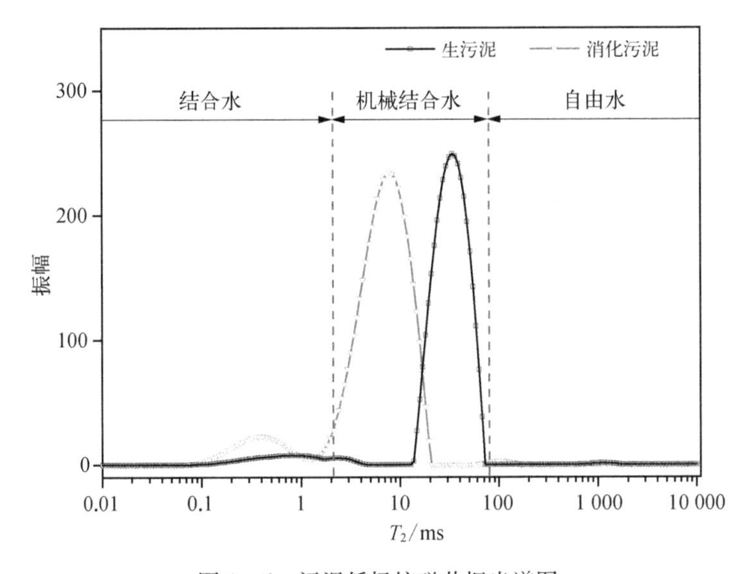

图1-6　污泥低场核磁共振光谱图

此外，污泥中水分结合能(bond energy)也可用于衡量污泥脱水性能，系指破坏污泥中单位质量的水分与污泥颗粒之间的结合作用所需要的能量，单位为kJ/kg，运用综合热分析仪，测试并计算出蒸发单位质量水分所需要的蒸发焓，即为污泥中水分结合能。可用于衡量调理剂的脱水效果，以及确定调理剂最佳投加量。污泥中水分结合能越大，污泥脱水性能越差。随着污泥含水率的降低，污泥中水分结合能逐渐增加，当消化污泥含水率为80%时，其水分结合能为310.82 kJ/kg(图1-7)。

(6) 可压缩性能

城镇污泥难以压缩，但在一定压力下，城镇污泥仍可表现出一定的压缩性，可以用压缩指数表示。一般城镇污泥的压缩指数处于0.6和0.9之间，当压缩指数为0时，表示不可压缩。根据可压缩性能可确定该污泥用何种压滤机脱水。

污泥的压缩指数与污泥比阻、过滤常数、黏度等有直接关系，可用式(1-7)表示。

$$\lg K = (1 - S)\lg \Delta p - \lg\left(\frac{2}{r_0 \O \mu}\right) \tag{1-7}$$

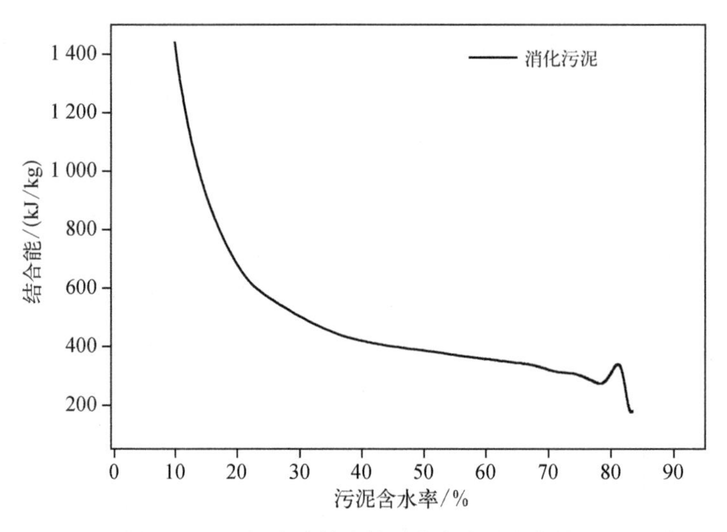

图 1-7 污泥水分结合能随含水率的变化情况

式中,K 为过滤常数,m^2/s,与物料性质及过滤推动力均有关;S 为压缩指数,无因次,一般情况下,$S=0\sim1$; Δp 为过滤总推动力,Pa;r_0 为单位压强差下滤饼的比阻,与压强无关,由实验测定;μ 为流体黏度,Pa·s;$\O$ 为滤饼体积与相应的滤液体积之比,无因次。

在不同的压差(Δp)下测定过滤常数(K)值,以 $\lg K$ 为纵坐标,以 $\lg \Delta p$ 为横坐标,在直角坐标纸上可得一直线。从斜率中可得 S,从截距中可解出 r_0。

(7) 粒度分布

污泥中粒度分布可以采用沉降速度计算法、湿式筛分析法、显微镜成像法、激光粒度测定法等,其中筛分法是当前最常用的方法。一般情况下,污泥絮体的平均粒径随泥龄的延长呈逐渐减小的趋势,且粒度分布越来越均匀。初沉污泥中大颗粒和小颗粒占很大的比例,而消化污泥中的颗粒比较均匀。这是由于在消化过程中大颗粒中的有机物被消化分解,而小颗粒中的有机物被完全分解或者相互凝聚成大颗粒。

(8) 黏度/流变特性

黏度是表征流体流动性能的一个参数。在污泥处理处置过程中,涉及运输、储存、搅拌、填埋、沉淀、脱水等环节,都与污泥的流动性能有关。如污水处理环节中,污泥管路的经济流速、传输泵的选择、储存及填埋的土工稳定性、沉淀池的流动情况等均取决于污泥的流体动力特性;污泥厌氧消化工艺中,为了提高产气量,新加入的污泥要与原污泥混合均匀,减少死区和短路,此时污泥的流体动力特性对传质有重要影响;污泥热水解预处理中,要对污泥进行搅拌,使污泥与蒸汽充分接触,通过对流和导热使热量传递到整个反应釜,此时污泥的流体动力特性对传热有重要影响。

浓度较低的污泥(<2%)与牛顿流体相近,当污泥浓度达到3%以上时,则表现为非牛顿流体,呈现假塑性特征,即随着剪切速率的增加,黏度降低(图 1-8),多数污泥可用 Ostwald 模型[式(1-8)]拟合。有些种类的污泥存在屈服应力,多数污泥可用 Herschel-Bulkey 模型[式(1-9)]拟合。剪切应力与剪切速率的比值称为污泥的表观黏度[式(1-10)]。在刚开始剪切的时候测得的表观黏度比较大,随着剪切的进行表观黏度逐渐减小

至稳定，但在剪切作用取消后，要滞后一段时间表观黏度才恢复到原来状态。此外，污泥的表观黏度与温度、浓度等具有重要关系。污泥表观黏度的测量方法主要有毛细管法、落球法和旋筒法等，此外还有平动法、振动法和光干涉法等。

$$\tau = K\gamma^n \tag{1-8}$$

$$\tau = \tau_y + K\gamma^n \tag{1-9}$$

$$\mu = \frac{\tau}{\gamma} \tag{1-10}$$

式中，τ 为剪切应力，Pa；γ 为剪切速率，s^{-1}；τ_y，屈服应力，Pa；K，黏度系数，$Pa\cdot s^n$；n 为流动特性指数；μ 为动力黏度。

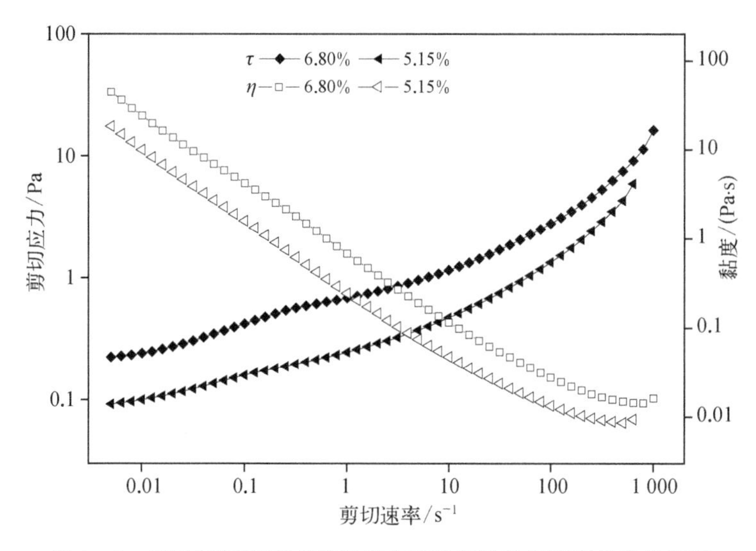

图1-8　两种污泥浓度下剪切应力和黏度随剪切速率的变化情况

(9) 相对密度

污泥相对密度是指污泥的质量与同体积水质量的比值。污泥相对密度主要取决于含水率和污泥中固体组分的比例。固体组分的比例越大，含水率越低，则污泥的相对密度也就越大。城镇污水及其类似污水处理系统排出的污泥相对密度一般略大于1。工业废水处理系统排出的污泥相对密度往往较大。污泥相对密度 ρ 与其组分之间的存在如下关系：

$$\rho = \frac{1}{\sum_{i=1}^{n}\left(\frac{w_i}{\rho_i}\right)} \tag{1-11}$$

式中，w_i 为污泥中第 i 项组分的质量分数，%；ρ_i 为污泥中第 i 项组分的相对密度。

若污泥仅含有一种固体成分(或近似为一种成分)，且含水率为 P(%)，则上式可简化如下：

$$\rho = \frac{100\rho_1\rho_2}{P\rho_1 + (100 - P)\rho_2} \tag{1-12}$$

式中，ρ_1 为固体相对密度；ρ_2 为水的相对密度。

一般城市污泥中固体的相对密度 ρ_1 为 2.5，若含水率为 98%，则由式(1-12)可知该污泥相对密度约为 1.012。

(10) 热值

污泥热值一般可以分为低位热值和高位热值。污泥低位热值是指单位质量污泥完全焚烧时，当燃烧产物回复到反应前污泥所处温度、压力状态，并扣除其中水分汽化吸热量后，放出的热量；污泥高位热值则不扣除水分汽化吸热量，而实验室直接测定的污泥热值通常是污泥的干基热值。污泥干基热值与污泥中有机质含量具有重要关系(表 1-2)。污泥低位热值与含水率直接相关，含水率越高，污泥低位热值越低(图 1-9)。

表 1-2 污泥干基热值与污泥有机质含量(VS/TS)的变化情况

污泥种类	含固率/%	VS/TS/%	干基热值/(kJ/g)
初沉污泥	7.7	63.3	17.4
污泥(消化程度一般)	4.5	52.2	13.4
污泥(消化程度良好)	9.2	40.8	11.1
污泥(消化程度很好)	9.6	30.6	6.8

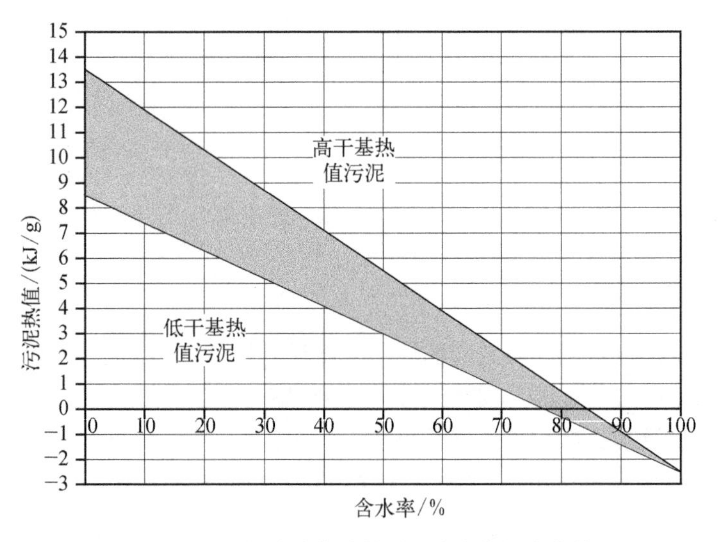

图 1-9 污泥低位热值随着污泥含水率的变化情况

1.2.2 化学指标

(1) pH

如果没有工业污染源，城镇生污泥的 pH 大约为 7，消化污泥一般稍偏碱性(pH 为 7.0~7.5)，初沉污泥或者“发酵”污泥稍偏酸性(pH 为 6.0~6.5)。

（2）烧失量/有机物含量

烧失量是指挥发性固体的含量，代表了污泥中有机物的含量，是将污泥中的固体物质在高温焚烧时以气体形式逸出的那部分固体量。对于污泥消化来说，测定烧失量比测定干固体物质更加重要。根据烧失量可以获得污泥在灼烧后失去的质量百分比，算出污泥中所含可降解有机物的含量。但是烧失量中也包括了化学结合水以及挥发性无机化合物（如铵化合物等），因此对于工业污泥来说，把有机物质与烧失量等同起来并不完全正确。但是对于一般的城镇污泥，烧失量对于评估消化池的负荷和沼气产量具有非常重要的意义。

从有机物成分来讲，污泥中的有机物包括蛋白质、脂肪、多糖和其他一些有机物（如腐殖质、糖醛酸、核酸等），它们在一般城市污泥中的比例关系如图1-10所示。

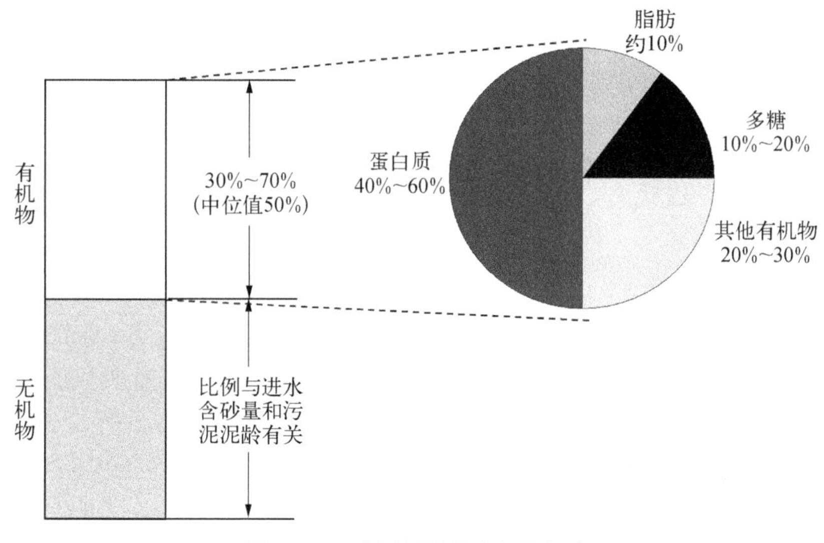

图1-10　我国污泥的有机物组成

对于污泥有机成分有两种测定方法，《城市污水处理厂污泥检验方法》（CJ/T221-2005）中采用重量法对污泥有机物含量进行测定，《城镇污水处理厂污染物排放标准》（GB 18918-2002）中采用重铬酸钾法测定污泥中的有机成分。但用这些方法都不能准确测得污泥中的有机物含量，单质碳或多或少会被包括在里面。

（3）碱度

城镇污泥中因为存在着各种不同的缓冲系统而拥有中和一定量酸性物质的能力，其中主要是碳酸盐和碳酸氢盐参与缓冲作用。碱度的单位是mmol/L，也可以为mg/L。一般情况下它是从污泥悬浮物中分离出来的上清液中测定得出的。然而由于这些污泥悬浮物还保留一定量的酸性物质（如不溶性碳酸钙），所以使得污泥的酸的消耗量约为上清液的两倍。

污泥的缓冲系统（除了碳酸根/碳酸氢根系统，还有NH_3/NH_4^+，还包括一些蛋白质化合物）对于保持沼气发酵过程中的微碱性环境是非常重要的，因为它们在有机物降解过程中能够中和作为中间产物产生的挥发性酸性物质，从而防止因为沼气发酵过程中pH的降低而带来的不利影响。其缺点是会在污泥脱水过程中消耗掉一部分的调理药剂。

(4) 挥发酸

脂肪酸是污泥厌氧发酵过程的一种重要的中间产物，由于它易挥发，也被称为挥发酸，以 mg/L CH_3COOH（醋酸）的形式表示，或者是 mmol/L 有机酸，它的数量对于污泥的厌氧发酵有重要意义。如果处理装置中的有机酸突然增大，超过正常数值，那表示进料的有机物含量过高或者对甲烷菌有毒害作用。这首先会造成设备中的有机酸过高，然后会体现在 pH 和产气量的降低，以及沼气中的 CO_2 含量升高。

(5) 胞外聚合物(EPS)

胞外聚合物（extracellular polymeric substances，EPS）是由微生物分泌并包围在微生物周围的一大类高分子聚合物的总称，是污泥絮体的主要组成部分，占有机质总量的 50%~60%，而细胞仅占有机质总量的 2%~20%。EPS 主要包括微生物絮体、微生物水解及衰亡产物以及附着在微生物絮体上的污水中有机物等，该类物质主要以 C 和 O 组成的高分子多糖、蛋白质、核酸、腐殖酸类复杂有机化合物及油脂等形式存在，其中蛋白质和多糖约占 EPS 总量的 70%~80%。EPS 的来源有两种：一种由活性污泥在代谢环境基质的过程中产生，这类 EPS 的数量和组成受环境中所含物质种类的影响；另一种则来源于细胞本身的新陈代谢和自溶。

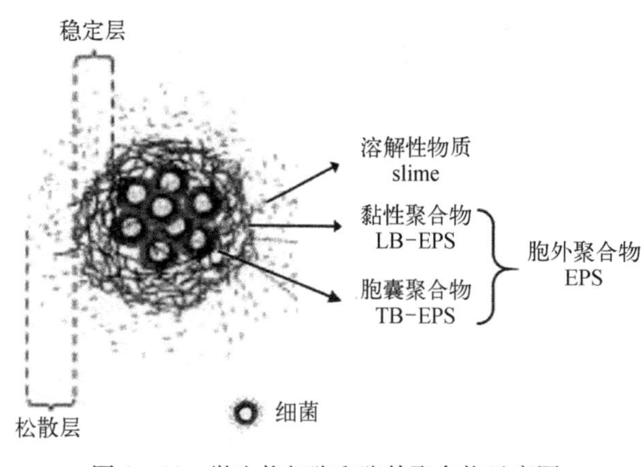

图 1-11 微生物细胞和胞外聚合物示意图

在结构上 EPS（图 1-11）可以分为两种类型：① 微生物絮体最外层，结构松散，可向周围环境扩散，无明显边缘具有明显流动性的部分称为松散附着的外层，又称黏性聚合物（loosely bound EPS，LB-EPS）；② 位于 LB 内层和细胞体表面之间，各种大分子排列紧密且与细胞壁结合牢固，不易脱落的称为紧密黏附的内层，又称胞囊聚合物（tightly bound EPS，TB-EPS）。

(6) 难降解有机物质

污泥中难降解有机物包含两部分：一部分是溶解性微生物产物，包括微生物内源代谢产物、自身氧化残留物等，如细胞膜、细胞壁等，这些物质是污泥中难降解有机物的主要组分；另一部分为污泥吸附的污水中携带的大分子物质，如有机磷农药、芳香族化合物、有机氯化物以及一些长链有机化合物等，这部分物质含量很少，但在一定程度上影响污泥的资源化利用。

溶解性微生物产物（SMP），是指微生物在降解污染物的同时通过细胞裂解、细胞膜扩散、合成代谢损失等方式向周围环境中释放的溶解态物质。有些文献将 SMP 定义为微生物在降解污染物时利用基质、进行内源呼吸或者应对环境压力的过程中所产生的溶解态有机物，该物质能够在不破坏微生物细胞的情况下与微生物分离，而且微生物细胞离开该物质仍能存活（Azami et al.，2012；Ramesh et al.，2006；Barker and Stuckey，1999）。

从生物学角度可将 SMP 分为两类：一类是与微生物有关的产物（biomass associated products，BAP），BAP 是微生物在内源呼吸过程中，伴随细胞解体释放出来，与微生物的增殖无关，只与细胞内源呼吸（如细胞裂解、细胞衰亡等）有关，生成速率与生物量水平成正比；另一类是与基质利用相关型产物（utilization associated products，UAP），UAP 是微生物在分解基质产生能量、进行自身生长繁殖时释放出的产物，与基质降解、微生物代谢或细胞生长有关，其生长速率与基质的分解速度成正比。

（7）重金属

污泥中重金属含量对于污泥后续土地或农业利用具有重要影响，因此我国很多有关污水厂污泥的标准均对重金属限值进行了规定，如表 1－3 所示。彭信子（2017）调研全国 196 份污泥样品发现不同污水处理厂的污泥样品中重金属元素 Pb、Cd、Cr、Ni、Cu、Zn、Hg 和 As 总量存在较大的差异，八种重金属元素平均含量的大小顺序为 Zn（1 367.3 mg/kg）> Cu（667.1 mg/kg）>Cr（335.9 mg/kg）>Pb（143 mg/kg）>Ni（62.9 mg/kg）>As（28.3 mg/kg）> Cd（3.1 mg/kg）>Hg（1.7 mg/kg），同一种元素在不同污水处理厂的污泥中含量变化较大，如 Pb 的浓度范围为 24.5～602.2 mg/kg，As 的浓度范围为 13.8～156.5 mg/kg，Cr 的浓度范围为 41.5～3 034.5 mg/kg，Cu 的浓度范围为 12.4～1 462.5 mg/kg，Ni 的浓度范围为 12.0～653.2 mg/kg。此外，调研发现我国城市污泥重金属含量总体呈下降趋势，认为其主要原因是城镇工业废水的控制排放及清洁技术的应用。

表 1－3　《城镇污水处理厂污泥处置》标准中的重金属限值　（单位：mg/kg）

重　金　属		As	Cd	Cr	Cu	Hg	Ni	Pb	Zn
《城镇污水处理厂污泥泥质》（GB 24188－2009）		75	20	1 000	1 500	25	200	1 000	4 000
《城镇污水处理厂污泥处置　农用泥质》（CJ/T 309－2009）	A 级污泥	30	3	500	500	3	100	300	1 500
	B 级污泥	75	15	1 000	1 500	15	200	1 000	3 000
《城镇污水处理厂污泥处置　土地改良用泥质》（GB/T 24600－2009）	酸性土壤（pH<6.5）	75	5	600	800	5	100	300	2 000
	中碱性土壤（pH≥6.5）	75	20	1 000	1 500	15	200	1 000	4 000
《城镇污水处理厂污泥处置　园林绿化用泥质》（GB/T 23486－2009）	酸性土壤（pH<6.5）	75	5	600	800	5	100	300	2 000
	中碱性土壤（pH≥6.5）	75	20	1 000	1 500	15	200	1 000	4 000
《城镇污水处理厂污泥处置　林地用泥质》（CJ/T 362－2011）		75	20	1 000	1 500	15	200	1 000	3 000
《城镇污水处理厂污泥处置　混合填埋用泥质》（GB/T 23485－2009）	混合填埋	75	20	1 000	1 500	25	200	1 000	4 000
	覆盖土	75	20	1 000	1 500	25	200	1 000	4 000
《城镇污水处理厂污泥处置　水泥熟料生产用泥质》（CJ/T 314－2009）		75	20	1 000	1 500	25	200	1 000	4 000
《城镇污水处理厂污泥处置　制砖用泥质》（GB/T 25031－2010）		75	20	1 000	1 500	5	200	300	4 000

(8) 有机污染物

污水处理厂污泥含有氯代物、溴代物、苯系物等污染物。这些成分会对污泥消化和污泥脱水产生影响,同时不利于污泥后续的土地利用。来自于生活污水的污泥中污染物较少,主要为抗生素、个人护理用品等。若生活污水中混有工业废水,则污泥中有机污染物的含量会有所增加,从而影响到污泥后续的处理处置。Meng 等(2016)基于文献调研,对我国污水厂污泥中有机污染物进行了分析,发现主要有机污染物包括抗生素、烷基酚聚氧乙烯醚(alkylphenol polyethoxylates,APEOs)、双酚 A 类物质(bisphenol analogs,BPAs)、激素(hormoes)、有机氯杀虫剂(organochlorine pesticides,OCPs)、全氟化合物(perfluorinated compounds,PFCs)、药物(pharmaceuticals)、邻苯二甲酸酯类(phthalate esters,PAEs)、多溴联苯醚类(polybrominated diphenyl ethers,PBDEs)、多氯联苯(polychlorinated biphenyls,PCBs)、多环芳烃(polycyclic aromatic hydrocarbons,PAHs)、合成麝香(synthetic musks,SMs)等。表 1-4 给出了污水中对污泥厌氧消化过程有毒害作用物质的限制浓度。

表 1-4 污水对污泥厌氧消化过程有毒害作用的物质及其限制浓度

污水成分	有毒有害污染物的限制浓度		说明
	污水中浓度/(mg/L)	污泥中浓度/%干基	
氨	—	2	污泥的 pH 越高,毒性越大
砷酸盐	4	—	—
汽油	—	1	—
苯-甲苯-二甲苯混合物	—	2	部分物质大于 0.1%就有可能有毒害
有机氯	10	0.01	和分子结构有关
三价铬	10	1~2	短暂的毒性,因为会在消化池中沉淀下来
六价铬	1~2	0.05~0.40	被还原成三价铬后,机制同三价铬
氰化物	2	0.01~0.02	短暂的毒性,因为会沉淀
甲醛	—	0.2	—
有机溶剂	—	0.5~1.0	和有机溶剂的种类有关,低浓度也有刺激性
油、润滑油等	—	—	形成浮油层,引起机械故障
酚	—	0.2~0.4	—
硫氰酸盐	—	1	部分物质大于 0.3%就有可能有毒害
硫酸盐	—	1	形成硫化氢
有机硫化物	—	0.1	—
表面活性剂	30~40	0.5~1.0	形成各种泡沫

(9) 微塑料污染物

微塑料作为一种新型污染物,主要指生态环境中直径小于 5 mm 的塑料颗粒。研究发现污水厂污泥中存在大量微塑料颗粒,随着污泥后续的土地或资源化利用,可进入土壤或其他自然生态系统,成为自然界微塑料输入的重要源头。调研我国 28 个污水处理厂发现每千克脱水污泥中微塑料平均含量达$(22.7\pm12.1)\times10^3$个,显著高于自然生态环境中的含量;微塑料类型包括聚烯烃(如聚乙烯 PE 等)、聚丙烯酸、聚酰胺(如尼龙)、聚氨酯等,有纤维、薄片、薄膜、球状、杆状等各种形态,表面呈粗糙、易碎的特征(图 1-12);总体而言,我国东部省份污水厂污泥中微塑料含量高于西部;基于污泥产量和处置方式,2015 年我国由污泥排入土壤及其他生态系统中的微塑料颗粒总量可达(15~51)万亿个/年(Li et

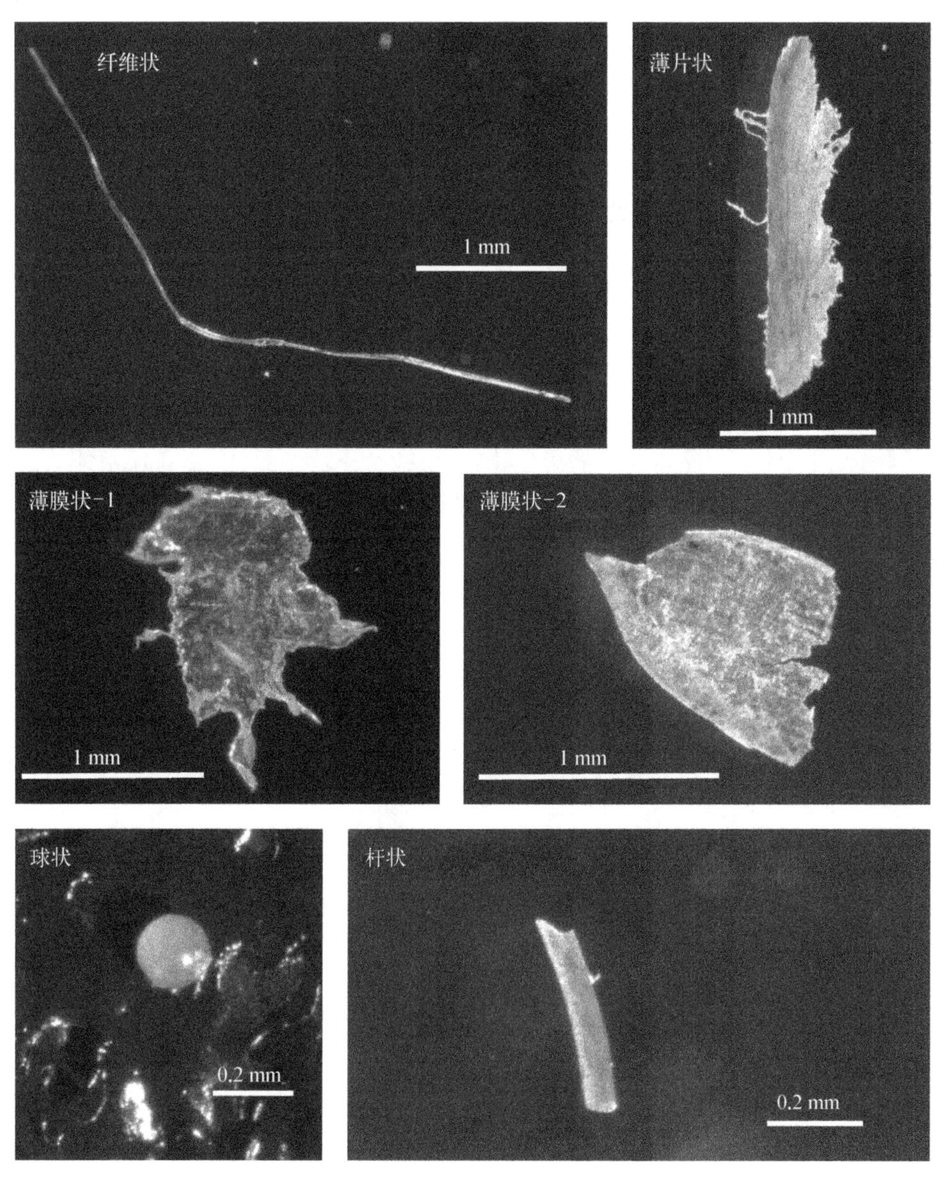

图1－12　污泥中不同类型微塑料的表观形态

al,2018)。目前关于污泥微塑料的生态风险尚在不断研究中,其可通过摄食作用对蚯蚓等土壤生物产生物理性伤害,同时也可释放或吸附有毒有害污染物,放大污染物的生物富集效应,间接危害人类健康。

1.2.3　其他指标

(1) 卫生学指标

污泥中的卫生学指标通常指细菌总数、粪大肠菌群、寄生虫卵含量等。由于污泥来自生活污水,因此污泥中含有从人体内代谢排出的各种病原微生物和寄生虫卵等,卫生条件很差。若将污泥直接用于农、林再利用时,其中的病原微生物和寄生虫等可能通过各种途径传播,污染土壤、空气和水源,加速植物病害的传播,并可通过皮肤接触、呼吸和食物链危及人畜健康。因此,测定污泥中细菌总数、粪大肠菌群、寄生虫卵含量和蛔虫卵死亡率对判断污泥被污染程度和污水处理厂污泥排放是否符合标准具有重要的意义。

在一个运行良好的厌氧稳定处理中,病原微生物不仅不能繁殖,甚至可能会死亡,或者毒性减弱,寄生虫卵在消化过程中也会被杀死或失去活性。若对污泥进行合适的好氧稳定(堆肥)处理,既可以灭杀污泥中的致病微生物和寄生虫卵,又不会破坏污泥中的植物养分。但是要使污泥绝对安全,就必须进行杀菌处理(70℃)或者加热干燥(100℃以上)。

(2)养分指标

污泥中含有大量的营养物质(N、P、K 等),可作为肥料。污泥中的腐殖质能明显地改善土壤的物理、化学性质,提高土壤的微生物活性,改善土壤的结构,提高保水能力和抗蚀性能,是良好的土壤改良剂。此外污泥中的微量元素对植物生长也是必需的。我国不同流域污水厂污泥 N、P、K 等营养元素含量如图 1-13 所示。

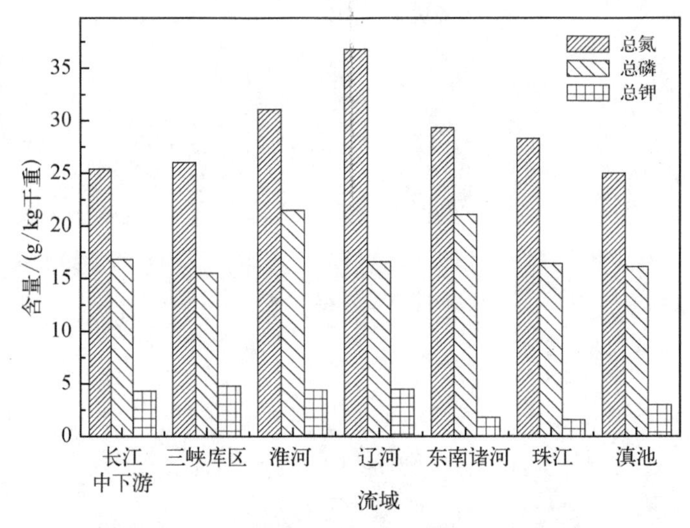

图 1-13 我国不同流域污水厂污泥营养元素含量(彭信子,2017)

总体而言,我国城市污水厂脱水污泥的物理、化学指标范围如表 1-5 所示。

表 1-5 我国城市污水厂脱水污泥(干重)的物理和化学特征

指标	样本数	范围	平均值	标准差	数据来源
含水率/%	196	50.9~86.2	78.3	5.9	彭信子,2017
TS/%	196	13.7~49.1	21.7	5.9	彭信子,2017
砂/TS/%	88	14.0~56.8	34.3	12.2	赵玉欣,2015
砂/IS/%	88	30.2~78.9	62.1	14.5	赵玉欣,2015
砂粒度 D50/μm	88	21.6~57.3	40.0	10.0	赵玉欣,2015
砂粒度 D90/μm	88	83.6~127.0	104.1	14.7	赵玉欣,2015
pH	196	6.6~8.2	7.1	0.2	彭信子,2017

续 表

指 标	样本数	范 围	平均值	标准差	数据来源
EC值/(mS/cm)	8	0.62~1.07	0.77	0.17	彭信子,2017
VS/TS/(%,干基)	196	14.2~73.0	42.8	10.4	彭信子,2017
总N/(g/kg)	196	7.4~54.9	27.2	11.8	彭信子,2017
总P/(g/kg)	196	2.2~48.3	17.1	7.6	彭信子,2017
总K/(g/kg)	196	0.8~17.5	4.3	4.5	彭信子,2017
As/(mg/kg)	196	1.0~156.6	28.3	29	彭信子,2017
Cd/(mg/kg)	196	0~44.1	3.1	5.4	彭信子,2017
Cr/(mg/kg)	196	7.9~5 370.0	335.9	655.1	彭信子,2017
Cu/(mg/kg)	196	8.4~4 598.2	667.1	1 019.3	彭信子,2017
Hg/(mg/kg)	196	0.2~8.8	1.7	1.2	彭信子,2017
Ni/(mg/kg)	196	5.7~653.2	62.9	87.2	彭信子,2017
Pb/(mg/kg)	196	9~4 660	143	429.4	彭信子,2017
Zn/(mg/kg)	196	37.6~27 300	1 367.3	3 217.4	彭信子,2017
抗生素/(μg/kg)	25	0.83~38 700	8 390	—	Meng et al.,2016
烷基酚聚氧乙烯醚(APEOs)/(μg/kg)	14	0~33 810 000	887 000	—	Meng et al.,2016
双酚A类物质(BPAs)/(μg/kg)	11	34.6~127 000	10 500	—	Meng et al.,2016
激素/(μg/kg)	12	0~981	178	—	Meng et al.,2016
有机氯杀虫剂(OCPs)/(μg/kg)	7	9.0~3 200.0	327	—	Meng et al.,2016
全氟化合物(PFCs)/(μg/kg)	12	0~9 980	796	—	Meng et al.,2016
药物/(μg/kg)	9	0~4 460	482	—	Meng et al.,2016
邻苯二甲酸酯类(PAEs)/(μg/kg)	9	680~282 000	48 400	—	Meng et al.,2016
多溴联苯醚类(PBDEs)/(μg/kg)	15	3.46~7 100.00	1 020	—	Meng et al.,2016
多氯联苯(PCBs)/(μg/kg)	10	3.14~1 400	81	—	Meng et al.,2016
多环芳烃(PAHs)/(μg/kg)	24	100~170 000	15 900	—	Meng et al.,2016
合成麝香(SMs)/(μg/kg)	16	0~33 200	8 320	—	Meng et al.,2016
紫外稳定剂/(μg/kg)	5	288~2 330	1 040	—	Meng et al.,2016
微塑料污染物/($\times10^3$ 个/kg)	79	1.60~56.40	22.7	12.1	Li et al.,2018
矿物油/(mg/kg)	4	7~23	12.6	7.5	彭信子,2017
可吸附有机卤化物/(mg/kg)	4	331~778	481.8	204.4	彭信子,2017
挥发酚/(mg/kg)	4	0.01~2.60	0.70	1.3	彭信子,2017
总氰化物/(mg/kg)	4	0.01~0.25	0.07	0.12	彭信子,2017

1.3 污水厂污泥处理处置技术

1.3.1 基本原则

从沉淀池来的污泥呈流动态,含水率常高于95%。若不经处理进入环境,其有机部分会发生腐败,污染环境。而且生污泥中还含有虫卵及致病微生物等有害物质。因此污泥需要及时处理与处置,以便使污水处理厂能够正常运行、确保污水处理效果,使有毒有害物质得到妥善处理利用,使容易腐化发臭的有机物得到稳定处理,使有用物质能够得到综合利用。污泥处理处置应遵循"减量化、稳定化、无害化、资源化"的基本原则。

减量化:由于污泥含水量很高、体积很大且呈流动性,给运输和消纳均带来不便。污泥减量的目的是减少污泥的体积和干物质质量。污泥减量方法大致可分为两类:一类是针对已产生的污泥进行末端减量,如污泥脱水、干化、焚烧、水热氧化等;另一类是针对污泥产生和流转过程进行原位减量,如胞溶和隐性增长、解偶联代谢、超声波处理、强化内源代谢的生物处理工艺、微生物捕食等。

稳定化:污泥中有机物含量很高,极易腐败并产生恶臭。污泥稳定化,指运用一些物理、化学或生物方法使生污泥不再出现或者在极其受限的范围内产生发酵反应。目前,稳定化方法通常指生物方法,如好氧消化、好氧堆肥、厌氧消化等。通过控制微生物的代谢过程来降低生污泥中可生物降解的有机物含量,使其不再成为微生物的"温床",将微生物反应降低到对环境和人类可以接受的程度。经稳定化处理后,污泥获得更好的脱水性并且使固体物质的含量减少,同时污泥中易腐败的部分有机物被分解转化,不易腐败,恶臭大大降低,便于运输及处置。

无害化:污泥中含有大量病原体、虫卵、重金属和持久性有机污染物等有毒有害物质,未经有效处理处置,极易对地下水、土壤等造成二次污染。污泥无害化的目的是采取物理、化学和生物等手段,杀灭大部分的虫卵、致病菌和病毒,大大提高污泥的卫生水平。常见的无害化手段包括卫生填埋、高温好氧堆肥、厌氧消化、焚烧、水热氧化等。

资源化:污泥中含大量有机物及氮、磷等营养物质,可通过提取污泥中蕴含的能量及回收营养物质等方式,实现污泥的资源化利用。城市污水厂污泥传统的资源化利用途径主要包括土地利用、焚烧发电、厌氧消化、好氧堆肥和建材利用(如制陶粒、制水泥)等。近年来,一些新的资源化利用技术逐渐发展起来,如污泥低温制油技术、污泥制氢技术、污泥制吸附剂技术、污泥制聚羟基脂肪酸酯(polyhydroxyalkanoates,PHA)技术,以及污泥提取蛋白质和污泥定向产酸补充生物处理碳源等技术。

随着我国城镇化水平的不断提高,污水处理设施建设得到了高速发展。与此同时,污泥产量急剧增加。简单粗放的处理处置方式与我国脆弱的环境承载力之间的矛盾日益突出。当前,我国经济发展进入新常态,污泥的安全处置应当以"稳定化"为核心,遵循"绿色、循环、低碳、健康"的基本原则,解决污泥污染问题的同时,实现物质和能源回收的最大化。

1.3.2 处理处置的基本单元和技术

污泥处理与处置是污水处理系统的重要组成部分,其基本流程见图 1-14,其单元操作可做各种不同组合,主要视污泥的种类、性质及最终处置方法而定。经过各种处理后污泥质量和体积百分比会发生变化,如图 1-15 所示。厌氧消化可引起污泥质量(干基)的显著减少,但浓缩、脱水、干化等处理可显著减少污泥体积,焚烧既可以显著减少污泥干物质的量,也可以明显降低污泥的体积。

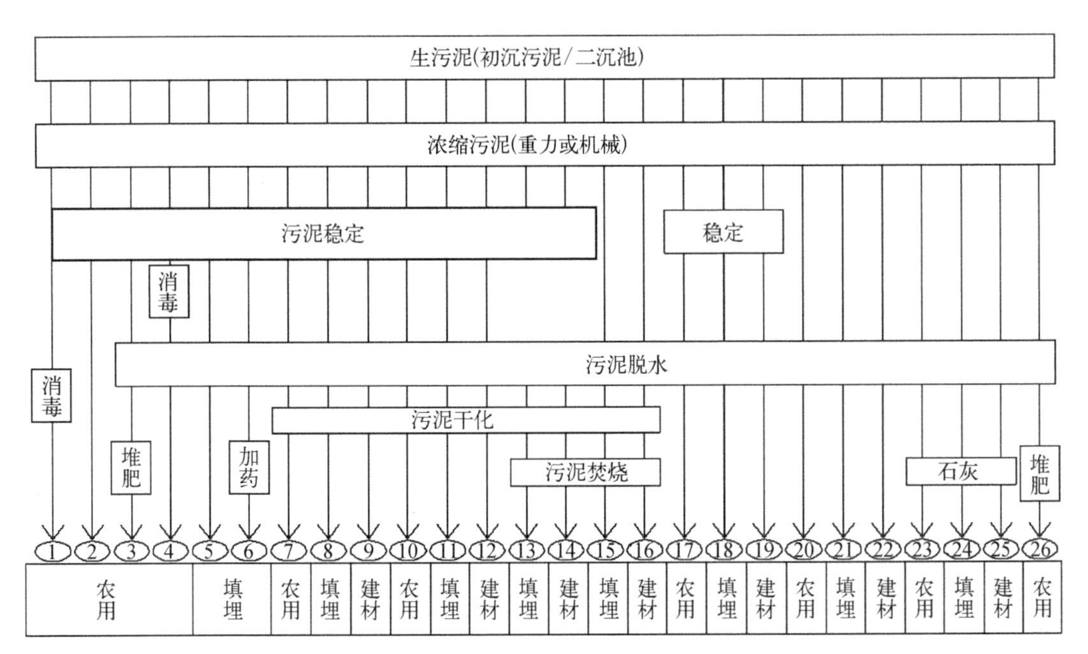

图1-14　污水厂污泥主要处理处置技术(Lescher and Loll,1996)

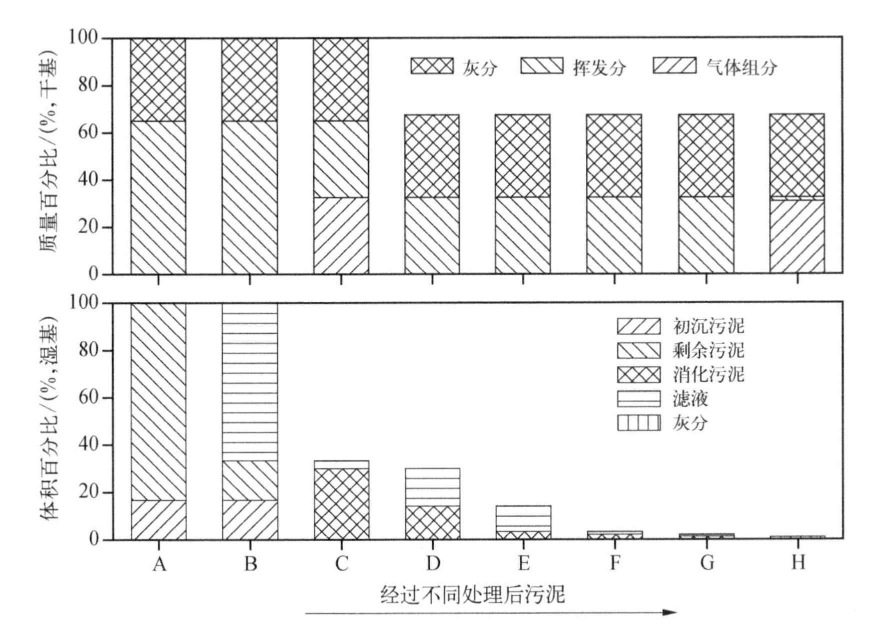

图1-15　不同工艺处理后污泥质量和体积百分比的变化情况(A. 生污泥;B. A浓缩至含固率5%;C. B厌氧消化后;D. C浓缩至含固率8%;E. D浓缩至含固率35%;F. E干化至含固率55%;G. F干化至含固率95%;H. G焚烧后)(Lescher and Loll,1996)

(1) 污泥浓缩

城市污水污泥含水率很高,体积很大,对处理、利用及输送都造成困难,故在处理处置之前需进行减量化处理。浓缩脱水是污泥减容效果最显著且最经济有效的一种方法。浓缩后的污泥近似糊状,含水率为95%~97%,体积可缩小到原来的1/4左右,但仍可保持其流动特性,可以用泵输送,运输方便,且大大降低运输费用和后续处理费用。

污泥浓缩的方法主要有重力浓缩、离心浓缩、气浮浓缩等。重力浓缩是利用重力作用的自然沉降分离方式,不需要外加能量,是一种最节能的污泥浓缩方法,是目前污泥浓缩方法的主体;离心浓缩是利用污泥中固、液比例不同而具有的不同的离心力进行浓缩;气浮浓缩与重力浓缩相反,是依靠大量微小气泡附着在污泥颗粒的周围,减小颗粒的比例而强制上浮,因此气浮法对比例接近1 g/cm^3 的污泥尤其适用。不同浓缩方法的效率见表1-6。在选择浓缩方法时,除了各种方法本身的特点外,还应考虑污泥的性质、来源、整个污泥处理流程及最终处置方式等。

表1-6 不同浓缩方法的效率比较

参数	过滤			离心	
	滚筒	螺旋	带式	无絮凝剂	有絮凝剂
出料含固率/%	5~7	5~7	5~7	5~7	6~8
去除率/%	>90	>90	>90	>90	>95
每千克干物质絮凝剂用量/g	3~7	3~7	3~7	—	1.0~1.5
能量消耗/($kW·h·m^{-3}$)	0.2	0.2	0.2	0.6~1.0	1.0~1.4

(2) 污泥稳定

污泥稳定的目的在于减少病原体和寄生虫卵,除去臭味,抑制或减少腐败,使有机物降解等。污泥稳定的方法有厌氧消化法、好氧消化法、加氯氧化法、石灰稳定法和热处理法(表1-7)。

表1-7 不同污泥稳定方法比较

参数	厌氧消化	好氧稳定		
		常温延时	高温浓缩稳定	堆肥
适用范围	大厂	小厂	小厂	小厂、中厂
占地	小	大	小	大
能耗及药品	沼气回收能源	耗能	耗能	耗能,辅料
脱水性能	好	差	差	—
污泥有机质量减少	30%~50%	10%	10%~30%	10%~30%

好氧消化法类似活性污泥法,在曝气池中进行,曝气时间长达10~20 d左右,依靠有机物的好氧代谢和微生物的内源代谢稳定污泥中的有机组成。加氯氧化法是在密闭容器中向污泥加入大剂量氯气,实质上是消毒,杀灭微生物以稳定污泥。石灰稳定法是向污泥投加足量石灰,使污泥的pH高于12,抑制微生物的生长。热处理法利用高温高压加热污泥,既可杀死微生物以稳定污泥,还能破坏泥粒间的胶状性能改善污泥的脱水性能。厌氧消化是对有机污泥进行稳定处理的常用方法之一,将在第2章进行具体介绍。

(3) 污泥脱水

污泥经过浓缩处理后,其含水率为95%左右,但仍为流动液状,常需要进一步脱水至含水率为70%~80%。污泥脱水后其体积大大减小,减少了填埋场的渗滤液量,污泥可利用物质的含量增加（如农用的肥分、焚烧的热值等），利于污泥的后续处置和利用。常用的脱水方式有自然干化和机械脱水等。

自然干化是利用自然力量（如太阳能等）将污泥脱水干化的一种常用方法，主要有污泥干化床和污泥塘两种类型，都是利用蒸发和脱水而将污泥干化，经济简便。机械脱水是目前世界各国普遍采用的方法，主要的机械脱水设备有板框压滤机、带式压滤机和离心脱水机等，其主要性能见表1－8。

表1－8　不同脱水机消化污泥脱水效率比较

数	单　位	离心机	带式压滤机	板框压滤机
出料干物质量	%	28(20~35)	23(18~28)	30(絮凝剂)(28~38)
去除率	%	>95	>95	>98
絮凝剂量	g/kg干物质	6~12	6~12	5~10
耗能	$kW \cdot h \cdot m^{-3}$	0.8~2.2	0.6~1.2	1.0~2.2
运行	—	自动连续	自动连续	非连续

（4）污泥焚烧

污泥中含有一定量的有机成分，一般城市污水处理的污泥中可燃有机物约占60%~70%，消化后也有40%~50%。焚烧正是利用污泥中有机成分较高、具有一定热值等特点来处理污泥。它能使有机物几乎全部碳化，杀死病原体，可最大限度地减少污泥体积，减容率可达到95%左右，重金属（除汞外）几乎全部被截留在灰渣中，并且污泥焚烧后的灰渣在建材制造方面可以得到较好的利用，可以作为水泥添加剂制造水泥，也可用作填埋场覆盖材料等。

污泥焚烧后产生的尾气中含有较多的有害组分，尤其是二噁英等对环境影响较大的气体，因此必须进行可靠的尾气处理才能排放到大气中。一般的尾气处理设施投资可占系统总投资的一半以上，因此污泥焚烧尾气处理设施高昂的造价和运行成本也是制约污泥焚烧的一个重要因素。

目前污泥焚烧基本上有两大类方法：一种是污泥的单独焚烧；另一种是和其他物质协同焚烧。对于前者，因为一般脱水后的污泥含水率在80%左右，单独焚烧困难，因此焚烧前需要进行热干化处理，单独建炉，投资较大（目前已在上海石洞口、竹园等建有示范工程）。后者则通常是利用其他的焚烧系统处理污泥，不用单独建炉就可以实现污泥焚烧，避免了城市污泥热值较低、单独建设污泥焚烧厂投资和运行费用较高、计划实施困难的缺点。污泥协同焚烧是污泥热处理的方法之一，国内已在北京、嘉兴、广州等地的水泥厂和发电厂实现了规模化工程示范应用。其瓶颈在于添加量对炉体影响以及烟气的总量控制。由于污泥焚烧成本高、资源利用率低，因此尽可能采用生物方法实现减量和资源回收。对于污泥的污染物含量高，无法直接进行土地利用，可采用焚烧作为末端处理方式。

（5）其他技术

其他技术手段主要有污泥气化、热解等。所有这些技术都需要污泥预处理，包括机械处理或者热处理，目前该类技术还处于研发和转化阶段，还没有实现规模化推广应用。

1.3.3 国外污泥处理技术路线

西方发达国家由于工业化进程早、经济实力雄厚，所以污水处理技术先进，处理程度较高。随着城市人口的增长、市政服务设施的不断完善和污水处理技术的不断提高，西方发达国家的污泥产量每年大约以5%~10%的速度增长。

他们很早就意识到污泥的处理处置是污水处理过程中必不可少的环节，从法律和政策上都对污泥处理处置的目标作了明确规定，并在执行上通过一系列政策予以保障。尽管在执行过程中也遇到与我国类似的跨行业等方面的协调问题，但是由于从国家层面目标明确、政策体系完善，使得污泥处理处置的问题得到了比较好的解决。

国外污泥处理处置的目标是实现污泥的减量化、稳定化、无害化、资源化。污泥处理处置从技术和操作层面上分为两个阶段：第一阶段是在污水处理厂区内对生污泥进行减量化、稳定化处理，其目的是为了降低污泥外运处置造成二次污染的风险；第二阶段是对处理后的污泥进行合理的安全处置，实现污泥无害化和资源化的目的。

（1）美国

美国约有16 000座污水处理厂，服务2.3亿人口，日处理污水量1.5亿 m^3，年产污泥量3 500万t（以80%含水率计）。建有650座集中厌氧消化设施处理58%的污泥，700座好氧发酵稳定处理设施处理22%的污泥，76套热电联供设施处理20%的污泥。约60%的污泥经厌氧消化或好氧发酵处理后用作农田肥料，约17%填埋、20%焚烧、3%用作矿山修复的覆盖层（图1-16）。在美国，厌氧消化是采用最多的稳定化工艺。但是，采用厌氧消化的处理厂中仅有106座设有沼气利用系统，占厌氧处理规模的20%，多达430座设有厌氧消化系统的设施没有进行沼气利用。目前，美国已制定计划，一是扩大污泥厌氧消化的比例；二是建设热电联供系统，使产生的沼气全部有效利用。截至2006年12月，美国在24个州建成了76套热电联供系统，总装机容量为220 MW，另有一批系统正在建设中。从中我们可以明确地看到，厌氧消化包括辅助的好氧发酵，加上土地利用，是美国的主流技术路线。

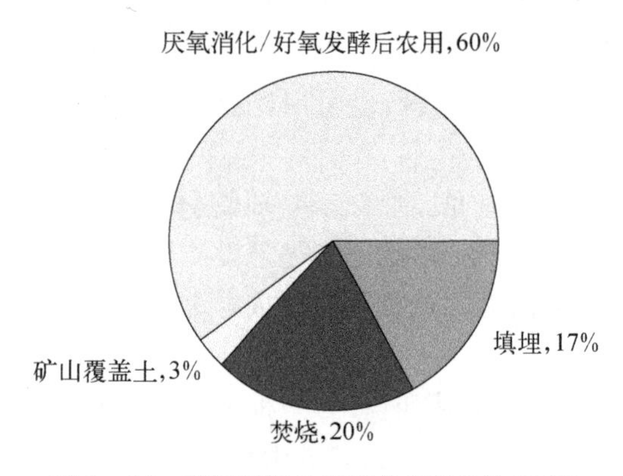

图1-16 美国污泥处置现状（戴晓虎，2012）

（2）德国

德国共有约10 000座生活污水处理厂，污水日处理能力达2 800万 m^3，污泥年产量1 000万t（以80%含水率计）。污泥处理处置研究起步较早，大于5 000 t/d的城市污水处理厂对污泥处理均采用厌氧消化法，利用产生的甲烷发电，基本保证污水处理厂的供电要求。目前污泥已经实现100%的稳定化处理，对稳定化（厌氧消化停留时间不小于20 d、好氧稳定污泥泥龄大于25 d、好氧堆肥温度不小于55℃等）和无害化提出了量化的约束性指标。通过回收污泥中的生物质能源可以满足污水处理厂近40%~60%的电耗需求，碳减排效益十分明显。污泥的最终处置中焚烧或协同焚烧占53.2%，农业或景观利用占43.7%（图1－17）。污泥填埋要求有机质含量低于5%，脱水污泥已禁止进入填埋场。污泥已不再被视为污染物，污泥处理从单纯的消纳处置转变为了资源与能源的综合利用。

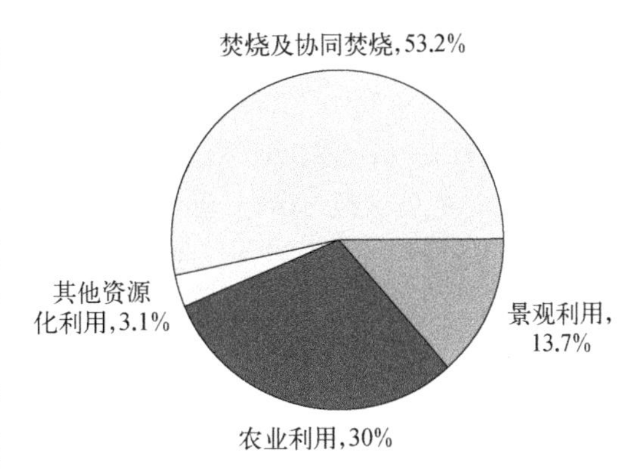

图1－17　2010年德国污水厂污泥处置状况（干污泥总量189万t）（戴晓虎，2012）

目前在德国污泥最终处置前都需要进行稳定化和资源化处理，其中比较推荐的污泥处理和处置方式如图1－18所示，污泥经厌氧发酵产气，干化后焚烧产能，可充分回收污泥中的生物质能及热能。部分发酵后的污泥也可经后续处理加工成农肥或园林用土。

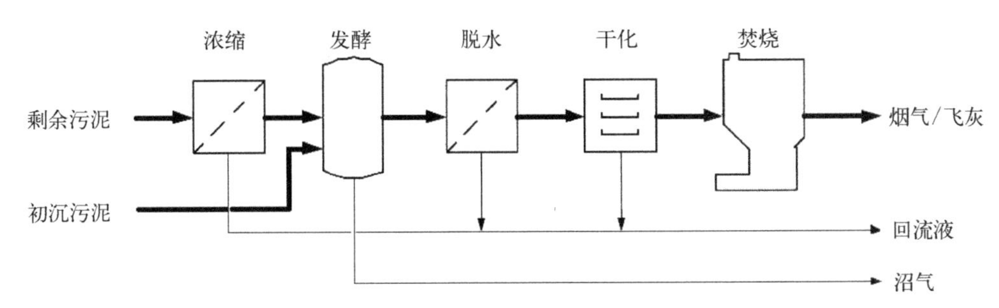

图1－18　德国污泥处理处置技术路线图（Lescher and Loll，1996）

（3）英国

英国每年产生的污泥（含水率80%）在1992年约为500万t，2005年约为600万t，2008年提高至约750万t。过去在英国污泥被直接倒入北海，随着环境问题的日益严重，欧盟在协定中规定1998年后禁止污水污泥排海。从2000年起，未经处理的污泥禁止应用于种植可食用庄稼的土壤，2005年后又进一步限制生污泥用于经济作物。目前厌氧消化法处理污水污泥在英国十分普遍，在2015年大约有85%的污水污泥用厌氧消化法处理。污泥脱水大多用离心机或带式压滤机。近几年也陆续出现了其他热处理技术，如热解或者污泥气化，但是还不普遍。污泥处置常用方法中采用土地利用的比例占到60%，土地利用量逐渐增加，污泥填埋量持续减少，焚烧量维持不变。

英国规划2020年可再生能源要达到总能耗的15%，污水行业要求达到20%。据此制定了有机物质厌氧消化设施的建设规划：将回收近9 000万t农牧业可降解废弃物，1 500万t市政可降解固体，750万t污泥中的生物质能，所有生物质能进行发电（CHP）或热能综合利用。

（4）日本

据统计，2011年，日本总人口达到1.28亿，生活污水处理率约87.6%，污水厂污泥产量为222万t（以干固体计）（水落元之等，2015）。全日本污水处理率在持续增加，但是污泥产生量从2000年开始增幅变缓，这可能和日本污水处理工艺的改进相关。

表1－9为日本污泥处理工艺的现状。从此表中可以看出，浓缩、消化、脱水、焚烧的处理

方式占到日本全部污泥处理的85%以上，日本大多数污水处理厂都采用厌氧消化来处理污泥，产生的沼气70%被利用(20%用于发电、30%用于加热罐体、20%用于其他)，剩余的燃烧掉。为减少消化次数，采用高温厌氧消化的处理厂目前亦较多。另外，为了提高消化率，还使用污泥预处理技术，如臭氧预处理(新潟县十日町污水处理厂)、超声波预处理(横滨市南部污水处理厂)、热水解预处理(新潟县长冈净化厂)。而污泥的最终处置以焚烧或协同焚烧为主。

表1-9 日本污泥处理工艺的现状(陈荣柱和任琳,1999)

最终稳定状态	污泥处理工艺	最终稳定化处理场数	处理固体物量/(t/a)	比例
液状污泥	浓缩	4	0	0
	浓缩—消化	6	8.8	0.57%
脱水污泥	浓缩—脱水	310	138.6	9.01%
	浓缩—消化—脱水	203	245.3	15.94%
	好氧消化—浓缩—脱水	6	1.1	0.07%
	浓缩—热处理—脱水	2	—	—
复合肥料	浓缩—脱水—复合肥料	90	46.2	3.00%
	浓缩—好氧消化—脱水—复合肥料	1	0.7	0.05%
	浓缩—消化—脱水—复合肥料	60	63.6	4.13%
干燥污泥	浓缩—干燥	12	0.2	0.01%
	浓缩—消化—干燥	18	3.7	0.24%
	浓缩—消化—脱水—干燥	20	1.5	0.10%
焚烧灰	浓缩—脱水—焚烧	159	553.0	35.94%
	浓缩—消化—脱水—焚烧	71	383.3	24.91%
	好氧消化—浓缩—脱水—焚烧	1	0.1	0.01%
	浓缩—热处理—脱水—焚烧	5	35.1	2.28%
	其他	3	1.8	0.12%
熔融渣	浓缩—脱水—熔融	30	50.4	3.28%
	浓缩—消化—脱水—熔融	4	2.7	0.18%
	浓缩—脱水—焚烧—熔融	2	2.5	0.16%
	消化—脱水—焚烧—熔融	3	0.1	0.01%
	其他	1	—	—
合计	—	1 011	1 538.7	100.00%

日本的污泥利用率较高，建材是主要利用方向，部分回用于土地。1996日本重新修订的下水道法要求采取措施减少污泥产生量，鼓励污泥的资源化利用，使污泥利用率稳定增长，填埋的比例逐年下降，2009年污泥利用率达到77%。图1-19是污泥利用率的历年变化情况。在污泥利用过程中，事实上污泥有机质利用率较低，仅23%的有机质通过沼气、肥料和生物固体衍生燃料等方式进行利用，其余以各种形式被焚烧。污泥焚烧在日本近几年迅速发展，成为末端处理主导工艺。近70%的污泥在浓缩脱水后被焚烧，主要设备包括立式多层炉(1964年开始使用，到20世纪80年代末已设置98座)、流化焚烧炉(1966年前后开始使用，到1996年底已设置163座)、阶梯式移动床焚烧炉(1972年开始采用，累计建造20座)、回转干化焚烧炉(川崎市于1965年采用)。

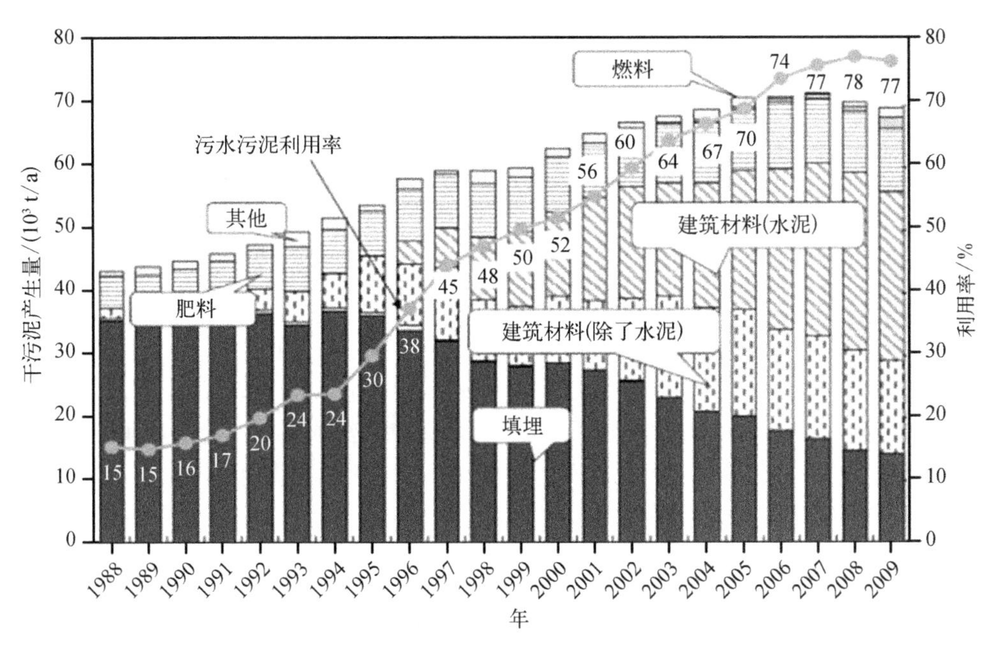

图1-19　日本污泥利用率历年变化(资料来自日本土地、基础设施、交通和旅游部)

1.4　我国污水厂污泥处理处置技术路线

1.4.1　我国常规的污泥处理处置技术路线

2015年初,住建部组织专业人员对城镇污水厂污泥的处理处置现状进行了调查。调查结果表明,建材利用、焚烧、制肥、卫生填埋等污泥无害化处置比例为56%,污泥临时处置的比例占三分之一,另有百分之十几的污泥去向不明。此外,在污泥处理处置过程中还存在一些其他的问题,如资源化与能源化比例较低、污泥大量有机质及氮磷营养物质未资源化利用等。

我国污泥处理处置技术路线基本采用了国外通用的技术路线,常规的污泥处理技术有浓缩、脱水、稳定化和热处理,处置技术有卫生填埋等。

我国污水厂有关污泥浓缩脱水的设备进口和国产均有,常用的浓缩设备有带式浓缩机、滚筒式浓缩机、筒式螺旋浓缩机及离心机等,常用的污泥脱水设备有带式脱水机、筒式螺旋脱水机、离心机和板框脱水机、浓缩脱水一体机等,技术路线和装备性能已和国际接轨。由于我国污泥的性质特点,与国外污水处理厂相比,在浓缩效率及加药量方面还存在一定的差异。存在的主要问题是能耗高,药剂费用高,且污泥脱水效率低,一般含固率只有15%~20%。针对我国目前污泥处置以填埋方式为主的需求,国内近年来开发了多种高干度污泥脱水/固化系统,并已得到了工程化应用。

厌氧消化稳定工艺我国以中温为主,2 600多座污水处理厂中只有近60座配有污泥厌氧消化设施,而其中正常运行的不到20座,主要都是利用国外贷款兴建的。虽然厌氧消化能回收生物质能、改善污泥脱水性能、减少污泥量、消化污泥可以土地利用，但目前在我国兴建消化池设备比浓缩脱水简单处理的投资高，产气量低，操作要求高，另外，由于对厌氧消化功能的认知不足，还缺乏技术规范与行业标准。

污泥好氧堆肥在秦皇岛、长春和上海等地都有应用，至 2016 年底有近 50 座，污泥好氧堆肥技术和设备为自主开发，已经实现了产业化。相对污泥厌氧消化来说，好氧堆肥投资成本低、运行管理简单，但是通常需要大量辅料且有臭气问题，此外经过好氧堆肥后的产品出路还未打通，限制了该技术的利用。

近年来污泥干化系统设备的国产化发展很快，截至 2016 年底有近 10 座，但大型化投产的干化项目，如北京、上海、重庆、深圳、苏州等地均采用进口设备。

在我国采用单独焚烧的案例不多，主要有国外进口的流化床工艺（如上海石洞口污水处理厂、竹园污水厂）以及国内自主开发的污泥喷雾干化焚烧（如浙江绍兴和萧山）。目前多数是采用污泥协同焚烧，例如广州越堡水泥厂和无锡、常州、嘉兴等地的发电厂都已经实现了规模化工程示范应用。但是我国污泥有机质含量低，污泥焚烧投资运行成本高、装备稳定性差。

污泥卫生填埋仍然是目前我国普遍采用的处置手段，截至 2017 年底超过 2 150 座的污泥处置系统采用卫生填埋，其优势是工艺简单，而且设备投资少，但是缺点是我国污泥含水率较高、填埋操作和运行困难，另外占地面积大，渗滤液如果不加处理对环境有二次污染的风险。近年来很多处置污泥的填埋场增设了高干度脱水/固化或石灰稳定设施，来实现污泥有效卫生填埋。

由于我国关于污泥土地利用的政策法规还不明确，真正意义上的土地安全利用比例还十分有限。其他处置方法（如污泥制砖、制陶粒等方式）也有相应的应用案例。各工艺的对比如表 1－10 所示。

表 1－10 典型污泥处理处置方案的综合分析与评价（中华人民共和国住房和城乡建设部，2012）

典型处理处置方案		厌氧消化+土地利用	好氧发酵+土地利用	机械干化+焚烧	工业窑炉协同焚烧	石灰稳定+填埋	深度脱水+填埋
最适用的污泥种类		生活污水污泥	生活污水污泥	生活污水及工业废水混合污泥	生活污水及工业废水混合污泥	生活污水及工业废水混合污泥	生活污水及工业废水混合污泥
环境安全性评价	污染因子	恶臭、病原微生物	恶臭、病原微生物	恶臭、烟气	恶臭、烟气	恶臭、重金属	恶臭、重金属
	安全性	总体安全	总体安全	总体安全	总体安全	总体安全	总体安全
资源循环利用评价	循环要素	有机质氮磷钾能量	有机质氮磷钾	无机质	无机质	无	无
	资源循环利用效率评价	高	较高	低	低	无	无
能耗物耗评价	能耗评价	低	较低	高	高	低	低
	物耗评价	低	较高	高	高	高	高

续　表

典型处理处置方案		厌氧消化+土地利用	好氧发酵+土地利用	机械干化+焚烧	工业窑炉协同焚烧	石灰稳定+填埋	深度脱水+填埋
技术经济评价	建设费用	较高	较高	较高	较低	较低	低
	占地	较少	较多	较少	少	多	多
	运行费用	较低	较低	高	高	较低	低

目前，欧美普遍采用厌氧消化和好氧发酵技术对污泥进行稳定化和无害化处理，其中50%以上的污泥都经过了厌氧消化处理（戴晓虎，2012）。厌氧消化后进行土地利用按照联合国政府间气候变化专门委员会的计算方法，污泥厌氧消化后进行土地利用的方案碳汇可大于碳源，实现负排放（表1－11）。

表1－11　典型污泥处理处置的碳排放分析（中华人民共和国住房和城乡建设部，2012）

处理处置方案	碳排放分析		总体碳评价
厌氧消化+土地利用	碳源	电耗间接碳排放 絮凝剂消耗间接碳排放 燃料消耗直接或间接碳排放 甲烷直接排放 一氧化二氮直接排放	负碳排放
	碳汇	沼气替代化石燃料的碳汇 土壤的直接碳捕获 替代氮肥与磷肥的碳汇	
好氧发酵+土地利用	碳源	电耗间接碳排放 絮凝剂消耗间接碳排放 燃料消耗直接或间接碳排放 甲烷直接排放 一氧化二氮直接排放	低水平碳排放
	碳汇	土壤的直接碳捕获 替代氮肥与磷肥的碳汇	
机械热干化+焚烧 工业窑炉协同焚烧	碳源	电耗间接碳排放 絮凝剂消耗间接碳排放 燃料消耗直接或间接碳排放 甲烷直接排放 一氧化二氮直接排放	中等水平碳排放
	碳汇	焚灰替代石灰等建材原料的碳汇 焚灰替代磷肥的碳汇	
石灰稳定+填埋	碳源	电耗间接碳排放 石灰消耗间接碳排放	中等水平碳排放
	碳汇	无	
深度脱水+直接填埋	碳源	电耗间接碳排放 絮凝剂消耗间接碳排放 甲烷直接排放 一氧化二氮直接排放	高水平碳排放
	碳汇	填埋气替代化石燃料的碳汇	

1.4.2 我国污泥处理处置存在的问题

目前我国污水处理厂的污泥处理设施基本实现了污泥减容,但由于污泥最终处置技术路线不明确、投资和运行资金不到位、法规监管体系不完善等原因,污泥处理处置还没有真正实现稳定化、无害化、资源化,存在二次污染风险。具体原因如下(戴晓虎,2012)。

(1)我国污水厂污泥性质和国际普遍适用的污泥技术路线存在差异

与发达国家相比,我国目前的污泥性质存在较大差异。我国污泥有机质含量较低,VSS/SS 在 30%~50%,而发达国家 VSS/SS 一般都有 60%~70%。由于污水处理厂普遍采用圆形沉砂池,导致除砂效率不高。另外,由于我国正处于高速发展时期,大量的基础设施建设导致基建泥沙排入污水管网系统,进入污泥中,从而导致污泥含砂量较高、有机质含量较低,这将在很大程度上影响污泥能源化利用的经济效益。此外,我国工业废水处理率较低,导致污泥中重金属含量偏高,将直接降低污泥土地利用的可能性。随着我国污水管网系统的不断完善、沉砂池效率的不断优化、工业废水处理监管力度的不断加大以及大型基础设施建设的完成,我国污泥特性有望得到持续改善,有机物含量将得到逐渐提高,从而有利于提高污泥资源化和能源化的可行性和经济性。

(2)我国污水厂污泥稳定化、无害化处理程度低

生污泥是污染物,含有易腐有机物、恶臭物质、病原体等,脱水效率低,卫生条件差,同时易使污染物在运输和处置环节过程中从污泥转移到陆地,导致污染物进一步扩散,使得已经建成投运的大批污水处理设施的环境效益大打折扣,所以需要对污泥在出厂前进行稳定化处理。

造成我国污水处理厂污泥稳定化、无害化程度低的原因有以下几点。

1)我国城市污水处理厂建设过程中存在严重的"重水轻泥"现象,投资严重不足。在发达国家和地区,污水处理厂的污泥处理处置均被视为必不可少的环节,投资成本和运行成本占污水处理厂总投资的 30%~50%。而在我国,污泥处理的投资比例也仅为 10%~20%,甚至更少,运行费中只包括污泥的减容和外运。大多数中小型污水处理厂往往只考虑污泥浓缩、脱水工序,而没有考虑污水处理厂内污泥稳定化、无害化处理的问题,缺乏污泥稳定化要求的约束性指标。即便是一些污水处理厂建立了污泥稳定化处理设施,由于没有明确的规范要求和约束性指标考核,运行单位积极性不足,大部分处于闲置状态。因此,我国污水处理厂仅完成了污泥的初步减量化过程,并未完成污泥的稳定化处理。

2)污泥厌氧消化稳定功能的认知差异。厌氧消化是较为普遍的污泥稳定工艺,可以达到污泥稳定化、提高污泥脱水率的目的,减低处置过程中二次污染的风险,同时还可以回收沼气。国外采用厌氧消化工艺的目的是实现污泥的稳定化、降解易腐有机物(降解率一般在 30%~50%)、提高污泥脱水率(一般可以提高 3%~5%)、降低污泥脱水的药耗(降低 20%~30%)、改善污泥脱水的环境卫生条件、避免处置过程中二次污染的风险。发达国家污泥即使进入填埋场处置也要首先进行稳定化处理,很多大型生活污水厂,如汉堡、慕尼黑等的污水厂即使污泥的最终处理采用焚烧路线,污泥在焚烧前也要采用污泥厌氧稳定化处理,回收沼气能源只是污泥厌氧稳定化和无害化处理的资源化回收副产物。但在我国,很多运行管理部门认为污泥厌氧消化主要是用于污泥的能源回收、产沼气,仅用沼气的回收量的多少来衡量厌氧系统的效益,忽略了污泥厌氧消化实现污泥稳定的本质功能。由于我国目前污泥有机质含量低,导致产气量低,成本效益不明显,再加上无污泥稳定的约束性指标要求、厌氧消化的设备运行管理要求高、操作人员要求高,仅仅通过沼气的回收无法体现厌氧消化的经济效益,显得污泥厌氧消化稳定化处理对污水厂来说是一个多余的工艺,所以导致近2/3的污泥厌氧消化设备处于不运行状态,甚至使一些人对污泥厌氧稳定化处理是否适用于我国产生了怀疑。

依目前的技术水平,利用生物方法实现污泥稳定、能源回收,无论从投资和运行、还是从二次污染的排放来说都一种简单经济有效的方式。随着未来污泥泥质的改善,高级污泥厌氧消化技术、污泥高干度厌氧消化技术、污泥和城市有机质联合厌氧发酵等技术的开发应用,污泥厌氧消化的效率及产气率的提高,未来能源价格的上涨及能源的总量控制,厌氧消化设备的国产化率提升,污泥厌氧稳定的总体效益将会得到明显提高。

3) 污泥卫生填埋无污泥稳定化的要求。发达国家对污泥稳定化有明确要求,只有后续处置过程有明确的稳定化处置工艺时才可以考虑在污水处理厂内不建稳定化处理设施(如集中好氧堆肥、焚烧等)。未经稳定化处理的污泥不能进行卫生填埋。由于我国没有这一要求,使得目前我国进入填埋场处置的污泥(约占总量的40%~60%)未进行稳定化处理。

4) 我国污泥处理处置缺乏强有力的约束性指标。我国对污泥处理没有制定明确的污水厂内污泥稳定化和无害化的强制性规范要求,导致污水处理厂在设计建设过程中无需考虑污泥的稳定化和无害化处理。另外监管部门缺少像污水处理出水COD这样的约束性指标来实现污泥的稳定化和无害化处理,再加上我国对污泥处理处置的长期忽视以及污泥排放的间歇性造成了监控的困难,所以与污水处理相比,政府对于污泥处理处置的监管更加困难。

(3) 污泥最终处置目标和技术路线方向面临双重选择

国外发达国家在实现污泥安全处置的基础上,已经开始向低碳与资源化的方向发展。由于我国污水处理起步较晚,污泥的最终处置面临着安全处置和资源化利用的双重选择,到底应该把污泥看作废弃物还是资源意见不一致,将来是否允许污泥填埋、针对资源化的处置手段有何政策、国家优先发展何种处置方式等问题都未得到解决。这些问题在国家层面没有明确要求的情况下,地方政府往往因地制宜,采用最简易的临时性手段来解决污泥问题。

(4) 污泥的处理处置需要政府相关部门的协调

污泥的最终处置在世界范围内都是一个难题,一方面由于投资很大,经济效益难以体现;另一方面涉及的部门广,需要各方面协调和配合,如农业部门、林业部门、环保部门以及建设部门等。城镇污水处理厂污泥的处理处置不同于污水处理,污水处理基本上是建设部门内部的事情,不需要与别的部门和行业打交道,推进的工作难度低。但污泥处理处置是一个需要跨行业、跨部门的难题,需要部门之间的相关政策协调。不同的污泥处理技术路线对应不同的处置途径,相应要受不同的地方政府部门管理。如果不同的部门从自身管理职能出发,制定相应的政策、规范和标准等,将有可能使部门之间的政策、规范和标准相互矛盾，使污泥处理处置在操作层面上很难推进，造成污泥处理处置面临技术路线的选择以及政策和法律法规方面的障碍。

参考文献

陈荣柱，任琳. 1999. 日本污泥处理技术现状与动态. 给水排水，(10)：20－21，2.

戴晓虎. 2012. 我国城镇污泥处理处置现状及思考. 给水排水，38(2)：1－5.

高廷耀，顾国维，周琪. 2014. 水污染控制工程. 下册(第四版). 北京：高等教育出版社.

李宗翰. 2017. 基于热水解预处理技术的超低有机质污泥厌氧消化强化工艺研究. 上海：同济大学硕士学位论文.

彭信子. 2017. 城镇污水处理厂污泥泥质特性分析及处理处置方案评估. 上海：同济大学硕士学位论文.

沙超. 2014. 城市污水处理厂污泥含砂概况调研及砂和微生物吸附机制研究. 上海：同济大学硕士学位论文.

水落元之，久山哲雄，小柳秀明，等. 2015. 日本生活污水污泥处理处置的现状及特征分析. 给水排水，51(11)：13－16.

中华人民共和国住房和城乡建设部. 2012. 城镇污水处理厂污泥处理处置技术指南(试行). 北京：中国建筑工业出版社.

Azami H, Sarrafzadeh M H, Mehrnia M R. 2012. Soluble microbial products (SMPs) release in activated sludge systems: a review. Iranian Journal of Environmental Health Science & Engineering, 9(1): 30.

Barker D J, Stuckey D C. 1999. A review of soluble microbial products (SMP) in wastewater treatment systems. Water Research, 33(14): 3063－3082.

Lescher R, Loll U. 1996. ATV Handbuch: Klärschlamm, 4. Auflage, Ernst & Sohn, Berlin.

Li X, Chen L, Mei Q, et al. 2018. Microplastics in sewage sludge from the wastewater treatment plants in China. Water Research, 142: 75－85.

Mao H F, Wang F, Mao Y, et al. 2015. Measurement of water content and moisture distribution in sludge by 1H nuclear magnetic resonance spectroscopy. Dry Technology, 34(3): 267－274.

Meng X, Venkatesan A K, Ni Y L, et al. 2016. Organic contaminants in Chinese sewage sludge: a meta-analysis of the literature of the past 30 years. Environmental Science & Technology, 50(11): 5454－5466.

Ramesh A, Lee D J, Hong S. 2006. Soluble microbial products (SMP) and soluble extracellular polymeric substances (EPS) from wastewater sludge. Applied Microbiology and Biotechnology, 73(1): 219－225.

第2章　污水厂污泥厌氧消化工艺概述

2.1　污泥厌氧消化的定义及过程

2.1.1　污泥厌氧消化的定义

厌氧过程是指在无溶解氧及其前驱物(H_2O_2 等)的环境中,污泥有机物质新陈代谢的生物过程。根据电子受体的类型,厌氧过程又分为厌氧发酵和厌氧呼吸。

厌氧发酵:指在黑暗的环境中以及没有外部电子受体的情况下,有机物通过内部平衡的氧化还原反应,被专性或兼性厌氧菌分解的代谢过程。在该过程中,有机物质既充当电子供体也充当电子受体。在厌氧发酵过程中,基质仅被部分氧化,基质中储存的能量只有一小部分被转化。厌氧消化产甲烷的过程中,产生甲烷所需的大部分电子(72%)通过这一途径产生,乙酸盐既充当电子供体也充当电子受体,这一过程也称为乙酸分解产甲烷途径。

厌氧呼吸:需要额外的电子受体来接受有机物降解时释放出来的电子,电子受体可以是 CO_2、SO_4^{2-} 或者 NO_3^-。厌氧呼吸释放的能量比厌氧发酵显著增多。当 CO_2 作为电子受体时,CO_2 就被还原为 CH_4,这一程通常被称为利用氢产甲烷途径,所产生的甲烷占28%左右。

污泥厌氧消化是在无氧条件下利用兼性菌和厌氧菌进行厌氧生化反应,降解污泥中有机物质产生 CH_4 和 CO_2 的一种污泥处理工艺。厌氧消化可以描述成一个多级过程:在无氧条件下厌氧微生物把污泥中的有机质先分解为简单的有机物,然后再转化为更为简单的 CH_4 以及 CO_2、H_2O、H_2S 等无机物质。在此过程中,不同微生物的代谢过程相互影响、相互制约,形成复杂的微生态系统。

2.1.2　污泥厌氧消化的基本原理

目前对厌氧消化的原理描述得较为科学全面并被广泛接受的是 Bryant 提出的三段理论,该理论认为,整个厌氧消化过程分为水解酸化、产氢产乙酸和产甲烷三个阶段。

1) 水解发酵阶段:专性厌氧细菌和兼性厌氧细菌等水解发酵细菌,利用其胞外酶将污泥中的蛋白质、纤维素、脂肪等较复杂的有机物水解为氨基酸、单糖、甘油等较简单的有机物，随后进一步被产酸菌酵解为乙酸、丙酸、丁酸等简单脂肪酸和醇类。

2）产氢产乙酸阶段：产氢产乙酸菌是这一阶段起主要作用的微生物菌，其将除乙酸、甲醇、H_2、CO_2 等外的有机酸（如丙酸、丁酸）和有机醇转化为乙酸，同时伴随有 H_2 和 CO_2 的产生。下列各反应式部分描述了该阶段的物质变化：

$$C_3H_7COOH + 2H_2O \longrightarrow 2CH_3COOH + 2H_2 \tag{2-1}$$

$$C_2H_5COOH + 2H_2O \longrightarrow CH_3COOH + CO_2 + 3H_2 \tag{2-2}$$

$$C_2H_5OH + H_2O \longrightarrow CH_3COOH + 2H_2 \tag{2-3}$$

3）产甲烷阶段：产甲烷菌将前两阶段产生的乙酸、H_2、CO_2 等转化为 CH_4。化学式如下，其中以乙酸为基质产生的 CH_4 约占总 CH_4 产量的 70%：

$$CH_3COOH \longrightarrow CH_4 + CO_2 \tag{2-4}$$

$$CO_2 + 4H_2 \longrightarrow CH_4 + 2H_2O \tag{2-5}$$

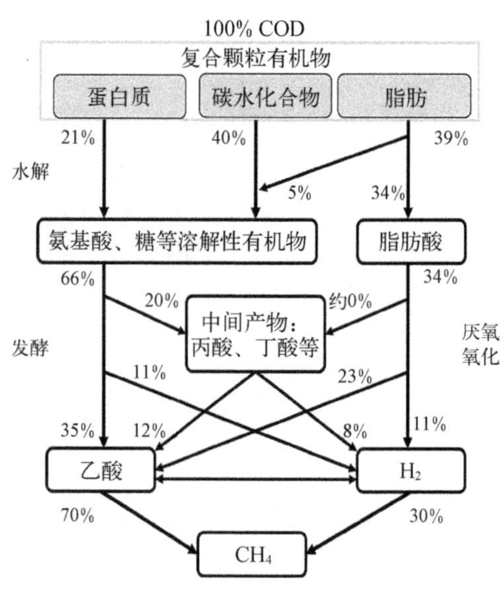

图 2－1 厌氧消化三阶段理论示意图

三阶段消化模式如图 2－1 所示。

上述三个阶段是瞬时连续发生的，它们之间既相互联系又相互影响。有机物胞外溶解过程（包括分解和水解）为酸化阶段提供溶解性的可以被微生物细胞直接吸收利用的发酵基质，酸化阶段的产物又是产甲烷菌的底物，在一定的条件下可以将它们转化为甲烷气体。因此，只有每一阶段产生的中间产物可以被微生物迅速利用时，厌氧发酵过程才能够顺利地进行下去。反之，当微生物利用基质的速率低于基质产生的速率时就会发生中间产物的积累。Zeikus 于 1979 年在三阶段理论的基础上提出四种群理论（四阶段理论），四种群理论增加了同型产乙酸菌，该菌群的代谢特点是能将氢气与二氧化碳合成为乙酸。

2.2 污泥厌氧消化的作用

污泥厌氧消化具有如下几方面的作用。

（1）污泥稳定化

生污泥中含有由各种物质组成的有机物（发达国家通常占污泥干重的 60%～80%，我国污泥有机质比例通常为 40%～60%），比如碳水化合物、脂肪和蛋白质，这也就意味着生污泥是一个理想的微生物滋生地。因为在生污泥中总是存在大量物种丰富的微生物,它们会自发的在生污泥中进行厌氧反应从而产生臭气,对环境产生二次污染。

污泥稳定化处理在严格意义上应该使生污泥易腐有机物降解,不再出现或者在极其受限的范围内产生发酵反应,为此可以运用一些物理化学方法和生物方法。

运用物理化学方法会使污泥微环境产生变化从而不再适合微生物生存,这种状态可以通过加入石灰使其 pH 达到 10 以上或者通过人工干燥法使含水量降到 30%以下来实现。但是一旦碰到酸雨,pH 会再度下降,含水量也会上升,这时可以再次运用这个方法对污泥进行处理。上述办法只是起到了一个抑制发酵过程的作用,并非最终有效的污泥稳定化处理方法。同时它不仅无法减少污泥内部固体物质含量,而且在加入石灰的情况下还会显著增加固体物质含量。

在生物方法的运用中通过控制微生物的代谢过程来降低生污泥中可生物降解的有机物含量,使其不再成为微生物的“温床”,使微生物变化反应在稳定后的污泥中只是很慢的进行,且无异味产生。通过这样的方法处理,可以使污泥获得更好的脱水性并且使固体物质的含量减少。在这种情况下可以成功对污泥进行稳定化处理。

如果在生物处理过程中引入的是厌氧代谢过程,那么称之为“消化”或者“厌氧稳定化处理”,如果降解过程是伴随着氧气供应而进行的,那么称之为“好氧稳定化处理”。污泥中有些物质是易好氧分解的,而另一些物质是易厌氧分解的。经过好氧处理的污泥仍然可以进行厌氧处理,同时经过厌氧处理的污泥也还能再进一步好氧堆肥。

(2) 污泥减量化

通过污泥厌氧消化能分解 50%~60%初沉污泥的有机质、30%~40%剩余污泥的有机质(图 2-2)。通常情况下,生污泥只能脱水到含固率 20%左右,而消化污泥在同等条件下能脱水到含固率 20%~30%。其主要原因是,生污泥中含有很多水合物,而这些都会在厌氧消化中被分解掉。基于上述原因,厌氧消化能使污泥体积减小。通过污泥厌氧消化降解污泥中易腐有机物及提高脱水效率,污泥体积大约只有原来的 30%~50%。所以厌氧消化是污泥减量化的一种重要手段,比其他热化学方法更加经济,同时可以实现污染物资源回收。

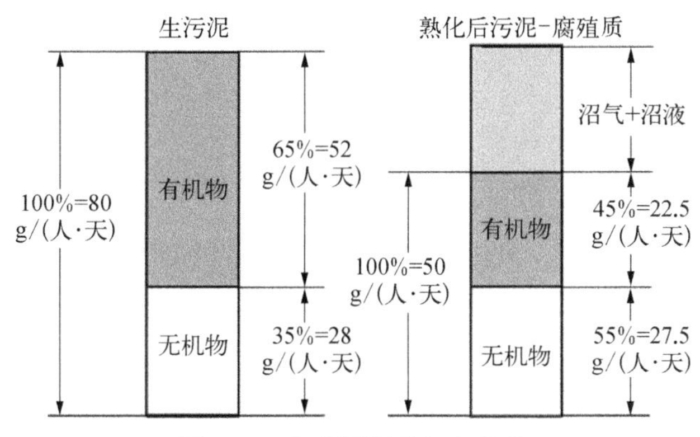

图 2-2 污泥厌氧分解有机质

(3) 污泥消毒

污泥消化能杀灭致病虫卵,防止病原体的传染。在甲烷菌大量存在的环境里,其他微生物(细菌和原生动物)的数量会急剧降低。碱性消化能杀灭一些致病细菌,如伤寒,霍乱和黄疸等。结核杆菌虽然可以存活,但其毒性会大大降低。炭疽孢子不受影响。病毒经过中温厌氧消化能减少 1 至 2 个数量级。除了番茄种子,其他植物种子经过厌氧消化后已经没有活性,这对污泥农用非常有意义。

通过中温厌氧消化,虽然大肠菌群减少了约 3 个数量级,很多病原体被消灭,但是消化污泥并不是干净无害的,还有很多病原体在消化过程中存活下来。搅拌良好的消化池是一个连续的反应器,部分病原体在里面的停留时间其实很短。要想得到完全卫生安全的污泥,需要对污泥进行一个真正意义上的消毒措施,如加热污泥到 50℃,或调节 pH 至 12.5。

(4) 促进腐殖化和增加肥力

消化污泥含有约 40%~50%的有机物质,Tang 等研究表明污泥厌氧消化可引起腐殖酸芳香化结构重聚,降低污泥的植物毒性(Tang et al.,2018)。在好氧堆肥过程中,肉眼可见的白色放线菌能产生腐殖酸等代谢产物,从而和矿物质结合形成腐殖质。腐殖质中含有甾类、萜类、α 类萘乙酸、琥珀酸、肉桂酸、香豆酸、苯乙酸、阿魏酸等 13 类植物内源生长激素,可通过直接或间接的作用促进植物生长。腐殖质还能保持土壤疏松,增加可以让空气和水进入的空隙;也能储存营养物质和水分,保持 pH 的稳定。研究发现能形成腐殖质的放线菌有利于植物的营养吸收和健康生长。土壤细菌和真菌能形成一层保护层,保护植物根系从土壤中吸收养分,称为根际。腐殖质能促进根际的形成,同时放线菌能分泌抗生素,有效地抑制病菌的繁殖和生长。

污泥中养分含量差别很大,与污水成分以及处理工艺(如脱氮除磷)有关。消化污泥一般含有下列营养物质,以每吨干物质计:有机物为 400~600 kg/t;碳(C)为 200~300 kg/t;磷(P)为 20~35 kg/t;总氮(N)为 40~50 kg/t;氨氮(NH_4^+-N)为 10~20 kg/t;有机氮为 20~30 kg/t;钙(Ca)为约 70 kg/t;镁(Mg)为约 7 kg/t;钾(K)为 2~3 kg/t。

消化污泥中的溶解铵能立即被植物吸收,但如果施肥过量或者庄稼收割后有可能会污染地下水。相反,有机氮是随着有机物的分解而逐步释放的。污泥中的磷含量差别非常大,在没有除磷工艺的污水厂中,磷含量大约在 10~40 kg/t 干固体;若污水厂有除磷工艺,磷含量大约在 15~50 kg/t。污泥中钾含量较少,对土壤肥力的意义不大。钙和镁不仅是植物生长所需的矿物质,同时也能维持土壤结构和防止土壤酸化。

(5) 能量回收和沼气利用

污泥厌氧消化产生的沼气由 60%~75%的甲烷和 25%~40%的二氧化碳组成,另外还有水蒸气、不超过 1%的硫化氢。其他气体,如氨气、氢气、氮气、氧气和烃类气体为痕量气体。如果氢气含量过高,或者二氧化碳含量过高,意味着厌氧消化被破坏。污泥厌氧消化产生的沼气可以用来供热和发电。

综上所述,污泥厌氧消化在污水处理系统中发挥了重要的作用:① 它将发臭的生污泥处理成稳定、无臭、不易传播疾病的消化污泥,可以用于农业利用或脱水填埋;② 通过降解有机物和提高脱水性能使污泥体积减小,和热化学处理方法相比,是一种较经济的污染减量化处理工艺,这可以节省后续污泥处置的成本;③ 产生的消化污泥保存了污泥的营养元素,并实现了污泥腐殖化,可以用作肥料和土壤改良剂;④ 防止污泥的二次污染;⑤ 能产生沼气,用于维持污水厂运行的能量供给,从而显著降低运营成本。

2.3 污泥厌氧消化物质转化规律

2.3.1 有机化合物的降解

污泥有机质主要由碳水化合物、脂肪和蛋白质等组成。其他有机化合物对污泥厌氧消化影响不大,因为有的很难降解,如木质素;或是在实际运行中数量非常少,如果酸等。

(1) 蛋白质

蛋白质是污泥中除水分以外的主要有机化合物,它是以氨基酸为基本单位构成的生物高分子。不同的蛋白质还含有其他不同的成分:血红蛋白和叶绿素中含有色素、酪蛋白中含有磷酸、很多蛋白酶中都含有核酸。

蛋白质是由 C、H、O、N、S 组成,这些元素在蛋白质中的组成百分比约为:C = 50% ~ 55%、H = 6.6% ~ 7.3%、O = 19% ~ 24%、N = 15% ~ 19%、S = 0.3% ~ 2.4%。蛋白质还含有少量的磷以及其他微量元素。

蛋白质初步水解为多肽,然后厌氧分解为尿素和氨基酸等中间产物,最终分解为甲烷、二氧化碳、氨和硫化氢。

(2) 碳水化合物

碳水化合物是自然界存在最多、分布最广的一类有机化合物。由 C、H、O 三种元素组成,分子中 H 和 O 的比例通常为 2 : 1,可用通式 $C_n(H_2O)_m$ 表示。碳水化合物分单糖、二糖和多糖。

多糖:多糖的代表性物质是淀粉($C_6H_{10}O_5$)和纤维素($C_6H_{10}O_5$)。多糖在降解过程中产生一系列的中间产物——单糖和二糖,最终完全降解成醇、酮、二氧化碳和氢气。多糖完全降解成甲烷和二氧化碳的反应方程式如下:

$$(C_6H_{10}O_5)_n + nH_2O \longrightarrow 3nCH_4 + 3nCO_2 \tag{2-6}$$

二糖:二糖可以分解成两个单糖。例如,蔗糖能分解成葡萄糖和果糖;动物体内的乳糖能分解成乳酸和丁醇。

单糖:单糖不能再水解成更简单的碳水化合物,只能分解成醇和二氧化碳。例如葡萄糖分解成丁醇和二氧化碳,丁醇再完全降解为甲烷。葡萄糖完全降解的化学方程式如下:

$$C_6H_{12}O_6 \longrightarrow 3\ CH_4 + 3\ CO_2 \tag{2-7}$$

(3) 脂类化合物

脂类化合物存在于污泥中。它们是生命体代谢活动不可或缺的一部分,可用来提供能量和防止热量散发。

脂肪是由甘油和脂肪酸组成的三酰甘油酯。在脂肪酶的作用下,脂肪水解成甘油和脂肪酸。如三硬脂酸甘油酯的水解为

$$C_3H_5(C_{17}H_{35}COO)_3 + 3\ H_2O \longrightarrow C_3H_5(OH)_3 + 3\ C_{17}H_{35}COOH \tag{2-8}$$

甘油和硬脂酸进一步分解为甲烷:

$$C_3H_5(OH)_3 \longrightarrow 1.75\ CH_4 + 1.25\ CO_2 + 0.5\ H_2O \tag{2-9}$$

$$C_7H_{35}COOH + 8\ H_2O \longrightarrow 13\ CH_4 + 5\ CO_2 \tag{2-10}$$

因此,三硬脂酸甘油酯完全分解为甲烷和二氧化碳的化学方程式为

$$C_3H_5(C_{17}H_{35}COO)_3 + 26.5\ H_2O \longrightarrow 40.75\ CH_4 + 16.25\ CO_2 \tag{2-11}$$

2.3.2 理论产气量的计算

有机物厌氧发酵所产沼气的量和成分取决于原料的组分。由碳、氢、氧组成的有机物经厌氧发酵得到的沼气产量可按巴斯维尔公式(Buswell-Mueller)计算:

$$C_cH_hO_o + \left(c - \frac{h}{4} - \frac{o}{2}\right) H_2O \longrightarrow \left(\frac{c}{2} + \frac{h}{8} - \frac{o}{4}\right) CH_4 + \left(\frac{c}{2} - \frac{h}{8} + \frac{o}{4}\right) CO_2 \tag{2-12}$$

若有机物中还含有氮和硫,磷的含量可忽略不计,那巴斯维尔公式可扩展为

$$\begin{aligned} C_cH_hO_oN_nS_s + \left(c - \frac{h}{4} - \frac{o}{2} + \frac{3n}{4} + \frac{s}{2}\right) H_2O \longrightarrow \\ \left(\frac{c}{2} + \frac{h}{8} - \frac{o}{4} - \frac{3n}{8} - \frac{s}{4}\right) CH_4 + \left(\frac{c}{2} - \frac{h}{8} + \frac{o}{4} + \frac{3n}{8} + \frac{s}{4}\right) CO_2 + \\ nNH_3 + sH_2S \end{aligned} \tag{2-13}$$

在 pH 为 7.0~7.7 的消化污泥中,95%~99%的 NH_3 以 NH_4^+ 的形式存在,并和由 CO_2 转化成的 HCO_3^- 中和:

$$NH_3 + CO_2 + H_2O \longrightarrow NH_4^+ + HCO_3^- \tag{2-14}$$

由此可得结论:气态产物中主要成分为甲烷和二氧化碳;留在沼液中的产物主要为铵和碳酸氢盐,它们决定了沼液的酸碱度;水参与了大部分有机物的降解,因此产生气体的质量基本上都高于所降解有机物的质量。

各类有机物的厌氧发酵产物结果如表 2-1 所示。

表 2-1　不同有机物的产气量与组分

有机物种类	干物质产气量 /(Nm^3/kg)	甲烷含量(体积分数) /%	干物质产甲烷量 /(Nm^3/kg)
碳水化合物	0.79	50	0.40
类脂化合物	1.27	68	0.86
蛋白质	0.70	71	0.50

因此，各类有机物相比，每千克类脂化合物产生的甲烷最多，碳水化合物产生的甲烷量最少。

2.3.3　厌氧过程主要生化反应的热力学参数

了解主要生化反应的热力学对于理解厌氧代谢过程很有帮助。众所周知，当反应的吉布斯自由能为正值时，表明该反应无法自发发生。如表 2-2 所示，若系统中没有硫酸盐和硝酸盐存在，则系统中存在的主要还原反应为重碳酸盐转化为甲烷或乙酸。值得注意的是，从吉布斯自由能的数值来看，最容易发生的反应是葡萄糖转化为丙酸，然而，同样从吉布斯自由能的数值来看，最难发生的反应是丙酸转化为乙酸和氢。氢利用型产甲烷菌无疑是确保有机质最终代谢为甲烷的关键。以丙酸氧化为乙酸(反应 2)为例，该反应从热力学上看无法自发反应，除非乙酸、氢从基质中去除。乙酸可被乙酸利用型产甲烷菌消耗(反应 7 和 8)，而氢则可被氢利用型产甲烷菌消耗(反应 9 和 12)。则整个反应可如表 2-2 所示。

表 2-2　厌氧消化过程中主要生化反应的热力学参数

编　号	反　　应	ΔG_0/kJ
氧化(失电子反应)		
1. 丙酸盐→乙酸盐	$CH_3CH_2COO^- + 3H_2O \longrightarrow CH_3COO^- + H^+ + HCO_3^- + 3H_2$	+76.1
2. 丁酸盐→乙酸盐	$CH_3CH_2CH_2COO^- + 2H_2O \longrightarrow 2CH_3COO^- + H^+ + 2H_2$	+48.1
3. 乙醇→乙酸盐	$CH_3CH_2OH + H_2O \longrightarrow CH_3COO^- + H^+ + 2H_2$	+9.6
4. 乳酸盐→乙酸盐	$CHCHOHCOO^- + 2H_2O \longrightarrow CH_3COO^- + H^+ + HCO_3^- + 2H_2$	-4.2
5. 乳酸盐→丙酸盐	$3CHCHOHCOO^- \longrightarrow 2CH_3CH_2COO^- + CH_3COO^- + H^+ + HCO_3^-$	-165
6. 乳酸盐→丁酸盐	$2CHCHOHCOO^- + 2H_2O \longrightarrow CH_3CH_2CH_2COO^- + 2HCO_3^- + 2H_2$	-56
7. 乙酸盐→甲烷	$CH_3COO^- + H_2O \longrightarrow HCO_3^- + CH_4$	-31.0
8. 葡萄糖→乙酸盐	$C_6H_{12}O_6 + 4H_2O \longrightarrow 2CH_3COO^- + 4H^+ + 2HCO_3^- + 4H_2$	-206
9. 葡萄糖→乙醇	$C_6H_{12}O_6 + 2H_2O \longrightarrow 2CH_3CH_2OH + 2HCO_3^- + 2H^+$	-226
10. 葡萄糖→乳酸盐	$C_6H_{12}O_6 \longrightarrow 2CHCHOHCOO^- + 2H^+$	-198
11. 葡萄糖→丙酸盐	$C_6H_{12}O_6 + 2H_2 \longrightarrow 2CH_3CH_2COO^- + 2H_2O + 2H^+$	-358
还原(得电子反应)		
12. HCO^{3-}→乙酸盐	$2HCO_3^- + 4H_2 + H^+ \longrightarrow CH_3COO^- + 4H_2O$	-104.6

续 表

编 号	反 应	ΔG_0/kJ
13. HCO^{3-}→甲烷	$HCO_3^- + 4H_2 + H^+ \longrightarrow CH_4 + 3\ H_2O$	-135.6
14. 硫酸盐→硫化物	① $SO_4^{2-} + 4H_2 + H^+ \longrightarrow HS^- + 4\ H_2O$	-151.9
	② $CH_3COO^- + SO_4^{2-} + H^+ \longrightarrow 2HCO_3^- + H_2S$	-59.9
15. 亚硫酸盐→硫化物	$SO_3^{2-} + 3H_2 \longrightarrow S^{2-} + 3\ H_2O$	-151.9
16. 硝酸盐→氨	$NO_3^- + 4H_2 + 2H^+ \longrightarrow NH_4^+ + 3H_2O$	-599.6
	$CH_3COO^- + NO_3^- + H^+ + H_2O \longrightarrow 2HCO_3^- + NH_4^+$	-511.4
17. 硝酸盐→氮气	$2NO_3^- + 5H_2 + 2H^+ \longrightarrow N_2 + 6H_2O$	-1 120.5

在某一状态下,一个反应的吉布斯自由能 ΔG 可由下式表达:

$$\Delta G = \Delta G_0 + RT\ln Q \tag{2-15}$$

其中,R 是气体常数;T 是绝对温度;Q 是当前情况下的反应熵,反应熵的表达式为:生成物浓度以其化学计量数为指数的幂的积比上反应物浓度以其化学计量数为指数的积。对于气体组分,气体浓度通常用气体分压来代替。

在某条件下,当 ΔG 为负值时,该反应才能进行。图 2-3 为氢分压与厌氧消化主要生化反应的 ΔG 之间的关系(Pohland,1992)。以丙酸的氧化为例(反应 1),若要保证反应顺利进行,即 $\Delta G<0$,氢分压需低于 10^{-4} atm*。再以二氧化碳和氢合成甲烷为例(反应 13),若要保证反应顺利进行,即 $\Delta G<0$,氢分压需高于 10^{-6},因此,以两个反应对应的 $\Delta G<0$ 区域为界,形成了一个三角形的厌氧反应区域。只有通过系统控制使相关参数满足该区域,

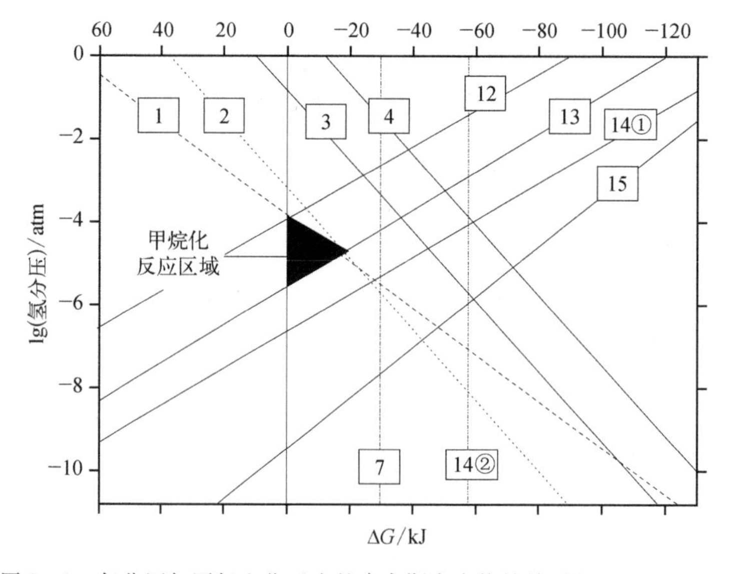

图 2-3 氢分压与厌氧生化反应的吉布斯自由能的关系(Pohland,1992)

* 1 atm = 1.013 25×10^5 Pa。

这两个关键的厌氧生化反应才能顺利进行。可见,在厌氧消化过程中,氢分压对于反应的进行至关重要。

2.4 污泥厌氧消化强化预处理方法

2.4.1 预处理技术分类和基本原理

污泥厌氧消化是一个复杂的生化过程,受到多种因素的制约。即使在相同的处理工艺和条件下,不同性质的物料厌氧发酵的处理效果也可能不同。因此,改变物料的性质和消除限速步骤的影响因素是提高厌氧消化效率的有效方法。厌氧菌进行发酵所需的基质,有很大一部分包含在微生物的细胞膜内或和细胞形成紧密的胞外聚合物(如 EPS 等),只有将这些有机质释放出来,厌氧菌才能充分利用这部分基质进行厌氧消化。因此,对污泥进行预处理,提高厌氧消化过程中污泥的水解速率,能够有效地改善污泥的消化性能。近年来较常见的污泥预处理技术有机械法、热水解法、化学法和生物法等(图 2-4)。

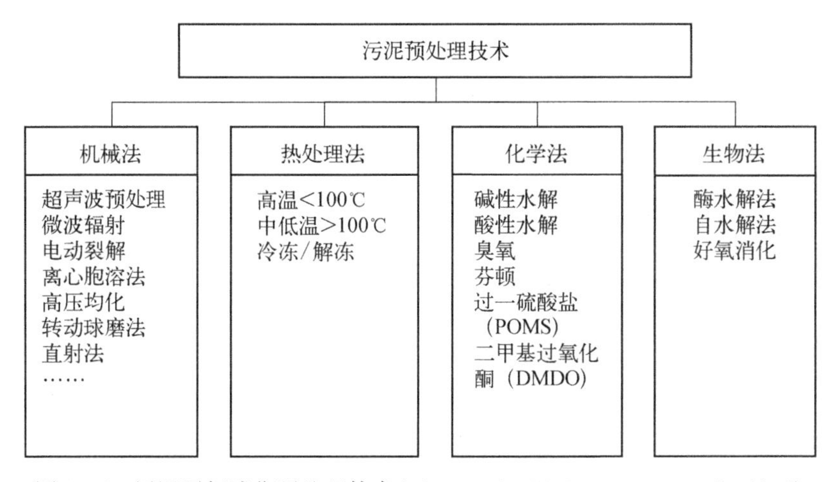

图 2-4 污泥厌氧消化预处理技术(Zhen et al.,2017;Neumann et al.,2016)

预处理是通过破坏底物基质中微生物的细胞壁,使胞内有机质大量释放,同时部分基质得到溶解、分解或水解,降低厌氧消化各菌群对有机质的利用难度,从而加快水解速率、提高污泥厌氧消化效率的方法。厌氧消化底物基质的预处理方法大类上一般可分为物理法、化学法、生物法及联合预处理法(Neumann et al.,2016)。

(1) 物理法

物理法研究应用较多的主要有机械法、热处理法等。机械预处理是利用处理过程中产生的剪切力,破坏污泥絮体及微生物细胞壁,释放其中的有机物质。常用的机械预处理方法有离心溶胞法、高压均质法、转动球磨法等。Dohanyos 等(2004)用离心溶胞法预处理初沉/剩余污泥,在 35℃ 下厌氧消化 25 d 后,发现产气量增加了 85%。国外一些污水处理厂实际运用离心溶胞预处理污泥,产气量增加 15% 以上。Onyeche 等(2003)用高压均质法预处理初沉/剩余污泥，厌氧消化后产气量增加30%。Baier 和 Schmidheiny(1997)用转动磨球法预处理初沉/剩余污泥，在37℃下厌氧消化21 d后，发现产气量增加了10%。机械预处理方法是纯物理处理方法，不会产生臭气，在污水处理厂现场就能完成。但是机械预处理方法无法杀灭污泥中的病原菌，此外，机械处理设备很容易堵塞和腐蚀，且机械维护费用相对较高。

热处理是物理法中的重要预处理方法。通过提供外加热能使底物基质中的微生物细胞膨胀并破裂，从而使细胞内的有机质(如蛋白质、矿物质等)释放，同时较高的温度也加快水解速率，促进水解过程的进行，从而加速污泥的水解酸化产气，提高初沉/剩余污泥厌氧发酵产沼气效能。许多研究者对热预处理促进初沉/剩余污泥厌氧消化进行了深入研究(Pilli et al.,2015)，热预处理的温度范围从60℃到270℃。常见的污泥预处理温度是60~180℃，100℃以下的热预处理被称作低温热预处理；高于100℃的热处理方法，以160~180℃最为常见，也称为高温热水解预处理。热预处理方式是一种较为传统的处理方法，但其需要一定的特殊设备，尤其是高温热预处理。

超声波处理和微波处理均是近年来新出现的一种快速高效的污泥预处理方法，能在短时间内产生热量，破坏细胞结构，促进细胞内有机质的释放，提高后续处理中有机质的去除率。

(2) 化学法

化学法主要是通过投加外源化学物质，如碱(氢氧化钠、氢氧化钙)、臭氧等直接或间接地破坏细胞壁。化学法预处理可以在常温条件下，以较少的投加量得到较好的细胞破解效果。化学物质的投加可能对后续处理处置产生负面影响，也因此限制了化学预处理法的发展。

化学法中，碱处理方法具有操作简单、方便以及处理效果好等优点，有一定的应用。碱预处理污泥可加快污泥胞外多聚物、细胞壁、细胞质中的脂类等大分子物质的水解，获得较多的溶解性有机物质，从而提高厌氧消化产沼气效能。运用碱预处理剩余污泥，其水解速率有所提高，但是提高率并不大。一般预处理时，常将碱预处理与热预处理、超声波预处理、微波预处理法等方法联合使用。先经过热、超声波、微波等预处理方法破坏污泥中菌胶团、微生物细胞的细胞壁，释放大分子有机物，然后再经过碱预处理促进大分子有机物质水解，从而提高污泥产沼气效能。在应用碱预处理污泥时，也要注意碱的投加量。一方面，过量碱的投加会影响pH；另一方面投加NaOH、KOH等碱类时，引入的Na^+、K^+可能对后续污泥厌氧消化具有抑制作用。

(3) 生物法

生物法主要是通过控制微生物过程，或者添加促进微生物反应的物质，强化基质的生物转化。在生物法中，生物酶技术是新兴的预处理技术，主要是通过向底物基质中投加溶菌酶或是能够产生胞外酶的细菌等，水解微生物的细胞壁，达到溶胞目的。生物酶技术在国外已受到较广泛的关注，国内在这方面的研究仍较少，该技术无毒无害、对酶的需求量低，将会是今后预处理方法的重要研究方向。

联合预处理旨在通过将两种或两种以上的预处理方法结合来大幅提高有机物降解效果。

2.4.2　高温高压热水解

针对污泥厌氧消化过程中水解酸化进程缓慢、产甲烷底物不足、整个发酵过程周期长且产气率低的特点，开发了污泥高温高压热水解预处理技术，形成了高效、低耗的热水解工艺，可有效降低污泥的黏度，实现高含固污泥厌氧消化的稳定运行，提高污泥厌氧消化的速度和产气率。此工艺不仅适用于中小型污泥处理工程，更能用于大型工程，特别适合现有集中式脱水污泥厌氧消化处理。

(1) 原理

该工艺是以高含固率的脱水污泥（含固率15%~20%）为对象的厌氧消化预处理技术。该工艺采用高温、高压对污泥进行热水解与闪蒸处理，使污泥中的胞外聚合物和大分子有机物发生水解，并破坏污泥中微生物的细胞壁，强化物料的可生化性能，改善物料的流动性，提高污泥厌氧消化池的容积利用率、厌氧消化的有机物降解率和产气量，同时能通过高温高压预处理，改善污泥的卫生性能及沼渣的脱水性能，进一步降低沼渣的含水率，有利于厌氧消化后沼渣的资源化利用。

污泥颗粒的水解过程中，主要发生如下反应：① 碳水化合物的水解，如纤维素、半纤维素、淀粉、葡萄糖等；② 把蛋白质裂解成多肽进而裂解成氨基酸；③ 把脂肪水解成甘油和高级脂肪酸。

从固相到液相的物质转化与温度、压强和反应时间有关。在温度范围从150℃到220℃、停留时间2 h时，有机物的水解率能达到70%。对于剩余污泥来说，在175℃下停留30~60 min效果最好，溶解性COD达到45%，产气率提高20%。如果温度再提高，会产生难降解的有机氮化合物，反而不利于沼气的产生。低温下以脂类、多糖和蛋白质的水解为主，在这种情况下水解pH会降低。如果同时增加压强，氨基酸会进一步分解为氨，这能使pH上升。

高温高压热水解的气体产物包括二氧化碳（75%）和甲烷（8%），以及少量氨气和硫化氢。另外高温高压热水解还有可能发生碳化反应和梅拉德反应。这两种反应都会对沼气生产产生负面影响，因为碳化反应产生的单质碳不能作为生物反应的底物被利用，而梅拉德反应的产物如果浓度过高会对消化过程中的生物代谢产生抑制作用。

高温高压热水解对污泥中污染物质的分解有着积极的作用。在温度为180℃时污泥中的多环芳烃PAH和咔唑会被进一步分解。重金属会从液相中被浓缩至固相中，减少了对污泥上清液回流的污染。

(2) 工艺流程

该工艺处理流程主要包括混匀预热、水解反应和泄压闪蒸三个步骤，如图2-5所示。具体操作分为七步：① 通过传输泵从浓缩池中将待处理污泥输送到反应器中；② 从其他反应器中输出的闪蒸蒸汽对污泥进行预加热，污泥温度可以从15℃提高到80℃；③ 热水解反应在温度150~170℃、压强5~6 bar（1 bar = 10^5 Pa）进行；④ 达到此条件的高温蒸汽来自于蒸汽锅炉；⑤ 当温度和压力达到上述反应条件时，反应时间保持20~30 min；⑥ 当反应结束后，蒸汽被释放到另一个反应器中，用以预加热污泥；⑦ 最后，热水解污泥被释放到缓冲池中存储。此循环过程无需用泵,均靠反应器中的剩余压力完成。

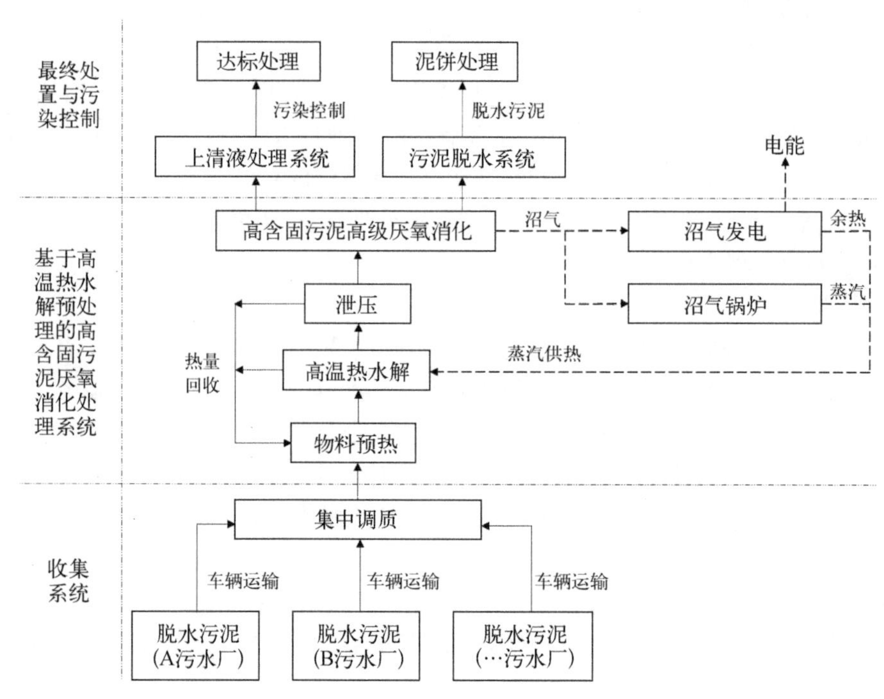

图 2-5 基于高温高压热水解预处理的城市污泥厌氧消化流程图

经过近 20 年的研究,该工艺已在欧洲得到规模化的工程应用,目前已有 20 多个大小规模的工程实例,每年处理 420 000 t 干污泥,且运行良好。近年来在我国长沙、北京、西安均有规模化应用。

(3) 热水解预处理的优缺点

污泥的热水解预处理对后续处理工艺均有积极影响。

1) 增加了悬浮性颗粒污泥的可溶性,特别是有机物。由于溶解性物质较颗粒性污泥易降解,因此增加了污泥的生物可降解性,增加了产气量,产生的生物沼气质量高。

2) 降低了污泥的黏滞性。在相同的固体含量(DS)和温度条件下,热水解后,污泥的黏滞性较热水解前下降 90%左右。这可以使消化池接受这种低黏滞性高 DS 的污泥还不存在搅拌问题。同时,低黏滞性的污泥也使得消化池前的热交换器不易产生污泥堵塞问题。

3) 热水解工艺改善了污泥的卫生学性质。反应器的高温高压反应条件(150~170℃)和较长的反应时间(30 min),能杀灭污泥中的病菌等有害微生物,初步实现污泥的无害化。除此之外,热水解污泥还具有无臭味、易于搬运处理等特点,特别适合用作土壤改良。

4) 经热水解预处理后的污泥具有更佳的脱水性能。在离心脱水和只投加聚合物不投加石灰的条件下,对于剩余污泥,脱水后含固率可达到 30%;对于混合污泥,其脱水后干物质含量可以达到 35%。污泥的脱水性能得到改善,这意味着最终污泥体积减量化程度进一步提高。

热水解预处理除了能达到预期的效果,还会产生一些不利的影响。特别是较高的污泥降解率会使铵(NH_4^+)含量上升,一般沼液中 NH_4^+ 的浓度可达2 000 mg/L以上。另外COD及难降解有机物含量也会上升,通常沼液COD可达3 000~5 000 mg/L,这对反应器稳定运行没有影响,但是在处理污泥上清液时需要重点考虑。

2.4.3 超声波预处理

超声波技术作为污泥厌氧消化预处理手段从20世纪90年代以来被广泛关注。超声波预处理法是将生物化学领域用以破碎细胞的超声波技术应用到污泥的预处理上,破坏微生物细胞的细胞壁,使得细胞内的有机质被释放,从而促进污泥水解和消化的进行。

(1) 原理

超声波是指频率高于20 kHz的声波。其作用原理是在超声波作用下,在液相内形成空化气泡,这些气泡不断成长并最终共振内爆,局部产生超高温(5 000 K)、高压(50 MPa),同时产生巨大的水力剪切力,使污泥结构中相当数量的微生物细胞壁被破坏,细胞质和酶得以释放,表现为污泥的可溶性COD的比例上升、氮和磷的浓度增加。

超声波的处理机制主要分两方面,即低频时的空穴效应以及高频时产生OH·、HO_2·、H·等自由基团所引起的化学效应。在污泥预处理中,低频(20~40 kHz)超声处理更有效,超声波低频预处理是以机械振荡的方式破碎污泥中的絮状沉淀、菌胶团甚至细胞结构,从而释放污泥中的有机物质,使其较易被厌氧微生物利用。

(2) 处理效果

超声波预处理污泥的影响因素较多,包括超声波频率、强度以及处理时间等,不同的频率、强度和处理时间都会对有机物质的释放、可生物降解性的增加产生不同程度的影响。在超声波预处理过程中,同时会引起污泥温度的升高,也可导致热效应。因此,对污泥进行超声波预处理时,会产生超声波和热预处理的综合效应。

超声波能改变污泥的性质,改善污泥厌氧消化的性能,但是其处理效果受到频率、强度、作用时间和发生方式等因素的影响。只有在合适的条件下,预处理效果才能达到最佳。研究表明,低频超声波(<100 kHz)产生的机械力最为有效,因为它能促进颗粒的增溶作用,其中41 kHz超声波对污泥的分解效果最好(Rokhina et al.,2009)。同时双频、三频超声波辐照产生的污泥破解效果远大于单频产生的污泥破解效果之和。另有研究表明,超声波处理污泥的时间小于30 min时,污泥产气量随着预处理时间的增加而增加;预处理时间超过30 min后,污泥产气量的增加并不明显(Wang et al.,1999)。因此,30 min宜作为超声波预处理污泥的最佳时间,另外,超声波预处理法可缩短污泥厌氧消化周期近4 d,并能提高污泥的脱水性能。Xu等研究表明超声波预处理可以增加7%~8%的厌氧消化效率(Xu et al.,2011)。Apul和Sanin(2010)以频率为24 kHz、最大输出功率为400 W的超声波仪处理污泥15 min后,发现溶解性COD从50 mg/L增加到2 500 mg/L。之后他们使用半连续反应器进行试验,甲烷日产量明显增加。使用超声波处理污泥时,污泥温度也随之上升,热效应也会对污泥产生一定影响。

超声波技术具有无污染、能量密度高、分解速度快等特点,与其他方法相比,具有在短时间内迅速释放细胞内物质的优势，但在促进细胞破碎后固体碎屑的水解方面却不如其他预处理方法。另外超声波预处理法在提高效果的同时，降低能耗和处理费用的问题有待进一步研究。同时由于超声波的作用受到液体许多参数（如温度、黏度、表面张力等）的影响，其效果的选择性较强，由于其作用原理，通常只能适用于含固率较低的浓缩污泥。

（3）工程应用

过去超声波预处理只在实验室中被小规模应用，研究结果表明，利用超声波预处理污泥能使沼气产量提高25%。

大约10年前，超声波预处理第一次被应用于德国Bamberg市的大型污水处理厂。现在在许多国家（如荷兰、丹麦、波兰、奥地利、匈牙利和西班牙等）的污水处理厂也陆续应用了超声波预处理技术。

德国Bamberg市污水处理厂有三座消化池。随着污水处理量的增加，原有的消化池已经不能满足日益增长的污泥处理需求。2002年，人们决定在污水厂试验应用超声波预处理技术的效果4个月。结果经过超声波预处理后的二沉池污泥的产气率比原先提高了30%，沼气中的甲烷含量也有明显提升。由于取得了满意的效果，污水厂安装了两座超声波预处理装置（2×5 kW），并于2004年8月开始运行。在被送入消化池之前，有30%的二沉池浓缩污泥经过超声波预处理。

分析2004~2007年的数据可得：尽管污泥量增加，消化时间减少，但是污泥的有机降解率从34%提高到60.4%，产气量也有所增加；由于超声波预处理提高了污泥的脱水性能，消化污泥量也比原来减少。

德国其他污水厂的大规模研究结果如下：Freising污水处理厂的产气率提高11%；Schermbeck污水处理厂的产气率提高6%~10%；Darmstadt污水处理厂的产气率进一步提高24%（从241 L/kg提高到300 L/kg）。

由于超声波预处理对不同污泥性质的选择性较强，并有众多不成功的案例，限制了该技术的大规模应用。

2.4.4 酶水解预处理

（1）原理

生物酶技术是指向污泥中投加能够分泌胞外酶的细菌，或直接投加溶菌酶等酶制剂，达到溶胞的目的，同时这些细菌或酶还可以将不易生物降解的大分子有机物分解为小分子物质，有利于厌氧菌对底物的利用，促进厌氧消化的进行。这些溶菌酶可以从消化池中直接筛选，也可以选育特殊的噬菌体和具有溶菌能力的真菌。目前，投加酶制剂的方式有少数应用实例，但成本问题尚需证实；而投加产酶微生物的方式仍处于研究阶段，离成熟应用尚有距离。

（2）处理效果

酶水解预处理常与化学、物理等预处理方式联合使用，起到协同促进水解作用。用于污泥预处理的酶主要有蛋白酶、糖苷酶、脂肪酶、溶菌酶等，同时针对产酶微生物的研究主要集中于嗜热溶胞菌、微杆菌、芽孢杆菌等。酶水解预处理对污泥厌氧消化的作用主要表现在提高有机降解率和产气速率缩短污泥厌氧消化时间。污泥中蛋白质、碳水化合物、脂肪等主要有机物厌氧消化降解过程中涉及的主要酶如图2-6所示。

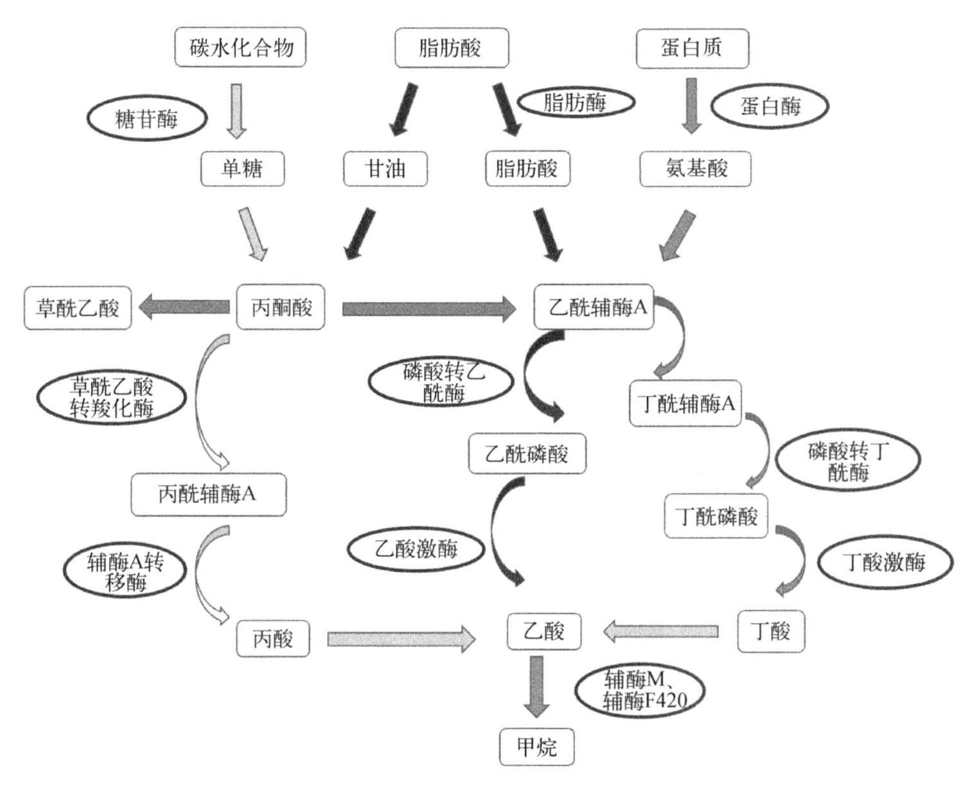

图2-6 污泥厌氧消化系统中酶的作用示意图

溶菌酶能够有效地溶解污泥中难以水解的高分子物质，使污泥的脱水性能和消化性能在很大程度上得以提高和加强，甲烷产率能提高10%左右。高瑞丽研究发现，加入0.06 mL/g碱性蛋白酶后，初沉/剩余污泥产气速率显著加快，第一天的产气量就已达到总产气量的80%；随着碱性蛋白酶投入量的进一步增加，其产气量也显著增加，并且总气体中甲烷含量也有一定程度的增加（高瑞丽，2009）。杨永林用嗜热菌AT07-1（能够分泌出胞外蛋白酶和淀粉酶等生物活性酶类），对污泥进行预处理后，发现嗜热菌AT07-1促进了污泥中总悬浮固体的溶解，有利于污泥厌氧消化产沼气（杨永林，2008）。潘维等用淀粉酶预处理剩余污泥后，发现预处理污泥4 h后水解效果最佳，SCOD/TCOD（溶解COD/总COD）从6.36%增加到30.928%，可溶性蛋白质是原污泥的8.65倍，而可溶性糖达到原污泥的51.65倍（潘维等，2011）。

利用生物活性酶处理污泥，能够提高污泥产沼气效率，操作简便、能量消耗较低，且对设备无腐蚀性，是一种提高污泥厌氧消化产沼气的新方法。生物酶技术还是一项新兴的生物处理技术，目前仍处于试验研究阶段，需进一步优化和完善。由于该项技术经济、操作简单、无二次污染，已引起越来越多的关注。

（3）工程应用

关于酶水解工程应用的相关报道相对较少。Recktenwald等（2015）报道了在丹麦伦透夫特某污水厂厌氧消化工程投加酶制剂的研究结果。酶制剂为两种糖苷酶混合液，投加量 5 kg/t(干污泥)，实验周期为 6 个月。与未投加酶制剂的厌氧消化池相比，投加酶制剂的消化池产气率提高 10%～20%。酶预处理技术的优势还体现在不改变原工艺流程，无设施投资费用；另外，污泥减量和脱水性能的提高可使后续所需的絮凝剂用量降低 10%～20%。

2.4.5 其他预处理技术

(1) 加碱预处理

加碱预处理法是在常温条件下，通过加碱[NaOH、KOH 或 $Ca(OH)_2$]来促进污泥中的一些纤维成分溶解的方法。碱性预处理法在抑制细胞活性的同时，能有效地溶解污泥中的硝化纤维，使其转变为可溶性的有机碳化合物，能更容易被微生物利用。与不加碱液的污泥相比，挥发性有机物和 COD 分解率均有较大程度的增加。

碱对污泥的溶胞效果与碱的投加量以及碱的种类有关。在常温下，随着 NaOH 添加量的增加，污泥中 COD 溶出率也随之增加，因此污泥厌氧消化性能有所提高，且产气中甲烷的比例也有明显的增大，这可能是由于加碱水解能促进脂类及蛋白质的利用。另外，低剂量的 NaOH 预处理对污泥的溶解效果比 $Ca(OH)_2$ 更为显著。

总体来说，加碱预处理法的优点主要体现在：增加污泥的 COD 和挥发性有机物的降解率，增大产气量，提高产气中的甲烷含量；缩短污泥厌氧消化的周期；调节污泥的 pH，使其处于适宜厌氧消化的 pH 控制范围；操作简单方便。但在另一方面，加碱预处理法过程中会产生一些抑制厌氧消化反应的物质和一些难溶物质，而 Na^+ 和 OH^- 本身也是厌氧消化的抑制剂，并易腐蚀仪器设备，因此最合理的碱液投加量以及碱处理法的负面效应尚待进一步深入的研究。

(2) 臭氧氧化

臭氧作为一种强氧化剂，可以通过直接或间接反应的方式破坏污泥中微生物的细胞壁，使细胞质进入溶液中，增加污泥中溶解性有机碳的浓度，提高污泥的厌氧消化性能。间接反应取决于寿命较短的羟基自由基；直接反应速率很低，取决于反应物的结构形式。从细胞中释放出来的蛋白质能继续与臭氧发生反应而被分解，同时臭氧与不饱和脂肪酸反应形成可溶于水的短链片段。

臭氧的处理效果与其投加量直接相关，投加量越大，处理效果越好，对厌氧消化越有利。但增加投药量也相应增加了污泥预处理的成本，因此目前不具备广泛应用的条件。

(3) 冷冻预处理

冷冻预处理法是将污泥降温至凝固点以下，然后在室温条件下融化的处理方法。通过冷冻形成冰晶再融化的过程胀破细胞壁，使细胞内的有机物溶出，同时使污泥中的胶体颗粒脱稳凝聚，颗粒粒径由小变大，失去毛细状态，从而有效提高污泥的沉降性能和脱水性能，加速污泥厌氧消化过程的水解反应。

通过冷冻法处理后的污泥中溶出的蛋白质和碳水化合物总量要比未经处理的污泥高 20 倍左右，另外在较高的凝固点(−10℃)条件下，污泥的冷冻速度相对较慢，对细胞的破壁效果更为显著,污泥消化后的产气量提高近30%。但是冷冻预处理法受自然条件限制较大,在寒冷地区具有一定的应用前景。

(4) 高压喷射预处理

高压喷射预处理利用高压泵将污泥循环喷射到一个固定的碰撞盘上,通过该过程产生的机械力来破坏污泥内微生物细胞的结构,使得胞内物质被释放出来,从而显著提高污泥液体中蛋白质的含量,促进水解的进行。但是高压喷射法处理污泥过程的机械能损失较大,当所用设备能耗(以SS计)为1.8×10^4 kJ/kg时细胞裂解程度仅为25%,所以该方法在实际的工程应用中难以推广。

(5) 辐照法

辐照法即利用辐照源释放的射线对污泥进行照射处理,目前应用较多的辐照源主要是产生γ-射线的钴源。经γ-射线辐照处理后,污泥的平均粒径减小,污泥絮体中的微生物细胞结构被破坏,污泥中可溶性有机物增加,能提高厌氧消化效率,并能改善污泥的脱水性能和沉降性能。此外,γ-射线对微生物有较强的致死作用,经高剂量的γ-射线辐照处理后的污泥中粪大肠菌数减少约3个数量级。

辐照预处理法有利于缩短污泥厌氧消化的周期,加速厌氧消化速率,提高产气量,还可起到灭菌的作用。但是该方法应用操作技术要求高,能耗相对较大,其经济可行性有待进一步研究。

(6) 微波预处理

微波预处理是近年出现的污泥破解的新方法,主要利用电磁场的热效应和生物效应的共同作用。微波是一种振动频率在0.3~300 GHz的电磁辐射,其波长在1 m至1 mm之间。微波会导致热量产生,使污泥中细菌失去生存和繁殖的条件而死亡,并且改变微生物蛋白质的二、三级结构,改变细胞膜的通透性能,改善污泥的水解环境,提高它的厌氧消化性能。经微波预处理过的污泥,厌氧消化过程变快,产气量大幅度提高,而且最终生物降解程度也更为彻底,但是在厌氧消化初期存在抑制期。

微波主要通过如下两个方面破坏微生物细胞壁,从而提高污泥水解效率:① 微波可以引起分子振荡,导致污泥温度升高,从而引发热效应;② 非热效应,微波产生的交变电场使细胞壁中大分子的氢键断裂,从而破坏细胞壁结构,释放出细胞内有机物质。

Saha等(2011)用2 450 MHz、1 250 W的微波预处理初沉/剩余污泥,经过21 d中温消化后发现污泥产沼气量增加90%。Sólyom等(Sólyom et al.,2011)用微波预处理污泥,1 000 W功率下,吸收能0.54 kJ/mL时,溶解性COD浓度最大,当吸收能为0.83 kJ/mL时,甲烷产量增加了15%,且发现改变微波功率对沼气产量无影响。高瑞丽以210 W的微波预处理初沉/剩余污泥5 min,发现累计产气量增加2.17倍(高瑞丽,2009)。Hosseini和Eskicioglu用微波预处理初沉/剩余污泥,发现温度在50~96℃时,微波加热和传统加热法对大分子物质的水解促进作用相同(Hosseini and Eskicioglu,2016);但在厌氧消化实验中,Eskicioglu等(2007)发现微波的非热效应能够促进污泥中温厌氧消化产沼气量。Hong等(2006)实验发现达到同样的温度,微波预处理对污泥中细胞的破坏比传统的热处理大。与传统的加热方式相比,微波预处理升温快、能耗少且产生的有毒气体较少。微波预处理能高效促进大分子有机物水解成小分子,进而促进初沉/剩余污泥厌氧发酵产甲烷的效能。但是影响微波预处理的因素较多,如微波功率、密度、处理时间、温度等,其中任何一个因素的改变,都会导致实验结果的差异。

微波预处理是一项新兴技术,克服该方法对厌氧消化初期的抑制作用以及如何选择最优条件以实现最佳溶胞效果和提高后续厌氧生物降解效率有待进一步探讨。

2.5 污泥厌氧消化工艺在我国的运用现状

污泥厌氧消化技术由于污泥稳定效果好,能够回收污泥中的生物质能,实现污泥减量化、稳定化、无害化、资源化的目标,并且改善污泥脱水性能,在发达国家得到普遍应用,同时也是一种最为低碳的污泥处理方式。截至 2011 年,我国已建成的城市污泥厌氧消化项目约有 60 个,但其中只有约 1/3 的正常运行(戴晓虎,2012),传统污泥厌氧消化技术的推广应用在我国面临极大的挑战,通过"十二五"科技攻关,高含固厌氧消化得到推广应用,建设了一批示范工程,对污泥厌氧消化技术的推广起到了积极的作用。部分已建污泥厌氧消化项目如表 2-3 所示。

表 2-3 部分已建污泥厌氧消化项目汇总(截至 2018 年底)

序号	项目名称(地区)	处理规模	建成时间
1	天津东郊	40 万 m^3/d	1990 年前
2	天津纪庄子	54 万 m^3/d	1990 年前
3	北京高碑店	80 万 m^3/d	1999 年前
4	太原杨家堡	16.6 万 m^3/d	1986 年
5	北京小红门	60 万 m^3/d	2009 年
6	成都三瓦窑	10 万 m^3/d	1991 年
7	武汉三金潭	30 万 m^3/d	2010 年
8	海口白沙门	30 万 m^3/d	2005 年
9	杭州四堡	60 万 m^3/d	1999/2002 年
10	济南/黄台	22 万 m^3/d	1998 年
11	济宁	19 万 m^3/d	2002 年
12	沈阳北部	40 万 m^3/d	1998 年
13	石家庄桥东	50 万 m^3/d	2007 年
14	西安邓家村	16 万 m^3/d	2006 年
15	漳州东区	10 万 m^3/d	2006 年
16	郑州王新庄	40 万 m^3/d	2008 年
17	重庆鸡冠石	60 万 m^3/d	2009 年
18	重庆唐家沱	30 万 m^3/d	2005 年
19	淄博光大	6 万 m^3/d	2004 年
20	青岛麦岛	14 万 m^3/d	2008 年
21	厦门筼筜	13.4 万 m^3/d	1997 年
22	上海白龙港	200 万 m^3/d	2011 年
23	大连夏家河	—	2009 年
24	青岛李村河	8 万 m^3/d	—
25	青岛团岛	10 万 m^3/d	1999 年
26	南昌市青山湖	33 万 m^3/d	2004 年

续 表

序 号	项目名称(地区)	处理规模	建成时间
27	西安第四/北石桥	25万 m^3/d	2008年
28	西安第五	20万 m^3/d	2011年
29	烟台套子湾	25万 m^3/d	2008年
30	上海松江	6.8万 m^3/d	1985/2000年
31	重庆唐家桥	4.8万 m^3/d	1997年
32	青岛海泊河	8万 m^3/d	1993年
33	曲阜	4万 m^3/d	2000年
34	兖州	4万 m^3/d	2002年
35	泰安清源水务	6万 m^3/d	2007年
36	南京江心洲	64万 m^3/d	2006年
37	无锡芦村	20万 m^3/d	2003年
38	兰州雁儿湾	16万 m^3/d	2003年
39	兰州七里河安宁	20万 m^3/d	2006年
40	张家口宣化排水	12万 m^3/d	2006年
41	乌鲁木齐河东创威	20万 m^3/d	2011年
42	滕州	8万 m^3/d	2004年
43	石家庄桥西	16万 m^3/d	1993年
44	天津北辰	10万 m^3/d	2006年
45	宜昌临溪江	20万 m^3/d	2008年
46	北京市	6 000 t/d^a	2018年
47	长沙市	500 t/d^a	2015年
48	大连夏家河	600 t/d^a	2010年
49	天津津南	800 t/d^a	2018年
50	镇江市	260 t/d^a	2016年

注：上标a代表80%含水率的污泥处理规模，其余为污水处理规模。

参考文献

高瑞丽. 2009. 不同预处理方法对剩余污泥厌氧消化. 食品与生物技术学报,1: 28.

潘维,莫创荣,李小明,等. 2011. 外加淀粉酶预处理污泥厌氧发酵产氢研究. 环境科学学报,31(4): 785-790.

杨永林. 2008. 剩余污泥嗜热酶溶解预处理的效果研究及其资源化. 长沙: 湖南大学硕士学位论文.

Apul O G, Sanin F D. 2010. Ultrasonic pretreatment and subsequent anaerobic digestion under different operational conditions. Bioresource Technology, 101(23): 8984-8992.

Baier U, Schmidheiny P. 1997. Enhanced anaerobic degradation of mechanically disintegrated sludge. Water Science and Technology, 36(11): 137-143.

Dohányos M, Zabranska J, Kutil J, et al. 2004. Improvement of anaerobic digestion of sludge. Water Science and Technology, 49(10): 89-96.

Eskicioglu C, Terzian N, Kennedy K J, et al. 2007. Athermal microwave effects for enhancing digestibility of waste activated sludge. Water Research, 41(11): 2457-2466.

Hong S M, Park J K, Teeradej N, et al. 2006. Pretreatment of sludge with microwaves for pathogen destruction and improved anaerobic digestion performance. Water Environment Research, 78(1): 76-83.

Hosseini K E, Eskicioglu C. 2016. Conventional heating vs. microwave sludge pretreatment comparison under identical heating/cooling profiles for thermophilic advanced anaerobic digestion. Waste Management, 53: 182-195.

Neumann P, Pesante S, Venegas M, et al. 2016. Developments in pre-treatment methods to improve anaerobic digestion of sewage sludge. Reviews in Environmental Science and Bio/Technolgy, 15: 173-211.

Onyeche T, Schläfer O, Sievers M. 2003. Advanced anaerobic digestion of sludge through high pressure homogenisation. Journal of Solid Waste Technology and Management, 29(1): 56-61.

Pilli S, Yan S, Tyagi R D, et al. 2015. Thermal pretreatment of sewage sludge to enhance anaerobic digestion: a review. Critical Reviews in Environmental Science and Technology, 45(6): 669-702.

Pohland F G. 1992. Anaerobic treatment: fundamental concepts, applications, and new horizons. Design of Anaerobic Processes for the Treatment of Industrial and Municipal Wastes, 7: 1-33.

Recktenwald M, Dey E S, Norrlow O. 2015. Improvement of industrial-scale anaerobic digestion by enzymes combined with Chemical treatment. Journal of Residuals Science & Technology, 12(4): 205-214.

Rokhina E V, Lens P, Virkutyte J. 2009. Low-frequency ultrasound in biotechnology: state of the art. Trends in Biotechnology, 27(5): 298-306.

Sólyom K, Mato R B, Pérez-Elvira S I, et al. 2011. The influence of the energy absorbed from microwave pretreatment on biogas production from secondary wastewater sludge. Bioresource Technology, 102(23): 10849-10854.

Saha M, Eskicioglu C, Marin J. 2011. Microwave, ultrasonic and chemo-mechanical pretreatments for enhancing methane potential of pulp mill wastewater treatment sludge. Bioresource Technology, 102(17): 7815-7826.

Tang Y, Li X, Dong B, et al. 2018. Effect of aromatic repolymerization of humic acid-like fraction on digestate phytotoxicity reduction during high-solid anaerobic digestion for stabilization treatment of sewage sludge. Water Research, 143: 436-444.

Wang Q, Kuninobu M, Kakimoto K, et al. 1999. Upgrading of anaerobic digestion of waste activated sludge by ultrasonic pretreatment. Bioresource Technology, 68(3): 309-313.

Xu H, He P, Yu G, et al. 2011. Effect of ultrasonic pretreatment on anaerobic digestion and its sludge dewaterability. Journal of Environmental Sciences, 23(9): 1472-1478.

Zhen G, Lu X, Kato H, et al. 2017. Overview of pretreatment strategies for enhancing sewage sludge disintegration and subsequent anaerobic digestion: current advances, full-scale application and future perspectives. Renewable and Sustainable Energy Reviews, 69: 559-577.

第3章　污泥高含固厌氧消化的物质转化研究

3.1　污泥高含固厌氧消化技术的发展背景和意义

3.1.1　传统的污泥厌氧消化技术在我国的应用现状

在目前较成熟的固废减量技术中，厌氧消化因其能够在将有机物稳定化的同时回收能源而在世界各地得到普遍应用，在工程上被广泛用于农业废弃物、餐厨垃圾以及城市污泥等废弃物的处理与处置（Chen et al.，2008）。根据所处理物料含固率（TS，w/w）的不同，厌氧消化可分为湿式/低含固消化（<10%）和干式/高含固消化（Rapport et al.，2012），传统的污泥厌氧消化工艺属于低含固消化工艺。对于一些中小型污水处理厂，以及发展中国家的很多污水厂，由于经济因素、政策法规、地理位置、用地限制、规划不当等因素，污泥低含固厌氧消化工艺未能广泛地推广。

传统低含固污泥厌氧消化工艺在我国没有普及，除了公众和专业人员对厌氧消化认知不足、缺乏工程建设和运行经验以外，还有以下几点原因。

1）我国污泥有机质含量低，VS/TS 平均水平为 30%～50%，远低于发达国家的平均水平（60%～70%）。传统低含固厌氧消化工艺，运行负荷低，反应池体积大，由于所处理污泥的含固率为 2%～5%，含水率为 95%～98%，加热保温能耗高，导致污泥厌氧消化的经济效能较低。

2）我国污泥含砂量高，且无机砂粒粒径小，平均粒径小于 50 μm。一方面，由于无机细粒泥沙的影响，导致厌氧消化有机物降解率低；另一方面，在厌氧消化过程中，包含或结合在污泥絮体的细小无机砂粒被大量释放出来，沉积在厌氧消化池的底部和污泥输送管道中，极易形成板结，从而影响厌氧消化系统的正常运行。

3.1.2　污泥高含固厌氧消化工艺的潜在优势和研究现状

对于上述讨论的两个问题，高含固厌氧消化为我们提供了一个新的解决思路。

1）高含固厌氧消化，实质是提升了进料的有机质浓度，在同样的停留时间上，厌氧消化系统的有机负荷得到提升，这将有利于提高单位体积的沼气产量。另一方面，进料污泥含水率的降低也有利于降低物料保温所需的能耗。因此，高含固厌氧消化技术对于提升污泥厌氧消化的经济效能具有重要意义。

2）对于我国污泥含砂量高引起的运行问题，采用脱水污泥进行完全混合式高含固厌氧消化也是解决途径之一。高含固污泥具有较好的均质性，在厌氧消化搅拌系统中呈现半流态，不利于无机物的沉积。

在许多发展中国家，虽然污泥稳定化水平较低，但污泥脱水环节多已普遍应用，这为污泥集中输送，进而集中厌氧消化处理提供了便利。

污泥高含固厌氧消化具备以上的潜在优势，但也存在一些工艺难点和未知科学问题。

第一，脱水污泥的含固率是浓缩污泥的 4~10 倍，这意味着，污泥高含固消化系统中的有机底物浓度、潜在有毒有害物质浓度以及无机颗粒浓度都将提高至传统污泥厌氧消化工艺的 4~10 倍。固体含量、有机负荷、潜在抑制性物质浓度将对污泥高含固厌氧消化系统造成怎样的影响，是考察污泥高含固厌氧消化可行性的重要因素。

第二，脱水污泥是一种半塑性非流动态的固体废弃物，其黏度比浓缩污泥大 3 个数量级。在高含固厌氧消化过程中，脱水污泥的生化水解速率和流变特性也是影响高含固厌氧消化的重要因素。采用适宜的预处理技术有助于提高污泥的水解酸化速率和流动性。

第三，污泥在脱水之前通常会加入化学调理药剂聚丙烯酰胺（PAM）来提高其脱水性能，PAM 在后续的高含固厌氧消化系统中是否会对污泥传质产生影响，其代谢产物对沼液沼渣的处置有何风险，也有待研究。

目前，高含固厌氧消化的研究对象主要涉及市政、工业、农业等多个领域，包括餐厨垃圾（Cho et al.，2013；Cho et al.，1995）、农业废弃物（He et al.，2008；Pang et al.，2008；Mosier et al.，2005）、城市生活垃圾中的有机部分（Forstercarneiro et al.，2007；Tsuyoshi et al.，2007；Bolzonella et al.，2006；Lissens et al.，2004）等，主要应用集中在城市生活垃圾中的有机部分，而关于城市污泥的高含固厌氧消化研究较少。

Fujishima 等（2000）曾在 1999 年考察了含水率对污泥厌氧消化的影响，该研究中所采用的污泥含固率低于 11%（此时污泥仍为流动状态），且并未进行长时间运行效果的考察。Nges 和 Liu（2010）考察了 SRT（固体停留时间）对脱水污泥厌氧消化的影响，但其研究采用的脱水污泥 TS 低于 12%（此时污泥仍为流动状态）。

这些研究之所以没有继续探讨更高含固率污泥的厌氧消化性能，主要原因可能是受实验装置的限制。与“有机垃圾”等高含固厌氧消化较为成熟的物料不同，有机垃圾可通过静态实验同时循环渗滤液的方式进行厌氧消化，而脱水污泥是均质性、非流动半塑性物料，由于脱水污泥流动性差，无法采用传统的实验装置进行实验；同时，脱水污泥不会产生渗滤液，因此也无法通过外循环渗滤液改善传质效果。因此，国内外关于未经预处理的城市污泥厌氧消化的研究，含固率几乎均低于 12%。对于经热水解预处理后污泥，相关研究和工程应用的含固率一般低于 15%。

本书作者于 2010 年提出污泥高含固厌氧消化的技术设想，近年来对脱水污泥高含固厌氧消化工艺的上述科学问题进行了一系列的探索。

3.2 污泥高含固厌氧消化系统的降解性能和理化特征

为考察城市污泥高含固厌氧消化的可行性,并为工程推广提供设计及运行依据,作者和研究团队对比考察了含固率为10%、15%和20%的脱水污泥在完全混合反应器中的运行效果,反应器分别标记为R1、R2、R3。采用半连续进出料、中温消化(35±1℃)的运行条件。所采用的厌氧消化反应器为内置卧式螺带搅拌器,可实现脱水污泥的充分混合(图3-1)。

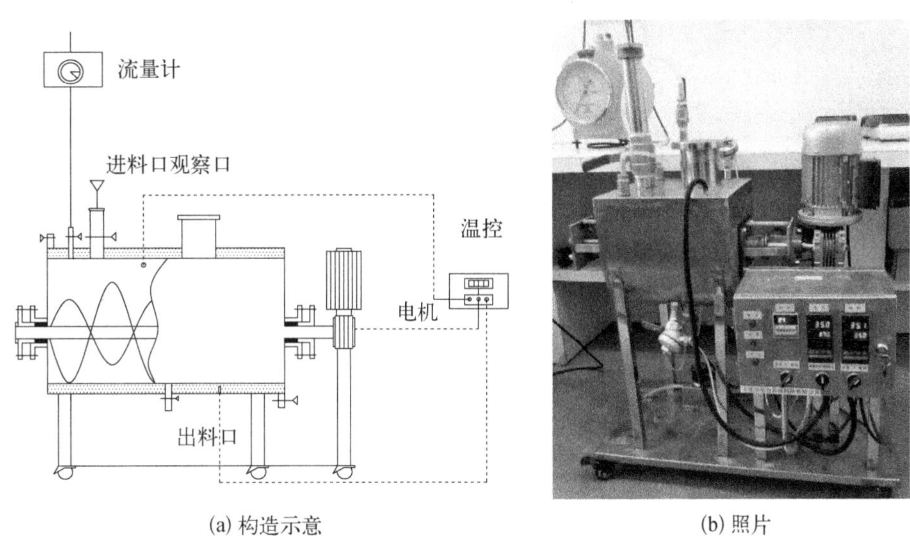

(a) 构造示意 (b) 照片

图3-1 反应器构造示意(a)及照片(b)

3.2.1 高含固厌氧消化系统的降解和产气性能

启动阶段结束后,三个反应器的进料TS均稳定在一定的浓度水平,各反应器在不同负荷及停留时间下的运行参数如表3-1所示。

表3-1 R1、R2和R3反应器的污泥有机质降解和产气性能参数

反应器	进料污泥 VS/TS/%	OLR[a]/[kg/(m³·d)]	SRT[b]/d	pH	VFA[c] /(mg/L)	CH_4 /(%)	VSr[d] /%	甲烷产率 /[L/(g·d)]	单位体积甲烷产率/[L/(L·d)]
R1 进料 TS 10%	60	2.0	30.0	8.0±0.1	291±45	72±1	41.7±1.6	0.27±0.02	0.55±0.03
		2.4	25.0	7.9±0.0	175±33	71±2	37.6±0.8	0.24±0.01	0.56±0.03
		3.0	20.0	7.8±0.1	384±38	68±1	33.3±1.2	0.23±0.01	0.68±0.04
		3.5	17.1	7.8±0.1	194±21	68±1	34.7±0.6	0.24±0.01	0.87±0.05

续 表

反应器	进料污泥 VS/TS/%	OLR[a]/[kg/(m^3·d)]	SRT[b]/d	pH	VFA[c]/(mg/L)	CH_4/(%)	VSr[d]/%	甲烷产率/[L/(g·d)]	单位体积甲烷产率/[L/(L·d)]
R1 进料 TS 10%	52	4.0	13.1	7.6±0.0	151±40	67±2	23.0±1.5	0.18±0.01	0.71±0.05
		5.0	10.5	7.6±0.1	229±68	65±1	23.6±0.5	0.18±0.01	0.90±0.05
		6.0	8.7	7.3±0.1	300±43	64±1	22.4±0.3	0.16±0.01	0.99±0.06
	51	8.5	6.0	7.4±0.1	573±89	64±2	20.5±0.3	0.15±0.00	1.25±0.05
		12.8	4.0	7.3±0.1	1 475±142	61±2	18.6±0.3	0.12±0.02	1.49±0.12
R2 进料 TS 15%	60	3.0	30.0	8.2±0.1	1 267±124	68±1	39.2±0.9	0.25±0.01	0.75±0.02
		3.5	25.7	8.1±0.1	675±77	67±1	37.6±1.3	0.25±0.01	0.87±0.04
	52	4.0	19.6	8.0±0.1	218±56	66±1	21.7±1.3	0.19±0.02	0.78±0.07
		4.5	17.5	7.8±0.0	102±18	66±2	24.5±0.8	0.22±0.01	1.00±0.05
		5.0	15.7	7.6±0.1	159±36	66±1	28.2±0.5	0.20±0.01	1.01±0.06
	51	6.4	12.0	7.8±0.1	212±52	67±1	30.0±0.4	0.19±0.00	1.22±0.03
		8.5	9.0	7.7±0.1	250±20	66±1	28.1±0.5	0.19±0.01	1.61±0.07
R3 进料 TS 20%	60	2.0	59.1	8.3±0.1	2 246±188	66±2	40.4±1.4	0.24±0.01	0.49±0.03
		3.0	40.0	8.3±0.1	3 579±165	66±1	38.7±1.0	0.22±0.01	0.67±0.03
	52	3.0	24.8	8.2±0.1	2 015±224	66±1	19.8±1.5	0.21±0.01	0.63±0.02
		4.0	26.1	8.1±0.1	1 005±140	66±2	23.6±1.5	0.20±0.01	0.81±0.04
		5.0	20.7	7.9±0.0	813±163	64±1	28.6±0.7	0.18±0.00	0.92±0.02
	51	6.8	15.0	8.0±0.0	892±172	66±2	29.7±0.9	0.18±0.01	1.24±0.07
		8.5	12.0	7.9±0.1	750±126	65±1	29.0±0.3	0.19±0.01	1.63±0.05

注：上标中，a 为 organic loading rate，有机负荷率；b 为 solid retention time，固体停留时间；c 为 volatile fatty acid，挥发性脂肪酸；d 为 VS 降解率

随着有机负荷的升高和停留时间的缩短，各反应器内 pH、甲烷含量、VS 降解率和甲烷产率呈下降趋势，单位体积甲烷产率呈上升趋势。进料 VS/TS 为 60%左右时，VS 降解率为 33%~40%，单位 VS 加入量的甲烷产率为 0.22~0.27 L/(g·d)；进料 VS/TS 为 52%左右时，VS 降解率为 20%~30%，单位 VS 加入量的甲烷产率为 0.16~0.21 L/(g·d)，均略低于国外的文献报道[OLR 为 0.64~1.6 kg/(m^3·d)、SRT 为 20~60 d 时，单位 VS 加入量的甲烷产率为 0.3~0.5 L/(g·d)、VS 降解率为 50%~65%](Turovskiy et al., 2006；Metcalf and Eddy，2003；Qasim，1999)。这可能与污泥泥质密切相关，研究表明不同 VS/TS 会对污泥厌氧消化性能产生影响(Roediger et al.，1990)。我国污泥的特征之一是有机质含量低，大部分污泥的 VS/TS 为 30%~50%，低于发达国家 60%~70%的水平。

研究表明，在相同负荷下，随着物料 TS 的升高，VS 降解率和甲烷产率呈上升趋势，但 TS 20%时可能受高氨氮的影响，甲烷产率比 TS 15%时略有降低。这说明，在有机负荷相同的条件下，提高进料 TS 可延长厌氧消化的停留时间，因此能提高 VS 降解率和甲烷产率。

比较R1和R2在SRT为30天时的参数，R1的有机负荷（以VS计）、VS降解率、单位VS加入量甲烷产率和单位体积甲烷产率分别为2.0 kg/(m^3·d)、41.7%、0.27 L/(g·d)和0.55 L/(L·d)；而R2的相对应参数值（以VS计）为3.0 kg/(m^3·d)、39.2%、0.25 L/(g·d)和0.75 L/(L·d)。可见，在相同的SRT下，R2的VS降解率和甲烷产率略低于R1，但其有机负荷和单位体积产气率均显著大于R1。显然，在相同的SRT下，提高进料TS对VS降解率和甲烷产率影响不大，却使系统能够承受更高的负荷，显著提高系统的单位体积甲烷产率。

比较R2和R3在SRT接近20天时的参数（R2为19.6 d、R3为20.7 d），R2的有机负荷（以VS计）、单位VS加入量甲烷产率和单位体积甲烷产率分别为4.0 kg/(m^3·d)、0.19 L/(g·d)和0.78 L/(L·d)；而R3的相应参数值为5.0 kg/(m^3·d)、0.18 L/(g·d)和0.92 L/(L·d)。与上文中R1与R2在相同SRT下的结果类似。

比较R2和R3在SRT为12天时的消化性能参数，R2的有机负荷（以VS计）、单位VS加入量甲烷产率和单位体积甲烷产率分别为6.4 kg/(m^3·d)、0.19 L/(g·d)和1.22 L/(L·d)；而R3的相应参数值为8.5 kg/(m^3·d)、0.19 L/(g·d)和1.63 L/(L·d)，这表明R3具有与R2相同的甲烷产率。

可以估算，在停留时间相同的前提下，若高含固厌氧消化的进料TS为20%，低含固厌氧消化的进料TS为2%~5%，则高含固厌氧消化可承受的有机负荷是低含固厌氧消化的4~10倍。

传统的污泥低含固厌氧消化系统进料为浓缩污泥，含固率为2%~5%，脱水污泥含固率为20%左右，为比较高含固厌氧消化工艺与传统低含固工艺的性能，假设：① 污泥的VS/TS均为60%；② SRT为20 d，VS降解率均为40%，单位降解VS产气率为0.9 m^3/kg；③ 沼气中甲烷含量为65%，甲烷热值为35 822 kJ/m^3。则污泥高含固厌氧消化工艺与传统低含固厌氧消化工艺，在处理效率和反应器产能的性能比较如表3-2所示。可见，污泥高含固厌氧消化工艺在提高单位体积处理量和产能效率方面具有显著的优势。

表3-2　污泥高含固厌氧消化系统与传统消化系统的比较

比较参数	高含固厌氧消化工艺	传统消化工艺
进料含固率/(TS, w/w, %)	20	2~5
有机负荷（以VS计）/[kg/(m^3·d)]	6.0	0.6~1.5
体积沼气产率/[m^3/(m^3·d)]	2.2	0.2~0.5
单位体积产能	50 294 kJ/(m^3·d) 14 kW·h/(m^3·d)	5 029~12 574 kJ/(m^3·d) 1.4~3.5 kW·h/(m^3·d)

综上所述，采用高含固厌氧消化工艺处理城市污水厂污泥是可行的。当含固率为10%、15%和20%的系统在SRT相同时，OLR与进料TS成比例，高含固消化系统可达到同等或略低于低含固系统的VS降解率，因此可显著提高单位体积甲烷产率。与传统厌氧消化工艺（TS为2%~5%）的系统相比，脱水污泥进行高含固厌氧消化（TS约20%）的OLR和单位体积甲烷产率可达到传统工艺的4~10倍。

3.2.2 高含固厌氧消化系统的理化特征

与污泥低含固厌氧消化工艺相比，高含固厌氧消化工艺在进料浓度方面存在显著差异，由此引起 VFA、总氨氮（TAN）、总碱度（TA）、pH 等参数的变化。在不同运行工况条件下，三种高含固厌氧消化系统理化参数的变化情况如图 3-2 至图 3-4 所示。

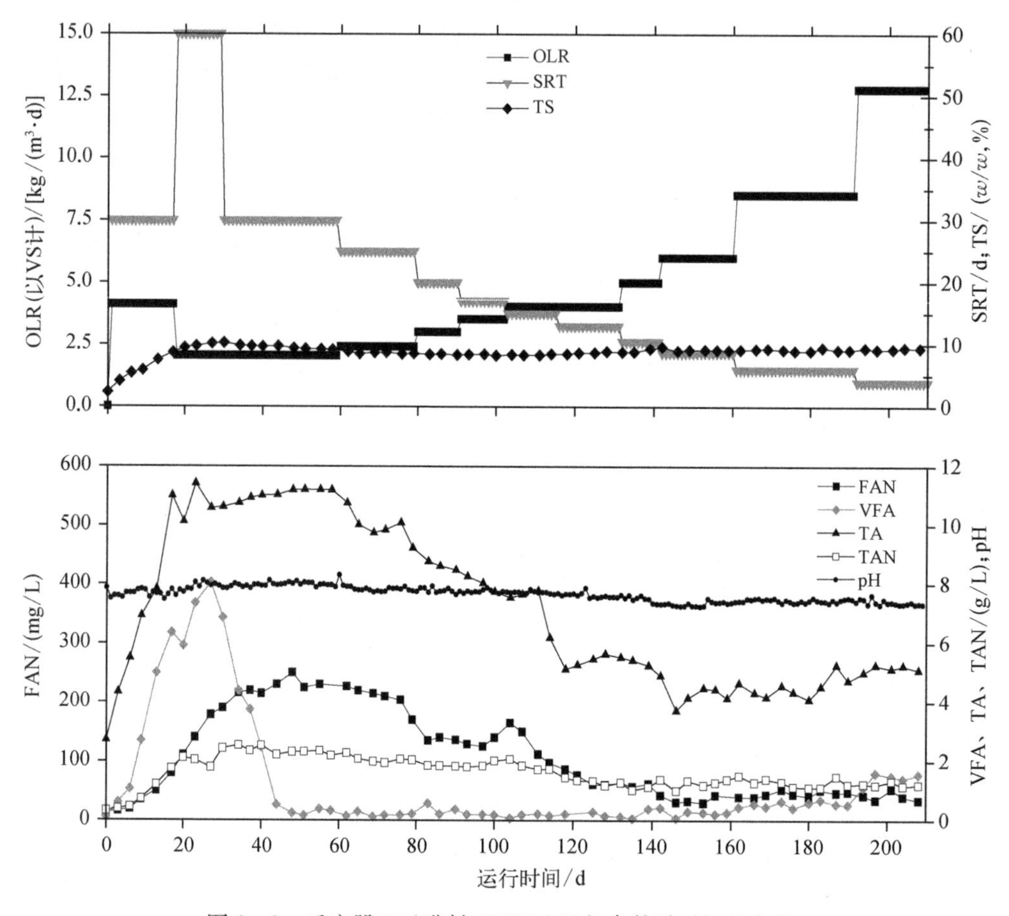

图 3-2 反应器 R1（进料 TS10%）运行参数随时间的变化

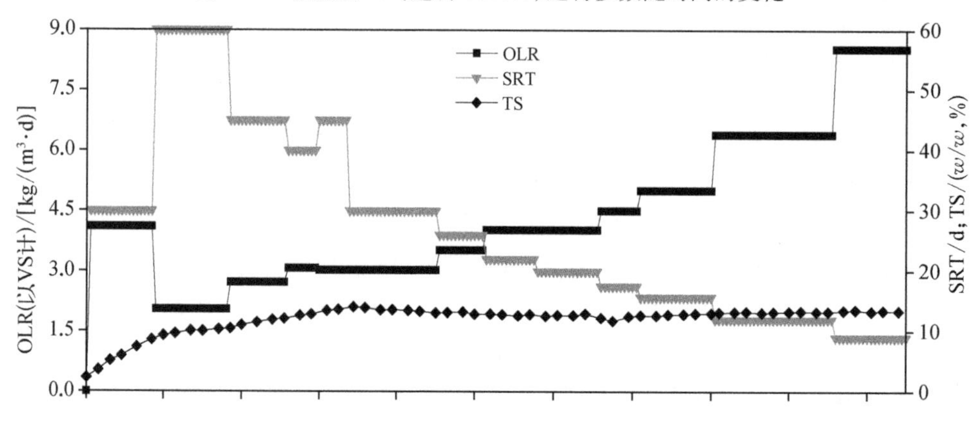

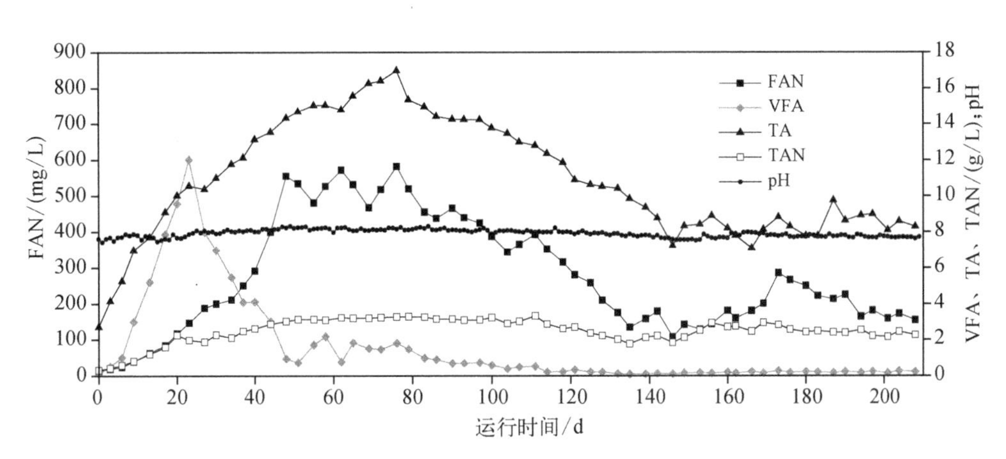

图3-3　反应器R2(进料TS15%)运行参数随时间的变化

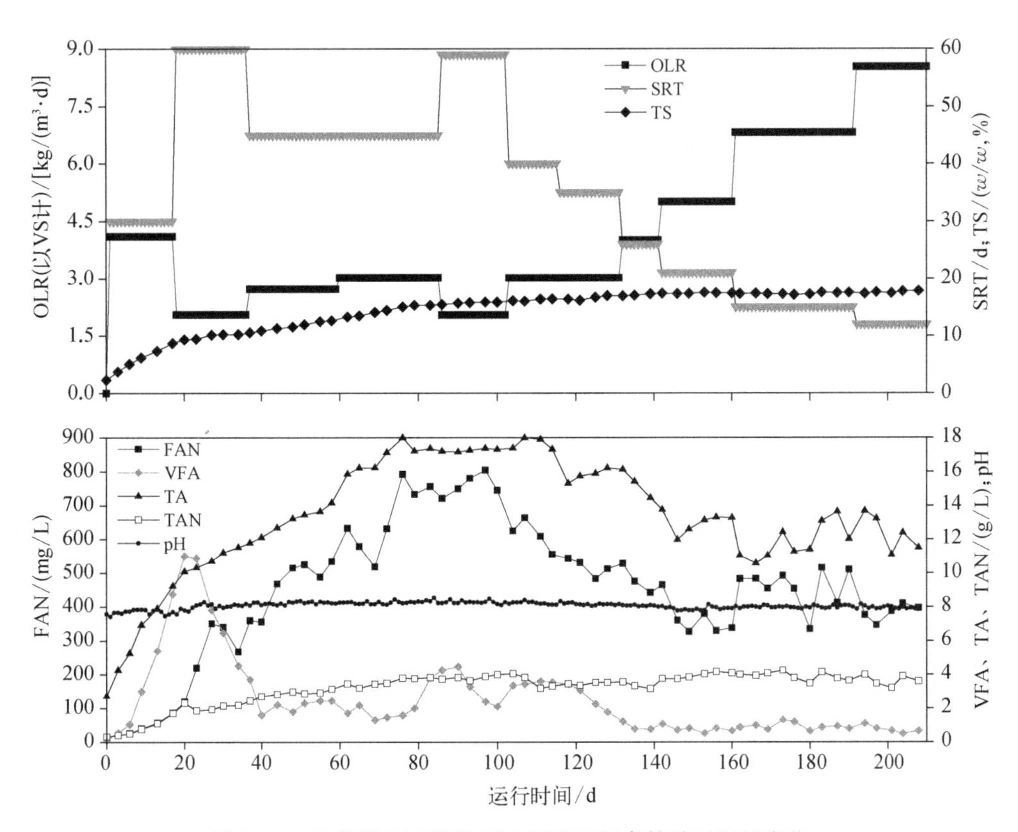

图3-4　反应器R3(进料TS 20%)运行参数随时间的变化

当三种系统分别达到各自设定的含固率后,总碱度、总氨氮和pH与含固率呈正相关关系。在相同的停留时间时,三种系统的总碱度和总氨氮的比例关系也与系统的含固率关系相同。而VFA的浓度可能受SRT(固体停留时间)、游离氨浓度和系统含固率的多重影响,未呈现明显的比例关系。

3.3 污泥高含固厌氧消化过程碳氮硫的物质流分析

物质流分析是指在一定时空范围内关于特定系统的物质流动和贮存的系统性分析，主要涉及的是物质流动的源、路径及汇。物质流分析是探明污泥厌氧消化系统中可降解有机质的转化过程及其特征的重要途径，主要包括碳、氮、硫等物质流的分析。

3.3.1 碳的物质流

碳是有机物的骨架元素，因此碳物质流在物质转化过程中是最基本和最重要的部分。碳的主要赋存状态为碳水化合物、蛋白质和脂质三种有机组分，以及代谢过程中的中间和最终产物。

污泥厌氧消化系统中碳流向分析是把握污泥中有机质降解和转化的关键。众所周知，污泥中指向甲烷化的碳组分源物质主要为碳水化合物（如多糖、纤维素）、蛋白质、脂质等。在水解阶段，多糖在纤维素酶的作用下水解为单糖，再进一步发酵成乙醇和脂肪酸等。蛋白质则在蛋白酶的作用下水解为氨基酸，再经脱氨基作用产生脂肪酸和氨。脂类转化为脂肪酸和甘油，再转化为脂肪酸和醇类。蛋白质、多糖水解产生的小分子有机物通过相应酶（如磷酸转乙酰酶、磷酸转乙酰酶、乙酸激酶、丁酸激酶）的作用被转化为短链脂肪酸。对于蛋白质在厌氧消化过程中的物质转化，普遍认为斯提柯兰氏反应（Stickland reaction）是氨基酸生物降解并生成短链脂肪酸的主要途径。

关于主要有机组分甲烷化指向的碳流量研究多采用数学模型的手段。其中，2001 年第 9 届 IWA 国际厌氧会议上推出的 ADM1 模型是厌氧消化模型发展过程中的一项重大里程碑。ADM1 模型包括分解、水解、酸化、乙酸化、甲烷化等生物过程，以及离子结合/离解、气—液转换等物理化学过程。至今 ADM1 模型已广泛运用于城市污水厂污泥、微藻、农业废弃物、猪粪等多种基质厌氧消化过程的模型及预测研究。然而，ADM1 中仍然存在大量的假设，一些重要的厌氧生化反应过程未包括在模型内，如硫酸盐还原和硫化物抑制作用、长链脂肪酸的抑制作用、沉淀—溶解平衡等。对于不同物料的厌氧消化系统，有必要结合其物质转化特点对模型进行扩展和优化。

3.3.2 氮的物质流

污泥中的含氮物质主要分为无机氮和有机氮两大类。无机氮主要包括氨氮、硝态氮、亚硝态氮等；有机氮以蛋白质、多肽、氨基酸、核糖核酸等为代表。厌氧消化过程中氮的流量主要体现在有机氮向无机氮转化（如蛋白质转化为氨基酸并最终转化为氨氮）的过程中，当然，也有小部分无机氮向有机氮转化（如微生物同化利用氨氮合成氨基酸及蛋白质）。

一般而言，具有多维复杂空间结构的蛋白质，在蛋白酶的作用下会改变其 α-螺旋（α-helice）和β-折叠（β-sheets）等二级结构，水解为氨基酸，再经脱氨基作用产生脂肪酸和氨。但是，蛋白质及其衍生物的各类生化反应通常在厌氧消化过程同时发生，不同反应之间又相互影响，使得厌氧消化过程中蛋白质的降解和转化过程异常复杂，在向小分子物质转化的过程中，还伴随着腐殖化过程。研究表明，随着厌氧消化的进行，类腐殖质、类酪氨酸、类色氨酸等荧光类物质的比例逐渐增加，是一个含氮组分杂环化与芳香化的过程。

有机物质的腐殖化，是在微生物的直接参与下，使简单的有机化合物重新合成一类新的较稳定的大分子有机化合物——腐殖质的过程。腐殖质一般分为三类：胡敏酸（humic acid，HA）、富里酸（fulvic acid，FA）和胡敏素（humin，HM）。其生成机制为：在微生物分解作用下，有机物一部分被彻底矿化，最终生成 CO_2、H_2O、NH_3、H_2S 等无机化合物，另一部分转化为较简单的有机化合物（多元酚）和含氮化合物（氨基酸、肽等）并经缩合形成腐殖质的基本单元。腐殖质平均含碳58%，含氮5.6%，其C/N为10∶1~12∶1。厌氧消化过程是一个蛋白质-N减少、无机铵态-N和碱性杂环氮（吡咯-N和吡啶-N）增加的过程，因而也是一个杂（苯）环氨基酸脱氨基缩合，即含氮组分杂环化、稳定化和腐殖化的过程。杂环氨基酸主要包括色氨酸、组氨酸和脯氨酸。色氨酸中所包含的含氮吲哚基团，组氨酸中包含的咪唑基团（1，3二氮杂戊环）都是典型的杂环氮基团。芳香族氨基酸主要包括酪氨酸、苯丙氨酸、色氨酸等。一般而言，杂（苯）环氨基酸的含量占全部氨基酸含量的10%左右。有研究表明，来源或结构不同的腐殖酸会对污泥厌氧消化过程中挥发性脂肪酸（VFAs）的生成产生重要影响，继而影响甲烷化过程。目前，在氮的物质转化方面，关于厌氧消化过程中杂（苯）环氨基酸腐殖化过程的深入研究还比较欠缺。

3.3.3　硫的物质流

污水厂污泥是一种富含微生物残体、有机和无机污染物的复杂基质，污泥中的无机硫和有机硫在厌氧消化过程中同时进行固—液—气三相的物理、化学和生物转化。

（1）厌氧条件下污泥中硫的生物转化过程

污泥中硫的存在形态主要有硫化物（包括 S^{2-}、HS^-、H_2S 等）、硫酸盐和含硫有机物（主要存在于蛋白质中）。污泥中硫的主要生物转化途径有两条：一是硫酸盐的还原，即硫酸盐、亚硫酸盐等在微生物的作用下生成硫化物；二是含硫蛋白质在厌氧微生物的作用下降解形成中间产物含硫氨基酸等和最终产物挥发性硫化物。

硫酸盐还原途径的主要功能微生物是硫酸盐还原菌（sulfate-reducing bacteria，SRB）。SRB是一类以有机化合物（化能异养型）或无机化合物（化能自养型）为电子供体，还原硫酸盐产生硫化物的原核微生物菌群。异养型SRB可利用溶解性的糖、氨基酸、挥发性脂肪酸（VFAs）、CO_2 等多种有机质代谢中间产物，而自养型SRB则利用中间产物 H_2。从热力学和动力学的角度，硫酸盐等硫氧化物先于氢离子（将生成 H_2）或 CO_2（将生成甲酸）被还原。因此，在硫酸盐还原过程中，SRB与产氢产乙酸菌、氢利用型产甲烷菌和乙酸利用型产甲烷菌存在竞争关系；同时，由于产甲烷过程对氢分压的要求较高，利用 H_2 的 SRB 与产氢产甲烷菌存在协同关系。

含硫蛋白质降解过程的主要微生物是厌氧发酵细菌和产甲烷菌。首先，在厌氧微生物细胞分泌的蛋白酶和肽酶的作用下，污泥中的含硫蛋白质被分解为含硫氨基酸，主要包括为半胱氨酸(cysteine)和甲硫氨酸(methionine)，它们可进一步分解产生 H_2S 和甲硫醇(MT)、二甲基硫醚(DMS)(图 3-5)。

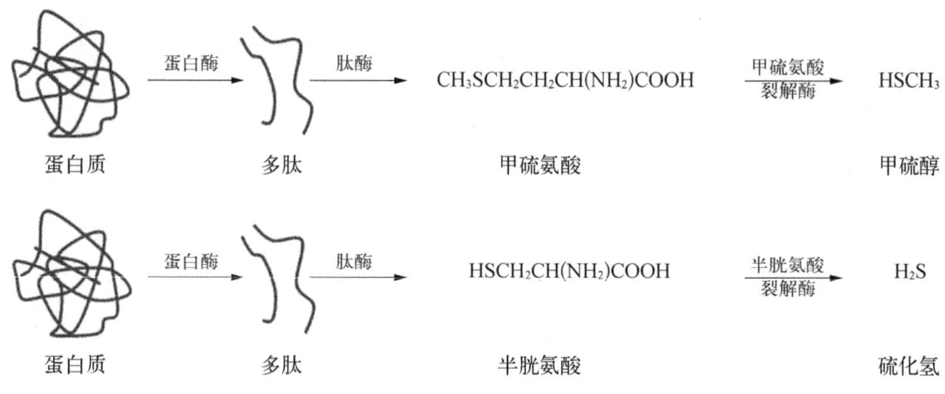

图 3-5 含硫蛋白质的降解路径

Lomans 等(Lomans et al.,1999)研究淡水沉积物发现，产甲烷菌是 MT 和 DMS 的主要降解菌。在产甲烷菌的作用下，MT 和 DMS 可进一步降解或脱甲基形成 H_2S[式(3-1)、(3-2)]。因此，在厌氧消化系统中，有机硫转化的比例决定于含硫蛋白质的降解比例，一定程度上取决于厌氧消化系统的 VS 降解率。因此，有机硫代谢对厌氧消化系统的影响主要取决于有机质的降解程度，以及含硫蛋白质水解中间产物甲硫氨酸和半胱氨酸的降解程度。

$$4\ CH_3SH + 2\ H_2O \longrightarrow 3\ CH_4 + CO_2 + 4\ H_2S \tag{3-1}$$

$$2\ (CH_3)_2S + 2\ H_2O \longrightarrow 3\ CH_4 + CO_2 + 2\ H_2S \tag{3-2}$$

(2) 厌氧消化系统中硫的非生物转化过程

在厌氧消化过程中，液相中初始存在的溶解性 S^{2-} 以及硫进行生物转化形成的 S^{2-} 在厌氧消化体系中主要通过两种方式进行物理—化学转化：一部分和金属离子进行沉淀—溶解平衡；一部分在当前的 pH-温度条件下，遵循硫化氢的解离和溶解平衡规律重新在液—气相进行分布。其中，绝大部分 S^{2-} 以硫化物沉淀的形式转移到固相中。

S^{2-} 对厌氧消化系统的影响较为复杂。首先，其完全缔合形态 H_2S 是抑制性媒介物，视浓度不同会对氢营养型、产乙酸和乙酸分解微生物产生影响，其他微生物种群包括 SRB 则受硫化物抑制。关于还原性硫的抑制作用，在高硫废水厌氧消化处理领域的研究较多。其次，硫化物的酸—碱体系与无机碳系统相似，以 S^{2-}、HS^-、H_2S 为组分。S^{2-}、HS^-、H_2S 之间的液相平衡受到系统酸碱缓冲体系的影响，而 S^{2-} 在液—固相间存在动态平衡，H_2S 在液—气相间存在动态平衡，这些动态平衡同时也跟系统 pH、金属种类和浓度、碱度构成等因素有密切关系。

厌氧消化过程中，硫的生物转化和非生物转化过程同时进行，互相影响。硫的物质流路径是两种机制相互作用的结果。在静态厌氧消化系统中，不同形态硫在固—液—气中的分布随着反应时间的增加而呈现一定的变化趋势；在连续运行的完全混合式厌氧消化系统中，不同形态硫在固—液—气中的分布处于动态平衡，呈现相对稳定的浓度分布。

硫的物质流是污泥厌氧消化物质转化理论体系的重要组成部分，因为硫的迁移转化不但存在于主流基质的降解过程中，而且参与影响厌氧消化系统理化特性。具体表现在以下三个方面：

第一，硫的迁移转化是影响厌氧消化沼气品质和消化系统理化性质的重要因素。一方面，从沼气品质的角度，硫迁移转化的最终气相产物挥发性硫化物(VSCs)，如 H_2S、硫醇、硫醚等，被认为是厌氧消化系统产生臭味的关键物质，不但影响环境和人体健康，其中 H_2S 还具有腐蚀性，故沼气需进行脱硫处理。近年来，随着污泥高含固厌氧消化技术的发展，在工程实践中发现污泥高含固厌氧消化系统沼气中的 H_2S 含量显著低于传统低含固厌氧消化工艺。白龙港污水处理厂污泥处理采用单级中温厌氧消化工艺，进泥含固率4%~6%，沼气中 H_2S 含量高于3 000 ppm*，后续需进行湿式脱硫和干式脱硫；而高含固厌氧消化工艺(如Cambi工艺)含固率为10%~12%，沼气中 H_2S 含量较低，我国长沙和襄阳的污泥高含固厌氧消化工程中 H_2S 含量约为50~100 ppm。含固率是影响污泥厌氧消化系统S物质转化的重要因素，从而影响沼气中 H_2S 的含量。另一方面，从厌氧消化系统理化性质的角度，硫的迁移转化是涉及固—液—气多种形态的转变，包括溶解—沉淀、氧化—还原等反应，必然会引起介质间组分浓度、分压变化，继而影响液相理化性质和气相组分。

第二，硫的液—固转化过程对于厌氧消化污泥后续处理处置具有重要影响。污泥中溶解性的硫酸盐或亚硫酸盐在厌氧消化系统中被硫酸盐还原菌还原为硫化氢，液相中的硫化氢与污泥中的金属离子结合生成金属硫化物。在这个过程中，多种金属和重金属的形态发生变化，这可为消化污泥后续处置(如土地利用)提供重要参考。

第三，污泥基质中硫的主流生物转化途径与主流甲烷化途径既存在竞争也存在协同，是影响污泥厌氧消化性能的重要参数。硫的代谢过程会引起硫酸盐还原菌和产甲烷菌相对量的变化，由于双方存在竞争和协同关系，继而会影响丁酸、丙酸和乙酸氧化途径电子流的变化。例如，对于丙酸有积累的厌氧消化系统来说，增强硫酸盐还原菌活性将有助于丙酸的降解，从而提升厌氧消化系统的稳定性和污泥的稳定化水平；另外，硫酸盐还原菌对基质的竞争也会引起甲烷产率的下降。

关于厌氧消化条件下硫的迁移转化规律，以往的研究多集中于高含硫废水的厌氧消化过程，主要关注液相中游离态 H_2S 对产甲烷菌的抑制作用，以及SRB和产甲烷菌的竞争关系。对于污泥厌氧消化系统中硫的迁移转化规律缺乏系统的研究，有待进一步深入研究。

---

* 1 ppm $=10^{-6}$。

3.4 聚丙烯酰胺在污泥高含固厌氧消化过程的转化规律

聚丙烯酰胺(polyacrylamide,PAM)作为一种高分子絮凝剂,广泛应用于城市污泥脱水环节。高含固厌氧消化针对的物料是脱水污泥,污泥脱水过程中常添加 2~5 g/kg(干固体,DS)的 PAM,以厌氧消化物料含固率 20%估算,高含固消化系统内 PAM 浓度一般为 400~1 000 mg/L。因此,PAM 也可能是影响高含固厌氧消化性能的重要因素。

在污泥高含固厌氧消化系统中,消化混合液在机械搅拌下基本完全混合呈糊状,不具备污泥颗粒化条件,因此 PAM 对该系统的影响可能通过两种方式产生作用:一是 PAM 分解生成中间产物对厌氧微生物产生直接的抑制作用,这种作用不论对低含固系统还是高含固系统均会发生;二是高含固系统中 PAM 浓度提高将显著增大消化液黏度,从而间接影响厌氧消化速率,这可能是污泥高含固厌氧消化系统特有的。

关于 PAM 的生物降解,目前相关研究尚未得出定论。多数研究人员认为 PAM 是高分子聚合物,较难被微生物利用。20 世纪 90 年代,有学者(Magdaliniuk et al.,1995)认为 PAM 不可被生物降解,也有研究人员(Nakamiya and Kinoshita,1995)证实在中温条件下,微生物能部分利用 PAM,但其酰胺部分无法被利用。Kay-Shoemake 等(Kay-Shoemake et al.,1998)以 PAM 作为土壤微生物生长基质,证明 PAM 只在作为唯一氮源存在时才被微生物利用,无法作为碳源被利用,其作为氮源的途径可能是通过先转化为长链聚丙烯酸酯来实现的。El-Mamouni 等(El-Mamouni et al.,2002)采用生物培养实验证明了硫酸盐还原菌可以单独破坏 PAM 的结构。有研究发现 PAM 在厌氧条件下较难降解(韩昌福等,2006)。也有研究表明,在碳源充足的厌氧环境中,PAM 可以激发产甲烷菌的活性,从而提高甲烷的产气量,同时还发现 PAM 可作为氮源被利用(Haveroen et al.,2005)。

关于 PAM 对厌氧消化过程的影响,有研究表明,PAM 与污泥中总固体(TS)质量比在 15~40 g/kg 时,由于颗粒物的聚集使得水解速度变缓,进而影响产气量(Chu et al.,2003)。Campos 等(Campos et al.,2008)研究了 PAM 对猪粪泥脱水后的厌氧消化影响,结果表明,当 PAM 投加量为 415 g/kg 时的 PAM 没有表现出毒性,但是反应中出现了一些间接抑制现象。也有一些研究得到了相反的结论,认为厌氧消化体系中 PAM 的存在可加速厌氧污泥颗粒化的过程并提高了微生物的活性(Bhunia and Ghangrekar,2008;El-Mamouni et al.,1998)。

PAM 普遍认为是无毒害的,但 PAM 在厌氧消化系统中被生物降解后,含有 PAM 降解产物的沼渣回用于土壤时,会存在毒性风险。根据对 PAM 经物理化学处理和已有的微生降解途径的研究发现,PAM 经水解会产生聚丙烯酸,发生长碳链的降解后产不同分子量的聚丙烯酸甚至是单体丙烯酰胺。因此 PAM 的降解机制以及降解产物的潜在毒性仍是一个值得关注的重要问题。

因此本研究通过以下两个实验进行:一是针对进料含固率为 5%的浓缩污泥进行序批式厌氧消化实验,梯度投加 PAM,使系统内 PAM 浓度分别为 0 mg/L(对照组)、70 mg/L(代表小剂量水平)、600 mg/L(代表脱水时按较低常规剂量投加时 PAM 在脱水污泥中的浓度)、1 500 mg/L(代表脱水时按较高常规剂量投加时 PAM 在脱水污泥中的浓度)和 10 000 mg/L(代表超高剂量水平),对比不同 PAM 浓度下厌氧消化的性能;二是针对进料含固率为 20%以上的脱水污泥进行序批式厌氧消化实验,梯度投加 PAM,使系统内 PAM 浓度分别为 500 mg/L、1 000 mg/L、1 500 mg/L 和 2 000 mg/L,对比不同条件下的厌氧消化性能。

3.4.1 PAM 对低含固厌氧消化系统的影响

由于在低浓度污泥条件下传质不是限制性因素,通过对比不同 PAM 投加量的低含固厌氧消化系统在累积产气率、产气速率以及 PAM 浓度等方面的差异,可探明 PAM 对污泥低含固厌氧消化系统的影响。

不同 PAM 投加量条件下污泥低含固厌氧消化系统的累积产气率变化情况如图 3-6 所示。随着 PAM 浓度的提高,单位投加污泥 VS 的累积产气率呈上升趋势。这表明 PAM 投加对低含固污泥厌氧消化系统没有负面影响,并且它可被厌氧降解产生生物气,从而导致累积产气率的提高。

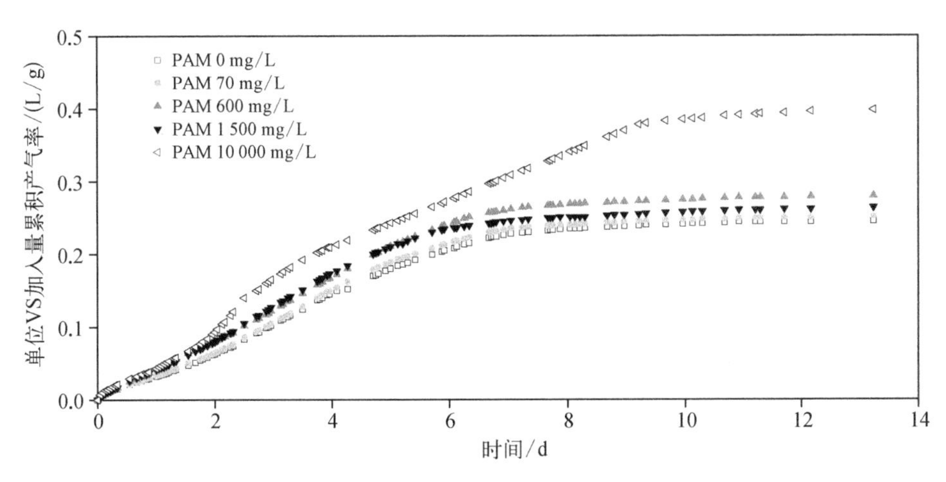

图 3-6 不同 PAM 投加量条件下污泥低含固厌氧消化系统的累积产气率变化情况

PAM 投加量与污泥低含固厌氧消化系统产气总量的关系如图 3-7 所示。通过计算可知,PAM 的产气率约为 0.137 L/g($PAM_{加入}$),该研究所用的浓缩污泥平均产气率约为 0.251 L/g($VS_{加入}$),该值与未添加 PAM 反应器的累积产气率为 0.245 L/g($VS_{加入}$)是基本一致的。

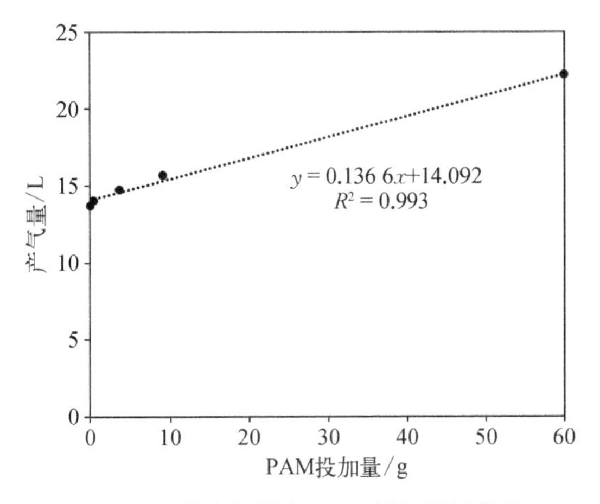

图 3-7 总产气量和 PAM 投加量的关系

不同 PAM 投加量条件下污泥低含固厌氧消化反应系统产气速率的变化情况如图 3-8 所示。对比未投加 PAM 和 PAM 浓度为 10 000 mg/L 厌氧消化系统的产气速率,可明显发现,PAM 浓度较高的系统,在第 1~3 天和第 7~9 天发现两个产气高峰,这可能是由于 PAM 厌氧降解引起的。为考察 PAM 厌氧降解的产气速率和累积产气率,本研究将初始 PAM 浓度为 10 000 mg/L 反应器产气数据减去未投加 PAM 反应器的产气数据,即获得 PAM 的厌氧产气速率和累积产气率,如图 3-9 所示。

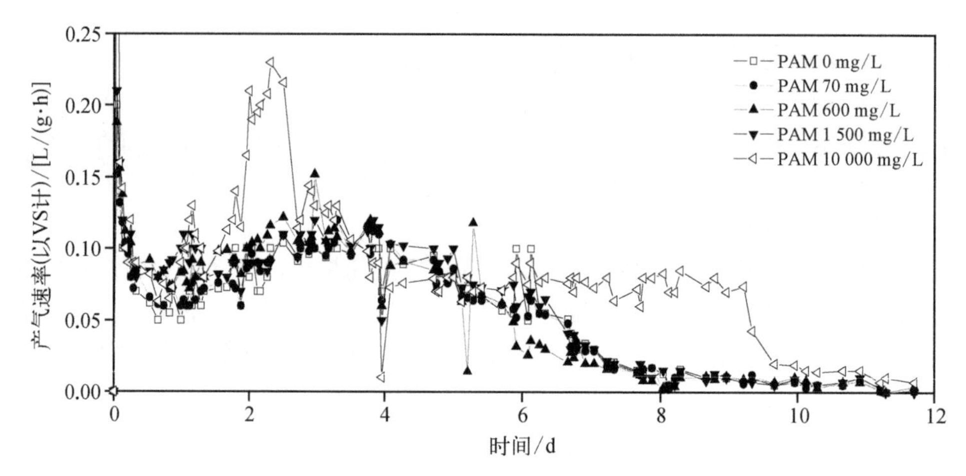

图 3-8 不同 PAM 投加条件下污泥低含固厌氧消化系统产气速率的变化情况

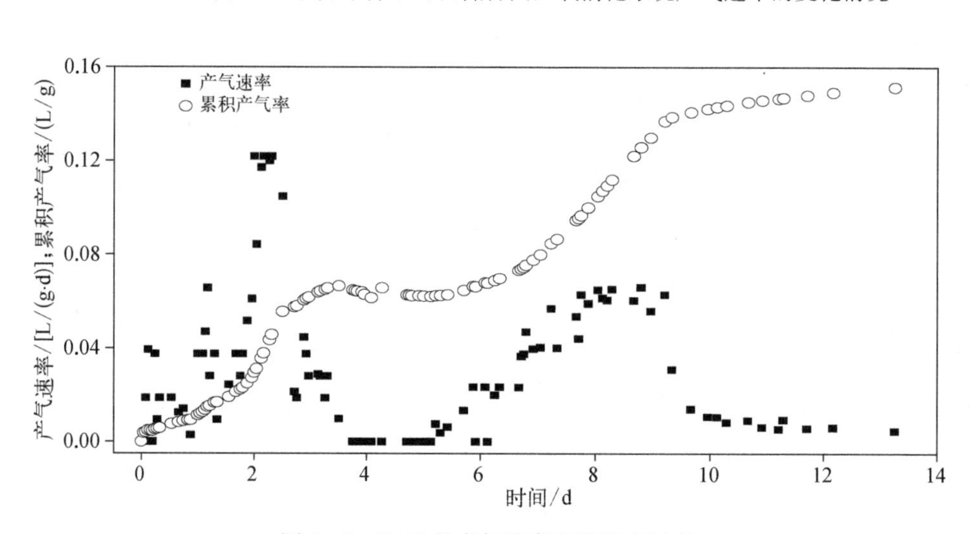

图 3-9 PAM 的产气速率和累积产气率

前三天的产气高峰可能是由 PAM 中小分子易降解有机物甲烷化产生的,而后,随着厌氧消化反应的进行,部分 PAM 逐渐断链成较小的分子,进而被厌氧微生物利用,形成了第 7~9 天的产气高峰。这些结果表明 PAM 可作为碳源被厌氧微生物利用,并产生沼气。

PAM 浓度采用"淀粉—碘化镉法"进行测定,如图 3-10 所示。其原理是通过显色反应测试酰胺基来推算 PAM 浓度。随着厌氧消化反应的进行,酰胺基浓度呈逐渐下降的趋势,这暗示 PAM 中氮进行了厌氧生物转化(脱氨基转化为氨氮),进一步表明在厌氧消化系统中 PAM 可作为氮源被利用。

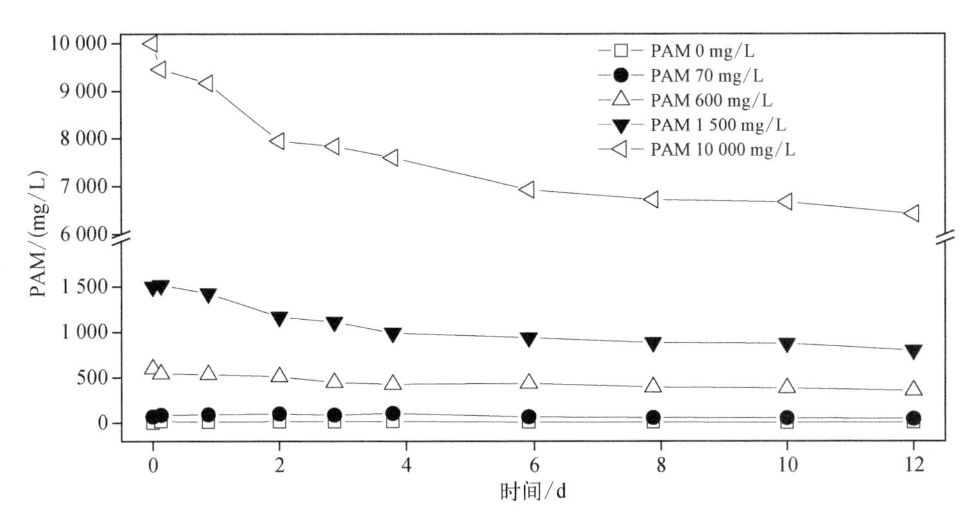

图3-10　各反应器中PAM浓度(以酰胺基测得)变化

对于厌氧消化系统而言,通常甲烷菌对抑制物的敏感程度较高,更容易受到抑制,为了进一步验证PAM厌氧降解产物是否对产甲烷菌具有毒性或抑制作用,向以上各反应器中同时加入相同浓度的乙酸钠溶液,记录厌氧产气量随时间的变化情况,如图3-11所示。比较各反应器的累积产气率发现,乙酸分解的产气速率和累积产气量相差不大,说明PAM产物对产甲烷过程的影响较小。

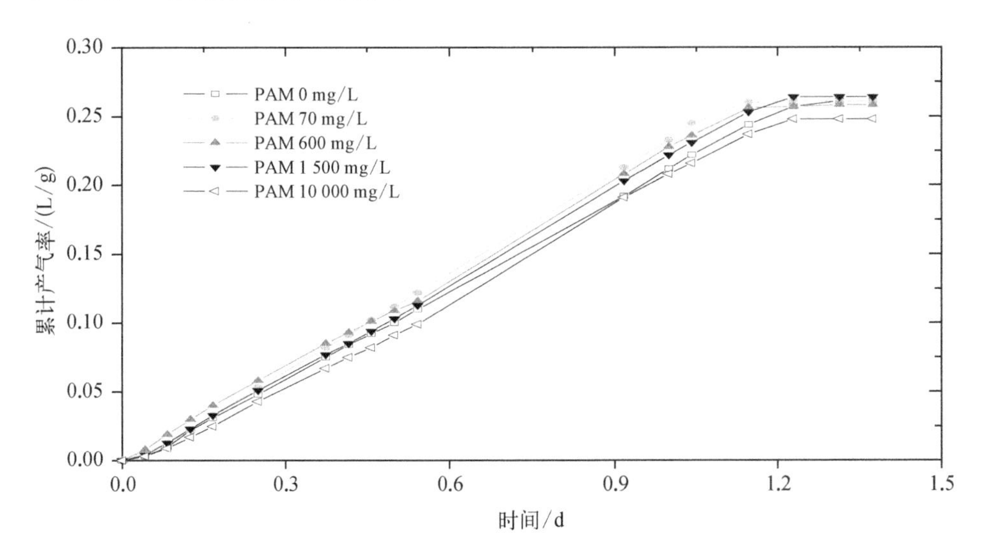

图3-11　不同PAM浓度系统中乙酸分解累积产气率的变化

3.4.2　PAM对污泥高含固厌氧消化系统的影响

不同PAM浓度对污泥高含固厌氧消化系统沼产气率的影响如图3-12和图3-13所示。在TS约为20%时,随着PAM浓度的升高(500 mg/L、1 000 mg/L、1 500 mg/L和

2 000 mg/L)，厌氧消化液黏度呈逐渐上升趋势。PAM 浓度在 1 500 mg/L 以下时，污泥累积产气率随 PAM 浓度增加仍呈上升趋势，这与低含固厌氧消化系统较为相似。但当 PAM 由 1 500 mg/L 升至 2 000 mg/L 时，系统累积产气率由 0.392 L/g(VS) 下降至 0.325 L/g(VS)(图 3-14)，降低了 17%，这表明 PAM 浓度的进一步增加会对污泥高含固厌氧消化系统产生负面影响。

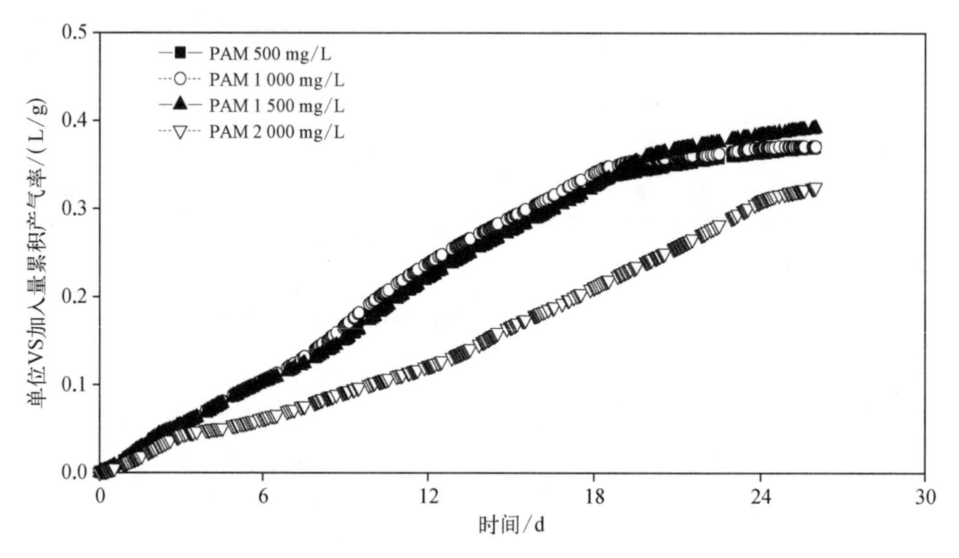

图 3-12 不同 PAM 浓度的脱水污泥累积产气率的变化

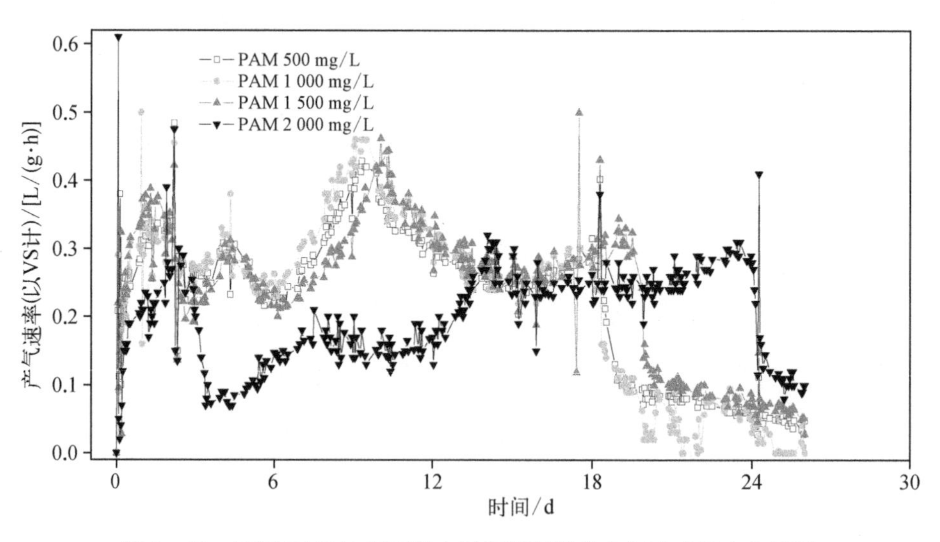

图 3-13 不同 PAM 浓度下脱水污泥厌氧消化产气速率的变化情况

有关污泥低含固系统 PAM 的影响研究表明在 0~10 000 mg/L 的浓度范围内，PAM 及其产物对厌氧消化系统没有抑制作用。研究表明在污泥高含固厌氧消化系统中(反应器内消化液的 TS 约为 20%)，当 PAM 浓度从 1 500 mg/L 增加到 2 000 mg/L 时，物料黏度由 6 000 cP 升至 6 500 cP(图 3-14)，因此推测厌氧消化系统产气率下降与其物料黏度增加有关。

实际工程中，污泥脱水时所投加的PAM量为2~5 g/kg(DS)，由此污泥高含固厌氧消化系统内PAM浓度为400~1 000 mg/L。因此，脱水污泥中PAM浓度通常不会对高含固厌氧消化系统产气率产生负面影响。

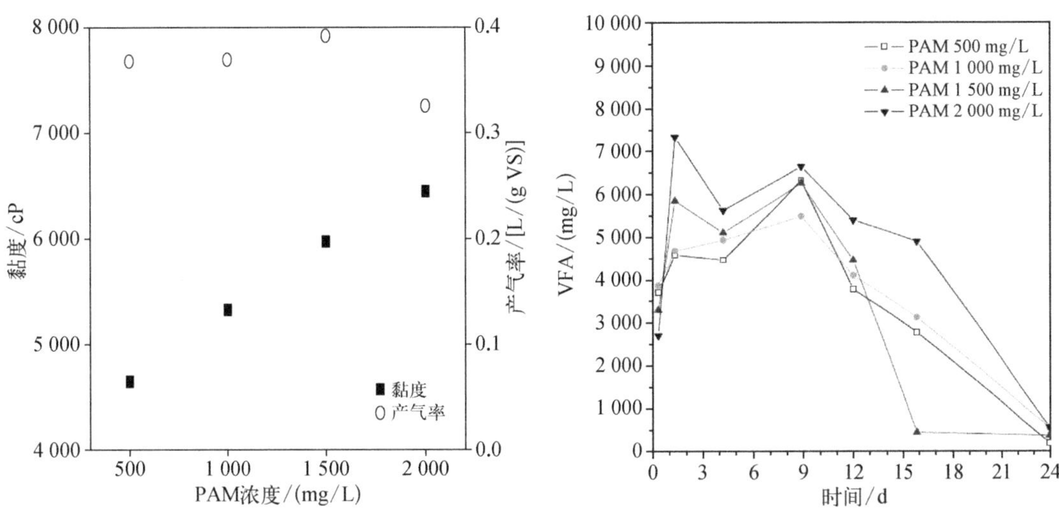

图3-14 不同PAM浓度下污泥高含厌氧消化系统的产气率与其物料黏度的变化情况

图3-15 不同PAM浓度的厌氧消化液中VFA浓度的变化情况

如图3-15所示，随着PAM浓度的升高，各反应器内VFA呈上升趋势。如果PAM浓度为2 000 mg/L时产气高峰的延迟是由于水解速度受到高黏度的影响，那么该系统的VFA积累高峰也应该出现延迟，而实际并未出现这种现象，这说明水解酸化不是受到影响的主要环节。

值得注意的是，对比图3-13的产气速率和图3-15的VFA变化情况，可以发现，PAM浓度为500 mg/L、1 000 mg/L和1 500 mg/L的系统中，第1.5天和第9天的产气高峰与VFA浓度高峰发生的时间一致，但是，PAM浓度为2 000 mg/L的系统中，VFA浓度高峰出现的时间均早于其产气速率峰值的时间。这表明，低PAM系统中乙酸化或甲烷化速率与水解酸化速率较为吻合，而高PAM系统(PAM浓度为2 000 mg/L)中，乙酸化或甲烷化速率则低于水解酸化速率。由此可知，高PAM引起高黏度对厌氧消化系统的影响可能主要是影响乙酸化或甲烷化阶段。

3.4.3 PAM在厌氧消化系统中的降解机制

(1) 聚丙烯酰胺支链水解研究

图3-16为厌氧消化系统中酰胺基随消化时间的变化情况。在厌氧消化过程中，PAM支链上的酰胺基浓度持续下降，26天后仅为初始酰胺基浓度的64.1%，这表明PAM支链上35.9%的酰胺基发生了水解。对酰胺基的含量与消化时间进行相关性分析，发现酰胺基的降解属于零级反应，即为$y = 0.977 - 0.0144x$，其相关系数R^2高达0.987 9，这

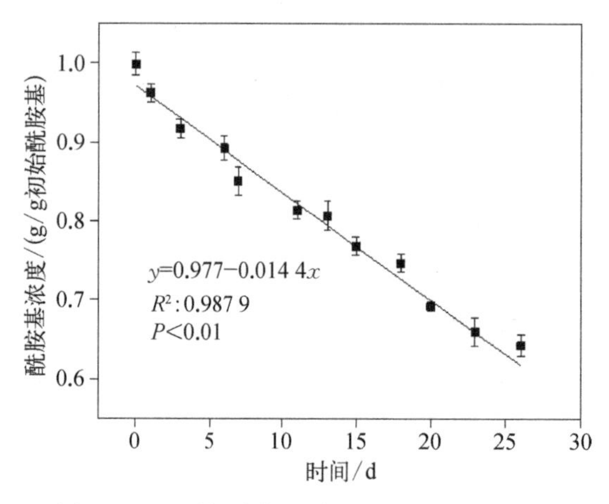

图 3-16 厌氧消化过程中酰胺基的水解趋势

表明酰胺基的水解在整个厌氧消化过程中并未受到底物浓度的影响，随着消化时间的继续延长，酰胺基的水解度有可能进一步提高。在前述配水实验研究过程中发现酰胺基的水解效率受到其水解产物氨氮的抑制，但在脱水污泥中 PAM 的含量较少，因此其水解产生的氨氮与整个系统中的蛋白质等物质分解产生的氨氮相比可以忽略不计。同时污泥厌氧消化系统具有一定的缓冲性能，能在 VFA/TA 值小于 0.3 时稳定运行(Switzenbaum et al.,1990)，即污泥厌氧消化系统液相中的氨氮不会对 PAM 降解微生物产生抑制作用。因此，在实际污泥厌氧消化系统中，酰胺基的水解并未受到游离氨的抑制。

(2) 聚丙烯酰胺碳链降解研究

PAM 在污泥系统中的含量较小，污泥提取液中含有大量的溶解性蛋白质、多糖和脂肪等有机物，采用传统的凝胶色谱分析容易受到如蛋白质、多糖和脂肪等有机物的干扰，导致难以单独衡量污泥中 PAM 的分子量变化。因此作者采用超滤装置，将污泥上清液依次通过不同孔径的滤膜，测定滤出液中的酰胺基浓度，计算出不同颗粒尺寸范围内 PAM 的浓度大小，从而来衡量 PAM 在污泥厌氧消化系统中的分子颗粒变化。

图 3-17 为厌氧消化系统中 PAM 颗粒尺寸随着消化时间的变化趋势。结果表明，PAM 的颗粒尺寸主要分布在 0.15 μm 以下，在未经消化的 PAM 中所占比例高达 58.3%；其次是 0.45~0.80 μm，所占比例为 18.7%；而分布在 0.80 μm 以上的 PAM 较少，仅为 10.5%。在消化初期(0~11 d)颗粒尺寸小于 0.15 μm 的 PAM 比例从 58.3%下降至

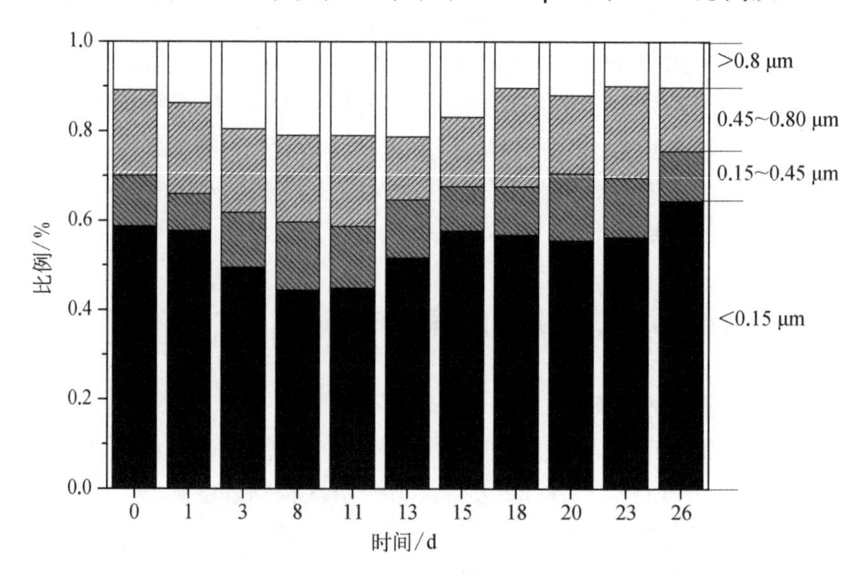

图 3-17 厌氧消化过程中 PAM 颗粒尺寸的变化趋势

43.9%，但随着厌氧消化时间的延长，在消化26 d后最终增加至64.2%，高于初始PAM中颗粒尺寸小于0.15 μm的含量，结果表明经过26 d的厌氧消化，PAM中颗粒尺寸发生减小。颗粒尺寸在0.15~0.45 μm和0.45~0.80 μm的PAM所占的比例变化较小，分别稳定在9.1%~15.2%和14.8%~22.7%的范围内。颗粒尺寸大于0.8 μm的PAM所占比例的变化趋势与颗粒尺寸小于0.15 μm相反，首先由10.5%增加到21.1%，表明PAM上的羧基和氨基等螯合基团致使其与污泥中的有机物形成大的胶体物质（颗粒尺寸>0.8 μm），因此PAM中颗粒尺寸大于0.8 μm的增多；但随着消化时间的延长，颗粒尺寸大于0.8 μm的PAM所占比例逐渐降低，最终在消化26 d时降低至9.2%，低于初始PAM中颗粒尺寸大于0.8 μm的含量，表明PAM在与污泥中某类有机物结合产生大的胶体物质后，进一步被微生物降解利用。

与前述的配水实验研究结果相比，污泥厌氧消化过程中PAM的分子量并非一直呈现递减趋势，而是支链上的羧基和氨基等螯合基团先与其他有机物结合生成>0.80 μm的胶体物质，然后逐渐降低至颗粒尺寸小于0.15 μm，进一步被微生物降解。这是因为在实际污泥体系中存在大量具有螯合基团的有机物，而PAM支链上的酰胺基及其水解产物羧基均为螯合基团，在二三价金属离子存在的条件下，极易与污泥中同样具有氨基和羧基等螯合基团的蛋白质、腐殖质等物质结合，形成更大的胶体物质。但随着厌氧消化的持续，易降解的有机物逐渐消耗殆尽，这时与其他有机物结合的PAM胶体开始作为碳源被微生物利用，直至降解为颗粒尺寸小于0.15 μm的物质。

在上述研究中发现，PAM会与其他有机物螯合形成颗粒尺寸大于0.80 μm的胶体物质，为了确定与PAM结合的物质种类，将截留在0.80 μm滤膜上的有机物反洗下来，对该混合物进行有机物组分分析。蛋白质和多糖是污泥的主要成分，而且随着消化深入会产生少量的腐殖质。因此测定了反洗混合物中蛋白质、多糖和腐殖质的含量，以此来判断截留在0.80 μm滤膜上的有机物种类。

在整个消化周期截留在0.80 μm滤膜上的反洗混合物中均未检出多糖，表明与PAM结合形成胶体的有机物不是多糖，这是因为多糖中主要的功能基团是羟基，其螯合性能较低。蛋白质和腐殖质均为具有荧光性质的有色溶解有机物，因此测定反洗混合物的三维荧光光谱来定性指示其所含有的荧光物质类型和性质，从而鉴别出与PAM结合形成胶体的有机物是否为蛋白质或腐殖质，即其中类腐殖质和类蛋白质等荧光组分（Van Heusden et al.，1998；Coble，1996）。国内外研究将微生物代谢产物的三维荧光光谱通常分为六个激发—发射区域（图3-18）：① 酪氨酸区，激发波长/发射波长（Ex/Em）在200~250 nm/280~330 nm；② 酪氨酸类蛋白质区，Ex/Em在250~450 nm/280~330 nm；③ 色氨酸区，Ex/Em在200~250 nm/330~400 nm；④ 色氨酸类

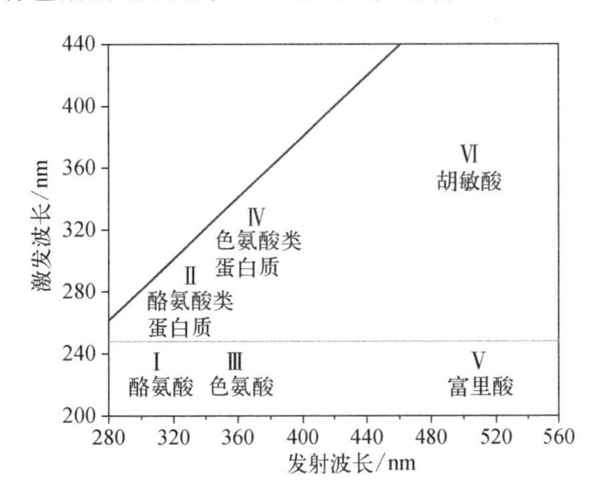

图3-18　三维荧光光谱的激发—发射分区

蛋白质区，Ex/Em 在 250～450 nm/330～400 nm；⑤ 富里酸区，Ex/Em 在 200～250 nm/400～560 nm；⑥ 胡敏酸区，Ex/Em 在 250～450 nm/400～560 nm（Li et al.，2013；Wang and Tong，2010；Chen et al.，2003；Yamashita and Tanoue，2003）。

不同消化时间下截留在 0.80 μm 滤膜上有机物的三维荧光光谱图如图 3－19 所示，从图谱中可以确定三种特征峰，其激发/发射点位 Ex/Em 分别为 275 nm/305 nm（A 峰）、275 nm/350 nm（B 峰）和 235 nm/350 nm（C 峰）。根据图 3－18 中所述的 EEM 分区方法，这三个特征峰均在类蛋白质区域，分别为酪氨酸类蛋白质（A 峰）、色氨酸类蛋白质（B 峰）和色氨酸（C 峰）。在 Ex/Em 为 200～450 nm/400～560 nm 的腐殖质区域并未发现特征峰，因此可以得出截留在 0.80 μm 滤膜上的有机物主要是蛋白质类物质。

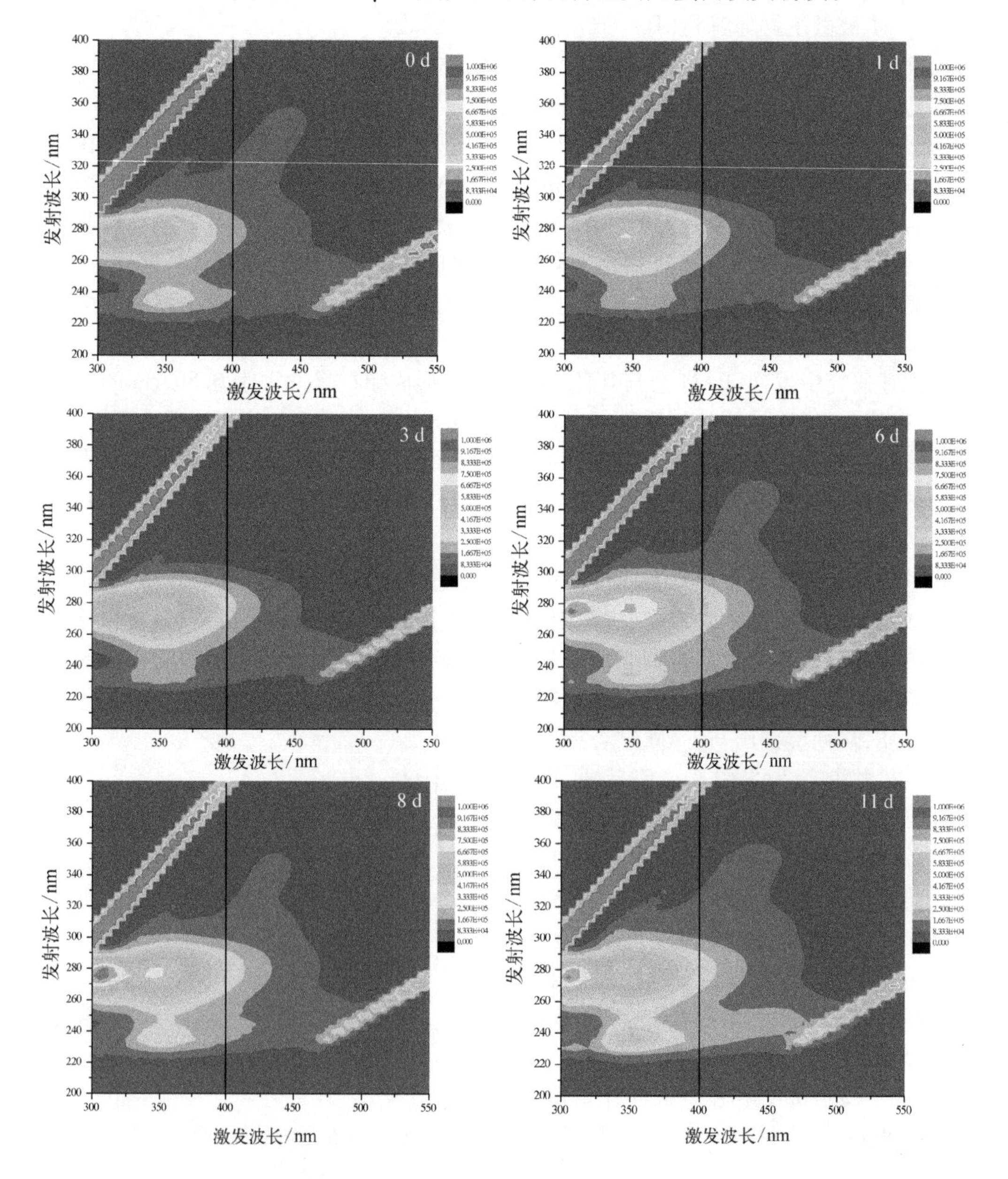

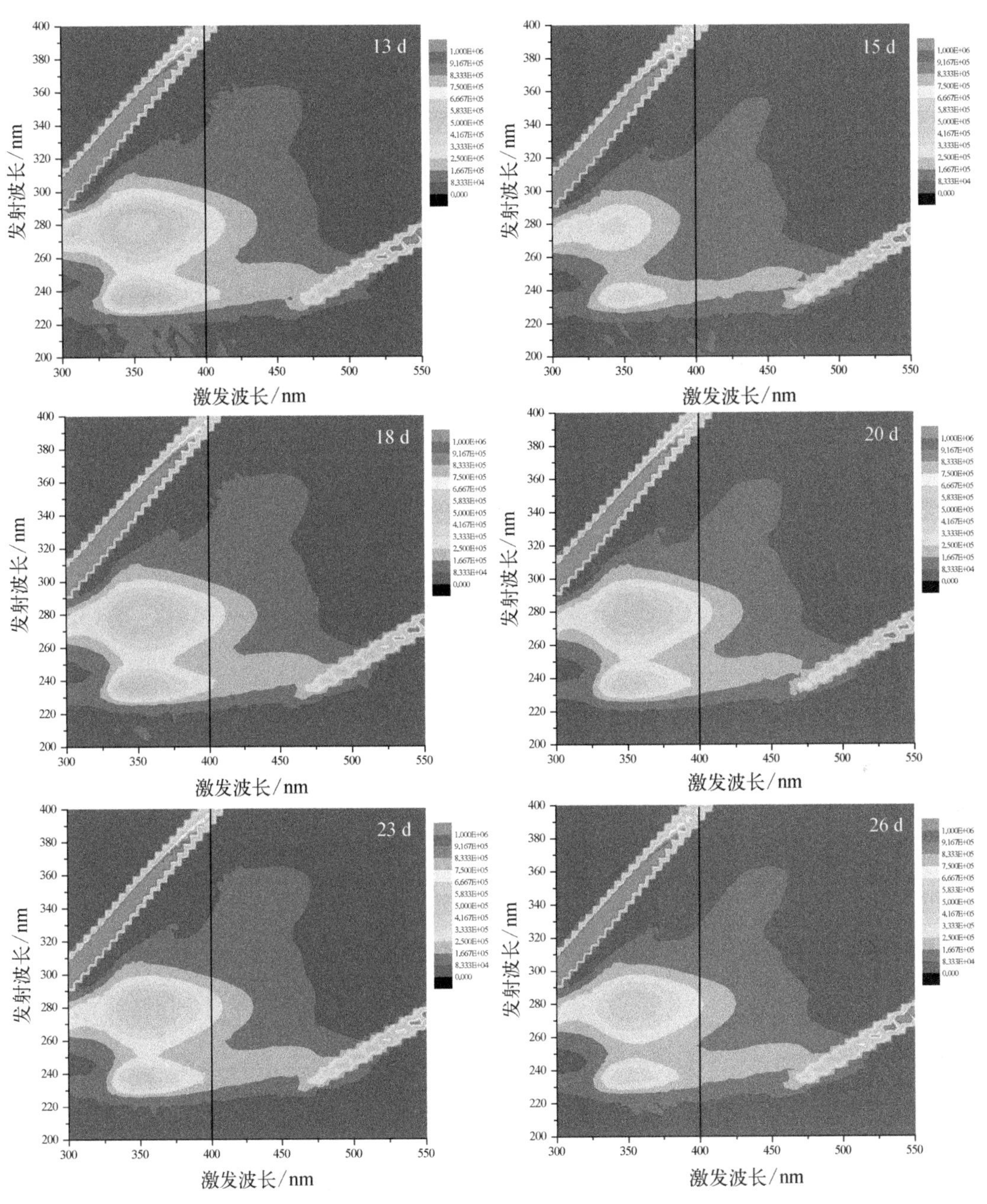

图 3-19　不同消化时间下截留在 0.80 μm 滤膜上有机物的三维荧光光谱图

将确定的三种类蛋白质物质的峰强与截留在 0.80 μm 滤膜上的 PAM 浓度进行相关性分析，列于表 3-3。其中，酪氨酸类蛋白质（A 峰）与 PAM（>0.80 μm）具有显著相关性（$R^2=0.736, P<0.01$），而其他两种物质色氨酸类蛋白质（B 峰）和色氨酸（C 峰）与 PAM（>0.80 μm）没有明显的相关性。基于相关性分析结果，可以得到在污泥厌氧消化初期，主要是酪氨酸类蛋白质与 PAM 螯合形成颗粒尺寸大于 0.80 μm 的胶体。

表 3－3　三种类蛋白质物质的峰强与截留在 0.80 μm 滤膜上的 PAM 浓度相关性分析

物　　质	酪氨酸类蛋白质	色氨酸类蛋白质	色氨酸
聚丙烯酰胺(>0.8 μm)	0.736**	0.469	−0.139

** 表示 $P<0.01$,显著相关

色氨酸和酪氨酸均含有氨基和羧基等螯合基团,当存在二三价钙镁离子时,可以与 PAM 发生螯合作用。而两者在螯合性能上的差异取决于碳骨架的空间结构差异,如图 3－20 所示,色氨酸与酪氨酸相比多了一个环状结构(五个碳),这导致色氨酸的空间架构上大于酪氨酸,削弱了其螯合性能。而腐殖质同样具有大量的氨基和羧基基团,但由于其属于微生物的代谢产物,在消化初期不是污泥中主要的有机物,其含量也远远低于蛋白质,在发生螯合反应时,PAM 倾向于与浓度高的物质结合,因此在具有相同螯合能力的条件下,蛋白质由于浓度优势而先于腐殖质与 PAM 发生结合。

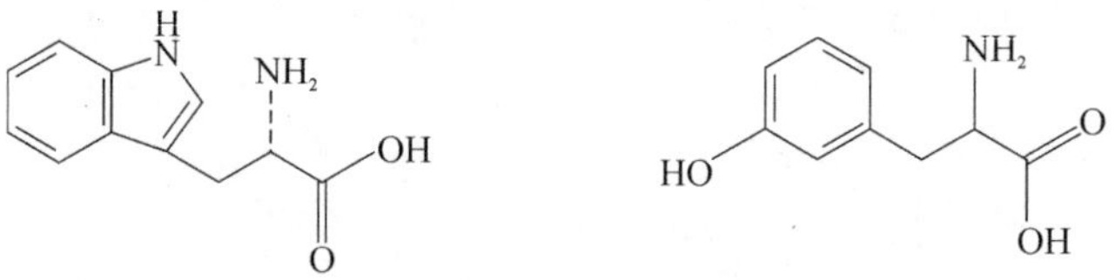

(a) 色氨酸　　(b) 酪氨酸

图 3－20　色氨酸和酪氨酸的分子结构

(3) 单体丙烯酰胺的累积研究

PAM 产生的单体有两种:若支链上的酰胺基发生水解,则产生的单体为丙酸,为厌氧消化过程中水解酸化段产生的挥发性脂肪酸;若支链上的酰胺基未发生水解,则产生的单体为丙烯酰胺,是具有生物毒性的,但厌氧消化产生丙烯酰胺的其他有机物质较少,可以考察 PAM 长碳链是否发生降解。为了进一步确定污泥厌氧消化系统中 PAM 是否发生长碳链的断裂,能否作为碳源被微生物利用,测定了污泥提取液中 PAM 单体丙烯酰胺的含量,如图 3－21 所示。

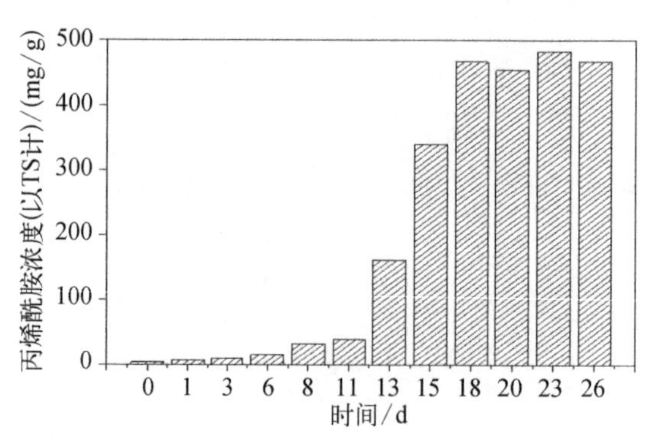

图 3－21　厌氧消化过程中丙烯酰胺含量的变化趋势

由图 3－21 可见,丙烯酰胺含量变化趋势可以分为三个阶段:① 在消化初期(0~6 d)丙烯酰胺的含量略有增加,但小于 10 $g_{AM}/g_{initial\ AM}$;② 在 8~13 d 的消化过程中,丙烯酰胺的含量显著增加,提高至 150 $g_{AM}/g_{initial\ AM}$;③ 在后续的消化时间内,丙烯酰胺含量变化较小,在 400~500 $g_{AM}/g_{initial\ AM}$ 范围内波动。结果表明在污泥厌氧消化系统中,PAM 的长碳链发生了断裂,并产生了单体丙烯酰胺。在消化初期,厌氧消化菌种倾向于利用易降解的有机物,而 PAM 的分子量较大,生物降解抗性较大,因此产生的单体丙烯酰胺含量较少。但随着易降解有机物的消耗殆尽，厌氧消化菌种开始以PAM为碳源，当在消化时间超过13 d时丙烯酰胺开始大量累积，与图3－17中PAM颗粒尺寸降解的时间节点吻合。此外，消化后期丙烯酰胺的含量维持一定的范围波动，表明丙烯酰胺的累积具有一定的限值。

（4）聚丙烯酰胺在厌氧消化中的降解规律

基于以PAM为唯一碳源和氮源的系统，通过对PAM碳链断裂和支链水解研究结果的分析，PAM的降解机制如图3－22所示。

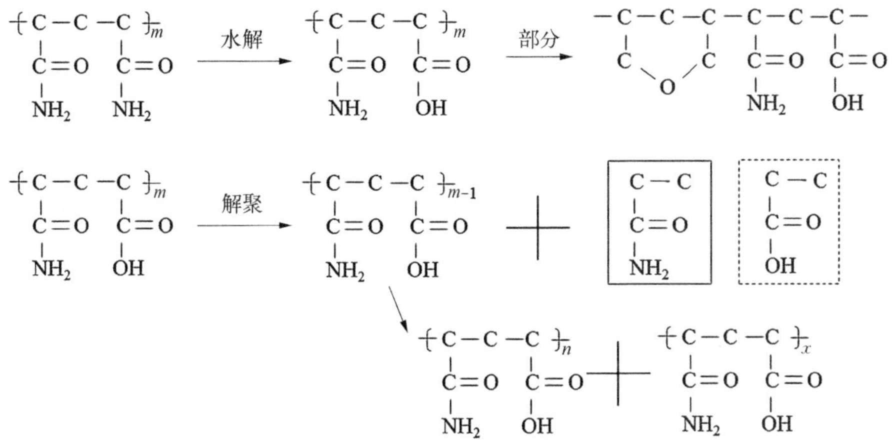

图3－22　PAM的降解机制

由图3－22可见，PAM的支链酰胺基可以作为氮源被微生物利用，水解产生羧基和氨氮，而相邻的羧基或酰胺基进一步发生降解转化形成醚基，经过30天厌氧消化后PAM的水解率为35.3%，但随着初始PAM浓度的增加其水解率由36.8%降至7.6%。这是由于PAM水解产生了氨氮（由35 mg/L增加到145 mg/L），对酰胺基的水解和微生物活性具有抑制作用。PAM的长碳链可以作为碳源被微生物利用，PAM的长碳链的降解产物主要以两到三个碳原子的短链有机物为主，随着PAM的降解，分子量不断变小，其长碳链的长度也不断减小，PAM的生物抗性逐渐降低，开始大量断裂产生3个碳原子以上的短链酸。经过30天厌氧消化后其降解率为11.7%，而且在不同初始PAM浓度（5~100 mg/g）（TS）的影响下，其降解率能稳定在8%~2%。

基于实际污泥厌氧消化系统，通过对污泥中PAM支链上酰胺基的水解、分子量的变化、产生的单体丙烯酰胺含量以及对与PAM发生螯合作用的有机物的分析，可解析PAM在污泥厌氧消化系统中的降解途径，如图3－23所示。

由图3－23可知，在污泥厌氧消化系统中，PAM首先发生支链上酰胺基的水解，产生羧基和氨氮，而生成的羧基与相邻酰胺基形成螯合基团，与污泥中的蛋白质（尤其是酪氨酸类蛋白质）螯合产生颗粒尺寸大于0.80 μm的胶体物质。随着消化时间的延长，系统中易降解的有机物消化殆尽，PAM及其形成的胶体物质开始作为碳源被微生物利用。与以PAM为唯一碳/氮源系统不同，在实际污泥体系中PAM的酰胺基水解并未受到氨氮的抑制，经过30天厌氧消化后其水解效率为43.1%，高于以PAM为唯一

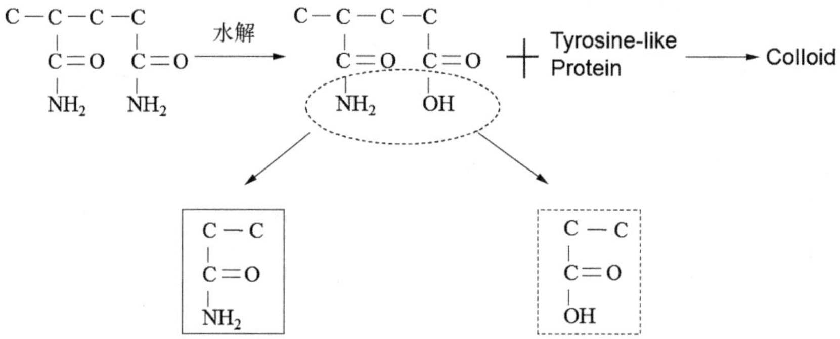

图 3-23　PAM 在污泥厌氧消化系统中的降解途径

碳/氮源系统。PAM 的长碳链在实际污泥体系中也发生降解，>0.8 μm 的大分子逐渐分解产生<0.45 μm 的小分子，经过 30 天厌氧消化后，PAM(<0.45 μm)的含量增加了 7.5%，略低于以 PAM 为唯一碳/氮源系统，这是因为实际污泥中存在的其他易于降解的有机物影响了 PAM 的降解效率。当 PAM 长碳链发生断裂时，由于其支链上酰胺基的水解会降解产生两种单体-丙酸和丙烯酰胺。如果产生丙酸，虽然在厌氧消化系统中利用率不高，但是在后续的稳定化过程或自然界中可以被微生物利用，但如果产生了丙烯酰胺，其具有很强的生物毒性，会影响沼渣的土地利用。而由前述研究结果可得，经 30 天厌氧消化后丙烯酰胺含量(以 TS 计)由 3.2±0.2 μg/g 增加到 469.7±1.3 μg/g。这是由于 PAM 支链上酰胺基的水解率较低，仅为 40%左右，因此考虑提高 PAM 支链上酰胺基的水解率来减少 PAM 单体丙烯酰胺的产生，从而降低污泥沼渣中有毒单体丙烯酰胺的含量。

通过以 PAM 为唯一碳/氮源系统中种群密度分布和 PAM 降解趋势的相关性分析，得到在厌氧消化系统中降解 PAM 的优势菌种为变形菌门(Proteobacteria)，但由实际污泥厌氧消化系统的种群密度分布分析结果可以看出，在实际污泥厌氧消化系统中降解 PAM 的优势菌种的含量较低，需要对厌氧消化系统的运行参数进行优化，提高系统中 Proteobacteria 菌群含量从而提高 PAM 的降解率。

3.5　溶解性有机质在污泥高含固厌氧消化过程的转化规律

3.5.1　总体分析

厌氧消化过程中溶解性有机质(dissolved organic matters, DOMs)总体变化情况如图 3-24 所示。结果表明随着运行时间的增加，pH、电导率(electrical conductivity, EC)和 $SUVA_{254}$ 逐渐增加，而溶解性有机碳(dissolved organic carbon, DOC)、溶解性化学需氧量(dissolved chemical oxygen demand, DCOD)和溶解性总氮(dissolved total nitrogen, DTN)逐渐减少。pH 的增加一方面是因为蛋白质降解生成氨氮，另一方面是因为挥发酸的降解

(Romero et al.,2007)。EC 的增加可能主要是因为有机物的降解和磷酸盐、铵盐、钾等离子的释放(Sharma,2003)。$SUVA_{254}$ 的增加表明厌氧消化处理会引起 DOM 芳香化和稳定化程度的增加。

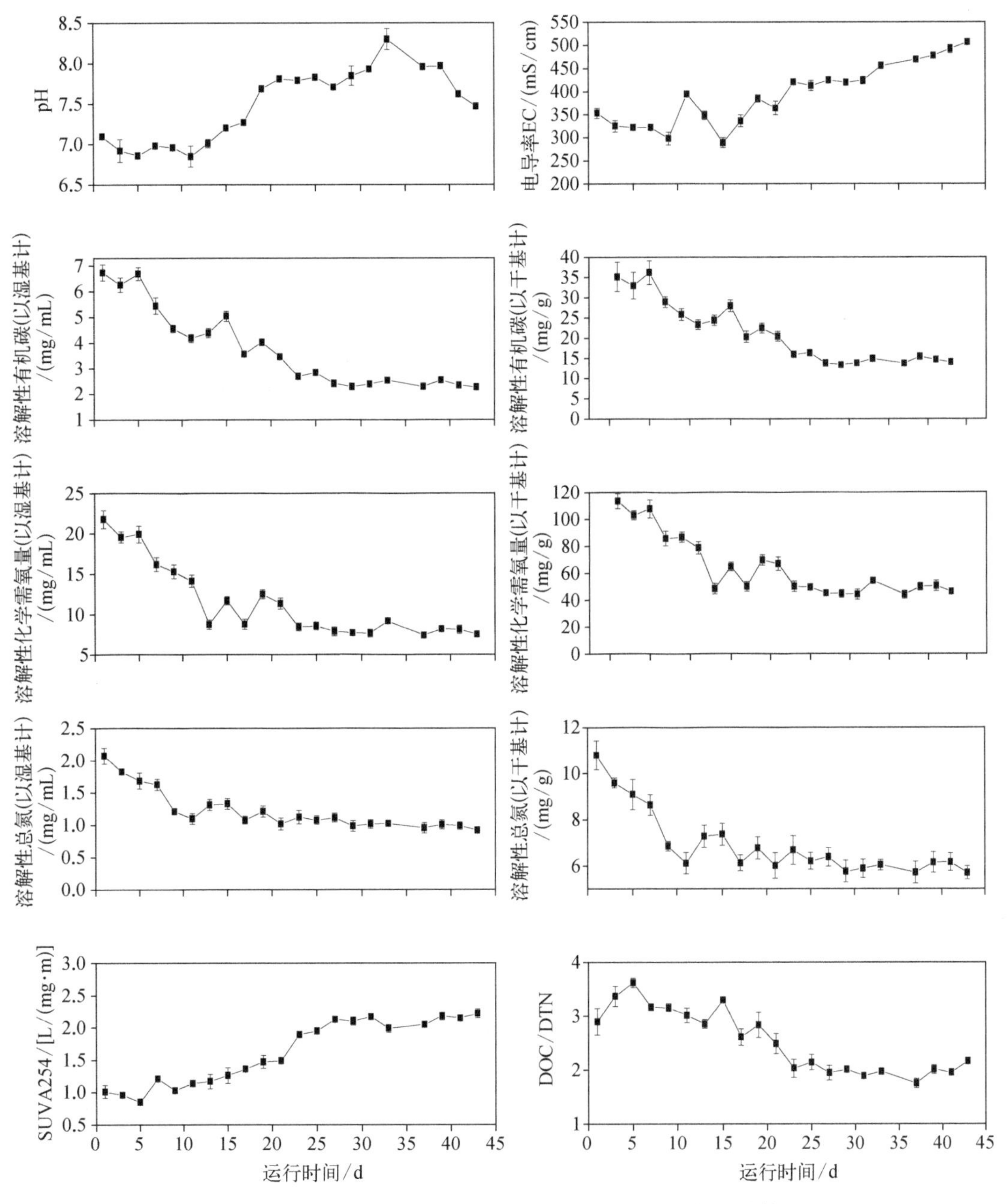

图 3-24　高含固厌氧消化过程污泥中溶解性有机物变化情况

厌氧消化过程中 DOC、DCOD 和 DTN 含量减少表明蛋白质和碳水化合物等有机物降解程度的增加和有机物稳定化程度的提高。在好氧堆肥系统中，基质的溶解性有机碳含量低于 4 mg/g 时表明该基质已经充分稳定、成熟(Xing et al.,2012;Zmora-Nahum et al.,

2005;Chica et al.,2003)。在此研究中,厌氧消化结束时污泥中 DOC 含量大于 14 mg/g,这表明厌氧消化后污泥未充分稳定,仍需进一步的稳定化处理。

3.5.2 荧光光谱分析

三维荧光光谱用于表征溶解性有机物化学特征,厌氧消化开始时与结束时三维荧光光谱如图 3-25、表 3-4 所示。图谱中共发现三个荧光峰,即 P1、P2、P3,它们的 Ex/Em 分别为 280 nm/308~310 nm、250 nm/450~456 nm、290~300 nm/408~410 nm。根据文献资料(Chen et al.,2003),P1 属于微生物副产物(如类酪氨酸和类蛋白化合物),P2 属于类富里酸化合物,P3 属于类腐殖酸化合物。表 3-4 表明初始荧光光谱中含有两峰值(P1、P2),但厌氧消化结束时荧光光谱增加一个峰值(P3),且 P1 和 P2 的荧光强度明显增加。因此,这些结果表明厌氧消化导致溶解性有机物中酪氨酸和色氨酸等荧光类有机物明显增加。

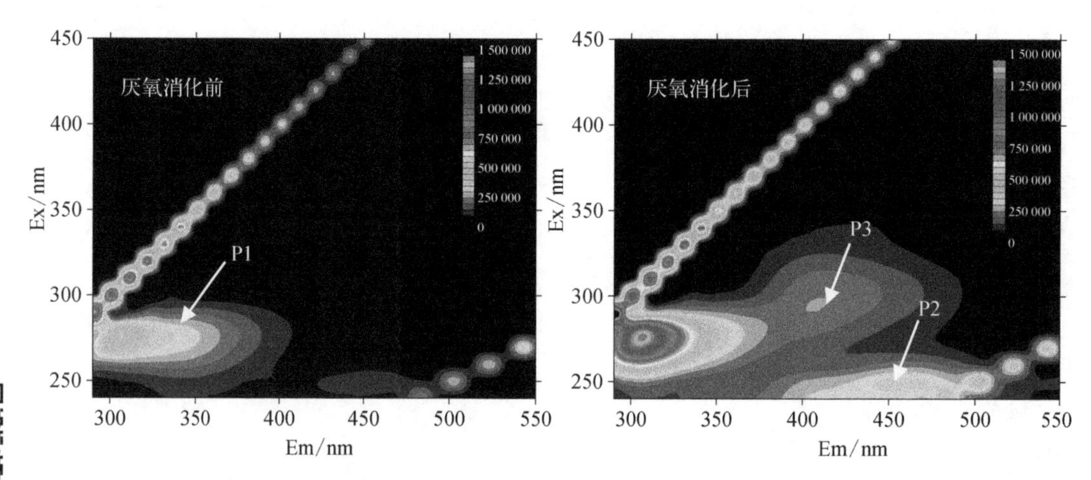

图 3-25 脱水污泥高含固厌氧消化前后溶解性有机物 DOM 的荧光光谱分析

表 3-4 脱水污泥高含固厌氧消化前后溶解性有机物荧光光谱的 Ex/Em 矩阵

厌氧消化前后三维荧光光谱	峰 P1		峰 P2		峰 P3	
	Ex/Em[a]/nm	SFI[b]/nm	Ex/Em	SFI	Ex/Em	SFI
消化前光谱	280/310	510 198	250/454	125 353	—	—
消化后光谱	280/308	1 358 280	250/456	380 249	290/402	249 598

注: a 为激发波长/发射波长;b 为特定荧光强度。

3.5.3 平行因子分析

平行因子分析可更为详细地解析溶解性有机物三维荧光光谱图谱。基于平行因子模型的残差分析和裂半法分析,可将三维荧光光谱解析为三个荧光组分,它们的激发波长和发射波长如图3-26所示,分别为类酪氨酸组分(C1,Ex/Em为270 nm/306 nm)、类色氨酸组分(C2、Ex/Em为280 nm/354 nm)、类腐殖质组分(C3,Ex/Em为(250,310)nm/460 nm)。

三种荧光组分的荧光强度随厌氧消化时间的变化情况如图3-27所示。C1组分具有最高的荧光强度得分,其次为C2和C3,这表明大量的如类酪氨酸等蛋白质物质存在DOM中,这是因为污泥有机物主要由微生物细胞体组成,因此类蛋白质含量最高。

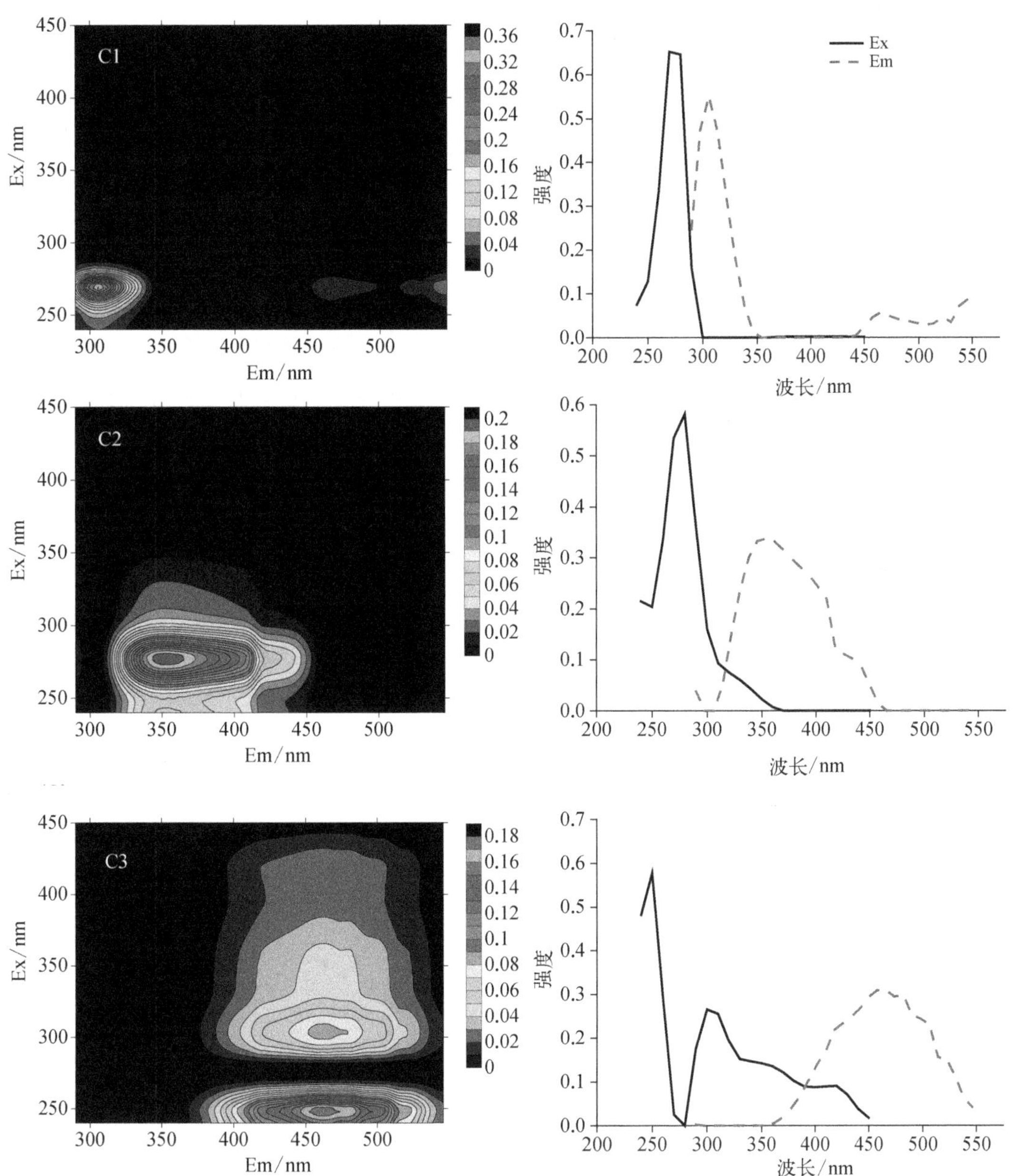

图3-26 基于高含固厌氧消化过程中溶解性有机物DOM的荧光图谱数据采用平行因子模型获得的三种荧光组分(C1、C2、C3)

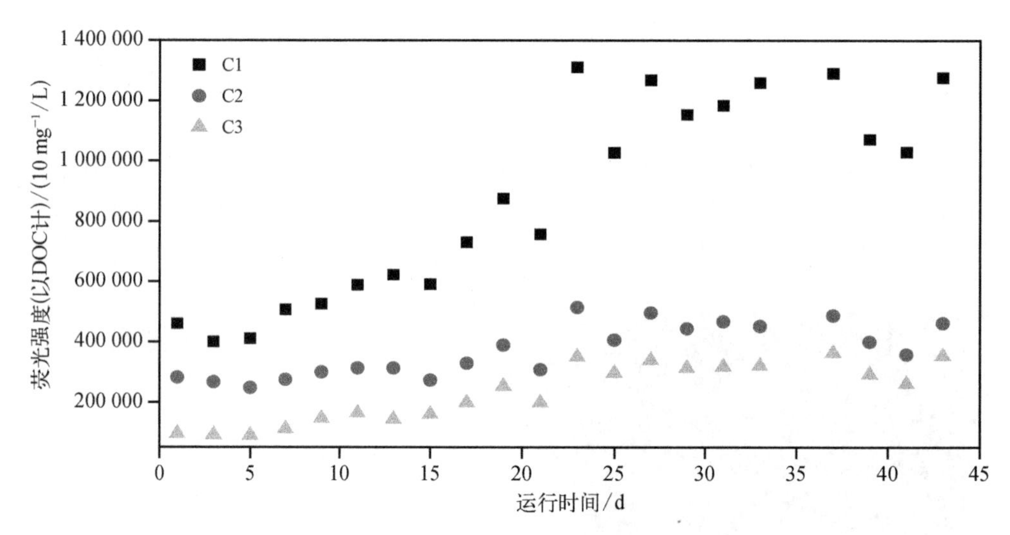

图 3-27 高含固厌氧消化过程中三种荧光组分强度的变化规律

根据样品的 DOC 和总固体(total solid,TS)含量,进一步对每克基质中三种荧光组分荧光强度随时间变化的情况进行分析,如图 3-28 所示。结果表明,随着运行时间的增加,C1 呈波动变化,C2 组分呈逐渐下降的趋势,而 C3 组分呈逐渐增加的趋势。这说明在

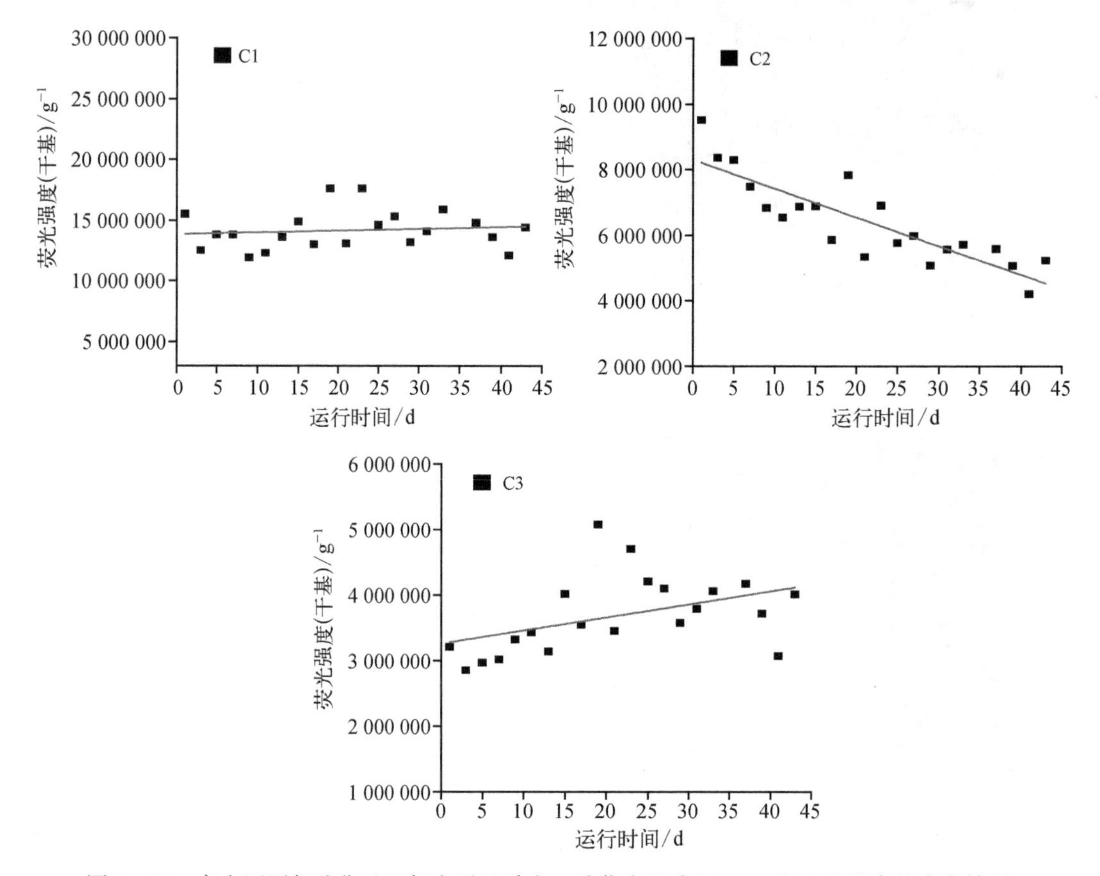

图 3-28 高含固厌氧消化过程每克干基质中三种荧光组分(C1、C2 和 C3)强度的变化情况

厌氧消化过程中三种荧光组分具有不同的增加机制,其中类腐殖酸物质有合成的趋势,而类色氨酸的降解速率大于类酪氨酸,但低于挥发性脂肪酸等易降解有机物的分解速率。Xu 和 Jiang(2013)研究表明类酪氨酸和类色氨酸具有不同光降解特性:类酪氨酸可能通过直接光氧化降解,而类色酸可能通过间接反应来完成降解。因此,这些结果表明这两种蛋白质在厌氧消化反应系统中具有不同的生物降解特性和机制,有待于进一步深入研究。

随着厌氧消化时间的增加,三种荧光组分含量呈逐渐增加的趋势,这表明随运行时间的增加,含氮有机物(如蛋白质)和类腐殖酸物质逐渐增加。这可能是因为挥发性脂肪酸等易降解有机物被生物降解,从而导致荧光类有机物含量相对增加,这是与三维荧光光谱结果较为一致。

3.5.4 一维红外光谱分析

厌氧消化初始时和结束时 DOM 的红外光谱如图 3-29 所示。根据文献资料(Li et al. ,2011;Abdulla et al. ,2010a;Abdulla et al. ,2010b),对红外光谱的主要吸收条带和相应有机物官能团进行分析。总体而言,与初始阶段的红外光谱相比,消化污泥中 DOM 的红外光谱图存在如下的变化情况:① 在 1 000 cm^{-1}(多糖的 C—O 伸缩振动)和 1 124 cm^{-1}(脂肪族 C—OH 伸缩振动,或磺酸盐的 S—O 伸缩振动)的强度存在显著增加;② 在 1 190 cm^{-1}(芳香醚基和酚类的 C—O 伸缩振动)的相对强度存在增加趋势;③ 在 1 294 cm^{-1}(羧酸的 C—O 伸缩振动和一级和二维芳胺的 C—N 伸缩振动)的相对强度存在减少趋势;④ 在 1 412 cm^{-1}(羧酸的 COO^- 或酰胺Ⅲ带的 C=N 伸缩振动);⑤ 在 1 558 cm^{-1}(酰胺Ⅱ带的 N—H 伸缩振动)和 1 606 cm^{-1}(羧酸的 COO^-)的相对强度有减少趋势;⑥ 在 2 964 cm^{-1}(脂肪族 C—H 伸缩振动)的相对强度明显减少。

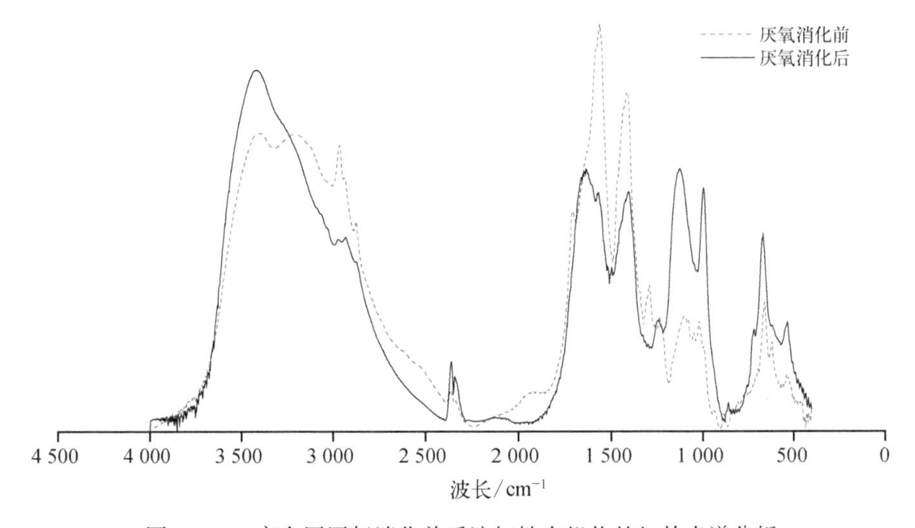

图 3-29 高含固厌氧消化前后溶解性有机物的红外光谱分析

图 3－30 表明随着厌氧消化时间的增加，以上这些变化存在显著的一致性变化趋势。因此，这些结果表明厌氧消化导致污泥中类多糖化合物、芳香醚基、酚类或磺酸类物质存在逐渐增加的趋势，而羧酸类化合物、一级和二级芳胺或脂肪族类物质呈逐渐减少的趋势。这与 Cuetos 等（2010）的研究结果较为一致，补充证实了溶解性有机物整体分析的研究结论。

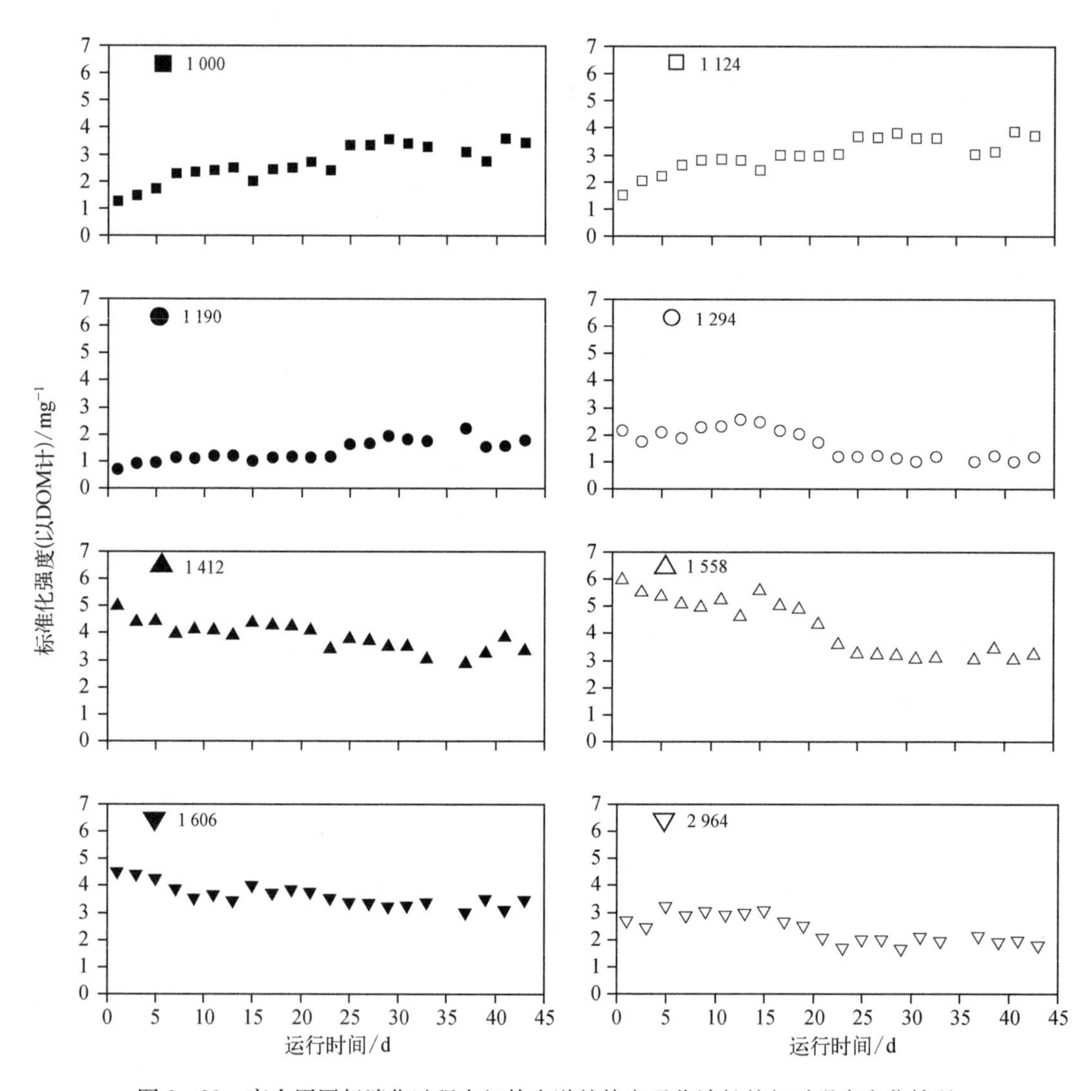

图 3－30 高含固厌氧消化过程中红外光谱的特定吸收波长的相对强度变化情况

根据文献资料（Gamage et al.，2014），红外光谱的 900～1 700 cm^{-1} 可被归类三个区域，即 1 700～1 482 cm^{-1} 为酰胺Ⅰ带和Ⅱ带区域，主要与蛋白质相关；1 482～1 190 cm^{-1} 为与结构碳水化合物相关的区域；1 190～900 cm^{-1} 为与非结构碳水化合物相关的区域。这些结果表明厌氧消化过程中非结构碳水化合物相对增加，而蛋白质物质和结构性碳水化合物相对减少。

3.5.5　二维红外相关光谱分析

对900~1 700 cm^{-1} 和2 700~3 700 cm^{-1} 的红外光谱区域进行二维红外相关光谱分析，有利于解决一维红外光谱波峰重叠的问题，以及探讨有机物随时间变化的关系，结果如图3-31和图3-32所示，包括两种光谱形式，即同步光谱和异步光谱。由于900~1 700 cm^{-1} 区域包含了与酰胺、羧酸、酯类、脂肪族和碳水化合物等官能团相关的条带(Abdulla　et al.,2010a;Abdulla　et al.,2010b)，所以在此进行重点讨论。

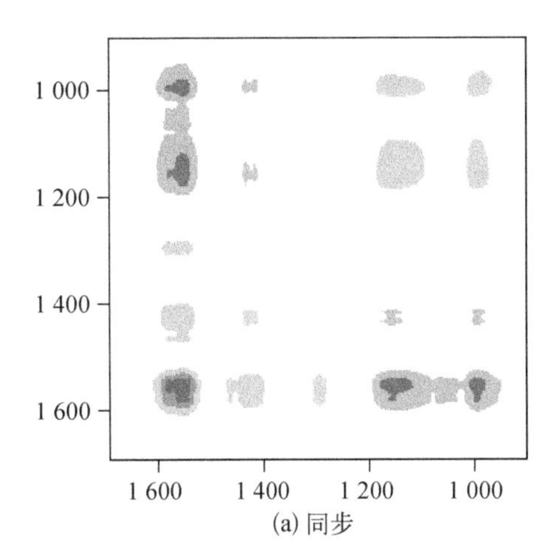

(a) 同步

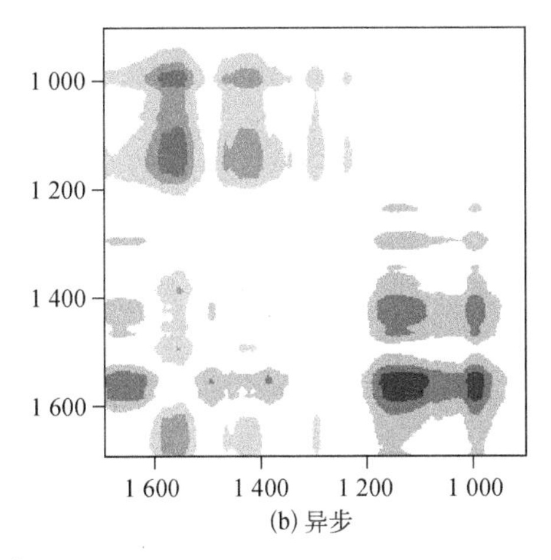

(b) 异步

图3-31　高含固厌氧消化过程中900~1 700 cm^{-1} 红外光谱的同步(a)和异步(b)二维相关图谱分析。红色代表正相关，蓝色代表负相关；颜色越深代表相关性越强

(1) 同步光谱

如图3-31a所示，同步光谱中存在四个主要的自相关峰，它们的变化强度分别为1 558 cm^{-1}>1 124 cm^{-1}>1 000 cm^{-1}>1 412 cm^{-1}，这表明这些有机官能团随厌氧消化时间增加存在如下敏感性程度大小的关系：amide Ⅱ>脂肪族>类多糖>羧酸。这说明来自蛋白质的酰胺Ⅱ化合物的敏感性大于多糖和羧酸。

同步光谱图的交叉峰可说明不同波峰间的相关关系。正交叉峰结果表明在1 294、1 412和1 558 cm^{-1} 间存在正相关关系，此外1 000 cm^{-1} 和1 124 cm^{-1} 间也存在正相关关系。这说明在厌氧消化过程中脂肪族化合物和多糖同步同向变化，而羧酸、酰胺Ⅰ带、Ⅱ带和Ⅲ带同步同向变化。负交叉峰结果表明1 000 cm^{-1} 和1 124 cm^{-1}，以及1 412 cm^{-1} 和1 558 cm^{-1} 之间存在负相关关系。这说明类蛋白化合物与类多糖和脂肪族化学存在同步相反的变化关系，这补充印证了一维红外光谱的研究结果。

(2) 异步光谱

如图3-31b所示，在对角线上方共发现11个主要交叉峰。根据文献资料(Noda and Ozaki,2005)，各条带随时间的变化顺序具有如下关系：1 558 cm^{-1}→1 469 cm^{-1}→1 412 cm^{-1}→1 124 cm^{-1}→1 000 cm^{-1} 和1 294 cm^{-1}→1 469 cm^{-1}→1 665 cm^{-1}，这表明有机物官能团随时间的变化顺序有如下规律：酰胺Ⅱ带(主要与类蛋白质相关)>(先于)C—H

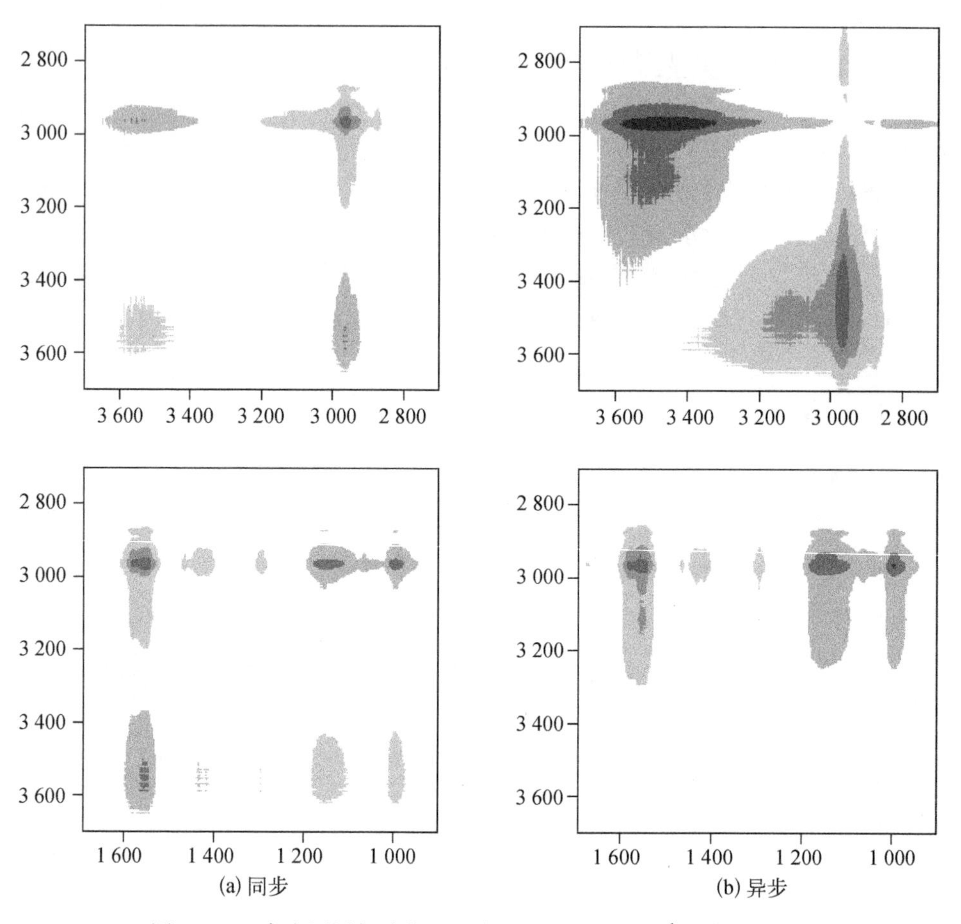

图 3－32 高含固厌氧消化过程中 2 700~3 700 cm^{-1} 红外光谱的同步(a)和异步(b)相关图谱分析

脂肪族(主要与纤维素等结构性碳水化合物相关)>羧酸>类多糖化合物(非结构性碳水化合物)。此外,还存在一条有机物官能团的变化顺序:酰胺Ⅲ带(类蛋白化合物)>(先于)羧酸>酰胺Ⅰ带(类蛋白质)和芳香环结构,这说明这两种类蛋白质存在不同的降解顺序,这可补充验证三维荧光光谱+平行因子分析方法的研究结果,后者表明类酪氨酸的降解率高于类色氨酸的降解率。

Novak 等(2003)研究表明在序批式厌氧消化过程中溶解性蛋白质含量增长快,在前 20 d 内即完成,但是多糖类物质释放相对缓慢,在 50 d 内仍呈以相对稳定的速率缓慢增加。Engelhart 等(2000)的研究也表明溶解性蛋白质在水力停留时间 2 d 内可以降解,但碳水化合物的降解水平在水力停留时间为 2 d 到 5 d 内仍呈增加的趋势。这些研究结果表明在厌氧消化过程中蛋白质的降解先于碳水化合物,与本研究的结论较为一致。此外,研究表明来自胞外聚合物的碳水化合物比结构性碳水化合物更难以降解(Engelhart et al.,2000)。因此,相对于蛋白质和结构性碳水化合物,保护性多糖是最后被降解的有机物。

本研究中有机物的降解顺序不同于 Yu 等(2011)的研究结果,后者探讨了好氧堆肥过程中生物膜有机物的降解规律。它表明生物膜中微生物细胞最先利用易降解的杂多糖物质,其次利用纤维素物质,最后降解蛋白质。这一方面可能是由于不同的反应系统类型引起的,我们研究的反应系统是厌氧消化反应系统,而后者研究的是好氧堆肥反应系统。Novak 等(2003)研究表明在厌氧和好氧反应条件下蛋白质和多糖的含量比例存在较大差异,暗示这两种条件下蛋白质和多糖的降解程度和顺序存在较大差异。另一方面可能是由于降解基质的不同引起的。Yu 等(2011)的研究对象是猪粪,其主要成分是粗纤维和蛋白质;而我们的研究对象是脱水污泥,主要由微生物细胞组成,蛋白质是主要有机物。具体的影响机制还有待进一步研究。

3.5.6　相关性分析

对各类化学指标,如厌氧消化处理效果、溶解性有机物整体分析、挥发性脂肪酸含量、基于平行因子模型分析的三种荧光组分相对强度及红外光谱的主要条带等,进行相关性分析,如表 3-5 所示。结果表明,经 EEM-PARAFAC 分析所得的三种荧光组分和红外光谱分析所得的主要条带与其他绝大多数化学指标间存在显著的正相关关系,包括厌氧消化处理效果、溶解性有机物分析指标和挥发性脂肪酸含量($P<0.05$)。然而,红外光谱的 1 124 cm^{-1} 条带与丙酸含量,1 294 cm^{-1} 条带与 VS、DCOD、DTN、乙酸、正丁酸和正戊酸含量,1 412 cm^{-1} 条带与正丁酸含量之间不存在显著的相关关系。这表明 EEM-PARAFAC 和一维红外光谱分析可用于表征厌氧消化处理效果和溶解性有机物化学特征变化。但是它们之间的定量关系还有待于进一步研究。

3.5.7　聚类分析

根据各类化学指标数据对随时间变化的样品进行分层聚类,其结果如图 3-33 所示。基于溶解性有机物的整体分析指标和挥发性脂肪酸含量数据,可将样品分成两大类,即 1~21 d 为一类,23~43 d 为一类,这与基于 EEM-PARAFAC 和红外光谱分析数据的分类结果较为相似,这些结果进一步补充验证了相关性分析的研究结论。这说明在 23 d 的停留时间内脱水污泥可实现充分厌氧消化。

3.5.8　研究意义

厌氧消化可分为三个生物化学阶段:水解、酸化(包括乙酸化)和甲烷化。由此可知,厌氧消化反应系统中溶解性有机物含量和组成会受到这三个阶段的影响。例如,碳水化合物等不溶性有机物大分子在水解阶段可分解成溶解性中间产物,可导致溶解性有机物含量的增加。与此同时,甲烷阶段可将易降解的溶解性有机物转化为甲烷、二氧化碳等生物气,从而使溶解性有机物含量减少,引起溶解性有机物组成的变化。然而关于厌氧消化过程中溶解性中间产物化学变化的研究至今仍然较少。

EEM-PARAFAC 研究表明,类酪氨酸、类色氨酸和类腐殖质等难以生物降解(酸

表 3-5　各种化学指标的皮尔森相关性分析

		ABP	TS	VS	pH	EC	$SUVA_{254}$	DOC	DCOD	DTN	DOC/DTN	AA	PA	Iso-BA	n-BA	Iso-VA	n-VA	TVFA
基于平行因子分析的三种荧光组分强度	C1	0.92**	-0.81**	-0.88**	0.87**	0.85**	0.95**	-0.93**	-0.83**	-0.73**	-0.94**	-0.70**	-0.76**	-0.84**	-0.64**	-0.90**	-0.78**	-0.93**
	C2	0.83**	-0.68**	-0.78**	0.80**	0.78**	0.88**	-0.87**	-0.76**	-0.66**	-0.89**	-0.63**	-0.73**	-0.75**	-0.60**	-0.84**	-0.72**	-0.87**
	C3	0.93**	-0.82**	-0.89**	0.86**	0.83**	0.94**	-0.94**	-0.84**	-0.77**	-0.92**	-0.73**	-0.72**	-0.85**	-0.69**	-0.90**	-0.81**	-0.94**
红外光谱主要条带的相对强度	1 000	0.87**	-0.79**	-0.85**	0.71**	0.78**	0.87**	-0.92**	-0.83**	-0.85**	-0.82**	-0.85**	-0.52**	-0.75**	-0.74**	-0.81**	-0.84**	-0.91**
	1 124	0.74**	-0.68**	-0.74**	0.52*	0.64**	0.72**	-0.81**	-0.74**	-0.79**	-0.67**	-0.80**	-0.34	-0.64**	-0.74**	-0.66**	-0.80**	-0.78**
	1 190	0.88**	-0.77**	-0.84**	0.84**	0.86**	0.94**	-0.91**	-0.78**	-0.76**	-0.91**	-0.71**	-0.77**	-0.76**	-0.58**	-0.86**	-0.73**	-0.91**
	1 294	-0.52*	0.47*	0.39	-0.64**	-0.71**	-0.72**	0.53*	0.31	0.16	0.74**	0.14	0.93**	0.48*	0.08	0.68**	0.22	0.56**
	1 412	-0.71**	0.66**	0.64**	-0.81**	-0.81**	-0.84**	0.74**	0.59**	0.46*	0.89**	0.46*	0.89**	0.62**	0.38	0.77**	0.51*	0.78**
	1 558	-0.81**	0.75**	0.73**	-0.85**	-0.86**	-0.92**	0.83**	0.68**	0.55**	0.95**	0.53*	0.91**	0.72**	0.45*	0.86**	0.60**	0.86**
	1 606	-0.84**	0.71**	0.71**	-0.87**	-0.79**	-0.89**	0.81**	0.67**	0.55*	0.90**	0.51*	0.82**	0.80**	0.53*	0.90**	0.65**	0.84**
	2 964	-0.83**	0.81**	0.80**	-0.83**	-0.84**	-0.91**	0.88**	0.77**	0.67**	0.96**	0.67**	0.82**	0.72**	0.58**	0.82**	0.69**	0.91**

** 极显著相关性($P<0.01$)(双尾)；* 显著相关性($P<0.05$)(双尾)。ABP：累积生物产气量;AA：乙酸;PA：丙酸;Iso-BA：异丁酸;n-BA：正丁酸;Iso-VA：异戊酸;n-VA：正戊酸;TVFA：挥发性脂肪酸总量;C1：荧光组分1;C2：荧光组分2;C3：荧光组分3

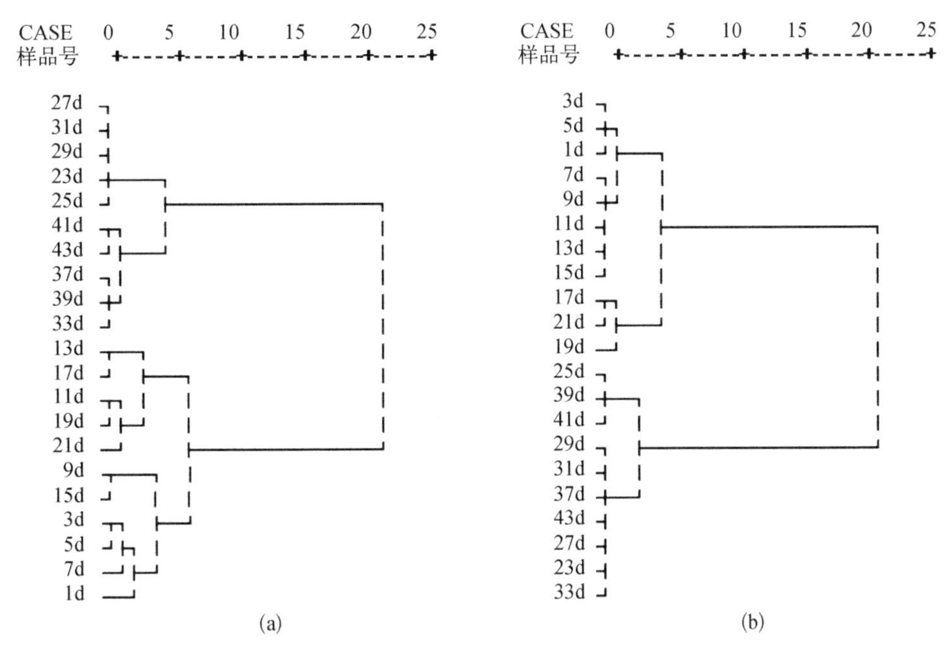

图3-33 随时间变化样品的聚类分析。(a) 基于溶解性有机物整体分析和挥发性脂肪酸含量等指标;(b) 基于三种荧光组分和红外主要条带的相对强度数据

化)。它们的抗生物降解能力具有如下规律:类腐殖质>类酪氨酸>类色氨酸。一维红外光谱研究表明,厌氧消化会导致DOM中类多糖、酯类、酚类和磺酸盐等有机官能团的比例增加,而羧酸、1级和2级胺类以及脂肪族化合物等有机官能团的比例减少。二维红外相关光谱的同步光谱分析表明,类蛋白质降解率大于类多糖。异步光谱分析表明,类蛋白质的降解先于类多糖,此外酰胺Ⅲ带的降解先于酰胺Ⅰ带。图3-34简述厌氧消化过程中主要溶解性有机物的降解规律,这些研究结果在厌氧消化过程中均属首次报道。

类酪氨酸、类腐殖质等荧光物质和类多糖等杂多糖在DOM中的富集可能会成为有机物进一步降解转化的抑制因子,因为这些物质富集可能通过化学平衡关系抑制碳水化合物、蛋白质等有机物大分子的水解。另外,类腐殖质和类蛋白质等溶解性有机物与金属离子的螯合作用广泛存在于废水、污泥和土壤中(Yamashita and Jaffe,2008;Ohno et al.,2007;Barker and Stuckey,1999)。类腐殖质和微生物螯合剂与金属离子的络合作用可能缓解金属离子的毒性作用,降低金属离子的活性,进而影响与有机物降解相关的微生物酶活性(Barker and Stuckey,1999),从而抑制污泥有机物的进一步降解。关于具体的影响机制,还有待进一步研究。

因此,为促进厌氧消化后污泥的进一步稳定,一方面需强化污泥中未充分稳定物质进一步稳定,另一方面需消除可能影响污泥有机物进一步降解的抑制因素。此外,基于厌氧与好氧条件下在有机物降解方面的互补性,引入好氧处理工艺对厌氧消化污泥进行深度稳定处理具有重要意义。

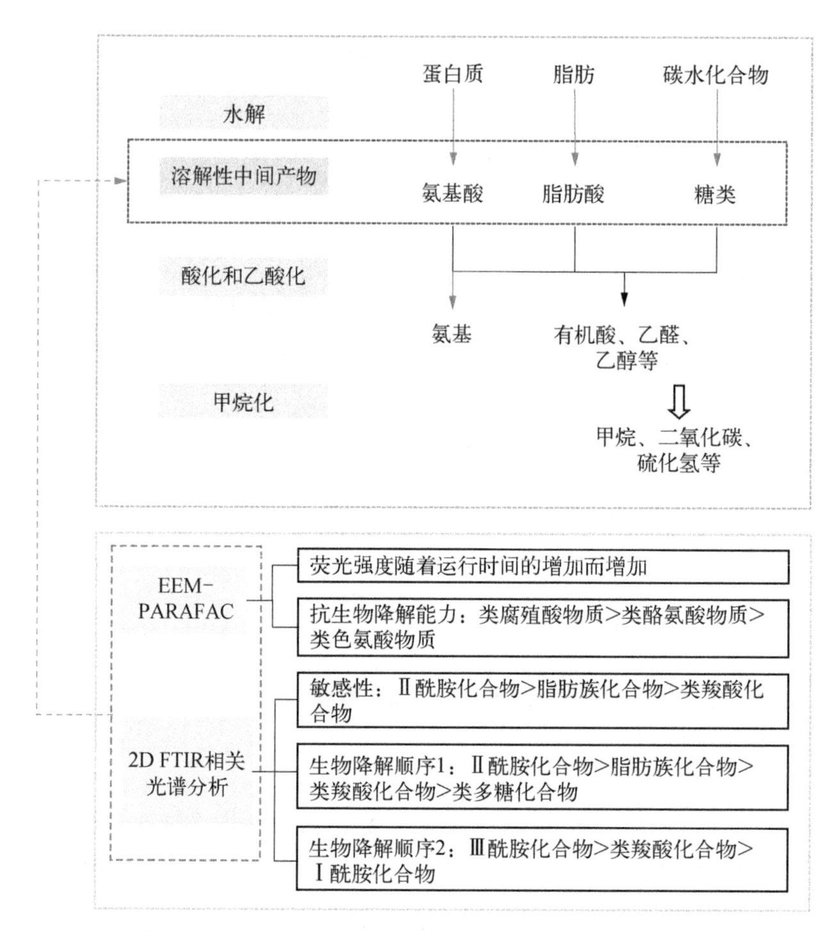

图3－34　高含固厌氧消化过程污泥中主要有机物的生物降解特性

3.6　胡敏酸在污泥高含固厌氧消化过程的芳香结构重聚研究

有机质中腐殖化组分被认为是难以被微生物降解的稳定有机质（Bernal　et al.，2009）。在好氧堆肥过程中，有机废弃物通过一系列生物作用逐渐被转化为相对稳定的腐殖质后为农业利用（Li　et al.，2017；Watteau and Villemin，2011）。另外，腐殖质中的胡敏酸的含量增加，意味着堆肥产品的成熟（Zhang　et al.，2015）。对于厌氧消化过程，在有机质降解转化为生物气的同时稳定腐殖化成分开始产生（Provenzano　et al.，2016；Appels　et al.，2008），VS/TS 反映挥发性有机质的比例，即从总量上反映微生物降解有机质情况（Dong　et al.，2013）。但将腐殖质的迁移变化过程作为污泥厌氧消化过程有机质稳定化的指标还未有全面深入的报道。

腐殖质是分子量分布广泛的复杂混合物，其结构中存在一个核心骨架，一些活性基团（如胺、羧基、羰基、苯酚、烯醇、醌、羟基醌、内酯、醚等）与核心骨架通过化学交联形成各种类型的腐殖质。腐殖酸类物质可改善土壤的缓冲能力和阳离子交换能力，通过化合、吸附、螯合作用影响着微量元素和有机污染物的分布（Ren et al.，2016；Kulikowska et al.，2015；Haroun et al.，2009；Plaza et al.，2005）。腐殖质芳香结构物质的增加，表征污泥有机质稳定性有一定程度的提高；同时羧基、酚羟基和烯醇基等基团增加，提供更多可络合重金属的吸附点位，这意味着污泥腐殖化进程极有可能影响着沼渣植物毒性变化（Maia et al.，2008；Plaza et al.，2005）。因此，基于为污泥处理产品最终出路提供可靠依据，有必要探究高含固污泥厌氧消化过程腐殖质的形成路径。然而，高含固污泥厌氧消化过程腐殖质的形成和结构转变目前尚不清楚，尤其是腐殖质芳构化程度变化对污泥产品植物毒性影响机制尚不明晰。

腐殖质主要以胡敏酸（HA）和富里酸（FA）为主。胡敏酸是各种来源的腐殖质中的主要活性组分（Boguta et al.，2016；Rodriguez et al.，2016；Li et al.，2014a），占腐殖质的90.6%（Li et al.，2014a）。和胡敏酸相比，富里酸的羧酸类官能团较少，质子结合能力弱（Plaza et al.，2005）。目前，一般采用HA/FA比值评价堆肥产品腐熟度及其腐殖化程度。HA/FA提高意味着富里酸或非胡敏酸组分被降解以及胡敏酸中芳香结构的缩聚（Awasthi et al.，2017）。因此，在有机质稳定或腐熟过程中，富里酸趋于被降解而胡敏酸芳构重聚；本研究从污泥产品最终出路的角度出发，着重关注胡敏酸的生化转变。

影响植物毒性的因素有pH、电导率（EC）、低级羧酸、重金属和酚类物质等，也就是说污泥植物毒性是一个综合反映有机质降解程度和污染物水平的综合指标（Tigini et al.，2016）。其中，沼渣中过高的含盐量被认为显著抑制植物种子发芽。过高的含盐量首先使得沼渣浸提液的渗透压升高，限制浸种过程中种子吸水和植株生长过程中根系吸水，从而影响了养分传输（El Fels et al.，2014b；Alburquerque et al.，2012）。其实，腐殖质的螯合作用和微生物的固定作用能在一定程度上控制污泥中过高的游离含盐量（Li et al.，2016）。尤其是腐殖质通过其芳香骨架上的羧基和酚羟基等官能团螯合重金属离子的作用，能够直接减少一部分游离含盐量。据报道，高含固消化污泥中的Cu（Ⅱ）离子能被芳香程度较高的胡敏酸形成较稳定的络合物，而Zn离子则与腐殖质类物质都能形成络合物（Dong et al.，2013）。也就是说，在高含固厌氧消化的条件下，胡敏酸对重金属离子的从可交换态迁移转化到与有机质稳定络合态有着重要影响。

因此，本研究的主要目的是：① 采用紫外光谱分析、元素分析、傅里叶红外光谱手段来研究高含固厌氧消化污泥胡敏酸的芳香结构变化；② 分析厌氧消化污泥植物毒性和胡敏酸结构变化之间的内在联系；③ 基于土地利用，寻找高含固厌氧消化污泥稳定化过程中关键的指示指标。

3.6.1 高含固厌氧消化污泥胡敏酸芳构化程度变化情况

（1）紫外光谱分析

高含固厌氧消化过程污泥胡敏酸的 $SUVA_{254}$ 和 $SUVA_{280}$ 变化情况如图3-35所示。胡敏酸的 $SUVA_{254}$ 和 $SUVA_{280}$ 在初始的略微增加后，从第8天到第24天持续降低。在厌氧消化第24天胡敏酸的 $SUVA_{254}$ 和 $SUVA_{280}$ 下降到最低值，分别是2.407 L/(mg·m)和

2.088 L/(mg·m)。然而,厌氧消化24天后胡敏酸的 $SUVA_{254}$ 和 $SUVA_{280}$ 值开始回升,到第48天,胡敏酸的 $SUVA_{254}$ 和 $SUVA_{280}$ 分别达到了4.071 L/(mg·m)和3.237 L/(mg·m)。这一结果表明污泥胡敏酸的芳构化程度在高含固厌氧消化中有先下降后回升的趋势。由于腐殖质是有着芳香性核心骨架的超分子物质(Sutton,2005),因此,厌氧消化启动阶段(前8天)可能由于表面易降解有机质被剧烈消耗从而芳香核暴露而使得胡敏酸芳构化程度的相对增加。接着在第8天到第24天,裸露的胡敏酸芳香结构也在微生物作用下被破坏和降解,这也意味着原有的污泥胡敏酸芳香结构并不稳定。有趣的是,污泥胡敏酸的芳构化程度在厌氧消化24天后出现了转折,而且在厌氧消化终点上升到比初始更高的芳构化水平。这可能是由于胡敏酸的芳核周围聚集了新的芳香基团,芳香基团进一步缩聚从而形成了新的腐殖质(Maia et al.,2008;Amir et al.,2006)。从这个角度来看,脂肪类物质和不稳定的初始芳香类物质的降解为新的芳香基团聚集提供了空间,也筛选了更为稳定的芳香结构从而形成新的腐殖质。

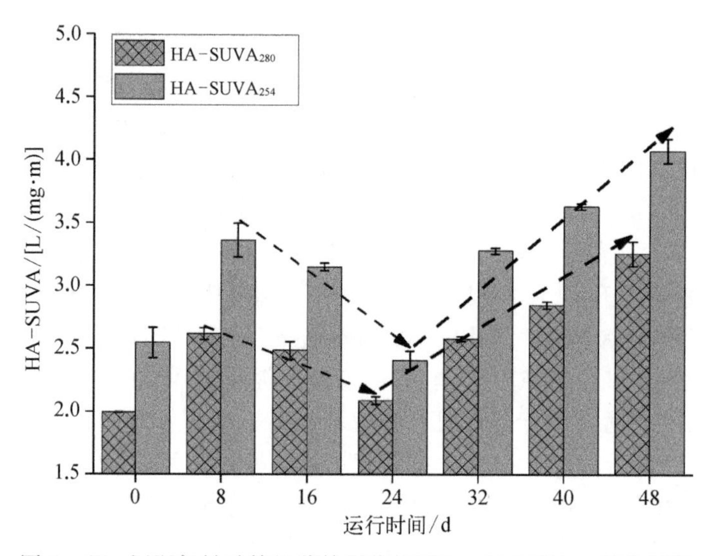

图3-35 污泥胡敏酸特征紫外吸收 $SUVA_{254}$ 和 $SUVA_{280}$ 变化情况

(2)元素分析

污泥胡敏酸的元素组分、碳氮比和氢碳比的情况如表3-6和图3-36所示。氮组分起初呈下降趋势,从原污泥的8.32%下降到厌氧消化16天的7.146%;在厌氧消化24天后氮组分比例回升,到厌氧消化第48天占胡敏酸的8.791%。胡敏酸氮元素的回升可能与木质素和蛋白质分解产物重新聚合有关(Stevenson,1983)。而胡敏酸的氢元素随着厌氧消化进行总体下降,从原污泥的8.156%下降到7.475%,这表明胡敏酸中脂肪类基团被持续消耗供能而芳香基团相对突出(Huang et al.,2006),厌氧消化第24~48天芳香基团可能再次聚集到胡敏酸中,和紫外光谱分析结果一致。碳元素在胡敏酸中的占比起初有轻微上升,然后从55.555%(第8天)下降到51.220%(第16天),除第24天有波动外后16天中碳元素比例回升。初始阶段碳元素占比增加可能是由于氢和氮元素的减少使得碳元素比例相对增加。第8天到第16天胡敏酸碳元素的消耗和这一阶段污泥的VS/TS

降低一致，即这一阶段微生物活动剧烈降解有机质，胡敏酸碳也可作为碳源而消耗。文献报道有机质降解产物（芳香碳、羧基碳和酯碳）能够在微生物活动和酶反应过程合成腐殖质的前体物质（Amir et al.，2010）。尽管腐殖质被认为是在大多数环境条件下不可被生物降解的，但本研究发现了高含固厌氧消化第一个24天中碳、氢、氮元素的消耗以及芳构化程度的削弱。这说明高含固厌氧环境中不仅易降解糖类、蛋白质、氨基酸和脂肪酸能够被微生物降解利用，胡敏酸中不稳定的芳香结构也可作为碳源物质被消耗（Provenzano et al.，2016；Provenzano et al.，2014）。

表3-6　高含固污泥厌氧消化过程中胡敏酸的元素组成变化情况

运行时间/d	N/%	C/%	H/%
0(RSS)	8.321±0.002	54.245±0.025	8.156±0.001
8	8.023±0.301	55.555±0.475	8.095±0.119
16	7.146±0.006	51.220±1.239	7.646±0.257
24	7.870±0.091	52.230±0.460	7.912±0.169
32	7.762±0.271	50.945±2.717	7.648±0.446
40	8.571±0.331	53.625±0.675	7.439±0.006
48	8.791±0.250	55.240±1.576	7.475±0.071

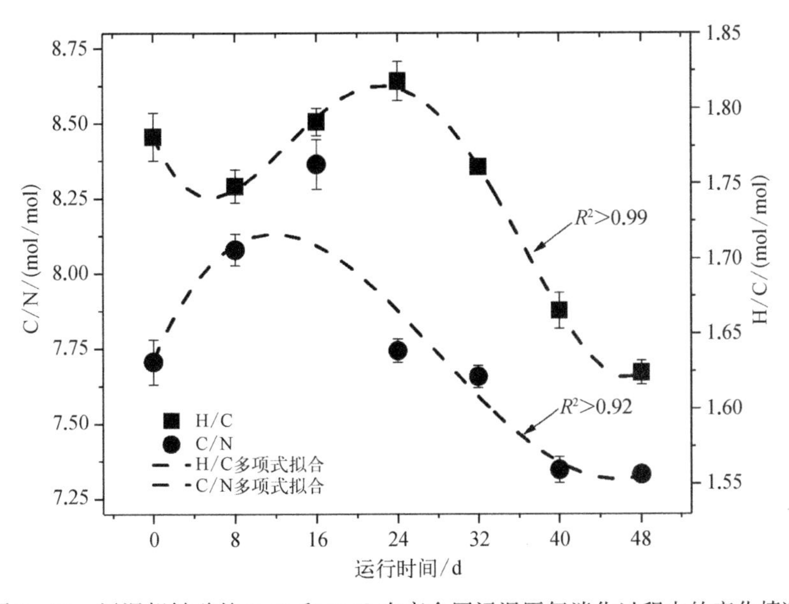

图3-36　污泥胡敏酸的C/N和H/C在高含固污泥厌氧消化过程中的变化情况

胡敏酸氢和碳的摩尔比初始略有降低，在厌氧8～24天的升高之后，第二个24天里持续降低。前8天中氢碳比降低主要是由于脂肪类物质的剧烈降解和芳香类物质的相对增加；中间阶段氢碳比上升与胡敏酸芳香结构被破坏消耗趋势一致，随后在第二个高含固厌氧消化的24天中氢碳比持续降低，这种快速降低的趋势与污泥好氧堆肥中腐熟过程类似，表征胡敏酸芳香结构缩合（Garcia et al.，1989）。碳氮比在起初的16天增加，对应从原污泥的7.606增加到厌氧消化16天的8.362，之后快速降低到7.299（厌氧消化第40天），在第48天略微回升到7.331。胡敏酸初始碳氮比增加表明氮元素的矿化速度比碳元素矿化更快。随着碳元素的占比上升，碳氮比却仍趋于降低，说明在新的胡敏酸生成过程中对氮元素的聚合较碳元素更为强烈。同时碳氮比的降低也表明腐殖化过程逐渐加深的烷基碳矿化和蛋白降解产物的聚合。

（3）傅里叶红外光谱分析

污泥序批式高含固厌氧消化过程中，污泥胡敏酸的傅里叶红外吸收谱图变化主要表现在特征频带 1 600~1 680 cm^{-1} 中，反映了胡敏酸中烯烃里的芳香碳，酰胺中的碳基、酯基和羧基，以及酮和醌中碳基的显著变化(El Fels et al.，2014a；Amir et al.，2010；Chai et al.，2007)，如图 3-37 所示。在厌氧消化的第一个 24 天中，1 627 cm^{-1} 和 1 655 cm^{-1} 位置的傅里叶红外吸收峰逐渐削弱，峰形趋于平坦。这与前面所述的数据分析结果一致，同时补充了更为具体的信息，即厌氧消化前 24 天胡敏酸中不稳定的芳香碳骨架结构被降解消耗。不过，在厌氧消化后半段中，更多位于频带 1 600~1 680 cm^{-1} 的红外特征吸收峰出现并增强，如 1 636 cm^{-1}、1 646 cm^{-1}、1 662 cm^{-1} 和 1 670 cm^{-1}，表明胡敏酸的芳香碳骨架结构能够在第二个 24 天中重建并聚合更多的芳香类官能团。这些芳香类基团的来源在污泥好氧堆肥的研究中被认为来源于木质素的降解(El Fels et al.，2014a；Kataeva et al.，2013)。另外，原污泥中胡敏酸位于 1 711 cm^{-1} 的特征吸收消失，而高含固厌氧消化 48 天后在 1 716 cm^{-1} 出现了一个小的吸收峰，这可能是由于消化初期含有碳碳双键的酮或羧基被降解转化而末期胡敏酸聚合新的此类官能基团(González Pérez et al.，2004)。

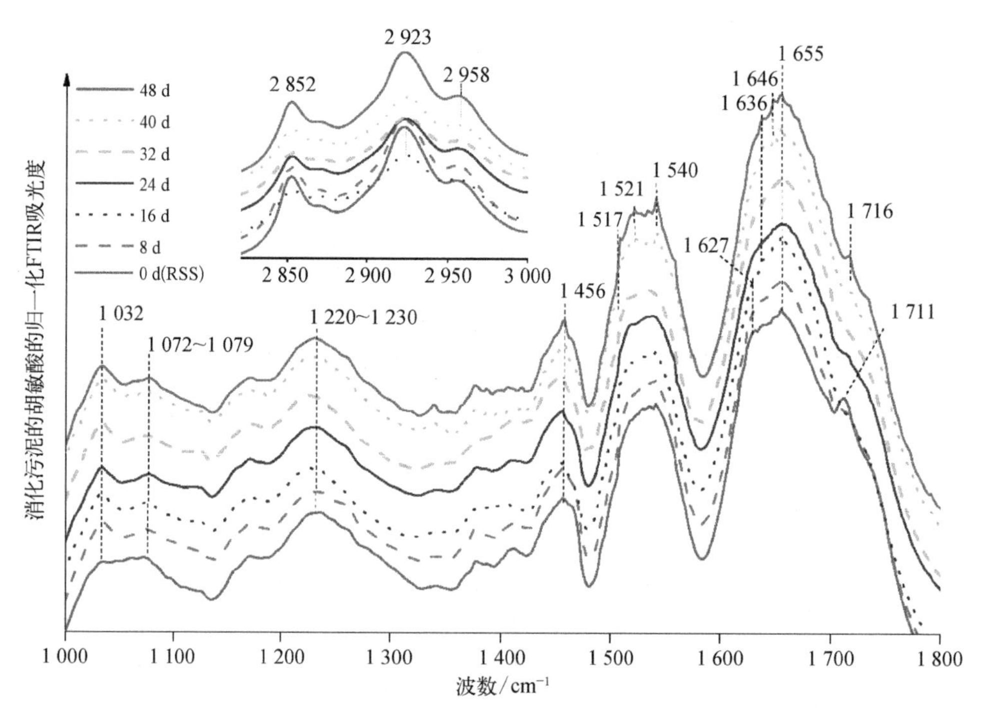

图 3-37 高含固污泥厌氧消化过程的归一化 FTIR 图谱
（范围为 1 000~1 800 cm^{-1} 和 2 830~3 000 cm^{-1}）

在高含固厌氧消化第二个 24 天中，位于 1 630~1 680 cm^{-1}、1 517~1 559 cm^{-1} 和 1 435~1 456 cm^{-1} 等多处肩峰再次出现并增强，尤其是高含固厌氧消化的第 40~48 天，胡敏酸中芳香类基团增加的现象尤为明显。比如,在 1 517 cm^{-1}、1 521 cm^{-1} 和 1 435 cm^{-1} 处代表不饱和的芳香碳骨架结构增加。同时,1 540 cm^{-1}(酰胺Ⅱ和芳香 C ═C)、1 230~1 220 cm^{-1}(酰胺Ⅲ或芳香醚 C—O—C)(Rodriguez et al.,2016)、1 079~1 072 cm^{-1} 和 1 032 cm^{-1}(芳香醚、多糖 C—O—C 或硅氧键 Si—O—C)。由于矿化作用,复杂的有机分子通过生物转化作用向简单小分子进行转化,2 852 cm^{-1}、2 923 cm^{-1} 和 2 958 cm^{-1} 处特征吸收(非对称、对称甲基伸缩和长链脂肪酸)减弱。

El Fels 等(El Fels et al.,2014b)报道,在堆肥过程中脂肪类物质消耗降解后,胡敏酸的芳香度和聚合度增加,表明在微生物的作用下芳香衍生物能够组装成新的腐殖质类物质。因此,胡敏酸芳构化程度增强和芳香基团增加表明胡敏酸的重聚在高含固厌氧消化条件下也能够发生。目前文献报道三种胡敏酸芳香聚合的路径如下:① 脂肪族有机碳的降解,如多糖的降解产物被氧化成为腐殖质的前体物质(Amir et al.,2010);② 新的稳定的胡敏酸骨架可能来源于含有芳香 C ═C 的木质素衍生物(Zheng et al.,2014a;Amir et al.,2006);③ 富里酸的降解产物可能转化为胡敏酸新的结构(Awasthi et al.,2017)。总之,傅里叶变换红外光谱(FTIR)分析表明污泥胡敏酸的芳香类基团在初始阶段的特征吸收衰减,而后逐渐回升,更多的芳香基团出现,并且脂肪族类基团的吸收峰减弱;胡敏酸芳构化重聚的结果和紫外可见光谱分析、元素分析结果一致。初始阶段脂肪类和芳香类物质的降解转化可以认为为胡敏酸的芳构重聚做准备,筛选稳定芳香结构的同时准备了丰富的前体物质。这也与腐殖酸碳在第一个 24 天剧烈降解、后 24 天降解缓慢相一致。

(4)与低含固厌氧消化系统中胡敏酸的比较

目前胡敏酸的芳香重聚现象还没有在低含固污泥厌氧消化过程中被指出。据 Kataki 等(Kataki et al.,2017)报道,牛粪、番薯叶、绿豆干草和稻秆按三种不同比例混合的低含固厌氧消化工艺过程(TS=0.7%~3.1%、25.6±3.6℃)中,污泥的腐熟度和稳定度随着水力停留时间延长而增加。Shao 等(Shao et al.,2013)以剩余活性污泥为基质进行了 90 天的低含固中温厌氧消化(TS=1.2%、35±1℃),消化污泥的腐殖化指数在前 18 天中处于低值,而后开始上升,在消化 40 天以后趋于稳定,并且 94 天后胡敏酸的含碳量占总有机碳的 24.1%。Du 等(Du and Li,2017)所报道的低含固厌氧消化(TS=1.2%、20℃)中也有类似的现象,即溶解性有机物的三维荧光图谱显示第 61 天的胡敏酸荧光峰比第 31 天稍强,但仍然非常不明显。因此,厌氧消化过程腐殖化程度加深的趋势和本研究中观察到的现象在一定程度上是契合的,但又有所不同。本研究所运行的剩余污泥高含固厌氧消化仅到第 48 天时,胡敏酸碳占总有机碳的比例已经达到 17.9%。高含固厌氧消化的有机负荷较高、丰富的物质组成可以在一定程度上避免厌氧微生物缺失营养。因此,和长期低含固厌氧发酵相比,高含固厌氧消化工艺有更高的腐殖化潜能并能加速胡敏酸的重聚。

3.6.2 胡敏酸芳香结构变化对污泥植物毒性的影响

如前所述,过高的含盐量是种子发芽实验中抑制种子发芽最显著的因素,同时含盐量的变化也最敏感地反映了污泥胡敏酸芳香度的变化。为了测试污泥浸提液中溶解性胡敏酸对植物发芽的影响作用,本研究配制了 10~50 mg/mL(以 10 mg/mL 为浓度梯度)的商品胡敏酸水溶液并测试了对应的向日葵和牵牛花发芽指数。植物发芽指数均随着胡敏酸浓度的增加而增加,其中向日葵种子发芽指数(seed germination index testing on sunflower, SF - SGI)从 111%增加到 153%,牵牛花种子发芽指数(seed germination index testing on morning glory, MG - SGI)在 50 mg/mL 时达到 101%。SF - SGI 和 MG - SGI 与胡敏酸浓度的相关性系数分别为 0.814 6 和 0.869 6。这说明胡敏酸能有效刺激植物出芽和根系生长(Elmongy et al.,2018)。然而,即使厌氧消化过程胡敏酸碳持续减少,污泥发芽指数仍然在第二个 24 天出现明显回升的现象,因此,只考虑胡敏酸总量而不讨论其结构性质变化的意义不大。

因此,我们进一步讨论了胡敏酸的芳构化程度变化与污泥植物毒性的内在联系。如图 3 - 38 所示,尽管不同植物的敏感性不同,但都可以观察到污泥进入厌氧消化后在第 24 天有一个明显的转折点。也就是说,第一个 24 天的厌氧消化过程随着污泥胡敏酸分子缩合度衰减和芳香类基团如位于羧基和醌基上的 C ═C 和 C ═O 减少,污泥植物毒性增强;其后伴随着胡敏酸芳构化程度回升以及芳香类官能团增加,污泥的植物发芽指数也有了明显的改善。进一步的线性回归分析结果如表 3 - 7 所示。所有选取的胡敏酸芳构化指标和污泥发芽指数线性正相关,相关系数(R^2)都大于 0.4。其中胡敏酸 H/C 和 MG - SGI 非常显著相关,对应的 R^2 达到 0.955 4,同时胡敏酸的 $SUVA_{254}$ 和 $SUVA_{280}$,FTIR 图谱的 1 627 cm^{-1} 处特征吸收与发芽指数呈显著相关。由此,污泥胡敏酸的芳构化程度很有可能指示污泥植物毒性变化。

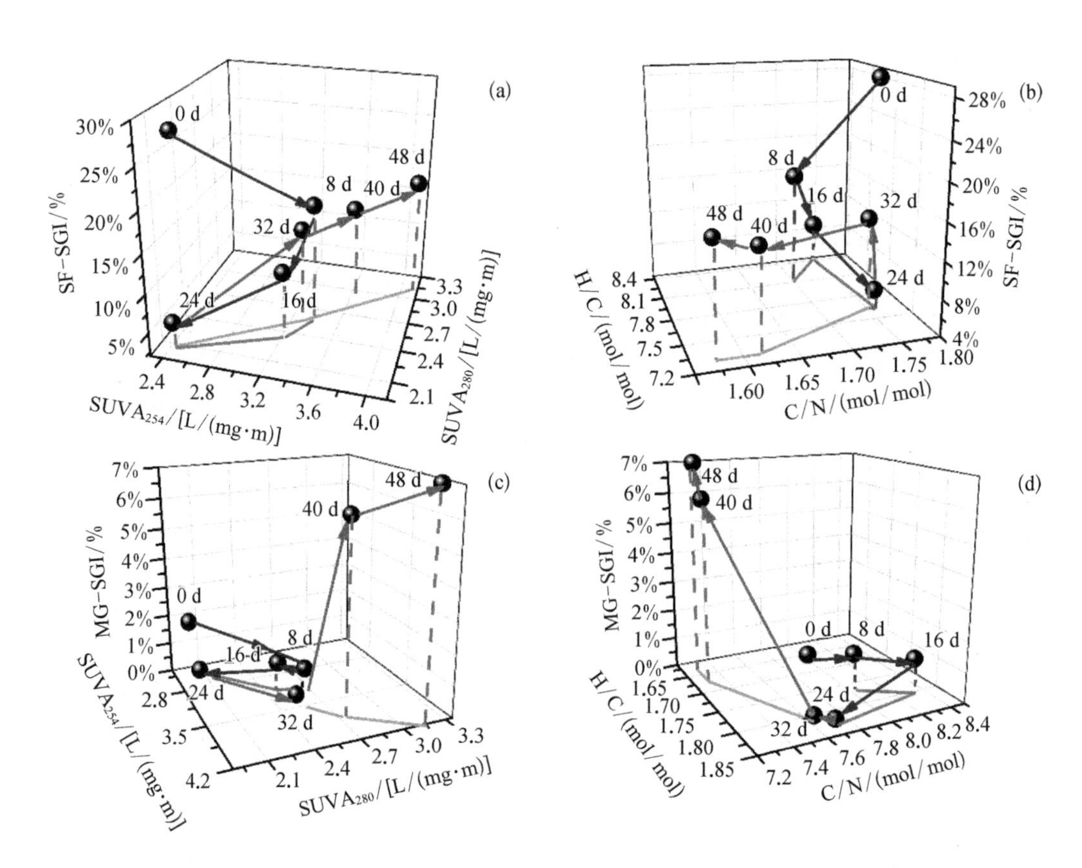

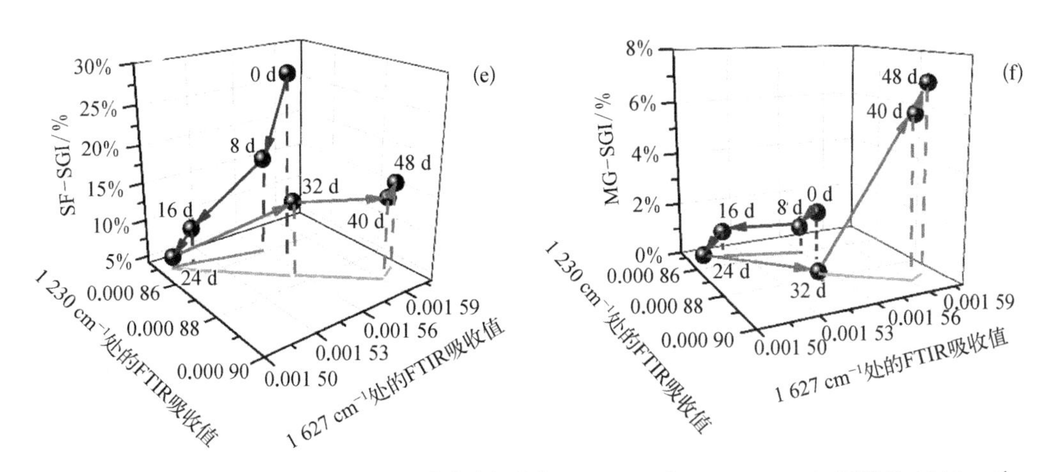

图3-38 以污泥胡敏酸芳构化的光谱学分析指标（$SUVA_{254}$ 和 $SUVA_{280}$，FTIR图谱的1 230 cm^{-1} 和1 627 cm^{-1} 处归一化吸光度值）和元素分析指标（H/C 和 C/N）分组投影于 *XY* 平面，以污泥植物毒性指标（SF－SGI 和 MG－SGI）为 *Z* 轴做三维图谱

表3-7 胡敏酸的芳构化程度与消化污泥植物发芽指数相关性分析

回归相关系数 R^2	植物发芽指数-向日葵/%	植物发芽指数-牵牛花/%
$SUVA_{254}$/[L/(cm·mg)]	0.721 7*	0.656 8*
$SUVA_{280}$/[L/(cm·mg)]	0.619 2*	0.750 1*
H/C	0.435 6	0.955 4**
1 627 cm^{-1} 处的 FTIR 吸收值（芳香环）	0.739 9*	0.717 8*
1 230 cm^{-1} 处的 FTIR 吸收值（芳香醚或酰基）	0.406 7	0.705 3*

* $P<0.05$，显著相关。

胡敏酸芳构化程度的物理化学意义在于其上芳香碳骨架、芳香类基团的数量和丰富程度，意味着电子结合位点增加和具有电子跃迁的基团增加。一方面反映了有机质被微生物分解需要更多的能量，即生化稳定性提高；另一方面意味着吸附或络合金属离子、无机盐和小分子有机物的能力增强，也就是游离的植物毒性物质得到控制（Kulikowska et al.，2015；Xiong et al.，2013；Plaza et al.，2005）。这也解释了胡敏酸芳构化程度和含盐量变化规律相反的现象。

3.7 挥发性含硫化合物在污泥高含固厌氧消化过程的转化规律

挥发性含硫化合物（VSC_S）是污泥处理过程中产生的主要恶臭气体之一，包括挥发性无机硫 H_2S 以及挥发性有机硫甲硫醇（MM）、甲硫醚（DMS）和二甲基二硫醚（DMDS）等（He et al.，2018；Zhu et al.，2016；黄丽坤等，2015；Du and Parker，2010；Higgins et al.，2006）。挥发性含硫化合物不仅会对厂区的仪器、设备产生强烈的腐蚀作用，而且其臭阈值低、毒性大，对人的身体健康危害较大（吴海宁，2015）。Novka 等（Novak et al.，2006）

用 11 个污水处理厂的剩余污泥研究了厌氧消化过程中产生的恶臭性含硫气体。其研究结果表明,来自 11 个污水厂的厌氧消化污泥基本遵循 MM 先到峰值,再减少,而后紧随 DMS 出现峰值,再减少的规律;相对而言 DMDS 产生速率和数量级均较低,在第 15 天基本没有;来自 11 个污水厂的厌氧消化污泥大部分 H_2S 产量不高,只有 2 个厂的 H_2S 为气体中的主要成分;其余 9 个厂的 H_2S 不超过 55 mg/m^3;就 VSCs 而言,厌氧过程中浓度 MM>DMS>DMDS。目前高含固污泥厌氧消化系统中 VSCs 迁移转化及产生机制,以及高含固效应是否会对 VSCs 转化产生影响尚不清晰。因此,作者分别设置高含固污泥组(TS 为 10%)、低含固污泥组(TS 为 1.7%)、低含固调氨氮组(TS 为 1.7%—N)等研究组,分别对比不同实验组中 VSCs 的迁移转化及产生差异,其中,高含固污泥组是将浓缩污泥和接种污泥(压滤)调节 TS 为 10%,后依据 VS 比为 2∶1 的比例混合两者,并用搅拌器搅拌以混合均匀(10%);低含固污泥组是将进料污泥和接种污泥(稀释)均调节为 TS 为 1.7%,后依据 VS 比为 2∶1 的比例混合两者;低含固调氨氮组是在浓缩污泥中添加一定量 NH_4HCO_3,使其氨氮浓度达 2 500 mg/L,后将其和接种污泥调节(稀释)均调节 TS 为 1.7%,后依据 VS 比为 2∶1 的比例混合(1.7%—N);此外,采用接种污泥分别作为低含固和高含固组的对照组(1.7%—空白和 10%—空白)。

3.7.1 沼气中 VSCs 的变化情况

沼气中的 VSC_S 主要为 H_2S、MM、DMS 和 DMDS,因此本节重点探讨这四种 VSC_S 在厌氧消化过程中的变化和分布情况。

(1) 沼气中 H_2S 的变化

由图 3-39 可知,整个厌氧消化过程中,沼气 H_2S 呈先升高、再降低、最终低于检测限的变化规律。H_2S 释放进入沼气中,主要发生于厌氧消化前期和中期。在厌氧消化前期

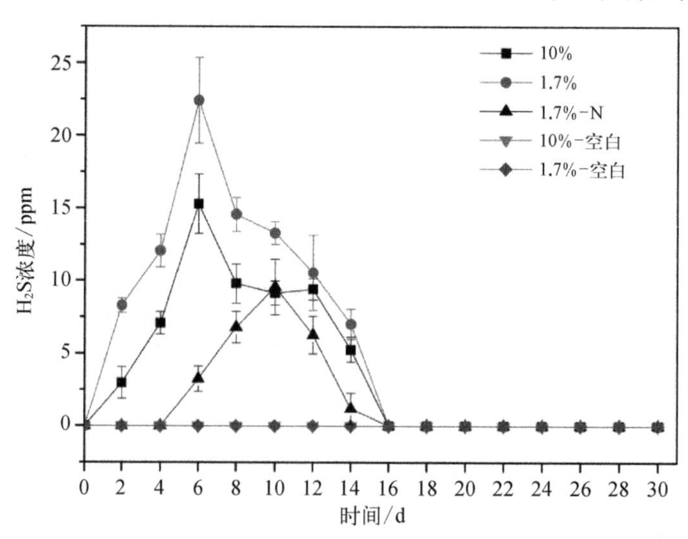

图 3-39 厌氧消化过程中 H_2S 的变化情况。10%为高含固组;1.7%为低含固组;1.7%为低含固调氨氮组;10%-空白和 1.7%-空白分别为高含固和低含固组的对照组

沼气中 H_2S 浓度增长较快，这可能与厌氧消化前期硫源的大量代谢有关，后期随着硫代谢进入缓慢期，生成并释放进入气相中的 H_2S 逐渐减少。

1.7%低含固组污泥沼气中 H_2S 浓度明显高于10%高含固组污泥沼气中 H_2S 浓度，在厌氧消化第6天，两者沼气中 H_2S 浓度均达到最大值，分别为13.0 ppm 和22.4 ppm，此时，1.7%低含固组污泥沼气中 H_2S 浓度较10%高含固组污泥沼气中 H_2S 浓度高72.3%。1.7%调氨氮组污泥沼气中 H_2S 在厌氧消化第6天开始可检出，其在厌氧消化第10天达到峰值，浓度为9.6 ppm，与1.7%低含固未调氨氮组相比，调氨氮后沼气中 H_2S 最大浓度降低60.0%。由此，可以说明污泥高含固厌氧消化中的高含固效应可明显降低沼气中 H_2S 的浓度，同时高氨氮浓度可能是引起污泥沼气中 H_2S 浓度下降的原因之一。

(2) 沼气中 MM 的变化

由图3-40可知，在整个厌氧消化过程中，沼气中 MM 呈现先升高、后降低、最终低于检出限的变化规律。沼气中 MM 主要出现于厌氧消化前期，集中出现在厌氧消化的第4~12天。MM 主要来源于有机硫的代谢，是蛋氨酸(methionine, Met.)的降解产物之一，MM 的变化规律可能和厌氧消化前期蛋氨酸的代谢有关。

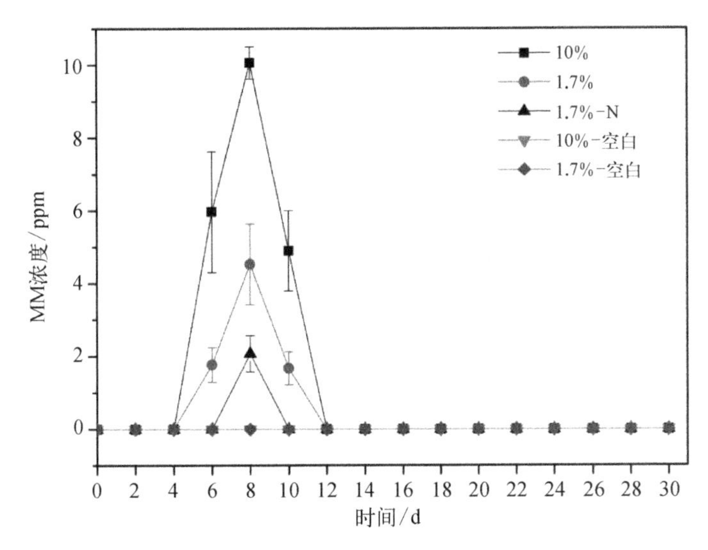

图3-40　厌氧消化过程中 MM 的变化情况。10%为高含固组；1.7%为低含固组；1.7%-N 为低含固调氨氮组；10%-空白和1.7%-空白分别为高含固和低含固组的对照组

由图3-40可知，10%高含固组污泥沼气中 MM 浓度明显高于1.7%低含固组，在厌氧消化第8天，两者沼气中 MM 浓度均达到最大值，分别为10.0 ppm 和4.5 ppm，10%高含固组污泥沼气中 MM 浓度较1.7%低含固组污泥沼气中 MM 浓度高122.2%。1.7%调氨氮组污泥沼气中 MM 浓度变化规律与前两个实验组一致，1.7%调氨氮组污泥沼气中 MM 浓度最高为2.1 ppm，其峰值浓度较1.7%未调氨氮组降低53.3%，较10%高含固组降低79.0%。由此可知，高含固厌氧消化的高含固效应将导致沼气中 MM 浓度的升高，但高氨氮浓度体系有利于降低沼气中 MM 的浓度。推测是蛋氨酸降解与氨氮浓度上升存在一

定的拮抗作用,而最终 MM 的释放受两者影响程度的制约。

(3) 沼气中 DMS 的变化

由图 3-41 可知,在整个厌氧消化过程中仅 10%高含固组污泥在厌氧消化第 8 天检测到沼气中的 DMS,其浓度为 2.4 ppm,1.7%低含固组污泥及 1.7%调氨氮组污泥在厌氧消化过程中,均未检测到沼气中的 DMS。根据该研究结果可知,高含固效应可导致沼气中 DMS 的浓度上升,体系中高氨氮浓度暂不会对沼气中 DMS 的浓度产生影响。推测该现象产生的原因为高含固污泥较低含固污泥而言,容积负荷较高,导致存在较多含硫氨基酸,而含硫氨基酸降解产生的 DMS 较多,因此释放进入沼气中的 DMS 较多。

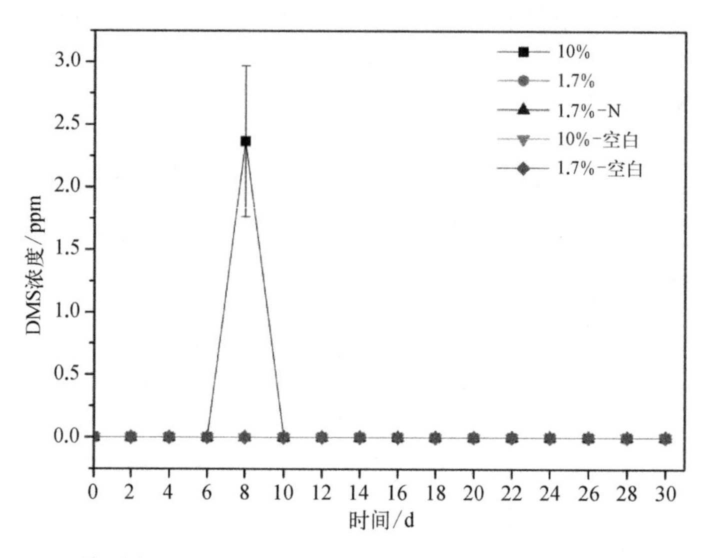

图 3-41 厌氧消化过程中 DMS 的变化情况。10%为高含固组;1.7%为低含固组;1.7%-N 为低含固调氨氮组;10%-空白和 1.7%-空白分别为高含固和低含固组的对照组

(4) 沼气中 DMDS 的变化

由图 3-42 可知,在整个厌氧消化过程中,仅 10%高含固组污泥在厌氧消化第 8 天检测到沼气中的 DMDS,其浓度为 0.5 ppm,而 1.7%低含固组污泥及 1.7%调氨氮组污泥在厌氧消化过程中均未检测到沼气中的 DMDS,这与 DMS 的变化情况较为相似。由此可得,高含固效应为会导致沼气中 DMDS 浓度升高,而体系中高氨氮浓度暂不会对沼气中 DMDS 的浓度产生影响。

(5) 沼气中 VSC_S 组分的变化

图 3-43 为厌氧消化过程中 VSC_S 组分的变化情况,其中接种泥处于稳定状态,在整个厌氧消化过程中未检测到 VSC_S。污泥厌氧消化沼气中 VSC_S 的主要成分为 H_2S,MM 次之,DMDS 最少。MM、DMS 及 DMDS 的出现较 H_2S 晚,而低于检出限时间较 H_2S 早。推测该现象产生的原因为:厌氧消化初期产生的 H_2S 主要来自 SO_4^{2-} 的还原或半胱氨酸的代谢,而后随着蛋氨酸代谢的进行,逐渐产生 MM、DMS 及 DMDS,之后 MM、DMS 及 DMDS 被降解转化为 H_2S,进一步导致 H_2S 的产生。

比较图 3-43(a)与图 3-43(b)可以发现,在 10%高含固组污泥中 H_2S、MM、DMS 及

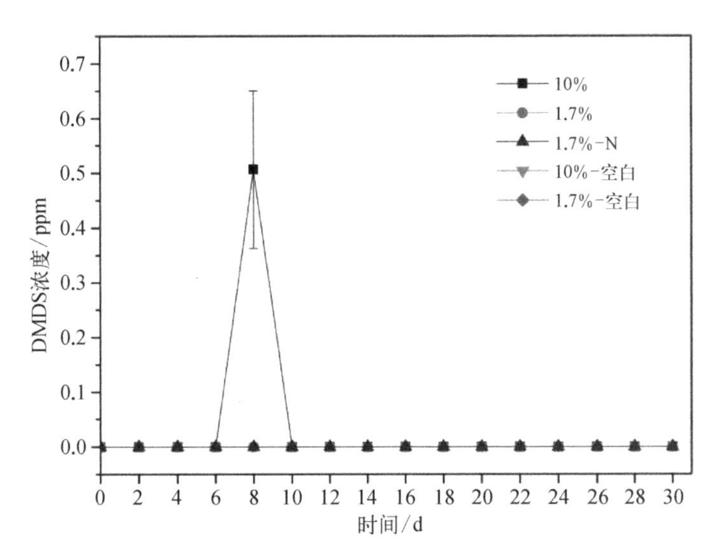

图 3-42　厌氧消化过程中 DMDS 的变化情况。10%为高含固组；1.7%为低含固组；1.7%-N 为低含固调氨氮组；10%-空白和 1.7%-空白分别为高含固和低含固组的对照组

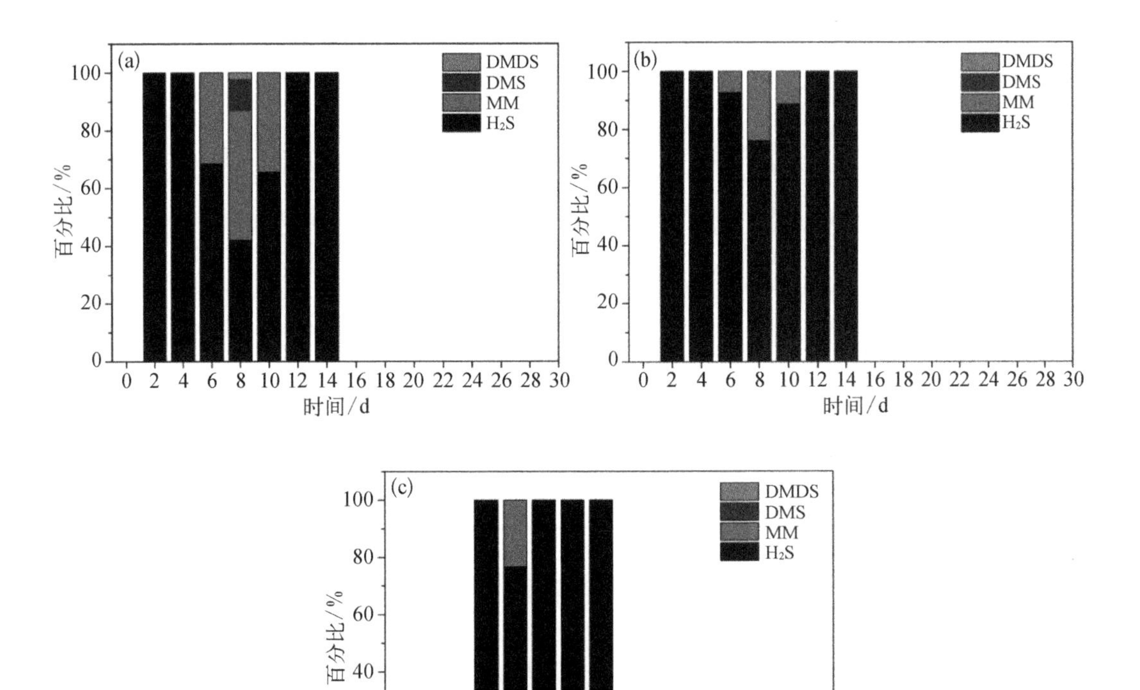

图 3-43　厌氧消化过程中 VSC_S 组分的变化。(a) 高含固污泥组 10%；(b) 低含固污泥组 1.7%；(c) 低含固调氨氮组 1.7%-N

DMDS 四种 VSC_S 均可检测到，而 1.7%低含固组污泥仅可检测到 H_2S、MM 两种 VSC_S，这说明含固率可影响厌氧消化沼气中含硫气体的组分。推测高含固组可产生种类较多的 VSC_S 的原因可能有两方面：一方面可能是高含固组反应系统的容积负荷较高，导致含硫化合物的降解量较多，使得反应系统液相中 MM、DMS 及 DMDS 含量较多，从而进入沼气中的 MM、DMS 及 DMDS 也较多；另一方面是高含固引起的其他因素的变化，如导致氨氮浓度较高，影响了 MM、DMS 及 DMDS 的转化及释放。比较图 3－43(b)与图 3－43(c)可以发现，氨氮浓度可引起沼气中 VSC_S 成分的变化。

3.7.2 VSCs 转化机制分析

根据上述高级厌氧消化高含固效应导致的沼气中 VSC_S 变化的现象，本节从硫源、物化因素、生化因素对导致该现象的原因进行分析，探究在厌氧消化中高含固效应引起厌氧消化沼气中 VSC_S 转化的机制。

(1) 硫源

图 3－44 为进料污泥在未添加接种污泥时，单位体积污泥内有机硫源与无机硫源含硫量的初始分布情况(重点考虑蛋氨酸、半胱氨酸及硫酸根三者的相对含硫量)，其中内环为 1.7%低含固组污泥的初始硫源分布，外环为 10%高含固组污泥的初始硫源分布。在 10%高含固组污泥及 1.7%低含固组污泥中，硫源的分布均为：蛋氨酸>半胱氨酸>硫酸根，有机硫均为主要硫源，分别占总硫源的 96%和 78%。导致这一硫源分布差异的主要原因是低含固污泥变为高含固污泥时需经历脱水步骤，在这一过程中随着水分的脱除，液相中的 SO_4^{2-} 随之损失，因此，进入厌氧消化的 SO_4^{2-} 含量降低，微生物可直接利用的 SO_4^{2-} 含量减少。相对而言，脱水将导致有机硫源比例增大。因此，高级厌氧消化中高含固效应将引起初始硫源的改变，导致 SO_4^{2-} 比例的减少，半胱氨酸及蛋氨酸占比的增加。

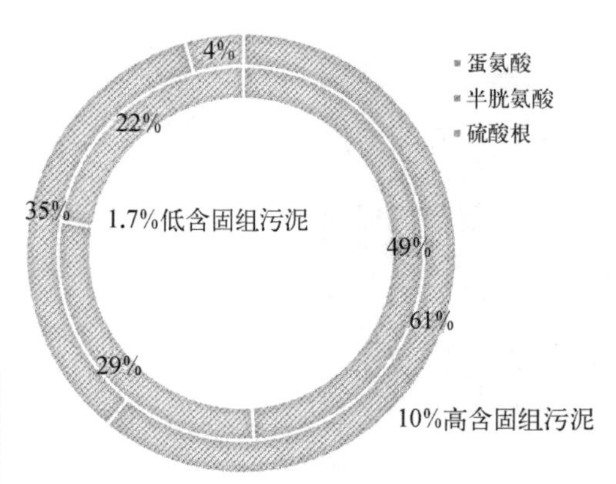

图 3－44 污泥初始硫源分布

由图 3－45 可知，含硫氨基酸在厌氧消化前期呈下降趋势，在厌氧消化中后期趋于稳定。以 10%高含固组污泥为例，半胱氨酸(以 S 计)由厌氧消化前的 0.95 mg/g(干固体，DS)减至厌氧消化后的 0.46 mg/g(DS)，转化率为 51.6%；蛋氨酸(以 S 计)由厌氧消化前的 1.80 mg/g(DS)至厌氧消化后的 1.06 mg/g(DS)，其转化率为 41.1%；在第 4 天时，Cys 和 Met 的转化率分别为 34.7%和 21.1%。由此可知，半胱氨酸较蛋氨酸更易转化代谢。可以推测厌氧消化过程中，沼气中 H_2S 在厌氧消化前期来自半胱氨酸代谢的贡献率较蛋氨酸的大。结合图 3－43、图 3－45，沼气中 VSC_S 主要产生于厌氧消化前期与中期，而半胱氨酸和蛋氨酸主要消耗于厌氧消化前期与中期，可以说明有机硫转化为 VSC_S 的过程主要发生在厌氧消化前期与中期。

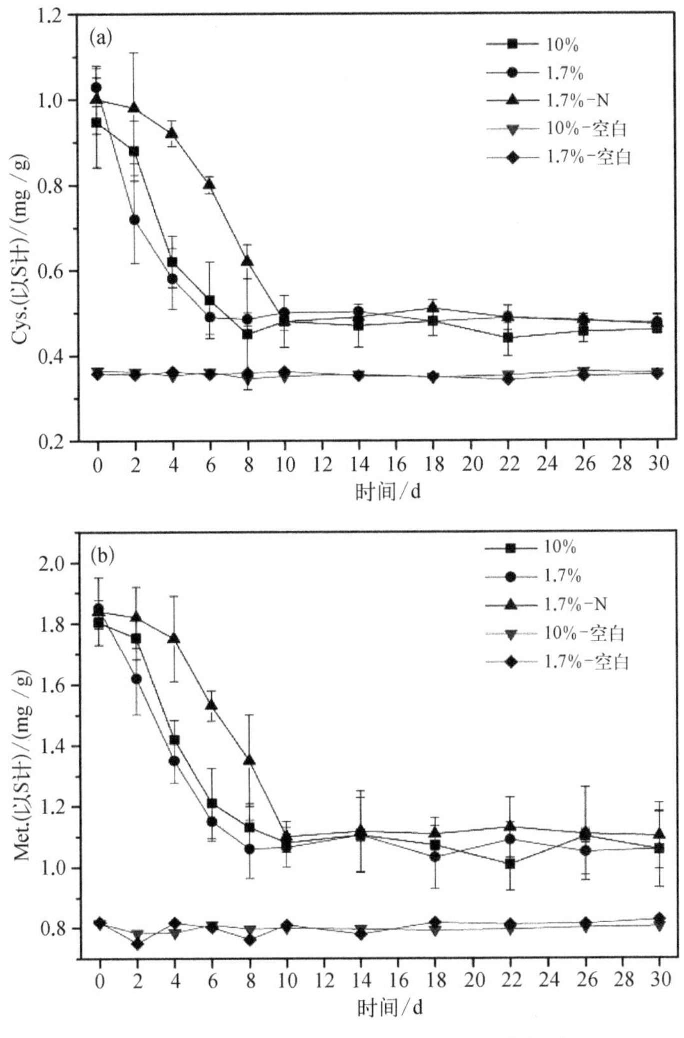

图 3-45　有机硫源随厌氧消化时间的变化.(a) Cys.,半胱氨酸;(b) Met.,蛋氨酸。10%为高含固组;1.7%为低含固组;1.7%-N 为低含固调氨氮组;10%-空白和 1.7%-空白分别为高含固和低含固组的对照组

对比 10%高含固组污泥及 1.7%低含固组污泥,可以发现,含固率对最终半胱氨酸和蛋氨酸单位干重的转化量并未产生明显影响。但在厌氧消化前 2 天,10%高含固组污泥半胱氨酸和蛋氨酸的转化率较 1.7%低含固组明显低。对比 1.7%低含固组污泥及 1.7%调氨氮组污泥,可得相似结果,提高氨氮浓度对厌氧消化前期半胱氨酸及蛋氨酸的转化速率存在明显抑制作用,在厌氧消化第 4 天,1.7%低含固组污泥及 1.7%调氨氮组污泥半胱氨酸的转化率分别 43.6%和 8.0%,1.7%低含固组污泥及 1.7%调氨氮组污泥蛋氨酸的转化率分别 27.0%和 4.9%,然而随着厌氧消化的进行,半胱氨酸与蛋氨酸的最终转化率并未受到影响。这可能是由于厌氧消化初期微生物活性受到氨氮浓度的抑制,而后期随着微生物的驯化,微生物活性恢复,继续降解半胱氨酸和蛋氨酸所致。由此可知,高级厌氧消化的高含固效应可影响半胱氨酸及蛋氨酸的转化速率,但并不影响其最终转化量。虽

然单位半胱氨酸及蛋氨酸的转化量并未受含固率的显著影响,然而就转化总量而言,由于含固率的提高,半胱氨酸及蛋氨酸的转化总量应高于低含固组,所以进入液相中 VSC_S 的含量也应较高,因此,这表明可能存在其他因素影响 VSC_S 的转化及释放,如氨氮。

图 3-46 为无机硫源及其产物在厌氧消化过程中的变化情况。在厌氧消化初期,无机硫源 SO_4^{2-} 呈显著下降趋势,随着厌氧消化的进行逐渐达到平衡状态,其代谢产物 SO_3^{2-} 及 $S_2O_3^{2-}$ 在厌氧消化前期呈上升趋势,然后逐渐降低,最终趋于稳定。硫酸根还原过程是 SO_4^{2-} 作为电子受体,逐渐转化为 SO_3^{2-} 和 $S_2O_3^{2-}$ 的一系列复杂的过程,在厌氧消化过程中检测到 SO_3^{2-}、$S_2O_3^{2-}$ 的变化,说明在污泥厌氧消化体系发生了硫酸盐还原过程。以 10% 高含固污泥为例,在厌氧消化第 4 天,SO_4^{2-} 浓度由 13.5 mg S/L 降低至 6.7 mg S/L,SO_4^{2-} 的转化率高达 50.4%,与同一条件下,半胱氨酸和蛋氨酸的转化率相比,SO_4^{2-} 在厌氧消化初期转化速率更快。由此可以说明,就硫源利用的难易及速率而言,SO_4^{2-} 最易,半胱氨酸次之,蛋氨酸最难。导致该现象产生的原因可能是 SO_4^{2-} 为小分子物质,相对而言易于转化,而半胱氨酸和蛋氨酸是由大分子蛋白质水解产生后再进一步转化,所以对微生物而言可能更易将 SO_4^{2-} 进行转化。

在图 3-46(a)中,对比 10%高含固组和 1.7%低含固组污泥 SO_4^{2-} 转化情况,10%高含固组污泥液相中 SO_4^{2-} 浓度(以 S 计)由初始 13.5 mg/L 降低至最终 5.7 mg/L,转化率为 57.7%;1.7%低含固组污泥液相中 SO_4^{2-} 浓度(以 S 计)由初始 12.2 mg/L 降低至最终 4.5 mg/L,其转化率为 64.1%;在 SO_4^{2-} 达到平衡状态时,10%高含固组污泥中 SO_4^{2-} 浓度比 1.7%低含固组污泥略高,这表明 1.7%低含固组污泥对 SO_4^{2-} 的转化能力更强。对比 1.7%低含固组污泥和 1.7%调氨氮组污泥,可知在提高氨氮浓度的情况下,SO_4^{2-} 的转化量无明显变化,但 SO_4^{2-} 的转化速率明显降低,这可能是因为初期氨氮浓度较高,微生物仍未适应,过一段时间微生物适应后,恢复对 SO_4^{2-} 的利用能力。由此可得,高级厌氧消化引起的高含固效应可降低对 SO_4^{2-} 的利用率,这可能是高含固效应下沼气中 H_2S 浓度较低的原因之一。

(2)物化因素

根据廖年华(2016)的研究,pH、氨氮、金属可对硫的转化及释放产生重要作用,因此,从上述三个物化因素方面探究高含固效应对沼气中 VSC_S 转化机制的影响。

由图 3-47 可知,在厌氧消化前期 pH 存在一定的下降,而后 pH 逐渐上升,最终达到稳定状态。在厌氧消化前 6 天左右,pH 存在小幅下降,在厌氧消化第 10 天后,pH 达到相对较高的稳定状态。这可能是在厌氧消化初期,水解菌和发酵菌将复杂的有机物进行一系列降解,产生和积累了部分有机酸,而在厌氧消化中期及后期,有机酸被进一步代谢降解所致。厌氧消化系统中 pH 的变化规律能在一定程度上解释沼气中 H_2S 浓度的变化规律,厌氧消化初期系统中 pH 较低,使产生的 H_2S 能够大量释放于沼气中。以 10%含固率污泥为例,pH 最低出现于厌氧消化第 4 天,pH 稳定期约始于厌氧消化第 14 天,二者 pH 相差 0.7,根据 35℃下 H_2S 的 $pKa_1 = 6.82$、$pKa_2 = 12.6$ 进行计算(pKa_1 和 pKa_2 分别为 H_2S 酸的解离常数,即 pKa_1 为 H_2S 解离为 HS^- 和 H^+ 的常数,而 pKa_2 为 HS^- 解离为 S^{2-} 和 H^+ 的

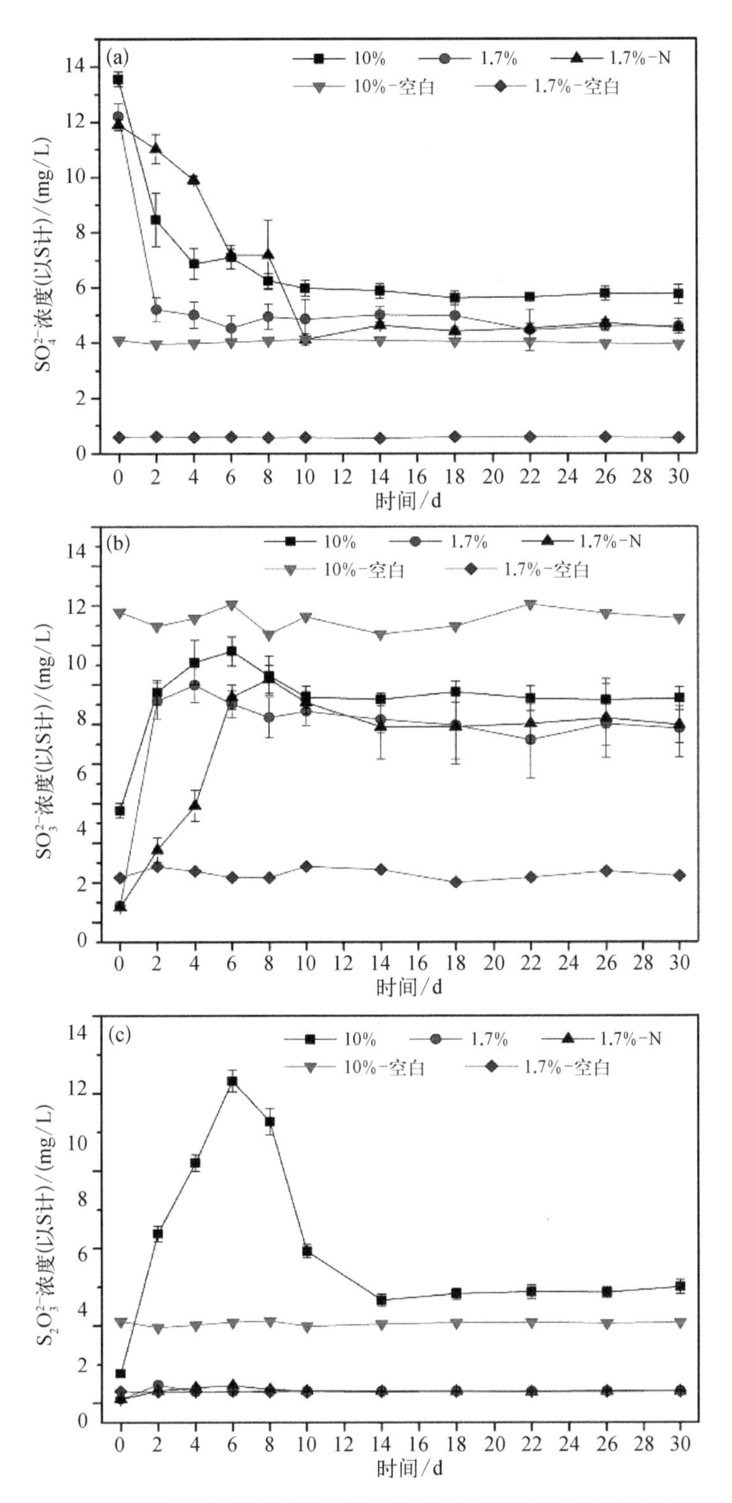

图 3-46 无机硫源及其产物随厌氧消化时间的变化。(a) 硫酸盐;(b) 亚硫酸盐;(c) 硫代硫酸盐;10%为高含固组;1.7%为低含固组;1.7%-N 为低含固调氨氮组;10%-空白和 1.7%-空白分别为高含固和低含固组的对照组

常数），其液相中 H_2S 的分布可差 30 多倍。随着 pH 的升高，液相中 H_2S 将逐渐向 HS^- 和 S^{2-} 转化，所以进入气相中的 H_2S 降低。

在图 3－47 中，对比 10%高含固组和 1.7%低含固组污泥的 pH，前者 pH 在 7.4~8.3 之间，后者 pH 在 7.1~7.7 之间，可以发现 10%高含固组污泥 pH 明显高于 1.7%低含固组污泥的 pH。而 10%高含固组污泥在相对较高的 pH 环境下，沼气中 MM、DMS、DMDS 浓度仍相对较高，这可能是多种因素综合影响所致，一方面是产生的 MM、DMS 和 DMDS 较多，在转化速率较低的情况下，导致相对较多 MM、DMS 和 DMDS 挥发进入沼气中；另一方面是 pH 对挥发性有机硫的影响程度低于 H_2S。对比 1.7%低含固组和 1.7%调氨氮组污泥，可以发现 1.7%调氨氮组污泥的 pH 较 1.7%低含固组有明显上升，说明调氨氮后提高了污泥厌氧消化系统的 pH，从而降低了沼气中的 H_2S 浓度。由此可得，高级厌氧消化的高含固使系统处于较高 pH 环境下，二价硫以 HS^- 和 S^{2-} 分布较多，从而降低沼气中 H_2S 的浓度。而较高 pH 环境下，对沼气中 MM、DMS、DMDS 的影响仍有待进一步探究。

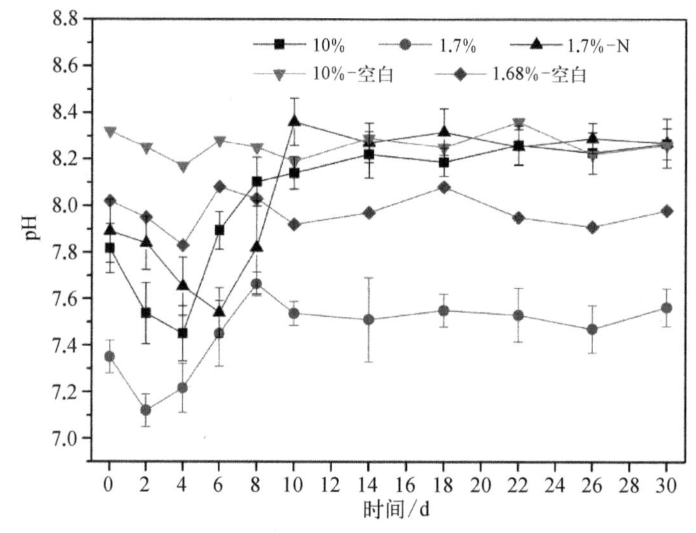

图 3－47 pH 随厌氧消化时间的变化。10%为高含固组；1.7%为低含固组；1.7%-N 为低含固调氨氮组；10%-空白和 1.7%-空白分别为高含固组和低含固组的对照组

由图 3－48 可知，沼液中氨氮浓度在厌氧消化初始阶段上升较快，而后缓慢上升，随着厌氧消化的进行，氨氮浓度逐渐达到稳定状态。氨氮是反映厌氧反应器稳定性的重要指标之一。厌氧反应器的稳定主要取决于系统内水解发酵菌、产酸菌和产甲烷菌等微生物的正常生命活动和协调配合，其中产甲烷菌对氨浓度较为敏感（Yenigün and Demirel, 2013），而硫酸盐还原菌较之更易受氨氮浓度的影响（Moestedt et al., 2013）。目前关于氨抑制阈值的研究较多，但由于接种泥、反应温度、VFA、pH 等因素的影响，氨浓度阈值的研究结果存在较大差异。另一方面，氨氮会对 pH 产生影响，涉及的主要反应为：$NH_3 + H_2O \rightleftharpoons NH_4^+ + OH^-$，从而影响游离 H_2S 的产生和释放。

如图 3－48 所示，对比 10%高含固组和 1.7%低含固组可以发现，10%高含固组污泥氨氮浓度在 1 400~3 400 mg/L，1.7%低含固组污泥氨氮浓度在 200~560 mg/L，这表明高含固效应引起了厌氧消化系统中氨氮浓度的增加。对此,可对10%高含固组污泥沼气中MM、DMS、DMDS浓度较1.7%低含固组污泥高做出一定推测:在10%高含固组污泥厌氧体系中,较高的氨氮浓度对能以MM、DMS和DMDS为基质的某些产甲烷菌产生一定的抑制作用,影响$4CH_3SH+3H_2O \longrightarrow 3CH_4+HCO_3^-+4SH^-+5H^+$、$2CH_3SCH_3+3H_2O \longrightarrow 3CH_4+HCO_3^-+2H_2S+H^+$等(Lomans et al.,2002;Kai et al.,1992)反应的进行,使沼液中的MM、DMS和DMDS未能得到及时代谢,在沼液中有一定积累,从而增大了挥发进入沼气中MM、DMS和DMDS的量。结合图3-47和图3-48的pH与氨氮浓度数据,可以发现氨氮浓度较高的研究组,其对应的pH也相对较高。因此,可以推测高级厌氧消化中高含固效应引起的体系中氨氮浓度的提高对污泥中挥发性含硫化合物转化的影响可能来自以下两方面:一方面高氨氮浓度对利用MM、DMS、DMDS的产甲烷菌产生一定的抑制作用,从而使液相中MM、DMS、DMDS未及时转化而进入气相,使高含固系统中MM、DMS、DMDS浓度较高;另一方面高氨氮将对系统中pH的升高产生贡献,从而有利于降低沼气中H_2S的浓度。

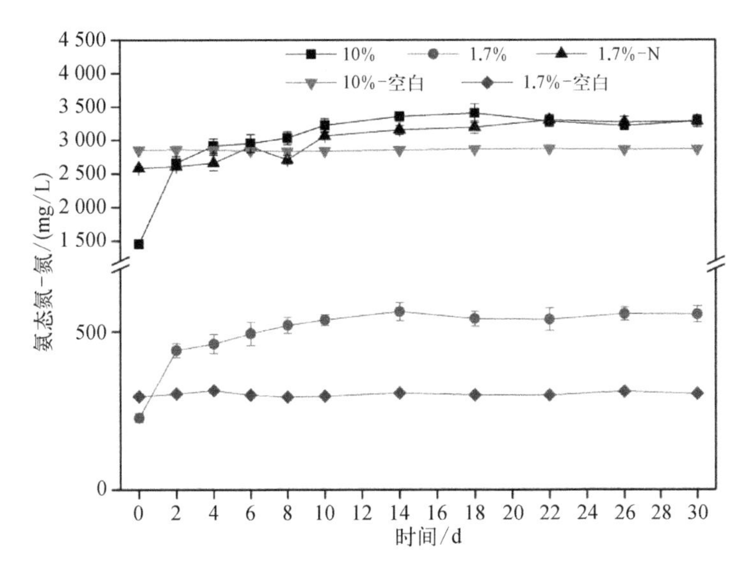

图3-48　氨氮随厌氧消化时间的变化。10%为高含固组;1.7%为低含固组;1.7%-N为低含固调氨氮组;10%-空白和1.7%-空白分别为高含固组和低含固组的对照组

污泥厌氧消化系统生成的S^{2-}主要有以下三个去向:一是与金属形成金属硫化物沉淀;二是以H_2S形态挥发进入沼气;三是以HS^-、H_2S等形态留存于沼液中。廖年华(2016)的研究表明,形成的S^{2-}绝大部分将与金属形成硫化物沉淀而进入固相中。表3-8为污泥中金属含量,使用的进料泥中含量较多的金属为Fe、Al、Ca、Mg,其中Al_2S_3、CaS、MgS在水中将发生双水解反应,生成难溶或微溶的氢氧化物并释放H_2S,而形成的硫化物沉淀相对较少。Cu、Mn、Zn、Pb等金属含量较小,四者的总和仅为Fe含量的8.3%。因此,综合金属硫化物溶解性与金属含量考虑,在后续对金属形态的分析中以Fe为主。

表 3-8 污泥中金属含量 (单位：mg/g,DS)

	Fe	Al	Ca	Cu	Li	Mg	Mn	Ni	Pb	V	Zn
进泥	40.52	36.49	11.03	0.11	0.47	8.00	1.34	0.02	0.13	0.02	1.77
接种泥	45.38	42.57	18.35	0.22	0.33	10.27	1.83	0.03	0.23	0.02	1.53

对金属形态的分析采取改进 BCR 法，将金属形态分为四种：酸溶态（可交换态与碳酸盐结合态）、可还原态（铁锰氧化结合态）、可氧化态（有机物与硫化物结合态）、残渣态。其中酸溶态金属易受环境因素的影响而发生金属形态的改变，可还原态金属次之，而可氧化态及残渣态金属较为稳定。图 3-49 为厌氧消化始末酸溶态 Fe 占总 Fe 比例的变化情况。由图 3-49 可知，实验组污泥酸溶态 Fe 在厌氧消化过程中有一定程度的降低，空白对照组污泥基本无变化。该现象表明，酸溶态 Fe 可能与反应生成的 S^{2-} 发生反应形成 S 沉淀或 FeS 沉淀，反应过程为：$2Fe^{3+}+S^{2-}$ ═══ $2Fe^{2+}+S_2$ 或 $Fe^{2+}+S^{2-}$ ═══ FeS，从而降低进入沼气中的 H_2S 含量。对比 10%高含固组和 1.7%低含固组污泥酸溶态 Fe 在厌氧消化始末的比例，二者酸溶态 Fe 占总 Fe 量比例分别降低了 5.1%、4.2%，高含固污泥组酸溶态 Fe 降低的比例较低含固污泥组略高。1.7%调氨氮组酸溶态 Fe 占总 Fe 量的降低比例与 1.7%低含固组相似。由此可得，高级厌氧消化的高含固效应可能促进体系中生成的 S^{2-} 与酸溶态 Fe 反应形成沉淀，从而降低释放进入沼气中 H_2S 的浓度。

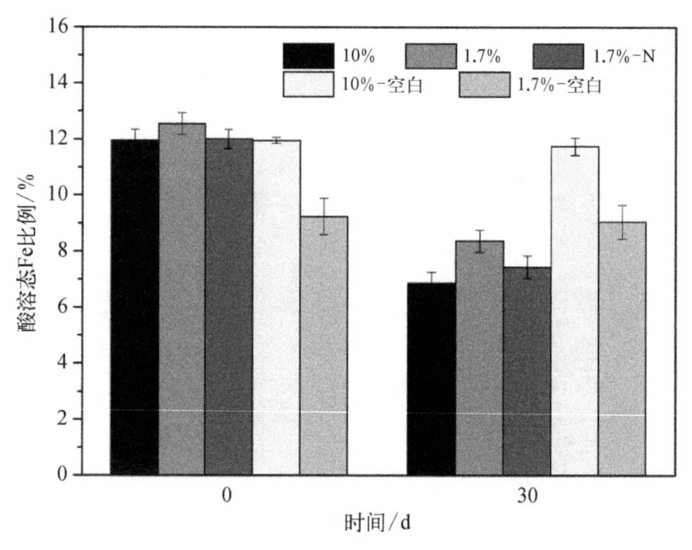

图 3-49 酸溶态 Fe 在厌氧消化始末的变化。10%为高含固组；1.7%为低含固组；1.7%-N 为低含固调氨氮组；10%-空白和 1.7%-空白分别为高含固和低含固组的对照组

（3）生化因素

污泥厌氧反应体系主要是由复杂的微生物群体及其分泌的相关酶系起主要作用。与硫酸盐还原相关的酶包括硫酸腺苷转移酶、焦磷酸酶、腺嘌呤磷酰硫酸盐（adenosine phosphosulphate，APS）还原酶、PAPS 亚硫酸盐还原酶等（蔡靖等，2009），其中 APS 还原酶

能将 SO_4^{2-} 代谢的中间产物 APS 继续转化为磷酸腺苷(AMP)和 SO_3^{2-},亚硫酸盐还原酶可将生成的 SO_3^{2-} 进一步还原生成更低价态的硫。有机硫主要随着含硫蛋白质的代谢而逐步转化,其涉及的酶主要包括蛋白酶、肽酶、裂解酶等(Higgins et al.,2006),其中裂解酶对氨基酸的转化有重要作用,半胱氨酸 α,γ-裂解酶,又称为蛋氨酸 γ-裂解酶,该酶属于 γ 蛋白家族,该类裂解酶在大肠杆菌、恶臭假单孢杆菌、扩展短杆菌、阴道毛滴虫、拟南芥等中均有发现(Heiss et al.,1999)。其作用是能以半胱氨酸或蛋氨酸及其衍生物为底物,催化底物的消除反应及取代反应,使半胱氨酸转化为硫化氢、α-丁酮酸及氨,使蛋氨酸转化为甲硫醇、α-丁酮酸及铵(Heiss et al.,1999)。因此,选取 APS 还原酶、亚硫酸盐还原酶和裂解酶为主要研究对象,其中裂解酶在以半胱氨酸为底物研究其活性时称为半胱氨酸裂解酶,以蛋氨酸为底物研究其活性时称为蛋氨酸裂解酶。

图3-50为硫酸盐还原过程起作用的 APS 还原酶及亚硫酸盐还原酶活性随厌氧消化时间的变化情况。由图3-50(a)可知 APS 还原酶活性在厌氧消化过程中的变化趋势为:先上升,再降低,最后趋于相对稳定。APS 还原酶活性在厌氧消化前期达到较高水平,这与 SO_4^{2-} 浓度在厌氧消化前期降低较快具有一致性,可以说明,厌氧消化前期硫酸盐还原菌活性较高,促进 SO_4^{2-} 的降解。对比图3-50(a)中10%高含固组污泥及1.7%低含固组污泥中 APS 还原酶活性,可以看出,在高含固情况下污泥 APS 还原酶活性明显比低含固污泥低,这可能是高含固效应导致硫酸盐还原菌活性较低,也可能是高含固引起的高 pH、高氨氮等条件降低了 APS 还原酶的活性。对比图3-50(a)中1.7%低含固组污泥及1.7%调氨氮组污泥,前者 APS 还原酶活性多在0.08~0.11 U/mL,后者 APS 还原酶活性多在0.04~0.07 U/mL,可以发现氨氮浓度的上升能使厌氧反应体系中 APS 还原酶受到一定程度的抑制。由图3-50(b)可知,亚硫酸盐还原酶活性在厌氧消化过程中的变化趋势与 APS 还原酶活性的变化趋势相似,在厌氧消化初期亚硫酸盐还原酶活性上升较快,而后降低,最终处于相对稳定状态。对比10%高含固组污泥及1.7%低含固组污泥,前者亚硫酸盐还原酶活性多在0.12~0.15 U/mL,后者亚硫酸盐还原酶活性多在0.16~0.18 U/mL,可以发现高含固体系下亚硫酸盐还原酶活性有一定降低。对比1.7%低含固组污泥及1.7%调氨氮组污泥,可以发现后者亚硫酸盐还原酶活性多在0.12~0.15 U/mL,调氨氮后亚硫酸盐还原酶活性受到一定影响。由此可得,高含固效应可导致硫酸盐还原过程中 APS 还原酶活性及亚硫酸盐还原酶活性在一定程度上降低,这种影响与高含固引起的系统高氨氮浓度有关,从而影响反应体系中 SO_4^{2-} 的还原速率及 S^{2-} 的生成速率。

图3-51为有机硫代谢过程中与含硫氨基酸代谢有关的裂解酶活性在厌氧消化过程中的变化情况。由图3-51(a)可知,半胱氨酸裂解酶活性在厌氧消化第0~2天上升较慢,在厌氧消化第2~6天上升较快,而后逐渐降低,最后达到相对稳定阶段。这种变化趋势与厌氧消化前期半胱氨酸含量的下降速率较为相关,表明在厌氧消化前期由于半胱氨酸裂解酶活性较高,所以半胱氨酸的降低速度较快。虽然厌氧消化后期半胱氨酸裂解酶仍然具有一定活性,但半胱氨酸含量并未下降,这说明存在一定因素使含硫蛋白质降解至半胱氨酸的步骤受阻,或半胱氨酸的消耗与合成达到了相对平衡状态。对比10%高含固

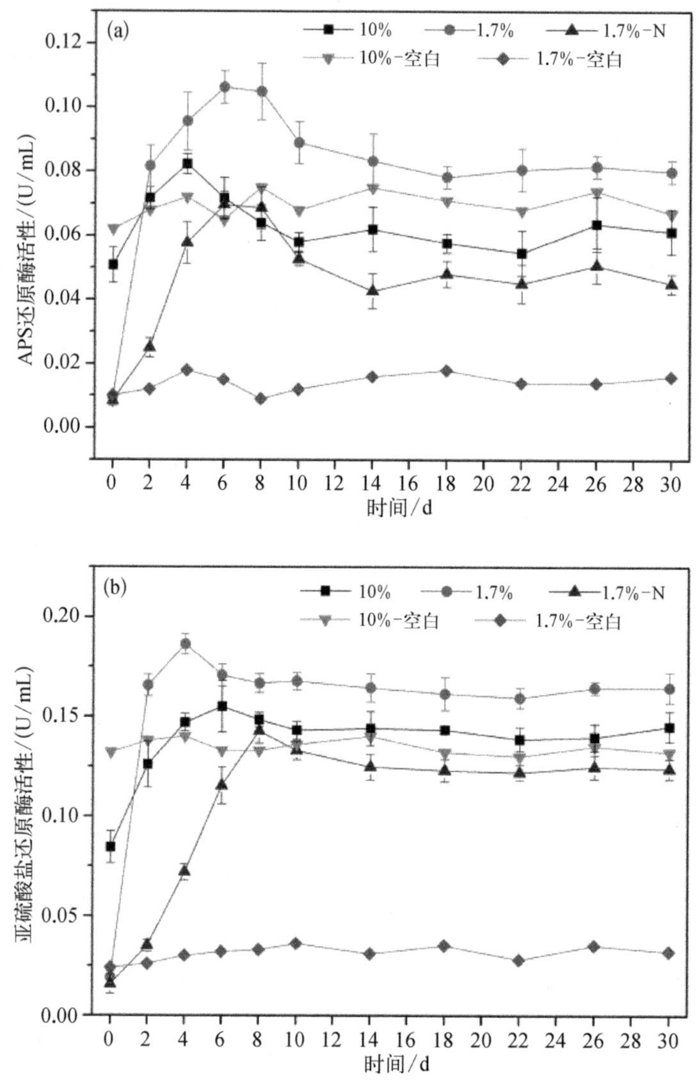

图 3-50 硫酸盐还原过程相关酶活性随厌氧消化时间的变化。(a) APS 还原酶;(b) 亚硫酸盐还原酶。10%为高含固组;1.7%为低含固组;1.7%-N 为低含固调氨氮组;10%-空白和 1.7%-空白分别为高含固和低含固组的对照组

组污泥和 1.7%低含固组污泥,前者半胱氨酸裂解酶活性多在 0.32~0.39 U/mL,后者半胱氨酸裂解酶活性多在 0.32~0.35 U/mL,由此可见,高含固厌氧体系下半胱氨酸裂解酶活性较低含固体系有一定提高,这可能与高含固体系下分泌半胱氨酸裂解酶的水解酸化菌丰富度较高、生物活性较强有关。对比 1.7%低含固组污泥及 1.7%调氨氮组污泥,可以发现,反应体系中氨氮浓度调高后,在厌氧消化初期半胱氨酸裂解酶的活性上升速度较慢,但随着厌氧消化的进行调氨氮组半胱氨酸裂解酶活性与不调氨氮组相近,推测其原因为高氨氮条件使前期分泌裂解酶的微生物活性较低,后期微生物适应反应体系可正常分泌裂解酶,裂解酶活性受该浓度下氨氮的影响较小。由图 3-51(b)可知,蛋氨酸裂解酶活性在厌氧消化过程中的变化趋势与半胱氨酸裂解酶活性的变化趋势相似。在图 3-51

(b)中，对比10%高含固组污泥及1.7%低含固组污泥，可以发现提高污泥含固率可以使反应体系中蛋氨酸裂解酶活性得到一定提高。对比1.7%低含固组污泥及1.7%调氨氮组污泥，可以发现高氨氮可以影响厌氧消化前期蛋氨酸裂解酶活性的上升速率，但对最终蛋氨酸裂解酶活性的影响不明显。由此可得，高级厌氧消化引起的高含固效应可导致有机硫代谢过程中半胱氨酸裂解酶活性及蛋氨酸裂解酶活性在一定程度上提高，从而提高半胱氨酸及蛋氨酸的转化速率，促进 VSC_S 的生成；高氨氮浓度将引起半胱氨酸裂解酶及蛋氨酸裂解酶活性上升速率下降，但并未影响二者最终活性，结合考虑前期其他因素，如pH等，其可减缓 H_2S 转化进入沼气的量。

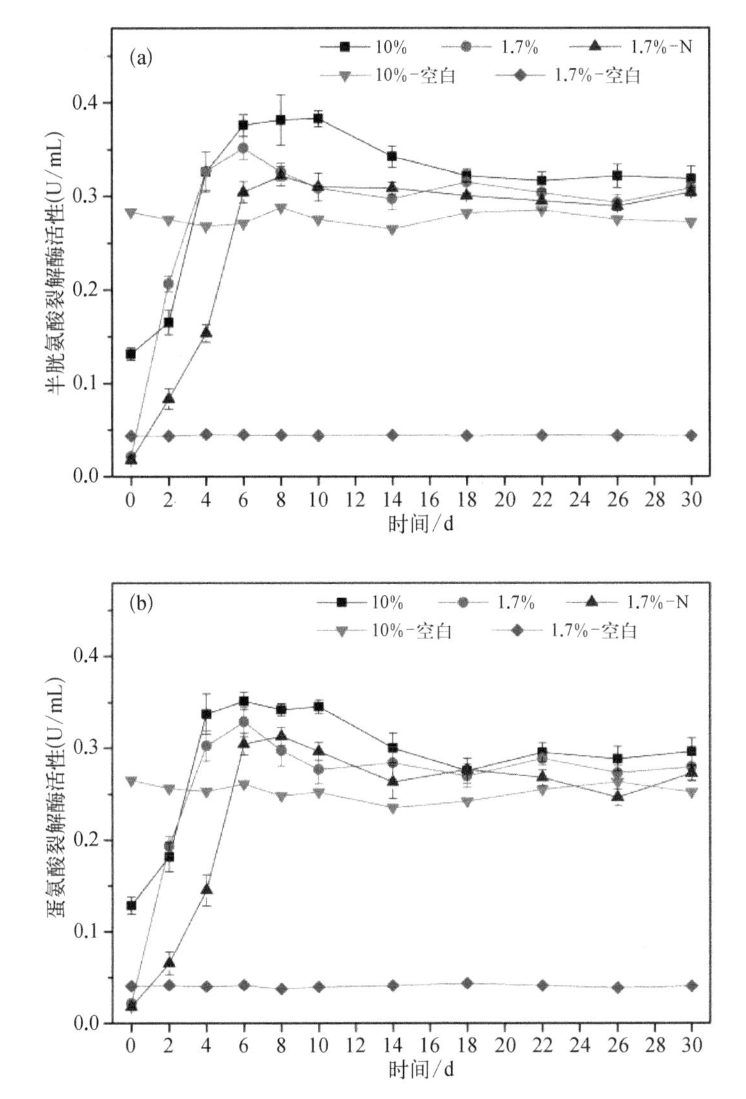

图3-51　有机硫代谢过程相关酶活性随厌氧消化时间的变化。(a) 半胱氨酸裂解酶活性；(b) 蛋氨酸裂解酶活性。10%为高含固组；1.7%为低含固组；1.7%-N为低含固调氨氮组；10%-空白和1.7%-空白分别为高含固和低含固组的对照组

3.8 污泥高含固厌氧消化系统中难降解有机质的识别和转化特性

污泥中含有大量复杂有机物，包括蛋白质、糖类、纤维素、木质素等，在厌氧消化过程中一部分有机物经过水解、酸化、甲烷化等阶段，分解产生 CH_4 和 CO_2 等物质，然而这部分有机物的比例通常低于50%，也就是说污泥中难以厌氧消化降解有机物可占到50%以上。目前普遍认为蛋白质、多糖等生物大分子的水解是污泥厌氧消化体系的限速步骤，这是因为水解酶在基质中或位于生物絮体里，或位于EPS基质周围，或与细胞外膜相连，都处于相对固定的位置，从而导致其难于作用于生物大分子。然而目前对于污泥预处理技术是加快厌氧消化过程中有机物的降解，还是可提高其有机物降解率尚无定论。Lefebvre 等(2014)研究表明通过热处理尽管促进了生物大分子的溶解，但是厌氧消化过程中总的COD降解率并没有提高，无论热处理持续时间长短都保持相对的稳定，认为残余的生物大分子具有稳定和难降解的特性。

有学者采用三维荧光光谱及二维红外相关光谱技术对高含固污泥厌氧消化过程中溶解性有机物的化学变化进行了初步研究，结果表明，随着厌氧消化的进行，类腐殖质、类酪氨酸、类色氨酸等荧光类物质的比例逐渐增加，同时来源于细胞壁的类多糖物质相对更难降解(Li et al.,2014b)。Engelhart 等(2000)研究表明，污泥中来自胞外聚合物中围绕细胞体起保护作用的多糖类碳水化合物比结构性碳水化合物(如纤维素)更难降解。Lefebvre 等(Lefebvre et al.,2014)研究表明，厌氧消后污泥中溶解性难降解有机物中蛋白质、类腐殖酸、类多糖分别占57%、28%、15%。Cuetos 等(2010)采用傅里叶红外光谱和热重—质谱联用仪研究厌氧消化过程中有机物的生物稳定性变化情况，结果表明厌氧消化后稳定基质中芳香族化合物明显增加，而挥发性物质和脂肪族类物质逐渐减少。总体而言，关于污泥中难降解有机物的化学组成及结构特征的研究至今尚处于起步阶段，有待进一步研究。

污泥中的纤维素类物质主要来源于污水中携带的纸张、食物等，对这类物质在污泥中的降解和转化的研究并不多见。相关研究主要集中于这类物质的难降解结构及预处理手段的效果。木质纤维素物质包括纤维素、半纤维素、木质素三大类，其中纤维素含量最高，半纤维素最易降解，而木质素最难降解(Zheng et al.,2014b)。对于纤维素而言，其结晶指数越高，越难以被降解，而木质素本身是复杂的芳香化、疏水性、无定形的异质共聚体，是由丙苯单元(如松柏醇、芥子醇)和羟基、甲氧基、羧基功能化合物组合而成，并与纤维素、半纤维素结合形成细胞壁的三维网状结构。因此如何经济高效地破坏这些难降解化合结构是木质纤维素物质强化预处理技术的研究重点。He 等(2008)采用核磁共振氢谱、X射线衍射XRD、凝胶色谱(GPC)等技术对NaOH预处理改善厌氧消化产气性能的机制展开了研究，结果表明碱预处理后大分子量、三维网状结构的木质素类物质变成了小分子量、线性结构的化合物，并且木质素与碳水化合物的酯键被打断，尽管纤维素的晶体类型没有明显变化，但是它的结晶度有所增加，这些化学组成及结构变化可能使基质更易于被降解，因而提高了生物产气性能。Ahring 等（2015）采用 GC－MS 技术探讨湿式爆裂预处理（wet-explosion pretreatment）改善木质素厌氧消化性能机制，结果表明预处理促进了木质素的水解，并形成了易被微生物利用的降解产物。

与木质纤维素物质不同，污泥中难降解有机物比例最高的是蛋白质。目前的研究认为其主要来自消化过程中死亡的微生物细胞壁及细胞内部。因此探讨强化预处理手段对污泥中蛋白质的作用机制是解析污泥中难降解有机物活化机制的重要内容。Tian 等（2014；2013）根据 XPS 图谱分析将污泥中含氮物质分为蛋白质、无机氮、吡咯、吡啶四类。Xiao 等（2013）对比研究了酸、碱、紫外照射预处理改变蛋白质构象对提高蛋白质废水发酵产氢气的效果，结果表明，使用紫外线照射能有效达到破坏蛋白质氢键及其构型的效果，对提高水解起到了促进作用。有研究表明，破坏蛋白质折叠构型是水解的必要步骤，打破蛋白质的氢键网络与折叠构型将有助于蛋白质水解及利用效率的提高（Herman et al.，2006）。

有研究认为，蛋白质代谢过程中形成的杂环氨基酸是关系到蛋白降解途径继而影响污泥有机质降解程度的重要中间产物。含氮杂环氨基酸的开环反应是一个需要充足的氢自由基（H·）或羟基自由基（OH·）对杂环中的氮进行攻击的过程，因而和微生物种间电子传递过程密切相关，其难易程度会受到氢自由基和羟基自由基含量变化的直接影响。杂环氮开环反应的最终程度也会决定富里酸（化学式为 $C_{14}H_{12}O_8$）和腐殖酸的生成比例。某些专性厌氧细菌（如梭状芽孢杆菌）在厌氧条件下生长时，通过斯提柯兰氏反应（Stickland reaction）以一种氨基酸作为氢的供体进行氧化脱氨，并以另一种氨基酸作氢的受体进行还原脱氨。氨基酸对（pair amino acids）偶联进行氧化还原脱氨的过程会生成 ATP，是典型的容易受到电子传递过程影响的反应。因此，近年来通过调控电子转移来提高厌氧消化效率的研究也是热点之一。例如，有研究通过直接电刺激作用（biostimulation）的方式来改变电子供给量和供给方式，提高污泥中有机质的降解率并强化其厌氧消化性能。

也有研究认为，微生物对代谢产物遵循的是依次利用的原则，生物质多糖的高效利用会由于代谢产物的阻遏效应（CCR）而被严重阻碍，因此也成为影响甲烷产率提升的瓶颈。GlnR（Central regulator of nitrogen metabolism）是一种普遍存在的、能够控制和影响碳的利用和转化过程的氮代谢调控蛋白，通过对这类基因的强化，可以把微生物对六碳糖和五碳糖的顺序利用改变为同时利用，以建立碳、氮、磷交叉调控网络，实现对多糖的高效利用。

近年来不断发展的宏基因组学手段，通过以样品中的微生物群体基因组为研究对象，实现了所涉及的微生物多样性、种群结构、进化关系、功能活性、相互协作关系及与环境之间的关系的深层次解析。因而它的发展有助于对参与蛋白质转化基因进行全面分析，并提供了一种深入研究种间电子传递的有效工具。尤其是蛋白质组学的发展，实现了在大规模水平上研究蛋白质的特征，包括蛋白质的表达水平、翻译后的修饰、蛋白与蛋白相互作用等，由此获得分子水平上的关于细胞代谢等过程的全面的认识。基因组学和蛋白组学的联合应用为全面解析蛋白质转化及其过程中的电子转移调控机制提供了可能。同时，随着 SR－FTIR（Synchrotron radiation Fourier transform infrared）这种非侵入性并无需标记的化学成像技术的应用，微米级别分子生物学的相关信息也可以为基因组学和蛋白组学的分析结果提供直接证据。

参 考 文 献

蔡靖，郑平，张蕾. 2009. 硫酸盐还原菌及其代谢途径. 科技通报，25(4)：427－431.

戴晓虎. 2012. 我国城镇污泥处理处置现状及思考. 给水排水，38(2)：1－5.

韩昌福，郑爱芳，李大平. 2006. 聚丙烯酰胺生物降解研究. 环境科学，11(1)：648－650.

黄丽坤，王广智，高娜，等. 2015. 污水处理过程中 H_2S 和 NH_3 的浓度特性及扩散规律研究. 黑龙江大学自然科学学报，32(2)：218－222.

廖年华. 2016. 含固率对污泥厌氧消化系统沼气中 H_2S 含量的影响机制. 上海：同济大学硕士学位论文.

吴海宁. 2015. 关于城市污水处理厂臭气问题分析与控制的思考. 资源节约与环保，8：138－138.

Abdulla H A，Minor E C，Dias R F，et al. 2010a. Changes in the compound classes of dissolved organic matter along an estuarine transect：a study using FTIR and 13 C NMR. Geochimica et Cosmochimica Acta，74(13)：3815－3838.

Abdulla H A，Minor E C，Hatcher P G. 2010b. Using two-dimensional correlations of 13C NMR and FTIR to investigate changes in the chemical composition of dissolved organic matter along an estuarine transect. Environmental Science & Technology，44(21)：8044－8049.

Ahring B K，Biswas R，Ahamed A，et al. 2015. Making lignin accessible for anaerobic digestion by wet-explosion pretreatment. Bioresource Technology，175：182－188.

Alburquerque J A，de la Fuente C，Ferrer-Costa A，et al. 2012. Assessment of the fertiliser potential of digestates from farm and agroindustrial residues. Biomass and Bioenergy，40：181－189.

Amir S，Hafidi M，Lemee L，et al. 2006. Structural characterization of humic acids，extracted from sewage sludge during composting，by thermochemolysis-gas chromatography-mass spectrometry. Process Biochemistry，41(2)：410－422.

Amir S，Jouraiphy A，Meddich A，et al. 2010. Structural study of humic acids during composting of activated sludge-green waste：elemental analysis，FTIR and 13C NMR. Journal of Hazardous Materials，177(1－3)：524－529.

Appels L，Baeyens J，Degrève J，et al. 2008. Principles and potential of the anaerobic digestion of waste-activated sludge. Progress in Energy and Combustion Science，34(6)：755－781.

Awasthi M K，Wang M，Chen H，et al. 2017. Heterogeneity of biochar amendment to improve the carbon and nitrogen sequestration through reduce the greenhouse gases emissions during sewage sludge composting. Bioresource Technology，224：428－438.

Barker D J，Stuckey D C. 1999. A review of soluble microbial products (SMP) in wastewater treatment systems. Water Research，33(14)：3063－3082.

Bernal M P, Alburquerque J A, Moral R. 2009. Composting of animal manures and chemical criteria for compost maturity assessment. A review. Bioresource Technology, 100(22): 5444－5453.

Bhunia P, Ghangrekar M M. 2008. Effects of cationic polymer on performance of UASB reactors treating low strength wastewater. Bioresource Technology, 99(2): 350－358.

Boguta P, D'Orazio V, Sokołowska Z, et al. 2016. Effects of selected chemical and physicochemical properties of humic acids from peat soils on their interaction mechanisms with copper ions at various pHs. Journal of Geochemical Exploration, 168: 119－126.

Bolzonella D, Pavan P, Mace S, et al. 2006. Dry anaerobic digestion of differently sorted organic municipal solid waste: a full-scale experience. Water Science & Technology, 53(8): 23－32.

Campos E, Almirall M, Mtnez-Almela J, et al. 2008. Feasibility study of the anaerobic digestion of dewatered pig slurry by means of polyacrylamide. Bioresource Technology, 99(2): 387－395.

Chai X, Shimaoka T, Cao X, et al. 2007. Spectroscopic studies of the progress of humification processes in humic substances extracted from refuse in a landfill. Chemosphere, 69(9): 1446－1453.

Chen W, Westerhoff P, Leenheer J A, et al. 2003. Fluorescence excitation-emission matrix regional integration to quantify spectra for dissolved organic matter. Environmental Science & Technology, 37(24): 5701－5710.

Chen Y, Cheng J J, Creamer K S. 2008. Inhibition of anaerobic digestion process: a review. Bioresource Technology, 99: 4044－4064.

Chica A, Mohedo J J, Martin M A, et al. 2003. Determination of the stability of MSW compost using a respirometric technique. Compost Science & Utilization, 11: 169－175.

Cho J K, Park S C, Chang H N. 1995. Biochemical methane potential and solid state anaerobic digestion of Korean food wastes. Bioresource Technology, 52(3): 245－253.

Cho S K, Im W T, Kim D H, et al. 2013. Dry anaerobic digestion of food waste under mesophilic conditions: performance and methanogenic community analysis. Bioresource Technology, 131: 210－217.

Chu C P, Lee D J, Chang B V, et al. 2003. Anaerobic digestion of polyelectrolyte flocculated waste activated sludge. Chemosphere, 53(7): 757－764.

Coble P G. 1996. Characterization of marine and terrestrial DOM in seawater using excitation-emission matrix spectroscopy. Marine Chemistry, 51(4): 325－346.

Cuetos M J, Gómez X, Otero M, et al. 2010. Anaerobic digestion of solid slaughterhouse waste: study of biological stabilization by Fourier Transform infrared spectroscopy and thermogravimetry combined with mass spectrometry. Biodegradation, 21(4): 543－556.

Dong B, Liu X, Dai L, et al. 2013. Changes of heavy metal speciation during high-solid anaerobic digestion of sewage sludge. Bioresource Technology, 131: 152－158.

Du H, Li F. 2017. Characteristics of dissolved organic matter formed in aerobic and anaerobic digestion of excess activated sludge. Chemosphere, 168: 1022 - 1031.

Du W, Parker W J. 2010. Behavior of volatile sulfur compounds in mesophilic and thermophilic anaerobic digestion. Proceedings of the Water Environment Federation, 2010 (4): 179 - 194.

El-Mamouni R, Frigon J C, Hawari J, et al. 2002. Combining photolysis and bioprocesses for mineralization of high molecular weight polyacrylamides. Biodegradation, 13 (4): 221 - 227.

El-Mamouni R, Leduc R, Guiot S R. 1998. Influence of synthetic and natural polymers on the anaerobic granulation process. Water Science & Technology, 38(8): 341 - 347.

El Fels L, Lemee L, Ambles A, et al. 2014a. Identification and biotransformation of lignin compounds during co-composting of sewage sludge-palm tree waste using pyrolysis-GC/MS. International Biodeterioration & Biodegradation, 92: 26 - 35.

El Fels L, Zamama M, El Asli A, et al. 2014b. Assessment of biotransformation of organic matter during co-composting of sewage sludge-lignocelullosic waste by chemical, FTIR analyses, and phytotoxicity tests. International Biodeterioration & Biodegradation, 87: 128 - 137.

Elmongy M S, Zhou H, Cao Y, et al. 2018. The effect of humic acid on endogenous hormone levels and antioxidant enzyme activity during in vitro rooting of evergreen azalea. Scientia Horticulturae, 227: 234 - 243.

Engelhart M, Krger M, Kopp J, et al. 2000. Effects of disintegration on anaerobic degradation of sewage excess sludge in downflow stationary fixed film digesters. Water Science and Technology, 41(3): 171 - 179.

Forstercarneiro T, Pérez M, Romero L I, et al. 2007. Dry-thermophilic anaerobic digestion of organic fraction of the municipal solid waste: focusing on the inoculum sources. Bioresource Technology, 98(17): 3195 - 3203.

Fujishima S, Miyahara T, Noike T. 2000. Effect of moisture content on anaerobic digestion of dewatered sludge: ammonia inhibition to carbohydrate removal and methane production. Water Science & Technology A Journal of the International Association on Water Pollution Research, 41(3): 119 - 127.

Gamage I, Jonker A, Zhang X, et al. 2014. Non-destructive analysis of the conformational differences among feedstock sources and their corresponding co-products from bioethanol production with molecular spectroscopy. Spectrochimica Acta Part A: Molecular and Biomolecular Spectroscopy, 118: 407 - 421.

Garcia C, Hernandez T, Costa F, et al. 1989. Study of the lipidic and humic fractions from organic wastes before and after the composting process. Science of The Total Environment, 81 - 82: 551 - 560.

González Pérez M, Martin-Neto L, Saab S C, et al. 2004. Characterization of humic acids from a Brazilian Oxisol under different tillage systems by EPR, 13C NMR, FTIR and fluorescence spectroscopy. Geoderma, 118(3-4): 181-190.

Haroun M, Idris A, Omar S. 2009. Analysis of heavy metals during composting of the tannery sludge using physicochemical and spectroscopic techniques. Journal of Hazardous Materials, 165(1-3): 111-119.

Haveroen M E, Mackinnon M D, Fedorak P M. 2005. Polyacrylamide added as a nitrogen source stimulates methanogenesis in consortia from various wastewaters. Water Research, 39(14): 3333-3341.

He P, Wei S, Shao L, et al. 2018. Emission potential of volatile sulfur compounds (VSCs) and ammonia from sludge compost with different bio-stability under various oxygen levels. Waste Manag, 73: 113-122.

He Y, Pang Y, Liu Y, et al. 2008. Physicochemical characterization of rice straw pretreated with sodium hydroxide in the solid state for enhancing biogas production. Energy & Fuels, 22(4): 2775-2781.

Heiss S, Schäfer H J, Haag-Kerwer A, et al. 1999. Cloning sulfur assimilation genes of Brassica juncea L.: cadmium differentially affects the expression of a putative low-affinity sulfate transporter and isoforms of ATP sulfurylase and APS reductase. Plant Molecular Biology, 39(4): 847-857.

Herman R, Gao Y, Storer N. 2006. Acid-induced unfolding kinetics in simulated gastric digestion of proteins. Regulatory Toxicology & Pharmacology Rtp, 46(1): 93-99.

Higgins M J, Chen Y C, Yarosz D P, et al. 2006. Cycling of volatile organic sulfur compounds in anaerobically digested biosolids and its implications for odors. Water Environment Research, 78(3): 243-252.

Huang G F, Wu Q T, Wong J W, et al. 2006. Transformation of organic matter during co-composting of pig manure with sawdust. Bioresource Technology, 97(15): 1834-42.

Kai F, Tanimoto Y, Bak F. 1992. Fermentation of methanethiol and dimethylsulfide by a newly isolated methanogenic bacterium. Archives of Microbiology, 157(5): 425-430.

Kataeva I, Foston M B, Yang S-J, et al. 2013. Carbohydrate and lignin are simultaneously solubilized from unpretreated switchgrass by microbial action at high temperature. Energy & Environmental Science, 6(7): 2186-2195.

Kataki S, Hazarika S, Baruah D C. 2017. Assessment of by-products of bioenergy systems (anaerobic digestion and gasification) as potential crop nutrient. Waste Manag, 59: 102-117.

Kay-Shoemake J L, Watwood M E, Lentz R D, et al. 1998. Polyacrylamide as an organic nitrogen source for soil microorganisms with potential effects on inorganic soil nitrogen in agricultural soil. Soil Biology & Biochemistry, 30(8-9): 1045-1052.

Kulikowska D, Gusiatin Z M, Bulkowska K, et al. 2015. Humic substances from sewage sludge compost as washing agent effectively remove Cu and Cd from soil. Chemosphere,

136: 42-49.

Lefebvre D, Dossat-LétTisse V, Lefebvre X, et al. 2014. Fate of organic matter during moderate heat treatment of sludge: kinetics of biopolymer and hydrolytic activity release and impact on sludge reduction by anaerobic digestion. Water Science & Technology, 69(9): 1828-1833.

Li Y, Li A M, Xu J, et al. 2013. Formation of soluble microbial products (SMP) by activated sludge at various salinities. Biodegradation, 24(1): 69-78.

Li H, Li Y, Jin Y, et al. 2014a. Recovery of sludge humic acids with alkaline pretreatment and its impact on subsequent anaerobic digestion. Journal of Chemical Technology & Biotechnology, 89(5): 707-713.

Li S, Li D, Li J, et al. 2017. Evaluation of humic substances during co-composting of sewage sludge and corn stalk under different aeration rates. Bioresource Technology, 245(Pt A): 1299-1302.

Li X, Dai X, Takahashi J, et al. 2014b. New insight into chemical changes of dissolved organic matter during anaerobic digestion of dewatered sewage sludge using EEM-PARAFAC and two-dimensional FTIR correlation spectroscopy. Bioresource Technology, 159(6): 412-420.

Li X, Li Z, Dai X, et al. 2016. Micro-aerobic digestion of high-solid anaerobically digested sludge: further stabilization, microbial dynamics and phytotoxicity reduction. RSC Advances, 6(80): 76748-76758.

Li X, Xing M, Yang J, et al. 2011. Compositional and functional features of humic acid-like fractions from vermicomposting of sewage sludge and cow dung. Journal of Hazardous Materials, 185(2): 740-748.

Lissens G, Verstraete W, Albrecht T, et al. 2004. Advanced anaerobic bioconversion of lignocellulosic waste for bioregenerative life support following thermal water treatment and biodegradation by Fibrobacter succinogenes. Biodegradation, 15(3): 173.

Lomans B P, Drift C V D, Pol A, et al. 2002. Microbial cycling of volatile organic sulfur compounds. Cellular & Molecular Life Sciences Cmls, 59(4): 575-588.

Lomans B P, Maas R, Luderer R, et al. 1999. Isolation and characterization of Methanomethylovorans hollandica gen. nov., sp. nov., isolated from freshwater sediment, a methylotrophic methanogen able to grow on dimethyl sulfide and methanethiol. Applied and Environmental Microbiology, 65(8): 3641-3650.

Magdaliniuk S, Block J C, Leyval C, et al. 1995. Biodegradation of naphthalene in montmorillonite/polyacryamide suspensions. Water Science & Technology, 31(1): 85-94.

Maia C M, Piccolo A, Mangrich A S. 2008. Molecular size distribution of compost-derived humates as a function of concentration and different counterions. Chemosphere, 73(8): 1162-1166.

Metcalf, Eddy. 2003. Wastewater engineering: treatment and reuse, Boston.

Moestedt J, Påledal S N, Schnürer A. 2013. The effect of substrate and operational parameters on the abundance of sulphate-reducing bacteria in industrial anaerobic biogas digesters. Bioresource Technology, 132(3): 327－332.

Mosier N, Hendrickson R, Ho N, et al. 2005. Optimization of pH controlled liquid hot water pretreatment of corn stover. Bioresource Technology, 96(18): 1986－1993.

Nakamiya K, Kinoshita S. 1995. Isolation of polyacrylamide-degrading bacteria. Journal of Fermentation & Bioengineering, 80(4): 418－420.

Nges I A, Liu J. 2010. Effects of solid retention time on anaerobic digestion of dewatered-sewage sludge in mesophilic and thermophilic conditions. Renewable Energy, 35(10): 2200－2206.

Noda I, Ozaki Y. 2005. Two-dimensional correlation spectroscopy: applications in vibrational and optical spectroscopy. New York: Wiley.

Novak J T, Adams G, Chen Y C, et al. 2006. Generation pattern of sulfur containing gases from anaerobically digested sludge cakes. Water Environment Research A Research Publication of the Water Environment Federation, 78(8): 821－827.

Novak J T, Sadler M E, Murthy S N. 2003. Mechanisms of floc destruction during anaerobic and aerobic digestion and the effect on conditioning and dewatering of biosolids. Water Research, 37(13): 3136－3144.

Ohno T, Amirbahman A, Bro R. 2007. Parallel factor analysis of excitation-emission matrix fluorescence spectra of water soluble soil organic matter as basis for the determination of conditional metal binding parameters. Environmental Science & Technology, 42(1): 186－192.

Pang Y Z, Liu Y P, Li X J, et al. 2008. Improving biodegradability and biogas production of corn stover through sodium hydroxide solid state pretreatment. Energy & Fuels, 22(4): 2761－2766.

Plaza C, Senesi N, Polo A, et al. 2005. Acid-base properties of humic and fulvic acids formed during composting. Environmental Science & Technology, 39(18): 7141－7146.

Provenzano M R, Cavallo O, Malerba A D, et al. 2016. Co-treatment of fruit and vegetable waste in sludge digesters: chemical and spectroscopic investigation by fluorescence and Fourier transform infrared spectroscopy. Waste Management, 50: 283－289.

Provenzano M R, Malerba A D, Pezzolla D, et al. 2014. Chemical and spectroscopic characterization of organic matter during the anaerobic digestion and successive composting of pig slurry. Waste Management, 34(3): 653－660.

Qasim S R. 1999. Wastewater treatment plants: planning, design, and operation. 2nd Endition. New York: Routledge.

Rapport J L, Zhang R H, Williams R B, et al. 2012. Anaerobic digestion technologies for the treatment of municipal solid waste. International Journal of Environment & Waste Management, 9(1/2): 100－122.

Ren J, Fan W, Wang X, et al. 2016. Influences of size-fractionated humic acids on arsenite and arsenate complexation and toxicity to Daphnia magna. Water Research, 108: 68 – 77.

Rodriguez F J, Schlenger P, Garcia-Valverde M. 2016. Monitoring changes in the structure and properties of humic substances following ozonation using UV – Vis, FTIR and 1H NMR techniques. Science of the Total Environment, 541: 623 – 637.

Roediger H, Roediger M, Kapp H. 1990. Anaerobe alkalische Schlammfaulung. Oldenbourg Industrieverlag, Bangemann.

Romero E, Plaza C, Senesi N, et al. 2007. Humic acid-like fractions in raw and vermicomposted winery and distillery wastes. Geoderma, 139(3): 397 – 406.

Shao L, Wang T, Li T, et al. 2013. Comparison of sludge digestion under aerobic and anaerobic conditions with a focus on the degradation of proteins at mesophilic temperature. Bioresource Technology, 140: 131 – 137.

Sharma S. 2003. Municipal solid waste management through vermicomposting employing exotic and local species of earthworms. Bioresource Technology, 90(2): 169 – 173.

Stevenson F J. 1983. Humus chemistry: genesis, composition, reactions. Soil Science, 135 (2): 129 – 130.

Sutton R, Sposito G. 2005. Molecular structure in soil humic substances: the new view. Environmental Science & Technology, 39(23): 9009 – 9015.

Switzenbaum M S, Giraldogomez E, Hickey R F. 1990. Monitoring of the anaerobic methane fermentation process. Enzyme & Microbial Technology, 12(10): 722 – 730.

Tian K, Liu W J, Qian T T, et al. 2014. Investigation on the evolution of N-containing organic compounds during pyrolysis of sewage sludge. Environmental Science & Technology, 48(18): 10888 – 10896.

Tian Y, Zhang J, Zuo W, et al. 2013. Nitrogen conversion in relation to NH_3 and HCN during microwave pyrolysis of sewage sludge. Environmental Science & Technology, 47(7): 3498 – 3505.

Tigini V, Franchino M, Bona F, et al. 2016. Is digestate safe? a study on its ecotoxicity and environmental risk on a pig manure. Science of the Total Environment, 551 – 552: 127 – 132.

Tsuyoshi I, Masao U, Masahiko S. 2007. Start-up performances of dry anaerobic mesophilic and thermophilic digestions of organic solid wastes. Journal of Environmental Sciences-China, 19(4): 416 – 420.

Turovskiy I S, Mathai P K, Turovskiy I S, et al. 2006. Wastewater sludge processing. New York: Wiley.

Van Heusden M C, Thompson F, Dennis J, et al. 1998. Distribution and optical properties of CDOM in the Arabian Sea during the 1995 Southwest Monsoon. Deep Sea Research Part II Topical Studies in Oceanography, 45(10 – 11): 2195 – 2223.

Wang Z P, Tong Z. 2010. Characterization of soluble microbial products (SMP) under stressful conditions. Water Research, 44(18): 5499－5509.

Watteau F, Villemin G. 2011. Characterization of organic matter microstructure dynamics during co-composting of sewage sludge, barks and green waste. Bioresour Technology, 102(19): 9313－9317.

Xiao N, Chen Y, Ren H. 2013. Altering protein conformation to improve fermentative hydrogen production from protein wastewater. Water Research, 47(15): 5700－5707.

Xing M, Li X, Yang J, et al. 2012. Changes in the chemical characteristics of water-extracted organic matter from vermicomposting of sewage sludge and cow dung. Journal of Hazardous Materials, 205: 24－31.

Xiong J, Koopal L K, Tan W, et al. 2013. Lead binding to soil fulvic and humic acids: NICA-Donnan modeling and XAFS spectroscopy. Environmental Science & Technology, 47(20): 11634－11642.

Xu H, Jiang H. 2013. UV-induced photochemical heterogeneity of dissolved and attached organic matter associated with cyanobacterial blooms in a eutrophic freshwater lake. Water Research, 47(17): 6506－6515.

Yamashita Y, Jaffé R. 2008. Characterizing the interactions between trace metals and dissolved organic matter using excitation — emission matrix and parallel factor analysis. Environmental Science & Technology, 42(19): 7374－7379.

Yamashita Y, Tanoue E. 2003. Chemical characterization of protein-like fluorophores in DOM in relation to aromatic amino acids. Marine Chemistry, 82(3): 255－271.

Yenigün O, Demirel B. 2013. Ammonia inhibition in anaerobic digestion: a review. Process Biochemistry, 48(5－6): 901－911.

Yu G H, Tang Z, Xu Y C, et al. 2011. Multiple fluorescence labeling and two dimensional FTIR－^{13}C NMR heterospectral correlation spectroscopy to characterize extracellular polymeric substances in biofilms produced during composting. Environmental Science & Technology, 45(21): 9224－9231.

Zhang J, Lv B, Xing M, et al. 2015. Tracking the composition and transformation of humic and fulvic acids during vermicomposting of sewage sludge by elemental analysis and fluorescence excitation-emission matrix. Waste Management, 39: 111－118.

Zheng W, Lu F, Phoungthong K, et al. 2014a. Relationship between anaerobic digestion of biodegradable solid waste and spectral characteristics of the derived liquid digestate. Bioresource Technology, 161: 69－77.

Zheng Y, Zhao J, Xu F, et al. 2014b. Pretreatment of lignocellulosic biomass for enhanced biogas production. Progress in Energy & Combustion Science, 42(1): 35－53.

Zhu Y L, Zheng G D, Gao D, et al. 2016. Odor composition analysis and odor indicator selection during sewage sludge composting. Air Repair, 66(9): 930－940.

Zmora-Nahum Z, Markovitch O, Tarchitzky J, et al. 2005. Dissovled organic carbon (DOC) as a parameter of compost maturity. Soil Biology & Biochemistry, 37: 2109－2116.

第4章　污泥高含固厌氧消化系统的影响因素研究

高含固厌氧消化工艺对污泥有机质的降解率通常低于50%(Yang　et al.,2015a;Liu et al.,2012b),这一方面跟污泥中难降解有机质的存在有重要关系,但另一方面污泥中金属离子等与有机质的结合(Xu　et al.,2017),以及系统中高氨氮的存在(Yenigün and Demirel,2013)也对污泥有机质降解具有负面影响。与此同时,另一些研究表明导电材料(Martins　et al.,2018)(如磁性铁、生物碳)及微生物载体有利于促进污泥厌氧消化过程中有机质的降解,因此作者首先综述污泥厌氧消化过程的主要影响因素,然后着重探讨了氨氮、有机结合态金属、氧化石墨烯等高含固厌污泥厌氧消化有机质转化的影响,以及纳米Fe_3O_4、微生物载体等对污泥有机质降解的促进作用,两相厌氧消化工艺改善污泥厌氧消化的效果,最后提出了高含固污泥厌氧消化工艺的运行建议。

4.1　污泥厌氧消化过程的主要影响因素

4.1.1　温度

温度是厌氧消化过程中非常重要的参数,它对各反应物质的物理化学特性、微生物的生长和代谢速率、反应系统的生物多样性等均有影响。厌氧消化根据温度的不同可以分为低温厌氧消化(10~30℃)、中温厌氧消化(35~38℃)和高温厌氧消化(50~55℃)。低温消化对外加能源的需求率低,但较低的温度使其消化时间延长、对病原菌的杀灭率低、消化效率低且容易受到外界环境的影响;相反,高温消化能缩短消化时间、杀灭约99%的病原菌,但需要外界提供大量的能量来维持其反应温度;相对而言,中温消化在无需提供过多能量的条件下,仍能保证较高的厌氧消化效率,使其成为目前研究与应用最为广泛的消化方式。保持稳定的消化温度同样重要,因为温度的波动对产甲烷菌影响较大,温度波动超过1℃/d可导致厌氧消化的失败。当恢复温度稳定后,经过一段时间产气性能可恢复或略低于正常水平。突变时间越长,恢复需要的时间也越长。值得关注的是以上温度区间是根据产甲烷菌的温度条件来划分的,而实际厌氧消化系统是一个多种微生物多介质的协同体系,目前已证实对不同的介质,有相应的最佳厌氧消化温度,如英国某些污泥厌氧消化用42℃。

4.1.2 pH

pH对厌氧消化中微生物的生长有着重要影响,不同微生物有着自己生长的最适pH范围,当厌氧消化系统的pH超出微生物的适宜生长范围时,微生物的活性会发生显著下降。产甲烷菌对pH的变化非常敏感,其适宜pH范围较窄,通常在6.5~7.5;而水解发酵菌和产酸菌的适宜pH范围较宽,约在5.0~8.5。厌氧消化过程中,水解酸化产生的有机酸会引起pH下降,当酸大量积累时,产甲烷菌受到抑制,可能导致整个厌氧消化的失败;然而,产甲烷菌利用有机酸时产生的CO_2,以及氨代谢和硫酸盐还原产生的碳酸盐或碳酸氢盐碱度能使pH升高,起到缓冲作用,阻止厌氧消化系统的酸化现象。因此,维持厌氧消化系统的pH平衡,是反应稳定进行的保证;在单相厌氧消化中,使pH稳定在产甲烷菌和产乙酸菌均适宜的范围内,可能使各微生物种群共存,提高反应效率。

4.1.3 营养元素

细菌的生命活动需要合适的营养物质(碳、氮、磷、硫和微量元素),生活污水污泥中这些元素都有存在,相对比较均衡,但有些污泥(如来自食品工业的污泥)含碳化合物比较多,相对来说其他营养物质比较少,尤其是氮和磷。对于污泥消化处理来说,C/N在10∶1至16∶1较合适,N/P/S为7∶1∶1。如果C/N太高,细胞的氮量不足,消化液的缓冲能力低,pH容易降低;C/N太低,氮量过多,pH可能上升,铵盐容易积累,会抑制消化进程。厌氧降解微生物需要的微量元素已知的有镍、钴、钼、铁、硒和钨,对产乙酸细菌来说还要加上锌、铜和锰,对于产甲烷菌来说对镍有高的需求。

4.1.4 抑制物质(游离氨和碳酸盐)

铵根离子(NH_4^+)和游离氨(NH_3)是厌氧消化过程中无机氮的两种最主要的存在形式,研究表明,游离氨可以穿过细胞膜进入细胞使钾离子缺失,从而打破细胞膜内外离子平衡,故在二者中毒性较强。游离氨的浓度主要取决于三个参数:总氮浓度、温度和pH。升高温度能够加快微生物的生长速率,但是也会导致较高浓度的氨浓度的积累,高温条件相比于中温条件,厌氧消化系统更容易被氨浓度抑制。pH的升高会使游离氨与铵根离子浓度的比值升高,从而使氨的毒性进一步增强,随之带来的系统不稳定运行往往导致VFA浓度的增加,这又会降低pH,从而降低游离氨浓度,如此循环,系统尚可勉强维持运行,但产气量会降低。对于厌氧消化过程,由于氮是微生物生长所必需的营养元素,氨浓度在低于200 mg/L时有利于系统的稳定运行。有研究报道,在pH为7.6、高温操作条件下(55℃),当游离氨浓度为560~568 mg NH_3-N/L时甲烷产量会降低50%。当氨浓度累积到4 051~5 734 mg NH_3/L时产乙酸菌的活性几乎没有受到影响,而产甲烷菌早已失去活性,由此可见产乙酸菌的适应能力比产甲烷菌强得多。但是产甲烷菌可以通过改变菌群数量或者转变优势种群来适应氨产生的抑制,研究表明经驯化的产甲烷菌在高温条件下可耐受高达 2 g－N/L 的氨浓度，且不产生抑制作用。

污水中普遍含有硫酸盐，在厌氧条件下，硫酸盐作为电子受体被硫酸盐还原菌（SRB）还原为硫化物。此还原过程中，硫酸盐还原菌、不完全氧化菌和完全氧化菌，起到了最主要作用。不完全氧化菌将乳酸氧化为乙酸和 CO_2，完全氧化菌则将乙酸氧化为 CO_2 和 HCO_3^-，在这两个过程中，SO_4^{2-} 都被还原为 S^{2-}。硫化物抑制作用主要表现为两方面：SRB 对底物的竞争作用和硫化物对微生物种群有毒害作用。

SRB 能够对一系列基质进行新陈代谢，如醇、有机酸、芳香族化合物和长链脂肪酸（LCFA）等。他们会与厌氧消化系统中的水解菌、产酸菌或者产甲烷菌争夺作为营养物质的 H_2、乙酸、丙酸和丁酸等。通常情况下，由于 SRB 不能降解生物高聚物，只能对发酵产物进行利用，所以由竞争作用产生的抑制作用不会发生在厌氧消化的第一阶段，只会对产乙酸和产甲烷阶段造成影响。从热力学和动力学的角度来看，SRB 本应能够大量利用丙酸和丁酸，优于产乙酸菌，导致过度增长，但是一些因素的存在，如 COD/SO_4^{2-}、硫化物的毒性以及 SRB 和产乙酸菌种群的相对数量，都会影响此竞争作用，从而影响 SRB 的生长。产乙酸菌能有效地与 SRB 竞争丁酸和乙醇，产甲烷和还原硫酸盐过程可以同时发生，但是氢利用型产甲烷菌很容易因 H_2 被 SRB 大量利用而导致活性被削弱，如果物料中含有高浓度的硫酸盐，进入厌氧消化反应器后，反应器中的氢利用型产甲烷菌将会被氢利用型的硫酸盐还原菌替代。另外，温度也会对氢利用型产甲烷菌和硫酸盐还原菌之间的竞争作用产生影响，SRB 在中温条件下生长占优势，而产甲烷菌在高温条件下有更大的种群数量。

由于硫化氢能够直接穿过细胞膜，在引起蛋白质变性的同时对硫的代谢过程造成干扰，因此对于产甲烷菌和硫酸盐还原菌都有毒害作用。在厌氧消化系统中，总硫浓度为 0.003～0.006 mol/L 或者硫化氢浓度为 0.002～0.003 mol/L 时都会抑制微生物的生长，要保证产甲烷过程稳定运行，硫化物的浓度需低于 150 mg/L。厌氧微生物对硫化物的毒性的敏感性程度如下：水解发酵菌<SRB＝产酸菌<产甲烷菌。

4.1.5 钠和钾

厌氧消化过程中，有机物质降解或者 pH 调节时的添加剂往往使得厌氧消化系统中存在一定浓度的 Na^+、K^+等阳离子。虽然这些阳离子是微生物生长所必需的，但浓度过高时，也会产生毒性。

低浓度的钠是产甲烷菌必不可少的营养元素，因为钠离子对于 ATP 和 NADP 的氧化非常重要。然而，当钠离子的浓度过高时，会抑制微生物的活性并影响其新陈代谢，抑制程度取决于离子浓度。氢利用型产甲烷菌的最适钠离子浓度为 350 mg/L。在中温条件下，产甲烷菌的活性在钠离子浓度为 3 500～5 500 mg/L 时受到轻微抑制，在浓度达到 8 800 mg/L 时受到强烈抑制。长时间驯化有助于提高厌氧微生物的耐受能力，但也有一个限度。

在厌氧消化系统中同时加入钾和钙元素对于提高厌氧消化效率、降低钠离子对产甲烷菌的毒性都非常有效。但该作用在加入的钾和钙等离子在某一最适浓度时才有显著作用，分别为 326 mg/L 和 339 mg/L。钾离子和镁离子在最佳浓度共存时也能有效降低钠离子的毒性，如果加入的浓度与最佳浓度相差甚远，这种拮抗作用微乎其微，可忽略不计。

钾离子浓度高时，会大量进入细胞，中和膜电位，进而对细胞的正常新陈代谢造成影响。当系统中含有 400 mg/L 的钾离子时，中温和高温条件下的厌氧消化性能都会得到改善。但是当钾离子浓度过高时，将会产生抑制作用，尤其在高温系统中。采用乙酸钠和葡萄糖作为基质，利用污泥作为接种物进行厌氧消化时，乙酸利用菌的最大半抑制浓度为 0.74 mol/L。细菌也可在系统中得到驯化从而适应不同的钾离子浓度，这取决于钾离子的浓度和接触的时间，当驯化的时间足够长时，细菌能对有毒害作用的离子表现出耐受性，活性不受到明显的影响。然而，当离子浓度超过耐受限值，驯化过程将无法正常进行，微生物的生长会受到严重抑制。钠、镁、钙和铵离子在缓解钾离子的毒性上效果显著，但是需要调节在一个最佳浓度，关于阳离子的影响如表 4-1 所示。

表 4-1　阳离子的抑制浓度

物　质	促进浓度/(mg/L)	轻微抑制浓度/(mg/L)	严重抑制浓度/(mg/L)
Na^+	—	3 500~5 500	8 000
K^+	200~400	2 500~4 500	12 000
Ca^{2+}	100~200	2 500~4 000	8 000
Mg^{2+}	75~150	1 000~1 500	3 000
NH_4^+	—	1 500~3 500	3 000
S^{2-}	—	200	200
Cu^{2+}	—	—	0.5(溶解性)
Cr^{6+}	—	10	2.0(溶解性)
Cr^{3+}	—	—	180~240(总量)
Ni^{2+}	—	—	30(总量)
Zn^{2+}	—	—	1.0(溶解性)
砷酸盐和亚砷酸盐	—	>0.7	—
氯化钡	—	—	—
氰化物	—	1~2(经驯化后可到 50)	—
铅化合物	—	5	—
含镉化合物	—	—	—
含铁化合物	—	>35	—
含铜化合物	—	1	—
含镍化合物	—	—	—
氯化物	—	6 000	—

4.1.6　重金属

城镇污泥中的总重金属 50%以上来自重金属工业的废水，主要有铜、铬、镍、镉和铅，其他主要来源为管道材料（如镀锌材料等的浸出），含有镉、铜和锌的洗涤剂和洗衣粉，以及含锌的护肤品等。

许多酶和辅酶依赖微量的金属来维持其活性，但当金属浓度过高时，反而抑制微生物的生长，重金属和酶发生结合从而破坏酶结构是重金属毒害作用的主要原因。

4.1.7 挥发性脂肪酸

挥发性脂肪酸（VFA）可被产甲烷菌降解利用形成甲烷，是厌氧消化过程中最重要的中间产物。但是高浓度的 VFA 对微生物有毒害作用，特别是在浓度为 6.7～9.0 mol/m^3 时会严重抑制产甲烷菌的活性。VFA 的浓度升高主要是由于系统中温度的波动、有机负荷过高或者含有毒物质等造成的，在这种情况下，产甲烷菌不能很快的消耗系统中的氢和挥发性有机酸，从而导致酸的积累，使系统中 pH 降低，进而抑制水解和酸化过程。

在序批式厌氧消化反应系统中，不断增加的 VFA 浓度对厌氧消化的水解、产酸和产甲烷这几个不同的阶段有着不同程度的影响。以纤维素和葡萄糖作为底物进行厌氧消化发现，不考虑系统的 pH，VFA 对纤维素水解阶段的抑制发生在浓度为 2 g/L 时，而对葡萄糖水解阶段的抑制浓度则为 4 g/L。纤维素和葡萄糖厌氧消化的产气量分别在 VFA 浓度超过 6 g/L 和 8 g/L 时受到明显抑制。另外，在厌氧消化反应器中，VFA 能够增强 pH 对甲烷产量和 VFA 降解过程的影响。

4.1.8 长链脂肪酸

在厌氧消化过程中，长链脂肪酸（LCFA）是脂肪水解产生的，LCFA 通过同型产乙酸菌的 β-氧化作用，进一步转换为乙酸和氢，最终乙酸和氢在产甲烷菌的作用下转化为甲烷、二氧化碳和水。LCFA 在低浓度时即对于革兰氏阳性菌产生抑制作用，而对革兰氏阴性菌无抑制作用。Angelidaki 和 Ahring 研究发现，18 碳的 LCFA，如油酸和硬脂酸，在浓度为 1.0 g/L 时有抑制作用。并且发现其抑制作用是不可逆的，当浓度重新稀释至无抑制的水平时，微生物增长仍无法恢复。由于 LCFA 溶解性较低，因此 β-氧化速率缓慢，此阶段为 LCFA 降解过程中的限速步骤。LCFA 能够抑制产乙酸菌、丙酸降解菌和乙酸型产甲烷菌的活性，且抑制作用主要与 LCFA 的初始浓度和抑制浓度有关。当 LCFA 吸附至微生物的细胞壁或细胞膜上，会导致细胞膜堵塞，影响细胞的运输或保护功能。此外，LCFA 吸附至厌氧微生物表面，会使 LCFA 和微生物细胞膜之间的表面张力增强，LCFA 表面活性加强，对微生物的抑制作用也相应加强，大幅度改变细胞膜的流动性和渗透性，由此导致大量细菌解体，从而对厌氧微生物表现出抑制作用，最终使得系统运行失败。

4.1.9 氢

厌氧消化的多个阶段均产生 H_2，水解阶段产生脂肪酸、CO_2 和 H_2，乙酸化阶段产生乙酸、CO_2 和 H_2 或乙酸和 H_2（丙酸和正丁酸的厌氧氧化），后者必须在产甲烷菌对 H_2 利用后才能发生（或者硫酸盐还原菌利用后），否则将产生 H_2 的积累。H_2 的消耗还会发生在产甲烷菌将 CO_2 和 H_2 合成甲烷的过程中。只有产甲烷菌将 H_2 消耗后，脂肪酸的乙酸化过程以及其他还原性反应才能进行。只有当氢分压分别低于 10^{-4} 大气压和 10^{-5} 大气压时，丙酸和丁酸的乙酸化过程在热力学上才可进行。当氢分压高于 10^{-4} 时,根据吉布斯自由能的变化,系统更倾向于向还原 CO_2 的途径而不是产生乙酸的途径进行。一个功能良好、稳定运行的厌氧消化系统,系统内氢分压必须很低,这样降解的有机质才能最终基本转化为乙酸。

4.2 氨氮对污泥高含固厌氧消化有机质转化的影响

污泥中富含蛋白质类有机质,在厌氧消化过程中,蛋白质水解将释放出氨。氨,尤其是游离态氨(free ammonia,FAN),会通过抑制产甲烷过程中某些酶的活性和透过细胞膜引起电荷变化而产生抑制作用。污泥高含固消化工艺的含固率是传统消化系统的4~10倍,这意味着,高含固消化系统内的氨氮浓度将大幅升高,游离氨是污泥高含固厌氧消化的重要潜在影响因素。在相同的总氨氮(TAN)浓度下,FAN浓度受系统pH的影响,随pH降低而降低。FAN对甲烷菌的抑制通常会导致VFA浓度上升,而VFA浓度升高有利于降低系统pH,从而降低FAN的浓度,使抑制作用减弱。因此,在一定浓度范围内(TAN<4 000 mg/L,FAN<600 mg/L),FAN、VFA和pH的相互作用在一定程度上可以使系统形成一个"氨抑制下的稳定状态"。

4.2.1 TAN、FAN与VFA变化趋势的相关性

随着TAN或FAN浓度的上升,系统中VFA浓度整体呈上升趋势,但VFA与TAN的相关性较差,与FAN的相关性较好,且主要呈指数相关。在VFA-TAN坐标系中,实心点所对应的数据在TAN浓度高达4 000 mg/L时,VFA浓度仍然低于2 000 mg/L,这是因为,这些数据点所对应的工况条件下虽然TAN浓度较高,但由于系统的pH环境差异(如SRT较短,pH相对较低),使得系统中FAN的浓度较低,没有引起VFA的严重积累(图4-1和图4-2)。

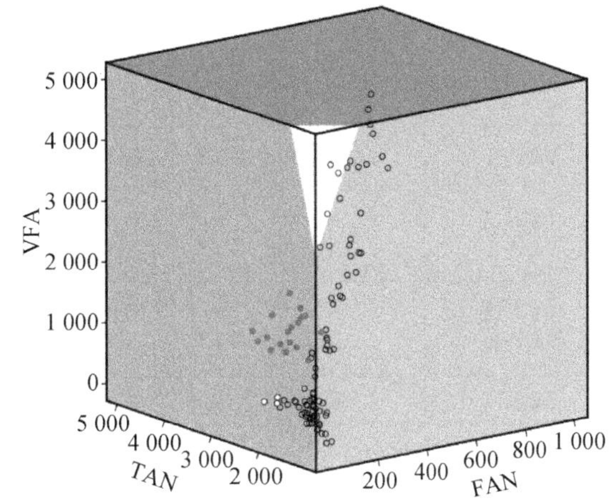

图4-1 VFA随TAN和FAN的变化情况(三维分布)

4.2.2 氨氮浓度对消化性能影响的统计分析

研究发现,在TAN浓度低于2 000 mg/L、FAN浓度低于200 mg/L时,系统内均未出现VFA的积累和产气率的下降,表明产甲烷微生物未受到抑制;当TAN升至3 000~4 000 mg/L、FAN升至400~600 mg/L时,出现VFA浓度明显升高的趋势,但此时尚未出现产气率和甲烷产率的显著下降;当FAN升至600~700 mg/L时,除了VFA出现显著积

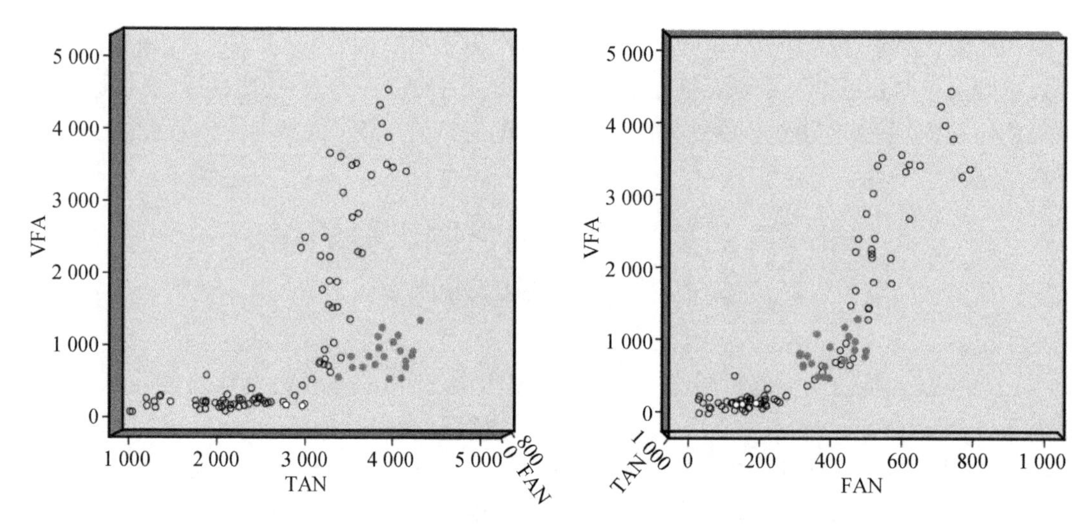

图 4-2 VFA 随 TAN 和 FAN 的变化情况(二维分布)

累,产气率和甲烷产率也出现了迅速下降。根据 FAN 浓度对 VFA 浓度和甲烷产率 Y 的影响(FAN 对 VFA 浓度和 Y 均未产生显著影响时认为抑制程度为"无";FAN 升高引起 VFA 积累还未引起产气率 Y 显著下降时,认为其抑制程度为"轻微"或"中等";FAN 引起了 VFA 的显著积累和 Y 的显著下降时,则认为其抑制作用"较强"),对氨抑制的程度进行梯度划分并进行显著性分析(表 4-2)

表 4-2 氨抑制程度的梯度划分

抑制程度	FAN/(mg/L)	TAN/(mg/L)	VFA/(mg/L)	Y/[L CH_4/($VS_{加入}$·d)]
无	<200 200~400	<2 000 2 000~4 000	231±154 287±160	0. 24±0. 01 0. 25±0. 02
轻 微 中 等	400~500 500~600	3 000~4 000 3 000~4 000	1 820±871 * 3 239±583 *	0. 23±0. 02 *
较 强	600~800	3 000~4 500	4 052±386 *	0. 19±0. 02 *

* 表示 FAN 在该浓度范围对目标参数影响显著

这表明,FAN 小于 400 mg/L 时对系统稳定性及消化性能均无显著影响;FAN 浓度为 400~600 mg/L 时,引起 VFA 的积累和甲烷产率的略微下降;当 FAN 浓度在 600~700 mg/L 时,VFA 浓度进一步升高,甲烷产率明显下降,但系统仍能在抑制作用下形成一个稳定运行的状态。为保证城市污泥高含固厌氧工程的稳定性,应控制系统内 FAN 浓度不高于 600 mg/L。

4.3 有机结合态金属对污泥厌氧消化过程物质转化的影响

剩余污泥性质影响其厌氧生物转化的潜势,而污泥半刚性结构决定着剩余污泥性质,污泥关键有机质(即胞外有机质,EOS)是维持污泥半刚性结构的重要组分(Dai　et al.,2017b)。根据已有的研究报道,金属尤其是有机结合态金属(OBM)(Braga　et al.,2017;Ignatowicz,2017;Suanon　et al.,2016;Yekta　et al.,2014;Hullebusch　et al.,2003)又是维持污泥 EOS 空间结构稳定性的重要因素。例如,多价态的金属离子(Ca^{2+}、Mg^{2+}、Fe^{3+}、Al^{3+} 等)能通过桥联和络合作用联结不同的大分子有机化合物(比如糖蛋白),并强化有机大分子的稳定性(Flemming and Wingender,2010;Nielsen and Keiding,1998;Olofsson　et al.,1998)。因此,探讨并揭示 OBM 对污泥厌氧生物转化的影响机制对于提升污泥有机质的厌氧生物转化具有重要意义(Xu　et al.,2017)。

为此,作者共收集了四种污泥样品,即含重金属离子的实际剩余污泥样品(记为 SS)、采用乙二胺四乙酸(EDTA)络合去除金属离子的 SS 样品(记为 SS－M)、模拟生活污水培养的剩余活性污泥样品(记为 MS,视为不含或重金属含量较低)、加入重金属离子后 MS 样品(记为 MS+M)(Xu　et al.,2017),其中剩余污泥取自上海某污水处理厂的二次沉淀污泥,在 4℃条件保存待用。

基于多价态金属离子对污泥絮体稳定性的影响,结合已有的研究现象,作者提出并证实了猜想:OBM 能够强化污泥有机质结构稳定性,从而限制污泥有机质的水解和厌氧生物转化。具体而言,OBM 能够与污泥中易生物降解有机质产生相互作用,并改变易生物降解有机质的赋存形态,恶化污泥有机质的厌氧生物转化,最终导致低的污泥厌氧生物转化效率(Xu　et al.,2017)。

4.3.1　剩余污泥中有机结合态金属的识别

(1) 污泥中有机结合态金属的推定与识别

污泥有机质中含有大量带负电的官能团(如羧基、璜酸基、巯基等)和大量的电负性极强的元素(如 O、N、S)。一方面,带有正电的金属离子可通过静电作用桥联带负电的有机官能团,进而使有机分子间形成稳定的空间构象;另一方面,多价态金属离子通常具有空轨道,而有机质中电负性极强的 O、N、S 元素又形成孤对电子,基于此,具有空轨道的金属离子易与有机质发生相互作用甚至形成配位键。因此,有理由相信具有空轨道并带有正电荷的多价态金属离子会与污泥有机质相互作用,形成金属-有机络合物,如图 4－3 所示。与有机质发生相互作用的金属即有机结合态金属(OBM)。

基于上述讨论,从理论上推定,无论是多价态金属离子通过静电作用稳定污泥有机分子的空间结构,还是多价态金属离子易与有机质分子形成金属-有机络合物,降低污泥有机质分子的电子云密度,使单个有机分子的稳定性增强,最终都会导致污泥有机质发生分解反应所需要的活化能增大,不利于被厌氧生物转化。

为证明在污泥中多价态金属离子与污泥有机质间存在相互作用,对 SS 中部分有机质进行碱法(pH＝9)提取,对提取的污泥有机质采用 0.45 μm 亲水性滤膜过滤,以保证分析的有机质是溶解态。对溶解态有机质进行重均分子量测定和主要组成元素分析,结果如表 4－3 所示。有趣的现象是,在 pH＝9 左右时 Al、Fe 大量存在于溶液态中,而实际上根据金属 Al、Fe 的溶度积,理论上 Al、Fe 在 pH 约为 9 时主要以氢氧化物沉淀形式存在,但

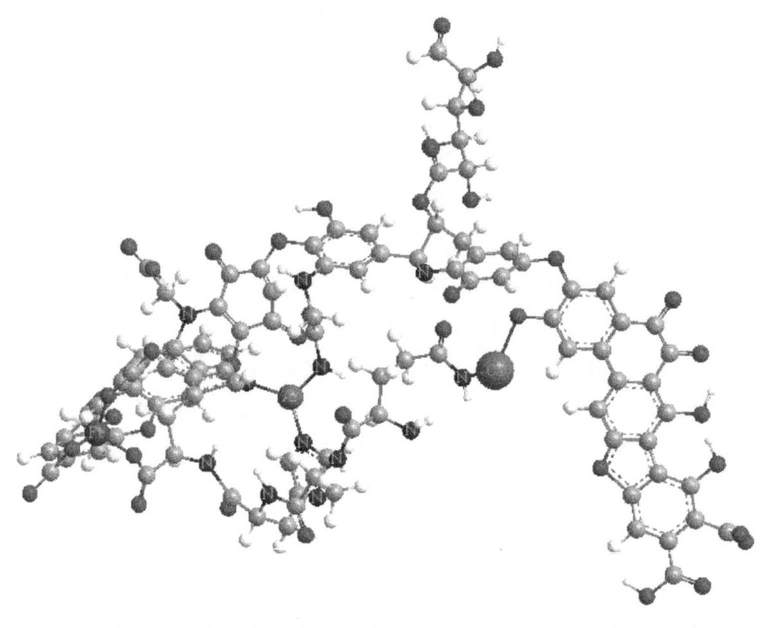

图 4-3 金属离子与污泥有机质间的相互作用示意图

在污泥有机质提取液中大量以溶解态出现,猜测它们可能是以金属-有机络合态存在于溶液中。为进一步证实该结果,同时,将提取有机质的冷冻干燥样品进行 XPS 分析,如图 4-4 和图 4-5,发现金属离子 Fe 与有机质中 O[图 4-5(a)]和 N[图 4-5(b)]元素分别形成了金属-有机配合物,占 O 元素约 40%,占 N 元素约 62%,表明 Fe-有机质的络合态占有较高的比例,同时,该结果进一步证实了上述猜测。

表 4-3 碱液提取污泥有机质中主要组成元素和分子量(pH=9.0±0.3)

主要元素	平均值	主要元素	平均值
Al/(mg/g,DS)	29.65±6.08	O/(mg/g,DS)	50.85±4.38
Ca/(mg/g,DS)	45.04±4.94	N/(mg/g,DS)	15.02±3.11
Fe/(mg/g,DS)	90.41±10.20	S/(mg/g,DS)	4.41±1.06
C/(mg/g,DS)	132.1±8.12	M_W	48 604±2 000
H/(mg/g,DS)	18.77±3.05		

注:DS 指干重

此外,根据研究结果可推知主要元素间的摩尔比例,因此,可构建提取有机质的分子简式如式(4-1)所示:

$$(C_{93.3}H_{160}O_{30.8}N_{9.14}S_{1.13}Fe_{2.86}Ca_{1.75}Al_{1.41})_n \tag{4-1}$$

通过凝胶色谱(GPC)分析,所提取的有机质重均分子量约为 48 604±2 000,可计算得到上述分子式(4-1)中 n 约为 22。

综合上述讨论,可以说明存在于污泥中的多价态金属离子确认与有机质发生了相互作用,甚至形成了一定量的金属-有机络合物。基于此,同样可以证明 OBM 广泛存在于污泥中,并且可能占有较大的比例。

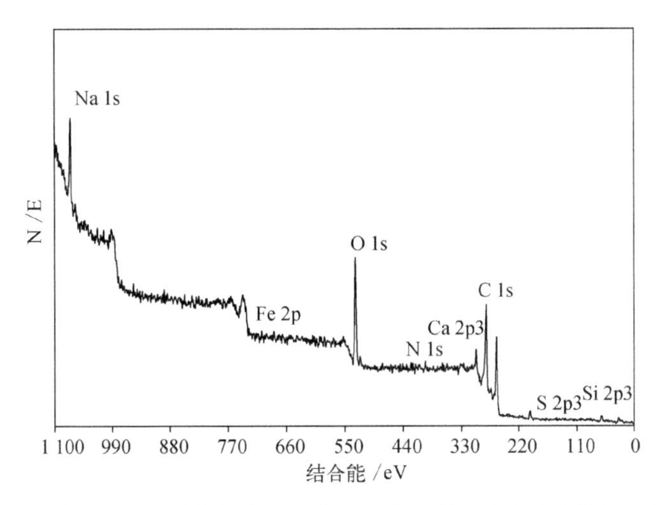

图 4-4　冷冻干燥后碱液提取污泥有机质的 X 射线光电子能谱(XPS)全谱

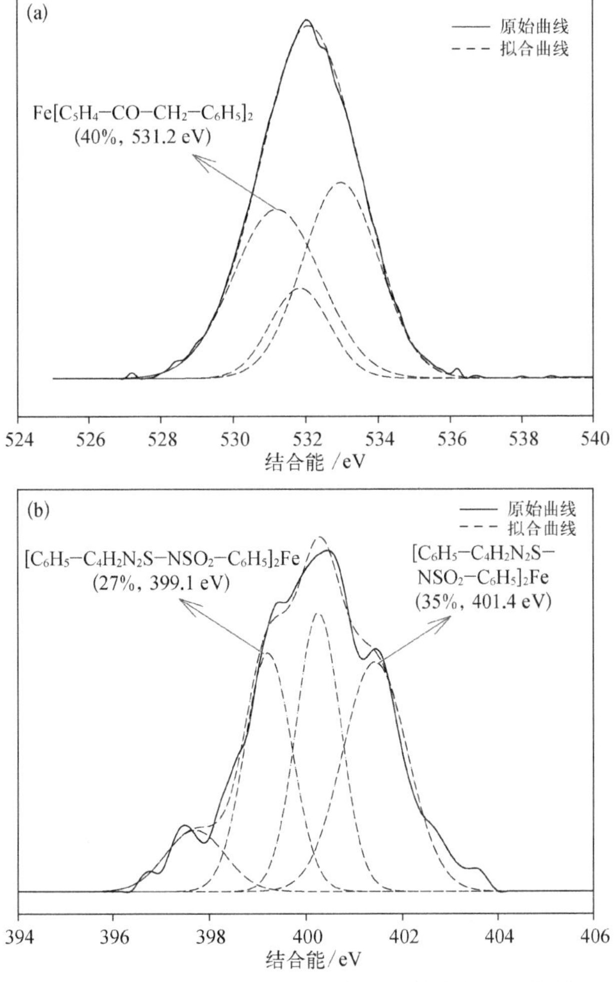

图 4-5　冷冻干燥后碱液提取污泥有机质的 X 射线光电子能谱(XPS)元素分峰。(a) O 元素分峰;(b) N 元素分峰

(2) 污泥中有机结合态金属(OBM)含量

基于Tessier分步提取重金属的方法,对不同污泥样品(SS、SS－M、MS、MS+M)中主要金属元素(Fe、Ca、Mg、Al)的OBM含量进行测定分析,结果如图4－6所示。SS和MS+M

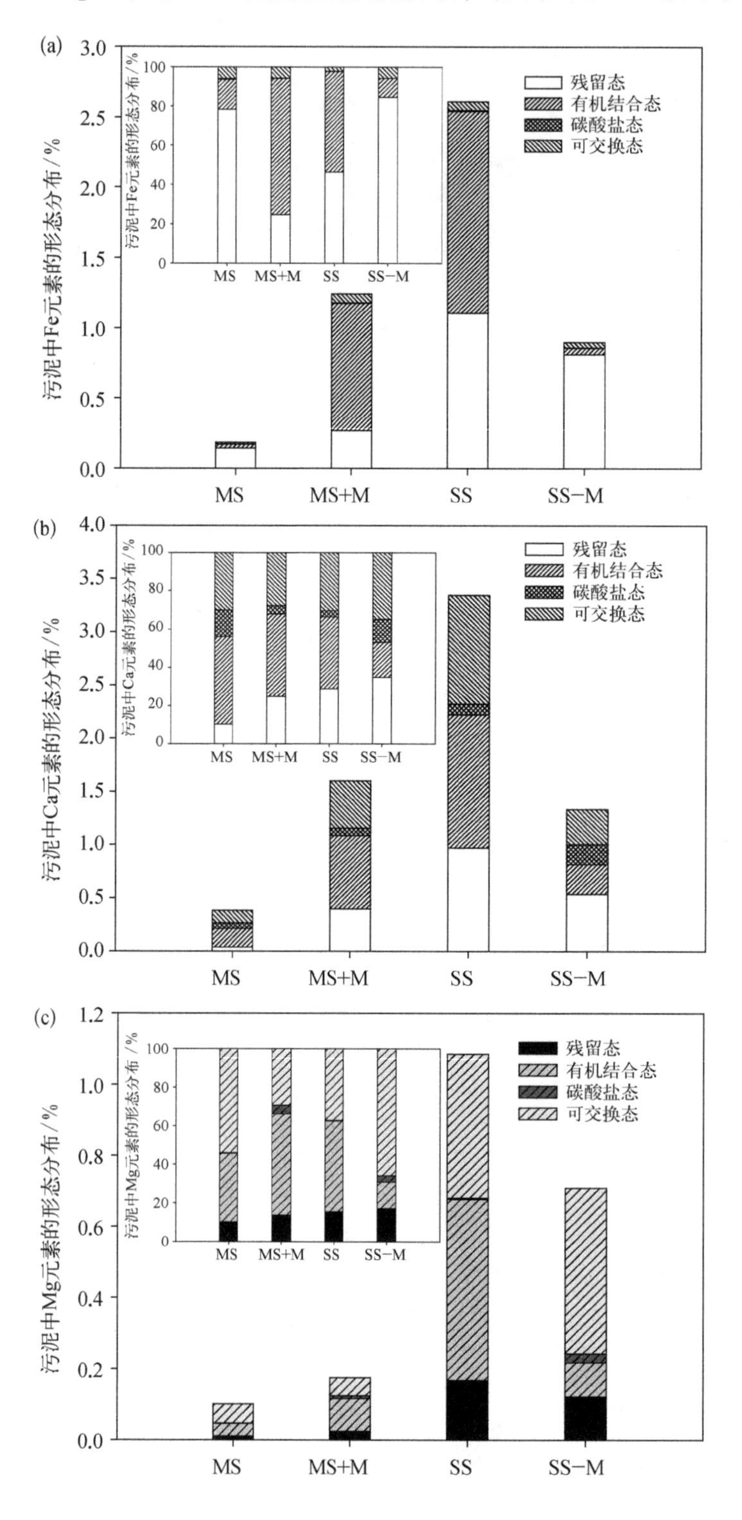

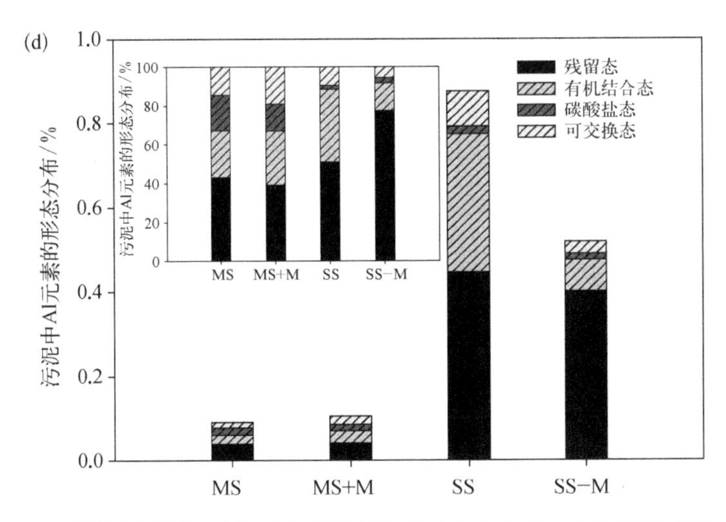

图4-6　不同污泥样品(TS)中不同赋存形态的金属含量。(a) 污泥中 Fe 含量分布;(b) 污泥中 Ca 含量分布;(c) 污泥中 Mg 含量分布;(d) 污泥中 Al 含量分布。图中的插图为相应金属元素的相对百分含量

样品中主要金属(Fe、Ca、Mg、Al)的总含量均值分别约为 8.0%TS 和 3.1%TS,显著高于 SS-M 和 MS 样品中主要金属含量(分别为 3.3%TS 和 0.7%TS)。此外,4 种样品中主要金属的 OBM(有机结合态和可交换态金属之和)含量与其他金属形态的含量相比均最多,表明 Fe、Ca、Mg、Al 在污泥中主要以 OBM 形式存在。为方便研究,在本节中,Fe、Ca、Mg、Al 的 OBM 含量即代表污泥中主要的 OBM 含量。

4.3.2　有机结合态金属对剩余污泥产甲烷的影响

(1) 对污泥甲烷产率的影响分析

图4-7 表示的是不同污泥样品在中温厌氧消化过程中产生的净累积甲烷产量(NCMP)和主要的 OBM 含量。如图 4-7 所示,MS+M 样品(VS)的 NCMP 为 270±6 mL/g 低于 MS 样品(VS)的 NCMP(317±9 mL/g),但 MS+M 样品中主要的 OBM 含量为(2.29±0.12)%(TS),高于 MS 样品(TS)中主要的 OBM 含量[(0.45±0.08)%]。一个主要的原因是,MS 和 MS+M 样品来自含有不同金属含量的实验室人工配水水质,导致 MS 和 MS+M 样品的性质存在较大差异,从而造成在相同条件下有不同的 NCMP。

当从污泥中去除一部分金属后,SS 样品中的主要 OBM 含量从(5.09±0.16)%减少到(1.37±0.11)%(SS-M 样品,以 TS 计),而对应的 NCMP 从 237±7 mL/g 增加到 310±6 mL/g(SS-M 样品,以 VS 计),该结果表明随着污泥中主要 OBM 含量的减少,污泥样品的 NCMP 增加,暗示污泥中的主要 OBM 与 NCMP 可能存在一定的相关性。

如图 4-7(b)所示,在同一种污泥样品中,不同的 OBM 其含量的改变不同。例如,在 MS+M 样品中,有机结合态 Fe(OB-Fe)含量是 MS 样品中 OB-Fe 含量的 25 倍多,而有机结合态 Ca(OB-Ca)、有机结合态 Mg(OB-Mg)、有机结合态 Al(OB-Al)的含量则分别是 MS 样品中 OB-Ca、OB-Mg 和 OB-Al 含量的 4.0 倍、1.6 倍和 1.4 倍。对于 SS 和

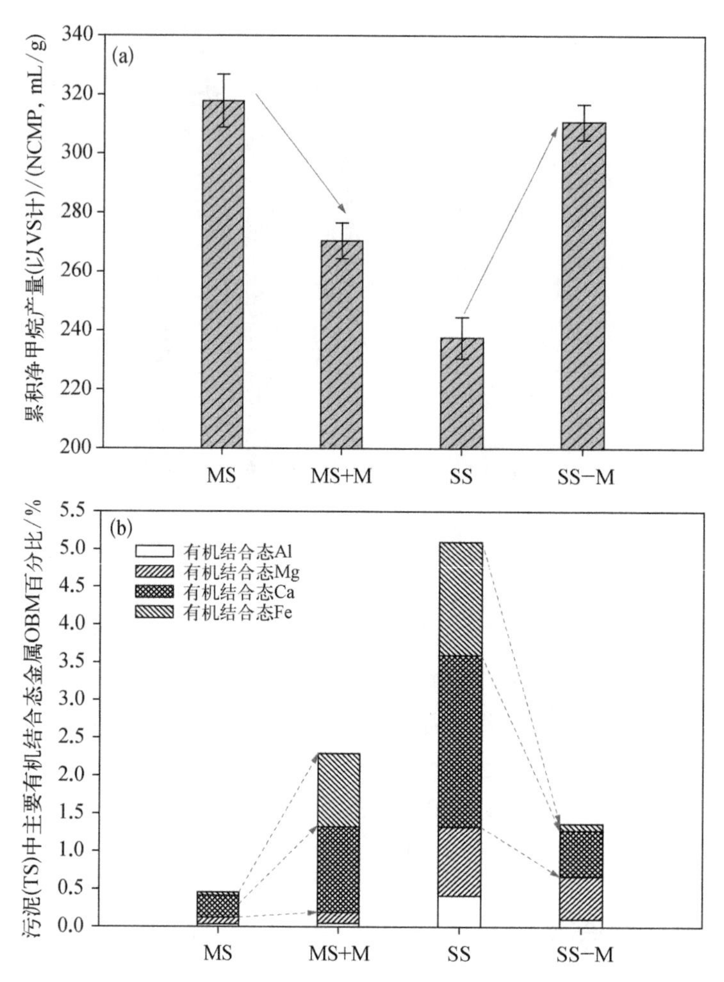

图 4-7 不同污泥样品(SS、SS-M、MS、MS+M)厌氧生物转化过程中的净累积甲烷产量(NCMP)和主要的 OBM 含量。(a) SS、SS-M、MS、MS+M 样品的 NCMP 对比;(b) SS、SS-M、MS、MS+M 样品中主要的 OBM 含量对比

SS-M 样品而言,OB-Fe 在 SS 样品中的含量是其在 SS-M 样品中含量的 17 倍,然而,在 SS 样品中其他主要金属的 OBM 含量仅为其在 SS-M 样品中含量的 25%。该结果表明污泥中 OB-Fe 含量的变化在污泥 OBM 含量变化中占主导。一个符合逻辑的解释是,Fe 与 EDTA 的络合稳定常数高于其他的主要金属(Ca、Mg、Al)(Callander and Barford,1983)。采用 EDTA 去除 SS 样品中主要金属时,与 OB-Ca、OB-Mg 和 OB-Al 相比,更多污泥中的 OB-Fe 被去除。基于该结果,并结合 SS-M 样品的 NCMP 高于 SS 样品的 NCMP,有理由猜测,与 OB-Ca、OB-Mg 和 OB-Al 相比,污泥中的 OB-Fe 对限制污泥有机质的厌氧生物转化具有更重要的影响。

(2)污泥甲烷产率与有机结合态金属含量相关性分析

为探讨污泥中主要 OBM 与其甲烷产率的关系,对不同污泥样品(SS、SS-M、MS、MS+M)中 OBM 含量和相应的 NCMP 进行相关性分析,结果如图 4-8 所示,相关性分析的主要参数见表 4-4。相关性分析结果显示,污泥中 OBM 含量与污泥的 NCMP 呈显著负相关(R^2=0.927 7,P<0.05),该结果表明污泥中 OBM 含量越高,污泥的厌氧生物转化产甲烷量越低。一个合理的解释是,污泥中 OBM 含量增加,说明污泥中有更多的有机质与多价态金属离子发生相互作用。多价态金属离子可通过静电桥联、络合等作用改变污泥有机质的空间结构,从而改变污泥有机质的性质,甚至改变整个污泥的性质,最终导致污泥的厌氧生物转化性能变差,甲烷产率降低。

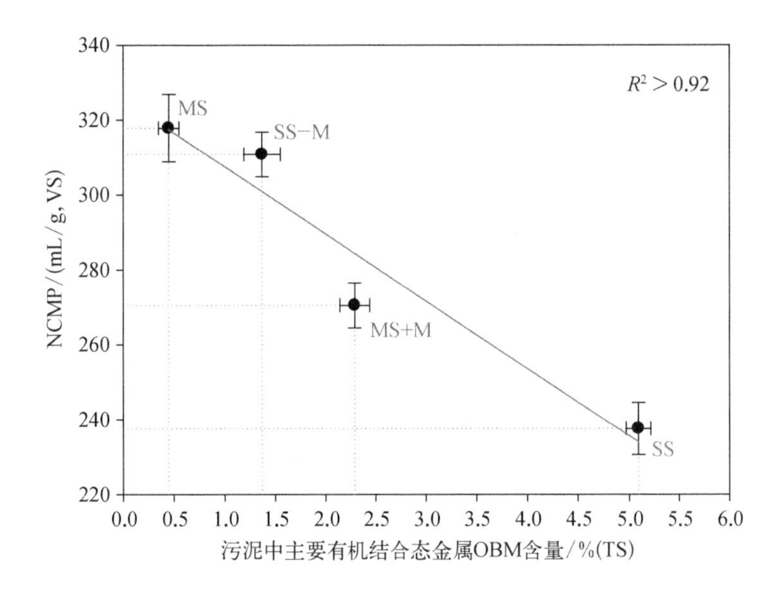

图 4－8　污泥样品中主要有机结合态金属(OBM)含量与其厌氧生物转化净累积甲烷产量(NCMP)的相关性

表 4－4　污泥样品中主要有机结合态金属(OBM)含量与其厌氧生物转化净累积甲烷产量(NCMP)相关性分析主要参数

常　数	系　数	标准差	t	P	VIF
a	−17.978 9	3.550 0	−5.064 4	0.036 8	3.802 2
y_0	325.504 9	10.232 4	31.811 1	0.001 0	3.802 2
R	R^2	校正 R^2	估算标准差		
0.963 2	0.927 7	0.891 5	12.334 3		

4.3.3　有机结合态金属对剩余污泥理化性质的影响

(1) 污泥颗粒表观形貌和分形维数分析

为深入揭示 OBM 对污泥性质的影响机制,首先对 MS 和 MS+M 样品的表观形貌和分形维数进行分析。表观形貌如图 4－9 所示,MS 样品中污泥絮体较分散,而 MS+M 样品中污泥絮体的密实程度远大于 MS 样品,暗示 OBM 能够强化污泥絮体结构的紧凑性,进而强化污泥结构的稳定性。

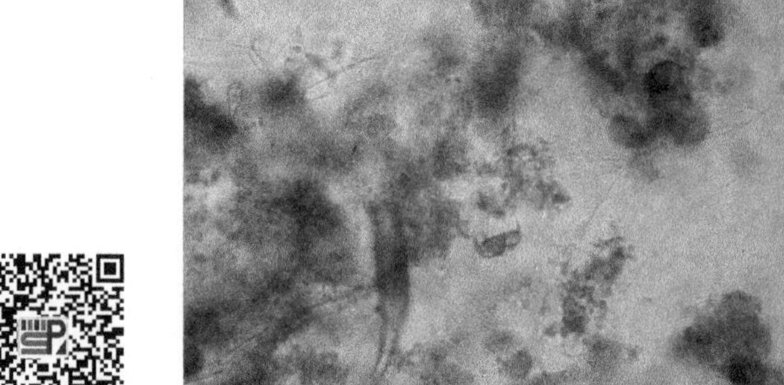

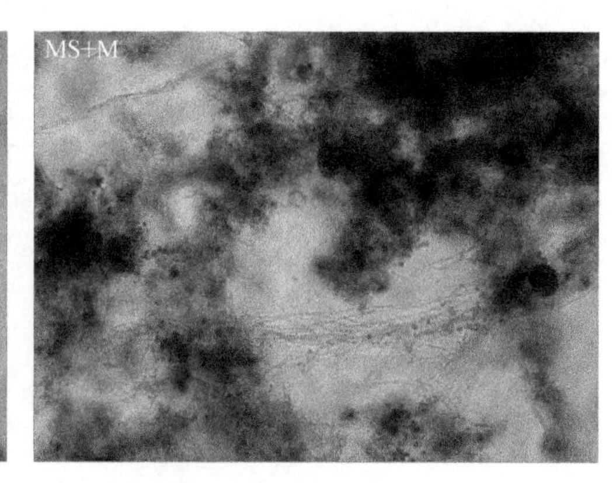

图 4－9　MS 和 MS+M 样品中污泥絮体形貌(×100)

图 4－10 表示的是两种污泥样品中污泥颗粒的分形维数,MS 中污泥颗粒的分形维数值为 1.95±0.06,小于 MS+M 样品中污泥颗粒的分形维数值(2.26±0.04),该结果表明 MS+M 样品中污泥结构与 MS 样品中的污泥结构相比更加紧凑、密实,该结果同时可证实由表观形貌分析得到的暗示。基于对两种污泥形貌和分形维数的分析,有理由相信 OBM 能够通过改变污泥絮体结构,进而改变污泥性质。

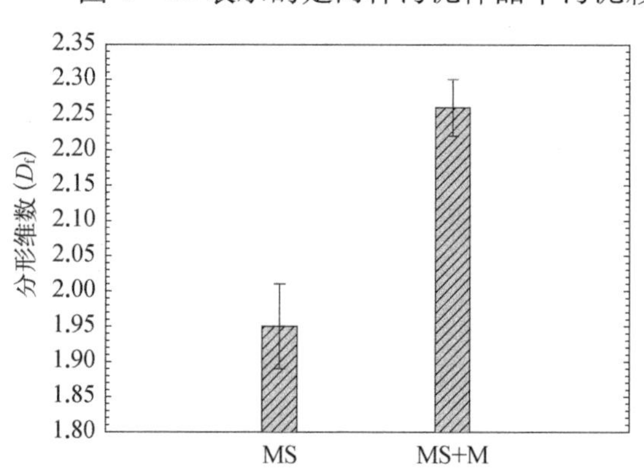

图 4－10　MS 和 MS+M 样品中污泥颗粒的分形维数值

(2) 污泥颗粒的中值粒径(MPS)、有机质溶出表观活化能(AAE)和表面位点密度(SSD)

为探讨 OBM 对理化性质的影响,对 4 种不同 OBM 含量的污泥样品理化性质的主要指标进行解析。图 4－11 表示的是 SS、SS－M、MS、MS+M 样品的 AAE、SSD 和 MPS。AAE 和 SSD 通常被用来表征污泥颗粒有机质的溶出能力和污泥颗粒表面酶分子结合位点。这两个指标能够显著地影响在厌氧消化过程中污泥颗粒的水解和酶促反应(Dai　et al.,2017a;Copeland,2004)。高 AAE 值代表有机质从污泥颗粒中溶出需要克服较高的能量势垒,而高 SSD 值则代表着污泥颗粒能够提供更多的酶分子结合位点以形成酶-底物配合物,通常,酶-底物配合物被认为是酶促反应的先决条件。MPS 则主要用于表征污泥颗粒的尺寸,具有大 MPS 值的污泥颗粒,说明其比表面积较小,从而会限制基质与厌氧微生物的接触,因此,阻碍污泥颗粒的厌氧生物转化效率。结果显示,MS 和 SS－M 的 AAE 值分别为 16.9±2.1 kJ/mol 和 19.4±2.3 kJ/mol,分别低于 MS+M 和 SS 的 AAE 值,表明含有少量 OBM 的污泥颗粒具有更好的有机质溶出能力。MS 和 SS－M 的 SSD 值分别为 2.80±0.07 mmol/g 和 2.13±0.08 mmol/g(以 TS 计),大于 MS+M 和 SS 的 SSD 值(1.50±0.09 mmol/g 和 1.25±0.06 mmol/g,以 TS 计),表明含有少量 OBM 的污泥颗粒表面具有更多的结合位点。此外,MS 的 MPS 值为 82±3 μm,低于 MS+M 的 MPS 值(122±2 μm);同时,SS 的 MPS 值为 137±5 μm,高于 SS－M 的 MPS 值

（93±4 μm）。该结果表明含有少量 OBM 污泥颗粒的中值粒径较小，具有较大的比表面积，有利于基质与厌氧微生物的接触。

综合上述结果，表明 OBM 显著影响污泥颗粒的理化性质，主要表现在有机质溶出、污泥颗粒表面酶结合位点以及污泥颗粒的比表面积。

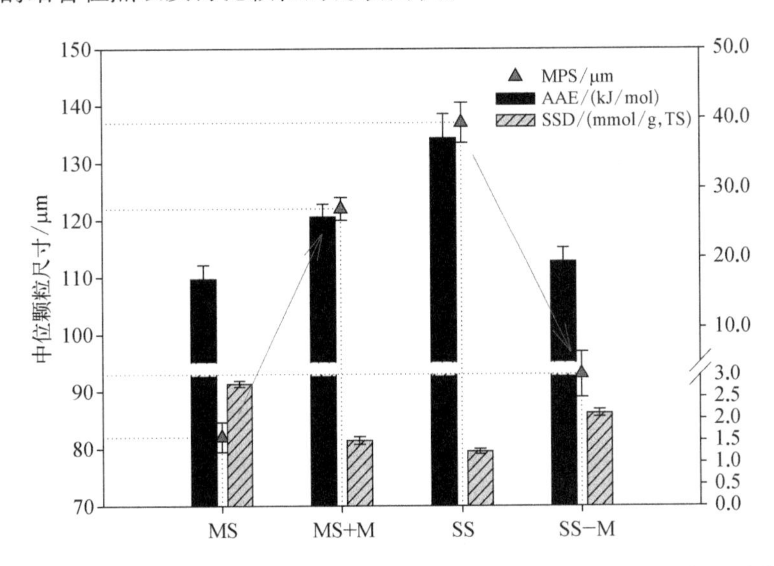

图 4－11　不同污泥样品（SS、SS－M、MS、MS+M）的中值粒径（MPS）、有机质溶出表观活化能（AAE）和表面位点密度（SSD）的对比

（3）有机结合态金属含量与污泥理化性质相关性分析

为讨论 OBM 含量与污泥理化性质的关系，对不同污泥样品的 AAE 值、SSD 值、MPS 值与 OBM 含量做相关性分析，结果如图 4－12，相应的相关性分析主要参数见表 4－5 至

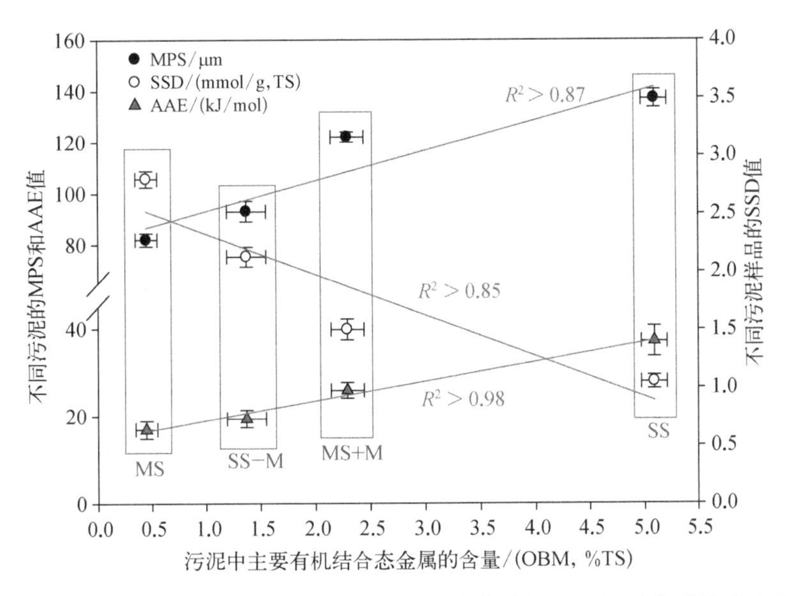

图 4－12　不同污泥样品（SS、SS－M、MS、MS+M）的中值粒径（MPS）、有机质溶出表观活化能（AAE）值、表面位点密度（SSD）值与 OBM 含量的相关性分析

表4－7。随着OBM含量的增加，不同污泥样品的MPS值呈现增加趋势，污泥中OBM含量与其MPS呈现显著的正相关（R^2>0.87），如表4－5所示。该相关性分析结果表明，随着OBM含量的增加，污泥粒径增大，污泥颗粒的比表面积减小，污泥颗粒与厌氧微生物的接触减弱。随着污泥中OBM含量的减少，不同污泥样品的AAE值呈现减小趋势，污泥中OBM含量与其AAE值呈现显著的正相关（R^2>0.98），如表4－6所示。该结果表明，随着OBM含量的减少，污泥颗粒中有机质的溶出能力增强。一个合理的解释是，OBM能够增强污泥结构的紧凑性（图4－9和图4－10），随着OBM从污泥中的去除，污泥絮体的结构由紧凑变为疏松，从而污泥中有机质易于溶出。此外，随着OBM含量的增加，不同污泥样品的SSD值呈现减小的趋势，污泥中OBM含量与其SSD值呈现显著的负相关（R^2>0.85），该分析结果说明污泥中随着OBM含量的增加，污泥颗粒表面酶分子的结合位点数减少，从而导致污泥颗粒表面结合酶分子的能力减弱。出现该现象的主要原因在于，与酶分子结合的位点主要来源于可接受质子的官能团，如羧基、巯基、磷酸基等，OBM的形成是多价态金属离子与污泥有机分子中去质子化官能团相互作用的结果，OBM含量越高，污泥有机分子中可接收质子的官能团减少，因此，可直接被酶分子结合的位点数减少。

表4－5　不同污泥样品中值粒径（MPS）值与OBM含量相关性分析的主要参数

常　数	系　数	标准差	t	P	VIF
a	11.831 1	3.200 4	3.696 8	0.066 0	2.752 9
y_0	81.288 5	9.224 6	8.812 1	0.012 6	2.752 9
R	R^2	校正的R^2	估算的标准差		
0.934 0	0.872 3	0.808 5	11.119 5		

表4－6　不同污泥样品表面位点密度（SSD）值与OBM含量相关性分析的主要参数

常　数	系　数	标准差	t	P	VIF
a	−0.351 8	0.101 4	−3.470 4	0.073 9	2.752 9
y_0	2.679 1	0.292 2	9.169 9	0.011 7	2.752 9
R	R^2	校正的R^2	估算的标准差		
0.926 1	0.857 6	0.786 4	0.352 2		

表4－7　不同污泥样品有机质溶出表观活化能（AAE）值与OBM含量相关性分析的主要参数

常　数	系　数	标准差	t	P	VIF
a	4.466 8	0.351 6	12.702 7	0.006 1	2.752 9
y_0	14.549 6	1.013 6	14.355 1	0.004 8	2.752 9
R	R^2	校正的R^2	估算的标准差		
0.993 9	0.987 8	0.981 6	1.221 8		

综合上述讨论可知，污泥中OBM含量的变化与污泥有机质溶出能力、污泥颗粒表面酶分子的结合位点、污泥颗粒与厌氧微生物的接触机会分别存在显著的相关性，说明OBM对污泥理化性质的影响与污泥中OBM的含量有关。

4.3.4　有机结合态金属对剩余污泥有机质构象及稳定性的影响

(1) 污泥中关键有机质的空间构象

污泥中关键有机质(EOS)的空间构象对于污泥厌氧生物转化具有重要作用(Dai et al. ,2017a)。MS 和 MS+M 中没有关键组分砂粒、腐殖质的影响,因而选取 MS 和 MS+M 中 EOS 进行空间结构分析以探讨 OBM 对污泥 EOS 的影响。

图 4－13 表示的是采用共聚焦激光扫描显微成像(CLSM)对 MS 样品中 EOS(MS－EOS)和 MS+M 样品中 EOS(MS+M－EOS)的原位分析。如图 4－13(a)所示,MS－EOS 中有机质主要呈现链条构象,并且部分链条排列有序;MS+M－EOS 中有机质呈现无序的链条,还呈现团粒状。图 4－13(b)是 MS－EOS 和 MS+M－EOS 中有机质的空间分布,MS－EOS 中有机质呈现层状链条结构,并且部分链条排列有序,根据 Bower 等人的研究(Bower,2002;Teraoka,2002),该类型的空间结构易于破坏并且不稳定,而 MS+M－EOS 中

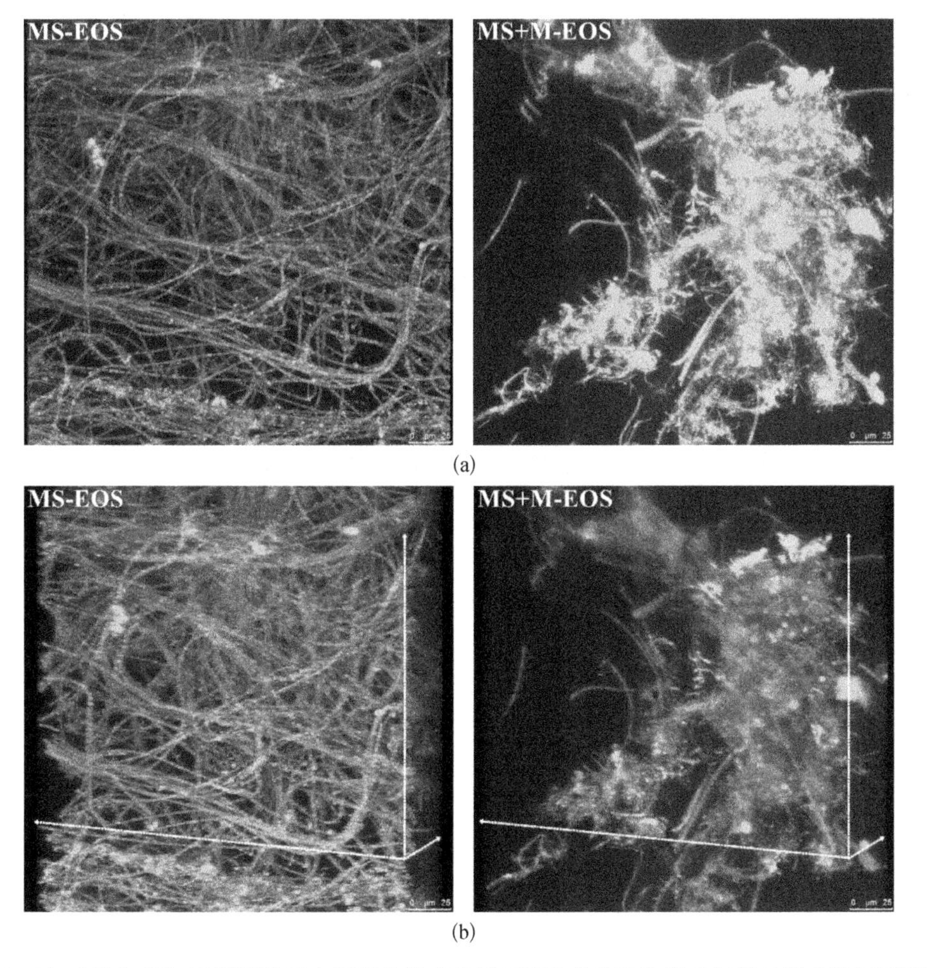

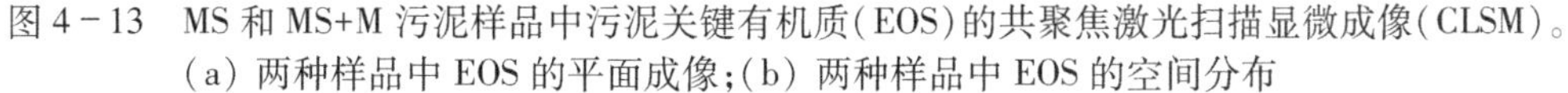
图 4－13　MS 和 MS+M 污泥样品中污泥关键有机质(EOS)的共聚焦激光扫描显微成像(CLSM)。(a) 两种样品中 EOS 的平面成像;(b) 两种样品中 EOS 的空间分布

有机质主要以团块结构为主，没有显著的成层，并且有部分团粒状，整个有机质结构处于无序状态，该种类型的空间结构较稳定。上述结果表明，随着 OBM 含量的增加，污泥 EOS 中有机质的空间结构由有序的成层结构转向无序的团块结构，暗示 EOS 中有机质的稳定性增强。

表 4-8 显示的是从 MS 和 MS+M 中提取到的 EOS 进行动静态激光散射（LLS）分析主要参数。MS-EOS 表示的是从 MS 中提取到的 EOS，MS+M-EOS 表示的是从 MS+M 中提取到的 EOS。R_g 和 R_h 则通常被用来表征有机大分子的空间构象性质，比如分子链的延展性。有机大分子的空间构象通常会直接影响酶促反应中酶分子的结合位点，有机大分子链延展程度高，则会暴露更多的酶分子结合位点，因而有利于提升酶促反应效率。ρ 值作为 R_g 和 R_h 的比值，则经常被直接应用于表征生物有机大分子链的延展性。例如，通过生物有机大分子 ρ 值的不同，可判断该大分子链是呈现球型、随机卷曲型或者杆状型。根据已有的文献报道（Wang et al.，2013；Wang et al.，2012；Kazakov et al.，2002；Teraoka，2002；Wu and Qiu，1998；Wu and Wang，1998），ρ 值为 0.78 被认为有机大分子链是形成均相密实的球体形状；ρ 小于 0.5 则被认为是形成微胶束状；ρ 为 1.0~2.0 则被认为是形成随机卷曲状；ρ 超过 2.0 则被认为是形成刚性杆状。本研究结果显示，MS-EOS 中生物有机大分子的 ρ 值为 1.45，介于 1.0~2.0，表明 MS-EOS 中生物有机大分子呈随机卷曲状，且具有较大的延展性。而 MS+M-EOS 中生物有机大分子的 ρ 值为 0.87，趋近于 0.78，表明 MS+M-EOS 中生物有机大分子呈球体构型，且具有一定的密实程度。图 4-13 的原位分析同时可以证实上述的分析结果。出现该现象的一个重要原因是，MS+M-EOS 中存在一定量的 OBM，多价态金属与生物有机大分子发生相互作用，促使生物有机大分子构型发生改变（由延展度高且随意卷曲的链构型变成球型）。将上述两种 EOS 中生物有机大分子进行球体模型化处理并计算，发现 MS-EOS 中生物有机大分子的 GSSA 值是 MS+M-EOS 中生物有机大分子 GSSA 值的 10 倍多，表明 MS-EOS 中生物有机大分子具有更大的比表面积，更易于被酶分子等所接触。

表 4-8 MS 和 MS+M 污泥样品中提取到的关键有机质（EOS）空间结构主要参数

	C /(g/L)	$<R_h>$ /nm	$<R_g>$ /nm	ρ	M_w /(g/mol)	C^* /(g/L)	V_R	GSSA /(m²/g)
MS-EOS	0.10	76.0	110.0	1.45	3.54×10^5	0.11	0.91	2.59×10^5
MS+M-EOS	0.10	69.3	60.3	0.87	1.26×10^6	2.28	2.28	2.18×10^4

注：C 为 EOS 含量；C^* 为重叠浓度；$\langle R_h\rangle$为平均水力半径；$\langle R_g\rangle$为 z-均方根旋转半径；ρ 为 R_g 与 R_h 的比值；M_w 为表观重量-平均分子量；V_R 为 EOS 容积比；GSSA 为几何比表面积

此外，MS+M-EOS 中生物有机大分子的 V_R 值为 2.28，大于 1，暗示 MS+M-EOS 中生物有机大分子之间呈现网络状构象，即大分子之间的交联度很高，大分子的可移动性较差，该结果同时也证实了 MS+M-EOS 中生物有机大分子球体构型内部具有一定的密实程度。而在 MS-EOS 中，V_R 值小于 1，暗示 MS-EOS 中的生物有机大分子间呈现胶体构象，大分子的可移动性较好。该结果同时暗示，在 MS+M-EOS 和 MS-EOS 的酶促反应中，酶分子在 MS-EOS 中生物有机大分子间的游离程度高于在 MS+M-EOS 中，酶催化效率可能会更高。

(2) 对污泥横向弛豫时间的影响分析

众所周知,污泥的半刚性结构是维持污泥絮体稳定性的主要支撑(Devlin et al.,2011;Müller et al.,1998;Weemaes and Verstraete,1998)。在核磁共振过程中,当射频脉冲停止后,原子核由处于高能状态迅速恢复到原来低能状态的过程,即为弛豫过程。在本质上,该过程是一个状态恢复的过程,需要一定的时间,该时间即为弛豫时间。因而,弛豫时间反映了质子系统中质子之间以及质子和周围环境之间的相互作用。根据已有的研究报道,横向弛豫时间(T_2)又称为自旋-自旋弛豫时间,代表着质子(包括水分子、有机质中的质子)转动迁移,可被用于描述污泥中有机质的结构,成为表征污泥结构特性的重要指标(McLean et al.,2008;Lens et al.,2003;Gonzalez-Gil et al.,2001;Hoskins et al.,1999)。T_2 值越大,代表系统中质子由高能状态恢复到原来低能状态所需要的时间越长,表明系统中质子间及质子与环境间的相互作用越弱,承载质子的有机分子或者与游离态质子发生相互作用的有机分子的稳定性就越差,整个系统的结构就越倾向于柔性结构;反之,T_2 值越小,则整个系统中质子间及质子与环境间的相互作用越紧密,系统中有机分子的稳定性越强,整个系统的结构就越倾向于刚性结构。

图4-14表示的是不同污泥样品的 T_2 值。如图4-14(a)所示,MS样品的 T_2 值为56 ms,高于MS+M的 T_2 值(30 ms);如图4-14(b)所示,SS样品的 T_2 值为39 ms,低于SS-M样品的 T_2 值(109 ms),并且,MS和SS样品的 T_2 值与已有文献报道的生物膜的 T_2 值相近(Gjersing et al.,2005;Seymour et al.,2004;Hoskins et al.,1999),说明本研究的结果可靠。同时,该结果表明随着OBM含量的增加,污泥的结构趋向于刚性,污泥中有机质的稳定性增强。

从MS样品到MS+M样品,污泥样品的 T_2 值增加,说明MS中的分子与MS+M中的分子相比具有更高的分子移动性,随着OBM含量的增加,污泥中分子的可移动性降低,进一步表明OBM能够限制污泥中分子的迁移。该结果同样可被Bartacek等人的研究结果所证实(Bartacek et al.,2012),他们发现具有络合能力的金属能够降低生物膜的 T_2 值。针

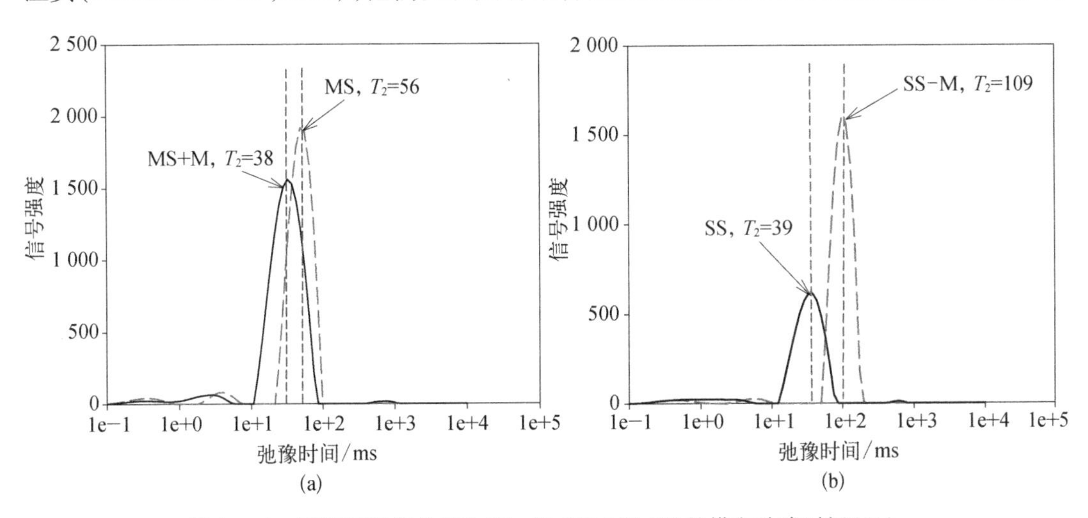

图4-14 不同污泥样品(SS、SS-M、MS、MS+M)的横向弛豫时间(T_2)。
(a) MS和MS+M样品的 T_2;(b) SS和SS-M样品的 T_2

对该现象符合逻辑的解释是,MS+M 样品中的结构比 MS 的结构更加密实,MS+M 有机分子中的质子间及质子与水分子间的相互作用强于 MS 中的相互作用,导致 MS+M 中分子的可移动性与 MS 中分子的可移动性相比较差。该结果同时暗示随着 OBM 含量的增加,强化了污泥样品的半刚性结构的稳定性。

同样地,从 SS 样品去除部分 OBM 后(SS－M 样品),如图 4－14(b),污泥 T_2 值的增加说明了随着 OBM 含量的减少,SS 中分子的可移动性增强,质子间及有机分子中质子与水分子间的相互作用减弱,SS 半刚性结构的稳定性遭到破坏,一个合理的解释是,去除 SS 中的 OBM,主要是去除污泥 EOS 中的 OBM,而上述已证实 OBM 对于 EOS 的空间结构具有重要的影响,并且 Li 等已经发现,多价态金属离子与有机分子的相互作用会增加有机分子间的偶极相互作用(Li et al.,2017),而偶极相互作用则是由质子自旋间相互作用而直接产生的,偶极相互作用的增强直接反映着质子自旋-自旋作用的增强,即 T_2 的延长。因此,去除 OBM,降低了 EOS 中有机分子间的偶极相互作用,破坏了 EOS 中有机矩阵的稳定性。最终导致 SS 半刚性结构的脱稳。

(3)对污泥质子密度加权像的影响分析

图 4－15 是不同 OBM 含量污泥样品的质子密度加权像(PDWI)。PDWI 主要用于表

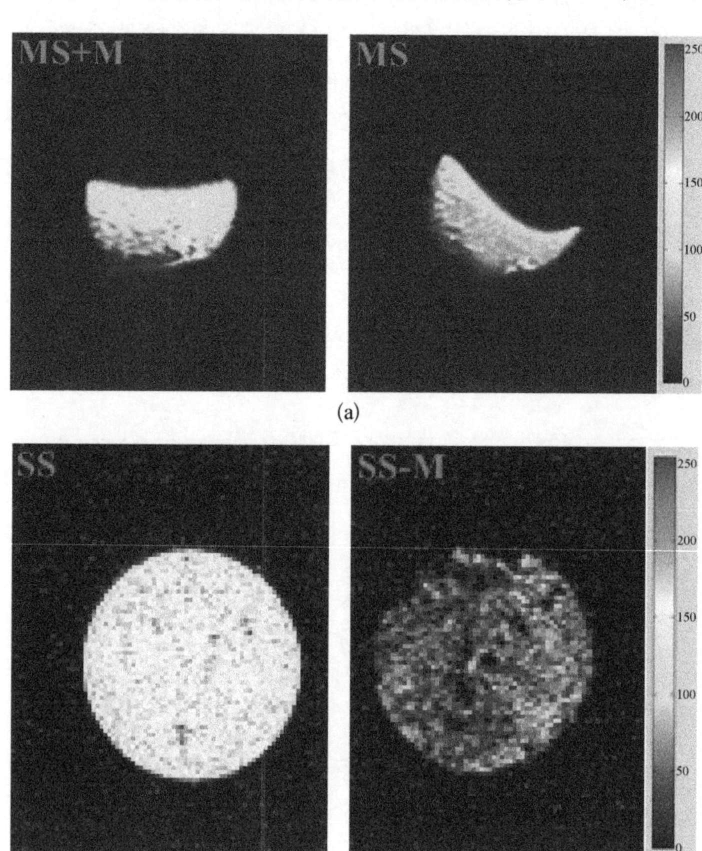

图 4－15 不同污泥样品(SS、SS－M、MS、MS+M)的质子密度加权像。(a) MS 和 MS+M 样品的质子密度加权像;(b) SS 和 SS－M 样品的质子密度加权像

征在一定区域内样品中质子含量的差异,PDWI 的信号越高,代表单位区域内质子含量越大,同时暗示质子间的相互作用越强,在相同水分子含量的条件下样品的结构越紧凑。如图4-15(a)所示,MS+M 样品大部分区域的信号明显高于 MS 样品,说明 MS+M 中的单位区域质子含量高于 MS,一个直接的原因是,根据 MS 和 MS+M 的形貌、分形维数和 EOS 空间结构的分析结果,由于 OBM 的影响,MS+M 结构与 MS 相比更加紧凑,MS+M-EOS 中生物有机大分子间存在显著的交联,促使生物有机分子间的相互作用较强[图 4-15(a)]。如图4-15(b)所示,SS 样品中质子密度信号显著高于 SS-M 样品中的信号,表明 SS 样品中单位区域内质子含量显著高于 SS-M。此外,在相同的圆形区域内,与 SS 的 PDWI 相比,SS-M 的 PDWI 中质子密度形貌较分散,说明在 SS-M 中不仅单位区域内质子含量较低,而且质子的分布较疏散。出现该现象的主要原因是,在 SS-M 中含有较少的 OBM,减弱了 SS-M 中生物有机大分子间的相互作用,从而导致较低的单位区域内质子含量。

(4) 对污泥有机分子结构的影响分析

为深入探讨 OBM 对于污泥中有机分子结构的影响,对不同污泥样品进行了傅里叶变换红外光谱(FTIR)分析(图 4-16)。根据已有的研究及文献报道,图谱中根据特征峰标注的波数与其归属的有机分子官能团,如表 4-9 所示。

如图 4-16(a)所示,在 MS 和 MS+M 的 FTIR 中,在波数为 3 376 cm^{-1} 处对应的是 MS 中有机分子的 N—H 和 O—H 的伸缩振动,但在 MS+M 中有机分子的 N—H 伸缩振动的特征峰出现在波数为 3 273 cm^{-1} 处,表明 N—H 振动对应的波数向低波数移动,根据 Fels 等(Fels et al.,2014)和 Santhiya 等(Santhiya et al.,2000)的研究报道,该结果暗示在 MS+M 有机分子中 N—H 官能团比在 MS 中更易形成氢键,同时暗示污泥中 OBM 有助于氢键的形成。归属于—CO—NH 中 N—H 变形振动对应的波数从 1 598 cm^{-1}(MS 的 FTIR)移动到 1 547 cm^{-1}(MS+M 的 FTIR),进一步暗示污泥中 OBM 会强化有机分子的 N—H 官能团形成氢键。与 MS 的 FTIR 相比,在 MS+M 的 FTIR 中,有机分子 O—H 伸缩振动对应的特征峰(波数在 3 376 cm^{-1} 左右)消失,暗示 O—H 官能团可能参与了某些相互作用,比如与多价态金属离子的络合反应。该暗示可被与金属(M)结合的有机分子中 M—O 伸缩振动的特征峰(在波数为 1 745 cm^{-1} 处)证实。此外,在波数为 2 924 cm^{-1} 和 2 854 cm^{-1} 处产生的特征峰对应的是 M—CH_3—的伸缩振动,而在 MS 样品中没有显著的 M—CH_3—伸缩振动特征峰,进一步暗示在 MS+M 样品中金属离子与有机分子的相互作用程度要强于在 MS 样品中。基于上述分析结果,结合图 4-11 中所显示的 MS 的 SSD 值高于 MS+M 样品,可证实造成该现象的一个主要原因是多价态金属离子与羧基、羟基等官能团的相互作用。在图 4-16(a)中一个有趣的现象是,MS 的 FTIR 中 S═O 伸缩振动、—CH_2 的对称变形振动和羧基中 C═O 伸缩振动特征峰对应的波数分别为 1 014 cm^{-1}、1 445 cm^{-1} 和 1 651 cm^{-1} 分别低于它们在 MS+M 的 FTIR 中所对应的波数,表明这些官能团在 MS+M 样品中需要克服更高的能量才能发生振动。一个合理的解释是,在 MS+M 样品中含有高 OBM 含量,而 OBM 能够强化污泥中的氢键和多价态金属桥联作用,导致在 MS+M 样品中有机分子的稳定性增强,因此,需要更高的能量才会使有机分子发生振动。

在 SS 和 SS-M 的 FTIR 中[图 4-16(b)],与多价态金属离子发生桥联作用的羧基中 C═O 伸缩振动特征峰对应的波数是 1 535 cm^{-1}(在 SS 的 FTIR 中),但在 SS-M 的

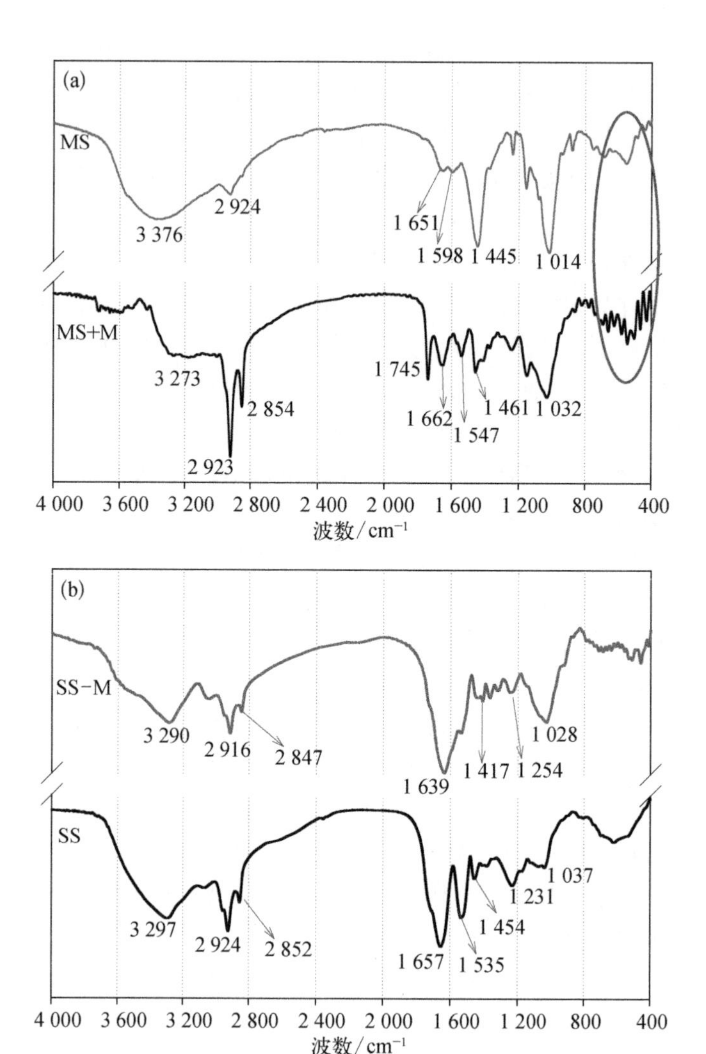

图 4－16 不同污泥样品中(SS、SS－M、MS、MS+M)有机分子的傅里叶变换红外光谱(FTIR)。(a) MS 和 MS+M 样品的 FTIR；(b) SS 和 SS－M 样品的 FTIR

FTIR 中没有该特征峰，取而代之的是离子化的羧基中 C ═O 伸缩振动(在波数为 1 639 cm^{-1} 处)，该结果表明随着 OBM 的去除，多价态金属离子的桥联作用减弱甚至消失，更多的离子化羧基被释放，因而导致了 SSD 值的增加(图 4－11)。在波数为 1 230 cm^{-1} 处对应的是—S—CH_2 中 CH_2 的摇摆振动特征峰(SS 的 FTIR)，在 SS－M 的 FTIR 中，该波数移动到 1 254 cm^{-1} 处，暗示由于污泥中 OBM 的去除，有机分子间的氢键作用减弱。在 SS 的 FTIR 中，波数为 2 924 cm^{-1} 和 2 852 cm^{-1} 处，对应的是 M—CH_3—伸缩振动特征峰，但该伸缩振动特征峰的波数在 SS－M 的 FTIR 中分别向低波数移动(分别移动到 2 916 cm^{-1} 和 2 847 cm^{-1})。类似地，C ═O 伸缩振动和 S ═O 伸缩振动特征峰对应的波数分别显著地从高波数(SS 样品中)移动到低波数(SS－M 样品中)。这一系列结果表明，随着从污泥中去除 OBM，有机分子中发生 C ═O 伸缩振动和 S ═O 伸缩振动所需要的能量减小，说明去除污泥中的 OBM，使有机分子的稳定性变差，更容易发生振动。

表 4-9　傅里叶变换红外光谱(FTIR)中振动特征峰的波数与归属列表

波长/cm^{-1}	归　属	参 考 文 献*
3 376	宽峰,N—H 和 O—H 氢键伸缩振动	Peter,2011;Socrates,2001
3 273、3 295、3 297	宽峰,N—H 伸缩振动	Fels et al., 2014; Santhiya et al., 2000; Peter, 2011;Socrates,2001
2 810~3 050	弱肩峰,烷基化合物 C—H 伸缩振动;强尖峰,金属-甲基伸缩振动	Socrates, 2001; Nakamoto, 2009; Peter, 2011; Socrates,2001
1 754	金属结合有机物的 M—O 伸缩振动	Peter,2011; Socrates,2001; Nakamoto,2009; Dong et al.,2015
1 651、1 657、1 662	羧酸的 C═O 伸缩振动	Peter,2011;Socrates,2001
1 639	宽峰,羧基化合物的离子 C═O 伸缩振动	Peter,2011;Socrates,2001;Celi et al.,1997
1 500~1 600	—CO—NH 基的 N—H 变形振动	Fels et al.,2014;Peter,2011;Socrates,2001
1 430~1 470	—CH_2 化合物的对称变形振动	Peter,2011;Socrates,2001
1 000~1 250	S═O 基的伸缩振动和—S—CH_2 摇动振动	Peter, 2011; Socrates, 2001; Desiraju and Steiner, 1999;Kannan et al.,2017
420~775	小尖峰,金属-烷基的伸缩振动	Peter,2011;Socrates,2001

综合上述讨论,有理由相信 OBM 桥联了污泥中的有机分子形成了稳定的有机矩阵,并且该有机矩阵是维持整个污泥半刚性结构的支柱,基于此,污泥中 OBM 同时也可被认为是维持污泥有机矩阵、强化污泥半刚性结构的基石。从此角度而言,OBM 是限制污泥有机质厌氧生物转化的关键要素。

(5) 对污泥有机质热稳定性的影响分析

图 4-17 表示的是 SS 和 SS-M 样品的热重分析(TG 和 DTG),结果显示,在相同的热解条件下,SS 样品的重量损失约为 60%,低于 SS-M 样品,表明与 SS 样品的热稳定性相比,SS-M 样品的热稳定性较差,更容易被热分解,暗示 SS-M 中分子间的相互作用力较弱。出现该现象的一个重要原因是,SS-M 样品中 OBM 含量较低,桥联或络合污泥有机分子的多价态金属降低,导致污泥有机分子的稳定性变差,容易被热分解。根据已有的研究报道(闫志成,2014),在温度为 240~600℃时,主要是污泥中有机质(如蛋白类、多糖类、脂类以及腐殖质类)的热分解,如图 4-17 所示。SS 样品热分解的最大失重速率所对应的温度为 325℃,高于 SS-M 样品的最大失重速率对应的温度(311℃),该结果一方面证明了上述对 SS 和 SS-M 样品热稳定性差异的解释,另一方面表明 SS-M 样品中有机质热分解所需的能量低于 SS 样品中有机质热分解所需的能量。另外一个有趣的现象是,DTG 曲线显示,SS-M 样品在 78℃出现明显的重量损失,比 SS 样品出现明显重量损失所对应的温度小约 10℃,众所周知,污泥样品在温度低于 100℃的失重,主要是水分子从污泥中脱出造成的,因此,上述结果说明水分子在 SS-M 中与污泥有机质的结合作用力弱于在 SS 中与污泥有机质的结合作用力。同时,该结果暗示从污泥中去除 OBM 可以减少水分子与污泥有机质的结合。

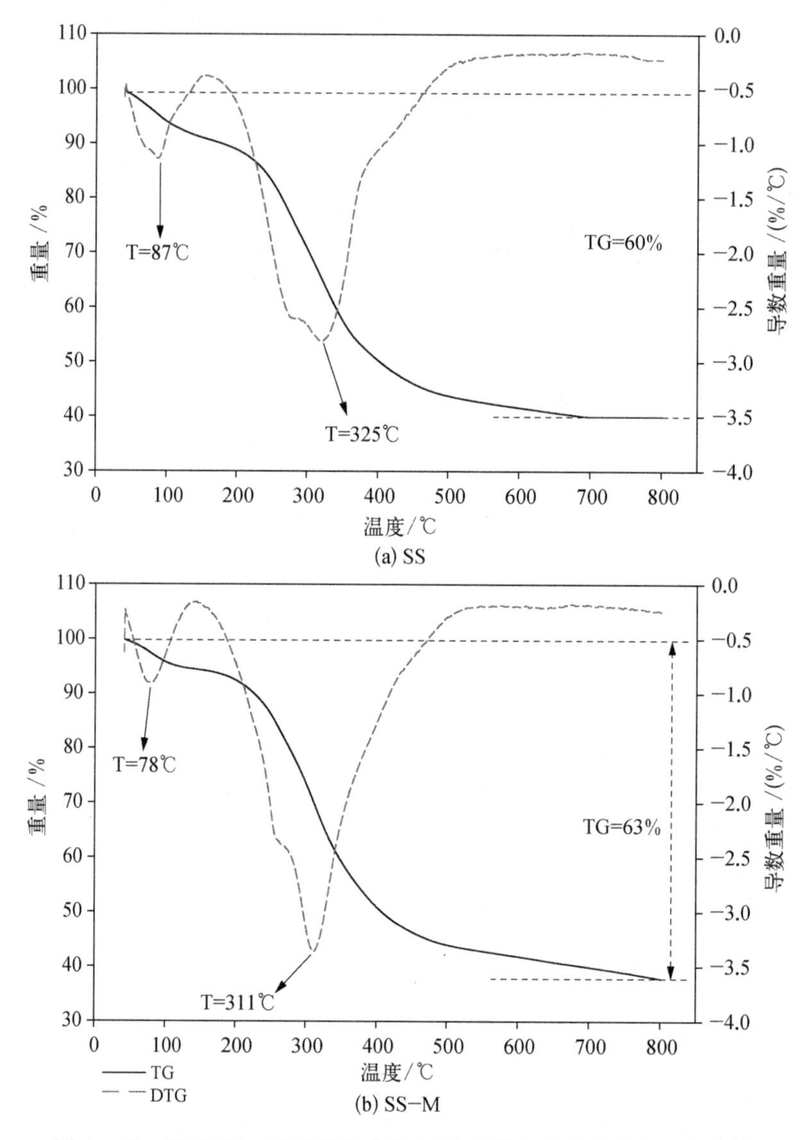

图 4-17 SS 和 SS-M 样品的热重(TG)曲线和热重求导(DTG)曲线

图 4-18 是利用傅里叶变换红外光谱(FTIR)对 SS 和 SS-M 样品在热解过程中产生气体随时间变化的分析。结果显示,SS 和 SS-M 样品在热分解过程中,有 3 次明显的气体释放,其中第 2 次释放的气体最为显著,说明两种样品最大热分解程度发生在第 2 次。此外,SS 和 SS-M 样品明显释放气体的程度和时间点存在显著差异:在 SS 样品的热分解过程中,分别在 645.6 s(147.6℃)、1 721.0 s(326.8℃)、5 217.4 s(909.6℃)处明显释放气体;在 SS-M 样品的热分解过程中,分别在 309.5 s(91.6℃)、1 634.9 s(312.5℃)、5 217.4 s(909.6℃)处明显释放气体。此外,如图 4-18 所示,SS-M 样品热解过程中红外吸收一直大于SS 样品中释放的气体,说明 SS-M 样品在热分解过程中释放气体的量明显高于 SS 样品,该结论同时可以得到 SS 样品重量损失低于 SS-M 样品(图 4-17)的证

实。该结果进一步表明相同热解条件下,SS－M 样品的分解程度高于 SS 样品。

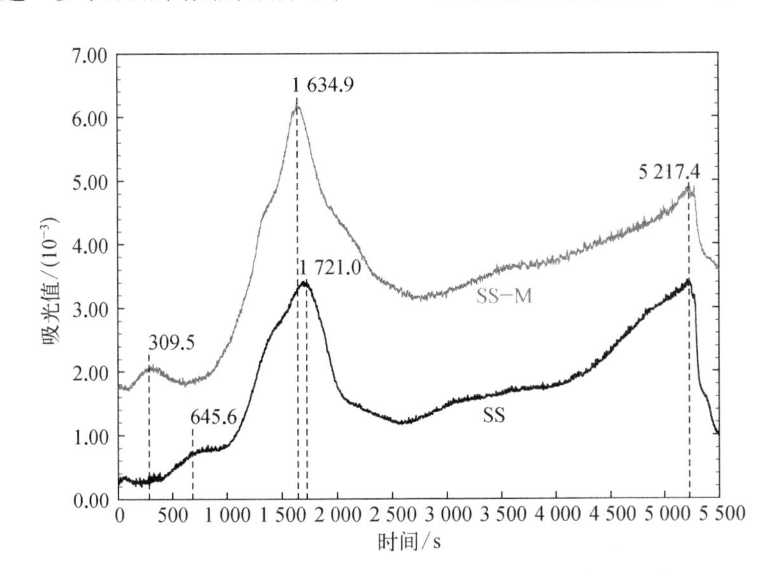

图 4－18 热解 SS 和 SS－M 样品在不同时间释放气体的红外吸收

图 4－19 表示的是利用 FTIR 对两种样品在不同时间明显释放的气体组分进行定性识别。根据已有的文献及研究报道(Gao et al.,2014;Gu et al.,2013;Magalhaes et al.,2008),在污泥热解产生的气体 FTIR 中,波数范围为 2 800~3 000 cm^{-1} 对应的是 CH_4 的特征峰;波数范围为 2 250～2 400 cm^{-1} 对应的是 CO_2 的特征峰;波数范围为 2 000～2 200 cm^{-1} 对应的是 CO 的特征峰;波数范围为 1 660~1 820 cm^{-1} 对应的是挥发性有机物(如醛和酸)的特征峰。

第 1 次明显热分解:如图 4－19(a)和图 4－19(b)所示,SS－M 样品在 309.5 s(91.6℃)处产生 CO_2,说明 SS－M 中有机质在此时已发生分解;而在 SS 样品的热解过程中,直到 645.6 s(147.6℃)处才明显产生 CO_2,该结果表明 SS－M 样品中有机质分解产生 CO_2 所需要的能量低于 SS 样品。一个主要的原因是,由于在 SS－M 样品中 OBM 含量较低,多价态金属离子与 C ═O 的相互作用较弱(如图 4－16 所示),因此,C ═O 在 SS－M 样品中的稳定性显著低于其在 SS 样品中。

第 2 次明显热分解:如图 4－19(c)和图 4－19(d)所示,SS－M 样品在 1 634.9 s(312.5℃)处产生 CH_4、CO_2 和挥发性有机物,而 SS 样品则在 1 721.0 s(326.8℃)处才产生 CH_4、CO_2 和挥发性有机物,该结果进一步表明有机质在 SS－M 样品中的热分解所需的能量低于在 SS 样品中热分解所需的能量,有机质的热解反应过程本质上是一个还原反应过程。同时,有机质的厌氧生物转化产 CH_4 也是一个还原反应过程,在较低温度和较低能量条件下有机质能够发生分解产生 CH_4,暗示其在厌氧环境条件下,容易被生物转化成 CH_4。此外,对比图 4－19(c)和图 4－19(d)中的峰强度可知,SS－M 样品热分解产生的 3 个峰强度明显大于 SS 样品中的 3 个峰强度,说明 SS－M 样品在相同的热分解条件下能够产生更多的气体。一个重要的原因是,去除 OBM 后,SS－M 样品中有机质的稳定性较差。

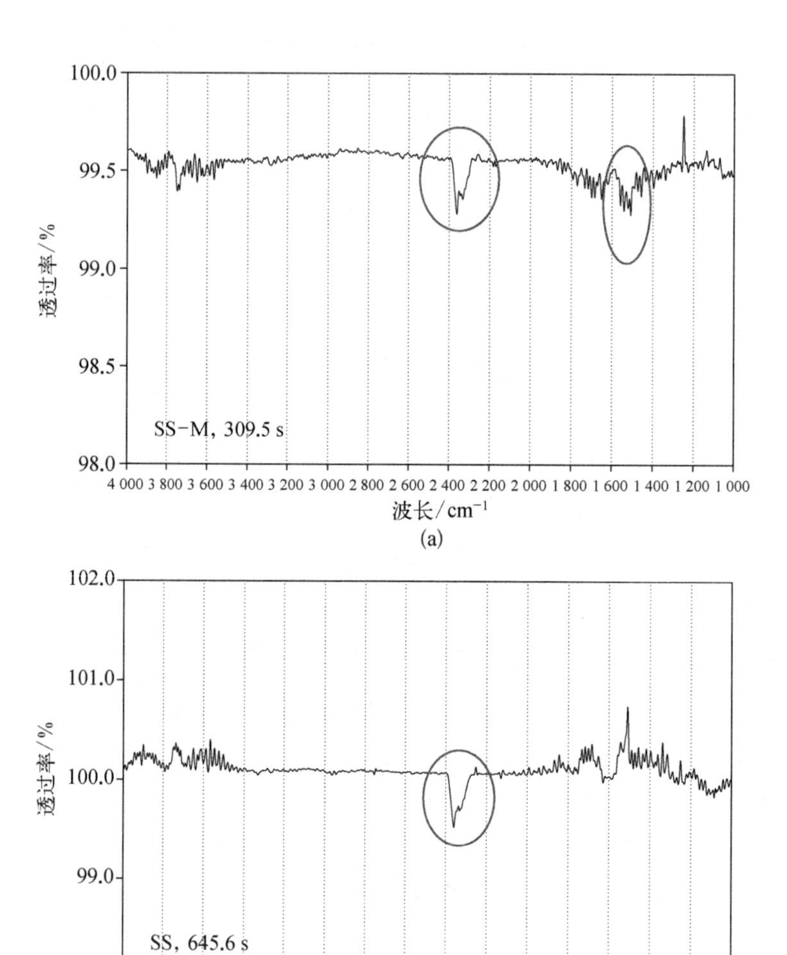

100.0
99.5
99.0
98.5
98.0
透过率/%
SS-M, 309.5 s
4 000 3 800 3 600 3 400 3 200 3 000 2 800 2 600 2 400 2 200 2 000 1 800 1 600 1 400 1 200 1 000
波长/cm^{-1}
102.0
101.0
100.0
99.0
98.0
透过率/%
SS, 645.6 s
4 000 3 800 3 600 3 400 3 200 3 000 2 800 2 600 2 400 2 200 2 000 1 800 1 600 1 400 1 200 1 000
波长/cm^{-1}

(a)

(b)

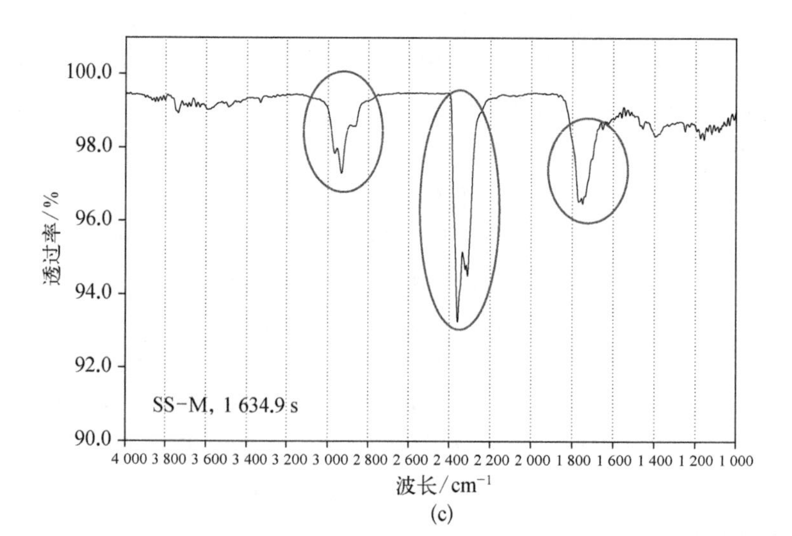

100.0
98.0
96.0
94.0
92.0
90.0
透过率/%
SS-M, 1 634.9 s
4 000 3 800 3 600 3 400 3 200 3 000 2 800 2 600 2 400 2 200 2 000 1 800 1 600 1 400 1 200 1 000
波长/cm^{-1}

(c)

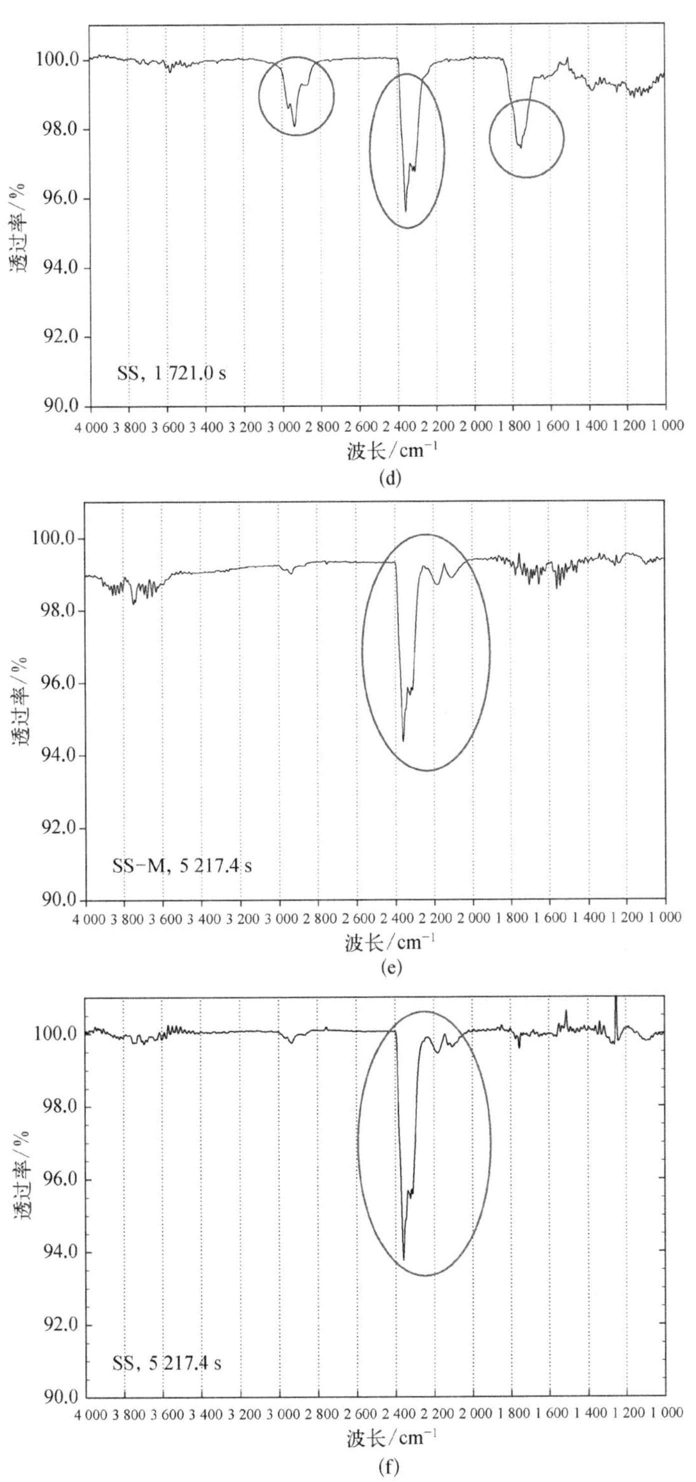

图4-19　SS和SS-M样品在热解过程中释放气体的傅里叶变换红外光谱(FTIR)。SS-M样品:(a)在309.5 s处释放气体的FTIR;(c)在1 634.9 s处释放气体的FTIR;(e)在5 217.4 s处释放气体的FTIR。SS样品:(b)在645.6 s处释放气体的FTIR;(d)在1 721.0 s处释放气体的FTIR;(f)在5 217.4 s处释放气体的FTIR

第3次明显热分解：如图4－19(e)和图4－19(f)所示，SS－M和SS样品同时在5 217.4 s(909.6℃)处产生CO_2和CO，根据已有的研究报道，当热解温度超过800℃时，污泥中有机质的热分解已基本完成。因此，在5 217.4 s(909.6℃)处产生的CO_2和CO主要来源于污泥中无机组分的分解。对比图4－19(e)和图4－19(f)中CO_2峰强度，发现SS－M样品中产生的CO_2峰强度低于SS样品中CO_2的峰强度，说明SS－M样品中无机组分热分解产生的CO_2量低于SS样品中的。

综合上述对SS和SS－M样品的热稳定性分析，有理由相信，随着污泥中OBM含量的减少，污泥有机质的热稳定性变差，有机质中碳的还原反应增强，暗示去除OBM有利于污泥有机质厌氧生物转化产甲烷，而实际上，对比SS和SS－M样品厌氧消化产生的NCMP(图4－7)可证实该结论。

4.3.5 有机结合态金属对污泥颗粒水解酸化的影响

为了深入理解OBM是如何影响污泥有机质厌氧生物转化产甲烷的，探讨了SS和SS－M样品在BMP实验过程中有机质的水解和酸化。

(1) 污泥厌氧发酵液中主要组分变化

图4－20是SS和SS－M两种样品在BMP过程中产生的STOC、溶解性蛋白质和溶解性多糖含量的变化。如图4－20(a)所示，SS－M样品的发酵液中STOC、溶解性蛋白质和溶解性多糖的含量始终高于SS样品；如图4－20(b)所示，SS－M样品中发酵液中的STOC均值含量是SS样品的发酵液中STOC均值含量的3倍多，该结果表明随着OBM的去除，污泥中有机质更倾向于溶出，同时印证了图4－11中SS样品的AAE值高于SS－M样品的AAE值的结果。一个有趣的现象是，随着OBM的去除，溶解性蛋白质的增量显著高于溶解性多糖的增量，表明OBM对污泥中蛋白质溶出的限制高于对污泥中多糖溶出的限制。该结果与Novak等(Novak et al.,2003)的研究一致，他们发现，污泥中存在一定含量的蛋白质不易溶出是由于铁离子的作用。一种合理的解释是，蛋白质中含有大量的羧基，而OBM可通过羧基桥联污泥中不同的有机分子(图4－16)，从而强化整个污泥结构(Korstgens et al.,2001；Nielsen and Keiding,1998)。此外，如图4－20(b)所示，SS－M样品的发酵液中STOC值的变化范围最为显著，暗示无论是从污泥中溶出程度，还是被微生物利用程度，SS－M样品中的有机碳都是高于SS样品中有机碳。

图4－21表示的是在厌氧生物转化过程中SS和SS－M样品发酵液中总溶解性Fe、总溶解性Ca和总溶解性Mg的含量变化。图4－22是在厌氧生物转化过程中SS和SS－M样品发酵液中主要的溶解性OBM与相应总溶解性主要金属的比值变化及统计箱形图(Box－plot)分析。如图4－22所示，SS和SS－M样品发酵液中总溶解性金属含量随厌氧生物转化的过程而增加，SS样品发酵液中溶解性金属含量始终显著高于SS－M样品发酵液中溶解性金属含量，并且含量增量更为显著，该结果确认了EDTA去除污泥中多价态金属离子的效果，同时证实了SS样品的发酵液中比SS－M样品的发酵液中含有更多的多价态金属。

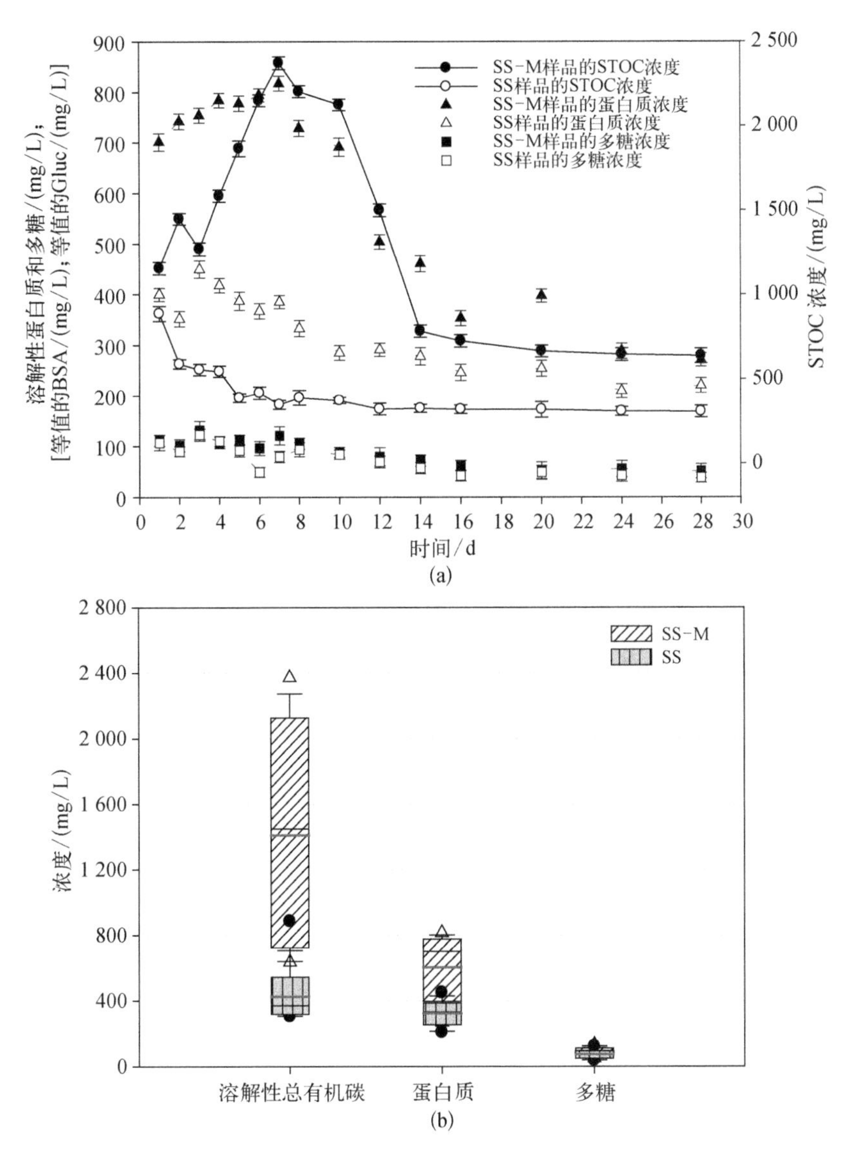

图4-20　在厌氧生物转化过程中SS和SS-M样品产生的溶解性总有机碳(STOC)、溶解性蛋白质和溶解性多糖含量的变化。(a) 在整个过程中的变化；(b) STOC、溶解性蛋白质和多糖的箱形图(Box-plot)分析

如图4-22所示,SS和SS-M样品发酵液中主要金属的溶解性OBM(OB-Fe、OB-Ca和OB-Mg)占相应溶解性金属含量的比值在厌氧生物转化过程中呈现下降的趋势,SS-M样品发酵液中主要金属的溶解性OBM比值下降显著,该结果暗示SS-M样品发酵液中溶解性OBM在厌氧生物转化的过程中更倾向于转化为游离态的金属离子。出现该现象的一个重要原因是,在SS-M样品发酵液中,OBM含量较低,OBM与大量有机分子(高的STOC含量)间的相互作用较弱,厌氧微生物能够有效地破坏OBM与有机分子间的联结,从而释放金属离子;而在SS样品发酵液中,OBM含量较高,OBM与少量有机分子(低的STOC含量)间的相互作用较强,厌氧微生物不能有效地破坏OBM与少量有机分子

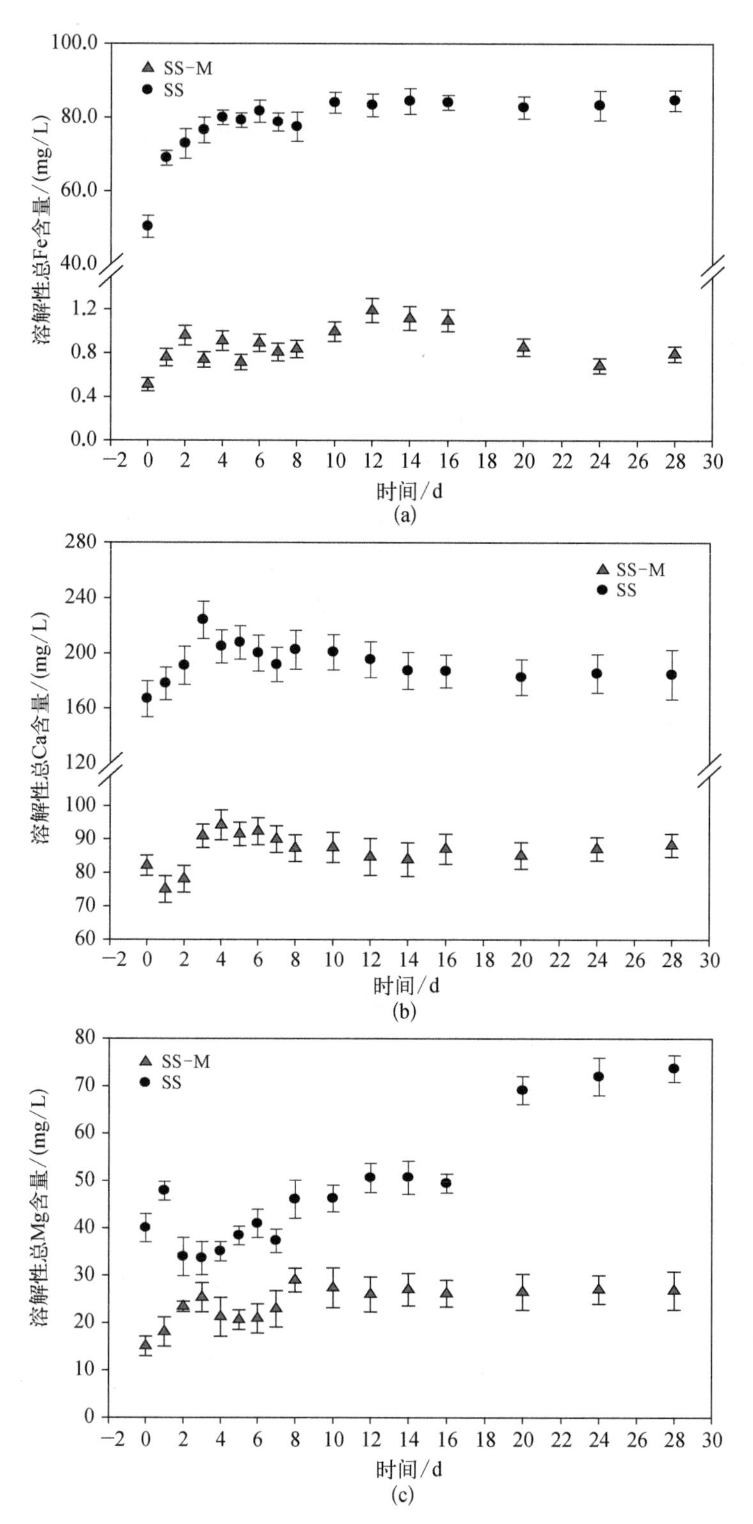

图 4-21 在厌氧生物转化过程中 SS 和 SS-M 样品发酵液中总溶解性 Fe(a)、总溶解性 Ca(b)和总溶解性 Mg(c)的含量变化

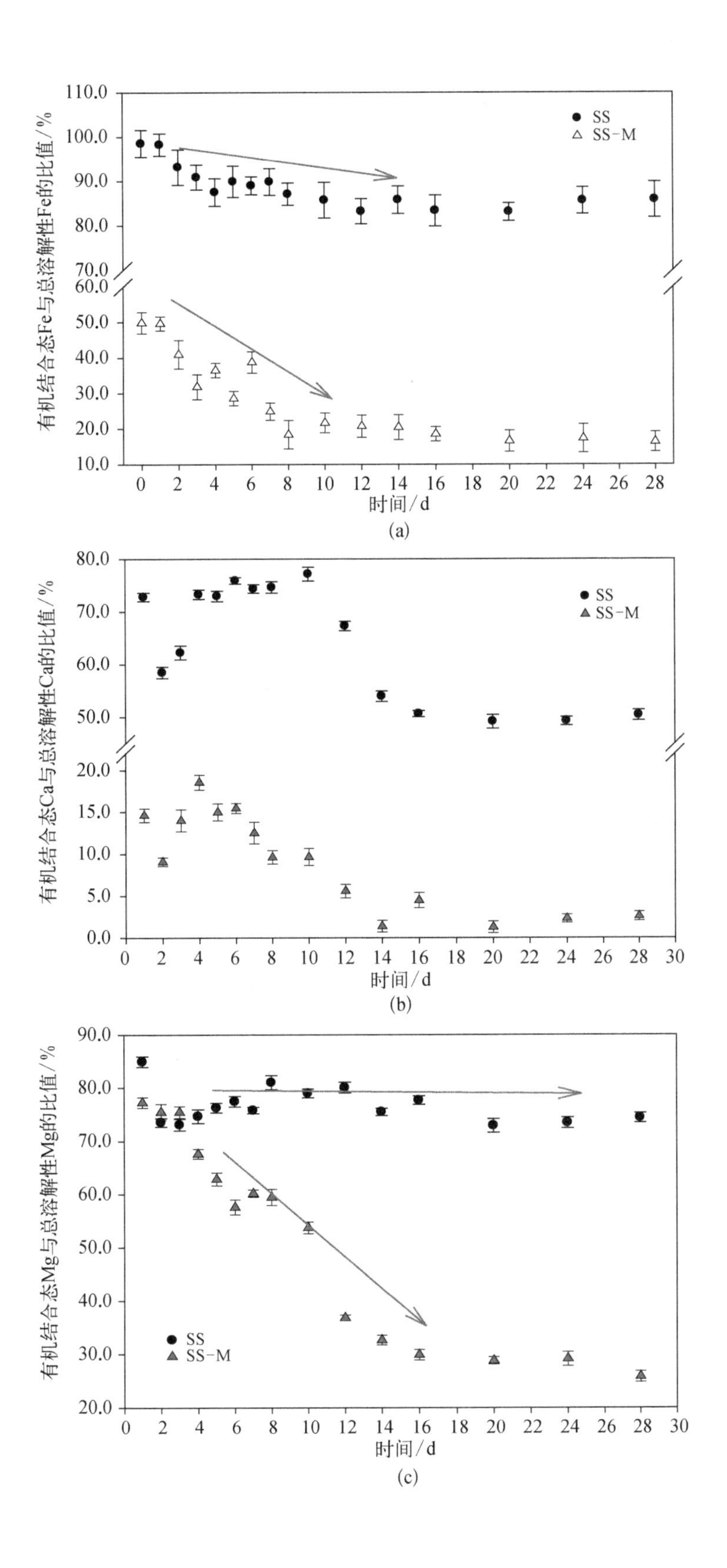
有机结合态Fe与总溶解性Fe的比值/%
110.0
100.0
90.0
80.0
70.0
60.0
50.0
40.0
30.0
20.0
10.0
SS
SS-M
0
2
4
6
8
10
12
14
16
18
20
22
24
26
28
时间/d
有机结合态Ca与总溶解性Ca的比值/%
80.0
70.0
60.0
50.0
20.0
15.0
10.0
5.0
0.0
SS
SS-M
30
时间/d
有机结合态Mg与总溶解性Mg的比值/%
90.0
80.0
70.0
60.0
50.0
40.0
30.0
20.0
SS
SS-M
时间/d
(a)
(b)
(c)

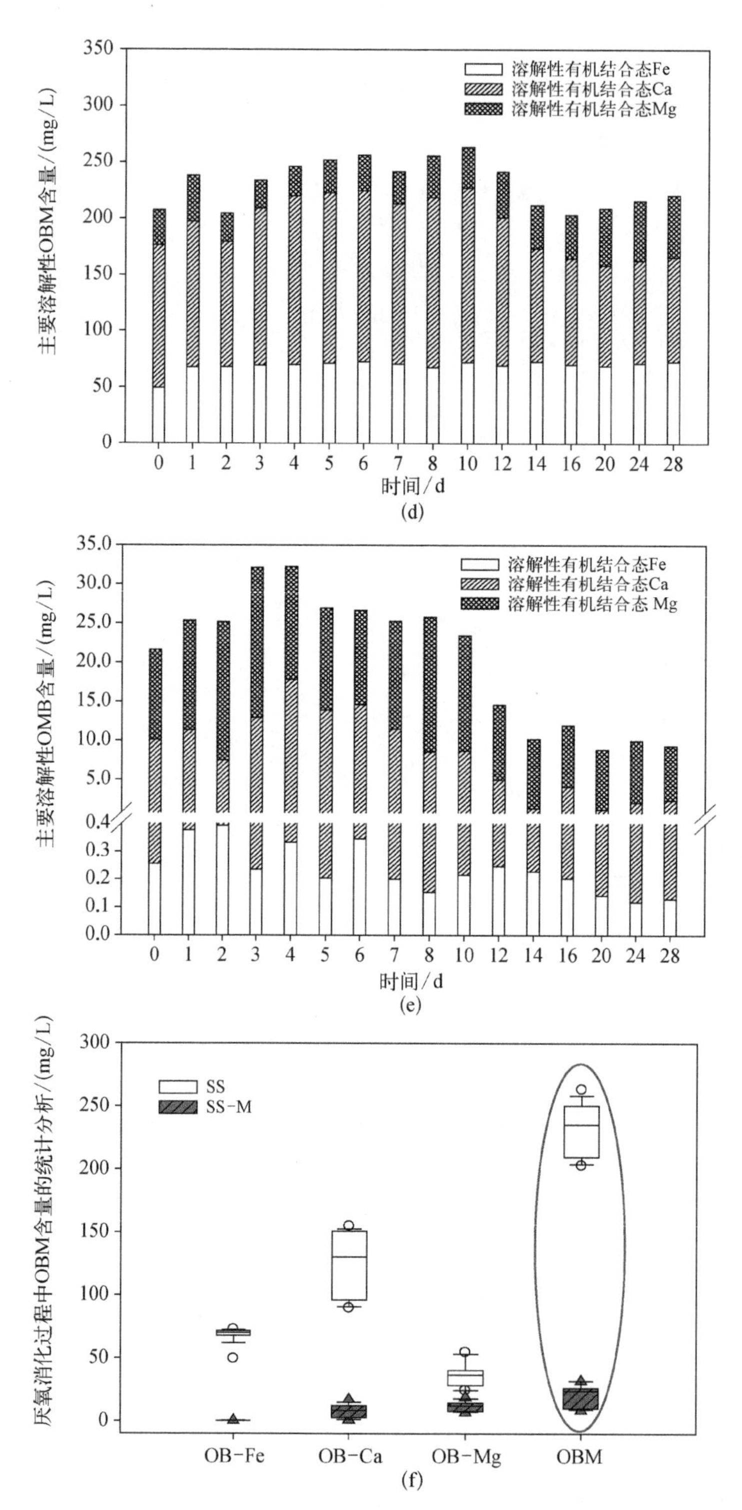

图 4-22 在厌氧生物转化过程中 SS 和 SS-M 样品发酵液中主要的溶解性 OBM 与相应总溶解性主要金属的比值变化及统计箱形图(Box-plot)分析。(a)~(c) 发酵液中主要的溶解性占比;(d) SS 样品发酵液中主要的溶解性 OBM 含量变化;(e) SS-M 样品发酵液中主要的溶解性 OBM 含量变化;(f) 两种样品中主要的溶解性 OBM 及总量的统计箱形图

相互作用形成的稳定结构，因此OBM占相应总溶解性金属的含量较高。该分析同时可被图4－22(d)和图4－22(e)所印证，SS样品发酵液中的OBM含量在整个厌氧生物转化过程中基本不变，而SS－M样品发酵液中OBM含量随着厌氧生物转化过程的推进，呈现减少的趋势。

此外，一个有趣的现象是，如图4－22(f)所示，在SS和SS－M样品发酵液中，OB－Fe含量的变化程度最小，而OB－Ca的变化程度最大，该结果暗示OB－Fe的稳定性较强，不易于被微生物转化为游离态的Fe，而OB－Ca的稳定性较差，易于被微生物转化。

图4－23表示的是在厌氧生物转化过程中SS和SS－M样品发酵液中有机质Zeta电位值的变化。结果显示，随着污泥有机质厌氧生物转化的进行，SS－M样品发酵液中有机质Zeta电位值的绝对值增加，说明SS－M样品中有机质的表面出现更多离子化的负电官能团。一个符合逻辑的解释是，OBM具有通过静电作用桥联有机分子的作用，在SS－M样品的厌氧生物转化过程中，OBM含量减少[图4－22(e)]，大量带负电官能团的有机分子(如羧基、巯基等)被释放，这些带负电官能团由于缺乏与之发生静电作用的OBM而成为离子化的负电官能团，最终表现在发酵液的Zeta电位值减小(绝对值增加)。而SS样品则由于含有较高的溶解性OBM，可通过静电作用维持整个发酵液的Zeta电位值保持基本不变。

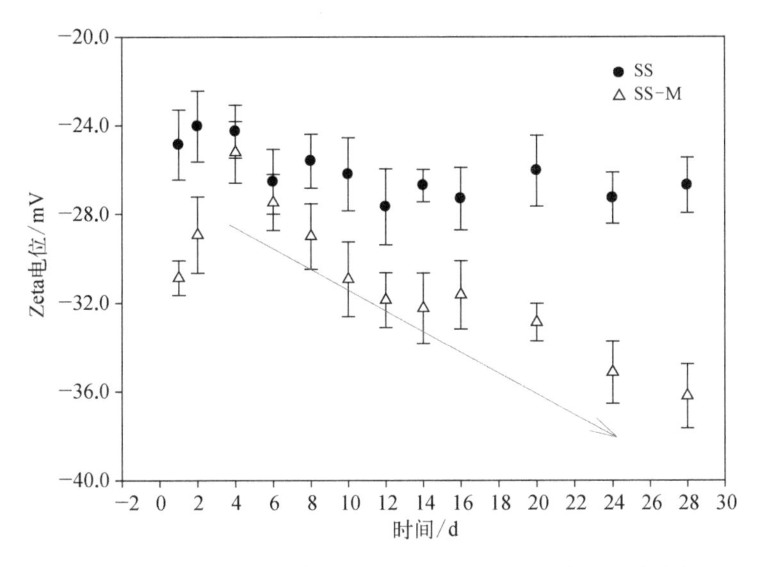

图4－23 在厌氧生物转化过程中SS和SS－M样品发酵液中有机质Zeta电位值的变化

(2) 污泥有机质水解分析

图4－24表示的是在厌氧生物转化过程中SS和SS－M样品发酵液中有机分子分子量(MW)分布的变化。结果显示，在SS－M样品厌氧生物转化的1～4天内，发酵液中分子量低于1 000 Da的有机分子比例显著增加，甚至达到64%以上；在相同时间内，SS样品发酵液中分子量低于1 000 Da的有机分子比例虽然有所增加，但最大比例不到22%，该结

果说明 SS－M 样品中有机分子的水解程度显著高于 SS 样品中有机分子的水解程度。一个重要的原因是,SS 样品中含有较高含量的 OBM,OBM 能够通过静电、桥联甚至是络合作用强化生物有机大分子的结构稳定性,限制了生物有机大分子的水解。对比图 4－24(a)和图 4－24(b)中的最大分子量,发现在 SS 样品发酵液中,生物有机大分子的最大分子量在 3 000~4 000 kDa,并且占比超过 3%;而在 SS－M 样品发酵液中,生物有机大分子的最大分子量在 2 000~3 000 kDa,且占比低于 2%,显著小于 SS 样品发酵液中的生物有机大分子的最大分子量,该结果表明随着污泥中 OBM 的去除,其发酵液中生物有机大分子的分子量倾向于向低分子量转变,同时暗示去除污泥中 OBM 能够诱导污泥中生物有机大分子的解聚,因而改变污泥有机质的赋存形态(如图 4－13 和表 4－8)。此外,该结果也印证了 SS－M 样品中有机分子的水解程度显著高于 SS 样品的原因。

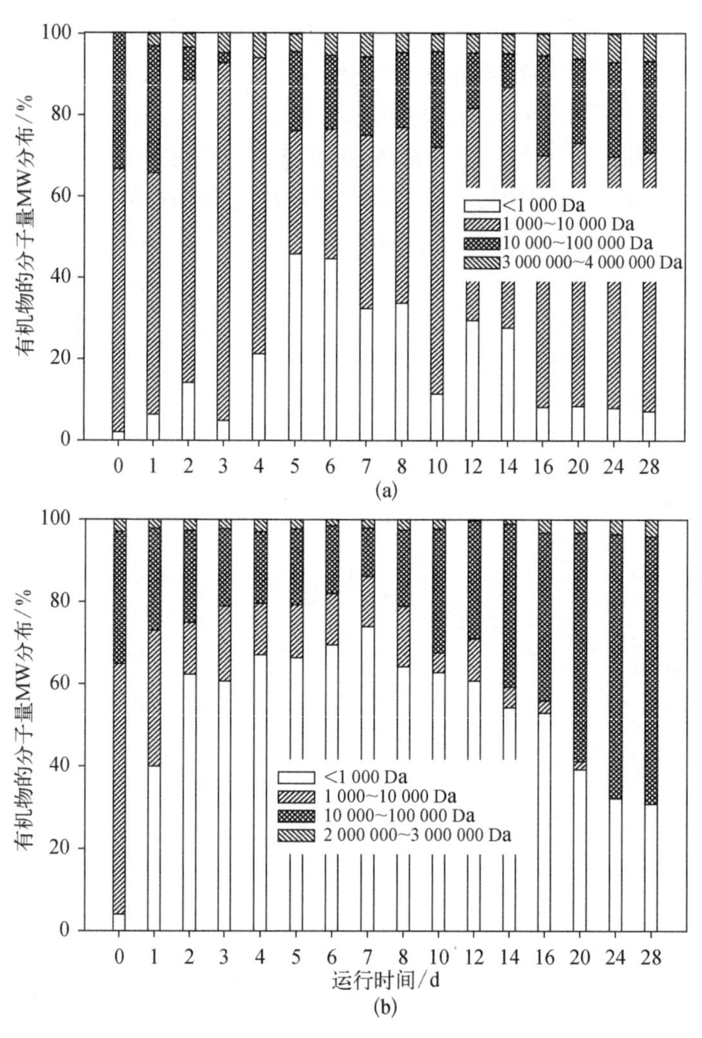

图 4－24 在厌氧生物转化过程中 SS 和 SS－M 样品发酵液中有机分子分子量(MW)分布的变化。(a) SS 样品发酵液中有机分子 MW 分布的变化;(b) SS－M 样品发酵液中有机分子 MW 分布的变化

众所周知，厌氧细菌能够直接摄取和利用分子量低于1 000 Da的有机分子，基于对上述SS和SS－M样品中分子量分布的分析，可推断随着污泥中OBM的去除，污泥中有机分子被厌氧细菌的利用性得到强化。该推断在后续的VFAs含量在整个厌氧生物转化过程中的变化得到证实（图4－27）。

（3）污泥发酵液中不同种类的溶解性OBM与最大MW比例、Zeta电位的相关性分析

为了证实发酵液中生物有机大分子的水解程度受不同种类溶解性OBM的影响，并因此而导致了SS和SS－M样品发酵液中最大分子量（MW）分布不同，探讨了2种发酵液中不同溶解性OBM含量与生物有机大分子的MW比例间的关系。

图4－25表示的是发酵液中不同种类的OBM含量、总OBM含量与生物有机大分子的最大MW比例间的相关性分析。分析结果显示，在SS样品发酵液中，OBM含量与生物有机大分子的最大MW比例间存在显著的正相关（R^2>0.87，P<0.001），而在SS－M样品发酵液中，则没有显著的相关性，该结果表明高含量的OBM显著影响着生物有机大分子的解聚和水解［图4－25（a）］，但低含量的OBM没有明显的影响［图4－25（b）］。一个合理的解释是，在SS样品发酵液中高含量的溶解性OBM与溶解性有机分子间的静电作用显著强于在SS－M样品发酵液中低含量的溶解性OBM与溶解性有机分子间的相互作用。

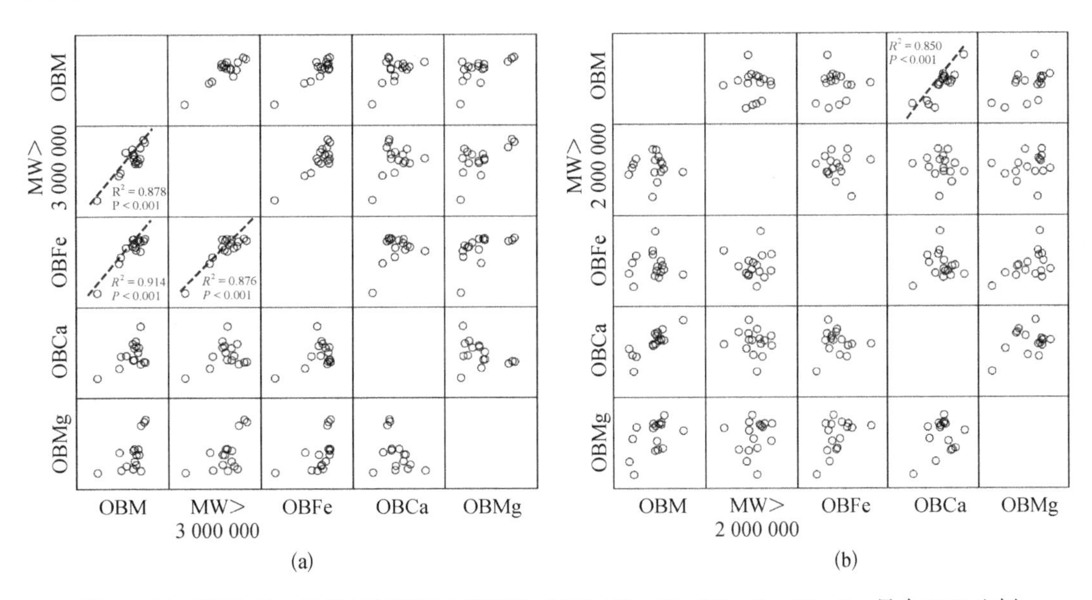

图4－25 SS和SS－M样品发酵液中溶解性OBM、OB－Mg、OB－Ca、OB－Fe、最大MW比例间的相关性分析。（a）SS样品；（b）SS－M样品

为进一步证实上述解释，对SS和SS－M两种污泥样品发酵液中溶解性OBM含量与有机分子表面电荷（用Zeta电位表征）的关系进行相关性分析，如图4－26所示。结果显示，SS样品发酵液中溶解性OBM含量与溶解性有机分子Zeta电位值呈显著的正相关（R^2>0.88，P<0.001），而SS－M样品发酵液中OBM含量与溶解性有机分子Zeta电位值没有显著的相关性，表明污泥发酵液中溶解性OBM含量越高，通过静电力与溶解性有机

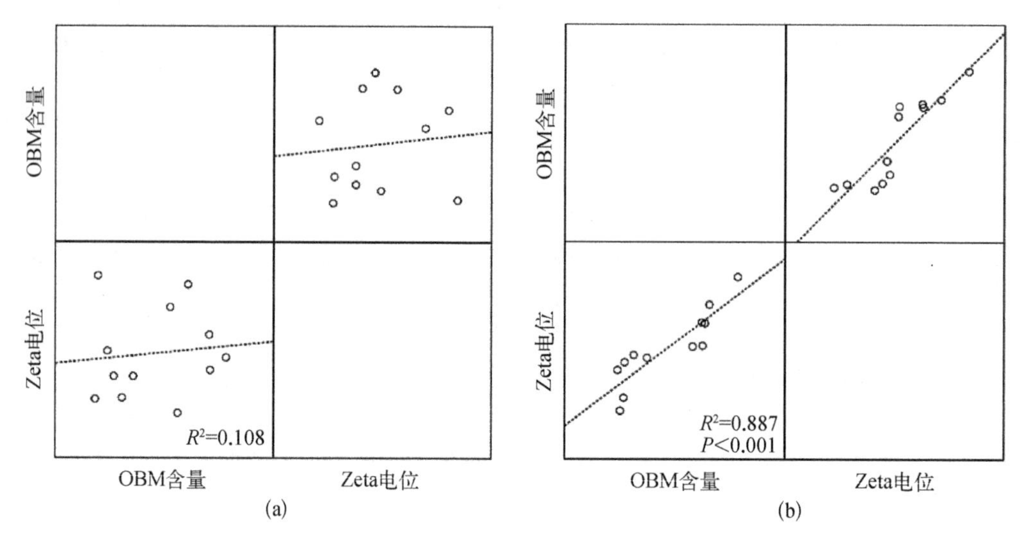

图 4－26 SS 和 SS－M 样品发酵液中溶解性 OBM 含量与 Zeta 电位值的相关性分析。(a) SS 样品;(b) SS－M 样品

分子的桥联、络合作用越强。

(4) 污泥有机质酸化分析

图 4－27 表示的是在厌氧生物转化过程中 SS 和 SS－M 样品发酵液中挥发性脂肪酸(VFAs)含量的变化。如图 4－27 所示,SS－M 样品发酵液中的 VFAs 浓度高于 SS 样品发酵液中的 VFAs 浓度,表明通过去除污泥中 OBM,强化了污泥有机质的酸化程度。出现该现象的一个直接原因是,SS－M 样品发酵液中生物有机大分子的水解程度高于 SS 样品溶液中生物有机大分子的水解程度(图 4－24)。在 SS 和 SS－M 样品的发酵液中,乙酸是最主要的 VFAs 组分,并且在整个厌氧生物转化过程中,SS－M 样品发酵液中的乙酸浓度始终高于 SS 样品,如图 4－27(a)所示,在 SS－M 样品发酵液中,乙酸的最大浓度为(2 900±35)mg/L,是 SS 样品发酵液中乙酸浓度的 2 倍多,该结果进一步证实了去除 OBM 有利于强化污泥有机质的产酸。

对比图 4－27(a)和图 4－27(b)中 SS 和 SS－M 样品发酵液中乙酸浓度的变化,发现 SS 样品发酵液中的乙酸在第 2 天达到最大浓度,但在 SS－M 样品发酵液中直到第 8 天乙酸才达到最大浓度,暗示在 SS－M 样品发酵液中可能出现了酸积累。一个符合逻辑的解释是,随着污泥中 OBM 的去除,在 SS－M 样品中生物有机大分子的稳定结构遭到破坏,导致生物有机大分子产生较大程度的解聚和水解,从而产生大量的小分有机物(比如分子量低于 1 000 Da 的氨基酸、葡萄糖等),而产酸菌的数量有限,因而造成较长时间的酸化。上述生物有机大分子的分子量分布结果(图 4－24)也可印证该解释。该结果同时暗示去除 OBM 后,污泥有机质的水解反应可能不再是污泥厌氧生物转化整个过程的限速步骤,并且从污泥中有效去除 OBM 会显著提高污泥厌氧生物转化效率,暗示可基于 OBM 开发一种新型的污泥厌氧消化预处理方法。

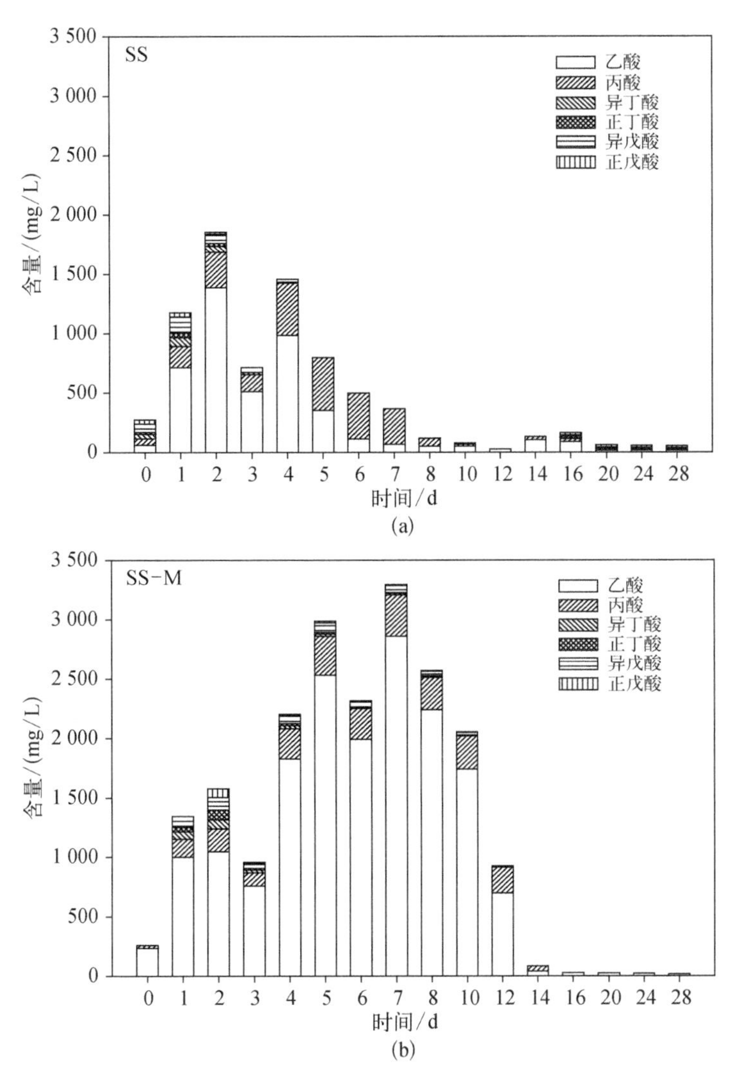

图4-27 在厌氧生物转化过程中SS和SS-M样品发酵液挥发性脂肪酸(VFAs)含量的变化。(a) SS样品;(b) SS-M样品

4.4 氧化石墨烯对污泥厌氧消化过程物质转化的影响

氧化石墨烯(NGO)作为一种纳米材料具有良好的导电性、电化学特性和化学活性,广泛应用于电子工业、半导体、电催化、生物传感器等多个行业(Chen et al.,2012)。随着氧化石墨烯的大量应用,氧化石墨烯废弃物不可避免地进入污水厂,而氧化石墨烯本身溶解度有限,导致氧化石墨烯从污水中进一步转移到污泥中(Xing et al.,2014;Ramesha et al.,2011;Barrena et al.,2009)。厌氧消化是一种低能耗实现污泥减量化、无害化和产

生生物气的高效污泥处理方式(Dai et al.,2017a;Zhen et al.,2014;Chen et al.,2008;Ghosh et al.,2000)。目前有报道指出,纳米材料的投加影响了污泥厌氧消化甲烷产率,纳米石墨烯和纳米四氧化三铁的投加提高了单位有机质产率(Li et al.,2015),也有报道指出纳米氧化锌和纳米零价铁的投加导致污泥单位有机质甲烷产率的降低(Zhang et al.,2017;Mu and Chen,2011)。目前尚没有报道指出纳米氧化石墨烯的投加对污泥厌氧消化的影响。本节系统探讨氧化石墨烯对污泥厌氧消化性能的影响。

4.4.1 氧化石墨烯对污泥厌氧消化产甲烷和碳转化的影响

在不同剂量的氧化石墨烯添加下,污泥厌氧消化单位有机质(VS)甲烷产量如图 4-28 所示。总的来说,随着氧化石墨烯添加量的增加,污泥厌氧消化单位有机质甲烷产量有所降低。与没有添加氧化石墨烯的对照组相比,当氧化石墨烯添加剂量(以 VS 计)为 0.054 g NGO/g 和 0.108 g NGO/g 时,累计单位有机质甲烷产量分别下降 7% 和 12%。在序批式实验前 10 天时,单位有机质甲烷产量呈线性增加,随着氧化石墨剂量的增加,产甲烷速率下降。在 10 天之后,三组实验中的甲烷产量增长速率逐渐下降,并且相互之间的甲烷产量差异性越来越大。结果显示,氧化石墨烯的添加抑制了污泥厌氧消化产甲烷速率和单位有机质甲烷产量。

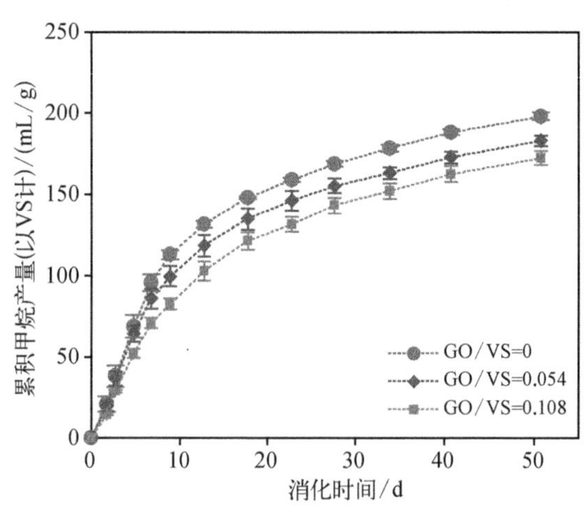

图 4-28 不同氧化石墨烯投加量下污泥单位有机质产甲烷量

在不同剂量的氧化石墨烯添加下,污泥中 SCOD、溶解性蛋白质、溶解性多糖和氨氮随时间的变化如图 4-29 所示。在 55 天的厌氧消化过程中,SCOD、溶解性蛋白质和溶解性多糖随着氧化石墨烯剂量的增加而明显降低,导致厌氧消化过程中产甲烷速率和单位有机质甲烷产量的下降。SCOD、溶解性蛋白质和溶解性多糖主要在前 10 天被降解,这与图 4-28 中厌氧消化前 10 天污泥单位有机质甲烷产量呈线性增加的结果相一致。而且,SCOD 在前 10 天下降了 55%~70%,而在 10 天后至厌氧消化结束,SCOD 仅减少了 0~5%。溶解性蛋白的去除率在前 10 天达到了 85%~100%。溶解性多糖的去除率在前 10 天达到了 60%~95%,且在 10 天内溶解性多糖含量保持不变。但是,在实验组和对照组中氨氮浓度没有发生明显的变化。

4.4.2 氧化石墨烯作用下污泥厌氧消化水解速率和产甲烷潜势分析

将一级动力学模型应用于不同剂量氧化石墨烯作用下,在序批式实验中污泥有机质水解速率和产甲烷潜势的模型拟合结果如图 4-30 所示,表明模型预测值与实测值具有

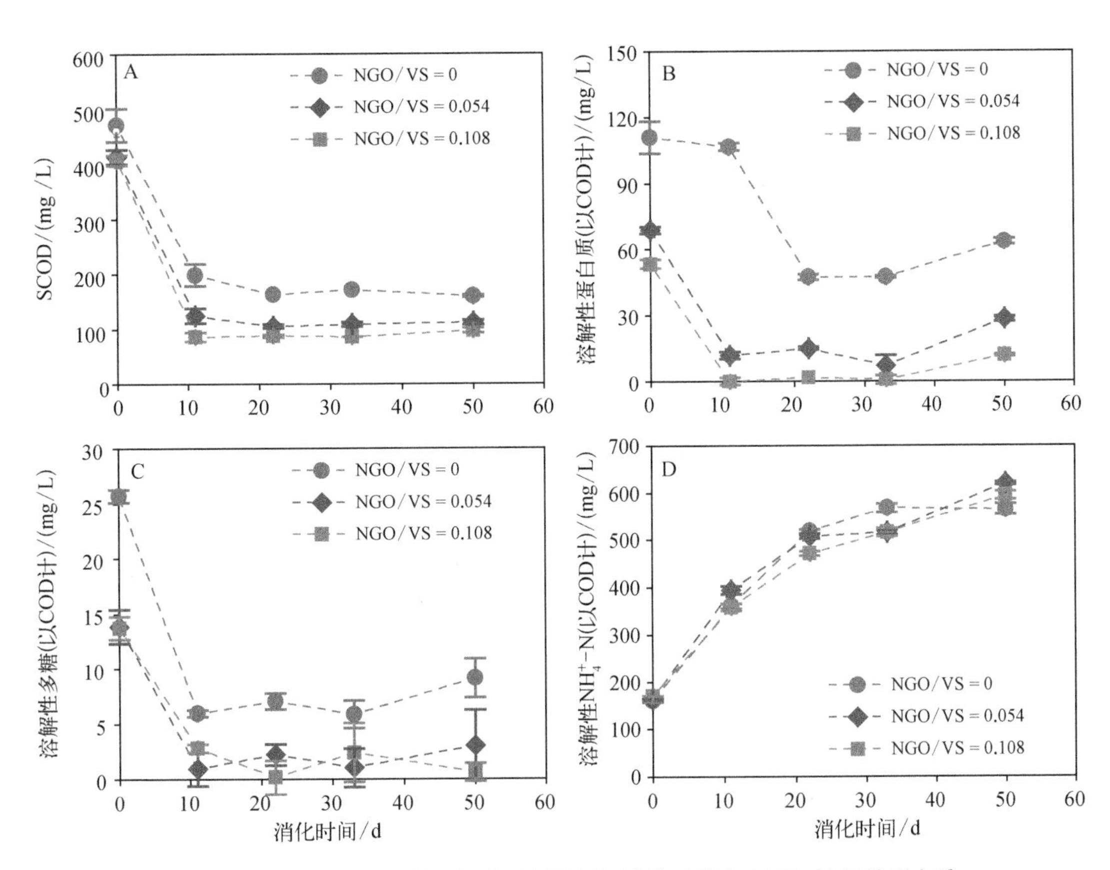

图4-29 不同氧化石墨烯添加量下污泥厌氧消化过程中SCOD、溶解性蛋白质、溶解性多糖和溶解性氨氮的变化

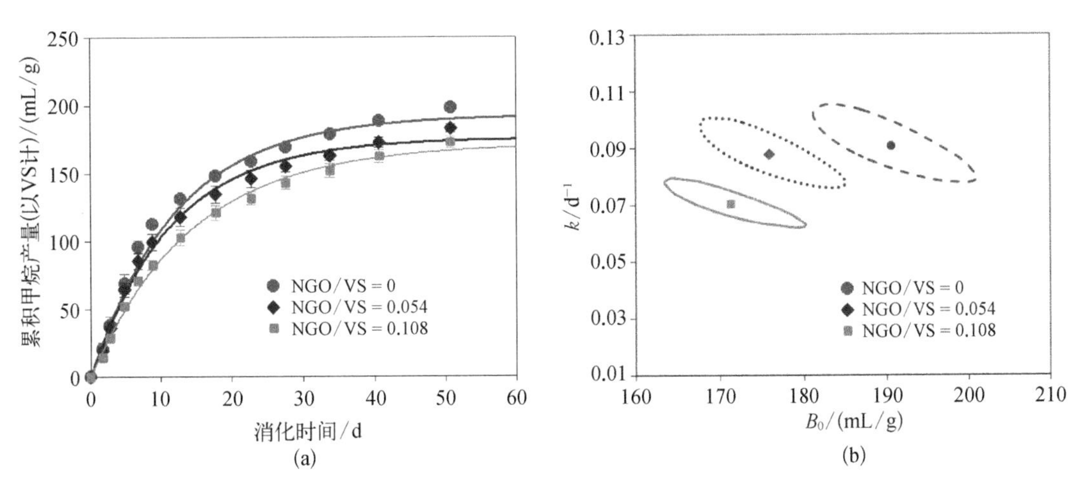

图4-30 (a) 模型和实际累计甲烷产量;(b) 模型计算得出的水解速率(k)和单位VS生物产甲烷潜势(B_0)的置信区域(95%)

较好的匹配度。模型拟合的水解速率(k)和生物产甲烷潜势(B_0)如图 4-30(b)所示。模型结果显示,随着氧化石墨烯的添加,生物产甲烷潜势逐渐下降。与没有添加氧化石墨烯的实验组相比,当单位 VS 氧化石墨烯添加量(以 NGO 计)为 0.108 g/g 时,最高的甲烷潜势下降了大约 10%(从 190 L/kg 下降到 171 L/kg)。相应地,污泥水解度随着氧化石墨烯添加量的增加而下降(从 0.36 下降到 0.32)。但是,当单位 VS 氧化石墨烯添加量(以 NGO 计)从 0.054 g/g 增加到 0.108 g/g 时,水解速率没有受到明显的影响,仅仅产生了轻微的降低。

4.4.3 氧化石墨烯对剩余污泥泥质的影响

如图 4-31 所示,氧化石墨烯的添加可导致浓缩污泥(厌氧消化底物)泥质的改变。氧化石墨烯的添加会导致 SCOD 的下降,且随着氧化石墨烯添加量的增加,SCOD 下降程度呈增加的趋势。相比较无氧化石墨烯添加的污泥,当单位 VS 氧化石墨烯(以 NGO 计)添加量为 0.027、0.054 和 0.081 g/g 时,上清液中的 SCOD 含量分别下降了 24%、31%、32%,这表明氧化石墨烯的添加会导致上清液中 SCOD 的明显下降,但当单位 VS 氧化石墨烯(以 NGO 计)添加量大于 0.027 g/g 时,上清液中 SCOD 下降的程度不显著。与上清液中 SCOD 下降的现象相似,溶解性蛋白质和溶解性多糖随着氧化石墨烯添加量的增加而降低。蛋白质和多糖随着氧化石墨烯的增加而下降,暗示着氧化石墨烯可能与有机质通过吸附作用相互结合,而这种作用同时导致了产甲烷可利用物质的下降,进而导致甲烷产量和产甲烷速率下降。但是,氧化石墨烯的添加没有导致 TS、VS/TS 和氨氮含量的下降。

不同剂量的氧化石墨烯和污泥上清液作用的 FTIR(傅里叶变换红外线光谱分析仪)结果如图 4-32 所示。通过查阅文献发现(Dai et al.,2017b;Abdulla et al.,2010),主要吸收峰和对应的官能团为:① 3 400 cm^{-1} 左右波数处为羧基和羟基上的 O—H 键的振动;② 2 970 cm^{-1} 和 2 930 cm^{-1} 左右波数处为 C—H 键的拉伸振动;③ 1 720 cm^{-1} 波数处为羧基上的 C ═O 键的拉伸振动;④ 1 620 cm^{-1} 处为羧基上—COO^- 键的非对称变形振动;⑤ 1 560 cm^{-1} 处为酰胺Ⅱ的 N—H 键变形振动;⑥ 1 415 cm^{-1} 处为酰胺Ⅲ的 C ═N 键和羧基上的 COO^- 键的拉伸振动;⑦ 1 295 cm^{-1} 处为羧基上 C—O 键拉伸振动、苯环上或者酰胺Ⅱ的 C ═N 键的拉伸振动;⑧ 1 100 cm^{-1}、1 071 cm^{-1} 和 1 075 cm^{-1} 处为糖类物质上 C—O 键的非对称变形振动(Dai et al.,2017a;Abdulla et al.,2010)。由 FTIR 图可得到,氧化石墨烯添加量的增加导致特征峰明显产生蓝移(波峰朝波数大的方向移动)。例如,当没有氧化石墨烯添加和每克 VS 中氧化石墨烯添加量为 0.054 g 的上清液在 1 078 cm^{-1} 和 1 071 cm^{-1} 处的特征峰,在每克 VS 中氧化石墨烯添加量为 0.108 g 时,移动至 1 100 cm^{-1} 处。当没有氧化石墨烯添加时,特征峰为 1 563 cm^{-1};而当每克 VS 中氧化石墨烯添加量为 0.054 g 和 0.108 g 时,相应的特征峰分别迁移至 1 575 cm^{-1} 和 1 614 cm^{-1} 处。特征峰的迁移主要是由于溶解性有机质与氧化石墨表层的官能团发生相互作用,如羟基和羧基(Dai et al.,2017a)。

氧化石墨烯具有吸附性,据报道氧化石墨烯对有机物具有很高的吸附性,如氧化石墨烯对四环素和亚甲基蓝的吸附性(Li et al.,2014;Sun et al.,2012)。蛋白质上的氨基在

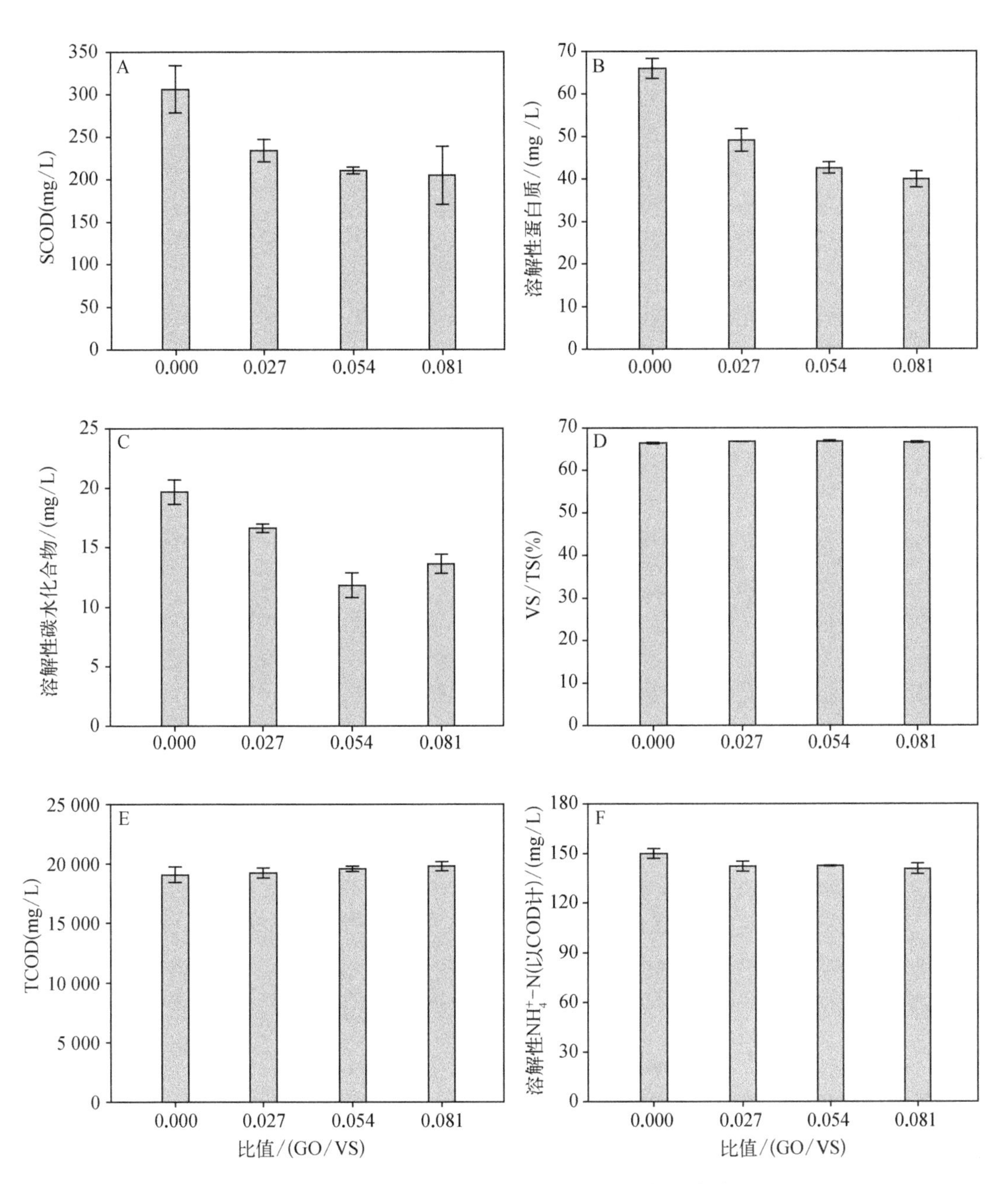

图4-31　氧化石墨烯对剩余污泥中SCOD、溶解性蛋白质、溶解性多糖、TS、VS/TS、TCOD和溶解性氨氮的影响(GO/VS代表氧化石墨与污泥VS的比值)

水溶液中易质子化,即与氢离子结合,导致氨基带正电荷。氧化石墨烯可看做石墨烯的一种氧化形式,在石墨烯的平面可结合羧基和环氧基。当石墨烯的边缘结合羧基时,边缘的羧基发生电离,会导致其带负电荷。据报道,氧化石墨烯可以吸附甲紫,主要是由于氧化石墨烯的羧基和甲紫的氨基发生静电作用(Ramesha et al.,2011)。因此氧化石墨烯可以通过其边缘的羧基和蛋白质上的氨基之间的静电作用,吸附SCOD中蛋白质和含氨基等有机质。

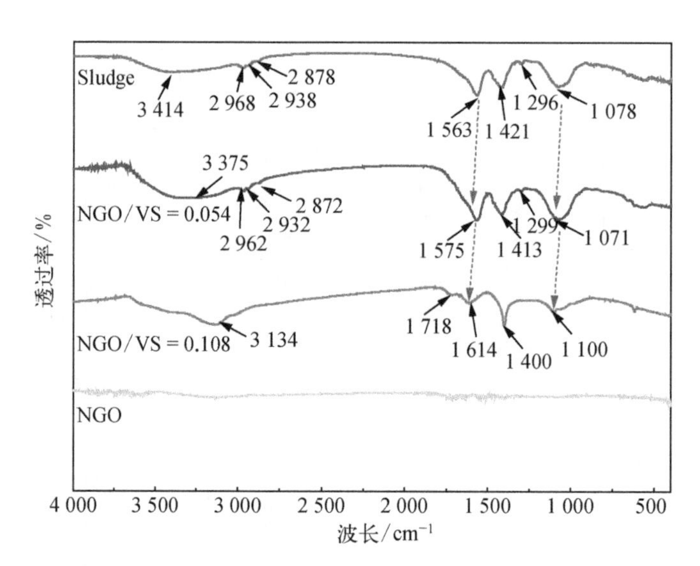

图 4－32 氧化石墨烯与污泥上清液混合后的 FTIR 光谱图(Sludge 代表未添加氧化石墨烯的污泥上清液;NGO/VS 代表氧化石墨烯与污泥上清液 VS 的比值;NGO 代表氧化石墨烯的红外光谱图)

4.4.4 氧化石墨烯对微生物酶活性的影响

厌氧消化过程中的某些酶在污泥厌氧消化过程中起到重要的作用,如水解蛋白酶(protease)、AK 酶(acetokinase)、辅酶 F420(coenzyme F420)分别对厌氧消化过程中水解步骤、酸化步骤和产甲烷步骤产生重要的作用。氧化石墨烯的添加对水解蛋白酶、AK 酶和辅酶 F420 活性的影响如图 4－33 所示。在氧化石墨烯添加量为 0.054 g/g 和 0.108 g/g 作用下,水解蛋白酶和 AK 酶的活性没有受到明显的影响。然而,辅酶 F420 的活性受到了明显的抑制,当氧化石墨烯添加量为 0.054 g/g 时,辅酶 F420 的活性下降了约 50%,而当氧化石墨烯添加量提高到 0.108 g/g 时,氧化石墨烯的活性继续下

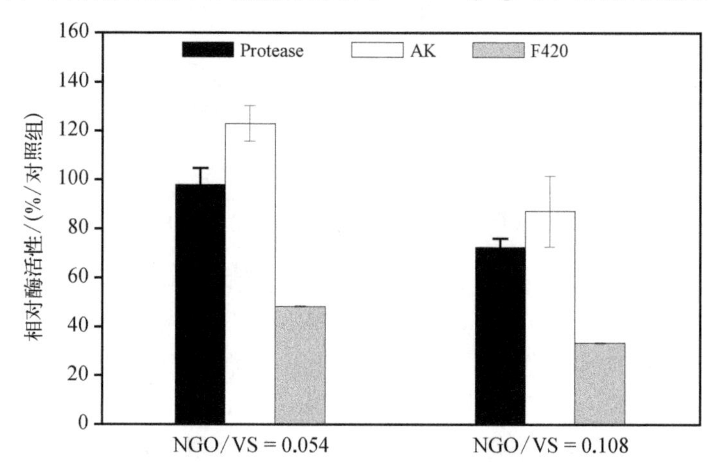

图 4－33 氧化石墨烯对水解蛋白酶、AK 酶和辅酶 F420 活性的影响

降30%。

由上述结果进一步发现,辅酶F420的活性随着氧化石墨烯剂量的增加而受到严重抑制,同时暗示着氧化石墨烯的添加可能导致产甲烷菌的活性受到严重影响。氧化石墨烯的抗菌性在之前的研究中被报道过,如氧化石墨烯抑制大肠杆菌的代谢活性(Hu et al.,2010)。据报道,氧化石墨烯锋利的边缘可造成生物膜压力,这种锋利的边缘有可能破坏细胞的完整结构,结果导致细胞内物质的流出,如RNA(Akhavan and Ghaderi,2010)。氧化性压力也可能是造成氧化石墨烯抗菌性的因素(Liu et al.,2011)。

4.4.5 氧化石墨烯对污泥厌氧消化各阶段的影响

氧化石墨烯对厌氧消化各个阶段(固体溶解、水解、酸化和产甲烷阶段)反应速率影响的结果如图4-34所示。如图4-34(a)和图4-34(d)所示,固体溶解和产甲烷阶段的速率明显受到氧化石墨烯的抑制,且随着氧化石墨烯的增加,抑制程度增加。由图4-34(b)和图4-34(c)可得,水解和酸化阶段没有受到明显的抑制。图4-34(a)显示了9小时的序批式实验过程中,随着氧化石墨烯添加量的增加,SCOD的释放量降低。SCOD初始值的降低与氧化石墨烯对污泥泥质的结果一致(氧化石墨烯的投加量增加导致SCOD

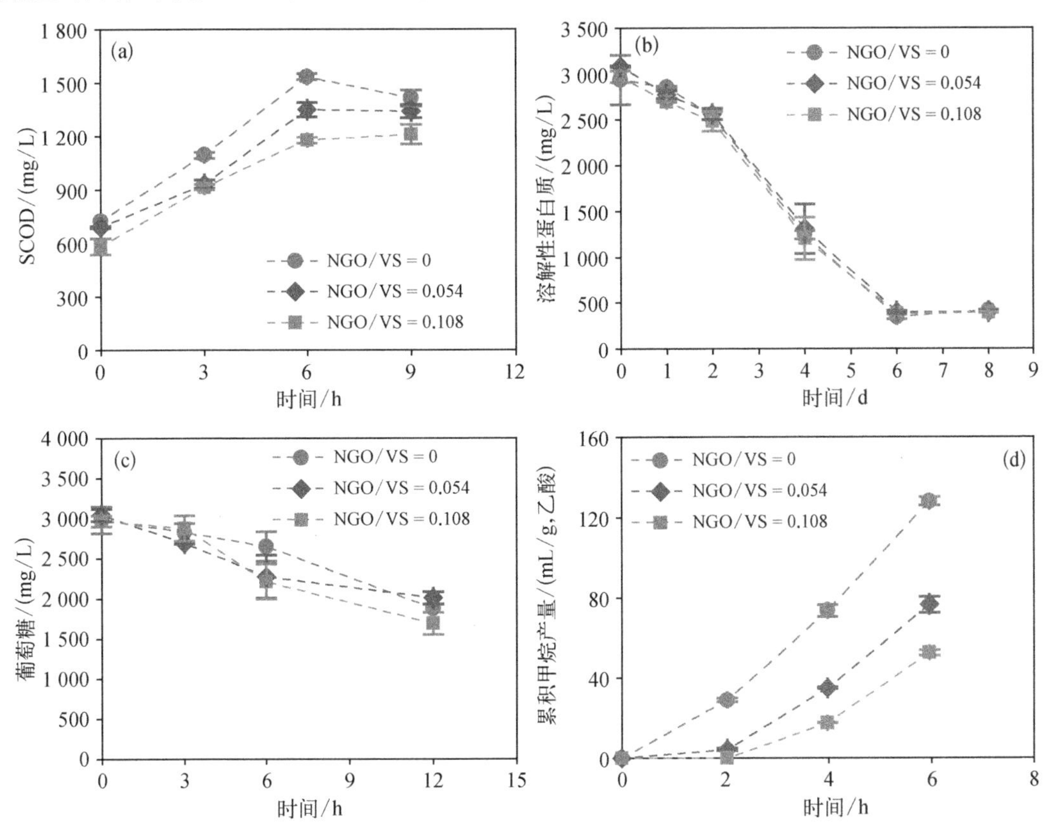

图4-34　氧化石墨烯对厌氧消化各阶段反应速率的影响:(a)固体物质溶解过程中SCOD的变化;(b)水解过程中蛋白质浓度的变化;(c)酸化过程葡萄糖浓度的变化;(d)乙酸作底物甲烷产量的变化

降低)。图 4 - 34(b)表明不同氧化石墨烯投加量的增加对水解步骤的底物降解速率没有明显影响。图 4 - 34(c)显示了氧化石墨烯的投加量没有对以葡萄糖为酸化底物的酸化步骤产生显著的影响。然而,以乙酸作为产甲烷底物的产甲烷阶段受到严重的抑制。图 4 - 34(d)显示氧化石墨烯的投加,增加了产甲烷阶段的迟滞期。无氧化石墨烯添加的空白组中,前两天产甲烷速率为 14.1 mL/(g 乙酸·d)。而当氧化石墨烯投加量为 0.054 g NGO/g VS 时,在序批式实验的前 2 天产甲烷速率下降到 2.06 mL/(g 乙酸·d),抑制产甲烷速率程度达到 85%。两天的迟滞期后,空白组产甲烷速率为 25 mL/(g 乙酸·d),而氧化石墨烯投加量为 0.054 g NGO/g VS 和 0.108 g NGO/g VS 时,实验组的产甲烷速率分别为 18 mL/(g 乙酸·d)和 14 mL/(g 乙酸·d),产甲烷速率抑制程度分别达到 28%和 44%。

固体溶解阶段由于氧化石墨烯的投加受到抑制,与前面氧化石墨烯对污泥泥质影响的结果共同说明污泥中有机质可能与氧化石墨烯通过静电作用相结合,导致污泥上清液中有机质含量降低,如蛋白质和多糖等含量的降低。而这些有机质是厌氧消化过程中重要的底物,所以可利用底物含量的降低导致产甲烷速率和单位有机质甲烷产量的降低。产甲烷阶段受到抑制,与氧化石墨烯对辅酶 F420 活性抑制的结果,两者共同说明了氧化石墨烯抑制污泥厌氧消化产甲烷过程,一方面抑制了产甲烷过程中重要的酶活性,另一方面氧化石墨烯的抗菌性可能对产甲烷微生物形成毒性。

4.5 纳米 Fe_3O_4 促进污泥高含固厌氧消化物质转化研究

高含固污泥厌氧消化虽然具有占地小、能耗低的优点,但在处理过程中,高有机负荷和传质不均会引起酸积累,从而导致厌氧系统的运行不稳定,最终达到一种低水平的稳态(抑制假稳态),在这种情况下,甲烷产量和有机物降解率都会相对减少。这是由于过高的 SCFAs 浓度会抑制微生物的活性,尤其是产甲烷菌,SCFAs 不能及时被产甲烷菌利用,导致酸积累,氢分压上升。在酸积累的情况下,由于产乙酸过程难以自发进行(标准吉布斯自由能为正),产酸菌和产甲烷菌种间氢气传递路径受阻,从而导致整个体系电子传递效率下降。

作者探讨了在高含固污泥厌氧消化过程中出现的种间氢气传递受阻的情况下,通过添加导电性纳米 Fe_3O_4 强化污泥厌氧消化产甲烷过程的可行性,并通过深入的机制研究阐明其发挥作用的机制。机制研究主要从两大方面进行:一方面,考察纳米 Fe_3O_4 在水溶液中化学形态变化以及相应铁离子释放对高含固污泥厌氧消化的影响;另一方面,通过稳定同位素示踪和宏转录组分析等手段研究纳米 Fe_3O_4 的添加对厌氧微生物产甲烷路径的影响,并寻求种间电子传递方式变化的证据。

4.5.1 纳米 Fe_3O_4 对污泥厌氧消化过程的影响(第一代)

由图 4 - 35、图 4 - 36 和表 4 - 10 可以看出,添加纳米 Fe_3O_4 后,高含固污泥厌氧消化体系产甲烷速率显著提高，单位 VS 加入量的最大每天产甲烷速率（R_{max}）由 18.07±0.65 mL/(g·d)提升到 22.87±0.91 mL/(g·d)，提高了 26.6%（$P<0.05$）。对照组（未添加纳米 Fe_3O_4）的最大产甲烷速率出现在第 13 天，而添加纳米 Fe_3O_4 组最大产甲烷速率出现在第 10 天。如表 4-11 所示，通过改进的 Gomperts 公式拟合的产甲烷曲线拟合效果较好。经过改进的 Gomperts 公式计算得出，添加纳米 Fe_3O_4 将产甲烷迟滞时间（λ）由 5.79 天缩短为 3.75 天，说明厌氧体系更快进入快速产甲烷阶段。对于对照组，产气在 34 天左右开始趋于平缓，而对于添加纳米 Fe_3O_4 组，产气在 27 天时就已经基本停止。对照组和添加纳米 Fe_3O_4 组单位 VS 加入量的最终甲烷产量分别为 309.12±3.69 mL/g 和 302.51±2.19 mL/g，没有显著差异（$P>0.05$）。

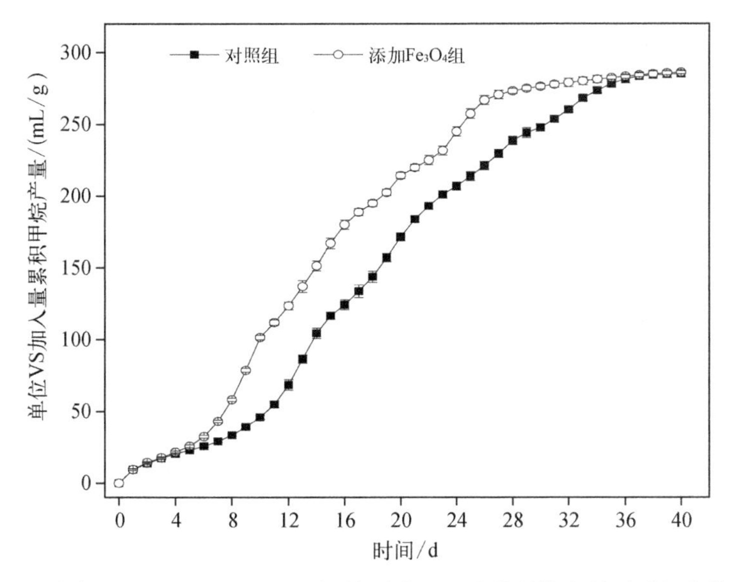

图 4-35　纳米 Fe_3O_4(50 mg/g,TS)对厌氧消化过程中的甲烷产量随时间变化的影响

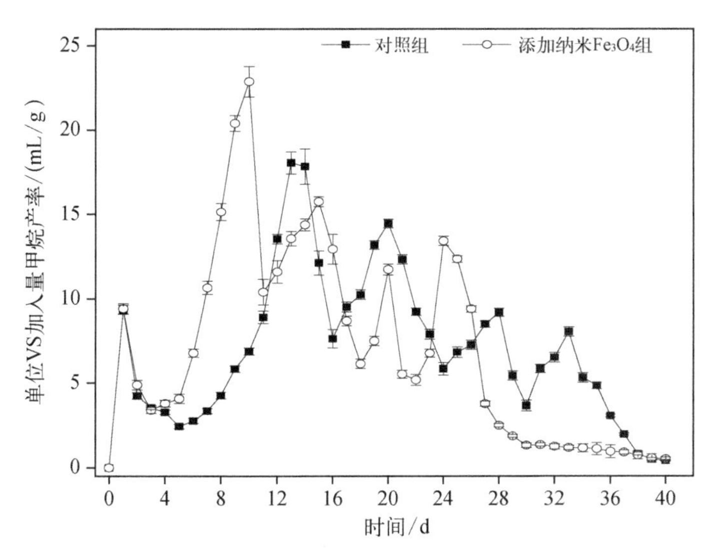

图 4-36　纳米 Fe_3O_4(50 mg/g,TS)对厌氧消化过程中的产甲烷速率随时间变化的影响

表 4-10　经改进的 Gompertz 公式计算得出的描述纳米 Fe_3O_4 对污泥厌氧消化影响实验的产甲烷曲线相关参数（第一代）

实验		迟滞时间 λ/d	单位 VS 加入量最大产甲烷速率 R_{max}/(mL/g)	单位 VS 加入量最终甲烷产量 P/(mL/g)
第一代	对照组	5.79±0.20	18.07±0.65	309.12±3.69
	纳米 Fe_3O_4 组	3.75±0.19	22.87±0.91	302.51±2.19

λ 和 P 为经改进的 Gompertz 公式计算值；R_{max} 为实测值。

表 4-11　改进的 Gompertz 公式拟合效果评价参数（第一代）

参数	对照组	纳米 Fe_3O_4 组
点数	41	41
自由度	38	38
简化的卡方检验	21.28	26.12
残差平方和	808.72	992.59
校准 R^2	1	1
配合状态	成功的（100%）	

以上甲烷产量和产甲烷速率的结果与水稻土厌氧体系、乙醇废水厌氧消化系统纯培养共生体系等厌氧环境中添加导电性物质的文献报道基本一致（Lovley，2017；Zhao et al.，2017；Cheng and Call，2016；Yamada et al.，2015）。例如，Yang 等（2015b）报道了添加 Fe_3O_4 后对用丙酸驯化的水稻土为接种物、利用短链脂肪酸为底物产甲烷过程影响，结果显示，Fe_3O_4 加速了产甲烷过程，但最终甲烷产量相差不大，而且经过五代培养后该现象几乎一致。

另外，由图 4-36 可以看出，产甲烷速率波动较大，且出现若干峰值，可能原因有两个：① 污泥中有机物的降解难易程度不同，易降解有机物会较早被降解，而较难降解有机物的降解会延后；② 进入快速产甲烷阶段后，水解酸化阶段产生的 SCFAs 越来越多，在积累到一定程度时严重抑制产甲烷菌的活性，造成产甲烷速率的骤降，但随着 SCFAs 被逐渐缓慢降解后，再次进入快速产甲烷阶段，这一过程重复多次造成产甲烷速率的波动。该现象的具体原因还需要进一步深入的研究。

沼气中的气体组分也受到纳米 Fe_3O_4 的影响（图 4-37）。总体来看，两组实验中的甲烷含量随时间延长而不断增加，到 12 天时，达到平稳，在 74.50%~78.59%。在第 12 天之前，纳米 Fe_3O_4 添加组的甲烷含量持续高于对照组，而在 12 天之后，两组实验的气体组分交替升高。二氧化碳含量在厌氧消化初期（水解酸化阶段）较高，随着两组实验依次进入厌氧消化过程进入快速产甲烷阶段，二氧化碳含量逐渐下降。纳米 Fe_3O_4 添加组在第 9 天时，二氧化碳含量已经降到很低的水平，而空白实验组则需要到第 15 天。以上结果也可以说明纳米 Fe_3O_4 使厌氧消化过程更快进入快速产甲烷阶段。

总体来看，由于高含固污泥中高浓度有机质的存在，厌氧消化过程中产生的总 SCFAs 浓度很高，尤其是前期积累严重（图 4-38）。在对照组，第 4 天时总 SCFAs 浓度最高，为 21 259.2±493.5 mg/L（以 COD 计），纳米 Fe_3O_4 添加组总 SCFAs 最高浓度出现在第 2 天，

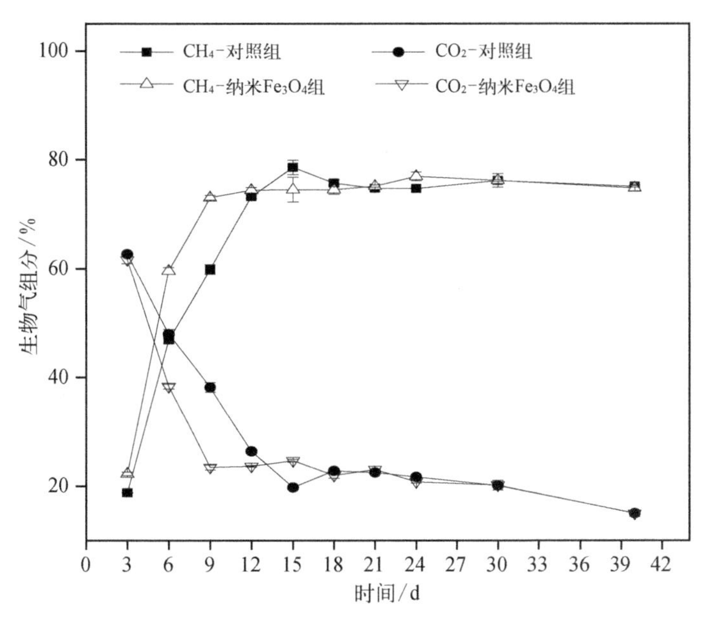

图 4-37　纳米 Fe_3O_4 对污泥厌氧消化过程中沼气气体组分随时间变化的影响

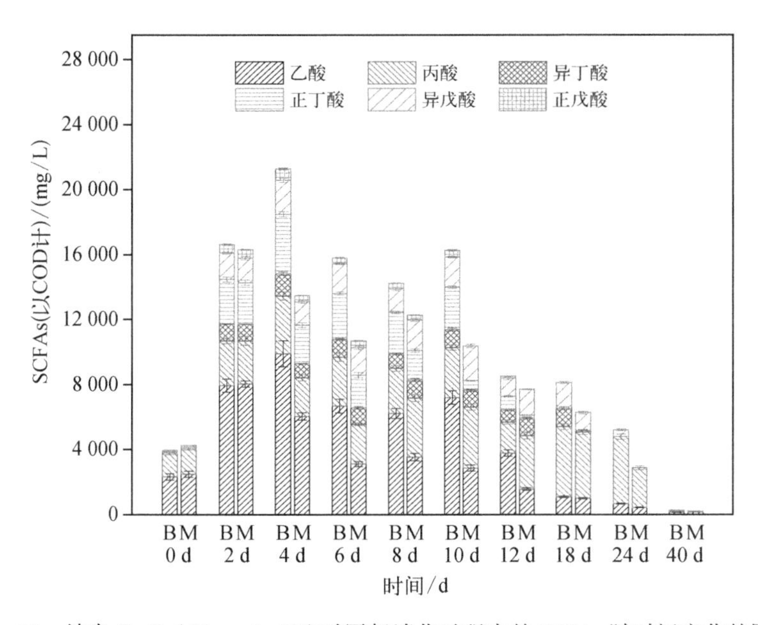

图 4-38　纳米 Fe_3O_4(50 mg/g, TS)对厌氧消化过程中的 SCFAs 随时间变化的影响。B 为对照组;M 为纳米 Fe_3O_4 组

其值为 16 310.8±386.1 mg/L(以 COD 计),在第 4 天时已降至 13 494.3±272.7 mg/L(以 COD 计),比同期对照组低 57.5%。以上结果说明,纳米 Fe_3O_4 大大缓解了总 SCFAs 的积累。对于不同种类的 SCFA 而言,乙酸和丙酸为 SCFAs 中的主要成分,而在厌氧消化后期,SCFAs 主要以丙酸为主,此时,纳米 Fe_3O_4 仍然能够减小丙酸的积累。当第 40 天厌氧消化结束时,仅少量乙酸可以检出。如图 4-39 所示,溶解性有机碳(DOC)变化规律与总 SCFAs 基本一致,纳米 Fe_3O_4 添加组的 DOC 值在各时间点都比对照组低,而且 DOC

最大值出现的时间都比对照组提前,在厌氧消化结束时 DOC 处于同一水平($P<0.05$)。众所周知,SCFAs 和 DOC 不断产生和消耗,处于一种动态平衡中。它们的浓度越低,意味着它们的消耗速度更快,这与产气速率加快的现象相吻合。另外,添加纳米 Fe_3O_4 使厌氧消化前期(0~12 天)pH 比对照组高(图 4-40),这可能是由于 SCFAs 较快被消耗,酸积累得到缓解,同时有机物更快地被分解释放出更多的氨氮(图 4-41),使得体系的 pH 升高。

在高含固污泥厌氧消化过程中,大量的有机物被产酸菌利用产生过量的 SCFAs,高浓度的 SCFAs 对微生物产生毒害作用,尤其是产甲烷菌。产甲烷菌受抑制后,不能及时消耗 SCFAs 和氢气,从而造成 SCFAs 的积累和氢分压的升高。在这种情况下,体系 pH 降到足够低的值,水解酸化阶段也会受到抑制。具体来说,SCFAs 的抑制作用主要有两方面:① 高含固条件下,厌氧消化开始时,体系因 SCFAs 浓度升高,pH 降低,非解离态 SCFAs 增

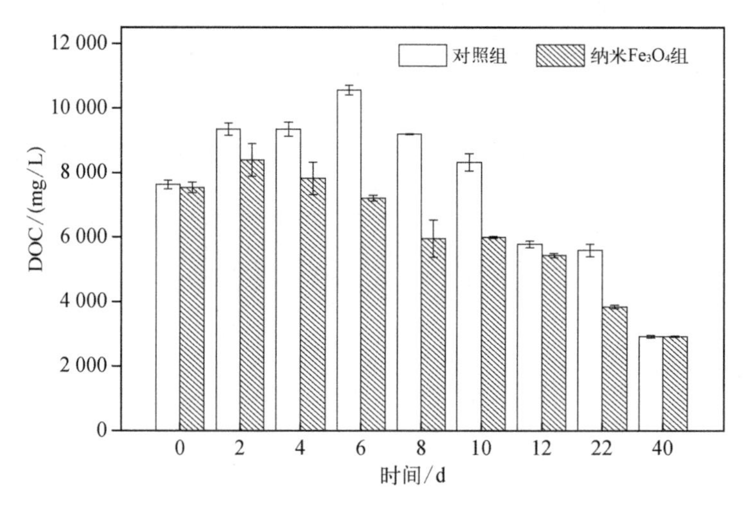

图 4-39 纳米 Fe_3O_4 对污泥厌氧消化过程中的溶解性有机碳(DOC)含量的影响

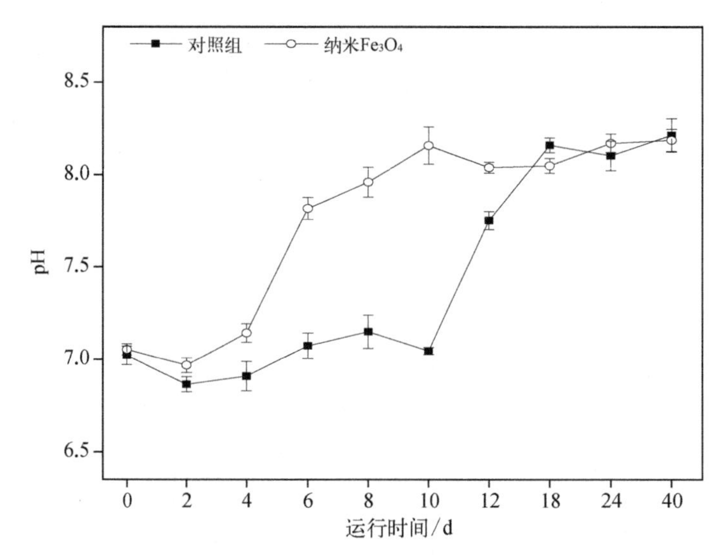

图 4-40 纳米 Fe_3O_4 对污泥厌氧消化过程中 pH 的影响

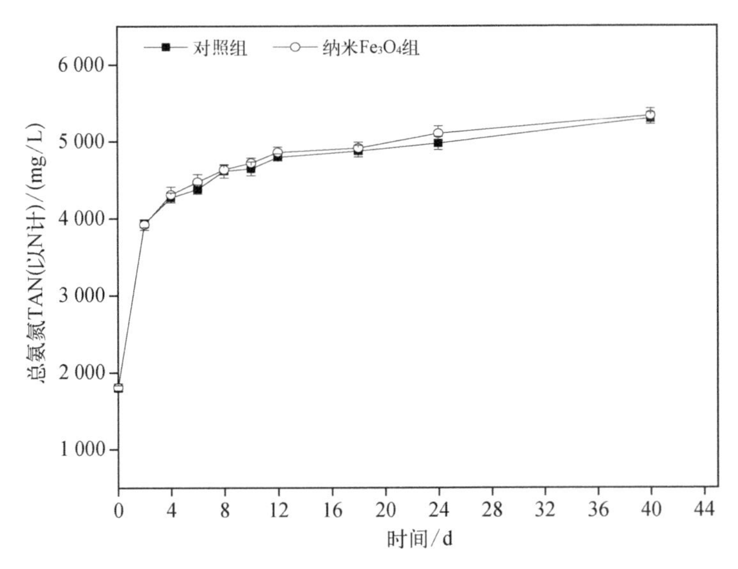

图 4-41 纳米 Fe_3O_4 对污泥厌氧消化过程中总氨氮(TAN)的影响

多。非解离态 SCFAs 能够自由通过细胞膜,导致细胞膜破裂,使微生物细胞内稳态失衡,抑制微生物活性(Boe,2006;Mechichi and Sayadi,2005);② 从产酸菌和产甲烷菌之间的共生关系来看,产酸菌产生的过多的 SCFAs 抑制产甲烷菌活性,SCFAs 积累伴随氢分压升高。在氢分压过高时,SCFAs 向乙酸和 H_2/CO_2 转化的反应因吉布斯自由能为正而难以自发进行,只有当氢分压和乙酸浓度足够低的时候,反应才能进行。在这种情况下,产酸菌和产甲烷菌之间的种间氢气传递途径受阻,从而导致整个体系产甲烷过程效率低下(Appels et al.,2008;Massé and Droste,2000)。

4.5.2 释放的铁离子对污泥厌氧消化产甲烷的影响

纳米 Fe_3O_4 可以显著缓解高有机负荷下的酸积累并能加速厌氧消化产甲烷过程。研究表明,纳米金属氧化物对微生物发挥作用与它所释放的金属离子有关,纳米 Fe_3O_4 进入厌氧消化系统后迅速溶解,解离出的铁离子则可能对产甲烷菌产生影响。

在前述纳米 Fe_3O_4 性质的研究中发现,在厌氧非生物环境下,纳米 Fe_3O_4 物化性质稳定,在 pH 低至 6.97 时几乎不会产生铁离子。通过对"纳米 Fe_3O_4 对污泥厌氧消化过程的影响(第一代)"实验中各厌氧消化时间点取样的消化污泥中铁离子浓度的测定结果可以看出(图 4-42),纳米 Fe_3O_4 添加组的铁离子浓度高于对照组,最大差值为 6.0 mg/L,出现在厌氧消化第 10 天。可能是由于厌氧体系中复杂的微生物组成中一些菌种参与了铁离子的解离,例如,异化铁(III)还原细菌(Jiang et al.,2013)。另外,对照组的铁离子浓度在厌氧消化开始后出现下降的现象,可能是由于接种污泥中较高浓度的铁离子与新鲜的脱水污泥混匀后,一段时间后,游离的铁离子与脱水污泥中的一些物质吸附或络合,转化成为更加稳定的形态(Dong et al.,2013)。

根据以上分析,并考虑到在氧化还原电位(oxidation-reduction potential,ORP)较低

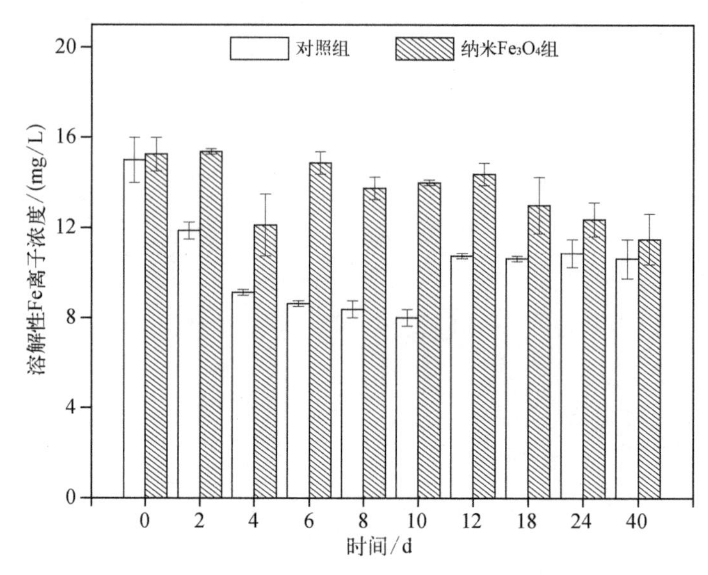

图 4-42　纳米 Fe_3O_4 对污泥厌氧消化过程中铁离子释放的影响

的厌氧产甲烷环境中，铁离子多以二价形态存在，选取 6.0 mg/L Fe^{2+} 来模拟纳米 Fe_3O_4 释放铁离子对厌氧消化的影响。以 6.0 mg/L 为浓度设置基准，分别设置 4 个浓度梯度：0 mg/L、1 mg/L、5 mg/L 和 10 mg/L。另外，设置 50 mg/g(TS)纳米 Fe_3O_4 实验组作为对比。

如图 4-43 和表 4-12 所示，通过 Modified Gomperts 公式拟合的产甲烷曲线拟合效果较好。由图 4-43 和表 4-13 可以看出，1 mg/L Fe^{2+} 可以稍微加快产甲烷过程，但是这种促进作用与纳米 Fe_3O_4 相比差距较大。纳米 Fe_3O_4 能够将 λ 由 6.00±0.26 天缩短到

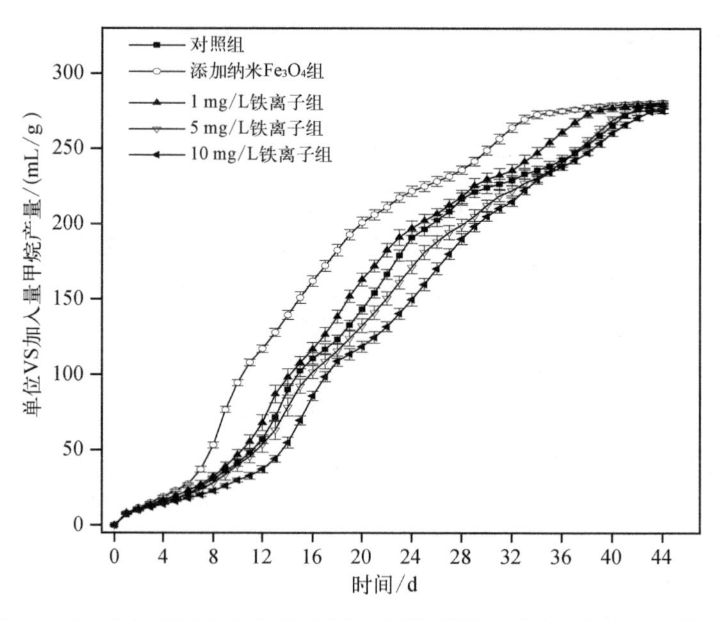

图 4-43　添加不同浓度铁离子对污泥厌氧消化过程中甲烷产量的影响

2.20±0.28 天，R_{max} 由 17.73±0.36 mL/(g·d) 提高到 20.66±0.48 mL/(g·d)，而 1 mg/L Fe^{2+} 只能将 λ 缩短到 5.41±0.23 天，R_{max} 提高到 18.51±0.34 mL/(g·d)。当浓度提高到 5 mg/L 时，产甲烷过程稍微受到一些抑制，λ 延长到 6.12±0.20 天，R_{max} 下降到 16.51±0.53 mL/(g·d)，抑制作用不是太大。但是，10 mg/L Fe^{2+} 严重抑制产甲烷过程，λ 延长到 7.64±0.23 天，R_{max} 下降到 15.80±0.79 mL/(g·d)。这表明低浓度的 Fe^{2+} 促进产甲烷过程，因为铁元素是酶的重要组成部分，添加后有助于提高微生物代谢活性(Siegbahn et al.,2007)；而高浓度的 Fe^{2+} 抑制产甲烷过程，一种原因是过高浓度的 Fe^{2+} 对微生物细胞有毒害作用；另一种原因是有机物，尤其是蛋白质，会与 Fe^{2+} 发生结合，由于这些有机物难以降解，从而是产甲烷过程减速(Dai et al.,2017b)。

综上所述，由厌氧微生物对纳米 Fe_3O_4 发生作用后解离产生的铁离子并不是纳米 Fe_3O_4 促进厌氧消化的主要原因。

表 4-12　改进的 Gompertz 公式拟合效果评价参数(第一代)

参　　数	对照组	纳米 Fe_3O_4 组	1 mg/L	5 mg/L	10 mg/L
点数	46	46	46	46	46
自由度	43	43	43	43	43
简化卡方检验	28.54	39.85	23.04	14.65	20.53
残差平方和	1 227.26	1 713.43	990.86	629.78	882.84
校准 R^2	1	1	1	1	1
符合状态	成功(100%)				

表 4-13　经改进的 Gompertz 公式计算得出的描述相应铁离子释放对污泥厌氧消化影响实验中产甲烷曲线的参数

实验组	迟滞时间 λ/d	单位 VS 加入量最大产甲烷速率 R_{max}/[mL/(g·d)]	单位 VS 加入量最终甲烷产量 P/(mL/g)
对照组	6.00±0.26	17.73±0.36	278.28±3.39
纳米 Fe_3O_4 组	2.20±0.28	20.66±0.48	274.03±2.36
1 mg/L	5.41±0.23	18.51±0.34	283.81±2.80
5 mg/L	6.12±0.20	16.51±0.53	287.40±3.48
10 mg/L	7.64±0.23	15.80±0.79	291.14±4.95

λ 和 P 为经改进的 Gompertz 公式的计算值；R_{max} 为实测值。

4.5.3　纳米 Fe_3O_4 对厌氧消化单独各阶段的影响

为探究纳米 Fe_3O_4 对水解酸化段的影响，添加 0.1% 2-溴乙烷磺酸钠(BES)阻断产甲烷途径。BES 是一种传统的特异性甲烷菌抑制剂，能够阻断类咕啉类酶的功能，抑制甲烷菌的甲基辅酶 M 还原酶(产甲烷最后一步所需酶)(Xu et al.,2010)。未添加和添加 BES 的有机物代谢路径变化如图 4-44 所示。

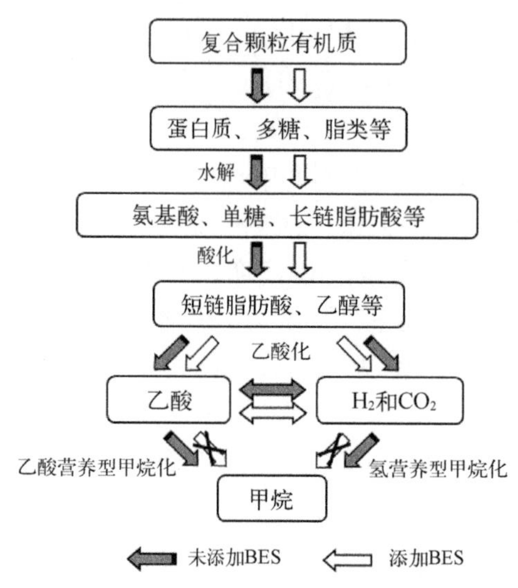

图 4-44 厌氧消化过程中有机物降解途径（未添加和添加 BES）（Xu et al.，2010）

在厌氧消化过程中，溶解性蛋白质和溶解性多糖是主要的水解产物，总 SCFAs 为主要的酸化产物，另外，氢气含量可以反映产乙酸段的活性。为了研究纳米 Fe_3O_4 对产甲烷的促进作用是否来自于其对产甲烷段之前过程（单独水解或产酸段）的强化，在加入 BES 抑制产甲烷过程的情况下进行厌氧消化，通过测定溶解性蛋白质、溶解性多糖、SCFAs 和氢气产量来进行判断。

由图 4-45 可以看出，在 BES 抑制产甲烷阶段后，经过 4 天、10 天、16 天、22 天和 28 天的厌氧消化，纳米 Fe_3O_4 添加组的溶解性蛋白质、溶解性多糖和总 SCFAs 的浓度与对照组相比并没有显著差异（$P>0.05$）。甲烷在前 4 天有少量积累，可能是由于 BES 发挥作用需要短暂的适应时间，4 天后甲烷产量几乎没有变化，且对照组和纳米 Fe_3O_4 添加组的甲烷产量没有显著差异（$P>0.05$）。氢气产量在前 16 天逐渐积累，但之后出现下降，因 BES 只抑制产甲烷阶段并不能抑制同型产乙酸菌的活性，氢气的减少可能是由于同型产乙酸菌利用氢气和二氧化碳合成乙酸，对照组和纳米 Fe_3O_4 添加组的氢气产量没有显著差异（$P>0.05$）。以上结果说明，纳米 Fe_3O_4 对单独水解、酸化段并没有强化作用。

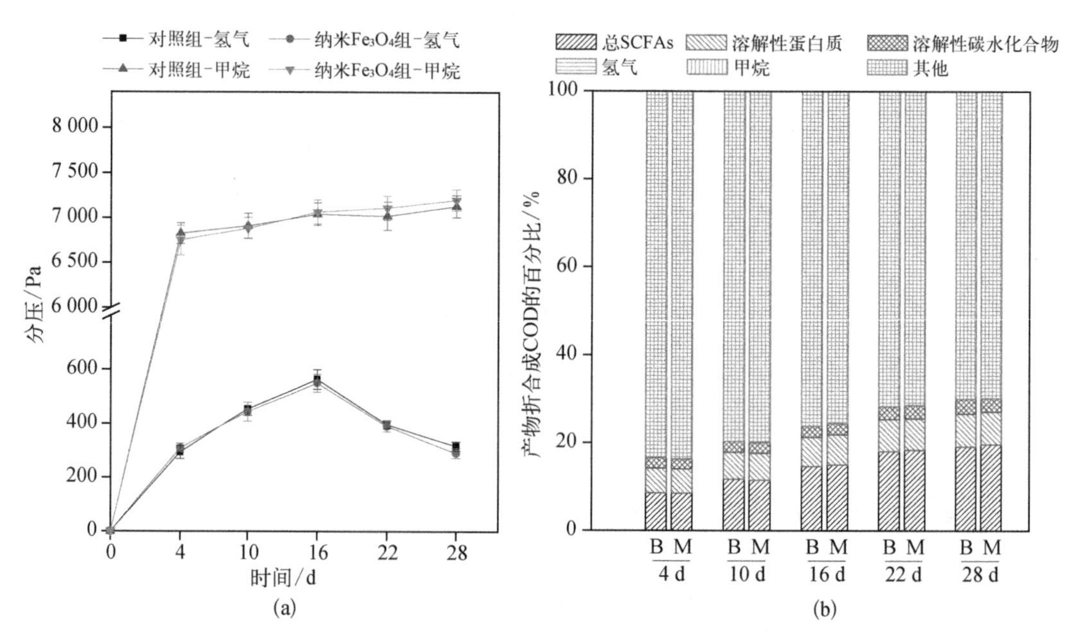

图 4-45 纳米 Fe_3O_4 对添加 BES 抑制产甲烷过程后溶解性蛋白质、溶解性多糖、总 SCFAs 含量以及氢气、甲烷量的影响。（a）氢气和甲烷；（b）COD 平衡图。横坐标 B 为对照组；M 为纳米 Fe_3O_4 组

对于纳米 Fe_3O_4 对单独产甲烷段的影响，采用底物代谢方法分别对乙酸利用型产甲烷途径和氢气利用型途径的变化进行测定。该研究因提供的底物为产甲烷古菌直接利用底物乙酸或 H_2/CO_2，基本可以忽略水解、酸化等阶段，仅考察产甲烷段的代谢变化。如表4－14所示，该研究的接种污泥同为第一代对照组产气停止的消化污泥出料，添加外源纳米 Fe_3O_4 后，经7天代谢，以乙酸为底物的实验组的乙酸消耗量和甲烷产量分别为2 362±179 mg/L和141±6 mL，未添加实验组分别为2 187±132 mg/L和134±6 mL，两组实验的乙酸消耗量和甲烷产量均没有显著性差异（$P>0.05$），说明添加纳米 Fe_3O_4 没有提高单独乙酸利用型产甲烷途径；添加外源纳米 Fe_3O_4 后，经2天代谢，以 H_2/CO_2 为底物的实验组的 H_2/CO_2 消耗量和甲烷产量分别为283±20 mL和45±4 mL，未添加实验组分别为296±12 mL和48±2 mL，两组实验的 H_2/CO_2 消耗量和甲烷产量均没有显著性差异（$P>0.05$），说明添加纳米 Fe_3O_4 没有提高单独氢气利用型产甲烷途径。

表4－14　添加纳米 Fe_3O_4 对乙酸利用型产甲烷途径和氢气利用型产甲烷途径的影响

实验组	底物和产物		对照组	纳米 Fe_3O_4 组	对照组+纳米 Fe_3O_4 组
乙酸利用型产甲烷途径	7 d	乙酸消耗量/(mg/L)	2 187±132	3 053±153	2 362±179
		甲烷产量/mL	134±6	202±10	141±6
氢气利用型产甲烷途径	2 d	H_2/CO_2 消耗量/mL	296±12	234±5	283±20
		甲烷产量/mL	48±2	38±2	45±4

综上，添加纳米 Fe_3O_4 对高含固污泥厌氧消化产甲烷的促进作用并不是来自于其对单独各阶段（水解段、产酸段和产甲烷段）的作用。

另外，本论文对第一代中对照组和添加纳米 Fe_3O_4 实验组中已建立微生物种群关系的产甲烷路径变化进行了研究。如表4－14所示，以添加纳米 Fe_3O_4 实验组的消化污泥为接种污泥，经过7天代谢后，以乙酸为底物的实验组的乙酸消耗量和甲烷产量分别为3 053±153 mg/L和202±10 mL，显著高于以对照组的消化污泥为接种污泥的实验组，说明乙酸型利用产甲烷途径被强化（$P<0.05$）；经过2天代谢后，以 H_2/CO_2 为底物的实验组的 H_2/CO_2 的消耗量和甲烷产量分别为234±5 mg/L和38±2 mL，略微低于以对照组消化污泥为接种污泥的实验组，说明氢气型产甲烷途径活性下降（$P<0.05$）。以上结果表明，在第一代实验中，纳米 Fe_3O_4 显著促进了乙酸利用型产甲烷途径，而使氢气型利用产甲烷途径被削弱。接下来结合多种手段对产甲烷路径的变化进行深入探究。

4.5.4　纳米 Fe_3O_4 对污泥厌氧消化过程的影响（第二代）

以第一代的消化污泥作为接种污泥考察经纳米 Fe_3O_4 对驯化后的厌氧微生物产甲烷过程的影响。如表4－15所示，通过Modified Gomperts公式拟合的产甲烷曲线拟合效果较好。根据图4－46、图4－47和表4－16可以看出，经过驯化后，第二代两组实验的产甲烷性能显著优于第一代（R_{max} 增大，λ 缩短）。经驯化后，厌氧微生物对本研究中所用脱水污泥的性质更加适应，而且微生物活性进一步强化，处于新陈代谢旺盛阶段，能够快速参与有机质降解和产甲烷过程。2010年，Kato等和Yang等分别报道了以乙酸为底物、水稻土作为接种物，以及以产氢产酸相的出料作为底物、水稻土作为接种物的厌氧体系中，经驯化后产甲烷过程显著加速(Sundberg et al.,2013;Pirbadian and El-Naggar,2012)。

表 4-15 Modified Gompertz 公式拟合效果评价参数(第二代)

	对照组	纳米 Fe_3O_4
点数	17	17
自由度	14	14
简化卡方	7.33	10.07
残差平方和	102.63	140.97
校准 R^2	1	1
符合状态	成功(100%)	成功(100%)

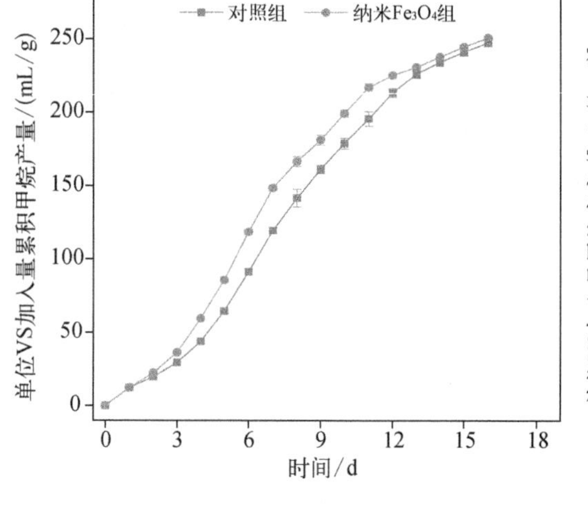

图 4-46 纳米 Fe_3O_4 对不同时间甲烷产量的影响(第二代)

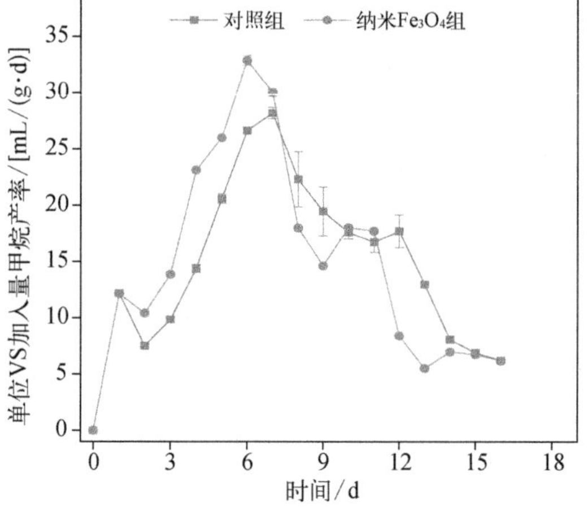

图 4-47 纳米 Fe_3O_4 对不同时间产甲烷速率的影响(第二代)

表 4-16 经 Modified Gompertz 公式计算得出的描述纳米 Fe_3O_4 对污泥厌氧消化的影响实验中产甲烷曲线的参数(第二代)

实验组		迟滞时间 λ/d	单位 VS 加入量最大产甲烷速率 R_{max}/[mL/(g·d)]	单位 VS 加入量最终甲烷产量 P/(mL/g)
第二代	对照组	2.20±0.10	27.80±0.50	277.36±3.97
	纳米 Fe_3O_4 组	1.78±0.09	32.91±0.33	271.71±2.47

λ 和 P 为经 Modified Gompertz 公式计算值 equation;R_{max} 为实测值。

第二代中，纳米 Fe_3O_4 仍能显著提高产甲烷速率，单位 VS 加入量 R_{max} 由 27.80±0.50 mL/(g·d)提升到 32.91±0.33 mL/(g·d)，提高了 18.4%(P<0.05)。对照组的最大产甲烷速率出现在第 7 天，而添加纳米 Fe_3O_4 组最大产甲烷速率出现在第 6 天。经过 Modified Gomperts 公式计算得出，添加纳米 Fe_3O_4 可将产甲烷迟滞时间(λ)由 2.20±0.10 天缩短为 1.78±0.09 天，说明厌氧体系更快进入快速产甲烷阶段。对照组和添加纳米 Fe_3O_4 组的单位 VS 加入量最终甲烷产量分别为 277.36±3.97 mL/g 和 271.71±

2.47 mL/g,没有显著差异(P>0.05)。

由图4-48可以看出,在第二代中,厌氧消化系统的总SCFAs浓度与第一代相比大大降低。这得益于微生物的驯化作用,尤其是产甲烷古菌,活性得到显著提升。虽然有机质含量依然很高,但产甲烷菌对SCFAs的利用速率提高,降低SCFAs的积累程度。对照组和纳米Fe_3O_4添加组的总SCFA最大值均出现在厌氧消化反应的第3天,分别为8 725.23±382.45 mg/L(以COD计)和7 410.80±189.92 mg/L(以COD计),随后总SCFA浓度逐渐下降。在厌氧消化不同时间时,纳米Fe_3O_4添加组的总SCFAs的浓度均比对照组低,说明经过驯化后,纳米Fe_3O_4仍能够缓解SCFAs的积累。SCFAs中成分主要以乙酸和丙酸为主,反应初期异丁酸含量也较高。两个实验组的pH均呈现上升的趋势,在产气基本停止时,纳米Fe_3O_4添加组和对照组体系pH分别达到7.96±0.06和8.02±0.03,纳米Fe_3O_4添加组的pH均高于对照组,可能是由于添加纳米Fe_3O_4后,厌氧消化系统中较低浓度的总SCFAs引起了体系的pH上升(图4-49)。

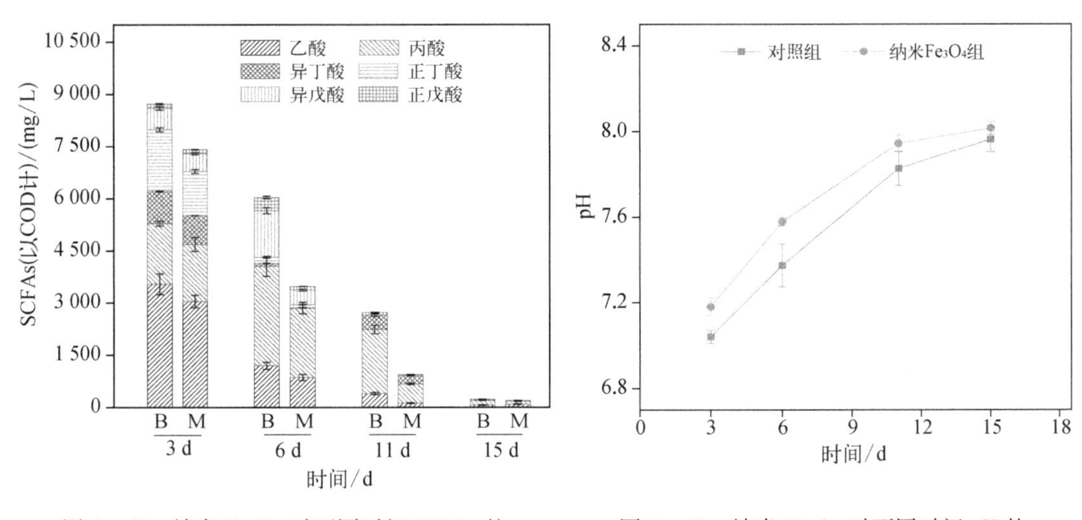

图4-48　纳米Fe_3O_4对不同时间SCFAs的影响(第二代)

图4-49　纳米Fe_3O_4对不同时间pH的影响(第二代)

4.5.5　稳定碳同位素示踪分析

第二代中厌氧消化产生的沼气每3天取样进行甲烷和二氧化碳的稳定碳同位素的测定(分别用$\delta^{13}CH_4$和$\delta^{13}CO_2$来表示)。由图4-50可以看出,两组实验稳定碳同位素变化规律一致,随着厌氧消化的进行,$\delta^{13}CH_4$先升高,再下降,最后又上升;$\delta^{13}CO_2$先上升后下降。为更准确地估算主要产甲烷途径的比例变化,以下分析采用表观产甲烷同位素分馏系数(α_c)来进行表征。值得注意的是,传统理论认为氢气型利用产甲烷途径即二氧化碳还原产甲烷途径,但随着种间直接电子传递的发现,该路径理论不再适合。由于种间直接电子传递不利用氢气也能将二氧化碳还原为甲烷,因此二氧化碳还原产甲烷途径应当包括氢气利用型产甲烷途径和依靠种间直接电子传递合成甲烷的途径。此处,α_c表征的是乙酸利用型产甲烷途径和二氧化碳还原产甲烷途径。通常来说，α_c>1.065 表明产生的甲烷主要来自二氧化碳还原途径，α_c<1.065 表明产生的甲烷主要来自乙酸利用途径。α_c 值越小，乙酸型利用型产甲烷途径比例越高；反之，二氧化碳利用型产甲烷比例越高（Conrad，2005）。

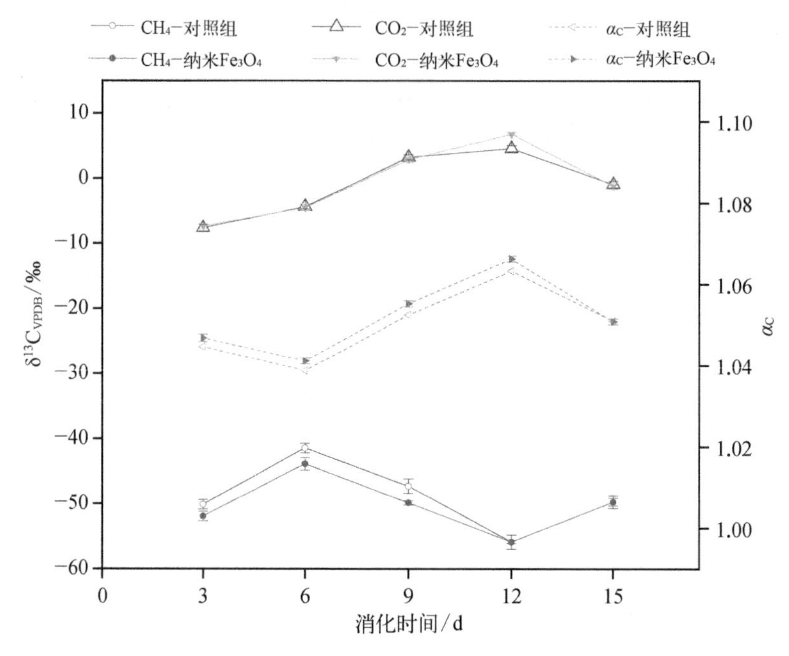

图 4-50 纳米 Fe_3O_4 对不同时间甲烷和二氧化碳中稳定同位素含量 ^{13}C 含量以及 α_c 值的影响（第二代）

通过本研究发现，高含固污泥厌氧消化过程中，两个实验组的 α_c 变化规律基本一致：先下降（3~6 d），后上升（6~12 d），最后又下降（12~15 d）。在厌氧消化反映初期，甲烷产生缓慢（0~3 d），二氧化碳还原途径占大部分，因为该阶段主要为水解酸化反应，产生的产量比较低的甲烷主要来自有机物分解过程中产生的二氧化碳和还原性质子；随后，逐步进入快速产甲烷阶段（3~6 d），经过水解酸化产生的大量 SCFAs 为厌氧甲烷古菌的产甲烷过程提供了充足的底物，产甲烷过程逐步转向乙酸利用型产甲烷途径；随着易降解有机物持续不断被厌氧微生物分解消耗，二氧化碳还原产甲烷途径比例逐步增加（6~12 d）；在最后阶段（12~15 d），乙酸利用型产甲烷途径恢复一些，可能是由于大部分的 SCFAs 消耗殆尽，只剩少量的乙酸。这个变化趋势与其他中温厌氧消化反应器中产甲烷路径变化的报道一致（Vavilin et al.，2008）。另外，α_c 在绝大多数时间都处于 1.065 以下，说明污泥厌氧消化过程以乙酸利用型产甲烷途径为主。

比较对照组和纳米 Fe_3O_4 添加组的 α_c 变化规律可以发现，纳米 Fe_3O_4 添加组的 α_c 稍有提高，尽管提高程度较小。这表明，添加纳米 Fe_3O_4 后，二氧化碳还原产甲烷途径比例稍有提高。然而，根据前述研究发现，添加纳米 Fe_3O_4 不能提高利用分子氢气产甲烷途径的比例，因此二氧化碳还原产甲烷途径的增强并不是来自氢气利用型产甲烷途径，而可能是由于添加纳米 Fe_3O_4 增强种间电子传递从而强化产甲烷过程。

4.5.6 宏转录组分析

(1) 测序结果统计

经过 Illumina Hiseq 测序,并清洗处理和去除 rRNA reads 后,对照组和纳米 Fe_3O_4 添加组 reads 的序列条数分别为 44 479 176 和 46 974 264,总序列长度分别为 5 954 338 064 bp 和 6 363 774 827 bp,在 raw reads 中的占比分别为 80.39%和 81.89%,在总序列长度中占比分别为 71.27%和 73.47%。预测基因分布如图 4-51、图 4-52 和表 4-17 所示,两组实验中微生物基因长度多集中于 201~400 bp 和 401~600 bp,对照组和纳米 Fe_3O_4 添加

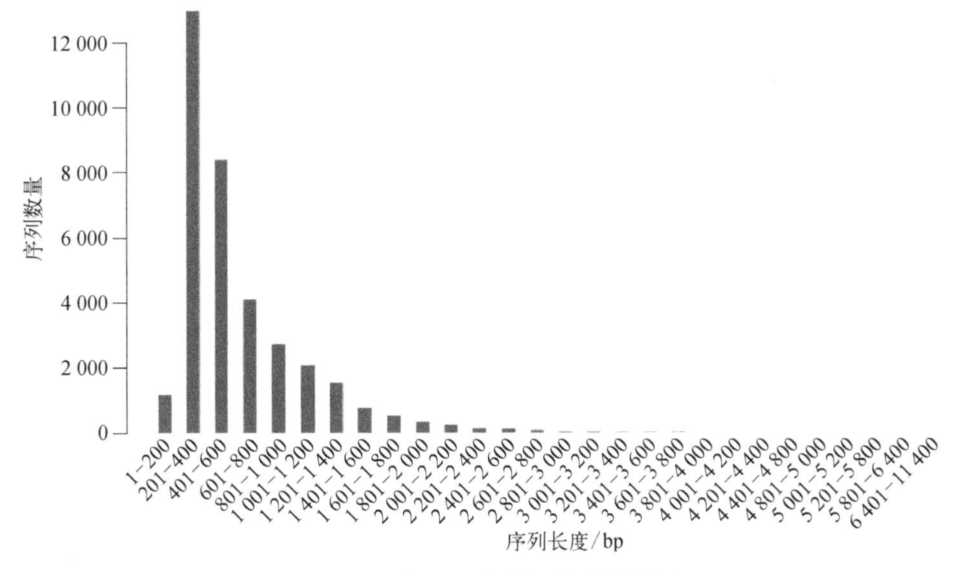

图 4-51　对照组预测基因长度分布图

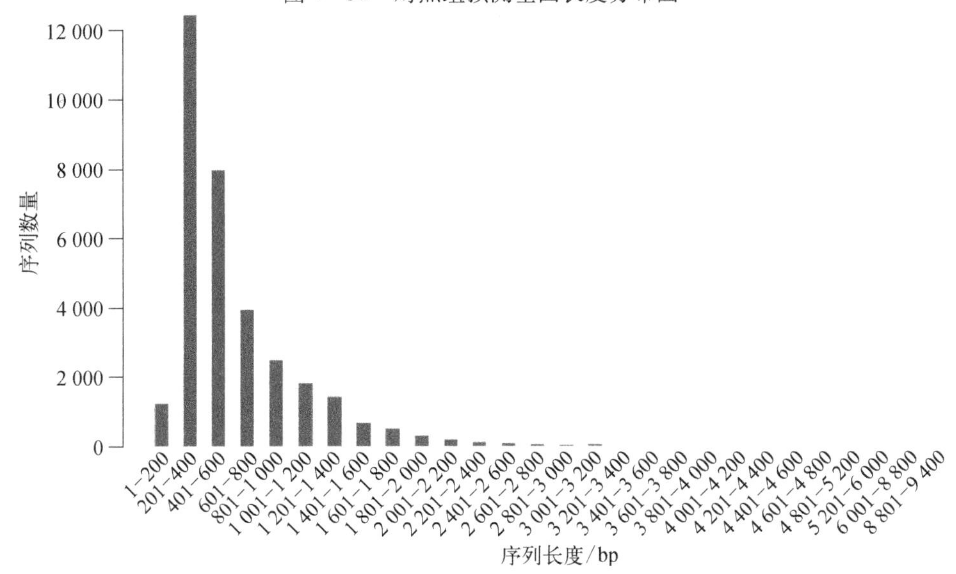

图 4-52　纳米 Fe_3O_4 添加组预测基因长度分布图

组的预测基因平均长度分别为 660 bp 和 651 bp。来自相同环境的样品之间有很多微生物(或基因)是共有的,不同基因的表达丰度在样本之间的变化可以反映样本之间的共性和差异,因此可以通过构建一个非冗余基因集。去冗余前所有样品基因数目、总长度和平均序列长度分别为 69 874 bp、45 827 412 bp 和 656 bp。经去冗余处理后,非冗余基因集基因数目、总长度和平均序列长度分别为 49 754 bp、30 670 926 bp 和 616 bp。

表 4-17 预测基因相关数据

样 品	ORFs	总长度/bp	平均长度/bp	最大长度/bp	最小长度/bp
对照组	35 863	23 674 002	660.12	11 280	123
纳米 Fe_3O_4 组	34 011	22 153 410	651.36	9 270	123

衡量基因表达水平的标准采用 FPKM 值,表示每一百万条序列中,每个基因以一千个碱基为单位,比对上的片段数。由于各基因碱基长度不同,在分析其特定表达量时,会将比对上的测序条数和其基因长度关联分析[式(4-2)]。

$$FPKM = \frac{总外显子片段数}{比对上片段数 \times 外显子长度} \tag{4-2}$$

(2) 添加纳米 Fe_3O_4 引起的厌氧消化系统的差异表达

对照组和纳米 Fe_3O_4 添加组的差异基因表达情况如图 4-53 所示,在表达差异显著的基因中,在添加纳米 Fe_3O_4 后上调基因(24 981)多于下调基因(22 195),说明厌氧微生物活性得到增强。

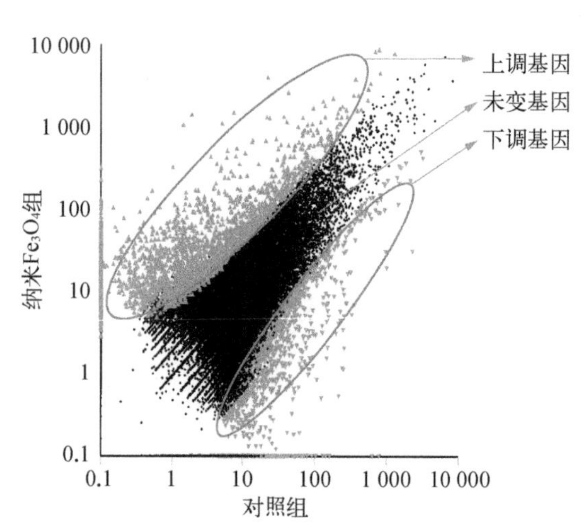

图 4-53 对照组和纳米 Fe_3O_4 添加组样品间差异表达散点图。横纵坐标分别表示两个样品组的平均基因表达量(FPKM 值),这里横坐标的数值都做了对数化处理。图中的每个点代表一个特定的基因

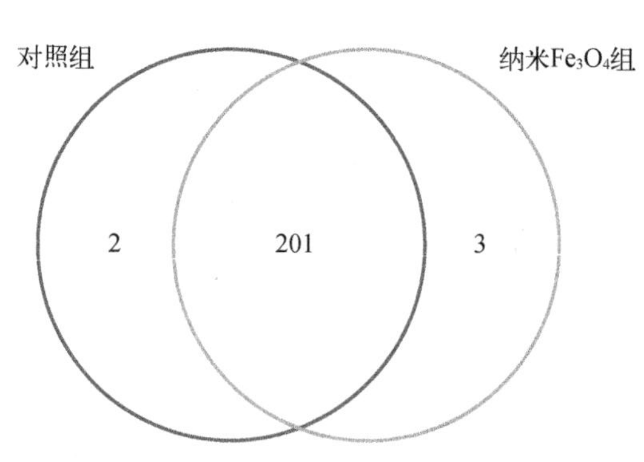

图 4-54 对照组和纳米 Fe_3O_4 添加组在 KEGG 通路水平的 Venn 图

在生物体内,基因产物并不是孤立地作用的,不同基因产物之间通过有序的相互协调来行使其具体的生物学功能。通过KEGG(京都基因和基因组百科全书)数据库可以了解基因的生物学功能。由KEGG的Venn图(图4-54)可知,对照组和纳米Fe_3O_4添加组共有KEGG通路为201个,共有率为97.57%,表明添加纳米Fe_3O_4不会改变厌氧消化过程的原有代谢通路。

由图4-55和表4-18可以看出,添加纳米Fe_3O_4后,参与产甲烷代谢的mRNA表达丰度由38 885提高到67 152,提高了72.7%。糖和脂肪酸代谢活性提高,而不同氨基酸的代谢活性有所区别。纳米Fe_3O_4添加组与细胞活性(细菌分泌系统、氧化磷酸化、DNA复制、RNA转运、TCA循环等)相关的mRNA表达丰度较高,表明参与厌氧消化过程的微生物的代谢活动更加活跃。

表4-18　对照组和纳米Fe_3O_4添加组之间主要KEGG通路的mRNA丰度差异表达

KEGG通路	mRNA丰度		通路ID
	对照组	纳米Fe_3O_4组	
Methane metabolism	38 885	67 152	ko00680
Glycolysis/Gluconeogenesis	7 143	9 172	ko00010
Starch and sucrose metabolism	1 972	2 239	ko00500
Fatty acid metabolism	1 905	2 914	ko00071
Pyruvate metabolism	6 890	7 992	ko00620
Propanoate metabolism	5 195	6 426	ko00640
Butanoate metabolism	7 745	8 422	ko00650
Purine metabolism	10 448	10 861	ko00230
Pyrimidine metabolism	8 758	9 811	ko00240
Alanine, aspartate and glutamate metabolism	4 739	4 610	ko00250
Glycine, serine and threonine metabolism	5 727	5 040	ko00260
Cysteine and methionine metabolism	2 270	2 517	ko00270
Valine, leucine and isoleucine degradation	4 464	5 103	ko00280
Arginine and proline metabolism	5 648	5 209	ko00330
Histidine metabolism	1 694	1 519	ko00340
Tyrosine metabolism	1 155	1 054	ko00350
Phenylalanine metabolism	1 143	877	ko00360
Tryptophan metabolism	2 379	3 189	ko00380
beta-Alanine metabolism	457	597	ko00410
DNA replication	3 081	3 566	ko03030
RNA transport	546	1 485	ko03013
Bacterial secretion system	5 936	13 537	ko03070
Citrate cycle (TCA cycle)	5 374	5 993	ko00020
Oxidative phosphorylation	7 551	11 135	ko00190
Nitrogen metabolism	5 150	4 425	ko00910
Sulfur metabolism	150	152	ko00920
Flagellar assembly	37 678	29 648	ko02040

由图4-56和表4-19可以看出,添加纳米Fe_3O_4后,产甲烷过程两条主要路径——乙酸利用型产甲烷途径和二氧化碳还原产甲烷途径相关酶的mRNA的表达丰度基本都得到一定程度的提高,尽管乙酸利用途径中在乙酸向乙酰辅酶A转化过程中编码起催化作

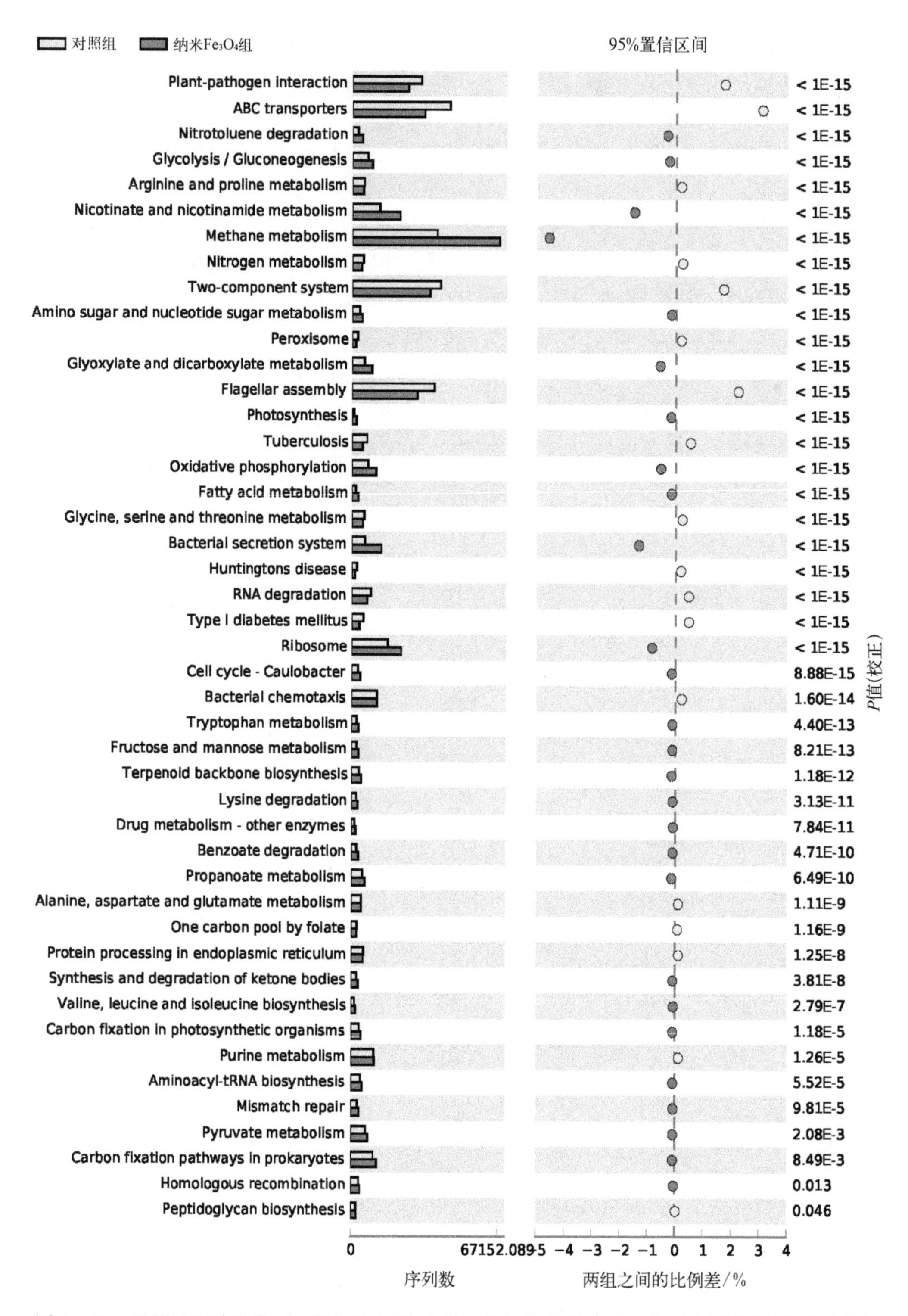

图 4－55　对照组和纳米 Fe_3O_4 添加组之间 KEGG 通路的差异表达。左图为两组样品不同功能基因的丰度比较；中间所示为 95%置信度区间内，功能表达丰度的差异比例；最右边的值为 P 值，P 值<0.05，表示差异显著

用的酶(Phosphate acetyltransferase)表达量有所下降,乙酸通过另一条途径向乙酰辅酶A转化的关键酶(Acetyl-CoA synthetase)的mRNA表达量大幅提高,总体看来,乙酸转化为乙酰辅酶A的活性也是提高的。因此可以看出,产甲烷两条路径的代谢活性都得到了增强。

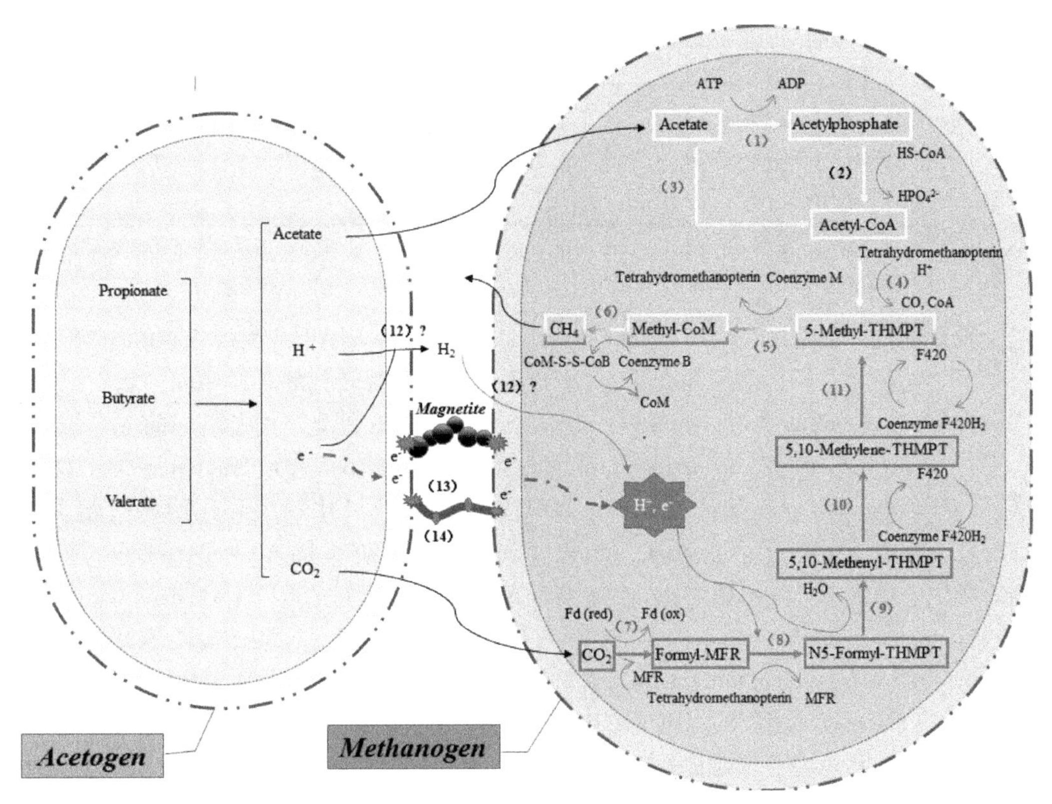

图4-56 添加纳米Fe_3O_4引起的表达二氧化碳还原和乙酸脱羧产甲烷途径相关酶的mRNA丰度以及产酸菌和产甲烷菌之间电子传递模式的变化。Acetogen:产乙酸菌;Methanogen:产甲烷菌;Propionate:丙酸盐;Acetate:醋酸盐;Butyrate:丁酸盐;Valerate:戊酸盐;Magnetite:磁铁矿;Acetylphosphate:乙酰磷酸;Acetyl-CoA:乙酰-辅酶A;Tetrahydromethanopterin:甲氢甲烷蝶呤;Methyl-CoM:甲基-辅酶M;Coenzyme(Co):辅酶;Methylene:亚甲其;Formyl:甲酰

表4-19 添加纳米Fe_3O_4对参与产甲烷过程的关键酶差异表达的影响

序列号	关 键 酶	对照组	纳米Fe_3O_4组	$\log_2$ FC (B/A)	调控情况
(1)	Acetate kinase	295	718	1.28	Up
(2)	Phosphate acetyltransferase	74	30	-1.30	Down
(3)	Acetyl-CoA synthetase	12	129	3.24	Up
(4)	Acetyl-CoA decarbonylase/synthase complex, subunit beta	468	2 147	2.08	Up
(5)	Tetrahydromethanopterin S-methyltransferase, subunit A	150	942	2.65	Up
(6)	Methyl-coenzyme M reductase, alpha subunit	507	1 921	1.63	Up
(7)	Formylmethanofuran dehydrogenase, subunit A	81	625	2.82	Up

续 表

序列号	关 键 酶	对照组	纳米 Fe_3O_4 组	$\log_2$ FC (B/A)	调控情况
(8)	Formylmethanofuran-tetrahydromethanopterin N-formyltransferase	42	66	0.65	Up
(9)	Methenyltetrahydromethanopterin cyclohydrolase	17	159	3.09	Up
(10)	Methylenetetrahydromethanopterin dehydrogenase	211	1 996	3.20	Up
(11)	5,10 – methylenetetrahydromethanopterin reductase	632	3 049	2.16	Up
(12)	Membrane-bound hydrogenase	—	—	—	—
(13)	Type IV pilus assembly protein pil(A, B, C, M, Q)	1 308	952	−0.46	Down
(14)	Cytochrome c – type	148	13	−3.51	Down

注：$\log_2$ FC(B/A)为该基因在两样本组的差异倍数(B/A)的以 2 为底的对数值,其中 A 为对照组的 FPKM 平均值,B 为纳米 Fe_3O_4 添加组的 FPKM 平均值。

在厌氧消化产甲烷过程中,5 – methyl – THMPT 是乙酸利用型产甲烷途径和二氧化碳还原产甲烷途径的共同代谢中间产物,是这两条途径向甲烷转化的必经中间产物,分别通过 Acetyl – CoA decarbonylase/synthase complex, subunit beta 催化下由乙酰辅酶 A 合成,通过 5,10 – methylenetetrahydromethanopterin reductase 催化下由 5,10 – Methylene – THMPT 合成(方晓瑜等,2015;Liu and Whitman,2010)。因此,通过比较编码这两种关键酶的 mRNA 表达丰度的提高程度,能够在一定程度上反映添加纳米 Fe_3O_4 后两条产甲烷路径比例的变化。由表 4 – 19 可以看出,添加纳米 Fe_3O_4 后,编码 Acetyl – CoA decarbonylase/synthase complex, subunit beta 的 mRNA 相对表达丰度提高了 3. 59 倍,而编码 5,10 – methylenetetrahydromethanopterin reductase 的 mRNA 相对表达丰度提高了 3. 82 倍。以上结果表明,纳米 Fe_3O_4 使两条主要产甲烷路径代谢活性均得到提高,而且二氧化碳还原产甲烷途径比乙酸利用型产甲烷途径的提高程度更大。这与前述的稳定碳同位素分析结果相一致,结合底物代谢方法中得出纳米 Fe_3O_4 使利用氢气还原二氧化碳合成甲烷路径减少的结论,再次证明种间直接电子传递作用被强化。

产酸菌和产甲烷菌之间的种间直接电子传递通过导电性的细丝进行电子传递,导电细丝由菌毛(Pili)和细胞色素 c 组成。菌毛是一种存在于细胞间的类金属纳米线,通过其上由芳香族氨基酸形成的重叠 π 轨道的电子离域作用进行电子传递。镶嵌在菌毛上的细胞色素 c 可以通过跳跃或穿遂方式传递电子,能够强化菌毛的导电性(Malvankar and Lovley,2014;Polizzi et al. ,2012;Leung et al. ,2011;Lovley,2011)。Rotaru 等(Rotaru et al. ,2014)报道了在 *Geobacter metallireducens* 和 *Methanosarcina barkeri* 的共生纯培养体系中,添加的颗粒活性炭能够替代 Pili 发挥种间直接电子传递作用。Liu 等(Liu et al. ,2015)用基因敲除方法,证明了在细胞色素 c 表达基因缺失的情况下,Fe_3O_4 在胞外电子交换过程中能够弥补细胞色素 c 的功能。在本研究中,添加纳米 Fe_3O_4 后,编码菌毛和细胞色素 c 的 mRNA[表 4 – 19 中的 Type IV pilus assembly protein pil(A, B, C, M, Q)和 Cytochrome c – type]表达丰度均出现下调,其 $\log_2$ RPKM 值分别为−0. 46 和−3. 51,Pili 表达量稍有下降,而细胞色素 c 表达量下降明显。以上结果表明,纳米 Fe_3O_4 的添加能够降低种间直接电子传递过程中对菌毛和细胞色素 c 的依赖,这样可以使能量代谢更加有效地用于微生物细胞活动，而不是浪费在导电细丝的生长中（Tremblay　et al. ,2016）。另外，纳米 Fe_3O_4 添加组的导电性显著高于对照组（图 4－57）。以上结果证明了纳米 Fe_3O_4 确实能够发挥菌毛或细胞色素 c 的作用，强化产酸菌和产甲烷菌之间的种间直接电子传递作用。

添加纳米 Fe_3O_4 后厌氧体系中快速建立起的种间直接电子传递作用加速了微生物之间的电子传递过程，同时，种间氢气传递作用被部分替代。高含固污泥厌氧消化过程中酸积累和氢分压过高引起的电子传递受阻现象得到缓解，进而促进厌氧消化整个过程的顺畅进行。在种间氢气传递中，与细胞膜结合的氢化酶既能将 H^+/e^- 合成氢气，又能反过来将氢气分解为 H^+/e^-（Guss　et al. ,2009）。然而，在宏转录组分析中，编码这种氢化酶的 mRNA 很难从复杂污泥体系下的大量各种功能的氢化酶中准确地挑选出来。

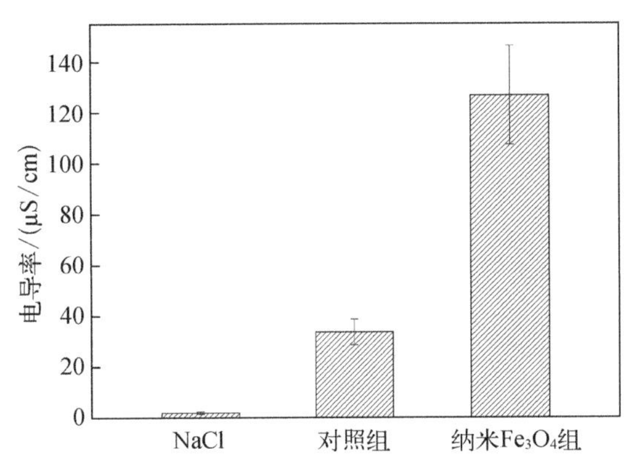

图 4－57　0.1 mol/L NaCl，对照组厌氧消化后污泥和纳米 Fe_3O_4 添加组厌氧消化后污泥的导电性

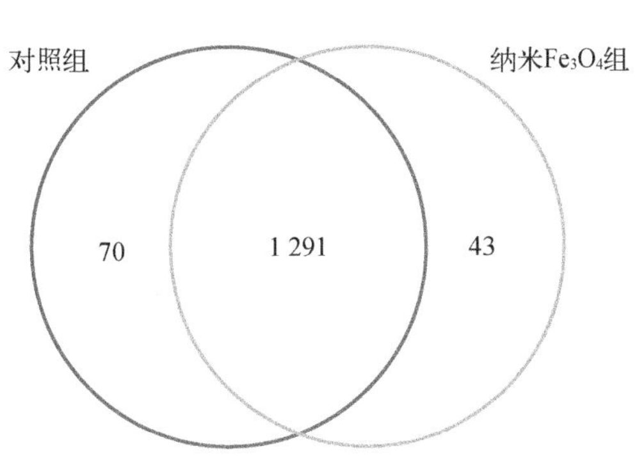

图 4－58　对照组和纳米 Fe_3O_4 添加组在微生物属水平的 Venn 图

（3）添加纳米 Fe_3O_4 引起的微生物分类学变化分析

从图 4－58 中可以看出，对照组和纳米 Fe_3O_4 添加组共有属为 1 291 个，占两个实验组总属的 91.95%，说明两个实验组的微生物种类在属水平上基本相同。

基因转录丰度揭示的系统分类学分析结果如图 4－59 和图 4－60 所示。对于门水平上的微生物种群分布，在对照组和纳米 Fe_3O_4 添加组，Firmicutes、Euryarchaeota 和 Bacteroidetes 均为丰度最高的菌门，分别占 51.82%、9.37%、6.91%和 42.71%、15.02%、4.99%。添加纳米 Fe_3O_4 后 Firmicutes 和 Bacteroidetes 的丰度下降，而 Euryarchaeota（主要为甲烷菌）的丰度增加。随后，对微生物种群在属水平的表达差异进行讨论。在细菌中，加入纳米 Fe_3O_4 后，表达丰度显著提高（$P<0.05$）且与产甲烷过程密切相关的菌属为 *Syntrophomonas*，其丰度由 0.9%提高到 1.8%。在关于种间直接电子传递的研究中被报道最多的菌属为 *Geobacter*，并被确认具有种间直接电子传递的功能（Feng　et al. , 2014；Rotaru　et al. ,2014；Rotaru　et al. ,2013）。而在本研究中，编码 *Geobacter* 的 mRNA 表达丰度很低，可能是由于接种污泥中微生物的种群特征以及污泥的性质与电化学体系、水稻土体系、啤酒废水体系等有着比较大的区别。对于甲烷菌，加入纳米 Fe_3O_4 后，*Methanoculleus*、*Methanosarcina* 和 *Methanospirillum* 的表达丰度显著提高（$P<0.05$），分别

由 6.1%、1.5%和 0.7%提高到 8.1%、2.9%和 3.0%，说明它们在促进产甲烷的过程中发挥了重要的作用。

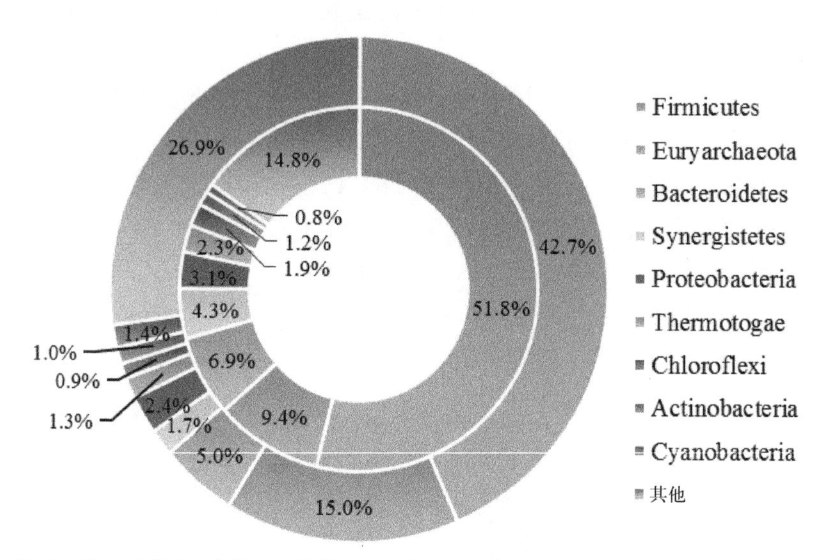

图 4-59 对照组(内圈)和纳米 Fe_3O_4 添加组(外圈)在门水平的细菌种群分布

据文献报道，*Syntrophomonas* 专性共生微生物，能够产电并利用多种短链脂肪酸，尤其是丁酸(Mcinerney et al.,2010)。在湖底底泥和水稻土体系中，加入碳纳米管和 Fe_3O_4 可以增强 *Syntrophomonas* 的活性，促进 *Syntrophomonas* 和其共生菌之间的种间直接电子传递(Salvador et al.,2017;Zhang and Lu,2016;Li et al.,2015)。尽管也能利用乙酸产甲烷，但 *Methanosarcina* 也被充分证明了具有种间直接电子传递的功能(Rotaru et al.,2014;Liu et al.,2012a)。Salvador 等(2017)确认了在 *Syntrophomonas* 和 *Methanospirillum* 的共生体系下添加碳纳米管后，其代谢活动提高了 1.5 倍，可能与种间直接电子传递有关。*Methanoculleus* 只能通过二氧化碳还原途经产甲烷，但其参与种间直接电子传递的证据比较少(Zhang and Lu,2016)。因此，添加导电材料能否促进共生菌之间的胞外电子传递，需要将来大量的纯共生体系的研究来揭示。

4.5.7 关键酶活性以及污泥中微生物分布变化

在种间氢气传递过程中，与细胞膜结合的氢化酶对氢气在产酸菌体内的合成、在产甲烷菌氢气的分解发挥着关键的催化作用，但在种间直接电子传递过程中，由于产酸菌产生的电子直接传递给产甲烷菌利用，不需要氢气的合成与分解，因此不需要与细胞膜结合的氢化酶参与(Shrestha et al.,2013;Vignais and Billoud,2007)。基于以上特征，催化氢气转化的氢化酶的活性能够体现厌氧消化体系中种间氢气传递和种间直接电子传递比例的变化。由图 4-61 所示，纳米 Fe_3O_4 添加组的催化氢气转化的氢化酶活性比对照组低 20.5%，这说明纳米 Fe_3O_4 强化了种间直接电子传递，降低了种间氢气传递的比例。另外，通过厌氧消化过程中的关键酶的测定发现，添加纳米 Fe_3O_4 后，分别代表水解段、酸化

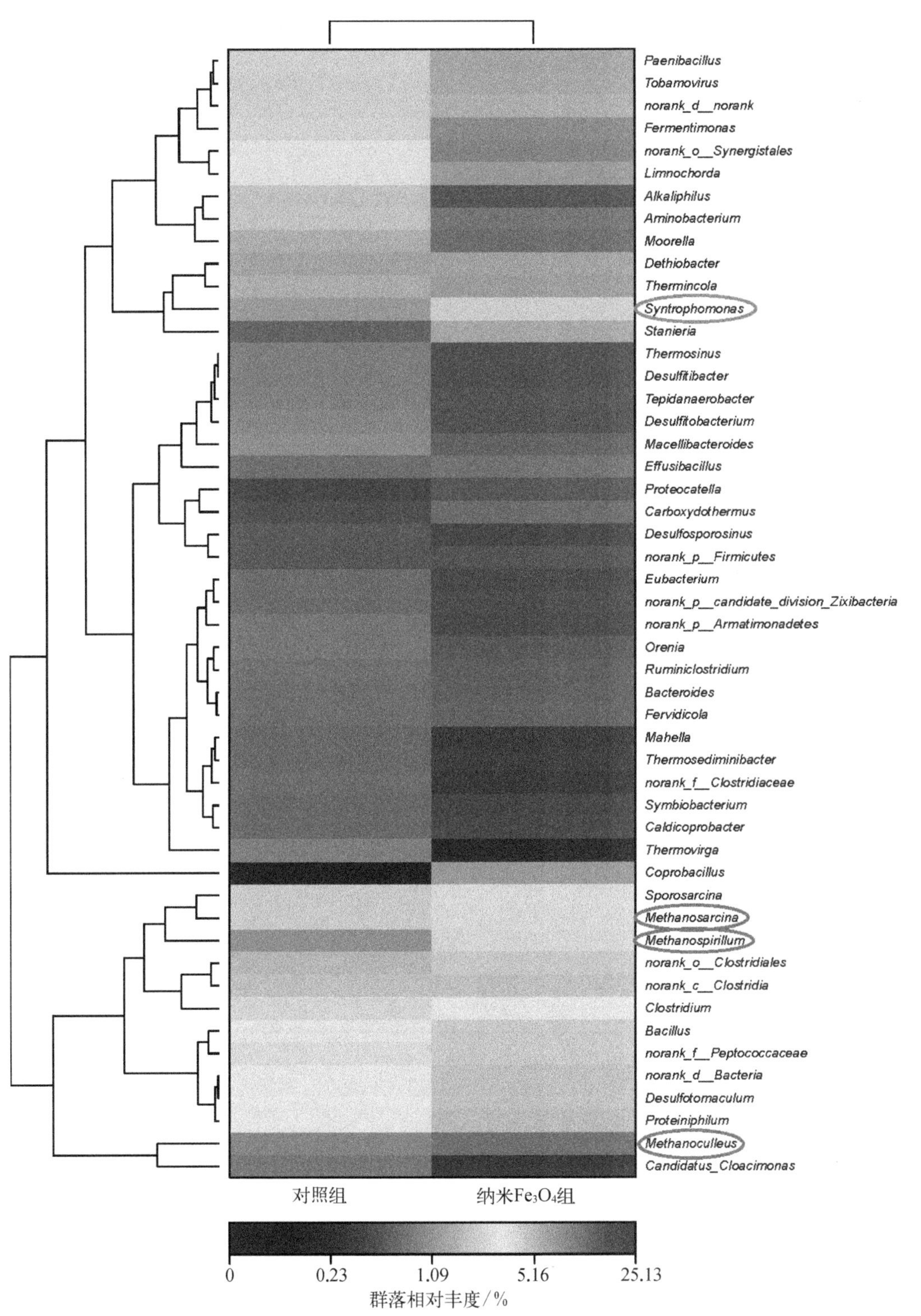

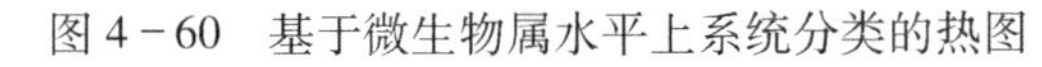

图 4-60 基于微生物属水平上系统分类的热图

段和产甲烷段代谢活性的蛋白酶(protease)、乙酸激酶(AK)和辅酶 F420(coenzyme F420)的活性均有提高。这表明,种间直接电子传递途径增强后,能够引起对厌氧消化各阶段的连锁促进反应。

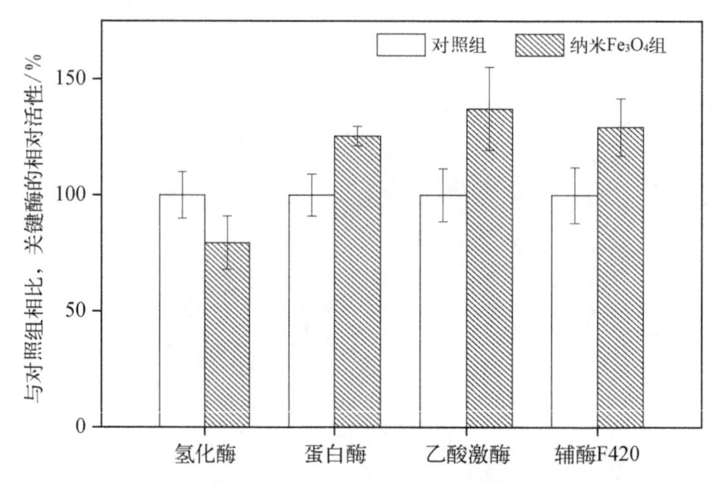

图 4-61 纳米 Fe_3O_4 对污泥厌氧消化过程中氢化酶和关键酶活性的影响

EDX 图谱分析表明(图 4-62A 和 D),添加纳米 Fe_3O_4 后,污泥表面的铁元素显著增加,表明纳米 Fe_3O_4 大量吸附于污泥和细胞表面,主要是由于静电作用力和纳米颗粒的高比表面积(Nel et al.,2006)。SEM 图显示(图 4-62B—C,E—F),在对照组中,微生物(杆状和球状)零星分布在污泥中,而在纳米 Fe_3O_4 添加组,微生物数量增多,在细胞周围分布着大量颗粒,微生物之间联系更加紧密。另外,由图 4-63 可以看出,第二代中厌氧消化结束后,纳米 Fe_3O_4 添加组中的消化污泥经磁分离后的固体样品中纳米 Fe_3O_4 仍然以近乎其原有形貌存在,进一步说明纳米 Fe_3O_4 的化学形态相对稳定。

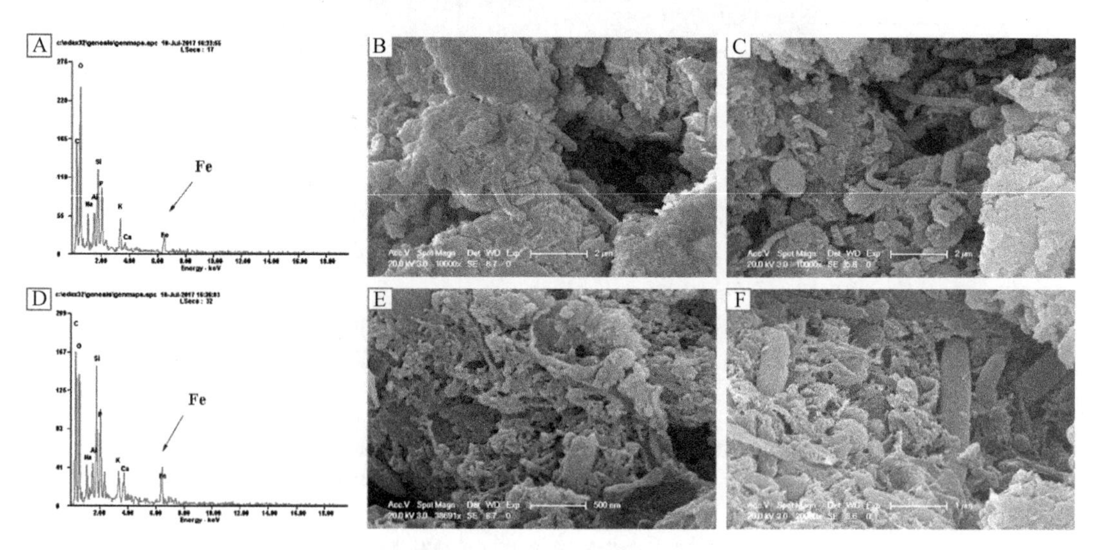

图 4-62 污泥扫描电镜图(B—C,E—F)和能谱分析(A,D);对照组(A—C),纳米 Fe_3O_4 添加组(D—F)

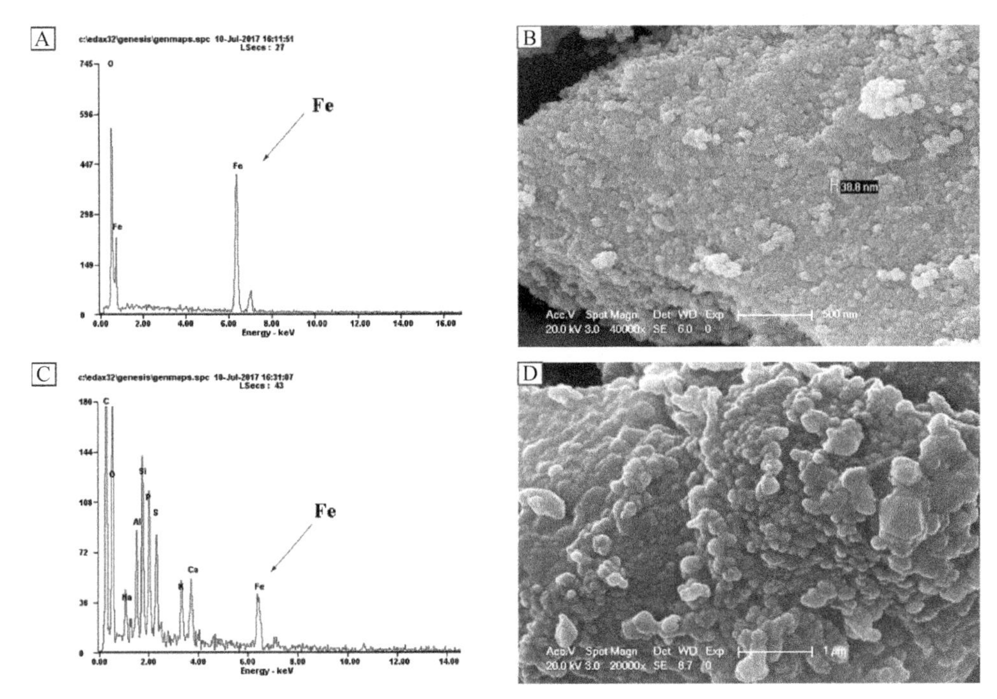

图4-63　纳米 Fe_3O_4 颗粒(A、B)和经磁分离提取后沼渣(C、D)的扫描电镜图和能谱分析图谱

4.6　微生物载体改善污泥高含固厌氧消化物质转化研究

在传统厌氧消化系统中，污泥停留时间(SRT)等于水力停留时间(HRT)，大量的发酵微生物随出料的排放而一并流失，发酵罐内难以保持高生物活性，而厌氧菌(尤其是产甲烷菌)的生长速率较为缓慢，因此传统厌氧消化反应器有启动时间长、传质速率低、产气持续时间短、不耐冲击负荷等缺点(Ye　et al.，2005；Guiot　et al.，1994)。而向厌氧发酵罐中添加微生物载体，会截留更多的厌氧微生物，实现了水力停留时间(hydraulic retentiona time，HRT)和污泥停留时间(sludge retention time，SRT)的分离，保证了厌氧发酵罐内的高生物活性。微生物载体能提高厌氧反应器中单位体积微生物附着面积来提高反应器利用率，为厌氧微生物(水解发酵菌、产氢产乙酸菌、产甲烷菌)提供良好的增殖附着空间，厌氧微生物在微生物载体表面形成生物膜，生物膜不断地捕获并分解物料中的有机质，微生物与有机物之间能够接触良好，相同量有机底物所需发酵时间明显缩短，从而提高反应容器的使用效率(李荣旗等，2010)。

之前的研究主要着眼于微生物载体对实验室配水、污水、污泥低含固厌氧消化的影响，而未关注微生物载体对污泥高含固厌氧消化的影响。作者在现有的研究基础上，进一步深入研究微生物载体在高含固污泥厌氧消化过程中的作用机制，综合分析有机物降解、产沼气特性和微生物种群分布等特征，以期为微生物载体应用于高含固污泥厌氧消化的理论研究和工程应用提供参考。

4.6.1 微生物载体预选择

填料的预选择实验一共分为四组，分别标记为 R1、R2、R3、R4，每组中有三个平行样。其中 R1 组不添加任何微生物载体，R2 组中添加一定量的改性聚氨酯填料，R3 组中添加一定量的 K1 生物悬浮填料，R4 组中添加一定量的碳纤维布。三种微生物载体表面的结构特征如图 4 - 64 所示。

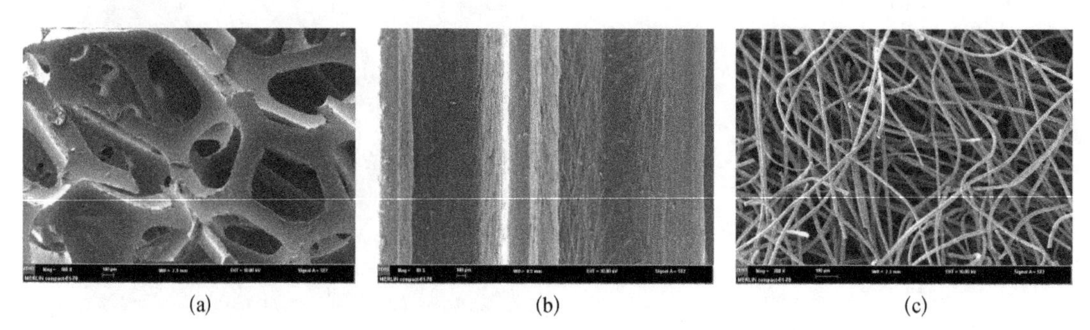

图 4 - 64 微生物载体扫描电镜。(a) 改性聚氨酯填料；(b) K1 生物悬浮填料；(c) 碳纤维布

根据底物中 VS 的总质量和每日产甲烷量，可以得出 R1 至 R4 四个反应器的累积甲烷产率随厌氧消化时间的变化情况，如图 4 - 65 所示。

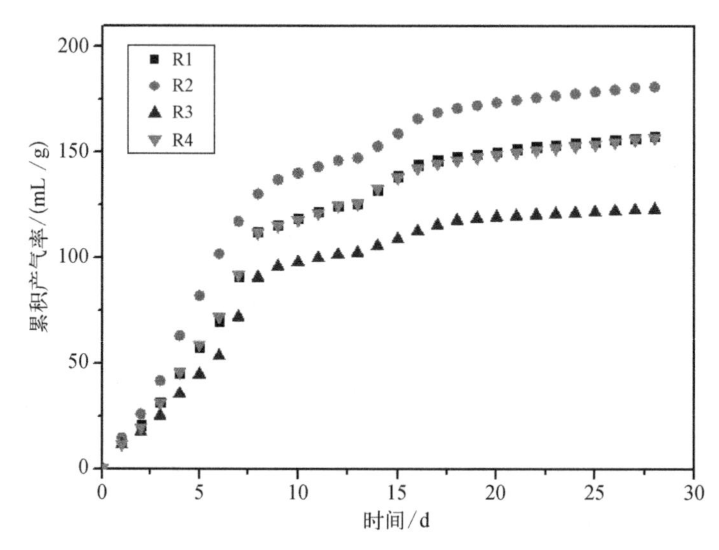

图 4 - 65 三种微生物载体组累积甲烷产率。R1 为空白组；R2 为改性聚氨酯填料组；R3 为 K1 填料组；R4 为碳纤维布组

如图 4 - 65 所示，经过 30 天的厌氧消化之后，R1 至 R4 四种反应器的单位 VS 加入量累积甲烷产率分别为 157.6 mL/g、181.4 mL/g、123.2 mL/g 和 157.0 mL/g。与空白组相比，R2、R3 和 R4 组的累积甲烷产率分别提高了 15.1%、-21.9%和-0.4%，这表明改性聚

氨酯填料的添加促进了高含固污泥厌氧消化过程,K1 填料对高含固污泥厌氧消化起了抑制作用,而碳纤维布基本没有影响。因此,三种微生物载体中改性聚氨酯填料对高含固污泥厌氧消化产甲烷的改善效果最明显。挂膜后的微生物载体实物如图 4-66 所示。

(a)

(b)

(c)

图 4-66　挂膜后的三种微生物载体。(a) 改性聚氨酯填料;(b) K1 填料;(c) 碳纤维布

4.6.2　微生物载体对序批式污泥高含固厌氧消化的影响

研究选取改性聚氨酯填料为微生物载体,通过序批式实验探讨载体添加量对高含固污泥厌氧消化的影响。

研究分组情况如表 4-20 所示,G 组为高含固体系,含固率为 10%。G 组根据改性聚氨酯填料的添加量可分为 G1、G2 和 G3 组,每组有三个平行样,其中 G1 组、G2 组和 G3 组每个发酵瓶中的改性聚氨酯填料添加量分别为 0 g、2 g 和 4 g,对应的微生物载体添加量为 0、0.006 7 g/(g 底物)和 0.013 3 g/(g 底物)。研究共进行了两个序批式(BMP),其中第二批 BMP 的载体是来自第一批 BMP 驯化后的填料。

表 4-20　含固率和载体添加量对污泥厌氧消化影响研究设计

实　验　组	高含固(TS=10%)		
发酵瓶组	G1	G2	G3
载体添加量/[g/(g 底物)]	0	0.006 7	0.013 3

(1) 对累积甲烷产率的影响

G1、G2 和 G3 三个反应器在一批 BMP 和二批 BMP 的最终甲烷产率如图 4-67 所示。

图 4-67(a)是高含固污泥厌氧消化的第一批 BMP。在第 1~14 天,G2 与 G1 组累积甲烷产率没有显著差异($F=5.21$,$P=0.06>0.05$);在第 14~33 天,G2 与 G1 组的累积甲烷产率有了极显著差异($F=352.64$,$P=7.89\times10^{-6}<0.01$)。在第 1~16 天,G3 与 G1 组累积甲烷产率没有显著差异($F=4.67$,$P=0.06>0.05$);在第 16~33 天,G3 与 G1 组的累积甲烷产率有了极显著差异($F=483.05$,$P=2.54\times10^{-5}<0.01$)。而 G2 与 G3 组的累积甲烷产率自始至终没有显著差异($F=0.02$,$P=0.90>0.05$)。这说明在第 14 天左右,改性聚氨酯填料就发挥了作用,促进了产甲烷过程。而提高改性聚氨酯填料的添加量,累积甲烷

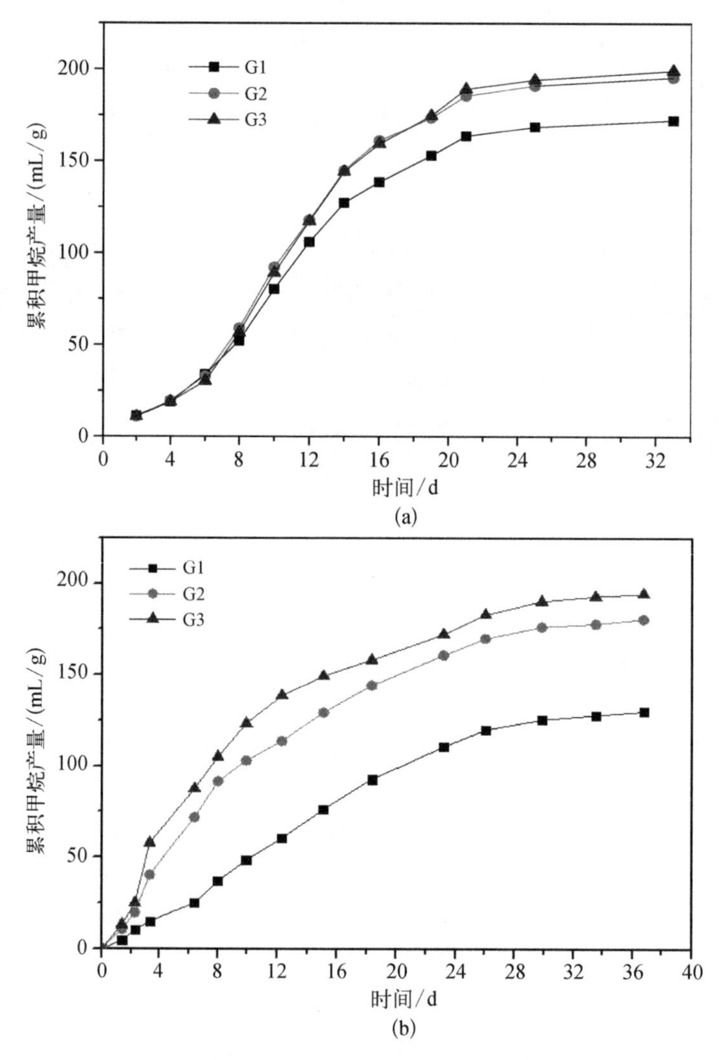

图 4-67　载体添加量和含固率对累积甲烷产率(以 VS 计)的影响图。
(a) 高含固污泥 BMP 一批;(b) 高含固污泥 BMP 二批

产率提高并不明显。由表 4-21 可以看出,G1、G2 与 G3 组的单位 VS 加入量最终甲烷产率分别为 173.63 mL/g、196.79 mL/g 的 200.87 mL/g,G2 和 G3 组较 G1 组分别提高了 13.3%、15.7%,表明在厌氧消化前 30 天,改性聚氨酯填料就起到了提高污泥厌氧消化甲烷产率的作用。

图 4-67(b)是高含固污泥厌氧的第二批 BMP,在第 1~8 天,G2 与 G1 组累积甲烷产率没有显著差异($F=6.57$,$P=0.0504>0.05$);在第 8~38 天,G2 与 G1 组的累积甲烷产率有了极显著差异($F=7\,723.97$,$P=1.62\times10^{-14}<0.01$)。在第 1~6 天,G3 与 G1 组累积甲烷产率没有显著差异($F=6.60$,$P=0.08>0.05$);在第 6~38 天,G3 与 G1 组的累积甲烷产率有了极显著差异($F=1\,622.30$,$P=2.13\times10^{-12}<0.01$)。而 G2 与 G3 组的累积甲烷产率在第 1~6 天没有显著差异($F=7.75$,$P=0.07>0.05$);在第 6~38 天,G3 与 G2 组的累积甲烷产率有了极显著差异($F=171.88$,$P=1.27\times10^{-7}<0.01$)。第二批 BMP 中 G2 和 G3

组的累积甲烷产率与G1组相比，分别在第8天和第6天出现显著差异，而第一批BMP在第14天和第16天出现差异，说明驯化挂膜后的微生物载体更有利于促进甲烷产率的提高，同时提高驯化挂膜后填料的添加量对甲烷产率的提高具有重要作用。由表4-21可以看出，G1、G2和G3组单位VS加入量最终甲烷产率分别为130.04 mL/g、180.62 mL/g和194.37 mL/g。与G1组相比，G2和G3组分别提高了38.9%和49.5%，表明驯化挂膜后的微生物载体更能提高最终甲烷产率。

表4-21 载体添加量和体系含固率对最终甲烷产率的影响

单位VS加入量最终甲烷产率/(mL/g)	G1	G2	G3
一批BMP	173.63	196.79	200.87
二批BMP	130.04	180.62	194.37

(2) 对VS和主要有机物降解率的影响

根据Koch(Koch,2015)提出的公式，对G1、G2、G3三个反应器在第二批BMP的VS降解率进行计算，结果表明G1、G2和G3三组的VS降解率分别为31.9%、37.9%和38.7%，与G1组相比，G2和G3组的VS降解率提高了18.8%、21.3%。由此可知，添加微生物载体可以提高高含固污泥厌氧消化的VS降解率。

高含固第二批BMP中主要有机物蛋白质和碳水化合物的降解率如图4-68所示。结果表明，G2和G3组中主要有机物的降解率明显高于G1，该结果与第一批BMP的VS降解率结果是一致的。厌氧消化后G1、G2和G3组总蛋白质浓度（以COD计）分别为35 g/L、31.2 g/L和31.0 g/L，总蛋白质降解率分别为43.1%、49.2%和49.5%。与G1组相比，G2和G3的总蛋白质降解率分别提高了14.2%和14.8%。厌氧消化后G1、G2和G3组总碳水化合物浓度分别为4.12 g/L、3.51 g/L和3.42 g/L，总碳水化合物降解率分别为37.4%、46.7%和48.0%。与G1组相比，G2和G3的总碳水化合物降解率分别提高了24.9%和28.3%。

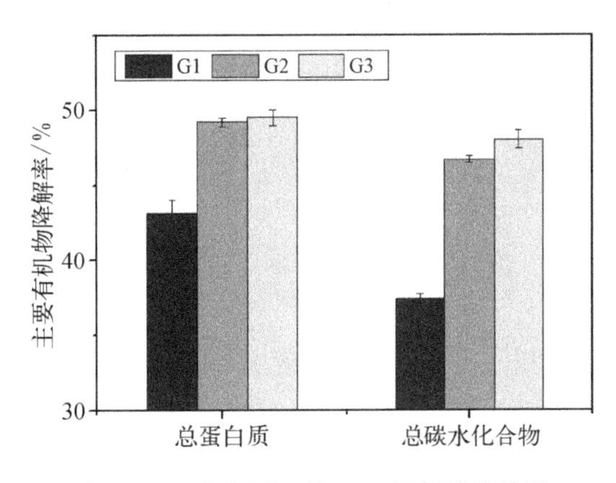

图4-68 高含固二批BMP厌氧消化前后主要有机物降解

(3) 对污泥有机物水解的影响

原泥有机物中主要成分为蛋白质和碳水化合物，在厌氧消化之前它们主要以颗粒形态结合在一起，只有转化为溶解态才能被微生物利用。因此，首先研究了微生物载体对有机物的溶解影响，溶解性蛋白质和溶解性碳水化合物是主要指标，高含固二批BMP厌氧消化前后溶解性有机物浓度如表4-22所示。厌氧消化之前污泥中溶解性蛋白质和溶解性碳水化合物的浓度（以COD计）分别为1 150.3±31.3 mg/L、282.9±6.5 mg/L，厌氧消化之后G1、G2和G3的溶解性有机物浓度均有所提升。厌氧消化后三组的溶解性蛋白质浓度(以 COD 计)分别为 2 063. 0±147. 7 mg/L、2 946. 6±94. 1 mg/L、3 029. 9±70. 9 mg/L,G2 和 G3 组比 G1 组的溶解性蛋白质浓度分别提高了 42. 8%和 46. 9%;而厌氧消化后三组的溶解性碳水化合物浓度(以 COD 计)分别为 360. 3±4. 2 mg/L、499. 3±14. 8 mg/L 和 503. 8±16. 0 mg/L,这表明与 G1 组相比,G2 和 G3 组的溶解性碳水化合物浓度分别提高了 38. 6%和 39. 8%,说明微生物载体使得污泥中更多的颗粒态有机物转化为溶解态有机物,即微生物载体促进了厌氧消化过程中有机物的溶解过程。

表 4-22 厌氧消化前后溶解性有机物浓度(以 COD 计) (单位: mg/L)

溶解性有机物	厌氧消化前	厌氧消化后		
	G0	G1	G2	G3
溶解性蛋白质	1 150. 3±31. 3	2 063. 0±147. 7	2 946. 6±94. 1	3 029. 9±70. 9
溶解性碳水化合物	282. 9±6. 5	360. 3±4. 2	499. 3±14. 8	503. 8±16. 0

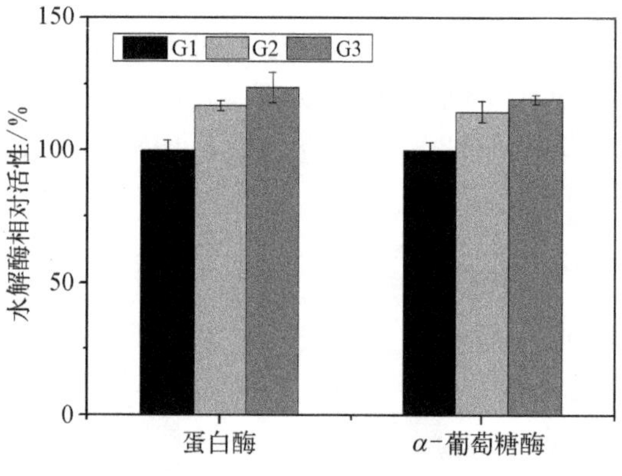

(4) 对水解酶活性的影响

在溶解性有机物的水解过程中,水解酶起着重要的作用。由于在污泥中蛋白质和碳水化合物是最主要的两种有机物,而蛋白酶可以把蛋白质水解为氨基酸,α-葡萄糖苷酶可以把多糖水解为单糖,因此蛋白酶和 α-葡萄糖苷酶是最重要的两种水解酶。微生物载体对水解酶的影响如图 4-69 所示。G2 和 G3 组的蛋白酶活性分别是 G1 组的 1. 17 和 1. 24 倍;G2 和 G3 组的 α-葡萄糖苷酶活性分别是 G1 组的 1. 15 和 1. 19 倍,因此导致了更高的有机物水解率。因此微生物载体同样可以促进污泥有机质的水解过程。

图 4-69 微生物载体对蛋白酶和 α-葡萄糖苷酶活性的影响

(5) 对微生物群落的影响

1) 细菌群落组成分析

根据分类学分析,可知不同分组(或样本)在各分类水平(如域、界、门、纲、目、科、属、种、OTU 等)上的群落结构组成情况。根据群落 Bar 图,可以直观呈现两方面信息: ① 各样本在某一分类学水平上含有何种微生物;② 样本中各微生物的相对丰度(所占比例)。图 4-70 表明 5 个样本的细菌种群密度在门类(phylum)水平上的分类情况,其中 G1 污泥、G2 组微生物载体上的生物膜、G3 组污泥、G3 组微生物载体上的生物膜取样,分别标记为 G1、G2、G2_1、G3 和 G3_1。

由图 4-70 可知,在 5 个样本中,种群比例较高的细菌菌种为 WS6、Firmicutes(厚壁菌门)、Bacteroidetes(拟杆菌门)、Actinobacteria(放线菌门)、Proteobacteria(变形菌门)和 Chloroflexi(绿弯菌门),该结果与其他关于厌氧消化中主要细菌菌种的研究结果相一致(Guo et al.,2014;Mitchell,1997)。而且 WS6 和 *Firmicutes* 是占比最大的两种主要菌种,在各组的总占比分别为 57. 2%、59. 2%、67. 9%、75. 3%和 76. 0%。其他菌种在各组中所

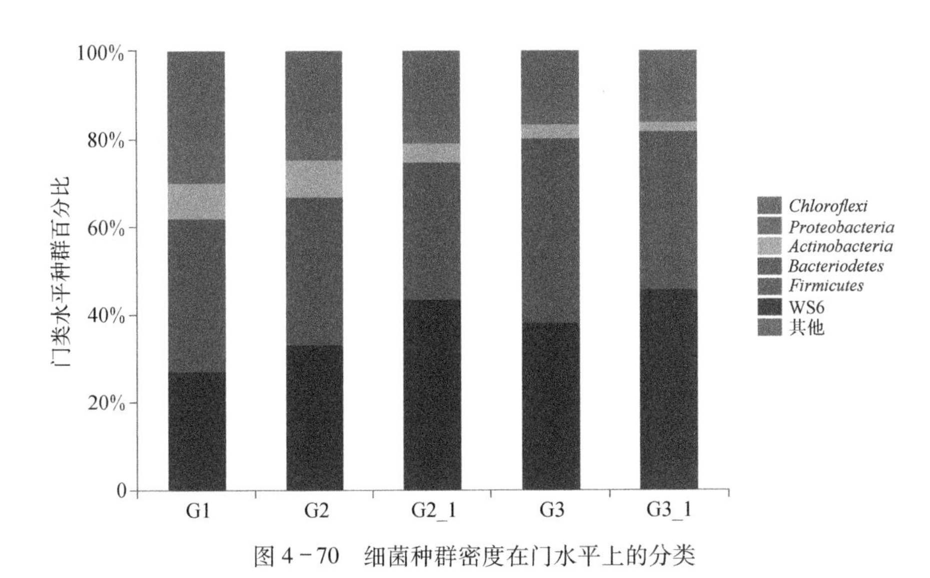

图4-70　细菌种群密度在门水平上的分类

占比例均小于10%。

目前为止，关于WS6的报道很少，WS6也没有明确的分类信息或分类名称。在G1组中，WS6属于第二大类菌种，占细菌总量的27.1%。在G2、G2_1、G3和G3_1组中WS6属于占比最大的菌种，在各组中占比分别为33.2%、43.6%、38.1%和45.7%，很明显，添加了驯化后的微生物载体，反应器中底泥的WS6含量提高，微生物载体上的WS6比例也明显比底泥中高。在G1组中，WS6包含了86.4%的uncultured eubacterium WCHB1-06，而其他组WS6中uncultured eubacterium WCHB1-06占比为99%以上。uncultured eubacterium WCHB1-06是真杆菌，化能异养，可以利用碳水化合物发酵代谢。发酵的主要产物通常包括大量的甲酸、乙酸、丁酸和H_2。因此，添加挂膜后的微生物载体，促进了碳水化合物的水解酸化。

Firmicutes在G1组中占比30.1%，是第一大菌种，而在G2、G2_1、G3和G3_1中属于第二大菌种，占比分别为26.0%、24.3%、37.2%和30.3%。Firmicutes菌群是重要的产乙酸菌门，可以降解丁酸等挥发性脂肪酸，厚壁菌门占比较高说明反应器中含有大量的挥发性脂肪酸供其使用。Firmicutes中主要菌种为*Clostridia*（梭状芽孢杆菌），在各组占比高达95%以上，Clostridia可以降解蛋白质、碳水化合物和脂肪，并与乙酸和丙酸的形成有关（Mitchell，1997），说明五组中有机物的水解产酸性能很好。而G3和G3_1组的Firmicutes比G1组占比增加，表明添加挂膜后的微生物载体使得有机物的降解性能和产酸性能提高。

Bacteroidetes主要功能为降解蛋白质，可将氨基酸降解为乙酸、丙酸等VFA，同时产生氨氮（Rivière et al.，2009）。Bacteroidetes在G1、G2、G2_1、G3和G3_1占比分别为4.8%、7.8%、6.9%、4.7%和5.7%，说明添加挂膜后的微生物载体促进了蛋白质的降解。

Actinobacteria是产酸菌，其中某些微生物产丙酸，因此Actinobacteria的积累可能导致丙酸积累甚至导致反应器失稳（Jang et al.，2014）。填料组中Actinobacteria占比比空白组少，说明添加微生物载体后，系统中丙酸产量减少，更利于系统的稳定。

Proteobacteria 在有机物的水解中发挥重要作用，它能利用乙酸盐、丙酸盐、丁酸盐生长，是它们的主要消耗者(Ariesyady et al. ,2007)。Chloroflexi 是高含固污泥中常见的细菌种类，可以分解较大分子的有机质(Bjornsson et al. ,2002)，它的从属 Anaerolineae(厌氧圣菌纲)为厌氧菌纲，可以降解碳水化合物(Narihiro et al. ,2009)。G2、G2_1、G3 和 G3_1 中 Proteobacteria 和 Chloroflexi 所占比例均小于 G1，说明添加了挂膜后的微生物载体，污泥的降解性能得到提高，从而使得利用难降解有机物的 Proteobacteria、Chloroflexi 等细菌比例减少。

2）古菌群落组成分析

图 4－71 是古菌种群密度在属水平上的分类，由图可以看出，G1、G2、G2_1、G3 和 G3_1 五组的主要菌种是 *Methanobacterium*(甲烷杆菌属)和 *Methanosarcina*(甲烷八叠球菌属)，两者总数分别占比为 95. 4%、92. 9%、92. 4%、75. 6% 和 68. 3%。此外还有 *Methanomassiliicoccus*(第七产甲烷古菌属)和 *Methanoculleus*(甲烷囊菌属)等。

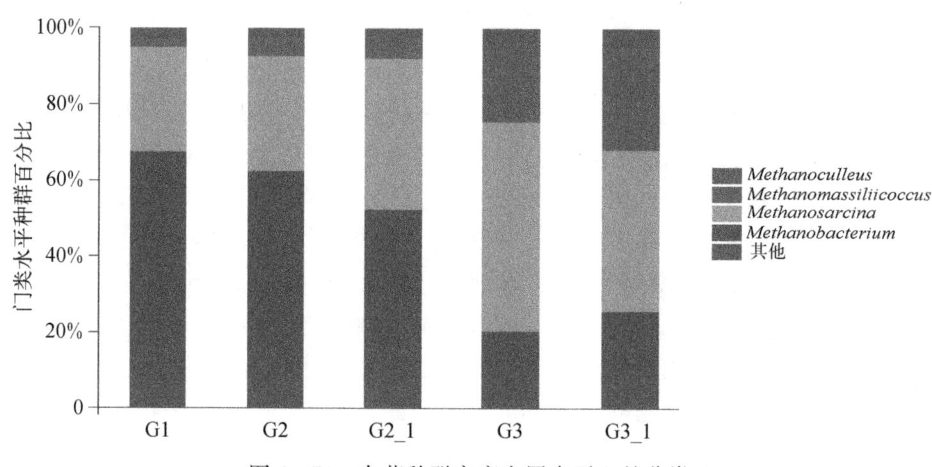

图 4－71　古菌种群密度在属水平上的分类

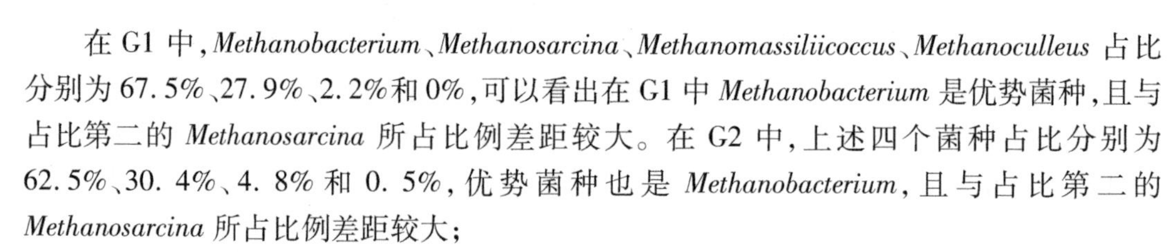

在 G1 中，*Methanobacterium*、*Methanosarcina*、*Methanomassiliicoccus*、*Methanoculleus* 占比分别为 67. 5%、27. 9%、2. 2%和 0%，可以看出在 G1 中 *Methanobacterium* 是优势菌种，且与占比第二的 *Methanosarcina* 所占比例差距较大。在 G2 中，上述四个菌种占比分别为 62. 5%、30. 4%、4. 8% 和 0. 5%，优势菌种也是 *Methanobacterium*，且与占比第二的 *Methanosarcina* 所占比例差距较大；

在 G2_1 中，*Methanobacterium*、*Methanosarcina*、*Methanomassiliicoccus*、*Methanoculleus* 四个菌种占比分别为 52. 5%、39. 9%、4%和 2. 2%，*Methanobacterium* 是优势菌种，与占比第二的 *Methanosarcina* 所占比例差距较小；在 G3 中，上述四个菌种占比分别为 20. 6%、55%、14. 7%和 6. 1%，优势菌种为 *Methanosarcina*；在 G3_1 中，上述四个菌种占比为 25. 9%、42. 4%、13. 6%和 13. 5%，优势菌种为 *Methanosarcina*。

Methanobacterium(甲烷杆菌属)是一种氢利用型产甲烷菌，属于甲烷杆菌目，它能利用 H_2 和 CO_2(甲酸、乙醇、甲醇、CO)生成甲烷。它在 G1、G2、G2_1、G3 和 G3_1 五组中的占比分别为 67. 5%、62. 5%、52. 5%、20. 6%和 25. 9%。G2、G2_1、G3 和 G3_1 组中该菌的

占比均低于G1,说明添加微生物载体后氢利用型途径减少。

Methanosarcina(甲烷八叠球菌属)不仅能利用氢气和CO_2产甲烷,还能利用乙酸生成甲烷(Cole et al.,2014)。在乙酸含量高的厌氧消化体系中,*Methanosarcina* 占比较高。*Methanosarcina* 在G1、G2、G2_1、G3和G3_1五组中的占比分别为27.9%、30.4%、39.9%、55%和42.4%。可见添加微生物载体后厌氧反应器中底泥中的*Methanosarcina* 占比提升,这是因为加入微生物载体后,促进了产酸阶段,而乙酸又是VFA中含量最高的酸,所以微生物固定化厌氧消化系统中乙酸含量高,所以*Methanosarcina* 占比提升。由于*Methanosarcina* 生长速率较高,*Methanosarcina* 比其他产甲烷菌具有更强的适应能力和利用高浓度有机物的能力(Conklin et al.,2006b)。而且以*Methanosarcina* 为主的厌氧消化系统能很好地保证稳定的产气性能(Boucias et al.,2013)。因此添加微生物载体的厌氧消化系统产气效果更好。

Methanomassiliicoccus(第七产甲烷古菌属)和*Methanoculleus*(甲烷囊菌属)在五组中占比较小。*Methanomassiliicoccus*(第七产甲烷古菌属)属于甲基型产甲烷古菌,可利用H_2还原甲醇、甲胺、二甲胺等底物。它是甲基型产甲烷古菌和氢型产甲烷古菌的混合营养型。*Methanoculleus*(甲烷囊菌属)属于甲烷微菌目,也是氢利用性产甲烷菌,可以利用H_2和CO_2生成甲烷(Sowers et al.,2009),部分菌种还可以利用甲酸做碳源(Chen et al.,2015)。添加微生物载体后*Methanomassiliicoccus* 和*Methanoculleus* 均有提高。

4.6.3 微生物载体对半连续污泥厌氧消化系统的影响

A组、B组和C组的HRT分别为30 d、20 d和10 d,对应的OLR(以VS计)分别为2.46 kg/(m^3·d)、3.69 kg/(m^3·d)和7.38 kg/(m^3·d),A1、B1和C1为传统高含固污泥厌氧消化系统,不添加任何的微生物载体;A2、B2和C2为微生物固定化高含固污泥厌氧消化系统,每克底物的微生物载体添加量为0.006 7 g,具体研究方案如表4-23所示。

表4-23 半连续厌氧消化反应器运行条件

运行条件	A1	A2	B1	B2	C1	C2
SRT/d	30	30	20	20	10	10
OLR/[kg/(m^3·d)]	2.46	2.46	3.69	3.69	7.38	7.38
每2 d进料量/g	100	100	150	150	300	300
每克底物载体添加量/g	0	0.006 7	0	0.006 7	0	0.006 7

(1) 对产气性能的影响

六组厌氧消化反应器运行2个HRT后,记录第3个HRT期间每日甲烷产量,如图4-72所示。

六组反应器即A1、A2、B1、B2、C1和C2的日产甲烷量、日产沼气量、甲烷产率、CH_4含量及CO_2含量如表4-24所示。在三种有机负荷条件下,添加微生物载体后,反应器的日产沼气量、日产甲烷量、甲烷产率、CH_4含量均提高,CO_2含量降低,这表明添加微生物载体可以促进产甲烷过程。在OLR(以VS计)为2.46 kg/(m^3·d)、3.69 kg/(m^3·d)和

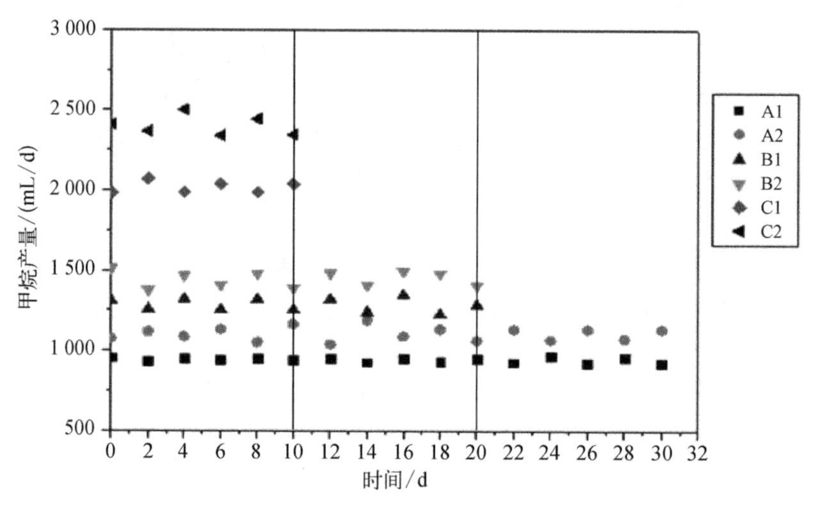

图 4-72 半连续反应器稳定后日产甲烷图

7.38 kg/(m^3·d)的条件下，微生物固定化厌氧消化反应器的日产沼气量比传统厌氧消化反应器分别提高了14.8%、5%和16.4%，日产甲烷量比传统厌氧消化反应器分别提高17.1%、12.3%和18.1%，甲烷产率比传统厌氧消化反应器分别提高17.1%、12.3%和18.1%。微生物载体提高了沼气中 CH_4 含量，原因可能是微生物载体富集了大量的厌氧微生物，在产酸阶段更有效地将有机物转化为乙酸，从而为产甲烷菌提供良好的底物，进而提高甲烷含量，而传统厌氧消化反应器中产酸阶段不能有效地将底物转化为乙酸，在产甲烷阶段中的底物就不能被产甲烷菌有效利用，从而降低了甲烷含量。随着有机负荷的提高，传统厌氧消化反应器和微生物固定化厌氧消化反应器的日产沼气量、日产甲烷量都有所提高，但是随着有机负荷的提高，两组反应器甲烷产率均有所下降。这可能是因为随着有机负荷的提高，产酸阶段不能高效的将有机物转化为易生物降解的短链脂肪酸，系统发生了酸化，从而使产甲烷菌受到了抑制，因此对产甲烷过程产生了抑制。对于传统厌氧消化反应器中的沼气成分，随着HRT的降低、OLR的提高，甲烷占比降低。对于微生物固定化厌氧消化反应器，甲烷含量在HRT=20 d的条件下最高，为68.7%；在HRT=30 d和HRT=10 d的条件下，甲烷含量分别为65.6%、64.4%。

表 4-24 六组反应器厌氧消化产气情况

指 标	A1	A2	B1	B2	C1	C2
日产沼气量/(mL/d)	1 461.52	1 677.45	1 996.81	2 094.72	3 169.10	3 690.75
日产甲烷量/(mL/d)	939.76	1 100.41	1 281.95	1 439.07	2 012.38	2 376.84
单位VS加入量甲烷产率/(mL/g)	254.68	298.21	231.61	259.99	181.79	214.71
CH_4 含量/%	64.3	65.6	64.2	68.7	63.5	64.4
CO_2 含量/%	31.8	30.2	31.4	29.8	32.1	31.8

(2) 微生物载体对半连续污泥厌氧消化系统VS降解率的影响

六组厌氧消化反应器(即A1、A2、B1、B2、C1、C2)的VS降解率分别为(46.64±1.65)%、(48.67±2.31)%、(41.16±2.18)%、(44.90±2.42)%、(35.21±1.57)%、(38.88

±0.87)%。由此可知，在相同的有机负荷条件下，微生物固定化厌氧消化反应器中的VS降解率高于传统厌氧消化反应器，这说明微生物固定化厌氧消化反应器更能耐受有机负荷。而随着有机负荷的提高，传统厌氧消化反应器和微生物固定化厌氧消化反应器中的VS降解率降低。

(3) 微生物载体对半连续污泥厌氧消化系统VFA/TA的影响

六组厌氧消化反应器(即A1、A2、B1、B2、C1、C2)的VFA含量随运行时间的变化情况如图4-73所示。在相同有机负荷下，微生物固定化厌氧消化反应器中的VFA含量低于传统厌氧消化反应器，这是由于添加微生物载体后，反应器中的产甲烷菌活性提高，能够很快地利用酸化阶段产物生成甲烷。此外，缩短HRT、提高OLR后，反应器中的VFA含量提高，通过对VFA成分的分析，发现A组、B组VFA中占比最高的为乙酸，C组VFA中占比最高的为丙酸，而产丙酸菌在高浓度基质下容易快速繁殖(Batstone et al.,2015)。因此，在高有机负荷下产生的抑制性物质对甲烷菌产生了不利的影响，使得甲烷菌活性降低，无法充分降解VFA。

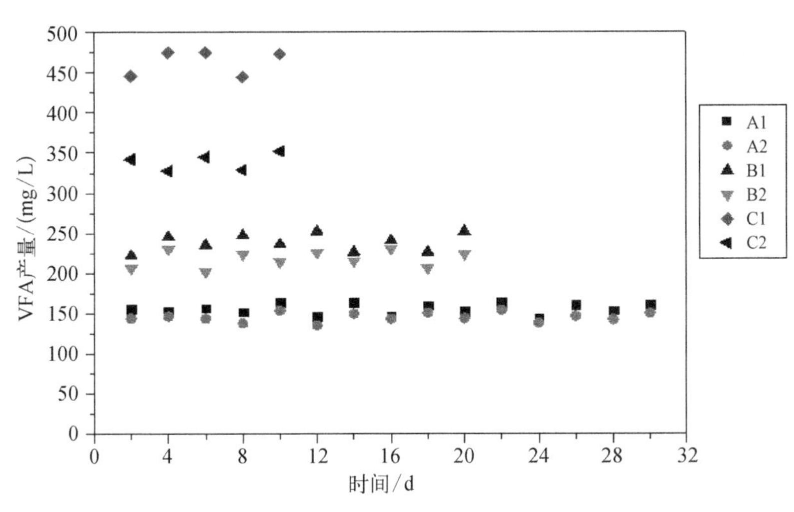

图4-73　半连续反应器稳定运行阶段VFA的变化

六组厌氧消化反应器(即A1、A2、B1、B2、C1、C2)的TA随运行时间的变化情况如图4-74所示。可以看出，随着有机负荷的提高，反应器中的碱度不断上升。当HRT=30 d时，系统中有机负荷较低，进料中的有机物较少，系统保持较高的碱度，对VFA引起的pH下降起到很好的缓冲作用，从而保持在一个适宜微生物生长的范围。随着HRT的降低，有机负荷提高，反应器的碱度随之提高，但是碱度提高的速度较慢，不能很好地抵抗VFA的增加，导致系统缓冲能力减弱。VFA浓度表征影响系统稳定性的因素，而TA表征系统的缓冲性能，污泥的VFA与TA的比值可以用于评价厌氧消化系统的稳定性，在厌氧发酵体系中，VFA/TA小于0.3表示系统稳定性良好(Switzenbaum et al.,1990)。在同一个有机负荷下，添加微生物载体后，碱度有所提高，而VFA的含量减少，因此系统缓冲能力较强。

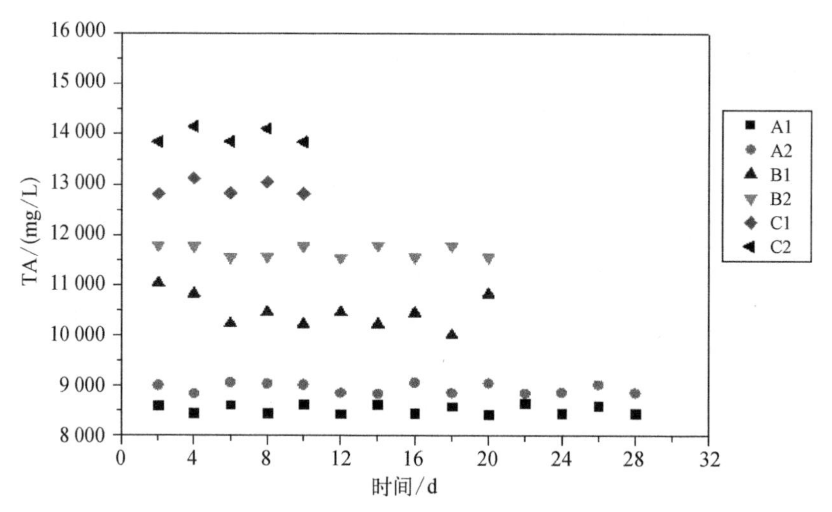

图 4-74 半连续反应器稳定运行阶段 TA 的变化

4.7 两相厌氧工艺改善高含固污泥厌氧消化研究

两相厌氧消化工艺是将产酸和产甲烷两个过程分别在串联的两个反应器中进行,让产酸菌和产甲烷菌在各自最适宜的环境条件下生长。这样不仅有利于对环境有不同要求的微生物在各自适宜的环境中生长,改善微生物的活性,而且可以强化水解酸化的效果,较传统中温、高温单相厌氧消化在各技术指标上都显现出一定的优势(Solera et al.,2002),其有机物去除率高、污泥总停留时间短、耐受污泥有机负荷高、反应器容积小、运行稳定性高,对病原菌和蠕虫卵的杀灭率高,对高固体有机废物的厌氧消化效率较高。且该技术有一定的理论和实验基础,是一种效率较高的新型厌氧消化技术,近年来受到了越来越多的关注(Bouallagui et al.,2004;De Bere,2000)。针对低有机质含量(以 VS/TS 表示)污泥和传统厌氧消化技术的诸多不足,建立以高含固率污泥为研究对象的两相厌氧消化小试及中试装置并开展研究,采用动力学控制的方法,让产酸相和产甲烷相分开成为互相独立的两个处理单元,分别调节至水解产酸菌和产甲烷菌的适宜生长环境,进而实现完整的厌氧消化过程,同时大幅提高系统的处理效率,同时增强反应器的运行稳定性。通过开发高含固两相厌氧消化技术,评估其实际工程应用的可行性,为拟建生产规模的高含固两相厌氧消化系统提供理论与技术支持(Wang et al.,2018;叶宁,2015)。

作者研究了 10 种工况条件(表 4-25),其中两相系统的产酸反应器和单相系统的反应器进泥相同(含固率均为 10%),而产甲烷反应器的进料是产酸反应器的出料。单相厌氧消化反应器的污泥停留时间(SRT)为 20 d,两相厌氧消化系统总停留时间也为 20 d,其中产酸反应器 SRT 为 4 d,产甲烷反应器 SRT 为 16 d。每种条件下均稳定运行 60 d,稳定后进行系统性能的相关指标测试。

表4-25　厌氧消化反应器工况设置

工　况	酸　化　段	消化段	有机负荷(以VS计)/[kg/(m^3·d)]	备　注
1	中温单相35℃		2.8	对照组
2	高温单相55℃			
3	高温55℃	中温35℃	酸化段13.8，消化段2.7±0.2	实验组
4	超高温70℃	中温35℃		
5	高温55℃	高温55℃		
6	超高温70℃	高温55℃		
7	高温55℃(调pH=10)	中温35℃		
8	超高温70℃(调pH=10)	中温35℃		
9	高温55℃(调pH=10)	高温55℃		
10	超高温70℃(调pH=10)	高温55℃		

注：工况7至10，每次进料前在稀释脱水污泥的同时用浓度为2 mol/L的NaOH溶液调节pH到10。

4.7.1　系统消化性能研究

(1) pH

两相与单相厌氧消化系统pH的比较如图4-75所示。单相系统中，中温(35℃)与高温(55℃)消化的pH相差不大，基本处于同一水平。

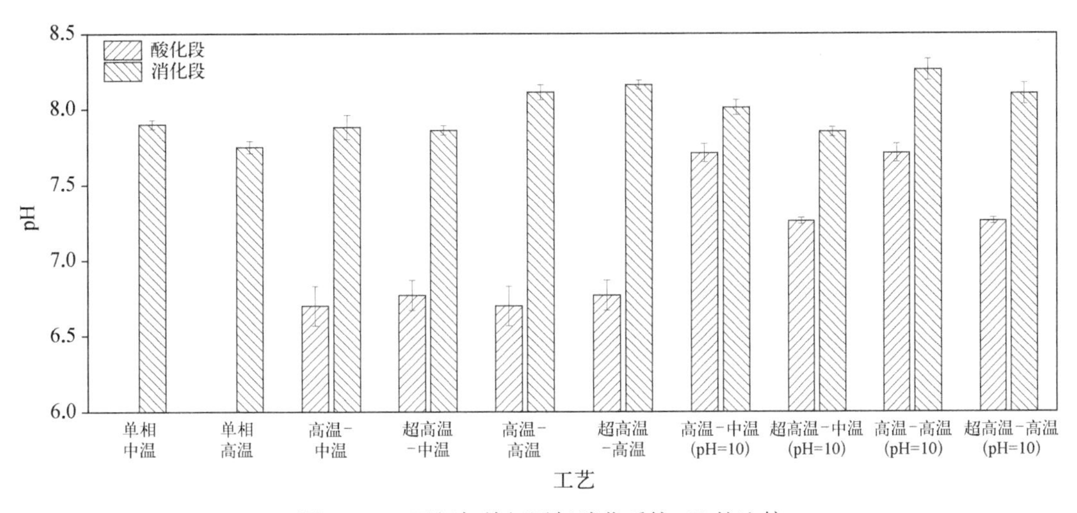

图4-75　两相与单相厌氧消化系统pH的比较

两相系统未调节pH时，酸化段的pH在6.7~6.8，略低于7，较单相系统有较大下降，这是因为酸化段酸化效果显著，积累了大量挥发性脂肪酸而又没有产甲烷菌利用；后接中温消化段时，其pH与中温单相系统相当；而后接高温消化段时，其pH较高温单相系统呈现出更高的水平(超过8.0)，但仍然处于较理想状态。此外，未调节pH时，处于同一温度下的消化段的pH与前接的酸化段是超高温还是高温无较大关联，基本在同一水平。

两相系统调节酸化段进料pH为10后，高温(55℃)与超高温(70℃)酸化段产生的VFA大量中和了调节用的OH^-，pH远低于10而均为弱碱性但又有一定不同，高温酸化段

pH 在 7.7~7.8,而超高温酸化段 pH 在 7.2~7.3,这与高温酸化效果较好,积累了更多的 VFA 有关;后接的消化段 pH 较对应温度的单相系统均有较大提高,但高温下提高得更多。

(2)氨氮和游离氨

两相与单相厌氧消化系统总氨氮(TAN)含量的比较如图 4-76 所示。在污泥的厌氧消化过程中,其中含有的大量大分子有机物(如蛋白质等)在微生物的作用下会分解释放出 NH_3,NH_3 和 NH_4^+ 在消化液中存在着相互转化和动态平衡的过程,主要受温度和 pH 的影响。而 NH_3 在酸性条件下或消化液环境中主要以 NH_4^+ 形式存在,较高的氨氮水平有潜在的抑制作用(Duan et al.,2012)。Lay 等(1997)的研究表明,在 pH 为 6.5~8.5 的范围内,产甲烷菌活性随氨氮浓度的升高而降低,当氨氮浓度处于 1 670~3 720 mg/L 时,其活性会降低 10%;氨氮浓度升至 4 090~5 550 mg/L 时,其活性会降低 50%;氨氮浓度达到 5 880~6 000 mg/L 时,其活性则会降低到零。其他学者的研究也证实了高浓度的氨氮会对产甲烷菌产生抑制作用(Hansen et al.,1998;De Baere et al.,1984)。

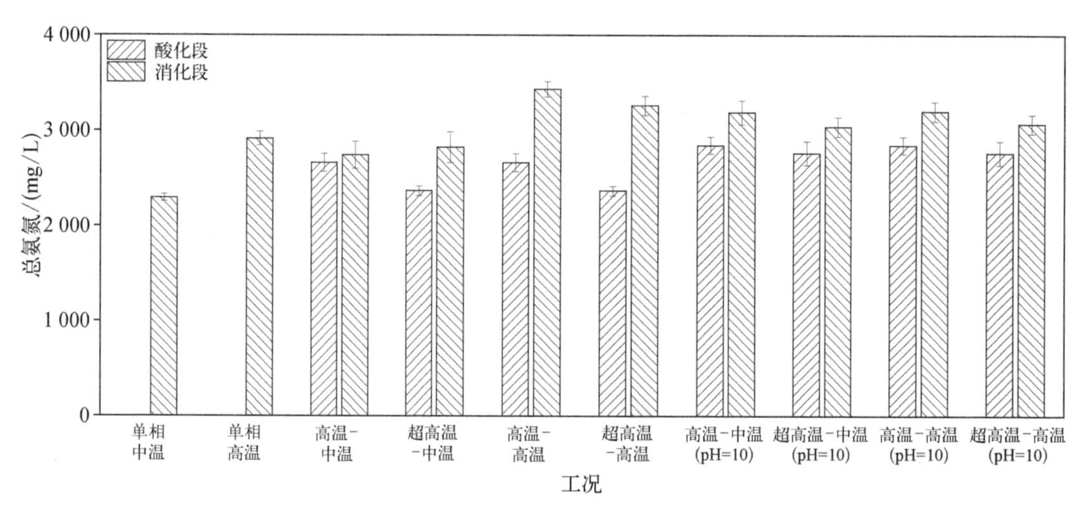

图 4-76 两相与单相厌氧消化系统总氨氮含量的比较

单相系统中,高温比中温厌氧消化含有更多的氨氮,可能是因为高温环境下有更多的蛋白质被微生物分解,降解率更高(Roediger et al.,1990)。两相系统中,两相系统消化段的含量均高于对应温度的单相,这符合 VS 降解率之间的比较关系(Roediger et al.,1990)。未调节 pH 酸化段后接的消化段中氨氮含量低于调节后酸化段后接的消化段,这与 VS 的降解率大小关系相反,这可能是由于该酸化条件下较多的 NH_4^+ 以 NH_3 的形式释放排出。单相厌氧消化系统与两相厌氧消化系统的消化段中的氨氮含量均处于 Lay 等(1997)研究中活性降低 10%的 1 670~3 720 mg/L 区间,系统中产甲烷菌的活性没有受到氨氮总量的过多抑制。

两相与单相厌氧消化系统游离氨(FAN)含量的比较如图 4-77 所示。Chen 等(2008)的研究表明,厌氧消化系统内氨氮浓度较高时,对产甲烷菌产生抑制作用的主要是其中的游离氨,如表 4-26 所示,不同的游离氨浓度会对产甲烷菌产生不同程度的抑制。单相系统中,中温消化的游离氨浓度略高于高温消化,但都处于无抑制的低水平。两相系统未调节 pH 时,高温/超高温-中温的两相和高温/超高温-高温的酸化段中游离氨水平在无抑制的低水平;而高温/超高温-高温的消化段中游离氨含量非常高,达到了非常强的氨抑制程度。

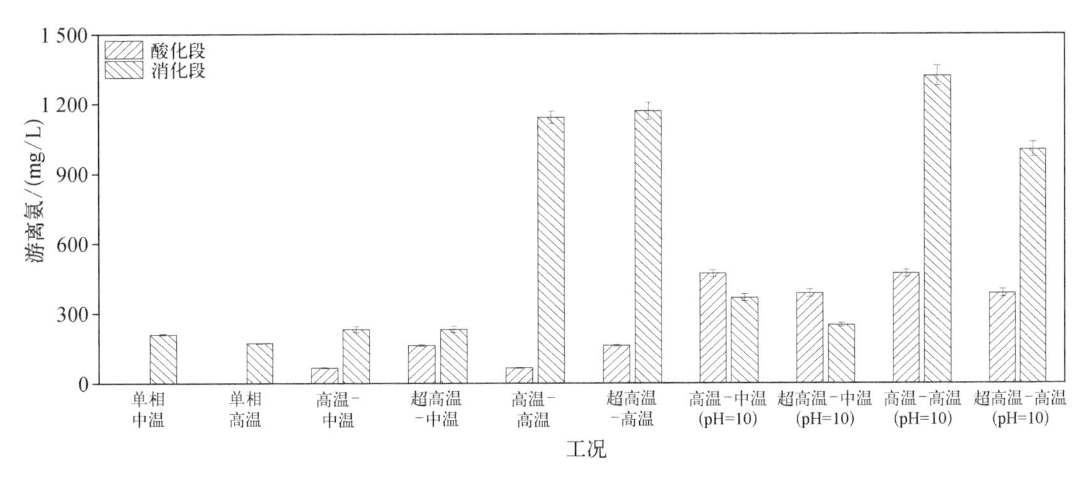

图 4-77 两相与单相厌氧消化系统游离氨含量的比较

表 4-26 氨抑制程度的梯度划分

指　标	梯度分布			
游离氨 FAN/(mg/L)	<400	400~500	500~600	600~800
总氨氮 TAN/(mg/L)	<4 000	3 000~4 000	3 000~4 000	3 000~4 500
抑制程度	无	轻微	中等	较强

两相系统调节酸化段进料 pH 为 10 后,酸化段的游离氨含量对应有较大提升,但仍处于轻微抑制的水平。消化段中,前接高温酸化段的中温消化段中游离氨含量有所升高,达到了轻微抑制的程度;前接超高温酸化段的中温消化段中游离氨含量有些许升高,仍处于无抑制的水平;而高温/超高温-高温的消化段中游离氨含量依然非常高,对产甲烷菌有非常强的氨抑制作用。

中温和高温条件下消化段的 TAN 水平相差不大,而 FAN 水平差距如此大甚至高温条件下出现抑制的情况,这是因为温度对 TAN 和 FAN 之间的平衡有较大影响,高温条件下以 FAN 形式存在的更多,对系统更容易产生抑制作用。从这方面来说,消化段为中温的两相厌氧消化更为有利。同时,调节酸化段进料 pH 为 10 后,系统 pH 升高导致 TAN 和 FAN 水平都有所升高,对产甲烷菌不利。调节酸化段进料 pH 为 10 在氨氮和游离氨层面对两相厌氧消化没有益处。

(3) 挥发性脂肪酸(VFA)

两相与单相厌氧消化系统 VFA 含量的比较如图 4-78 所示。在厌氧消化过程中,重要的中间产物挥发性脂肪酸(VFA)是产甲烷菌主要利用的基质,有学者采用序批式实验进行研究(Siegert and Banks,2005),结果表明 VFA 浓度为 2~4 g/L 时会抑制水解,6~8 g/L 时会抑制产气。过高的 VFA 水平对产甲烷菌的活性有抑制作用,进而使消化系统的稳定性受到影响,因此 VFA 水平是反映厌氧消化系统运行正常与否的一个重要指标。

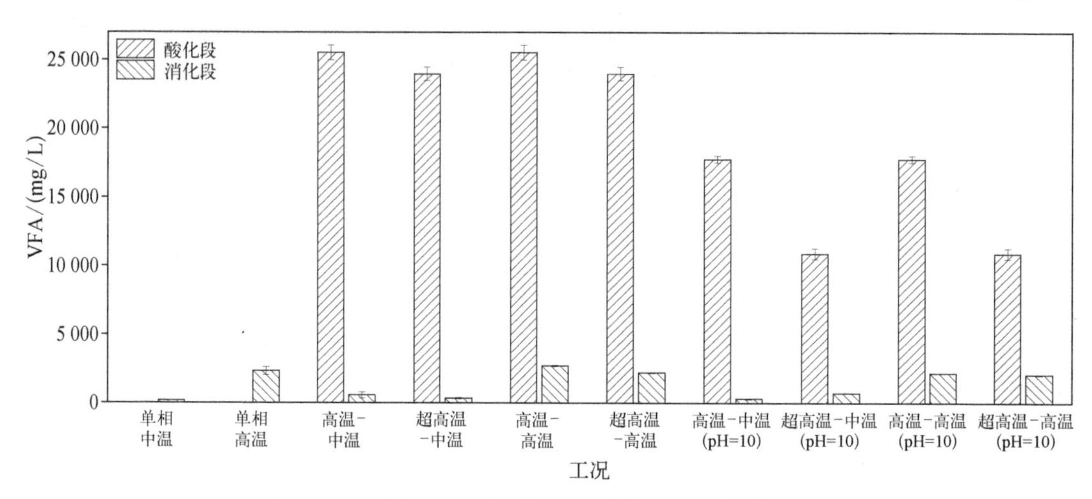

图 4-78 两相与单相厌氧消化系统 VFA 含量的比较

单相系统中,中温消化比高温消化的 VFA 含量低很多。一些学者的研究(Feitkenhauer et al. ,2002)表明,对于运行良好的中温厌氧消化反应器,产甲烷相 VFA 的浓度范围一般是 300~500 mg/L。一般来说,VFA 的最佳范围为 50~500 mg/L,正常范围为 50~2 500 mg/L。由此可知,单相中温厌氧消化运行效果较好,单相高温厌氧消化系统中的 VFA 值虽然较高,但仍处于正常范围内,这可能是因为消化温度较高影响了产甲烷菌的活性。

两相系统未调节 pH 时,高温和超高温的酸化段反应器内积累了大量的 VFA,这是因为此阶段内的产氢产乙酸菌群十分活跃,将污泥中大量的大分子有机物分解成了以挥发性脂肪酸为主的简单有机物,而产甲烷菌由于环境不适宜而活性受到抑制,无法通过转化生成甲烷的途径对 VFA 进行大量消耗。高温条件下比超高温条件下产生了更多的 VFA,这说明水解酸化菌在高温条件下更为活跃。而在消化段,产甲烷菌环境适宜,活性较高,通过转化生成甲烷的途径对酸化段积累的 VFA 进行大量消耗,使得消化段的 VFA 浓度大大降低。消化段的 VFA 浓度与对应温度的单相消化系统相当,同样中温消化段内的 VFA 浓度远低于高温,但均处于正常范围内。

两相系统调节酸化段进料 pH 为 10 后,酸化段加入的碱中和了一些产生的 VFA,使得调节 pH 后酸化段的 VFA 含量较没调节时在高温条件下降低了 1/3 左右,超高温条件下降低了一半以上。但并没有对后续的消化段产生较大影响,消化段内 VFA 水平与对应未调节时相当。

因此,从 VFA 水平来说,两相与单相厌氧消化、两相中酸化段是否调节 pH 都没有较大差异。综合来看,高温-中温条件下的两相厌氧消化较优。

(4) 碱度(TA)

两相与单相厌氧消化系统碳酸氢盐碱度(BALK)和总碱度(TALK)含量的比较分别如图 4-79 和图 4-80 所示。重碳酸盐(HCO_3^-)和碳酸(H_2CO_3)的缓冲溶液[式(4-3)至(4-5)]是厌氧消化系统中消化液的碱度的主要来源,同时污泥中的大量蛋白质在厌氧消化过程中分解产生的 NH_3 对碱度的贡献也较大[式(4-6)、(4-7)]，它们共同形成了厌氧消化系统的缓冲能力。

$$H^+ + HCO_3^- = H_2CO_3 \tag{4-3}$$

$$K' = \frac{[H^+][HCO_3^-]}{[H_2CO_3]} \tag{4-4}$$

$$pH = -\lg K' + \lg \frac{[HCO_3^-]}{[H_2CO_3]} \tag{4-5}$$

式中，K'为电离常数。

$$RCHNH_2COOH + 2H_2O \longrightarrow RCOOH + NH_3 + CO_2 + 2H_2 \tag{4-6}$$

$$NH_3 + H_2O + CO_2 \longrightarrow NH_4^+ + HCO_3^- \tag{4-7}$$

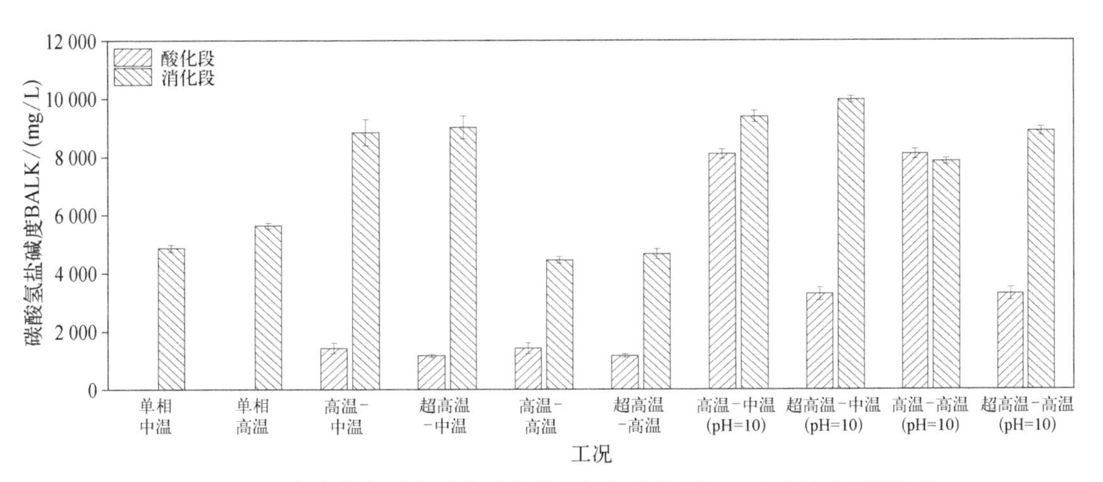

图4-79　两相与单相厌氧消化系统碳酸氢盐碱度(以 $CaCO_3$ 计)含量的比较

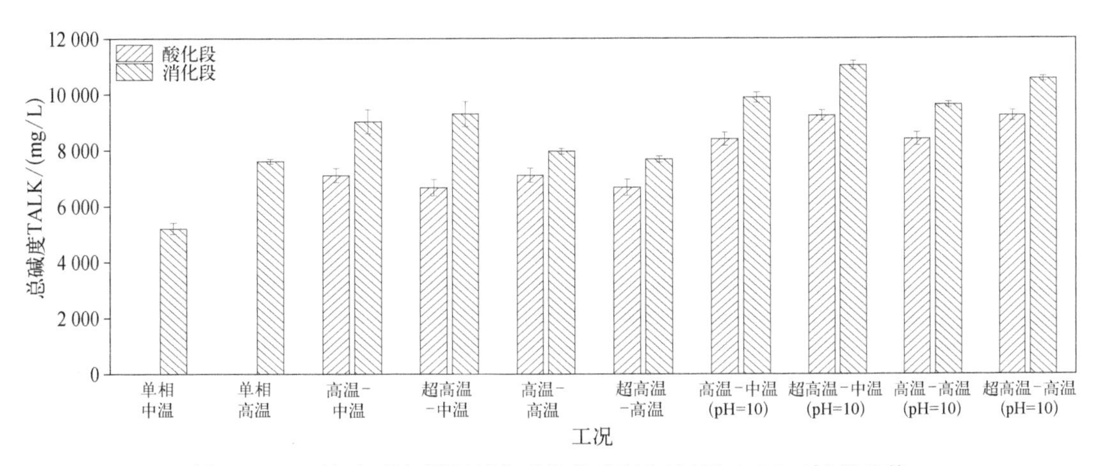

图4-80　两相与单相厌氧消化系统总碱度含量(以 $CaCO_3$ 计)的比较

在厌氧消化系统中,当反应器的碱度处于正常碱度范围内时,其数值越大表明系统运行得越稳定。一般运行良好的传统低含固厌氧反应器的碱度在 2 000~4 000 mg/L,正常状态在 1 000~5 000 mg/L(任南琪和王爱杰,2004)。在高含固状态下,系统内的碱度浓度会升高,因而本研究中各反应器的碱度值高于一般水平,但均在合理范围之内。

单相系统中,高温消化与中温消化总碱度构成中均以碳酸氢盐碱度为主体,中间碱度很少(碳酸氢盐碱度+中间碱度=总碱度)。同时高温消化的总碱度要比中温消化高 1/3 左右,这可能是因为高温条件能使更多蛋白质分解。两相系统中,消化段的总碱度要高于酸化段,且两相消化段的碱度水平均高于单相,这是因为两相系统的降解率较高,两相的稳定性更好。在总碱度的构成方面,消化段与单相相同,均以碳酸氢盐碱度为主体;酸化段除调节进料 pH 为 10 的超高温条件外,其余工况条件下均是中间碱度占主体。两相系统调节酸化段进料 pH 为 10 后,酸化段和消化段的总碱度和碳酸氢盐碱度水平均较未调节 pH 时有所升高,原因可能是提高 pH 有助于蛋白质等的水解和转化。

因此,从碱度水平(即抗冲击负荷的缓冲能力)来说,两相厌氧消化比单相要好,调节酸化段进料 pH 为 10 的两相要比没调节的两相好。

(5) VFA/TA 值

两相消化段与单相厌氧消化系统 VFA/TA 的比较如图 4-81 所示。在传统的低含固厌氧消化系统中,系统的稳定性主要由 VFA 浓度和 TA 浓度决定。当系统内产生的 VFA 不能被产甲烷菌及时代谢而产生一定积累时,将会影响产甲烷菌的活性。而当 VFA 积累程度超过系统的缓冲能力时将会引起 pH 急剧降低,导致系统酸化,严重时使系统崩溃。根据学者 Therkelsen 和 Carlson(1979)、Switzenbaum 等(1990)的研究,VFA/TA 值的大小可以用来判断厌氧消化系统运行的稳定性,VFA/TA 值越小则代表运行越稳定,一般认为运行较为良好的厌氧消化的 VFA/TA 值应在 0.4 以下:VFA/TA<0.4,系统处于稳定状态;VFA/TA=0.4,稳定状态;0.4<VFA/TA<0.8 系统出现不稳定特征;VFA/TA≥0.8,系统严重不稳定。本研究中单相系统与两相系统的各反应器的 VFA/TA 值均小于 0.4,是良好的厌氧消化,比较稳定。中温单相系统要较高温单相稳定,两相系统无论是否

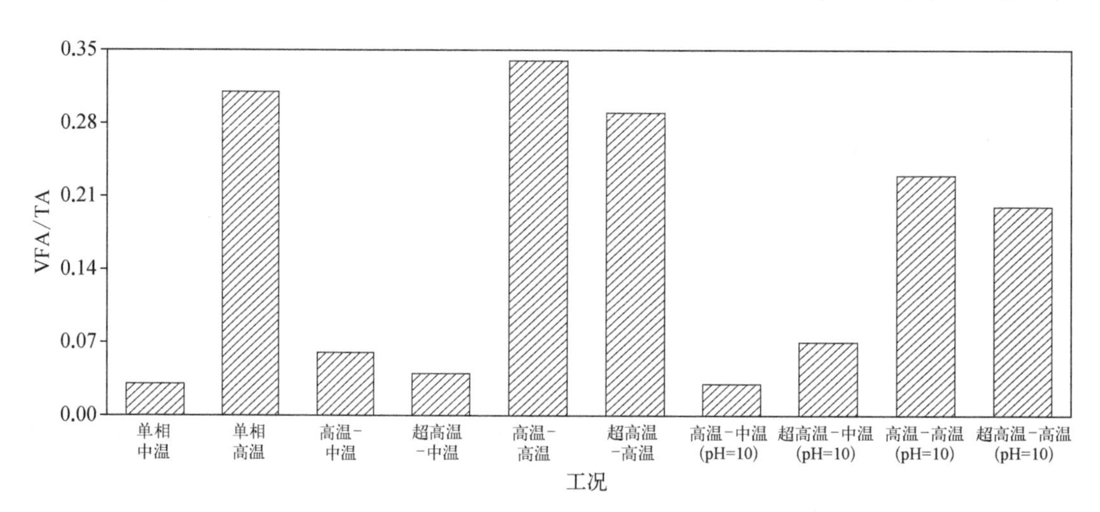

图 4-81 两相与单相厌氧消化系统 VFA/TA 值的比较

调节酸化段进料 pH 为 10，均是后接中温消化段的，要比后接高温消化段的更为稳定。

可知，从稳定性的角度来说，中温单相系统最为稳定，后接中温消化段的两相厌氧消化系统也十分稳定。

4.7.2　系统处理能力对比研究

(1) 有机质(VS)降解率

两相与单相厌氧消化系统 VS 降解率的比较如图 4－82 所示。两相厌氧消化的 VS 降解率均高于单相厌氧消化，但本研究中所有两相和单相系统的 VS 降解率均低于一些国外学者研究报道的数值(在 OLR 为 0.64～1.6 kg VS/(m^3·d)、SRT 为 20～60 d 时，单位 VS 加入量的甲烷产率为 300～500 mL/g、VS 降解率为 50%～65%)(Turovskiy and Mathai，2006；George　et al.，2003；Qasim，1998)。这可能是因为污泥泥质(如 VS/TS 等参数)不同对其有较大的影响。我国城市污泥有机质含量普遍偏低，大部分污泥的 VS/TS 为 30%～50%，远低于发达国家 65%～75%的水平。根据已有研究，污泥厌氧消化 VS 降解率或单位投加有机质的产气率与物料的 VS/TS 水平具有一定的相关性，即随着有机质比例的降低、无机颗粒含量的升高，物料 VS 降解率呈下降趋势。VS/TS 为 55%的生污泥降解率仅为 35%，而 VS/TS 为 80%的生污泥降解率可以高达 80%(Roediger　et al.，1990)。故本研究中的 VS 降解率除中温单相略低于 35%(55%的 VS/TS)外，其余均高于这个水平。

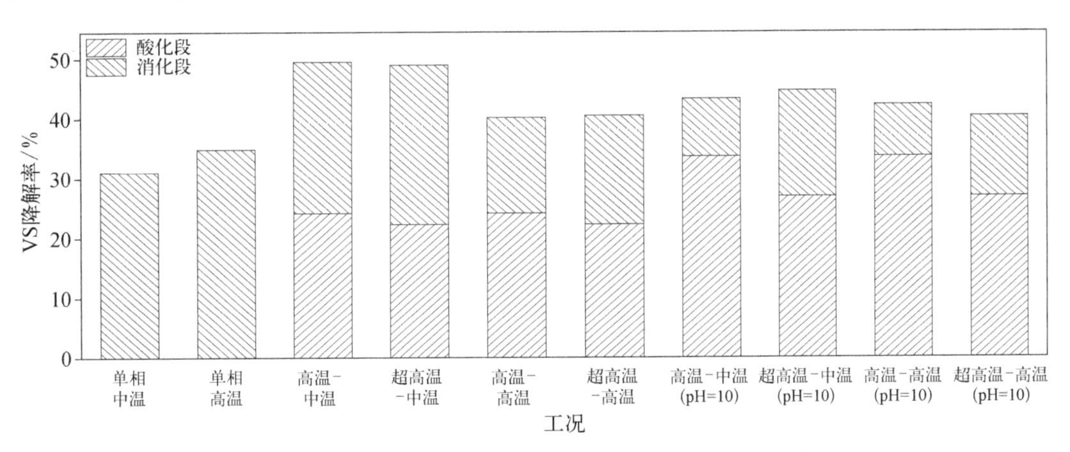

图 4－82　两相与单相厌氧消化系统 VS 降解率的比较

单相系统中，高温消化比中温消化的 VS 降解率略高。两相系统未调节 pH 时，后接中温消化段的 VS 降解率要比后接高温消化段的高 20%左右，同时有机质在酸化段的降解率占到了整个酸化-消化过程 VS 降解率的一半左右。酸化段中即有可观的有机质发生降解，这与传统低含固两相厌氧消化(处理物料为剩余污泥，TS 为 1%～5%)有很大不同(赵纯广，2008)。这说明酸化段起到十分重要的作用，本研究所用的基质中可能含有大量易生物降解的有机物质，在酸化段的条件下即可由产氢产乙酸细菌利用消化生成 H_2、乙酸，同时有部分转化生成 CH_4 和 CO_2。

两相系统调节酸化段进料 pH 为 10 后，产酸相 VS 降解率所占比例明显提高，大部分有机物质在酸化段即可完成降解，酸化段的重要性进一步凸显。但最终总VS降解率没有升高甚至在中温消化段之后有所降低。

从VS降解率层面来说，高温-中温两相VS降解率最高，超高温-中温两相其次，两者差别不大，较单相中温和单相高温要高出15%～20%，因此高温酸化-中温甲烷化的工况最优。

(2) 甲烷百分含量

两相与单相厌氧消化系统甲烷百分含量的比较如图4-83所示。本研究中两相厌氧消化系统并不能将产酸菌和产甲烷菌完全分隔在两个反应器内：在酸化段中产甲烷菌受到抑制，为非优势菌群，以发酵产酸为主，所产生的污泥气中CO_2的含量较高；而在消化段中则相反，产甲烷菌是优势菌群，污泥气中CH_4含量较高。污泥气中的有效成分主要是甲烷，其高位热值高达39.82 MJ/Nm^3，因而污泥气的甲烷百分含量越高则利用价值越大。一般污泥厌氧消化产生的生物气中甲烷百分含量范围为60%～70%。

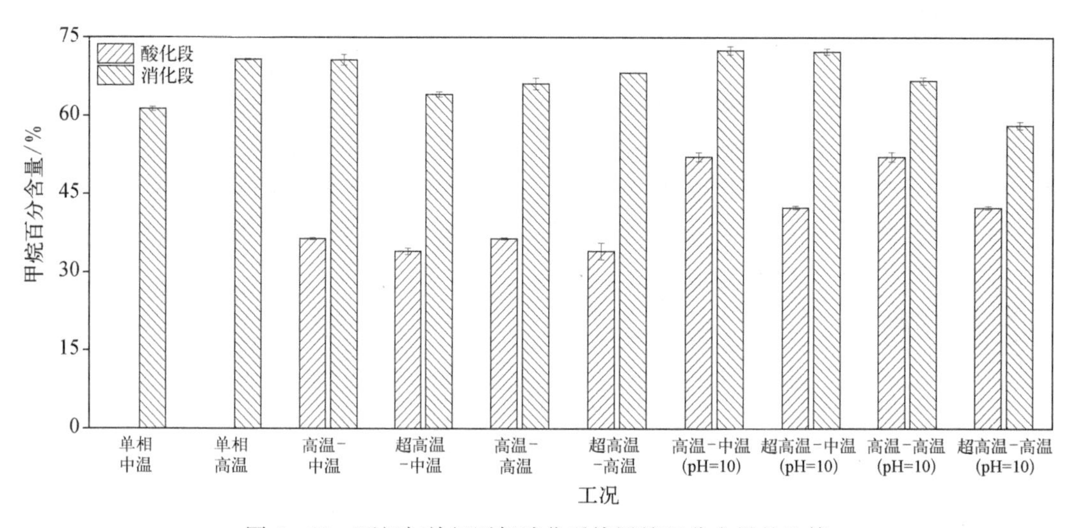

图4-83 两相与单相厌氧消化系统甲烷百分含量的比较

单相系统中，高温消化比中温消化污泥气中甲烷的百分含量要高，高温消化达到了70%，中温则只有60%。两相系统未调节pH时，酸化段的甲烷百分含量在35%左右，中温消化段甲烷百分含量有所增加，而高温消化段则有所降低。高温-中温条件下消化段污泥气的甲烷百分含量较中温单相系统升高10个百分点。两相系统调节酸化段进料pH为10后，酸化段尤其是高温酸化段污泥气的甲烷百分含量有较大提升(35%左右到50%以上)。消化段的甲烷百分含量依然是中温条件下较高，高温-中温和超高温-中温条件下差别不大。

从污泥气甲烷百分含量和所含能量的角度来说，高温单相和高温-中温两相以及调节酸化段进料pH为10的超高温/高温-中温条件下的两相厌氧消化具有优势。

(3) 甲烷产率

两相与单相厌氧消化系统甲烷产率的比较如图4-84所示。在厌氧消化过程中，CH_4的产生主要有两种途径，分别通过生理上不同的两类产甲烷菌来完成：一种途径是产甲烷菌将乙酸脱羧分解为CH_4和CO_2[式(4-8)]；另一种途径是产甲烷菌将H_2作为电子供体，CO_2 作为电子受体，最终生成 CH_4 和 H_2O[式(4-9)]。

$$2CH_3COOH \longrightarrow 2CH_4 + 2CO_2 \tag{4-8}$$

$$4H_2 + CO_2 \longrightarrow CH_4 + 2H_2O \tag{4-9}$$

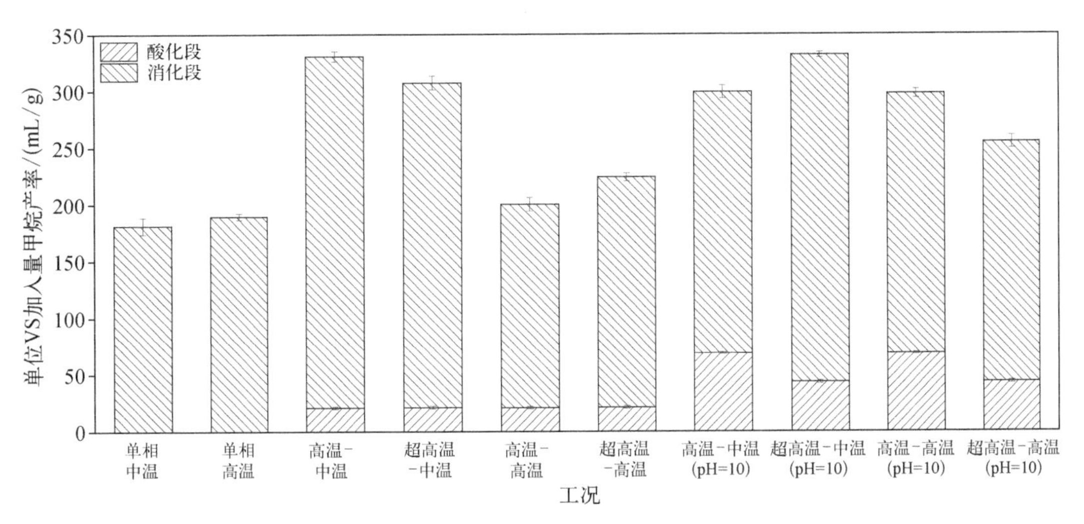

图4-84 两相与单相厌氧消化系统甲烷产率的比较

单相系统中，中温消化与高温消化的差别不大，单位VS加入量的甲烷产率均略低于200 mL/g，高温消化比中温消化略高。两相系统相比于单相系统甲烷产率均有所提升。两相系统未调节pH时，超高温/高温-中温条件下甲烷产率较中温单相有明显提升，增幅在60%~70%，这其中高温酸化处理的污泥比超高温酸化理的污泥再经中温消化后能得到更高的甲烷产率；超高温/高温-高温条件下则只比高温单相略微提升，高温消化段的 CH_4 产量甚至有所降低，这可能与 H_2 在酸化段大量释放、CH_4 生成途径只剩乙酸脱羧有关。中温条件对消化段的甲烷产率的提升较为有利。两相系统调节酸化段进料pH为10后，酸化段的甲烷产率显著提高，尤其是高温酸化，甲烷产率提高了3倍。在此基础上，经中温消化段后，甲烷产率与未调节pH时基本相当，总的甲烷产率变化不大，调节pH只是让更多的有机物质在酸化段分解产生 CH_4，总的可降解有机物质并没有增多；而经高温消化段处理后，则较未调节pH时甲烷产率有所提高。

从甲烷产率的层面来说，高温/超高温-中温条件下的两相和经调节酸化段进料pH为10后高温/超高温-中温条件下的两相具有较明显的优势，考虑操作复杂度和节能要求则尤其以高温-中温条件为优。

(4) 硫化氢浓度

城市污泥含有的大量有机物在厌氧消化过程中经微生物作用会释放出多种有异味气体，其中硫化氢(H_2S)是释放量较大的有害气体之一，其无色、有臭鸡蛋气味、剧毒且易燃，对人体健康有较大危害，同时对后续的处理设备也有较大的腐蚀作用，因而必须采取有效方法控制污泥气中 H_2S 的含量。

城市污泥厌氧消化污泥气中的 H_2S 及其他硫化物(HS^- 和 S^{2-})除了由污水带入，主要来源于微生物的作用,有两种途径:一是亚硫酸盐和无机硫酸盐等在硫酸盐还原菌(sulfate-reducing bacteria,简称 SRB)[如脱硫弧菌(D. desulfuricans)等]的作用下还原成 H_2S[式(4-10)],这一过程称为反硫化作用,也称异化型元素硫还原作用和硫酸盐还原作用;二是有机硫化物(如磺胺酸、磺化物、硫氨基酸等)在厌氧菌分泌的蛋白酶和肽酶的作用下生成含硫氨基酸(sulfur-containing amino acids),其中的半胱氨酸(cysteine)和蛋氨酸(methionine)能进一步降解生成 H_2S 和甲硫醇(methanethio),甲硫醇在产甲烷菌的作用下又可进一步降解生成 H_2S(薛永刚,2000)。

$$C_6H_{12}O_6 + 3H_2SO_4 \longrightarrow 6CO_2 + 6H_2O + 3H_2S + 能量 \qquad (4-10)$$

两相与单相厌氧消化系统污泥气硫化氢浓度的比较如图 4-85 所示。单相系统中,中温和高温消化污泥气的硫化氢含量相当,均在 250 ppm 左右,属较低水平。两相系统酸化段污泥气中的 H_2S 含量剧增,要远远高于单相系统。两相系统未调节 pH 时,高温酸化段污泥气中的 H_2S 含量较单相中温升高了 3 倍,超高温酸化段则升高了 7 倍,达到了高温酸化段的 2 倍以上。如此高的 H_2S 含量说明在酸化段条件下硫酸盐还原细菌活性非常高,能将有机硫化物大量降解产生 H_2S。而在超高温条件下能获得比高温条件下更高的 H_2S 含量,则可能是由于 Henry 定律的影响,温度越高,H_2S 在消化液中的溶解度越低,在达到饱和溶解度后,就会以气体的形式不断扩散到污泥气中。由于在酸化段有机硫化物大量降解,大部分 H_2S 均已释放到污泥气中,后续的消化段产生的污泥气中 H_2S 含量十分低,中温条件下只有单相中温的 6%左右。两相系统调节酸化段进料 pH 为 10 后,酸化相的 H_2S 含量对应未调节时又有较大增长,这与预想的提高 pH 有助于 H_2S 溶解在消化液中不同,这可能是由于消化液碱性增强对有机硫化物分解产生 H_2S 的促进作用要强于其对 H_2S 溶解的促进作用。

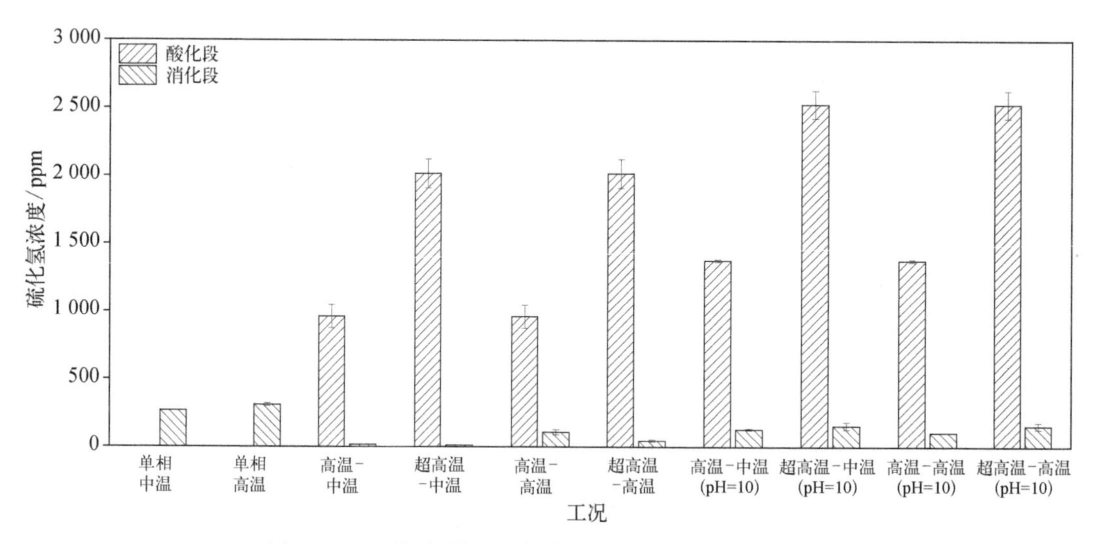

图 4-85 两相与单相厌氧消化系统硫化氢浓度的比较

污泥气中 H_2S 浓度过高会对装置的运行产生危害。降低污泥气中 H_2S 浓度的方法大体可分为直接法和间接法:直接法是直接脱除污泥气中的 H_2S,又可分为物理化学法

（湿法脱硫、干法脱硫）和生物法；间接法是抑制酸化段硫酸盐还原细菌的活性，从源头上减少硫化氢的形成，包括提高产酸相的 pH（Zhang　et al.，2008）、投加 $FeCl_2$、$FeCl_3$ 和 $Fe(OH)_3$ 等二价或三价铁盐形成金属硫化物化学沉淀（Haaning　et al.，2005）等方法。如采用两相厌氧消化需结合上述方法降低 H_2S 浓度。

从污泥气中 H_2S 浓度的角度来说，单相尤其是中温单相较好，两相中则在高温-中温/高温条件下的 H_2S 浓度较低，在可以接受的水平。

（5）氢气浓度

在厌氧消化过程中，氢气的产生主要在产氢产乙酸阶段由产乙酸菌来完成，其将酸化阶段的产物，如戊酸［式（4－11）］、丙酸［式（4－12）］和乙醇［式（4－13）］等，分解产生乙酸、H_2 和 CO_2。

$$CH_3CH_2CH_2CH_2COOH + 2H_2O \longrightarrow CH_3CH_2COOH + CH_3COOH + 2H_2 \quad (4-11)$$

$$CH_3CH_2COOH + 2H_2O \longrightarrow CH_3COOH + 3H_2 + CO_2 \quad (4-12)$$

$$CH_3CH_2OH + H_2O \longrightarrow CH_3COOH + 2H_2 \quad (4-13)$$

上述变化过程在很大程度上受到厌氧消化系统中氢分压的影响。

两相与单相厌氧消化系统污泥气氢气浓度的比较如图 4－86 所示。单相和两相系统消化段的氢气浓度要远低于两相的酸化段，为较清楚地表现单相和两相系统的消化段氢气浓度，将图 4－86 的纵坐标改为对数模式，如图 4－87 所示。

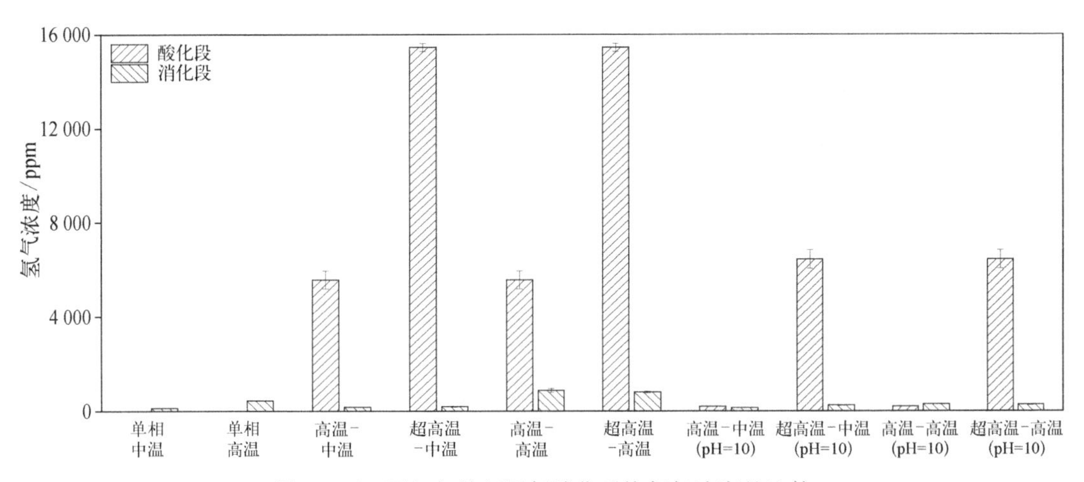

图 4－86　两相与单相厌氧消化系统氢气浓度的比较

单相系统中，中温与高温消化的 H_2 浓度均较低，在 500 ppm 以下，高温消化要高于中温。两相系统未调节 pH 时，酸化段的 H_2 浓度剧增，高温酸化条件下的 H_2 浓度较中温单相升高了约 40 倍，同时超高温酸化的 H_2 含量是又高温酸化的约 3 倍，这与 H_2S 的分布规律类似，说明两相厌氧消化系统酸化段中的产氢产乙酸菌群十分活跃，将酸化阶段的产物（如脂肪酸和乙醇等）大量分解释放 H_2。同时温度对厌氧消化系统中微生物的群落结构有较大影响，在较高的温度下产甲烷菌等氢消耗微生物的活性会受到抑制，而产氢菌群则较为活跃，H_2 产量随之提高。因此两相超高温酸化段污泥气的 H_2 浓度要远高于高温酸

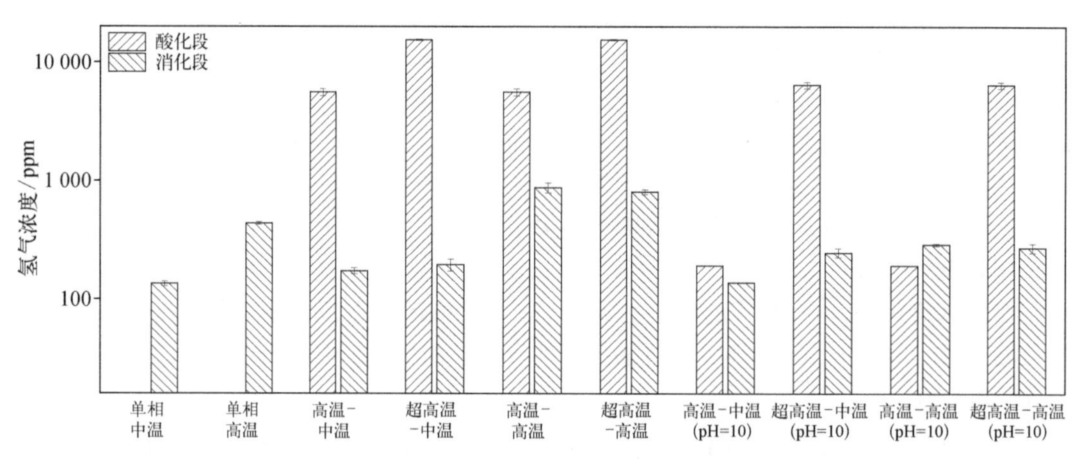

图 4－87 两相与单相厌氧消化系统氢气浓度的比较(对数模式)

化段以及单相高温厌氧消化。此外,消化段的 H_2 浓度也要比对应温度的单相高,但增幅不明显,仍在 1 000 ppm 以下。两相系统调节酸化段进料 pH 为 10 后,酸化段 H_2 浓度显著降低,在高温酸化段 H_2 浓度降到和单相消化同一水平,pH 对 H_2 的释放有较大影响,较多的 H^+ 在碱性条件下被中和而留在沼液中;而超高温酸化段的 H_2 浓度虽有较大程度降低,但依然有未调节 pH 时高温酸化段的水平,这可能是因为提升温度时 H_2 的溶解度降低较多,而更多地以气态形式释放到污泥气中。消化段的 H_2 浓度较未调节时有所降低,但基本处于同一水平。

氢是一种新型的清洁能源,H_2 燃烧只生成水并且燃烧效率很高,高位热值为 12.74 MJ/Nm^3,H_2 单位质量的热值是 CH_4 的 2.6 倍,并且 H_2 可再生,未来有着十分广阔的应用前景。传统的厌氧消化技术以产生大量甲烷为最终目标,因而忽视了消化过程中 H_2 的回收和利用,有很多学者对生物制氢的方法进行了研究(Kim et al.,2012)。而很多学者在研究两相厌氧的过程中将其分为酸化段和消化段,前一阶段产生的 H_2 并不回收,只是在后一阶段都被转化为 CH_4。因此,如果利用两相厌氧消化工艺,将其与生物制氢技术结合起来,在处理城市污泥的过程中同时生产 H_2 和 CH_4,则酸化段产生的大量 H_2 不仅具有较高的环境效益和能源效益,还提高了经济效益。

4.7.3 胞外聚合物(EPS)组分变化对比研究

城市污泥中含有较多的有机物,其中的大分子颗粒态物质在厌氧消化过程中先被水解为大分子有机物,然后在水解酶的作用下进一步水解为各种小分子有机物。因而污泥 EPS 的组分十分复杂,主要由高分子有机聚合物、金属阳离子和无机颗粒物通过架桥吸附作用聚集在一起,最主要的两种化学组分是蛋白质和多糖,且溶解性蛋白质、多糖比较容易定量分析,其他有机物质则很难逐一分类进行定量分析。所以本书研究了 EPS 各层中 COD 的分布变化,以从整体上把握 EPS 各层有机组分的特性变化,接着再以溶解性蛋白质和多糖为代表观察 EPS 组分的具体变化。

(1) 化学需氧量(COD)

两相与单相厌氧消化系统 EPS 中 COD 分布的比较如图 4-88 所示。

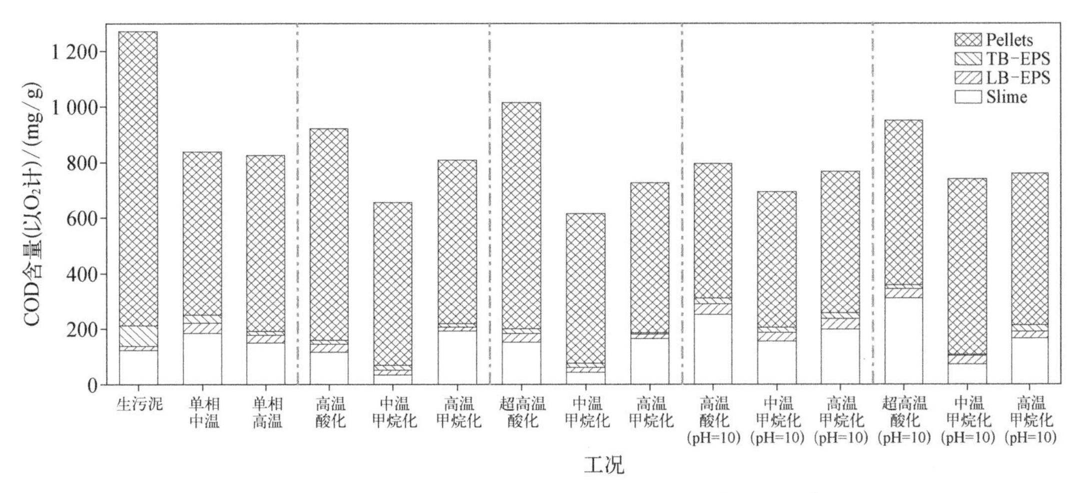

图 4-88　两相与单相厌氧消化系统 EPS 中 COD 分布的比较(TS)

生污泥中大部分有机物都集中在 EPS 最内部的 Pellets 层，其次是最外层呈溶解态的 Slime 层，中间的 LB-EPS 层和 TB-EPS 层则相对较少。单相系统中，生污泥经过中温和高温消化后有机物在最外层的 Slime 层中有所增加，在最内部的 Pellets 层中则大幅减少，这说明在厌氧消化过程中有机物质发生了迁移，即从与细胞结合紧密的内层迁移到了污泥颗粒的外层并在微生物的作用下不断降解。两相系统未调节 pH 时，酸化段内部的 Pellets 层和 TB-EPS 层中有机物含量大量降低，外部的 LB-EPS 层和 Slime 层中的有机物则有所降低；再经中温消化段处理之后，Pellets 层和 Slime 层中的有机物含量进一步降低，而经高温消化段处理之后，仅 Pellets 层中的有机物含量有所降低，Slime 层中的有机物含量不降反升，这与 VS 降解率的变化相符合。两相系统调节酸化段进料 pH 为 10 后，酸化段 EPS 中的有机物总量较未调节时有所降低，同时存在于 Slime 层中有机物的比例大幅增加，在高温酸化段增加了 1 倍左右，而在超高温酸化段则增加了 2 倍左右，说明碱预处理对水解酸化有较大的促进作用。而 pH 的提升影响了后续的消化段，存在 Slime 层中的有机物含量偏高，总的降解率反倒比未调节时有所降低。

这说明在两相厌氧消化系统中，生污泥首先在酸化段发生水解酸化，内部 Pellets 层的大分子有机物质被分解成较小分子的有机物质，并逐渐向外层的 TB-EPS 层和 LB-EPS 层迁移，最终以溶解态积累在 Slime 层中；接着在后续的消化段中，溶解态的小分子有机物质在产甲烷菌的作用下不断被降解利用，同时内部的大分子有机物质继续向外层迁移，最终完成整个厌氧消化过程。在单相厌氧消化系统中，大分子有机物质有着同样的不断向外层迁移降解的规律，但由于迁移和降解发生在同一环境条件下，无法使两种菌群同时达到最优条件，因而最终处理效果没有两相厌氧消化系统好，降解率偏低。

(2) 蛋白质

两相与单相厌氧消化系统 EPS 中蛋白质分布的比较如图 4-89 所示。生污泥中外侧的三层中蛋白质的含量均较低，应该大部分蛋白质都以颗粒态存在于 Pellets 层中。单相系统中，中温与高温消化处理后 Slime 层中的蛋白质含量均有所增加，同时外侧三层中蛋白质的总量较生污泥也有所增加，说明蛋白质也发生了相应的迁移和转化，即从与细胞结合紧密的内层迁移到污泥絮体的外层，这与 COD 的分布规律相一致。两相系统未调节 pH 时，高温酸化段处理后 Slime 层中蛋白质含量基本不变，TB - EPS 层中有所降低，经超高温酸化段处理后 Slime 层中蛋白质含量则大幅增加，高温有助于蛋白质向外层迁移。之后中温消化段处理能将 Slime 层中的蛋白质大量降解消耗，而高温消化段处理后 Slime 层中还保留着大量的蛋白质，这也与高温消化段降解率不及中温消化段相一致。两相系统调节酸化段进料 pH 为 10 后，经超高温/高温酸化段处理后 Slime 层中的蛋白质含量大幅增加，碱处理有助于蛋白质的水解酸化和向 EPS 外层的迁移。之后的消化段依然是中温优于高温，但 Slime 层中依然留有较多的蛋白质，可能是 pH 过高影响了消化段中产甲烷菌的活性。

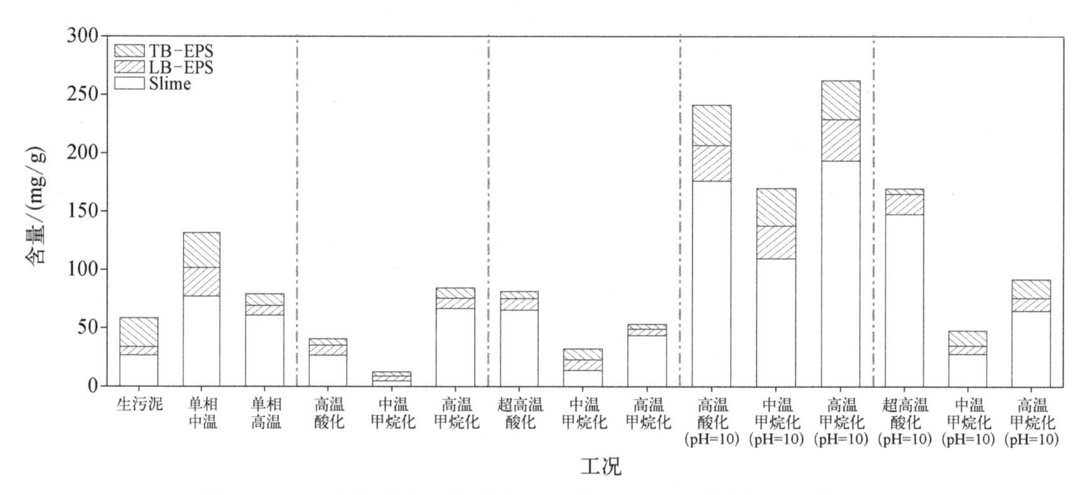

图 4 - 89　两相与单相厌氧消化系统 EPS 中蛋白质分布的比较(TS)

从蛋白质在 EPS 各层中的分布规律来说，高温-中温条件下的两相厌氧消化具有较大优势。

(3) 多糖

两相与单相厌氧消化系统 EPS 中多糖分布的比较如图 4 - 90 所示。生污泥中外侧的三层中，多糖在 LB - EPS 层中分布较多，在 Slime 层和 TB - EPS 层中则存在较少，这与蛋白质的分布规律不同，同样大部分应以颗粒态存在于 Pellets 层中。单相系统中，中温和高温消化后外部三层中多糖的总量基本相当，但组成有所不同，中温条件下 Slime 层和 TB - EPS 层中较多，而高温条件下多糖则主要存在于 Slime 层中。在厌氧消化之后 EPS 外侧三层中提取出的多糖总量变多，说明分布在内层与细胞结合在一起的多糖在消化过程中发生了相应的迁移，或者在这个过程中有其他物质在微生物作用下转变成了多糖，这与 COD 和蛋白质的分布规律基本一致。两相系统未调节 pH 时，经酸化段处理后 Slime 层中含有的多糖大幅增加，同时外部三层中的多糖总量也大幅增加，这与蛋白质有所不同。之后高温消化段处理后能将 Slime 层中的多糖大量降解消耗，而中温消化段处理后 Slime 层

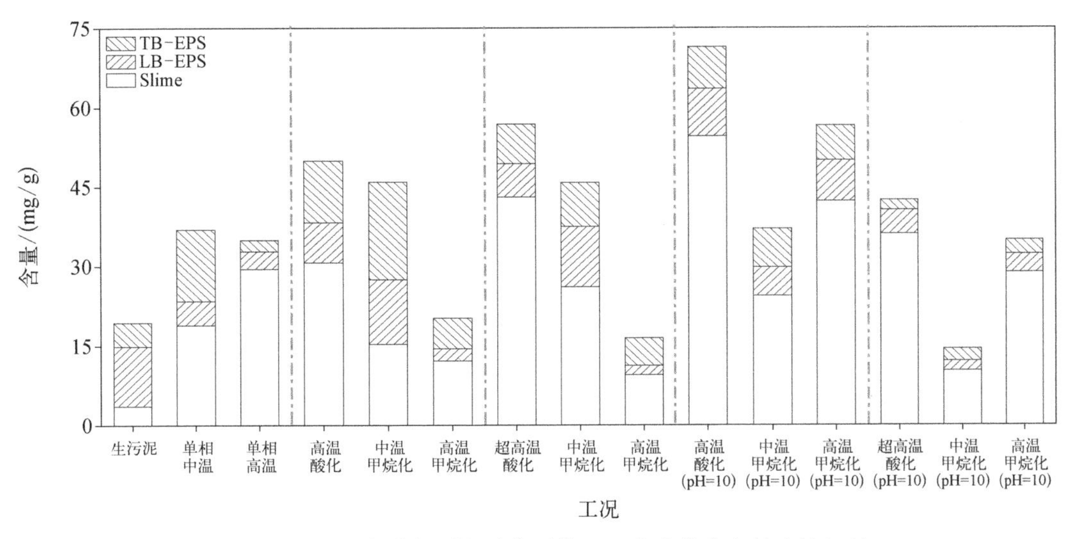

图 4－90　两相与单相厌氧消化系统 EPS 中多糖分布的比较(TS)

中还保留着大量的多糖,这与蛋白质的分布规律基本相反。两相系统调节酸化段进料 pH 为 10 后,高温酸化段 EPS 外侧三层中的多糖含量较未处理时更高,但超高温酸化段则反倒有所降低。之后,同样是中温消化段 EPS 外层中的多糖含量能降到较低水平,高温消化段依然较高,这与蛋白质的分布规律基本一致。

4.7.4　两相与单相厌氧消化菌种种群密度分布的比较

pH 和温度条件通常并不能直接影响厌氧消化系统的各项理化指标,而是先影响反应器内微生物的群落结构组成变化,不同群落结构微生物的作用再引起各理化指标发生变化。因此,有必要研究两相与单相厌氧消化各工况条件下的微生物群落结构,以认清各理化指标变化的内在规律。

作者采用 454 高通量焦磷酸测序法对本研究中 6 种酸化系统(AC1～AC6)的细菌种群密度以及 10 种厌氧消化系统(AD1～AD10)的古菌种群密度进行分析研究,表 4－27 和表 4－28 分别给出了细菌和古菌的 454 高通量焦磷酸测序数据信息。

表 4－27　细菌焦磷酸测序结果

反应器	AC1[a]	AC2[b]	AC3[c]	AC4[d]	AC5[e]	AC6[f]
序列数	4 474	12 217	13 509	12 859	9 602	9 387
OTU[g]	470	485	434	452	529	615
Simpson 指数	0. 041	0. 063	0. 150	0. 195	0. 062	0. 019
Shannon 指数	4. 65	3. 88	3. 240	3. 190	4. 200	4. 950
Coverage 指数	0. 970	0. 990	0. 992	0. 992	0. 985	0. 986

a. 单相-中温;b. 单相-高温;c. 两相-高温酸化;d. 两相-超高温酸化;e. 两相-高温酸化(pH = 10);f. 两相-超高温酸化(pH = 10);g. Opreational Taxonomic Units,可操作分类单元。

表 4-28 古菌焦磷酸测序结果

反应器	AD1[a]	AD2[b]	AD3[c]	AD4[d]	AD5[e]	AD6[f]	AD7[g]	AD8[h]	AD9[i]	AD10[j]
序列数	5 067	13 644	7 541	6 179	7 166	6 760	5 588	5 769	9 088	17 284
OTU	33	32	15	30	17	26	21	27	18	23
Simpson 指数	0.393	0.621	0.720	0.321	0.700	0.293	0.557	0.325	0.666	0.461
Shannon 指数	1.48	0.95	1.43	1.56	0.76	1.51	1.00	1.43	0.84	1.12
Coverage 指数	0.999	0.999 7	0.999	0.999 6	0.999 8	0.999	0.999 7	0.999 8	0.999 8	0.999 9

a. 单相-中温；b. 单相-高温；c. 两相(高温酸化)-中温消化；d. 两相(高酸化)-高温消化；e. 两相(超高温酸化)-中温消化；f. 两相(超高温酸化)-高温消化；g. 两相(高温酸化，pH=10)-中温消化；h. 两相(高温酸化，pH=10)-高温消化；i. 两相(超高温酸化，pH=10)-中温消化；j. 两相(超高温酸化，pH=10)-高温消化。

(1) 酸化段中细菌的种群密度分布

由表 4-27 可见，通过对每个样品 16S rRNA 基因文库进行焦磷酸测序，每个样品所获得的有效序列均较高，且经去除嵌合序列提高序列质量后获得的 OTUs 在 400~650 之间。所有样品的测序深度指数均在 96%以上。

在 AC3 中 OTUs 数量最少，在 AC6 中 OTUs 数量最多，表明不同的酸化条件会对酸化系统中菌种数量造成影响，且 AC3 的 Shannon 指数最低(3.24)，AC6 的 Shannon 指数最高(4.95)，表明在酸化温度为 55℃时菌种数量最少，群落多样性最低，而在酸化温度为 70℃且调节 pH 为 10 时菌种数量最大，群落多样性最高。另外，AC2 中的 Shannon 指数明显低于 AC1，即单相中温厌氧消化系统中的细菌菌种群落多样性要明显高于单相高温厌氧消化。

1) 门水平上的比例分布

图 4-91 为 6 种酸化系统中细菌种群密度在门(phylum)水平上的比例分布。在 AC1、AC2 以及 AC6 中，在门水平上主要存在的菌种为厚壁菌门(Firmicutes)、变形菌门(Proteobacteria)、拟杆菌门(Bacteroidetes)、放线菌门(Actinobacteria)和绿弯菌门(Chloroflexi)五种菌种，它们的总和分别占所有菌种的 89.7%、89.7%、89.4%；而在 AC3、AC4 和 AC5 中，几乎都没有拟杆菌门的存在，且在门水平上主要存在的菌种除了厚壁菌门、变形菌门、放线菌门和绿弯菌门四种(总和分别占 85.9%、95.5%、90.2%)以外，AD3 中有比例不小(9.4%)的互养菌门(Synergistetes)，AD5 中含有 5.3% 的软壁菌门(Tenericutes)。厚壁菌门在 6 种系统中基本都占主要部分(含量为 29%~71%)，它的从属梭状芽孢杆菌(Clostriadia)是水解菌株的典型代表，可以降解蛋白质、脂肪和多糖，在大量的产甲烷微生物群落研究中都有报道(Patil et al.，2010；Lee et al.，2008；Schlüter et al.，2008；Lynd et al.，2002)。变形菌门是活性污泥中的优势菌群，在有机物的降解、营养物质的去除以及絮状体结构的形成方面都起着重要的作用(Wagner and Loy，2002)。拟杆菌门中含有大量多形杆状菌(Bacteroidia)菌群，是异养型的糖化菌，属于严格厌氧的水解酸化细菌，多存在于以污泥为消化物料的厌氧消化反应器中(Cardinali-Rezende et al.，2009；Wang et al.，2009；Boone et al.，2005)。Guo 等(2014)对餐厨垃圾进行中温厌氧消化时系统中的主要细菌种群为拟杆菌门、厚壁菌门、绿弯菌门、互养菌门以及放线菌门。Sundberg 等人(2013)研究了 21 个实际厌氧消化系统中的菌群密度分布，结果发现酸杆菌门(Acidobacteria)多存在于以污泥作为消化物料的厌氧消化反应器中。软壁菌门也在 Yi

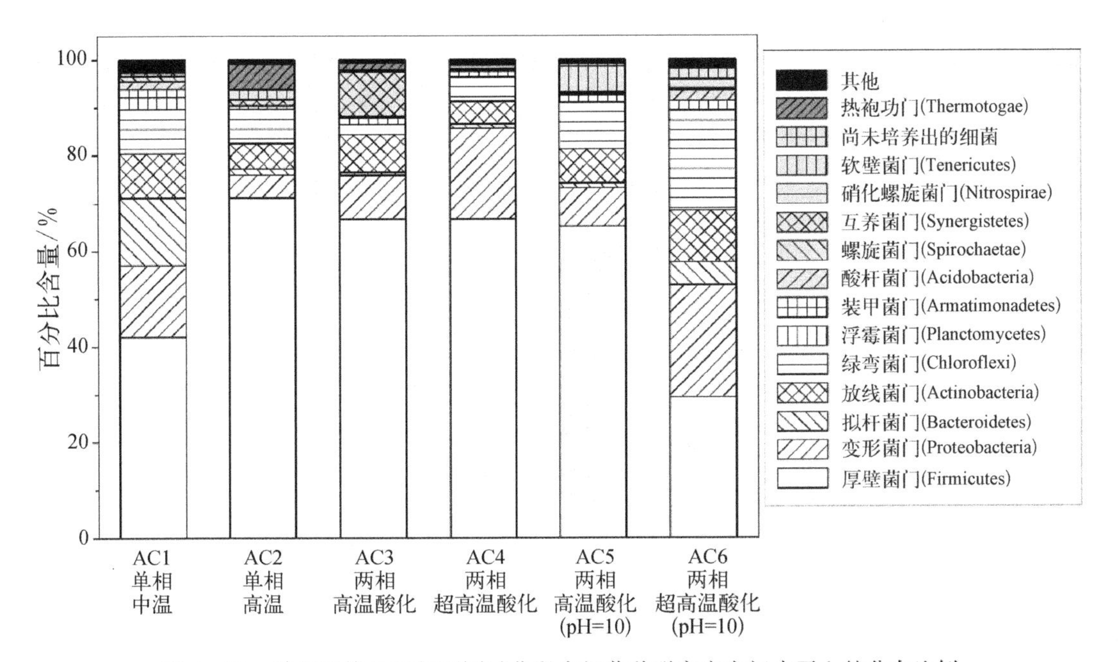

图4-91 单相系统及两相不同酸化段中细菌种群密度在门水平上的分布比例

等(2014)对餐厨的中温厌氧消化系统中被发现。

厚壁菌门是典型的产乙酸菌门,能够降解挥发性脂肪酸,如丁酸及其类似物,而在单纯的酸化系统中产甲烷菌的活跃性相对较差,对底物的利用程度也相对较低,系统中大部分的底物相应的都用来供细菌生长,因此厚壁菌门的生长占据主要优势表明系统中存在着大量的挥发性脂肪酸(丁酸及其类似物)供其生长利用。拟杆菌门对蛋白质的降解起到重要作用,它们能利用氨基酸产生 VFA(如乙酸、丙酸盐和琥珀酸盐等),同时伴有氨氮作为副产物产生(Riviere et al.,2009)。绿弯菌门在高含固厌氧消化系统中显著存在,它的从属厌氧绳菌纲(Anaerolineae)为厌氧菌纲,能够通过发酵降解碳水化合物(Narihiro et al.,2009)。软壁菌门与木质素的降解有着一定的联系(Boucias et al.,2013)。变形菌门在对有机物的水解过程中起到重要作用,能利用丙酸盐、丁酸盐和乙酸盐生长,是它们的重要消耗者(Ariesyady et al.,2007)。因此在6种酸化系统中以厚壁菌门、拟杆菌门、绿弯菌门、变形菌门以及软壁菌门为主要菌种意味着系统的水解酸化过程能够正常进行,系统内能够大量的产生 VFA,从而为后续的厌氧消化提供充分的底物。

由图4-91可知,6种系统之间的细菌种群密度分布最大的差异在于厚壁菌门。在AC3至AC6四种系统中,厚壁菌门在AC3和AC4中所占比例非常接近,且含量最大;AC5中略低;AC6中最低。这证明了4种系统中 VFA 的浓度分布,即 AC3 和 AC4 中 VFA 浓度非常接近,且最高;AC5 中其次;AC6 中最低。而在 AC1 和 AC2 两个单相厌氧消化系统中,由于水解产生的部分 VFA 都被产甲烷菌利用或生长,因此在浓度上会大大低于酸化系统,但是对二者进行比较,AC2 中厚壁菌门所占比例明显高于 AC1,这也证明了 AC2 中的 VFA 浓度高于 AC1。另外,在 AC6 中,变形菌门所占的比例远高于其他系统,说明此酸化系统有利于变形菌门的生长,使其在此系统中生长占据很大优势,这会大量消耗系统中的 VFA,与厚壁菌门产生较强的底物竞争作用,以致使厚壁菌门的生长优势降低。

拟杆菌门仅在 AC1 中所占比例接近 10%，在其他系统中几乎不存在，这表明高温条件对拟杆菌门的生长有抑制作用，使该菌群的生长优势减弱。

2）属水平上的比例分布

图 4－92 为 6 种酸化系统中细菌种群密度在属（genus）水平上的比例分布，可以看出栖热粪杆菌属（*Coprothermobacter*）只在高温酸化系统中存在，且在 AC3 和 AC4 中占据的比例优势最大。栖热粪杆菌属是高温厌氧菌种，从属于厚壁菌门（Sasaki et al.，2011），能够降解蛋白质，其解蛋白活度在近年来的大量研究中有所报道（Lü et al.，2014；Tandishabo et al.，2012；Cai et al.，2011）。由图 4－92 可知，在高温酸化系统中，除了拟杆菌门的从属细菌能够降解蛋白质外，栖热粪杆菌属也能大量降解蛋白质，且栖热粪杆菌属在高温系统中所占比例都在 8%以上，而 AC3 和 AC4 中栖热粪杆菌属所占比例超过了 50%，因此在高温酸化系统中虽然拟杆菌门的从属细菌的活性受到抑制，但是蛋白质的降解将不受影响，甚至会因为栖热粪杆菌属菌种的大量存在而增强。蛋白质的降解过程中会产生氨氮等副产物，因此这可能解释了高温酸化系统中的氨氮浓度会高于中温消化系统的原因。

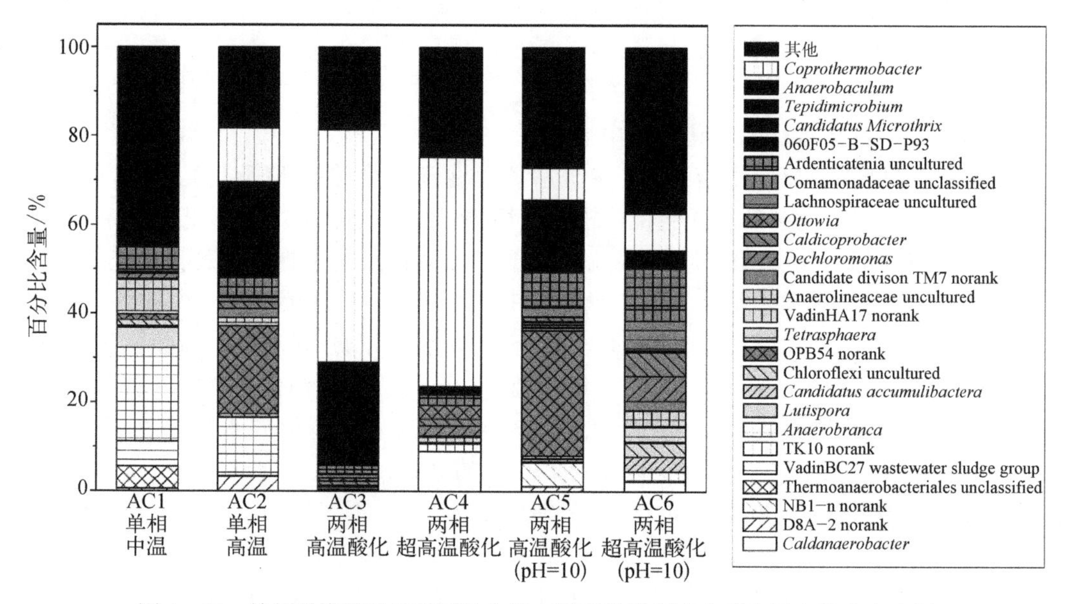

图 4－92 单相系统及两相不同酸化段中细菌种群密度在属水平上的分布比例

（2）消化段中古菌的种群密度分布

由表 4－28 可见，通过对每个样品 16S rRNA 基因文库进行焦磷酸测序，每个样品所获得的有效序列均较高（在 5 000 以上），且经去除嵌合序列提高序列质量后获得的 OTUs 在 15～35。所有样品的测序深度指数均在 99%以上，稀释性曲线趋向平坦，说明测序数据量合理，表明该测序方法可以捕获样品中大部分的微生物，测序结果能反映实际样品中的微生物信息。通过对比可以发现，古菌种群的多样性整体上都大大低于细菌种群的多样性，这可能是由于厌氧消化系统中大部分古菌都为产甲烷菌，而产甲烷菌的多样性本身就低于细菌。

在 10 种厌氧消化系统中，AD1、AD3、AD5、AD7 和 AD9 都是中温厌氧消化系统，通过比较可知,两相厌氧消化系统(AD3、AD5、AD7 和 AD9)中检测出的 OTUs 数量、Shannon 指数都明显低于单相厌氧消化系统(AD1),说明两相中温厌氧消化中古菌菌群的多样性明显低于单相厌氧消化系统,从而表明两相厌氧消化的消化阶段中古菌间的竞争作用强,能够筛选掉一部分生存能力较弱的菌群,使占优势的产甲烷菌种能利用相对较多的底物,从而可能对系统的产甲烷量起到促进作用。而在 5 个系统中,AD3 的 OTUs 数量最少(15),Shannon 指数最低(0.73),说明 AD3 中菌种的多样性最低,即部分产甲烷菌所占的生长优势最明显,因而 AD3 的产甲烷性能可能最强。

图 4-93 为 5 种中温厌氧消化系统中古菌种群密度在属水平上的分布比例,5 个系统在属水平上主要存在的菌种均为甲烷八叠球菌属(*Methanosarcina*)(在 AD1、AD3、AD5、AD7 和 AD9 中分别占 76.7%、90.4%、88.3%、85.0%和 86.9%)。另外还有少量其他的菌种,如甲烷囊菌属(*Methanoculleus*)、甲烷螺菌属(*Methanospirillum*)、甲烷嗜热杆菌属(*Methanothermobacter*)、甲烷丝状菌属(*Methanosaeta*)以及尚未培养出的细菌(C19A_norank)。有文献表明甲烷八叠球菌属生长速率高,相比于其他产甲烷菌能够抵御由 pH 变化等带来的系统条件突变(Conklin et al.,2006a),而且甲烷八叠球菌属除了能利用乙酸产甲烷,是乙酸利用型产甲烷菌以外,同时还能够利用氢气和 CO_2 产甲烷(Cole et al.,2013)。因此,有报道称以甲烷八叠球菌属为主要产甲烷菌的厌氧消化系统能很大程度上保障稳定的产气性能(Boucias et al.,2013)。在两相中温厌氧消化系统中的甲烷八叠球菌属所占比例均高于单相中温厌氧消化系统,且群落多样性低,因此两相中温厌氧消化系统的产气率高于单相中温厌氧消化系统;同时,AD3 中甲烷八叠球菌属所占比例最高,且群落多样性最低,因此 AD3 经 55℃酸化后的污泥中温厌氧消化产甲烷性能最好。经酸化阶段后系统中甲烷八叠球菌属所占比例有相应的升高,原因可能是酸化阶段中含有高浓度的乙酸,而较高浓度的乙酸能够促进甲烷八叠球菌属的生长(De Vrieze et al.,

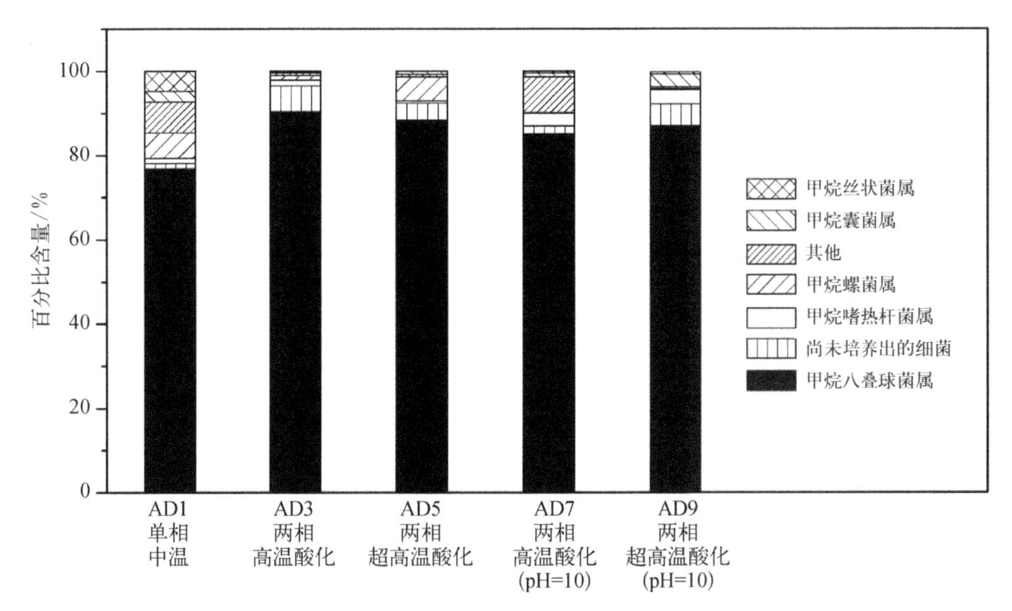

图 4-93　中温单相系统及两相不同酸化条件后的中温消化段中古菌种群密度在属水平上的分布比例

2012)，另外也可能由于甲烷八叠球菌属相比于其他产甲烷菌生长能力强，能够一定程度上抵御系统条件突变，因而酸化条件能够对甲烷八叠球菌属起到一定程度上的筛选和富集作用。

而在高温厌氧消化系统中，两相厌氧消化系统(AD4、AD6、AD8 和 AD10)与单相厌氧消化系统(AD2)相比，检测出的 OTUs 数量差异不大，Shannon 指数明显升高，这说明两相高温厌氧消化系统中古菌菌群多样性高于单相高温厌氧消化系统，意味着一些菌种在系统内的优势会相对降低，可能会对产气性能造成不良影响。图 4-94 为 5 种高温厌氧消化系统中古菌种群密度分布，5 个系统中在属水平上主要存在的菌种随着酸化阶段温度以及 pH 的升高由甲烷八叠球菌属逐步转变为甲烷嗜热杆菌属。甲烷嗜热杆菌属是一种典型的氢利用型产甲烷菌，最佳生存温度为 60℃(农业部沼气科学研究所，2008)，由于氢利用型产甲烷菌的产气效率不如乙酸利用型产甲烷菌，因此高温厌氧消化系统的产气性能均不如中温厌氧消化系统。而由图 4-94 可以看出 5 个系统内主要菌种的比例分布虽然差异很大，但很有可能在实际的浓度上相差并不大，因此 5 个高温厌氧消化系统的产气性能差异并不明显。

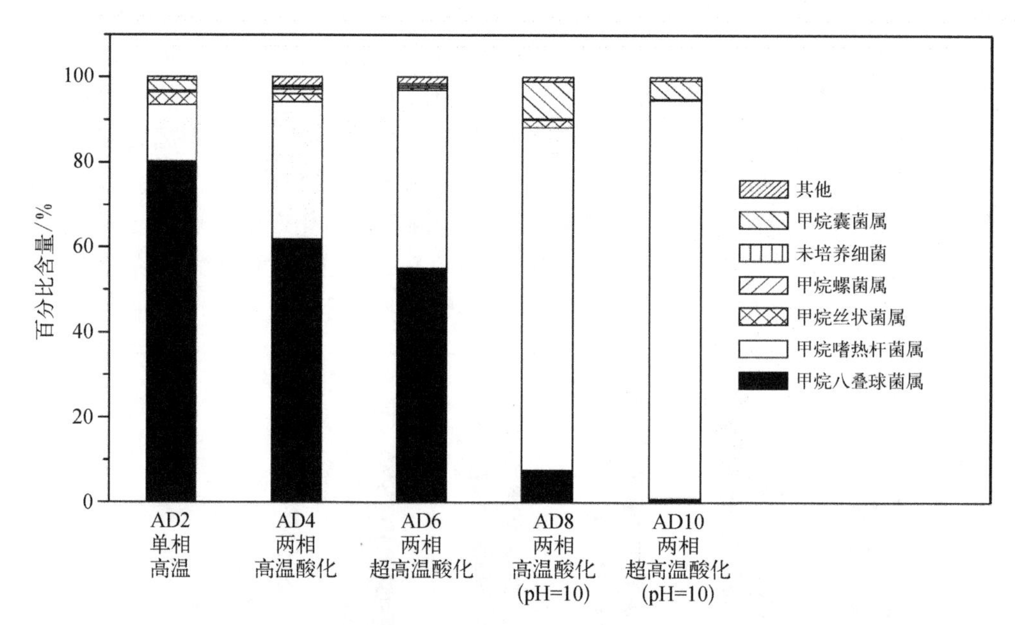

图 4-94 高温单相系统及两相不同酸化条件后的高温消化段中古菌种群密度在属水平上的分布比例

4.8 污泥高含固厌氧消化工艺的运行建议

4.8.1 污泥高含固厌氧消化工艺在我国的适用性

从工艺稳定性的角度考虑，影响城市污泥高含固厌氧消化工艺稳定性的主要潜在因素为氨抑制，而氨氮主要来自蛋白质的降解，因此，进料污泥的TS、VS/TS、有机质的蛋白质含量以及污泥厌氧消化的VS降解率共同决定系统的TAN浓度。VS/TS偏低的污泥（如我国的城市污泥），采用高含固厌氧消化工艺时受到氨抑制的风险降低，因此可以用含固率较高的污泥。

以研究数据为例，该实验中出现氨抑制的工况为：进料TS为20%，污泥VS/TS为60%，SRT≥40 d，VS降解率≥39%。在进料污泥VS/TS低于60%或者SRT<30 d的情况下，所运行的高含固厌氧消化系统FAN浓度均低于600 mg/L，系统能够稳定运行。对于我国的城市污泥，VS/TS水平基本不高于60%，采用高含固厌氧消化工艺时适合在较高的含固率下（TS为20%）运行。

4.8.2 污泥高含固厌氧消化工艺适合的运行温度

由于城市污泥高含固厌氧消化工艺的主要潜在抑制性因素为游离氨，而游离态氨氮（FAN）在总氨氮（TAN）中所占的比例受温度的影响较大[式（4-14）]，高含固厌氧消化工艺在高温（55℃）运行时，与中温（35℃）相比，其FAN浓度将是中温系统的约2.8倍，如图4-95所示。因此，若高含固厌氧消化工艺在高温段运行，其进料TS将受到限制。考虑到系统的稳定性，城市污泥高含固厌氧消化工艺更适合在中温条件下运行。若在高温运行，要维持低于600 mg/L的FAN浓度，污泥进料TS应低于10%。若考虑到高温条件下产甲烷菌对VFA、抑制物等敏感度上升，实际运行的污泥含固率还需降低至更安全的TS水平。

$$\frac{[\mathrm{FAN}]}{[\mathrm{TAN}]}=\left(1+\frac{10^{-\mathrm{pH}}}{10^{-\left(0.090\,18+\frac{2\,729.92}{T}\right)}}\right)^{-1} \tag{4-14}$$

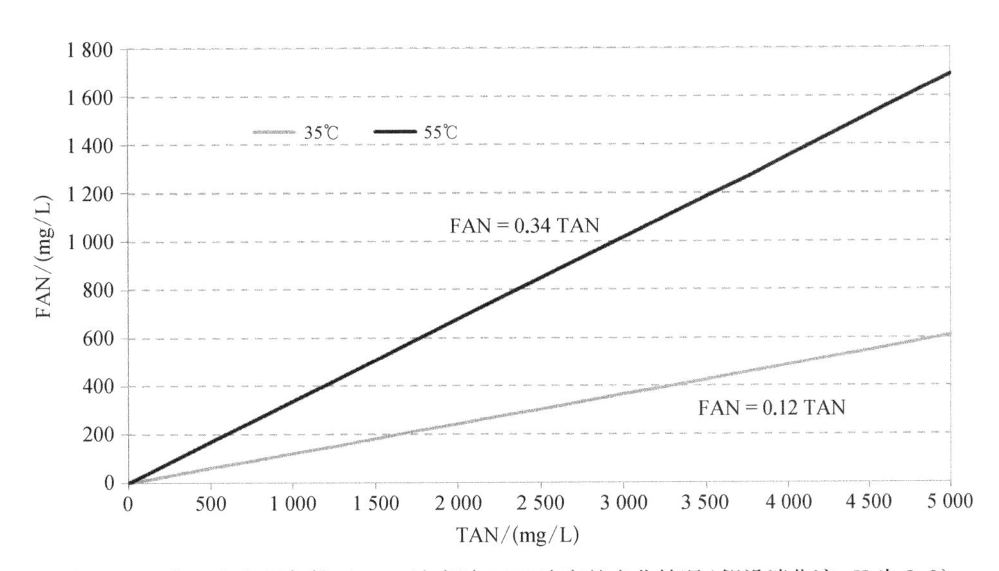

图4-95 高温和中温条件下FAN浓度随TAN浓度的变化情况（假设消化液pH为8.0）

4.8.3 污泥高含固厌氧消化工艺适合的运行工况

对于某一特定的污泥高含固厌氧消化工艺，从降低氨抑制风险的角度，其运行的 SRT 不宜太长。因为 SRT 越长，系统 pH 越高，游离氨的比例越高。

SRT 较长时系统 pH 高的原因如下：

第一，SRT 较长时 VS 降解率较高，含氮有机质降解释放出氨，使总氨氮的浓度上升，氨浓度上升使碱度上升：

$$RCHNH_2COOH + 2H_2O \longrightarrow RCOOH + NH_3 + CO_2 + 2H_2 \tag{4-15}$$

$$NH_3 + H_2O + CO_2 \longrightarrow NH_4^+ + HCO_3^- \tag{4-16}$$

第二，SRT 较长时 VFA 的代谢较完全，乙酸浓度较低，中和乙酸消耗的碱度减少，也促使碱度升高：

$$HCO_3^- + CH_3COOH \longrightarrow H_2O + CO_2 + CH_3COO^- \tag{4-17}$$

可见，SRT 较长时，碱度升高，而 CO_2 分压降低，这导致 pH 升高。

参考文献

方晓瑜，李家宝，芮俊鹏，等. 2015. 产甲烷生化代谢途径研究进展. 应用与环境生物学报，21(1)：1－9.

李荣旗，王刚，王玉中，等. 2010. 一种微生物附着膜型沼气发酵厌氧反应器及其应用. 中国：CNL00910238790. 6.

农业部沼气科学研究所. 2008. 嗜热弯曲甲烷热杆菌. https://baike. baidu. com/item/%E5%BC%AF%E6%9B%B2%E5%97%9C%E7%83%AD%E7%94%B2%E7%83%B7%E5%97%9C%E7%83%AD%E6%9D%86%E8%8F%8C

任南琪，王爱杰. 2004. 厌氧生物技术原理与应用. 北京：化学工业出版社.

薛永刚. 2000. 养殖水体硫化氢的来源和防治对策. 齐鲁渔业，17(6)：37－38.

闫志成. 2014. 污水污泥热解特性与工艺研究，哈尔滨：哈尔滨工业大学博士学位论文.

杨晓同. 2018. 微生物载体对高含固污泥厌氧消化的影响研究. 上海：同济大学硕士学位论文.

叶宁. 2015. 城市污泥高含固两相厌氧消化工艺研究. 上海：同济大学硕士学位论文.

赵纯广. 2008. 城市污水厂剩余污泥中温两相厌氧消化中试研究. 长春：吉林建筑工程学院硕士学位论文.

Abdulla H A N, Minor E C, Dias R F, et al. 2010. Changes in the compound classes of dissolved organic matter along an estuarine transect：a study using FTIR and 13C NMR. Geochimica Et Cosmochimica Acta, 74(13)：3815－3838.

Akhavan O, Ghaderi E. 2010. Toxicity of graphene and graphene oxide nanowalls against bacteria. ACS Nano, 4(10): 5731-5736.

Appels L, Baeyens J, Degrève J, et al. 2008. Principles and potential of the anaerobic digestion of waste-activated sludge. Progress in Energy & Combustion Science, 34(6): 755-781.

Ariesyady H D, Ito T, Okabe S. 2007. Functional bacterial and archaeal community structures of major trophic groups in a full-scale anaerobic sludge digester. Water Research, 41(7): 1554-1568.

Barrena R, Casals E, Colón J, et al. 2009. Evaluation of the ecotoxicity of model nanoparticles. Chemosphere, 75(7): 850-857.

Bartacek J, Fermoso F G, Vergeldt F, et al. 2012. The impact of metal transport processes on bioavailability of free and complex metal ions in methanogenic granular sludge. Water Science and Technology, 65(10): 1875-1881.

Batstone D J, Puyol D, Flores-Alsina X et al. 2015. Mathematical modelling of anaerobic digestion processes: applications and future needs. Reviews in Environmental Science & Bio/technology, 14(4): 595-613.

Bjornsson L, Hugenholtz P, Tyson G W, et al. 2002. Filamentous Chloroflexi (green non-sulfur bacteria) are abundant in wastewater treatment processes with biological nutrient removal. Microbiology, 148(8): 2309.

Boe K. 2006. Online monitoring and control of the biogas process. Archives of Disease in Childhood, 59(6): 36-44.

Boone D R, Castenholz R W, Garrity G M, et al. 2005. Bergey's manual of systematic bacteriology. New York: Springer Science & Business Media.

Bouallagui H, Torrijos M, Godon J, et al. 2004. Two-phases anaerobic digestion of fruit and vegetable wastes: bioreactors performance. Biochemical Engineering Journal, 21(2): 193-197.

Boucias D G, Cai Y, Sun Y, et al. 2013. The hindgut lumen prokaryotic microbiota of the termite Reticulitermes flavipes and its responses to dietary lignocellulose composition. Molecular Ecology, 22(7): 1836-1853.

Bower D I. 2002. An introduction to polymer physics. United Kingdom: Cambridge University Press.

Braga A F M, Zaiat M, Silva G H R, et al. 2017. Metal fractionation in sludge from sewage UASB treatment. Journal of Environmental Management, 193: 98-107.

Cai H, Gu J, Wang Y. 2011. Protease complement of the thermophilic bacterium Coprothermobacter proteolyticus. Proceeding of the International Conference on Bioinformatics and Computational Biology: 18-21.

Callander I J, Barford J P. 1983. Precipitation, chelation, and the availability of metals as nutrients in anaerobic digestion. I. Methodology. Biotechnology and Bioengineering, 25(8): 1947-1957.

Cardinali-Rezende J, Debarry R B, Colturato L F, et al. 2009. Molecular identification and dynamics of microbial communities in reactor treating organic household waste. Applied Microbiology and Biotechnology, 84(4): 777-789.

Celi L, Schnitzer M, Negre M. 1997. Analysis of carboxyl groups in soil humic acids by wet chemical method, FTIR spectrometry and solution-state carbon-13 NMR. a comparative study. Soil Science, 162: 189-197.

Chen D, Feng H, Li J. 2012. Graphene oxide: preparation, functionalization, and electrochemical applications. Chemical Reviews, 112(11): 6027-6053.

Chen S C, Chen M F, Lai M C, et al. 2015. Methanoculleus sediminis sp. nov., a methanogen from sediments near submarine mud volcano Southwestern Taiwan. International Journal of Systematic & Evolutionary Microbiology, 65(7): 2141-2147.

Chen Y, Cheng J J, Creamer K S. 2008. Inhibition of anaerobic digestion process: a review. Bioresource Technology, 99(10): 4044-4064.

Cheng Q, Call D F. 2016. Hardwiring microbes via direct interspecies electron transfer: mechanisms and applications. Environmental Science-Processes & Impacts, 18(8): 968-980.

Cole J R, Wang Q, Fish J A, et al. 2014. Ribosomal database project: data and tools for high throughput rRNA analysis. Nucleic Acids Research, 42(1): 633-642.

Conklin A, Stensel H D, Ferguson J. 2006. Growth kinetics and competition between Methanosarcina and Methanosaeta in mesophilic anaerobic digestion. Water Environment Research A Research Publication of the Water Environment Federation, 78(5): 486-96.

Conrad R. 2005. Quantification of methanogenic pathways using stable carbon isotopic signatures: a review and a proposal. Organic Geochemistry, 36(5): 739-752.

Copeland R A. 2004. Enzymes: a practical introduction to structure, mechanism, and data analysis. New York: John Wiley & Sons.

Dai X, Xu Y, Dong B. 2017a. Effect of the micron-sized silica particles (MSSP) on biogas conversion of sewage sludge. Water Research, 115: 220-228.

Dai X, Xu Y, Lu Y, et al. 2017b. Recognition of the key chemical constituents of sewage sludge for biogas production. RSC Advances, 7(4): 2033-2037.

De Baere L, Devocht M, Van Assche P, et al. 1984. Influence of high NaCl and NH_4Cl salt levels on methanogenic associations. Water Research, 18(5): 543-548.

De Bere L. 2000. Anaerobic digestion of solid waste: state-of-the-art. Water science and technology, 41(3): 283-290.

De Vrieze J, Hennebel T, Boon N, et al. 2012. Methanosarcina: the rediscovered methanogen for heavy duty biomethanation. Bioresource technology, 112: 1-9.

Desiraju G R, Steiner T. 1999. The weak hydrogen bond. Oxford: Oxford University Press.

Devlin D C, Esteves S R R, Dinsdale R M, et al. 2011. The effect of acid pretreatment on the anaerobic digestion and dewatering of waste activated sludge. Bioresource Technology,

102(5): 4076 - 4082.

Dong B, Liu X, Dai L, et al. 2013. Changes of heavy metal speciation during high-solid anaerobic digestion of sewage sludge. Bioresource Technology, 131(3): 152 - 158.

Dong B, Xu Y, Jiang S, et al. 2015. Effect of reusing the advanced-softened, silica-rich, oilfield-produced water (ASOW) on finned tubes in steam-injection boiler. Desalination, 372: 17 - 25.

Duan N, Dong B, Wu B, et al. 2012. High-solid anaerobic digestion of sewage sludge under mesophilic conditions: feasibility study. Bioresource Technology, 104: 150 - 156.

Feitkenhauer H, von Sachs J, Meyer U. 2002. On-line titration of volatile fatty acids for the process control of anaerobic digestion plants. Water Research, 36(1): 212 - 218.

Fels L E, Zamama M, Asli A E, et al. 2014. Assessment of biotransformation of organic matter during co-composting of sewage sludge-lignocelullosic waste by chemical, FTIR analyses, and phytotoxicity tests. International Biodeterioration & Biodegradation, 87(1): 128 - 137.

Feng Y, Zhang Y, Quan X, et al. 2014. Enhanced anaerobic digestion of waste activated sludge digestion by the addition of zero valent iron. Water Research, 52: 242 - 250.

Flemming H C, Wingender J. 2010. The biofilm matrix. Nature Reviews Microbiology, 8(9): 623 - 633.

Gao N, Li J, Qi B, et al. 2014. Thermal analysis and products distribution of dried sewage sludge pyrolysis. Journal of Analytical & Applied Pyrolysis, 105(1): 43 - 48.

George T, Franklin L, Stensel H. 2003. Wastewater engineering: treatment and reuse. fourth ed. New York: Metcalf & Eddy, Inc..

Ghosh S, Henry M P, Sajjad A, et al. 2000. Pilot-scale gasification of municipal solid wastes by high-rate and two-phase anaerobic digestion (TPAD). Water Science & Technology A Journal of the International Association on Water Pollution Research, 41(3): 101 - 110.

Gjersing E L, Codd S L, Seymour J D, et al. 2005. Magnetic resonance microscopy analysis of advective transport in a biofilm reactor. Biotechnology and Bioengineering, 89(7): 822 - 834.

Gonzalez-Gil G, Lens P N L, Van Aelst A, et al. 2001. Cluster structure of anaerobic aggregates of an expanded granular sludge bed reactor. Applied and Environmental Microbiology, 67(8): 3683 - 3692.

Gu X L, Ma X, Li L X, et al. 2013. Pyrolysis of poplar wood sawdust by TG - FTIR and Py - GC/MS. Journal of Analytical and Applied Pyrolysis, 102: 16 - 23.

Guiot S R, Arcand Y, Desrochers M, et al. 1994. Impact of the reactor hydrodynamics and organic loading on the size and activity of anaerobic granules. Chemical Engineering Journal & the Biochemical Engineering Journal, 56(1): 23 - 35.

Guo X, Wang C, Sun F, et al. 2014. A comparison of microbial characteristics between the thermophilic and mesophilic anaerobic digesters exposed to elevated food waste loadings.

Bioresource Technology, 152: 420 – 428.

Guss A M, Kulkarni G, Metcalf W W. 2009. Differences in hydrogenase gene expression between Methanosarcina acetivorans and Methanosarcina barkeri. Journal of Bacteriology, 191(8): 2826.

Haaning Nielsen A, Lens P, Vollertsen J, et al. 2005. Sulfide-iron interactions in domestic wastewater from a gravity sewer. Water Research, 39(12): 2747 – 2755.

Hansen K H, Angelidaki I, Ahring B K. 1998. Anaerobic digestion of swine manure: inhibition by ammonia. Water Research, 32(1): 5 – 12.

Hoskins B C, Fevang L, Majors P D, et al. 1999. Selective imaging of biofilms in porous media by NMR relaxation. Journal of Magnetic Resonance, 139(1): 67 – 73.

Hu W, Peng C, Luo W, et al. 2010. Graphene-based antibacterial paper. ACS Nano, 4(7): 4317 – 4323.

Hullebusch E D V, Zandvoort M H, Lens P N L. 2003. Metal immobilisation by biofilms: Mechanisms and analytical tools. Reviews in Environmental Science & Biotechnology, 2 (1): 9 – 33.

Ignatowicz K. 2017. The impact of sewage sludge treatment on the content of selected heavy metals and their fractions. Environmental Research, 156: 19 – 22.

Jang H M, Kim J H, Ha J H, et al. 2014. Bacterial and methanogenic archaeal communities during the single-stage anaerobic digestion of high-strength food wastewater. Bioresource Technology, 165(8): 174 – 182.

Jiang S, Park S, Yoon Y, et al. 2013. Methanogenesis facilitated by geobiochemical iron cycle in a novel syntrophic methanogenic microbial community. Environmental Science & Technology, 47(17): 10078 – 10084.

Kannan P P, Karthick N K, Mahendraprabu A, et al. 2017. Red/blue shifting hydrogen bonds in acetonitrile-dimethyl sulphoxide solutions: FTIR and theoretical studies. Journal of Molecular Structure, 1139: 196 – 201.

Kazakov S V, Galaev I Y, Mattiasson B. 2002. Characterization of macromolecular solutions by a combined static and dynamic light scattering technique. International Journal of Thermophysics, 23(1): 161 – 173.

Kim M, Yang Y, Morikawa-Sakura M S, et al. 2012. Hydrogen production by anaerobic co-digestion of rice straw and sewage sludge. International Journal of Hydrogen Energy, 37(4): 3142 – 3149.

Koch K. 2015. Calculating the degree of degradation of the volatile solids in continuously operated bioreactors. Biomass & Bioenergy, 74: 79 – 83.

Korstgens V, Flemming H C, Wingender J, et al. 2001. Influence of calcium ions on the mechanical properties of a model biofilm of mucoid Pseudomonas aeruginosa. Water Science & Technology A Journal of the International Association on Water Pollution Research, 43 (6): 49 – 57.

Lü F, Bize A, Guillot A, et al. 2014. Metaproteomics of cellulose methanisation under thermophilic conditions reveals a surprisingly high proteolytic activity. The ISME Journal, 8(1): 88-102.

Lay J, Li Y, Noike T, et al. 1997. Analysis of environmental factors affecting methane production from high-solids organic waste. Water Science and Technology, 36(6): 493-500.

Lee C, Kim J, Shin S G, et al. 2008. Monitoring bacterial and archaeal community shifts in a mesophilic anaerobic batch reactor treating a high-strength organic wastewater. FEMS Microbiology Ecology, 65(3): 544-554.

Lens P N L, Gastesi R, Vergeldt F, et al. 2003. Diffusional properties of Methanogenic granular sludge: ¹H NMR characterization. Applied and Environmental Microbiology, 69(11): 6644-6649.

Leung K M, Wanger G, Guo Q, et al. 2011. Bacterial nanowires: conductive as silicon, soft as polymer. Soft Matter, 7(14): 6617-6621.

Li A-L, Gao Q, Xu J, et al. 2017. Proton-conductive metal-organic frameworks: recent advances and perspectives. Coordination Chemistry Reviews, 344: 54-82.

Li H, Chang J, Liu P, et al. 2015. Direct interspecies electron transfer accelerates syntrophic oxidation of butyrate in paddy soil enrichments. Environmental Microbiology, 17(5): 1533-1547.

Li X, Dai X, Takahashi J, et al. 2014. New insight into chemical changes of dissolved organic matter during anaerobic digestion of dewatered sewage sludge using EEM-PARAFAC and two-dimensional FTIR correlation spectroscopy. Bioresource Technology, 159(6): 412-420.

Liu F, Rotaru A E, Shrestha P M, et al. 2015. Magnetite compensates for the lack of a pilin-associated c-type cytochrome in extracellular electron exchange. Environmental Microbiology, 17(3): 648-655.

Liu F, Rotaru A E, Shrestha P M, et al. 2012a. Promoting direct interspecies electron transfer with activated carbon. Energy & Environmental Science, 5(10): 8982-8989.

Liu S, Zeng T H, Hofmann M, et al. 2011. Antibacterial activity of graphite, graphite oxide, graphene oxide, and reduced graphene oxide: membrane and oxidative stress. Acs Nano, 5(9): 6971-6980.

Liu S, Zhu N, Li L Y. 2012b. The one-stage autothermal thermophilic aerobic digestion for sewage sludge treatment: stabilization process and mechanism. Bioresource Technology, 104: 266-273.

Liu Y, Whitman W B. 2010. Metabolic, phylogenetic, and ecological diversity of the methanogenic archaea. Annals of the New York Academy of Sciences, 1125(1): 171-189.

Lovley D R. 2011. Reach out and touch someone: potential impact of DIET (direct interspecies energy transfer) on anaerobic biogeochemistry, bioremediation, and bioenergy.

Reviews in Environmental Science & Bio/technology, 10(2): 101 - 105.

Lovley D R. 2017. Syntrophy goes electric: direct interspecies electron transfer. Annual Review of Microbiology, 71(1): 643.

Lynd L R, Weimer P J, van Zyl H, et al. 2002. Microbial cellulose utilization: fundamentals and biotechnology. Microbiology and Molecular Biology Reviews, 66(3): 506 - 577.

Müller J, Lehne G, Schwedes J, et al. 1998. Disintegration of sewage sludges and influence on anaerobic digestion. Water Science and Technology, 38(8): 425 - 433.

Magalhaes W L E, Job A E, Ferreira C A, et al. 2008. Pyrolysis and combustion of pulp mill lime sludge. Journal of Analytical and Applied Pyrolysis, 82(2): 298 - 303.

Malvankar N S, Lovley D R. 2014. Microbial nanowires for bioenergy applications. Current Opinion in Biotechnology, 27(6): 88 - 95.

Martins G, Salvador A F, Pereira L, et al. 2018. Methane production and coductive materials: a critical review. Environmental Science & Technology, 52(18): 10241 - 10253.

Massé D I, Droste R L. 2000. Comprehensive model of anaerobic digestion of swine manure slurry in a sequencing batch reactor. Water Research, 34(12): 3087 - 3106.

Mcinerney M J, Struchtemeyer C G, Sieber J, et al. 2010. Physiology, ecology, phylogeny, and genomics of microorganisms capable of syntrophic metabolism. Annals of the New York Academy of Sciences, 1125(1): 58 - 72.

McLean J S, Ona O N, Majors P D. 2008. Correlated biofilm imaging, transport and metabolism measurements via combined nuclear magnetic resonance and confocal microscopy. The ISME Journal, 2: 121 - 131.

Mechichi T, Sayadi S. 2005. Evaluating process imbalance of anaerobic digestion of olive mill wastewaters. Process Biochemistry, 40(1): 139 - 145.

Mitchell W J. 1997. Physiology of carbohydrate to solvent conversion by clostridia. Advances in Microbial Physiology, 39: 31 - 130.

Mu H, Chen Y. 2011. Long-term effect of ZnO nanoparticles on waste activated sludge anaerobic digestion. Water Research, 45(17): 5612 - 5620.

Nakamoto K. 2009. Infrared and raman spectra of inorganic and coordination compounds-part B: applications in coordination, organometallic, and bioinorganic chemistry. sixth ed. New York: John Wiley & Sons, Inc. Publication.

Narihiro T, Terada T, Kikuchi K, et al. 2009. Comparative analysis of bacterial and archaeal communities in methanogenic sludge granules from upflow anaerobic sludge blanket reactors treating various food-processing, high-strength organic wastewaters. Microbes & Environments, 24(2): 88 - 96.

Nel A, Xia T, Mädler L, et al. 2006. Toxic potential of materials at the nanolevel. Science, 311(5761): 622 - 627.

Nielsen P H, Keiding K. 1998. Disintegration of activated sludge flocs in presence of sulfide. Water Research, 32(2): 313 - 320.

Novak J T, Sadler M E, Murthy S N. 2003. Mechanisms of floc destruction during anaerobic and aerobic digestion and the effect on conditioning and dewatering of biosolids. Water Research, 37(13): 3136 - 3144.

Olofsson A C, Zita A, Hermansson M. 1998. Floc stability and adhesion of green-fluorescent-protein-marked bacteria to flocs in activated sludge. Microbiology, 144(2): 519 - 528.

Patil S S, Kumar M S, Ball A S. 2010. Microbial community dynamics in anaerobic bioreactors and algal tanks treating piggery wastewater. Applied Microbiology and Biotechnology, 87(1): 353 - 363.

Peter J. 2011. Infrared and Raman spectroscopy : principles and spectral interpretation. Stamford: Elsevier Science Publishing Co. Inc.

Pirbadian S, El-Naggar M Y. 2012. Multistep hopping and extracellular charge transfer in microbial redox chains. Physical Chemistry Chemical Physics, 14(40): 13802 - 13808.

Polizzi N F, Skourtis S S, Beratan D N. 2012. Physical constraints on charge transport through bacterial nanowires. Faraday Discussions, 155(1): 43 - 61.

Qasim S R. 1998. Wastewater treatment plants: planning, design, and operation. second ed. Boca Raton: CRC Press.

Ramesha G K, Kumara A V, Muralidhara H B, et al. 2011. Graphene and graphene oxide as effective adsorbents toward anionic and cationic dyes. Journal of Colloid & Interface Science, 361(1): 270 - 277.

Rivière D, Desvignes V, Pelletier E, et al. 2009. Towards the definition of a core of microorganisms involved in anaerobic digestion of sludge. The ISME Journal, 3(6): 700 - 714.

Roediger H, Roediger M, Kapp H. 1990. Anaerobe alkalische Schlammfaulung. Bangemann: Oldenbourg Industrieverlag.

Rotaru A E, Shrestha P M, Liu F, et al. 2014. Direct interspecies electron transfer between Geobacter metallireducens and Methanosarcina barkeri. Applied & Environmental Microbiology, 80(15): 4599.

Rotaru A E, Shrestha P M, Liu F, et al. 2013. A new model for electron flow during anaerobic digestion: direct interspecies electron transfer to Methanosaeta for the reduction of carbon dioxide to methane. Energy & Environmental Science, 7(1): 408 - 415.

Salvador A F, Martins G, Mellefranco M, et al. 2017. Carbon nanotubes accelerate methane production in pure cultures of methanogens and in a syntrophic coculture. Environmental Microbiology, 19(7): 2727.

Santhiya D, Subramanian S, Natarajan K A. 2000. Surface chemical studies on galena and sphalerite in the presence of Thiobacillus thiooxidans with reference to mineral beneficiation. Minerals Engineering, 13(7): 747 - 763.

Sasaki K, Morita M, Sasaki D, et al. 2011. Syntrophic degradation of proteinaceous materials by the thermophilic strains Coprothermobacter proteolyticus and Methanothermobacter thermautotrophicus. Journal of Bioscience and Bioengineering, 112(5): 469 - 472.

Schlüter A, Bekel T, Diaz N N, et al. 2008. The metagenome of a biogas-producing microbial community of a production-scale biogas plant fermenter analysed by the 454 - pyrosequencing technology. Journal of Biotechnology, 136(1): 77 - 90.

Seymour J D, Codd S L, Gjersing E L, et al. 2004. Magnetic resonance microscopy of biofilm structure and impact on transport in a capillary bioreactor. Journal of Magnetic Resonance, 167(2): 322 - 327.

Shrestha P M, Rotaru A E, Summers Z M, et al. 2013. Transcriptomic and genetic analysis of direct interspecies electron transfer. Applied & Environmental Microbiology, 79(7): 2397 - 2404.

Siegbahn P E M, And J W T, Hall M B. 2007. Computational studies of [NiFe] and [FeFe] hydrogenases. Chemical Reviews, 107(10): 4414 - 4435.

Siegert I, Banks C. 2005. The effect of volatile fatty acid additions on the anaerobic digestion of cellulose and glucose in batch reactors. Process Biochemistry, 40(11): 3412 - 3418.

Socrates G. 2001. Infrared and raman characteristic group frequencies: tables and charts. third ed. Condon: John Wiley & Sons, Ltd. Publication.

Solera R, Romero L, Sales D. 2002. The evolution of biomass in a two-phase anaerobic treatment process during start-up. Chemical and Biochemical Engineering Quarterly, 16(1): 25 - 30.

Sowers A D, Gaworecki K M, Mills M A, et al. 2009. Developmental effects of a municipal wastewater effluent on two generations of the fathead minnow, Pimephales promelas. Aquatic Toxicology, 95(3): 173 - 181.

Suanon F, Sun Q, Mama D, et al. 2016. Effect of nanoscale zero-valent iron and magnetite (Fe_3O_4) on the fate of metals during anaerobic digestion of sludge. Water Research, 88: 897 - 903.

Sun L, Yu H, Fugetsu B. 2012. Graphene oxide adsorption enhanced by in situ reduction with sodium hydrosulfite to remove acridine orange from aqueous solution. Journal of Hazardous Materials, 203(4): 101 - 110.

Sundberg C, Al-Soud W A, Larsson M, et al. 2013. 454 pyrosequencing analyses of bacterial and archaeal richness in 21 full-scale biogas digesters. FEMS Microbiology Ecology, 85(3): 612 - 626.

Switzenbaum M S, Giraldo-Gomez E, Hickey R F. 1990. Monitoring of the anaerobic methane fermentation process. Enzyme and Microbial Technology, 12(10): 722 - 730.

Tandishabo K, Nakamura K, Umetsu K, et al. 2012. Distribution and role of Coprothermobacter spp. in anaerobic digesters. Journal of Bioscience and Bioengineering, 114(5): 518 - 520.

Teraoka I. 2002. Polymer solutions: an introduction to physical properties. New York: John Wiley & Sons.

Therkelsen H H, Carlson D A. 1979. Thermophilic anaerobic digestion of a strong complex substrate. Journal (Water Pollution Control Federation): 1949－1964.

Tremblay P L, Angenent L T, Zhang T. 2016. Extracellular electron uptake: among autotrophs and mediated by surfaces. Trends in Biotechnology, 35(4): 360.

Turovskiy I S, Mathai P. 2006. Wastewater Sludge Processing. New York: John Wiley & Sons.

Vavilin V A, Qu X, Mazéas L, et al. 2008. Methanosarcina as the dominant aceticlastic methanogens during mesophilic anaerobic digestion of putrescible waste. Antonie Van Leeuwenhoek, 94(4): 593－605.

Vignais P M, Billoud B. 2007. Occurrence, classification, and biological function of hydrogenases: an overview. Cheminform, 38(50): 4206－4272.

Wagner M, Loy A. 2002. Bacterial community composition and function in sewage treatment systems. Current Opinion in Biotechnology, 13(3): 218－227.

Wang G, Dai X, Zhang D, et al. 2018. Two-phase high solid anaerobic digestion with dewatered sludge: improved volatile solid degradation and specific methane generation by temperature and pH regulation. Bioresource Technology, 259: 253.

Wang H, Lehtomäki A, Tolvanen K, et al. 2009. Impact of crop species on bacterial community structure during anaerobic co-digestion of crops and cow manure. Bioresource Technology, 100(7): 2311－2315.

Wang L L, Wang L F, Ye X D, et al. 2012. Spatial configuration of extracellular polymeric substances of Bacillus megaterium TF10 in aqueous solution. Water Research, 46(11): 3490－3496.

Wang L L, Wang L F, Ye X D, et al. 2013. Hydration interactions and stability of soluble microbial products in aqueous solutions. Water Research, 47(15): 5921－5929.

Weemaes M P, Verstraete W H. 1998. Evaluation of current wet sludge disintegration techniques. Journal of Chemical Technology & Biotechnology: International Research in Process, Environmental and Clean Technology, 73(2): 83－92.

Wu C, Qiu X. 1998. Single chain core-shell nanostructure. Physical Review Letters, 80(3): 620－622.

Wu C, Wang X. 1998. Globule-to-coil transition of a single homopolymer chain in solution. Physical Review Letters, 80(18): 4092－4094.

Xing Z, Tian J, Liu Q, et al. 2014. Holey graphene nanosheets: large-scale rapid preparation and their application toward highly-effective water cleaning. Nanoscale, 6(20): 11659－11663.

Xu K W, He L, Jian C. 2010. Effect of classic methanogenic inhibitors on the quantity and diversity of archaeal community and the reductive homoacetogenic activity during the process of anaerobic sludge digestion. Bioresource Technology, 101(8): 2600－2607.

Xu Y, Lu Y, Dai X, et al. 2017. The influence of organic-binding metals on the biogas conversion of sewage sludge. Water Research, 126: 329.

Yamada C, Kato S, Ueno Y, et al. 2015. Conductive iron oxides accelerate thermophilic methanogenesis from acetate and propionate. Journal of Bioscience & Bioengineering, 119 (6): 678 - 682.

Yang G, Zhang P, Zhang G, et al. 2015a. Degradation properties of protein and carbohydrate during sludge anaerobic digestion. Bioresource Technology, 192: 126 - 130.

Yang Z, Xu X, Guo R, et al. 2015b. Accelerated methanogenesis from effluents of hydrogen-producing stage in anaerobic digestion by mixed cultures enriched with acetate and nano-sized magnetite particles. Bioresource Technology, 190(1): 132 - 139.

Ye F X, Chen Y X, Feng X S. 2005. Advanced start-up of anaerobic attached film expanded bed reactor by pre-aeration of biofilm carrier. Bioresource Technology, 96(1): 115 - 119.

Yekta S S, Bo H S, Björn A, et al. 2014. Thermodynamic modeling of iron and trace metal solubility and speciation under sulfidic and ferruginous conditions in full scale continuous stirred tank biogas reactors. Applied Geochemistry, 47(8): 61 - 73.

Yenigün O, Demirel B. 2013. Ammonia inhibition in anaerobic digestion: a review. Process Biochemistry, 48(5 - 6): 901 - 911.

Yi J, Dong B, Jin J, et al. 2014. Effect of increasing total solids contents on anaerobic digestion of food waste under mesophilic conditions: performance and microbial characteristics analysis. PloS one, 9(7): e102548.

Zhang J, Lu Y. 2016. Conductive Fe_3O_4 nanoparticles accelerate syntrophic methane production from butyrate oxidation in two different lake sediments. Frontiers in Microbiology, 7(GB4009).

Zhang J, Wang Z, Wang Y, et al. 2017. Effects of graphene oxide on the performance, microbial community dynamics and antibiotic resistance genes reduction during anaerobic digestion of swine manure. Bioresource Technology, 245: 850 - 859.

Zhang L, De Schryver P, De Gusseme B, et al. 2008. Chemical and biological technologies for hydrogen sulfide emission control in sewer systems: a review. Water Research, 42(1): 1 - 12.

Zhao Z, Li Y, Yu Q, et al. 2017. Ferroferric oxide triggered possible direct interspecies electron transfer between Syntrophomonas and Methanosaeta to enhance waste activated sludge anaerobic digestion. Bioresource Technology, 250: 79 - 85.

Zhen G, Lu X, Li Y Y, et al. 2014. Combined electrical-alkali pretreatment to increase the anaerobic hydrolysis rate of waste activated sludge during anaerobic digestion. Applied Energy, 128(3): 93 - 102.

第5章 热水解改善污泥高含固厌氧消化研究

我国厌氧消化设施较多采用传统的厌氧消化，进泥浓度都相对较低，同时又受到污泥中有机质含量相对较低、砂含量较高的影响，厌氧消化的整体效率不高。

目前，世界上采用较多的也是污泥湿式中温厌氧消化，其体积庞大，投资较高，加之我国的泥质特性，往往消化效果不够理想。在污泥消化过程中，可通过微生物细胞壁的破壁和水解，有效提高有机物的单位时间降解率和系统的产气速率。近年来，国际上开发应用较多的有污泥细胞破壁和强化水解技术，主要是物化强化预处理技术和生物强化预处理技术，但针对我国典型污泥特点进行的理论系统研究和工程应用还较少。鉴于我国目前的整体经济发展水平，在污水处理厂直接建设污泥厌氧消化系统只能在某些大型城市的大型污水处理厂实施，很多城市仍需采用将脱水污泥（80%含水率）运输至集中的污泥处理厂进行处理处置。这一系列的问题对污泥高级厌氧消化技术提出了迫切需求。通过将热水解和消毒除砂预处理技术与高含固污泥厌氧消化技术进行结合，可以优化污泥的生物降解性能，有效提高污泥的单位时间产气量，实现更大的减量化，可节约厌氧发酵罐体积至50%以上，改善污泥脱水性能，实现污泥彻底的卫生化，为其最终处置提供良好的前提。因此，研究城市污泥热水解高含固厌氧消化技术具有重要的理论意义和实际意义。

5.1 污泥热水解预处理技术

在众多预处理技术中，热水解被公认为是具有良好经济效益且可实施性强的预处理措施。热水解技术的雏形是20世纪30年代出现的热处理技术，早在1939年就开始面向应用开展研究。在60~70年代，污泥的热处理技术就是当时的热点。Porteus和Zimpro是当时典型的高温热水解工艺，温度都在200~250℃，但这两种工艺存在着一些缺点和弊端，如产生臭气、产生高浓度废液以及腐蚀热交换器等，因此它们在60年代末或者70年代初就不再被采用（Neyens and Baeyens，2003）。通过调整操作条件，在低温下进行预处理，Zimpro工艺仍被用于改善污泥的脱水性能（Neyens and Baeyens，2003）。到80年代，一些与酸、碱处理相结合的热处理开始出现，用于污泥消毒，但是这些处理措施不能提高污泥的降解性能，经济效益较差，因此都没有得到商业应用。90年代初，挪威的Cambi工艺开始出现，其将热水解工艺成功地应用于提高污泥厌氧消化性能和提高最终产物的卫生化水平（Ødeby et al.，1996）。威立雅的Biothelys工艺从2006年起开始得到应用（宫曼丽和丁明亮,2013)。这两种工艺都是典型的高效热水解处理工艺,在工程上得到了应用。

早在1978年即有研究表明经热水解后活性污泥的降解性能(以甲烷产量计)得到了提高,原因在于复杂有机物组分的水解和溶出(Haug et al.,1978)。Bougrier等(2008)研究发现随着热水解温度的提高,污泥的厌氧消化性能也随之提高,然而当温度升高到200℃以上时,由于热水解过程中发生的美拉德反应,活性污泥的厌氧消化性能反而会降低。热水解温度高至175℃时会提高活性污泥的溶解性能而不会提高产气性能。为了提高污泥的降解性能以及产甲烷量,同时缩短污泥在反应器中的停留时间,大量学者采用了190℃以下的温度对污泥进行热水解以提高污泥的厌氧消化性能,这些研究评估了热水解前后污泥的厌氧消化性能,如产气量、COD降解量、TS减少量、VS降解率以及产甲烷量等,如表5-1及表5-2所示。

表5-1 低温热水解(<100℃)对厌氧消化影响

基 质	预处理方式	厌氧消化温度/℃	厌氧消化反应器类型	结 果	参考文献
初沉污泥 TSS含量=14.48 g/L, VSS含量=9.05 g/L	70℃,48 h	55	连续式	甲烷产量比未处理的污泥提高11%,VSS去除率比未处理的污泥提高28%	Skiadas et al.,2005
剩余污泥 TSS含量=9.09 g/L, VSS含量=5.42 g/L	70℃,48 h	55	连续式	甲烷产量比未处理的污泥提高37.5%,VSS去除率比未处理的污泥提高617%	
剩余污泥 TS含量=4%~5%, VS/TS=73%~77%	70℃,9 h	55	批次	产气量比未处理的污泥提高68.6%,VFA浓度比未处理的污泥提高43%	Climent et al.,2007
初沉污泥 TS含量=16.46 g/L, VS含量=10.39 g/L (平均)	70℃,48 h	55	连续式	产甲烷潜力比未处理的污泥提高48%,甲烷产率比未处理的污泥提高115%,VS去除率比未处理的污泥提高12%	Lu et al.,2008
剩余污泥 TS含量=6.5%, VS/TS=70%	70~90℃,15、30、60 min	37	批次	70℃、80℃预处理后产气量和未预处理污泥产气量相近,而90℃预处理6 min的产气量是未预处理污泥产气量的10倍	Appels et al.,2010
市政污泥 TS含量=4%	75℃,7 h	25	连续式	经水热预处理后,蛋白质、碳水化合物、脂质和COD的浓度提高了30到35倍,甲烷产量比未处理的污泥提高50%	Borges and Chernicharo,2009
混合污泥 TS含量=3.9%, VS/TS=74%	70℃,9 h	55	批次	产气量比未处理的污泥提高30%,VS去除率比未处理的污泥提高10%	Ferrer et al.,2008
市政污泥 TS含量=8%~9%, VS/TS=75%	70℃,48 h	37~40, 50~55	批次	高温厌氧消化甲烷产量比未处理的污泥提高5%,中温厌氧消化甲烷产量比未处理的污泥提高4.6%	Nges and Liu,2009
脱水污泥 TS含量=8%~9%, VS/TS=75%	50℃,48 h	37~40, 50~55	批次	高温厌氧消化甲烷产量比未处理的污泥提高6.25%,中温厌氧消化甲烷产量比未处理的污泥提高11%	

续 表

基 质	预处理方式	厌氧消化温度/℃	厌氧消化反应器类型	结 果	参考文献
初沉和剩余污泥 TS 含量=3.7%, VS/TS=69%; TS 含量=4.8%, VS/TS=67%	70℃,0~7 d	37、55	批次	对于初沉污泥,预处理后55℃高温厌氧消化效果明显,比未预处理提高26%;对于二沉污泥,中温和高温的甲烷的日产率都会提高,但甲烷产气潜能只在中温厌氧消化有好的效果	Gavala et al.,2003
市政污泥	60、80、100℃,5~60 min	36±1	连续式	60~100℃的甲烷产气量差别不大,比未处理的污泥提高30%~52%,且HRT从13 d降低到8 d	Wang et al.,1997
市政污泥 TS 含量=26 g/L, VS 含量=18 g/L	50~65℃,12~48 h	37	批次	水热预处理显著影响甲烷产量;50℃条件下单位VS降解率提高21%,65℃条件下VS降解率提高了49%	Ge et al.,2011

表5-2 高温热水解(>100℃)对厌氧消化产气影响

基 质	预处理方式	厌氧消化温度/℃	厌氧消化反应器类型	结 果	参考文献
混合污泥 TS 含量=17.1 g/L, VS 含量=12 g/L	130℃(pH=10),1 h	35	批次	经热水解预处理后,SCOD占总COD的比例从未经处理的2.7%增长到25.3%;高温厌氧消化序批式实验,甲烷产量相较于未预处理原污泥增长了74%	Valo et al.,2004
	170℃,1 h	35	批次	经热水解预处理后,SCOD占总COD的比例从未经处理的2.7%增长到59.5%;20天高温厌氧消化序批式实验,甲烷产量相较于未预处理原污泥增长了61%	
剩余污泥 TS 含量=4%~5%, VS/TS=73%~77%	110~134℃,20~90 min	55	批次	SCOD经过130℃预处理30 min后提高了25%,60 min后提高了30%;而170℃预处理后能提高60%,且与处理时间关系不大	Climent et al.,2007
剩余污泥 TS 含量=52.5 g/L, VS 含量=35.3 g/L	170~180℃,1 h	37	连续	经热水解预处理后,SCOD占总COD的比例从未经处理的6%增长到43%;厌氧消化产气量相较于未预处理原污泥增长了75%	Wett et al.,2010

续 表

基 质	预处理方式	厌氧消化温度/℃	厌氧消化反应器类型	结 果	参考文献
剩余污泥 TS 含量=1.45%, VS/TS=81%	135℃, 30 min; 190℃, 15 min	35	连续	相比于原污泥,135℃和190℃预处理后,总 COD 去除率由52%提高到58%和63%;VS 降解率由 39% 提高到 41% 和57%;甲烷产率由 173 mg/L 增加到 194 mg/L 和 217 mL/g	Bougrier et al.,2007
剩余污泥 TS 含量=4%, VS/TS=80%	120~200℃, 60 min	53	批次	产气量在 170℃ 时最大,比未预处理提高了 15%,120℃和未处理接近,200℃ 比未预处理的低	Abe et al.,2013
剩余污泥 TS 含量=1.48%~3.37%, VS/TS=70%~82%	95~210℃, 30 min	35	批次	水解后固态和液态分别厌氧消化,随热水解温度升高,液态产气体积占产生总体积的比例逐渐提高,由原污泥的不到 10%提高到 50% 以上(160 ~190℃);且在 190℃ 以下,SCOD 和产气量成良好线性关系,说明高温没有改变物质的可降解性,只是由固态溶解到了液态当中	Bougrier et al.,2008
活性污泥 TS 含量=52.5 g/L, VS 含量=35.3 g/L	170~180℃, 1 h	37	连续	经热水解预处理,厌氧消化产气量提高了 75%,总 COD 降解率从未处理时的 33% 提高到 51%	Wett et al.,2010
混合污泥 小试: TS 含量=9.98%, VS/TS=75.7% 中试: TS 含量=7.68%, VS/TS=54%	170℃, 0~30 min	35	批次	预处理后,溶解性 TKN、多糖、蛋白质、SCOD、VFA 增长明显,氨氮的增长相对不明显;热水解后小试产气量相对未处理污泥提高了 50%;中试产气提高了 17%	Donoso-Bravo et al.,2011
市政污泥 TS 含量=3.4%, VS/TS=53.6%	130~210℃, 15~75 min	35	批次	热处理后污泥产气都有提高,最佳工况为 170℃,30 min;产气提高了 56% 将热水解后的上清液和悬浮固体分别厌氧消化,发现上清液的 TCOD 去除率达到 89.5%;悬浮固体的 TCOD 去除率为44.5%,且上清液的产气量占总产气量的 50%左右	王治军和王伟,2005
市政污泥 TS 含量=15%~20%	165~180℃, 10~30 min	35	连续	(Cambi 工艺)热水解后的污泥(TS = 12%),黏度接近 TS =5%~6%;相对传统厌氧消化,反应器容积减少一半,COD 的降解率从 40%提升到了 60%	Kepp et al.,2000

续 表

基 质	预处理方式	厌氧消化温度/℃	厌氧消化反应器类型	结 果	参考文献
脱水污泥 TS 含量=14%	140~165℃, 30 min	38	批次	经热水解预处理,SCOD 增长明显,165℃处理下较 140℃增长 1.7 倍,但对之后的厌氧消化产气性能影响不大,因此高温所增加的 SCOD 也是不能被降解的	Dwyer et al., 2008

热水解对污泥的作用一般有四个过程:① 污泥受热时,污泥絮体内部及表面的胞外聚合物(EPS)在热处理过程中首先溶解,转移到液相中,同时絮体结构中的氢键遭到破坏,使间隙水释放为游离水(Fisher and Swanwick,1971;Brook,1970);② 随着温度的升高,污泥微生物的细胞结构(包括细胞壁和细胞膜)遭到破坏,细胞内的有机物被释放出来,转化为溶解性有机物,45~65℃时细胞膜破裂、rRNA 被破坏,50~70℃时 DNA 被破坏,65~90℃时细胞壁破坏,70~95℃时蛋白质变性(Häner et al.,1994);③ 从污泥中溶解出来的有机化合物,在热处理过程中会发生水解,生成溶解性的中间产物,如蛋白质水解为多肽、二肽和氨基酸,氨基酸进一步水解为低分子有机酸、氨和 CO_2,碳水化合物水解为小分子多糖或单糖,脂类水解为甘油和脂肪酸,核酸发生脱氨和脱嘌呤等反应等(王治军和王伟,2005;Shanableh and Jomaa,2001);④ 还原糖水解后生成的醛基和氨基酸水解后生成的氨基会发生美拉德反应,生成一种难降解的褐色多聚物,这种反应在低温时有发生,但是在 200℃以上的高温下发生得最快(张少辉和华玉妹,2004;Neyens and Baeyens,2003)。

总的来说,高温热水解的相对优势是:提高污泥在厌氧过程中的降解率(与未经预处理的原污泥相比);提高污泥生物可降解性能(Bougrier et al.,2008;Carrere et al.,2008;Jeong et al.,2007);提高甲烷产量(Liao et al.,2016;Xue et al.,2015b;Valo et al.,2004);改善污泥脱水性能,减少后续脱水过程中的能量和药剂投入,减少剩余污泥量,有利于运输;去除病原菌(Chen et al.,2011);以单位投入能量计,是非常经济有效的预处理方法,拥有大规模工程应用的技术优势(Perez-Elvira et al.,2008;Kepp et al.,2000)。

污泥的"热水解—厌氧消化"联合工艺在美国、德国、英国、挪威、丹麦等国得到了重视并进行了工程应用。以往关于污泥的热水解—厌氧消化研究多以含水率大于 95%的浓缩污泥为对象,将污泥加热到 170℃左右,热水解 30 min,再经过高温或中温厌氧消化处理,使有机物分解率大大提高,实现污泥减量化、无害化的目的。但由于污泥含水率高,加热时大部分能量消耗在加热污泥中大量的水分上,造成"热水解—厌氧消化"工艺的能耗较大。如果对含固率大于 10%的高含固率污泥进行热水解—厌氧消化处理,则整个工艺的能耗将大大降低。我国污泥处理处置行业起步较晚,污泥泥质特殊,有机物含量较低、砂含量较高,国内对城市污泥热水解及厌氧消化技术的整体研究尚不够深入,缺少联合工艺的工程应用经验。

5.2 热水解预处理对污泥物理特性的影响研究

污泥是污水处理的副产物,在污水处理过程中,会产生初沉污泥、二沉污泥和深度处理污泥。由于我国污水的碳氮比例不协调,为了强化生物脱氮功能,很多污水处理厂并未设置初沉池。二沉污泥(剩余污泥)在污水厂污泥中占比最大。

城市污水厂污泥成分复杂,包含了有机和无机的组分。有机组分包括微生物群体(胞外物和胞内物,蛋白质、碳水化合物和脂类等)以及微生物内源代谢残留物和原污水来源有机组分,它们对污泥可生化性影响很大。污泥中含有的无机物包括砂、重金属和其他无机残渣等。

由于污泥中含有病原菌、易腐有机物和重金属等物质,其通常被视作废弃物;而另一方面,由于其富含氮、磷等营养元素,能通过厌氧消化产生清洁能源——沼气,也逐渐被越来越多的国家视作一种可利用资源。

城市污泥中含有大量的微生物群体,直接进行后续厌氧生物处理时,其水解酸化是反应的限速因素。在进行厌氧消化时,原污泥中的微生物往往需要较长的时间进行水解;而热水解则可以在短时间内杀死微生物细胞,并促使其进行水解。

5.2.1 热水解对污泥黏度的影响

黏度是污泥的重要物理属性之一,表征了污泥的流动性能,它影响污泥的热传导、输送、搅拌、传质等特性。通常情况下,污泥的组成、含固率、温度等因素对其黏度有显著影响。

高温热水解会显著降低污泥的黏度。Bougrier 等(2008)研究发现,在 20~150℃ 时,污泥的黏度随着温度的升高而降低,超过 150℃ 后污泥的黏度无变化;Song(2014)等(Dwyer et al.,2008)研究发现在温度由 20℃ 升至 127℃ 时,其黏度由 270 180 kg/(m·s)迅速降至 12 kg/(m·s);温度升至 187℃ 时,其黏度继续降至 4 kg/(m·s)。Higgins 等(2014)研究发现当热水解温度由 130℃ 上升至 170℃ 的过程中,污泥的黏度显著降低;Liu 等(2012b)研究发现经 175℃ 热水解 60 min 后,活性污泥的黏度由 13 500 mPa·s 降至 1 625 mPa·s[1 kg/(m·s)= 1 000 mPa·s];Hii 等(2016)的研究也发现含固率为 10% 的污泥,经 80~145℃ 的热水解预处理 1 h 后,在剪切速率为 100 s^{-1} 条件下的瞬时黏度随着温度的升高呈线性降低的趋势。

如图 5-1 所示,对于牛顿流体,剪切作用下产生的应力和剪切速率之间存在着线性关系,黏度的大小即等于剪切应力与剪切速率的比值;对于非牛顿流体,剪切应力与剪切速率之间不存在线性关系,这时候剪切应力与剪切速率的比值称为表观黏度。

城市污泥由微生物、有机物、无机物等物质组成,属于触变型非牛顿流体,在刚开始剪切的时候测得的表观黏度比较大,随着剪切的进行表观黏度逐渐减小至稳定。这主要是因为剪切作用对污泥中的菌胶团、高分子有机物有拉伸作用，拉伸后的菌胶团、高分子有机物在同等的剪切速率下产生的剪切应力小，故表现出来的污泥黏度在逐渐变小。

为了释放污泥的材料记忆，且使实验具有可重复性，在测试之前，污泥需要经过强烈剪切5 min。强烈剪切速率为流态层流的最高剪切速率1 000 s^{-1}，静置使污泥松弛5 min，然后进行稳态剪切扫描（Zhang　et al.，2016）。污泥进行剪切速率扫描，从1 000 s^{-1} 对数降低至0.001 s^{-1}，范围覆盖较宽，能较好地反映污泥黏度随剪切速率的变化。每个剪切速率下对污泥进行持续剪切直至达到平衡状态，再下降至下一个剪切速率，保证测得的每一个剪切速率下的剪切应力和黏度为平衡态，最终得到污泥在各个剪切速率下的黏度，形成稳态黏度曲线。

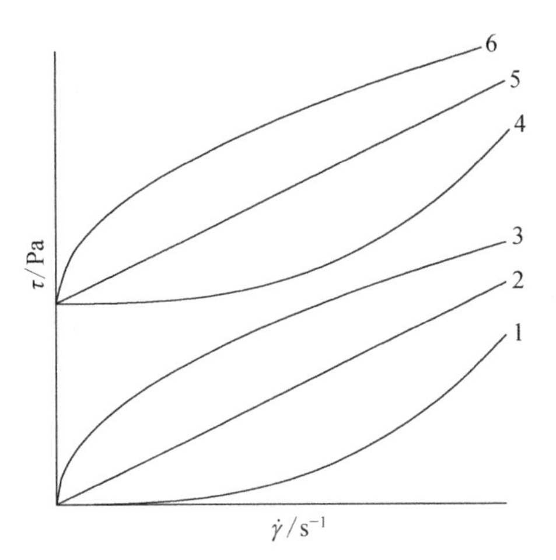

图5-1　不同流体剪切应力和剪切速率对应关系图。1. 假塑性流体；2. 牛顿流体；3. 胀塑流体；4. 屈服假塑性流体；5. 宾汉流体；6. 屈服胀塑性流体

热水解通过热化学作用，改变了污泥的组成，对污泥的黏度产生了影响。

稳态黏度是稳态流动状态下剪切应力与剪切速率之比：

$$\eta = \tau / \gamma \tag{5-1}$$

式中，η 为剪切黏度；τ 为剪切应力；γ 为剪切速率（速度的梯度，dv/ds）。

试验结果表明污泥为假塑型（剪切变稀）非牛顿流体，并且具有屈服应力，其本构方程可用两段式Herschel-Bulkley模型（Zhang　et al.，2016）描述：

$$\tau = \begin{cases} \tau_y + K_1\dot{\gamma}^{n_1}, & \dot{\gamma} \leq \dot{\gamma}_c \\ \tau_c + K_2\dot{\gamma}^{n_2}, & \dot{\gamma} > \dot{\gamma}_c \end{cases} \tag{5-2}$$

式中，τ_y 为屈服应力，Pa；$\dot{\gamma}^{n_1}$ 为临界剪切速率，s^{-1}；τ_c 为临界剪切应力，Pa；K_1、K_2 为黏度系数，$Pa \cdot s^n$；n_1、n_2 为流变指数。

针对本研究的试验污泥，采用不同条件热水解进行预处理后，利用马尔文应力控制型旋转流变仪（Kinexus lab+）对样品的黏度和应力进行测量，并对结果进行了拟合，拟合结果如表5-3所示。

表5-3　不同条件热水解样品的黏度和应力拟合结果

参　数	τ_y	K_1	n_1	R^2	$\dot{\gamma}^{n_1}$	τ_c	K_2	n_2	R^2
原泥	44	64	0.6	0.99	4	199	4	0.7	0.99
60℃，12 h	33	77	0.6	0.99	4	208	6	0.6	0.99
60℃，24 h	35	64	0.6	0.99	3	160	7	0.6	0.99
60℃，60 h	41	71	0.5	0.99	3	144	7	0.6	0.99
70℃，12 h	30	71	0.6	0.99	3	171	7	0.6	0.99

续 表

参 数	τ_y	K_1	n_1	R^2	$\dot{\gamma}^{n_1}$	τ_c	K_2	n_2	R^2
70℃,24 h	38	57	0.6	0.99	2	121	7	0.6	0.99
70℃,60 h	27	57	0.6	0.99	2	96	8	0.6	0.99
80℃,12 h	29	71	0.6	0.99	3	170	7	0.6	0.99
80℃,24 h	41	59	0.5	0.99	2	118	9	0.6	0.99
80℃,60 h	31	51	0.6	0.99	2	86	7	0.6	0.99
90℃,12 h	23	57	0.6	0.99	3	123	7	0.6	0.99
90℃,24 h	36	49	0.6	0.99	2	98	9	0.6	0.99
90℃,60 h	17	44	0.6	0.99	1	56	9	0.5	0.99
120℃,15 min	14	38	0.5	0.99	2	56	10	0.5	0.99
120℃,30 min	8	38	0.5	0.99	2	48	9	0.5	0.99
120℃,45 min	8	37	0.5	0.99	2	48	8	0.5	0.99
120℃,60 min	11	37	0.5	0.99	1	47	7	0.5	0.99
140℃,15 min	11	41	0.5	0.99	1	53	6	0.6	0.99
140℃,30 min	8	31	0.6	0.99	0.6	33.9	5	0.6	0.99
140℃,45 min	8	29	0.6	0.99	1	33.9	5	0.5	0.99
140℃,60 min	7	24	0.5	0.99	1	27.1	4	0.5	0.99
160℃,15 min	5	15	0.5	0.99	0.6	15.2	3	0.5	0.99
160℃,30 min	4	13	0.5	0.99	0.6	13.5	2	0.6	0.99
160℃,45 min	3	10	0.5	0.99	0.6	10.4	2	0.5	0.99
160℃,60 min	2	7	0.5	0.99	0.8	6.8	1	0.6	0.99
180℃,15 min	1	5	0.5	0.99	0.5	4.4	0.5	0.6	0.99
180℃,30 min	0.4	2	0.5	0.99	0.5	2.1	0.2	0.7	0.99
180℃,45 min	0.4	2	0.5	0.99	0.5	1.9	0.1	0.7	0.99
180℃,60 min	0.2	1	0.5	0.99	0.5	1.2	0.09	0.8	0.99

拟合结果显示,模型值和实测值之间的方差均在 0.99 以上,拟合模型不仅适用于厌氧消化污泥黏度模拟,也适用于热水解过程污泥黏度模拟。

经热水解处理后污泥形态有较大变化,如图 5-2 所示,污泥流动性和均匀性直观上看有明显改善。

原污泥

70℃处理24 h

180℃处理30 min

图 5-2 原污泥与热水解污泥形态对比图

如图5-3所示，中温热水解时，随热水解温度的升高，污泥的应力曲线区分和拐点的差异越来越明显。同一样品对应应力曲线的拐点和黏度的拐点在同一剪切速率时出现。

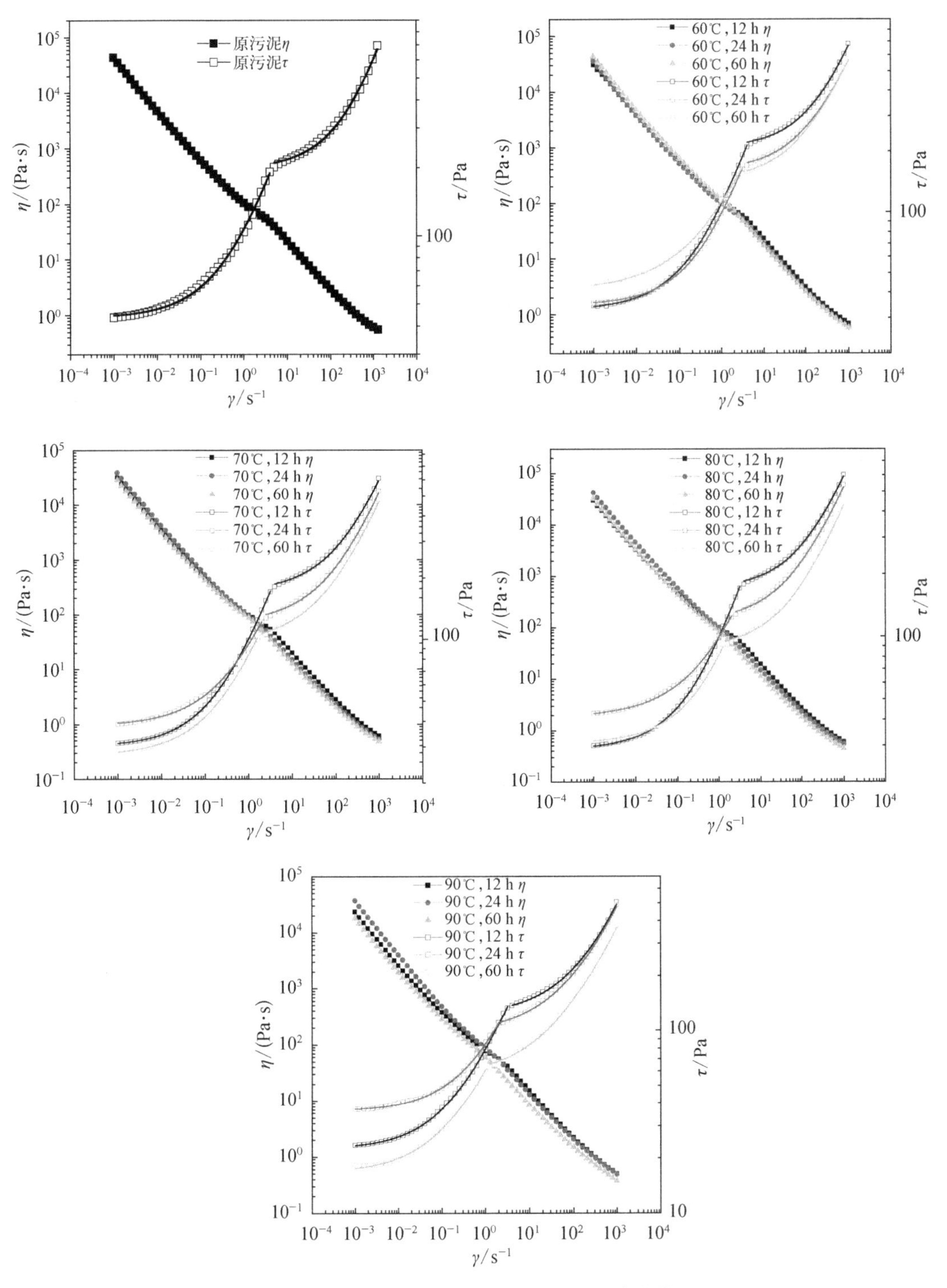

图5-3　中温热水解污泥的应力及黏度曲线

如图 5－4 所示，高温热水解时，随热水解温度的升高，污泥的应力曲线区分和拐点的差异越来越明显。同一样品对应应力曲线的拐点和黏度的拐点在同一剪切速率时出现。

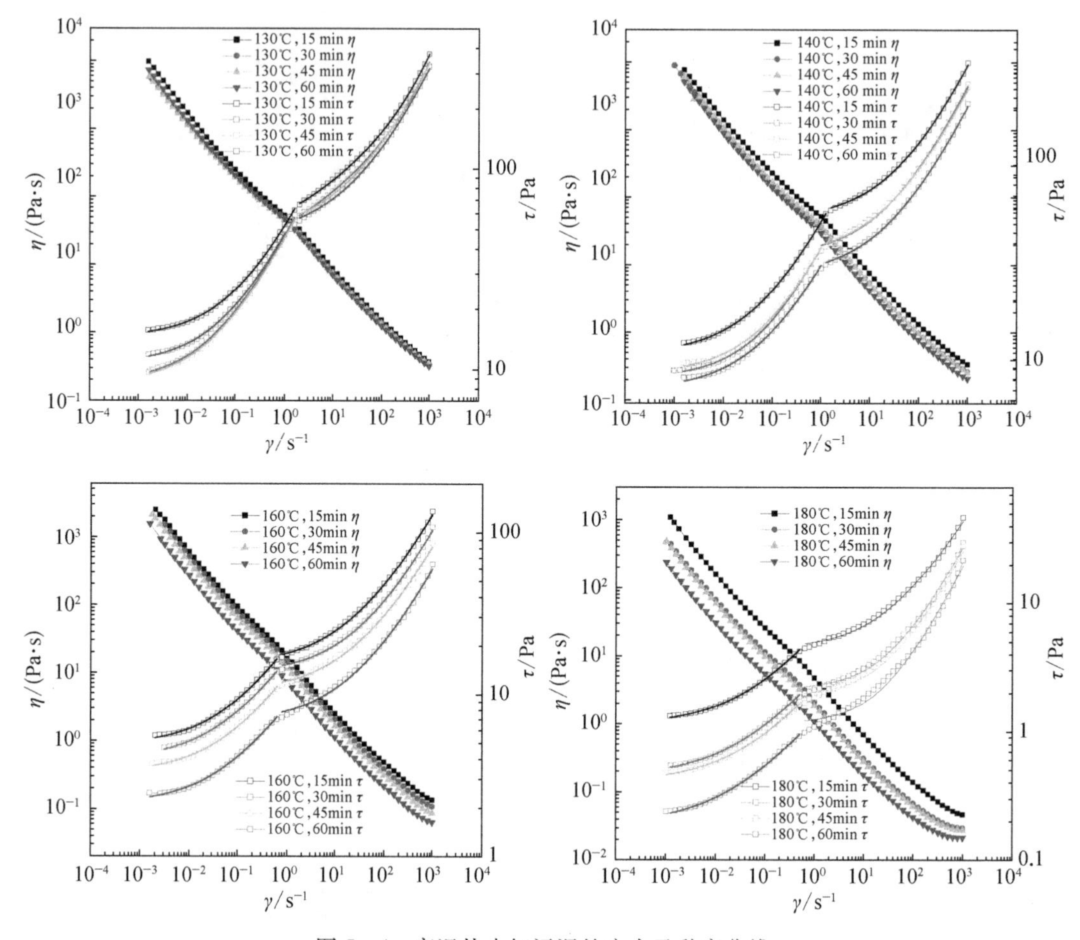

图 5－4 高温热水解污泥的应力及黏度曲线

图 5－5 显示了经不同中温热水解预处理后城市污泥的黏度值。总体而言，60℃、70℃、80℃和 90℃热水解预处理对原污泥流动性会有一定改善，其黏度会有一定降低，但总体变化幅度较小。

在 4 种中温热水解预处理条件下，热水解反应时间越长，污泥黏度下降越多。中温热水解同样作用 24 h、48 h 及 72 h，60℃预处理对应的污泥黏度更高，经 72 h 处理后，原污泥黏度从 10.0 Pa·s 可逐渐降低至5.4 Pa·s；而 70℃、80℃和 90℃热水解预处理温度对应的污泥黏度更低，且基本接近，经 72 h 处理后，污泥黏度从原污泥的 10.0 Pa·s 分别降至 3.9 Pa·s、4.1 Pa·s 和3.6 Pa·s。经 90℃预处理 72 h 的污泥，其黏度可降低至原污泥的 36%左右。

图 5－6 显示了经不同高温热水解预处理后城市污泥的黏度值。高温 120℃、140℃、160℃和 180℃热水解预处理对原污泥黏度有快速且显著的改善；热水解温度越高，同样反应时间下的污泥黏度降低幅度也越大。热水解反应 15 min 后，4 种高温处理下的污泥

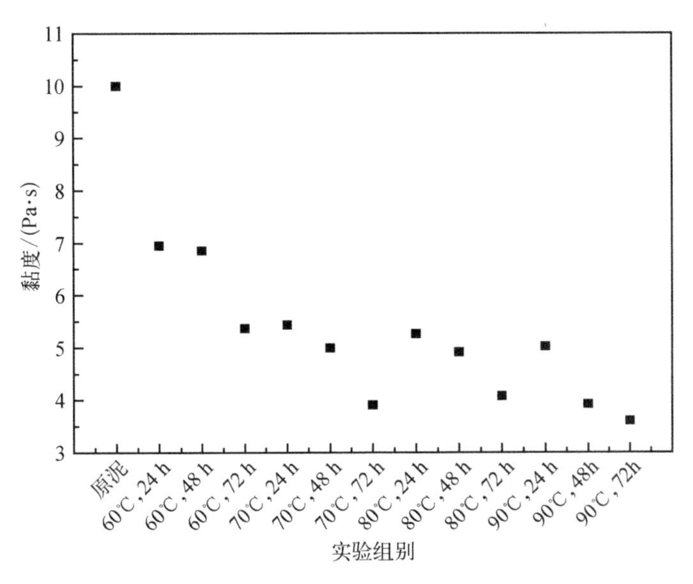

图 5－5　中温热水解对污泥黏度的影响

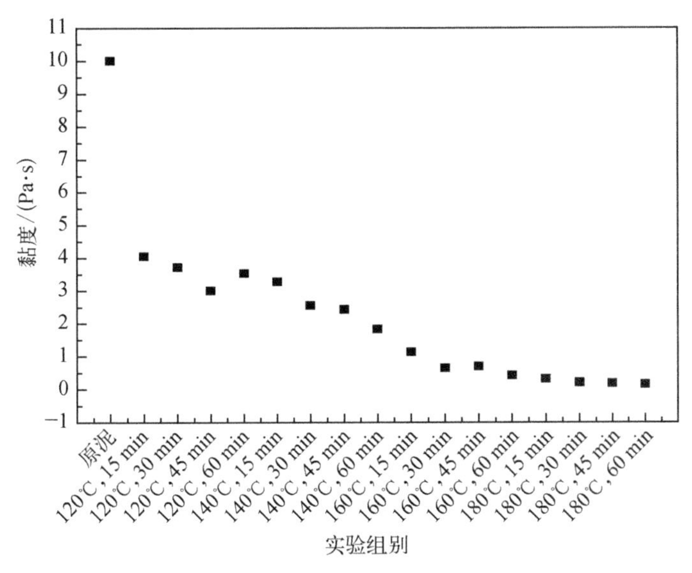

图 5－6　高温热水解预处理对污泥黏度的影响

黏度均有大幅下降。热水解反应时间越长,污泥黏度下降越多,但同一温度下不同反应时间的污泥黏度差距较小。相比 120℃和 140℃的预处理温度,160℃和 180℃的预处理对降低污泥黏度效果更好。在反应时间 15 min 时,120℃和 140℃预处理后,污泥黏度从原污泥的 10.0 Pa·s 降至4.1 Pa·s 和3.3 Pa·s;160℃和 180℃预处理后,污泥黏度从原污泥的 10.0 Pa·s 降至1.1 Pa·s 和0.3 Pa·s。

研究结果表明热水解是改变污泥黏度的一种有效方法,且高温热水解对降低污泥黏度的作用比中温热水解更显著,所需反应时间也更短。

在涉及的类似污泥黏度研究中,在污泥源不同的情况下,同样发现热水解对污泥黏度具有相似的影响，如图 5－7 所示。在热水解预处理之后，污泥流动性能更佳。Xue 等(2015c)利用 Bookfield 污泥黏度仪进行检测，发现在中温热水解处理 24 h 后，污泥的黏度从 4 480～4 530 mPa·s 降至210～430 mPa·s，在经过高温热水解预处理 3 h 左右，120℃、140℃、160℃和 180℃处理后的污泥黏度则降低至 180 mPa·s、90 mPa·s、5. 8 mPa·s 和 1. 4 mPa·s。较高的处理温度对于降低污泥黏度的效果更明显。黏度的改善更有利于污泥在后续处理过程中的混合、输送及传质。

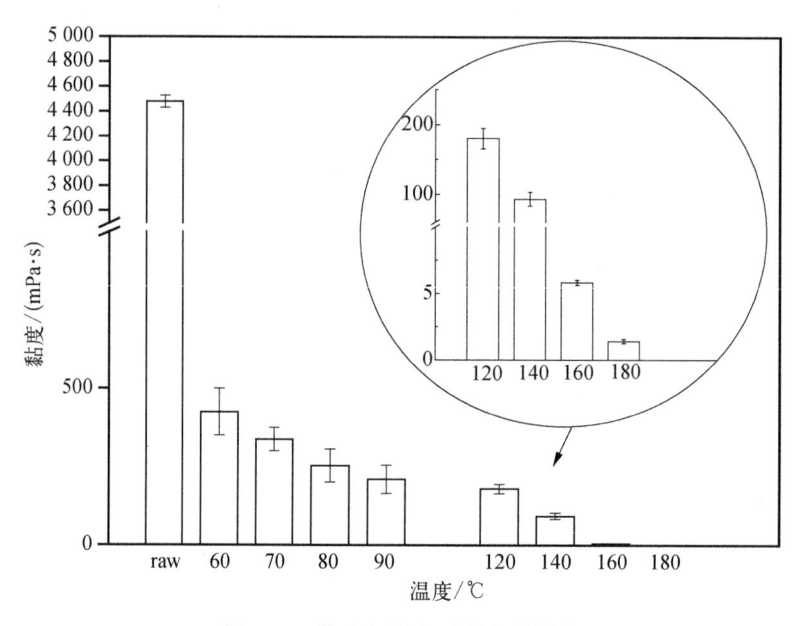

图 5－7 热水解温度对黏度的影响

污泥黏度是污泥体现出的宏观特征，其变化是由于污泥自身结构和组成的变化导致。不同热水解处理温度和处理时间对污泥结构会产生不同改变，由于污泥结构受到破坏、胞外聚合物 EPS 溶解、污泥自由水增加等综合原因，导致了最终污泥黏度发生变化。

5. 2. 2 热水解对污泥脱水性能的影响

Vssilind 等(Vesilind，1994；Tsang and Vesilind，1990；Vesilind，1990)提出了污泥中所含的水分主要有四种：游离水、间隙水、吸附水和结合水，它们占总水分的比例分别约为70%、20%、7%、3%(曹秉帝等，2015)。

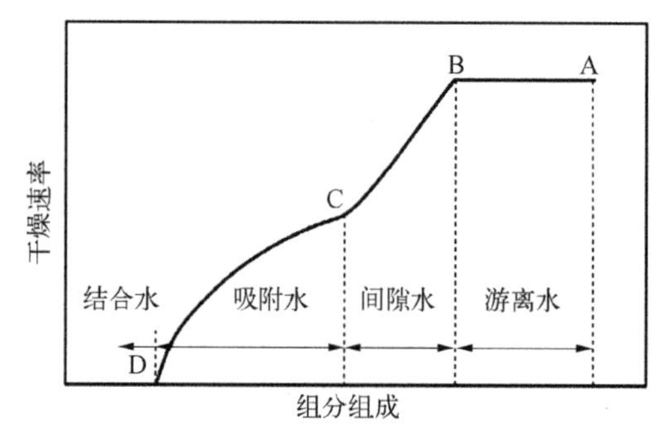

图 5－8 污泥干燥曲线

Coackley 和 Allos(1962)对污泥的干燥特性进行了研究，得到了污泥热干燥曲线，反映了水分与污泥固体颗粒结合的情况，如图 5－8 所示。

蒸发速率恒定时去除的水分为游离水分，游离水是污泥颗粒间的水分，与污泥结合力较弱，通常可以通过过滤、浓缩及机械脱水的方式去除。蒸发速率第一次下降时期所去除的水分为间隙水分，间隙水分是污泥絮体及微生物间隙中的水分，通常被物理固定在絮体或微生物细胞结构内，当絮体和细胞结构被破坏时，可以释放成自由水分；蒸发速率第二次下降时期所去除的水分为吸附水分，吸附水通过氢键结合在污泥固体表面；结合水分指在该干燥过程中难以被去除的水分，结合水分通过化学键与污泥固体结合，很难被去除(Vaxelaire and Cézac,2004;Tsang and Vesilind,1990)。

由此可见，污泥的结构组成和化学组成是决定其脱水性的关键因素，热水解预处理对细胞结构造成影响，杀灭微生物，溶解有机物(含胞外聚合物等)。其中，胞外聚合物(EPS)是一个重要的因素，且EPS分布和组成对污泥的脱水性的影响最为显著。Houghton和Stephenson(2002)研究表明，污泥中EPS的含量决定着污泥的脱水性，每种污泥脱水性达到最佳时都有其对应的胞外聚合物含量。同时，EPS含量决定着污泥的带电量、过滤后干固体的含量和絮体的稳定性等。Murthy和Novak(1999)的研究也表明，污泥脱水性随着EPS中蛋白质含量的增加而恶化。

城市污泥絮体由微生物、无机颗粒以及EPS等组成。EPS由污泥中的微生物产生，EPS的有机部分主要由多糖、蛋白质和少量DNA、脂质以及腐殖酸组成。

由于热水解处理会对污泥的结构组成及化学组成产生影响，尤其是会影响细胞结构，导致EPS等有机物的溶解，因此污泥的脱水性能亦受到其影响。

高温热水解能够改善污泥的脱水性能。研究表明热水解能减少污泥的毛细吸水时间(CST)，提高污泥的脱水性能。如Phothilangka等(2008)的研究中，污泥经180℃(20 bar)的热水解后，不加药条件下其含固率能从25.2%脱水至32.7%；Bougrier等(2008)也曾研究发现经150℃处理后污泥的体积指数(SVI)显著降低，且经175℃处理后SVI会进一步降低；Higgins等(2014)研究发现热水解温度由130℃上升至170℃过程中，活性污泥的经脱水后的含固率呈线性上升的趋势，由27%升至32%。

本节对比研究了污泥在中温60℃、70℃、80℃、90℃和高温120℃、140℃、160℃、180℃热水解处理条件下离心脱水性能的变化和趋势，高温热水解相比中温热水解对污泥脱水性能的提高效果更显著。

污泥经60℃、70℃、80℃及90℃处理至72 h过程中，其对应的离心脱水性能如图5-9所示。

研究用原污泥含固率为13.5%，经实验室离心机用13 000 r/min离心30 min后，含固率提高至22.7%。

原污泥经中温60℃、70℃、80℃及90℃热水解处理，脱水性能随处理时间的变化趋势基本一致。在前12 h内，污泥离心脱水性能随时间的增加而提高；12 h后离心后含固率达到24.2%~27.5%，12~72 h，污泥离心含固率未有明显改变，在24.7%~26.3%左右。在相同处理时间条件下，热水解处理温度越高，对应污泥离心含固率也越高，但总体差异较小。

在中温60℃、70℃、80℃及90℃热水解处理时，污泥的脱水性能改善在12 h左右达到较高状态，之后的延时处理对其不再产生显著的影响；可见中温热水解对污泥脱水性能的改善有限，且需在12 h以上才有小幅改善，延长反应时间不能继续有效提高污泥离心脱

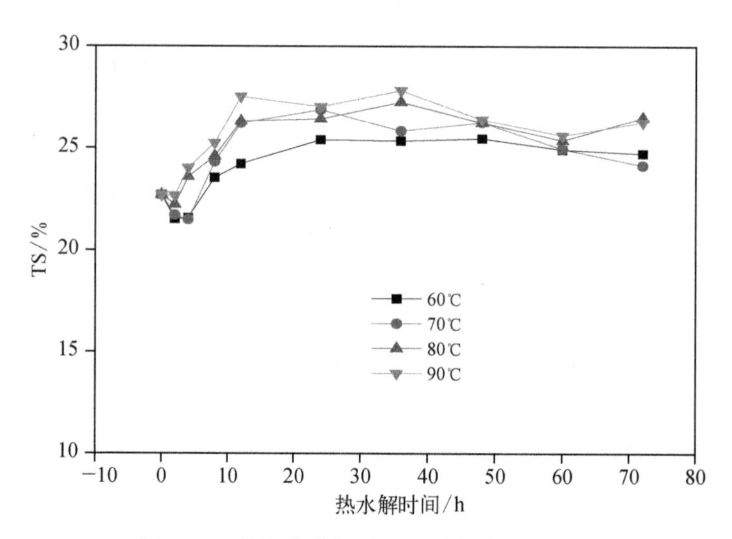

图 5-9　中温热水解对污泥脱水性能的影响

水性能。

污泥经高温 120℃、140℃、160℃及 180℃处理 60 min 过程的离心脱水性能如图 5-10 所示。

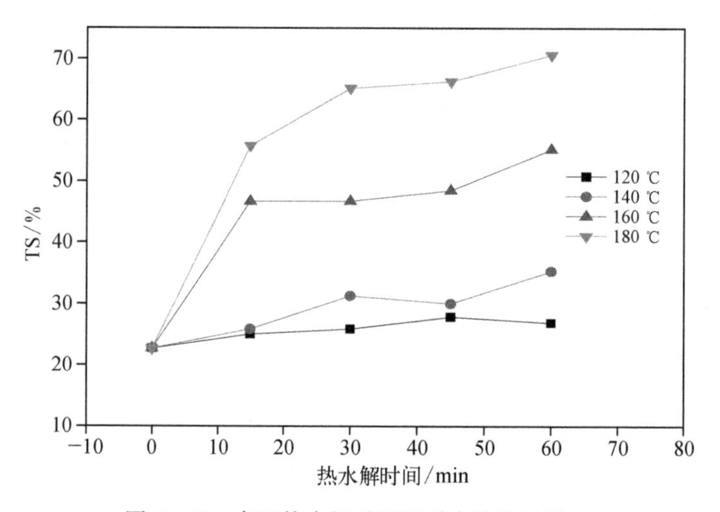

图 5-10　高温热水解对污泥脱水性能的影响

污泥经高温 120℃、140℃、160℃及 180℃热水解处理后，离心脱水性能发生了较大变化。相比 120℃和 140℃的处理温度，160℃和 180℃的处理温度对污泥离心脱水性能的影响更为显著。总体而言，120℃、140℃、160℃及 180℃处理 30 min 左右，污泥离心脱水性能得到有效提高，延长处理时间到 45 min，对污泥离心脱水性能的持续改善效果不显著。

120℃预处理时，污泥离心脱水性能发生小幅变化，在 30 min 左右从原泥 22.7%的离心含固率提高至 25.9%，60 min 热水解后离心含固率达到 26.9%。

140℃预处理时，污泥离心脱水性能发生小幅变化，在 30 min 左右离心含固率提高至 31.3%，60 min 处理后离心含固率达到 35.3%。

160℃预处理时，污泥离心脱水性能发生显著变化，在15~30 min离心含固率即达到46.8%左右；60 min处理后，离心含固率进一步提高到55.2%。

180℃预处理时，污泥离心脱水性能发生显著变化，在30 min离心含固率即达到65.2%左右；60 min处理后，离心含固率进一步提高到70.6%。

综上可见，热水解预处理能改善污泥的脱水性能，且热水解温度越高，污泥离心脱水性能的改善越明显。通常低于120℃的热水解预处理温度，难以对污泥脱水性能产生显著的影响；140℃的预处理温度能在60 min内较有效地改善污泥离心脱水性能；160℃和180℃的预处理温度对污泥离心脱水性能的改善最为迅速和显著。因此，为提高污泥的脱水性能，可选择不低于160℃的热水解反应温度。在160℃以上热水解时，反应时间应不低于30 min，也可通过提高处理时间至60 min来进一步提高污泥的离心脱水性能。热水解对污泥板框脱水的性能也有类似的效果(Ma　et al.，2011；Wei　et al.，2010)。

城市污泥经热水解预处理后脱水性能的改变，是由于热水解对污泥结构的影响所导致的。研究表明，污泥热水解温度越高，该作用越明显，对污泥离心脱水性能的影响也越大。

5.2.3　热水解对污泥粒径和组成结构的影响

污泥的结构如图5-11所示，组成城市污泥的成分主要包含有机物和无机物，有机物主要包括微生物和其他有机物，无机物主要包括砂和其他无机物。微生物和砂通过EPS等形成了污泥絮体，宏观上表现为污泥颗粒。不同组成的污泥，其粒径、组成结构和微观形态等特征也不同。

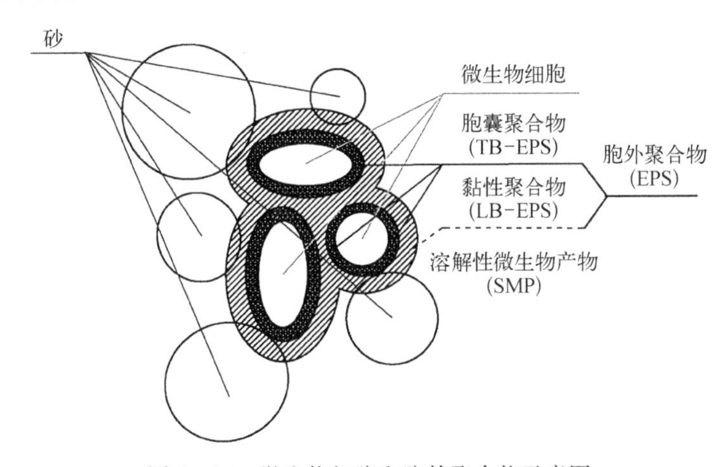

图5-11　微生物细胞和胞外聚合物示意图

(1) 热水解对污泥粒径的影响

由于热水解预处理对污泥中微生物细胞结构和无机物结合方式会产生影响，其对污泥的粒径特征也会产生相应的影响。Neyens等(2004)研究发现经热水解后污泥的平均粒径由107 μm降至66 μm，Barber(2010)研究发现热水解后污泥的平均粒径由75 μm降至35 μm。

为了分析不同热水解温度对污泥颗粒粒径的影响，作者采用马尔文3000型粒度分析仪对不同温度热水解后的污泥粒径进行了系统分析。图5－12显示了原污泥与原污泥中的砂在70℃、80℃热水解处理60 h，120℃、180℃热水解处理60 min，240℃热水解处理30 min，共计7个样品的颗粒粒径分布。

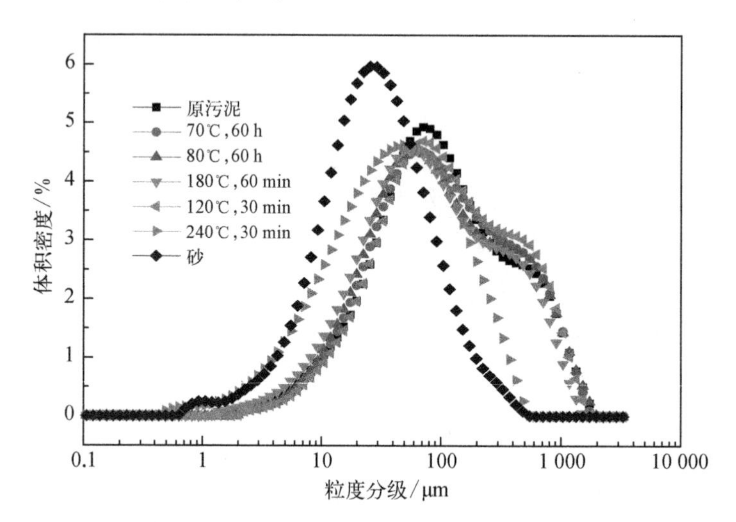

图5－12 热水解预处理对污泥粒径分布影响

热水解温度低于180℃时，预处理对污泥粒径分布规律未显示明显的影响。从污泥粒径特征上看，这些污泥粒径分布都未呈现典型的高斯分布现象，而是出现了两个正态峰，这表明污泥是由两大类粒径不同的物质共同组成的，可推测是砂和微生物，两者的共同作用形成了两个波峰。热水解处理的温度越高，污泥粒径分布的图像越向左移动，显示粒径总体变小，微生物部分的影响偏弱。

当污泥热水解的温度达到240℃时，污泥中的微生物死亡，有机物充分溶解并部分分解，此时观察到的粒径分布由原来的两个波峰变成一个波峰，趋向于均相体系，整体粒径分布变小，与污泥中砂的粒径分布规律接近。

因此，高温热水解能改变污泥粒径分布的特征，尤其是对粗值粒径（DX_{90}）更为明显。

图5－12和图5－13显示了不同热水解工况对污泥粒径的整体影响。在反应温度为180℃以下时，热水解对污泥的中值粒径无明显影响，污泥颗粒总体并未因热水解处理而显著变细。当处理温度达到180℃及以上时，污泥的中值粒径 DX_{50} 从原污泥的150 μm下降到96 μm；而经240℃的热水解处理后，污泥的中值粒径 DX_{50} 进一步降低至47 μm，这与污泥中砂的中值粒径 DX_{50} 值为30 μm较接近。这也较好地证明了污泥是由砂和微生物等组成的复合系统，较高的热水解温度使和砂结合的有机物质大量溶出；温度越高，这种影响越明显，经热水解处理后污泥的粒径特征与污泥中砂的粒径特征也越相似。据此可以推断，污泥热水解后中值粒径变化是由于体系中砂的存在，原有砂和微生物及胞外聚合物的混合体在高温时因细胞物质溶解，大颗粒物减少，与砂的结合逐渐趋弱，但砂仍然存在于污泥体系中，因此污泥最终的粒径分布随处理温度的升高而越

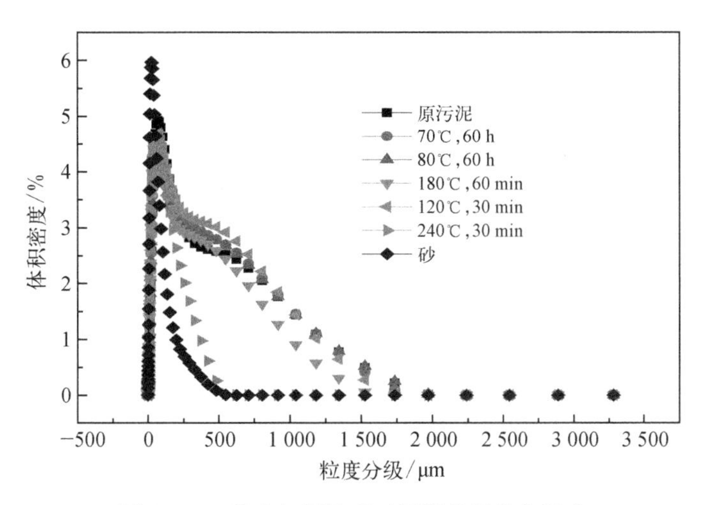

图 5－13　热水解预处理对污泥粒径分布影响

来越趋近于砂。

从图 5－14 和图 5－15 可以看出,热水解的温度对污泥中值粒径 Dx_{50} 的影响较大,180℃以上的高温处理会使污泥的粒径明显变小,而同一温度下热水解的时间对污泥粒径的影响并不显著。因此,在热水解处理过程中能显著改变污泥粒径的是大于 180℃的高温处理。

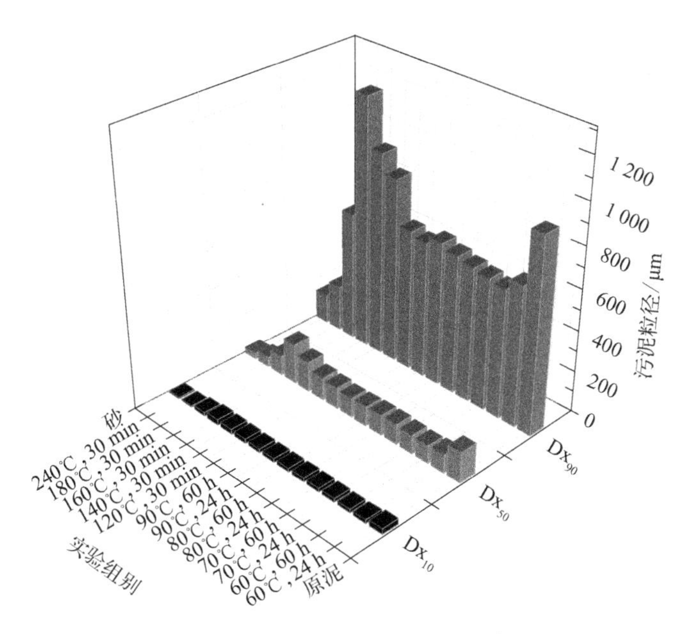

图 5－14　热水解温度对污泥粒径分布的影响

(2) 热水解对污泥组成结构的影响

上节分析了热水解温度对污泥粒径分布特征的影响及原因,为进一步了解污泥在热水解过程中有机和无机组成结构的定性变化,采用 X 射线衍射仪(XRD)对样品进行分析。XRD 利用衍射原理,精确测定物质的晶体结构及应力,精确地进行物相分析、定性分

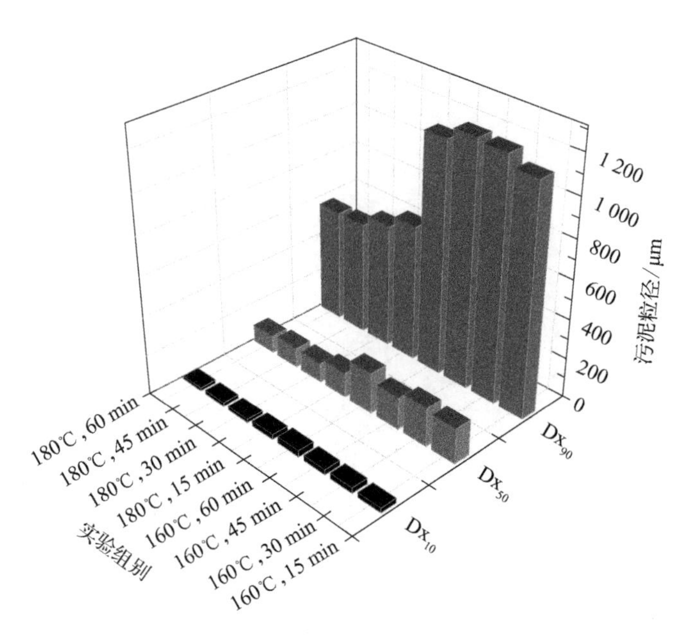

图 5-15 热水解温度及时间对污泥粒径分布影响

析及定量分析。

衍射图谱上衍射线的位置仅和原子排列周期有关，具有特征性；其强度则取决于原子种类、数量、相对位置等。衍射线的位置及强度完整地反映了晶体结构的两个特征，从而成为辨别物相的依据。

作者对 SiO_2、原污泥、原泥中的砂经 60℃、70℃、80℃和 90℃处理 24 h，以及经 120℃、140℃、160℃、180℃和 240℃热水解处理 30 min 的样品进行了 XRD 分析。

不同温度热水解处理后污泥样品的 XRD 图谱如图 5-16 至图 5-26 所示，样品试样组成如表 5-4 至表 5-13 所示。

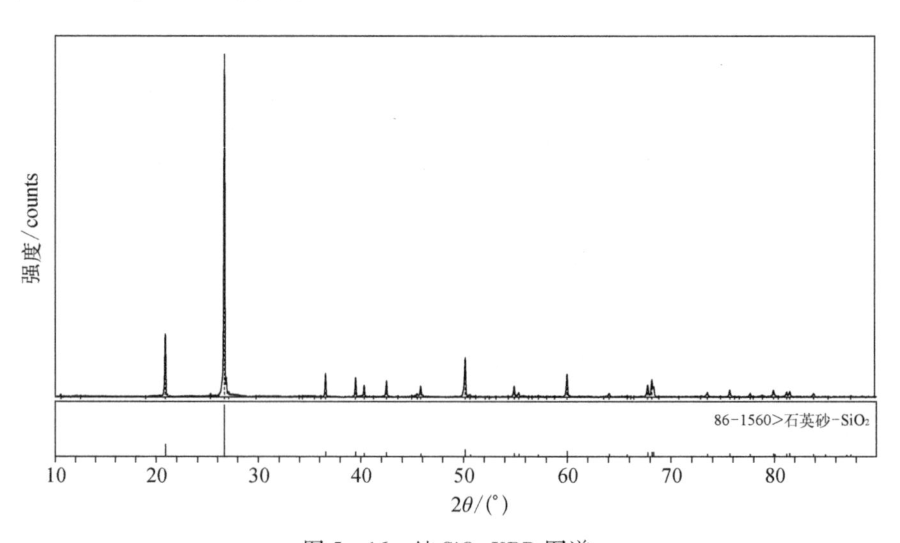

图 5-16 纯 SiO_2 XRD 图谱

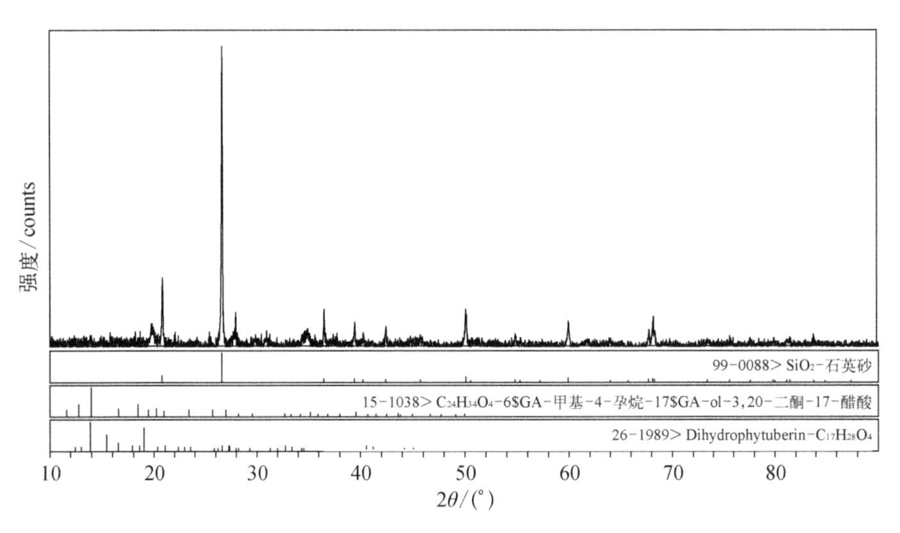

图 5-17　原污泥 XRD 图谱

表 5-4　原污泥样品的组成

组　　成	质量分数/%
SiO_2	40.7
$C_{24}H_{34}O_4$	37.8
$C_{17}H_{28}O_4$	21.4

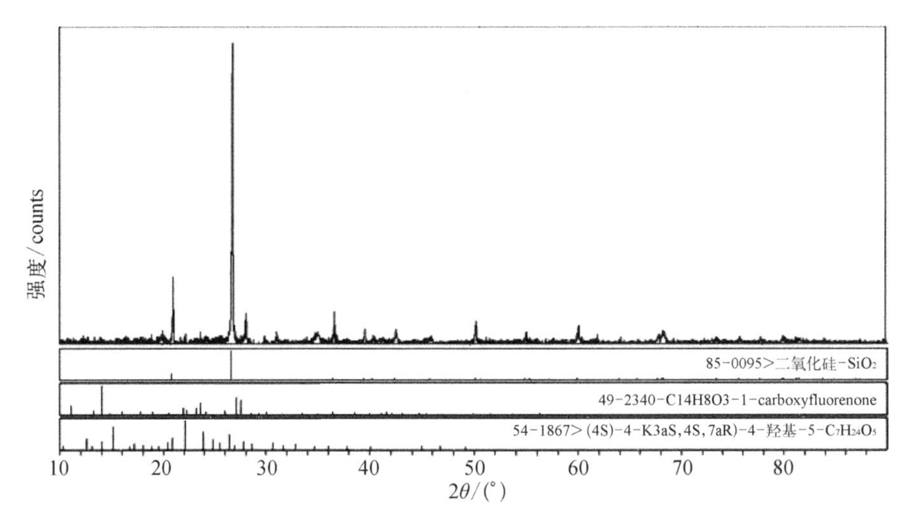

图 5-18　60℃热水解污泥 XRD 图谱

表 5-5　60℃热水解处理后污泥样品组成

组　　成	质量分数/%
SiO_2	45.2
$C_{14}H_8O_3$	37.7
$C_{17}H_{24}O_5$	17.1

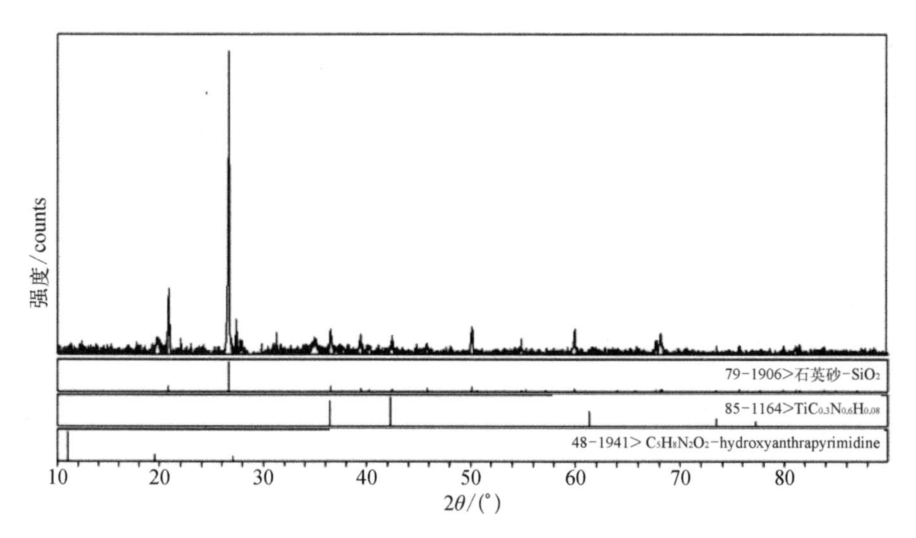

图 5-19 70℃热水解污泥 XRD 图谱

表 5-6 70℃热水解处理后污泥样品组成

组　成	质量分数/%
SiO_2	49.1
$TiC_{0.3}N_{0.6}H_{0.08}$	44.7
$C_{15}H_8N_2O_2$	6.2

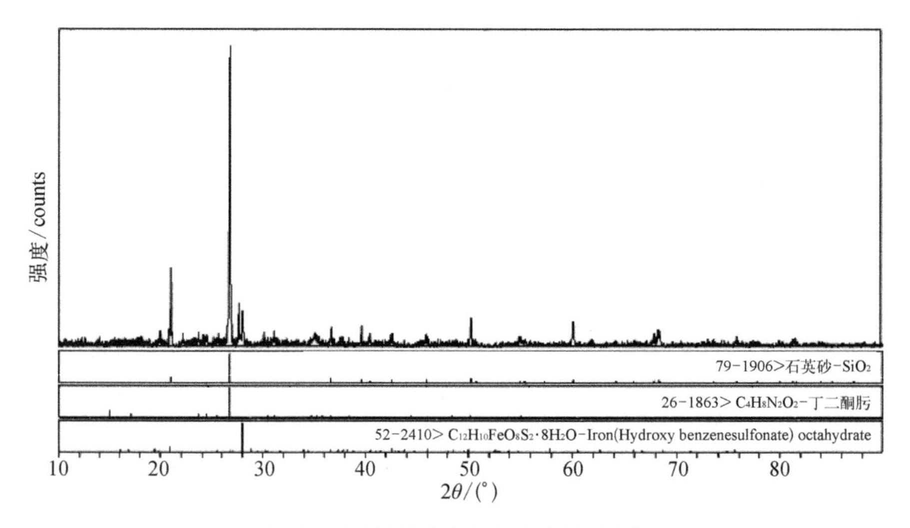

图 5-20 80℃热水解污泥 XRD 图谱

表 5-7 80℃热水解处理后污泥样品组成

组　成	质量分数/%
SiO_2	49.7
$C_4H_8N_2O_2$	34.6
$C_{12}H_{10}FeO_8S_2 \cdot 8H_2O$	15.7

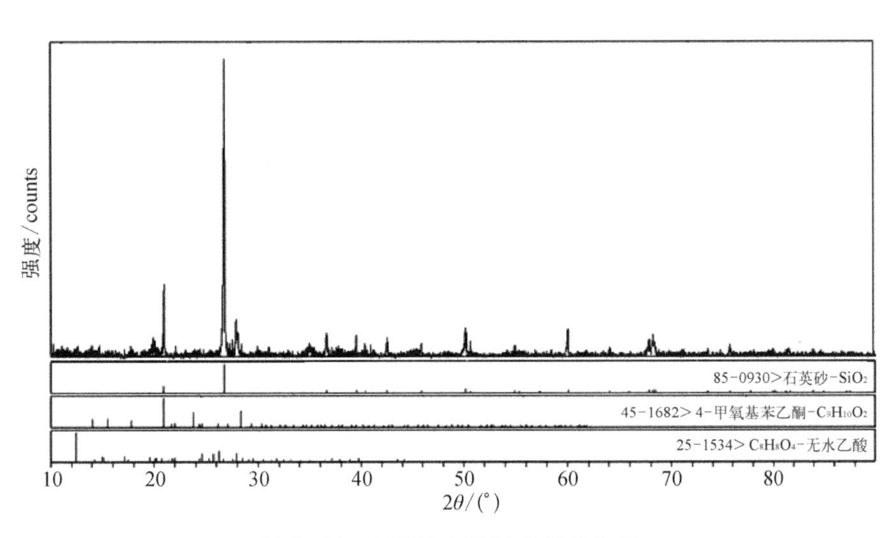

图 5-21　90℃热水解污泥 XRD 图谱

表 5-8　90℃热水解处理后污泥样品组成

组　　成	质量分数/%
SiO_2	52.7
$C_9H_{10}O_2$	26.4
$C_8H_8O_4$	20.9

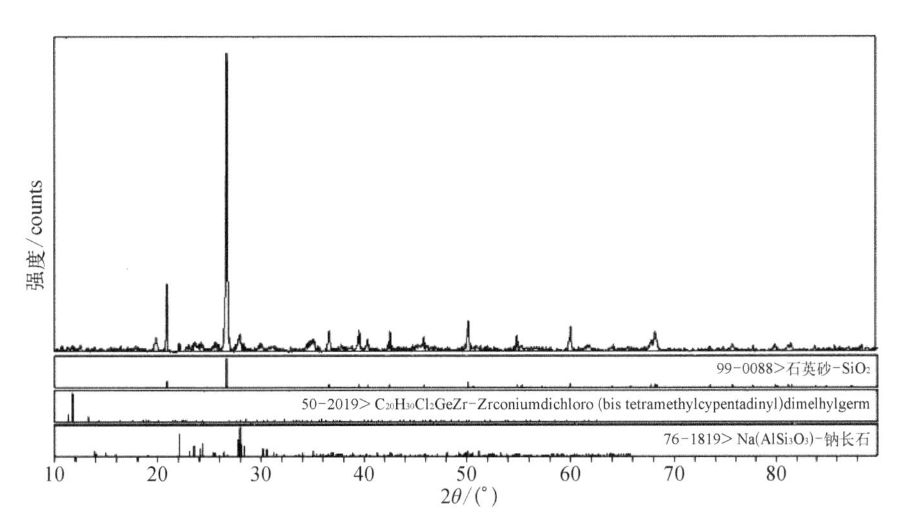

图 5-22　120℃热水解污泥 XRD 图谱

表 5-9　120℃热水解处理后污泥样品组成

组　　成	质量分数/%
SiO_2	49.5
$C_{20}H_3OCl_2GeZr$	35.9
$NaAlSi_3O_8$	14.9

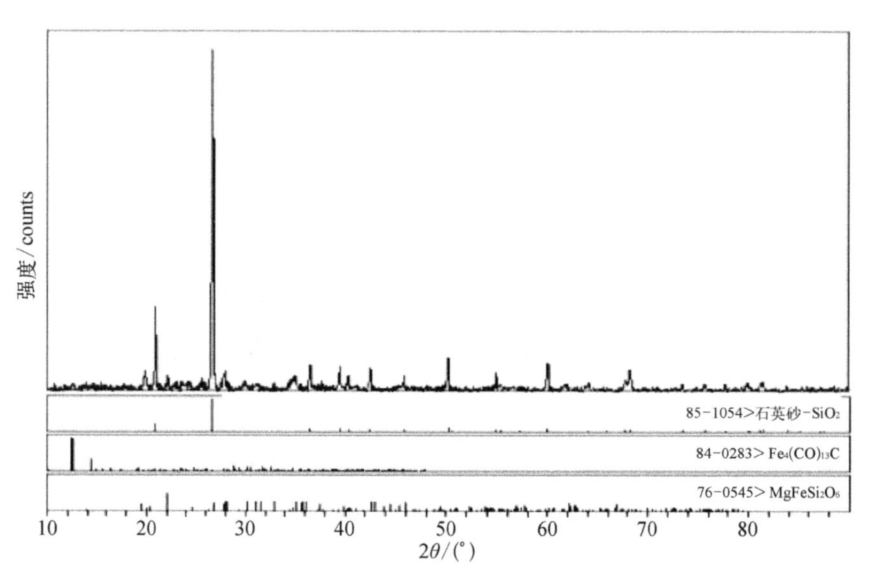

图 5-23　140℃热水解污泥 XRD 图谱

表 5-10　140℃热水解处理后污泥样品组成

组　　成	质量分数/%
SiO_2	57.2
$Fe_4(CO)_{13}C$	30.3
$MgFeSi_2O_6$	12.5

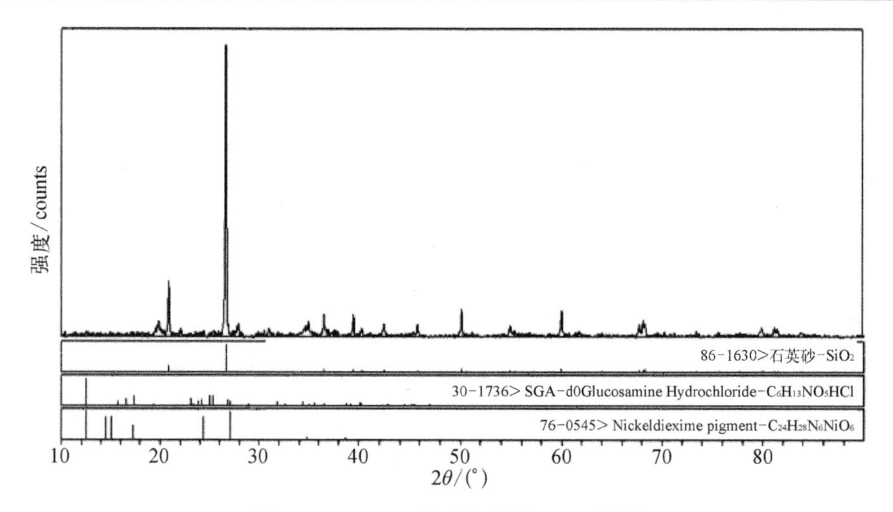

图 5-24　160℃热水解污泥 XRD 图谱

表 5-11　160℃热水解处理后污泥样品组成

组　　成	质量分数/%
SiO_2	59.0
$C_6H_{13}NO_5$	29.3
$C_{24}H_{28}N_6NiO_6$	11.7

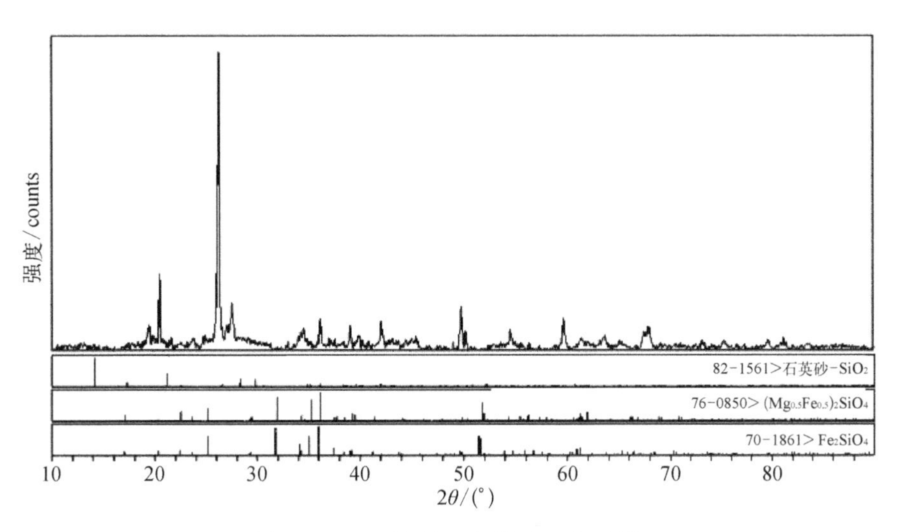

图5-25 180℃热水解污泥XRD图谱

表5-12 180℃热水解处理后污泥样品组成

组成	质量分数/%
SiO_2	60.4
镁橄榄石	17.0
Fe_2SiO_4	22.6

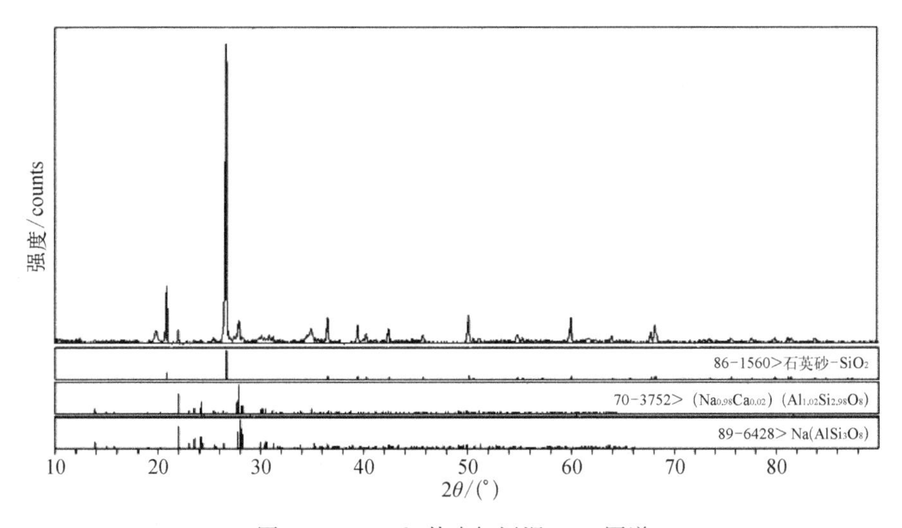

图5-26 240℃热水解污泥XRD图谱

表5-13 240℃热水解处理后污泥样品组成

组成	质量分数/%
SiO_2	69.5
钠长石	15.6
$NaAlSi_3O_8$	14.9

对 XRD 图谱总体分析,对照现有图谱库,发现污泥中物相较为复杂,除有机物外,污泥中还含有大量不同晶格结构的无机物及成分多样的金属元素。热水解过程中,随着处理温度的提高,污泥固体中有机物减少,无机物对应比例增加,且无机物的种类和结构也会发生一定变化。因此在热水解过程中,除了热反应外,还存在着化学反应,对无机物结构也产生了不同程度的改变。

从 XRD 图谱特征峰和强度分析,污泥中所含无机物比例最高的为砂(SiO_2),其特征和强度最为明显。污泥中提取的砂的 XRD 图谱特征与纯 SiO_2 的匹配度极高,砂的成分以 SiO_2 为主,硅酸盐的含量微小。经检测,污泥中砂的重量可占污泥中无机物的 50%以上。由于污水厂本身并不会增加污泥中的砂的含量,因此可以推断,污泥中的砂主要由污水进入污水厂时所携带,其来源应与污水来源及管道输送特征相匹配。

图 5-16 显示了纯品二氧化硅的晶格特征,通过对原污泥及不同温度热水解预处理后污泥的 XRD 图谱分析,从相对重量百分比可见,SiO_2 在污泥中所占比例较大,是污泥中最主要的无机物质。

通过上述图谱可以看出,原泥及在 100℃以下中温预处理时的污泥,其 XRD 图谱显示出的特征峰很多,物相晶格较为复杂,因此中温处理没有较大程度改变污泥的晶相结构分布,污泥的颗粒结构大小也未发生显著的改变。而随着高温热水解温度的升高,XRD 图谱杂峰逐渐减少,SiO_2 特征峰值明显升高,说明污泥细胞结构被破坏,有机物质逐渐溶出,从而使得污泥晶相结构更趋向于纯 SiO_2。

本研究对污泥进行 100℃以下中温预处理和 100℃以上高温预处理后,通过对获得的样品进行 XRD 图谱分析,发现高温预处理时污泥固相体系中的杂峰比中温预处理时要明显减少。240℃预处理时,污泥 XRD 图谱中的杂峰显著减少,说明更高的热水解温度可以使污泥中有的机物和砂分离,砂和其他物质的结合减弱,而使其粒径分布更趋向于单相体系的正态分布。

5.2.4 热水解前后污泥微观形态变化分析

高温热水解会影响污泥的絮体结构和形态。研究表明,污泥的絮体表面和内部的聚合物在热处理过程中发生溶解和水解,絮体结构中的氢键遭到破坏,这导致了污泥絮体结构被破坏和解体(王治军和王伟,2004)。朱敬平和李笃中(2001)研究了煮沸热处理对污泥絮体结构的影响,发现煮沸后的污泥分形维数降低,污泥变松散,且在温度超过 100℃时,污泥结构才会发生较大的变化;Feng 等(2015)研究了 120℃热水解对污泥物理性质的影响,发现经热水解后污泥颗粒的分形维度由 2.74 上升至 2.90,这说明污泥絮状物经热水解后变得更加紧实。

为了进一步直观地观察热水解对污泥微观形态产生的影响,作者采用扫描电子显微镜(SEM)对污泥样品进行观察,将其放大并拍摄微观照片,用于分析比对。

作者针对原污泥和不同温度热水解预处理后的污泥,首先对其进行冷冻干燥,然后对其进行 SEM 扫描,获得了电镜图片(图 5-27)。结果表明,100℃以内的温度热水解预处理24 h，对污泥本体整体结构产生的影响不明显，污泥大部分仍然呈蓬松状，部分微生物会随温度升高而死亡，但由于细胞结构本身未被显著破坏，故各类物质的溶出较为缓慢，粒径变化亦不明显。100℃以上热水解预处理后，污泥整体结构发生显著改变，污泥大部分呈较紧密的溶解态，且微生物细胞结构受到破坏，细胞外表壁破裂，故各类物质的溶出速度更迅速，污泥粒径分布也受到较大影响。污泥中的微生物（包括致病菌）基本被杀灭。

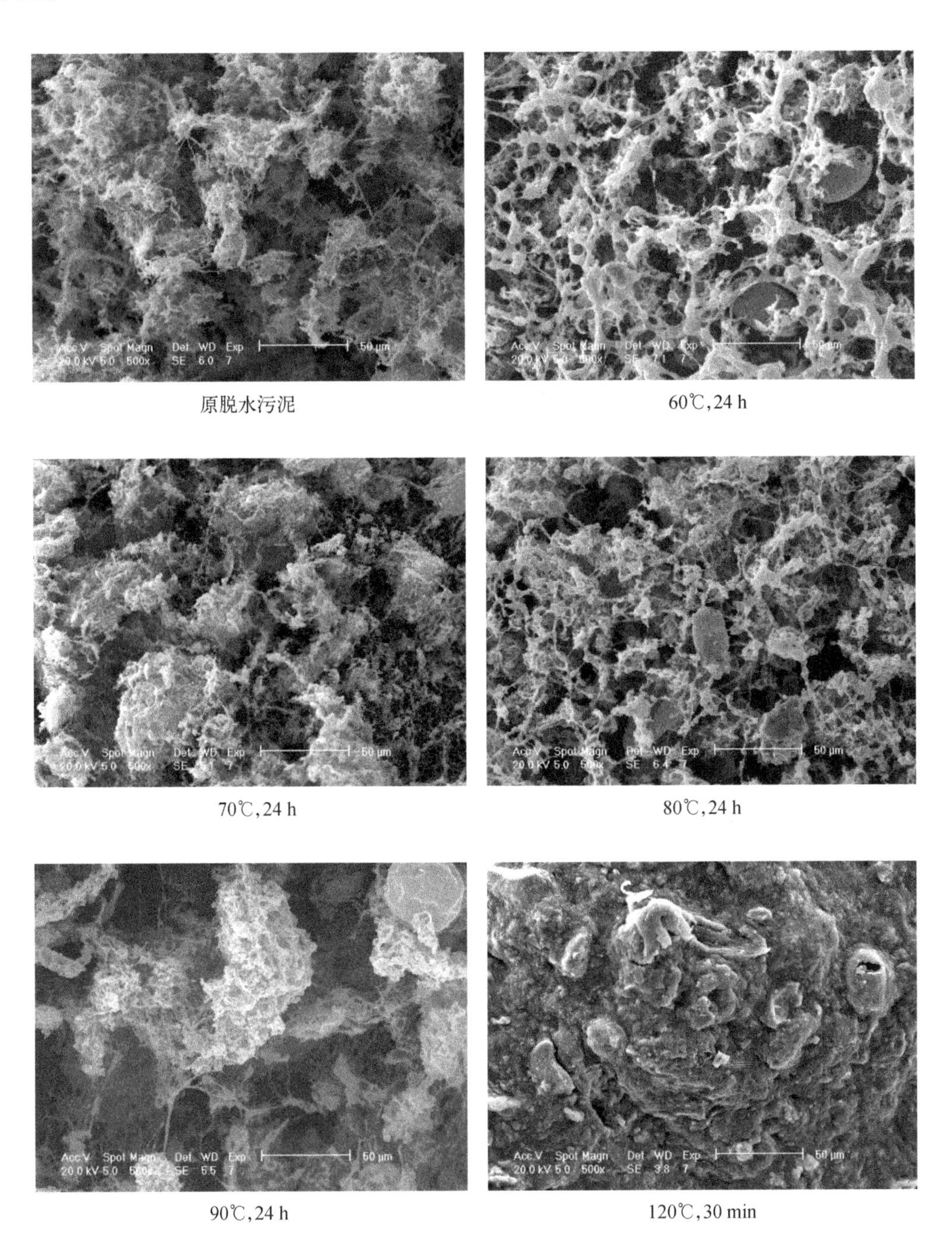

原脱水污泥　　60℃，24 h

70℃，24 h　　80℃，24 h

90℃，24 h　　120℃，30 min

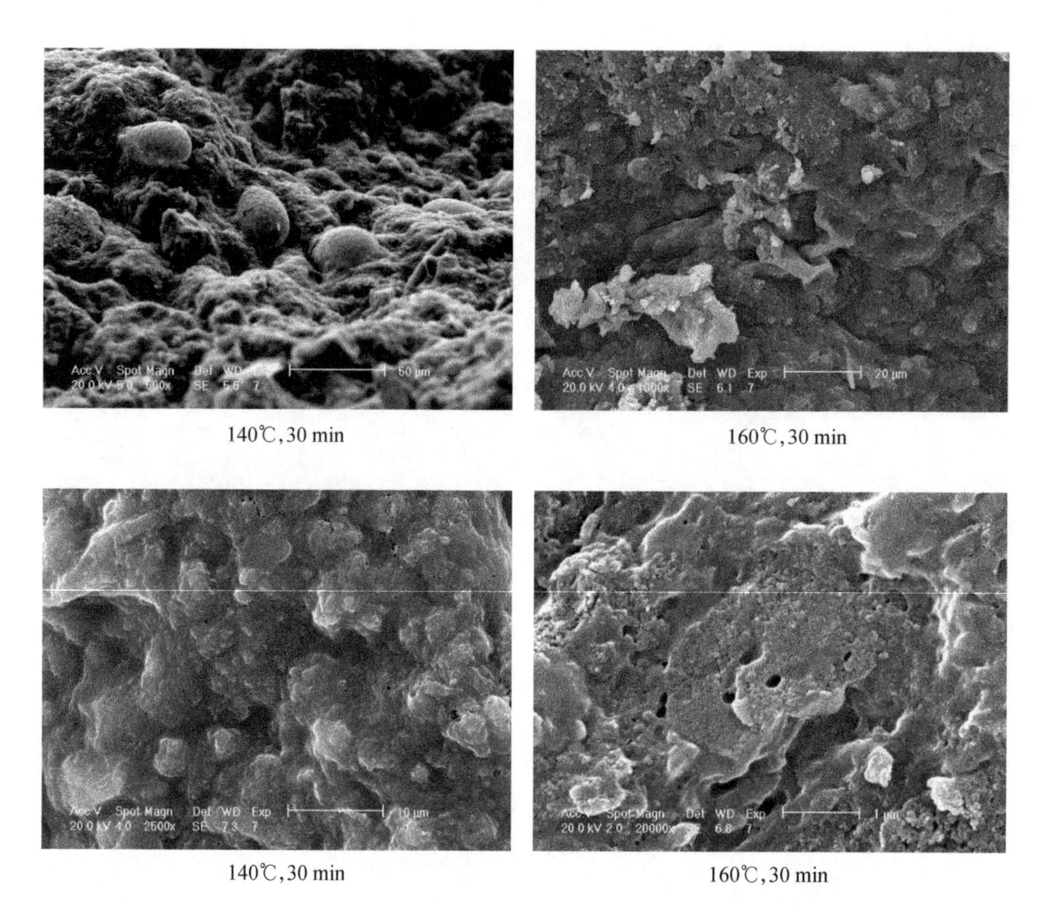

140℃,30 min　　160℃,30 min

140℃,30 min　　160℃,30 min

图 5-27　不同污泥样品的 SEM 扫描电镜图

5.3　热水解预处理对污泥化学特性的影响研究

由于热水解导致污泥的微观化学特性发生改变,从而影响了其宏观物理特性,而化学特性的变化对其后续生物处理也会产生不同的影响,因此关于不同热水解工况对污泥化学特性的研究至关重要。本节主要从污泥中溶解性碳水化合物、含氮化合物、挥发性脂肪酸(VFA)、总磷和溶解性 COD 等重要化学指标出发,分析热水解对原污泥化学特性的影响。由于不同工况热水解预处理产生的化学反应会有差异,作者通过分析其中的关联性,解释不同温度热水解对污泥产生的微观作用。

为考察不同热水解工况对原污泥化学特性的影响,主要将处理温度分为 100℃以下(中温)和 100℃以上(高温),分别为 60℃、70℃、80℃和 90℃,及 120℃、140℃、160℃和 180℃。通过前期探索性研究发现(Xue　et al.,2015c),100℃以下中温热水解预处理时,改变原污泥的化学特性需要较长的时间;而 100℃以上高温热水解预处理时,通常在 60 min 内原污泥化学特性就会发生较大变化,温度越高反应越迅速。这与污泥自身组成物质对热处理的响应有较大的关系。随着处理温度和处理时间两个维度的推进,污泥中微生物细胞、胞外聚合物和其他有机组分均会发生相应的变化。

污泥中的有机物主要包含蛋白质、碳水化合物和脂类等(Pinnekamp,1988)。对于脂质的溶解,根据报道,热水解的促进作用并不明显,Li(1992)发现热水解对脂质的溶解并没有作用。相似的结果也在Bougrier等(2008)的研究中被发现,即热水解温度的提高和时间的延长对脂质的溶出并没有明显的作用,因此作者对污泥中溶解性脂类的浓度暂未进行系统考察,亦未列入详细分析范畴。

5.3.1 热水解对污泥中碳水化合物溶出的影响

热水解预处理会对污泥中的细胞和有机物产生作用,导致原污泥中的细胞死亡和破裂、大分子有机物降解、碳水化合物(主要为多糖、单糖和半纤维素)溶出,这一作用的特征与热水解温度和反应时间有较大关联。

(1) 中温热水解对污泥中溶解性碳水化合物的影响

如图5-28所示,中温热水解预处理会对原污泥中溶解性碳水化合物浓度提高产生促进作用,该作用与反应温度和作用时间有一定相关性。

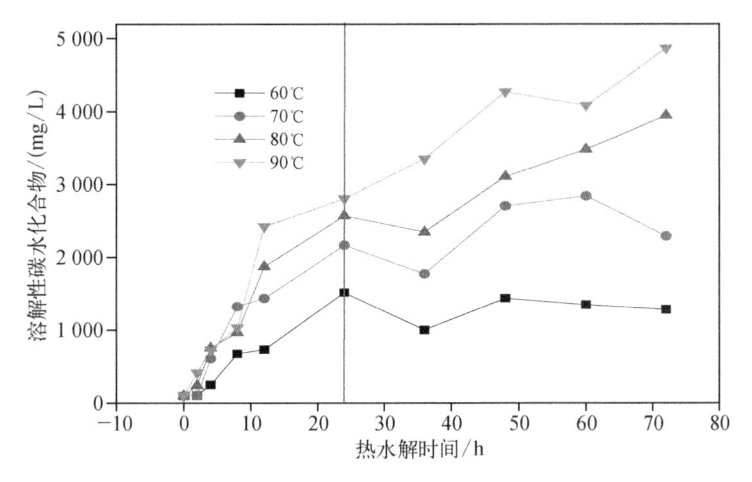

图5-28 中温热水解对污泥中溶解性碳水化合物的影响

在24 h反应时间内,经60℃、70℃、80℃和90℃预处理后的污泥,其溶解性碳水化合物的浓度均随时间增加而升高,且处理温度越高,溶解性碳水化合物浓度越高,溶出速度也更快。

原污泥中溶解性碳水化合物浓度约为98 mg/L,经60℃、70℃、80℃、90℃预处理24小时后,污泥中溶解性碳水化合物的浓度分别上升至1 514 mg/L、2 164 mg/L、2 567 mg/L和2 802 mg/L。

污泥经60℃预处理24~72 h,其溶解性碳水化合物的浓度变化不明显。70℃预处理24~72 h,溶解性碳水化合物浓度随时间增加而逐步升高,但升高幅度较小,72 h预处理后,其浓度达到2 288 mg/L。

80℃预处理24 h以后至72 h内,溶解性碳水化合物浓度随反应时间延长而继续升高，且 72 h 后可达约 3 946 mg/L。90℃预处理 24 h 以后至 72 h 内，溶解性碳水化合物浓度随时间增加而不断升高，72 h 后达到 4 865 mg/L。

可见，污泥经 60℃预处理 24 h 过程中，碳水化合物溶出与时间呈正相关关系，24 h 后，污泥中溶解性碳水化合物浓度基本不再随时间变化而产生明显变化。污泥经 70℃、80℃、90℃热水解预处理时，在 72 h 内，碳水化合物溶出与时间基本呈正相关关系，且处理温度越高，溶出浓度越高。

60℃热水解使污泥中一部分不耐受热的微生物死亡，且其中的碳水化合物溶出。24 h 后，微生物系统趋于稳定，从而使污泥中溶解性碳水化合物的浓度不再显著升高。相比 60℃处理，70℃热水解使更多的微生物死亡，但仍有少量嗜热微生物存在，其碳水化合物浓度在 48 h 左右达到稳定。80℃、90℃热水解使大部分微生物随时间的推移而死亡，其碳水化合物浓度不断随处理时间的增加而提高。

（2）高温热水解对污泥中溶解性碳水化合物的影响

如图 5-29 所示，经 120℃、140℃、160℃和 180℃热水解预处理后的污泥，其溶解性碳水化合物的浓度随时间增加而升高，溶出迅速。4 个高温处理温度下，溶解性碳水化合物浓度随时间增加而升高的趋势和数值基本接近。其中，120℃预处理时污泥的溶出性碳水化合物浓度比 140℃、160℃和 180℃热水解总体略低。

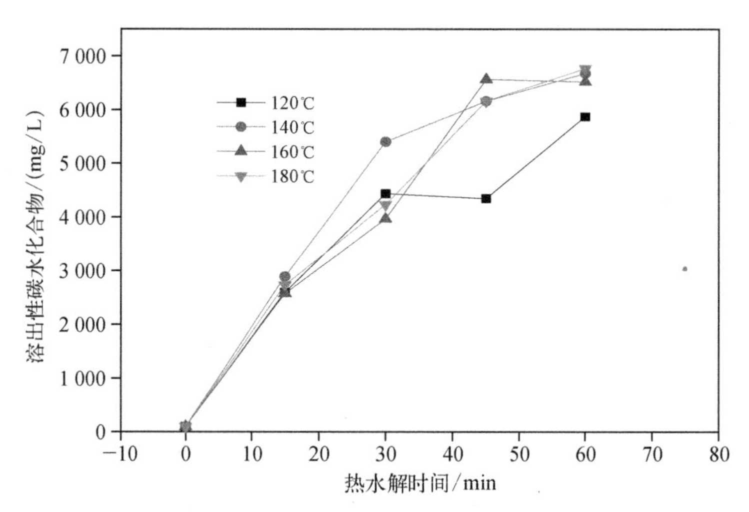

图 5-29 高温热水解对污泥中溶解性碳水化合物的影响

经 120℃、140℃、160℃和 180℃预处理 30 min，污泥中溶解性碳水化合物从 98 mg/L 分别升高至 4 439 mg/L、5 402 mg/L、3 969 mg/L 和 4 237 mg/L，接近中温热水解 72 h 处理效果；预处理延长至 60 min 后，溶解性碳水化合物浓度可进一步升高至 5 873 mg/L、6 679 mg/L、6 522 mg/L 和 6 769 mg/L，45 min 和 60 min 对应的溶解性碳水化合物浓度差异较小。可见，污泥高温热水解预处理时，碳水化合物的溶出与反应时间有很大相关性，反应时间越长，碳水化合物溶出浓度越高；溶解性碳水化合物浓度总体与热水解温度的相关性较小。处理碳水化合物含量高的污泥时，反应时间更为重要。

对比中温（60℃、70℃、80℃和 90℃）及高温（120℃、140℃、160℃和 180℃），高温热水

解预处理对污泥中碳水化合物的溶出影响更为明显和快速。中温热水解预处理72 h内，相同处理时间，污泥中碳水化合物的溶出与温度有正相关性，且温度越高，溶出性碳水化合物的浓度越高。高温热水解预处理60 min以内，污泥中溶解性碳水化合物的浓度与热水解温度相关性较小，与处理时间成正相关关系。

5.3.2 热水解对污泥中含氮化合物溶出的影响

原污泥中的氮主要以有机氮的形式存在，蛋白质是污泥中最主要的有机物之一，不同温度的热水解预处理对污泥中溶解性蛋白质浓度的影响较为显著。蛋白质主要来源于污泥中的微生物以及污泥中其他有机物残体；而污泥中溶解性氨氮，则主要是在微生物的氨化作用下降解蛋白质等含氮有机物而产生的。蛋白质分子代谢产生氨基酸，进而通过微生物氨化作用进一步将其降解成氨氮。凯氏氮包括氨氮和在测定条件下能转化为铵盐而被测定的有机氮化合物，主要有蛋白质、氨基酸、肽、胨、核酸、尿素以及合成的氮为负三价形态的有机氮化合物，但不包括叠氮化合物、硝基化合物等，凯氏氮代表了有机氮和氨氮的组合，有较好的指示作用。

通常情况下，污泥中氨的产生主要需要通过微生物作用完成，其方式主要有如下三种：

1）氧化脱氨：在有氧条件下好氧微生物将氨基酸氧化成酮基酸和氨。

2）还原脱氨：在厌氧条件下，专性厌氧菌和兼性厌氧菌将氨基酸还原成饱和脂肪酸和氨。

3）水解脱氨和减饱和脱氨：不同氨基酸经此两种方式脱氨生成不同的产物。

不同温度热水解会对污泥中微生物和其他有机物产生影响，使有机氮溶出并导致溶解性蛋白质浓度变化，进而影响溶解性氨氮的浓度。

（1）中温热水解对污泥中含氮化合物的影响

如图5－30所示，污泥经中温热水解处理后，固体中有机氮的含量总体随处理时间的延长而降低，说明有机氮的溶出高于其他可溶性固体。

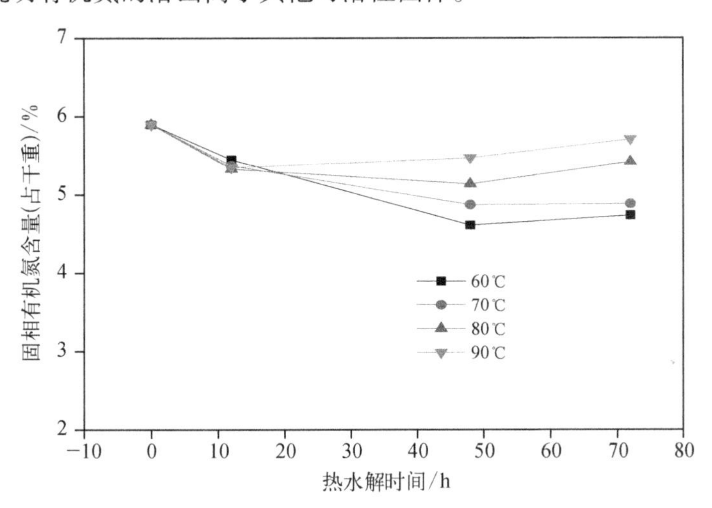

图5－30 中温热水解对固相有机氮含量（占干重）的影响

由图 5－31 可知，60℃、70℃、80℃和 90℃中温热水解预处理时，污泥中溶解性凯氏氮浓度在 72 h 内随反应时间的增加而升高。反应时间相同时，温度越高，溶解性凯氏氮的浓度也越高，其浓度可以从原污泥的 346 mg/L 分别提高至 4 362 mg/L、5 414 mg/L、7 636 mg/L 和 7 704 mg/L。

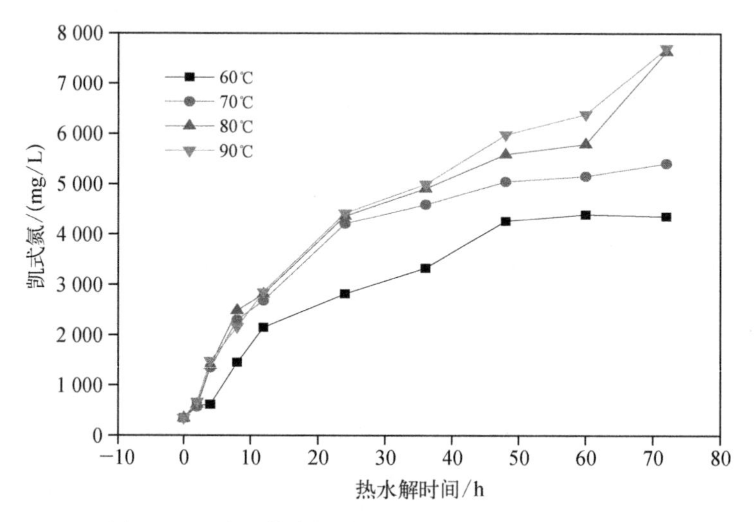

图 5－31　中温热水解对污泥中溶解性凯氏氮的影响

由图 5－32 可知，60℃、70℃、80℃和 90℃中温热水解预处理会对原污泥中蛋白质溶出产生显著的积极作用，但 60℃、70℃预处理和 80℃、90℃对溶解性蛋白质的影响趋势不同。

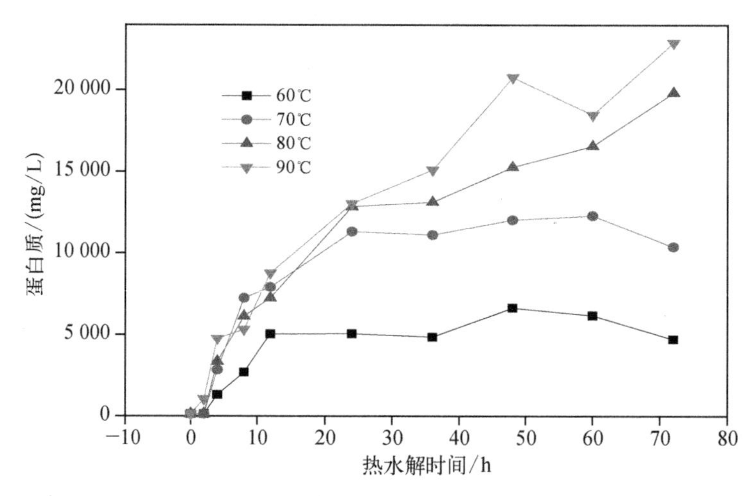

图 5－32　中温热水解对污泥中溶解性蛋白质的影响

60℃预处理 12 h 内，原污泥中溶解性蛋白质浓度随处理时间的增加而升高，从起始浓度 130 mg/L 升高至 5 046 mg/L；之后，污泥中溶解性蛋白质的浓度不再随时间有明显的变化。

70℃预处理 24 h 内，原污泥中溶解性蛋白质浓度随处理时间增加而升高，从起始浓度

130 mg/L 升高至 11 315 mg/L；之后，污泥中溶解性蛋白质的浓度也不再随时间有明显的变化。对比污泥中氨氮浓度的变化趋势可见，在60℃热水解12 h和70℃热水解24 h后，蛋白质溶解和氨的转化达到平衡，在此过程中，存活的微生物又重新达到了代谢的平衡点。

80℃、90℃预处理时，在72 h内，溶出性蛋白质浓度与处理时间呈较好的正相关关系。72 h后，污泥中溶解性蛋白质浓度从起始时的130 mg/L分别升高至19 827 mg/L和22 916 mg/L。

中温热水解相同处理时间内，热水解温度越高，溶解性蛋白质的浓度也越高。60℃、70℃、80℃和90℃中温热水解对污泥中氨氮溶出的影响如图5－33所示。与蛋白质溶出影响不同的是，90℃预处理时，溶解性氨氮的浓度在24 h内从起始浓度45 mg/L逐步升至1 277 mg/L，之后一直到72 h过程中，溶解性氨氮浓度不再升高。60℃、70℃和80℃预处理时，在72 h处理时间内，污泥中溶解性氨氮浓度与处理时间基本呈正相关性，从起始浓度45 mg/L逐步升高至3 276 mg/L、2 960 mg/L和2 490 mg/L。

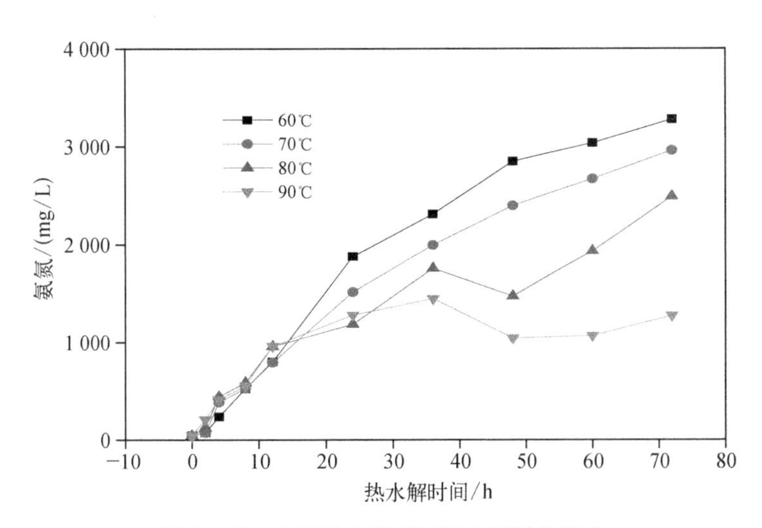

图5－33 中温热水解对污泥中氨氮的影响

不同温度中温热水解预处理对污泥中溶解性氨氮的影响也不相同，90℃热水解时，污泥中参与氨化作用的微生物被灭活不再起作用；而80℃以下的温度时，参与氨化作用的微生物持续将大分子物质转化为溶解性氨。

由此可推断，90℃的热水解温度杀灭了污泥中的大部分微生物，从而使微生物胞内的蛋白物质持续溶出，但由于大部分微生物被杀灭，无法进一步通过微生物降解成氨。80℃热水解处理时，大部分微生物在其作用下死亡，胞内蛋白质逐渐溶出，但此时仍有部分噬高温微生物参与蛋白质降解过程，将氨基酸进一步降解成氨，从而导致污泥中溶解性氨氮的浓度随反应时间的增加而升高。60℃和70℃热水解时，部分微生物受热死亡，连同其他有机蛋白质在反应的前24 h逐渐溶出，之后仍有大部分噬热微生物存活，进一步参与蛋白质的降解并产生氨。因此60℃和70℃处理接近72 h，观察到溶解性蛋白质浓度有轻微降低，说明在此温度下，微生物的氨化作用较为活跃。总体而言，中温预处理在相同处理时间内，处理温度和溶解性氨氮浓度成反比关系，处理温度越高，污泥中溶解性氨氮含量越低。

上述情况与下文观察到的溶解性 VFA 变化情况相吻合，是由于热水解温度对微生物产生不同影响而导致的。

（2）高温热水解对污泥中含氮化合物的影响

如图 5－34 所示，污泥经 120℃、140℃、160℃和 180℃高温热水解处理后，固体中有机氮的含量在 15 min 后即快速降低，从原污泥的 5.9%分别降低至 5.3%、5.2%、5.4%和 5.3%。这说明高温热水解时，污泥中有机氮的溶出较其他有机物而言更加迅速。污泥高温热水解反应 60 min 后，较 15 min 的反应时间，固体中有机氮的比例有略微回升，这主要是因为在后续的反应时间中，碳水化合物等较有机氮而言不断溶出导致的。高温热水解时，污泥固体中有机氮的比例较原污泥有小幅降低，说明有机氮的溶出速度较其他可溶性固体（碳水化合物等）更快，幅度更大（Zhang et al.，2017）。

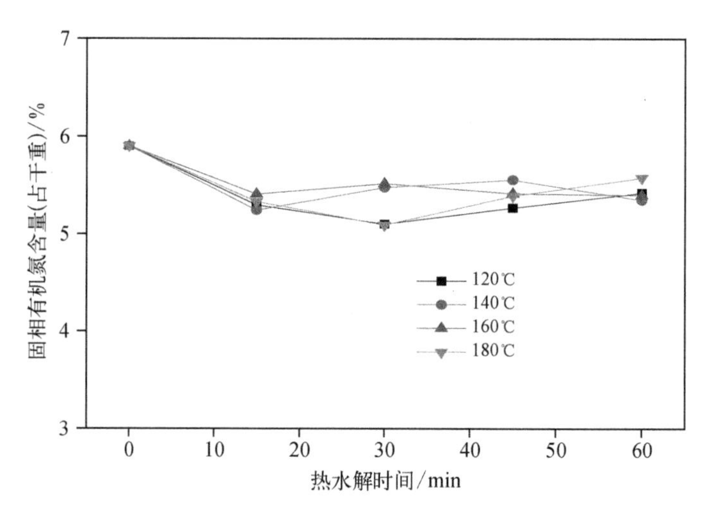

图 5－34 高温热水解对固相有机氮含量（占干重）的影响

由图 5－35 可知，120℃、140℃、160℃和 180℃高温热水解预处理时，污泥中溶解性凯氏氮浓度在 15 min 即从原污泥的 346 mg/L 分别提高至 3 263 mg/L、3 486 mg/L、5 039 mg/L 和 5 256 mg/L，之后变化的幅度较小。且反应时间相同时，温度越高，溶解性凯氏氮的浓度也越高。

由图 5－36 可知，120℃、140℃、160℃和 180℃高温热水解预处理时，污泥中溶解性蛋白质浓度变化规律基本一致，在前 15 min 溶解性蛋白质浓度有较大的提升，从原污泥中的 130 mg/L 分别提高到 10 558 mg/L、14 186 mg/L、13 945 mg/L 和 19 025 mg/L。之后一直到 60 min，溶解性蛋白质浓度随时间有小幅升高，最后分别提高至 13 219 mg/L、19 267 mg/L、18 299 mg/L 和 26 524 mg/L。

高温热水解预处理时，污泥中溶解性蛋白质的释出速度很快，15 min 即可释出大部分的蛋白质，其作用与中温处理 72 小时相近。且温度越高，蛋白质溶出速度越快。160℃和 140℃热水解预处理温度对污泥中蛋白质溶出的影响非常接近，未观察到显著差别，同样

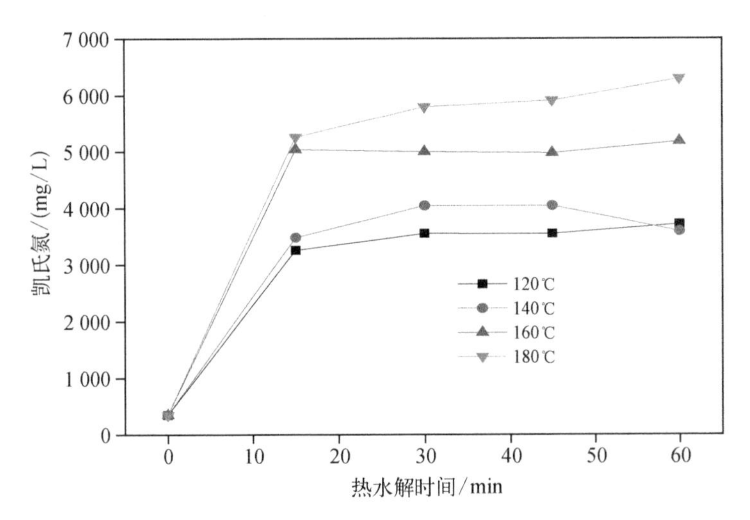

图5-35 高温热水解对污泥中溶解性凯氏氮的影响

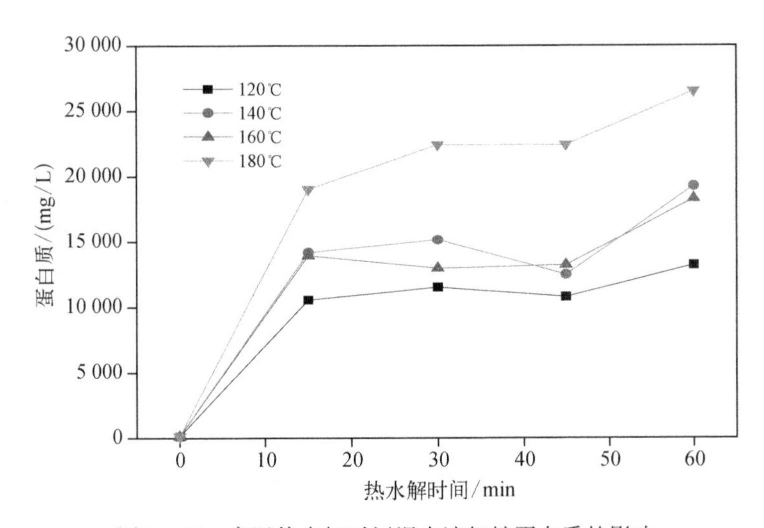

图5-36 高温热水解对污泥中溶解性蛋白质的影响

反应时间内,热水解温度越高,溶解性蛋白质浓度越高。因此,提取蛋白质时,采取较高的温度和较短的时间效果明显。

120℃、140℃、160℃和180℃高温热水解对污泥氨氮溶出的影响如图5-37所示。可见,高温热水解预处理时污泥中溶解性氨氮的浓度明显低于中温预处理。高温处理15 min后,氨氮浓度分别升高至264 mg/L、249 mg/L、466 mg/L和611 mg/L。15 min之后,120℃和140℃预处理,氨氮浓度随时间变化较小,60 min后其浓度分别在213 mg/L和275 mg/L。

160℃预处理60 min,污泥中溶解性氨氮达到523 mg/L,与15 min预处理时的466 mg/L相比有较小幅度的提升。180℃预处理时,测得的污泥中溶解性氨氮浓度随时间逐步升高,在此高温时,化合物发生美拉德等反应,通过热化学作用产生部分氨,从而导致溶解性氨氮浓度上升。

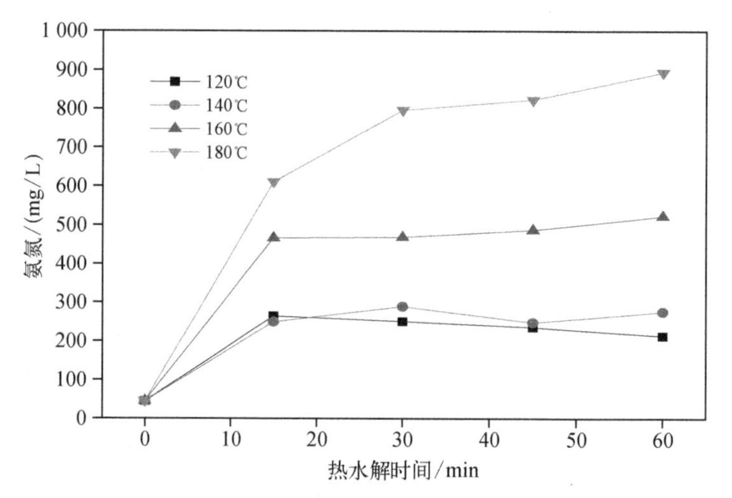

图 5-37 高温热水解对污泥中氨氮溶出的影响

由此可见,高温热水解预处理时,处理时间相同时,温度越高,污泥中溶解性氨氮浓度越高,污泥中溶解性氨氮浓度与反应时间的相关性较小。

5.3.3 热水解对污泥中挥发性脂肪酸(VFA)溶出的影响

污泥中有机物含量较高,在不同温度热水解作用时,液体中挥发性脂肪酸(VFA)浓度也会受到不同的影响,污泥中 VFA 的形成主要靠酸化微生物的作用,因此温度对酸化微生物的影响是 VFA 浓度变化的主要原因之一。因挥发性有机酸的挥发性能受温度影响,研究过程中尽量保持较快的速度将污泥滤液提取出来并对其进行预处理。

(1) 中温热水解对污泥中 VFA 的影响

如图 5-38 所示,在 60℃、70℃、80℃和 90℃中温热水解预处理时,污泥中溶解性 VFA 的变化趋势与氨氮的变化趋势基本一致,且乙酸是 VFA 的最主要组成之一,其比例

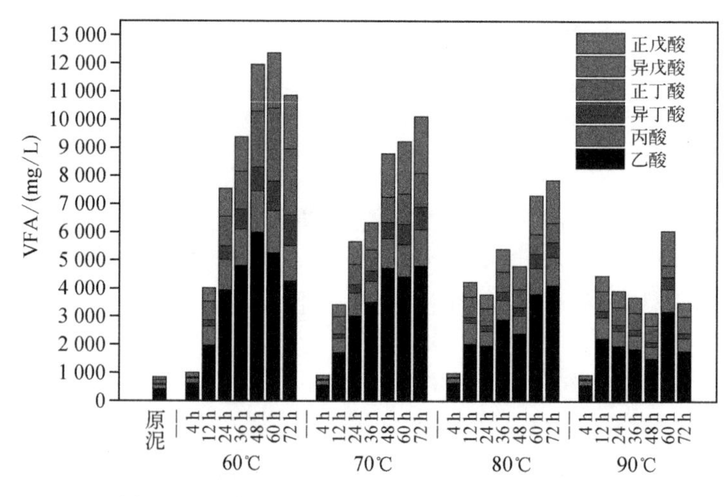

图 5-38 中温热水解对污泥中 VFA 组成的影响

基本在50%以上。

如图5-39所示，90℃预处理12 h，溶解性VFA浓度从原污泥的850 mg/L提高至4 462 mg/L，之后VFA有小幅波动，72 h后达到3 494 mg/L。60℃、70℃和80℃处理时，在72 h内，溶解性VFA的浓度与处理时间基本呈正相关性。从原污泥中的850 mg/L分别提高至10 859 mg/L、10 112 mg/L和7 843 mg/L。

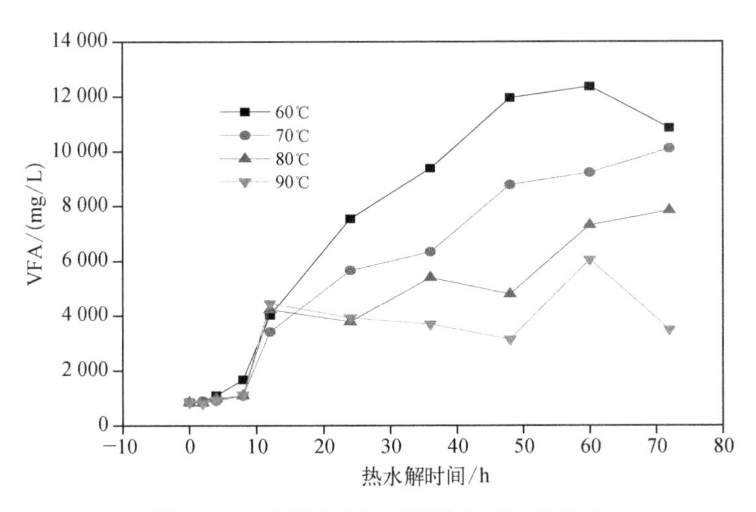

图5-39 中温热水解对污泥中VFA的影响

可见在中温热水解预处理时，处理时间相同的情况下，温度越高，污泥中溶解性VFA浓度越低，这与以上氨氮的溶出规律基本一致。

由此可以推断，90℃预处理时，在12 h左右，污泥中大部分微生物被杀灭，在此温度下大分子有机物无法通过酸化微生物的作用进一步产生VFA。而60℃、70℃、80℃处理时仍有部分嗜热酸化微生物存活，能进一步降解大分子有机物形成VFA，且反应温度越低，微生物活动越活跃，60℃时酸化微生物的活动最强烈，浓度随反应时间延长而增加，最高可达12 367 mg/L，过度的酸化会抑制酸化细菌的活性，从而使VFA浓度达到平衡。

(2) 高温热水解对污泥中VFA的影响

如图5-40所示，在120℃、140℃、160℃和180℃高温热水解预处理时，除180℃外，污泥中溶解性VFA在15 min后分别从初始的850 mg/L降低至215 mg/L、289 mg/L和465 mg/L，基本达到稳定。之后到60 min时间内，污泥中溶解性VFA浓度随时间变化不明显。180℃预处理时，污泥中溶解性VFA浓度随处理时间增加而升高，从起始的850 mg/L升高至1 315 mg/L。

180℃高温热水解预处理时，可能存在化学反应的途径产生VFA，导致反应时间延长，产生的VFA浓度升高。在高温热水解后的冷却过程中，污泥中VFA可能因挥发而使其实际测得的溶解性浓度低于原污泥中VFA浓度。

由此可见，中温热水解预处理时，VFA的形成主要依靠微生物反应，且温度越低，微生物活动越明显，VFA的浓度也越高；但高温热水解预处理时，VFA的形成主要是热化学反应，且温度越高，溶解性VFA的浓度也越高。

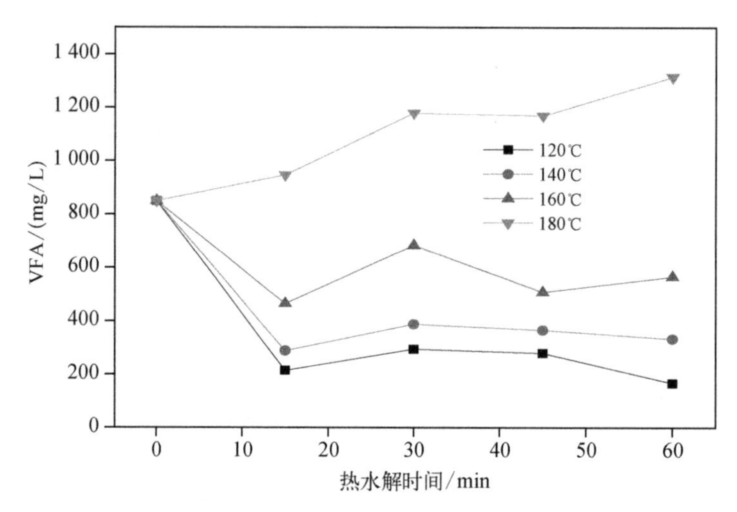

图 5－40 高温热水解对污泥中 VFA 的影响

5.3.4 热水解对污泥中总磷溶出的影响

污泥中的磷主要分为无机磷和有机磷，有机磷占总磷的比例较大，且有机磷主要存在于细胞物质内，作为磷酸腺苷等物质参与生命活动。不同温度热水解对污泥进行预处理，污泥中的溶解性总磷浓度也会随其发生变化。

（1）中温热水解对污泥中溶解性总磷的影响

如图 5－41 所示，中温热水解预处理时，污泥中溶解性总磷的变化趋势与反应温度有关。60℃和 70℃热水解处理时，污泥中溶解性总磷在 24 h 后从起始的 35 mg/L 分别达到高值 80 mg/L 和 105 mg/L；72 h 之后，浓度分别降低至 41 mg/L 和 71 mg/L。而 80℃、90℃热水解处理时，溶解性总磷浓度随时间增加而持续升高，24 h 后达到 110 mg/L 和

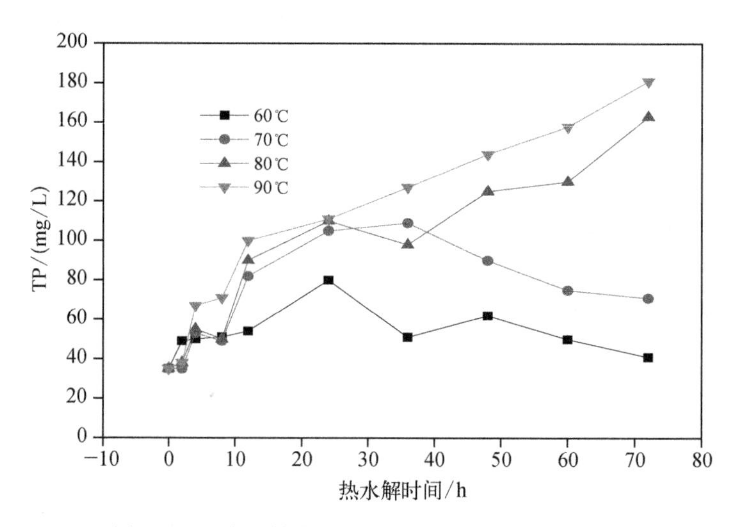

图 5－41 中温热水解对污泥中溶解性总磷的影响

111 mg/L,72 h 后分别达到163 mg/L和181 mg/L。该变化趋势与中温热水解预处理对蛋白质溶出的影响趋势一致。

由此可见,60℃和70℃热水解处理时,在24 h内,有部分微生物死亡,细胞中的磷在此时间内逐渐释放并溶解,从而导致污泥中溶解性总磷的浓度逐渐上升。24 h后,污泥系统中的嗜热型微生物适应并生存下来,开始正常代谢,总磷浓度不再显著上升;甚至在72 h内,由于嗜热型微生物的合成活动,溶解性总磷被吸收而呈小幅下降趋势。

相对而言,在80℃、90℃热水解反应时,由于温度较高,大部分微生物在处理过程中死亡,并且其细胞结构受到破坏,胞内含磷物质释放并溶解出来,溶解性总磷的浓度与处理时间呈较好的正相关性。相同处理时间情况下,温度越高,溶解性总磷的浓度越高。

(2) 高温热水解对污泥中溶解性总磷的影响

如图5-42所示,120℃、140℃、160℃和180℃高温热水解预处理时,污泥中总磷浓度在15 min后即从原来的35 mg/L分别快速升高至124 mg/L、165 mg/L、157 mg/L和149 mg/L。此后一直到60 min处理时间,总磷浓度未发生显著变化,最后分别为146 mg/L、160 mg/L、129 mg/L和130 mg/L,该趋势与污泥中溶解性蛋白质的溶出趋势接近。

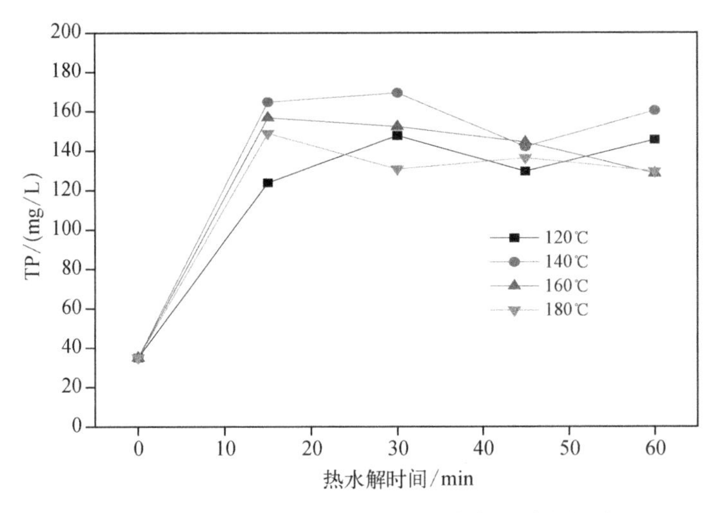

图5-42 高温热水解对污泥中溶解性总磷的影响

由此可见,高温热水解预处理时,总磷溶出非常迅速,15 min左右即可达到较高值。说明高温热水解能更迅速、彻底地破坏微生物细胞结构,导致其细胞受损而加速磷的溶出,且细胞内磷的溶出速度比碳水化合物和蛋白质更为迅速。

分析中温和高温热水解反应过程中污泥的溶解性总磷浓度变化趋势,可以发现污泥中溶解性总磷的最终浓度均在130~180 mg/L左右。

5.3.5 热水解对污泥中COD溶出的影响

化学需氧量(COD)是指用强氧化剂处理水样时所消耗的氧化剂的量,折算成需要的氧气当量,它反映了水中受还原性物质污染的程度,主要包括各种有机物、亚硝酸盐、硫化物、亚铁盐等,是一个复合指标。在实际应用中,该指标也作为有机物相对含量的综合指标之一,污泥中的COD与有机物浓度存在一定的比例关系。

热水解预处理时,污泥中发生一系列物理化学反应,导致不同溶出性物质的浓度变化,这些变化也直接影响到污泥中溶解性COD(SCOD)的变化,通过其值的变化,可以客观指示污泥受热水解作用时,其有机物溶出的综合特征。

本研究所用污泥的总化学需氧量为100 562 mg/L。

(1) 中温热水解对污泥中SCOD的影响

如图5-43所示,在60℃、70℃、80℃和90℃中温热水解预处理时,污泥中SCOD的浓度总体随反应时间的增加而升高,且处理时间相同时,反应温度越高,SCOD浓度也越高。

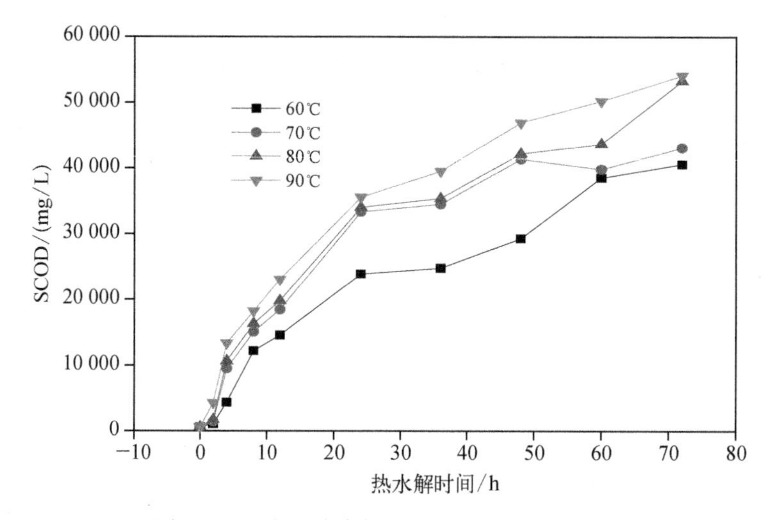

图5-43 中温热水解对污泥中SCOD的影响

污泥中SCOD升高速度最快的是前24 h,经60℃、70℃、80℃和90℃处理后的污泥中SCOD从起始的600 mg/L分别升高至23 900 mg/L、33 340 mg/L、34 028 mg/L和35 550 mg/L,基本可以达到72 h反应后SCOD浓度的60%以上。72 h后,污泥中SCOD继续分别升高至40 590 mg/L、43 110 mg/L、53 250 mg/L和54 100 mg/L,COD的总溶出率分别达到了40.4%、42.9%、53.0%和53.8%。可见中温热水解时,污泥中SCOD的浓度随处理温度的升高而增加,随处理时间的增加而增加,同样热水解处理时间,温度越高,SCOD浓度越高。

(2) 高温热水解对污泥中SCOD的影响

经120℃、140℃、160℃和180℃高温热水解预处理后的污泥中SCOD的浓度如图5-44所示。SCOD浓度增加迅速,且处理温度越高,溶出性COD的浓度也越高。Li(1992)对活性污泥进行热水解预处理,发现规律与本研究结论一致。

120℃、140℃、160℃和180℃热水解处理15 min,COD迅速、大量溶出,其浓度从起始600 mg/L迅速提高至26 295 mg/L、29 725 mg/L、35 150 mg/L和42 400 mg/L,分别占60 min反应后SCOD浓度的86.8%、87.6%、83.6%和86.8%。30 min反应后,SCOD增加的速度放缓,此时浓度分别达到28 035 mg/L、34 125 mg/L、37 025 mg/L和48 875 mg/L,

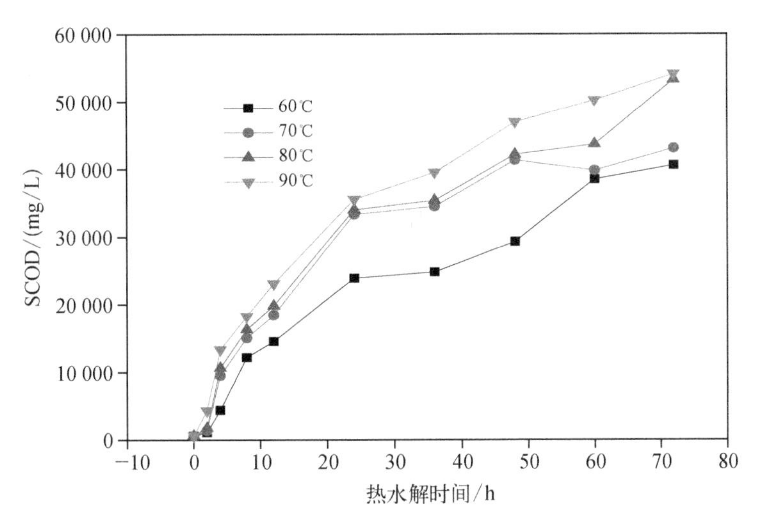

图5-44 高温热水解对污泥中SCOD的影响

占60 min反应后SCOD浓度的90%以上。此后至60 min的处理时间,SCOD浓度仅有小幅增加,最后SCOD浓度分别为30 300 mg/L、33 925 mg/L、42 050 mg/L和48 875 mg/L,COD的总溶出率分别达到30.1%、33.7%、41.8%和48.6%。

由此可见,高温处理时,溶解性COD的浓度提高迅速,经30 min预处理的污泥其溶解性COD浓度与中温处理24~36 h接近。

总体而言,热水解可有效提高污泥中SCOD的浓度,高温热水解时SCOD的溶出更迅速,且温度越高,SCOD浓度也越高。如图5-45,污泥热水解后离心上清液的色度与SCOD有相关性,中温和高温热水解处理的温度越高,污泥离心液的颜色越深,高温热水解后污泥滤液的颜色普遍比中温热水解处理后的深。这与污泥热水解过程中产生的美拉德反应有关。

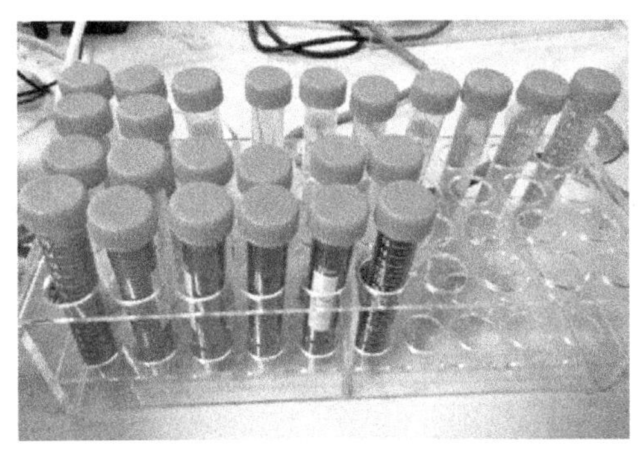
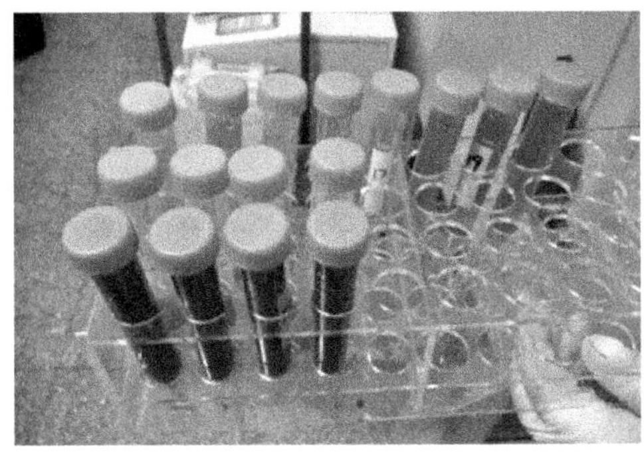

图5-45 热水解对污泥上清液色度的影响

美拉德反应是法国化学家L. C. Maillard于1912年提出的(Maillard,1912)。所谓Maillard反应,是一种非酶褐变(Nonenzymic browning),是氨基化合物(如胺、氨基酸、蛋白质等)和羰基化合物(如还原糖、脂质以及由此而来的醛、酮、多酚、抗坏血酸、类固醇等)之间发生的非酶反应,也称为羰氨反应(amino-carbonyl reaction)。反应经过复杂的历程,最终生成棕色甚至是黑色的大分子物质类黑精或称拟黑素。此类物质在后续厌氧消化过程中不易被降解。

5.4 热水解预处理对污泥厌氧消化的影响研究

污泥热水解是一种预处理措施,其主要目的是通过提高温度改变污泥的物理和化学特性,从而为后续的处理提供更优化的反应条件。热水解预处理后续可与直接脱水或厌氧消化技术相结合,且对两种处理方式都有不同程度的促进作用。

污泥热水解后若直接脱水,污泥固体中仍含有较多的有机质未降解,因此其仍未能达到较好的稳定化,后续还需进一步处理;产生的液体中 COD 和氨氮浓度都较高,也需进一步处理。

污泥热水解后进行厌氧消化,可以加快厌氧消化反应速率,使污泥中的易降解有机物在较短时间内得到降解,进而使污泥得到稳定化。厌氧消化产生的沼气经净化后作为绿色能源,可以进行能源化利用,是一种低碳的污泥处理路线。

本节主要从稳定化、资源化角度着手,重点关注污泥热水解预处理后,对后续厌氧消化产生的积极影响,其中主要包括生物降解性能、产气性能以及脱水性能等。

Bryant(1979)提出厌氧消化的三段式理论,如图 5-46 所示,主要三个阶段如下:第一阶段为水解发酵阶段,在该阶段,复杂的有机物在水解细菌的作用下被分解成简单有机物,如纤维素转化为简单的糖类,蛋白质转化为氨基酸,脂类转化为脂肪酸和甘油等。第二阶段为产酸阶段,在该阶段,产氢产乙酸菌把第一阶段产生的中间产物进一步分解为氢气、二氧化碳和乙酸以及其他短链脂肪酸。第三阶段为产甲烷阶段,在该阶段,产甲烷菌把产生的乙酸、氢气和二氧化碳等转化为甲烷,产甲烷菌包含乙酸利用型菌和氢利用型菌。产生的气体中甲烷体积比为 65%~70%,二氧化碳占 35%~30%,沼气中的其他痕量成分为氮气、氢气、硫化氢及水蒸气等。单位 VS 降解量的甲烷产率通常为 0.75~1.12 m^3/kg。

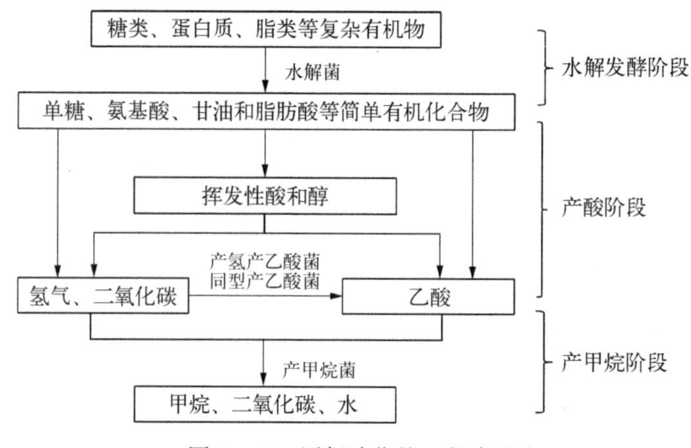

图 5-46 厌氧消化的三段式理论

5.4.1 热水解预处理后污泥的厌氧消化产甲烷潜能研究

Xue(2015c)的研究表明,对污泥进行不同温度和时间热水解预处理,再耦合序批式厌氧消化进行产气研究,污泥的产气速率呈现不同的趋势。总体而言,中温60℃、70℃、80℃、90℃预处理对厌氧消化产气速率的提升在8.8%至12.3%之间;120℃、140℃、160℃和180℃高温预处理时,厌氧消化产气速率的提升在16.8%至36.4%之间。其中在反应第15天的时候,经60℃、70℃、80℃、90℃、120℃、140℃、160℃和180℃预处理后,污泥累计产气量比原泥对照组分别增加了11.3%、9.3%、12.3%、8.8%、26.6%、36.4%、25.6%和16.8%。可见,热水解对后续厌氧消化产气速率有不同程度的促进作用,且高温热水解预处理比中温热水解预处理的效果更明显。在热水解温度达到180℃时,热水解对厌氧消化产气速率的提升较其他高温变低,这与污泥180℃热水解时产生美拉德反应有关,热水解使得溶出的有机物重新反应形成难降解有机物,从而影响了厌氧消化速率的提升。

因此,综合前两节的结果,作者选取各有机物整体溶出速率最快的处理时间进行厌氧消化研究,中温预处理的时间为24 h,高温预处理的时间为30 min。由于探索性研究时中温热水解预处理对厌氧消化的影响趋势较为相近,因此中温预处理选择对照原泥、污泥经60℃处理24 h样品,高温热水解预处理选择120℃、140℃和160℃处理30 min的样品,编号分别为A、B、C、D、E,不再考察180℃热水解对厌氧消化速率的促进作用。

经不同工况热水解预处理后,污泥含固率和VS含量如表5-14所示。

表5-14 不同工况热水解预处理后污泥含固率和VS含量(%)

参数	原泥	60℃处理	120℃处理	140℃处理	160℃处理
TS含量	13.5	13.5	12.6	13.2	12.3
VS/TS	57.4	54.6	56.8	56.2	55.2

BMP小试研究过程中,在进入第42天时,大部分反应器的甲烷产生量已经在检出限下,判断厌氧消化已基本结束,停止实验。小试研究主要参数见表5-15。

表5-15 热水解污泥厌氧消化性能

编号	实验组				
	原泥(A)	60℃(B)	120℃(C)	140℃(D)	160℃(E)
进泥参数					
TS含量/%	10.4	10.3	10.0	10.3	9.9
VS/TS/%	51.2	49.8	50.7	50.6	49.9
I/S/(VS/VS)	9/10	9/10	9/10	9/10	9/10
TS量/g	25.92	25.65	25.11	25.65	24.84
VS量/g	13.27	12.78	12.73	12.97	12.40
出泥参数					
TS含量/%	8.4	8.6	8.5	8.0	8.2
VS/TS/%	41.0	41.8	41.2	41.1	39.5

续 表

编　号	实　验　组				
	原泥(A)	60℃(B)	120℃(C)	140℃(D)	160℃(E)
TS 量/g	20.73	21.24	20.99	19.74	20.24
VS 量/g	8.50	8.88	8.65	8.11	7.99
VFA/(mg/L)	66	75	104	82	67
SCOD/(mg/L)	3 758	4 725	5 043	5 260	6 828
VS 降解率/%	35.9	30.5	32.1	37.4	35.6
生物产气性能					
单位 VS 降解量甲烷产率/(mL/g)	398.1	475.1	458.9	395.3	437.8
总产气量/mL	1 897	1 854	1 876	1 919	1 931

表 5-15 显示,A、B、C、D、E 5 个不同样品污泥的进料含固率在 9.9%至 10.4%之间。在 42 天厌氧消化后,污泥样品的 VFA 浓度分别降至 66 mg/L、75 mg/L、104 mg/L、82 mg/L 和 67 mg/L,VFA 的浓度显示厌氧消化已进行得较为充分,且其产气也基本结束。单位 VS 降解量污泥甲烷产率分别为 398.1 mL/g、475.1 mL/g、458.9 mL/g、395.3 mL/g 和 437.8 mL/g。污泥 VS 降解率分别为 35.9%、30.5%、32.1%、37.4%和 35.6%。

厌氧消化结束后,样品中 SCOD 浓度分别为 3 758 mg/L、4 725 mg/L、5 043 mg/L、5 260 mg/L 和 6 828 mg/L。该浓度分布与热水解可能产生的难降解有机物相关,可能在热水解的过程中产生了美拉德反应,导致部分难降解有机物残留在最后的液体中。

不同热水解预处理污泥厌氧消化产甲烷情况如图 5-47 所示。研究表明,接种污泥本身在厌氧反应过程中产甲烷的速率很低,基本接近稳定化。从原泥和不同热水解后污泥的厌氧产甲烷曲线来看,120℃、140℃和 160℃高温热水解处理后的污泥,总体产甲烷速率明显超过原泥对照样品和 60℃中温预处理的污泥样品。60℃中温预处理的污泥样品产甲烷速率在初期超过原泥对照样品。可见,热水解对提高污泥产甲烷速率有积极影响,

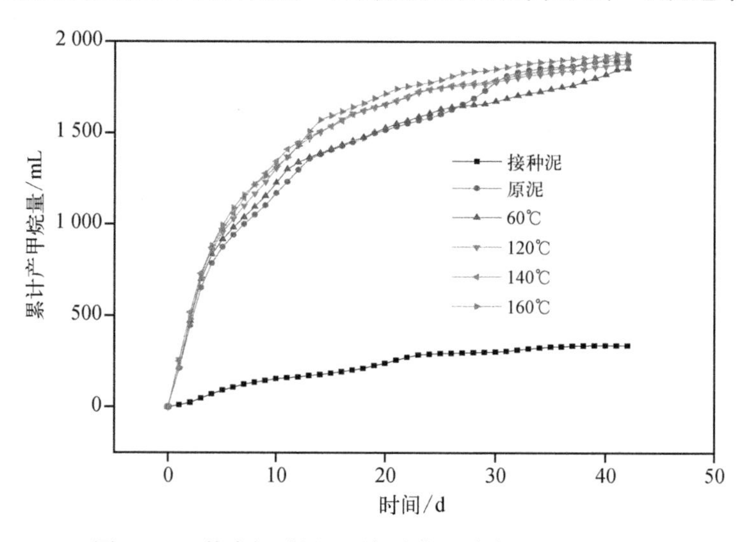

图 5-47　热水解对污泥厌氧消化累计产甲烷量的影响

且高温热水解对污泥产甲烷速率的提高幅度明显高于中温热水解。

120℃、140℃和160℃高温热水解处理后的污泥样品厌氧消化时，160℃高温热水解后污泥样品的产甲烷速度最快，120℃和140℃高温热水解预处理的样品在厌氧产甲烷速度的提升上基本接近，仅略低于160℃高温热水解预处理的样品。

在厌氧消化42天后，厌氧消化基本趋于结束，A、B、C、D、E 5种污泥的厌氧产甲烷总量较为接近，分别为1 897 mL、1 854 mL、1 876 mL、1 919 mL和1 931 mL，标准偏差为28 mL。由此可见，热水解主要改变了污泥厌氧消化产甲烷的速度，导致产甲烷速率增加，但并不会显著提高污泥的甲烷产量。

不同热水解预处理污泥厌氧消化每日甲烷产量如图5－48所示。结果表明，总体上污泥厌氧消化产甲烷趋势是前段时间高、后段时间低，前15天是产甲烷的高峰期。图上显示出三个波峰，根据出现时间可以推测，第一个波峰主要是由于降解碳水化合物产生的，时间为第2~5天；第二个波峰主要是蛋白质降解产生的，时间为第9~14天；第三个波峰主要是脂类降解产生的，时间为第25天左右。原污泥由于水解限速原因，三个降解波峰的出现时间较热水解预处理后的污泥有一定的滞后(Li，1992)。

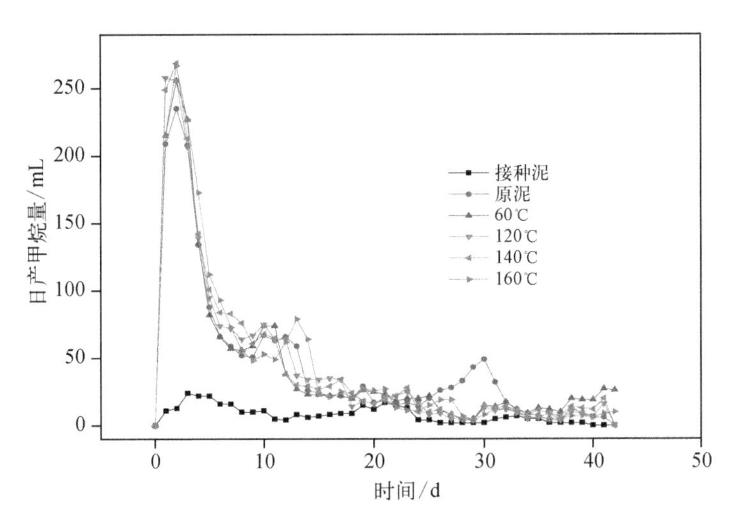

图5－48　热水解对污泥厌氧消化日产甲烷量的影响

经热水解处理后的污泥，在BMP产甲烷性能方面有一些特征，通过分析不同样品的产甲烷特征，发现原污泥和中温热水解以及高温热水解污泥的产气特征都有相应的规律。

为了更好地分析热水解对污泥BMP产甲烷性能的影响，对各累计产甲烷量进行数值模拟，如图5－49所示。采用三次多项式对产气特征曲线进行模拟，保证 R^2 值在0.98以上，有较好的拟合度，可以通过以下方程来表达：

$$y = ax^3 - bx^2 + cx + d \tag{5-3}$$

式中，y 为产气量；x 为消化时间(<45天)；a、b、c、d 为常数。

根据上述公式可以推算，对 y 进行一次求导即产甲烷速率，其表达式为

$$y = 3ax^2 - 2bx + c \tag{5-4}$$

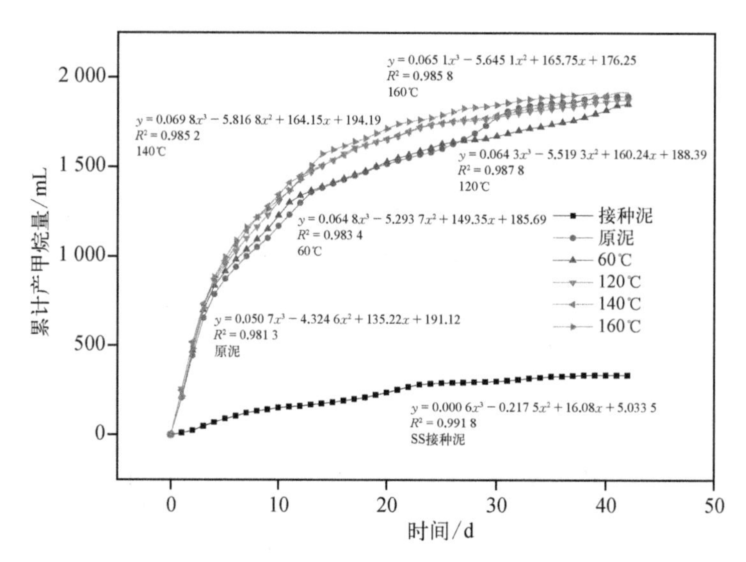

图 5-49　热水解污泥厌氧消化累计产甲烷量拟合方程

污泥 BMP 产甲烷性能具体拟合方程如表 5-16 所示。

表 5-16　污泥 BMP 产甲烷性能拟合方程

样　品	拟　合　方　程	R^2	a
接种污泥	$y = 0.000\,6x^3 - 0.22x^2 + 16.08x + 5.03$	0.99	0.000 6
原污泥	$y = 0.051x^3 - 4.32x^2 + 135.22x + 191.12$	0.98	0.050 7
60℃	$y = 0.065x^3 - 5.29x^2 + 149.35x + 185.69$	0.98	0.064 8
120℃	$y = 0.064x^3 - 5.52x^2 + 160.24x + 188.39$	0.99	0.064 3
140℃	$y = 0.070x^3 - 5.82x^2 + 164.15x + 194.19$	0.98	0.069 8
160℃	$y = 0.065x^3 - 5.65x^2 + 165.75x + 176.25$	0.98	0.065 1

经分析可知，接种污泥产气较少，其产甲烷曲线模拟方程中 a 值非常低，为 0.000 6，说明其较为稳定。

原污泥 a 值较其他样品都较低，为 0.050 7，说明受热水解预处理后的污泥产甲烷特性与原污泥有一定的差异。60℃、120℃、140℃和 160℃热水解后的污泥产甲烷特性接近，a 值分别为 0.064 8、0.064 3、0.069 8 和 0.065 1。特征值 a 值的差异，可较好地用于指示消化污泥是否经热水解预处理。

考虑到接种污泥 VS 降解率很低，若进行计算，对整体降解率的影响较大。因此若将接种污泥 VS 降解的影响因素去除后，可以得到表 5-17。

表 5-17　热水解污泥厌氧消化性能(去除接种污泥 VS 降解)

参　数	实　验　组				
	原　泥	60℃	120℃	140℃	160℃
进泥					
TS 含量/%	10.4	10.3	10.0	10.0	9.9
VS/TS/%	51.2	49.8	50.7	50.6	49.9

续　表

参　数	实　验　组				
	原　泥	60℃	120℃	140℃	160℃
I/S/(VS/VS)	9/10	9/10	9/10	9/10	9/10
TS 量/g	12.15	12.15	11.34	11.88	11.07
VS 量/g	6.97	6.63	6.44	6.68	6.11
出泥					
TS 含量/%	8.4	8.6	8.5	8.0	8.2
VS/TS/%	41.0	41.8	41.2	41.1	39.5
TS 量/g	20.73	21.24	20.99	19.74	20.24
VS 量/g	8.50	8.88	8.65	8.11	7.99
实际 VS 量/g	2.73	3.11	2.88	2.34	2.22
VFA/(mg/L)	66	75	104	82	67
SCOD/(mg/L)	3 758	4 725	5 043	5 260	6 828
VS 降解率/%	60.8	53.2	55.4	64.9	63.6
生物产气性能					
单位 VS 降解量甲烷产率/(mL/g)	367.7	429.8	431.7	365.2	410.0
总产气量/mL	1 560	1 516	1 539	1 582	1 594

从表5－17可以看出,热水解预处理对污泥42天后最终累计产甲烷量未产生显著影响,实验组单位VS降解量甲烷产率分别为367.7 mL/g、429.8 mL/g、431.7 mL/g、365.2 mL/g和410.0 mL/g,VS降解率分别为60.8%、53.2%、55.4%、64.9%和63.6%。

5.4.2　污泥热水解高含固厌氧消化黏度分析

结合以上研究结果,初步筛选出合适的热水解预处理工况,确定对污泥进行160℃、30 min预处理,并进行耦合高含固厌氧消化中试研究。

热水解中试设备:总容积为10 m^3,有效容积为5 m^3,加热方式为蒸汽盘管直接注入加热。厌氧中试设备数据:总容积为36 m^3,有效容积为25 m^3,搅拌方式为机械持续搅拌(变频),搅拌速度为9 r/min(可调)。中试热水解装备及厌氧消化设施如图5－50所示。

图5－50　中试热水解装备及厌氧消化设施(左图为热水解设备,右图为厌氧消化)

中试进泥采用上海某污水处理厂污泥，经热水解预处理，降温后进入厌氧消化设施，停留时间约25天。中试所用污泥的特性如表5-18所示。

表5-18 中试研究所用污泥指标

指　标	数 值
总固体含量(TS含量)/%	20.3
有机质/总固体(VS/TS)/%	52.7

厌氧消化系统运行稳定后，取热水解160℃、30 min预处理后的污泥及厌氧消化出泥分别测定其黏度。黏度测定采用Bookfield黏度检测仪。

如图5-51所示，热水解污泥在浓度低于9.0%时，黏度均在57 mPa·s以下，说明热水解污泥不同温度时，当浓度低于9.0%，整体黏度较低；超过9.0%的浓度时，热水解污泥在20℃、30℃、40℃时的黏度和在50~90℃时的有显著差异，浓度越高，该差异越显著。大于50℃的热水解污泥黏度比小于40℃的热水解污泥黏度明显低，相差约一倍。说明从输送和搅拌热水解污泥的角度，污泥浓度应在9%以内，可以大大降低黏度。

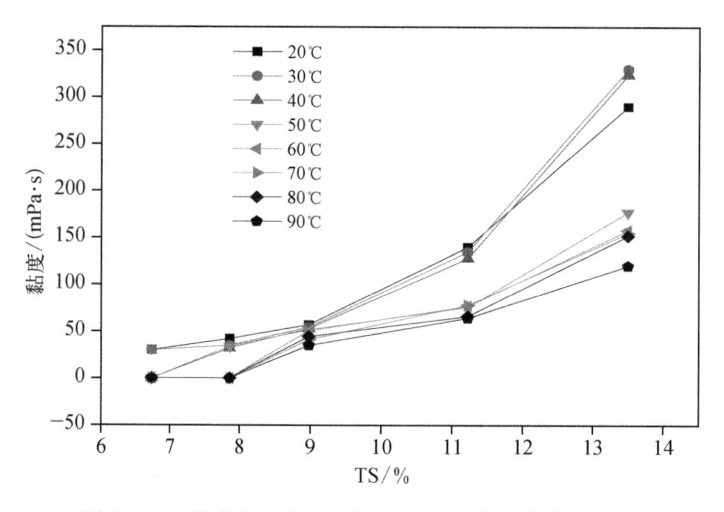

图5-51 热水解污泥在不同温度和浓度下的黏度情况

如图5-52所示，热水解污泥在40~50℃的过程中，黏度有明显的降低。同一温度下，污泥浓度越高，黏度越高。总体而言，6.7%、7.9%和9.0%浓度的热水解污泥黏度较小，且在各温度下黏度变化也较小。11.2%和13.5%浓度的热水解污泥黏度明显高于其他低浓度污泥。浓度高于11.2%的热水解污泥在温度为50℃以上时较利于输送和搅拌。

在不同温度和浓度条件下热水解污泥的黏度值如图5-53所示，可以较直观地观察到浓度和温度两个影响因素对热水解污泥的黏度影响。总体而言，温度越低，热水解污泥黏度越高；浓度越高，热水解污泥黏度也越高。热水解污泥输送和搅拌的有利条件应在较低浓度和较高温度。

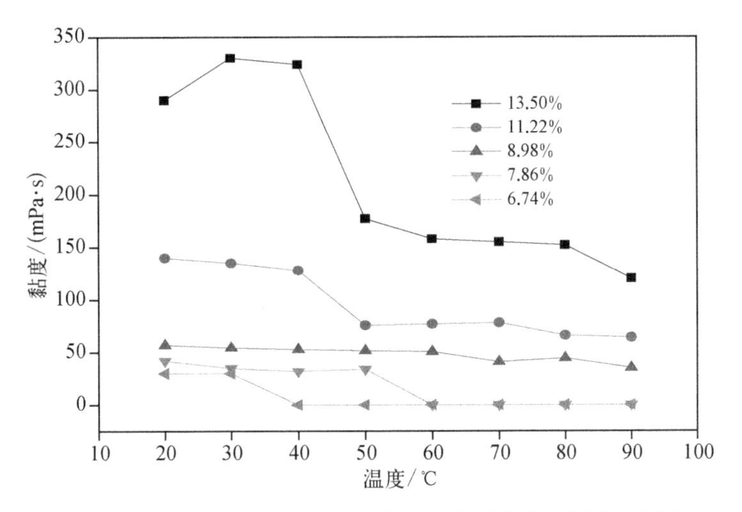

图5－52 热水解污泥在不同温度和浓度下的黏度情况(浓度)

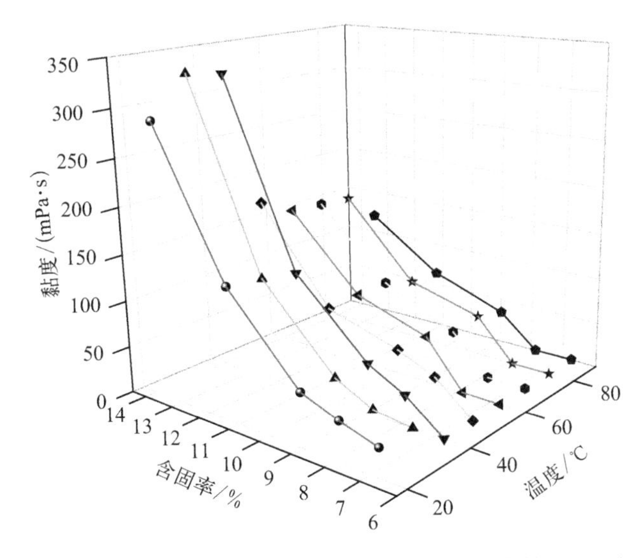

图5－53 热水解污泥在不同温度和浓度下的黏度情况(三维)

如图5－54、图5－55和图5－56所示,热水解后厌氧消化的污泥黏度比热水解污泥高,在浓度低于9.0%时,黏度均在约110 mPa·s以下,说明热水解后厌氧消化污泥浓度低于9.0%时,整体黏度较低。超过9%的浓度时,该厌氧消化污泥在20℃、30℃和40℃时的黏度和在50~90℃时有显著差异,浓度越高,该差异越显著。大于50℃的热水解厌氧污泥黏度比小于40℃的热水解厌氧污泥黏度明显低,最高相差数倍。该趋势与热水解后污泥的黏度趋势一致。

总体而言,热水解厌氧消化污泥浓度在5.2%~9.0%时,黏度较低,且在不同温度时的黏度变化也较小。温度大于50℃时,浓度11.5%以下的热水解厌氧消化污泥黏度均低于200 mPa·s。因此中温厌氧消化时,污泥浓度应尽量小于9%,以达到较好的输送和搅拌效果。

在不同温度和浓度下热水解厌氧消化污泥的黏度值如图5－55所示,可以较直观地

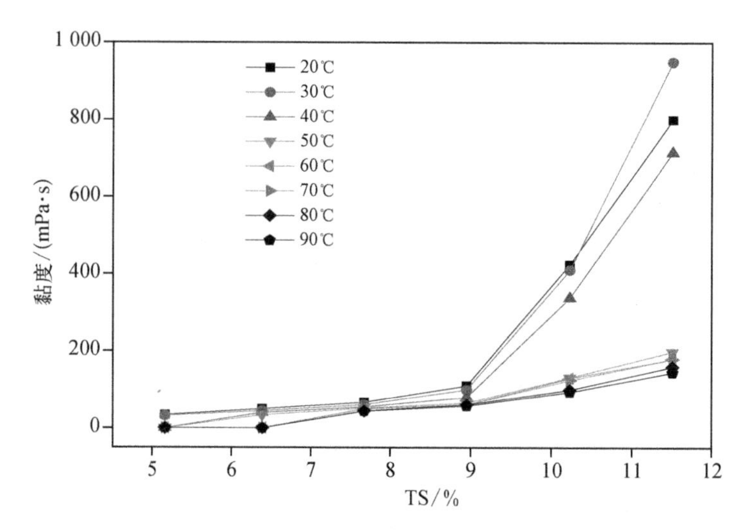

图 5-54 热水解厌氧消化污泥在不同温度和浓度下的黏度情况(温度)

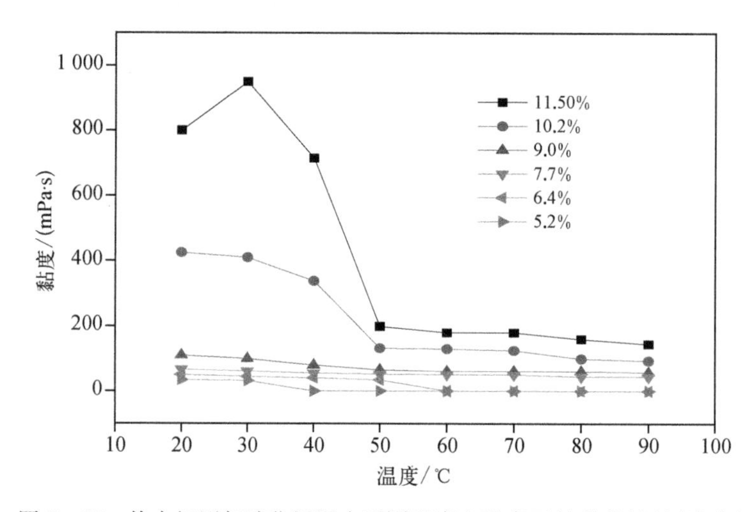

图 5-55 热水解厌氧消化污泥在不同温度和浓度下的黏度情况(浓度)

观察到浓度和温度两个影响因素对热水解厌氧消化污泥的黏度影响。温度越低,热水解厌氧消化污泥黏度越高;浓度越高,热水解厌氧消化污泥黏度也越高。同样浓度条件下,热水解后厌氧消化污泥的黏度比热水解污泥的高,这是由于热水解污泥在后续厌氧消化过程中作为基质,又促进新的微生物代谢,从而使整体黏度升高。热水解厌氧消化污泥输送和搅拌的有利条件应在较低浓度和较高温度。

由于厌氧消化污泥浓度直接影响厌氧消化的容积负荷和消化反应器体积,因此在条件允许的情况下应尽量采用较高的消化浓度。本研究结果表明,当厌氧反应器温度在40℃以下时,反应器内浓度应控制在9.0%以下,黏度低于100 mPa·s。当厌氧反应器温度在50℃以上时,反应器内污泥浓度可以达到11.5%,黏度低于200 mPa·s,可以保障较好地输送和搅拌。可见,高温厌氧消化更有利于提高进泥浓度,而不影响污泥输送和搅拌的稳定性。

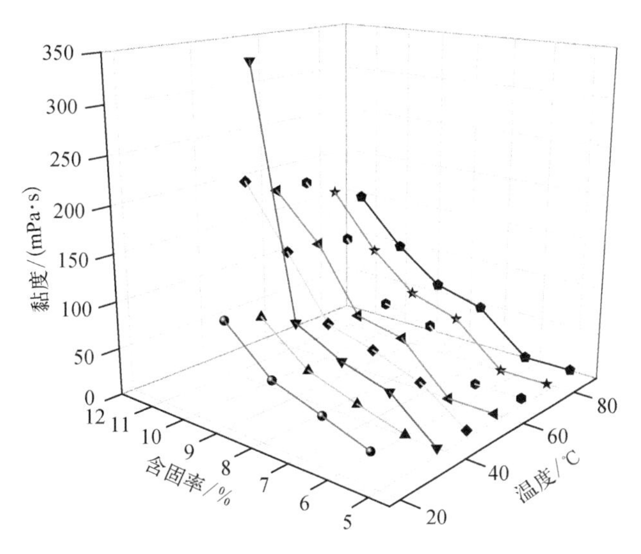

图5-56　热水解后厌氧消化污泥不同温度和浓度下的黏度情况(三维)

5.4.3　污泥热水解高含固厌氧消化脱水性能研究

污泥经高温热水解预处理后进入高含固厌氧消化系统,经厌氧消化的污泥排放后需要进行固液分离。为了达到较高的含固率,需要对污泥进行化学调理后脱水。由于在厌氧消化过程中进行了电子转移,污泥中存在大量带同相电荷的颗粒,这些颗粒阻碍了污泥脱水,因此需要投加金属盐对电荷进行中和;此外,还需投加絮凝剂协助污泥形成絮体。本研究中金属盐采用氯化铁,絮凝剂采用阳离子絮凝剂聚丙烯酰胺(PAM)。

本中试研究中,污泥热水解耦合厌氧消化后的消化出料污泥TS含量接近10%,属于高含固厌氧消化。取中试厌氧消化出泥进行脱水实验,针对出料污泥探讨氯化铁和PAM投加量(干基比例)对污泥脱水性能的影响,评价脱水性能的指标是30 min沉降量、抽滤后滤饼TS含量以及表观描述。

分别取出料污泥四份,每份1 000 g,置于2 000 mL的烧杯中,在搅拌速率为300 r/min条件下,按照干基投配比为3.19%、5.32%、7.45%和9.57%加入$FeCl_3$溶液,持续搅拌1 min,之后分别按照干基比例0.21%、0.32%、0.53%、0.74%、0.96%投加PAM,整个过程中快速搅拌,搅拌速率为670~700 r/min,搅拌持续1 min。将加药后的污泥静置30 min测试泥水界面高度,用污泥层高度与整个出料污泥高度的比例代表沉降性能。然后,对静沉后污泥进行抽滤,抽滤真空度为0.075 MPa,抽滤至真空度破坏为止,将泥饼从滤纸表面刮出,混合均匀,测试TS含量。测试结果如表5-19所示。

当$FeCl_3$投配比为3.19%时,随着PAM投加量的提高,污泥的脱水性能随之改善,当PAM投加量达到0.96%时,泥饼含固率可达32.32%。当$FeCl_3$投配比为5.32%时,随着PAM投加量的提高,污泥的静沉效果随之提高,当PAM投加量达到0.74%时,泥饼含固

表 5-19 氯化铁和 PAM 投加比例对污泥脱水性能的影响

$FeCl_3$ 投加质量比/%	PAM 投加质量比/%	污泥量/mL	厌氧消化污泥 TS 含量(%)	投加 $FeCl_3$ 质量/g(质量浓度为 40%)	投加 PAM 量/mL(浓度为 1‰)	沉降 30 min 污泥层/总液体高度	滤饼 TS 含量/%
3.19	0.21	1 000	9.40	7.5	200	—	12.00
	0.32	1 000	9.40	7.5	300	—	12.30
	0.53	1 000	9.40	7.5	500	—	29.68
	0.74	1 000	9.40	7.5	700	0.77	28.01
	0.96	1 000	9.40	7.5	900	0.79	32.32
5.32	0.21	1 000	9.40	12.5	200	—	14.08
	0.32	1 000	9.40	12.5	300	—	21.89
	0.53	1 000	9.40	12.5	500	0.77	27.16
	0.74	1 000	9.40	12.5	700	0.77	28.45
	0.96	1 000	9.40	12.5	900	0.71	27.36
7.45	0.21	1 000	9.40	17.5	200	—	19.74
	0.32	1 000	9.40	17.5	300	—	30.31
	0.53	1 000	9.40	17.5	500	0.83	34.00
	0.74	1 000	9.40	17.5	700	0.84	31.25
	0.96	1 000	9.40	17.5	900	0.86	28.12
9.57	0.21	1 000	9.40	22.5	200	—	27.62
	0.32	1 000	9.40	22.5	300	—	27.20
	0.53	1 000	9.40	22.5	500	—	31.85
	0.74	1 000	9.40	22.5	700	0.89	27.25
	0.96	1 000	9.40	22.5	900	0.71	30.01

率达到 28.45%(为最大值),进一步提高 PAM 投加量,泥饼含固率反而有所下降。同时,抽滤过程中发现,PAM 为 0.74%、0.96% 的污泥上清液黏度较高,0.96% 污泥抽滤困难,可能原因是污泥中 PAM 量过高,滤纸表面附着 PAM,堵塞滤孔所致,这表明 PAM 投加量不宜过高。提高 $FeCl_3$ 投配比为 7.45% 和 9.57%,研究中泥饼含固率达较高的处理条件均为 PAM 投加量为 0.53%,这表明随着 $FeCl_3$ 投加量的提高,PAM 的投加量可以适当地减少,并且可达到更好的效果。其中 $FeCl_3$ 投加量为 7.45% 时,PAM 投加量达到 0.32%,抽滤泥饼的 TS 含量已经达到 30.31%,这表明投加 $FeCl_3$ 可以显著的降低 PAM 的加药量,从而减少滤液体积,降低运行成本,减小后续污水处理负担。但较高的 $FeCl_3$ 投加量会消耗水中碱度,导致溶液 pH 呈酸性,因此应适当选择 $FeCl_3$ 和 PAM 投加的配比。

由图 5-57 中可知当氯化铁投配比小于 9.57% 时,随着 PAM 投加量的提高,污泥泥饼含固率显著提高,这表明当氯化铁投加量低于 7.45% 时,PAM 投加量对污泥脱水性能起主要作用。当氯化铁投配比大于 7.45% 时,污泥脱水性能受 PAM 投加量影响较小。

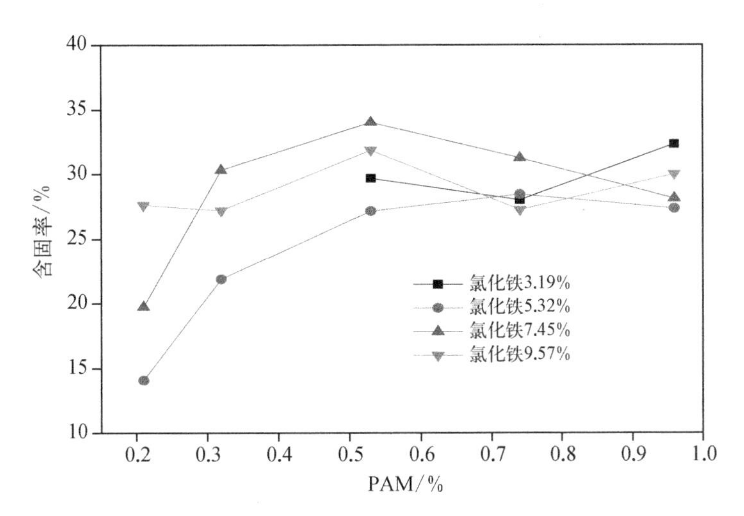

图 5-57　热水解耦合高含固厌氧消化污泥在不同调理剂添加比例下的脱水性能

5.5　后置高温热水解工艺对污泥厌氧消化及脱水性能的影响研究

目前热水解普遍作为污泥厌氧消化的预处理工艺，主要用于改善它的产气性能及有机质降解效果，但是热水解后的污泥经过厌氧消化后，原本得到改善的脱水及沉降性能有所下降，这不利于后期沼渣（消化污泥）的脱水及资源化利用；另外，污泥中原本有一部分较易降解的有机物本不需要经过热水解就易于被微生物降解利用，其随着污泥中其他成分进入热水解反应釜中会增加热水解预处理过程所需的能量及反应釜的体积。因此，尽管高温热水解预处理—厌氧消化工艺已经被证明是经济有效的高级厌氧消化类型之一，但通过后置高温热水解对该工艺进行改进，可以使其具有更高的能量转换效率（减少了沼渣脱水所需的能量或药剂量）、VS 降解率、产气性能，以及更好的沼渣脱水性能。如此污泥的减量化、稳定化、无害化和资源化的处理目标有望得到进一步的提高。因此，作者探讨了后置高温热水解工艺对污泥厌氧消化性能的影响，以期系统地掌握后置热水解工艺的可行性，以及运行过程中可能存在的问题和解决方式，可为污泥厌氧消化工程应用提供一种新的有效的处理工艺，在维持厌氧消化系统较高运行效率的同时，兼顾消化后沼渣的处理及资源化利用。

5.5.1　后置热水解对污泥沼渣脱水性能的影响

根据前期研究结果，后置热水解温度分别设置为 80℃、100℃、120℃、140℃、160℃及 180℃，热水解时间均为 30 min。分别测定不同后置热水解温度下，沼渣离心脱水后含固率（CTS）、EPS 含量（定量、三维荧光）、Zeta 电位及颗粒粒径分布等参数变化，用于对比分析不同后置热水解温度对沼渣脱水性能的影响。

(1) 离心脱水后含固率(CTS)

在工程实际中,一般采用机械手段(离心/板框)对沼渣进行脱水。前人研究认为机械脱水只能够去除自由水(Kopp and Dichtl,2000),而结合水被定义为不能被机械去除的水分(Smith and Vesilind,1995)。热水解处理由于在热处理过程中的一些物理化学反应可以释放污泥中的附着水以及胞内水。其中,快速升温过程可以破碎污泥颗粒以及微生物,从而释放胞内水;而高温可以加速污泥颗粒间的碰撞,进而打断其凝胶类结构,从而释放出结合水(Pilli et al.,2015)。

在本研究中采用机械离心对沼渣进行脱水,通过不同热水解温度处理后沼渣的CTS来衡量其脱水能力,由于处理前均为相同沼渣,故认为处理后CTS越高,其相应的样品自由水含量越多、结合水及胞内水含量越少,脱水性能越好。本文离心脱水参数设置为8 000 r/min、10 min。

如图5-58所示,在均未添加调理剂情况下,后置热水解温度80℃、100℃、120℃及140℃对沼渣CTS影响较小(CTS均为10%左右)。Bougrier等(2008)通过对活性污泥进行不同温度的热水解处理后发现,当温度突破150℃这个阈值时,污泥的黏度、沉降性能以及脱水性能才开始得到改善。Anderson等(2002)的研究也得出了相同的结论,这与本研究的结果是相符的。

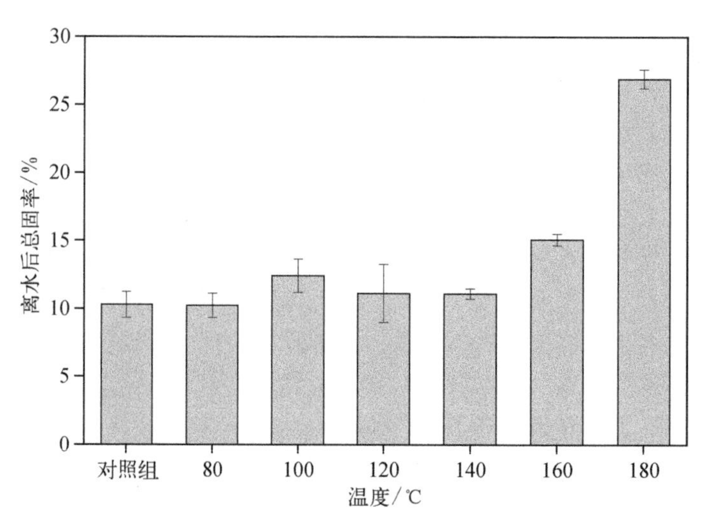

图5-58 不同后置热水解温度对沼渣离心脱水后含固率的影响

而后置热水解温度为160℃以上时脱水性能提升效果显著。其中160℃热水解处理后,其CTS达到(15.1±0.5)%,相对于对照组原沼渣[(10.3±1.0)%]提高50%;180℃热水解后,其CTS达到(27.0±0.8)%,比对照组提高了170%。

(2) 胞外聚合物(EPS)含量

EPS被认为是影响活性污泥脱水性能的重要因素(Feng et al.,2009;Pere et al.,1993;Urbain et al.,1993;Li and Ganczarczyk,1990)。其被定义为是微生物(主要为细菌),在一定环境条件下产生的(防止细胞脱水并进行细胞内外离子交换等),包裹在细菌细胞壁外表面的高分子聚合物。按其与细菌细胞壁结合的紧密程度，可以依次分为 Slime－EPS 层（黏液层）、LB－EPS 层（松散附着层）、TB－EPS 层（紧密附着层）以及 Pellets 层（细胞层）（Kumar　et al.，2011）。

如图 5－59 所示，与对照组相比，各后置热水解温度处理下，沼渣的 LB－EPS 含量均有所增加而 TB－EPS 含量均有所降低。且随着后置热水解温度的提升，其 Slime－EPS 含量增加最为显著，这意味着随着后置热水解温度的升高，沼渣细胞破壁程度逐渐增加，使得污泥 EPS 松散程度均得到明显提高，这不仅有利于沼渣脱水而且为后续沼渣热水解液进行厌氧消化产气提供了良好的基础。

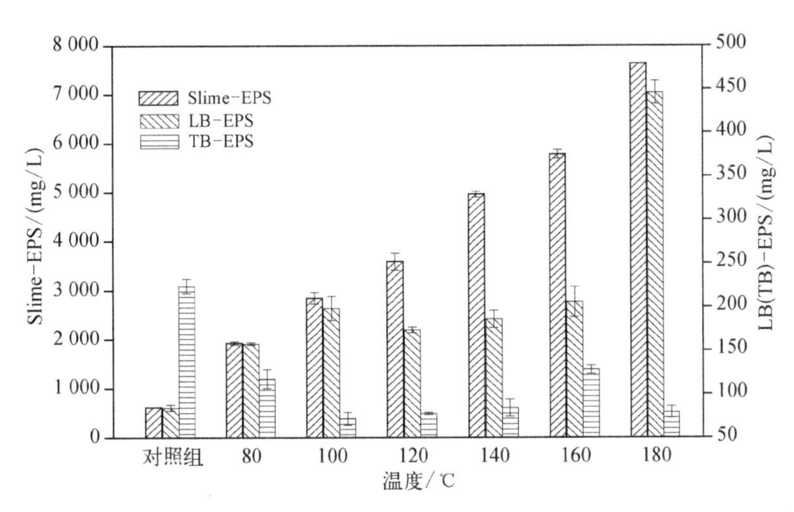

图 5－59　不同后置热水解温度对沼渣 EPS 含量（以 TOC 计）的影响（Slime 为黏液层）

（3）Zeta 电位

Zeta 电位对污泥脱水性能的影响至关重要（Zhen　et al.，2012）。如图 5－60 所示，对照组与 80℃处理后 Zeta 电位均为 0 mV 左右，这暗示 80℃热水解处理对沼渣中细胞的破壁效果有限，细胞内的物质难以溶出，故其处理后沼渣 Zeta 电位变化不大。

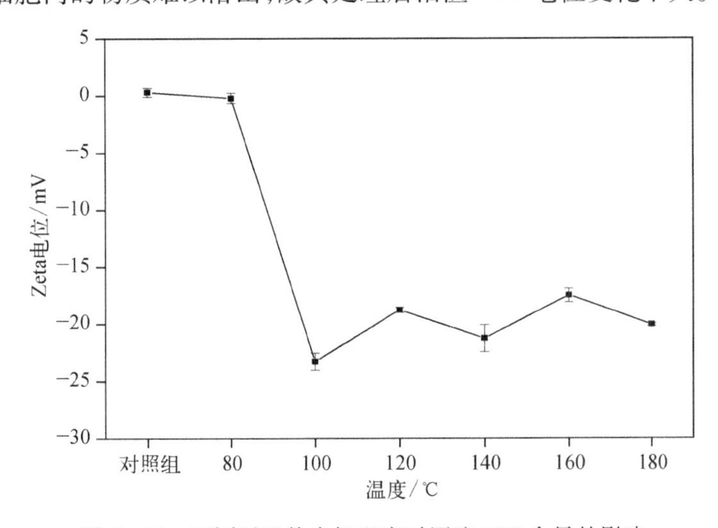

图 5－60　不同后置热水解温度对沼渣 EPS 含量的影响

而当温度超过 100℃ 以后，其 Zeta 电位值分别为 -23.25±0.78、-18.70±0.14、-21.15±1.20、-17.4±0.57 以及-20.05±0.35 mV(100℃、120℃、140℃、160℃及 180℃)。这是由于随着后置热水解温度升高，细胞逐渐破碎，胞内物质溶出，这与文献中报道的一致(Audrey et al.,2011;Laurent et al.,2009;Gulnaz et al.,2006)。而胞内物质大部分带负电荷，故使得其 Zeta 电位相对于原沼渣处于一个较低的状态(-20 mV 左右)。根据 DLVO 理论，污泥絮体间的聚集主要受表面负电荷的影响。且随着表面负电荷的增加，污泥絮体间的静电斥力会随之增加而相互作用会下降(Mikkelsen and Keiding,2002)。因此污泥絮体之间的絮凝程度会降低，进而导致其脱水能力变差。研究表明，Zeta 电位从-28 mV 至 0 mV 的变化过程中，脱水性能逐渐得到改善(Liu et al.,2012a)。这也就意味着，在加入调理剂进行调理后，后置热水解脱水性能可以得到进一步改善。

(4) 颗粒粒径分布

污泥颗粒粒径分布对其脱水性能影响较大(Karr and Keinath,1978)。污泥絮体通过电化学作用将小颗粒聚集起来或经由预处理作用，进而改变颗粒粒径分布，最终影响污泥的脱水性能。

如图 5-61 所示，随着后置热水解温度升高，沼渣颗粒粒径逐渐从大粒径级别向小分子粒径级别转移。而研究表明，污泥颗粒粒径变大会减少亲水颗粒与水的接触面积，更有利于脱水(Zhen et al.,2012;Higgins and Novak,1997)。结合后置热水解后沼渣 Zeta 电位的变化趋势，可以看出，尽管沼渣热水解后可以一定程度地提高其脱水性能，但其不适宜直接压滤进行高干脱水，可以考虑压滤前投加少量的药剂使沼渣颗粒初步结合，提高粒径组成并改善其 Zeta 电位，或者采用先离心后压滤两级脱水工艺进行深度脱水处理。

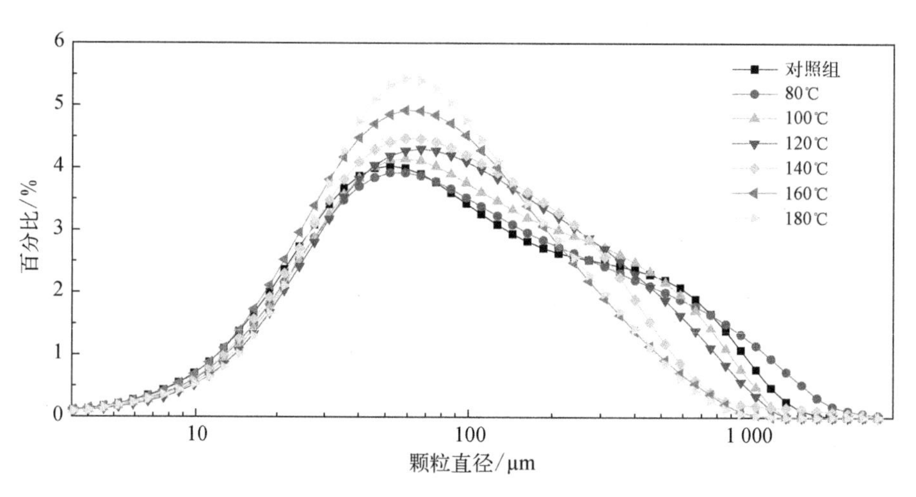

图 5-61 不同后置热水解温度对沼渣颗粒粒径分布的影响

5.5.2 后置热水解温度对污泥沼渣热水解液厌氧消化的影响

(1) 对污泥沼渣离心脱水后上部热水解液 VS 含量的影响

如图 5-62 所示，对照组及实验组中沼渣离心脱水后上部热水解液 VS 占总 VS 的比例分别为 21.5%、28.9%、36.0%、54.8%、55.3%、80.5%以及 81.4%。随着后置热水解温度的提高，沼渣热水解并离心脱水后上部热水解液所含的总 VS 含量显著提升，其中，当热水解温度达到 160℃ 以上时，其上部热水解液所含 VS 含量达到总沼渣 VS 含量的 80% 以上。

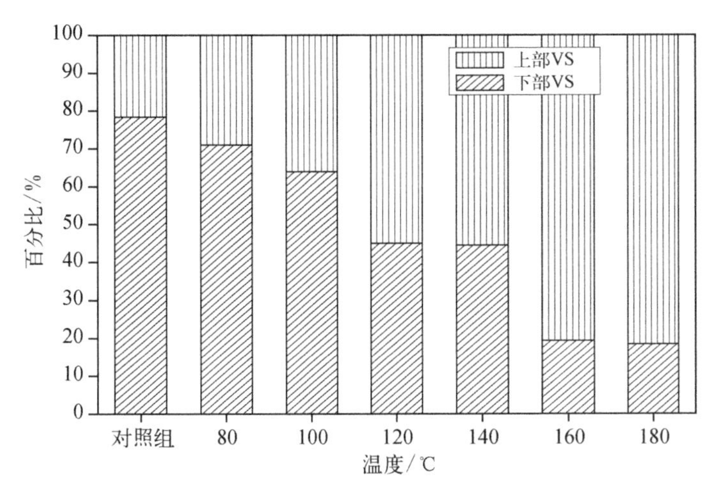

图 5－62　不同后置热水解温度对沼渣离心脱水后上部热水解液 VS 含量的影响

结合图 5－58 及图 5－62 可知，随着后置热水解温度的逐渐升高，沼渣离心脱水上部热解液体体积及其有机物浓度均得到提升，故使得上部热水解液的 VS 含量逐渐提升。这就表明，后置热水解工艺可以大幅度削减真正沼渣出料（沼渣热水解后离心脱水下部固体）的 VS 含量，并且可以回收高 VS 含量热水解沼液用于厌氧消化，提升厌氧消化产气性能。

（2）对沼渣离心脱水后上部热水解液 SCOD 的影响

如图 5－63 所示，随着后置热水解温度的提升，沼渣离心脱水后上部热水解液 SCOD 显著提升，这表明回收的沼渣热水解液具有很好的产甲烷底物条件。许多研究者也发现，

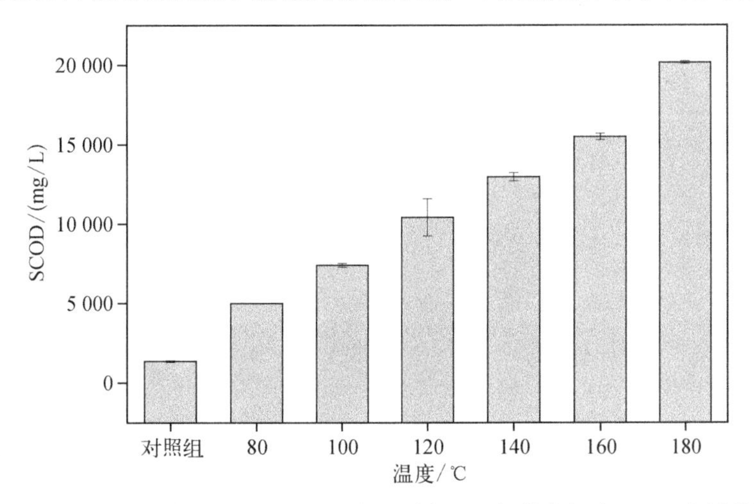

图 5－63　不同后置热水解温度对沼渣离心脱水后上部热水解液 SCOD 含量的影响

随着热水解温度的升高，其 SCOD 浓度随之提高（Carrere et al.，2008；Bougrier et al.，2006；Valo et al.，2004）。Carrere 等（2008）发现，在 60～170℃温度范围内，COD 溶解性与温度呈现线性关系。

根据文献中报道，在厌氧消化过程中，大约有 12%～15%的有机物被用于维持细菌的生长以及新陈代谢所需的能量（Raposo et al.，2011）。因此，即使在完整的厌氧消化过程结束后，沼渣中仍然具有一定的有机物总量，而这部分有机物是难以被微生物利用的。只有通过高温热水解或者其他预处理手段，对沼渣进行类似破壁处理，将一些难以在一个厌氧消化过程内被利用的有机物以及微生物自身同化的有机物进一步释放为可降解有机物，才能够继续被厌氧微生物利用。

（3）对沼渣离心脱水后上部热水解液 TN 的影响

如图 5－64 所示，消化污泥由于蛋白质等含氮有机物的降解，总氮的本底值达到较高的 1 900 mg/L，随着后置热水解温度的提高，沼渣中含氮有机物进一步分解（Wilson and Novak，2009；Penaud et al.，1999），这就使得其离心脱水后上部热水解液中 TN 浓度进一步提升。当后置热水解温度达到 160℃以上时，其 TN 浓度可以达到 3 500 mg/L 左右。考虑到后置热水解温度为 160℃时，其沼渣热水解液 pH 可以达到 9.0 以上，根据经验公式，这会进一步提升热水解液中总氨氮及游离氨浓度（Hansen et al.，1998）。而根据 Hejnfelt 和 Angelidaki（2009）的研究结果，在厌氧消化系统中，总氨氮浓度在 1 500～7 000 mg/L 内均有可能发生氨抑制现象。

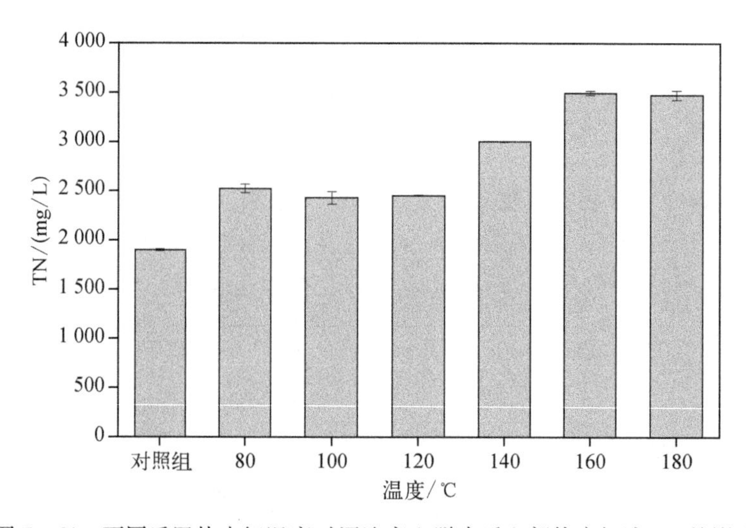

图 5－64 不同后置热水解温度对沼渣离心脱水后上部热水解液 TN 的影响

而对于后置热水解工艺，其沼渣热水解液循环回流，势必会进一步累积进而提升系统内总氮浓度，根据文献报道，可能造成系统氨抑制，影响系统微生物产气，甚至系统崩溃（Yenigun and Demirel，2013）。故对于后置热水解工艺，可以考虑在热水解液回流之前进行氨吹脱，在回收氮源的同时保证后置热水解反应器的稳定运行。

（4）沼渣热水解后离心脱水上部热水解液厌氧消化性能

研究设置为六组，分别为：S1，100 g 原脱水污泥（TS = 11.5%，VS/TS = 66.3%，下

同）+50 g 稀释水+50 g 接种泥（TS=5.6%，VS/TS=54.0%，下同）；S2，100 g 原脱水污泥160℃热水解泥+50 g 稀释水+50 g 接种泥；S3，100 g 原脱水污泥+50 g 接种泥 160℃热水解液+50 g 接种泥；S4，100 g 原脱水污泥+50 g 接种泥 180℃热水解液+50 g 接种泥；S5，50 g 接种泥 160℃热水解液+50 g 接种泥；S6，50 g 接种泥 180℃热水解液+50 g 接种泥。其中，接种泥取自长期使用该脱水污泥作为进料的半连续反应器。

研究结果如图 5-65 所示，均进行批次反应 35 d 至厌氧消化产气不明显为止。各批次产气实验单位添加 VS 产甲烷量如表 5-20 所示。C1 代表 S2 与 S1 单位添加 VS 产甲烷量差值，C2 代表 S3 与 S1 单位添加 VS 产甲烷量差值，C3 代表 S5 单位添加 VS 产甲烷量。

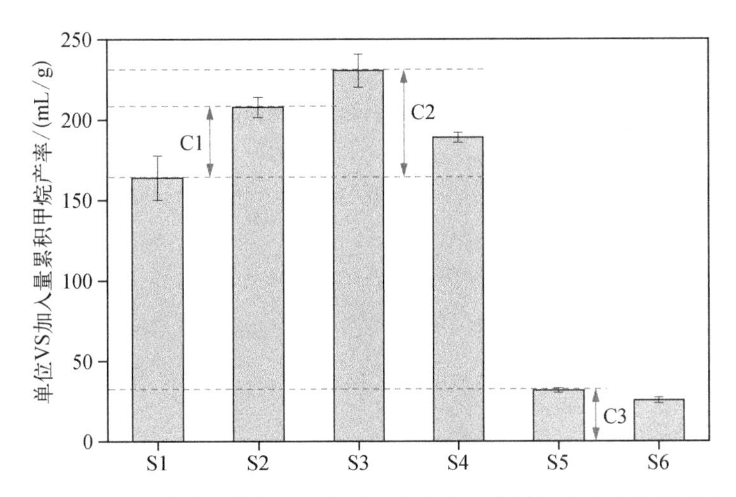

图 5-65　不同后置热水解温度对沼渣热水解液厌氧消化性能的影响

从表 5-20 可以看出，相比于 S1，S2 产甲烷量提升了 26.8%。而 S3 提升了 40.7%，S4 仅有 15.6%。参考不同后置热水解温度对沼渣 SCOD 溶出的影响，可以看出，尽管在后置 180℃处理沼渣后可以释放出比 160℃条件下更多的 SCOD，但有可能在更高温度的热水解反应中生成某些不易被厌氧微生物降解的溶解性有机物，从而降低其产气性能。

表 5-20　S1 至 S6 各批次实验单位添加 VS 产甲烷一览表

实验组别	单位添加 VS 产甲烷量/(mL/g)	实验组别	单位添加 VS 产甲烷量/(mL/g)
S1	164.3±13.3	S6	26.4±1.3
S2	208.4±5.9	C1	44.1
S3	231.1±10.1	C2	66.8
S4	189.9±3.6	C3	32.7±1.6
S5	32.7±1.6		

Bougrier 等（2008）报道，当热水解预处理温度达到 190℃以上时，污泥中羰基化合物（还原糖类）和氨基化合物（氨基酸和蛋白质）会发生美拉德反应，进而产生难以被厌氧微生物降解利用的棕色或黑色的大分子物质类黑精，从而降低污泥的可生物降解性能（但仍然高于未处理的空白组）。还有研究表明，当热水解预处理温度超过 175℃时，活性污泥

的溶解性得到促进但产气性能没有得到改善(Haug et al.,1983;Haug et al.,1978)。

此外,对比C2及C3可以发现,当热水解沼液单独厌氧消化时,其对于系统产甲烷的贡献远低于其与脱水污泥共同厌氧消化时贡献的产量。这可以看出,沼渣热水解液与脱水污泥共消化时可以改善两者单独厌氧消化的环境,进而提升S3厌氧消化产甲烷的表现。

5.6 不同热水解工艺对污泥厌氧消化影响的比较

为了探讨不同热水解工艺对污泥厌氧消化影响,作者对比三种运行条件下厌氧消化性能的差异,即:① AD反应器,采用传统污泥厌氧消化工艺;② THP-AD反应器,采用前置160℃热水解预处理—厌氧消化工艺;③ AD-THP(脱氮)反应器,采用后置160℃热水解—沼液脱氮回流—厌氧消化工艺。其中②与③每次热水解的时间均为30 min。三种厌氧消化反应器的运行条件如图5-66所示。

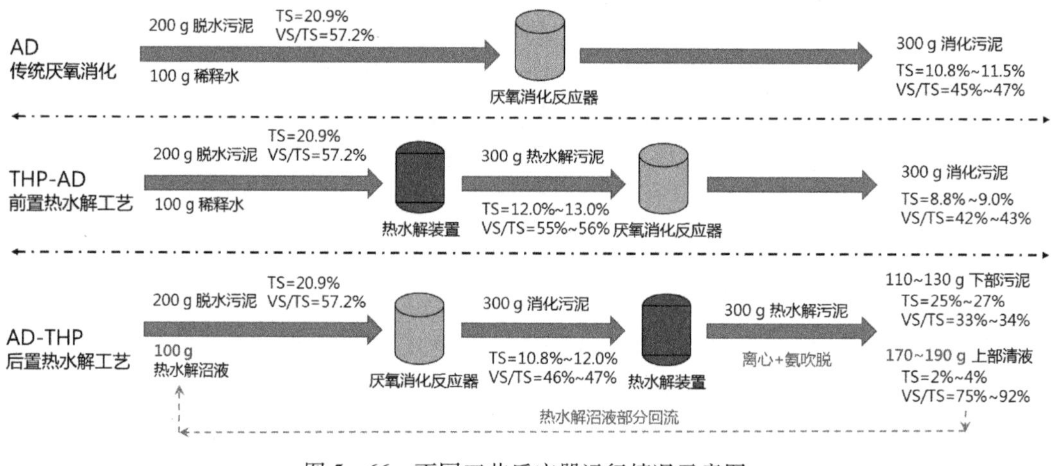

图5-66 不同工艺反应器运行情况示意图

5.6.1 不同污泥厌氧消化工艺的运行条件

三组反应器有效容积均为6 L,设置污泥停留时间(SRT)均为20 d,均经过30 d的启动期并连续稳定运行至100 d,其中AD反应器和THP-AD反应器每日进泥量均为200 g脱水污泥(TS为20.4%~21.5%,VS/TS为56.4%~61.1%)+100 g稀释水,AD-THP(脱氮)反应器则为200 g脱水污泥+100 g反应器出料沼渣热水解离心脱水上部液体(脱氮后)。其中出料沼渣热水解后离心脱水条件为8 000 r/min、10 min;上部热水解沼液脱氮条件为加碱(4 mol/L NaOH溶液)调节沼液pH至10.0,后于70℃水浴条件下小孔曝气30 min。

三种反应器运行期间内部物料 TS 变化如图 5－67 所示。稳定运行期内，THP－AD 反应器由于进料污泥经过热水解预处理，其 TS 最低，大致为 9.0%。而 AD 反应器稳定在 11.0%左右，AD－THP（脱氮）反应器由于回流的热水解沼液中有少量的 TS（3.0%左右），最终稳定在 12.0%左右。

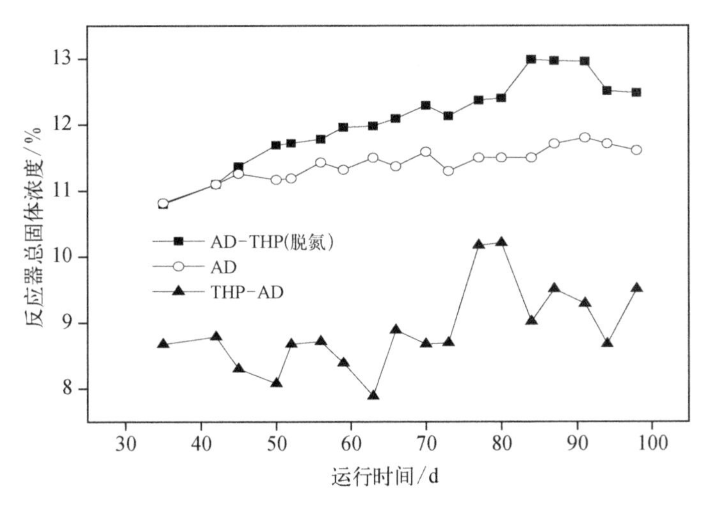

图 5－67 不同工艺半连续反应器运行期间内部物料 TS 变化

5.6.2 不同热水解处理下污泥厌氧消化工艺运行性能的比较

对三种反应器基础运行性能指标（pH、每日产气性能、单位添加 VS 产沼气及产甲烷性能、总 VS 降解率、有机物含量等）进行分析，具体结果如下所述。

(1) 反应器内 pH

如图 5－68 所示，在 100 d 运行期内，AD 反应器内 pH 稳定在 7.8 附近，而 THP－AD 反应器及 AD－THP（脱氮）反应器受进料影响较大，大致稳定在 8.0 附近，稍高于 AD 反应器。

根据文献中报道，厌氧消化过程中最适宜的产甲烷 pH 范围为 6.8～7.2（Ogejo et al.，2009）。其中产甲烷古菌对系统 pH 波动极为敏感，其活性在 7.0 附近达到最高，而当 pH 低于 6.6 时，则随之显著下降（Ogejo et al.，2009；Ward et al.，2008）。而产酸菌对 pH 敏感性较弱，其可以适应 4.0～8.5 的 pH 范围，而水解及酸化过程最适宜的 pH 为 5.5～6.5（Ogejo et al.，2009；Appels et al.，2008；Ward et al.，2008）。结合图 5－68 可知，三个反应器均为高含固反应器，进料有机物浓度均较高，故而导致三个反应器系统 pH 均较高于 7.0。

对于 THP－AD 反应器，由于污泥经过热水解后，会促进蛋白质的溶解，从而提高系统中总氨氮的浓度（Penaud et al.，1999），进一步导致系统内 pH 较高于 AD 反应器。而 AD－THP（脱氮）反应器，由于出料沼渣含氮有机物分解，热水解沼液本底 pH 较高，达到 9.0 以上。且其在后续脱氮的过程中进行了加碱处理，故导致该反应器实际进料 pH 高于 AD 反应器，进而使得反应器内 pH 稍高于 AD 反应器。

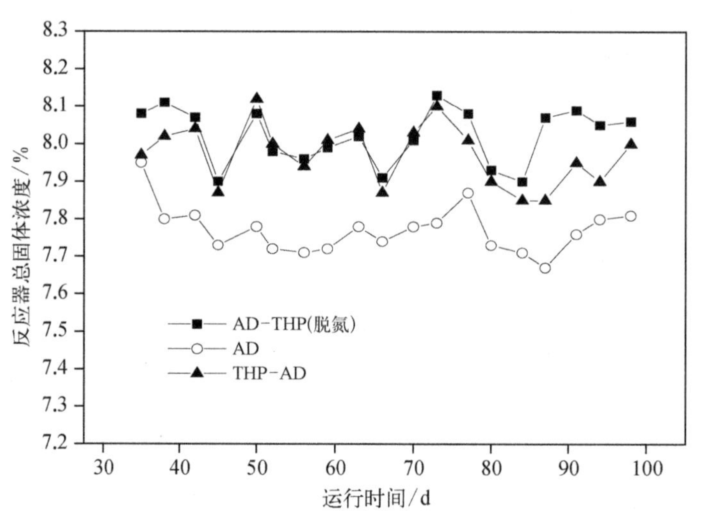

图 5-68 不同工艺反应器内 pH 变化

(2) 每日产气性能

如图 5-69 和图 5-70 所示,AD 反应器每日产沼气量大致稳定在 7.5 L/d,产甲烷量为 4.5 L/d 左右。THP-AD 反应器及 AD-THP(脱氮)反应器每日产沼气量大致稳定在 11.2 L/d,产甲烷量为 7.0 L/d 左右,相对于 AD 反应器,每日产沼气量提升 49.3%,每日产甲烷量提升 55.5%。

值得注意的是,AD-THP(脱氮)反应器每日出料 300 g,经过 160℃热水解后,离心脱水可以获得 170~190 g 热水解沼液,其中 TS=2%~4%、VS/TS=75%~92%。当每日常规进料回流 100 g 热水解沼液时,其回流比(定义为回流至反应器内沼液含量占沼渣总热水解沼液含量)大致为 52.6%~58.8%。其中,在第 92 天,进料回流 150 mL 沼液,回流比大致为 78.9%~88.2%。从图 5-69 和图 5-70 可知,第 92 天及第 93 天, AD-THP(脱氮)

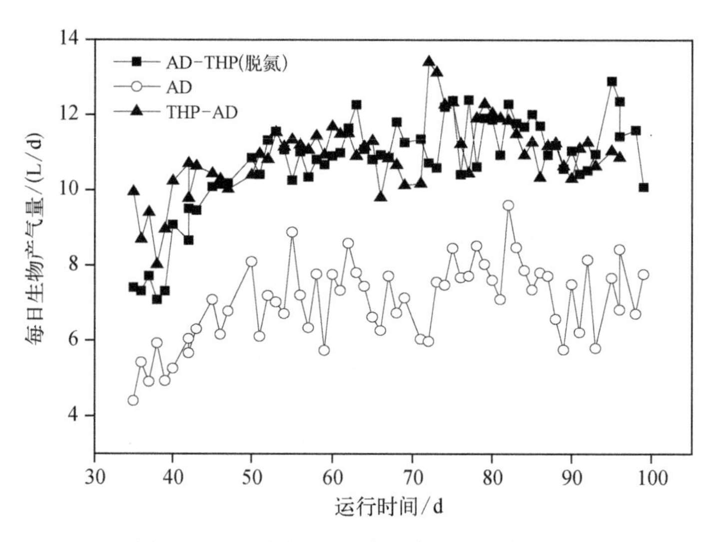

图 5-69 不同工艺反应器每日产沼气性能

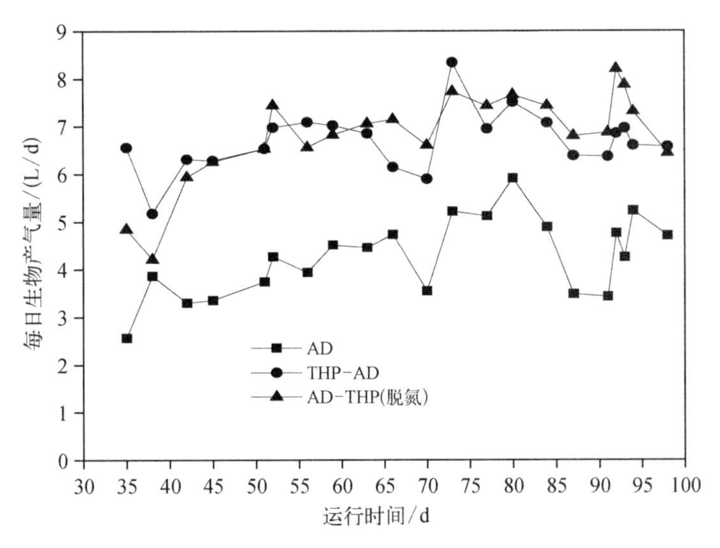

图5-70 不同工艺反应器每日产甲烷性能

反应器每日沼气产量分别为12.9 L/d和12.4 L/d,产甲烷量分别为8.2 L/d和7.9 L/d,以第92天为例,相对于THP-AD反应器分别提升11.9%和17.1%。

从THP-AD反应器及AD-THP(脱氮)反应器的产气性能对比可以得出,后置高温热水解工艺在前置热水解工艺基础上进一步提升产气性能的原因主要有:① 回流的热水解的沼液具有较高的SCOD浓度(20 000 mg/L左右),而这部分有机物较容易被消化罐内微生物转化为沼气;② 将回流的热水解沼液有机物负荷核算至进料有机物负荷的一部分时,AD-THP(脱氮)反应器整体有机物负荷为4.4 kg/(m^3·d)(回流比为55%左右),当回流比达到83%左右时,其有机负荷达到4.6 kg/(m^3·d)。而THP-AD反应器及AD反应器仅为3.9 kg/(m^3·d)。文献中报道,在达到最佳有机负荷之前,系统的产气性能会随着有机负荷的增加而上升(Kwietniewska and Tys,2014)。且Ehimendeng等(2011)报道,最有效的污泥厌氧消化有机负荷为5.0 kg/m^3。因此,AD-THP(脱氮)反应器整体产气性能均优于THP-AD反应器及AD反应器。

(3) 单位添加VS产沼气及产甲烷性能

如图5-71和图5-72所示,AD反应器单位添加VS产沼气量大致稳定在300 mL/(g·d),单位添加VS产甲烷量为180 mL/(g·d)左右。THP-AD反应器及AD-THP(脱氮)反应器单位添加VS产沼气量大致稳定在455 mL/(g·d),产甲烷量为285 mL/(g·d)左右,相对于AD反应器,单位添加VS产沼气量提升51.7%,单位添加VS产甲烷量提升58.3%。

其中,在第92天,进料回流150 mL沼液,回流比大致为78.9%~88.2%。由图5-71和图5-72可知,第92天及第93天,AD-THP(脱氮)反应器单位添加VS产沼气量分别为544.6 mL/(g·d)和536.0 mL/(g·d),单位添加VS产甲烷量分别为357.0 mL/(g·d)和342.0 mL/(g·d),以第92天为例,相对于THP-AD反应器分别提升19.7%及25.3%。

由于回流热水解沼液的高SCOD浓度及系统较高的有机物负荷,使得AD-THP(脱

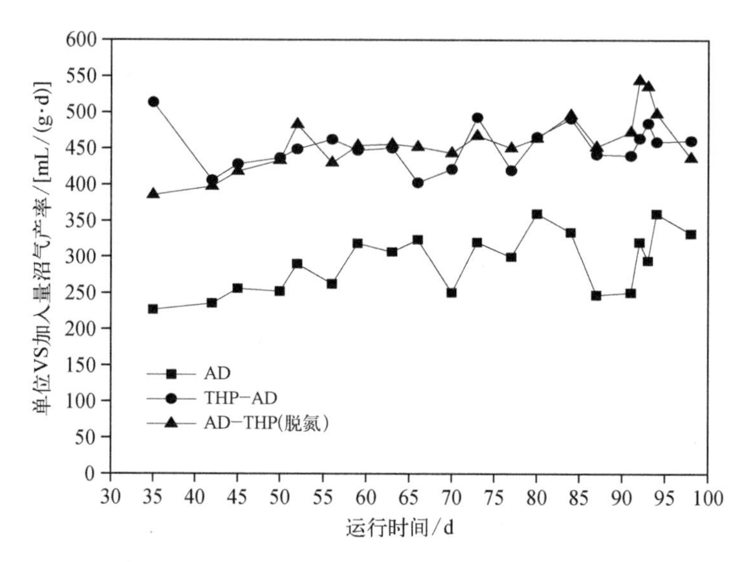

图 5-71 不同工艺反应器单位添加 VS 产沼气性能

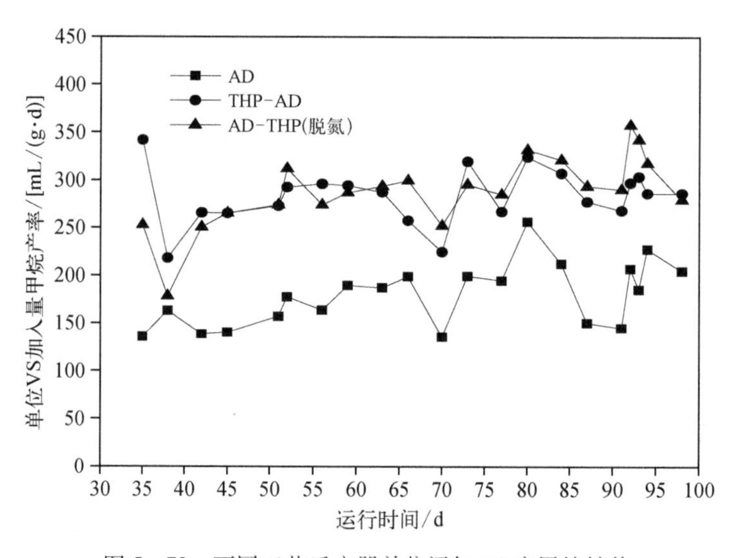

图 5-72 不同工艺反应器单位添加 VS 产甲烷性能

氮）反应器稳定运行并具有高于 AD 反应器及 THP-AD 反应器的产气性能。

（4）总 VS 降解率

AD 反应器及 THP-AD 反应器的总 VS 降解率均以整个系统进料脱水污泥 VS 含量与出料沼渣 VS 含量计算总 VS 降解率。AD-THP（脱氮）反应器以整个系统进料脱水污泥 VS 含量及出料沼渣热水解后离心脱水下部固体 VS 含量计算总 VS 降解率。

如图 5-73 所示，AD 反应器总 VS 降解率大致为 36%，THP-AD 反应器为 48%左右，而 AD-THP（脱氮）反应器稳定在 62%左右。结合批次后置热水解温度对沼渣热水解离心脱水后上部热水解液 VS 含量的影响，可以看出，对于 AD-THP（脱氮）反应器，其出料沼渣热水解后大部分 VS 存在于上部热水解回流液中，降低了真实出料下部固体中的 VS 含量。

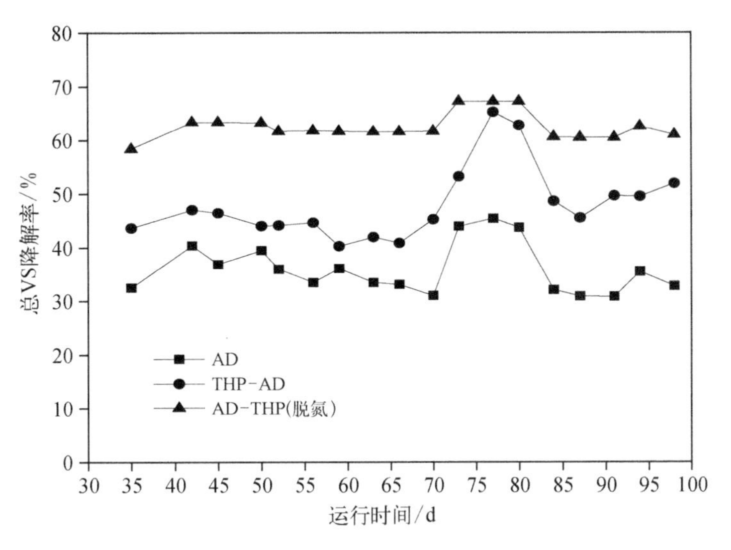

图5-73　不同工艺反应器总VS降解率变化

根据文献报道,前置高温热水解工艺由于可以促进污泥中有机物的水解(Xue et al.,2015a;Bougrier et al.,2008)、增加单位质量污泥中易被降解有机物的含量并进一步提升厌氧消化过程中产甲烷的效率(Abelleira-Pereira et al.,2015),从而使得THP-AD反应器的VS降解率高于AD反应器。而对于AD-THP(脱氮)反应器,其总VS降解率高于THP-AD反应器主要体现在以下两个方面:① 回流的热水解沼液从来源上分析,其经过了两次厌氧消化+一次高温热水解,相对于THP-AD反应器而言,其多利用了一次微生物对有机物的生物降解作用;② AD-THP(脱氮)反应器出料沼渣经热水解处理后脱水性能优于THP-AD反应器,故其出料沼渣热水解后可以将大部分溶解性有机物转移至上部热水解液体内,从而降低下部真实出料沼渣VS含量。

(5) 有机物含量变化

作者前期研究发现,脱水污泥经长期中温厌氧消化后所降解的VS中主要成分为蛋白质,其降解量高达系统VS降解量的72.24%(陈思思,2016)。因此对于AD-THP(脱氮)反应器,主要以其出料沼渣中有机物组成中的多糖为研究对象。作者主要测定三台不同工艺反应器中总多糖及溶解性多糖的含量变化,用以揭示并表征后置高温热水解工艺产气性能及VS降解率提升的原因。

由于进料泥质影响,三种反应器出料多糖浓度均有所波动,其中AD-THP(脱氮)反应器由于还受回流热水解沼液中多糖浓度影响,故波动最大。从图5-74可以看出,AD-THP(脱氮)反应器和AD反应器出料总多糖浓度几乎一致(60 mg/g左右),THP-AD反应器大致为45 mg/g左右。如图5-75所示,AD、THP-AD及AD-THP(脱氮)三种反应器出料溶解性多糖浓度分别为1.20 g/L、1.60 g/L和2.25 g/L左右。

据文献报道(Li and Noike,1992),热水解预处理对主要有机化合物水解的影响效果依次为:糖类>蛋白质>脂肪。这说明,AD-THP(脱氮)反应器出料沼渣中多糖在经过高温热水解处理后,能够得到充分水解并转化为更易被微生物利用的溶解性多糖。因此,尽管回流的热水解沼液中含有较高浓度的多糖(3.54 g/L左右),但回流的沼液均能够在反

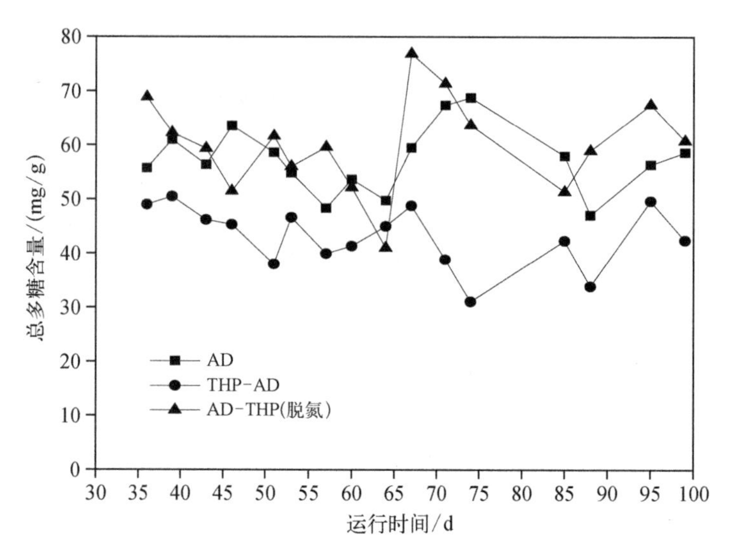

图 5-74　不同工艺反应器出料总多糖含量变化(TS)

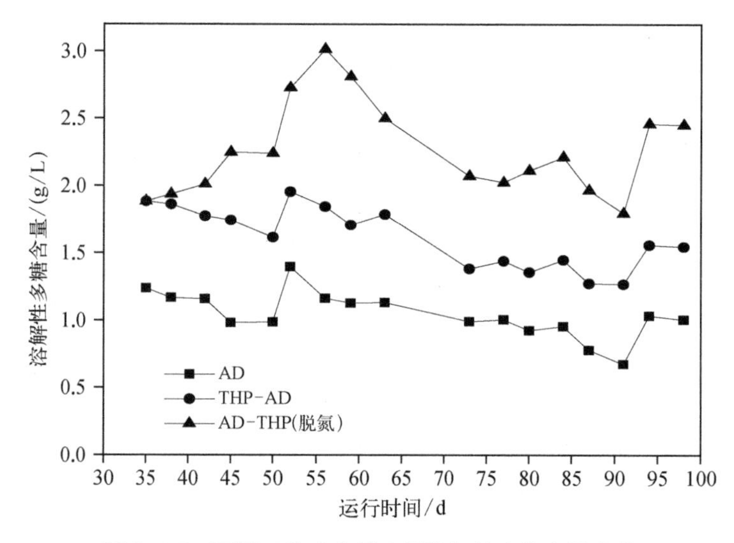

图 5-75　不同工艺反应器出料溶解性多糖含量变化

应器内被微生物充分利用,这可以为微生物产甲烷过程提供一个良好的底物基础,并经过一系列生物过程转化为沼气。

(6) 后置反应器出料沼渣热水解离心脱水后下部固体产气性能

为探究后置反应器出料沼渣热水解离心脱水后下部固体稳定性及产气性能,取一定量沼渣(TS 约为 25%左右)稀释后用以进行产气 BMP 实验,具体指标如表 5-21 所示。

表 5-21　后置反应器污泥沼渣基本性质

污　泥	TS/%	VS/TS/%	SCOD/(mg/L)
沼　渣	14.0	35.6	13 500
接种泥	9.6	35.9	—

如图5-76所示，结合图5-69至图5-73，尽管后置反应器产气性能提升显著，其VS降解率也较高，但由于其出料经过热水解后，SCOD溶出仍有部分残留在下部固体中，使其仍具有一定的产气性能，经过34 d厌氧消化，单位VS甲烷产量可以达到113.8 mL/g。因此后置高温热水解工艺出料的脱水性能提高就显得尤为重要，且其真实出料沼渣的稳定性需要通过一定的措施进行保障。

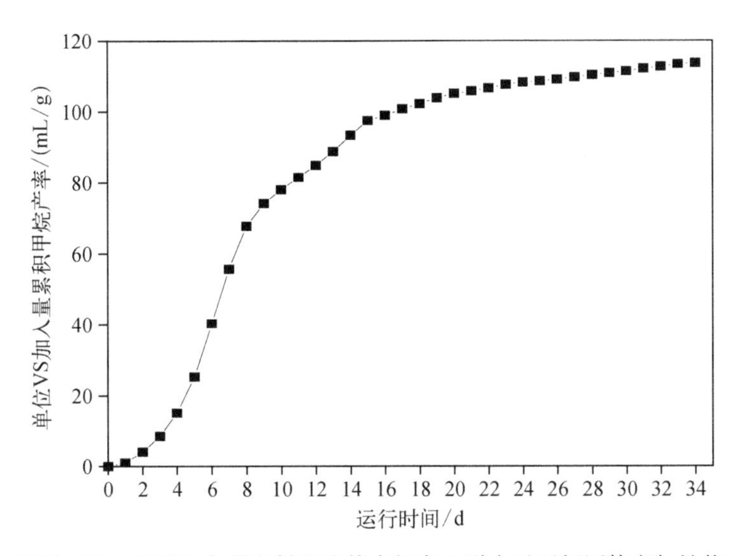

图5-76 后置反应器出料沼渣热水解离心脱水后下部固体产气性能

5.6.3 不同热水解处理下污泥厌氧消化系统微生物群落比较

取三种半连续反应器稳定运行至90 d的出料用于进行微生物高通量测序，用以对比分析不同热水解处理下厌氧消化达到稳定运行的条件时，各反应器内主要微生物种群分布的差异。

(1) OTU分析

可操作分类单元(operational taxonomic units，OTU)是在系统发生学或群体遗传学研究中，为了便于进行分析，人为给某一个分类单元(品系、属、种、分组等)设置的统一标志。要了解一个样本测序结果中的菌种、菌属等数目信息，就需要对序列进行聚类(cluster)。通过聚类操作，将序列按照彼此的相似性分归为许多小组，一个小组就是一个OTU。可根据不同的相似度水平，对所有序列进行OTU划分，通常在97%的相似水平下的OTU进行生物信息统计分析。所用软件平台：Usearch(version 7.0，http://drive5.com/uparse/)。

OTU聚类步骤如下：① 对优化序列提取非重复序列，便于降低分析中间过程冗余计算量(http://drive5.com/usearch/manual/dereplication.html)；② 去除没有重复的单序列(http://drive5.com/usearch/manual/singletons.html)；③ 按照97%相似性对非重复序列(不含单序列)进行OTU聚类，在聚类过程中去除嵌合体，得到OTU的代表序列；④ 将所有优化序列map至OTU代表序列，选出与代表序列相似性在97%以上的序列，生成OTU

表格。

（2）Alpha 多样性分析

研究环境中微生物的多样性，可以通过单样本的多样性（Alpha 多样性）分析反映微生物群落的丰度和多样性，包括一系列统计学分析指数估计环境群落的物种丰度和多样性。

其中，Ace 指数用来估计群落中 OTU 数目的指数，由 Chao 提出，是生态学中估计物种总数的常用指数之一。Shannon 指数是用来估算样本中微生物多样性的指数之一。Ace 指数与 Simpson 多样性指数常用于反映 Alpha 多样性指数。Shannon 值越大，说明群落多样性越高。Coverage 指数是指各样本文库的覆盖率，其数值越高，则样本中序列被测出的概率越高，而没有被测出的概率越低，该指数反映本次测序结果是否代表了样本中微生物的真实情况。

1）Ace 指数

如图 5－77 和图 5－78 所示，无论是对于古菌还是细菌，可以看出前置热水解工艺微生物多样性均低于传统厌氧消化工艺和后置热水解工艺。且三种反应器的古菌 Ace 指数均显著低于细菌，这表明在三种反应器中，细菌的微生物多样性均显著高于古菌的。

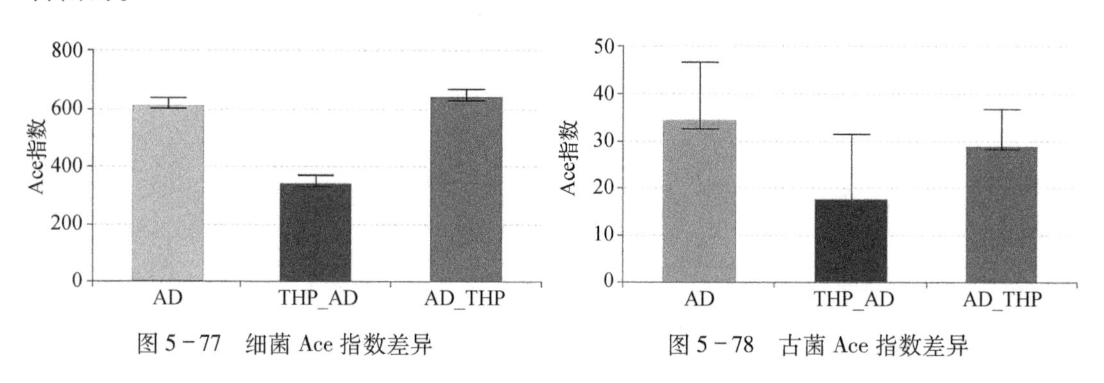

图 5－77 细菌 Ace 指数差异

图 5－78 古菌 Ace 指数差异

2）Shannon 指数

如图 5－79 和图 5－80 所示，对于系统内的细菌多样性，三种反应器的 Shannon 指数均处于同一水平，和 Ace 指数略有差异。而对于古菌多样性，则呈现出和 Ace 指数相同的差异，即传统厌氧消化工艺和后置热水解工艺均高于前置热水解工艺。即对于三种反应器而言，前置热水解工艺厌氧消化系统具有最低的古菌多样性。

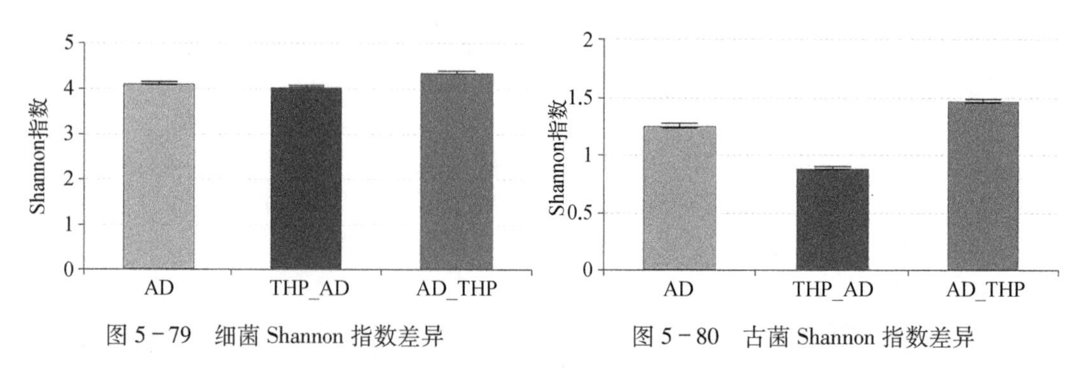

图 5－79 细菌 Shannon 指数差异

图 5－80 古菌 Shannon 指数差异

3）Coverage 指数

由图5－81及图5－82可知，对于三种反应器而言，无论是古菌还是细菌，其Coverage指数均接近1，这也就表明样本中序列被测出的概率接近于100%，即反映了本次测序结果可代表样本中微生物群落的真实情况。

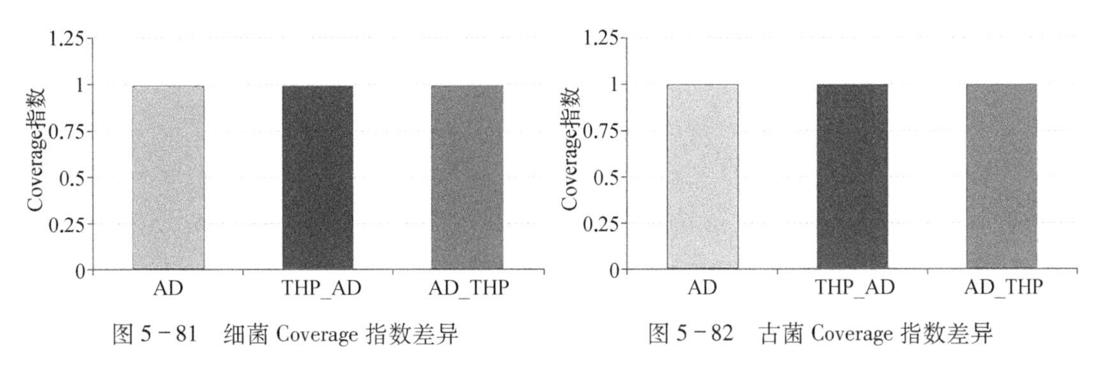

图5－81 细菌Coverage指数差异　　图5－82 古菌Coverage指数差异

（3）稀释曲线分析

稀释曲线（rarefaction curve）主要利用各样本测序量在不同测序深度时的微生物多样性指数构建曲线，以此反映各样本在不同测序数量时的微生物多样性。它可以用来比较测序数据量不同的样本中物种的丰富度、均一性或多样性，也可以用来说明样本的测序数据量是否合理。稀释曲线采用对序列进行随机抽样的方法，以抽到的序列数与它们对应的物种（如OTU）数目或多样性指数，构建稀释曲线，如Shannon－Wiener曲线，曲线趋向平坦时，说明测序数据量足够大，可以反映样本中绝大多数的微生物多样性信息。

由图5－83和图5－84可知，对于此次三种反应器中古菌及细菌微生物多样性的测序数据量足够大，可以反映样本中绝大多数的微生物多样性信息，即本次微生物多样性测序具有代表性，可以用于反映真实微生物多样性信息。

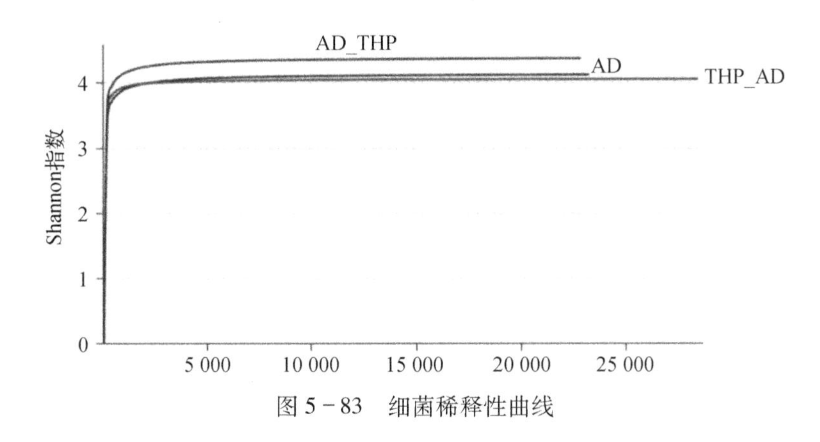

图5－83 细菌稀释性曲线

（4）细菌种群多样性

据分类学分析结果，可以得知不同样本古菌在门水平上的群落结构组成情况。根据古菌群落柱状图，可以直观呈现两方面信息：① 各样本在某一分类学水平上含有何种微生物；② 样本中各微生物的相对丰度（所占比例）。

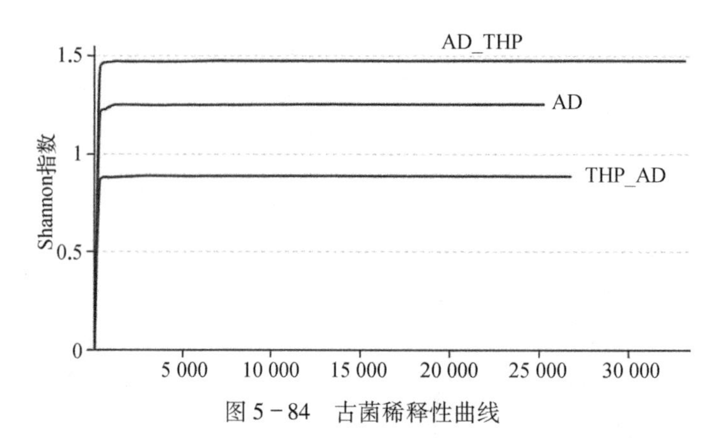

图 5-84 古菌稀释性曲线

由图 5-85 可知，结合 Alpha 多样性分析，前置热水解反应器由于对相关微生物种类进行了富集，其细菌在门水平上多样性显著低于传统厌氧消化及后置热水解反应器。传统厌氧消化工艺反应器主要细菌组成（门水平）为：Firmicutes（厚壁菌门）30.9%，Bacteroidetes（拟杆菌门）20.0%，Actinobacteria（放线菌门）14.0%，Proteobacteria（变形菌门）10.6%，WS6 18.6%。前置热水解工艺反应器主要细菌组成（门水平）为：Firmicutes（厚壁菌门）65.2%，Bacteroidetes（拟杆菌门）29.9%，Actinobacteria（放线菌门）2.6%。后置热水解工艺反应器主要细菌组成（门水平）为：Firmicutes（厚壁菌门）45.7%，Bacteroidetes（拟杆菌门）11.3%，Actinobacteria（放线菌门）19.2%，Proteobacteria（变形菌门）9.7%，WS6 5.8%。

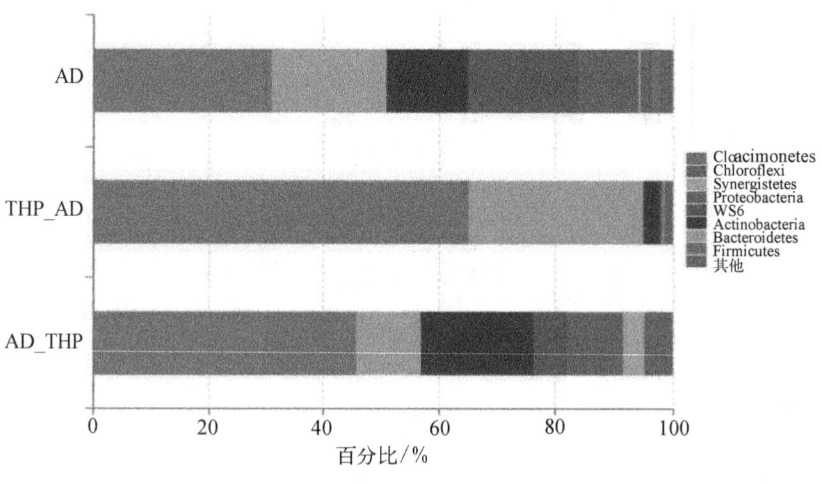

图 5-85 细菌种群多样性

Firmicutes（厚壁菌门）是典型的互养型细菌，其可以降解 VFA，如丁酸及其类似物，产生 H_2，最终被氢利用型产甲烷古菌利用合成甲烷（Riviere et al.，2009）。Bacteroidetes（拟杆菌门）是异养型的糖化菌，属严格厌氧的水解酸化细菌。其对蛋白质的降解起重要作用，能够利用氨基酸产生 VFA，如乙酸、丙酸盐和琥珀酸盐等，该过程同时伴有副产物氨氮产生，且多存在于以污泥为基质的厌氧消化反应器中（Cardinali-Rezende et al.，2009；Riviere et al.，2009；Wang et al.，2009）。Proteobacteria（变形菌门）是活性污泥中的优势菌群，其在有机物降解、营养物质去除以及污泥絮状体结构形成等方面都起着重要的作用（Wagner and Loy，2002）。且能利用丙酸盐、丁酸盐和乙酸盐生长，对污泥厌氧消化有机物的水解过程起重要作用（Ariesyady　et al.，2007）。

由图5－85可知，后置高温热水解工艺细菌种群的多样性与传统厌氧消化工艺具有较大的相似性，两者最主要的区别是后置高温热水解工艺强化了Firmicutes（厚壁菌门）及Actinobacteria（放线菌门）的种群密度分布。而相较于前置高温热水解反应器，后置热水解工艺强化了Proteobacteria（变形菌门）及Actinobacteria（放线菌门）的种群密度分布。考虑到后置高温热水解工艺相对于传统厌氧消化工艺及前置高温热水解厌氧消化工艺，具有两部分消化基质（原脱水污泥+沼渣热水解液），因此其细菌微生物多样性兼具了后两种工艺的特点：细菌微生物多样性高且相应的水解酸化细菌得到了富集和加强。

（5）古菌种群多样性

据分类学分析结果，可以得知不同样本古菌在各“属”水平上的群落结构组成情况。根据古菌群落柱状图，可以直观呈现两方面信息：① 各样本在某一分类学水平上含有何种微生物；② 样本中各微生物的相对丰度（所占比例）。

根据图5－86，结合Alpha多样性分析，由于前置热水解反应器对相关微生物种类进行了富集，其古菌在属水平上多样性显著低于传统厌氧消化及后置热水解反应器。传统厌氧消化工艺反应器主要古菌组成（属水平）为：*Methanosarcina*（甲烷八叠球菌属）72.7%，*Methanoculleus*（甲烷囊菌属）2.0%，*Methanobacterium*（甲烷杆菌属）11.5%。前置热水解工艺反应器主要古菌组成（属水平）为：*Methanosarcina*（甲烷八叠球菌属）73.5%，*Methanoculleus*（甲烷囊菌属）16.5%，*Methanobacterium*（甲烷杆菌属）5.6%。后置热水解工艺反应器主要古菌组成（属水平）为：*Methanosarcina*（甲烷八叠球菌属）61.6%，*Methanoculleus*（甲烷囊菌属）12.6%，*Methanobacterium*（甲烷杆菌属）9.6%。

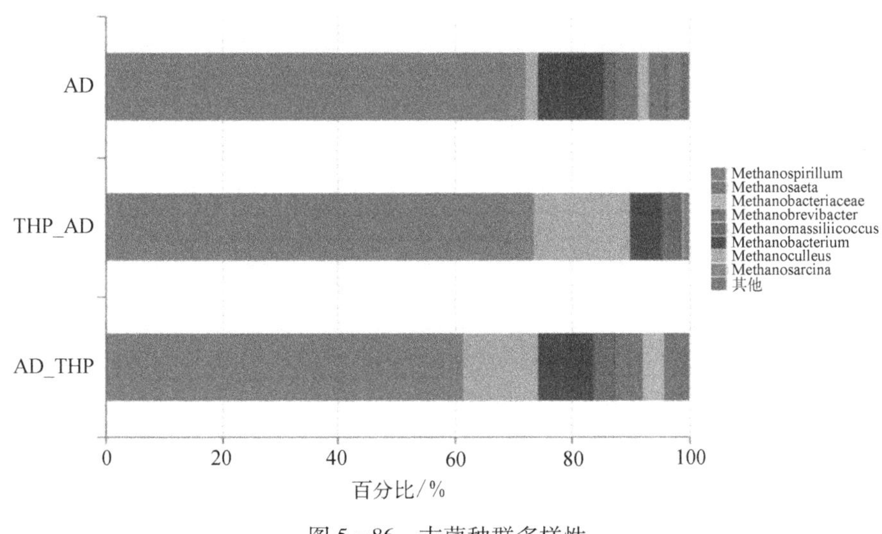

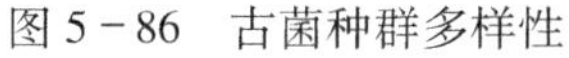
图5－86　古菌种群多样性

Methanosarcina（甲烷八叠球菌属）生长效率高，且相比于其他产甲烷古菌，具备较强

的应对系统 pH 等因素突变的能力(Conklin et al.,2006)。根据文献报道,*Methanosarcina*(甲烷八叠球菌属)除能够直接利用乙酸为底物合成甲烷之外,还能够利用 H_2 和 CO_2 合成甲烷(Cole et al.,2014)。因此,其存在能为厌氧消化系统提供良好的产气稳定性(Boucias et al.,2013)。

由图 5-86 可知,在三个不同工艺反应器中,*Methanosarcina*(甲烷八叠球菌属)均在产甲烷古菌中具有显著的优势。且各系统中产甲烷古菌多样性和细菌微生物多样性区别具有相似性,后置高温热水解反应器系统古菌多样性兼具了其他两种工艺的特点:古菌微生物多样性高且相应的产甲烷古菌得到了富集和加强。

参考文献

曹秉帝,张伟军,王东升,等. 2015. 高铁酸钾调理改善活性污泥脱水性能的反应机制研究. 环境科学学报,35(12):3805-3814.

陈思思. 2016. 高温热水解对脱水污泥泥质及其厌氧消化性能的影响. 上海:同济大学硕士学位论文.

宫曼丽,丁明亮,Nawawi D,等. 2010. 活性污泥中温厌氧消化热水解预处理工艺——Biothelys. 2010 年中国城镇污泥处理处置技术与应用高级研讨会论文集:203-214.

王治军,王伟. 2004. 污泥热水解过程中固体有机物的变化规律. 中国给水排水,20(7):1-5.

王治军,王伟. 2005. 热水解预处理改善污泥的厌氧消化性能. 环境科学,26(1):69-71.

张少辉,华玉妹. 2004. 污泥厌氧消化的强化处理技术. 环境保护科学,30(5):13-15.

朱敬平,李笃中. 2001. 污泥处置(II):污泥之前处理. 台湾大学工程学刊,82:49-76.

Abelleira-Pereira J M, Perez-Elvira S I, Sanchez-Oneto J, et al. 2015. Enhancement of methane production in mesophilic anaerobic digestion of secondary sewage sludge by advanced thermal hydrolysis pretreatment. Water Research, 71:330-340.

Anderson N J, Dixon D R, Harbour P J, et al. 2002. Complete characterisation of thermally treated sludges. Water Science and Technology, 46(10):51-54.

Appels L, Baeyens J, Degreve J, et al. 2008. Principles and potential of the anaerobic digestion of waste-activated sludge. Progress in Energy and Combustion Science, 34(6):755-781.

Appels L, Degreve J, Van der Bruggen B, et al. 2010. Influence of low temperature thermal pre-treatment on sludge solubilisation, heavy metal release and anaerobic digestion. Bioresource Technology, 101(15):5743-5748.

Ariesyady H D, Ito T, Okabe S. 2007. Functional bacterial and archaeal community structures of major trophic groups in a full-scale anaerobic sludge digester. Water Research, 41(7):1554-1568.

Audrey P, Julien L, Christophe D, et al. 2011. Sludge disintegration during heat treatment at low temperature: a better understanding of involved mechanisms with a multiparametric approach. Biochemical Engineering Journal, 54(3): 178 - 184.

Brooks B R. 1970. Heat treatment of sewage sludge. Water Pollution Control, 69: 92 - 99.

Barber W. 2010. The influence on digestion and advanced digestion on the environmental impacts of incinerating sewage sludge — a case study from the UK. Proceedings of the Water Environment Federation, 2010(4): 865 - 881.

Borges E S M, Chernicharo C A L. 2009. Effect of thermal treatment of anaerobic sludge on the bioavailability and biodegradability characteristics of the organic fraction. Brazilian Journal of Chemical Engineering, 26(3): 469 - 480.

Boucias D G, Cai Y P, Sun Y J, et al. 2013. The hindgut lumen prokaryotic microbiota of the termite Reticulitermes flavipes and its responses to dietary lignocellulose composition. Molecular Ecology, 22(7): 1836 - 1853.

Bougrier C, Delgenes J P, Carrere H. 2008. Effects of thermal treatments on five different waste activated sludge samples solubilisation, physical properties and anaerobic digestion. Chemical Engineering Journal, 139(2): 236 - 244.

Bougrier C, Delgenes J P, Carrere H. 2006. Combination of thermal treatments and anaerobic digestion to reduce sewage sludge quantity and improve biogas yield. Process Safety and Environmental Protection, 84(B4): 280 - 284.

Bougrier C, Delgenes J P, Carrere H. 2007. Impacts of thermal pre-treatments on the semi-continuous anaerobic digestion of waste activated sludge. Biochemical Engineering Journal, 34(1): 20 - 27.

Bryant M. 1979. Microbial methane production-theoretical aspects. Journal of Animal Science, 48(1): 193 - 201.

Cardinali-Rezende J, Debarry R B, Colturato L F D B, et al. 2009. Molecular identification and dynamics of microbial communities in reactor treating organic household waste. Applied Microbiology and Biotechnology, 84(4): 777 - 789.

Carrere H, Bougrier C, Castets D, et al. 2008. Impact of initial biodegradability on sludge anaerobic digestion enhancement by thermal pretreatment. Journal of Environmental Science and Health Part A-Toxic /Hazardous Substances & Environmental Engineering, 43(13): 1551 - 1555.

Chen Y C, Higgins M J, Beightol S M, et al. 2011. Anaerobically digested biosolids odor generation and pathogen indicator regrowth after dewatering. Water Research, 45(8): 2616 - 2626.

Climent M, Ferrer I, Baeza M D, et al. 2007. Effects of thermal and mechanical pretreatments of secondary sludge on biogas production under thermophilic conditions. Chemical Engineering Journal, 133(1 - 3): 335 - 342.

Coackley P, Allos R. 1962. The drying characteristics of some sewage sludges. Journal of the Institute of Sewage Purification, 6: 557 - 564.

Cole J R, Wang Q, Fish J A, et al. 2014. Ribosomal Database Project: data and tools for high throughput rRNA analysis. Nucleic Acids Research, 42(D1): 633 – 642.

Conklin A, Stensel H D, Ferguson J. 2006. Growth kinetics and competition between Methanosarcina and Methanosaeta in mesophilic anaerobic digestion. Water Environment Research, 78(5): 486 – 496.

Donoso-Bravo A, Perez-Elvira S, Aymerich E, et al. 2011. Assessment of the influence of thermal pre-treatment time on the macromolecular composition and anaerobic biodegradability of sewage sludge. Bioresource Technology, 102(2): 660 – 666.

Dwyer J, Starrenburg D, Tait S, et al. 2008. Decreasing activated sludge thermal hydrolysis temperature reduces product colour, without decreasing degradability. Water Research, 42 (18): 4699 – 4709.

Ehimen E A, Sun Z F, Carrington C G, et al. 2011. Anaerobic digestion of microalgae residues resulting from the biodiesel production process. Applied Energy, 88 (10): 3454 – 3463.

Feng G, Guo Y, Tan W. 2015. Effects of thermal hydrolysis temperature on physical characteristics of municipal sludge. Water Science & Technology A Journal of the International Association on Water Pollution Research, 72(11): 2018 – 2026.

Feng X, Deng J C, Lei H Y, et al. 2009. Dewaterability of waste activated sludge with ultrasound conditioning. Bioresource Technology, 100(3): 1074 – 1081.

Ferrer I, Ponsa S, Vazquez F, et al. 2008. Increasing biogas production by thermal (70℃) sludge pre-treatment prior to thermophilic anaerobic digestion. Biochemical Engineering Journal, 42(2): 186 – 192.

Fisher W J. 1971. High-temperature treatment of sewage sludges. Water Pollution Control, 70 (3): 355 – 373.

Gavala H N, Yenal U, Skiadas I V, et al. 2003. Mesophilic and thermophilic anaerobic digestion of primary and secondary sludge. Effect of pre-treatment at elevated temperature. Water Research, 37(19): 4561 – 4572.

Ge H Q, Jensen P D, Batstone D J. 2011. Increased temperature in the thermophilic stage in temperature phased anaerobic digestion (TPAD) improves degradability of waste activated sludge. Journal of Hazardous Materials, 187(1 – 3): 355 – 361.

Gulnaz O, Kaya A, Dincer S. 2006. The reuse of dried activated sludge for adsorption of reactive dye. Journal of Hazardous Materials, 134(1 – 3): 190 – 196.

Häner A, Mason C A, G H. 1994. Death and lysis during aerobic thermophilic sludge treatment: characterization of recalcitrant products. Water Research, 28(4): 863 – 869.

Hansen K H, Angelidaki I, Ahring B K. 1998. Anaerobic digestion of swine manure: Inhibition by ammonia. Water Research, 32(1): 5 – 12.

Haug R T, Stuckey D C, Gossett J M. 1978. Effect of thermal pretreatment on digestibility and dewaterability of organic sludges. Journal (Water Pollution Control Federation), 50(1): 73 – 85.

Haug R T, Lebrun T J, Tortorici L D. 1983. Thermal pretreatment of sludges — a field demonstration. Journal (Water Pollution Control Federation), 55(1): 23 - 34.

Hejnfelt A, Angelidaki I. 2009. Anaerobic digestion of slaughterhouse by-products. Biomass and Bioenergy, 33(8): 1046 - 1054.

Higgins M J, Beightol S, Mandahar U, et al. 2014. Effect of thermal hydrolysis temperature on anaerobic digestion, dewatering and filtrate characteristics. Proceedings of the Water Environment Federation, 2014(15): 2027 - 2037.

Higgins M J, Novak J T. 1997. The effect of cations on the settling and dewatering of activated sludges: laboratory results. Water Environment Research, 69(2): 215 - 224.

Hii K, Parthasarathy R, Baroutian S, et al. 2016. Changes in waste activated sludge viscosity during thermal treatment //Chemeca 2016, Engineers Australia. Adelaide, Australia: 713 - 720.

Houghton J I, Stephenson T. 2002. Effect of influent organic content on digested sludge extracellular polymer content and dewaterability. Water Research, 36(14): 3620 - 3628.

Ogejo J A, Wen Z, Ignosh J, et al. 2009. Biomethane technology. Virginia Cooperative Extencion. Publication: 1 - 11.

Ødeby T, Netteland T, Solheim O E. 1996. Thermal hydrolysis as a profitable way of handling sludge. Berlin: Springer Berlin Heidelberg: 401 - 409.

Jeong T Y, Cha G C, Choi S S, et al. 2007. Evaluation of methane production by the thermal pretreatment of waste activated sludge in an anaerobic digester. Journal of Industrial and Engineering Chemistry, 13(5): 856 - 863.

Karr P R, Keinath T M. 1978. Influence of particle-size on sludge dewaterability. Journal Water Pollution Control Federation, 50(8): 1911 - 1930.

Kepp U, Machenbach I, Weisz N, et al. 2000. Enhanced stabilisation of sewage sludge through thermal hydrolysis — three years of experience with full scale plant. Water Science and Technology, 42(9): 89 - 96.

Kopp J, Dichtl N. 2000. Prediction of full-scale dewatering results by determining the water distribution of sewage sludges. Water Science and Technology, 42(9): 141 - 149.

Kumar P S, Brooker M R, Dowd S E, et al. 2011. Target region selection is a critical determinant of community fingerprints generated by 16S pyrosequencing. Plos One, 6(6): e20956.

Kwietniewska E, Tys J. 2014. Process characteristics, inhibition factors and methane yields of anaerobic digestion process, with particular focus on microalgal biomass fermentation. Renewable & Sustainable Energy Reviews, 34: 491 - 500.

Laurent J, Pierra M, Casellas M, et al. 2009. Fate of cadmium in activated sludge after changing its physico-chemical properties by thermal treatment. Chemosphere, 77(6): 771 - 777.

Li D H, Ganczarczyk J J. 1990. Structure of activated-sludge flocs. Biotechnology and

Bioengineering, 35(1): 57 - 65.

Li Y Y, Noike T. 1992. Upgrading of anaerobic-digestion of waste activated-sludge by thermal pretreatment. Water Science and Technology, 26(3 - 4): 857 - 866.

Liao X C, Li H, Zhang Y Y, et al. 2016. Accelerated high-solids anaerobic digestion of sewage sludge using low-temperature thermal pretreatment. International Biodeterioration & Biodegradation, 106: 141 - 149.

Liu F W, Zhou L X, Zhou J, et al. 2012a. Improvement of sludge dewaterability and removal of sludge-borne metals by bioleaching at optimum pH. Journal of Hazardous Materials, 221: 170 - 177.

Liu X, Wang W, Gao X, et al. 2012b. Effect of thermal pretreatment on the physical and chemical properties of municipal biomass waste. Waste Management, 32(2): 249 - 255.

Lu J Q, Gavala H N, Skiadas I V, et al. 2008. Improving anaerobic sewage sludge digestion by implementation of a hyper-thermophilic prehydrolysis step. Journal of Environmental Management, 88(4): 881 - 889.

Ma H, Chi Y, Yan J, et al. 2011. Experimental study on thermal hydrolysis and dewatering characteristics of mechanically dewatered sewage sludge. Drying Technology, 29(14): 1741 - 1747.

Maillard L C. 1912. Action of amino acids on sugars. Formation of melanoidins in a methodical way. Comptes Rendus, 154: 66 - 68.

Mikkelsen L H, Keiding K. 2002. Physico-chemical characteristics of full scale sewage sludges with implications to dewatering. Water Research, 36(10): 2451 - 2462.

Murthy S N, Novak J T. 1999. Factors affecting floc properties during aerobic digestion: implications for dewatering. Water Environment Research, 71(2): 197 - 202.

Neyens E, Baeyens J. 2003. A review of thermal sludge pre-treatment processes to improve dewaterability. Journal of Hazardous Materials, 98(1 - 3): 51 - 67.

Neyens E, Baeyens J, Dewil R, et al. 2004. Advanced sludge treatment affects extracellular polymeric substances to improve activated sludge dewatering. Journal of Hazardous Materials, 106(2): 83 - 92.

Nges I A, Liu J. 2009. Effects of anaerobic pre-treatment on the degradation of dewatered-sewage sludge. Renewable Energy, 34(7): 1795 - 1800.

Penaud V, Delgenes J P, Moletta R. 1999. Thermo-chemical pretreatment of a microbial biomass: influence of sodium hydroxide addition on solubilization and anaerobic biodegradability. Enzyme and Microbial Technology, 25(3 - 5): 258 - 263.

Pere J, Alen R, Viikari L, et al. 1993. Characterization and dewatering of activated-sludge from the pulp and paper-industry. Water Science and Technology, 28(1): 193 - 201.

Perez-Elvira S I, Fernandez-Polanco F, Fernandez-Polanco M, et al. 2008. Hydrothermal multivariable approach. full-scale feasibility study. Electronic Journal of Biotechnology, 11(4): 7 - 8.

Phothilangka P, Schoen M A, Wett B. 2008. Benefits and drawbacks of thermal pre-hydrolysis for operational performance of wastewater treatment plants. Water Science & Technology A Journal of the International Association on Water Pollution Research, 58(8): 1547－1553.

Pilli S, Yan S, Tyagi R D, et al. 2015. Thermal pretreatment of sewage sludge to enhance anaerobic digestion: a review. Critical Reviews in Environmental Science and Technology, 45(6): 669－702.

Pinnekamp J. 1988. Effects of thermal pretreatment of sewage sludge on anaerobic digestion. Water Pollution Research & Control Brighton, 21(4－5): 97－108.

Raposo F, Fernandez-Cegri V, De la Rubia M A, et al. 2011. Biochemical methane potential (BMP) of solid organic substrates: evaluation of anaerobic biodegradability using data from an international interlaboratory study. Journal of Chemical Technology and Biotechnology, 86(8): 1088－1098.

Riviere D, Desvignes V, Pelletier E, et al. 2009. Towards the definition of a core of microorganisms involved in anaerobic digestion of sludge. The ISME Journal, 3(6): 700－714.

Shanableh A, Jomaa S. 2001. Production and transformation of volatile fatty acids from sludge subjected to hydrothermal treatment. Water Science and Technology, 44(10): 129－135.

Skiadas I V, Gavala H N, Lu J, et al. 2005. Thermal pre-treatment of primary and secondary sludge at 70℃ prior to anaerobic digestion. Water Science and Technology, 52(1－2): 161－166.

Smith J K, Vesilind P A. 1995. Dilatometric measurement of bound water in waste-water sludge. Water Research, 29(12): 2621－2626.

Song H W, Han S K, Kim C G, et al. 2014. A Study on the viscosity characteristics of dewatered sewage sludge according to thermal hydrolysis reaction. Journal of the Korea Organic Resource Recycling Association, 22(1): 27－34.

Tsang K R, Vesilind P A. 1990. Moisture distribution in sludges. Waterence & Technology, 22(12): 135－142.

Urbain V, Block J C, Manem J. 1993. Bioflocculation in activated-sludge — an analytic approach. Water Research, 27(5): 829－838.

Valo A, Carrere H, Delgenes J P. 2004. Thermal, chemical and thermo-chemical pre-treatment of waste activated sludge for anaerobic digestion. Journal of Chemical Technology and Biotechnology, 79(11): 1197－1203.

Vaxelaire J, Cézac P. 2004. Moisture distribution in activated sludges: a review. Water Research, 38(9): 2215－2230.

Vesilind P A. 1990. Freezing of water and wastewater sludges. Journal of Environmental Engineering, 116(5): 854－862.

Vesilind P A. 1994. The role of water in sludge dewatering. Water Environment Research, 66(1): 4－11.

Wagner M, Loy A. 2002. Bacterial community composition and function in sewage treatment systems. Current Opinion in Biotechnology, 13(3): 218-227.

Wang H, Lehtomaki A, Tolvanen K, et al. 2009. Impact of crop species on bacterial community structure during anaerobic co-digestion of crops and cow manure. Bioresource Technology, 100(7): 2311-2315.

Wang Q, Noguchi C, Hara Y, et al. 1997. Studies on anaerobic digestion mechanism: influence of pretreatment temperature on biodegradation of waste activated sludge. Environmental Technology, 18(10): 999-1008.

Ward A J, Hobbs P J, Holliman P J, et al. 2008. Optimisation of the anaerobic digestion of agricultural resources. Bioresource Technology, 99(17): 7928-7940.

Wei W, Luo Y X, Wei Q. 2010. Possible solutions for sludge dewatering in China. Frontiers of Environmental Science & Engineering in China, 4(1): 102-107.

Wett B, Phothilangka P, Eladawy A. 2010. Systematic comparison of mechanical and thermal sludge disintegration technologies. Waste Management, 30(6): 1057-1062.

Wilson C A, Novak J T. 2009. Hydrolysis of macromolecular components of primary and secondary wastewater sludge by thermal hydrolytic pretreatment. Water Research, 43(18): 4489-4498.

Xue Y, Liu H, Chen S, et al. 2015a. Effects of thermal hydrolysis on organic matter solubilization and anaerobic digestion of high solid sludge. Chemical Engineering Journal, 264: 174-180.

Yenigun O, Demirel B. 2013. Ammonia inhibition in anaerobic digestion: a review. Process Biochem, 48(5-6): 901-911.

Zhang J, Haward S J, Wu Z, et al. 2016. Evolution of rheological characteristics of high-solid municipal sludge during anaerobic digestion. Applied Rheology, 26(3): 32973.

Zhang J, Xue Y, Eshtiaghi N, et al. 2017. Evaluation of thermal hydrolysis efficiency of mechanically dewatered sewage sludge via rheological measurement. Water Research, 116: 34-43.

Zhen G, Lu X, Wang B, et al. 2012. Synergetic pretreatment of waste activated sludge by Fe(II)-activated persulfate oxidation under mild temperature for enhanced dewaterability. Bioresource Technology, 124: 29-36.

第6章 低有机质污泥厌氧消化研究

6.1 我国城市污水厂污泥的泥质特征

6.1.1 我国城市污水厂污泥泥质的时空差异

我国污水厂污泥泥质的总体特点是：有机质含量低、含砂量高。国外发达国家污水厂污泥干基的有机质含量约为60%~70%，而我国污泥仅为30%~50%。

赵玉欣调研了我国22座典型污水处理厂（长江中下游12座，三峡库区及其上游4座，淮河流域3座，辽河流域3座），系统分析了脱水污泥的泥质特征，包括总固体（TS）、VS/TS、砂/TS、砂/[无机固体（IS）]（赵玉欣，2015）。

研究发现：不同流域污水厂污泥泥质差别较大，有机质含量在23%~73%，含砂量在14%~57%，砂/IS在30.2%~78.9%。调研涉及的四个流域中，辽河流域污水厂污泥有机质含量较高、含砂量较低，而长江中下游则相反，有机质含量较低、含砂量较高。

(1) 污水厂污泥泥质的空间分布

以长江中下游为例，各污水厂脱水污泥VS/TS差异较大，其中湖南长沙污水厂污泥最低，仅为(33.5±3.7)%，上海市B厂最高，达(66.0±1.8)%（表6-1）。除上海三座污水厂以及安徽合肥B厂外，其余污水厂污泥的VS/TS均低于50%。污泥的砂/TS在15%~53%，最高为长沙某污水厂，上海市B厂含砂量最低。除浙江台州以及上海市A、B两厂的砂/IS比例低于50%外，其余污水厂污泥无机质中砂含量均较高，均在70%左右。这可能是因为长江中下游水系发达，降雨量较大，排水体制均为合流或混流制，降雨冲刷产生的泥沙易进入污水中，同时城市多处于高速发展期，基础设施建设密集，施工过程中的无机颗粒物进入城市排水管网，混入污水中进入污水厂，从而使得污泥无机颗粒含量高、有机质含量低。上海尽管降雨量也较大，但城市基础设施建设基本完成，排水管网系统较为完善，因此污水厂污泥中有机物含量较高。

表6-1 长江中下游污水厂脱水污泥泥质的空间分布

污水厂	TS/%	VS/TS/%	砂/TS/%	砂/IS/%
湖南长沙某厂	25.3±1.9	33.5±3.7	52.5±1.7	78.9±0.2
湖南永州某厂	25.2±1.7	50.2±3.4	37.2±1.9	74.8±0.5
湖南浏阳某厂	24.6±2.0	43.3±3.3	43.6±2.4	76.9±0.7

续 表

污 水 厂	TS/%	VS/TS/%	砂/TS/%	砂/IS/%
安徽巢湖某厂	18.7±1.2	45.0±3.2	38.7±2.7	70.5±0.2
安徽合肥 A 厂	22.5±1.9	38.2±3.0	46.9±3.1	75.9±0.7
安徽合肥 B 厂	14.3±1.2	60.2±2.8	25.1±3.4	63.1±0.3
江苏镇江 A 厂	20.6±1.1	38.9±2.7	46.5±3.8	76.0±0.6
江苏镇江 B 厂	22.2±1.3	36.2±2.5	50.3±4.1	78.9±0.8
浙江台州某厂	15.2±1.1	52.3±2.3	17.8±4.5	37.2±0.2
上海市 A 厂	19.9±1.2	58.5±2.2	19.6±4.8	47.4±0.3
上海市 B 厂	19.1±1.5	66.0±1.8	23.0±5.5	67.5±0.4
上海市 C 厂	15.3±1.8	59.4±2.0	15.2±5.2	37.4±0.8

（2）污水厂污泥泥质的时间变化

以长江中下游流域为例，在 2014 年 4 月至 2015 年 1 月 6 个污水厂脱水污泥 VS/TS、砂/TS 及砂/IS 的变化情况如图 6－1 至图 6－6 所示。总体趋势是：冬季、春季有机质含

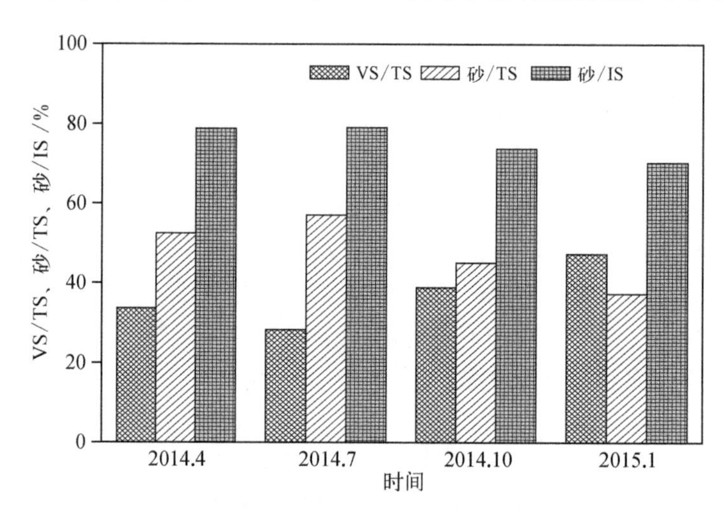

图 6－1　湖南长沙某厂脱水污泥泥质的季节变化情况

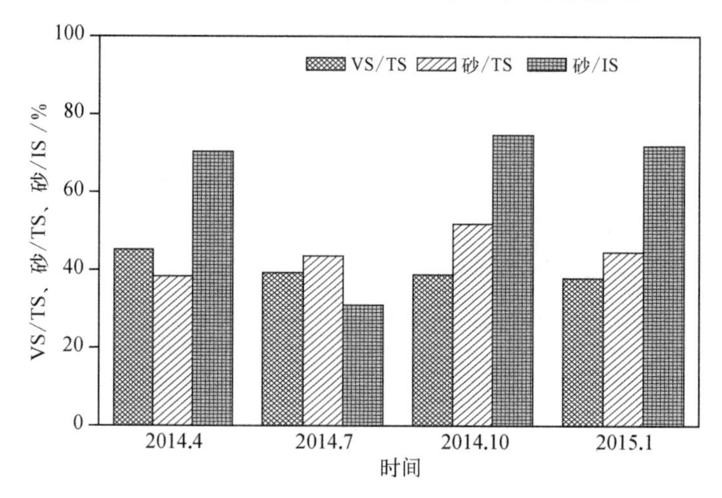

图 6－2　安徽巢湖某厂脱水污泥泥质

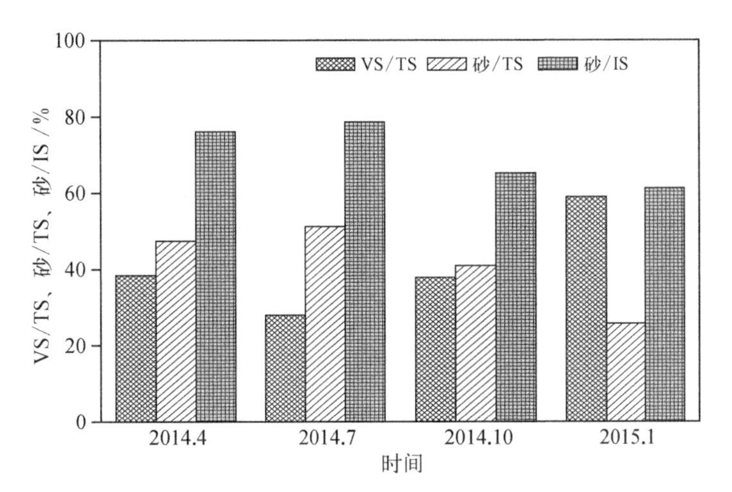

图 6-3　安徽合肥某厂脱水污泥泥质的季节变化情况

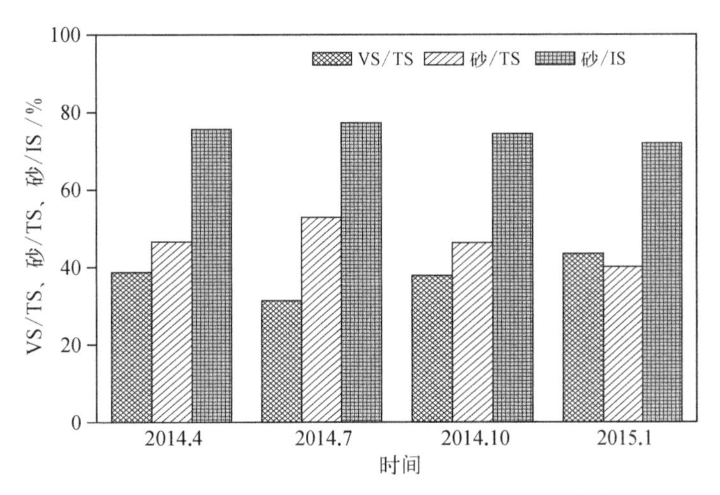

图 6-4　江苏镇江 A 厂脱水污泥泥质的季节变化情况

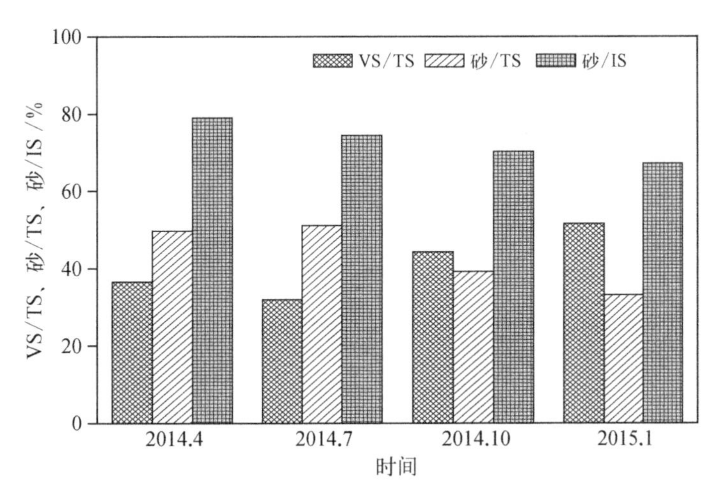

图 6-5　江苏镇江 B 厂脱水污泥泥质的季节变化情况

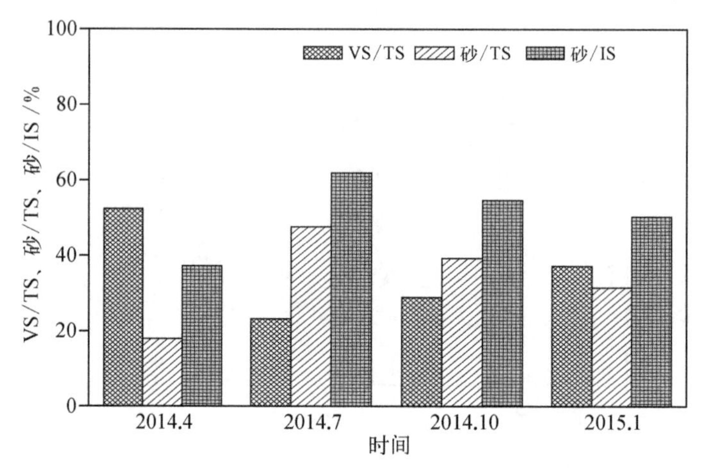

图 6-6 浙江台州某厂脱水污泥泥质的季节变化情况

量较高、含砂量较低；而夏季则相反，有机质含量较低、含砂量较高，这可能与降雨量有重要关系，通常夏季降雨量较高，冬季则较低。

6.1.2 污水厂污泥中砂粒的粒径分布

研究发现，不同污水厂污泥无机质组成差别较大，但主要成分均为 SiO_2。表 6-2 至表 6-5 分别为前述四大流域周边污水厂污泥所提取砂的粒度分布。表中 D50 和 D90 是统计学中常用指标，分别指小于或等于该粒度颗粒物占颗粒物总量的 50%和 90%。D50 通常用来表征颗粒物的平均粒度，而 D90 通常用于表征颗粒物的粗值粒度。结果表明污泥中砂粒均属于较细小的粉末状颗粒物（图 6-7），平均粒度均在 60 μm 以下，D90 均在 150 μm 以下。

表 6-2 长江中下游流域污水厂污泥提取砂粒径

污 水 厂	D50/μm	D90/μm
湖南长沙某厂	41.1±2.0	92.2±4.8
湖南永州某厂	47.2±1.4	122±10
湖南浏阳某厂	44.4±1.1	106±8
安徽巢湖某厂	34.8±1.1	97.1±5.3
安徽合肥 A 厂	33.7±1.6	109±9
安徽合肥 B 厂	54.6±1.6	134±10
江苏镇江 A 厂	41.4±1.4	115±7
江苏镇江 B 厂	33.8±1.7	118±11
浙江台州某厂	27.2±1.9	105±12
上海市 A 厂	38.9±1.8	94±4
上海市 B 厂	26.2±1.6	83.6±3.7
上海市 C 厂	21.6±1.2	80.1±4.3

表6-3　三峡库区及其上游流域污水厂污泥提取砂粒径

污　水　厂	D50/μm	D90/μm
四川绵阳A厂	57.3±1.4	105±10
四川绵阳B厂	22.5±0.2	127±9
贵州贵阳A厂	49.0±1.0	102±15
贵州贵阳B厂	45.3±0.8	110±14

表6-4　淮河流域污水厂污泥提取砂粒径

污　水　厂	D50/μm	D90/μm
山东胶州某厂一期	46.3±0.6	84.2±4.2
山东胶州某厂二期	42.1±0.7	88.2±3.8
山东菏泽某厂	42.9±1.0	91.6±2.8
山东兖州某厂	49.2±0.9	123±19

表6-5　辽河流域污水厂污泥提取砂粒径

污　水　厂	D50/μm	D90/μm
辽宁锦州A厂	28.0±0.5	110±3.6
辽宁锦州B厂	43.2±0.3	106±4.9
辽宁锦州C厂	50.1±4.0	92.4±3.4

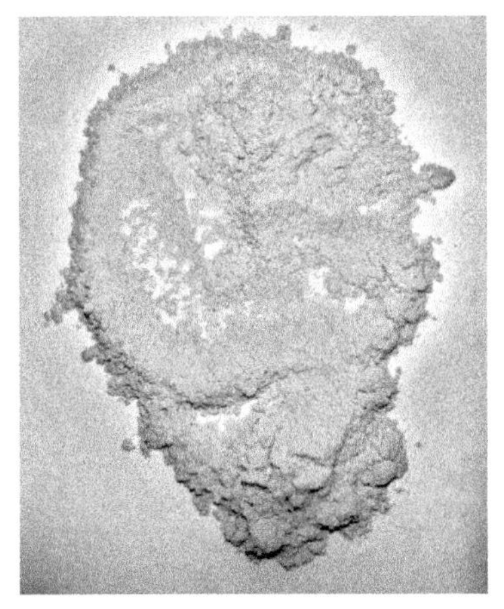
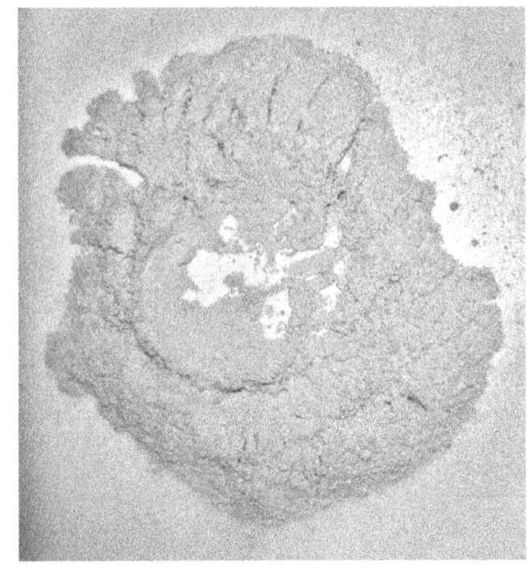

图6-7　污泥提取砂表观特征

从有机和无机物质组成的角度分析污水厂污泥，其是由微生物及其胞外聚合物（EPS），以及废水中吸附或者絮凝的无机颗粒和有机颗粒等组成的复杂聚集体。污泥固相组成如图6-8所示。其中无机成分中酸溶解性无机质主要包括Fe、Al等的氧化物以及碱土金属的碱式磷酸盐；非酸溶解性无机质主要包括成分为SiO_2的无机砂质颗粒物质。

何莉（2014）在SBR进水中人工添加石英砂，发现石英砂在污泥混合液中主要以两种形态存在：一些与污泥絮体黏结，或部分嵌入絮体中，或者被絮体完全包覆；另一些细微

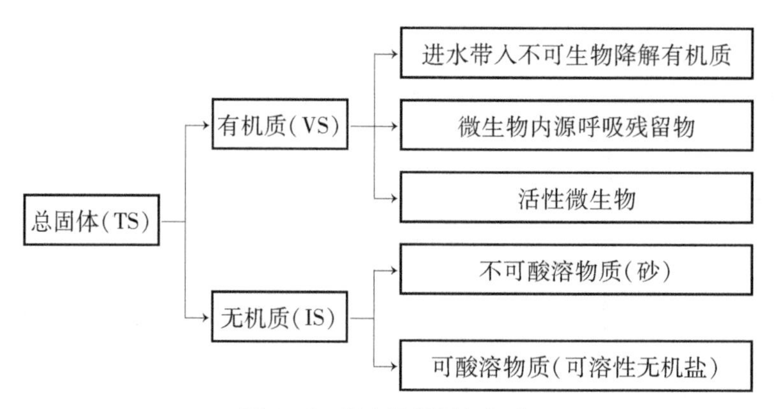

图 6-8 混合污泥固相组成

泥沙则游离于污泥絮体之外，单独悬浮在混合液中。

作者对冷冻干燥后的污泥颗粒进行简单研磨和超薄切片处理，并在扫描电镜下观察污泥颗粒剖面的形貌结构，发现大量粒径在 40~80 nm 的砂粒均匀地嵌在污泥有机质中，污泥颗粒中存在超细纳米级砂粒与污泥有机质包埋聚集的现象，如图 6-9 所示。

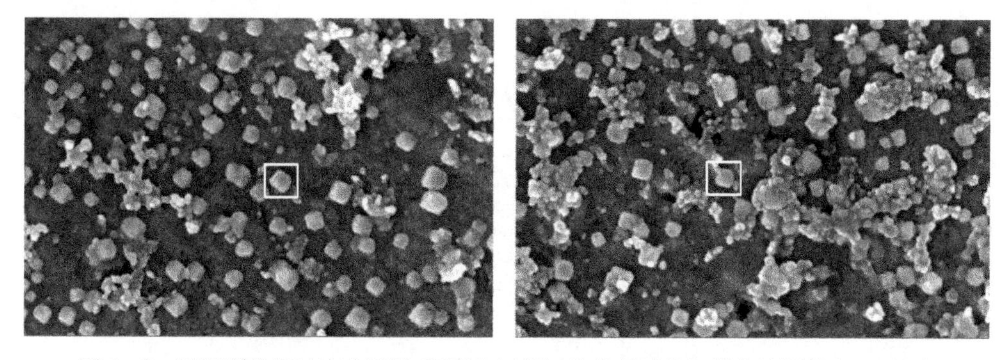

图 6-9 污泥颗粒经过冷冻干燥、研磨和超薄切片处理后的扫描电镜图像(×80 000)

6.1.3 污水厂污泥泥质的成因分析

城市排水系统是城市基础设施建设的重要组成部分，主要由排水管网和污水处理厂组成。城镇污水污泥产生于城镇污水厂污水处理过程中，位于城镇污水系统的末端，其上游污水厂服务区域排水管网以及污水处理厂内污水处理工艺将直接影响污水污泥产量、组成和性质。目前，我国污泥泥质与发达国家差别较大，低有机质和高含砂量特征严重影响了后续污泥资源化的经济效益。该泥质特征与排水管网不完善、城市基础设施建设薄弱、污水厂内沉砂池除砂效率低以及部分污水厂因碳源不足而取消初沉池等因素有重要关系。

(1) 排水管网不完善、城市建设高速发展

排水管网收集城镇生活污水、部分工业废水以及地表雨水径流，是污水厂发挥污水处理作用的前提。然而，在城市长期发展过程中，由于受投资因素的限制及发展模式和历史原因的影响，我国在城市排水方面一直偏重于污水处理技术的研究，对城市排水体制方面的关注较少。重视污水处理厂，而忽视与之配套的排水管网建设。目前，我国已建成区域的排水体制多为雨污合流制，部分采用分流制排水系统的新建城区，由于设计、施工和管理等原因，并没有真正实现分流制所期望的目标。因此，进入污水厂的污水包括城市生活污水、部分工业废水、雨水径流、地表径流引起的非点源污染、街道冲刷的固体颗粒和管道中的沉积物。

我国目前正处于城市建设高速发展时期，基建施工过程产生了大量泥沙、灰尘，另外地面绿化不够完善，大量泥沙会随地面径流进入排水管道，导致污水厂进水中无机质偏高。来自地面雨水径流的颗粒物占合流制排水管道悬浮物的50%～60%，部分地区排水管道雨天悬浮物浓度为旱流时的22～106倍，且悬浮物中无机成分高达60%。

美国典型生活污水水质如表6－6所示，该生活污水中无机成分较低，悬浮固体中无机分约占20%，该水质污水采用活性污泥法处理，泥龄在4 d和30 d时，剩余污泥VS/TS分别为0.60和0.55。当进水中ISS（无机悬浮成分）为0时，泥龄在4 d和30 d时，剩余污泥VS/TS分别为0.8和0.85。因此可见，进水中无机成分含量对污泥有机质含量有较大影响，大于污泥泥龄的影响。另外有研究表明，活性污泥工艺曝气池MLVSS/MLSS（有机固体和总固值的比值）受进水无机成分含量影响较大，在AAO活性污泥脱氮除磷系统中，当进水ISS/COD值由0增加到1时，好氧段、缺氧段、厌氧段MLVSS/MLSS值分别由0.95、0.9、0.8下降到0.7、0.65、0.6。且MLVSS/MLSS值降幅随进水ISS/COD增大而增大。

表6－6　美国生活污水的典型组成　（单位：mg/L）

污　染　物	低强度污水*	中等强度污水*	高强度污水*
总悬浮固体	120	210	400
固定态悬浮固体	25	50	85
COD	250	430	800
总氮	20	40	70
总磷	4	7	12

* 低强度是基于污水产生量约为750 L/（人·d）；中等强度是基于污水产生量约为460 L/（人·d）；高强度是基于污水产生量约为240 L/（人·d）。

我国部分城镇污水厂进水组成如表6－7所示，进水组成中缺少ISS指标。但从SS与COD比值与美国的对比可知，相同SS水平下，我国污水厂进水COD值偏低。

表6－7　我国部分城镇污水厂进水组成　（单位：mg/L）

污　染　物	COD_{Cr}	BOD_5	SS	TN	TP
佛山市某污水厂	47.4	27.1	234.6	11.2	1.1
上海A污水厂	320	130	170	30[a]	5

续 表

污 染 物	COD_{Cr}	BOD_5	SS	TN	TP
上海 B 污水厂	350~400	180~200	180~200	55	6~7
上海 C 污水厂	250	120	150	38	4
江苏某污水厂	141	37	98	11[a]	2.1
广州 A 污水厂	159	86	29	32	2.4
广州 B 污水厂	227	152	216	28	4.4
重庆 A 污水厂	413	212	235	29	25
重庆 B 污水厂	307	67	316	40	35
重庆 C 污水厂	208	119	163	30	24

注：上标 a 代表该值为 NH_4-N 值。

（2）沉砂池除砂效率低

沿排水管网进入污水厂中的沙粒、砾石、黏土等相对密度较大的无机颗粒通常在沉砂池得以去除，否则会对后续的污水处理单元造成不利影响，如曝气设备、过滤组件等的堵塞，管道、提升设备、搅拌设备的磨损，在生化池内的沉降淤积减少反应池的有效体积。然而，我国污水厂沉砂池的沉砂效率并不理想。某城市 7 座污水厂沉砂池效率的调研结果表明，最高沉砂率仅为 15%，最低仅为 4%（沙超，2014）。

根据《室外排水设计规范》，沉砂池按去除相对密度 2.65、粒径 0.2 mm 以上的球形砂粒设计。但是在实际污水中，由于砂粒的几何形状、表面辅助油脂等的影响，不同污水中砂的颗粒密度和粒径差异较大。沙超对某市污水厂进水中砂的粒度进行测定，结果表明平均粒度均低于 50 μm，200 μm 以下颗粒占 90%以上（沙超，2014）；胡澄对山地城市污水的研究也有类似发现（胡澄，2012）。美国大部分地区污水厂进水中大于 200 μm 的砂粒占 50%以上，大于 150 μm 的砂粒占 70%以上。通常，污水厂沉砂池收集的砂粒可被 150 mm 筛全部截留。因此，进水中大部分砂的粒度小于沉砂池设计目标粒度是沉砂池工作效率低的重要原因。由此可见，对于沉砂池的设计，最好进行现场试验分析污水含砂量的粒径分布及相应的沉降性能，根据需要的除砂效率确定相应的设计参数。然而，在沉砂池设计过程中通常缺失现场试验。另外，我国《室外排水设计规范》（GB 500142006）规定旋流沉砂池的水力停留时间不低于 30 s，曝气沉砂池的水力停留时间一般为 2 min。而德国相关规范规定污水厂旱流时沉砂池停留时间为 20 min，雨季洪峰时保证不低于 10 min。因此，我国沉砂池停留时间短可能也是造成沉砂池效率低的原因之一。

（3）初沉池功能发挥不足

初沉池是污水厂去除悬浮，降低生化段有机负荷的物理处理单元。初沉池可去除 40%~50%的 SS、20%~30%的 BOD_5、7%的 TN 以及 8.1%的 TP。由于污水厂出水标准的不断提高，为满足脱氮除磷对碳源的需求，许多污水厂取消了初沉池的设置，沉砂池出水越过初沉池直接进入生化池。取消初沉池在减少碳源消耗的同时，节约了占地面积。但也导致大量的悬浮固体进入生化系统，大大增加了污泥量，而且漂浮物和泥沙易影响二级处理构筑物的正常运行，可导致机械设备故障及管道磨损。

关于初沉池的设置问题，在学术界和工程界一直存在争议。赵庆良和陈悦佳（2009）认为，在污水处理厂的设计中应该根据具体情况决定初沉池的设置。当污水处理厂的进水浓度比较低而且有脱氮除磷要求时，取消初沉池应该是明智的选择；而当污水处理厂的进水污染物浓度较高且固体量较大时，初沉池的保留是必要的但可以考虑缩短初沉池的水力停留时间。Puig 等（2010）研究表明，27%的进水超越初沉池直接进入生化池，的确提高了生化池进水的 C/N，但并没有改善出水水质和提高营养元素（氮、磷）的效果。因为超越初沉池获得的 C 主要是颗粒态且可生化性低。吉芳英等（2014）研究了初沉池在合流制排水体制下进水污染物浓度较高污水系统中的作用。结果表明，初沉池对进水 COD（560 mg/L）、SS（1 100 mg/L）和 ISS（无机悬浮固体，780 mg/L）的去除率分别为 61%、78%和 85%，对 ISS 的去除比 COD 高 20%左右。经初沉池后，污水 COD/TN 从 8.0 左右下降到 4.3，粒径由 40 μm 下降到 30 μm。从 MLVSS/MLSS 下降和无机质对后续污泥处理难度的增加来讲，污水厂不应取消初沉池。目前，我国大部分地区排水体制仍为合流制，污水厂进水无机质浓度较高，建议这类污水厂设置初沉池。针对污水碳源不足的问题，可以考虑采用一级强化水解工艺、对初沉池进行水解酸化改造或者对初沉污泥进行水解酸化，产物用作生物脱氮除磷系统的碳源，这几种方式的可行性均得到证明。

（4）化学药剂投加

国内部分污水厂进水碳源不足，生物除磷能力有限，出水 TP 浓度难以达到排放要求。为了实现磷的达标排放，大多数污水处理厂都在二沉池或生化反应池末端投加了化学除磷药剂，如投加铁盐、铝盐，这种化学除磷方式将致使部分化学污泥随着回流污泥进入生物污泥循环系统，增加了生物处理系统无机物的含量。

随着污水厂出水排放标准的提高，部分污水厂进行提标改造，增加了深度处理工艺，高效沉淀工艺可以去除部分悬浮物、有机污染物以及大部分的磷，在水量一定的条件下，沉淀池容积大为减小且沉淀效果更佳而得到较为广泛的引用。该工艺运行过程中投加的药剂也会在一定程度上增加污泥产量及污泥中的无机质含量。

6.2　低有机质污泥厌氧消化效能研究

6.2.1　不同 VS/TS 污泥厌氧消化性能的比较

调研全球范围内污泥厌氧消化工程实例，发现污泥厌氧消化降解率或单位有机质的产气率与其 VS/TS 水平具有显著相关关系，即随着污泥 VS/TS 的下降、无机质含量的增加，污泥有机质降解率呈下降的趋势（图 6-10）。

对于污泥厌氧消化，不同国家和地区的有机质含量不同，其厌氧消化性能参数也体现了类似的规律。表 6-8 中列举了近年来文献中报道的一些城市污水厂污泥厌氧消化的性能参数，其停留时间均为 20 d 左右，污泥多为剩余污泥或剩余污泥与初沉污泥的混合

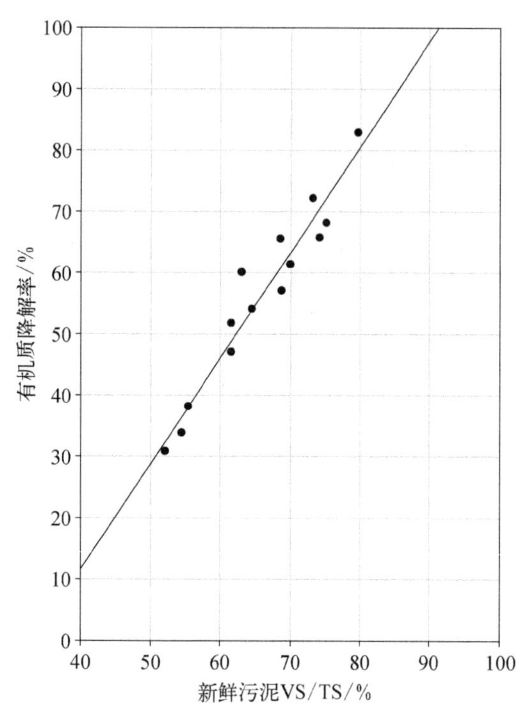

图6－10 不同VS/TS污泥厌氧消化过程中有机质降解率的情况(Roediger et al., 1990)。厌氧消化系统的污泥停留时间为20~25 d

物。随着污泥中有机质含量(VS/TS)的降低,VS降解率、产气率和甲烷产率均呈下降趋势。对于VS比例高于70%的污泥,其厌氧消化降解率多为40%~50%,个别案例可高于50%;对于VS比例低于70%的污泥,其厌氧消化降解率多低于40%。我国污泥的有机质含量极少高于70%,因此现有的污泥厌氧消化工程中VS降解率多数低于40%。

需要说明的一点是,表6－8中的污泥来自不同国家和地区,污泥的来源和所含易降解有机质比例的差异也是影响污泥厌氧消化性能的原因之一,前端污水处理流程的进水水质和处理工艺均会影响污泥泥质。那么,对于同一个污水处理厂的污泥,如果通过人为添加惰性无机颗粒改变污泥的VS/TS,其厌氧消化性能是否会有变化,污泥中无机颗粒的比例是否会直接影响其厌氧消化性能?

表6－8 污泥中温厌氧消化的VS降解率和单位添加VS的产气率和甲烷产率

VS/TS/(%,w/w)	VSr[1]/%	产气率/[L/(g·d)]	甲烷产率/[L/(g·d)]	SRT/d	运行方式	污泥种类	国家	参考文献
80	53	—[2]	0.30	20	连续	WAS[3]	加拿大	Wahidunnabi and Eskicioglu,2014
77	50	—	—	20	连续	PS[4]和WAS	美国	Lee et al.,2011
75	49	0.57	0.34	20	连续	PS和WAS	瑞典	Nges and Liu,2010
73	39	—	—	37	批次式	—	中国	Yuan et al.,2016
74	38	0.38	0.24	30	连续	WAS	日本	Wu et al.,2016
68~75	37	0.27	0.17	15~20	连续	WAS	意大利	Braguglia et al.,2015
69	34~40	—	—	16	连续	WAS	澳大利亚	Ge et al.,2011
60	33	0.34	0.23	20	连续	PS和WAS	中国	Duan et al.,2012
58	—	—	0.15	22	批次式	PS和WAS	中国	Zhang et al.,2014
58	22	0.16	—	21	连续	WAS	意大利	Bolzonella et al.,2005
57	32	0.29	0.19	20	连续	PS和WAS	中国	Dai et al.,2013
52	29	0.28	0.18	20	连续	PS和WAS	中国	Duan et al.,2012

注:表中的上标,1指VS降解率;2指文献中未提及;3指剩余污泥;4指初沉污泥。

6.2.2 含砂量对污泥厌氧消化性能的影响

Duan 等采用人为添加惰性无机颗粒调节污泥 VS/TS 的方法证实了相同泥质污泥含砂比例差异对厌氧消化性能的影响(Duan et al.,2016)。为了避免不同来源污泥泥质差别造成的消化性能差异对实验结果产生影响,该研究通过向同一批次收集的脱水污泥中添加梯度比例的无定型粉末 SiO_2 和去离子水来得到四种相同固体含量、不同 VS/TS 的污泥(分别为61.4%、45.0%、30.0%和15.0%),分别作为 R1~R4 四个平行反应器的进料基质,在相同的停留时间下连续运行至少三个周期,以获得稳定、可信的消化性能参数。

对于污泥中有机质性质相同、无机颗粒含量不同的连续运行系统,运行稳定后,其产气率、VS 降解率、甲烷含量、单位降解 VS 的产气率(SBP)和系统中 VFA 浓度如图6-11所示。

如图6-11所示,随着进料污泥 VS/TS 的降低,消化系统的产气率、VS 降解率和甲烷含量均呈下降趋势,而单位去除 VS 的产气率未呈现显著变化。当 VS/TS 由61%降至15%时,产气率、VS 降解率和甲烷含量分别下降了29%、29%和4%。产气率和 VS 降解率

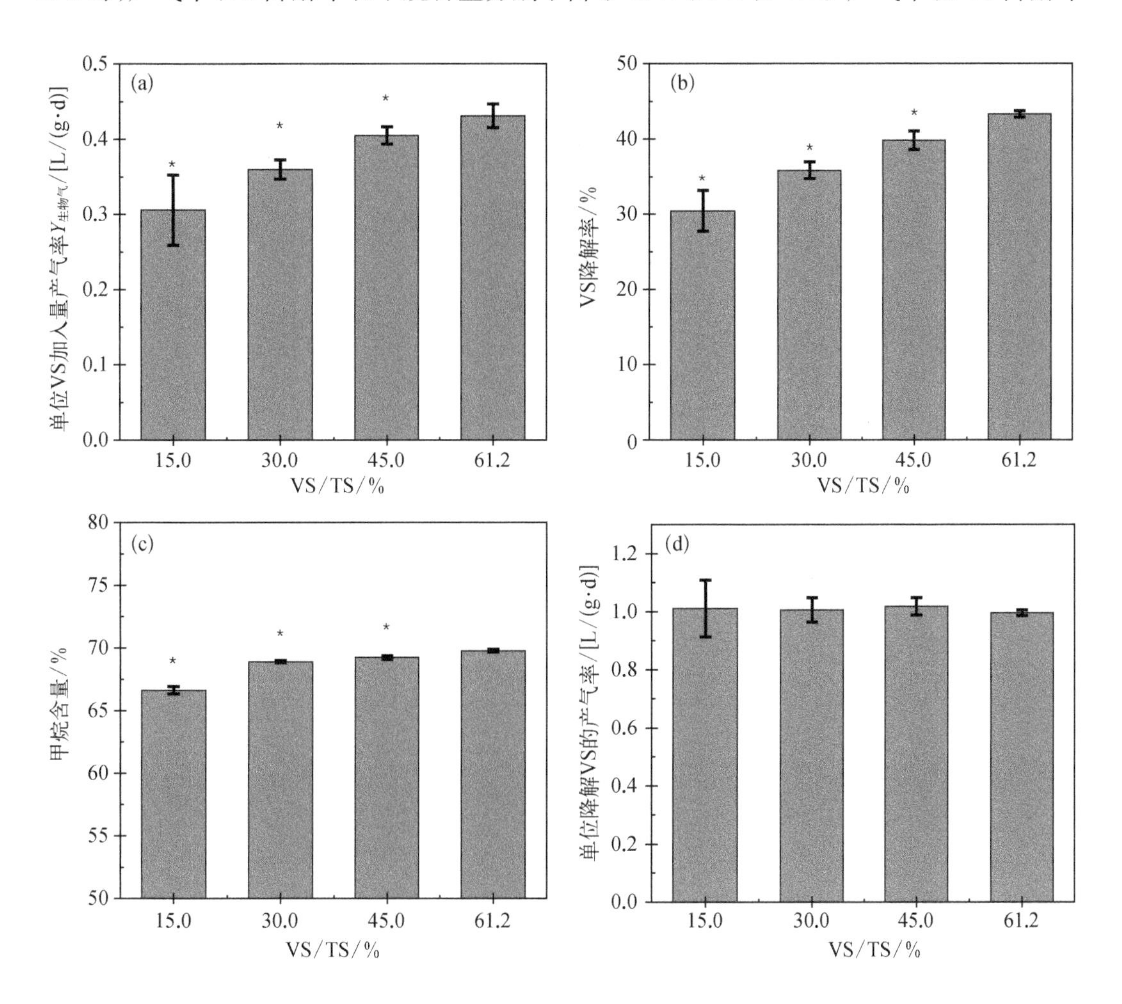

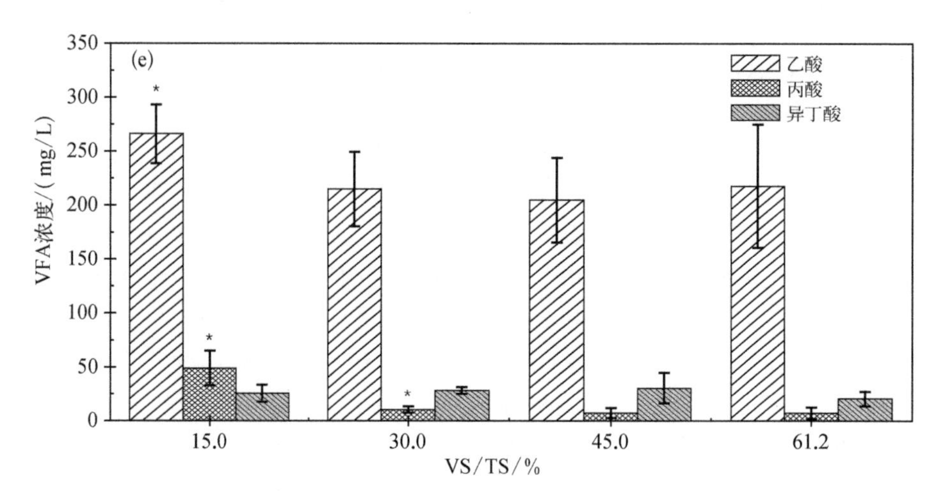

图 6－11 不同 VS/TS 污泥消化系统产气率(a)、VS 降解率(b)、甲烷含量(c)、单位降解 VS 的产气率(d)和 VFA 浓度(e)的差异

的降低表明污泥中无机颗粒含量较高时可能影响有机质的降解速度(换言之,影响系统内微生物的增殖速度)。当 VS/TS 低于 30%时,产气率呈现较大波动,推测可能与无机颗粒含量较高的系统传质过程受到影响有关。从 VFA 浓度和组成图中可以看出,VS/TS 低于 30%后,系统内乙酸和丙酸浓度升高,而乙酸是产甲烷过程最重要的前体物,这可能预示着产甲烷过程或者(和)产酸过程受到了影响。

显著性分析,产气率、VS 降解率和甲烷含量均与污泥 VS/TS 水平具有显著相关性($P<0.001$)。相关性分析表明其具有很好的对数相关性($R^2=0.854$、0.941 和 0.924),产气率和 VS 降解率分别与 VS/TS 的对数拟合曲线如图 6－12 所示。

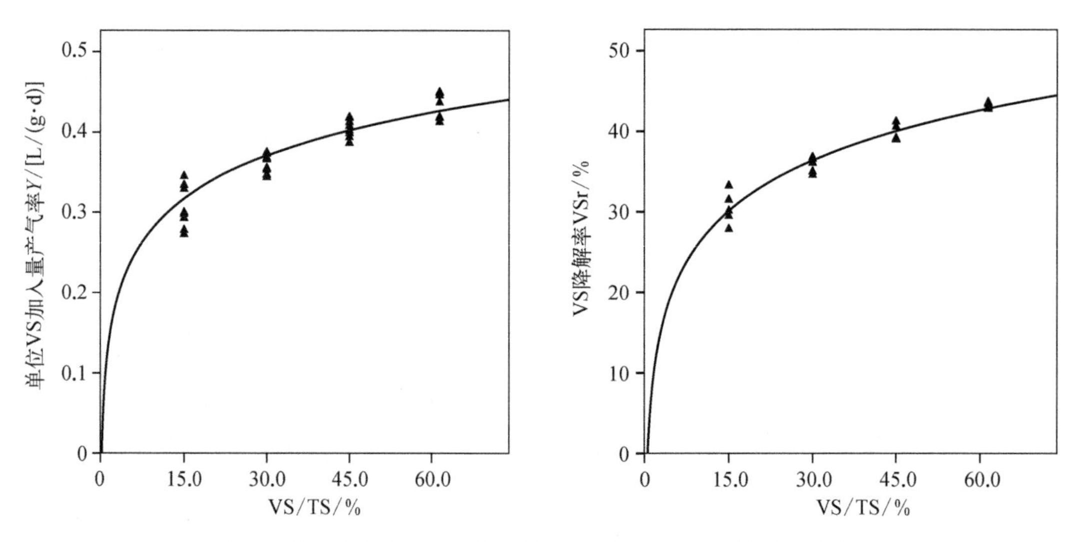

图 6－12 产气率和 VS 降解率分别与 VS/TS 的对数拟合曲线

上述研究验证了关于污泥中无机砂粒影响厌氧消化性能的猜测。之后,为了考察不同无机颗粒含量的系统内污泥降解过程中有机质的降解速率差异,作者通过静态批次式

实验进行进一步的验证。不同无机颗粒添加量下，$r_1 \sim r_5$ 的累积甲烷产率（基于单位添加的 VS 质量）和瞬时产甲烷速率的变化如图 6－13 所示。随着无机颗粒含量的升高，污泥序批式厌氧消化的累积甲烷产率和最大产甲烷速率整体呈下降趋势。由 Gompertz 模型拟合的参数值也显示单位 VS 加入量最大产甲烷速率 r_{max} 随着无机颗粒含量的提高而降低，$r_1 \sim r_5$ 分别为 0.031 L/(g·d)、0.030 L/(g·d)、0.029 L/(g·d)、0.027 L/(g·d) 和 0.020 L/(g·d)。

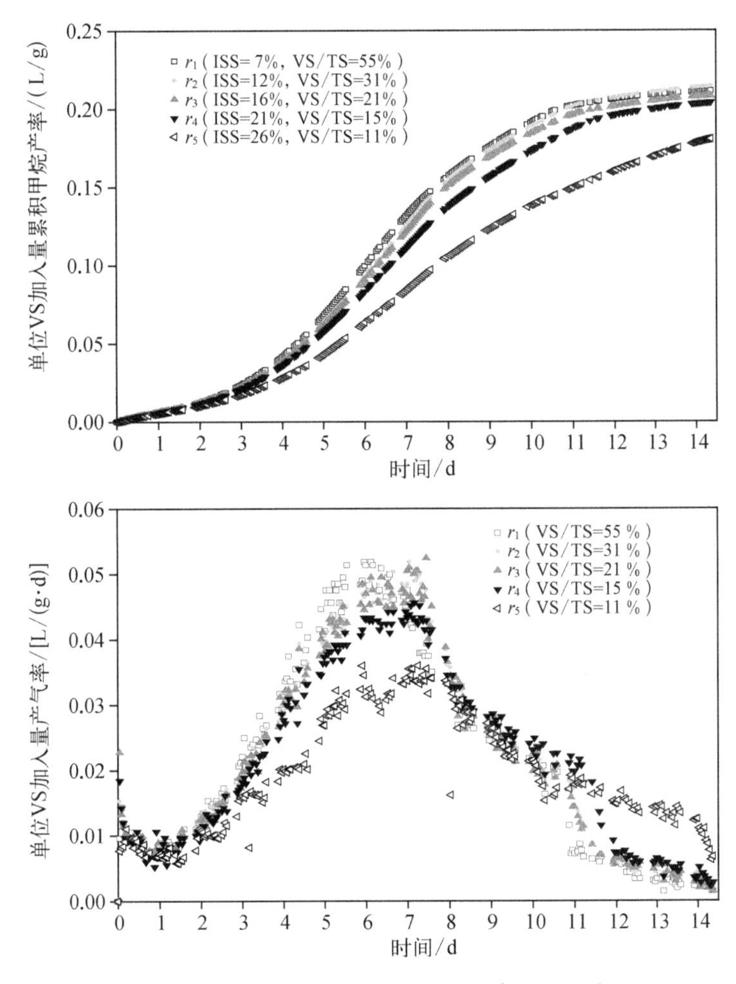

图 6－13　无机颗粒对污泥有机物降解的影响

上述研究初步证实了微米级无机颗粒的存在确实会影响污泥厌氧消化的降解过程，这涉及微米级惰性无机颗粒对厌氧消化生化反应的影响机制。

因此，含砂量可从以下几方面影响污泥厌氧消化性能：① 含砂量增加，导致污泥有机质含量减少，从而污泥厌氧消化反应器的有机负荷降低，导致产气效能下降；② 无机砂粒沉积导致厌氧消化反应器的有效容积减小，厌氧微生物的实际停留时间缩短，使污泥降解率和产气率下降；③ 微细无机砂粒沉积、板结，影响厌氧消化池和配套设备的稳定运行；④ 砂粒的存在会加剧设备磨损。上述几点中，除了砂沉积导致设备的问题外，就厌氧消化过程本身而言,最直接的影响是厌氧消化效能下降,即厌氧消化系统进泥的高含砂、低有机质导致系统有机负荷较低,从而直接影响污泥厌氧消化反应器单位体积的处理量和产气量。

6.2.3 微米级砂粒对污泥厌氧消化的影响机制

污泥中砂粒绝大多数都是微米级的,这些微米级是否会与污泥有机质结合,从而影响有机质的构象及溶出,尚未见系统研究。众所周知,微米级砂粒通常具有较大的比表面积,其表面易羟基化,能够吸附游离态的有机大分子,改变有机大分子的空间构象和稳定性。前期的研究及工程实践发现,微米级砂粒含量高的剩余污泥其厌氧消化性能通常较差,污泥有机质的厌氧生物转化效率与污泥中微米级砂粒含量呈显著的负相关,实践现象表明微米级砂粒明显影响了污泥有机质的厌氧生物转化。因此,有理由推测污泥中微米级砂粒能够影响污泥有机质的赋存形态,限制污泥的厌氧生物转化。

为此,设计剩余污泥组(ES)、剩余污泥+微米级砂粒组(ES－MSSP)、模拟污泥组(MS)和模拟污泥+微米级砂粒组(MS－MSSP)四种实验组,其中模拟污泥是在实验室条件下采用人工配水方式培养的污泥,可近似认为不含微米级砂粒(Dai et al.,2017)。通过对比这些实验组中污泥厌氧消化产甲烷及有机质溶出等方面的差异,探讨微米级砂粒对于污泥关键有机质的溶出能力、稳定性、微观热力学的影响,以期深入阐明微米级砂粒对污泥厌氧生物转化的影响机制。

(1) 微米级砂粒对剩余污泥产甲烷的影响

1) 对产甲烷动力学的影响

为探讨微米级砂料(micron-sized silica particles,MSSP)对污泥有机质厌氧生物转化产甲烷的影响,对ES、ES－MSSP、MS、MS－MSSP进行了46天的中温(37℃)厌氧消化实验,并采用拟一级动力学模型和修正的Gompertz模型拟合不同污泥样品在厌氧生物转化过程中所产生的NCMP数据,结果如图6－14和图6－15所示,相应的主要拟合参数分别见表6－9和表6－10。一级动力学模型拟合ES和ES－MSSP的NCMP得到的决定系数分别为$R^2=0.9797$和$R^2=0.9736$,分别小于修正的Gompertz模型拟合ES和ES－MSSP的NCMP得到的决定系数,表明修正的Gompertz模型更适合描述ES和ES－MSSP的产甲烷动力学。同样地,通过对比两种模型分别拟合MS和MS－MSSP的NCMP所得到的决定系数,发现拟一级动力学模型($R^2=0.9965$和$R^2=0.9967$)更适合描述MS和MS－MSSP的产甲烷动力学。因此,分析ES和ES－MSSP的产甲烷动力学时,采用修正的Gompertz模型拟合得到的参数;在分析MS和MS－MSSP的产甲烷动力学时,采用拟一级动力学模型拟合得到的参数。

对ES和ES－MSSP而言,在整个厌氧生物转化过程中ES的NCMP始终高于ES－MSSP,表明MSSP对于ES中有机质的厌氧生物转化产甲烷具有限制作用。此外,根据表6－10,ES的最大产甲烷速率(单位VS)为6.9±0.3 mL/(g·d),高于ES－MSSP的最大产甲烷速率[5.6±0.3 mL/(g·d)],该结果说明MSSP限制了ES中有机质的最大厌氧产甲烷速率。对MS和MS－MSSP而言,一个有趣的现象是,在厌氧生物转化的前8天,MS－MSSP中有机质的厌氧生物转化产甲烷速率高于MS,而最终的NCMP值却显著低于

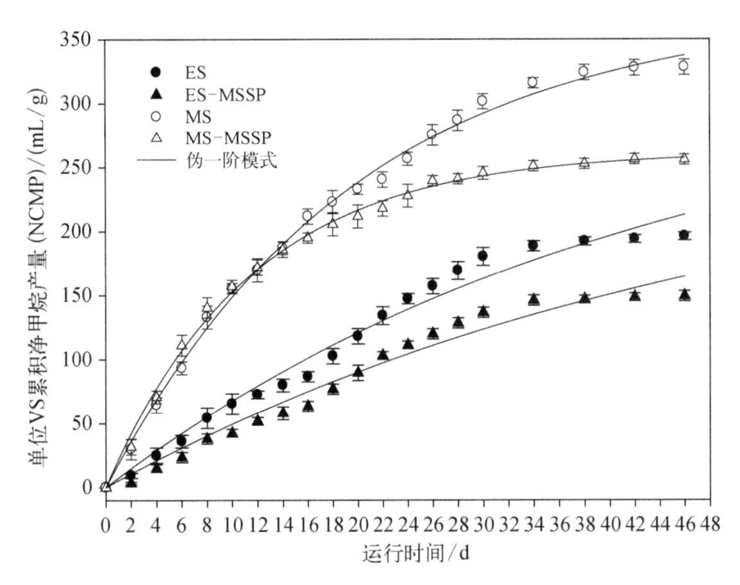

图6-14　一级动力学模型拟合不同污泥样品的厌氧生物转化净累积甲烷产量(NCMP)

表6-9　拟一级动力学模型拟合不同污泥样品的厌氧生物转化净累积甲烷产量(NCMP)的主要参数

样　品	拟一阶模型		
	R^2	系　数	
		B_0/(mL/g)	k/d^{-1}
ES	0.979 7	321.9±39.1	0.024±0.004
ES-MSSP	0.973 6	274.9±47.7	0.019±0.005
MS	0.996 5	373.7±7.0	0.051±0.002
MS-MSSP	0.996 7	262.0±2.6	0.087±0.003

注：ES为剩余污泥；MS为模拟污泥；MSSP为微米级砂粒；k为水解斜率；B_0为单位VS产甲烷潜力；R^2为相关系数。

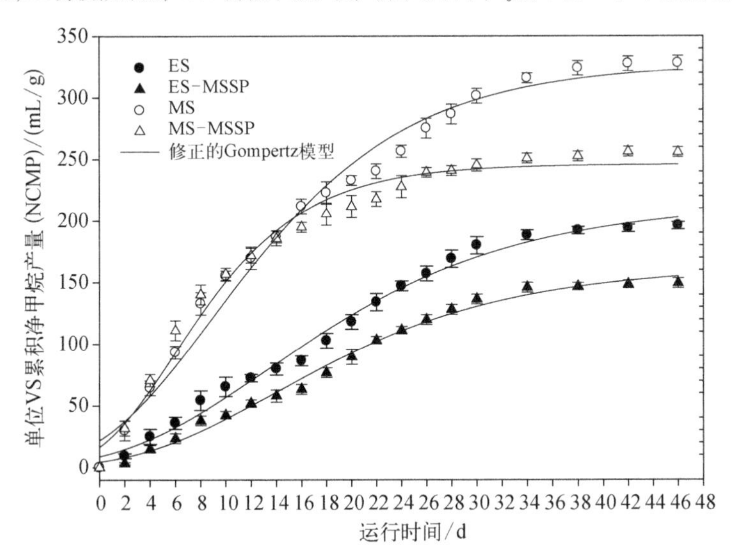

图6-15　修正的Gompertz模型拟合不同污泥样品的厌氧生物转化净累积甲烷产量(NCMP)

表 6-10 修正的 Gompertz 模型拟合不同污泥样品的厌氧生物转化净累积甲烷产量(NCMP)的主要参数

样 品	修改的 Gompertz 模型			
	R^2	系 数		
		B_0/(mL/g)	λ/d	R_{max}/[mL/(g·d)]
ES	0.990 5	214.3±6.8	1.8±0.7	6.9±0.3
ES-MSSP	0.992 1	162.9±4.6	3.1±0.6	5.6±0.3
MS	0.980 5	327.5±8.3	—	13.6±0.9
MS-MSSP	0.981 7	246.0±4.4	—	15.5±1.2

注：ES 为剩余污泥；MS 为模拟污泥；MSSP 为微米级砂粒；B_0 为单位 VS 产甲烷潜力；λ 为滞后时间；R_{max} 为单位 VS 最大甲烷产率；R^2 为相关系数。

MS。此外，如表 6-9 所示，MS-MSSP 的水解速率常数(k)为 0.087±0.003 d^{-1}，大于 MS 的 k 值，表明 MS-MSSP 中有机质的水解速率大于 MS 中有机质的水解速率。众所周知，污泥有机质厌氧生物转化的限速步骤是有机质的水解，因此，有机质水解速率越大其后续的厌氧生物转化效率也越高。但矛盾的是，尽管 MS-MSSP 中有机质的水解速率高于 MS 中有机质的水解速率，但 MS-MSSP 的最终厌氧生物转化产甲烷潜势(B_0)仅为 262.0±2.6 mL/g，显著低于 MS 中有机质在相同条件下的 B_0(373.7±7.0 mL/g)。出现该现象的一种重要的解释是，由于 MS 来自实验室纯培养污泥，MS 中有机质含量非常高[VS=(95.1±2.5)% TS]，引入适量的 MSSP 后，一方面为部分厌氧水解酸化菌提供了一定的附着位点，水解酸化菌可迅速将游离态的有机质进行水解；另一方面，由于 MSSP 会与 MS 中关键有机质发生相互作用，吸附、固定有机质，并改变有机质的空间构象，使其变得更加稳定，促使原本容易或能被降解的有机质转变为难降解的有机质，最终导致污泥有机质 B_0 的显著降低。而 ES 来源于实际污水处理厂的剩余污泥，有机质含量相对低且本身含有大量的微米级砂粒、金属离子和腐殖质，ES 中关键有机质体系相对稳定，在此基础上再引入 MSSP，其固化污泥中有机质的作用显著大于为厌氧水解酸化菌提供附着位点(由于 ES 中已存在大量的固态无机颗粒为微生物提供附着位点)。因此，在整个厌氧生物转化过程中，ES 中有机质厌氧生物转化产生的 NCMP 一直高于 ES-MSSP 的 NCMP，但在 MS 和 MS-MSSP 样品的厌氧生物转化前 8 天过程中，MS 的 NCMP 略低于 MS-MSSP 的 NCMP。

2) 对甲烷产量及沼气组分的影响

图 6-16 表示的是不同污泥样品经 46 天的中温(37℃)厌氧消化之后的净累积甲烷产量(NCMP)对比。显著的现象是，随着 MSSP 的引入，MS 和 ES 单位 VS 的 NCMP 值分别从 328±18 mL/g 和 196±11 mL/g，下降到 255±13 mL/g 和 149±16 mL/g，表明 MSSP 限制了污泥中有机质的厌氧生物转化甲烷产量。此外，图 6-17 表示的是 MS 和 MS-MSSP 在厌氧生物转化过程沼气组分中 CH_4 和 CO_2 的比值，结果表明，MSSP 的引入没有显著改变沼气中 CH_4 和 CO_2 的比值，即 MSSP 对于厌氧生物转化过程中产生的沼气组分没有显著影响。

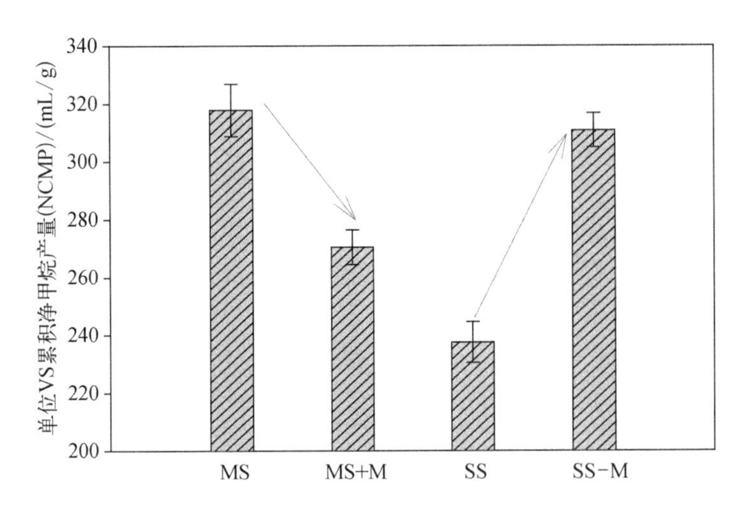

图6-16 不同污泥样品的厌氧生物转化净累积甲烷产量(NCMP)。ES为实际污水处理厂的剩余污泥;ES-MSSP为在ES中引入一定量微米级二氧化硅(MSSP)的污泥样品;MS为模型污泥;MS-MSSP为在MS中引入一定量MSSP的污泥样品

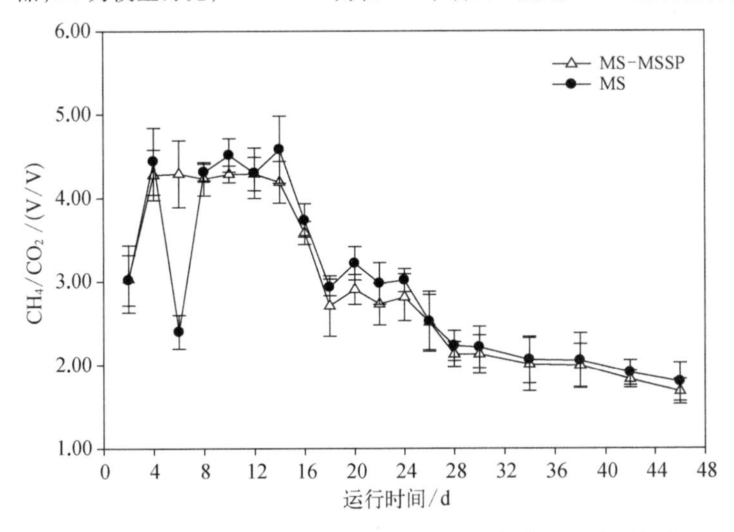

图6-17 污泥样品MS和MS-MSSP的厌氧生物转化过程中沼气中CH_4与CO_2体积比的变化

(2) 微米级砂粒对剩余污泥有机质溶出性质的影响

众所周知,污泥有机质主要以固态形式存在,在厌氧生物转化中污泥有机质从固态中溶出对于有机质水解和后续的厌氧转化为甲烷都具有重要的影响。上述研究结果表明,MSSP对于污泥中有机质的厌氧生物转化产甲烷存在重要的影响。基于此,有理由推测MSSP的引入对污泥有机质的溶出性质具有一定程度的影响。

1) 对污泥有机质溶出动力学的影响

根据已有的研究报道(Imbierowicz and Chacuk,2012;Paul et al.,2006;Veeken and Hamelers,1999),污泥有机质溶出符合拟一级动力学模型。为探讨MSSP对污泥有机质溶出动力学的影响,采用拟一级动力学模型对不同污泥样品在不同温度条件下的STOC数据进行拟合。图6-18和图6-19表示的是MS、MS-MSSP、ES和ES-MSSP在不同温度

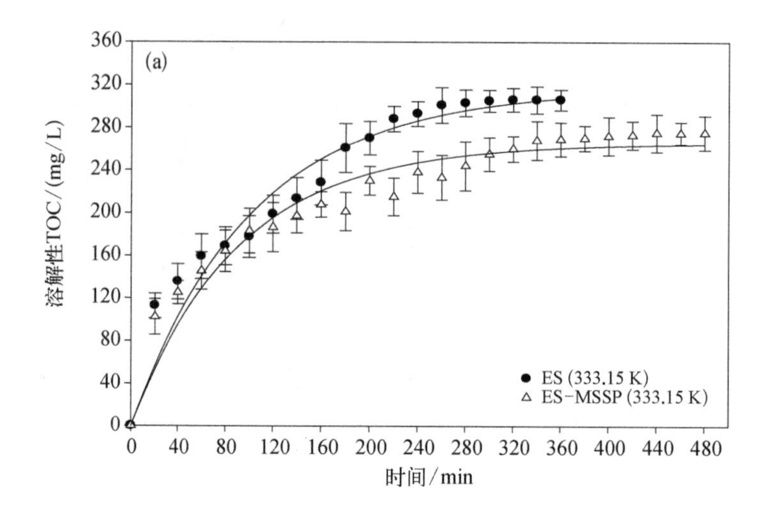
(a)
溶解性TOC/(mg/L)
时间/min
ES (333.15 K)
ES-MSSP (333.15 K)

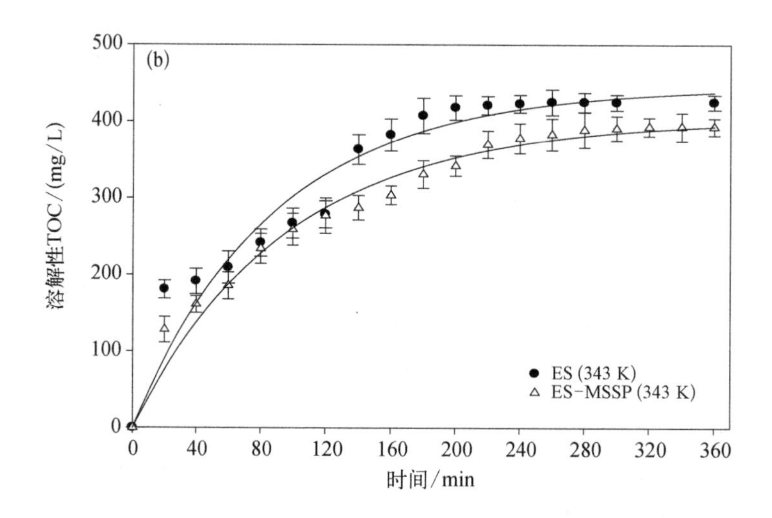
(b)
溶解性TOC/(mg/L)
时间/min
ES (343 K)
ES-MSSP (343 K)

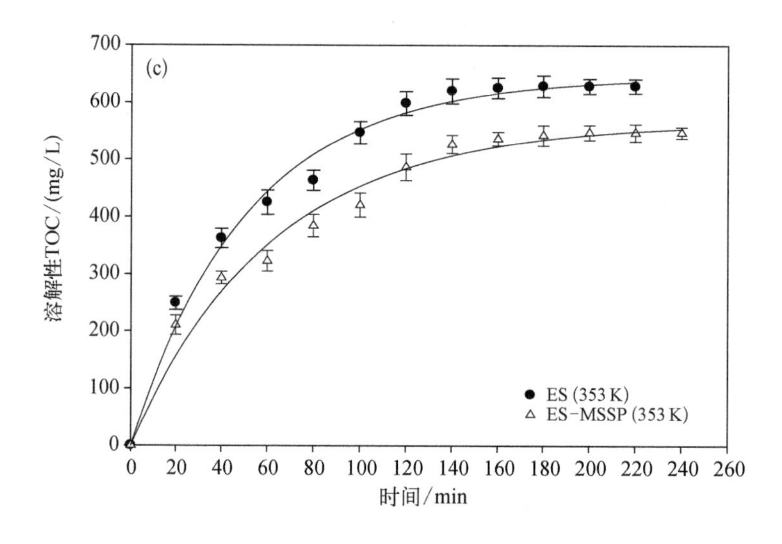
(c)
溶解性TOC/(mg/L)
时间/min
ES (353 K)
ES-MSSP (353 K)

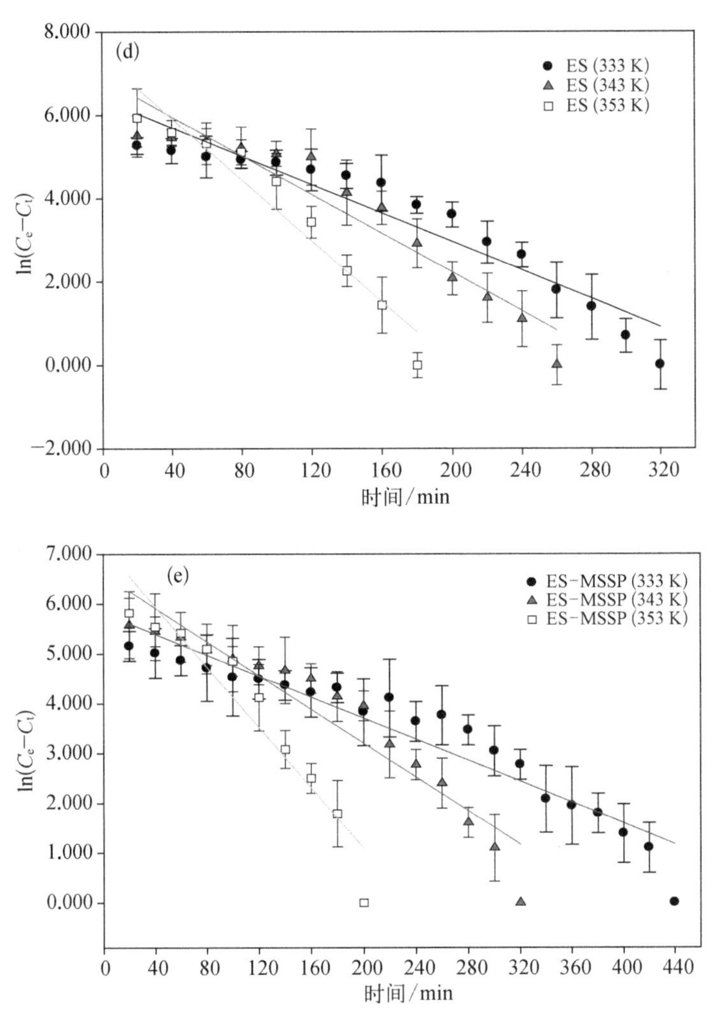

图6-18 在不同温度条件下 MS 和 MS-MSSP 中污泥有机质溶出曲线及动力学分析。(a) 在60℃(333.15 K)条件下;(b) 在70℃(343.15 K)条件下;(c) 在80℃(353.15 K)条件下;(d) MS在不同温度条件下的 k_1 分析;(e) MS-MSSP在不同温度条件下的 k_1 分析

条件下[60℃(333.15 K);70℃(343.15 K);80℃(353.15 K)]的有机质溶出动力学曲线,相应的主要动力学参数见表6-11所示。结果显示,随着温度的增加,污泥有机质的溶出平衡浓度(C_e)增加,有机质溶出速率常数(k_1)增大,不同的样品增加的程度不同,但随着温度的增加都呈现出增长的趋势。该结果同时表明,提高温度有利于污泥有机质的溶出。

如图6-18所示,MS的 C_e 值从231.1±4.7 mg/L(60℃),增加到623.8±14.1 mg/L(80℃),增加了约170%;同时,k_1 值从60℃时的0.072 3±0.004 7增加到80℃时的0.098 5±0.006 6,增长了36%。MS-MSSP的 C_e 值从158.6±9.3 mg/L(60℃),增加到456.8±10.8 mg/L(80℃),增加了约188%;同时,k_1 值从60℃时的0.029 6±0.001 9增加到80℃时的0.064 2±0.002 8,增长了117%。

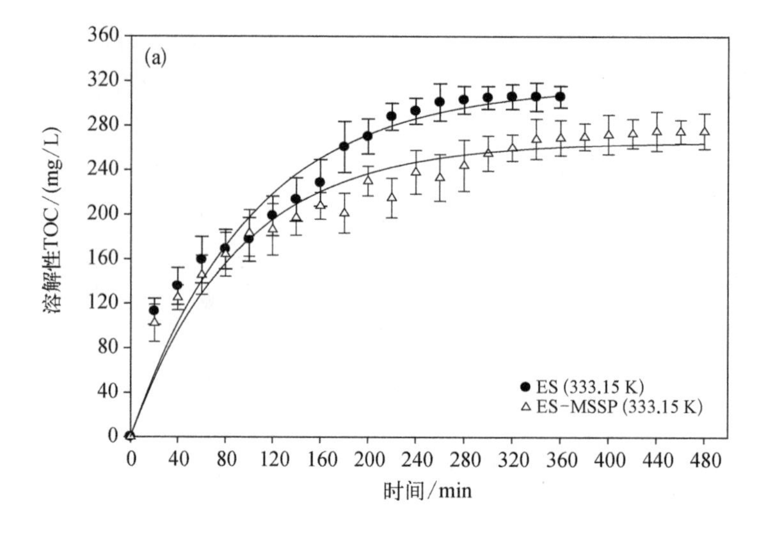
(a)
溶解性TOC/(mg/L)
时间/min
ES (333.15 K)
ES-MSSP (333.15 K)

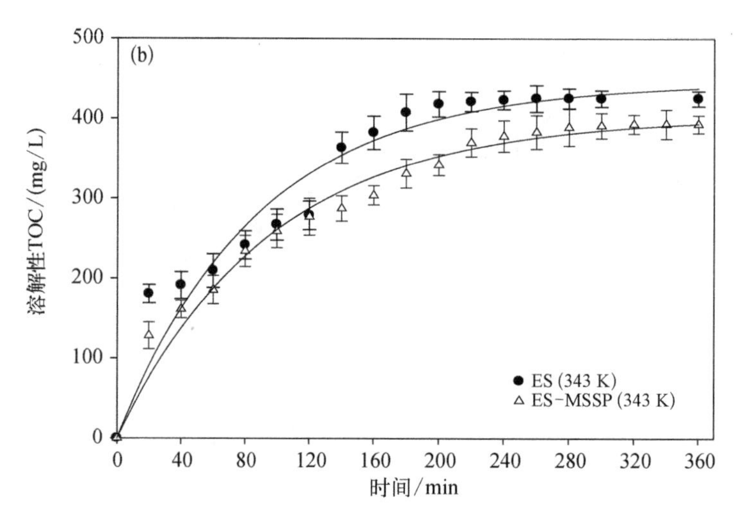
(b)
溶解性TOC/(mg/L)
时间/min
ES (343 K)
ES-MSSP (343 K)

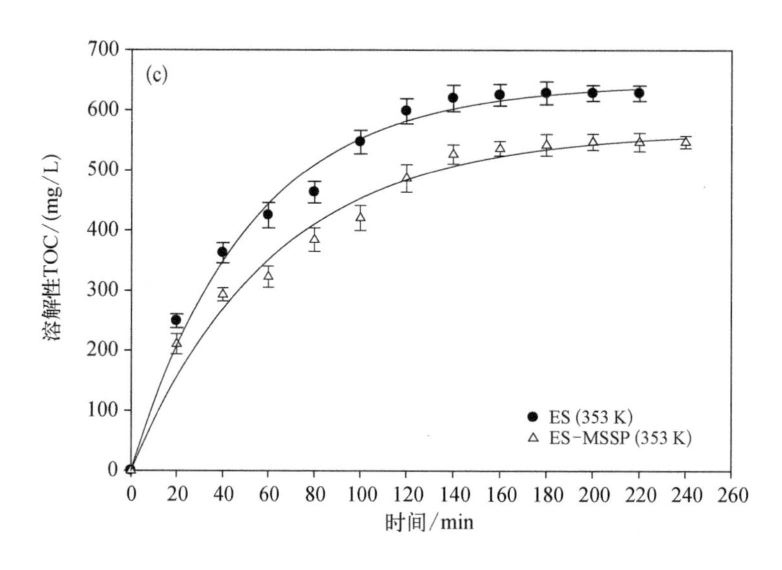
(c)
溶解性TOC/(mg/L)
时间/min
ES (353 K)
ES-MSSP (353 K)

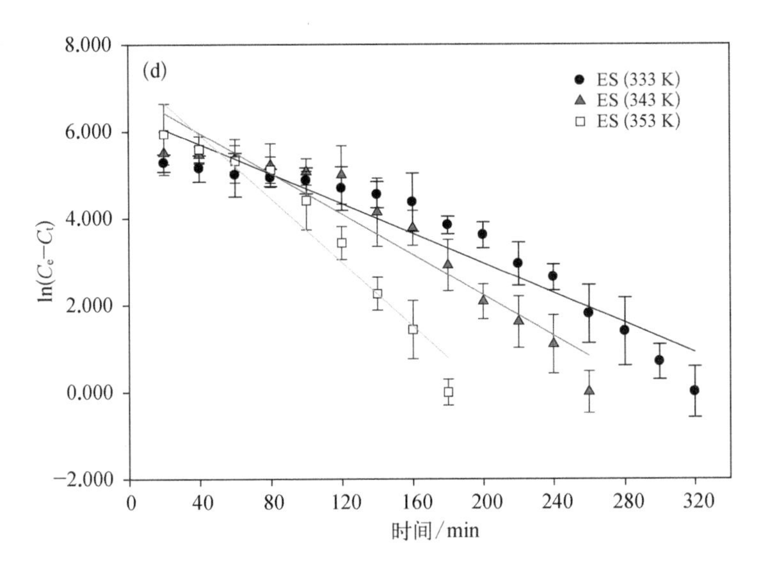

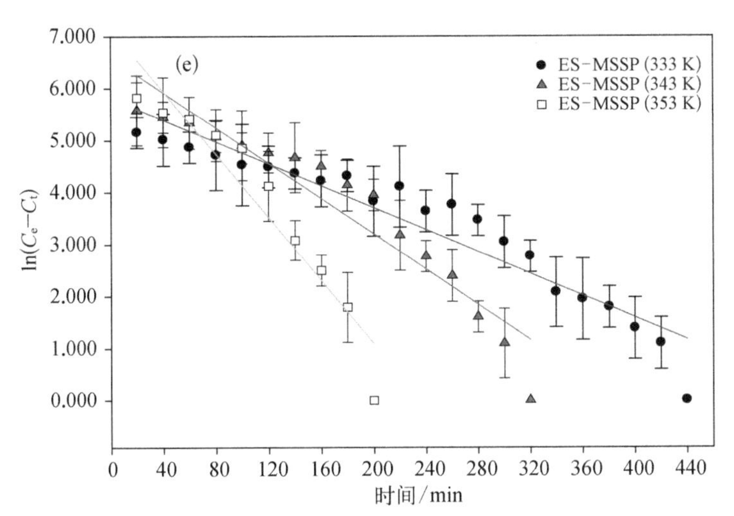

图 6－19　在不同温度条件下 ES 和 ES－MSSP 中污泥有机质溶出曲线及动力学分析。(a) 在 60℃(333. 15 K)条件下;(b) 在 70℃(343. 15 K)条件下;(c) 在 80℃(353. 15 K)条件下;(d) ES 在不同温度条件下的 k_1 分析;(e) ES－MSSP 在不同温度条件下的 k_1 分析

表 6－11　拟一级动力学模型拟合不同污泥样品(MS、MS－MSSP、ES、ES－MSSP)在不同温度条件下的污泥有机质溶出动力学主要参数

样　品	拟　一　阶　模　型		
	R^2	相　关　系　数	
		C_e	k_1
MS(333. 15 K)	0. 955 0	231. 1±4. 7	0. 072 3±0. 004 7
MS(343. 15 K)	0. 931 2	372. 2±10. 6	0. 081 2±0. 006 7
MS(353. 15 K)	0. 961 5	623. 8±14. 1	0. 098 5±0. 006 6
MS－MSSP(333. 15 K)	0. 947 6	158. 6±9. 29	0. 029 6±0. 001 9

续 表

样品	拟一阶模型		
	R^2	相关系数	
		C_e	k_1
MS－MSSP(343.15 K)	0.965 7	246.9±7.7	0.044 6±0.002 4
MS－MSSP(353.15 K)	0.978 8	456.8±10.8	0.064 2±0.002 8
ES(333.15 K)	0.905 1	316.6±11.8	0.017 1±0.001 5
ES(343.15 K)	0.914 9	445.0±15.8	0.023 3±0.002 1
ES(353.15 K)	0.931 6	644.6±13.4	0.036 7±0.001 6
ES－MSSP(333.15 K)	0.910 3	265.4±6.0	0.010 5±0.000 7
ES－MSSP(343.15 K)	0.905 4	402.5±9.4	0.017 0±0.001 5
ES－MSSP(353.15 K)	0.910 0	565.7±15.8	0.030 3±0.003 4

注：ES 为剩余污泥；MS 为模拟污泥；MSSP 为微米级砂粒；k_1 为污泥有机溶出率相关系数；C_e 为溶解性 TOC 平衡浓度；R^2 为测定相关系数。

如图 6－19 所示，ES 的 C_e 值从 316.6±11.8 mg/L(60℃)，增加到 644.6±13.4 mg/L(80℃)，增加了约 104%；同时，k_1 值从 60℃ 时的 0.017 1±0.001 5 增加到 80℃ 时的 0.036 7±0.001 6，增长了 115%。ES－MSSP 的 C_e 值从 265.4±6.0 mg/L(60℃)，增加到 565.7±15.8 mg/L(80℃)，增加了约 113%；同时，k_1 值从 60℃ 时的 0.010 5±0.000 7 增加到 80℃ 时的 0.030 3±0.003 4，增长了 189%。

对比发现，在相同的温度条件下，MS 的 C_e 值和 k_1 值都要高于 MS－MSSP 的；同时，ES 的 C_e 值和 k_1 值都要高于 ES－MSSP 的。该结果表明，MSSP 的引入限制了污泥中有机质的溶出，改变了污泥有机质溶出性质。此外，MS－MSSP 的 C_e 值和 k_1 值随温度的增长程度(188%和 117%)分别高于 MS 中 C_e 值和 k_1 值的增长程度(170%和 36%)；同时，ES－MSSP 的 C_e 值和 k_1 值随温度的增长程度(113%和 189%)分别高于 ES 中 C_e 值和 k_1 值的增长程度(104%和 115%)。该结果表明，与提升 MS 和 ES 中的有机质溶出相比，温度对提升 MS－MSSP 和 ES－MSSP 中的有机质溶出更显著，表明温度可能是突破 MSSP 对于污泥有机质溶出限制的重要方法。

2）对污泥有机质溶出表观活化能的影响

在污泥有机质的溶出反应过程中，需要克服相应的能量势垒，能量势垒值越高，污泥有机质的溶出越困难。因此，有机质溶出过程中能量势垒的高低能够有效地表征污泥有机质溶出性质。污泥有机质溶出表观活化能(AAE)是表征污泥有机质溶出反应能量势垒的重要指标。基于对污泥有机质溶出动力学的分析，可结合阿伦尼乌斯公式[如式(6－1)]计算 AAE。具体而言，对式(6－1)两边取对数，得式(6－2)，不同污泥样品的 AAE 可根据式(6－2)进行计算获得(Veeken and Hamelers，1999)。

$$k = A \cdot e^{-\frac{E_a}{RT}} \tag{6-1}$$

$$\ln k = -E_a/RT + \ln A \tag{6-2}$$

式中，k 为污泥有机质溶出速率常数，min^{-1}；A 为指前因子；R 为摩尔气体常数，J/(mol·K)；T

为热力学温度，K；E_a 为污泥有机质溶出表观活化能，kJ/mol。

图6-20表示的是不同污泥样品（ES、ES-MSSP、MS、MS-MSSP）的有机质溶出表观活化能和Arrhenius相图。如图6-20(a)所示，ES和MS的ln$k$值分别大于ES-MSSP和MS-MSSP的ln$k$，表明MSSP的引入降低了MS和ES中污泥有机质的溶出速率，此外，随着温度的增加，所有污泥样品的ln$k$值增加，表明温度是影响污泥有机质溶出的重要因素。上述结果同时证实了污泥有机质溶出动力学的分析结果。

如图6-20(b)所示，ES和MS的AAE值分别为37.2±5.7 kJ/mol和15.1±3.8 kJ/mol，分别低于ES-MSSP和MS-MSSP的AAE值（51.6±4.6 kJ/mol和47.6±5.2 kJ/mol），表明MSSP能够显著增加污泥有机质溶出的能量势垒。该结果同时说明由于MSSP的引入，污泥有机质的溶出能力变差，暗示污泥有机质的厌氧生物转化性能变差。该暗示同时可被污泥有机质厌氧生物转化甲烷产量的分析结果所证实。

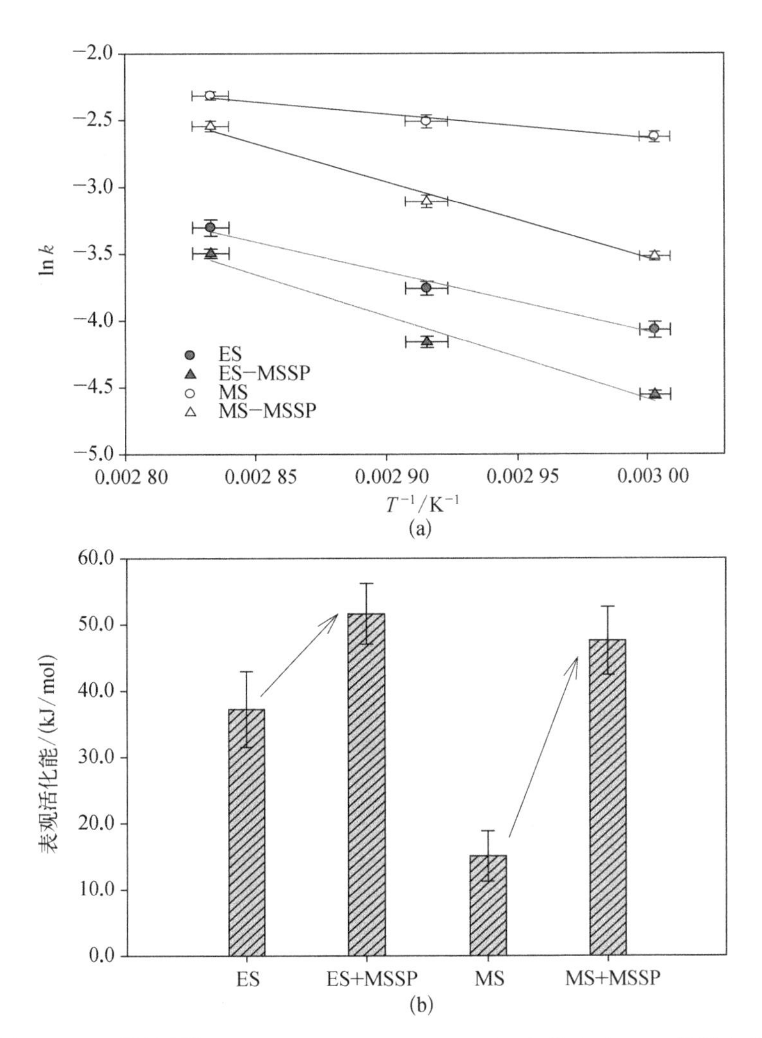

图6-20　不同污泥（ES、ES-MSSP、MS、MS-MSSP）的Arrhenius相图和有机质溶出表观活化能（AAE）。(a) Arrhenius相图；(b) 有机质溶出表观活化能（AAE）

基于上述研究结果,可以推断热预处理可能是一种有效地增加污泥有机质溶出的方法,该推测被 Passos 等(2015)和 Ferrer 等(2008)的研究报道所证实。此外,上述的分析结果表明,MSSP 的引入改变了污泥有机质的性质。

(3) 微米级砂粒对剩余污泥基本理化性质的影响

1) *对污泥形貌和分形维数的影响分析*

为进一步探讨 MSSP 对污泥性质的影响,首先对组分相对单一的 MS 与 MS－MSSP 样品的形貌和分形维数进行分析,结果如图 6－21 和图 6－22 所示。如图 6－21 所示,MS 的表面形貌较为疏松,尽管有絮体形成,但没有明显的颗粒,而在引入 MSSP 后,MS－MSSP 的表面形貌中有明显的颗粒,且颗粒间接触紧密,整个污泥样品显得紧凑、密实。该现象同时可以得到 MS 和 MS－MSSP 中污泥颗粒分形维数(D_f)的证实:如图 6－22 所示,MS 的 D_f 值小于 MS－MSSP 的 D_f 值。该结果表明,MSSP 的引入能够增加污泥结构的紧凑程度,暗示 MSSP 与污泥中有机质相互作用,促使污泥结构更加稳定。

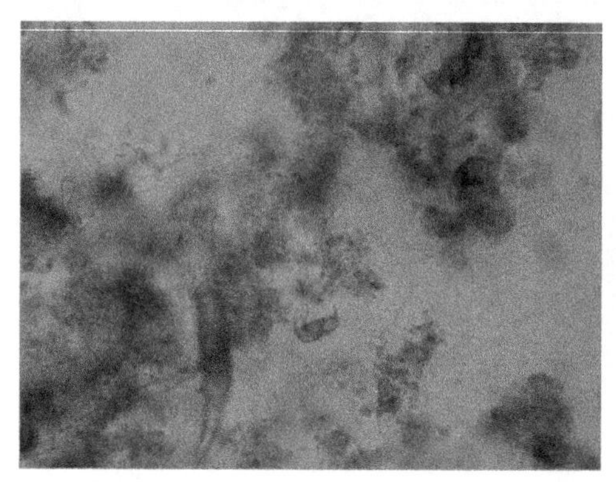
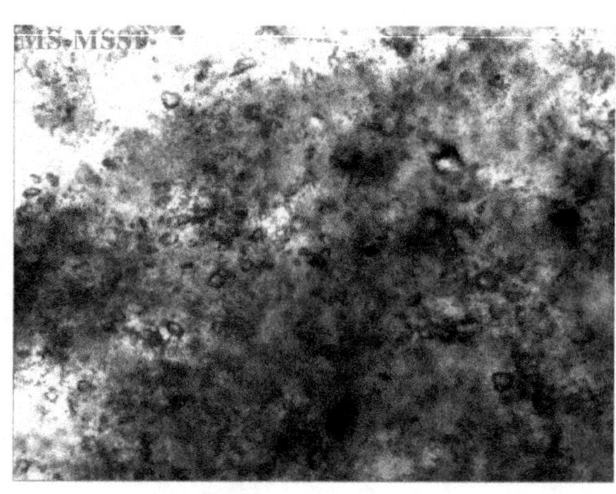

图 6－21 污泥样品 MS 和 MS－MSSP 的表观形貌(×100)

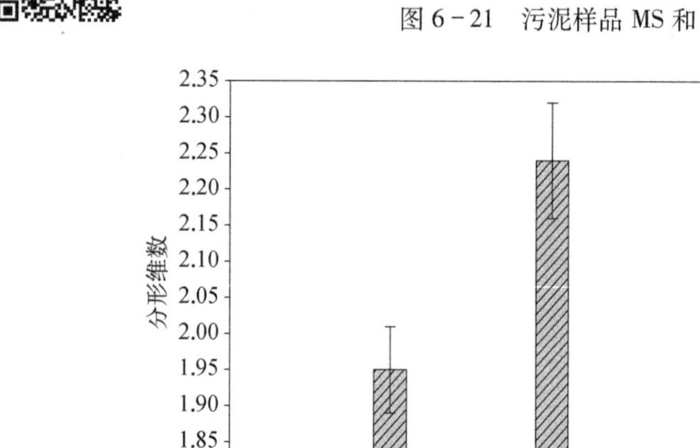

图 6－22 污泥样品 MS 和 MS－MSSP 的分形维数(D_f)

2) *对污泥表面电荷的影响分析*

图 6－23 表示的是不同污泥样品(ES、ES－MSSP、MS、MS－MSSP)中污泥颗粒的表面电荷量。由于 MSSP 的引入,ES 中污泥颗粒的表面电荷量由－0.103±0.018 mmol/g DS 减少到－0.058±0.015 mmol/g DS;MS 中污泥颗粒的表面电荷量由－0.258±0.014 mmol/g DS 减少到－0.072±0.017 mmol/g DS,表明 MSSP 能够显著降低污泥颗粒的表面电荷量,同时暗示静电作用力可能参与了 MSSP 与污泥颗粒中有机质的相互作用。此外,一个有趣的现象是,随着 MSSP 的引入,MS 中污泥颗粒的表面电荷量减少程度大于 ES,如图 6－23 所示。一种合理的解释是,ES 样品中的组分比较复杂,原本就含有一定量的微米级砂粒,MSSP 的引入对于颗粒表面电荷量的改变较小;而 MS 样品中的组分相对单一(缺少大量微米级

砂粒、金属离子、腐殖质)，有机质组分含量较高，MSSP 的引入能够显著影响关键有机质的空间结构，改变有机质中带电官能团的空间分布，因此污泥颗粒表面电荷量的改变程度较大。

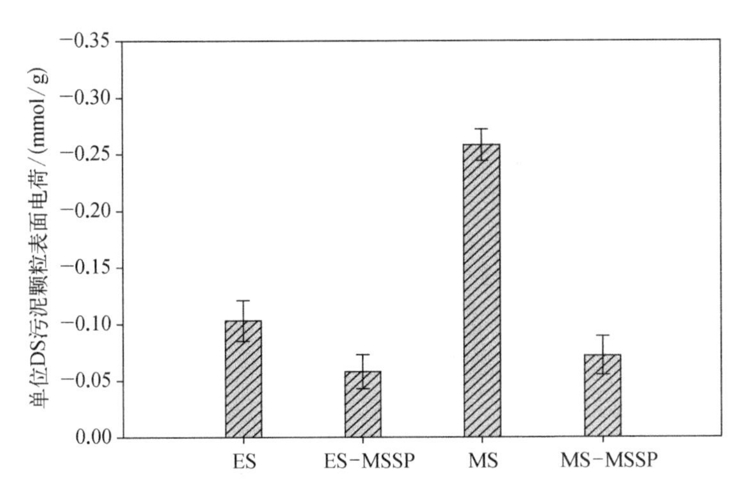

图 6－23　不同污泥颗粒(ES、ES－MSSP、MS、MS－MSSP)的表面电荷值

3) 对污泥粒度分布的影响分析

图 6－24 表示的是不同污泥样品(ES、ES－MSSP、MS、MS－MSSP)中污泥颗粒的中值粒径(MPS)值。结果显示，随着 MSSP 的引入，ES 和 MS 的 MPS 值分别由 108±8 μm 和 82±9 μm 增加到 148±12 μm 和 137±13 μm，两种污泥样品的 MPS 值都显著增大，表明 MSSP 能够与污泥颗粒相互作用，形成粒径尺寸更大的污泥颗粒。结合上述讨论的有机质溶出和表面电荷量的变化，有理由推断 MSSP 能与污泥颗粒中有机质通过静电发生相互作用，并形成粒径尺寸相对较大的颗粒，限制有机质的溶出。

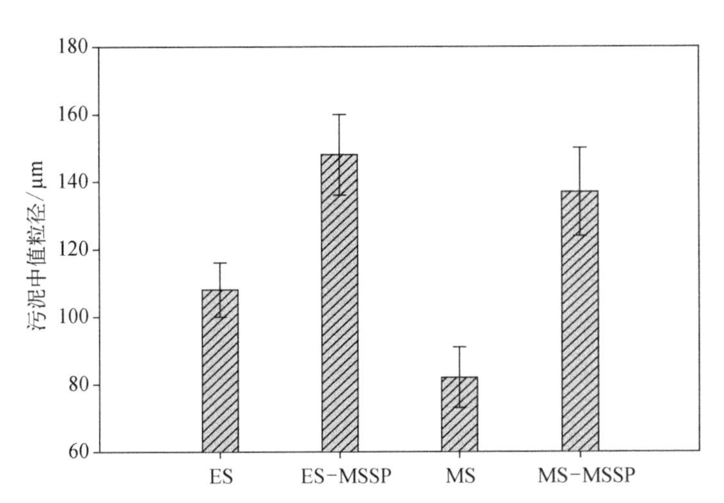

图 6－24　不同污泥颗粒(ES、ES－MSSP、MS、MS－MSSP)的中值粒径

4) 对污泥颗粒表面位点密度的影响分析

污泥颗粒表面位点密度(SSD)可被用于描述污泥颗粒表面获得或者释放质子的官能

团含量。换言之，SSD 可用于表征污泥颗粒表面通过静电作用结合其他带电物质的概率。SSD 值越大，表明污泥颗粒表面能够提供更多的静电结合位点，暗示着污泥颗粒与其他物质的接触结合能力越大。图 6－25 表示的是不同污泥样品（ES、ES－MSSP、MS、MS－MSSP）中污泥颗粒的 SSD 值。随着 MSSP 的引入，ES 和 MS 中，单位 TS 污泥颗粒表面的 SSD 值分别由 1.9±0.2 mmol/g 和 2.8±0.3 mmol/g 减少到 1.1±0.1 mmol/g 和 1.3±0.2 mmol/g。该结果表明，MSSP 与 MS 和 ES 中污泥颗粒的相互作用改变了污泥颗粒表面的静电结合能力。出现该现象的第一种解释是，MSSP 遇到水分子表面发生羟基化，因而 MSSP 表面带有大量的羟基官能团，该类官能团可与污泥颗粒表面有机质中所带的氨基发生静电结合，降低了污泥颗粒表面结合质子的能力，因此造成了 SSD 值的减小；第二种可能的原因是，MSSP 是疏水性物质，根据疏水缔合效应原理，污泥颗粒表面的疏水官能团与 MSSP 相互聚集，从而改变了污泥颗粒表面的 SSD 值；第三种可能的原因是，MSSP 中的 O 与污泥颗粒表面有机质中 O、N、S 等都是电负性极强的元素，通过氢键作用，促使 MSSP 与污泥颗粒相互联结，从而改变污泥颗粒的 SSD 值。尽管第二种和第三种原因都有极大的可能性，但都不应是主导作用。假如疏水缔合效应和氢键作用为主导，则污泥颗粒的 SSD 值不一定减小，例如，疏水缔合效应在水介质形成的颗粒，带电官能团通常裸露在外，此时颗粒表面的 SSD 值应该增加。综合上述表明，SSD 可用于表征 MSSP 与污泥颗粒的相互作用位点，MSSP 的引入降低了污泥颗粒的 SSD 值。

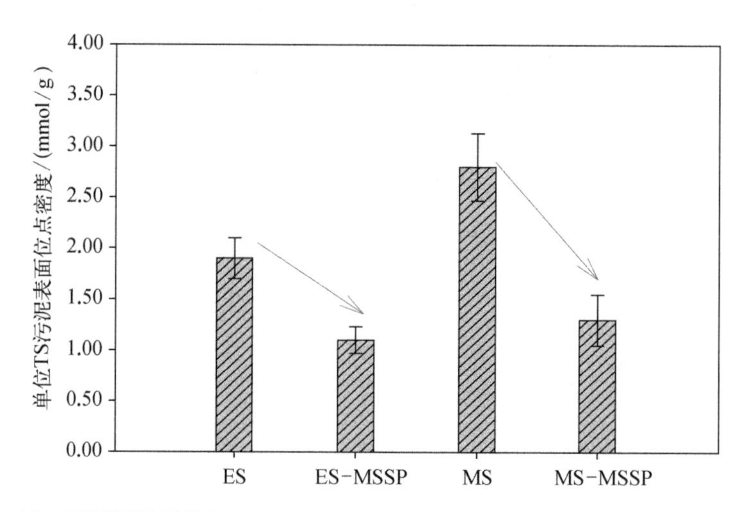

图 6－25 不同污泥颗粒（ES、ES－MSSP、MS、MS－MSSP）的表面位点密度（SSD）值

5）*污泥颗粒有机质溶出性质与其表面位点密度的关系*

图 6－26 表示的是不同污泥样品（ES、ES－MSSP、MS、MS－MSSP）中污泥有机质溶出的 AAE 值与污泥颗粒的 SSD 值相关性分析，相应的主要参数见表 6－12。相关性分析发现，不同污泥样品的 AAE 值与 SSD 值间存在显著的负相关性（$R^2=0.9930$，$P<0.005$），说明随着污泥颗粒的 SSD 值增加，污泥颗粒中有机质溶出的 AAE 值减少，表明污泥颗粒表面的结合位点越多，污泥颗粒中有机质溶出的能量势垒越小，污泥有机质越容易溶出。一种重要的解释是，随着污泥颗粒的 SSD 增加，污泥颗粒表面结合位点数增大，其表面与水解酶等其他物质相互作用的概率增加，酶促水解反应效率可能增加，导致污泥颗粒中有机

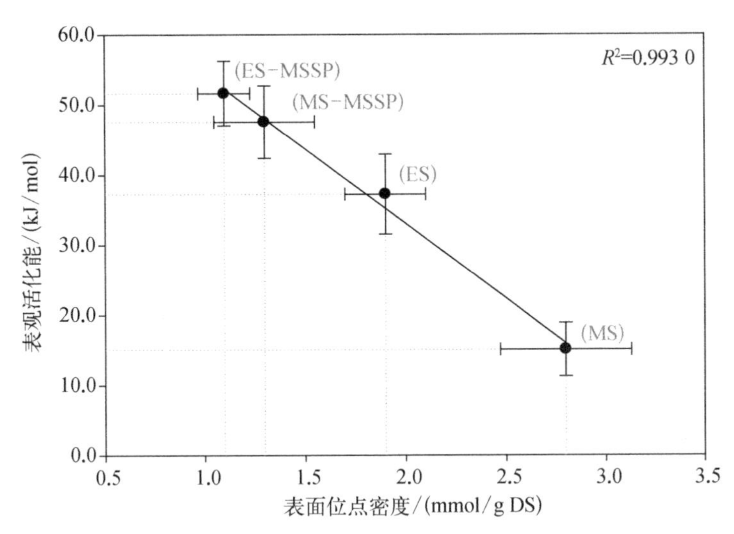

图6-26 不同污泥(ES、ES-MSSP、MS、MS-MSSP)有机质溶出表观活化能(AAE)值与污泥颗粒表面位点密度(SSD)值的相关性

表6-12 不同污泥样品(ES、ES-MSSP、MS、MS-MSSP)中污泥有机质溶出表观活化能(AAE)值与污泥颗粒表面位点密度(SSD)值的相关性分析主要参数

常量	系数	标准差	t	P	VIF
a	-21.374 0	1.265 9	-16.884 8	0.003 5	8.211 7<
y_0	75.818 8	2.397 7	31.622 1	0.001 0	8.211 7<

R	R^2	校正的 R^2	估算的标准差
0.996 5	0.993 0	0.989 6	1.673 4

质的稳定性变差,有机质易从污泥颗粒中溶出。

如图6-26所示,ES-MSSP和MS-MSSP的SSD值分别小于ES和MS的SSD值,但它们的AAE值均大于ES和MS的AAE值,说明随着MSSP的引入,在降低污泥颗粒SSD值的同时增大了AAE值,该结果表明MSSP可通过污泥颗粒的表面位点与污泥颗粒结合,从而增大了污泥有机质溶出的能量势垒,限制了污泥有机质的溶出。该结果同时证实了上述的推断。

6) 污泥颗粒甲烷产量与其表面位点密度的关系

图6-27表示的是不同污泥颗粒的SSD值与相应污泥颗粒有机质厌氧净累积甲烷产量(NCMP)的关系。随着MSSP的引入,MS和ES的SSD值和NCMP值都随之降低,但降低的程度不一样,该结果暗示SSD值对污泥有机质的NCMP值可能存在一定程度的影响。从逻辑上讲,一个重要的原因是,SSD能够表征污泥颗粒的表面结合位点,该位点同时可为厌氧生物转化过程中的酶分子提供结合污泥有机分子的机会,换言之,该位点能为污泥颗粒中有机质的厌氧生物转化提供机会。污泥颗粒的SSD值越大,污泥颗粒中有机质与酶分子的结合概率就越大,因此污泥有机质的厌氧酶促反应效率越高,最终得到较高的NCMP值。然而,如图6-27所示,4种污泥样品的SSD值与NCMP值间的相关性并不显著。一种合理的解释是,SSD对不同性质的污泥厌氧产生的NCMP影响程度不同。例

如,对 MS 而言,单位 SSD 所影响的 NCMP 均值为 50.9 mL/mmol(以 CH_4 计),显著低于在 ES 样品中单位 SSD 所影响的 NCMP 值(74.5 mL/mmol)。该结果表明,SSD 对污泥厌氧产生 NCMP 的影响程度在 ES 样品中高于在 MS 样品中。出现该结果的一个重要原因是,ES 中含有大量的关键组分,如微米级砂粒、金属离子、腐殖质,这些关键组分都能与污泥中关键有机质发生相互作用,影响污泥颗粒的 SSD 值,因此 ES 样品中污泥颗粒 SSD 值的变化对于厌氧产生 NCMP 具有更为显著的影响。

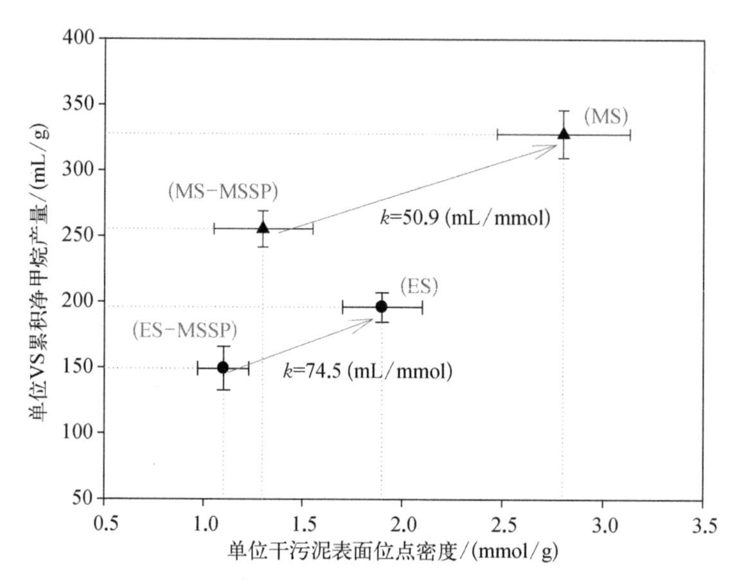

图 6-27 不同干污泥颗粒表面位点密度(SSD)值与相应污泥颗粒有机质厌氧净累积甲烷产量(NCMP)的关系

(4) 微米级砂粒与污泥关键有机质的相互作用分析

1) 对污泥关键有机质的空间构象影响分析

为探究 MSSP 对污泥中关键有机质赋存形态的影响,对 MS 和 MS-MSSP 中的关键有机质进行 CLSM 原位分析,结果如图 6-28 所示。图 6-28(a)表示的是 MS 关键有机质(记为 MS-EOS)和 MS-MSSP 关键有机质(记为 MS-MSSP-EOS)的平面形貌,MS-EOS 呈现链条状,而 MS-MSSP-EOS 则呈现团粒状,该形貌差异说明,MSSP 的引入造成 MS-EOS 形貌的显著改变,同时表明,MSSP 与关键有机质发生了相互作用,并且改变了关键有机质的形貌。图 6-28(b)表示的是 MS 和 MS-MSSP 中关键有机质的原位空间构象:MS-EOS 呈现链条状的空间构象,而 MS-MSSP-EOS 则呈现团粒的空间构象,说明 MSSP 的引入改变了 MS 中关键有机质的空间构象,使链条状的关键有机质转变为团粒状,暗示随着 MSSP 的引入,关键有机质的稳定性增强。一种合乎逻辑的解释是,MSSP 能够吸附污泥关键有机质,从而改变了关键有机质的原有空间构象。

2) 与微米级砂粒相互作用的主要有机化合物

图 6-29 表示的是 MSSP 和 MS-MSSP 颗粒的 SEM 微观形貌图,MS-MSSP 的颗粒粒径大于 MSSP,该结果与上述的粒径分析结果相互印证(图 6-14)。此外,利用 EDS 对 MS-MSSP 进行元素分析,发现 MS-MSSP 表面的主要组成元素为 C、N、O、Si 和 S,它们

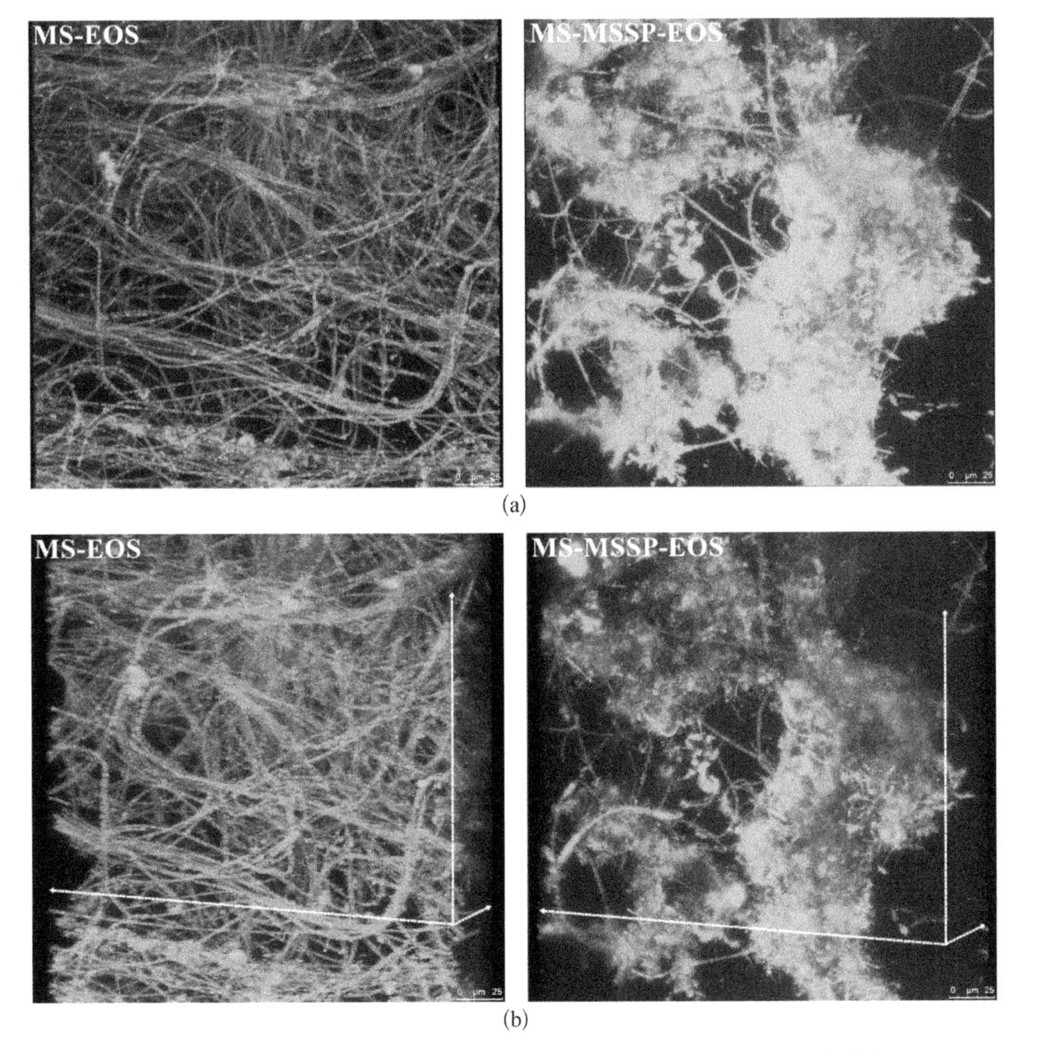

图6-28 MS和MS-MSSP中关键有机质的原位形貌。(a) 平面形貌的原位分析;(b) 空间构象的原位分析

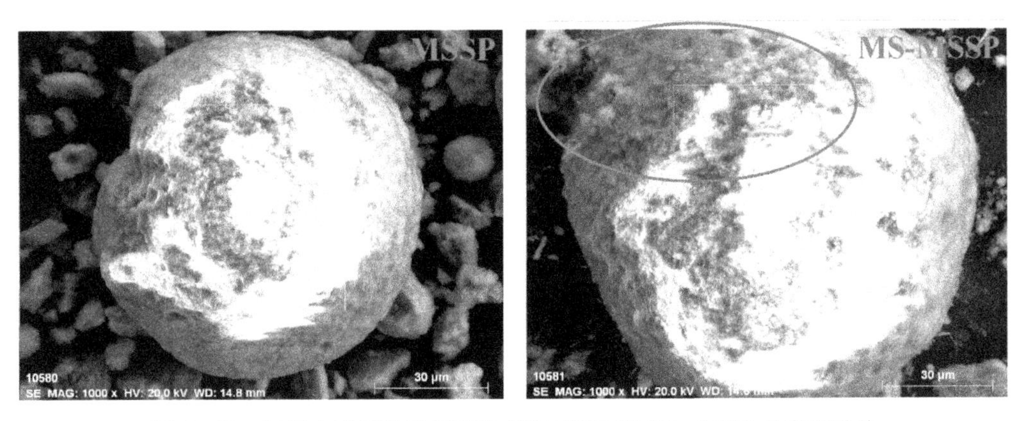

图6-29 扫描电子显微镜(SEM)观察MSSP和MS-MSSP的表观形貌

的相对含量见表6-13。结果显示,MS-MSSP中最主要的组成元素为C、N、O和Si。由于MSSP颗粒本身不具有C和N元素,而在MS中C和N元素主要来源于蛋白质类物质,因而推测MS-MSSP表面的主要有机质可能为蛋白质类。为进一步证实该推测,利用XPS分析MS-MSSP表面C、N、O和Si等元素的化学态,如图6-30和图6-31所示。其中,图6-30表示的是MS-MSSP表面主要元素的全谱图,图6-31表示的是利用AugerScan 3.21分峰处理后的MS-MSSP表面主要元素的化学态。

表6-13 MS-MSSP中污泥颗粒表面主要组成元素及含量

元 素	序 号	系 列	未归一化的元素含量(重量/%)	归一化的元素含量(重量/%)	原子比(原子/%)	误 差(重量/%)
C	6	K系	48.67	50.06	57.84	5.4
O	8	K系	32.26	33.18	28.75	3.3
N	7	K系	10.17	10.46	10.36	1.2
Si	14	K系	4.89	5.03	2.49	1.4
S	16	K系	1.24	1.28	0.55	0.1
总和			97.23	100.00	100.00	

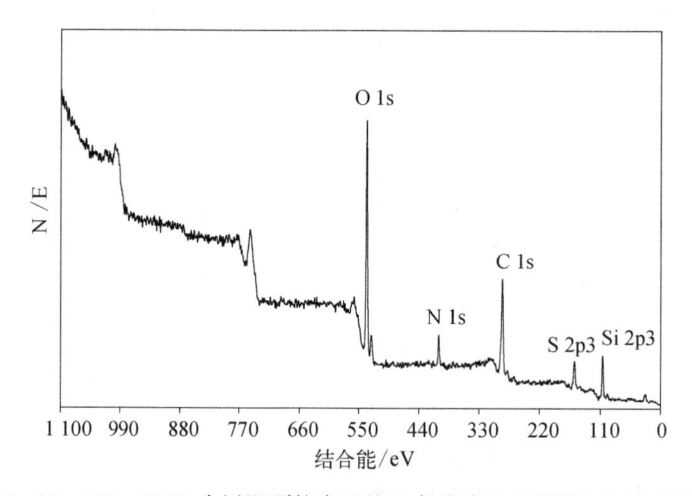

图6-30 MS-MSSP中污泥颗粒表面的X射线光电子能谱(XPS)全图谱

如图6-31(a)所示,MS-MSSP表面的C 1s主要有4种化学态,在284.8 eV和289.1 eV处出现的特征峰来自羧基中O—C=O的C(Zhang et al.,2016),而羧基中的O元素则可通过图6-31(c)中在534.6 eV和535.0 eV处出现的特征峰得到证实,该结果表明与MSSP相互作用的污泥有机质中含有羧基。在286.4 eV和287.4 eV处的特征峰来自氨基酸中O=C—NH—的C,同时,在531.2 eV处出现的特征峰[如图6-31(c)]被证实是来自氨基酸中O=C—NH—的O。这些结果也可以被N 1s图谱所证实,如图6-31(b),400.2 eV和401.1 eV处出现的特征峰来自于氨基酸中的N,同时,在402.4 eV和403.2 eV处的特征峰被认为是蛋白质中的—NH—C=O的N。基于上述结果,并结合氨基酸是组成蛋白质的基本单元,可以认定在MS-MSSP中与MSSP发生相互作用并结合的

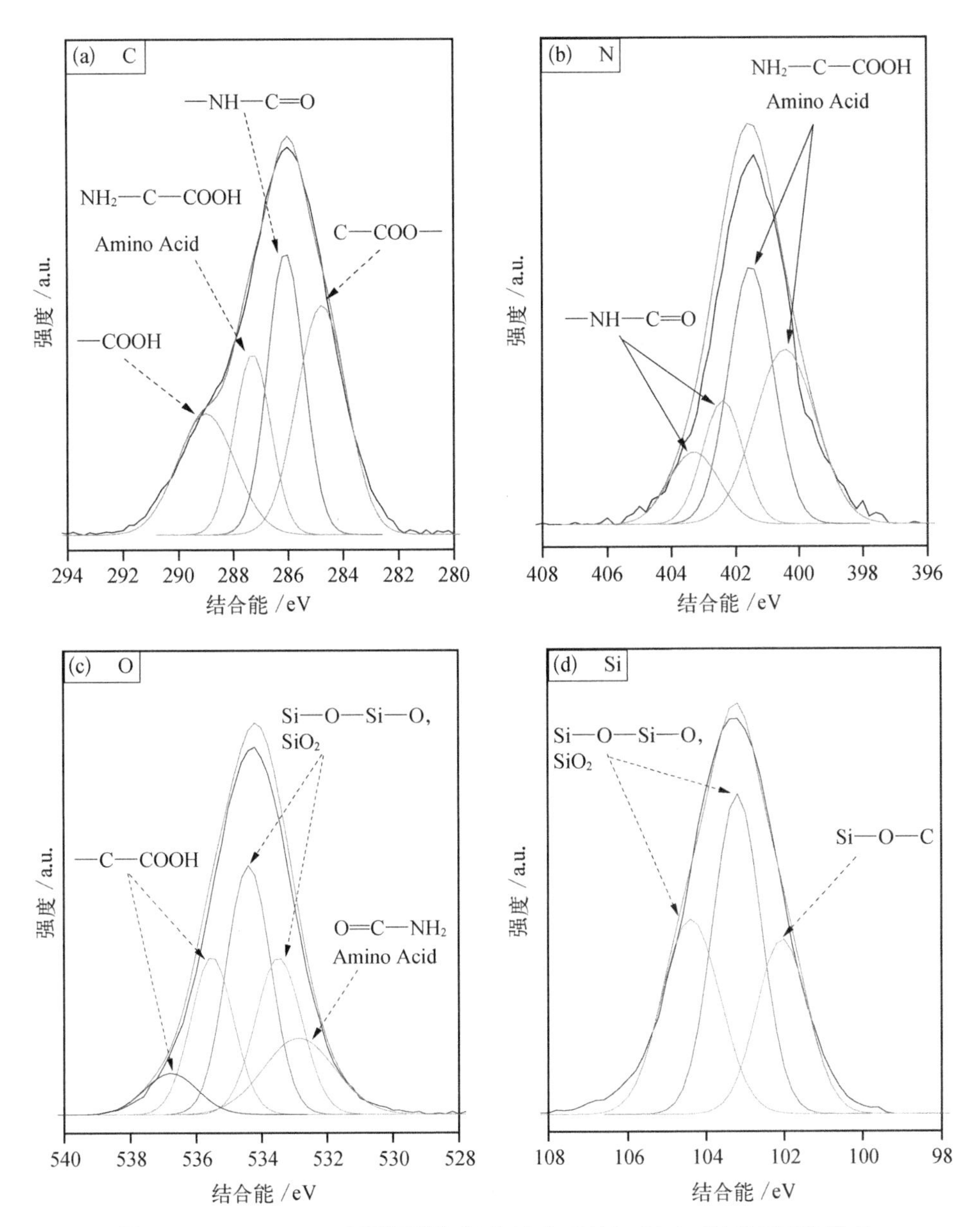

图6-31 MS-MSSP中污泥颗粒表面C(a)、N(b)、O(c)、Si(d)元素化学态

污泥有机质主要是蛋白质类。根据Xiao和Zheng的研究(2016),有理由相信富含蛋白质的污泥关键有机质能够与MSSP发生相互作用,因而改变了关键有机质的空间构象,从而限制了污泥关键有机质的溶出。此外,如图6-31(c),在532.7 eV和533.6 eV处出现的特征峰归因于MSSP中Si—O的O,该结果同样可被Si 2p3的图谱结果所证实,如图6-31(d)所示。

图6-32表示的是MS和MS-MSSP中有机质在70℃条件下溶出总氮(TN)的拟一级动力学拟合分析,主要参数见表6-14。结果显示,MS-MSSP中溶出TN的平衡浓度(C_e)值为73.8±1.8 mg/L,约为MS中溶出TN浓度的1/2,表明MS-MSSP中溶出的有机质含有较少的N,暗示MS溶出的有机质中可能含有更多的蛋白质。此外,MS中溶出TN

的速率常数(k_1)值为0.081±0.004 min^{-1},大于MS-MSSP中TN的k_1值,表明MS中含N物质的溶出速率高于MS-MSSP,暗示蛋白质的溶出或水解可能受到MSSP的限制。该结果从反面证实了污泥与MSSP发生相互作用的主要有机质是蛋白质。

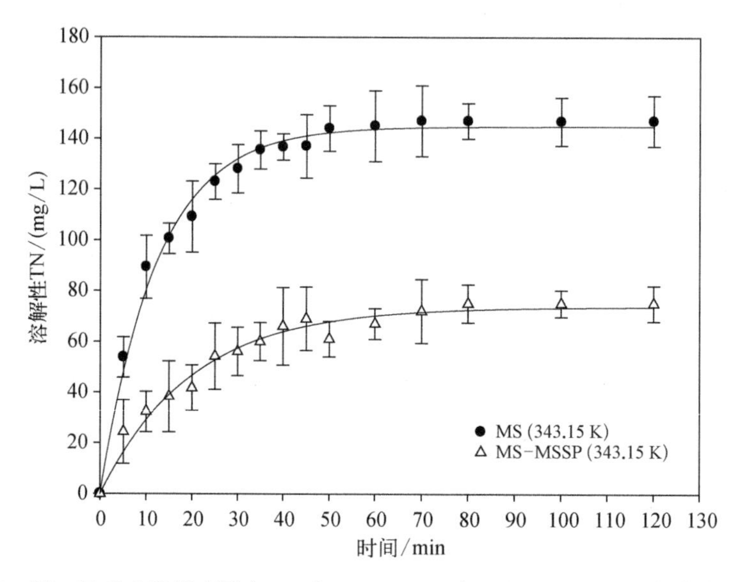

图6-32 拟一级动力学模型拟合MS和MS-MSSP在70℃(343.15 K)的溶出总氮(TN)

表6-14 拟一级动力学模型拟合MS和MS-MSSP在70℃(343.15 K)总氮溶出的主要参数

样品	拟一阶模型		
	R^2	系数	
		C_e	k_1
MS(343.15 K)	0.990 7	144.8±1.6	0.081±0.004
MS-MSSP(343.15 K)	0.973 4	73.8±1.8	0.050±0.004

注：MS为模型污泥;MSSP为微米级砂粒;k_1为污泥有机物的溶出速率;C_e为溶解性TN的平衡浓度;R^2为测定系数。

3) 微米级砂粒与主要有机化合物间的作用力

为进一步揭示MSSP与蛋白质分子中官能团的相互作用,利用傅里叶变换红外光谱仪(FTIR)对牛血清白蛋白(BSA)、MSSP和BSA-MSSP中的官能团变化进行了分析,结果如图6-33所示。图6-34表示的是BSA溶液与BSA-MSSP浑浊液中BSA分子表面电荷随时间的变化。在BSA分子的FTIR图谱中,在波数以3 300 cm^{-1}为中心的位置处出现一个大宽峰,该峰主要由仲酰胺中的N—H和氢键中的O—H伸缩振动产生。有趣的是,当BSA与MSSP结合后,该峰由3 300 cm^{-1}转移到3 377 cm^{-1},该峰向高波数转移表明BSA-MSSP中的仲酰胺的N—H伸缩振动比BSA中的仲酰胺的N—H伸缩振动需要更多的能量,暗示由于MSSP的影响BSA分子中N—H变得更加稳定。基于MSSP对污泥颗粒表面电荷的影响结果(图6-23),结合图6-34中BSA与MSSP相互作用后表面电荷量的减少,有理由相信静电结合参与了BSA分子与MSSP的相互作用。BSA在波数1 658 cm^{-1}处出现的特征峰归属于仲酰胺的C═O伸缩振动,而波数1 537 cm^{-1}处的特征

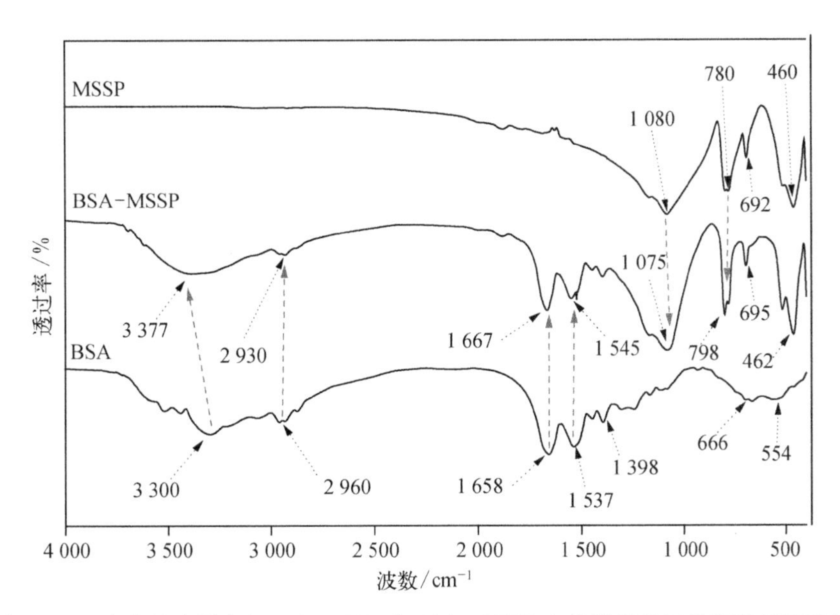

图 6－33　牛血清白蛋白(BSA)、MSSP 和 BSA－MSSP 中的傅里叶红外光谱(FTIR)图

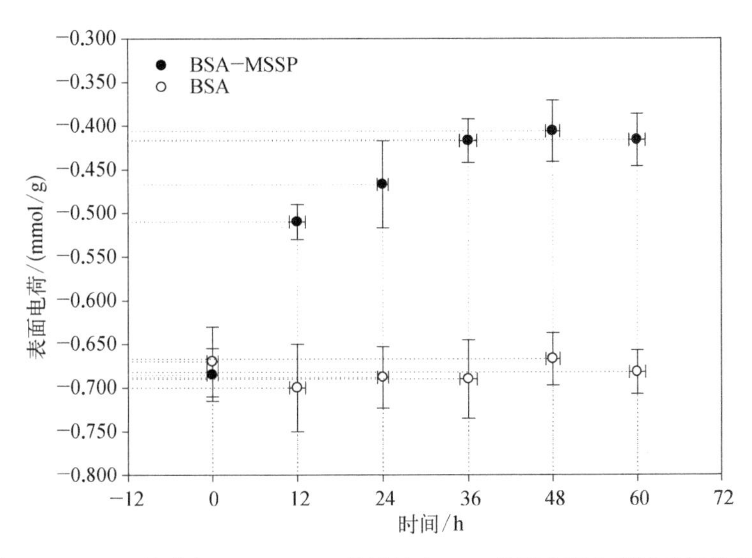

图 6－34　BSA 溶液与 BSA－MSSP 悬浊液中 BSA 分子表面电荷随时间的变化

峰来自—C ═O—NH 中的 N—H 变形振动和 C—N 的伸缩振动，随着 MSSP 的引入，所有这些特征峰都向高波数移动，该结果表明，与 MSSP 结合后需要更多的能量才能发生 C ═O、C—N 伸缩振动和 N—H 变形振动。一种符合逻辑的解释是，BSA 的空间构型由于 MSSP 产生的空间位阻效应而发生改变。在 BSA 分子中，烷基的 C—H 伸缩振动特征峰在波数 2 960 cm^{-1} 处，但与 MSSP 相互作用后，该特征峰移动到波数 2 930 cm^{-1} 处，结合 Santhiya 等(2000)的研究，该结果暗示氢键可能参与了 BSA 与 MSSP 的相互作用。在波数 1 398 cm^{-1} 处的弱特征峰来自—COO^-的对称伸缩振动，在波数区间为 700~500 cm^{-1} 出现的特征峰来自 O ═C—N 的弯曲振动。在 MSSP 的 FTIR 图谱中，在波数 780 cm^{-1}、692 cm^{-1} 和 460 cm^{-1} 处的特征峰归属于 Si—O—Si 的弯曲振动，并且，在波数为 1 080 cm^{-1}

处出现的峰值较强的特征峰归属于 Si—O 的伸缩振动。与 BSA - MSSP 的 FTIR 图谱相比，Si—O 伸缩振动所对应的波数向低波数移动（从 1 080 cm^{-1} 到 1 075 cm^{-1}），而 Si—O—Si 弯曲振动所对应的波数则向高波数移动，如图 6 - 33 所示，分别从 780 cm^{-1}、692 cm^{-1}、460 cm^{-1} 到 798 cm^{-1}、695 cm^{-1}、462 cm^{-1}。这些结果显示，氢键参与了 BSA 与 MSSP 间的相互作用，这些结果同时证实了上述的猜测。

此外，在图 6 - 33 中可以发现，大量存在—NH、—CONH、—OH、C ═O、CN、CH 和 COO—等官能团，这些官能团能够通过静电、疏水缔合效应以及氢键与 MSSP 表面水化羟基中的 O 或 H 质子相互作用，并促进 BSA 与 MSSP 的结合。

4）微米级砂粒与主要有机化合物的微观热力学

图 6 - 35 表示的是利用等温滴定微量热仪（ITC）对 BSA 与 MSSP 发生相互作用监测而获得的微观热力学主要参数。从微观热力学角度而言，一个反应的吉布斯自由能变化值（ΔG）小于零，代表着该反应可以自发进行。根据式（6 - 3）所示，ΔG 值可通过焓变（ΔH）和熵变（ΔS）计算获得。

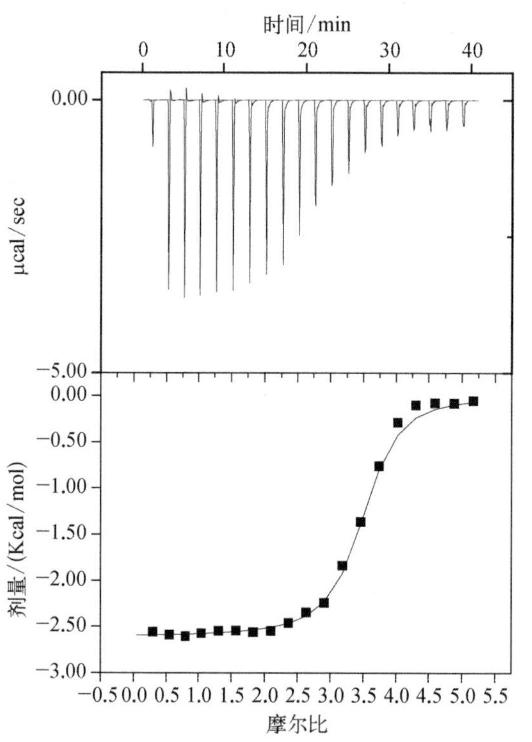

图 6 - 35　BSA 与 MSSP 相互作用过程的等温滴定微量热仪（ITC）数据及模型分析

$$\Delta G = \Delta H - T \cdot \Delta S \quad (6-3)$$

式中，ΔG 为吉布斯自由能的变化值，kJ/mol；ΔH 为焓变值，kJ/mol；ΔS 为熵变值，J/(mol·K)；T 为温度，K。

此外，一个变化的反应体系总会趋向于动态平衡状态，在该过程中，ΔH 趋向于达到最小值，因为小的 ΔH 值代表整个平衡体系处于稳定状态；同时，ΔS 则趋向于达到最大值，而大的 ΔS 值代表整个平衡体系处于大的混乱度（混乱度越高体系也就越稳定）。在 BSA 和 MSSP 的相互作用过程中，ΔH 值和 ΔS 值同样存在变化，因此，可通过量热曲线，并结合数学模型拟合计算热力学参数 ΔH 值和 ΔS 值。

如图 6 - 35 所示，采用单点结合模型对 ITC 数据进行拟合和计算，结果显示，MSSP 的结合常数为（2. 44±1. 10）×10^5 mol^{-1}，表明在与 BSA 相互作用时，MSSP 具有较高的结合能力。在室温条件下（T = 298. 15 K，25℃），ΔH 值和 ΔS 值分别为 - 10. 93±0. 10 kJ/mol 和 5. 3 J/(mol·K)（$T\Delta S$ = 1. 57±0. 08 kJ/mol）。将上述数据代入式（6 - 3），计算可知 $\Delta G<0$，此外，结合 $\Delta H<0$，表明 BSA 与 MSSP 的相互作用是一个自发的放热反应过程。为了进一步探讨 BSA 与 MSSP 间相互作用的主要驱动力，将 ΔH 值和 ΔS 值进行比值计算，发现 ΔH 值远大于 ΔS 值，在温度范围为 298. 15～373. 15 K（25～100℃）条件下，ΔG 值的变化范围仅为 -12. 5～ -12. 9 kJ/mol，

没有显著的改变，说明 ΔS 对整个反应体系的影响很小，表明 BSA 和 MSSP 发生相互作用的主要驱动力是焓驱动，该结果同时暗示 BSA 与 MSSP 的非共价键结合是主导作用力。

6.3　低有机质污泥厌氧消化效能低的原因剖析及潜在提升途径

低有机质污泥厌氧消化效能较低的原因可概括为三点：① 污泥含砂量高，导致有机质含量低，从而造成厌氧消化系统有机负荷低；② 无机砂粒存在会限制污泥有机质厌氧消化降解速率；③ 无机砂粒与污泥有机质的结合会提高有机质降解的能量位垒，从而降低污泥有机质的生物可降解性。

因此，提升低有机质污泥厌氧消化效能的潜在途径主要有以下几方面：① 通过提高进料有机质含量来提高系统有机负荷，如高含固厌氧消化、污泥与其他有机质废弃物协同厌氧消化；② 通过提升厌氧消化温度或改善物料性能来提升有机质厌氧降解速率，如高温厌氧消化、污泥改性预处理后进行厌氧消化；③ 通过污泥除砂技术去除无机颗粒，提高有机质比例及厌氧可降解性。

6.4　低有机质污泥除砂研究

作者分别探讨水力旋流分离器、高温热水解—离心、低温热水解—离心三种方法对去除低有机质污泥无机砂粒、提高有机质比例及厌氧消化产甲烷潜力的作用，以便找出提升低有机质污泥厌氧消化效能的潜在途径。

6.4.1　低有机质污泥水力旋流分离器除砂研究

根据砂在污泥絮体中的存在方式（图 6-36），对于其中游离状态的砂，可考虑直接进行砂与污泥絮体的分离；而对潜入絮体中的砂，需先考虑砂与絮体的剥离，然后进行砂与

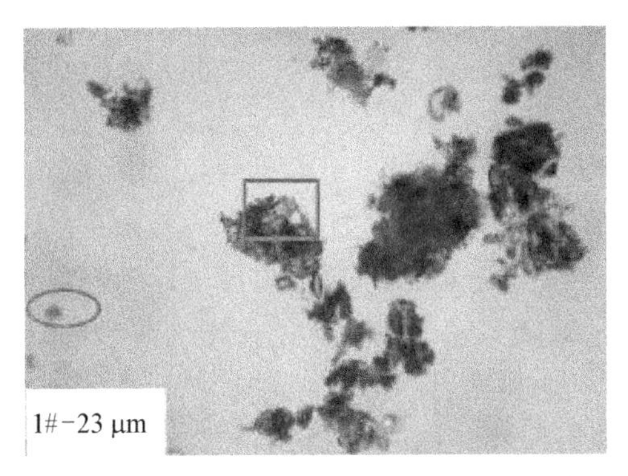

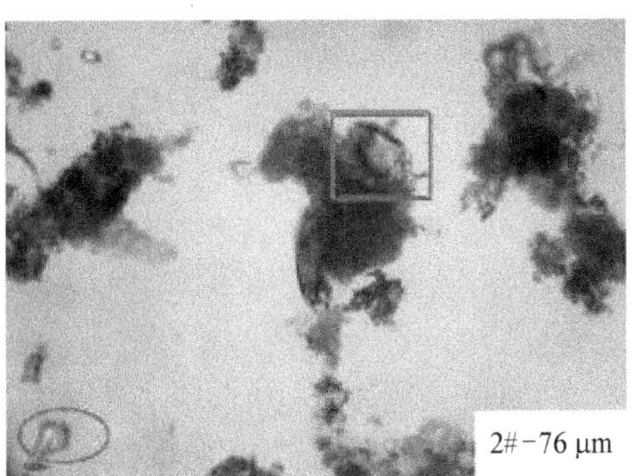

图 6-36　细微泥沙与污泥絮体的混合形态（×100）

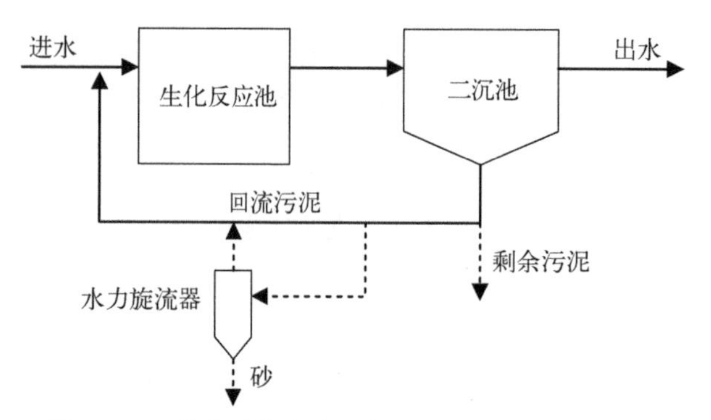

图 6－37 带旁路旋流除砂装置的活性污泥处理工艺

污泥絮体的分离。除砂单元可以设置在污水处理系统中，也可设置在厌氧消化系统中。

污水厂内除砂通常设置在沉砂池内，对于不采用沉砂池和允许砂在初沉池中沉降的情况下，可通过将稀污泥泵入水力旋流除砂器的方式实现。砂及密度较大的重颗粒在旋流作用下分离并与较轻的颗粒和液体分开排出。有关污泥除砂的研究相对较少，均采用水力旋流分离器来实现，基本流程如图 6－37 所示。

水力旋流分离器是一种分离非均匀相混合物的设备，是在离心力的作用下根据两相或多相之间的密度差来实现两相或多相分离。由圆柱体、锥体、溢流口、底流口与进料口组成。溢流口在圆柱体的上端与顶盖连接，进料口在圆柱体上部沿侧面切向进入圆柱腔内。混合物料（如回流污泥等）沿切向进入旋流器时，在圆柱腔内产生高速旋转流场。混合物中比例大的物料在旋转流场的作用下同时沿轴向向下运动、沿径向向外运动，在到达锥段沿器壁向下运动，并由底流口排出，这样就形成了外旋涡场；比例小的物料向中心轴线方向运动，并在轴线中心形成一向上运动的内旋流，然后由溢流口排出，达到了两相分离的目的（赵庆国和张明贤，2003）。

Mansour 等（2010）在实验室内采用直径 13 mm 的水力旋流分离器对来自 8 个不同污水处理厂生化池混合液及回流污泥进行除砂实验，采用底流浓度与进料浓度的比值作为浓度因数（CF），表征旋流分离器对进料中总固体、有机质和无机质的分离程度。该旋流分离器对总固体、有机质和无机质的浓度因数分别为 1.4、1.3 和 1.5。对总固体、有机质和无机质的分离效率分别为 9%、8%和 13%。证明了水力旋流分离器对回流污泥除砂的可行性，但尚须更大规模的实验验证以及对无机质分离效率的改进。

王建伟（2012）对普通旋流分离器进行了加装中心固棒、改直锥为抛物线锥、在旋流筒体内焊接螺纹内勒线等改造，以提高污泥除砂效果。将直径 100 mm 的水力旋流分离器安装在团岛污水厂二沉污泥回流廊道处，对回流污泥进行除砂试验。改进后的旋流分离器分离效率和修正分离效率均有大幅度提高，溢流产物有机质提高率较传统水力旋流分离器高，新型水力旋流分离器溢流产物有机质最大提高率约为 8%。对于底流有机质含量，新型水力旋流分离器稍高于传统型，但整体底流浓度有机质含量仍较高，最低有机质含量约为 36%。旋流分离器需要进行进一步优化。

吉芳英等（2013）采用直径 75 mm 的水力旋流分离器对取自重庆市某污水厂的二沉池回流污泥进行除砂实验，研究表明设计的污泥旋流分离器可以实现污水厂污泥淤沙的分离和富集。通过改变旋流分离器溢流口直径、底流口直径、锥角、工作压力等参数，比较不同状况下的除砂效果，给出旋流分离器最适设计和运行参数。结果表明：溢流口直径和底流口直径比 K 是影响分离效果最重要的结构参数。比值 K 越大，分流比越大和除砂效率越大，底流 VSS/TSS 越高，砂在底流中的富集程度以及有机质在溢流中的富集程度越小，各指标之间存在显著的线性相关关系，建议中试规模的旋流分离器 K 值设计为 0.4~0.6。提高水力旋流分离器的工作压力可以提高砂的分离效果、提高单位时间的处理能力，建议工作压力控制在 0.15~0.20 MPa。用锥角为 20°、溢流口直径 22 mm、底流口直径 13 mm 的旋流分离器，在工作压力为 0.15~0.20 MPa 的情况下，对浓度为 15~23.5 g/L、VSS/TSS 为 0.28~0.40 的污泥进行除砂，产生的溢流污泥 VSS/TSS 值为底流污泥的 3 倍，底流污泥 ISS/TSS 值为溢流污泥的 1.5 倍。

前期实践已经初步证实了旋流除砂在分离无机颗粒方面的可行性。根据污泥中无机颗粒的存在状态可以推测，除砂的重点在于结合态无机颗粒，除砂技术的发展需要考虑通过一定的预处理手段减小污泥中有机质与无机颗粒的结合力，将结合态无机颗粒释放出来。

6.4.2 低有机质污泥高温热水解—离心处理

通过热水解预处理技术将污泥中无机砂料剥离，然后再通过离心处理，将无机砂粒从有机质中分离出来，这有利于进一步提升低有机质污泥 VS/TS，因此作者提出高温热水解—离心处理提高污泥离心除砂及厌氧转化效率。

（1）高温热水解最优条件确定

基于前期的研究积累，在此选取 120℃ 作为高温热水解处理条件，以稀释后的重庆某污水厂脱水污泥（TS=5%左右）为研究对象，通过测定不同处理时间下污泥中溶解性有机物的浓度，结合有机物溶出效果和处理条件的经济性确定最优高温热水解处理时间。

图 6-38 为不同时间高温热水解后污泥中各溶解性有机物浓度变化，不难发现热水解对促进低有机质污泥有机物溶出作用明显。经 120℃ 热水解处理 30~120 min，污泥中的溶解性多糖、溶解性蛋白质及溶解性化学需氧量（SCOD）浓度均有增加，且溶解性有机物浓度基本上随热水解处理时间的增加而增加。溶解性多糖浓度由 150 mg/L 左右依次增加到 824 mg/L、977 mg/L、1 039 mg/L 和 1 019 mg/L 左右，这表明热水解处理 30 min

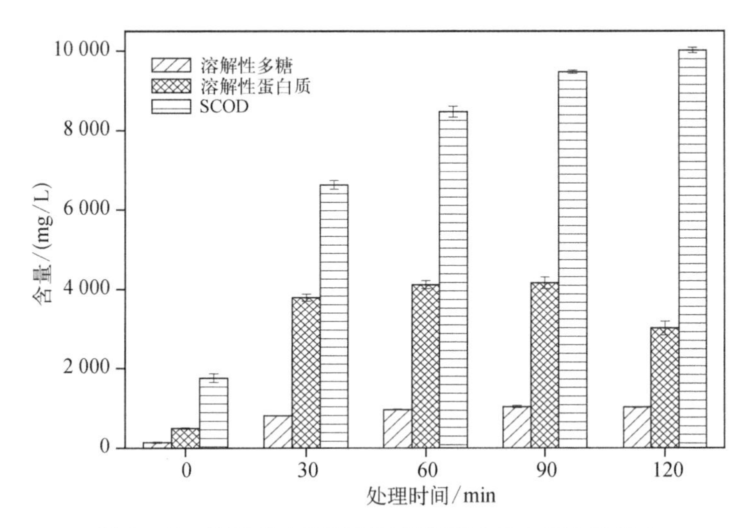

图 6-38 高温热水解时间对污泥溶解性有机物的影响

时,污泥中溶解性多糖增加了449%;90 min时最有利于多糖的溶出,处理后溶解性多糖的浓度增加到693%;当处理时间增加至120 min时,溶解性多糖浓度开始有降低趋势。溶解性蛋白质浓度由487 mg/L左右依次增加到3 770 mg/L、4 114 mg/L、4 175 mg/L和3 003 mg/L,同样是120℃、90 min热水解处理后溶解性蛋白质浓度最高,较处理前增加了757%,当处理时间大于90 min后,溶解性蛋白质浓度开始下降。污泥中SCOD浓度由1 738 mg/L依次增加到6 621 mg/L、8 426 mg/L、9 448 mg/L和9 986 mg/L,即污泥SCOD浓度一直随处理时间的延长而增加,但增长速率越来越小,处理时间为30~90 min时,污泥中SCOD分别较原泥增长了281%、385%和444%,但处理时间由90 min延长至120 min时,污泥SCOD浓度的相对增长率仅为5.7%。

综合以上研究结果可知,120℃高温热水解处理低有机质污泥,当处理时间从30 min逐渐延长至120 min的过程中,污泥溶解性多糖和溶解性蛋白质浓度均呈现先增加后降低的规律,90 min为最优热水解时间。因此,作者选取120℃、90 min作为低有机质污泥高温热水解处理条件。此外,冬季脱水污泥VS/TS约为33%、砂/TS约为52%、砂粒平均粒径为41 μm,而夏季脱水污泥VS/TS约为21%、砂/TS约为62%、砂粒平均粒径35 μm,表明冬季和夏季污泥泥质存在明显差异,这可能导致冬季和夏季热水解污泥离心处理条件的不同。

(2) 冬季高温热水解污泥离心除砂研究

污泥离心除砂效果的影响因素包括离心转速、离心时间以及上部污泥倒出比例等,因此考察了这三种因素对低有机质污泥离心除砂效果的影响。假设热水解处理可以在一定程度上使污泥中的有机物和砂粒分离,则根据离心原理,砂粒等无机颗粒的比例(密度)较大,离心过程中会进入下部污泥,而有机悬浮物比例(密度)较小,离心过程中会集中在上部污泥中。可以预测,离心后上部污泥的VS/TS将增加,砂/TS将降低,而下部污泥则呈现相反的规律。在三种影响因素中选择出最佳的除砂条件,污泥砂/TS降低必将伴随VS/TS的增加,故通过测定分析上下部污泥的VS/TS变化,可侧面反映除砂效果。而热水解—离心处理不可能使有机物100%进入上部污泥中,因此在除砂研究中,主要以污泥的VS/TS和VS质量分布(上、下部污泥中VS质量与VS总质量的比值)作为除砂效果的评价指标。根据对除砂效果的影响程度,依次考察离心转速、离心时间和上部污泥倒出比例(以下简称"分离比",即离心后上部倒出的污泥质量与总质量的比值)对热水解处理后的低有机质污泥离心除砂效果的影响。

1) 离心转速对冬季低有机质热水解污泥除砂效果的影响

研究共设计六个转速条件,分别为700 r/min、900 r/min、1 200 r/min、1 500 r/min、3 000 r/min和5 000 r/min,涉及低、中、高三个转速范围,固定离心时间均为5 min,离心均按照最大分离比倒出上部污泥。研究结果如图6-39和图6-40所示,横坐标为离心条件,其中700-5-Max表示第一组的离心条件为700 r/min离心5 min,上部污泥按最大比例倒出,以此类推;纵坐标分别表示VS/TS和VS质量百分比。

如图6-39和图6-40所示,同一离心时间下,离心转速越大,上部污泥的VS/TS越高,但其VS质量百分比越低。冬季原泥的VS/TS在32.67%左右,经120℃、90 min热水解处理后,VS/TS略有降低,在32%左右。以热水解污泥的VS质量为100%计,经

700 r/min、900 r/min、1 200 r/min、1 500 r/min、3 000 r/min 和 5 000 r/min 离心 5 min 后，上部分离出的污泥 VS/TS 依次提高至 44. 7%、47. 0%、56. 1%、80. 2%、86. 5%和 89. 5%，VS 质量百分比依次降低至 40. 6%、37. 9%、29. 5%、21. 4%、21. 7%和 21. 4%。以上结果表明中低转速即可有效提高热水解污泥 VS/TS，且 VS 回收率（离心上部污泥 VS 质量百分比）在可接受范围，当转速提升到 1 500 r/min 以上时，对 VS/TS 进一步提升的幅度较小且 VS 回收率低至 21%左右。因此在同时兼顾污泥 VS/TS 和 VS 质量百分比的情况下，中低转速离心更有利于得到较为理想的热水解污泥除砂效果。此外，未经热水解处理的原泥直接在 900 r/min 下离心 5 min，离心后分离所得上部污泥的 VS/TS 为 61%左右，但上部污泥的 VS 质量只占 VS 总质量的 9. 6%，远低于热水解污泥在相同转速下得到的结果（37. 9%），说明热水解可改善污泥离心除砂效果。

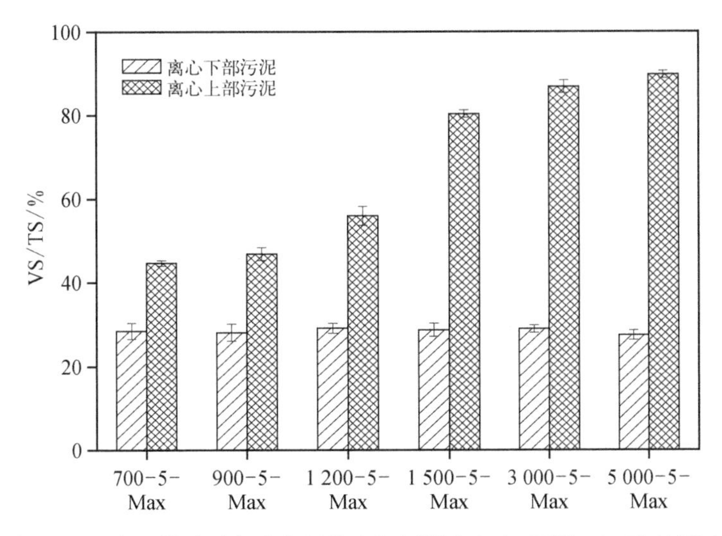

图 6-39　离心转速对冬季高温热水解污泥离心上、下部 VS/TS 的影响

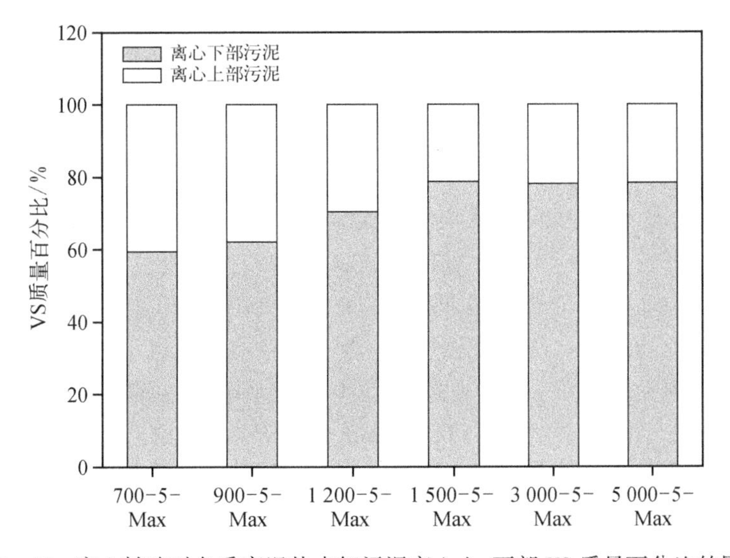

图 6-40　离心转速对冬季高温热水解污泥离心上、下部 VS 质量百分比的影响

离心上部污泥的 VS 质量百分比受上部污泥总质量、TS 及 VS/TS 的共同影响。表 6-15 反映了原泥及热水解污泥经不同转速离心处理后上下部质量分布以及 TS 变化情况，其中 T 表示热水解污泥，T700~T5000 表示在 700~5 000 r/min 转速下离心处理的热水解污泥；R900 表示在 900 r/min 下离心的原泥。对于热水解污泥，随着离心转速由 700 r/min 逐渐增加至 5 000 r/min，其上部污泥的 TS 由 4.7%逐渐降低至 0.55%。热水解污泥在 900 r/min 下离心 5 min，按照最大分离比得到的上部污泥 TS 为 1.97%，而原泥在相同条件下离心得到的上部污泥 TS 仅为 0.33%，这一结果直接导致未经热水解处理的污泥离心后上部 VS 质量占比很低。通过比较不同组上部污泥质量百分比可知，在中低转速（700~1 500 r/min）范围内，上部污泥质量百分比与 TS 变化相同，均随离心转速的增加而降低，主要由于在这一转速范围内污泥离心脱水效果不明显，颗粒物的质量变化对上部污泥总质量的变化做主要贡献，随着转速增加，颗粒物逐渐向下部转移，导致上部污泥质量百分比不断降低；而在中高转速（1 500~5 000 r/min）范围内，污泥离心脱水效果明显，随转速增加，越来越多的水分进入上部污泥，而进入下部的颗粒物却逐渐趋于饱和，所以得到相反的规律，即上部污泥质量随转速的增加而增加。

表 6-15 离心转速对冬季热水解—离心污泥上下部 TS 及质量分布的影响

指 标	污泥组分	T	T700	T900	T1200	T1500	T3000	T5000	R900
质量百分比/%	上部 下部	100	74.58 25.42	73.37 26.63	69.83 30.17	67.21 32.79	74.57 25.43	78.03 21.97	69.75 30.25
TS/%	上部 下部	4.70	2.18 14.63	1.97 14.73	1.37 14.48	0.71 14.96	0.61 19.36	0.55 23.25	0.33 14.13

2）离心时间对冬季低有机质热水解污泥除砂效果的影响

通过以上结果，将研究范围缩小至中低转速，考察相同转速下离心时间对热水解污泥除砂效果的影响。研究在 600 r/min、800 r/min、1 000 r/min、1 200 r/min 和 1 500 r/min 离心转速下，采用 1 min、3 min 及 5 min 三个时间条件进行离心处理，离心后均按照最大分离比倒出上部污泥。图 6-41 和图 6-42 中横坐标为离心条件，其中 600-1 表示转速 600 r/min 离心 1 min，以此类推。

如图 6-41 和图 6-42 所示，同一低转速下，离心转速时间越长，上部污泥的 VS/TS 越高，但其 VS 质量百分比越低。以 600 r/min 为例，当离心时间由 1 min 逐渐延长至 3 min 和 5 min 时，上部污泥的 VS/TS 由 38.0%逐渐增加至 42.8%和 46%，而其质量百分比则由 63.0%逐渐降低至 50.6%和 44.1%，其他低转速条件同样符合这一规律。当转速增加到 1 200~1 500 r/min 时，这一变化规律不再明显。为兼顾上部污泥的 VS/TS 及 VS 质量百分比，以离心后上部污泥 VS 质量百分比大于 50%为基准选出以下离心条件：600 r/min-1 min、600 r/min-3 min、800 r/min-1 min、1 000 r/min-1 min、1 000 r/min-3 min 和 1 200 r/min-1 min。当离心条件为 1 000 r/min-3 min 时，分离后得到的上部污泥 VS/TS 最大，为 42.9%。由于随着离心转速增大和离心时间延长，离心能耗逐渐增加，综合考虑上部分离污泥的 TS/VS 和能耗问题，从以上条件选出最佳离心条件为 600 r/min-3 min，其离心结果为上部污泥 VS/TS 为 42.8%，VS 质量百分比为 51%。同时发现，污泥在低转

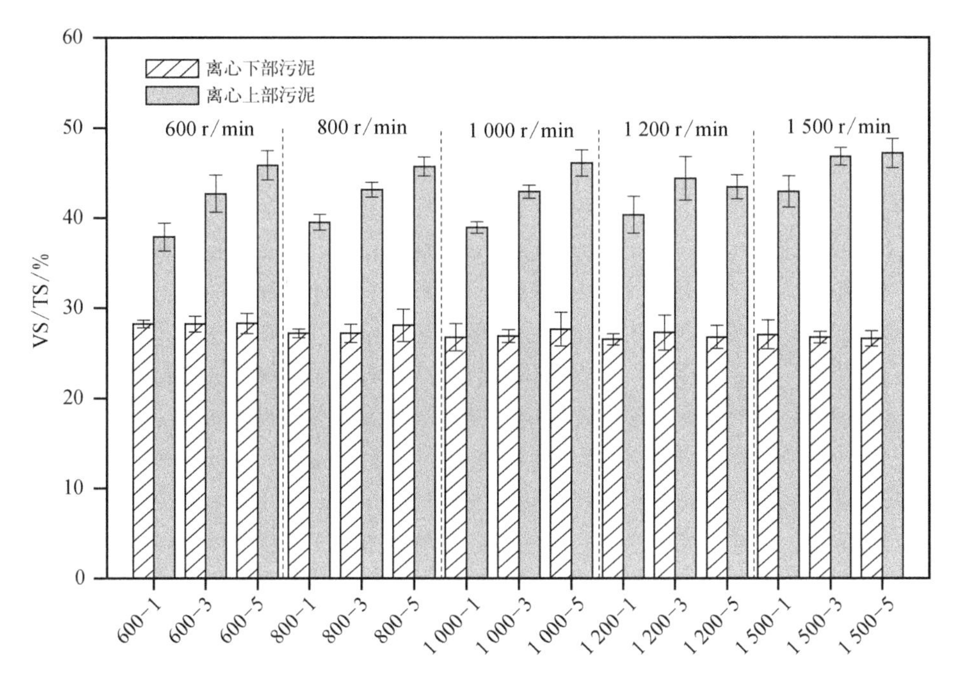

图 6-41　离心时间对冬季高温热水解污泥离心上下部 VS/TS 的影响

注：图中横坐标轴的数字指：离心转速-离心时间。

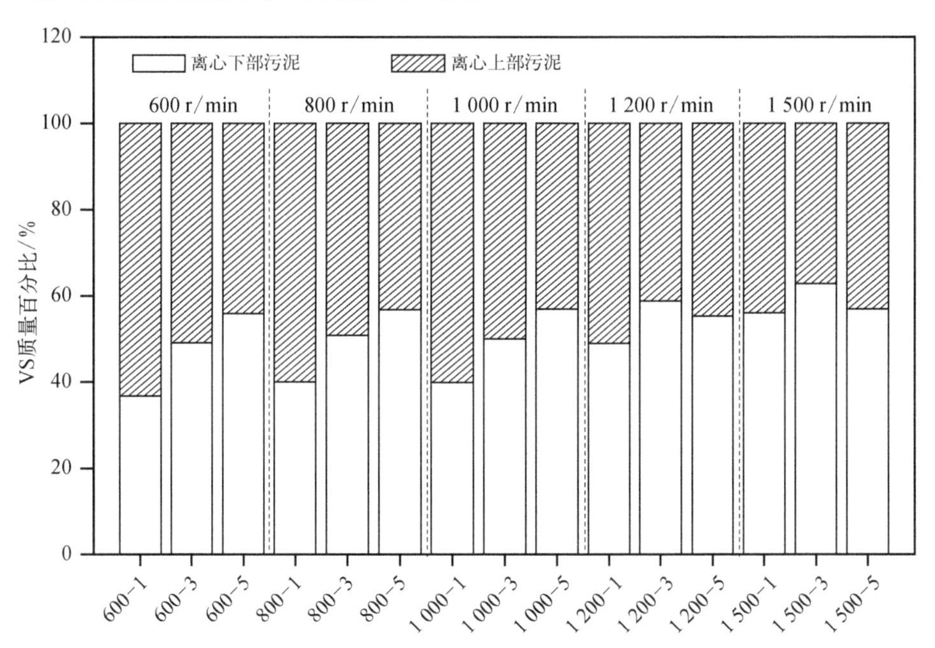

图 6-42　离心时间对冬季高温热水解污泥离心上下部 VS 质量百分比的影响

注：图中横坐标轴的数字指：离心转速-离心时间。

速(600~1 000 r/min)、短时间(1~3 min)的条件下离心更有利于获得较好的除砂效果。

3) 分离比对冬季低有机质热水解污泥除砂效果的影响

基于以上研究结果,在低转速短时间的条件下,进一步探讨不同分离比对热水解污泥除砂效果的影响。研究在 600 r/min－1 min 及 800 r/min－1 min 条件下设计 85%、80%和77%三个分离比；在 600 r/min－3 min 和 800 r/min－3 min 条件下设计 80%、77%和 75%三个分离比，离心后均按照设计分离比倒出上部污泥。图 6－43 和图 6－44 中横坐标为离心条件，其中 600－1－85 表示在 600 r/min－1 min 条件下离心后，上部倒出 85%（质量百分比）的污泥，以此类推。

如图 6－43 和图 6－44 所示，同一离心转速和离心时间下，离心分离比越小，上部污泥的 VS/TS 越高，但其 VS 质量百分比越低。以 600 r/min－1 min 为例，当离心分离比由 85%逐渐减小至 80%和 77%时，上部污泥的 VS/TS 由 38.0%逐渐增加至 40.2%和 41.0%，而其质量百分比则由 63.0%逐渐降低至 57.4%和 52.6%，其他低速短时离心结果同样符合这一规律。为兼顾上部污泥的 VS/TS 及 VS 质量百分比，以离心后上部污泥 VS 质量百分比大于 50%为基准选出以下离心条件：600 r/min－1 min－85%、600 r/min－1 min－80%、600 r/min－1 min－77%、600 r/min－3 min－80%、800 r/min－1 min－85%和 800 r/min－1 min－80%。综合考虑上部分离污泥的 TS/VS 和能耗问题，从以上条件选出最佳离心条件为 600 r/min－3 min－80%，在此条件下离心分离的上部污泥 VS/TS 为 42.8%，VS 质量百分比为 50.6%。

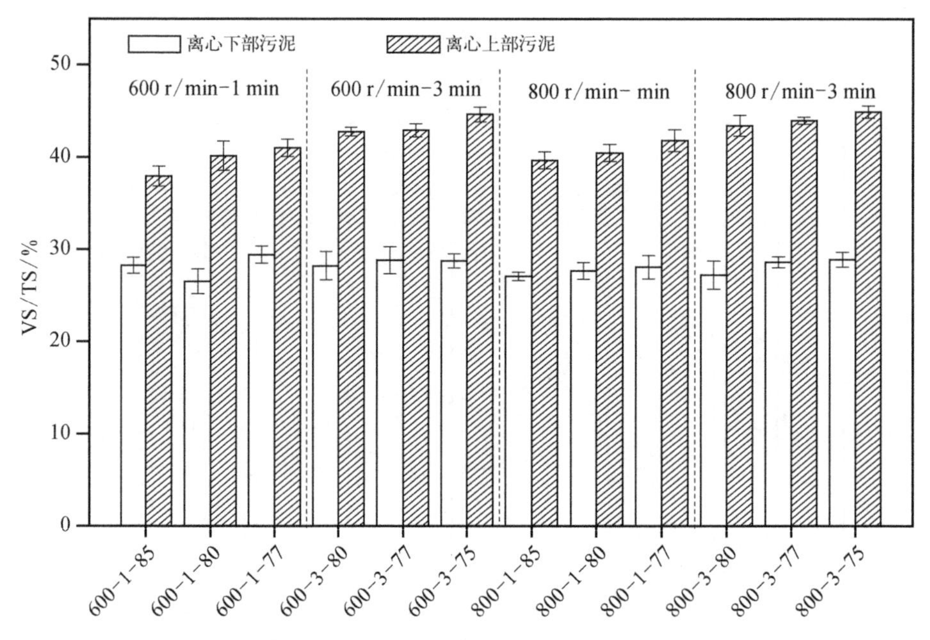

图 6－43 离心分离比对冬季高温热水解污泥离心上下部 VS/TS 的影响

注：横坐标轴的数字指：离心转速-离心时间-离心分离比。

综合以上研究结果可知，冬季污泥高温热水解（120℃、90 min）处理后，最佳离心除砂条件为 600 r/min－3 min－80%，处理后上部污泥 VS/TS 为 42.8%，较原泥（31%）提高了 39%左右，而 VS 总量变为原泥的 50.6%左右。

（3）夏季高温热水解污泥离心除砂研究

研究发现离心转速、时间以及分离比对夏季高温热水解污泥除砂效果的影响规律与

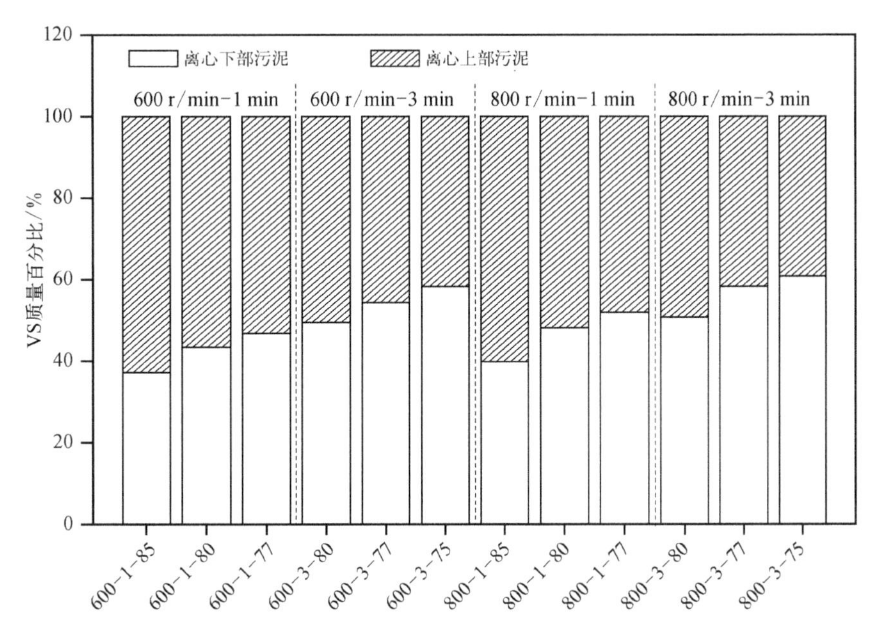

图6-44　离心分离比对冬季高温热水解污泥离心上下部VS质量百分比的影响

注：横坐标轴的数字指：离心转速-离心时间-离心分离比。

冬季污泥相似，但其最优离心条件仍需探索。因此，在冬季污泥离心除砂研究的基础上，直接考察中低转速、短时离心条件下不同分离比对夏季污泥除砂效果的影响。设计600~1 500 r/min 5个转速条件，1 min和3 min两个时间条以及70%~85%不同分离比条件，按照设计分离比分离上部污泥。研究结果如图6-45至图6-48所示，横坐标表示离心条

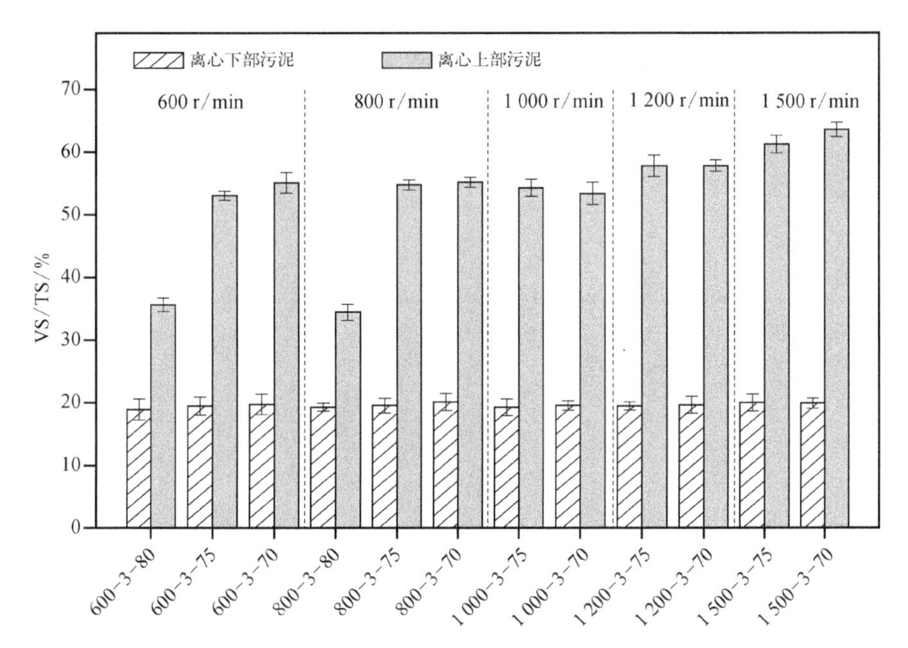

图6-45　分离比对夏季高温热水解污泥离心上下部VS/TS的影响(离心3 min)

注：横坐标轴的数字指：离心转速-离心时间-离心分离比。

件，其中 600－3－80 表示离心转速 600 r/min，离心时间 3 min，上部污泥倒出质量百分比为 80%，以此类推。

图 6－45 和图 6－46 分别为中低转速条件下离心 3 min 不同分离比对上部污泥 VS/TS 和 VS 质量百分比的影响。在中低转速下离心 3 min，当分离比由 80%降低至 75%时，上部污泥 VS/TS 明显增加（增长率 50%～60%左右）；而分离比由 75%降至 70%时，VS/TS

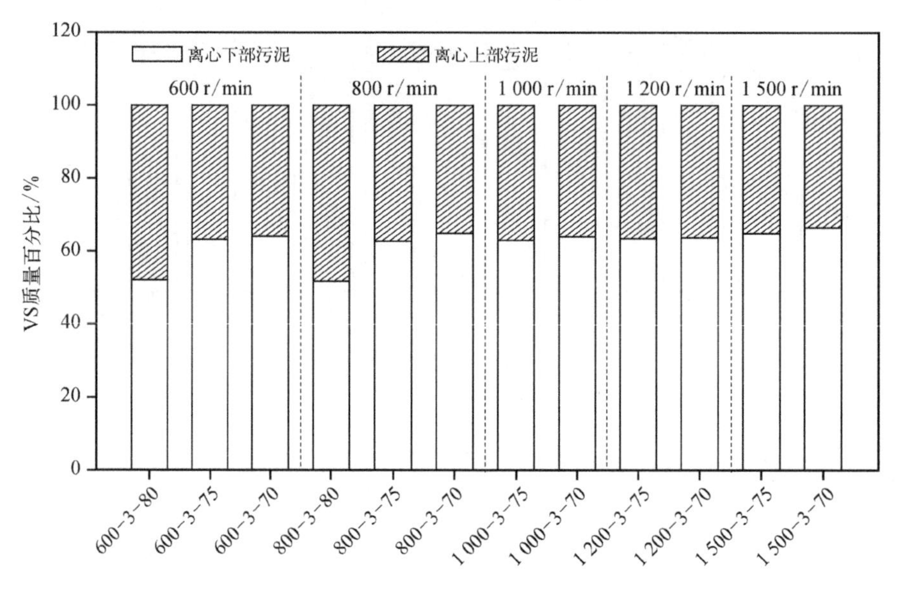

图 6－46 离心分离比对夏季高温热水解污泥离心上下部 VS 质量百分比的影响（离心 3 min）

注：横坐标轴的数字指：离心转速-离心时间-离心分离比。

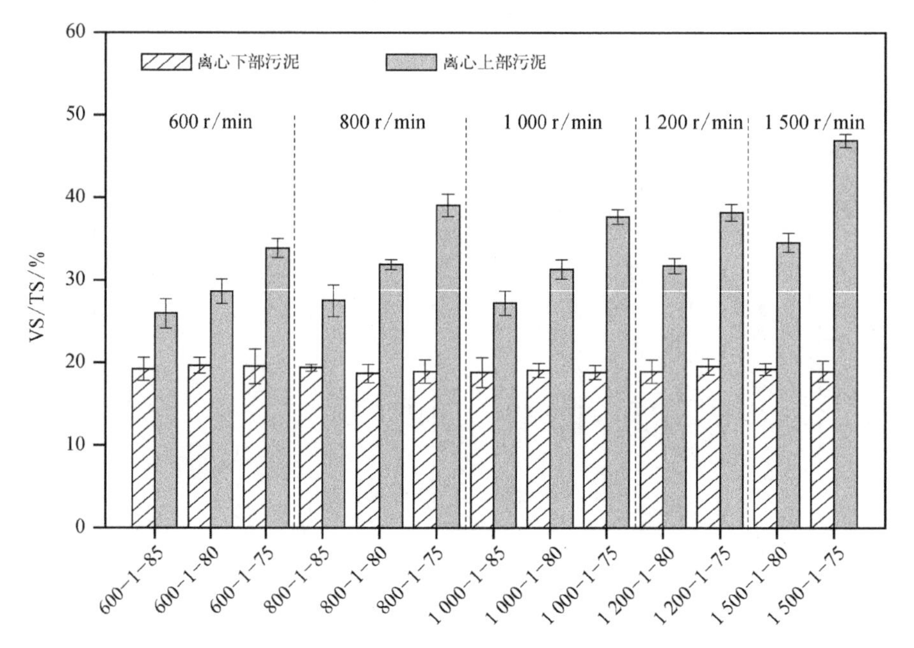

图 6－47 分离比对夏季高温热水解污泥离心上下部 VS/TS 的影响（离心 1 min）

注：横坐标轴的数字指：离心转速-离心时间-离心分离比。

基本无变化。对于夏季高温热水解污泥,当离心时间为3 min时,不同转速不同分离比得到的上部污泥VS质量百分比较低,均在40%以下。

图6-47和图6-48分别为中低转速离心1 min不同分离比对上部污泥VS/TS和VS质量百分比的影响。由图6-47(a)可知,上部污泥VS/TS的变化规律与冬季污泥相同,随分离比的降低而增大。图6-48(b)表明,上部污泥的VS质量百分比随分离比的降低而降低。兼顾离心上部污泥的VS/TS与VS质量百分比,确定夏季高温热水解污泥最佳离心除砂条件为800 r/min-1 min-80%。夏季原泥VS/TS约为22%,经120℃、90 min热水解后,污泥VS/TS微降至21%左右,在800 r/min-1 min-80%的条件下离心得到上部污泥的VS/TS为32.0%,较原泥提高了45%左右,上部污泥VS质量约占原泥VS总质量的49.1%。

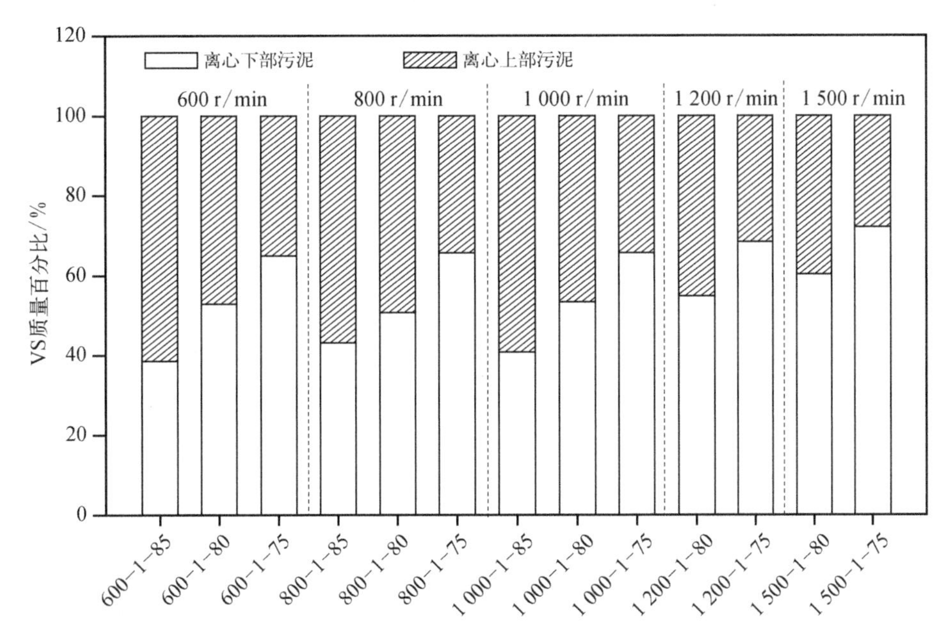

图6-48　分离比对夏季高温热水解污泥离心上下部VS质量百分比的影响(离心1 min)

注:横坐标轴的数字指:离心转速-离心时间-离心分离比。

6.4.3　低有机质污泥低温热水解—离心处理

为综合考察不同温度热水解处理低有机质污泥泥沙分离效果的差异,在高温热水解研究的基础上,进一步研究低温热水解污泥的离心除砂效果。设计80℃和55℃两个低温热水解温度,其中80℃热水解处理时间为24 h,55℃热水解设计4 h、8 h、12 h及24 h四个时间条件,并对热水解后污泥分别进行离心除砂研究。为增强低温热水解对污泥有机质与砂的分离效果,考察调酸预处理对改善低温水热解污泥离心除砂效果的影响,分别设置空白组(不调pH,基本为中性)和酸性组(热水解前调节污泥pH=5左右,弱酸性)两种研究条件。

(1) 不同温度低温热水解处理后污泥离心除砂效果研究

首先研究了污泥经不同温度低温热水解处理后的离心除砂效果。图6-49和图

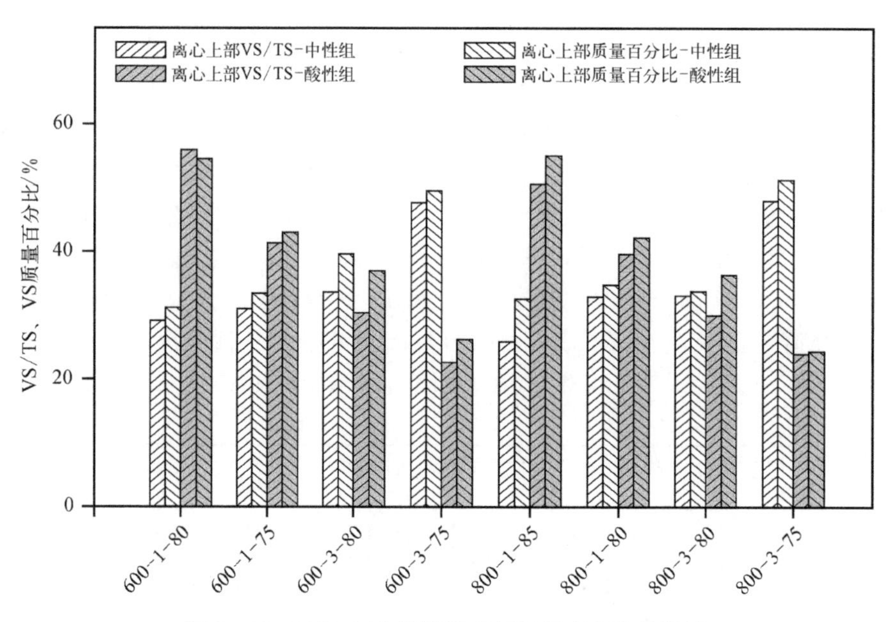

图 6-49 80℃、24 h 低温热水解污泥离心除砂效果

注：横坐标轴的数字指：离心转速-离心时间-离心分离比。

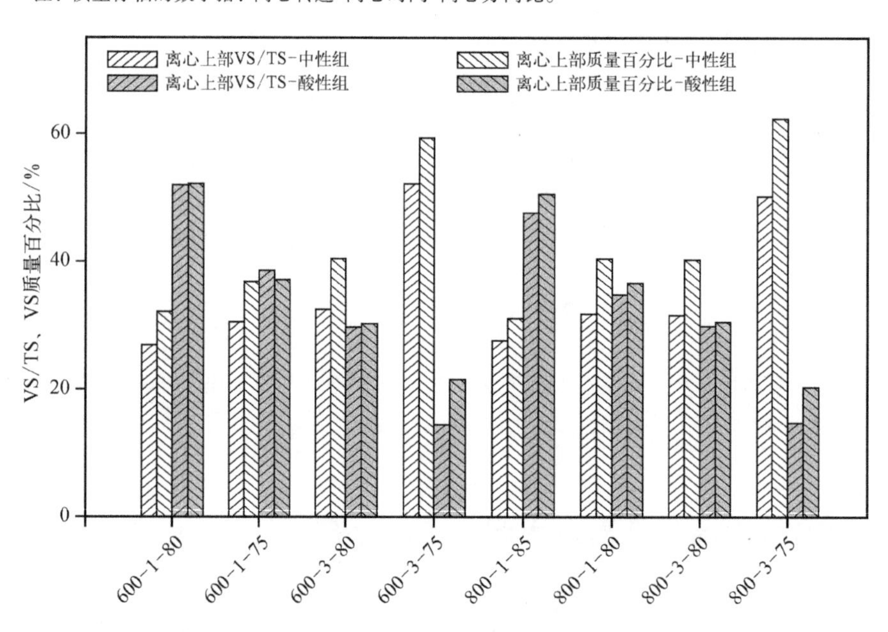

图 6-50 55℃、24 h 低温热水解污泥离心除砂效果

注：横坐标轴的数字指：离心转速-离心时间-离心分离比。

6-50 分别表示 80℃、24 h 热水解污泥与 55℃、24 h 热水解污泥离心除砂效果。由图可知，随离心转速和时间的增加、分离比的降低，上部污泥的 VS/TS 逐渐增加，且调酸组（pH=5）离心上部污泥的 VS/TS 高于中性组；上部污泥 VS 质量百分比逐渐降低，且调酸组离心上部污泥的 VS 质量百分比基本上高于中性组或与之持平。由图 6-47 至图 6-50 可知，通过比较不同温度热水解（120℃、90 min，80℃-24 h-调酸以及 55℃-24 h-调酸）

处理后污泥在相同条件下的离心效果,发现随着热水解温度的降低,离心上部污泥的VS/TS提高,但VS质量百分比降低,且80℃和55℃处理后污泥的离心效果比较接近。例如,在600 r/min-1 min-85%的离心条件下,120℃、90 min高温热水解污泥离心上部VS/TS为26.2%,上部VS质量百分比为61%,而80℃-24 h-调酸和55℃-24 h-调酸处理后的低温热水解污泥在此离心条件下,上部VS/TS分别提高至31.1%和31.9%,上部VS质量百分比分别降至55%和52%。

以上结果表明:① 低温热水解污泥离心除砂规律与高温热水解污泥除砂规律相似,随离心转速和时间的增加、分离比的降低,其上部污泥VS/TS均呈升高的趋势,而上部污泥VS质量百分比均呈下降趋势;② 在低温热水解处理前调节污泥pH为弱酸性有利于污泥中砂和有机物的分离,使后续除砂效果更理想(离心上部污泥的VS/TS及VS质量百分比均有提高);③ 随着热水解处理温度的降低,热水解污泥离心上部VS/TS增加,上部VS质量百分比降低。

此外,由图6-50可知,低温热水解污泥仅在600 r/min-1 min-85%及800 r/min-1 min-85%两组离心条件下,离心上部污泥的VS质量百分比可达50%以上。因此以下研究主要在这两组离心条件下,讨论不同时间的低温-调酸热水解处理后污泥的离心除砂效果。

(2) 低温不同时间热水解处理后污泥离心除砂效果研究

在55℃-调酸(pH=5)热水解条件基础上,设计4 h、8 h、12 h和24 h四个热水解处理时间,并对热水解后污泥进行离心除砂实验,研究不同时间低温热水解处理后污泥的离心除砂效果。结果如图6-51所示,白色和灰色矩形分别表示600 r/min-1 min-85%及800 r/min-1 min-85%两组离心条件,空白填充及斜纹填充分别表示离心上部污泥的VS/TS和VS质量百分比。由图6-51可知,随着低温热水解处理时间的缩短,在同一离心条件下,上部污泥的VS/TS先降后升,VS总量则先升后降。综合比较离心上部污泥VS/TS和VS质量百分比,发现55℃-调酸-8 h和55℃-调酸-12 h热水解处理后离心除砂效果较好,剔除VS质量百分比低于50%的分组,最终确定最佳的低温热水解—离心除

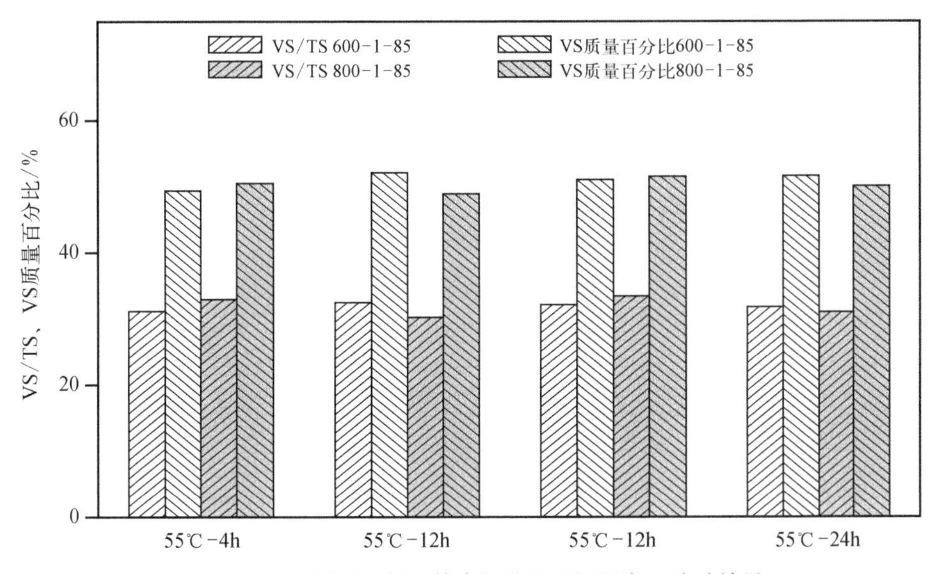

图6-51 不同时间低温热水解处理后污泥离心除砂效果

砂条件为：55℃-调酸-12 h，800 r/min－1 min－85%。在此条件下处理后，上部污泥的VS/TS为33.6%，较原泥(22%)提高了53%，VS质量占原泥VS总质量的52%左右，整体效果优于高温热水解污泥最优处理条件下的离心除砂效果。

6.5 热水解—离心处理改善低有机质污泥厌氧消化效能研究

在研究热水解—离心预处理对污泥砂去除、有机质提高的基础上，进一步研究低有机质污泥经热水解及热水解—离心除砂处理后的有机物可生化性能。通过生化产甲烷潜力(biochemical methane potential)测试(测试时间30 d)，对低有机质污泥热水解—离心处理前后的产甲烷潜势进行对比研究，阐明热水解及热水解—离心处理对低有机质污泥厌氧消化性能的影响。

6.5.1 对序批式污泥厌氧消化的影响

(1) 冬季污泥批处理甲烷潜力(batch methane potential，BMP)研究

冬季低有机质污泥BMP分析共分为5组，1～4组研究基质为各研究对象与接种泥按VS质量比5∶1混合而成，第5组为100%接种泥作为空白对照，编号IS(inoculum sludge)。每组设立三个平行实验，取三组平均值作为最终结果。1～4组主要基质分别为原泥、高温热水解污泥、高温热水解—离心上部污泥和配泥，研究编号分别为生污泥(raw sludge，RS)、高温热水解污泥(high-temperature thermal hydrolysis sludge，HTHS)、高温热水解离心污泥(high-temperature thermal hydrolysis centrifugal sludge，HTHCS)和模拟污泥(model sludge，MS)。各污泥性质如表6－16所示。其中，RS由重庆某污水厂冬季脱水污泥稀释到含固率5%左右得到，VS/TS为32.1%左右。HTHS由稀释后的原泥经120℃、90 min热水解得到，其TS和VS/TS较原泥略有降低。HTHCS由高温热水解污泥经600 r/min－3 min离心后上部倒出80%得到，其TS由5%左右降低至2.41%左右，VS/TS则提高至43.3%左右，VS总质量占离心前的51%左右。MS由原泥加去离子水配制得到，保证其VS总质量与热水解—离心上部污泥相同，用以比较VS含量相同但VS/TS不同的污泥产甲烷潜势的差异。

表6－16 重庆某污水厂冬季污泥BMP实验污泥泥质

	RS	HTHS	HTHCS	MS	IS
TS/%	5.02	4.74	2.41	3.22	8.25
VS/TS/%	32.1	31.4	43.3	32.1	27.8

在VS降解方面，经30 d BMP实验，RS、HTHS、HTHCS及MS四组污泥VS/TS分别由32.1%、31.4%、43.3%和32.1%降低至25.6%、22.8%、26.8%和24.5%。由此，四组实验的VS降解率如图6－52所示，可知RS组30 d厌氧消化VS降解率仅为27.2%，而经热水

解或热水解—离心处理后,污泥厌氧消化 VS 降解率显著提高,HTHS 和 HTHCS 组 VS 降解率分别为 35.4%和 52.0%,较原泥分别提高 30.1%和 91.2%,表明热水解和热水解—离心处理能显著提升低有机质污泥中有机物的可生物降解性能,且热水解—离心处理对污泥厌氧消化过程中有机物降解的改善效果更为突出。陈汉龙等(2013)研究了温和热处理对高浓度低有机质(TS 10%、VS/TS 40%)污泥厌氧消化性能的影响,研究结果表明经 100℃处理 10 min、30 min 和 50 min 后,其厌氧消化 30 d 的 VS 降解率由 19.1%分别提升至 28.5%、33.3%和 35.4%,略低于本研究结果,主要由于其处理温度和时间略低于本研究。我国《室外排水设计规范》中规定,污泥经厌氧消化处理后 VS 降解率应大于 40%,本研究中 RS 厌氧消化 VS 降解率远低于规定值,而经过热水解—离心处理后,污泥厌氧消化 VS 降解率可满足该规定要求。此外,通过比较 MS 和 RS 组的 VS 降解率发现,原泥稀释后其厌氧消化 VS 降解率略有提高,可能由于稀释后污泥中微生物与有机物更易接触有关。

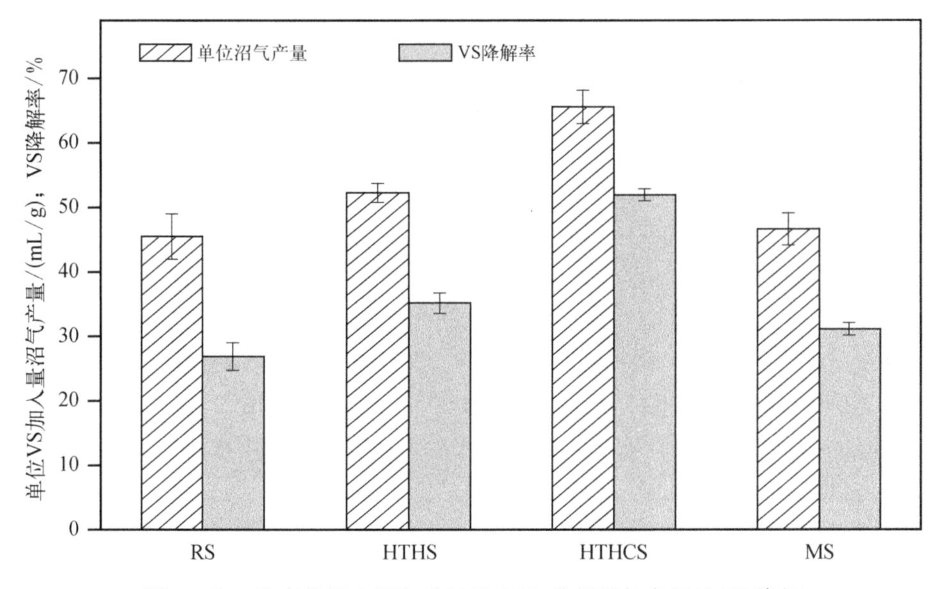

图 6-52 重庆某污水厂冬季污泥 BMP 分析沼气产量及 VS 降解

在产沼气方面,以研究中加入物料的 VS 为基准,分析了厌氧消化 30 d 不同污泥的单位沼气产量。由图 6-52 可知,RS 厌氧消化 30 d 单位 VS 加入量沼气产量仅为 45.6 mL/g,而经热水解及热水解—离心处理后,污泥单位沼气产量分别较原泥提高了 15%和 44%,说明热水解及热水解—离心预处理可有效提升低有机质污泥厌氧消化甲烷产量。通过比较 MS 组与 RS 组单位沼气产量发现,污泥稀释后单位沼气产量较原泥略有提高,与 VS 降解率变化相符。Roediger 等(1990)的研究表明污泥厌氧消化中 VS 降解率会随进料污泥的 VS/TS 降低而降低。本研究中,通过比较 MS 组与 HTHCS 组也发现相似结论。尽管两组物料 VS 总量相同,但 HTHCS 组的单位沼气产量较 MS 组高出 41%左右,结合 HTHCS 较 MS 的 VS/TS 高,可得低有机质污泥单位沼气产量同 VS/TS 呈正相关。

(2) 夏季污泥批处理甲烷潜力研究

夏季低有机质污泥 BMP 实验共分为 6 组,1~5 组实验基质为各研究对象与接种泥按质量比 5∶1 混合而成,第六组为 100%接种泥作为空白对照,编号 IS(inoculum sludge)。每组实验设三组平行,并取平均值作为最终结果。夏季 BMP 实验在冬季 BMP 实验基础上,新添一组底物为低温热水解—离心上部污泥,1~5 组研究编号分别为 RS、HTHS、HTHCS、LTHCS(low-temperature thermal hydrolysis centrifugal sludge)和 MS。各污泥性质如表 6-17 所示。其中,RS 由重庆某污水厂夏季脱水污泥稀释到含固率 5%左右得到,VS/TS 为 22.1%左右。HTHS 由稀释后的原泥经 120℃-90 min 热水解得到,其 TS 和 VS/TS 较原泥略有降低。HTHCS 由高温热水解污泥经 800 r/min-1 min 离心后上部倒出 80%得到,其 TS 由 5%左右降低至 1.82%左右,VS/TS 则提高至 31.2%左右,VS 总质量占离心前的 49%左右。LTHCS 由低温热水解污泥经 800 r/min-1 min 离心后上部倒出 85%得到,其 TS 由 5%左右降低至 1.96%左右,VS/TS 则提高至 30.7%左右,VS 总质量占离心前的 52%左右,其中低温热水解污泥是由稀释后的原泥经 55℃-12 h(调 pH=5)热水解得到。MS 由原泥加去离子水配制得到,同样保证其 VS 总质量与 HTHCS 相同,用以比较 VS 含量相同,但 VS/TS 不同的污泥产甲烷潜势的差异。

表 6-17 重庆某污水厂夏季污泥 BMP 实验污泥泥质

	RS	HTHS	HTHCS	LTHCS	MS	IS
TS/%	5.06	4.80	1.82	1.96	2.75	6.25
VS/TS/%	22.1	21.8	31.2	30.7	22.1	25.5

在 VS 降解方面,由图 6-53 可知,夏季原泥 30 d BMP 实验 VS 降解率仅为 9%左右,远低于冬季(27.2%),这主要与夏季污泥中更高的细微砂粒含量有关。经高温热水解、高温热水解—离心以及低温热水解离心处理后,污泥 BMP 实验 VS 降解率分别提升至 22.7%、40.2%和 30.5%左右,较 RS 组分别提高了 152.4%、346.7%和 239.4%,结果表明:① 夏季低有机质污泥中可生物降解有机物含量更低,通过热水解及热水解—离心处

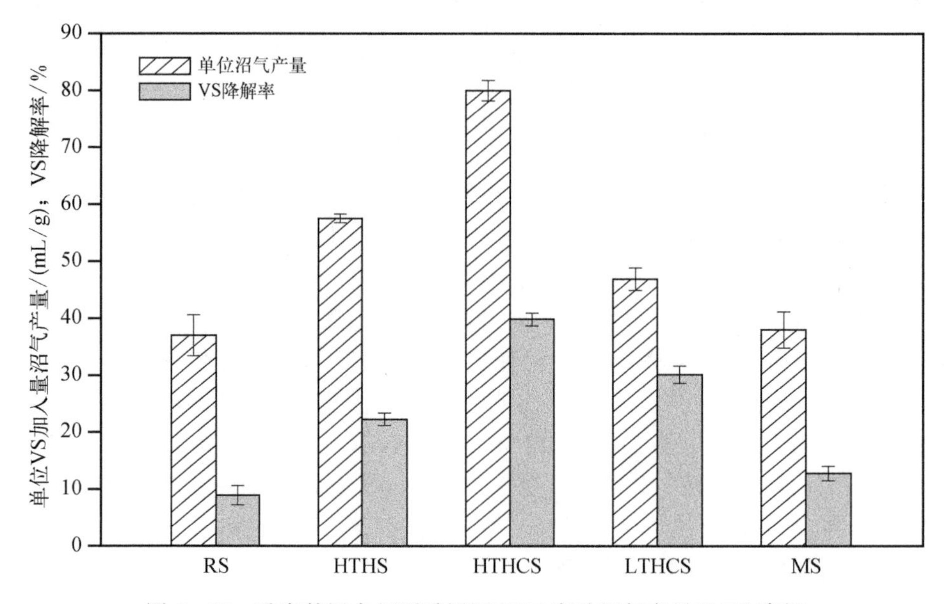

图 6-53 重庆某污水厂夏季污泥 BMP 实验沼气产量及 VS 降解

理,其有机物可生物降解性大幅提升;② 虽然高温热水解—离心和低温热水解—离心处理后的污泥 VS/TS 均在 31%左右,但高温热水解—离心对低有机质污泥可生物降解性的改善更明显;③ 与冬季低有机质污泥 BMP 研究结果相比,热水解及热水解—离心处理对夏季污泥可生物降解性的改善效果更明显。此外,通过比较 MS 与 RS 组 VS 降解率发现,夏季原泥稀释后其厌氧消化 VS 降解率也略有提高,与冬季 BMP 研究结果相似。

在产沼气方面,由图 6-53 可知,夏季 RS 厌氧消化 30 d 单位 VS 加入量的沼气产量仅为 37.8 mL/g,而经高温热水解、高温热水解—离心及低温热水解—离心处理后,污泥单位沼气产量分别较原泥提高了 53.4%、112.9%和 26.5%,这表明: ① 夏季原泥单位沼气产量较冬季更低,经热水解及热水解—离心处理后厌氧消化单位沼气产量明显提升。② 高温热水解—离心与低温热水解—离心相比,虽然对夏季污泥除砂效果相似,但高温热水解—离心处理对污泥产气性能的提升幅度更大。Ennouri 等人研究了 60~120℃的热水解处理对剩余活性污泥产甲烷的影响,发现温度低于 100℃时,随热水解温度的升高,污泥 VS 溶解产率(溶解的 VS 与 VS 初始值的比值)逐渐降低,而当温度达到 120℃时,VS 溶解产率显著升高。主要由于当温度达到 120℃时,高压使微生物细胞破裂,内容物流出,因此 120℃高温热水解处理后污泥厌氧消化沼气产量优于 60℃热水解处理(Ennouri et al.,2016)。③ 与冬季 BMP 研究结果相比,高温热水解及热水解—离心处理对夏季污泥产沼气性能的提升幅度更大。此外发现 MS 组较 RS 组单位沼气产量更高,与冬季 BMP 研究结论相似。通过比较 MS 组与 HTHCS 组产气结果,同样发现在 VS 总量相同的情况下,HTHCS 组 BMP 实验单位沼气产量较 MS 组提高 108.5%左右,即低有机质污泥单位沼气产量同 VS/TS 呈正相关。

通过比较高温热水解—离心与低温热水解—离心处理对低有机质污泥可生物降解性及产气性能的改善结果可知,高温热水解—离心处理不仅可有效提高污泥有机质含量,在提升低有机质污泥厌氧消化性能方面的优势更明显。在这一研究基础上,运行半连续厌氧消化反应器,分别以原泥、热水解污泥以及热水解—离心上部污泥作为反应器进料,探究高温热水解及热水解—离心处理对低有机质污泥长期连续厌氧消化运行效果的影响。

6.5.2 对半连续式污泥厌氧消化的影响

(1) 冬季低有机质污泥半连续运行研究

冬季低有机质污泥半连续厌氧消化研究运行两台反应器,编号为 R1、R2,分别以冬季原泥和高温热水解污泥为反应器进料,主要研究高温热水解对低有机质污泥高含固厌氧消化的影响。其中,原泥由重庆某污水厂冬季脱水污泥加蒸馏水稀释至 TS 10%得到,热水解污泥为稀释后的原泥经 120℃-90 min 高温热水解处理后得到,研究中各污泥泥质如表 6-18 所示。研究用反应器均为实验室自主研发的 6 L 半连续式完全混合厌氧消化反应器,启动时向每个反应器投加 6 kg 接种泥,设置消化温度为 36±1℃,搅拌转速为 120 r/min。运行阶段每天用原泥及热水解污泥替换接种泥,运行初期进出污泥量逐渐增大,基本运行至 15 d 后保证每天进出料 300 g,维持污泥停留时间(SRT)为 20 d。此外,为了维持厌氧消化系统污泥质量恒定,根据每日降解的 VS 量对每日进料量进行调整。每日监测反应器沼气产量，待反应器运行稳后，监测反应器出料的 pH、总碱度（TA）、挥发性脂肪酸（VFA）、总氨氮（TAN）、TS、VS/TS、沼气产量以及沼气成分以比较热水解对低有机质污泥长期连续式厌氧消化的影响。

表 6－18　重庆某污水厂冬季污泥半连续厌氧消化反应器启动物料性质

污泥类型	TS/%	VS/TS/%	pH	TAN/(mg/L)	FAN/(mg/L)
原　泥	10.04±0.04	33.15±0.17	7.98	594	61
热水解污泥	9.64±0.08	32.80±0.22	7.43	606	19
接种泥	14.77±0.05	25.85±0.34	8.07	2 135	264

1）反应器系统稳定性

TA、VFA、pH 及 TAN 等指标是反应器运行过程中的重要参数，这些指标的变化很大程度上可以反映厌氧消化系统的稳定状况。图 6－54 和图 6－55 分别表示了重庆某污水厂冬季污泥厌氧消化反应器运行两个 SRT 后出料各指标变化。由图 6－54 可知，反应器运行至第三个 SRT 时，TA 及 VFA 已经基本趋于稳定。R2 出料的 TA 较 R1 高，分别稳定在 5 094 mg/L 和 3 851 mg/L；而 VFA 较 R1 低，分别稳定在 189 mg/L 和 330 mg/L，说明以热水解污泥为进料的厌氧消化系统的酸碱缓冲能力更强，且酸累积少、甲烷化更为彻底（残余 VFA 浓度低）。由图 6－55 可知，反应器运行至第三个 SRT 时两个反应器出料的 pH 及 TAN 也基本趋于稳定。一般中性 pH（6.5～8.2）最适宜产甲烷菌的生长 pH（Myoungjoo et al.，2009），本研究 R1 和 R2 出料 pH 均稳定在 7.3~7.4 左右，为正常水平。厌氧消化系统中的氨氮（NH_4^++NH_3）通常由进料中的蛋白质降解转化得到（Kayhanian，2010），而 R2 出料 TAN 较 R1 高，说明高温热水解有利于促进低有机质污泥中蛋白质的降解转化。厌氧消化系统中氨氮浓度过高时会引起氨抑制，即抑制产甲烷菌的新陈代谢活动。Duan 等（2012）对城市污泥高含固中温厌氧消化可行性的研究表明，当厌氧消化系统中 TAN 浓度小于 2 000 mg/L 时，基本无氨抑制现象；TAN 在 2 000~4 000 mg/L 时会出现

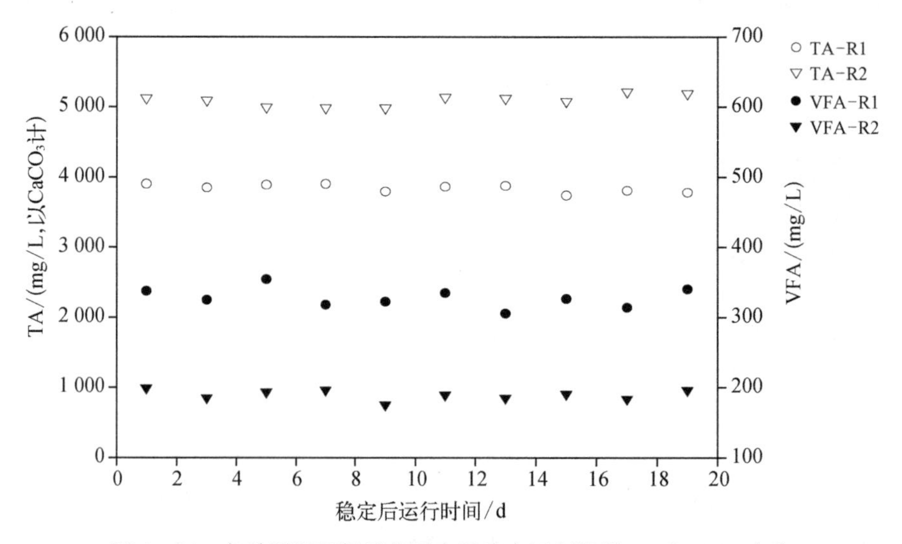

图 6－54　冬季污泥厌氧消化反应器稳定运行阶段 TA 与 VFA 变化

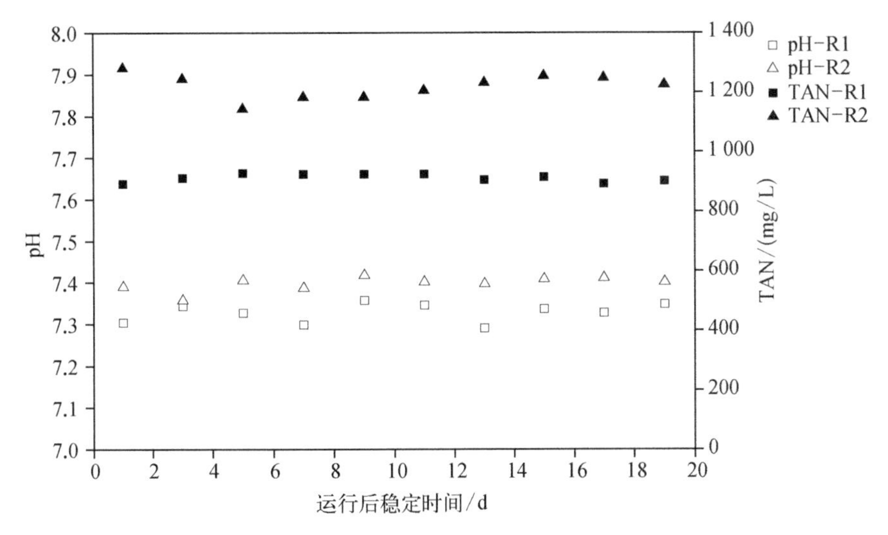

图6-55 冬季污泥厌氧消化反应器稳定运行阶段pH与TAN变化

轻微抑制现象;当TAN浓度超过3 000 mg/L且FAN浓度超过600 mg/L时,会对系统产生显著氨抑制。Sawayama等(2004)的研究表明产甲烷菌对氨氮更加敏感,当TAN在1 670~3 720 mg/L时,产甲烷菌活性降低10%;当TAN上升到4 090~5 550 mg/L时,产甲烷菌活性降低50%左右;而当TAN升高到5 880~6 000 mg/L时,产甲烷菌基本完全失去活性。本研究中,R1及R2的TAN分别稳定在912 mg/L和1 219 mg/L,FAN分别稳定在23 mg/L和36 mg/L,厌氧消化过程基本无氨抑制的影响。

有研究表明,反应器出料的VFA与TA的比值可作为评价厌氧消化系统稳定性的重要指标,但在氨抑制较为严重的厌氧消化系统中,这一指标不再有效(Koch,2015;Duan et al.,2012)。在低含固厌氧消化系统中,VFA/TA小于0.3表明系统稳定性良好(Switzenbaum et al.,1990)。Duan等(2012)研究污泥高含固厌氧消化发现,稳定性良好的厌氧消化系统VFA/TA均小于0.2。本研究中冬季污泥半连续式厌氧消化反应器R1和R2的VFA/TA分别稳定在0.08~0.09和0.03~0.04,远低于0.2,表明两个厌氧消化系统的稳定性较好。

2) VS降解及产气性能对比

图6-56为R1和R2运行两个SRT后系统VS降解率以及沼气产量变化,其中VS降解率的计算基于反应器进料的TS和VS/TS。由图6-56可知,两个反应器运行至第三个SRT沼气产量和VS降解率基本趋于稳定,与前述各项基本指标变化相符。R1和R2的VS降解率分别稳定在(17.96±1.56)%和(24.59±0.87)%,单位体积沼气产量分别稳定在0.41±0.03 L/(L·d)和0.49±0.02 L/(L·d)。结果表明,冬季低有机质污泥经高温热水解处理后,中温厌氧消化VS降解率较原泥提高了37%,每日单位体积沼气产量较原泥提高了20%,即热水解处理可以促进冬季低有机质污泥半连续中温厌氧消化的VS降解、提升每日沼气产量。

如表6-19所示,冬季低有机质污泥经高温热水解处理后进行半连续中温厌氧消化,反应器稳定阶段产沼气的甲烷含量为72.4%左右,较原泥厌氧消化产沼气的甲烷含量

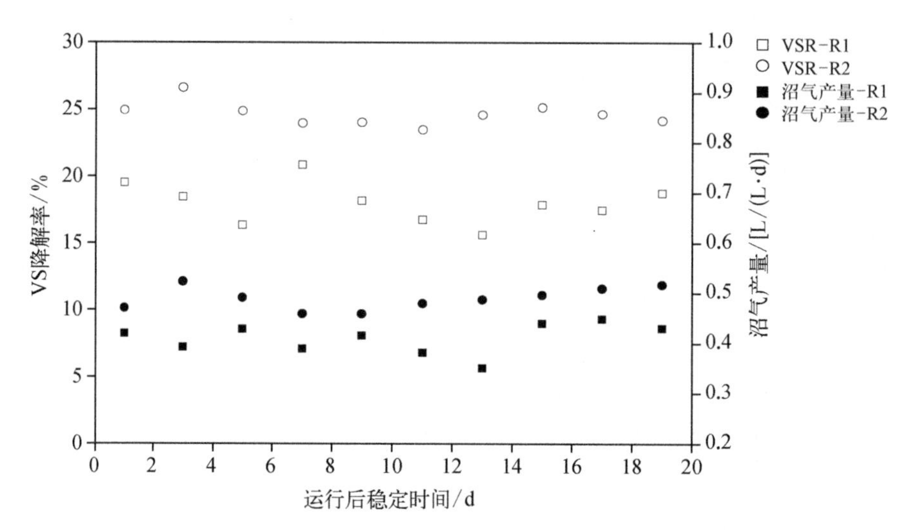

图 6-56 冬季污泥厌氧消化反应器稳定运行阶段 VS 降解率及沼气产量变化

(61.8%)提升 17%,说明热水解可以提高污泥厌氧转化效率。对于单位甲烷产量,从不同角度的分析结果不同。R1 反应器单位添加 VS 甲烷产量约为 150.92 mL/g,当以反应器进料的 TS 和 VS/TS 为基准时,R2 每天添加 VS 约为 9.882 g,其单位添加 VS 甲烷产量约为 215.25 mL/g,较原泥组提高 43%;当以原泥的 TS 和 VS/TS 为基准时,R2 每天添加 VS 约为 10.098 g,其单位添加 VS 甲烷产量约为 210.65 mL/g,较原泥组提高 40%,增幅略低于以进料为基准的结果。此外,经高温热水解处理后污泥的单位降解 VS 甲烷产量可达 604.76 mL/g,较原泥(453.63 mL/g)提高 33%。有研究表明,污泥中的蛋白质、多糖及脂质等有机组分在厌氧消化过程中的理论产气量各不相同,在 0.8~1.4 m^3/kg 变化,R2 较 R1 单位降解 VS 甲烷产量有所增加,可能由于低有机质污泥经热水解处理后,单位产气量较高的有机组分的降解在较大程度上被促进,从而导致热水解后污泥整体的单位降解 VS 甲烷产量有所增加。此外,热水解对低有机质污泥中有机物与砂粒结合状态的改变,也有可能提升污泥中有机物的可生化性能,从而引起单位降解 VS 甲烷产量的增加。

表 6-19 热水解对冬季污泥半连续厌氧消化产甲烷的影响

指标	R1	R2
甲烷含量/%	61.8±1.5	72.4±0.1
单位添加 VS 甲烷产量/(以进料为基准,mL/g)	150.92±11.53	215.25±10.50
单位添加 VS 甲烷产量/(以原泥为基准,mL/g)	150.92±11.53	210.65±10.28
单位降解 VS 甲烷产量/(mL/g)	453.63±23.49	604.76±31.68

(2) 夏季低有机质污泥半连续运行研究

针对重庆某污水厂夏季低有机质污泥半连续厌氧消化研究,共运行三台反应器,编号分别为 R1、R2 和 R3,分别以夏季原泥、高温热水解污泥以及高温热水解—离心上部污泥为反应器进料,主要研究高温热水解及热水解—离心处理对低有机质污泥半连续厌氧消化的影响。其中,原泥由重庆某污水厂夏季脱水污泥加蒸馏水稀释至 TS 5%左右得到;TS

5%的原泥经 120℃－90 min 高温热水解处理后得到热水解污泥，热水解污泥经 800 r/min－1 min 离心后上部倒出80%得到热水解—离心上部污泥；接种泥取自实验室稳定运行的中温厌氧消化小试反应器，各污泥泥质如表6－20所示。反应器启动及运行方式与冬季低有机质污泥研究相同。

表6－20　重庆某污水厂夏季污泥半连续厌氧消化反应器启动物料性质

污泥类型	TS/%	VS/TS/%	pH	TAN/(mg/L)	FAN/(mg/L)
原泥	5.01±0.22	22.14±0.12	7.91	328	29
热水解污泥	4.74±0.19	21.72±0.19	7.35	289	8
热水解—离心上部污泥	1.80±0.31	32.05±0.25	7.41	379	11
接种泥	7.16±0.46	26.60±0.42	7.83	2 008	151

1）*反应器系统稳定性*

由图6－57和图6－58可知，三个反应器运行至第三个SRT时各项基本指标均趋于稳定。碱度可以反映系统的缓冲能力，R1、R2和R3的TA分别稳定在316 mg/L、703 mg/L和670 mg/L(以 $CaCO_3$ 计)，表明经热水解及热水解—离心处理后污泥半连续厌氧消化系统的酸碱缓冲能力提升，系统更加稳定。R1、R2和R3运行稳定阶段的VFA均处于较低水平，R2和R3反应器VFA较R1低，表明R2及R3厌氧消化系统中酸利用及产甲烷反应进行得更为彻底。三个反应器的VFA/TA值依次稳定在0.19、0.07和0.08左右，均小于0.3，表明三个反应器厌氧消化系统的稳定性良好。图6－58表明R1、R2和R3第三个SRT反应器pH分别稳定在7.08、7.31和7.27左右，均为适宜产甲烷菌生长的正常pH；三个反应器的TAN浓度均低于800 mg/L，基本不存在氨抑制现象，且R2和R3反应器TAN浓度分别稳定在742和551 mg/L，均较R1(151 mg/L)高，表明热水解及热水解—离心可以促进夏季低有机质污泥中蛋白质降解转化。夏季污泥半连续厌氧消化反应器稳定运行阶段各指标(TA、VFA、TAN等)均较冬季污泥低，一方面由于泥质不同，冬季污泥较夏季污泥VS/TS更高；另一方面由于反应器含固率不同，冬季为高含固厌

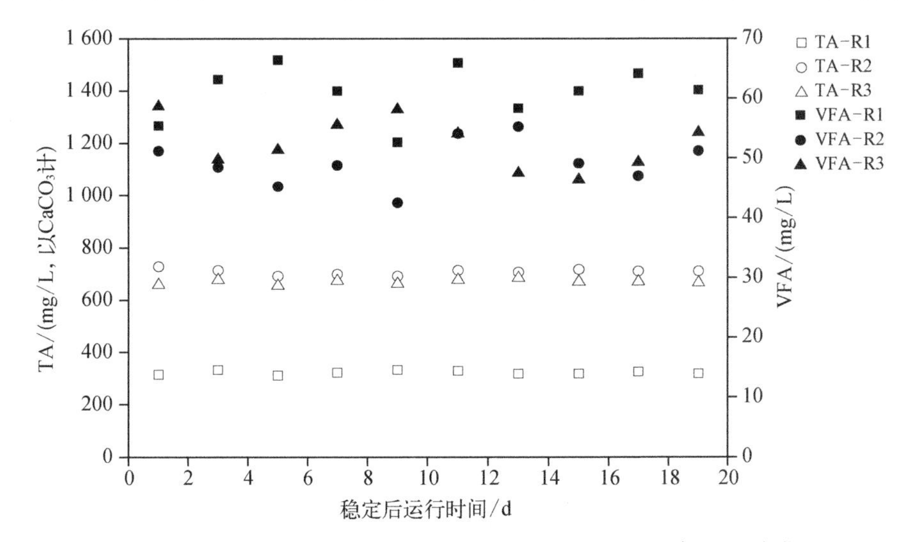

图6－57　夏季污泥厌氧消化反应器稳定运行阶段TA与VFA变化

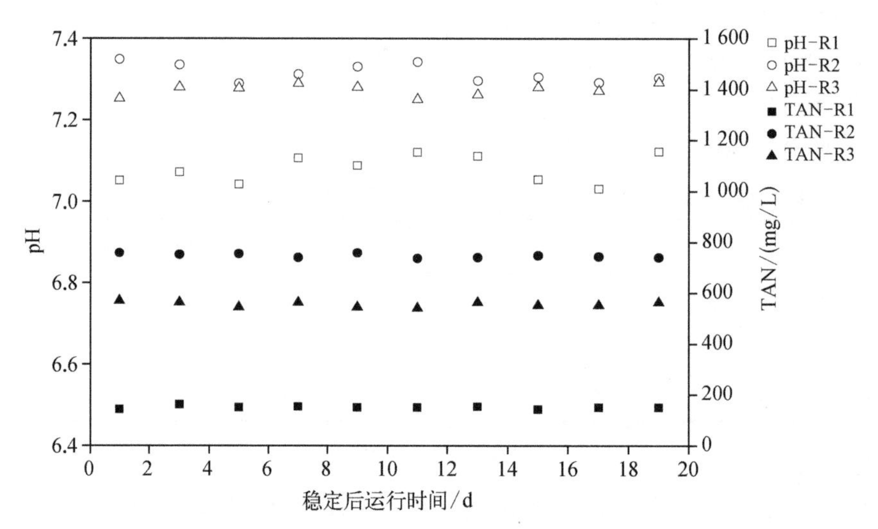

图 6-58 夏季污泥厌氧消化反应器稳定运行阶段 pH 与 TAN 变化

氧消化反应器,各种物质的浓度较夏季低含固厌氧消化反应器浓度高,运行稳定时 VFA 及 TAN 浓度也相对较高。

2) VS 降解及产气性能对比

图 6-59 表示的是以夏季原泥、高温热水解污泥及热水解—离心上部污泥为进料的三个半连续厌氧消化反应器运行至第三个 SRT 时的 VS 降解率和单位体积沼气产量。由于此处考察厌氧反应器的运行状况,因此 VS 降解率以反应器进料的 TS 和 VS/TS 为基准进行分析。三个反应器运行两个 SRT 后,其 VS 降解及产气基本稳定,与各项稳定性指标的变化结果相符,表明反应器已稳定运行,取样分析结果具有代表性。夏季污泥 VS/TS 较冬季污泥低,同时夏季污泥半连续厌氧消化有机物降解及产气情况明显较冬季污泥低,说明污泥的厌氧消化性能与 VS/TS 正相关。在稳定运行阶段,R2 和 R3 的 VS 降解率分别稳定在 40.12%和 51.20%,较 R1(17.28%)分别提升 132%和 196%,说明高温热水解和

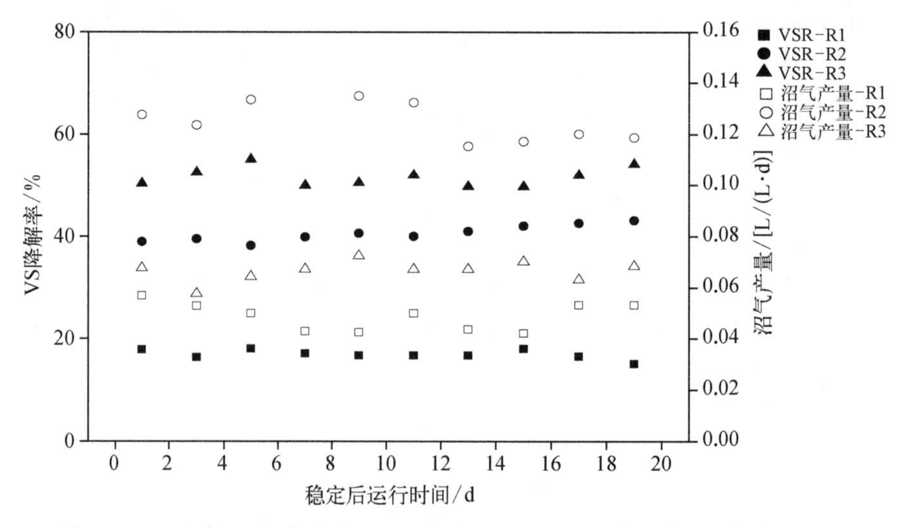

图 6-59 夏季污泥厌氧消化反应器稳定运行阶段 VS 降解率及沼气产量变化

热水解—离心处理可有效提升夏季低有机质污泥半连续厌氧消化的有机物降解率,促进污泥厌氧稳定化程度,且热水解—离心处理对污泥 VS 降解率的提升更为显著。R2 和 R3 的单位体积沼气产量分别稳定在 0.12 L/(L·d)和 0.07 L/(L·d),较 R1[0.05 L/(L·d)]分别提高了 140%和 40%,说明热水解及热水解—离心可有效提高低有机质污泥产气性能。值得注意的是,尽管热水解—离心上部污泥 VS/TS(32.05%)较热水解污泥 VS/TS(21.72%)高,但 R2 单位体积沼气产量较 R3 高。主要由于两个反应器的有机负荷不同,R3 单位 VS 有机负荷为 0.29 kg/(m^3·d),较 R2 低 44%左右,即供给 R3 的 VS 总量相对较少,且两者都经历了高温热水解对污泥有机物溶解的提升,因此其单位体积沼气产量相对于 R2 降低。

针对夏季三个半连续厌氧消化反应器的 VS 降解及甲烷产量,分别以反应器进料和原泥的 TS 和 VS/TS 为基准,从不同角度分析热水解及热水解—离心处理对夏季低有机质污泥半连续厌氧消化有机物降解和产甲烷的影响,结果如表 6-21 所示。稳定运行阶段,R2 和 R3 产沼气中甲烷含量分别稳定在 58.4%和 61.8%左右,较 R1 分别提高 7%和 13%,说明热水解及热水解—离心处理可以有效提高夏季低有机质污泥半连续厌氧消化过程中有机物降解转化为甲烷的效率,且热水解—离心的提升效果更显著。

表 6-21　热水解对夏季污泥半连续厌氧消化 VS 降解及产甲烷的影响

反应器编号	单位体积沼气产量/[L/(L·d)]	甲烷含量/%	以进料为基准		以原泥为基准		单位添加 VS 甲烷产率 Y_3/(mL/g)
			VS 降解率/(VSR,%)	单位添加 VS 甲烷产率 Y_1/(mL/g)	VSR_2/%	单位添加 VS 甲烷产率 Y_2/(mL/g)	
R1	0.05±0.01	54.5±1.0	17.28±1.05	48.25±5.14	17.28±1.05	48.25±5.14	279.56±30.76
R2	0.12±0.01	58.4±0.4	40.12±1.82	130.49±13.06	39.36±1.00	128.02±12.81	325.65±36.02
R3	0.07±0.01	61.8±0.4	51.20±2.87	143.19±8.66	26.68±0.87	74.62±4.51	280.20±22.84
相对于 R1 增量							
R2	+140%	+7%	+132%	+170%	+128%	+165%	+16.5%
R3	+40%	+13%	+196%	+197%	+54%	+55%	+0.2%

VS 降解率(VSR)及单位甲烷产量(*Y*)既是衡量污泥厌氧消化性能的重要指标,也是评价半连续厌氧消化反应器运行效果的关键参数。当以厌氧消化反应器为研究对象时,通过分析以不同反应器进料 VS 含量为基准的 VS 降解率及甲烷产量,可考察厌氧消化反应器的运行效果,反映不同种类污泥的厌氧消化性能,进而评价预处理工艺对污泥厌氧消化特性的影响。由表 6-21 可知,以夏季原泥为进料的半连续厌氧消化反应器(R1)稳定运行阶段的 VSR 仅为(17.28±1.05)%,单位添加 VS 甲烷产量仅为 48.25±5.14 mL/g,运行结果非常差。以反应器进料为基准,R2 和 R3 运行稳定阶段 VSR 分别为(40.12±1.82)%和(51.20±2.87)%,较 R1 分别提升了约 132%和 196%;两者的单位添加 VS 甲烷产量分别可达到 130.49±13.06 mL/g 和 143.19±8.66 mL/g,较 R1 分别提升了约 170%和 197%。R2 和 R3 运行效果较 R1 大幅度提升,说明热水解污泥和热水解—离心上部污泥的厌氧消化性能较原泥显著改善,即高温热水解(120℃-90 min)及热水解—离心(120℃-90 min,800 r/min -1 min -80%)处理可以有效提升低有机质污泥的厌氧消化性能。

本研究涉及低有机质污泥处理的三条技术路线：① 中温厌氧消化；② 高温热水解+中温厌氧消化；③ 高温热水解—离心除砂+中温厌氧消化。当以污泥预处理+厌氧消化整个系统为研究对象时，通过分析以等量的原泥 VS 含量为基准的厌氧消化 VSR 和甲烷产量，可考察整个路线的处理效果。由表 6－21 可知，以原泥 VS 含量为基准，R2 和 R3 运行稳定阶段 VSR 分别为(39.36±1.00)%和(26.68±0.87)%，较 R1 分别提升了约 128%和 54%；两者的单位添加 VS 甲烷产量分别可达到 128.02±12.81 mL/g 和 74.62±4.51 mL/g，较 R1 分别提升了约 165%和 55%。R2 和 R3 运行效果较 R1 显著提升，且 R2 的提升幅度更大，说明从整条处理路线角度来看，高温热水解+中温厌氧消化的污泥处理路线可以得到最优的 VS 降解率以及最高的单位甲烷产量。

此外发现，在稳定运行阶段，三个反应器中 R2 的单位降解 VS 甲烷产量最高，达 325.65±36.02 mL/g，较 R1 提升 16.5%左右；而 R3 的单位降解 VS 甲烷产量与 R1 相近，较 R1 仅提升 0.2%。如前所述，R2 及 R3 单位降解 VS 甲烷产量的提高可能是由于在低有机质污泥热水解过程中，单位产气量较高的有机组分的降解转化在较大程度上被促进导致的。然而热水解污泥在离心过程中，部分 VS 进入底部污泥而被舍去，其中包含单位产气较高的有机组分，导致 R3 的单位降解 VS 甲烷产量较 R1 提升较小。

参考文献

陈汉龙，严媛媛，何群彪，等. 2013. 温和热处理对低有机质污泥厌氧消化性能的影响. 环境科学，34(2)：629－634.

何莉. 2014. 生化处理系统无机固体分布特性及累积机制研究. 重庆：重庆大学博士学位论文.

胡澄. 2012. 山地城市污水中细砂特征及其处理技术研究. 重庆：重庆大学博士学位论文.

吉芳英，何莉，周卫威，等. 2014. 初沉池对污水中无机悬浮固体的影响. 环境工程学报，8(8)：3093－3098.

吉芳英，晏鹏，宗述安，等. 2013. 污泥淤砂分离器的分离效能及影响因素. 同济大学学报(自然科学版)，41(3)：428－432.

沙超. 2014. 城市污水处理厂污泥含砂概况调研及砂和微生物吸附机制研究. 上海：同济大学硕士学位论文.

王建伟. 2012. 青岛城市污水厂污泥含砂量调查及水力旋流除砂试验研究. 青岛：青岛理工大学硕士学位论文.

赵庆国，张明贤. 2003. 水力旋流器分离技术. 北京：化学工业出版社.

赵庆良，陈悦佳. 2009. 污水初次沉淀对后续生化处理效果的影响. 中国环境科学学会学术年会论文集. 北京：北京航空航天大学出版社.

赵玉欣. 2015. 我国城镇污水厂污泥泥质调研及污泥除砂工艺研究. 上海：同济大学硕士学位论文.

Bolzonella D，Pavan P，Battistoni P，et al. 2005. Mesophilic anaerobic digestion of waste activated sludge：influence of the solid retention time in the wastewater treatment process.

Process Biochemistry, 40(3): 1453－1460.

Braguglia C M, Gianico A, Gallipoli A, et al. 2015. The impact of sludge pre-treatments on mesophilic and thermophilic anaerobic digestion efficiency: role of the organic load. Chemical Engineering Journal, 270: 362－371.

Dai X, Xu Y, Dong B. 2017. Effect of the micron-sized silica particles (MSSP) on biogas conversion of sewage sludge. Water Research, 115: 220－228.

Dai X H, Duan N N, Dong B, et al. 2013. High-solids anaerobic co-digestion of sewage sludge and food waste in comparison with mono digestions: stability and performance. Waste Management, 33(2): 308－316.

Duan N, Dai X, Dong B, et al. 2016. Anaerobic digestion of sludge differing in inorganic solids content: performance comparison and the effect of inorganic suspended solids content on degradation. Water Science & Technology, 74(9): 2152－2161.

Duan N, Dong B, Wu B, et al. 2012. High-solid anaerobic digestion of sewage sludge under mesophilic conditions: feasibility study. Bioresource Technology, 104: 150－156.

Ennouri H, Miladi B, Diaz S Z, et al. 2016. Effect of thermal pretreatment on the biogas production and microbial communities balance during anaerobic digestion of urban and industrial waste activated sludge. Bioresource Technology, 214: 184－191.

Ferrer I, Ponsá S, Vázquez F, et al. 2008. Increasing biogas production by thermal (70℃) sludge pre-treatment prior to thermophilic anaerobic digestion. Biochemical Engineering Journal, 42(2): 186－192.

Ge H, Jensen P D, Batstone D J. 2011. Temperature phased anaerobic digestion increases apparent hydrolysis rate for waste activated sludge. Water Research, 45(4): 1597－1606.

Imbierowicz M, Chacuk A. 2012. Kinetic model of excess activated sludge thermohydrolysis. Water Research, 46(17): 5747－5755.

Kayhanian M. 2010. Performance of a high-solids anaerobic digestion process under various ammonia concentrations. Journal of Chemical Technology & Biotechnology Biotechnology, 59(4): 349－352.

Koch K. 2015. Calculating the degree of degradation of the volatile solids in continuously operated bioreactors. Biomass & Bioenergy, 74: 79－83.

Lee I S, Parameswaran P, Rittmann B E. 2011. Effects of solids retention time on methanogenesis in anaerobic digestion of thickened mixed sludge. Bioresource Technology, 102(22): 10266－10272.

Mansour-Geoffrion M, Dold P L, Lamarre D, et al. 2010. Characterizing hydrocyclone performance for grit removal from wastewater treatment activated sludge plants. Minerals Engineering, 23(4): 359－364.

Myoungjoo L, Song J H, Sunjin H. 2009. Effects of acid pre-treatment on bio-hydrogen production and microbial communities during dark fermentation. Bioresource Technology, 99(3): 1491－1493.

Nges I A, Liu J. 2010. Effects of solid retention time on anaerobic digestion of dewatered-sewage sludge in mesophilic and thermophilic conditions. Renewable Energy, 35(10): 2200-2206.

Passos F, Carretero J, Ferrer I. 2015. Comparing pretreatment methods for improving microalgae anaerobic digestion: thermal, hydrothermal, microwave and ultrasound. Chemical Engineering Journal, 279: 667-672.

Paul E, Camacho P, Lefebvre D, et al. 2006. Organic matter release in low temperature thermal treatment of biological sludge for reduction of excess sludge production. Water Science & Technology, 54(5): 59-68.

Puig S, van Loosdrecht M C M, Flameling A G, et al. 2010. The effect of primary sedimentation on full-scale WWTP nutrient removal performance. Water Research, 44(11): 3375-3384.

Roediger H, Roediger M, Kapp H. 1990. Anaerobe alkalische Schlammfaulung. Oldenbourg Industrieverlag, Bangemann.

Santhiya D, Subramanian S, Natarajan K A. 2000. Surface chemical studies on galena and sphalerite in the presence of Thiobacillus thiooxidans with reference to mineral beneficiation. Minerals Engineering, 13(7): 747-763.

Sawayama S, Tada C, Tsukahara K, et al. 2004. Effect of ammonium addition on methanogenic community in a fluidized bed anaerobic digestion. Journal of Bioscience & Bioengineering, 97(1): 65-70.

Switzenbaum M S, Giraldogomez E, Hickey R F. 1990. Monitoring of the anaerobic methane fermentation process. Enzyme & Microbial Technology, 12(10): 722-730.

Veeken A, Hamelers B. 1999. Effect of temperature on hydrolysis rates of selected biowaste components. Bioresource Technology, 69(3): 249-254.

Wahidunnabi A K, Eskicioglu C. 2014. High pressure homogenization and two-phased anaerobic digestion for enhanced biogas conversion from municipal waste sludge. Water Research, 66: 430-446.

Wu L J, Higashimori A, Qin Y, et al. 2016. Comparison of hyper-thermophilic-mesophilic two-stage with single-stage mesophilic anaerobic digestion of waste activated sludge: process performance and microbial community analysis. Chemical Engineering Journal, 290: 290-301.

Xiao R, Zheng Y. 2016. Overview of microalgal extracellular polymeric substances (EPS) and their applications. Biotechnology Advances, 34(7): 1225-1244.

Zhang C, Lai C, Zeng G, et al. 2016. Efficacy of carbonaceous nanocomposites for sorbing ionizable antibiotic sulfamethazine from aqueous solution. Water Research, 95: 103-112.

Zhang Y, Feng Y, Yu Q, et al. 2014. Enhanced high-solids anaerobic digestion of waste activated sludge by the addition of scrap iron. Bioresource Technology, 159: 297-304.

第7章 低有机质污泥与城市有机质协同共消化研究

我国城市污水厂污泥有机质含量普遍较低，导致传统厌氧消化系统效能不高，难于正常运行。将污泥与城市有机垃圾、餐厨垃圾、植物类废弃物等有机废弃物进行协同共消化，可提高厌氧消化系统的有机负荷和产气效率，从而提高低有机质污泥厌氧消化效能，有利于污泥厌氧消化工艺的推广运用。

7.1 城市有机废物的组成及处理技术发展

城市有机质废物主要包括有机垃圾、餐厨垃圾、居民粪便、脱水污泥、园林果蔬等等。近年来，随着我国社会经济的快速发展和人们生活水平的提高，城市有机质废物的产生和性质都发生了明显的变化，主要特征是：① 产生量呈明显上升趋势。据不完全统计，2017年我国城市有机废物的清运量约为 2.15×10^8 t，且平均每年以6%左右的速度递增，城镇生活垃圾的历年堆存量已超过 80×10^8 t/a。其中有机垃圾所占比例越来越大，目前全国厨余垃圾的产生总量约为 1.08×10^8 t/a，约占有机质废物收集量的50.2%，以混合收集为主。城市污水处理厂因净化生活污水而产生的脱水污泥量巨大，目前的可收集量在 5.265×10^7 t左右，约占城市有机质废物量的24%。② 城市有机质废物的成分越来越复杂。其中，厨余垃圾中有机物含量越来越高，由1980年的18%提高到2007年的60%以上，目前可达80%。

2017年我国城市生活垃圾无害化处理量为 2.1034×10^8 t，其中卫生填埋 1.2037×10^8 t，占57.2%；焚烧处理 8.463×10^7 t，占40.2%；其他处理 5.33×10^6 t，仅占2.5%。生活垃圾直接填埋会占用大量土地，焚烧易造成大气污染，且填埋和焚烧对生物质废物的资源利用率较低，不符合我国可持续发展的原则。随着环境标准的日益严格和资源短缺危机的加剧，传统的处理方式已不再适合城市有机质废物的处理，也不符合城市生活垃圾向资源化（尤其是能源化）方向发展的大趋势。开发适合城市有机质废物的生物质能源回收利用技术显得尤为迫切。

7.2 污泥与城市有机质共消化技术特征

7.2.1 共消化技术的优势

共消化一般指两种或两种以上物料混合后共同进行厌氧处理。在提高消化系统的性能方面,共消化的优势主要可归纳为以下几点:① 提高甲烷产率;② 提高系统的稳定性;③ 废弃物能够得到更好的处理。而在提高整体经济性方面,共消化的优势主要体现在以下两点:一是不同的废弃物共享同样的处理设施,减少废弃物处理分支流程;二是便于进行集中式规模化处理,发挥规模效应。此外,一年中不同有机废弃物在产量和性质方面具有较大的波动,采用集中式共消化有利于使这些有机废弃物得到更稳定的处理。

一般来说,共消化发挥优势的关键在于可平衡厌氧消化的物料参数,如 C/N、pH、常量营养元素、可降解有机物比例、含固率等。C/N 是衡量营养元素是否平衡的一个参数,合适的 C/N 和稳定适宜的 pH 是厌氧消化工艺稳定运行的必要条件。高 C/N 将导致氮素缺乏,系统缓冲能力不足,而低 C/N 易导致氨抑制。氮素缺乏可通过与富含氮素的废弃物共消化来解决,氨抑制可通过稀释液相氨浓度或者调整进料 C/N 来解决。对于易转化为 VFA 的消化物料,VFA 积累常导致 pH 过度下降而引起系统酸败,可通过添加缓冲性能较强的消化物料来增加系统的抗冲击能力。当单独消化系统存在潜在的有毒物质时,共消化不仅能够通过简单的稀释作用降低有毒物质浓度,还有可能因为共消化物料的加入产生解毒作用。例如,含油四氯乙烷(PCE)浓度达 100 ppm 的物料可在与动物粪便共消化系统中得到降解;再如,有研究表明,Na^+对氨抑制具有拮抗作用。

添加易降解物料除了能提高经济性,还被证实有利于增强系统的稳定性,这可能与系统中活性微生物量增多、抗冲击和抑制性增强有关。另外,研究表明,物料的某些无机组分,如黏土、含铁化合物等,分别有利于降低氨抑制和硫化物抑制。

7.2.2 污泥与城市有机质共消化技术的运用

在共消化技术中,与污泥共消化的物料主要有厨余垃圾、餐厨垃圾、园林果蔬垃圾、动物粪便以及一些工业有机废弃物等。这些有机垃圾先通过碾磨机粉碎后进行分选,其他干扰物质通过筛分去除,剩下的有机垃圾先在稀释池中被稀释,然后被输送到消毒稳定池杀菌消毒,再和一定量的市政污泥混合一起加入消化池中进行厌氧发酵;产生的沼气用于发电。其工艺流程如图 7-1。主要设备包括预处理系统、消化池、沼气收集系统、沼气发电系统等。

除了进行厌氧消化所需的消化池以外,其他的一些配套设施包括:进料设备和贮槽、预处理设备(如碾磨机等)、分选设备(如筛子等)以及沼气收集(储气罐)和利用系统(包

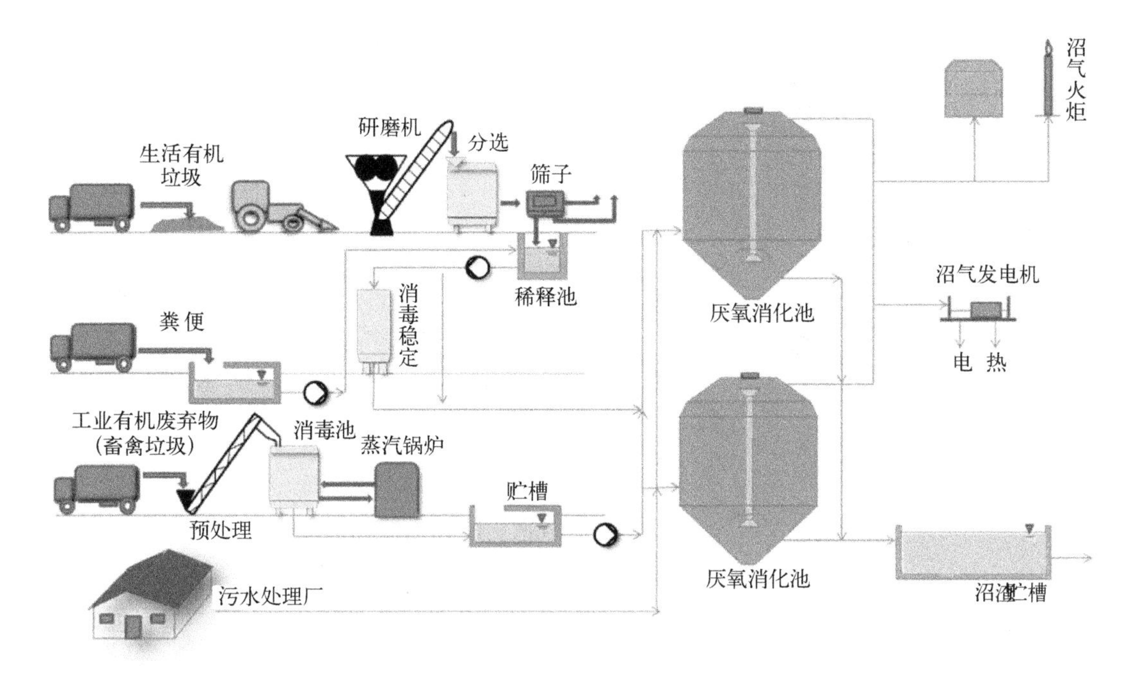

图 7-1　污泥与城市有机质废物厌氧共发酵工艺流程图

括发电机、涡轮机、燃料电池等，多余的沼气用火炬燃烧）。

设计一个消化池可以通过确定共消化时间以及有机干物质量来实现。对于只用市政污泥厌氧消化来说这个方法已被证实比较可靠，但是对于共消化系统来说该方法并不适用，因为共消化工艺的物料组分和市政污泥相比有显著不同。所以需要一个更准确的方法来估算共消化系统所需要的消化池容积，一般用进料的 COD 含量来作为设计参数。

考虑到各种来源，生污泥 COD 的典型值大约为每克有机干物质平均含量 1.67 g COD。根据每个污水处理厂的运作方式不同，这里主要指的是初沉池的停留时间（初沉污泥）和曝气池的污泥泥龄（剩余污泥），COD 含量可能稍有不同。

表 7-1 中给出了消化时间和最大容积负荷率，设计参数具体如图 7-2 所示。

表 7-1　消化池容积负荷

参　　数	小型消化池 <50 000 人口当量	中型消化池 50 000～100 000 人口当量	大型消化池 >100 000 人口当量
消化时间/d	20～30	15～20	15～18
容积负荷率（以 COD 计）/[kg/(m^3·d)]	2.5	5.0	7.5

对于一个处理 40 000 人口当量污水的污水处理厂来说，从表 7-1 中可以得出最小消化时间为 20 d，最大容积负荷率（以 COD 计）为 2.5 kg/(m^3·d)。假设现有的消化池体积为 2 000 m^3，根据图 7-2 可以得到一个允许的最大进料量 100 m^3/d 和反应器中允许的最大 COD 含量 5 000 kg/d。

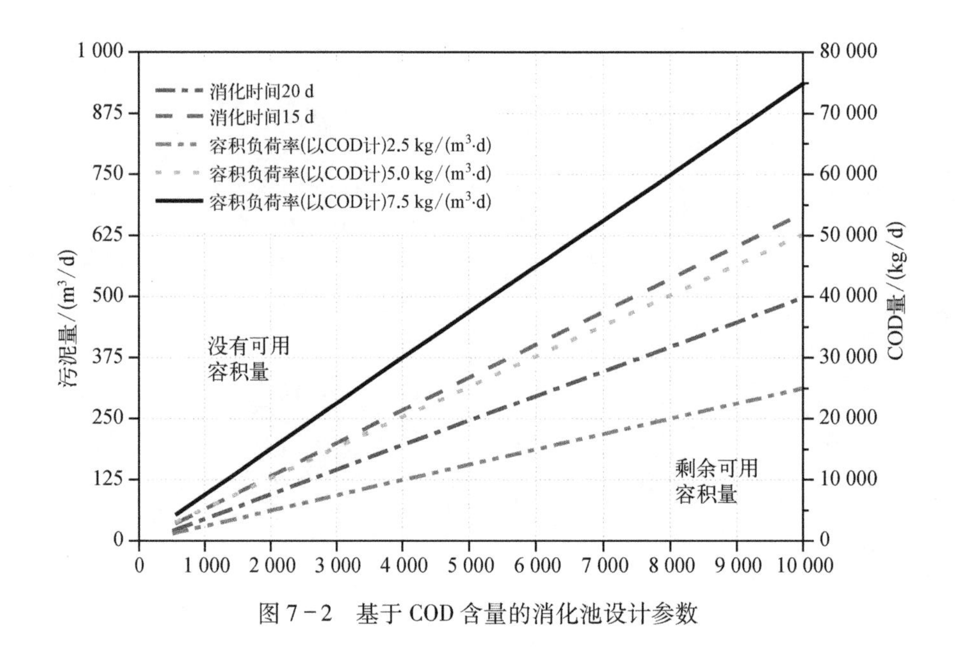

图 7－2 基于 COD 含量的消化池设计参数

7.3 与低有机质污泥共消化的潜在物料

7.3.1 城市有机垃圾

一般来说,有机垃圾根据收集和分类方式的不同有如下区分：未分类收集的生活垃圾经机械分选后得到的有机生活垃圾(MS－OFMSW)、分类收集得到的有机生活垃圾(SC－OFMSW),以及源头分离得到的有机生活垃圾(SS－OFMSW)。对于单独收集的有机生活垃圾(SC－OFMSW 和 SS－OFMSW),季节变化和地域文化特征对其组成也有一定的影响。

污泥和城市有机垃圾共消化可通过利用现有厌氧消化设施实现,无需额外高额投资。最早尝试将有机垃圾作为污水处理厂污泥厌氧消化系统的共消化物料始于 20 世纪 30 年代,家庭垃圾粉碎机的出现使得污泥和有机垃圾共消化成为可能。

在共消化系统中,污泥和有机垃圾在物料组成方面的差异有利于两者的协同互补。对于厌氧消化微生物来说,污泥中的常量和微量营养元素含量较高,C/N 值较低,易生物降解有机质比例较低,浓缩污泥含固率较低;相对应的,有机垃圾则营养组成较为简单,C/N 值较高,易降解有机质比例较高,含固率较高。

向污泥厌氧消化系统中添加有机垃圾会提高系统的含固率。反之,对于有机垃圾厌氧消化系统来说,添加污泥可提高系统的稳定性,已有研究表明污泥(以挥发性固体含量计)添加比例在 8%～20%的范围内,有利于提高共消化系统的稳定性。

在 20 世纪 90 年代之前,关于污泥和有机垃圾共消化的研究多基于低含固厌氧消化系统,系统含固率通常为 4%～8%。此后,高含固厌氧消化一直是有机生活垃圾的主流厌氧消化工艺，其处理有机生活垃圾的含固率通常在15%～50%。与此同时，共消化系统也越来越多地采用高含固厌氧消化工艺。共消化的高含固厌氧系统含固率可达到25%～35%，C/N(基于可降解碳和总氮的质量比)为22～30。

污泥和有机垃圾厌氧共消化，其最佳配比取决于物料特征和厌氧消化工艺类型。对于传统低含固厌氧消化系统来说，污泥和有机垃圾基于干物质的最佳质量比约为20：80；对于高含固厌氧消化系统而言，两者的最佳配比还有待进一步研究。

7.3.2　餐厨垃圾

目前，我国的餐厨垃圾不仅没有被有效地资源化利用，反而占用了垃圾填埋场，在有些地方还造成垃圾填埋场爆炸隐患，并产生了严重的污水问题。将污水厂污泥和餐厨垃圾进行混合厌氧发酵是一种能够有效地减量化、资源化的处置方法。

高含固率污泥单独厌氧消化时，当游离氨浓度低于600 mg/L时发酵装置稳定性良好，但当其浓度在600～800 mg/L时，发酵会受到严重抑制。而餐厨垃圾单独厌氧消化在较高有机负荷下运行时常出现系统酸化、氯化钠浓度过大等引起的系统运行失败现象。将污泥和餐厨垃圾联合厌氧消化，不仅能够稀释有机物浓度，促进物料中营养物质的平衡，避免有机负荷过高，而且能提高系统的缓冲能力、可生化物料利用率以及产气率，还可以稀释有毒物质，减弱对产甲烷菌的毒害作用，另外由于不需要额外投资，还能降低单位投资及运行维护费用。通过厌氧消化，把城市有机质废物转化成高品位的生物燃气和有机肥料，符合我国国情和循环经济的要求，是未来城市有机质废物处理和资源化利用的发展方向之一。

城市污泥和餐厨垃圾中含有丰富的有机质，适合进行资源化处理。此外，餐厨垃圾占生活垃圾的比例大、含水率高，若将其从生活垃圾中分流出来进行集中式资源化处理，既有利于资源化利用，也有利于生活垃圾的减量和后续处理、处置。考虑到共消化在稀释抑制物、提高系统稳定性方面的优势，以及高含固厌氧消化技术在提高厌氧消化效率和工程效能方面的优势，城市污泥和餐厨垃圾采用高含固厌氧消化工艺进行共消化有望成为其高效资源化利用和稳定化处理的一条新途径。

污泥和餐厨垃圾采用高含固技术的优势：高含固消化的特点是消化物料的含固率较高。在我国，脱水污泥和餐厨垃圾的含固率在15%～24%波动，便于运输，适合进行集中式高含固厌氧消化，若按其平均含固率为20%计，与传统厌氧消化工艺中消化物料的含固率(约2%～5%)相比，高含固工艺的含固率是传统消化工艺的4～10倍。这意味着，在同样的停留时间下，高含固厌氧消化工艺可承受的有机负荷是传统消化工艺的4～10倍，从而使得相同处理量的反应器容积以及加热保温能耗都得以大大降低。

单一物料高含固消化易产生的问题和共消化的优势：当采用高含固厌氧消化工艺时，与传统系统相比，高含固系统内的潜在抑制性物质浓度也有显著升高，容易对系统的稳定性产生影响，单一物料进行高含固厌氧消化时，这种作用更显著。

Dai等(2013)研究表明，脱水污泥和餐厨垃圾(含固率TS均20%左右)进行共消化时，餐厨垃圾添加比例(以湿重比例计)占20%～60%，共消化系统的VFA浓度显著低于污泥和餐厨垃圾分别单独厌氧消化的系统。污泥厌氧消化系统中 VFA 浓度略高的主要原因为游离氨的抑制,因为其系统内 TAN 浓度为 4.1 g/L、FAN 浓度为 600 mg/L 左右,对系统有一定的抑制作用。餐厨垃圾属于易水解酸化物料,甲烷化速率一旦受到影响将导致 VFA 的快速积累,从而严重影响系统的稳定性。此外,餐厨垃圾单独厌氧系统含盐量较高,Na^+浓度高达 4 000 mg/L。有研究表明,中温条件下,Na^+浓度达到 3.5~5.5 g/L 时对甲烷菌有中等抑制作用。

污泥单独消化系统中的氨氮浓度和游离态氨氮的浓度均较高,对甲烷菌产生了一定影响,引起 VFA 浓度偏高。垃圾单独消化系统则存在 Na^+ 抑制问题,Na^+浓度过高影响了甲烷菌的活性,使 VFA 持续积累最终导致系统酸化。这体现了污泥和餐厨垃圾分别单独进行高含固消化的缺点,而共消化能够很好地解决这一问题。一方面,与单独消化相比,混合消化降低了单一物料中抑制性物质的浓度,能够有效提高系统的稳定性;另一方面,污泥的主要组成部分是微生物残体,餐厨垃圾则含有更多易降解的有机物,污泥和餐厨垃圾进行共消化,为系统内微生物提供了更为均衡的营养条件,因而更有利于提高系统的各方面性能。

脱水污泥和餐厨垃圾(含固率 TS 均 20%左右)进行共消化时,餐厨垃圾添加比例(以湿重比例计)占 20%~60%,随着进料中餐厨垃圾比例的增大,单位体积的甲烷产率和产气率有明显的提高。例如,脱水污泥与餐厨垃圾以 4∶1 比例进行共消化后,与污泥单独厌氧消化相比,在同样的停留时间下,不但系统内 VFA 浓度下降了 40%,反应器单位体积产气率也提高了 57%。相比城市污泥,餐厨垃圾中有机质含量高、易降解,因此污泥中添加餐厨垃圾有助于在利用原有消化罐容积的前提下提高有机负荷和单位体积产气率。

7.3.3 植物类废弃物

植物类废弃物(如菜场垃圾、农业作物废弃物、园林植物废弃物等)富含纤维素、半纤维素等碳水化合物类物质,具有较高的 C/N 比,将污泥与其进行协同共消化,可潜在提高污泥厌氧消化的产气效率和甲烷产率。

王凯丽(2014)研究发现,城市污泥与加拿大一枝黄花进行联合厌氧消化可以提高系统的有机负荷,增加单位体积厌氧消化罐的甲烷产率。加拿大一枝黄花与污泥的 VS 比例为 1∶1、SRT 为 13 d 时,厌氧消化系统的体积甲烷产率最高,可以达到 1.22 $m^3/(m^3/d)$,与污泥单独厌氧消化相比,增幅达到 61.6%。随着加拿大一枝黄花添加比例的增加,厌氧消化进料基质的 C/N 逐渐增加,C/N 和有机负荷的增加均有利于厌氧消化甲烷的产生。随着加拿大一枝黄花添加比例的增加,共消化系统的缓冲性能相对于污泥单独消化系统有所下降,具体表现为共消化系统的 pH、PA/TA 和总碱度逐渐下降。总碱度(TA)包括部分碱度(PA)(重碳酸盐和碳酸盐碱度)和中间碱度(IA)(非游离的 VFA 碱度)。系统的缓冲能力和重碳酸盐的浓度是成正比例的,因此可以用 PA/TA 值来评估系统应对显著和快速 VFA 和 pH 变化的能力。但从 VFA/TA 的值来看,脱水污泥单独消化时的 VFA/TA>0.1,添加加拿大一枝黄花后 VFA/TA 值均低于 0.1,表明添加加拿大一枝黄花后系统的稳定性更好。同时随着加拿大一枝黄花的添加,系统的游离氨浓度逐渐下降,表明污泥与加拿大一枝黄花协同共消化可减少游离氨对厌氧消化系统的抑制性作用。

同时研究表明加拿大一枝黄花机械预处理过程的粒径大小会对整个联合厌氧消化性能产生影响。与5~10 cm和48~75 μm的粒径相比，当加拿大一枝黄花的粒径为1~3 cm时，其与污泥共消化的沼气产量最高，与前两种粒径相比，分别提高了27%和19%。与脱水污泥和加拿大一枝黄花单独处理处置相比，两者进行协同共消化可以大大减少整个过程的温室气体(GHG)排放量。当加拿大一枝黄花的VS添加比例达到70%时，整个工艺流可以实现负碳排放。在污泥和加拿大一枝黄花的VS比例为3∶1、1∶1和3∶7时，其碳减排量分别为24%、78%和194%。在污泥厌氧消化系统中添加加拿大一枝黄花后，1 t干污泥每年可以减少910 mg的CO_{2-eq}。添加加拿大一枝黄花后的GHG减排主要来自沼气的热电联产利用，加拿大一枝黄花焚烧GHG减排量，以及减少的化学肥料的生产和使用，这些对减轻温室效应有非常积极的贡献。作者综合考虑联合处理处置的能耗和厌氧消化效能，建议污泥与加拿大一枝黄花协同共消化的条件为：SRT 20 d、污泥与黄花的VS比例1∶1、黄花的投加粒径为1~3 cm。

7.3.4　其他有机质废物

对于共消化来说，C/N是十分重要的参数。据文献报道，一般有机固废厌氧消化最佳的碳氮比(C/N)为20∶1~30∶1，尽管研究者们对于厌氧消化最适宜的碳氮比(C/N)存在分歧，但是污泥厌氧消化系统中控制碳氮比(C/N)为20∶1是较适合于厌氧消化系统中微生物水解、产酸、产甲烷的。污泥的碳氮比一般为7∶1，如果可以将污泥与含碳含量较高的废弃物进行混合发酵，则可能同时提高厌氧消化的水解与产酸效率，从而最终获得较高的甲烷产量。从这个角度考虑，碳水化合物含量较高的食品加工废弃物、酒糟、居民粪便等也适合作为污泥共消化物料。

目前，污泥与有机质废弃物共消化领域，在与有机垃圾的共消化方面应用较为成熟，与其他有机质废弃物的共消化仍然处于研究阶段，工程实践相对较少。低有机质污泥与其他有机质共消化有利于提高厌氧消化系统的产气效率，但共消化沼液和沼渣的最终处理处置是值得关注的问题。

参考文献

王凯丽. 2014. 高含固市政污泥与黄花联合厌氧消化及其碳排放特征研究. 上海：同济大学硕士学位论文.

Dai X H, Duan N N, Dong B, et al. 2013. High-solids anaerobic co-digestion of sewage sludge and food waste in comparison with mono digestions: stability and performance. Waste Management, 33(2): 308-316.

第8章　高含固厌氧消化污泥深度处理及资源化研究

目前关于厌氧消化技术的研究，聚焦工艺条件、多级工艺运用、预处理技术及共消化技术等方面（Cao and Pawlowski，2012），主要目的是进一步改进厌氧消化技术的工艺性能，提高单位体积的产气效率。然而针对厌氧消化污泥（特别是高含固厌氧消化污泥）的深度处理及资源化利用的研究较少。厌氧消化污泥（ADS）中氨氮、磷酸盐等营养物质含量较高，表现出较好的土地利用价值（Bustamante et al.，2012）。与此同时，其电导率与挥发性脂肪酸含量高，具有较大的植物毒性，限制了后续土地或农业利用（Walker et al.，2009），需进一步的深度处理。厌氧消化污泥仍含有超过40%的有机质没有得到资源化利用（Cao and Pawlowski，2013），因此，如何高效、经济地实现厌氧消化污泥的资源化利用成为一项新的重要课题。本章分别采用好氧堆肥、好氧消化、热解工艺对厌氧消化污泥进行深度处理，深入解析三种处理工艺对厌氧消化污泥特性的影响及相关物质转化规律，为厌氧消化污泥资源化利用提供理论及技术支撑。

8.1　厌氧消化污泥的特性

与生污泥相比，经过厌氧消化处理后的污泥性质发生了较大变化，主要表现在：① 流动性增加、含水率较高。与生污泥相比，厌氧消化污泥呈流态，不利于满足后续好氧堆肥等处理要求。② 有机质含量较低和稳定化程度较高，同时有机质组分存在较大差异。污泥有机物经过水解、酸化、乙酸化、甲烷化等过程后，有机物组成发生了很大的变化，如蛋白质、糖类等大分子有机物会部分转变为挥发性脂肪酸等小分子有机物，这些变化可能会影响好氧堆肥过程有机物的降解转化规律。③ 氨氮、磷酸盐等营养盐含量较高。与生污泥相比，厌氧消化污泥中氨氮、磷酸盐等含量较高，表现较好的土地利用价值。④ 挥发性脂肪酸、盐分等含量较高，表现出较强的植物毒性，在一定程度上会限制污泥的土地及资源化利用。⑤ 微生物群落组成不同。生污泥来源剩余活性污泥，其微生物种群以好氧或兼性好氧微生物为主，但厌氧消化污泥则以厌氧或兼性厌氧微生物为主。此外，厌氧消化污泥的 pH 和 C/N 也与生污泥存在较大差异。因此经厌氧消化处理后，污泥有机质组成和微生物种群发生了显著变化，对其后续深度处理和资源化利用势必产生较大的影响。

8.1.1 总体理化特征

厌氧消化污泥的总体理化特性如表 8-1 所示，厌氧消化污泥的 pH 呈弱碱性，与生污泥相比较高，这可能与蛋白质的矿化以及挥发酸的降解转化有关(Romero et al.,2007)。与生污泥相比，厌氧消化污泥的电导率较高，这可能由于有机物的降解和磷酸盐、铵盐、钾等离子的释放(Sharma,2003)。厌氧消化污泥的比耗氧速率(单位 VS)为 2.04 mg/(g·h)，这与文献报道的研究结果(Teglia et al.,2011)较为相似。Wang 等(2011)研究表明生污泥好氧堆肥初期的耗氧速率(单位 VS)为 10.57~11.95 mg/(g·h)，经 28 d 处理后，耗氧速率降为 5.33~8.13 mg/(g·h)。Hait 和 Tare(2011)研究发现初沉污泥耗氧速率达到 42.7 mg/(g·h)。这些结果表明厌氧消化污泥的耗氧速率较低，说明厌氧消化有利于提高污泥的生物稳定性。

表 8-1　厌氧消化污泥的总体理化特性

参数	生污泥	厌氧消化污泥
pH	7.49±0.05	8.88±0.05
电导率(EC)值/(mS/cm)	0.62±0.06	3.41±0.02
比耗氧速率 SOUR/[mg/(g·h)]	—	2.04±0.29
含固率/%	20.82	16.12
有机质含量/%(干基)	57.45	41.10
C 元素含量/%(干基)	32.97±0.25	23.08±0.66
N 元素含量/%(干基)	4.25±0.09	3.28±0.18
H 元素含量/%(干基)	5.57±0.15	4.58±0.08
C/N	9.05	8.21
C/H	0.49	0.42
碱度(以 $CaCO_3$ 计)/(g/L)	—	16.34±0.77
热值/(kJ/kg,VS)	26 630	22 370
热值/(kJ/kg,TS)	15 048	8 718

污泥中部分易生物降解有机物在厌氧消化过程被生物分解，因此与生污泥相比，厌氧消化污泥的有机质含量较低，表明厌氧消化污泥的稳定化程度较高。然而厌氧消化污泥仍含有较高比例的有机物未得到完全的分解和资源化利用。元素分析结果与有机质含量变化情况较为相似，与生污泥相比，均有所降低，但仍含有较高的有机元素含量。与生污泥相比，厌氧消化污泥的 C/N 较低。C/N 可反映基质的稳定化程度，C/N 降低，表明基质的稳定化程度增加(Polak et al.,2005)，因此经厌氧消化处理后污泥的稳定化程度有所增加。C/H 的变化可表征有机质的脱氢程度，与芳香化和缩聚程度有重要关系，其值越高，表明有机质芳香化和缩聚程度越高(Romero et al.,2007;Polak et al.,2005)。与生污泥相比，厌氧消化污泥的 C/H 较低，这表明厌氧消化污泥有机质的缩聚程度较低，可能是因为厌氧消化过程属于分解反应，所以其缩聚程度有所下降。此外，经厌氧消化处理后，污泥的热值有所下降，这是由于厌氧消化过程中污泥所含的部分易降解有机物已被进一步分解，因此导致热值有所下降。但其单位 VS 热值仍达到 22 370 kJ/kg，与褐煤等热值相

当,表明厌氧消化污泥仍含有大量可供利用的有机热量。

8.1.2 溶解性有机物

溶解性有机物是污泥有机质的活性组分,其变化情况与污泥的稳定化程度和成熟度有着紧密的相关性(李小伟,2012;Said-Pullicino et al.,2007),因此探讨厌氧消化污泥中溶解性有机质的组成和结构特征对于揭示污泥的稳定化程度和成熟度具有重要意义。分析指标包括 pH、电导率、溶解性有机碳、溶解性化学需氧量、溶解性总氮、DOC/DTN、挥发性脂肪酸含量(包括乙酸、丙酸、正丁酸、异丁酸、正戊酸、异戊酸)、荧光光谱、红外光谱等,相关分析结果如表 8-2 所示。

表 8-2 厌氧消化污泥中溶解性有机物含量及特征

参 数		生 污 泥	厌氧消化污泥
pH		7.10	7.47
电导率(EC)值/(μS/cm)		353	507
溶解性有机碳 DOC/(mg/g)		35.12±3.64	14.04±0.44
溶解性化学需氧量 DCOD/(mg/g)		113.48±5.62	46.42±1.58
溶解性总氮 DTN/(mg/g)		10.80±0.63	5.70±0.29
DOC/DTN		2.90	2.17
挥发性脂肪酸(干基)	乙酸/(mg/g)	3.53±0.13	0.23±0.02
	丙酸/(mg/g)	1.00±0.10	1.32±0.06
	正丁酸/(mg/g)	0.39±0.01	0.04
	异丁酸/(mg/g)	0.98±0.01	0
	正戊酸/(mg/g)	0.66±0.01	0.06
	异戊酸(mg/g)	0.34±0.02	0.03
荧光光谱	类蛋白/a.u.	5.10×10^5	1.35×10^6
	类富里酸/a.u.	1.25×10^5	3.80×10^5
	类腐殖酸/a.u.	ND	2.50×10^5
红外光谱(标准化吸光度/mg,DOM)	1 000 cm^{-1}	1.23	2.69
	1 124 cm^{-1}	1.50	2.94
	1 190 cm^{-1}	0.69	1.12
	1 294 cm^{-1}	2.15	1.72
	1 412 cm^{-1}	4.97	4.07
	1 558 cm^{-1}	5.97	4.33
	1 606 cm^{-1}	2.70	2.10
	2 964 cm^{-1}	4.50	3.75

注:ND 为未检测出。

与生污泥相比，厌氧消化污泥中溶解有机质的pH和电导率均有所增加，这与总体理化特征的结果较为一致。与生污泥相比，厌氧消化污泥的DOC、DCOD和DTN含量较低，这主要与蛋白质、碳水化合物等有机质的厌氧消化降解有重要关系，表明厌氧消化污泥有机质的稳定化程度较高。在好氧堆肥系统中，基质溶解性有机碳的含量低于4 mg/g时表明该基质已经充分稳定、成熟（Xing　et al.，2012；Zmora-Nahum　et al.，2005；Chica　et al.，2003）。在此研究中，厌氧消化结束时污泥中DOC含量大于14 mg/g，这表明厌氧消化后污泥仍含有弱稳定化合物，需做进一步稳定化处理。

DOC/DTN比值与基质的稳定化程度具有重要关系，DOC/DTN降低表明基质的稳定化程度增加，反之则减少。与生污泥相比，厌氧消化污泥的DOC/DTN比值较低，表明其稳定化程度有所增加。挥发性脂肪酸（VFA）是动物粪便、污泥等有机废弃物中挥发性有机质的重要组成部分，被认为是臭味来源的主要化合物之一（李小伟，2012），因此挥发性脂肪酸可反映挥发性有机质的含量，是衡量污泥生物稳定性的重要指标。生污泥中共检测出6种挥发性脂肪酸，其含量大小顺序为：乙酸>丙酸>异丁酸>正戊酸>正丁酸>异戊酸，而厌氧消化污泥中共检测出5种挥发性脂肪酸，其含量大小顺序为：丙酸>乙酸>正戊酸>正丁酸>异戊酸，这表明经厌氧消化处理后，污泥中挥发性脂肪酸组成发生显著变化。与生污泥相比，厌氧消化污泥中挥发性脂肪酸含量除丙酸稍有增加外，其他种类均明显下降，这表明厌氧消化污泥中挥发性脂肪酸含量较低，生物稳定性增加。众所周知，丙酸是挥发性脂肪酸中较难利用的类型，因而厌氧消化污泥中丙酸有一定积累，导致其含量较高。

三维荧光光谱技术已广泛用于研究蛋白质、腐殖酸等荧光物质（Yamashita and Jaffé，2008），该方法具有检测速度快、选择性强、灵敏度高等优点，可反映荧光类物质的相对丰度情况。与生污泥相比，厌氧消化污泥中溶解性荧光类蛋白质、类富里酸、类腐殖酸的荧光强度均有所增加，这表明经厌氧消处理后，污泥中荧光类物质的相对丰度有所增加。通常具有p－p共轭双键的分子能发射较强的荧光，p电子共轭程度越大，荧光强度越大，大多数含芳香环、杂环的化合物能发出荧光。因此，这暗示经厌氧消化处理后，污泥中溶解性有机物芳香化程度有所增加。

红外光谱是一种广泛用于鉴定和定性解析溶解性有机质中不同有机官能团含量的方法，不仅可检测荧光类物质，还可检测非荧光类物质（Landry and Tremblay，2012；Yu et al.，2012；Abdulla　et al.，2010b；Artz　et al.，2008）。与生污泥相比，厌氧消化污泥溶解性有机质在1 190 cm^{-1}、1 124 cm^{-1}、1 000 cm^{-1}的吸光度均较高，而在2 964 cm^{-1}、1 606 cm^{-1}、1 558 cm^{-1}、1 412 cm^{-1}、1 294 cm^{-1}的吸光度均较低。根据文献资料（Li　et al.，2011；Abdulla　et al.，2010a；Abdulla　et al.，2010b），这些结果表明经厌氧消化处理后，污泥中溶解性多糖化合物、芳香醚基、酚类或磺酸类物质含量相对较高，而羧酸类化合物、一级和二级芳胺或脂肪族类物质含量相对较低。

8.1.3　腐殖化程度及类腐殖质特征

腐殖类物质是各类有机物经微生物分解利用后，剩下的不易分解残余物或微生物的代谢产物共同组成的褐色或黑色无定形胶态复合物，其主要成分为腐殖酸，其成分可分为溶于碱液的胡敏酸(humic acid,HA)，既溶于碱液也溶于酸液的富里酸(fulvic acids,FA)和不溶于碱液也不溶于酸液的胡敏素(humin)(李小伟,2012;欧晓霞等,2010;唐景春等,2010)。在堆肥和蚯蚓堆肥工艺中，腐殖类物质的含量和质量是评价有机物的生物和化学稳定性的重要指标。此外，其可改善土壤，提高肥力，是评价沼渣作为土壤改良剂和有机肥的重要参数，也是土壤安全性和成功性的重要保证(Campitelli and Ceppi,2008)，因此对厌氧消化污泥的腐殖化程度和类腐殖质特征进行分析，以便为厌氧消化污泥的土地利用提供科学依据，相关结果如表8-3所示。

表8-3 厌氧消化污泥的腐殖化程度和类腐殖物质特征

参数		生污泥	厌氧消化污泥
总有机碳 TOC/(g/kg,干基)		339.8±21.7	221.5±19.7
可提取有机碳 TEC/(g/kg,干基)		156.1±9.6	71.7±0.7
类腐殖酸碳 HAC/(g/kg,干基)		69.73	32.10
类富里酸碳 FAC/(g/kg,干基)		86.3±12.2	39.6±25.5
腐殖化比例 TEC/TOC/%		46.02	32.37
腐殖化指数 HAC/TEC/%		44.7	44.8
胡敏酸	C元素含量/%	55.326	52.958
	H元素含量/%	8.702	8.269
	N元素含量/%	7.628	8.274
	C/N	8.462	7.467
	H/C	1.887	1.801
富里酸	C元素含量/%	7.276	0.787
	H元素含量/%	2.751	0.828
	N元素含量/%	1.238	0.134
	C/N	6.857	6.852
	H/C	4.537	12.625
腐殖酸荧光分析	类腐殖质/%	37.7	38.9
	类蛋白质/%	62.3	61.1
富里酸荧光分析	类腐殖质/%	58.1	55.65
	类蛋白质/%	41.9	44.35

与生污泥相比，厌氧消化污泥的总有机碳含量较低，这可能是因为经厌氧消化处理后，污泥中蛋白质、碳水化合物被生物降解。污泥中可提取有机碳TEC包括胡敏酸和富里酸，其含量可反映基质中腐殖质的相对含量。与生污泥相比，厌氧消化污泥中TEC、HAC和FAC含量均较低，这表明经厌氧消化处理后，污泥中腐殖质含量呈下降趋势，这可能因为厌氧消化过程是有机物分解形成小分子有机物的过程，因此厌氧消化污泥的腐殖化程度较低。经厌氧消化处理后，污泥腐殖化比例TEC/TOC明显降低，而腐殖化指数HAC/TEC略有增加，这表明厌氧消化过程中污泥的胡敏酸和富里酸含量均有所下降。但

相对而言,富里酸的减少比例更为明显,这可能是因为富里酸是小分子物质,更易于降解,因而其在厌氧消化过程中的降解速率更快。

胡敏酸和富里酸的有机元素分析进一步验证了以上研究结论,即富里酸与胡敏酸相比,更易于降解。如经厌氧消化处理后,胡敏酸的C和H元素含量均有所下降,但降低程度均明显小于富里酸的相应元素。此外厌氧消化污泥中胡敏酸的N元素略有增加,而富里酸的N元素明显减少。与此同时,C/N和H/C与腐殖质的稳定化程度和缩聚程度具有显著相关性(Romero et al.,2007;Polak et al.,2005)。经厌氧消化处理后,胡敏酸的C/N和H/C降低,而富里酸C/N变化不大,但H/C明显增加,这表明与生污泥相比,厌氧消化污泥中胡敏酸的稳定化程度和缩聚程度均有所增加,而富里酸的缩聚程度明显下降,这与溶解性有机物的变化规律较为相似,这说明富里酸可能是溶解性有机物的重要组成部分。进一步采用三维荧光光谱对胡敏酸和富里酸进行荧光分析表明,胡敏酸和富里酸中类腐殖质和类蛋白比例呈相反的变化趋势,进一步验证了元素分析及腐殖化指数的结果。经厌氧消化处理后,污泥中胡敏酸的类腐殖质含量有所增加,类蛋白含量有所减少,而富里酸则刚好相反。这表明胡敏酸和富里酸在污泥厌氧消化过程的变化存在较大差异,引起这种差异的机制还有待进一步研究。

8.1.4　微生物群落结构

厌氧消化污泥微生物群落在门类水平的组成情况如表8-4所示,微生物群落以厚壁菌门细菌为多,达到25.62%~50.38%;其次为绿弯菌门(0.17%~23.54%)、变形菌门(2.04%~6.25%)、放线菌门(1.59%~5.99%)、拟杆菌门(4.26%~4.37%)等;互养菌门最少,仅为0.07%~1.37%。这些细菌占到总细菌的58.64%~67.10%,尚有32.90%~41.36%的未被鉴定出来,这表明厌氧消化污泥尚有大量微生物特性未被充分认识,与之前在污泥厌氧消化反应器中的研究结果较为相似(Sundberg et al.,2013)。

表8-4　厌氧消化污泥微生物群落在门水平的组成情况

细菌门类	微生物群落百分比/%	
	第一次	第二次
厚壁菌门	50.38	25.62
变形菌门	2.04	6.25
酸杆菌门	0.02	0.07
放线菌门	1.59	5.99
拟杆菌门	4.37	4.26
绿弯菌门	0.17	23.54
互养菌门	0.07	1.37
未定义菌门	41.36	32.90

8.1.5　植物毒性分析

本研究采用了三种植物种子,即向日葵、矢车菊、牵牛花种子,分别考察了这三种植物种子的发芽率、平均根长、发芽指数，在亚急性实验中还考察了幼苗的鲜重和干重，研究结果如表8－5所示。总体而言，生污泥和厌氧消化污泥对这三种植物种子的发芽均表现出较强的抑制作用，即具有较强的植物毒性。

表8－5 厌氧消化污泥的植物毒性分析

毒 性	植 物	研究参数	生 污 泥	厌氧消化污泥
急性毒性	向日葵	发芽率/% 平均根长/% 发芽指数/%	62.0 50.6 31.3	18.0 37.3 6.7
	矢车菊	发芽率/% 平均根长/% 发芽指数/%	25.0 81.3 20.3	3.0 0 0
	牵牛花	发芽率/% 平均根长/% 发芽指数/%	7.0 12.5 0.8	0 0 0
亚急性毒性	向日葵	发芽率/% 平均根长/% 发芽指数/% 鲜重/mg 干重/mg	42.9 28.9 12.4 79.5±10.9 31.3±2.1	0 0 0 0 0
	矢车菊	发芽率/% 平均根长/% 发芽指数/% 鲜重/mg 干重/mg	89.5 65.2 58.4 39.3±6.0 1.0±0.3	73.7 43.3 31.9 22.5±7.6 1.5±0.7
	牵牛花	发芽率/% 平均根长/% 发芽指数/% 鲜重/mg 干重/mg	60.0 57.3 34.4 93.7±12.6 13.4±3.2	0 0 0 0 0

急性毒性研究表明，与生污泥相比这三种植物种子在厌氧消化污泥中的种子发芽率、幼苗根长、发芽指数均较低，其中矢车菊、牵牛花种子的发芽指数均为0，即表现出完全的抑制，这表明经过厌氧消化处理后，污泥的植物毒性有所增强，这可能与厌氧消化污泥具有较高的电导率以及较低的腐殖化程度有关。电导率较强，会导致植物种子脱水，而腐殖质被认为有利于植物种子发芽和生长发育。研究表明腐殖质可促进玉米、燕麦、烟草根、大豆、花生、三叶草、菊苣、热带谷物和其他谷物等植物的生长（李小伟，2012）。腐殖酸能作为植物的生长素，通过直接或间接的作用影响植物的生化过程，从而促进植物的生长发育（李小伟，2012）。因此厌氧消化污泥在进行土地利用前，仍需进一步做稳定化和腐殖化处理。

亚急性毒性分析结果与急性毒性结果较为一致，即厌氧消化污泥基质中三种植物种子的发芽率和发芽指数较低，其中向日葵、牵牛花种子的发芽指数均为0。生污泥也表现出一定的植物毒性,但其抑制作用小于厌氧消化污泥。

8.2 好氧堆肥处理污泥沼渣技术及机制研究

未经处理的厌氧消化污泥进行土地利用会产生较强的植物毒性,且还可能产生微生物安全性风险,因此土地利用前须对厌氧消化污泥进行深度处理。一些研究表明,采用好氧堆肥工艺深度处理厌氧消化污泥是较为可行的工艺选择。具体方法为:固液分离,上清液采用厌氧氨氧化等进行脱氮处理(见本书8.3节),沼渣通过好氧堆肥工艺进行深度处理,可获得便于土地利用的堆肥基质(Bustamante et al.,2012;Holm-Nielsen et al.,2009)。与生污泥相比,厌氧消化污泥的有机物含量较低,导致其堆肥处理工艺参数、稳定化机制、有机物降解转化机制、腐殖化转化规律等很可能不同于生污泥的好氧堆肥,因此本节着重探讨好氧堆肥处理厌氧消化污泥技术及机制研究。

本节分别从好氧堆肥处理厌氧消化污泥的工艺参数优化、稳定化及干化机制、溶解性有机物变化规律、腐殖化程度及植物毒性等方面展开深入研究,以期为好氧堆肥处理厌氧消化污泥工艺的发展提供理论支撑。

8.2.1 工艺参数优化研究

(1)生污泥与厌氧消化污泥好氧堆肥效果的比较

两种辅料比例(湿重比分别为5∶1和5∶3)条件下生污泥和厌氧消化污泥好氧堆肥效果如图8-1所示。在辅料比例5∶1条件下,生污泥组累积升温量和水分损失量均明显高于厌氧消化污泥组,但在辅料比例5∶3条件下,前者反而低于后者,这表明生污泥和厌氧消化污泥的最佳辅料比例存在较大差异,辅料比例对于生污泥和厌氧消化污泥好氧堆肥效果具有重要影响。厌氧消化污泥由于有机质含量较低,添加较多的WR(如湿重比5∶3)更有利于好氧堆肥的进行。

(2)辅料配比的影响

ADS+WR湿重比为5∶1和5∶3条件下厌氧消化污泥好氧堆肥情况如图8-1所示。结果表明这两种研究条件下堆体温度均呈先增加后减少、再增加、最后逐渐下降的趋势。第一个高峰可能与堆肥基质中易降解有机物的生物降解有重要关系;第二峰可能因为第一高温阶段诱发生成的嗜温微生物,在其作用下纤维素等较难降解有机物得到快速降解。同时与湿重比5∶1的堆肥基质相比,湿重比5∶3基质的累积升温量和累积水分损失量均较高,表明添加WR有利于促进ADS基质的升温及水分的散失,但是湿重比5∶3基质的VS累积降解较低,这可能是因为ADS湿重比5∶3的基质中含水率迅速减少,导致由于湿度过低不利于微生物对有机物的进一步降解,从而引起VS的降解量较低。这表明适当增加辅料添加比例,有利于提高厌氧消化污泥堆体的生物干化效果,但过多的辅料不仅会增加工艺运行成本,如购买和运输辅料的成本,也不利于微生物对堆体基质有机物的充分降解。

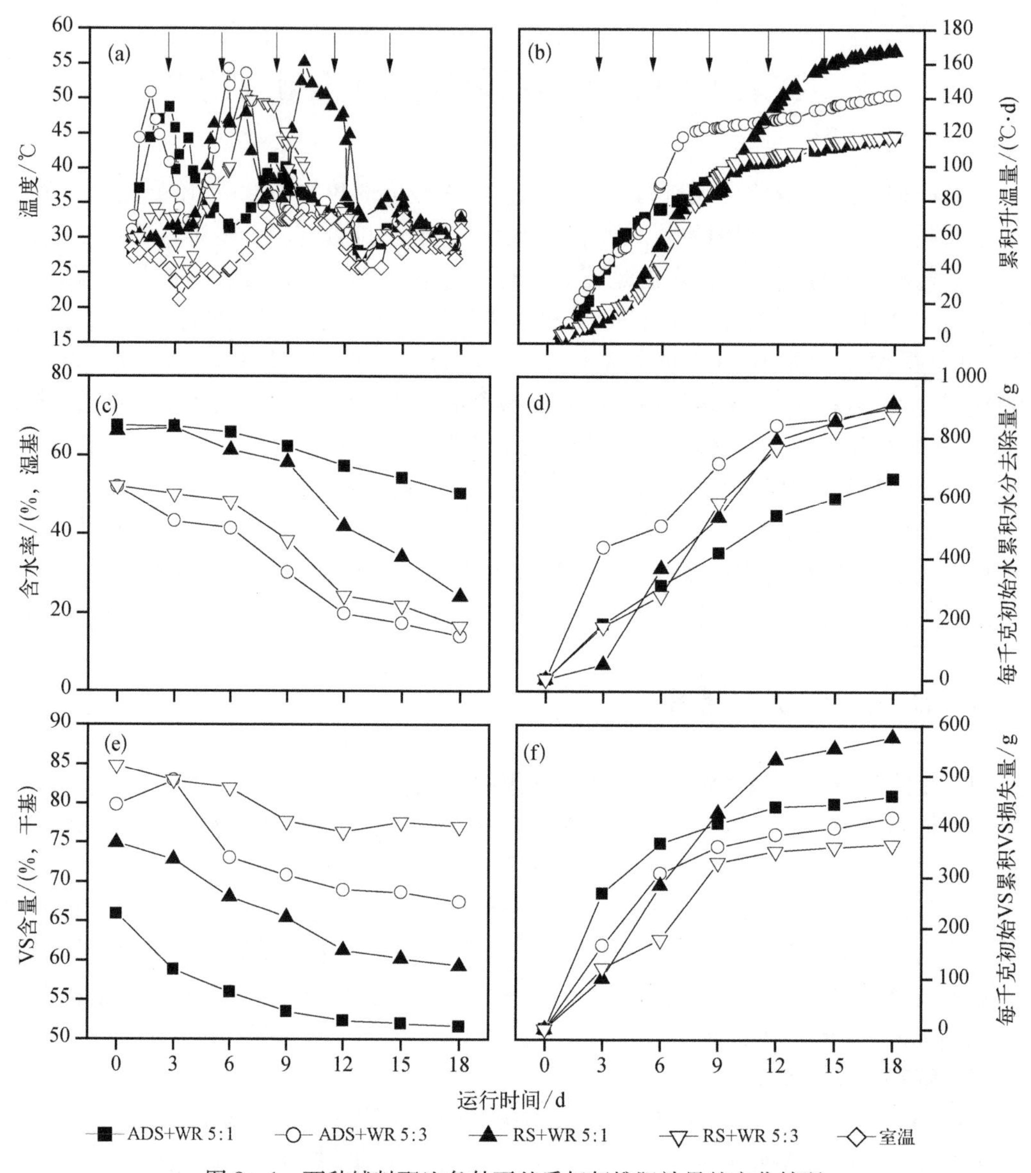

图 8-1 两种辅料配比条件下基质好氧堆肥效果的变化情况

(3) 辅料类型的影响

研究采用木屑作为辅料，分别设置不同厌氧消化污泥与木屑湿重比的实验组均未发现明显升温现象，这表明添加木屑对厌氧消化污泥好氧堆肥效果没有显著的改善作用，这可能是因为木屑较难生物降解，添加后可增加堆体基质的孔隙率，但是 WR 中含较多易生物降解有机物，在好氧堆肥过程不但能改善好氧堆肥基质的孔隙率，而且其自身的生物降解也可产生热量，有利于厌氧消化污泥堆肥基质温度升高，满足基质卫生化要求。这表明在好氧堆肥过程中仅靠厌氧消化污泥自身生物降解不足以提供足够的热量，使其产生典型的好氧堆肥升温曲线。

(4) WR 辅料添加的影响

图 8-2 中 T1 和 T2 研究组的主要区别在于：T1 组添加一定比例的 WR 辅料；而 T2 组 0~3 d 未添加任何辅料，第 3 d 后添加了与 T1 组相同比例的木屑。结果表明：T1 组完成了典型升温过程；而 T2 组 0~3 d 累积升温呈下降趋势，添加木屑后，堆体基质略有升温，这表明辅料的添加有利于显著改善厌氧消化污泥的堆肥效果，其中添加木屑对堆肥效果略有改善，但添加 WR 对好氧堆肥效果的改善显著，这与上节的研究结果较为相似。这表明与可生物降解辅料进行联合好氧堆肥有利于显著改善厌氧消化污泥的堆肥效果。

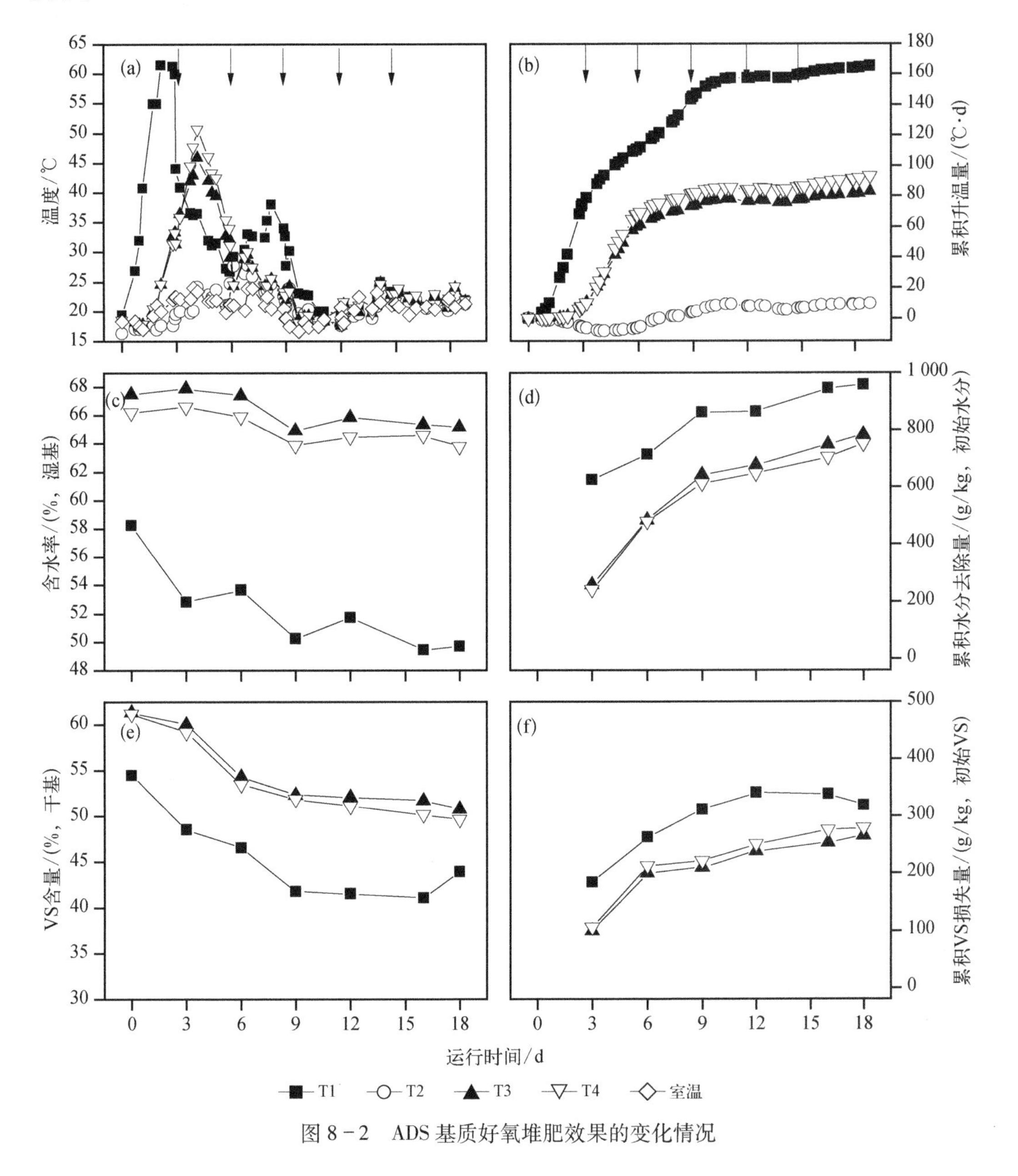

图 8-2　ADS 基质好氧堆肥效果的变化情况

(5) 基质初始含水率的影响

图8-2中T1和T4组的主要区别在于前者ADS初始含水率为67%,而后者为78%。研究结果表明T1组的累积升温量明显高于T4组,且累积水分损失量和有机物降解量均为前者高于后者,这说明减少基质的初始含水率有利于显著改善ADS后续好氧堆肥效果,同时也可提高ADS生物稳定性。

(6) 热水解处理的影响

图8-2中T3和T4组的主要区别在于T3组所用的ADS是在121℃条件下蒸煮30 min后进行的好氧堆肥研究,而T4组所用ADS未进行此处理。研究结果表明这两种研究组在温度变化、水分去除、VS降解等方面均较为相似,这表明热水解前处理对厌氧消化污泥堆肥效果的影响较小。

8.2.2 稳定化及干化机制

(1) 有机物降解和水分去除效果

ADS基质好氧堆肥过程的有机物降解和水分损失情况如图8-3所示。堆体温度随着运行时间的增加先快速增加,在2.68 d时达到第一个峰值(48.65℃),而后下降,经翻堆后在8.18 d出现第二个峰值(41.4℃)。与生污泥好氧堆肥相比,本研究中温度的增加量较低,这可能是由于本研究的通风量较大。第二个温度峰的出现可能是由于纤维素等有机物降解速率较慢,但在嗜温性微生物和通过翻堆改善通风性的情况下,生物降解速率加快,导致堆肥基质的温度再次显著增加。此外,累积升温速率随着好氧堆肥时间的增加呈逐渐下降的趋势。经18 d好氧堆肥处理后,基质总的累积升温量达到117℃·d,但低于赵玲等的研究结果(Zhao et al.,2010)。

ADS基质好氧堆肥过程中的含水率和累积水分去除量的变化情况如图8-3(d)所示。经18 d的好氧堆肥处理后,堆体基质的湿度由64.47%下降到50.2%,每千克初始水累积水分去除量为664.4 g,高于赵玲等的研究结果(Zhao et al.,2010),说明好氧堆肥过程中ADS基质的水分含量明显降低,可获得较理想的减量化效果。

ADS基质好氧堆肥过程中VS含量和累积VS降解量的变化情况如图8-3(e)和图8-3(f)所示。VS含量随着好氧堆肥时间的增加,从65.92%逐步下降到51.62%,经过18 d处理后累积初始VS损失量为459.3 g/kg。为探讨水分去除量和VS损失量之间的关系,引入了WRC/VSLC的概念,即单位VS损失量所能去除的水分量(水分去除量/VS损失量)。在本研究中,堆体的WRC/VSLC为4.55,略低于赵玲等的研究结果(Zhao et al.,2010),这表明此研究的生物干化效果较低。这可能是因为本研究采用的好氧堆肥装置较小,导致散热面积较大,从而引起生物干化效率较低。

(2) ADS与WR单独好氧降解研究

为深入解析ADS和辅料WR在好氧堆肥过程中各自所起的作用,作者进一步研究ADS和WR基质各自好氧降解的特性。为使研究结果贴近两者混合好氧堆的情况,根据以上研究结果,本研究中ADS和WR单独好氧降解的实验温度分别取30℃和45℃两种条件。

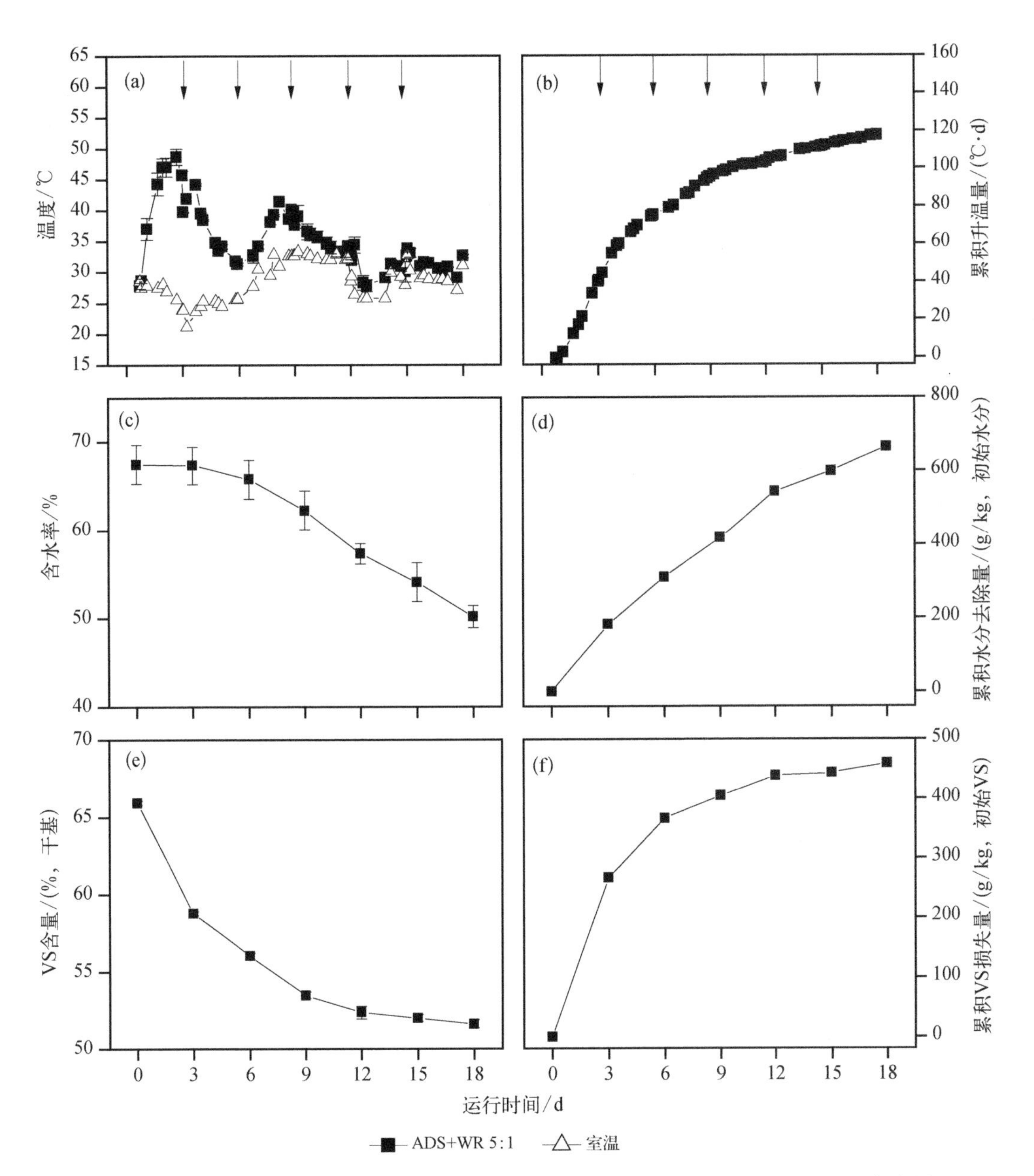

图8-3 ADS基质好氧堆肥的处理效果。(a) 平均温度;(b) 累积升温量;(c) 湿度含量;(d) 累积水分去除量;(e) VS含量;(f) 累积VS损失量

1) 好氧呼吸速率

在18 d内,ADS和WR的耗氧速率和累积氧气消耗量如图8-4所示。ADS组在30℃和45℃条件下均在初始阶段时具有最大耗氧速率,分别为42.15 mg/(g·d)和58.55 mg/(g·d),随后逐渐下降。但是WR在30℃条件下具有两个高峰,最大值分别为46.41 mg/(g·d)和46.47 mg/(g·d),即随着处理时间的增加,呈先增加后减少,再增加,最后逐渐减少的变化情况;在45℃条件下,随处理时间的增加,呈先增加,在1.5 d左右达到最高值,即51.55 mg/(g·d),而后波动变化,直到第8.5 d时,才逐渐下降,这些结果表

明在好氧堆肥过程中辅料 WR 有机物存在显著的生物降解作用,在第一组研究(即 ADS 和 WR 混合好氧堆肥)中存在的第二个温度峰,很可能是因为辅料 WR 的生物降解引起的。假如 ADS 好氧堆肥过程中没有辅料 WR 生物降解产生热量,其升温的持续时间可能更短(Zhao et al.,2011)。此外,与 WR 相比,ADS 具有较低的累积耗氧量,表明在混合好氧堆肥过程中 ADS 的生物降解低于辅料 WR。

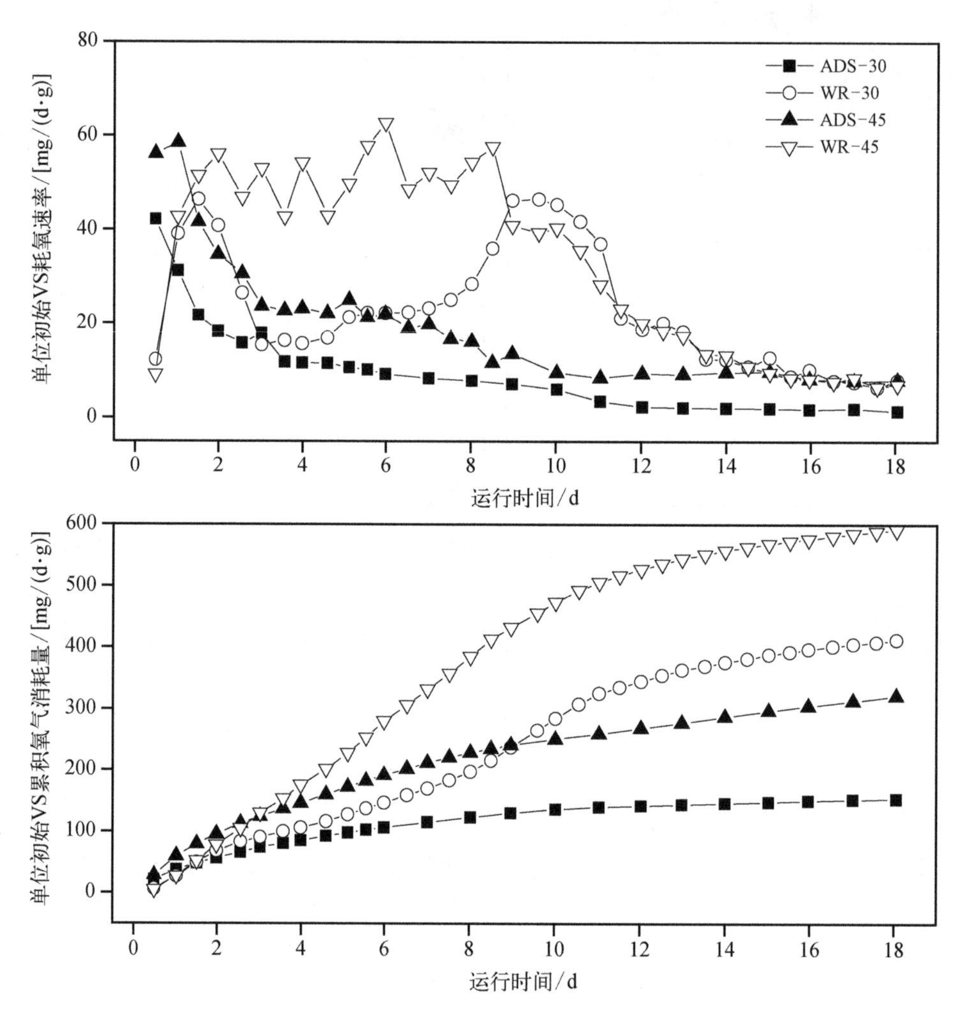

图 8-4 ADS 和 WR 分别在 30℃(ADS-30 和 WR-30)和 45℃(ADS-45 和 WR-45)条件下的耗氧速率和累积氧气消耗量

2)有机物含量和组成变化研究

各自好氧降解前后 ADS 和辅料 WR 的 VS、有机元素(C、N、H)含量变化情况如表 8-6 所示。初始阶段时,WR 较 ADS 具有较高的 VS、C 和 H 含量以及 C/N 和 C/H,但有相似的 N 含量和 C/VS 比例,及较低的 N/VS 比例,说明与初始的 WR 相比,初始 ADS 具有较低的含 C、H 化合物。

单独好氧降解后,在 45℃和 30℃条件下 ADS 的 VS 降解率分别为 14.84%和 8.11%,表明 ADS 有机物在好氧处理过程中得到进一步降解。与此同时,WR 的 VS 损失率分别为63.07%和53.27%，显著高于ADS组。同样，ADS组中C、N、H含量降解率均低于WR组，与耗氧速率具有相似的变化规律，进一步表明ADS的生物降解程度低于WR。此外，好氧降解结束时，ADS和WR的C/N和C/H均降低，说明有机碳化合物在好氧处理过程被生物降解，表明好氧降解可促进ADS和WR生物成熟度的提高(Xing et al.,2012)。

表8-6 ADS和WR单独好氧降解前、后各有机物的变化情况

指标		开始时样品	结束时样品		降解率	
			30℃	45℃	30℃	45℃
VS/(%,干基)	ADS	43.48±0.31	41.63±0.29	39.46±0.34	8.11	14.84
	WR	93.53±0.10	87.23±0.12	84.14±0.19	53.27	63.70
C/(%,干基)	ADS	23.08±0.66	21.30±0.42	19.36±0.39	10.97	21.53
	WR	45.19±0.32	43.48±0.19	41.21±0.29	51.76	63.18
N/(%,干基)	ADS	3.28±0.18	3.79±0.23	3.83±0.14	-0.11	-0.09
	WR	3.41±0.11	3.41±0.25	3.52±0.12	49.86	58.32
H/(%,干基)	ADS	4.58±0.08	4.48±0.05	4.35±0.03	5.63	11.15
	WR	7.58±0.07	7.26±0.04	6.99±0.01	51.98	62.77
C/VS	ADS	0.53	0.51	0.49	—	—
	WR	0.48	0.50	0.49	—	—
N/VS	ADS	0.08	0.09	0.10	—	—
	WR	0.04	0.04	0.04	—	—
C/N	ADS	8.21	6.56	5.90	—	—
	WR	15.46	14.88	13.66	—	—
C/H	ADS	0.42	0.40	0.37	—	—
	WR	0.50	0.50	0.49	—	—

注："—"为无数据。

为了进一步阐明基质各有机物的好氧降解特性，FTIR光谱技术(Provenzano et al.,2014)用于分析好氧降解前后ADS和WR中有机物变化情况，结果如图8-5所示。文献表明FTIR光谱的1 800~800 cm^{-1}区域与羧酸基、酯类、酰胺基、脂肪族化合物和碳水化合物等有机物具有显著的相关性，因此重点对该区域进行分析讨论(Abdulla et al.,2010a)。与好氧降解初始阶段相比，好氧降解结束时ADS和WR光谱具有相似变化特征：在1 631 cm^{-1}处相对增加，在873 cm^{-1}、1 261 cm^{-1}、1 400~1 350 cm^{-1}、1 608~1 604 cm^{-1}处相对减少。总体而言，30℃条件下光谱中条带的变化程度大于45℃。基于文献资料(Artz et al.,2008)，这表明好氧降解会导致ADS和WR中羧酸基和类纤维素有机质相对减少，而木质素和其他芳香化合物相对增加。与此同时，ADS和WR光谱在1 157~1 078 cm^{-1}区域具有不同变化情况。ADS在1 106 cm^{-1}处相对增加，而WR在1 157 cm^{-1}和1 078 cm^{-1}处相对减少，这表明WR中脂肪族化合物和类多糖物质(类碳水化合物)具有更多的生物降解特征。

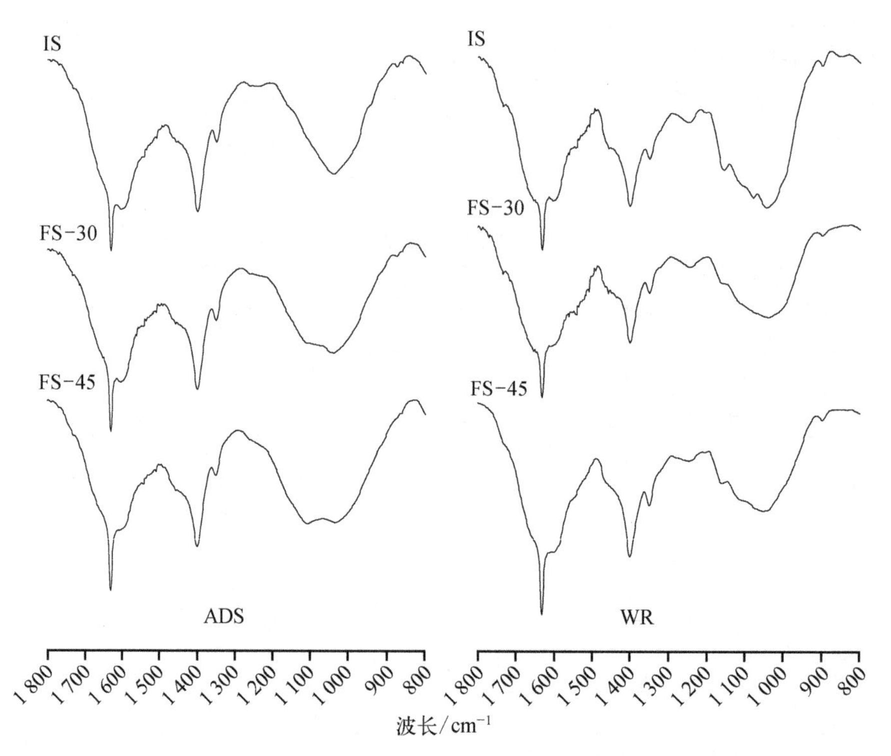

图 8-5 ADS 和 WR 在 30℃和 45℃条件下单独好氧降解前(IS)、后(FS)的红外光谱图

(3) 热平衡分析

为了研究好氧堆肥系统有机物热量生产与损失途径的平衡关系,分别对系统的生物产热量($Q_{\text{bio.}}$)以及干空气带走的热量(Q_{dryair})、水蒸气带走的热量($Q_{\text{watvap.}}$)、水分蒸发所需的热量($Q_{\text{evapo.}}$)、堆体水温升高消耗的热量(Q_{water})、堆体干固体温度升高消耗的热量(Q_{solid})、热传导消耗的热量($Q_{\text{condu.}}$)等热量损失途径进行定量分析。根据文献资料(Zambra et al.,2011;Zhao et al.,2010),测算方法分别如下。

1) 生物产热量

$$Q_{\text{bio.}} = \sum_{r=0}^{5}(H_{3i} \cdot \text{VS}_{3i} - H_{3(i+1)} \cdot \text{VS}_{3(i+1)}) \tag{8-1}$$

式中,$Q_{\text{bio.}}$ 为总生物产热量;H_{3i} 为第 $3i$ 天时堆体热值(MJ/kg VS);VS_{3i} 为第 $3i$ 天时堆体 VS 含量;$H_{3(i+1)}$ 为第 $3(i+1)$ 天时堆体热值;$\text{VS}_{3(i+1)}$ 为第 $3(i+1)$ 天时堆体 VS 含量。

2) 通风和水分蒸发带走的热量

$$Q_{\text{dryair}} = \int_0^{18} M_{\text{air}-t} \cdot C_{\text{dryair}} \cdot (T_{m-t} - T_{a-t}) \cdot \mathrm{d}t \tag{8-2}$$

式中,Q_{dryair} 为由干空气带走的热量;$M_{\text{air}-t}$ 为第 t 天时干空气的重量;C_{dryair} 为干空气的比热[1.004 kJ/(kg·℃)];T_{m-t} 为第 t 天时堆体温度;T_{a-t} 为第 t 天时空气温度。

$$Q_{\text{watvap.}} = \int_0^{18} M_{\text{air}-t} \cdot w \cdot C_{\text{watvap.}} \cdot (T_{m-t} - T_{a-t}) \cdot \mathrm{d}t \tag{8-3}$$

式中，$Q_{watvap.}$ 为水蒸气带走的热量；水蒸气的重量通过干空气重量乘以 w 系数（kg H_2O/kg 干空气）进行计算（Zhao　et al.，2010）；$C_{watvap.}$ 为水蒸气的比热［1.841 kJ/(kg·℃)］。

$$Q_{evapo.} = \int_0^{18} M_{eva-t} \cdot L_{latwat-t} \cdot dt \tag{8-4}$$

式中，$Q_{evap.}$ 为由水分蒸发所需的热量；M_{eva-t} 为第 t 天时水分蒸发的重量；$L_{latwat-t}$ 为水分蒸发的潜热，可通过该公式 $L_{latwat-t} = 2\,541.53 - 2.377\,1 \cdot (T_{m-t} + 32)$ 进行计算（Zhao　et al.，2010；Mason，2009）。

3）由堆体温度增加引起的热量损失

$$Q_{water} = \int_0^{18} M_{water-t} \cdot C_{water} \cdot \Delta T_{m-t} \cdot dt \tag{8-5}$$

式中，Q_{water} 为由水温升高引起的热量损失；$M_{water-t}$ 为第 t 天时堆体水分重量；C_{water} 为水的比热［4.184 kJ/(kg·℃)］；ΔT_{m-t} 为第 t 天时堆体温度的变化情况。

$$Q_{solid} = \int_0^{18} M_{solid} \cdot C_{solid} \cdot \Delta T_{m-t} \cdot dt \tag{8-6}$$

式中，Q_{solid} 为干物质升温引起的热量损失；$M_{solid-t}$ 为第 t 天时堆体干物质重量；C_{solid} 为干物质的比热［1.046 kJ/(kg·℃)］。

4）由热传导引起的热量损失

$$Q_{condu.} = \int_0^{18} U \cdot A \cdot (T_{m-t} - T_{a-t}) \cdot dt \tag{8-7}$$

式中，$Q_{condu.}$ 为热传导引起的热量消耗；U 为总热传导系数［0.5 W/(m·℃)］；A 为反应装置的表面积，m^2。

5）由翻堆引起的热量消耗

$$Q_{turning} = \sum_{n=1}^{5} [M_{water-n} \cdot C_{water} \cdot (T_{b-n} - T_{a-n}) + M_{solid-n} \cdot C_{solid} \cdot (T_{b-n} - T_{a-n})] \tag{8-8}$$

式中，$Q_{turning}$ 是翻堆引起的热量消耗；$M_{water-n}$ 为第 n 次翻堆时堆体重量；T_{b-n} 为第 n 次翻堆前堆体温度；T_{a-n} 为第 n 次翻堆后堆体温度；$M_{solid-n}$ 为第 n 次翻堆时堆体干基重量。

依据文献（Zhao　et al.，2010），总的热转化关系表示为

$$Q_{bio.} = Q_{dryair} + Q_{watvap.} + Q_{evapo.} + Q_{water} + Q_{solid} + Q_{condu.} \tag{8-9}$$

式中，$Q_{turning}$ 包括在由堆体升温引起的热量里（Q_{water} 和 Q_{solid}）。

1）热量的产生与消耗

ADS 与 WR 混合堆肥过程中的生物产热情况如表 8-7 所示。随着堆肥时间的增加，生物产热量呈逐渐下降的趋势，生物产热量总共为 7 340 kJ。根据产热量和 VS 损失量的数据，每克 BVS 混合堆肥基质的生物产热量为 19.92 kJ，与先前文献的研究结果较为一致（Lawson　et al.，2001）。

表 8－7　ADS 和 WR 混合堆肥过程中的生物产热情况

时间/d	挥发分含量/g	挥发分损失量/g	每克 VS 热值/kJ	热量/kJ	产热量/kJ
0	802±23	—	19. 26±0. 35	15. 45	—
3	588±17	215	19. 68±0. 21	11. 57	3 887
6	508±19	80	19. 49±0. 19	9. 90	1 666
9	477±22	31	19. 42±0. 04	9. 26	638
12	450±31	27	18. 83±0. 42	8. 48	786
15	446±9	4	18. 76±0. 02	8. 37	102
18	434±15	12	18. 70±0. 27	8. 11	261
总和	—	369	—	—	7 340

ADS 和 WR 单独好氧降解的产热情况如表 8－8 所示。ADS 和 WR 的生产热率在 45℃时分别为 27. 57 kJ 和 18. 84 kJ,在 30℃时分别为 26. 09 kJ 和 18. 29 kJ。这些结果说明 ADS 的生物产热率高于 WR,而 45℃和 30℃条件下两种基质的生物产热率较为相似,因此这表明辅料 WR 的添加会导致堆肥基质生物产热率的降低(表 8－8)。

表 8－8　ADS 和 WR 单独好氧降解过程的生物产热情况

指　标		30℃		45℃	
		开始时	结束时	开始时	结束时
挥发分 VS 含量/g	ADS	4. 52±0. 31	4. 15±0. 23	4. 32±0. 18	3. 70±0. 17
	WR	9. 84±0. 19	4. 6±0. 36	9. 82±0. 22	3. 64±0. 44
挥发分 VS 损失/g	ADS	0. 37±0. 06		0. 65±0. 03	
	WR	5. 24±0. 02		6. 27±0. 05	
每克 VS 热值/kJ	ADS	21. 70±0. 33	21. 32±0. 14	22. 45±0. 011	21. 56±0. 17
	WR	18. 81±0. 21	19. 40±0. 18	18. 97±0. 05	18. 75±0. 09
热量/kJ	ADS	98. 06	88. 50	97. 75	79. 93
	WR	185. 03	89. 16	185. 07	66. 96
产生热量/kJ	ADS	9. 56		17. 82	
	WR	95. 87		118. 12	
每克 BVS 热值/kJ	ADS	26. 09		27. 57	
	WR	18. 29		18. 84	

有机物产生的热量主要是通过蒸发、传导等方式进行散失的,各种损失途径所占百分比及其随时间的变化情况如表 8－9 和图 8－6 所示。整个好氧堆肥的总热量耗散量为 8 422 kJ,近似于堆肥系统的生物产热量,其中水分蒸发消耗的热量 $Q_{evapo.}$ 占整个系统热量损失量的 54. 64%,是热量散失的主要途径,与先前文献的研究结果较为一致(Ahn et al., 2007)。与此同时,$Q_{condu.}$ 热传导消耗的热量占 28. 70%,基质升温所需的热量(Q_{water} 和 Q_{solid})和通风带走的热量(Q_{dryair})分别占到 13. 02% 和 3. 27%。此外,由翻堆耗散的热量($Q_{turning}$)占 4. 01%,因此这些结果表明蒸发耗散的热量是热量损失的主要途径,接下来依次为 $Q_{condu.}$、Q_{water}、$Q_{turning}$、Q_{dryair} 和 Q_{solid}。与 Zhao 等(2010)的研究结果相比,本研究中 $Q_{condu.}$

所占比例较高，这与本研究中累积升温量和 WRC/VSLC 比例较低的结果较为一致，这可能由于本研究设计采用的反应装置体积较小，导致存在较高的热传导率(Ahn et al. ,2007)。

表 8-9　好氧堆肥系统中生物产热的主要消耗途径

指　标	热量/kJ	百分比/%
Q_{dryair} [a]	275	3.27
$Q_{watvap.}$	16	0.19
$Q_{evapo.}$	4 601	54.64
Q_{water}	985	11.70
Q_{solid}	126	1.50
$Q_{condu.}$	2 417	28.70
总的消耗量	8 422	100
$Q_{turning}$ [b]	340	4.01

[a] Q_{dryair} 为干空气带走的热量；Q_{watvap} 为水蒸气带走的热量；$Q_{evapo.}$ 为水分蒸发消耗的热量；Q_{water} 为基质水温升高消耗的热量；Q_{solid} 为基质干固体升温消耗的热量；Q_{condu} 为热传导消耗的热量。

[b] 翻堆散失的热量($Q_{turning}$)已经包含在由基质升温所消耗的热量(Q_{water} 和 Q_{solid})里，因此 $Q_{turning}$ 已经被包括在总热量损失中。

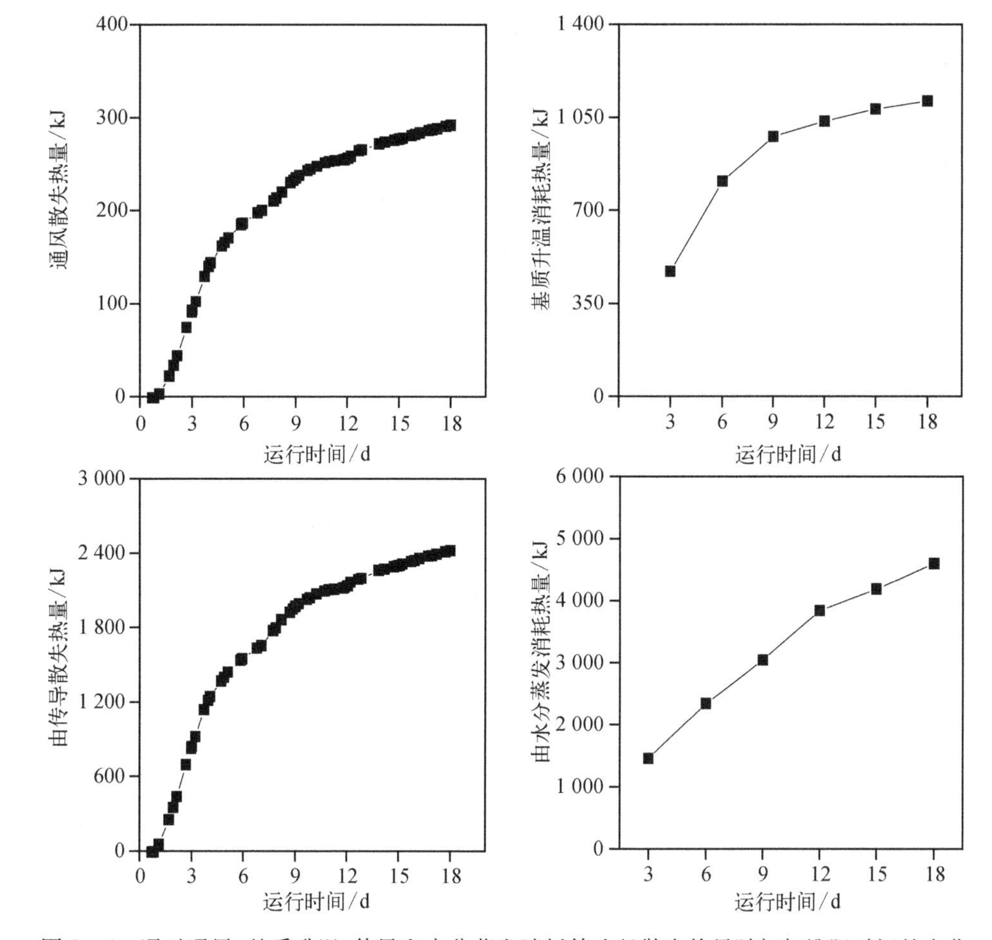

图 8-6　通过通风、基质升温、传导和水分蒸发消耗等途径散失热量随好氧堆肥时间的变化

2）ADS 和 WR 单独好氧降解对生物产热的贡献情况

本研究中，好氧堆肥过程中 ADS 和 WR 单独生物产热情况是基于 30℃和 45℃条件下 VS 损失量和生物产热量的平均值进行估算的（Zhao et al.，2011），结果如表 8－10 所示。根据单独好氧降解的研究结果，ADS 和 WR 的生物产热量总共为 6 496 kJ，这与好氧堆肥过程中混合基质的总产热量较为一致，表明基于 30℃和 45℃条件下平均值方法对好氧堆肥的生物产热量进行估算是较为可行的。由此可知好氧堆肥过程中 ADS 对堆体生物产热的贡献率仅占 13.99%，低于先前基于生污泥的研究结果（Zhao et al.，2011）。这可能是因为与 ADS 相比，生污泥具有较高的可生物降解有机物（Gea et al.，2007）。与此同时，WR 对堆体生物产热的贡献率达到 86.01%，明显高于 ADS 的贡献比例。因此，本研究结果表明，为保证 ADS 堆肥基质完成典型的好氧堆肥过程，即使堆体温度满足卫生化要求，必须添加适当比例的可生物降解辅料，这不仅可改善堆体的通风情况，还可为好氧堆肥系统提供一定的生物产热量。

表 8－10 ADS 和 WR 单独好氧降解在生物产热中的贡献

指　标	厌氧消化污泥（ADS）	小麦残余物（WR）
初始阶段堆体的干重[a]/g	678.79	551.62
初始阶段堆体的有机物含量 VS/g	295.13	514.55
结束时堆体的有机物含量/g	261.87	215.63
有机物的总损失量[b]/g	33.87	300.95
生物产热总量[c]/kJ	908.58	5 588.18
各自的贡献率/%	13.98	86.01

注：上标中，a 为扣除取样量；b 为基于 30℃和 45℃条件下 VS 去除率的平均值；c 为基于 30℃和 45℃条件下热值的平均值（kJ/g BVS）。

如果需使 ADS 的湿度从 80%下降到 40%，需蒸发掉 67%的水分，由此 1 kg 的污泥需额外输入 1 338 kJ 的能量。根据本研究结果，所需 WR 的重量为 0.28 kg（含水率为 89.4%），由此 ADS 和 WR 的湿重比为 3.59。众所周知，辅料的添加会导致处理基质体积的增加，从而提高后续污泥处理处置成本（Banegas et al.，2007）。此外，WR 的添加也会导致混合堆肥基质生物产热率的减少（表 8－6、表 8－7），因此尽可能减少辅料的添加显得非常重要。假若初始 ADS 的湿度为 60%，为使含水率降低到 40%，则 ADS/WR 的湿重比为 9.85，这将显著减少辅料的添加比例。因此合理降低初始 ADS 的含水率是减少好氧堆肥过程中辅料添加比例的重要途径。

（4）微生物群落变化研究

1）454 焦磷酸测序结果

本研究中，454 焦磷酸测序方法用于分析 0、6、12、18 d 时堆肥基质的微生物群落组成，相关测序结果如表 8－11 所示。总体而言，各样品含有 2 432～4 990 不等的有效 DNA 序列，DNA 序列的平均长度为 504～522 bp。此外，各样品的稀疏曲线、Shannon 指数和 Chao 指数如图 8－7 所示，这些结果表明，随好氧堆肥时间的增加，微生物群落多样性指数呈先增加、后减少的趋势，而群落丰度呈逐渐下降的趋势。

表8-11　ADS混合基质样品的454焦磷酸测序结果

样　品	0 d	6 d	12 d	18 d
序列数/条	3 072	4 718	2 432	4 990
DNA序列总长度/bp	1 548 474	2 460 651	1 259 398	2 598 395
DNA序列的平均长度/bp	504	522	518	521
可操作分类单元/(OTUs)[a]	1 109	1 292	906	1 173

a. 相似度大于97%的序列为一个分类操作单元(即非相似度少于3%)

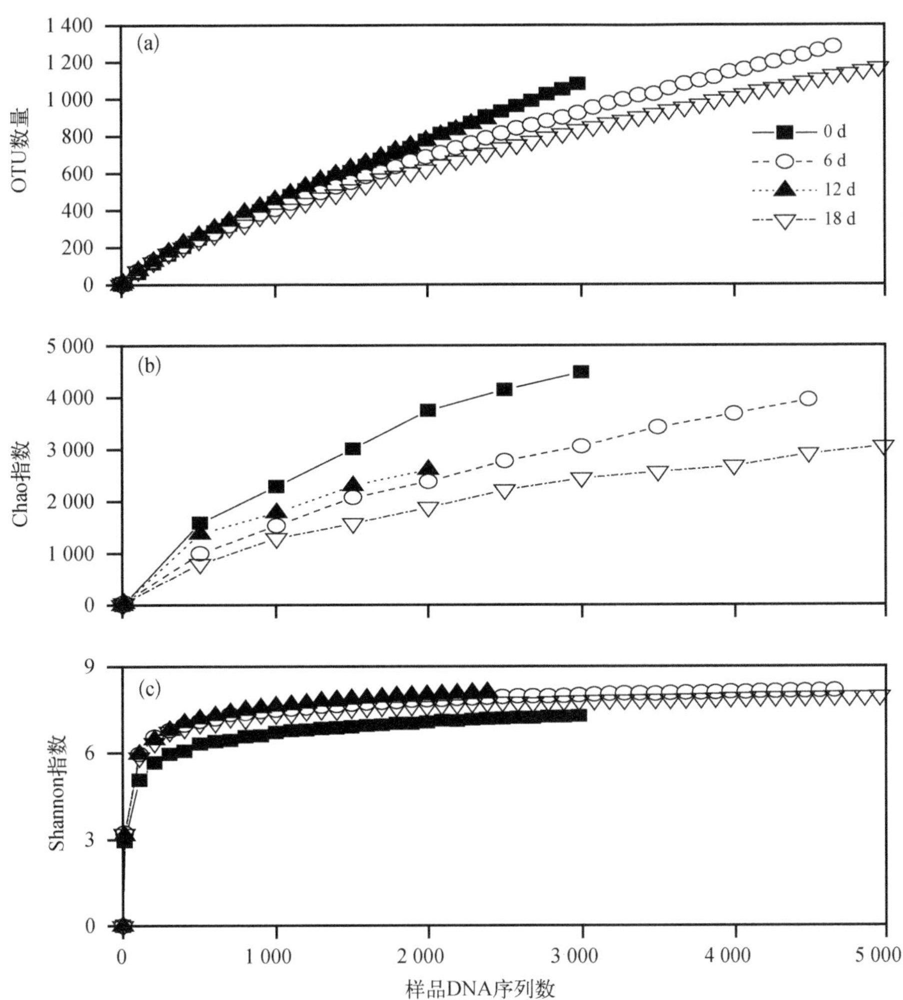

图8-7　样品DNA分析结果。(a)稀疏曲线;(b)Chao指数;(c)Shannon指数

2)微生物菌群门类水平变化情况

本研究采用RDP分类方法对DNA序列进行系统发育树分析。堆体微生物群落在门类水平的丰度分布如图8-8所示。结果表明主要微生物菌群为厚壁菌(25.62%~74.78%)、变形菌门(6.25%~44.43%)、绿弯菌门(0.33%~23.54%)、拟杆菌门(4.26%~

21.68%)、放线菌门(0~5.99%),这些种类占微生物总数的65.66%~97.54%。其他微生物种类,如互养菌门(0.02%~1.37%)、酸杆菌门(0~0.32%)、螺旋体门(0~0.38%)、浮霉菌门(0~0.07%)、疣微菌门(0~0.2%)、OP11(0~0.03%)、蓝细菌门(0~0.03%)、TM7(0~0.03%)、无壁菌门(0~0.02%),也存在于堆肥基质中。

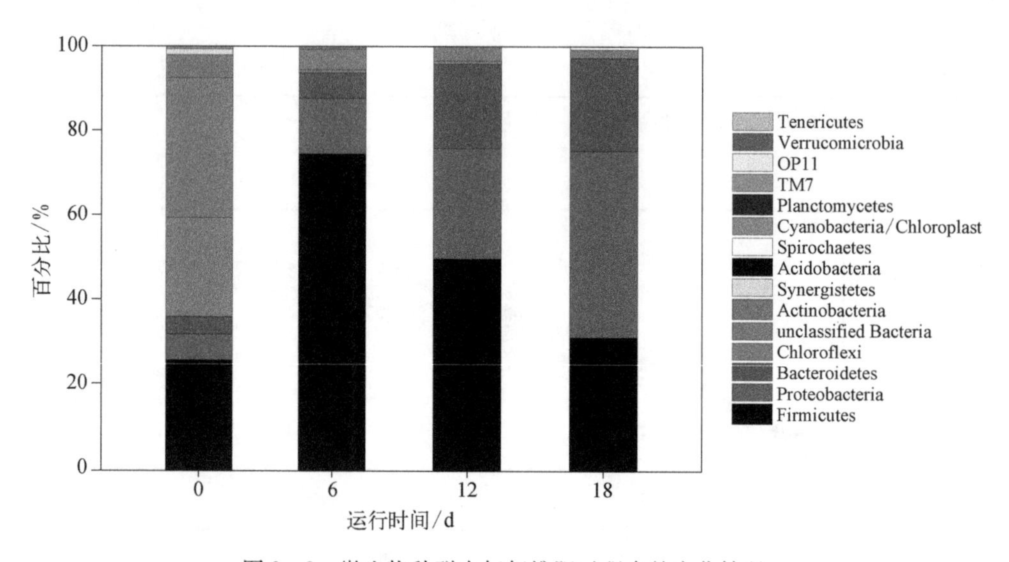

图8-8 微生物种群在好氧堆肥过程中的变化情况

随着堆肥时间的增加,厚壁菌门丰度呈先增加、后减少趋势,拟杆菌和变形菌丰度呈逐渐增加的趋势,而绿杆菌门和放线菌门丰度呈逐渐下降的趋势。此外,未分类微生物在堆肥初始阶段样品中占32.55%,与污泥厌氧消化反应器的结果较为一致(Sundberg et al.,2013)。未分类微生物种群随着好氧堆肥时间的增加呈逐渐减少趋势,堆肥结束时仅为1.74%。堆肥初始阶段样品微生物种群组成与厌氧消化反应器的特征较为一致(Sundberg et al.,2013;Ziganshin et al.,2013),而堆肥结束时微生物种群组成与好氧堆肥系统(de Gannes et al.,2013)和活性污泥(Zhang et al.,2012;Ye et al.,2011)的结果较为相似。这表明在好氧堆肥过程微生物种群具有由厌氧微生物群落向好氧微生物群落演替的情况。与此同时,基于微生物种群组成对堆肥基质样品进行聚类分析,其结果如图8-9所示。0 d时的样品与6 d时的样品差异较大,而后相邻时间点样品的差异逐渐减少,这表明在堆肥初始阶段时微生物种群变化最为显著。VS损失量的结果表明,在初始阶段,VS损失量最大且温度升温最为明显(图8-3)。因此,这些结果表明微生物群落演替与有机物降解之间存在显著

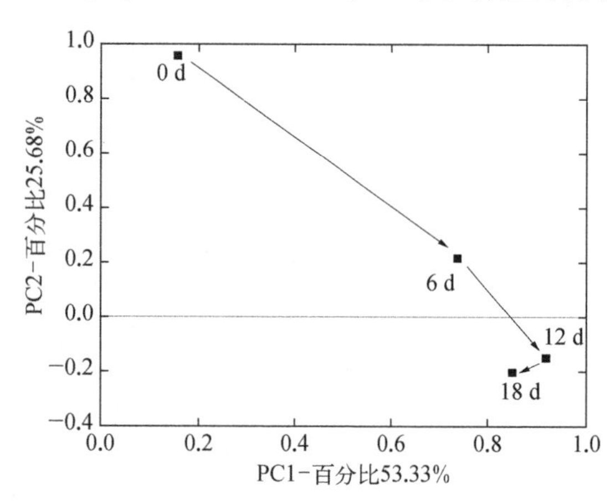

图8-9 好氧堆肥样品中微生物种群组成的主成分分析

的相关关系。

3）微生物菌群OTU水平变化情况

本节进一步对基质样品中主要的微生物种群（OTU丰度排名前20）分析，四个样品共获得57个OTUs，采用邻接法对这些OTU进行系统发育树分析，相关结果如图8-10所示。在0 d样品中，*Anaerolinaceae*是丰度最大的OTU，占17.87%，而后为两个未鉴定出细菌种属的OTU，分别为13.96%和6.28%。聚类分析表明这两个OTU均属于厚壁菌门。在6 d样品中，梭菌属比例最高（4.45%），其次为芽孢杆菌和*Tepidimicrobium*，分别占3.60%和3.26%。在12 d样品中，假单胞菌丰度最大（7.57%），其次为*Tepidimicrobium*和拟杆菌属，分别占3.66%和3.58%。在18 d样品中，假单胞菌丰度升高到9.68%，其次为黄杆菌属和紫单胞菌，丰度分别占3.41%和3.13%。这些研究结果进一步表明随着好氧堆肥时间的增加，样品中主要OTU组成发生了明显变化，补充说明门类水平的研究结果。

有研究报道微生物种群与有机物降解具有显著的相关关系，如6 d样品鉴定的梭菌属和芽孢杆菌对有机物具有很强的降解能力。Maeda等（2010）研究发现，在好氧堆肥系统的高温和缺氧条件下梭菌属具有较强的纤维素降解能力，特别在好氧堆肥的初始阶段表现得尤为明显。Martins等（2013）研究发现，在低营养利用条件下好氧堆肥中芽孢杆菌可对纤维和溶解性木质素进行降解。Li等（2013）研究认为，一些拟杆菌可能与有机物的生物降解具有重要关系。因此，这些结果表明本研究中某些厚壁菌门（如梭菌属、拟杆微菌和Tepidimicrobium）在有机物降解过程中起着重要作用。

8.2.3 溶解性有机物变化规律

（1）总体分析

RS和ADS好氧堆肥过程中水溶性有机物的总体变化情况如图8-11所示。初始阶段时，RS堆肥基质呈弱酸性（6.16），而ADS堆肥基质呈弱碱性（8.07），RS堆肥基质随着好氧堆肥时间的增加呈逐渐上升的趋势，即从6.16上升到7.72，而ADS堆肥基质呈先减少后增加的趋势。段妮娜等研究发现ADS中含有的氨氮浓度较高（1 000~2 500 mg/L）（Duan et al.，2012）。因此，pH增加可能与挥发性脂肪酸含量减少有关（Romero et al.，2007），而pH减少则与氨氮的转化有关，如形成硝态氮。堆肥基质的电导率（EC）随堆肥时间增加而逐渐增加，可能是因为有机物降解导致各类矿化盐转化为可交换态，如磷酸盐和钾盐（Li et al.，2011）。

随着好氧堆肥时间的增加，水溶性有机碳（DOC）和水溶性化学需氧量（DCOD）呈下降趋势，而$SUVA_{254}$则呈逐渐增加趋势，表明好氧堆肥会导致基质有机物的生物降解以及水溶性有机物（DOM）芳香化程度的增加（Xing et al.，2012；Shao et al.，2009）。与RS堆肥基质相比，ADS堆肥基质含有较低的DOC和DCOD，但具有较高的DOC和DCOD去除率，这表明与ADS基质相比，RS基质中含有较高的活性有机物，具有较少的生物稳定性物质（Banegas et al.，2007）。这可能是因为ADS中大约30%~50%的有机物在厌氧消化过程中被转化为生物气，如甲烷等（Nakasaki et al.，2009），从而导致ADS中剩余有机物

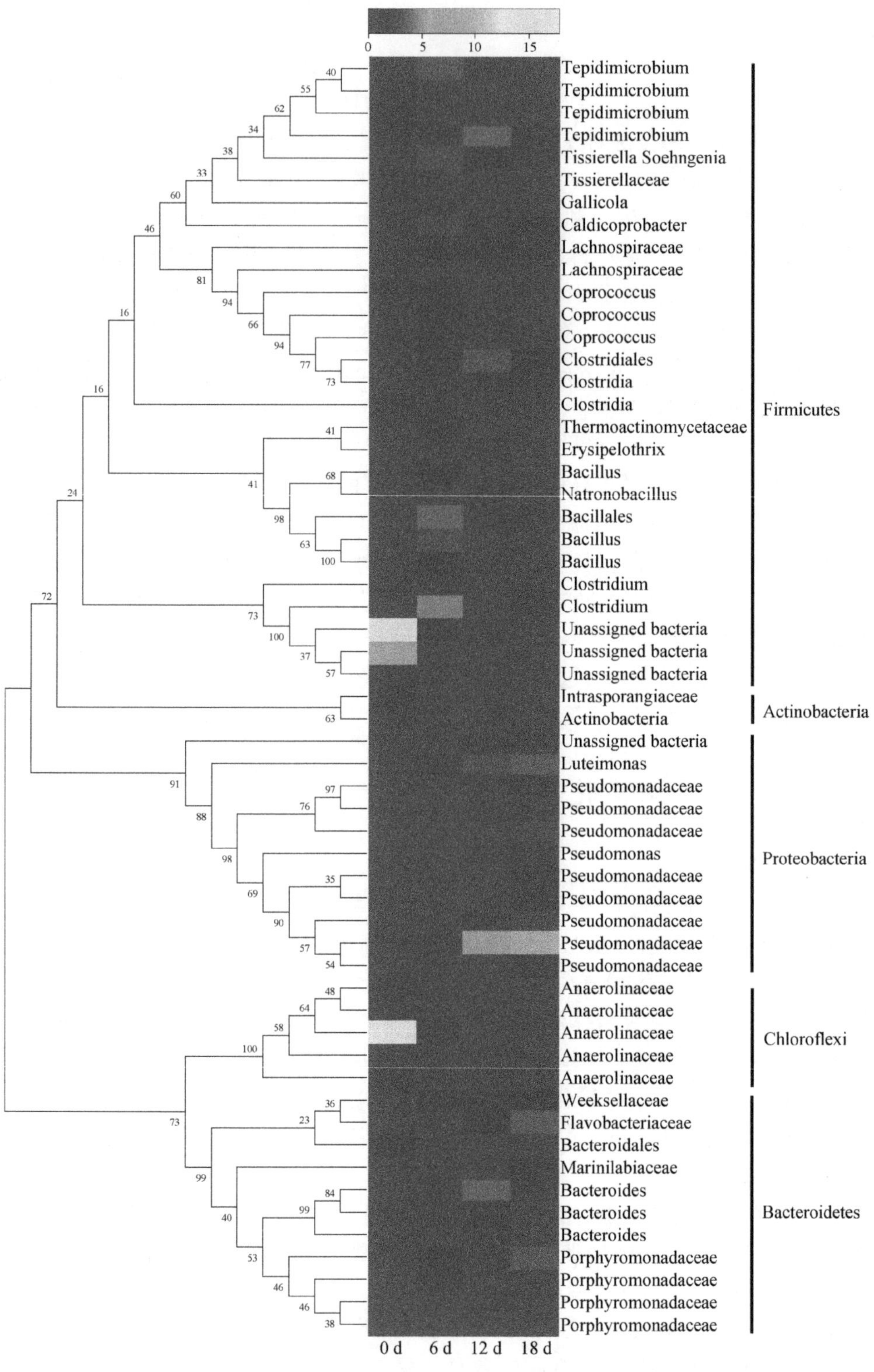

图 8－10　ADS 和 WR 混合堆肥过程中各样品排名前 20 OTU 的系统发育树(左边)和热图(右边)。挑选出每个样品数量排名前 20 的 OTU,总共有 57 个 OTU。系统发育树是基于这 57 个 OTU 的 16S rDNA 基因序列并采用邻接法进行构建的

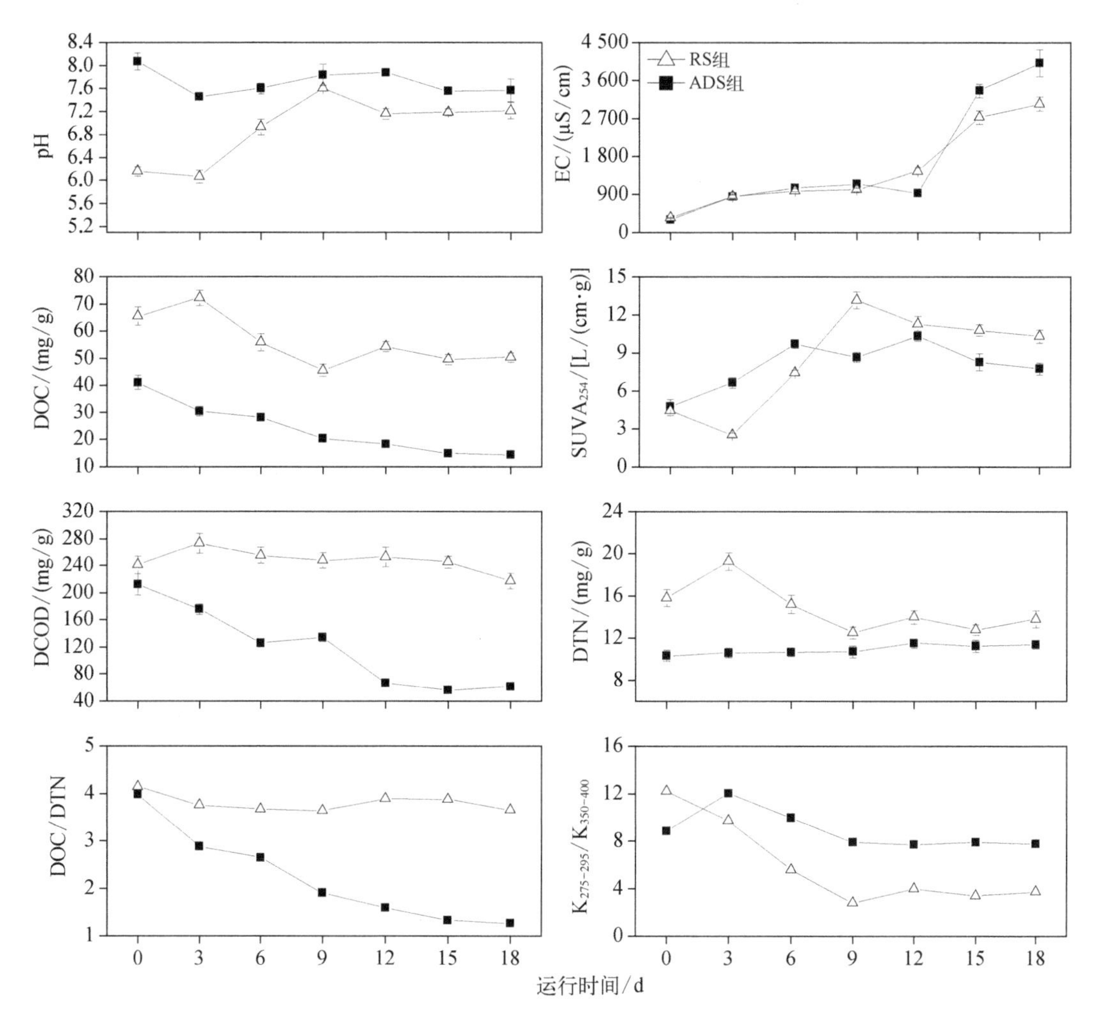

图 8－11　RS 和 ADS 组好氧堆肥过程中水溶性有机物的变化情况。EC 为电导率；DOC 为水溶性有机碳；DCOD 为水溶性化学需氧量；DTN 为水溶性总氮

的生物稳定性较高。

随好氧堆肥时间增加，RS 堆肥基质中水溶性总氮（DTN）含量逐渐减少，而 ADS 堆肥基质中 DTN 含量则略有增加。RS 堆肥基质中 DTN 含量的减少可能是因为有机物氮的生物降解和氨氮的挥发。此外，随好氧堆肥时间增加，RS 和 ADS 堆肥基质中 DOC/DTN 和 $K_{275-295}/K_{350-400}$ 的比例呈逐渐下降趋势。有研究表明 DOC/DTN 比例的减少与有机质成熟度的增加有密切关系（Xing　et al.，2012；Polak　et al.，2005）。Helm 等研究发现 $K_{275-295}/K_{350-400}$ 比例随有机质分子量的增加而减少，而高分子量有机物在长波长条件下具有更强的光吸收特性（Helms　et al.，2008）。因此，这些结果表明好氧堆肥会导致水溶性有机物成熟度和分子量的增加。与 ADS 堆肥基质相比，RS 堆肥基质有较高的 DOC/DTN 比例和较低的 $K_{275-295}/K_{350-400}$ 值，说明与 RS 堆肥基质相比，ADS 堆肥基质中 DOM 具有更高的分子量。

总之，好氧堆肥会导致污泥有机物生物稳定性和成熟度的升高，ADS 堆肥基质表现得尤为明显。与 RS 堆肥基质相比,ADS 堆肥基质中所含有机质具有较低生物可降解性,这与 VS、C、N、H 值去除效果的研究结果较为一致。

(2) 分子量分布

好氧堆肥初始和结束阶段 RS 和 ADS 堆肥基质中水溶性有机物(DOM)的分子量分布情况如图 8-12 和表 8-12 所示。堆肥初期阶段,RS 和 ADS 基质分子量分布图谱分别具有 5 个和 6 个峰值。然而堆肥结束时,RS 和 ADS 基质图谱分别发现 2 个和 5 个峰值,这表明好氧堆肥会导致 DOM 分子量分布图谱的峰值数量减少,这可能是因为某些有机物在好氧堆肥过程中被生物降解,从而导致某些峰值消失,这在 ADS 堆肥基质表现得尤为明显。ADS 堆肥基质中 DOM 分子量分布图谱与之前报道的充分稳定化好氧堆肥基质特征较为一致(Xing et al.,2012;Shao et al.,2009),说明堆肥结束时 ADS 基质的有机物具有较高的生物稳定性和成熟度,而 RS 基质有机物的生物稳定性较低。

与堆肥初始阶段相比,堆肥结束时 RS 和 ADS 基质中分子量小于 10^3 Da 的有机质物均有所下降,说明好氧堆肥会引起污泥中小分子有机质含量的降低,而使污泥有机质平均

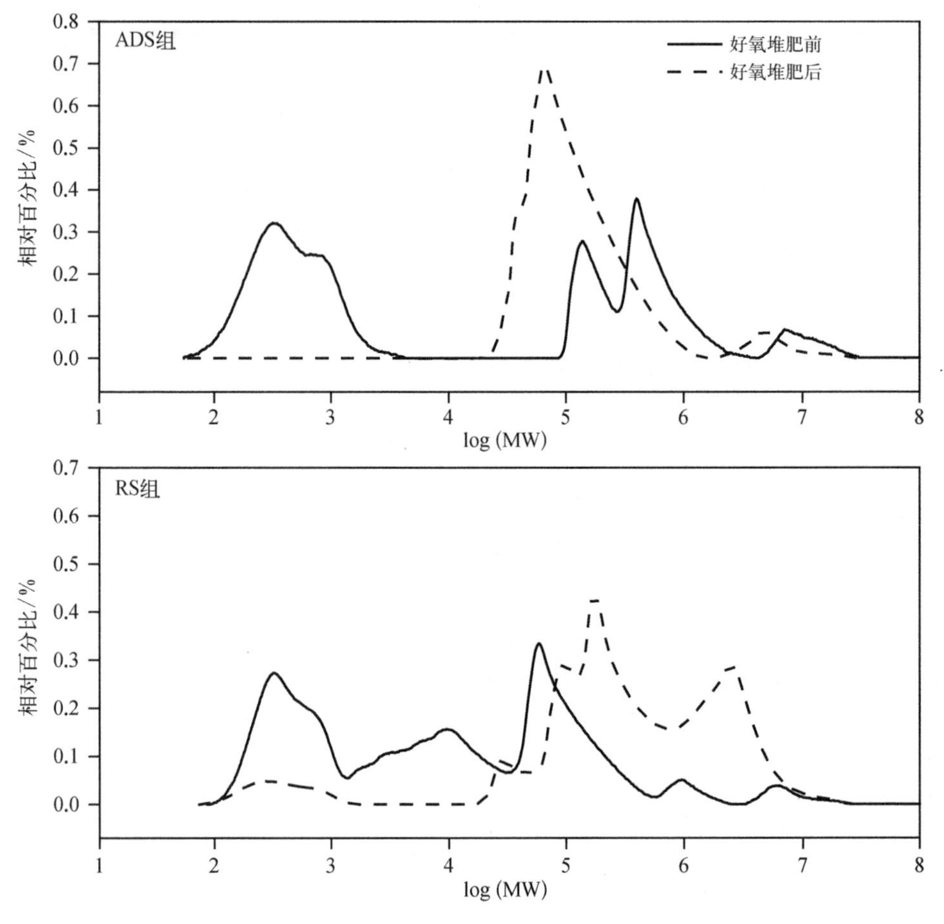

图 8-12 好氧堆肥前、后溶解性有机物的分子量分布情况

表 8－12　RS 和 ADS 好氧堆肥过程中水溶性有机物的分子量分布

溶解性有机物/%	分子量分布（$\times 10^3$ Da）		
	<1	1~1 000	>1 000
ADS 组—好氧堆肥前	43.18	47.34	9.48
ADS 组—好氧堆肥后	0.00	94.67	5.33
RS 组—好氧堆肥前	31.00	64.69	4.31
RS 组—好氧堆肥后	6.42	62.15	31.43

分子量增加，这与以上 $K_{275-295}/K_{350-400}$ 的研究结果较为相似。与此同时，研究表明好氧堆肥会引起 ADS 基质中分子量在 10^3 ~ 10^6 Da 的有机质明显增加，而分子量大于 10^6 Da 的有机质有所下降，这与先前的研究结果较为一致（Xing　et al.，2012；Shao　et al.，2009），但 RS 堆肥基质中分子量大于 10^6 Da 的有机物有所增加，而分子量在 10^3 ~ 10^6 Da 的有机质有所减少，这说明 RS 基质中某些大分子有机物有待进一步分解转化，因此 RS 的生物稳定性低于 ADS。

（3）挥发性脂肪酸含量

RS 和 ADS 组堆肥基质中挥发性脂肪酸（VFA）含量随堆肥时间的变化情况如图 8－13 所示。堆肥初始阶段，ADS 堆肥基质中仅检测出一种挥发性脂肪（乙酸），而 RS 堆肥基质中检测出 6 种挥发性脂肪酸，且各 VFA 含量均高于前者。3 d 时，RS 和 ADS 堆肥基质中 VFA 含量均明显增加，其中 ADS 堆肥基质中检测出 6 种 VFA，而后均显著下降；到 18 d 时，均仅检测到 1~2 种 VFA。由于乙酸、丙酸等 VFA 通常属于有机质生物降解的中间产物，因此这些结果表明 RS 和 ADS 堆肥基质在堆肥初期均存在明显的有机物降解现象，但与 ADS 堆肥基质相比，RS 堆肥基质中所含 VFA 的种类和含量均较高，说明 RS 堆肥基质在好氧堆肥过程中有机质生物降解更加剧烈。

（4）一维红外光谱分析

900~1 700 cm^{-1} 范围内的红外光谱与酰胺、羧酸基、酯类、脂肪族和碳水化合物等有机物相关，因此作者重点对该范围内的光谱强度进行分析讨论，结果如图 8－14 所示。

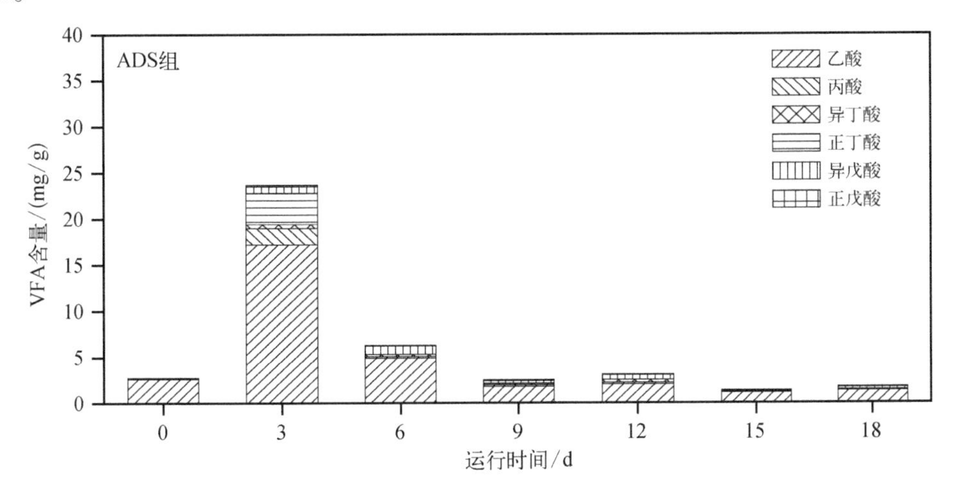

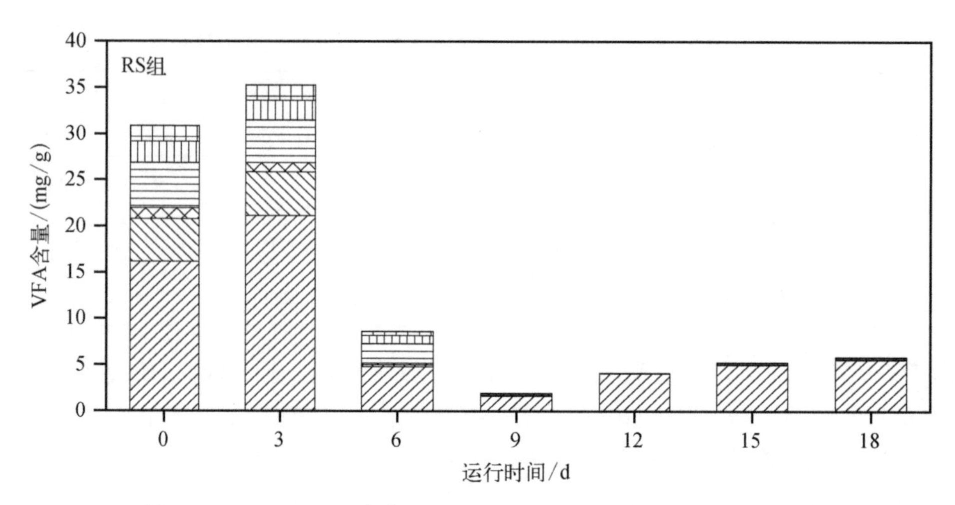

图 8－13　RS 和 ADS 好氧堆肥过程中 VFA 含量(DW)的变化情况

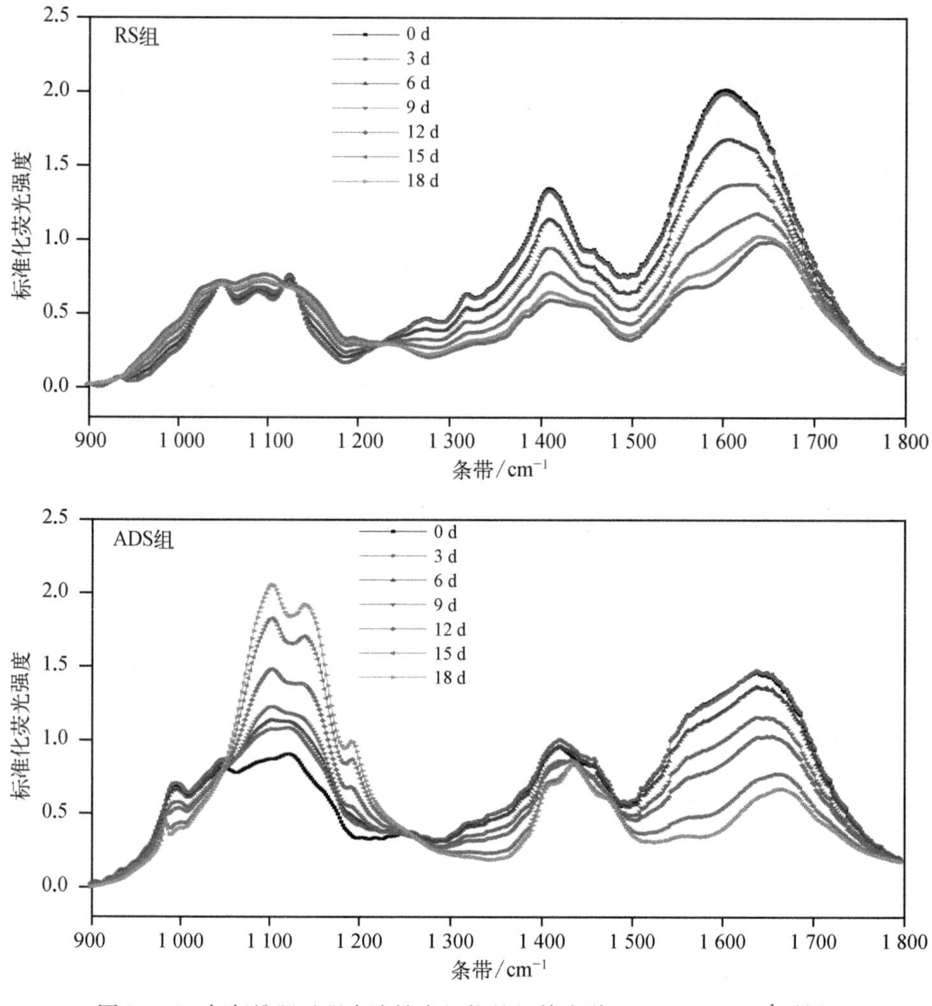

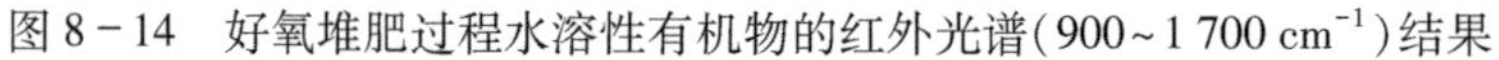
图 8－14　好氧堆肥过程水溶性有机物的红外光谱(900～1 700 cm^{-1})结果

图8－14表明随着运行时间的增加，RS堆肥基质中波长为1 273 cm^{-1}、1 319 cm^{-1}、1 409 cm^{-1}、1 457 cm^{-1}、1 573和1 641 cm^{-1}的条带呈减少趋势，而波长为1 066 cm^{-1}、1 105 cm^{-1}和1 186 cm^{-1}的条带呈上升趋势。与此同时，ADS基质中波长为995 cm^{-1}、1 413 cm^{-1}、1 438 cm^{-1}、1 556 cm^{-1}和1 662 cm^{-1}的条带呈下降趋势，与波长为1 103 cm^{-1}、1 140 cm^{-1}和1 192 cm^{-1}的条带呈增加趋势。这说明RS和ADS堆肥基质的900～1 700 cm^{-1}红外光谱具有较相似的变化情况。

基于参考文献（Li　et al.，2014；Li　et al.，2011；Abdulla　et al.，2010b），这些波长的吸光度与有机物基团含量具有如下的归属关系：995 cm^{-1}与不饱和碳的C—H振动有关；1 066 cm^{-1}与类多糖的C—O伸缩共振有关；1 140～1 103 cm^{-1}与脂肪族醇类的C—OH伸缩共振有关；1 191～1 193 cm^{-1}与芳香醚类与酯类的C—O伸缩振动有关；1 273 cm^{-1}与羧酸的C—O伸缩振动有关；1 319 cm^{-1}与Ⅰ型和Ⅱ型芳香胺的C—N伸缩振动有关；1 419～1 439 cm^{-1}与羧酸的COO^-伸缩振动有关；1 458～1 456 cm^{-1}与脂肪族化合物的C—H伸缩振动有关；1 651～1 655 cm^{-1}与酰胺基Ⅰ的COO^-伸缩振动有关；1 540～1 570 cm^{-1}与酰胺基Ⅱ的N—H变形振动有关。因此，一维红外光谱结果表明RS和ADS基质好氧堆肥过程中水溶性有机物的酰胺Ⅰ、酰胺Ⅱ、羧酸和脂肪族类化合物的比例呈下降趋势，而芳香醚类、酯类、脂肪族醇类及类多糖等物质的比例呈上升趋势。

据文献（Gamage　et al.，2014）报道，900～1 700 cm^{-1}红外光谱区域可分为三大类，即1 000～1 190 cm^{-1}（主要与非结构型碳水化合物有关）、1 190～1 482 cm^{-1}（主要与结构型碳水化合物相关）和1 482～1 700 cm^{-1}（主要与类蛋白物质的Ⅰ型酰胺基、Ⅱ型酰胺基有关）。因此，这些结果进一步表明好氧堆肥过程中污泥基质DOMs的类蛋白质和结构型碳水化合物（如纤维素）含量呈减少趋势，而非结构型碳水化合物（如杂多糖）含量呈上升趋势，这与先前文献资料（Li　et al.，2014）报道的结果较为相似。1 100～1 190 cm^{-1}与C—OH化合物（醇类）密切相关，而这些C—OH化合物的形成可能与生物大分子物质的水解具有重要关系，因而1 100～1 190 cm^{-1}红外光谱区域吸光值的增加可能与一些难生物降解水解产物的积累有关。

与RS基质相比，ADS基质好氧堆肥过程中1 190～1 482 cm^{-1}区域的降低程度较小，而1 100～1 190 cm^{-1}区域增加程度较大。这表明好氧堆肥过程中RS基质的结构型碳水化合物降解程度较高，而非结构型碳水化合物积累程度较低，进一步表明RS基质中含有较多易降解有机物，而ADS基质中含有较多生物稳定性化合物。这些稳定性化合物可能来自细菌胞外聚合物，可对生物细胞体起保护作用（Li　et al.，2014）。

（5）二维红外相关光谱分析

进一步采用二维红外相关光谱对900～1 700 cm^{-1}红外光谱区域进行分析，以期深入阐明污泥基质好氧堆肥过程中各有机化合物的变化程度和顺序。RS和ADS堆肥基质的同步和异步相关光谱见图8－15所示。

同步光谱结果表明，ADS和RS基质分别有3个和2个自相关峰。基于文献资料（Noda and Ozaki，2005），自相关峰值与对应红外光谱区域光谱吸光值随好氧堆肥时间的变化程度具有显著相关性，自相关峰值高时，表明相关区域的变化程度大。这表

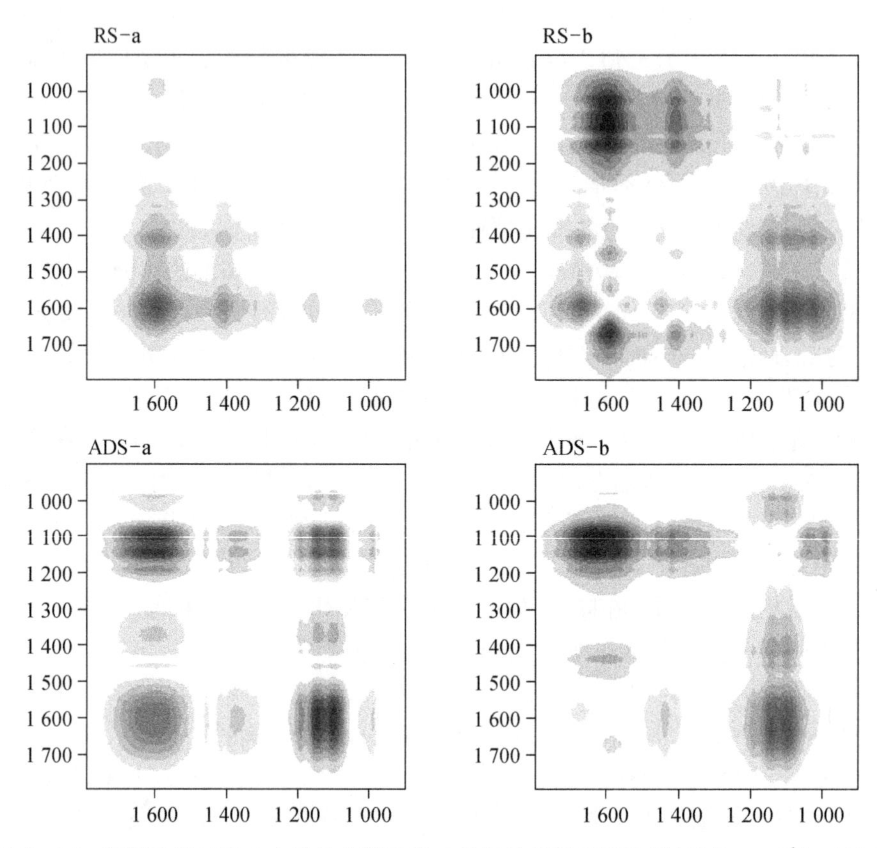

图 8-15　好氧堆肥过程中水溶性有机物的二维红外相关光谱结果(单位：cm^{-1})。RS 为生污泥;ADS 为厌氧消化污泥;a 为同步相关光谱;b 为异步相关光谱

明 RS 基质中各光谱条带吸光值的变化程度有如下关系：1 406 cm^{-1} 处<1 599 cm^{-1} 处,而 ADS 基质中各光谱条带的变化程度有如下关系：1 599 cm^{-1} 处<1 144 cm^{-1} 处<1 103 cm^{-1} 处,进而表明 RS 基质好氧堆肥过程中羧酸基类化合物的变化程度小于Ⅱ型酰胺化合物,而 ADS 基质中Ⅱ型酰胺化合物的变化程度小于脂肪醇类化合物。因此,这些结果表明在好氧堆肥过程中 ADS 和 RS 基质有机物的降解转化程度存在较大差异,其中 RS 基质中Ⅱ型酰胺化合物具有较大的变化程度,但 ADS 基质中脂肪族醇类,如杂多糖,具有较大的变化程度。

相关文献表明,同步光谱图中的交叉峰可用于表征相应光谱条带变化的相关性(Li et al.,2014)。正交叉峰表示两组光谱条带的变化呈同步正相关关系,而负交叉峰表明呈负相关关系(Yu et al.,2011)。RS 基质的谱图具有一个主要的正交叉峰(1 595/1 406 cm^{-1})和两个主要的负交叉峰[(1 595/1 153 cm^{-1})和(1 595/997 cm^{-1})],而 ADS 基质具有三个主要的正交叉峰,即(1 599/1 458 cm^{-1})、(1 599/1 375 cm^{-1})和(1 599/991 cm^{-1}),以及 6 个主要的负交叉峰(1 599/1 193 cm^{-1})、(1 599/1 144 cm^{-1})、(1 599/1 103 cm^{-1})、(1 375/1 144 cm^{-1})、(1 375/1 103 cm^{-1})和(1 144/991 cm^{-1})。结合一维 FTIR 光谱分析结果,表明随运行时间增加,RS 基质的羧酸基物质和Ⅱ型酰胺化合物含量呈下降趋势,而杂环芳香化合物和脂肪醇类物质含量呈上升趋势;ADS 基质中Ⅱ型酰胺化合物、羧酸类物质、类纤维素和未饱和碳水化合物含量呈下降趋势，而脂肪醇类物质、芳香醚类化合物和酯类物质含量呈上升趋势。进一步表明 ADS 和 RS 基质好氧堆肥过程中的整体上变化情况较为相似，但某些有机物质的变化情况具有一定的差异，如 RS 基质的杂环芳香化合物呈上升趋势，而 ADS 基质中则是芳香醚类和酯类化合物呈上升趋势。

异步光谱可表征堆肥过程中不同有机物质变化的先后顺序(Yu　et al.，2011)。ADS 和 RS 基质的异步光谱图分别存在 8 和 10 个主要的交叉峰。根据相关文献资料(Noda and Ozaki，2005)，ADS 基质的各光谱条带变化具有如下先后顺序：(1 103 和 1 142)cm^{-1}→(991 和 1 041)cm^{-1} 及(1 103 和 1 142)cm^{-1}→1 435 cm^{-1}→1 668 cm^{-1}→1 587 cm^{-1}。这表明 ADS 基质好氧堆肥过程中脂肪醇类物质的变化发生在羧酸类物质变化的前面，然后依次为Ⅰ型酰胺和Ⅱ型酰胺的变化，与此同时脂肪醇类物质的变化发生在未饱和碳水化合物和类多糖化合物变化的前面。RS 基质中各光谱条带的变化存在如下先后顺序：(1 146、1 103 和 1 026)cm^{-1}→(1 446 和 1 668)cm^{-1}→1 406 cm^{-1}→1 593 cm^{-1} 以及(1 547 和 1 381)140 cm^{-1}。这表明 RS 基质好氧堆肥过程中脂肪族醇类化合物和类多糖的变化先于脂肪族类化合物和Ⅰ型酰胺化合物的变化，其次为羧酸和Ⅱ型酰胺化合物的变化，与此同时，纤维素物质的变化则先于Ⅱ型酰胺化合物。总体而言，ADS 与 RS 基质中各有机化合物变化的先后顺序存在较为相似的特征。

基于文献资料(Gamage　et al.，2014)，也表明在好氧堆肥过程中杂多糖等非结构型碳水化合物最先发现生物转化，其次为纤维素等结构型碳水化合物的降解，最后为类蛋白质化合物的生物降解。这与 Yu 等(2011)报道的猪粪好氧堆肥中有机物转化规律较为一致，但同 Li 等(2014)报道的脱水污泥厌氧消化过程中各有机质的变化规律存在较大差异。Li 等(2014)认为可能存在两种因素影响有机质的降解转化情况，即处理条件(厌氧或好氧)和基质特性(污泥或猪粪)。研究结果表明，处理条件也许是更为重要的作用因素，因为好氧和厌氧微生物对有机物的生物降解存在不同特征，从而引起好氧和厌氧条件下有机物降解规律存在较大差异。

(6) 荧光光谱分析

堆肥初始和结束时 RS 和 ADS 基质中水溶性有机物的荧光光谱如图 8 - 16 所示。这些荧光光谱图共发现四个主要荧光峰，它们的激发/发射波长和特定荧光强度见表 8 - 13 所示。根据 Chen 等(2003b)的报道，P1 峰与类色氨酸和类蛋白物质相关，P2 峰与类富里酸物质有关，而 P3 和 P4 峰来源于类腐殖酸物质。好氧堆肥初始阶段，ADS 基质荧光图谱发现两个荧光峰(P2 峰和 P1 峰)，而 RS 基质图谱仅有一个荧光峰(P1 峰)。好氧堆肥结束时，RS 和 ADS 基质中均发现了一个新的荧光峰(P4 峰)，表明这两种基质在好氧堆肥过程中均形成了类腐殖质物质。研究表明类腐殖质的形成与易降解有机物的生物降解以及基质生物稳定性的增加有关。此外，RS 基质中还存在一个 P3 荧光峰，但是 ADS 基质没有，说明与 ADS 基质相比，RS 基质好氧堆肥过程中形成了较多的类腐殖质物质。ADS 堆肥基质中类腐殖质形成较少可能是因为有机物降解率较少。这进一步说明与 RS 基质相比，ADS 堆肥基质中含有较少的可生物降解有机物。

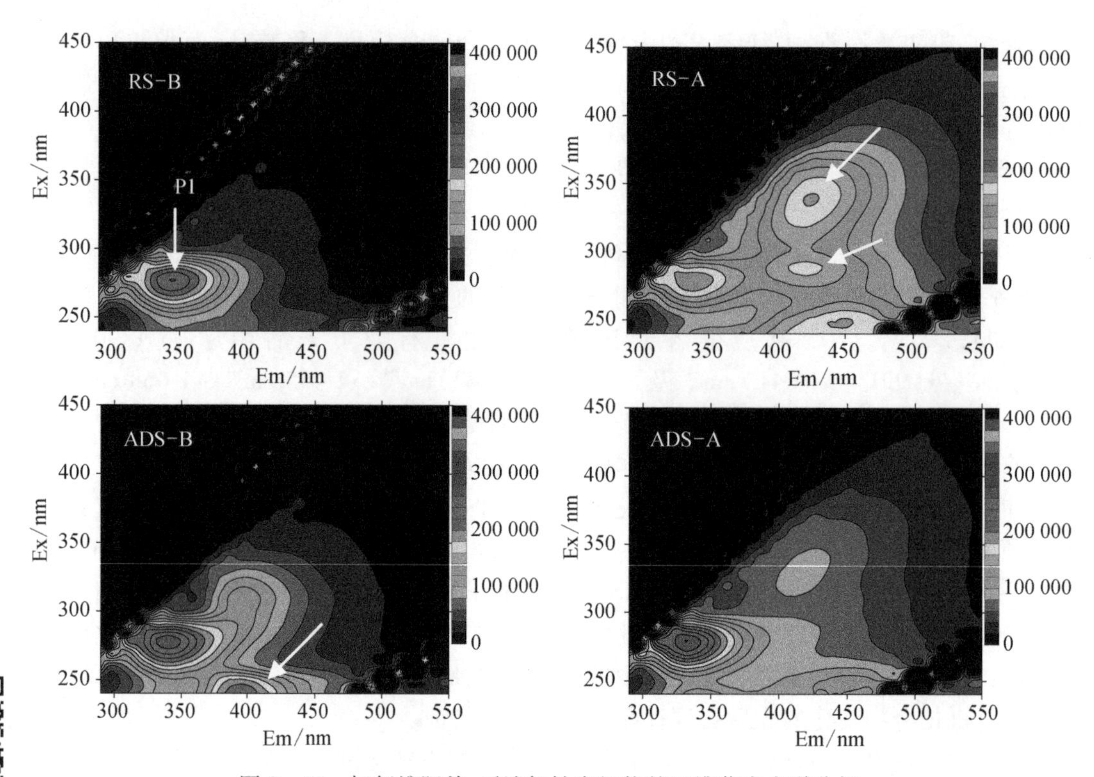

图 8-16 好氧堆肥前、后溶解性有机物的三维荧光光谱分析

表 8-13 好氧堆肥初始和结束时水溶性有机物(DOMs)的三维荧光光谱结果

DOMs	P1		P2		P3		P4	
	Ex/Em[a]	SFI[b]	Ex/Em	SFI	Ex/Em	SFI	Ex/Em	SFI
ADS-初始	280/340	274 058	240/394	223 163	—	—	—	—
ADS-结束	280/332	280 141	250/452	132 222	—	—	330/418	86 863
RS-初始	280/344	237 313	—	—	—	—	—	—
RS-结束	280/334	199 041	250/452	184 698	290/420	168 109	340/426	181 934

注：上标 a 为激发/发射波长；上标 b 为特定荧光强度。

根据 Chen 等(2003b)提出的荧光定量方法(即三维荧光区域集成技术,FRI),可将荧光光谱分成 5 个激发/发射区域。这 5 个区域分别对应不同的化合物,分别为：Ⅰ区(类酪氨酸化合物);Ⅱ区(类色氨酸化合物);Ⅲ区(类富里酸物质);Ⅳ区(溶解性微生物副产物);Ⅴ区(类腐殖酸物质)。通过对各样品激发/发射区域的荧光强度进行标准化,可探讨不同荧光物质好氧堆肥过程中的变化情况。各区域荧光强度的标准化是通过该区域荧光强度总和除以相应区域的面积,各区域的计算结果($\Phi_{i,n}$ 和 $\Phi_{T,n}$ 分别为 n 号样品 i 区域和整体区域的标准化荧光强度)及其所占总区域的百分比($P_{i,n}$)如图 8-17 所示。

RS 和 ADS 基质的 $\Phi_{i,n}$ 和 $\Phi_{T,n}$ 随堆肥时间增加呈逐渐增加的趋势,表明好氧堆肥过程中这两种基质水溶性有机物中荧光类物质含量会逐渐增加。这些荧光类物质可能属于难降解有机物,因而堆肥过程中呈增加的趋势。这可能也与非荧光类物质(如挥发性脂肪酸)含量因生物降解而减少有关,从而导致荧光类物质含量相对增加。与 RS 基质相比,

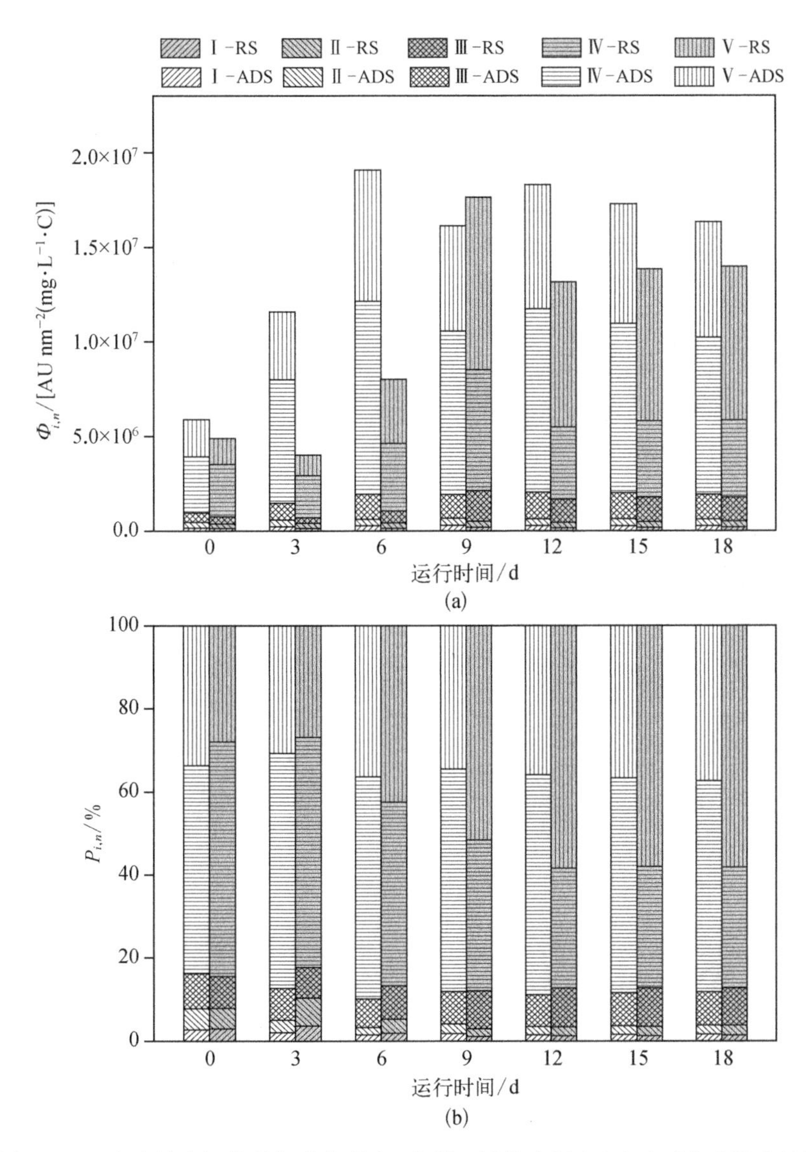

图 8-17　水溶性有机物的标准化激发/发射区域荧光强度(a)及百分比组成(b)

ADS 堆肥基质有较高的 $\Phi_{T,n}$ 值,表明 ADS 堆肥基质中含有较多的荧光类物质,因而难降解有机物含量较高。

随着堆肥时间的增加,两种基质样品的 $P_{1,n}$、$P_{2,n}$ 和 $P_{4,n}$ 值呈逐渐降低的趋势,而 $P_{3,n}$ 和 $P_{5,n}$ 值呈逐渐上升的趋势,表明堆肥过程中类蛋白物质的比例逐渐减少,而类腐殖质物质比例逐渐增加。但是 ADS 与 RS 基质中 $P_{4,n}$ 和 $P_{5,n}$ 的变化程度不同。与 RS 基质相比,ADS 堆肥基质 $P_{4,n}$ 和 $P_{5,n}$ 的变化程度较少,这表明 ADS 基质中具有较多类蛋白物质的降解以及类腐殖质的形成。总体而言,这些结果进一步表明堆肥过程中 RS 堆肥基质中有机物的降解程度大于 ADS 基质,而 ADS 堆肥基质则有较高的生物稳定性和成熟度。

综上所述,好氧堆肥过程污泥基质中水溶性有机物的荧光强度逐渐增强,同时腐殖化程度明显升高,有机物芳香化程度显著提高。与 RS 基质相比,ADS 堆肥基质中有机物降解率较小，且类腐殖质的生成比例较低。

（7）平行因子分析

为进一步分析主要荧光组分在好氧堆肥过程中的变化情况，作者采用平行因子方法用于解析三维荧光光谱。平行因子方法的残差分析和半裂法分析结果表明各样品的三维荧光图谱可分解为4种荧光组分，说明平行因子方法可较为合理地解析堆肥过程中主要荧光组分的变化情况。四种荧光物质的激发/发射波长以及它们的最大荧光强度如图8-18所示，其中两种荧光组分具有显著的特征，C1荧光组分代表类腐质物质，而C2荧光组分代表类蛋白物质。与此同时，RS和ADS基质样品中四种荧光组分随堆肥时间的变化特征见图8-19。RS和ADS基质中C1组分均呈逐渐上升的趋势，而C2组分均呈降低趋势，表明在好氧堆肥过程中类腐殖物质呈增加的趋势，而类蛋白质物质呈下降的趋势，这与FRI方法的分析结果较为相似。

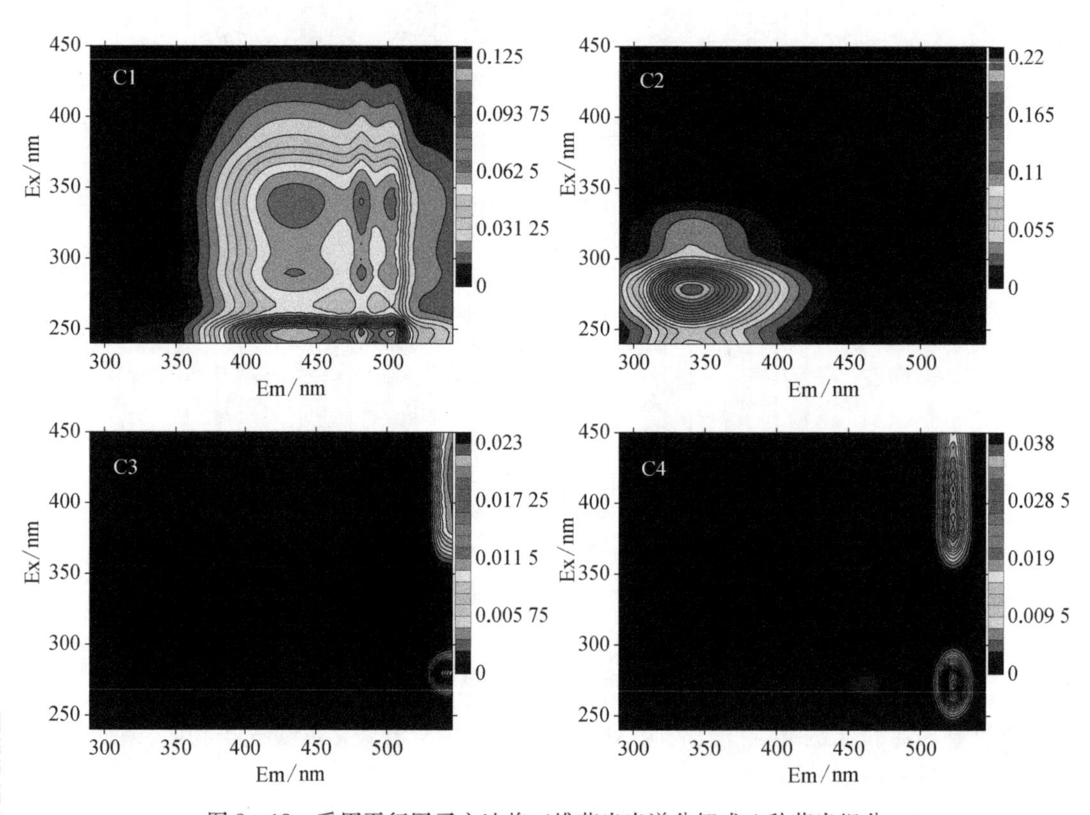

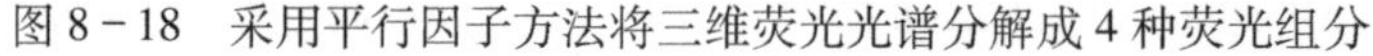

图8-18 采用平行因子方法将三维荧光光谱分解成4种荧光组分

与ADS基质相比，RS基质在初始阶段中C1和C2组分的荧光强度均较低，堆肥结束时C1组分的荧光强度较高，而C2组分的强度仍较低，这表明好氧堆肥过程中RS堆肥基质形成了较多的类腐殖物质，这与FRI方法的研究结果较为相似。

（8）本研究意义

有机物生物降解是好氧堆肥过程中污泥基质稳定化、减量化和无害化的重要目标和驱动力，因此有机物降解特征是污泥好氧堆肥研究的重点之一，其中研究水溶性有机物的

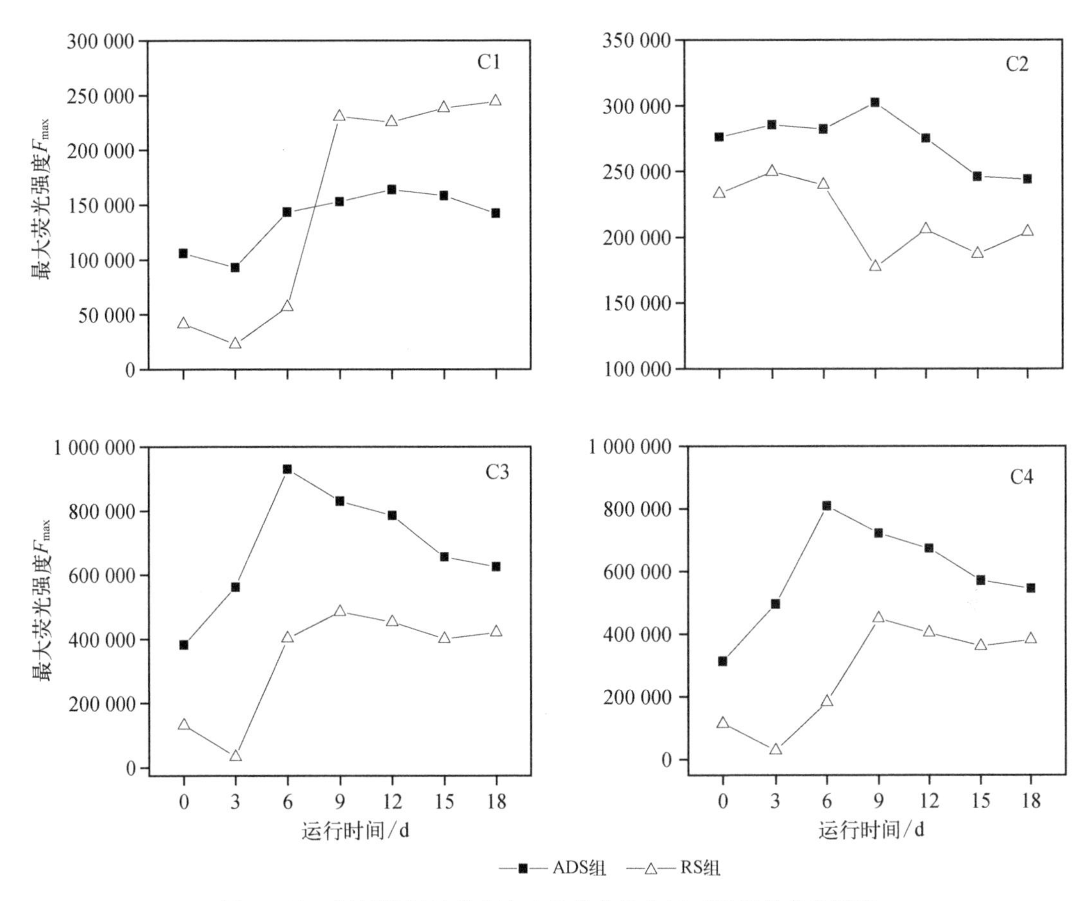

图 8－19　好氧堆肥过程中这 4 种荧光组分相对强度的变化情况

变化规律是揭示好氧堆肥过程中污泥有机物降解转化特征的重要途径。与此同时，第五章研究结果表明厌氧消化会导致污泥后续生物干化潜力减少，但是关于厌氧消化影响污泥生物干化过程中有机物降解转化的机制尚不清晰。

水溶性有机物的总体分析结果表明好氧堆肥会导致污泥 DOC 和 DCOD 含量的减少，以及引起水溶性有机物分子量和芳香化程度的增加。荧光光谱分析表明微生物副产生物和类腐殖质等荧光物质含量在好氧堆肥过程会逐渐增加。一维红外光谱和二维同步相关光谱分析表明污泥好氧堆肥过程中水溶性有机物的类蛋白物质含量呈减少趋势，而脂肪族醇类物质（如杂多糖）呈增加趋势。因此，这些结果表明污泥基质中的易降解有机物具有非芳香化、非荧光、低分子量等特点，部分可能属于类蛋白化合物。

与单独厌氧消化相比，厌氧－好氧联合处理污泥工艺具有较高的固体减量率、较优的脱水性能和较低的植物毒性（Li　et al.，2015b；Negre　et al.，2011；Novak　et al.，2011；Nakasaki　et al.，2009；Banjade，2008；Kumar，2006）。Novak 和 Park（2004）认为污泥有机物具有不同的特性，一些组分仅可好氧或厌氧降解，而另一些组分既可好氧降解，也可厌氧降解，其余一些组分厌氧或好氧条件均不能降解。因此 Banjade（2008）认为好氧或厌氧工艺均仅可降解污泥中部分有机组分，厌氧和好氧联合处理工艺可相互补充各自对污泥有机物降解的不足，从而促进污泥有机物的降解。但是目前没有直接的证据证明厌氧或好氧条件下各有机组分的降解情况。本研究中二维异步红外光谱图表明好氧条件下杂多糖等碳水化合物的变化先于类蛋白物质的降解。与此相反，Li 等(2014)发现厌氧条件下类蛋白物质的变化在类碳水化合物变化之前。这表明污泥中类蛋白质和类多糖的降解转化在好氧或厌氧条件下存在较大差异，具有一定的互补性。据我们所知，这是首次证明厌氧和好氧条件下污泥有机物的降解存在互补性，但是还有待于进一步深入研究。

与 RS 基质相比，ADS 基质水溶性有机物具有较低的 DOC 和 DCOD 含量、较高的荧光物质含量，以及好氧堆肥过程中存在较低的类蛋白物质和类纤维素化合物的降解转化、较少的类腐殖质形成、较高的难降解有机物富集。与 RS 基质相比，ADS 基质有机物的生物稳定性更高，从而导致生物干化或减量化效果较低。因此我们认为与 RS 基质相比，ADS 基质好氧堆肥所需的处理时间可相应缩短，同等条件下其所需占地面积较小。

8.2.4 腐殖化程度及植物毒性研究

(1) 腐殖化研究

1) 腐殖化程度分析

好氧堆肥过程中基质腐殖化程度的变化情况如表 8-14 所示。随着堆肥时间的增加，基质的总有机碳(TOC)、富里酸碳(FAC)呈逐渐下降趋势，而可提取有机碳(TEC)、胡敏酸碳(HAC)呈先下降后增加的趋势。总机碳的减少表明堆体基质中未充分稳定的有机物得到了进一步降解。富里酸是代表腐殖质中可溶于碱也可溶于酸的小分子组分，其在好氧堆肥中可进一步降解，因而在堆肥过程中呈逐渐下降趋势。可提取有机碳呈先下降后增加的趋势，这可能是因为前期富里酸降解速率较快，而后期胡敏酸的合成速率较快，这与好氧堆肥堆体温度的变化情况较为接近。富里酸的下降表明厌氧消化污泥中的富里酸在好氧堆肥过程中可进一步分解。胡敏酸的增加表明好氧堆肥过程中基质的腐殖化程度得到显著改善，基质稳定化程度得到提高(Romero et al. ,2007)，土地利用价值得到增加。

表 8-14 好氧堆肥过程中基质腐殖化程度的变化情况

堆肥时间	0	12 d	14 d	60 d
TOC/(mg/g)	221.5±19.7	202.5±3.0	187.2±17.6	178.9±23.6
TEC/(mg/g)	71.7±0.7	46.3±9.9	46.4±1.7	50.1±4.5
FAC/(mg/g)	39.60±25.50	27.00±5.70	25.10±0.79	22.05±1.40
HAC/(mg/g)	32.10	19.35	21.39	28.05±5.90
HR(TEC/TOC)/%	32.37	27.50	22.90	23.70
HI(HAC/TEC)/%	44.8	34.7	46.2	67.1

HR 和 HI 分别代表腐殖化比例和腐殖化指数，均呈先下降后减少的趋势。它们的减少可能与富里酸的降解有关，其增加可能与胡敏酸的形成有关。因此这些结果表明好氧堆肥过程中，厌氧消化污泥基质中可生物降解有机物得到进一步稳定，同时形成更为稳定的胡敏酸类腐殖质，极大提高了基质后续土地利用的价值。

2) 腐殖质的组成分析

好氧堆肥过程中腐殖质组成的变化情况如表 8-15 所示。随着好氧堆肥时间的增加,胡敏酸和富里酸的 SUV_{254}、E4/E6 均呈逐渐增加的趋势。SUV_{254} 可反映腐殖质的芳香化程度,其值的增加表明好氧堆肥有利于提高腐殖质的芳香化程度。E4/E6 可反映腐殖质的分子量大小,其值的增加表明好氧堆肥会导致腐殖质分子量的减少。因此,这些结果表明好氧堆肥可导致厌氧消化污泥中腐殖质芳香化程度的提高,但会引起其分子量的减少。

表 8-15　好氧堆肥过程中胡敏酸(HA)和富里酸(FA)组成的变化情况

取样时间		0 d	12 d	14 d	60 d
SUV_{254}	HA	7.618±0.200	15.853±0.011	19.54±0.18	19.159±0.044
	FA	0.069±0.000	0.677±0.023	1.787±0.036	0.461±0.066
E4/E6	HA	3.11±0.016	3.39±0.09	3.82±0.15	4.70±0.04
	FA	0.500±0.551	1.25±0.19	1.00±0.03	1.31±0.12
C 含量/%	HA	55.568	49.26	49.105	50.282
	FA	0.787	1.409	1.543	2.66
H 含量/%	HA	8.094	6.86	6.798	6.819
	FA	0.828	1.048	0.848	2.01
N 含量/%	HA	8.307	8.108	8.168	8.786
	FA	0.134	0.53	0.342	0.825
C/N	HA	7.503±0.122	7.108±0.314	7.019±0.134	6.666±0.011
	FA	6.852±0.504	3.102±0.706	5.264±0.214	3.764±0.038
H/C	HA	1.770±0.009	1.672±0.039	1.662±0.025	1.627±0.012
	FA	12.625±1.785	8.921±0.750	6.595±0.556	9.065±0.480

随着好氧堆肥时间的增加,胡敏酸的 C 和 H 元素含量、C/N 和 H/C 均呈下降趋势,而 N 元素含量呈增加趋势。不同胡敏酸的变化情况,富里酸的 C、H、N 元素含量均呈增加趋势,而 C/N 和 H/C 均呈下降趋势。因此腐殖质随着好氧堆肥时间的增加,其分子量呈下降趋势,这可能与富里酸有机元素含量增加和胡敏酸有机元素含量减少有一定关系。N 元素是重要有机营养元素,其含量的增加表明经过好氧堆肥处理,厌氧消化污泥基质的有机肥效有所增加。

3) *腐殖质的三维荧光光谱分析*

三维荧光光谱技术是表征腐殖质结构的重要手段,具有灵敏度高、选择性强、所需样品少等优点,已广泛用于类腐殖质和溶解性有机物的化学组成和结构特征的研究。然而其存在荧光峰相互重叠,难于清晰表征有机物的组成和结构特征的变化情况。目前已发明多种三维荧光光谱分析方法,如荧光区域积分指数法(FRI)、平行因子分析方法(PARA)、复杂指数等方法,有利于更充分地提取三维荧光光谱信息。因此本研究采用复杂指数的方法对三维荧光光谱图谱进行解析。

复杂指数在 FRI 基础上将荧光图谱细分为 7 个区域(图 8-20),并考虑瑞利散射干扰,可最大限度反映光谱信息,且分区更为具体,且更符合本研究所得图谱的峰区分布,四种污泥样品的分区如图 8-21 所示。

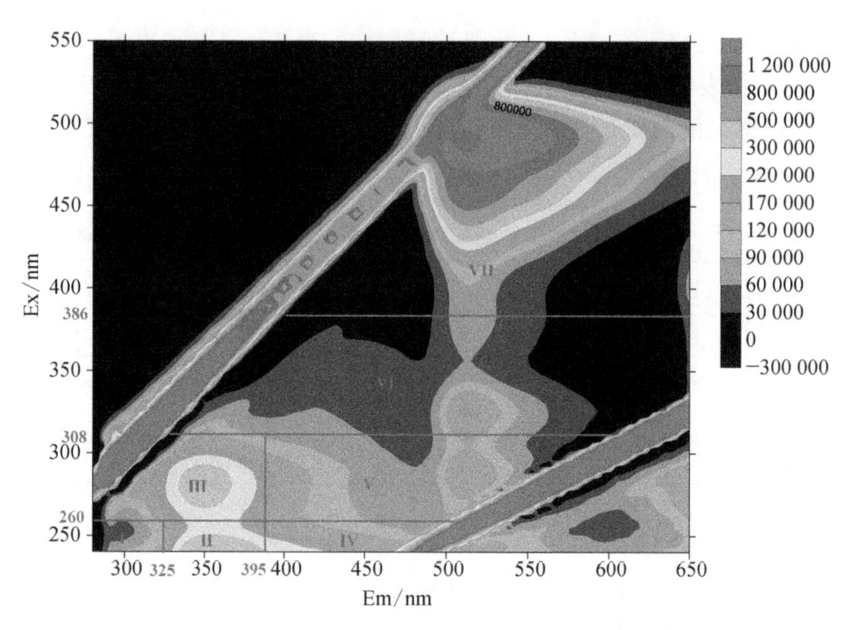

图 8-20 复杂指数法将三维荧光图谱分为七个区，Ⅰ~Ⅲ区代表类蛋白物质，Ⅳ区代表类富里酸物质，Ⅴ区为内滤效应区，Ⅵ区代表类糖化蛋白物质，Ⅶ为类胡敏酸物质

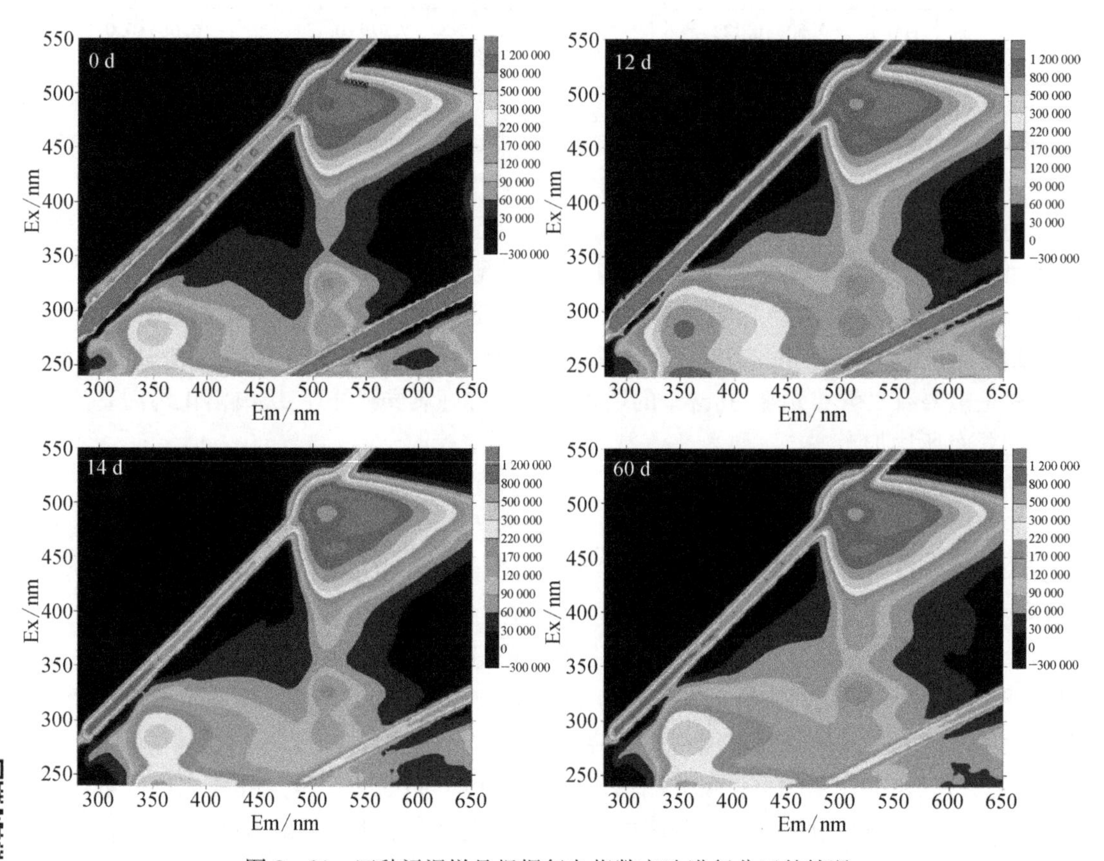

图 8-21 四种污泥样品根据复杂指数方法进行分区的情况

目前国内还没有使用复杂指数方法分析三维荧光图谱的报道，Muller 等（2014）提出这是一个新的将多次连续化学提取和三维荧光图谱结合，用于评价有机物的生物可接受度和复杂程度，进而评价某悬浮固体物质生物可降解性的方法。

上述复杂指数定义中提到多次连续化学提取，这是一个模仿有机物生物降解过程，利用化学手段可收集组分的能力大小分步进行操作。第一步将溶解性有机物（DOM）和微粒有机物（POM）分离，第二步分离并收集胞外聚合物（EPS），第三步回收易提取的胞外聚合物（RE－EPS），最后一步收集类胡敏酸物质（HLS）。每一步反复进行到所收集物质稳定后且最后一次提取物 COD 低至可忽略方才进行下一步提取。由此将有机物分离成四种组分，将每一组分进行三维荧光图谱分析，并测得每一组分 COD 并计算其占总 COD 的百分比。

由于针对污泥中胡敏酸和富里酸开展研究，并未测定各组分 COD 百分比，但此项表达了每一进行三维荧光扫描物质应进行相应的分析以计算该组分占全泥的比例，其作用类似于加权系数，用以帮助计算其对污泥可生物降解能力或复杂程度的影响，因此本研究中采用腐殖化参数测定中的胡敏酸碳、富里酸碳占总有机碳的百分比替代公式中的 COD。

复杂指数（CI）的定义式为：

$$CI = \%COD_{\text{fraction}} \times \frac{\sum_{i=4}^{7} V_{f(i)}}{\sum_{i=1}^{3} V_{f(i)}} \tag{8-10}$$

式中，

$$V_{f(i)} = \frac{V_{\text{image}J(i)}}{COD_{\text{sample}}} \times \frac{1}{\frac{S_{(i)}}{\sum_{i=1}^{7} S_{(i)}}} = \frac{\sum_{i=1}^{7} S_{(i)}}{COD_{\text{sample}}} \times \frac{V_{\text{image}J(i)}}{S_{(i)}} \tag{8-11}$$

即，

$$V_{f(i)} = \frac{\sum_{i=1}^{7} S_{(i)}}{COD_{\text{sample}}} \times i \text{ 区单位面积荧光强度} \tag{8-12}$$

因此，

$$\frac{\sum_{i=4}^{7} V_{f(i)}}{\sum_{i=1}^{3} V_{f(i)}} = \frac{4 \sim 7 \text{ 区单位面积荧光强度之和}}{1 \sim 3 \text{ 区单位面积荧光强度之和}} = \frac{4 \sim 7 \text{ 区荧光密度之和}}{1 \sim 3 \text{ 区荧光密度之和}} \tag{8-13}$$

根据参考文献（Muller et al.，2014），采用 matlab 将三维荧光彩图（彩图中所设颜色采用单一色调阶梯式变化表征荧光强度大小）转换成灰图，为方便统计和更准确地统计，将文献中推荐的 image J 统计分区灰度值方法改为直接由 matlab 统计。

复杂指数分析结果如表 8－16 所示。随着好氧堆肥时间的增加，胡敏酸和富里酸的

Ⅰ区荧光强度均呈逐渐下降趋势，而Ⅶ区荧光强度呈逐渐增加的趋势。Ⅰ区对应类蛋白峰，而Ⅶ区对应类腐殖质峰，这表明随着好氧堆肥时间的增加，类蛋白质被逐渐降解，而类腐殖质不断形成。这进一步表明好氧堆肥逐步提高了厌氧消化污泥的稳定化和腐殖化。随着好氧堆肥时间的增加，基质中胡敏酸和富里酸的复杂指数均呈先减少后增加的趋势，这表明厌氧消化过程中形成的腐殖质在好氧条件下可进一步降解，并进一步形成更为稳定的腐殖质。这些结果表明采用好氧堆肥处理厌氧消化污泥可促进污泥中腐殖质组成和结构的转变，从而更有利于污泥的土地利用。

表 8-16 好氧堆肥过程中胡敏酸(HA)和富里酸(FA)三维荧光强度及复杂指数的变化

取样时间		0 d	12 d	14 d	60 d
Ⅰ区	HA	43	83	12	10
	FA	55	134	17	32
Ⅱ区	HA	155	142	169	164
	FA	153	171	89	120
Ⅲ区	HA	176	178	159	162
	FA	156	182	168	159
Ⅳ区	HA	155	142	158	156
	FA	157	178	92	116
Ⅴ区	HA	170	160	171	160
	FA	106	180	134	128
Ⅵ区	HA	101	108	93	103
	FA	64	157	102	136
Ⅶ区	HA	95	91	93	100
	FA	98	130	119	121
复杂指数	HA	20.21±1.73	11.85±0.97	17.22±1.18	24.25±1.21
	FA	20.87±0.17	17.64±0.37	21.85±1.12	19.81±2.13

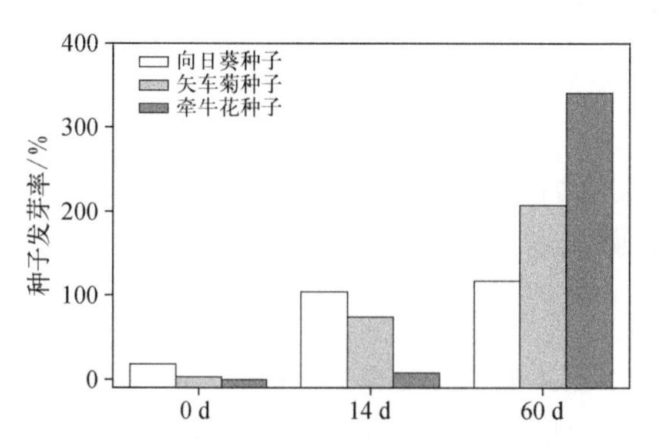

图 8-22 不同好氧堆肥时间堆肥基质急性毒性研究的种子发芽率情况

(2) 植物毒性分析

1) 急性毒性研究

不同好氧堆肥时间污泥基质对三种植物种子(向日葵、矢车菊、牵牛花)的急性毒性研究结果如图 8-22、图 8-23 和图 8-24 所示。三种好氧堆肥时间被选取，分别为好氧堆肥初期(0 d)、一次堆肥结束(即升温结束)、二次堆肥结束(腐殖化过程)。随着好氧堆肥时间的增加，三种植物种子的发芽率、根长、发芽指数均呈显著增加趋势，这表明好氧堆肥可显著降低消化污泥的植物毒性。总体而言，二次堆肥结束时(60 d)矢车菊、牵牛花种子的发芽率、根长比例、种子发芽指数均超过 100%，这表明堆肥基质不仅不会对植物产生毒性，还有利于促进种子的发芽和生长，这可能是因为二次堆肥过程形成了大量腐殖质，从而更有利于植物的生长，说明经堆肥处理后厌氧消化污泥是很好的土壤改良剂。

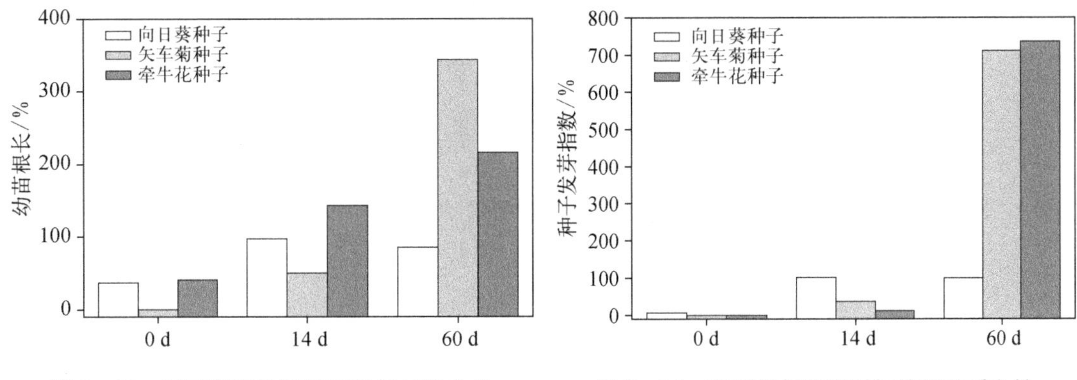

图 8－23　不同好氧堆肥时间堆肥基质急性毒性研究的根长情况

图 8－24　不同好氧堆肥时间堆肥基质急性毒性研究的种子发芽情况

2）亚急性毒性研究

不同好氧堆肥时间污泥基质对三种植物种子(向日葵、矢车菊、牵牛花)的亚急性毒性研究结果如图 8－25 和图 8－26 所示。其变化情况与急性毒性研究结果较为相似，即随着好氧堆肥时间的增加，堆肥基质的植物毒性呈下降趋势。所不同的是 60 d 基质改善

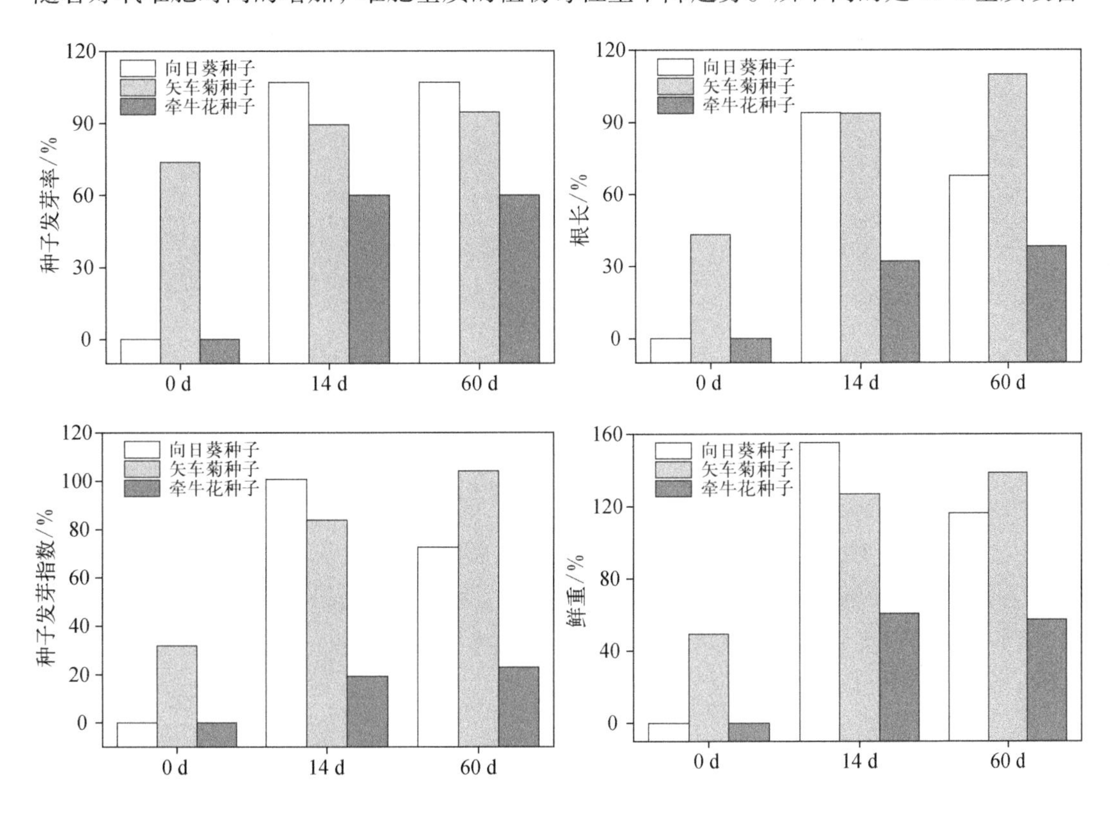

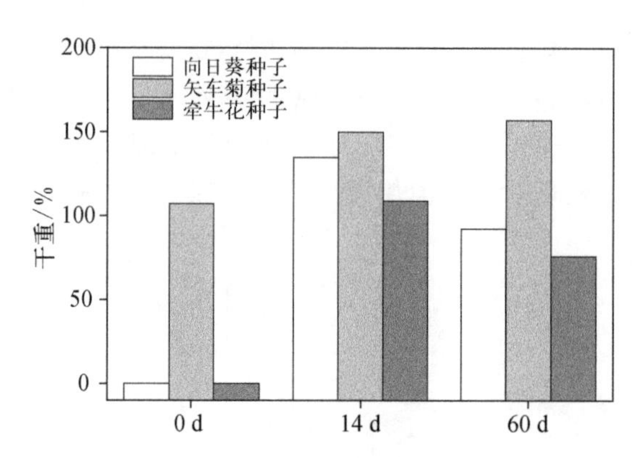

图 8-25 不同好氧堆肥时间下堆肥基质亚急性毒性研究的种子发芽、根长和重量情况

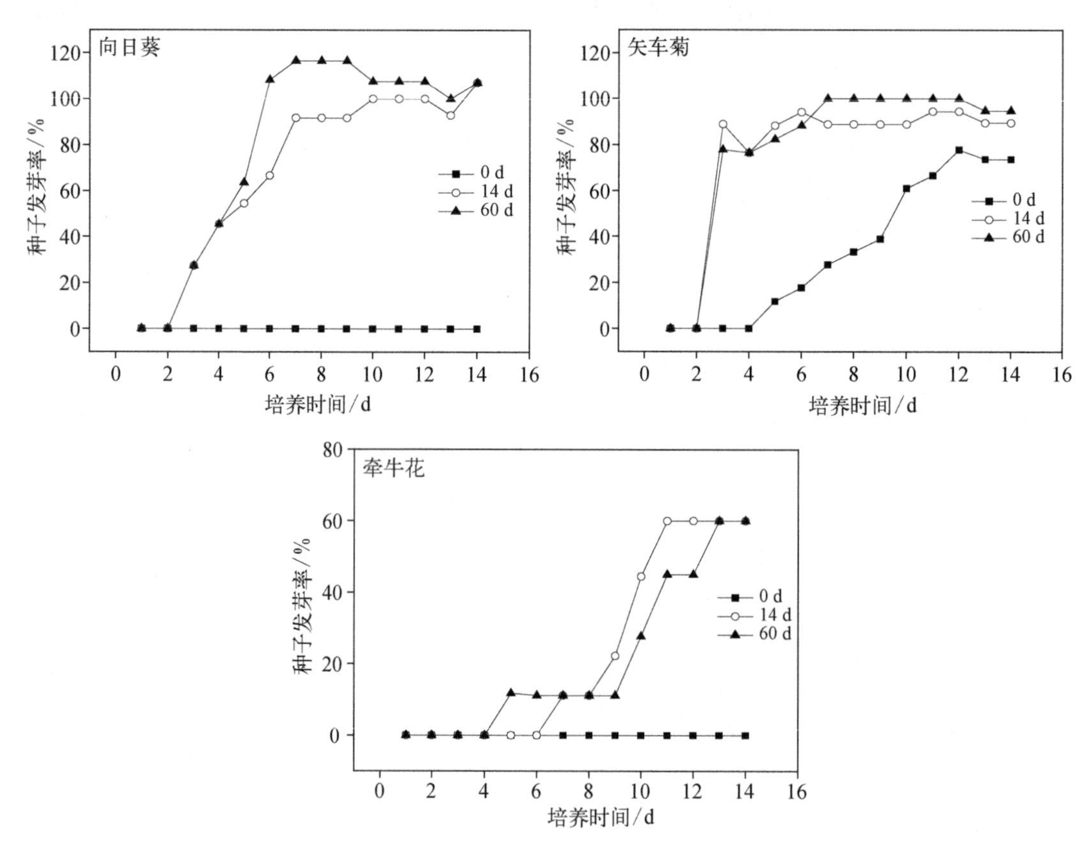

图 8-26 三种堆肥基质中植物种子发芽率随培养时间的变化情况

效果并不明显，这可能是亚急性毒性研究的生长基质是由泥炭、石英砂、污泥基质共同组成的，在处理组中污泥基质的比例仅占其中的一小部分，因而，其对植物种子发芽率、根长、发芽指数、鲜重、干重的影响较小，导致其与对照组的差异较小。因此亚急性毒性的研究结果进一步验证了急性毒性研究的相关结论。

3) 树苗种植研究

在植物种子发芽研究的基础上，作者进一步对比探讨了厌氧消化污泥及其好氧堆肥后基质用于树苗种植的情况，以期为好氧堆肥后污泥的园林绿化利用提供技术指导。

研究基质分别为取自好氧堆肥初期和好氧堆肥结束时样品，含水率约为40%~50%（表8－17树苗）。研究用树种选用约25 cm高的菜豆树（又名幸福树）树苗。

表8－17　树苗种植研究设计

研究编号	研究用泥	基质含水率/%	数　量
1	好氧堆肥初期（0 d）	52.09	两盆共8株
2	好氧堆肥结束（60 d）	44.14	两盆共8株

研究结果如图8－27至图8－30以及表8－18所示。移栽40 d，使用好氧堆肥初期基质作为栽培基质的植株黄叶现象严重；使用好氧堆肥结束时基质作为栽培基质的植株无黄叶、无落叶，叶片饱满有光泽，生长良好，表现出良好的生长态势。可能的原因是：厌氧消化初期污泥细密，透气性差，导致养分运输困难，易缺钾或其他微量元素，叶片易发黄干枯；好氧堆肥结束时基质空隙均匀疏松，透气性好、保水性强，叶片有光泽且新叶生长较

图8－27　施用好氧堆肥初期污泥的植株（移栽7 d）

图8－28　施用好氧堆肥初期污泥的植株（移栽40 d）

图8－29　施用好氧堆肥结束时污泥的植株（移栽7 d）

图 8－30 施用好氧堆肥结束时污泥的植株（移栽 40 d）

多。这表明若污泥只进行厌氧消化处理，其植物栽培效果仍不太理想，由于泥质粒度过细、臭气较重以及有机质未完全稳定等原因植株黄叶现象严重，而再经快速好氧堆肥处理后，污泥基质中植株的生长情况明显改善，并有新叶长出。因此，厌氧消化污泥经好氧堆肥处理后，其园林利用价值得到显著改善，这与急性毒性和亚急性毒性的研究结果较为一致。

表 8－18 两种基质中树苗随栽培时间增加的变化情况

栽培时间/d	基 质	观 察 记 录
7	好氧堆肥初期污泥	整体植株挺立，上部叶片较饱满，但无光泽，下部黄叶多，其中一盆下部有 3~4 片黄叶，另一盆下有 2 小株上均为黄叶
	好氧堆肥结束污泥	整体植株挺立，叶片饱满有光泽，无黄叶，无落叶
14	好氧堆肥初期污泥	下部有较多黄叶、落叶，泥质保水性差
	好氧堆肥结束污泥	整体叶片较饱满挺立，下部有两片带绿斑的黄叶
40	好氧堆肥初期污泥	部分叶片偏黄，因落叶较多，而叶片稀少无光泽
	好氧堆肥结束污泥	整体叶片较饱满挺立，有光泽，出现较多新芽，下部有少量黄色落叶

（3）腐殖化程度与植物毒性的关系

将污泥处理过程中五种污泥的植物发芽指数（GI）及其腐殖化参数做相关性分析（Ali et al.，2015；Matysiak et al.，2011；Ramirez et al.，2008），线性拟合结果如图 8－31 所示，抛物线拟合结果如图 8－32 所示。以三种不同植物各 100 颗种子在五种污泥中的研究结果作为依据，从线性拟合来看，每一组曲线相关系数均不小于 0.5，说明植物毒性与腐殖化程度存在一定的相关联系。当进行更为贴切的拟合分析时，发现植物发芽指数与腐殖化参数在抛物线模型下有相关系数均不小于 0.990 4 的高度相关性，这表明植物发芽情况并非随着腐殖化程度的加深而简单线性发展，而符合先增加后衰减的趋势。这一结论与 Fels 等（2014）的报道相似，其对连续六个月堆肥污泥的植物发芽指数进行连续检测，在第二或第三个月时达到峰值之后开始下降，即随着堆肥腐熟程度加深发芽指数同样呈现抛物线趋势。这表明在污泥土地利用之前未必腐熟时间越长越好，应控制在适当的时间范围内。

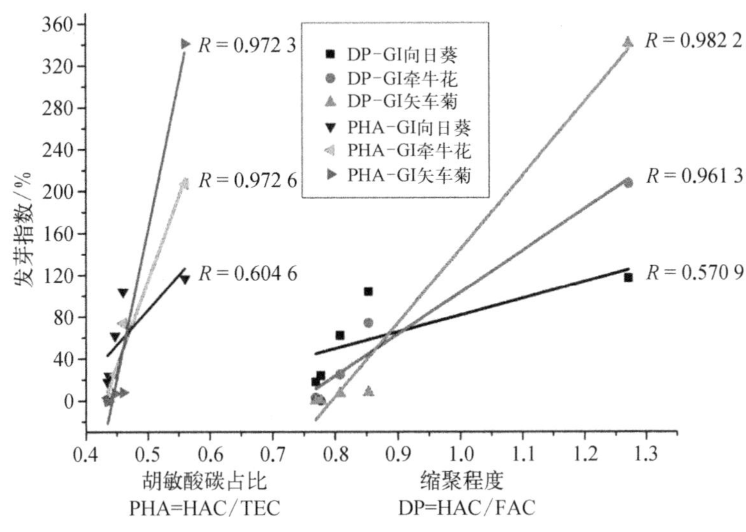

图 8-31　污泥处理过程中五种泥样的种子发芽指数(GI)与腐殖化参数线性关系

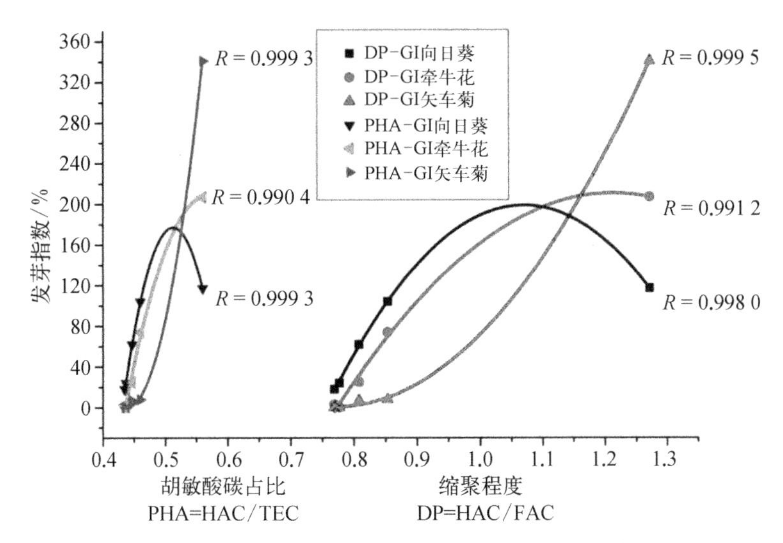

图 8-32　污泥处理过程五种泥样植物发芽指数(GI)与腐殖化参数抛物性拟合关系

对于植物发芽情况与污泥腐熟度呈现抛物线趋势的现象，可以从富里酸(FA)的角度入手分析(Ali　et al. ,2015)。污泥腐殖化参数的研究表明，厌氧消化阶段胡敏酸含量小于富里酸，表明在胡敏酸在腐殖质中占比较小，胡敏酸与富里酸的比值也比原泥小，较低的腐殖化程度反映了此时剧烈的微生物降解活动，同时大量的小分子有机酸、氨氮等释放，对植物生长形成了明显的抑制作用，从而表现出较低的植物发芽指数。而原泥由于尚未进行微生物降解反应，污泥中不稳定的植物毒性成分尚未释放，因此其发芽指数优于厌氧消化沼渣，但其稳定化程度较低，不能直接施用于土壤。好氧堆肥阶段，污泥迅速升温快速消耗小分子易降解有机物，剩余的难降解稳定物质(如木质素等)开始进入腐熟阶段，此时胡敏酸含量开始增加，富里酸继续减少，使得胡敏酸与富里酸的比值开始大于1，胡敏酸在腐殖质中的占比也大幅提高。当好氧堆肥进行到14天时植物向日葵的发芽指数与腐殖化参数相关曲线仍呈上升趋势，到60天时已呈现负斜率，这种现象可以预计在牵牛花的种植中也会发生，因为它的抛物线开口朝下。这可以解释为富里酸的减少使污泥活性降低，抑制植物对营养物质的吸收，从而根长生长下降。富里酸在植物生长中有益的作用已有文献(Ali et al.,2015)证明，比如研究发现其在与重金属镉的吸收中起竞争作用，在光合色素的合成和抗氧化剂的产生中起促进作用，其在好氧堆肥后期的衰减可能引起拟合抛物线出现负斜率，同时也是亚急性植物毒性研究中干鲜重的减少和急性研究中根长减小的重要原因。

综上，尚未腐熟的厌氧消化污泥有较强的植物毒性，经一定时间的好氧堆肥处理后基质的植物种子发芽指数大幅提高，而随着堆肥时间超过两个月甚至更长，很可能由于富里酸的缺少而使得植物生长情况下降。

8.3 厌氧氨氧化脱除污泥厌氧消化液氨氮研究

污泥厌氧消化液中除了溶解性的有机物外，还含有大量的氨氮。氮元素直接排放至环境中，会导致水体的富营养化问题，并通过食物链最终影响人体健康(Karri et al.,2018)，因此，必须对污泥厌氧消化液进行脱氮处理。

目前氨氮的去除方法可分为物理、化学及微生物等方法。物理法包括离子交换、膜过滤、化学沉淀、吸附、氮吹脱等方法，这些方法通常运行成本比较高，不适于处理高浓度的氨氮废水。化学法是基于自养硝化与异养反硝化方法建立的传统生物脱氮方法，包括A/O、Bardenpho等工艺，是目前运用最为广泛的脱氮方法，但其因曝气和碳源不足而补充投加引起的运行成本仍较高。

20世纪90年代，代尔夫特大学的生物学家在反硝化反应器观察到了氮素的损失，之后发现了厌氧氨氧化细菌，为脱氮技术开辟了新的技术路线(Kartal et al.,2013)。厌氧氨氧化是在厌氧条件下，厌氧氨氧化菌以 NH_4^+ 为电子供体，以 NO_2^- 为电子受体，转化为 N_2 的过程。在这个过程中，部分 NH_4^+ 首先在氨氧化菌(AOB)的作用下转化为 NO_2^-，之后剩余的 NH_4^+ 与 NO_2^- 在厌氧氨氧化细菌的作用下，发生氨氧化反应。厌氧氨氧化工艺和传统的生物脱氮工艺相比(图8-33)，理论上无需外加有机碳源(即节省100%的碳源)，可节省约60%的曝气成本，同时污泥产率低。

截至2014年，全球已有100多座污水厂采用厌氧氨氧化技术进行脱氮，主要是用于高温条件下高浓度氨氮废水的处理，包括污泥厌氧消化液(Zhang et al.,2011)、垃圾渗滤液、牲畜粪便消化液(Scaglione et al.,2015)等。但是该技术的应用仍然受到氨氧化菌生长缓慢、废水中各种抑制因素的限制。厌氧氨氧化细菌对环境的变化非常敏感，使得其非常难于培养。废水中复杂的成分通常会使厌氧氨氧化工艺难以启动，在运行过程中容易受到抑制，并且在受到抑制后难以恢复(Gao et al.,2012;Ni and Meng,2011;Tang et al.,2010;van der Star et al.,2007;Isaka et al.,2006;Strous et al.,2006)。

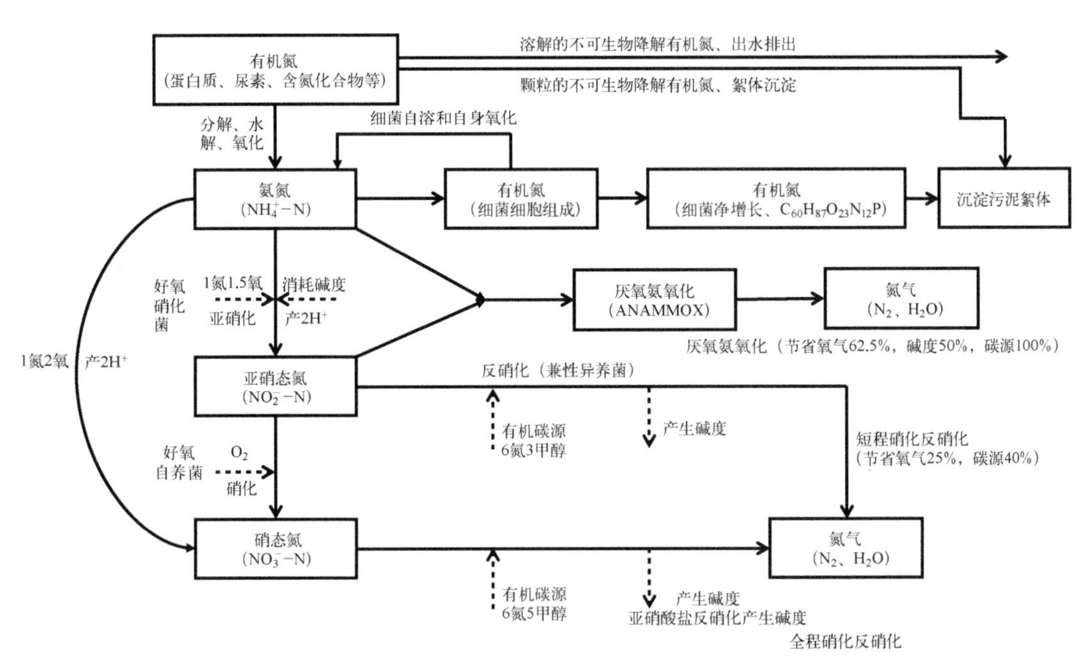

图 8-33　传统全程硝化反硝化与厌氧氨氧化方法的比较

Zhang 等研究了污泥热水解厌氧消化液对亚硝化—厌氧氨氧化的影响。首先，他们详细研究了热水解—厌氧消化液中不同有机组分对 AOB 和厌氧氨氧化细菌活性的影响。对于厌氧氨氧化细菌来讲，热水解—厌氧消化过程中产生的可溶性化合物是主要的抑制因素。对于 AOB，也有直接的抑制，但可以通过延长好氧或厌氧过程或活性炭处理滤液来解决。AOB 同时受到悬浮物、胶体物质的影响，这些物质限制了底物的扩散，抑制模型如图 8-34 所示。通过优化絮凝剂聚合物剂量和/或添加混凝剂聚合物以更好地捕获大的胶体分数，特别是在不稳定的厌氧消化性能下，通过改进脱水工艺，可以解决该问题。其

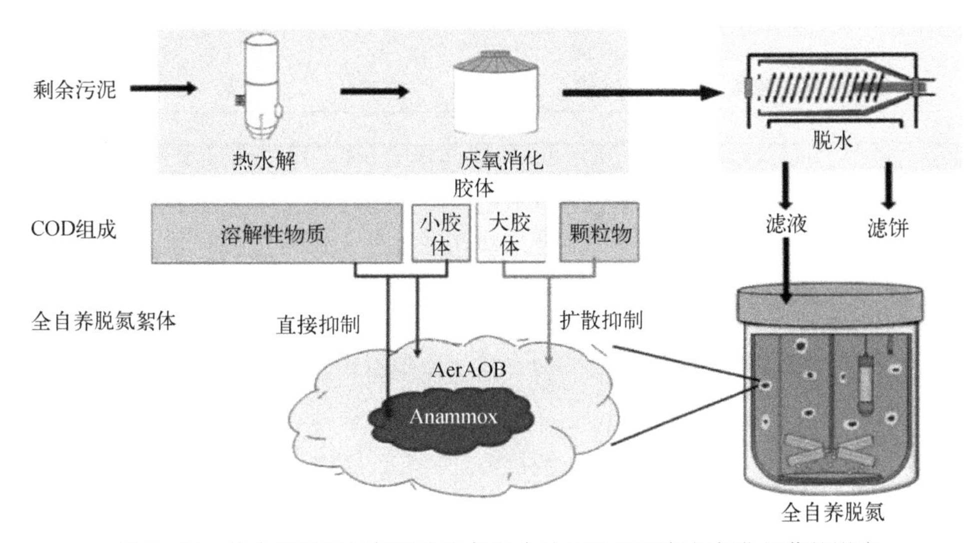

图 8-34　热水解污泥厌氧消化液各组分对 AOB 和厌氧氨氧化细菌的影响

次,他们验证了一种新的包含扩散限制化合物的 AOB 抑制模型,模型计算结果与实验研究结果吻合,证明了 AOB 对大胶体具有高度敏感性(Zhang et al.,2018)。

Zhang 等(2018)的研究结果表明,热水解—厌氧消化液本身的特性可能对于亚硝化—厌氧氨氧化技术有限制作用,需要做相应的预处理才能进入亚硝化—厌氧氨氧化反应器,同时他们的研究并没有长期运行的结果,即并未验证亚硝化—厌氧氨氧化技术的可行性。

本研究将亚硝化与厌氧氨氧化分开运行,通过小试单独探讨两个过程的运行特征,探索亚硝化—厌氧氨氧化技术应用于热水解污泥厌氧消化液脱氮的可行性及各种工况条件下的工艺参数。在此基础上,通过高通量测序、宏基因组分析等技术手段,深入揭示反应器中微生物群落规律及其代谢特征。

8.3.1 亚硝化反应器运行效果及微生物群落分析

(1) 亚硝化反应器的启动及稳定运行效果分析

热水解污泥经过厌氧消化后,再经过压滤机压榨产生的消化液作为亚硝化反应器的进水。从表 8-19 可以看出,进水氨氮、有机物浓度、电导率均较高,而 PO_4^{3-} 浓度相对较低,此外,悬浮物浓度为 127~336 mg/L,因此前三者可能是影响亚硝化的主要因素,高浓度的 NH_4^+ 有利于高 NO_2^- 的积累,从而抑制 NOB 生长,有机物的存在则可能导致异养菌与 AOB 竞争溶解氧,较高的电导率暗示存在较高的盐分,也可能抑制细菌的活性。

表 8-19 不同阶段污泥厌氧消化液进水水质特征

时间/d	NH_4^+/(mg/L)	COD/(mg/L)	PO_4^{3-}/(mg/L)	电导率/(mS/cm)	进水量/(L/d)
1~35	1 180	1 460	3.7	13.4	1.2
36~62	1 258	1 390	2.1	14.7	1.2
63~97	1 670	1 855	1.9	15.6	1.6
98~112	1 456	1 344	4.5	14.6	1.6~3.5
113~130	1 533	1 624	3.7	15.4	3.5
131~135	1 264	760	2.4	12.8	4.0

亚硝化小试反应器如图 8-35 所示,反应器体积为 3 L。反应器进水直接采用污泥消化液,进入反应器前并未稀释,研究所用污泥取自附近某污水厂二沉池污泥。采用完全混合连续式进出水方式运行,初始阶段每天进出水 1.2 L,水力停留时间约 2.5 d。反应器内污泥浓度约 MLSS 1.2 g/L,MLVSS/MLSS = 33.6%。溶解氧浓度控制在 0.5~0.9 mg/L,pH 在 7.5~8.3。

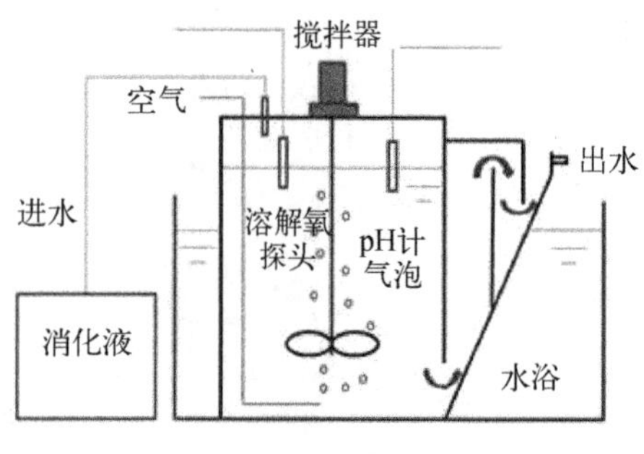

图 8-35 亚硝化小试反应器示意图

亚硝化反应器运行效果如图 8-36 所示。在初始的 35 天运行中,NH_4^+ 浓度为 1 180 mg/L,COD 为 1 460 mg/L。反应器运行 1 天后,即有接近 200 mg/L 的 NO_2^- 产生,COD 则从初始的

1 460 mg/L 下降至 1 084 mg/L。在第 2 天，NO_2^- 只是有小幅度上升到 225 mg/L，到第 4 天达到 500 mg/L，此时 COD 降低至 642 mg/L，表明 AOB 与异养菌活性良好，之后又逐步提高，经过一周运行，NO_2^- - N 可达到 700 mg/L 以上，COD 则在 640~670 mg/L 波动，而出水 NH_4^+ 浓度不到 10 mg/L。在反应器运行至第 13 天时，自控系统出现问题，导致 pH 调节至 9.3 左右，并维持了一夜，体系内 AOB 活性受到严重抑制，NO_2^- 浓度降低而 NH_4^+ 则有所上升。但是在恢复正常 pH 之后，NO_2^- 又得到迅速积累，浓度接近 900 mg/L，NH_4^+ 浓度仍为 10 mg/L 以下，而 COD 去除也很快恢复正常，期间几乎没有 NO_3^- 的产生。

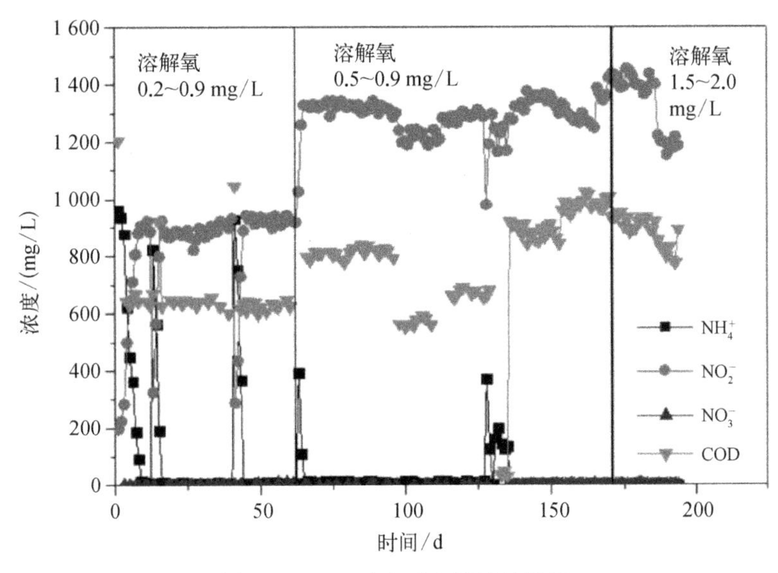

图 8-36　亚硝化反应器运行效果

之后的 27 天换下一批次的进水，NH_4^+ 浓度变化较小（1 258 mg/L 左右），COD 为 1 390 mg/L。可以看出，NO_2^- 变化不大，在 900 mg/L 左右，COD 去除率仍然在 56%左右。在反应器运行至 41 天时，由于自控系统再次出现问题，导致加入过量的碱，pH 短时间内上升至 12 左右以上，并维持了约 10 个小时，可以看到 NO_2^- 浓度有所下降，之后迅速调整反应器 pH 至正常水平，可以看出反应器很快又恢复了正常，NO_2^- 又迅速积累。并且在此过程中，COD 去除率也很快恢复正常。

可以看出，这 62 天内，整个反应器启动迅速，并不需要对消化液进行稀释，逐步提高进水浓度，NO_2^- 从开始积累到高浓度的稳定，时间很短，适合工程条件下的迅速启动。体系内高浓度 COD 与盐分（电导率 13.4~14.7 mS/cm）并未对 AOB 造成明显毒害，整个启动过程非常迅速，表明 AOB 可以很快适应热水解污泥厌氧消化液的环境，COD 也得到了 50%以上的去除。在运行过程中，并未有 NO_3^- 的积累，表明 NOB 几乎得到了完全的抑制。即使中间出现两次控制系统的异常，导致短时间内 pH 过高，甚至是 pH 上升至 12 以上，系统也可以在短时间内恢复活性，继续稳定运行。但是进出水的氮元素并不守恒，经过计算可知，只有约有 75%的 NH_4^+ 转化为 NO_2^-。这是由于在亚硝化过程中伴随着 N_2O、NO 等氮氧化物的产生。不同条件下 N_2O 释放量也有所不同，从百分之几到百分之几十都有。

在 Zheng 等人研究中，N_2O 的产生量可以达到氮负荷的 13%（Zheng et al.，1994）；Osada 在研究高氨氮废水中发现，N_2O 的释放量可以达到氮负荷的 35%。另外，在亚硝化过程中并不是所有的进入细胞内的 NH_4^+ 都会被转化为 NO_2^-，其中一部分会被用作氮源，用于微生物自身生长，这些都会造成液相中进出水氮元素的不平衡。

随着体系运行的稳定，将进水流量调节至 1.6 L/d，水力停留时间约 1.87 d。在后续的 33 d 内，进水 NH_4^+ 上升至 1 670 mg/L，COD 约 1 855 mg/L，电导率也上升至 15.6 mS/cm。随着 NH_4^+ 的提高，反应器内 NO_2^- 进一步得到积累。从之前的 900 mg/L 左右，很快积累至 1 300 mg/L 以上，NH_4^+ 也维持在 30 mg/L 以下，有机物去除率仍然维持在 57%以上，反应体系完全适应这种更高进水 NH_4^+、COD、盐分条件下的运行，并且负荷［提升至 890 mgN/(L·d)］也比之前得到了提升，COD 去除率也并未随着负荷的提升而降低。NO_3^- 在较高溶解氧的条件下更容易产生，为了研究短时间内高浓度溶解氧是否会将 NO_2^- 更多地转化为 NO_3^-。将溶解氧浓度提升至 1.5~2.0 mg/L，并保持运行 3 天。经过 3 天运行，没有检测到 NO_3^-，这表明短时间内高浓度溶解氧对体系中 NO_3^- 影响不大，同时 COD 去除率并没有明显变化，表明更高浓度的溶解氧也不会进一步提高有机物的去除。

在此阶段，当体系中的 NO_2^- 积累率（NO_2^- 浓度与 NO_2^-+NO_3^- 浓度的比值）大于 99%。相比于启动阶段的 62 天的运行，氮损失反倒是下降了。这可能与进水条件有关系，N_2O 受到盐分、有机物、微生物种群等多方面的影响。在此阶段，反应运行仍然比较稳定，但是 NH_4^+ 有所提高，出水 NH_4^+ 仍然在 20 mg/L 以下。

后续约一个月的两批次进水，NH_4^+ 在 1 400~1 500 mg/L，电导率 14.6 mS/cm。在 113 天时，为了提高反应器负荷，外加一定量污泥，将污泥浓度提高至 4.6 g/L。经过两周运行，每天进出水量提升至 3.5 L。出水中 NO_2^- 重新下降至 1 160~1 330 mg/L，COD 去除率基本维持正在 55%~58%。在反应器运行至第 128 天，由于曝气出现问题，将体系的溶解氧维持在 0.4 mg/L 以下，经过约 12 小时运行，COD 去除率降低至 42%，NO_2^- 也下降至 980 mg/L，可见低浓度的溶解氧会降低体系的反应速率。在溶解氧控制恢复正常之后，体系的运行也恢复正常。

运行至 131 天，进水量调节至 4 L/d，进水 NH_4^+ 为 1 264 mg/L，COD 只有 765 mg/L 左右，出水 NO_2^- 在 1 100 mg/L 左右，但是 NH_4^+ 却积累至 100~200 mg/L，这表明体系中反应速率仍然有限，不能将 NH_4^+ 全部转化为 NO_2^-，转化率略低，但是负荷（以 N 计）已经达到 1 300 mg/(L·d)，而出水 COD 只有 30~50 mg/L，这个可能与场区运行有关系，因为近期场区外来的污水进入厌氧消化液体系中，导致一些时间段出水情况有所变化，但是只在这种条件下运行了 5 天就不再运行，重新取新的水样进入下一阶段运行。对比前 62 天的运行，可以看出，本阶段 NH_4^+ 与初始阶段的浓度差不多，但是 NO_2^- 浓度却比前者要高，这可能是受水质的影响。

由于反应器本身设计上的特点，在运行过程中随着进水流量的提高，容易造成体系中污泥的流失。为了保持体系的稳定运行，并未进一步提高流量避免提高体系的负荷。

以上研究表明，经过污泥热水解—厌氧消化产生的压滤液未发现亚硝化反应启动困难的问题，更不存在 AOB 活性抑制的问题。亚硝化启动时间也比较短，而且过程非常稳定，抗外界条件波动能力较强，pH、曝气等的波动会暂时影响反应过程，但是在恢复正常条件后，体系马上又恢复正常。

（2）溶解氧对亚硝化反应的影响

溶解氧是影响亚硝化过程的重要因素，较低的溶解氧有利于对亚硝化氧化菌（NOB）的抑制，但是过低的溶解氧会导致亚硝化反应速率过低，延长水力停留时间，影响反应器负荷提升；但是过高的溶解氧有可能为 NOB 生长创造条件，导致快速的硝化反应。

同时，根据前期的反应器运行，亚硝化过程中会有超过 50% 的 COD 被去除，反应器中溶解氧的浓度也会直接影响有机物的去除，进而可能会影响后续厌氧氨氧化反应器的运行。因此本阶段研究设置了 0.3~0.6 mg/L、0.8~1.2 mg/L、1.5~2.0 mg/L 三个不同梯度的溶解氧浓度，研究溶解氧浓度对亚硝化反应速率和 COD 去除的影响。

具体操作过程如下，在已经完全亚硝化的反应器中，排出反应器体积 40% 的亚硝化液，置换新的进水，污泥浓度为 4.6 g/L。每小时取样，测定 NH_4^+、NO_2^-、COD，并计算出这些数值随着时间变化的关系。在此过程中通过曝气量的控制保持相应的溶解氧浓度。

如图 8－37 所示，在起始氨氮浓度大致相同的情况下，随着反应器溶解氧浓度的提高，反应速率不断提高，反应时间不断缩短。溶解氧在 0.3~0.6 mg/L 时[图 8－37(a)]，NH_4^+ 转化速率约为 8.2 mg/(L·h)，需要 18~19 h 才能反应完成，当溶解氧提高至 0.8~1.2 mg/L 时[图 8－37(b)]，NH_4^+ 转化速率提升至 12.0 mg/(L·h)，反应时间缩短了三分

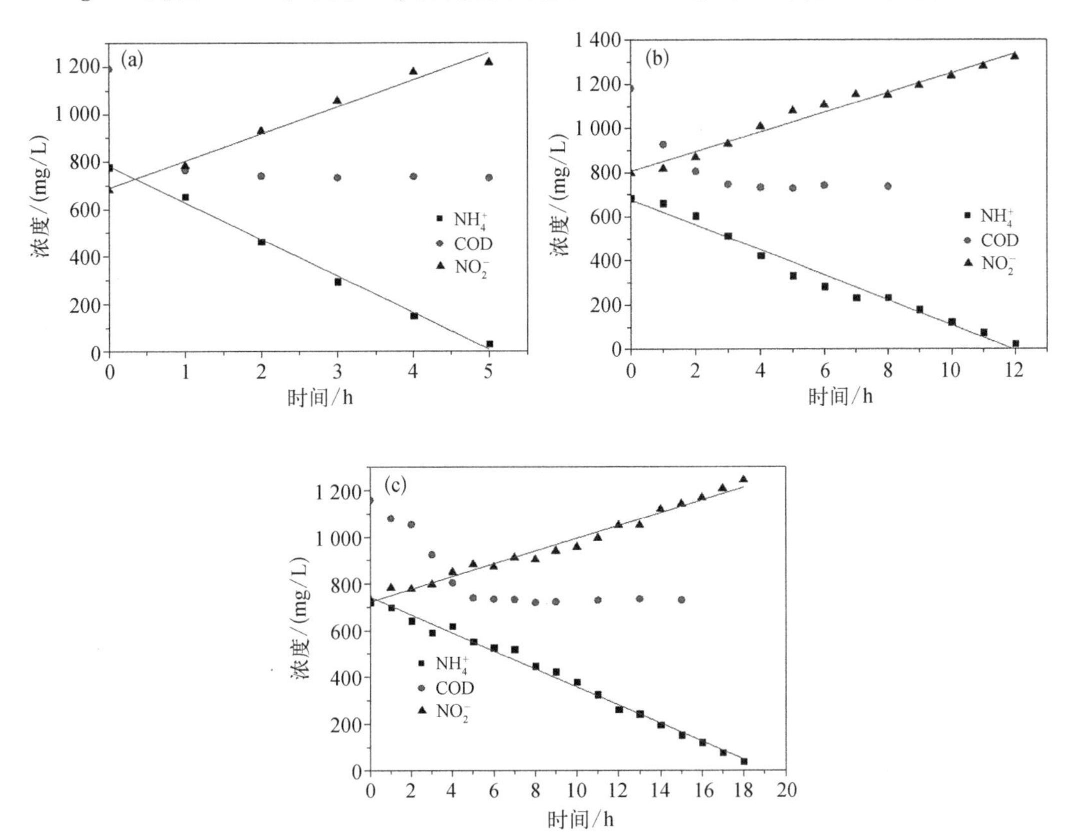

图 8－37　溶解氧对亚硝化反应器中氨氮转化速率的影响。(a) 溶解氧为 0.3~0.6 mg/L；(b) 溶解氧为 0.8~1.2 mg/L；(c) 溶解氧为 1.5~2.0 mg/L

之一左右，只需要 12 h 就能完成反应。进一步提高溶解氧浓度至 1. 5 ~ 2. 0 mg /L [图 8 – 37(c)]，仅仅在 5 h 左右就可以完成反应，NH_4^+ 转化速率提升至 32. 4 mg/(L·h)。可以看出，溶解氧对 NH_4^+ 转化有显著影响。如果溶解氧浓度维持在 1. 5~2. 0 mg/L，那么按照 NH_4^+ 全部转化为 NO_2^- – N 计算得到的反应器氮负荷（以 NO_2^- – N 计）为 3 800 mg/(L·d)；如果按照部分亚硝化运行，NH_4^+ 与 NO_2^- 比例为 1 ∶ 1. 3 计算，反应器负荷（以 NO_2^- – N 计）可以达到 6 700 mg/(L·d)。考虑到反应器 NH_4^+ 转化中氮损失，若反应器的实际负荷按照进水的 NH_4^+ 计算会更高。

将 NH_4^+ 消耗及 NO_2^- 的生成对时间做线性拟合，相关系数都在 0. 97 以上。这表明 NH_4^+ 消耗及 NO_2^- 的生成与时间变化呈现良好的线性关系，十分有利于控制 NH_4^+ 和 NO_2^- 的比例。

对于 SBR 反应器，在污泥浓度、溶解氧浓度一定的情况下，可以大致确定反应时间，来调整反应器中 NH_4^+ ∶ NO_2^- 的比例关系，使反应器出水中 NH_4^+ ∶ NO_2^- 在维持在 1 ∶ 1 ~ 1 ∶ 1. 3，为后续厌氧氨氧化反应过程创造合适的条件。

随着反应的进行，三个反应器中的总氮（NH_4^++NO_2^-）都呈现下降的趋势，这可能与反应器中氮氧化物的生成有关，随着 NO_2^- 的生成，氮氧化物生成量逐步升高，导致生成的 NO_2^- 量小于消耗的 NH_4^+ 量。

从 COD 降解去除来看，呈现相似的情况，随着溶解氧浓度的提高，COD 去除速度也不断加快。置换的水与未进行亚硝化的消化液混合后，COD 浓度在 1 150 ~ 1 250 mg/L 左右，当溶解氧浓度在 0. 3~0. 6 mg/L 时，可生化的 COD 在 5~6 小时内即可被消耗掉，之后基本保持稳定，在 660 ~ 590 mg/L 左右，当溶解氧浓度提高至 0. 8~1. 2 mg/L 时，COD 去除率也加快，3 小时内被去除掉，之后即趋向平稳；当溶解氧浓度提高至 1. 5 ~ 2. 0 mg/L 时，COD 消耗速率进一步提高，反应时间仅仅需要 1 小时，之后的几个小时内也变化很慢。并且从反应过程来看，COD 的去除是先于 NH_4^+ 的转化，在 COD 去除完之后，NH_4^+ 才全部被转化。通常来讲，SBR 反应器中，对于新加入的厌氧消化液，尽量将 COD 通过好氧阶段消耗掉，而氨氮则只需要 50% ~ 56% 转化为 NO_2^-，即可保证 NH_4^+ ∶ NO_2^- 在 1 ∶ 1 ~ 1 ∶ 1. 3 之间。

Kosari 等采用 SBR 反应器研究了溶解氧对污泥厌氧消化液亚硝化过程的影响（20℃，NH_4^+ 900 ~ 100 mg/L），得到了类似结果。研究结果表明，当溶解氧降低至 0. 5 mg/L 时，每克 VSS 的氨氮转化速率为 17. 1 mg/h，NH_4^+ 与 NO_2^- 比例达到 1 ∶ 1 需要 450 min；当溶解氧提高至 3 ~ 4 mg /L 时，每克 VSS 的氨氮转化速率为 36. 6 mg/h，反应时间只有 160 min（Kosari et al. ，2014）。

（3）高溶解氧条件下亚硝化过程

以上研究体系中溶解氧是在比较低的浓度区间。通过溶解氧的测试可知，当溶解氧在 1. 5~2. 0 mg/L 时，反应速率非常快，在实际应用中有利于缩短 HRT，减小构筑物体积。通常来讲，对于 NH_4^+ 浓度较高的废水，提高溶解氧并不会使体系产生大量的 NO_3^-，相关工程运行中也证实了这一点。在鹿特丹 Dokhaven – Sluisjesdijk 污水处理厂，即使溶解氧在 3 mg/L 左右，长期的运行过程中也很少有 NO_3^- 的出现（Kosari et al. ，2014；Kampschreur et al.,2008)。但是由于水质的不同,污泥厌氧消化液提高溶解氧是否会生成大量的NO_3^-尚不清楚。因此作者探讨亚硝化反应器在较高溶解氧浓度条件下的运行效果,将溶解氧长期维持在1.5~2.0 mg/L,研究是否会有NOB的生长,从而导致NO_3^-的产生。

以上研究表明,亚硝化反应器有进一步提高负荷的空间。但是由于亚硝化反应器本身的特点,进一步提高进水流量会导致体系中污泥的流失;同时维持相同的溶解氧浓度,需要增大曝气量,而在曝气过程中容易产生大量的泡沫,污泥则会随着泡沫的溢出而被逐步带出来,从而进一步导致体系污泥浓度下降。因此,为了维持体系的稳定,并未进一步提高反应器的负荷。研究过程中进水水质特征如表8-20所示。

表8-20 亚硝化反应器进水参数

时间/d	NH_4^+/(mg/L)	COD/(mg/L)	PO_4^{3-}/(mg/L)	电导率/(mS/cm)
136~153	1 646	1 844		14.4
154~170	1 542	2 048	4.6	13.9
171~186	1 734	1 932		15.1
187~194	1 452	1 658	2.7	14.7

研究表明,在运行的54天内,NH_4^+几乎完全被消耗掉,能检测到的浓度很低,在10 mg/L以下;同时反应器内NO_3^-多数情况下几乎检测不到,偶尔会有几个毫克每升的NO_3^-可以被检测到,也就是说在这种高溶解氧条件下,NOB仍然得到了很好的抑制。COD去除率也在50%~54%左右,见溶解氧的提高并未进一步提高COD进一步去除。从微生物群落分析来看,仍然没有检测到足够丰度的NOB。这表明,即使在高溶解氧条件下,NOB仍然可以被很好地抑制。在实际运行过程中,可以通过提高曝气量达到加快反应速率与提高负荷的效果,但是长期的效果需要更长时间的测试。

在整个反应器运行期间(1~194 d),出水总氮(NH_4^+-N+NO_2^--N+NO_3^--N)是小于进水的NH_4^+,前后差值可以达到13%~25%,这主要是由于在反应过程中N_2O等氮氧化物的产生,以气体的形式散逸到空气中,造成进出水总氮的不平衡。

在反应器正常、稳定运行的过程中,出水NH_4^+-N通常比较低,偶尔会有100 mg/L以上的时候(图8-36),大多数情况下是NO_2^--N占据主要地位,因此反应器中对NOB起到抑制作用的很可能是游离亚硝酸(FNA),而不是游离氨(FA),因此不考虑FA的影响。按照NO_2^--N为900~1 450 mg/L,温度35℃,pH 7.5~8.3计算,反应器中FNA浓度在0.037~0.37 mg/L,完全可以将NOB完全抑制,使氨氧化反应停留在亚硝化阶段。

综合以上研究结果,从将近200天的反应器运行过程来看,亚硝化过程启动与运行都十分稳定,除了反应器启动阶段的前几天和自控系统出问题的几天,其余时间内NO_2^-积累率都在99%以上,达到了较高的处理能力,并有进一步提高的可能性。

(4) 亚硝化反应器内微生物群落组成分析

由图8-38可知,在门水平上,Proteobacteria、Chloroflexi、Actinobacteria、Bacteroidetes、Deinococcus-Thermus、Planctomycetes、Firmicutes等是主要的微生物。

在属水平上,*Ardenticatena*、*Nitrosomonas*、*Ottowia*、*Granulicoccus*、*Pusillimonas*、*Truepera*等为主要的微生物(图8-38),其中*Nitrosomonas*是体系中将NH_4^+转化为NO_2^-的主要微

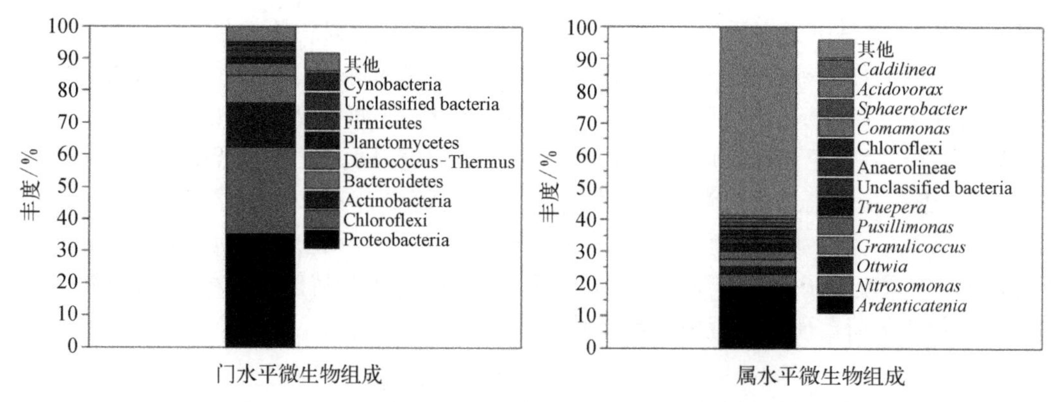

图 8-38 亚硝化反应器中门属水平的微生物群落组成分析

生物，但是其所占比例很小，占据主导地位的是其他微生物，特别是异养菌，这主要因为进水中有大量可以被降解利用的有机物，导致异养菌大量生长。但是反应器的正常运行表明即使 AOB 丰度并不够高，也并未影响反应体系中亚硝化过程的稳定性。

8.3.2 厌氧氨氧化反应器的运行效果及微生物群落分析

在 Zhang 等，研究中，亚硝化—厌氧氨氧化在一个反应器中完成，厌氧氨氧化细菌直接接触消化液（Zhang et al.，2018），但是在将亚硝化、厌氧氨氧化分开后，厌氧氨氧化细菌接触的是经过亚硝化过程的消化液，其中超过 50%的 COD 被去除。但是 COD 与电导率仍然较高，在此条件下，厌氧氨氧化反应器是否可以长期稳定运行，有机物是否可以在厌氧氨氧化体系中微生物群落作用下被进一步降解，仍然不清楚。盐分中，SO_4^{2-} 占据很大部分，通常在 4 000 mg/L 以上，有些阶段甚至接近 12 000 mg/L。在这样的条件下，硫酸盐还原菌（SRB）是否存在，是否会产生足够浓度的 S^{2-} 抑制厌氧氨氧化细菌，目前尚不清楚。因此本节主要研究目的之一是确认经过好氧去除 COD 的亚硝化出水进行厌氧氨氧化处理的可行性。

此外，SRT、HRT、污泥浓度都是影响厌氧氨氧化过程的重要因素。在满足运行的基础上，通过优化这些参数，提高体系的处理能力也是本部分的重要内容。并在此基础上，通过高通量测序对微生物群落进行了分析。

（1）消化液浓度对反应器启动的影响

消化液经过厌氧氨氧化反应器脱氮，首先要实现氨氮的亚硝化，之后氨氮、亚硝态氮再被厌氧氨氧化细菌利用。亚硝化过程是一个好氧过程，部分 COD 会被去除。

经过好氧处理的消化液仍然有较高的 COD 和大量的盐分。复杂的有机物与高浓度的盐分仍然可能对厌氧氨氧化细菌活性造成抑制，导致反应器无法启动。因此，为了测试不同浓度消化液对厌氧氨氧化的影响，验证经过好氧处理的出水是否可以实现用于厌氧氨氧化过程，避免细菌受到抑制，设置三个 3.5 L 反应器，反应器结构如亚硝化反应器一样，也采用连续进出水，无曝气装置。反应器进水为场区 SBR 池出水与自来水按照不同比例配制的混合液（场区 SRB 采用传统的硝化—反硝化对消化液进行脱氮，HTR 约 9～

10 d)。反应器 R1 进水采用 100%的好氧阶段出水作为进水,反应器 R2 用 60%的好氧阶段出水与 40%自来水混合液作为进水,反应器 R3 用 30%好氧阶段出水与 70%自来水混合液作为进水。因此为了便于对比不同浓度消化液对厌氧氨氧化的影响,通过外加氯化铵、亚硝酸钠将 NH_4^+-N、NO_2^--N 浓度分别设置为 600 mg/L、800 mg/L 左右。

每个反应器中加入一定量污泥,保持污泥浓度约为 3.4 g/L,VS/TS 约 83%。本阶段研究分为 3 个进水批次,1~17 d 为一个批次,18~40 d 为第二个批次,41~65 d 为第三批次进水,COD 在 1 064~1 170 mg/L。三批进水的消化液电导率分别为 7.9 mS/cm、9.8 mS/cm、8.6 mS/cm。从 COD 与电导率来看,单个反应器内三个批次进水都比较接近。好氧处理过的厌氧消化液在重新调节 NH_4^+-N 与 NO_2^--N 比例的过程中,NH_4^+-N、NO_2^--N 会略有差异,导致进出水中 NH_4^+、NO_2^- 浓度有所不同。经过稀释重新配水后,各反应器不同阶段进水水质情况如表 8-21 所示。

表 8-21　三种厌氧氨氧化反应器的不同阶段进水水质特征

进水参数	反应器	运行时间/d		
		1~17	18~40	41~65
COD/(mg/L)	R1	1 064	1 173	1 138
	R2	652	684	694
	R3	330	342	352
电导/(mS/cm)	R1	7.9	9.8	8.6
	R2	5.5	7.4	6.3
	R3	4.2	4.9	4.4

三种厌氧氨氧化反应器的运行效果如图 8-39 所示。在初始的几天中,三种反应器的 NH_4^+、NO_2^- 均有所积累,主要原因在于厌氧氨氧化细菌活性并不高,且对消化液盐分、有机物需要一个适应的过程,经过一段时间,NH_4^+、NO_2^- 逐步下降。研究发现 R1 中 NH_4^+、NO_2^- 积累浓度比较高,下降比较慢,而 R2、R3 下降相对较快些。为了防止 R1 发生抑制,将反应器进水改为每天进水约 12 h,其余时间搅拌反应的运行方式,经过 8 d 运行,再将反应器改为连续进水。这可能是因为 R1 中消化液比例较高,因此,厌氧氨氧化细菌需要更长的时间来适应。

前 25 天,进水负荷约为 160 mg N/(L·d)左右。第 26 天将进水负荷提升一倍,至 320 mg N/(L·d),运行 2 天,三个反应器出水中就会有 NH_4^+、NO_2^- 积累(20 mg/L 以上),这表明厌氧氨氧化细菌还没有足够高,以适应负荷的提升,因此三个反应器负荷(以 N 计)重新调回 160 mg/(L·d)。

经过 35 天运行,将反应器负荷提升 320 mg N/(L·d),出水中 NH_4^+、NO_2^- 都有积累,其中 R1 中积累的要高些,但是与 R2、R3 一样,逐步下降,最终 NO_2^- 在 5 mg/L 以下。表明细菌在逐步恢复其活性,处理能力也得到了提高。在此负荷下,三个反应器运行约 2 周。

运行 50 天后,再次提升负荷 480 mg N/(L·d)。三个反应器出水几乎没有变化,这表明反应器中厌氧氨氧化活性又得到了提升。在此条件下运行 5 天,发现出水平稳。

之后进一步将反应器负荷调高至 640 mg N/(L·d),出水中出现 NH_4^+、NO_2^- 的积累,但

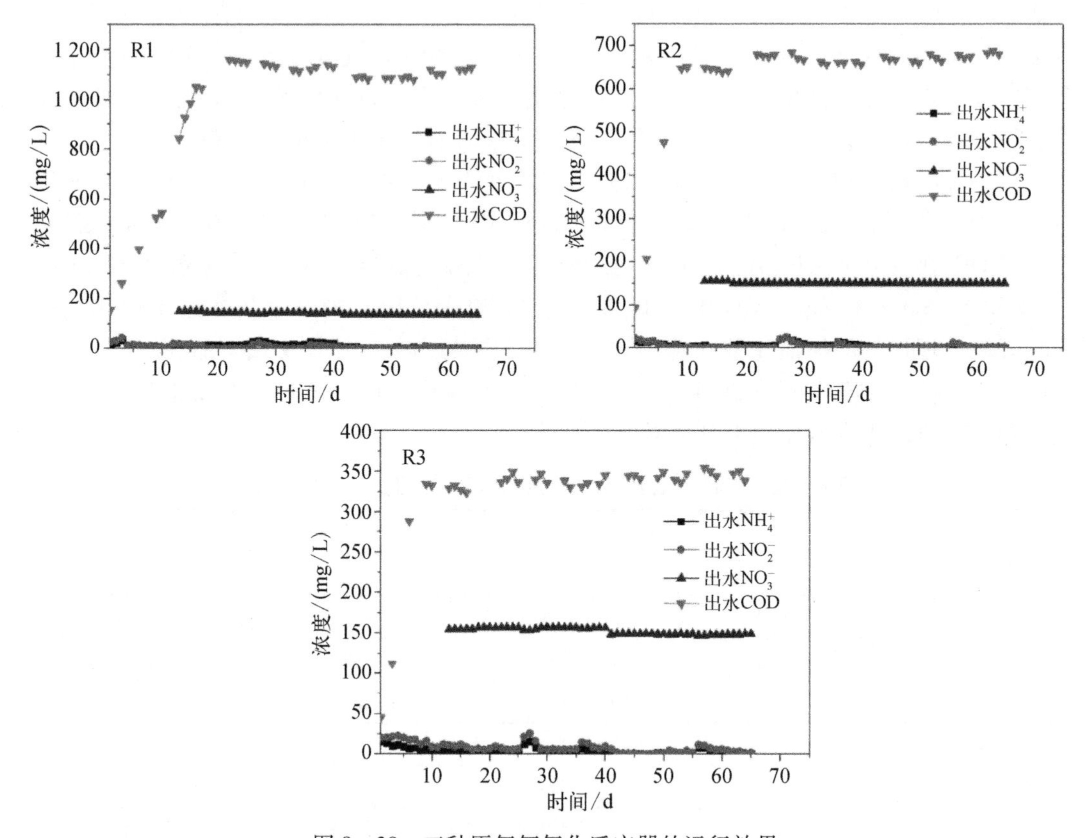

图 8－39　三种厌氧氨氧化反应器的运行效果

是浓度并不高(6~10 mg/L)。随后,浓度逐步降低。经过 10 天左右运行,NH_4^+、NO_2^- 几乎全部被去除掉。

可以看出,初始提升负荷时,NH_4^+、NO_2^- 积累很高,后边再次短时间内提高负荷,出水中 NH_4^+、NO_2^- 积累浓度也没有那么高,而且提升时间间隔比较短,表明细菌已经比较适应环境。活性得到进一步恢复,因此出水中基质浓度也比较低。在整个反应器运行过程中,活性与负荷不断提高。

对于 R2 与 R1,由于进水中消化液浓度的提高,初始活性相对于 R3 来讲要略微低一些,但是随着时间推移,R1 在经过 20 多天的运行之后,逐步适应有机物与盐分的环境,负荷也逐步提高。

经过 2 个多月的运行,反应器运行虽然负荷比较低,但是三个反应器都能正常运行且处理能力在不断提升,水力停留时间也由之前的 170 小时左右缩短至 40 多个小时。研究表明,经过好氧处理或者经过亚硝化的消化液,可以采用厌氧氨氧化技术进行脱氮,至少两段式运行并不存在问题。

三个反应器对比的结果也显示,消化液浓度在初始阶段对于反应器启动影响较为明显,原因可能在于高浓度的消化液中盐分与有机物对厌氧氨氧化细菌有抑制。但是后期随着厌氧氨氧化细菌的逐步适应,三个反应器运行差异并不明显。因此可以在消化液不稀释的条件下直接进水,虽然在初始阶段会有一定的适应过程,但是相对于逐步提高消化液比例来讲，这样可以大大缩短启动时间。

从化学反应计量比来看，三个反应器中，出水中 NH_4^+ 与 NO_2^- 基本都被消耗掉，根据理论计算，NO_2^-/NH_4^+ 基本在 1.32～1.28 左右小幅度波动，基本符合厌氧氨氧化的化学计量比，表明大部分的 NO_2^- 与 NH_4^+ 都是被厌氧氨氧化过程消耗掉的。

从 NO_3^- 与 NH_4^+ 的比例关系来看，R2、R3 中 NO_3^-/NH_4^+ 基本在 0.25～0.26，而 R3 中，NO_3^-/NH_4^+ 在 0.24，这可能是反应器中出现了反硝化或者异化硝酸根还原，造成其比例的下降。

在三个反应器运行过程中，随着消化液比例升高，COD 也逐步上升。R3、R2 中 COD 降解都很少，只有 10 mg/L 左右 COD 降解，变化幅度不大，在 R1 中有机物降解有所提高，不过基本在 40 mg/L 以下。但是三个反应器初始阶段 HRT 也足够长，这也表明反应器中难降解的有机物已经不多。后期随着负荷的提高、HRT 的缩短，R1 中有机物降解的幅度有微小下降。除了不同批次水质的差别外，消化液又经过好氧去除，能降解的有机物量有限，因此 COD 变化不大。

三个反应器运行一段时间后会有絮体产生，特别是对于 R1，由于进水中 COD、悬浮物浓度比 R2、R3 高，相比于其他反应器会有一些悬浮物絮体产生，而 R3、R2 中几乎没有悬浮物积累。这些悬浮物一方面是进水中携带的悬浮物，另一方面可能是分解有机物产生的异养菌。异养菌（特别是反硝化细菌）的存在也会影响 NO_3^-、NO_2^- 的转化。在本阶段的运行过程中，不定期（<20 天）用筛子将少量悬浮物过滤掉，并用清水冲洗颗粒细菌表面的絮体，尽量保留厌氧氨氧化细菌颗粒。

（2）高基质进水条件下反应器运行效果

本部分研究包括絮状污泥积累、高电导条件下的运行两部分，前一阶段为 1～78 d，后一部分为 79～105 d，进水 NH_4^+、NO_2^- 分别在 600 mg/L、800 mg/L 左右。不同阶段 COD、电导率如表 8－22 所示。

表 8－22　高基质厌氧氨氧化反应器的进水水质特征

时　间/d	COD/(mg/L)	电　导/(mS/cm)
1～58	1 233	10.3
59～68	1 033	9.4
69～105	1 167	18.2

1）絮状污泥积累对体系运行的影响

在实现了 COD 去除后消化液厌氧氨氧化的稳定运行之后，在本阶段研究中将 R1 记为 G1，进水的 NH_4^+、NO_2^- 保持原来的浓度。

为了观察絮体对反应器的长期影响，在整个运行阶段，并不将絮体排出，本阶段运行时间为 50 d，50 d 是絮状污泥逐步积累的过程。之后（51～68 d）是将絮体取出后的反应器恢复阶段。

尽管厌氧氨氧化技术在脱氮废水处理上有明显的优势，但是在实际应用中也面临一些问题，其中一个重要的问题就是生长速度缓慢。低生物生长率对生物工艺设计有重要的影响，例如设计体积巨大的反应器或者或高效截留微生物设施就非常有必要。这些限制了厌氧氨氧化工艺在废水中的应用。通常在基于厌氧氨氧化的工艺设计中，倍增时间设置在 15~30 d(Lotti et al.,2015)。同时由于厌氧氨氧化细菌世代周期较长，也导致厌氧氨氧化菌在面对复杂的生态系统时相对脆弱(Gao and Tao,2011)。但是相关的一些文献表明厌氧氨氧化细菌可能有更快的生长速率、更短的世代周期，因此如何提高厌氧氨氧化细菌的生长速率也成为研究的关注点。

根据 Lotti 等的研究，通过逐步缩短 SRT，可以促进厌氧氨氧化细菌的生长，最终将 SRT 缩短至 3 d，大大低于之前认为的 11 d 的世代周期。Lotti 等推测，可能是代谢机制上的微小变化导致了电子传递能力的提高，最终提高了厌氧氨氧化细菌的生长速度，但是这有待进一步证实(Lotti et al.,2015)。

Zhang 等的研究也表明，通过逐步缩短 SRT，可以提高厌氧氨氧化细菌的生长速度。在 37℃条件下，他们将 *Ca. Brocadia sinica* 和 *Ca. Jettenia caeni* 固定在聚乙烯醇和海藻酸钠珠上，在升流式反应器中培养，它们的世代时间分别为 2.1 d 和 3.9 d。厌氧氨氧化细菌实现了指数增长，并且有很好的重复性。因此他们认为厌氧氨氧化细菌的快速生长是其固有的动力学特性(Zhang et al.,2017)。

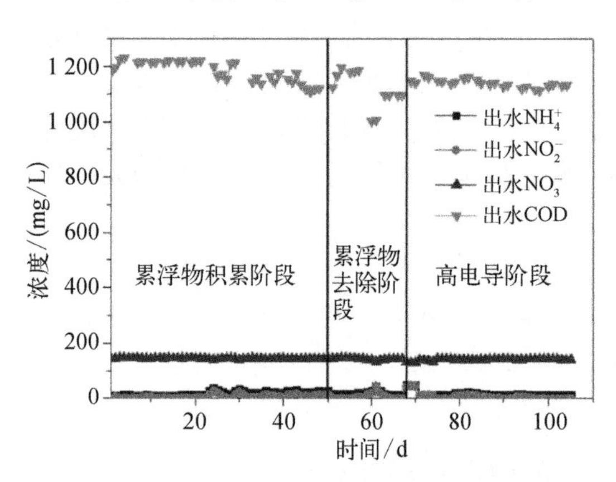

图 8-40 絮状污泥积累对体系运行的影响

在实际污水处理中，特别是污泥厌氧消化液中，SRT 对于厌氧氨氧化体系有何影响，通过控制 SRT 是否可以保证反应体系稳定运行甚至提高细菌活性，促进厌氧氨氧化细菌生长，目前都未有报道。因此本部分希望通过对比两个反应器的运行，观察悬浮物和控制 SRT 对系统影响。为了研究 SRT 对反应器的影响，G1 在运行过程中不排泥，而 G2 在运行中，通过控制厌氧氨氧化细菌的 STR，测试对反应器的影响。运行效果如图 8-40(1~58 d)所示。

从图 8-40 中可以看出，G1 在运行的 4 天后出水稳定，将负荷(以 N 计)提升 800 mg/(L·d)，水力停留时间缩短至 30 h 左右。出水保持稳定，并未有过高的 NH_4^+、NO_2^- 的积累，表明反应器活性仍然在恢复。之后，体系中逐步有絮体的积累，运行至 23 天后，有 NH_4^+、NO_2^- 的积累，而且出水浓度逐步提高，体系出现不稳定迹象。为了防止体系内基质的过量积累对细菌造成抑制，通过流量控制，将进水负荷(以 N 计)降低至 600 mg/(L·d)左右。当反应器负荷降低之后，出水中基质浓度逐步降低。在出水 NO_2^- 几乎消失后，重新将负荷提升，出水中 NH_4^+、NO_2^- 迅速提升至 36 mg/L、28 mg/L。

再次将负荷(以 N 计)降低至 600 mg/(L·d)。经过 7 天运行，体系中积累絮体逐步增多，出水中又出现 NH_4^+、NO_2^- 积累，整体运行进一步变差，在第 36 天，将负荷(以 N 计)再次降低至 320 mg/(L·d)。运行约 1 周，出水仍然较差，最终将负荷(以 N 计)调节至 160 mg/(L·d)。但是在接下的几天内，仍然有 12~17 mg/L 的 NO_2^- 积累，并且有逐步升高的趋势。从整个运行状况来看，随着悬浮物的积累，COD 有所降低，但是基本在 60~

90 mg/L,这表明水体中微生物降解有机物也是很有限度的,即使絮体增加也并不会大幅度提高有机物的降解率,与此同时,随着反应器负荷的调低,HRT 也从 32 小时延长至 160 小时以上,可以看到反应器中由于水流速度降低,难以将絮体带出,积累的絮状悬浮物越来越多。

G1 经过 50 天的运行,悬浮固体浓度达到了 0.56 g/L。伴随反应器絮体增多,整个体系运行逐步不稳定,处理性能变差。目前并没有消化液体系中絮体污泥积累对体系影响的报道。其对体系的负面影响可能有两方面:一方面,絮体中其他微生物生长,会大大增加它们附着在厌氧氨氧化细菌表面生长的机会,导致颗粒中厌氧氨氧化细菌比例的下降,这从后续微生物分析可以得到印证;另一方面,这些悬浮物中的微生物在不断地降解消化液中的部分有机物,自身也会产生各种代谢产物,这些分解有机物产生的次级代谢产物或者自身的代谢产物,可能对厌氧氨氧化细菌有抑制作用。

对以上运行结果进行综合分析,随着悬浮物的积累、其他微生物的增加,少量的悬浮物可以提高系统的整体脱氮率与 COD 去除率,但是会导致厌氧氨氧化细菌比例下降,体系运行失稳,造成体系整体负荷下降。这进一步造成 HRT 延长,更有利于其他细菌生长,是一个恶性循环。因此,及时排出絮体对体系的稳定有重要影响。对厌氧氨氧化细菌颗粒上的其他微生物也要尽量采取措施分离。

将反应器内絮体去除后,发现 G1 负荷逐步提高,经过 18 天(第 51~68 天)的运行,进水量即从 0.5 L/d 左右逐步提高至 1.6 L/d,出水 NO_2^- 也只有 2~5 mg/L。这表明反应器内过多的絮体污泥对反应器脱氮产生了不利影响,导致运行变差,絮体污泥去除之后,体系的处理能力短时间内就得到了恢复。

从 G1 运行开始,随着絮体的积累,反应器运行变差,之后 HRT 不断延长,经过 50 天的积累,悬浮物量达到最大值,同时也是 HRT 最长的阶段。因此有机物降解幅度最大。可以看出,G1 中,在 HRT 为 168 小时,絮体量最多的阶段,有机物的降解基本不超过 90 mg/L。这表明,在一个相对较长的 HRT 条件下,有机物的降解在 90 mg/L 以下。之后将絮体去除,在相同的 HRT 下,COD 去除下降,这表明絮体中的微生物在厌氧氨氧化反应器中对有机物的进一步降解发挥主要的作用。

从以上运行结果分析,单独的厌氧氨氧化反应器可以通过及时排出悬浮物而保持体系稳定。对于一段式反应器,悬浮物浓度会远远高于两段式中厌氧氨氧化反应器,因此一段式反应器并不适合处理热水解污泥厌氧消化液。但是两段式体系的成本比一体式有所增加,首先是整个反应器体积要增加;其次亚硝化反应是一个耗碱的过程,而厌氧氨氧化反应是一个耗酸的过程,这就需要对两个反应器的 pH 单独控制,增加了酸碱的投入。悬浮物对厌氧氨氧化有明显的抑制作用,但是对于抑制机制目前并不明确,需要进行进一步研究。

2) 高电导率条件下的运行特征

由于工况的不同,压滤液水质也在不断变化,其中盐分是重要的影响因素。场区内经过亚硝化之后的压滤液电导率在 6~18 mS/cm。在很多研究中,都用 NaCl 测试盐分对厌氧氨氧化的影响。不同研究中半抑制浓度是不一样的,半抑制浓度(IC_{50})从 5.4 g/L (11.4 mS/cm)到 13.5 g/L(22.9 mS/cm)都有报道,这主要与操作条件有关。在 Scaglione

等对厌氧氨氧化细菌处理市政固体废弃物厌氧消化液的研究中发现，IC_{50} 为 6.1 mS/cm（Scaglione et al.，2017）。

在本研究前期的运行过程中（包括启动阶段），都是在较低电导率条件下运行的（7.9~10.3 mS/cm）。本批次进水，电导率大幅上升至 18.2 mS/cm 左右，测试在此条件下的运行特性，验证厌氧氨氧化是否可以在高电导条件下运行及其稳定性。根据上一阶段的研究结果，在本阶段运行的第 15 天、第 28 天以及结束的第 44 天，将反应器中絮状污泥及时排出，避免厌氧氨氧化细菌受到絮状悬浮物的抑制。G1 运行情况如图 8 - 40（第 68~105 天）所示。

在初始阶段，为了防止高盐分对活性的抑制，造成体系内基质积累，将负荷调节至最低 160 mg/（L·d）。经过 3 天（第 69~71 天）运行，两个反应器内出水中 NO_2^- 高达 40 mg/L 以上，测试厌氧氨氧化细菌的活性，NO_2^- 在 12 个小时内也只降低了 2~4 mg/L，表明高电导环境对厌氧氨氧化细菌产生严重抑制。

在接下来的几天内，不定时进水，保持 NO_2^- 浓度在 10~20 mg/L 左右，反应后再进水，逐渐增加频次。经过 13 天的适应（第 72~84 天），厌氧氨氧化细菌活性有所恢复，改为每天进水约 12 小时，连续运行 4 天后（第 85~88 天），出水较为稳定，再改为全天连续进水（第 89~92 天），出水中 NO_2^- 仍然在 10~15 mg/L 左右。NH_4^+、NO_2^- 逐步降低，运行 14 天（至第 105 天）后，将反应器负荷（以 N 计）提升至 320 mg/（L·d）。G1 出水虽然有 NO_2^-，但是浓度已经在 10 mg/L 以下，并缓慢下降。之后，由于此批次进水用完，高电导条件下的运行并未接着进行，运行负荷是否能进一步提高还需要以后接着测试。

从以上运行结果可以看出，在高的盐分条件下（18.15 mS/cm）运行，初始阶段厌氧氨氧化细菌受到了严重抑制，中间间断进水，避免基质积累产生抑制，使厌氧氨氧化细菌逐步适应，才逐步恢复处理能力。因此厌氧氨氧化细菌可以逐步适应较高电导率水质条件下的运行，不过是否能够长期稳定运行并且进一步提高负荷，仍然需要做进一步观察。从细菌运行状态来看，细菌颜色并不是均一的红色，其中很大一部分是暗红色，也就是活性相对比较差的，同时还有一部分颗粒，呈现白色状态，可能是细菌中缺乏足够的细胞色素，表明其生长状态不佳。这很可能表明在反应器运行过程中，细菌的细胞色素合成受到了消化液中盐分或者有机物的抑制，导致细菌不能够呈现正常的鲜红或者亮红色。

从工程运行的角度讲，消化液中盐分的突然增加导致厌氧氨氧化细菌有较长的适应时间，会大幅度降低反应器的处理能力，甚至会使体系失稳崩溃，这往往容易给系统带来运行上的风险，不利于反应器的稳定脱氮运行。这需要对细菌进行进一步的驯化，使得细菌能够在较高的电导率区间长时间稳定运行。

（3）低基质浓度进水条件下的运行效果

进水 NH_4^+、NO_2^- 浓度也在很大程度上决定着体系的水力停留时间（HRT），进水 NH_4^+、NO_2^- 浓度越高，水力停留时间越长。为了测试水力停留时间对体系的影响，与 G1、G2 做对比，设置两个低 NH_4^+ 和 NO_2^- 浓度进水的反应器（NH_4^+ 约 150 mg/L、NO_2^- 约 200 mg/L），分别记作 D1 和 D2。

在之前 R3 运行结束后，将其中的细菌分成两部分，分别放置于两组反应器内（D1、

D2)，污泥浓度约3.3 g/L，同时两个反应器进水改为100%的消化液，其中NH_4^+和NO_2^-进水浓度比G1和G2较低，分别约为150 mg/L和200 mg/L。D1不排泥，而D2的SRT为80天。各个阶段进水水质情况如表8-23所示。

表8-23　低基质浓度厌氧氨氧化反应器的进水水质特征

时　间/d	COD/(mg/L)	电　导/(mS/cm)
1~32	1 173	9.54
33~56	1 066	8.95
57~67	1 029	10.38
68~74	1 064	7.89
75~82	1 138	10.33
83~84	—	—
85	1 132	11.7
86~88	1 132	11.7
89~111	—	—
111~135	1 132	11.7

在刚开始运行的一周内，两组反应器的初始进水量约为2 L/d，HRT为20.7 h，相比于G1和G2反应器，其HRT大大降低，进水负荷(以N计)为410 mg/(L·d)，之后将两组反应器的负荷进一步提高，其运行效果如图8-41(第1~58天)所示。

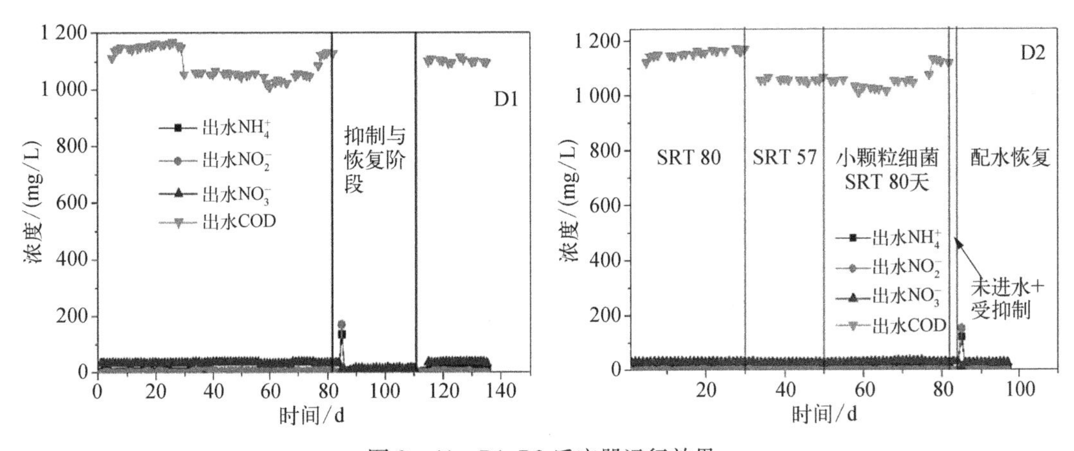

图8-41　D1、D2反应器运行效果

D1在运行一周后开始有NH_4^+和NO_2^-积累，因此在16天时，将反应器负荷(以N计)降至410 mg/(L·d)。经过10天运行后，再将负荷(以N计)提升至500 mg/(L·d)。在运行至66天时，将反应器负荷(以N计)提升至720 mg/(L·d)，初始阶段有NH_4^+和NO_2^-积累，而后逐步运行平稳。

对于D2，经过14天运行，将负荷(以N计)提升至620 mg/(L·d)。仅仅运行4天后，继续将负荷(以N计)提升至720 mg/(L·d)，并保持连续运行，HRT降至12 h，体系内污泥浓度从3.3 g/L上升至3.5 g/L，同时研究发现污泥体积增加了10 mL，由于30天中总计排泥60 mL，也就是30天内污泥产生量为70 mL。而且从外观上来看，D2中的细菌颜色更红，这表明D2中血红素C含量比D1中更高，而厌氧氨氧化细菌的活性与血红素C

含量是相关的,即血红素 C 越多,表明活性越高。这表明在 SRT 为 80 天的情况下,体系内的污泥浓度保持稳定,相比于 G1,排泥提高了污泥的浓度与厌氧氨氧化细菌的活性。

在后续的 20 天内,进一步缩短 D2 反应器的 SRT 至 57 天,体系中逐步有 NH_4^+ 和 NO_2^- 积累,并将进水负荷(以 N 计)调节至 620 mg/(L·d)。经检查发现污泥体积大幅度下降,从之前的 170 mL 下降至 120 mL,污泥浓度降低至 2.5 g/L。进一步排泥有可能会造成反应器细菌浓度过低,最终导致体系不稳定,因此不再向外排泥,并稳定运行 10 天。在 10 天内,D2 反应器出水水质较为稳定,与 D1 反应器相比,两组反应器进水负荷较为接近,可见 D2 反应器中污泥活性高于 D1 反应器。这可能是由于 D2 反应器中厌氧氨氧化细菌更新速度快于 D1 反应器,处于较好的代谢状态,因而其细菌活性比 D1 反应器高。

当细菌的 SRT 控制在 57 天左右时,细菌的活性仍然逐步升高,但是细菌的浓度却大幅度下降,从之前的 3.5 g/L 降低至 2.5 g/L 左右,也就是细菌颗粒的形成速度仍然赶不上排出的速度,此外反应器中都是颗粒较大的细菌,这其中可能的原因在于细菌的整体活性仍然不够高,处理能力仍然有限,其生长速度仍然处于较低水平,所以不能维持体系的平衡。因此如果需要将体系的 SRT 进一步缩短,那么就需要进一步提高细菌的活性,在其处理能力较强的时候有可能实现。

为了维持体系内污泥浓度,并测试 SRT 对于更细小的颗粒的影响,通过筛子筛选 120 mL 40~60 目(粒径 0.25~0.42 mm)的厌氧氨氧化细菌颗粒,加入 D2 中(小粒径污泥浓度 2.05 g/L,MLVSS/MLSS=0.84),反应器整体的污泥浓度约为 4.5 g/L。之后的 SRT 研究中,只排放小颗粒的污泥,并将 SRT 仍然保持在 80 天(对于整个体系来讲,SRT 在 160 天左右)。

在将厌氧氨氧化细菌颗粒加入反应器后,逐步提升反应器负荷,从第 61 天开始,经过 12 天,负荷(以 N 计)迅速提升至 1 200 mg/(L·d),并保持稳定运行,水力停留时间缩短至 6.8 h。

在运行 82 天时,由于试验用水使用完,且厂区压滤液处理运行调整无法取水,因此 2 天内没有及时进水,之后由于操作出现失误,导致进水流量过大同时进水中碳酸氢盐不足,致使两组反应器严重超负荷运行,出水 NO_2^- 浓度达到了 120 mg/L 以上,并维持了约 1 天,虽然经过及时调整,但是细菌颜色转为暗红,甚至偏暗棕色,后续的处理能力也大幅下降,这些都表明细菌受到了 NO_2^- 抑制。Carvajal-Arroyo 等发现,处于饥饿状态下的厌氧氨氧化细菌比正常的细菌更容易受到 NO_2^- 的抑制(Carvajal-Arroyo et al.,2014)。因此在实际运行过程中,要十分注意运行条件的控制,防止出现 NO_2^- 受抑制的问题。

从反应器中取出污泥,通过筛子筛分之后测定小粒径污泥体积,发现其从之前的 120 mL 增加至 145 mL,MLSS 也增加至 4.7 g/L。这表明,在此期间细菌量保持稳定并有一定增长。这可能是因为,相比于大颗粒厌氧氨氧化细菌,小颗粒比表面积更大,在相同条件下,传质阻力更小,接触基质更多,活性更容易提高,生长速率也更快,排泥对小颗粒的厌氧氨氧化细菌影响更大。因此在相同 SRT 条件下,更容易产生新的厌氧氨氧化细菌。在实际工程运行中,从细菌增殖角度看,小粒径的厌氧氨氧化细菌或许更有优势,SRT 相对会更短。此外,更短的 SRT 也可能更有利于体系中其他微生物的排除,维持厌氧氨氧化细菌在群落中较高的比例。

运行 82 天时，为了维持体系的稳定，D2 暂时不再排泥，而将 D1 和 D2 负荷（以 N 计）分别降低至 100 mg/(L·d) 左右，运行 3 天，出水中 NO_2^- 仍然高达 50～70 mg/L，说明反应器中细菌受到了严重抑制。为了消除盐分和有机物等对两组反应器的影响，采用低浓度配水进行培养，NH_4^+ 和 NO_2^- 浓度分别为 60 mg/L 和 80 mg/L 左右。

经过 23 天左右的恢复，将进水重新改为之前的亚硝化出水。为降低进水切换对厌氧氨氧化细菌的负面影响，将 D1 和 D2 反应器的进水负荷（以 N 计）分别控制在 320 mg/(L·d) 和 620 mg/(L·d)。出水中 NH_4^+ 和 NO_2^- 都比较低，在 10 mg/L 以下，经过 10 天的运行，分别提高至 620 mg/(L·d) 和 1 150 mg/(L·d)，细菌处理能力基本恢复。之后重新开始 SRT 对体系影响的测试，D1 仍然保持不变，而 D2 则保持反应器中小颗粒细菌的 SRT 设置在 60 天，经过 25 天运行，可以看出污泥浓度继续上升至 4.9 g/L。这表明，对于小粒径的厌氧氨氧化细菌，将其 SRT 控制在 60 天左右，是可以实现系统的稳定增长的。通过粒径对比发现，活性更高的小粒径厌氧氨氧化细菌更有利于实现较短的 SRT，从而保持体系中污泥浓度的稳定。

An 等(2013)研究了不同粒径下厌氧氨氧化细菌的活性，发现粒径较小(0.5～1.0 mm)的或者较大(>1.5 mm)的颗粒细菌活性都不是最高的，处于中间(1.0～1.5 mm)的活性最高(An　et al.，2013)。郑照明等人的研究中，在 25℃ 条件下，粒径大于 2.5 mm 的颗粒细菌活性最高，而粒径在 1.5～2.5 mm 和 0.5～1.5 mm 之间的相差不大（郑照明等，2014）。Kindaichi 等认为，厌氧氨氧化细菌颗粒在 1 mm 左右时，活性最高，当粒径继续增大时，内部的细菌难以得到足够的基质，会造成活性的下降(Kindaichi　et al.，2007)。因此在实际应用过程中，需要根据活性来确定最佳的粒径范围，这有助于反应器的高效运行，同时也有助于缩短 SRT。

将 D1 和 D2 两组反应器与 G1 前期 58 天的运行作比较，两者进水水质相差不大（G1 进水中 COD 略高），但是前两组反应器经过约 80 天的运行，絮体污泥浓度只有后者运行 50 天后的十几分之一。这可能是因为 G1 反应器中过长的 HRT 造成水体流动过缓，难以随出水被排放出去。从工程应用的角度讲，在连续流条件下可以通过回流或者提高污泥浓度缩短反应时间，降低反应器中絮状悬浮物的积累，避免其对体系的抑制。

(4) 厌氧氨氧化反应器内微生物群落分析

对 G1、D1 和 D2 三组反应器中厌氧氨氧化颗粒进行微生物群落分析，如图 8－42 所示。Anaerolinaceae 占据了较高的比例，其他菌群包括 *Ignavibacterium*、*Limnobacter*、*Candidatus Kuenenia* 等，其中 Xanthomonadales 是常见的反硝化细菌。

与接种污泥相比，在经过 115 天（包括启动阶段）运行之后，反应器中微生物种群结构发生了较大变化，尽管污泥均含中 *Candidatus Brocadia* 和 *Candidatus Kuenenia* 都存在，但初始污泥中厌氧氨氧化细菌比例约 40%，而 G1 中厌氧氨氧化细菌比例仅为 8.7%。

厌氧氨氧化细菌比例的降低，一方面很可能是消化液中仍然存在一些抑制因素，抑制了厌氧氨氧化细菌的生长，特别是絮体大量存在的阶段，反应器运行不稳定，从而降低了其比例。另一方面，由于进水水质的复杂，导致异养菌的生长，因此 G1 中微生物多样性提高，种类更加丰富，厌氧氨氧化细菌相对比例下降。

在 D1 和 D2 运行 60 天后，取样分析反应器中微生物群落变化。D1 和 D2 中厌氧氨

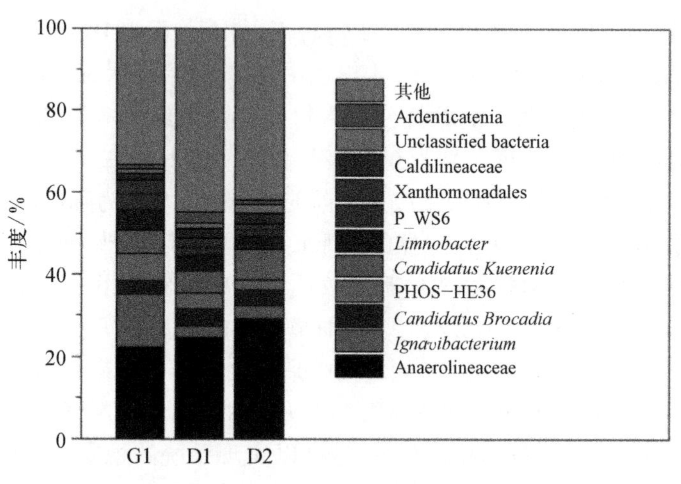

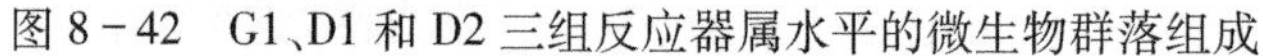
图 8-42　G1、D1 和 D2 三组反应器属水平的微生物群落组成

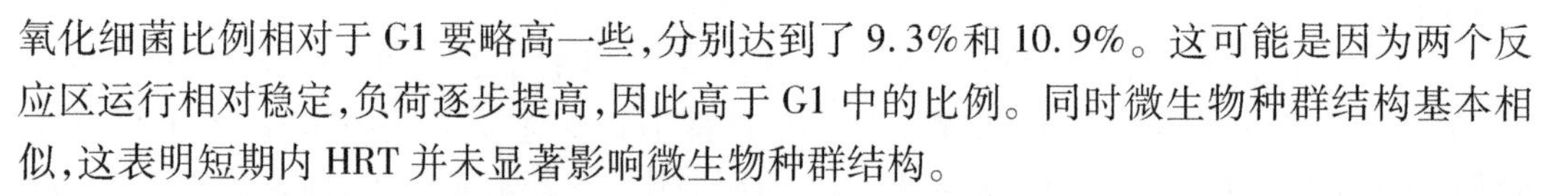
氧化细菌比例相对于 G1 要略高一些，分别达到了 9.3%和 10.9%。这可能是因为两个反应区运行相对稳定，负荷逐步提高，因此高于 G1 中的比例。同时微生物种群结构基本相似，这表明短期内 HRT 并未显著影响微生物种群结构。

同时，D2 中厌氧氨氧化细菌的比例相对高于 D1，但是差异并不显著。在 SRT 80 天的情况下，影响也是有限的，长期的影响结果仍需要进一步研究。虽然 D1、D2 处理负荷逐步提高，表明厌氧氨氧化细菌活性的提升，但是与 G1 相似，厌氧氨氧化细菌比例相对于接种污泥也是大幅下降。

在 Gu 等人的研究体系中，厌氧氨氧化体系的热水解污泥厌氧消化液并未经过亚硝化过程，而是经过一定比例的稀释，之后外加 $NO_2^- - N$ 作为进水，稀释前消化液的 COD 非常高(3 290±640 mg/L)。当消化液比例提高至 70%以上时，由于高浓度有机物的抑制导致反应器运行崩溃。经微生物分析发现，厌氧氨氧化细菌比例大幅下降，不超过 2.5%(Gu et al.，2018)。而本研究的厌氧氨氧化反应器进水先经过了好氧处理过程，有机物在此过程中一方面浓度大幅度下降，另一方面分子量也变小，意味着分子结构的变化，有机物毒性很可能也变小了，因此这两方面都降低了对厌氧氨氧化细菌的毒害影响。反应器负荷也只是随着悬浮物积累才有所下降，在悬浮物浓度较低的情况下，运行较为稳定。

以上分析表明，有机物是影响反应器运行的一个重要因素，高浓度和(或)大分子量的有机物可能对厌氧氨氧化细菌有直接抑制，对体系的稳定运行产生影响。

由于厌氧氨氧化细菌的活性与丰度有直接的相关性，比例的降低不利于负荷的提升与体系的稳定，因此需要进行后续的定期检测，确保厌氧氨氧化细菌比例的稳定。

在其他的文献中也都发现了较高比例的 Chloroflexi，Chu 等在一体式反应器中发现 Chloroflexi 所占比例达到 28%(Chu　et al.，2015)；Kindaichi 等的研究中使用不加碳源的配水，Chloroflexi 仍然占有很高的比例(Kindaichi　et al.，2012)。Bacteroidetes 喜欢生长在颗粒污泥表面，形成网状结构，强化颗粒物的形成，此外还能降解高分子量的有机物(Fernandez-Gomez　et al.，2013)。Li 等的反应器在运行 500 天后，也发现 Bacteroidetes 所占比例达到了 11%(Li　et al.，2009)。一些研究认为 Chloroflexi 和 Bacteroidetes 与颗粒形成有关，Chloroflexi 会形成一些有利于颗粒细菌形成的骨架，作为这些颗粒的载体或者核心或者以丝状微生物的形式形成网络结构（Gao et al.，2011；Li et al.，2010）。

Ignavibacteriae 也是比例相对较高的微生物，Meng 等在 EGSB 反应器中发现了 Ignavibacteriae 的存在；Mardanov 等对亚硝化—厌氧氨氧化反应器中的微生物做了分析，也发现了 Ignavibacteriae（6%）；在 Gu 等的体系中 Ignavibacteriae 的比例也高达 17.6%～21.9%，通常与 *Chloroflex* 共同存在于高浓度有机物废水中，也可以降解淀粉、糖和肽，去除体系中的有机物（Gu et al.，2018；Leal et al.，2016；Mardanov et al.，2017；Meng et al.，2015）。此外，Acidobacteria 也可以利用碳水化合物、纤维素和甲壳素等（Ward et al.，2009）。

在属水平上，发现的两种厌氧氨氧化细菌分别是 *Candidatus Brocadi*a 和 *Candidatus Kuenenia*，但是比例较少，颗粒细菌中两者之和为 7.4%，而絮体中并没有发现。

Anaerolinaceae 属于 Chloroflexi 门，在总微生物群落中占据较高的比例，也可以降解有机物（Meng et al.，2018）。Li 等在研究厌氧氨氧化处理渗滤液的过程也发现了 Anaerolineaceae 与 *Candidatus Kuenenia* 的共存，前者是参与难降解有机物降解的主要微生物，特别是参与疏水官能团（如 C ═C）的反应（Li et al.，2018）。在厌氧消化体系中，Anaerolineaceae 被认为可以与 *Methanosaeta* 等进行互营代谢，并且将电子传递给 Fe^{3+}。有研究显示，随着厌氧消化体系中富里酸的增加，Anaerolineaceae 成为优势微生物。因此，这意味着它可以将电子传递给富里酸，进行互营代谢。研究显示，Chloroflexi 可以氧化芳香族化合物，而富里酸中有相当一部分碳是芳香化的，因此 Anaerolinaceae 很有可能利用这些芳香族化合物进行生长（Dang et al.，2016）。此外 Anaerolineaceae 还可以将一些小分子的糖类（如葡萄糖、果糖、木糖、蔗糖、棉子糖）降解成为短链脂肪酸（乙酸、丙酸、丁酸和乳酸等）（Yamada et al.，2006）。

本研究发现 Anaerolineaceae 所占比例较高，因此可以推断 Anaerolineaceae 很可能也是厌氧氨氧化反应器中主要的有机物降解参与者。反硝化细菌一般都属于变形菌门，有 α（*Rhodopseudomonas* sp.），β（*Thauera* sp.，*Pusillimonas* sp.，*Acidovorax* sp.，*Comammonas* sp.）和 γ（*Thermomonas fusca*，*Xanthomonas* sp.）种属（Keluskar et al.，2013）。

本研究也发现了反硝化细菌 *Denitratisoma*（变形菌门，革兰氏阴性菌），丰度约为 2.6%，这导致系统中 NO_3^- 浓度低于理论值。Li 等的研究中 $NO_3^- - N/NH_4^+ - N$ 约为 0.1，低于理论的 0.26（Li et al.，2018）。在其他报道中也经常有 *Denitratisoma* 的出现，Cao 等的研究中其丰度高达 23.6%，他们认为细菌的裂解与衰亡为 *Denitratisoma* 提供了碳源（Cao et al.，2016），这些物质可能更易降解，从而 *Denitratisoma* 成为优势菌种。Barker 和 Stuckey 认为溶解性的微生物产物与 EPS 等也会为反硝化细菌提供碳源，维持反硝化细菌的生长（Barker and Stuckey，1999）。在本研究中，进水有机物大部分较难于降解，这种条件下 Anaerolineaceae 更容易成为优势菌种。

Xanthomonadale 也是常见的反硝化细菌，但是其他几种常见变形菌门的反硝化细菌，如 *Rhodopseudomonas*、*Thauera*、*Pusillimonas*、*Acidovorax*、*Comammonas*、*Thermomonas fusca* 并未检测到，这表明反硝化细菌可能受有机物降解难度的限制，并未成为主要的异养菌，多样性也不够高。

Limnobacter 属于异养菌，在其他有关厌氧氨氧化的体系中，也有相关的发现。在 Shu 等人的研究中，发现 nrfA（涉及 DNRA 的关键基因）与 *Limnobacter* 正相关，表明 *Limnobacter* 很可能可以利用有机物进行 DNRA 过程（Shu et al.，2016b）。在另一项研究中他们发现 *Candidatus Brocadia* 与 *Limnobacter* 正相关，他们推测 *Candidatus Brocadia* 也可能参与有机物的降解（Shu et al.，2016a），这与 *Sarina Jenni* 的研究一致（Jenni et al.，2014）。

WS6 的功能目前尚不清楚，但是在其他厌氧氨氧化的研究中也有发现，Speth 等认为其可能存在于厌氧氨氧化细菌颗粒的内核中，而且是异养厌氧菌（Speth et al.，2016）。

在属水平上，可以看出，其他的微生物所占比例比较小，多样性较高，微生物的多样性有利于提高系统的稳定性。这些微生物有可能只是参与有机物降解过程的某一步骤，在复杂的反应体系中，共同完成特定有机物的降解。

在反应器中，有硫酸盐与有机物的存在，因此可能会导致硫酸盐还原菌的出现，从而将 SO_4^{2-} 转化有毒有害的 S^{2-}，进而导致体系不稳定。Jin 等的研究发现，S^{2-} 对厌氧氨氧化细菌的抑制浓度与进水基质浓度相关，NH_4^+ 和 NO_2^- 均为 100 mg/L 的条件下，S^{2-} 短期的半抑制浓度为 264 mg/L，在长期运行过程中，32 mg/L 的 S^{2-} 即对体系运行产生严重的抑制，并且需要较长的时间恢复（Jin et al.，2013）。

但是通过高通量测序，并未检测到硫酸盐还原菌，主要原因可能是 NO_2^- 对硫酸盐还原菌的抑制作用，虽然体系内多数情况下，NO_2^- 浓度并不高。在实际应用中，NO_2^- 也经常作为硫酸还原菌（SRB）的抑制剂，例如在含硫油田开采中，往往通过加入 NO_2^- 对 SRB 进行抑制，来保证正常生产的进行。但是在不同文献报道中，由于操作条件、微生物类型不同，NO_2^- 的有效抑制浓度也各不相同。Kaster 和 Voordouw 等的研究中，低浓度的 NO_2^-（0.5~1.0 mmol/L）即可将 SRB 完全抑制；Jiang 等人的研究发现，浓度与时间会影响 NO_2^- 对 SRB 的抑制作用，在低浓度下，可以通过延长时间来取得抑制效果（Jiang et al.，2010；Kaster and Voordouw，2006）。在实际应用过程中，连续几天中每隔 33 h 外加 100 mg/L 的 NO_2^-，完全抑制了 SRB，之后 3 周不加 NO_2^-，硫酸盐还原速率也仍处于较低水平；Nemati 等的研究中，在一个油田中富集的 SRB，在不同生长阶段，NO_2^- 的抑制浓度从 0.1 mmol 到 0.25 mmol 之间，但是在另外一个油田中富集的 SRB，则需要 4 mmol 的 NO_2^- 才能抑制其活性（Nemati et al.，2001）。因此从短期（约 50 天）来看，在絮体中至少并未出现 SRB，即使出现了，也可以通过控制 SRT 将 SRB 排出体系中。

高浓度的 SO_4^{2-} 也为硫酸盐还原型厌氧氨氧化（sulfate-reducing anaerobic ammonia oxidation，SRAO）的出现创造了条件。2008 年发现了一种新的细菌 *Anammoxoglobus sulfate*，可以利用 SO_4^{2-} 作为电子受体，将 NH_4^+ 氧化为 NO_2^-，进而将 SO_4^- 转化为硫沉淀出体系，而氮元素则转化为 N_2，在更加节省曝气的条件下，达到同时去除 SO_4^- 与 NH_4^+ 的目的，对于炼油加工、渔业加工、肥料生产、酵母生产等的脱氮除硫也非常有意义。Cai 等发现 *Bacillus benzoevorans* 也可以实现 SRAO，反应方程式为 $2NH_4^+ + SO_4^{2-} \longrightarrow S + N_2 + 4H_2O$。硫酸还原型厌氧氨氧化发生的难度比传统的厌氧氨氧化更高，在热力学上需要更高的能量，因此 NH_4^+ 和 SO_4^{2-} 浓度较高的条件下才有利于 SRAO 的发生，并且通常是在无机条件下实现的，有机物会对自养菌产生抑制（Giustinianovich et al.，2016；Montalvo et al.，2016）。不过也有报道在有机物存在的条件下实现了硫酸还原型厌氧氨氧化（Wang et al.，2017）。本研究中进水 SO_4^{2-} 浓度通常在 4 000 mg/L 以上，并未检测到 *Anammoxoglobus sulfate* 与 *Bacillus benzoevorans*，可能是受较高 COD 浓度的影响。因此 SRAO 能否在本研究体系中得以实现，还需要进行长期的观察。

8.3.3 中试反应器的运行效果及微生物群落分析

通过以上小试研究证实了亚硝化—厌氧氨氧化技术对热水解污泥厌氧消化液脱氮的可行性。在此基础上，进一步开展了中试研究，以便为后续大规模的实际应用积累运行经验。

鉴于连续流小试研究中亚硝化污泥和厌氧氨氧化细菌难于截留，中试反应器采用 SBR 工艺，这也是实际工程应用中采用最多的运行方式，稳定性和可靠性都得到了验证。每批次反应后将污泥沉降，排出上清液，避免细菌流失、污泥浓度降低。在亚硝化阶段，并不将 NH_4^+ 全部转化为 NO_2^-，而是根据之前的小试研究结果，通过控制反应时间将 NH_4^+ 与 NO_2^- 控制在适当的比例，为后续厌氧氨氧化反应做准备。

（1）热水解污泥厌氧消化液亚硝化中试反应器运行

在亚硝化中试系统运行前，亚硝化反应器已经运行过一段时间，随后由于研究调整，处于停滞状态，因此反应器内本身有消化液与亚硝化污泥，污泥浓度约 5.6 g/L，MLVSS/MLSS 约 0.35，而且之前有较高浓度的 NO_2^- 积累。反应器有效运行体积约 65 m^3，采用钢制结构，外有保温层，外观如图 8－43（左边部分为亚硝化反应器，右边为厌氧氨氧化反应器）。反应完之后排水至调节池，亚硝化反应器再进下一批次消化液，溶解氧浓度在 1.0~2.0 mg/L 波动。

图 8－43　亚硝化—厌氧氨氧化中试反应器外观

由于后续厌氧氨氧化运行所需水量比较小，在亚硝化初始阶段进出水频次比较小，每隔一天进出水一次。如图 8－44 所示，初始的 10 天，由于新的消化液进入体系内，NH_4^+ 浓度从开始的不到 200 mg/L 逐步提高；对于 NO_2^-，一方面由于新进入消化液的替换、稀释，导致 NO_2^- 有所下降另一方面，由于 AOB 活性较差，新进入体系的 NH_4^+ 并不能很快转化为 NO_2^-，但是排水又要流失一部分 NO_2^-，因此 NO_2^- 呈现小幅度下降的趋势。之后，随着进水的交换，NH_4^+ 浓度的逐步提高，同时 AOB 活性的逐步改善，NO_2^- 转化率也不断得到提高。在控制曝气时间的条件下，两者的比例逐步接近 1∶1。

随着负荷提升，水量从每两天进出水 6.5 m^3 逐步提升至每两天进出水 8~15 m^3，在进

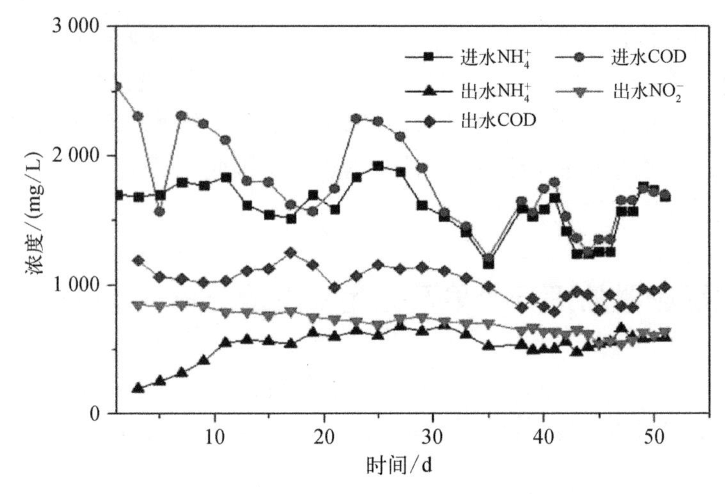

图 8-44 亚硝化中试反应器运行效果

水的前两天,几乎没有 NO_2^- 产生,亚硝化液进水之后,完全稀释了体系中的 NO_2^-。由于亚硝化反应器前期的停滞,AOB 活性较低,第一次进水后连续曝气 48 h;经过 17 天,处理能力即提升至每批次 15 m^3 左右,反应时间按照曝气时间约 35 h,负荷(以 NO_2^--N 计)也几乎从零开始,提升至 0.09 kg/(m^3·d)。经过 38 天,处理能力提升至 14 m^3 左右,反应时间也降低至 22 h,负荷(以 NO_2^--N 计)也提升至 0.156 kg/(m^3·d)。从整个过程来看,随着 AOB 活性的提高、NH_4^+ 转化速率的加快,在负荷不断提升的同时,曝气时间却逐步降低至 10 h 左右。

而 HRT 也从刚开始的 440 h 逐步缩短至 96 h(图 8-45)。从第 42~51 天,由于厂区运行调整,消化液有时候不能足量及时提供,造成进出水量不稳定,导致实际的 HRT 较长,但是实际的反应时间(也就是曝气时间)仍然是不断减小的。

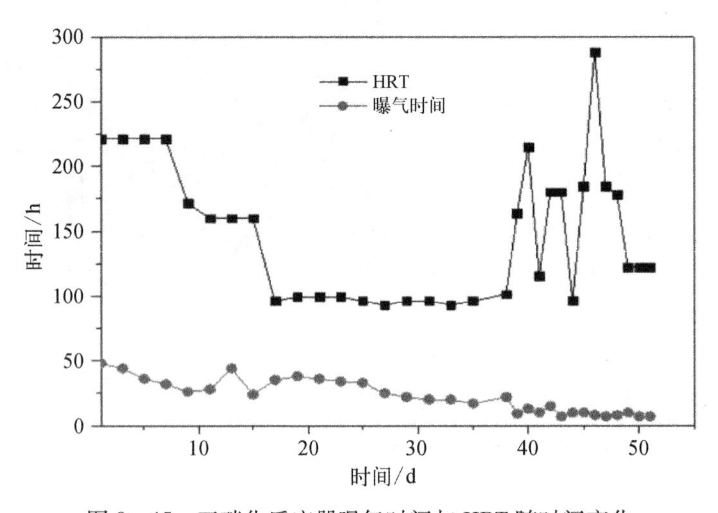

图 8-45 亚硝化反应器曝气时间与 HRT 随时间变化

初始阶段的进水 COD 浓度比较高,因此出水 COD 在 1 000~1 200 mg/L 以上。后期水质不断波动,COD 浓度不断有所下降。本阶段 COD 去除率只有 43%左右,这主要是由于反应体系比较长的时间(如静置阶段与排水阶段,还有一部分反应时间)处于低 pH 状态下，抑制了体系内异养菌的代谢，因此导致 COD 去除率比较低。

在运行的第45天，进水搅拌均匀之后，测试反应器内 NH_4^+ 转化速率及 NO_2^- 产生速率，如图8-46所示。NH_4^+ 转化速率及 NO_2^- 产生速率随时间呈现很好的线性关系，相关系数分别达到0.996、0.977，这与小试的规律一样。因此通过控制反应时间，以保证出水中 NH_4^+、NO_2^- 比例关系合适，再进入厌氧氨氧化反应器在中试反应器中进行验证。NH_4^+ 经过14个小时的反应，可从820 mg/L左右下降至615 mg/L左右，AOB比活性为2.51 mg NH_4^+-N/(L·h)，NO_2^- 则从433 mg/L积累至586 mg/L左右。但是与小试研究结果对比发现，中试污泥浓度比小试要高，但是中试的氮转化速率要比小试要快，也就是AOB活性还比较低，具体原因尚不清楚，需要做进一步研究。

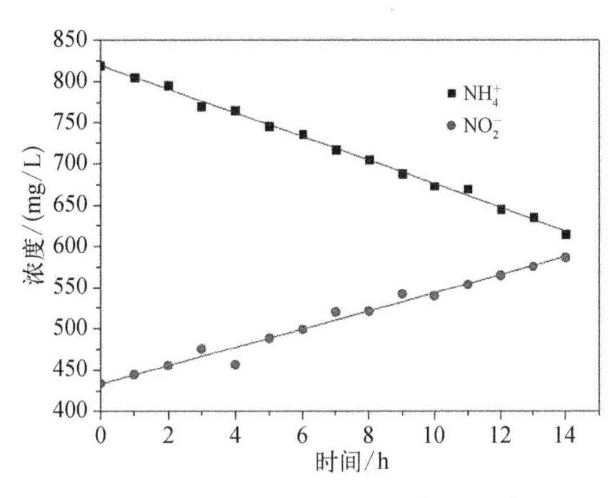

图8-46 中试反应器中 NH_4^+、NO_2^- 随时间变化规律

从整个中试反应器启动来讲，初期(1~10天)是微生物活性逐步恢复的阶段，在此之后，微生物活性逐步升高，因此负荷不断提升，整个启动过程比较稳定。同时在整个运行阶段，并检测到 NO_3^- 的产生，这表明NOB也得到了很好的抑制。但是后期受到场区来水的影响，不能保证及时的进水，导致反应器运行负荷处于较低水平。

(2) 热水解污泥厌氧消化液厌氧氨氧化中试反应器启动

经过小试验证之后，进行中试研究，中试反应器有效容积约30 m^3，根据实际情况进行调整，进水采用前段中试亚硝化反应器出水。为了保证体系的稳定运行，防止出现意外，对亚硝化反应器出水进行稀释，采用逐步提高亚硝化液比例的方式启动。

由于控制经验、进水水质的波动及受到场区检修等的影响，运行条件会经常性的有所波动，亚硝化出水有时候难于保证 NH_4^+、NO_2^- 的比例在1:1~1:1.3，因此为了保证运行效果，亚硝化出水先进入一个调蓄池，在调蓄池中加入地下水，对亚硝化液稀释，并通过外加 NH_4Cl、$NaNO_2$ 调节 NH_4^+、NO_2^- 至合适比例，之后再进入厌氧氨氧化反应器。每个SBR周期约8 h，包括进水20 min、搅拌反应7 h、静置20 min、排水20 min。

厌氧氨氧化反应器在进亚硝化液之前，已经通过配水培养了约6个月。细菌粒径约为1~2 mm，整体呈现鲜红，但是仍有少部分颗粒是黑色状态。反应器中细菌MLSS约2.2 g/L，MLVSS/MLSS约0.85，*Candidatus Brocadia* 是主要的厌氧氨氧化细菌，并且微生物群落分析表明其丰度高达43%。反应从进亚硝化液开始计算，前45天，反应器有效容积28 m^3，随着反应器的运行，每天进出水由2批次逐步增加至4批次(1~49天)，每批次约6 m^3，HRT也由初始56 h缩短至28 h。运行48天后，反应器内液位提高，容积扩大为30 m^3，每次进出水2.5 m^3，进出水6个批次，HRT约48 h。

在启动初始阶段，亚硝化池出水与井水按照2:8(第1~11天)混合，并逐步将反应器中亚硝化液出水比例提高至30%(第12~21天)、50%(第22~36天)、60%(第37~49

天)、80%(第 50~52 天)。之后进入厌氧氨氧化池，NH_4^+、NO_2^- 浓度根据反应器运行，也逐步由 40 mg/L 左右提高至 70 mg/L 左右。

由于调节上的误差，导致有些情况下进水中 NH_4^+ 或 NO_2^- 略有过量，如图 8-47 所示，出水中 NH_4^+、NO_2^- 都较低，浓度基本在 5 mg/L 以下。48 天之后，由于亚硝化反应器中 NH_4^+、NO_2^- 出水浓度基本在 1∶1，并不再用 NH_4^+、NO_2^- 对出水调节，出水中 NH_4^+ 在 12~45 mg/L。进水中消化液浓度不断提高，因此 COD 浓度也逐步提高。初始阶段，反应器中 COD 浓度较低，需要用新的进水逐步替换。在整个运行过程中，反应器进水量、进水频率、基质浓度都在不断上升，负荷(以 N 计)从第一天的 0.19 kg/(m^3·d)提高到 53 天的 0.59 kg/(m^3·d)，总氮去除率在 80%以上。

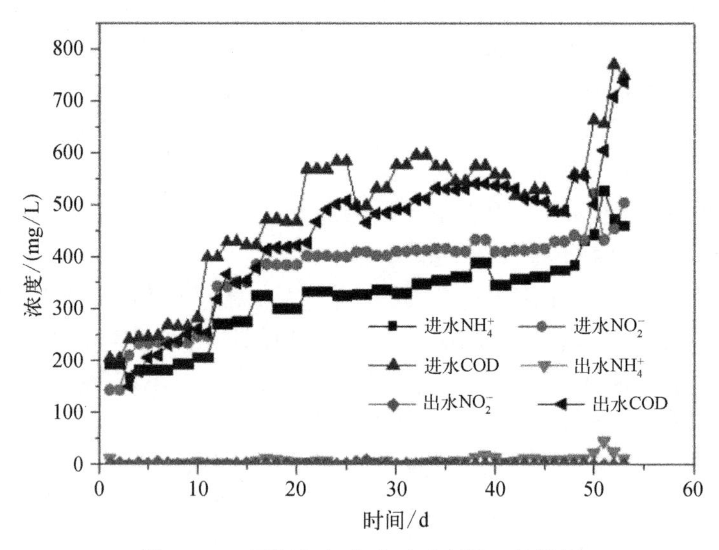

图 8-47 厌氧氨氧化中试反应器运行效果

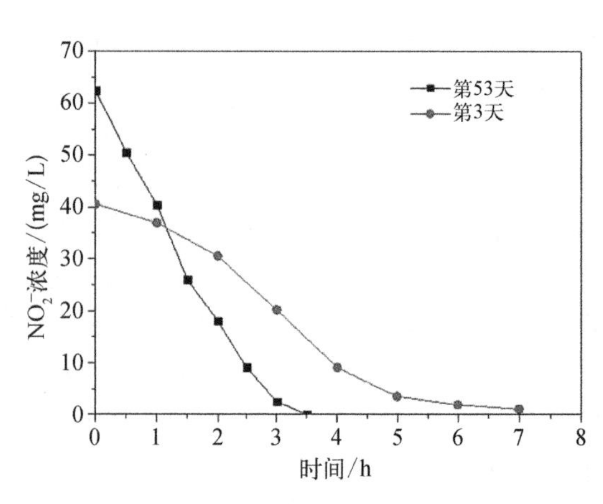

图 8-48 厌氧氨氧化不同阶段反应速率测试

如图 8-48 所示，对比反应器在第 3 天、第 53 天的 NO_2^- 基质消耗速率可以发现，在初期阶段，进水 NO_2^- 为 40 mg/L 时，需要经过 7 个小时才能被完全消耗掉。在第 53 天的第一个小时内，从第二个小时到第四个小时之间，反应速率最快，之后由于基质浓度的降低，反应速率逐步下降。这表明从 30 mg/L 至 9 mg/L 之间，最适合厌氧氨氧化细菌反应。经过 50 天左右的运行，进水中 NO_2^- 逐步提高到 60 mg/L 以上，可以看出，在第 53 天的前 3 个小时内，NO_2^- 浓度几乎呈现线性降低，3 个小时之后，NO_2^- 浓度已经低于 5 mg/L，这时反应速率略有降低。这表明 NO_2^- 在 60 mg/L 以下都是适宜厌氧氨氧化反应的浓度区间。两个反应速率的变化表明随着反应器的运行、亚硝化液进水比例的提高,厌氧氨氧化细菌活性逐步增强,没有出现对厌氧氨氧化的毒害等问题。结合前面亚硝化反应器的运行,都表明两段式亚硝化—厌氧氨氧化技术处理热水解污泥厌氧消化液是完全可行的。

(3) 酸冲击对厌氧氨氧化系统的影响及恢复后体系的运行

厌氧氨氧化反应器运行至第 54 天后,由于控制上出现问题,导致反应器内加入过量的酸,pH 降低至 4.0 左右,并维持了 1 个多小时。在发现异常之后,迅速调节 pH 至 7 以上。但是体系受到了损害,反应器内基质浓度几乎完全停止变化。

受酸冲击后的第 2 天,取出细菌在量筒内观察,反应器内厌氧氨氧化细菌红色变暗,部分细菌颜色变为棕黄色甚至黑色(图 8－49 左),而量筒中的水体则呈现红色,这是由于部分细菌已经破裂死亡,血红素 C 从细菌内部流出进入水体,并伴随着臭鸡蛋味的产生,将样品迅速冷冻保存避免样品的进一步变化,并进行微生物种群分析,发现厌氧氨氧化细菌的比例由之前的 43%降低至 24%左右,这一方面是前期消化液导致其他微生物的生长,降低了厌氧氨氧化细菌的比例;另一方面,在受到酸冲击后,也可能降低了厌氧氨氧化细菌的比例受酸冲击后的第 5 天,可以看出,细菌颜色基本全都变为暗红色,同时未死亡的细菌活性也受到严重损害,细菌颗粒也解体,粒径变小,大部分细菌从颗粒状态转变为絮体(图 8－49 右)。

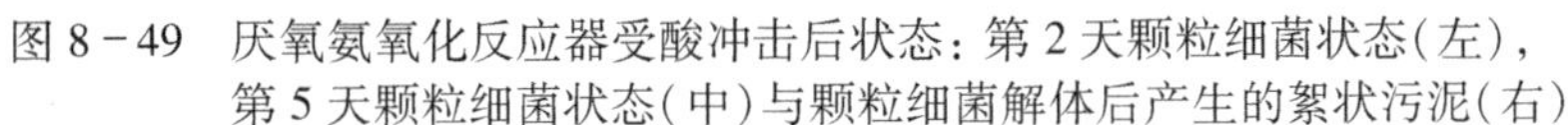

图 8－49　厌氧氨氧化反应器受酸冲击后状态:第 2 天颗粒细菌状态(左),第 5 天颗粒细菌状态(中)与颗粒细菌解体后产生的絮状污泥(右)

为了更快使厌氧氨氧化细菌恢复活性,使用井水外加 NaCl、$NaNO_2$、$NaHCO_3$ 等作为配水。在初始的约 10 天内,反应器内的 NH_4^+、NO_2^- 基本没有消耗。负荷(以 N 计)不到 0.02 kg/(m^3·d)。之后细菌活性缓慢恢复,经过 50 天的培养,每天进出水达到 6 批次,每个周期约 4 h,每批次 2 m^3,HRT 2.5 天,厌氧氨氧化反应器负荷达到 0.3 kg N/(m^3·d)。之后全部改为亚硝化出水,进出水量与频次与井水运行状态下的一致。此时亚硝化反应器每天进出水量也随着厌氧氨氧化反应器的进水提高而达到了 12 m^3/d,HRT 为 5 d。

如图 8－50 所示,亚硝化反应器出水中 NH_4^+、NO_2^- 浓度分别在 480~556 mg/L、569~694 mg/L,NH_4^+ : NO_2^- 在 1 : 1~1 : 1.3,满足厌氧氨氧化中的 NH_4^+、NO_2^- 比例关系。进水中 NH_4^+ 通常在 1 200~1 300 mg/L,但是出水中 NH_4^++NO_2^- 通常在 1 000~1 100 mg/L,这中间也存在着氮损失,除了氮氧化物外,静置过程中也会存在反硝化,同样造成出水中总氮小于进水中的总氮,这是与小试不同的地方。

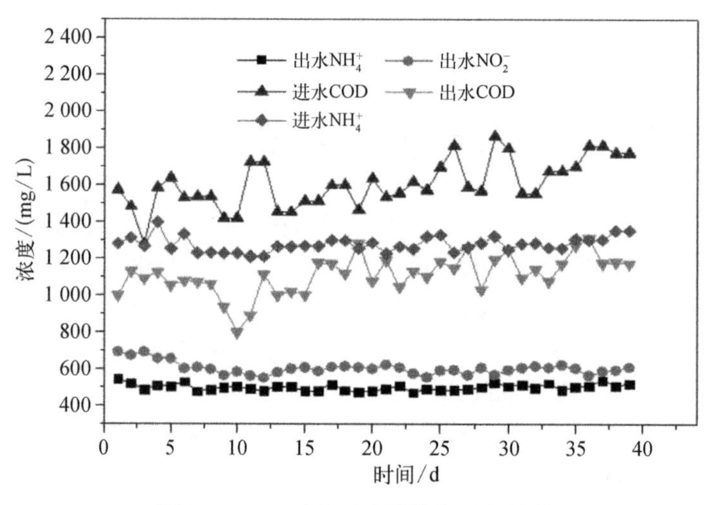

图 8-50 亚硝化反应器恢复运行效果

在小试研究过程中，NH_4^+ 几乎全部转化为 NO_2^-；但是在中试反应过程中，体系中 NH_4^+ 与 NO_2^- 共存，共同抑制着 NOB 的活性。

而反应后，COD 平均去除率只有约 30%，这个比例小于小试反应器的，小试中 COD 浓度去除率都在 50%以上。pH 本身的抑制，导致亚硝化阶段 COD 去除率较低。本阶段，亚硝化反应器的氮负荷(以 NO_2^--N 计)为 0.12~0.14 kg/(m^3·d)。本阶段，亚硝化反应器的氮负荷(以 NO_2^--N 计)为 0.12~0.14 kg/(m^3·d)。

将每天排出的亚硝化出水进入厌氧氨氧化反应器内，一般 NH_4^+ 过量，出水中 NH_4^+ 通常在 10~20 mg/L，少部分情况下 NH_4^+ 会在 30 mg/L 以上。出水中通常检测不到 NO_2^-，偶尔会有 NO_2^- 过量。计算反应器中 NH_4^+ 与 NO_2^- 比例，在 1.35~1.12 之间，平均在 1.25，接近厌氧氨氧化理论反应比例，这表明厌氧氨氧化过程是反应器中主要的脱氮过程。但是出水中 NO_3^- 浓度相比理论值要低很多，平均值只有 53 mg/L 左右，NO_3^- 与 NH_4^+ 比值在只有 0.10~0.12，这表明在此过程中存在反硝化或者 DNRA 过程，进一步去除了反应器中的 NO_3^-，提高了反应器的脱氮效率。整个反应器平均氮去除率在 93.3%，脱氮负荷(以 N 计)达到了 0.42~0.48 kg/(m^3·d)，平均脱氮负荷为 0.43 kg/(m^3·d)。

同时在反应器中，存在着 COD 的变化，40 天平均 COD 去除为 270 mg/L 左右，这可能是由于中试亚硝化过程中，有的有机物未被充分降解，在厌氧氨氧化过程中又得到了进一步降解，而且比降解幅度高，这点不同于小试反应器的运行结果。亚硝化与厌氧氨氧化两个阶段，COD 总的去除率约为 47.5%，这个是低于小试阶段的。

反应器在受到酸冲击后，经过约 100 天恢复后的外观形态如图 8-52 所示。从图中可以看出体系颗粒厌氧氨氧化细菌与粒径较小的污泥混合在一起，很多的颗粒呈现暗红色，表明细菌仍未恢复至正常状态，但是有部分颗粒细菌颜色已经逐步恢复至正常的亮红色。同时反应器中存在大量的絮体，从图中可以看出，絮状污泥呈现土黄色，没有颗粒厌氧氨氧化细菌的红色。

从整个运行过程来看，厌氧氨氧化反应器在经历了酸冲击后，恢复过程要耗费较长的

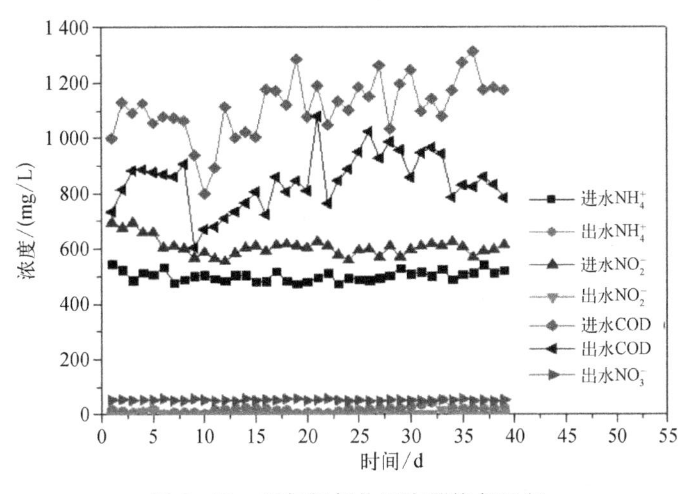

图 8-51 厌氧氨氧化反应器恢复运行

时间,这在实际运行过程中是十分不利的,不过仍然逐步恢复了细菌的活性,反应体系负荷逐步上升,进水氮负荷达到了 0.42~0.48 kg N/(m^3·d)。

(4) 微生物群落分析

在实验结束后,分别对亚硝化、厌氧氨氧化反应器微生物进行高通量测序。结果如图 8-53 所示,从门水平上看,亚硝化反应器中所占比例最高的微生物包括 Proteobacteria、Bacteroidetes、Deinococcus-Thermus,分别达到了 26.5%、35.7%、20.5%。在属水平上,*Nitrosomonas* 是主要的氨氧化细菌,这与小试研究的结果一致,所占比例达到了 12.6%,其他比例较高的微生物有 Chitinophagaceae(12.6%)、*Truepera*(18.9%)、NS9-marine-group(20.1%)等,同时反应器中也未检测到 NOB 的存在,这表明 NOB 得到了很好的抑制,这与 NO_3^- 的检测结果一致。

图 8-52 厌氧氨氧化反应器恢复运行 100 天后的状态

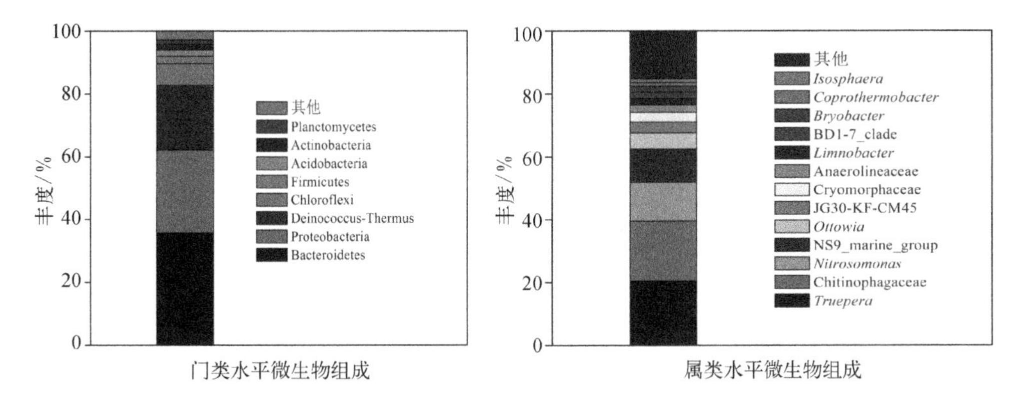

图 8-53 中试反应器中微生物种在门(左)水平和属水平上(右)的分布

对于厌氧氨氧化反应器，在门水平上，Chloroflexi、Planctomycetes、Bacteroidetes、Proteobacteria 是主要的微生物，所占比例分别达到了 27%、20.8%、16.0% 和 10.3%。在属水平上，*Candidatus Brocadia* 是主要的厌氧氨氧化细菌类型，即使经过了酸冲击，其比例也占据 19.6%，比小试中的比例要高很多，可能是 SBR 运行方式比连续流方式更适合厌氧氨氧化细菌的生长。其余的微生物主要有 Anaerolineaceae(5.2%)、SBR2076(17.0%)、PHOS－HE51(9.8%)，此外还有约 5% 的反硝化细菌 *Denitratisoma*，这使得体系中存在一定程度的反硝化与 DNRA 过程。在样品中也都未检测到 SRB 的存在，这表明 SRB 也得到了很好的抑制，反应器中也不存在明显的硫酸盐还原过程。

为了更清楚地分析厌氧氨氧化细菌在不同粒径污泥中的分布，用 40 目和 80 目筛子将污泥分为了三部分：P1(粒径大于 0.38 mm)，P2(粒径在 0.18~0.38 mm)和 P3(粒径小于 0.18 mm，絮体污泥)。如图 8－54 所示，从门水平上分析，粒径大于 0.38 mm 部分中 Planctomycetes 比例高达 34.2%，同时随着粒径的减小，Planctomycetes 与 Proteobacteria 丰度逐步下降，而 Chloroflexi、Chlorobi、Ignavibacteriae 等则呈现上升的趋势。

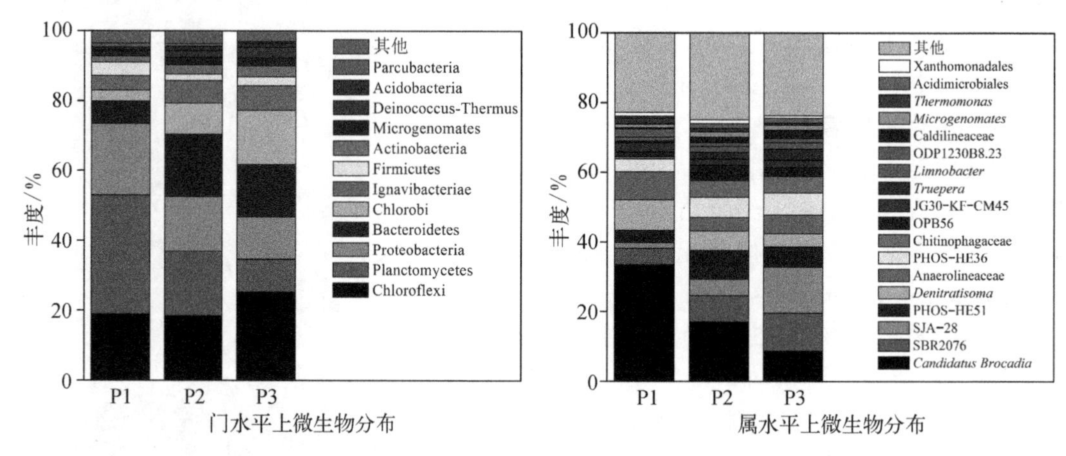

图 8－54 不同粒径污泥微生物群落在门和属水平的分布情况。P1(粒径大于 0.38 mm)，P2(粒径在 0.18~0.38 mm)和 P3(粒径小于 0.18 mm，絮体污泥)

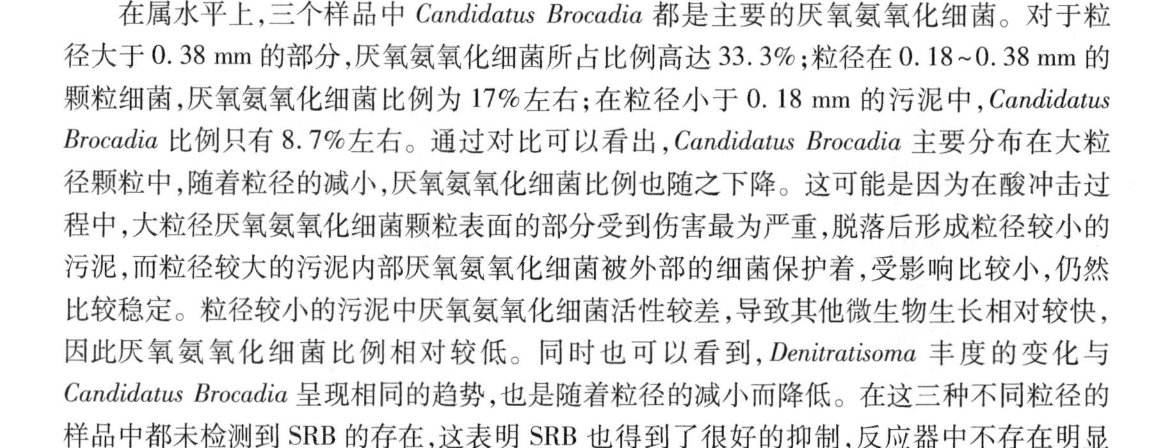

在属水平上，三个样品中 *Candidatus Brocadia* 都是主要的厌氧氨氧化细菌。对于粒径大于 0.38 mm 的部分，厌氧氨氧化细菌所占比例高达 33.3%；粒径在 0.18~0.38 mm 的颗粒细菌，厌氧氨氧化细菌比例为 17% 左右；在粒径小于 0.18 mm 的污泥中，*Candidatus Brocadia* 比例只有 8.7% 左右。通过对比可以看出，*Candidatus Brocadia* 主要分布在大粒径颗粒中，随着粒径的减小，厌氧氨氧化细菌比例也随之下降。这可能是因为在酸冲击过程中，大粒径厌氧氨氧化细菌颗粒表面的部分受到伤害最为严重，脱落后形成粒径较小的污泥，而粒径较大的污泥内部厌氧氨氧化细菌被外部的细菌保护着，受影响比较小，仍然比较稳定。粒径较小的污泥中厌氧氨氧化细菌活性较差，导致其他微生物生长相对较快，因此厌氧氨氧化细菌比例相对较低。同时也可以看到，*Denitratisoma* 丰度的变化与 *Candidatus Brocadia* 呈现相同的趋势，也是随着粒径的减小而降低。在这三种不同粒径的样品中都未检测到 SRB 的存在，这表明 SRB 也得到了很好的抑制，反应器中不存在明显的硫酸盐还原过程。

综上所述,相比于小试的厌氧氨氧化反应器,中试反应器中厌氧氨氧化细菌丰度相对较高,可能是SBR的运行方式更有利于厌氧氨氧化细菌的生长,这对于维持体系正常运行非常有利。

8.4　微好氧消化改善厌氧消化污泥土地利用特性研究

为保证好氧堆肥的顺利进行,通常需加入大量的辅料或膨胀剂,以便于基质的通风及提供额外热量。然而添加辅料将增大后续污泥的体积,从而增加处置成本。因此作者拟探讨采用微好氧消化改善厌氧消化污泥土地利用特性。区别于低固率好氧消化工艺,含固率通常低于5%,本研究直接对高含固厌氧消化污泥进行处理,含固率为13%,充入一定的空气,使其保持在微好氧条件下。温度是好氧消化工艺的重要运行参数。高温(55℃)条件通常有利于加快污泥中有机质的降解,也可杀灭其中的病原微生物,满足无害化要求,但其能耗较高。因此作者从有机物降解、植物毒性改善、微生物种群组成等方面对不同温度(常温、中温和高温)条件下微好氧消化改善ADS土地利用性能进行分析,以期为微好氧消化处理ADS技术的进一步优化提供科学依据。

8.4.1　微好氧消化反应器的运行效果

当微好氧消化反应器运行到20 d时,出料的各理化指标趋于稳定。本节重点讨论稳定(即20 d)后各反应器进、出料理化指标的变化情况(图8-55)。

与进料相比,25℃好氧消化反应器出料的pH有所增加,而37℃和55℃反应器出料的pH则有所降低,其中pH的增加可能跟蛋白质的矿化及挥发性脂肪酸的降解有重要关系,而pH的减少可能跟氨氮的硝化以及有机物生物降解生成有机酸有重要关系。与进料相比,各微好氧消化出料的电导率(EC)值均显著下降,这也许与铵盐的减少以及钾、磷酸盐等被好氧微生物利用有关。

与进料相比,各微好氧消化出料的耗氧速率(SOUR)和有机质含量(VS/TS)均明显减少。随运行温度的增加,出料中SOUR和VS/TS值的降低比例呈增加的趋势,表明微好氧消化促进了ADS的进一步稳定,并且运行温度的增加有利于ADS有机物稳定化程度的提高。

水溶性有机碳(DOC)和挥发性脂肪酸(VFA)是污泥有机物降解转化的重要中间产物。污泥中蛋白质、多糖的分解会导致DOC和VFA含量的增加,而微生物好氧降解会导致它们的减少。与进料相比,微好氧消化出料的DOC和VFA含量较低,表明微生物促进了ADS中弱稳定水溶性有机物的降解转化。然而55℃条件下微好氧消化反应器出料的DOC和VFA浓度仍较高,这也许是因为55℃条件下微好氧消化反应器中大分子有机物的水解速率较快,部分水溶性有机物未及时被好氧微生物分解,另外可能是因为高温条件下水体氧气的溶解度较低,导致55℃微好氧反应器存在供氧不足,导致VFA的积累。

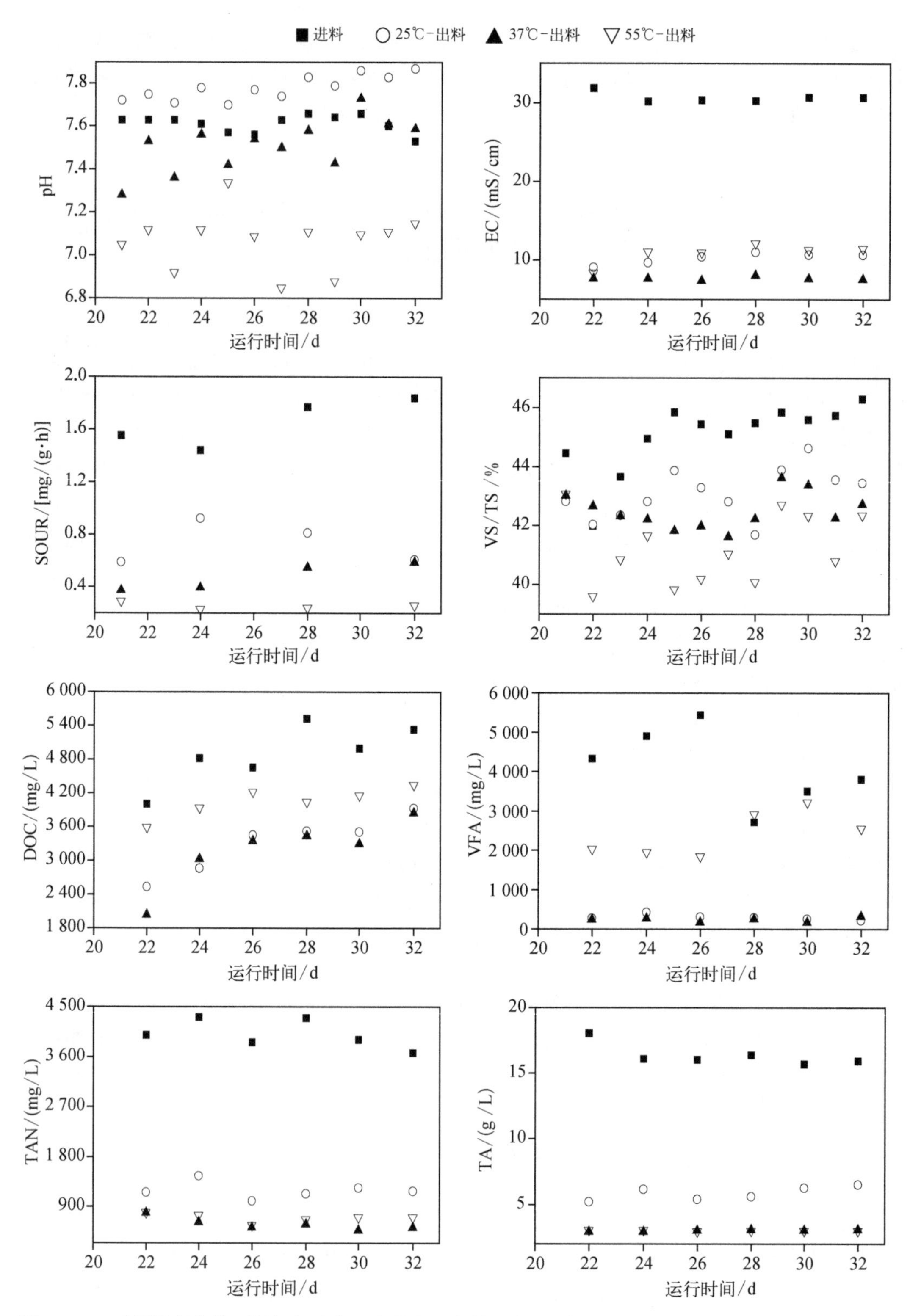

图 8-55　不同温度条件下微好氧消化反应器的运行效果。EC 为电导率；SOUR 为单位 VS 耗氧速率；DOC 为水溶性有机碳；VFA 为挥发性脂肪酸；TAN 为总氨氮；TA 为总碱度(以 $CaCO_3$ 计)

此外，与进料相比，微好氧消化出料中总氨氮（TAN）和总碱度（TA）含量均较低。与25℃和55℃相比，37℃条件下TAN和TA的含量均较低。

总之，微好氧消化会引起ADS的pH、电导率、SOUR、VS/TS值、DOC、VFA、TAN、TA等指标的下降，表明微好氧消化可显著改善ADS的理化特性。随着运行温度的增加，pH、SOUR、VS/TS、TAN、TA减少比例呈增加的趋势，表明运行温度的提高可增强微好氧消化对ADS理化特性的影响。

8.4.2 氮的去除及转化效果

不同温度（25℃、37℃及55℃）下微好氧消化反应器中ADS的总凯氏氮（TKN）、TAN及有机氮的去除效果如表8-24所示。随着运行温度的增加，微好氧消化反应器有机氮去除效果呈增加的趋势，这可能是由于温度的增加有利于ADS中蛋白质等含氮有机物的降解，从而引起有机氮去除率的上升。然而，不同于有机氮的变化，37℃下TAN的去除率最高，达到86.6%，而25℃和55℃条件下去除率分别为71.1%和83.05%。TAN的减少主要是通过如下途径来实现的：一是硝化反硝化生成氮气而去除；二是由于空气的吹脱作用。通过尾气吸收分析，发现25℃、37℃和55℃条件下通过吹脱损失的氨氮分别占TAN损失量的55%、47%和75%，这说明与25℃和55℃条件相比，37℃下微好氧消化反应器的硝化反硝化效果较高。

表8-24 不同温度下微好氧消化反应器对ADS中氮的去除效果

氮形态	进料（ADS）/（mg/L）	出料/（mg/L）			去除率/%		
		25℃	37℃	55℃	25℃	37℃	55℃
总凯氏氮	8.6±0.95	5.55±0.29	4.47±0.38	4.29±0.68	35.45	48.04	50.09
总氨氮	3.93±0.26	1.14±0.10	0.53±0.05	0.67±0.07	71.1	86.6	83.05
总有机氮	4.67±0.81	4.42±0.30	3.94±0.36	3.63±0.69	5.45	15.59	22.35

8.4.3 三维荧光光谱分析

不同温度（25℃、37℃及55℃）下微好氧消化进、出料中溶解性有机物的荧光光谱结果如图8-56所示，主要荧光峰的激发/发射波长及特定荧光强度如表8-25所示。与进料相比，微好氧消化出料中溶解性有机物的三维荧光光谱发生了明显变化，其中P1荧光峰的荧光强度有所下降，并新增了P2、P3和P4荧光峰。P1和P2荧光峰与类蛋白物质相关，P3和P4荧光峰与类腐殖质相关。这说明经微好氧消化处理后ADS中类蛋白物质比例有所下降，而类腐殖质比例有所增加，表明微好氧消化可促进ADS中类蛋白物质的进一步降解，而导致类腐殖质的合成。与此同时，与进料相比，微好氧消化出料中各荧光峰的发射波长有所增加。Chen等（2003a）认为荧光峰发射波长的增加与水溶性有机物聚合度和芳香化程度的增加有关。这表明微好氧消化也会促进ADS有机物芳香化程度和聚合度的提高。

与25℃相比，37℃和55℃条件下微好氧消化后出料的类腐殖质荧光峰强度较明显，但37℃与55℃间的差异较小，这表明将运行温度从室温增加到中温可显著促进污泥中类腐殖质的合成，但再从中温增加到高温时，没有显著提高ADS中类腐殖质的合成。

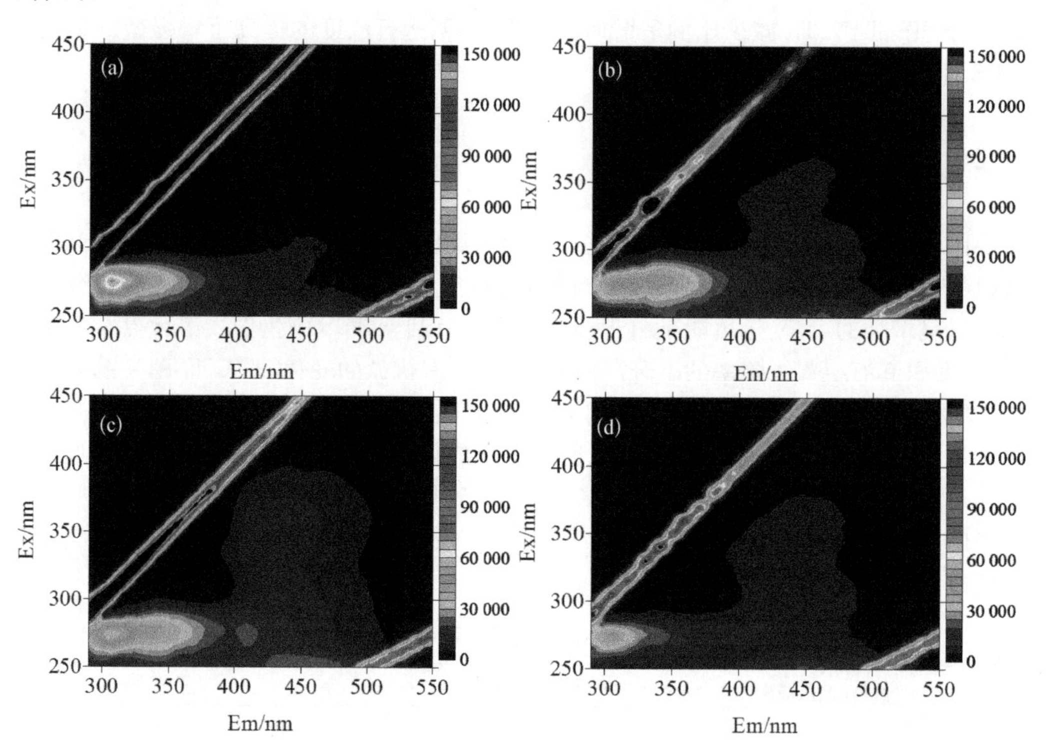

图8-56 不同温度下微好氧消化进、出料中水溶性有机物的三维荧光光谱图。
(a) ADS；(b) 25℃出料；(c) 37℃出料；(d) 55℃出料

表8-25 三维荧光光谱主要荧光峰的激发/发射波长和特定荧光强度 *f*

样 品		P1		P2		P3		P4	
		Ex/Em[a]	SFI[b]	Ex/Em	SFI	Ex/Em	SFI	Ex/Em	SFI
进泥		275/305	156 572	—	—	—	—	—	—
出泥	25℃	275/305	129 214	295/330	72 887	—	—	—	—
	37℃	280/310	133 378	—	—	275/405	32 000	360/410	27 985
	55℃	275/305	128 794	—	—	—	—	355/405	22 058

注：上标a表示激发/发射波长；b表示特定荧光强度。

8.4.4 有机元素含量变化

不同温度（25℃、37℃及55℃）下微好氧消化反应器进、出料有机元素组成如表8-26所示。经微好氧消化处理后，ADS的C、N、H等有机元素含量均有所下降，表明微好氧消化可促进ADS中含碳、含氢和含氮有机质的进一步降解转化。但是不同温度下出料中 C、N、H 等元素含量均未明显差异，其中 37℃出料的 C 元素含量略低于其他两种温度，表明温度变化对微好氧消化反应器改善 ADS 中含 C、H 或 N 等有机质去除效果的影响不大。

表 8－26　不同温度下微好氧消化反应器对 ADS 中有机元素的去除效果

有机元素	进　料	出　料		
		25℃	37℃	55℃
C/(%，干重)	22.65±0.59	21.93±0.36	21.26±0.64	21.44±0.60
N/(%，干重)	3.06±0.06	2.95±0.09	2.77±0.05	2.78±0.08
H/(%，干重)	4.38±0.07	4.24±0.07	4.12±0.11	4.12±0.11
C/N	7.39	7.44	7.68	7.72
C/H	5.17	5.17	5.16	5.20

8.4.5　XPS 光电子能谱分析

本研究中 XPS 光电子能谱用于分析微好氧消化进、出料中 C、N、O 元素的化学组成，结果见图 8－57 和图 8－58 所示。C1s 图谱鉴定出 4 个峰，分别为 284.0 eV(石墨化碳)、284.5 eV(C—C/C—H，碳氢化合物)、285.8 eV(C—N)和 287.0 eV(C ═O，羰基)(Yuan and Dai，2015；Zhou　et al.，2015b)。N 1s 图谱鉴定出 4 个峰，分别为 402.7 eV(吡啶类—N—氧化物)、401.5 eV(季铵盐—N)、400.1 eV(N—O/C—N，酰胺)和 398.5 eV(—N ═，氨基化合物)(Liu　et al.，2012)。N 1s 图谱鉴定出 3 个峰，分别为 531.4 eV(C ═O，羰基)、532.8 eV(C—O—H /C—O—C，醇基或醚基)、533.7 eV(O ═C—O，酯基)(Zhou et al.，2015b)。

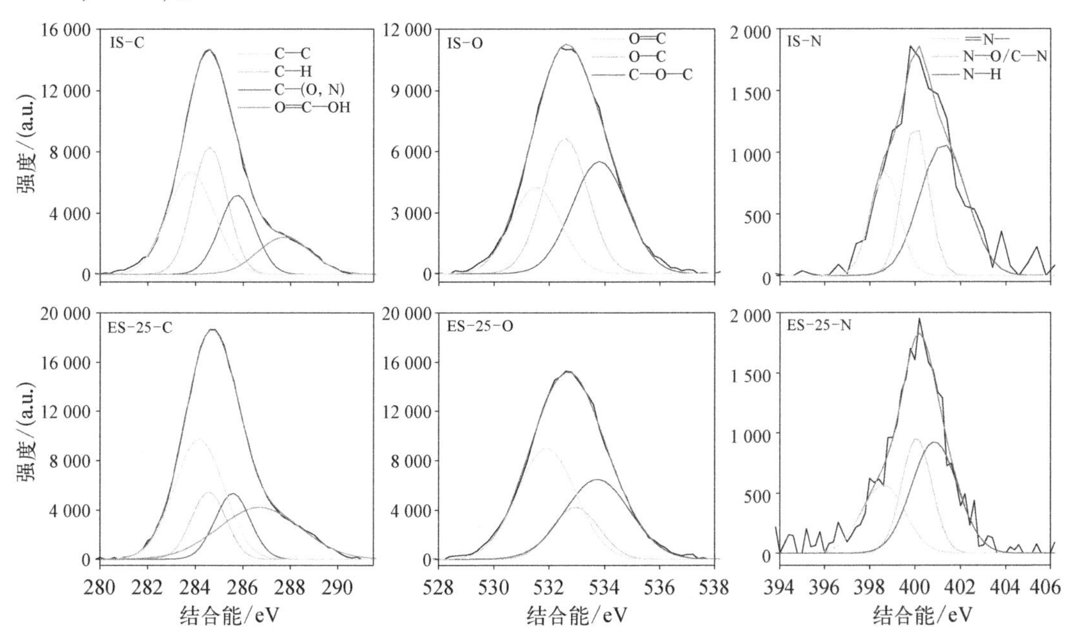

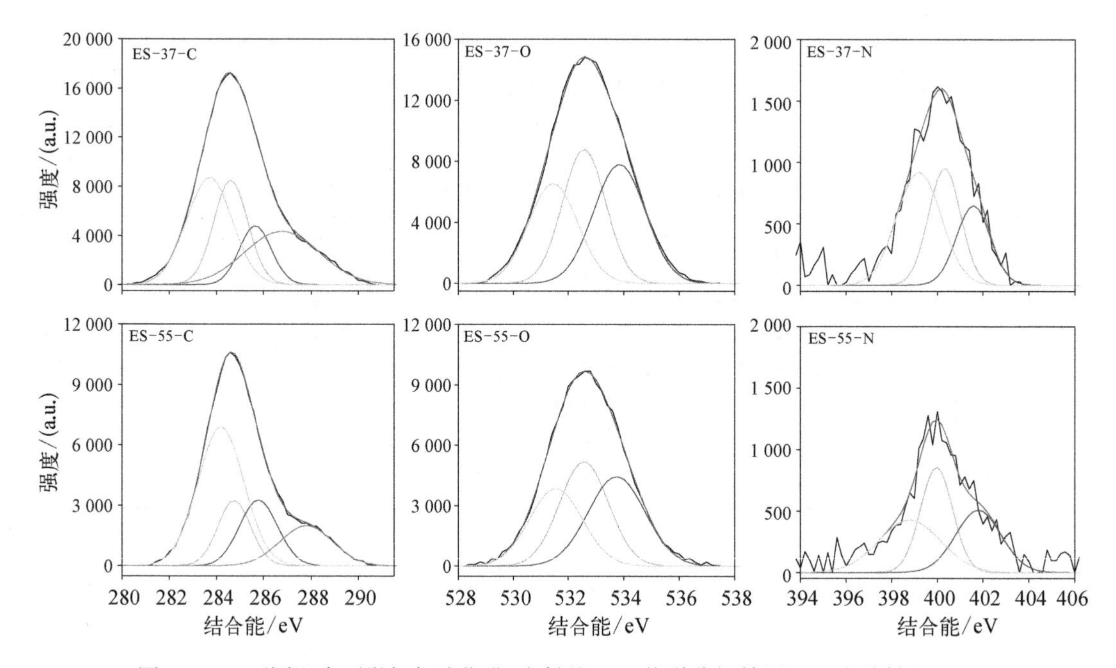

图 8-57　不同温度下微好氧消化进、出料的 XPS 能谱分析结果。IS 为进料(ADS);
25℃出料为 ES-25;37℃出料为 ES-37;55℃出料为 ES-55

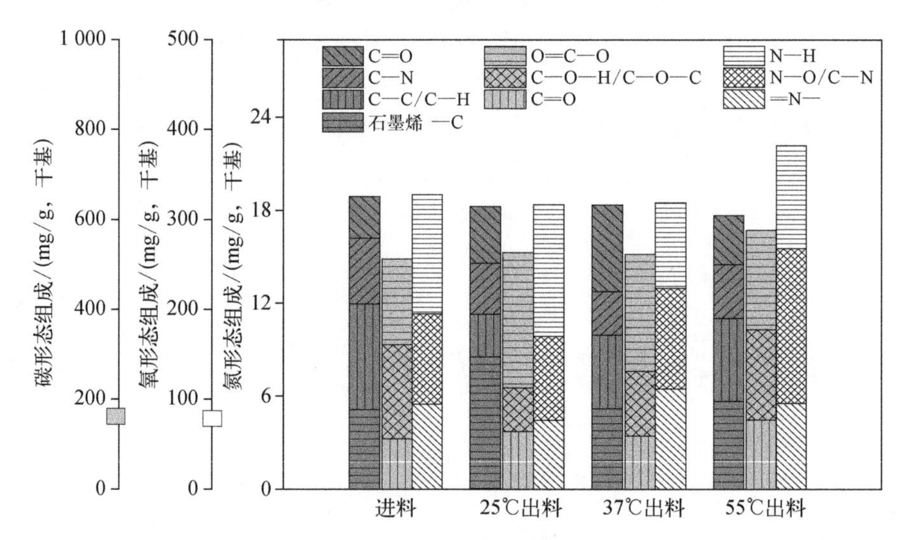

图 8-58　不同温度下微好氧消化进、出料中不同形态 C、O 和 N 的组成情况

与进料相比,微好氧消化出料中 C—N 键的比例均有所下降,表明微好氧消化可促进类蛋白物质的降解转化,其中 37℃ 条件下微好氧反应器出料的类蛋白比例最低,说明 37℃ 条件下微好氧消化反应器中类蛋白物质的降解最为充分,这跟有机元素组成的研究结果较为一致。与 C—N 键的变化较为相似,与进料相比,不同温度下微好氧消化出料中 C—C/C—H 键(Biniak　et al. ,1997)比例均有所下降,表明微好氧消化促进了 ADS 中脂肪族类物质的降解。然而,微好氧消化出料中 C ═O 键(羰基)比例与进料相比有所提高,这表明微好氧消化促进了 ADS 中羧基化合物的产生,这可经微好氧消化处理后,出料

中 C—O—H/C—O—C 的比例有所下降,表明微好氧消化促进了 ADS 中醇类和醚类化合物的分解。随着运行温度的增加,ADS 中 C—O—H/C—O—C 的比例逐渐降低,说明低温处理条件下 ADS 中醇类和醚类化合物更易降解。

总之,这些结果表明微好氧消化可促进 ADS 中类蛋白质、脂肪族类物质及醇类化合物的进一步分解转化,这些物质会转化为羧基类化合物。

8.4.6　植物毒性变化

不同温度下微好氧消化进、出料对牵牛花、矢车菊、向日葵等种子的急性植物毒性结果见图 8 - 59 所示。结果表明三种植物种子的发芽率、根长、发芽指数在微好氧消化进、出料中均存在较大的差异,说明不同植物种子对同种基质植物毒性的耐受性有所不同。

种子发芽率结果表明,对牵牛花种子而言,微好氧消化对其发芽率的改善作用较小,进、出料中牵牛花种子的发芽率较为相近,均在 30%波动;但对矢车菊和向日葵而言,微好氧消化进料的发芽率较低,经 37℃和 55℃处理后,它们发芽率均明显上升,分别达到 80%和 60%左右,表明微好氧消化可大幅度降低 ADS 对这两种植物种子的植物毒性。

根长结果表明,对牵牛花种子而言,与发芽率结果较为一致,微好氧消化不能显著改善它的根长长度;但对矢车菊、向日葵种子而言,微好氧处理后基质的种子平均根长均有

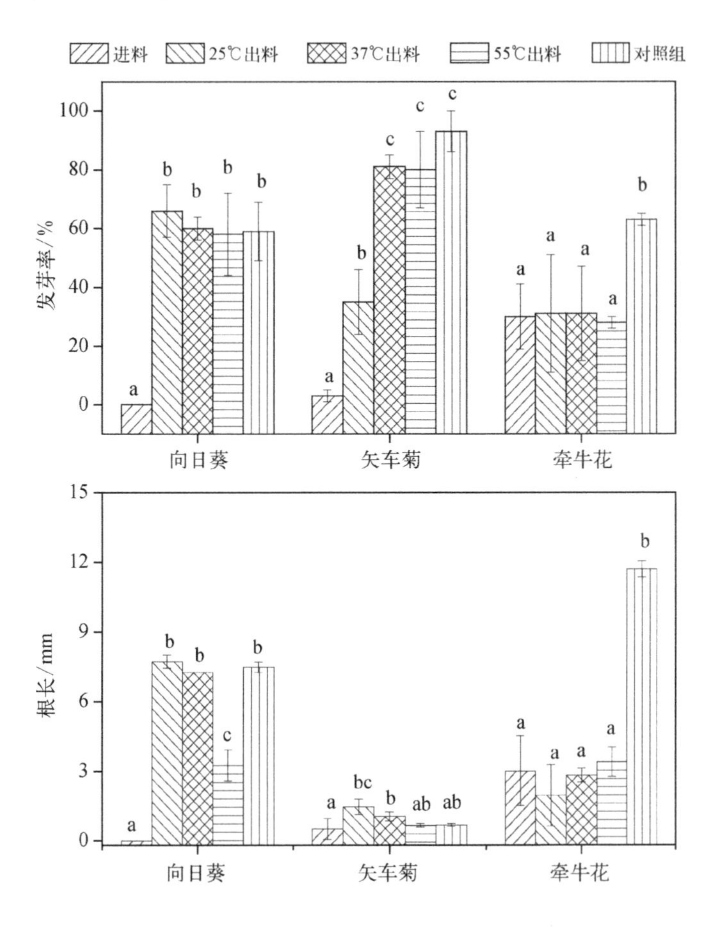

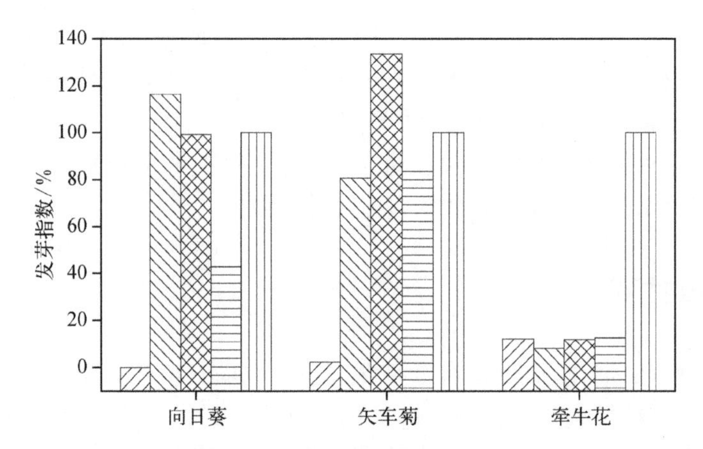

图 8-59 不同温度下好氧消化进、出料对植物种子(向日葵、矢车菊、牵牛花)的急性毒性分析结果。同一植物内不同字母表示存在显著性差异,$P<0.05$

所增加,表明微好氧消化可显著改善 ADS 对矢车菊和向日葵种子的植物毒性,但随运行温度的增加,改善作用有所下降,这可能与 VFA 含量升高(图 8-60)有关。

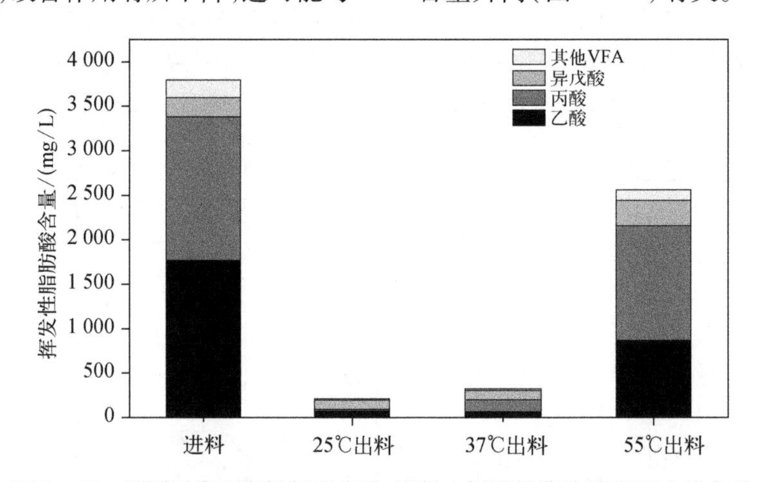

图 8-60 不同温度下微好氧消化进、出料中挥发性脂肪酸(VFA)的含量

发芽指数结果表明,与其他植物种子相比,牵牛花种子的发芽指数较低,说明牵牛花对于污泥的植物毒性较敏感。微好氧消化可显著改善矢车菊和向日葵种子的发芽指数,对矢车菊种子而言,37℃微好氧处理后污泥的种子发芽率在三种温度条件下最高;但对向日葵种子而言,25℃处理后污泥的种子发芽率最高。

总体而言,微好氧消化处理可改善 ADS 对三种种子的植物毒性,但随运行温度的增加改善作用有所降低。与向日葵和矢车菊种子相比,微好氧消化后基质对牵牛花种子的植物毒性较强,说明不同植物种子对污泥植物毒性的耐受性不同。若以微好氧消化后出料作为生长基质,向日葵和矢车菊种子可表现出较低的毒性反应及较强的适应性。

不同温度下微好氧消化进、出料对牵牛花、矢车菊、向日葵等种子的亚急性植物毒性研究结果见图 8-61 和图 8-62 所示。与进料相比,微好氧消化出料中这三种植物种子的发芽率和幼苗高度均有所增加,表明微好氧消化有利于降低 ADS 的植物毒性,这与急性毒性的研究结果较为一致。随运行温度的增加，这三种植物种子的发芽率和幼苗高度均呈下降的趋势，表明处理温度的增加不利于ADS植物毒性的去除，这可能与VFA含量随运行温度的增加(图8-60)有关。在本研究中，就苗高和鲜重而言，这三种植物种子的生长大小均具有如下规律：向日葵>牵牛花>矢车菊，表明向日葵种子在微好氧消化后污泥中的生长特性最优，进一步表明不同植物种子对污泥植物毒性的耐受性不同。

此外，急性和亚急性毒性分析均表明这三种植物种子中，向日葵种子对于微好氧消化处理的改善作用最为敏感。微好氧消化进料中向日葵种子均未发芽，而微好氧消化出料中向日葵种子的发芽指数和种苗均明显改善，表明与其他两种植物种子相比，向日葵种子可更好地表征污泥的植物毒性。

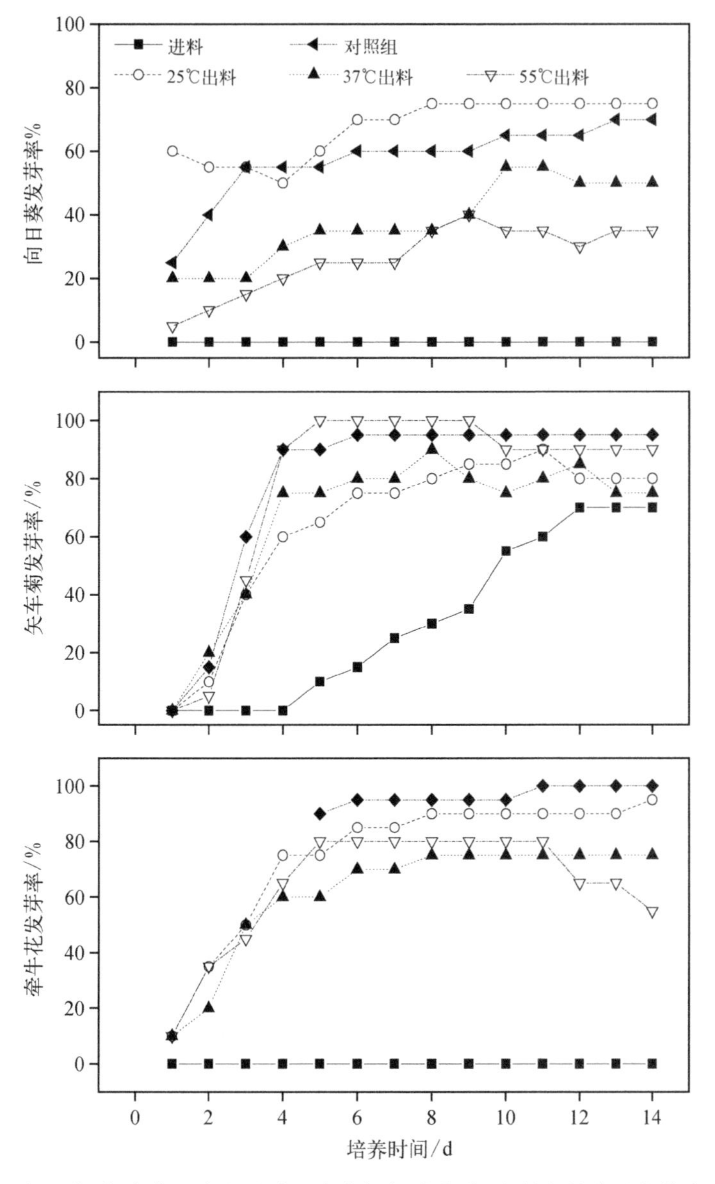

图8-61　向日葵、矢车菊和牵牛花种子在微好氧消化进、出料中的种子发芽率(亚急性)

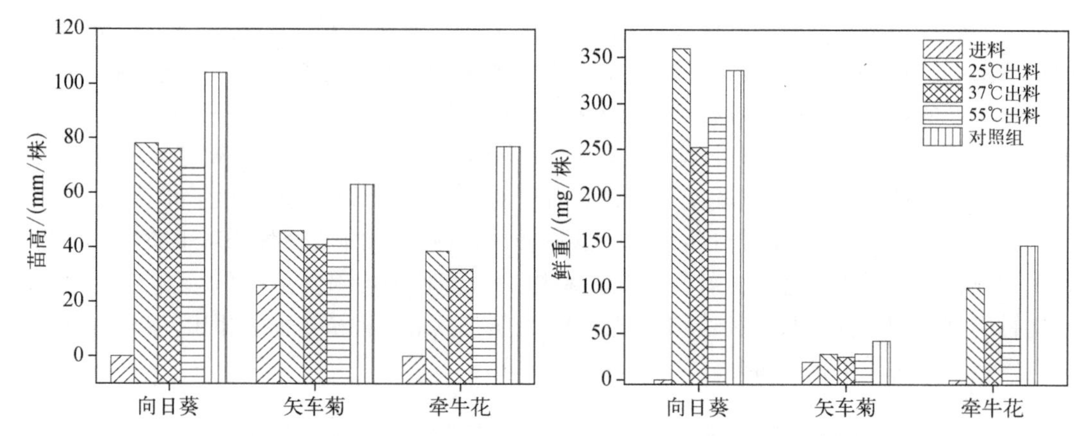

图 8－62 向日葵、矢车菊和牵牛花种子在好氧消化进、出料中的种子幼苗高和鲜重(亚急性)

8.4.7 微生物群落组成变化

微好氧消化进、出料中微生物群落组成采用 Illumina Hiseq 2000 高通量测序平台进行分析,分析结果如表 8－27 所示。每个污泥样品的有效 DNA 序列数为 10 027~15 356 个,平均长度为 428~438 bp。Chao 和 ACE 值可表征微生物种群的丰富度,其值越高,说明微生物种群丰富度越大。与进料相比,25℃和 37℃下出料微生物种群丰富度有所下降,而 55℃条件下丰富度有所提高。微好氧消化进、出料的稀疏曲线和 Shannon 指数如图 8－63 所示。结果表明,与进料相比,微好氧消化出料的微生物种群多样性指数均有所提高,但是随运行温度的增加呈降低趋势。因此,这些结果表明微好氧消化会引起 ADS 微生物种群丰富度的降低和多样性指数的提高。微好氧消化出料的微生物种群丰富度会随温度的增加而增加,但多样性指数则相反。

表 8－27 不同温度下微好氧消化进、出料的 DNA 高通量测序结果

样　品	进　料	出　料		
		25℃	37℃	55℃
DNA 序列数/个	15 356	10 482	14 182	10 027
DNA 序列总长度/bp	6 569 991	4 595 719	6 172 200	4 393 712
DNA 序列平均长度/bp	428	438	435	438
可操作分类单元(OTUs)	149	146	142	144
Chao 值	158	152	150	162
ACE 值	153	153	150	163

采用 RDP 分类器对 DNA 序列进行分析,各样品中不同门类微生物的相对含量如图 8－64 所示,结果表明主要细菌门类为厚壁菌门(38.55%~88.14%)、未分类细菌(2.49%~41.36%)、变形菌门(2.04%~47.89%)和拟杆菌门(2.67%~6.09%)、放线菌门(0.80%~1.59%),共占总丰度的 97.94%~99.60%。其他门类微生物较少,如互养菌门(0.07%~0.31%)、热袍菌门(0.00%~1.64%)、绿弯菌门(0.04%~0.21%)、酸杆菌门

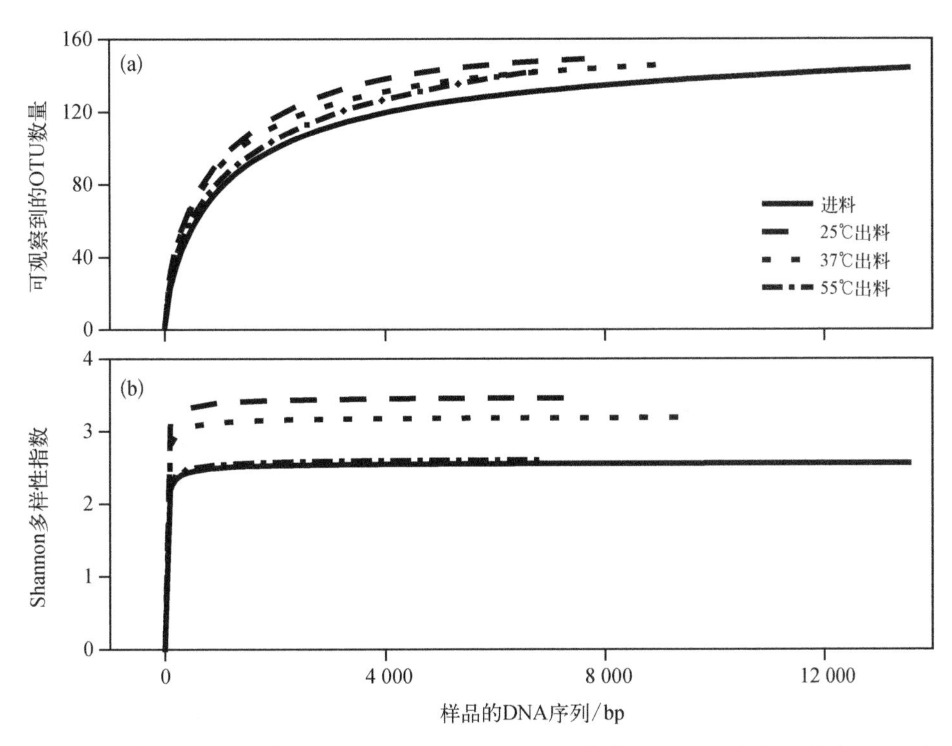

图 8－63　各样品 DNA 序列的稀疏曲线(a)和 Shannon 指数(b)(OTU 相似度为大于 97%)

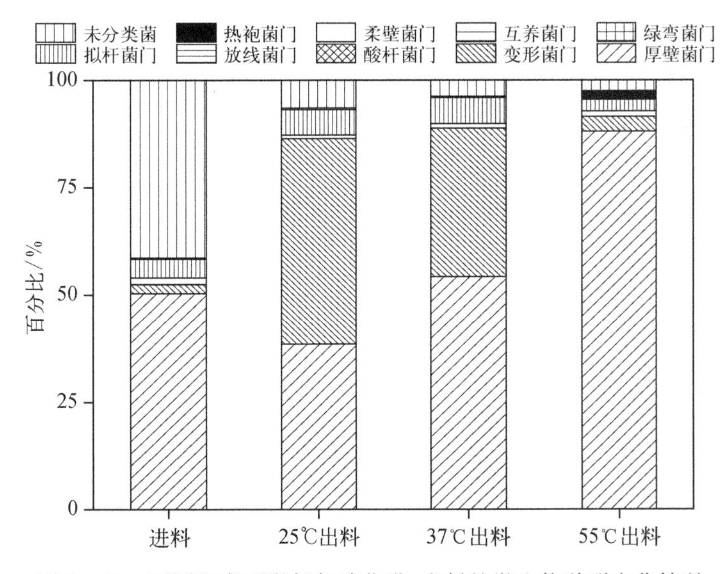

图 8－64　不同温度下微好氧消化进、出料的微生物种群变化情况

(0.02%～0.06%)和软壁菌门(0.00%～0.04%)。与进料相比,微好氧消化出料中变形菌门的比例明显较高,而未分类细菌的比例明显较低。好氧环境中变形菌门细菌比例通常较高,而厌氧环境中未分类细菌比例通常较高(Sundberg et al.,2013),这表明经微好氧消化处理后,ADS 中微生物种群逐步由厌氧菌群向好氧菌群发生转变。随运行温度的增加,微好氧消化出料中厚壁菌门和放线菌门比例呈增加的趋势,而变形菌门、拟杆菌门、互

养菌门和未分类细菌比例呈下降的趋势，这说明运行温度对于微好氧反应器中微生物种群组成具有重要作用。

进一步对各样品 OTU 丰度排名前 20 的微生物种群进行分析，共挑出 43 个主要 OTU，并采用邻接法对它们进行系统发育树分析，结果见图 8－65 所示。微好氧消化进料

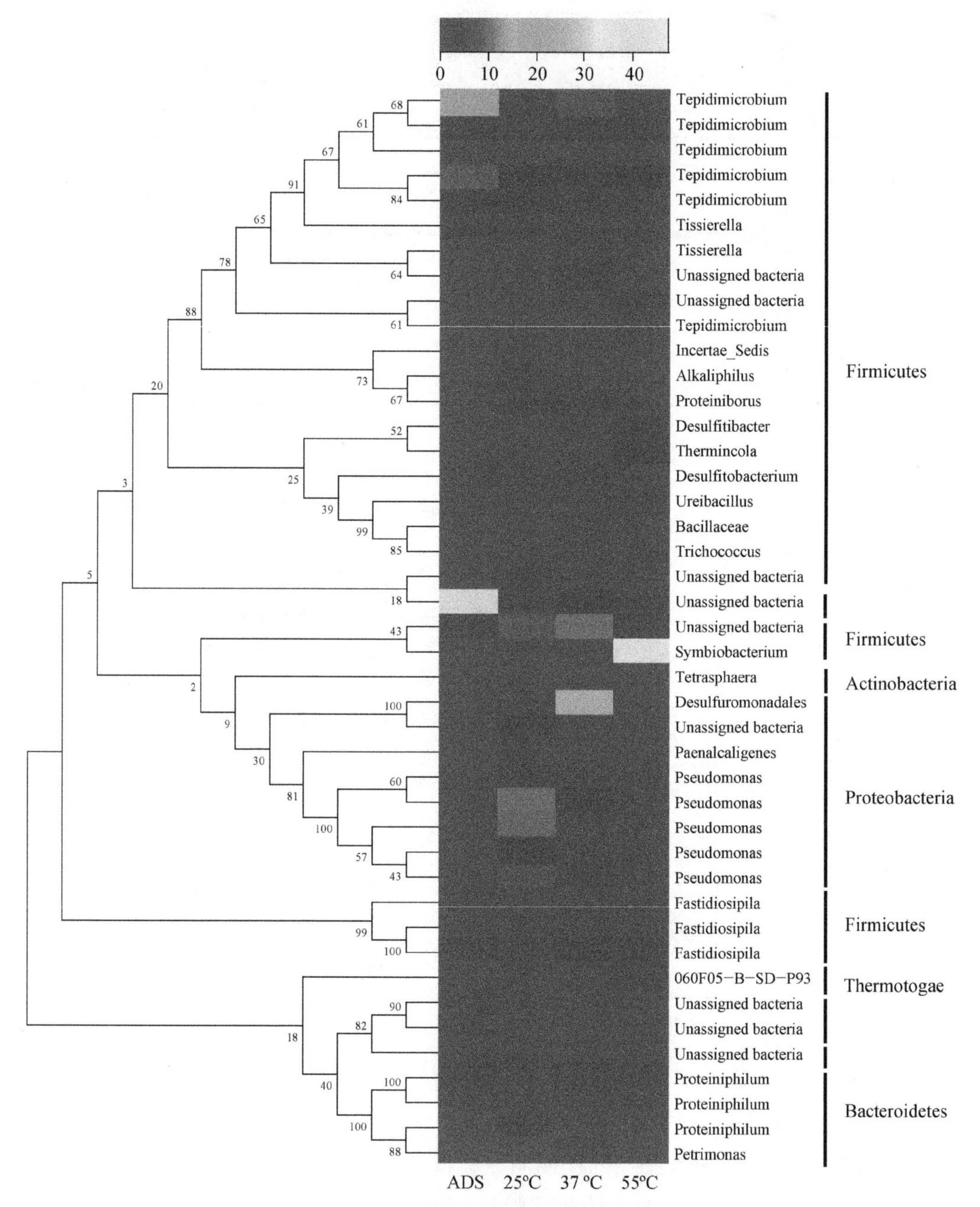

图 8－65　数量排名前 20 的 OTU 系统发育树（左边）和热图（右边）。各样品数量排名前 20 的 OTU 被挑选，共挑出 43 个 OTU。系统发育树是基于这些 OTU 的 16S rDNA 基因序列进行构建

样品中，最主要的两个 OTU 为 *Tepidimicrobium*(23.27%)、*Proteiniborus*(7.16%)，均属于厚壁菌门。25℃ 出料中最主要的两个 OTUs 分别为假单胞菌属(28.39%)、*Desulfuromonadales*(6.44%)。37℃ 出料中最主要的 OTU 分别为 *Tepidimicrobium*(13.51%)。55℃ 出料最主要的两个 OTU 分别为 *Symbiobacterium*(47.83%)和 *Tepidimicrobium*(11.92%)，这些结果进一步从 OTUs 的水平验证了微生物门类水平的研究结果。

假单胞菌在自然环境广泛存在。Lalucat 等(2006)表明假单胞菌可固定 N_2、脱氮和降解转化污染物质，这说明假单胞菌的存在可促进 ADS 的稳定化。Slobodkin 等(2006)发现 *Tepidimicrobium* 属是与梭菌纲相关的嗜热性、解胨型、严格非糖降解细菌。Maeda 等(2010)发现梭菌类细菌在好氧堆肥高温、缺氧条件(特别是好氧堆肥初期)下降解纤维素物质中起重要作用。Sousa 等(2007)发现 *Desulfuromonadales* 属与硫酸盐还原长链脂肪酸具有重要关系。Ueda 等(2004)报道 *Symbiobacterium* 可将各类有机质(如碳水化合物、氨基酸)降解转化为小分子量有机物。55℃ 反应体系中，*Symbiobacterium* 属是主要微生物种群，同时其 VS 去除效果和 VFA 含量均较高，可印证该研究结果。因此这些研究表明假单胞菌、*Tepidimicrobium*、*Symbiobacterium* 等在微好氧消化反应系统中均起着重要作用，然而在 37℃ 和 55℃ 下，由于有机物降解较为充分，可能存在供氧不足的情况。

8.4.8　技术经济比较

就好氧稳定化效果而言，与常温(25℃)相比，中温(37℃)与高温(55℃)下微好氧消化的处理效果更好。但就植物毒性而言，常温(25℃)和中温(37℃)下对植物种子的改善效果较好。就经济性而言，能耗与运行温度成正比。因此，中温(37℃)下微好氧消化处理 ADS 可以兼顾处理效果、经济成本和土地利用性能，是较为理想的处理温度。

8.5　热解处理厌氧消化污泥的特性及能源化利用效率研究

经厌氧消化处理后，污泥有机质降解率可达到 40%以上，是实现污泥稳定化和资源化的重要途径。然而经厌氧消化后污泥仍含有较高的有机质，其含量超过 40%(VSS/SS)(Cao and Pawlowski，2013)，即厌氧消化污泥中仍含大量的有机质未充分资源化利用。

污泥热解是指在无氧或低氧条件下，利用温度驱动力使干化污泥有机物转化成不同相态碳氢化合物的过程，产物包括生物碳、热解油、合成气(非凝性气体)等(金正宇等，2012)，其中热解油可作为运输业燃料的原油，而生物碳可作为吸附材料或土壤改良剂等，合成气则可作为燃料气体(Cao and Pawlowski，2012；Fonts et al.，2012)，被认为可最大限度实现污泥的资源化利用。与其他处理方法相比，污泥热解技术具有污泥减量化大、资源化利用率高、二次污染小、环境安全性高等优点，被认为具有很好的应用前景。

有研究表明与单独污泥热解工艺相比，厌氧消化和热解联合工艺处理污泥可达到更高的能量利用效率(Cao and Pawlowski,2012)。Cao 和 Pawlowski (2013)采用生命周期评价方法分析,表明厌氧消化和热解联合工艺与单独污泥热解系统相比,可产生较少的温室气体排放量。Lacroix 等(2014)的研究也表明污泥厌氧消化和气化联合工艺,可回收污泥中 90%的能量物质,并实现两种工艺的优势互补。因此从能量利用效率和生命周期分析看,与生污泥(未消化)热解工艺相比,厌氧消化污泥热解技术更具环保优势。与生污泥相比,厌氧消化污泥含水率较高、有机质含量较低,且有机物组分以难生物降解有机物为主,这将导致污染沼渣热解产物特性与生污泥存在显著差异。

目前关于农业废弃物和餐厨垃圾沼渣热解产物特性已有较多研究(Monlau et al., 2015a;Opatokun et al., 2015),但针对厌氧消化污泥热解产物的研究较少。Liang 等(2015)研究发现,与未消化稻草相比,厌氧消化后稻草的热解油品质和选择性明显改善。由于厌氧消化沼渣含有更多的木质素,其热解产生的生物油具有更多的苯酚化合物(Liang et al., 2015; Monlau et al., 2015b; Wang et al., 2014)。Inyang 等(2011)研究表明,与未消化蔗渣相比,来自沼渣热解的生物碳对铅具有更优的吸附特性。这些研究表明厌氧消化沼渣的热解产物(如生物油和生物碳)具有优良的利用特性。

由于污泥有机物组成与农业废弃物存在显著差异,其中污泥主要以微生物细菌(类蛋白有机物)化合物为主(Li et al., 2014),而农业废弃物主要以木质素、纤维素等碳水化合物为主,导致它们的沼渣组成可能存在一定的差异。

作者对生污泥及厌氧消化污泥进行低温热解处理,阐明厌氧消化工艺对污泥热解产物产率和热值的影响,并探讨污泥热解过程中金属元素的迁移转化规律,在此基础上,探讨厌氧消化污泥热解动力学特性,建立基于污泥厌氧消化的热解耦合工艺能量流分析,解析厌氧消化+热解耦合污泥处理系统的能源化利用效率,可为污泥能源化利用提供技术支撑。本节所用生污泥和厌氧消化的理化性质如表 8-28 所示。

表 8-28 生污泥和厌氧消化污泥的理化性质(质量分数/%)

样 品	VS/TS	C^{a}	H^{a}	$O^{a,b}$	N^{a}	S^{a}
生污泥	68.78	31.02	3.65	59.01	5.59	0.74
厌氧消化污泥	54.19	24.73	2.97	66.63	3.70	1.97

注:上标 a 表示干基;b 表示差减法计算。

8.5.1 厌氧消化污泥热解气—液—固相产物分布

温度对污泥的热解过程起着决定性的因素,从动力学的角度来讲,温度影响反应的活化能,进而影响化学反应的速度。低温热解(<500℃)处理生物质具有较高的能量利用效率,能够以较少的能量输入获得较高的能量输出,因此作者在此主要探讨厌氧消化污泥和生污泥的低温热解气—液—固相产物分布,结果如图 8-66 所示。

随着热解温度的升高,厌氧消化污泥低温热解气态产物的比例逐渐升高,在 500℃时,每千克消化污泥的热解气体产量可达到 0.11 m^3,是 300℃时热解气体产量的 2.33 倍;低温热解的焦油产物比例呈现先增大后趋于平稳的趋势,当热解温度升高到 450℃时,焦

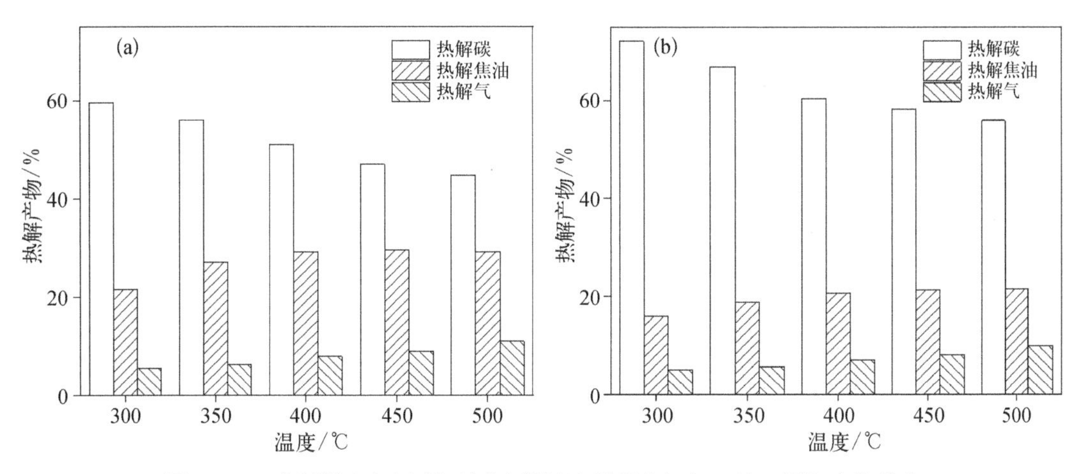

图8-66 生污泥(a)和厌氧消化污泥(b)低温热解气—液—固相产物分布

油产物比例达到23.56%;热解固相产物则随着热解温度的升高而降低,在450℃后趋势趋于平缓。整体而言,生污泥和消化污泥热解产物比例随热解温度的变化规律较为相似。热解温度的升高促进了热解固相产物挥发分的减少,而热解液相产物(焦油)和热解气比例的增加,且固定碳和灰分的含量也有所增加(李海英,2006;李海英等,2006)。

热解液相产物包含有热解焦油、热解水、水溶性有机酸等,其中热解水来自两个方面:一是污泥样品本身含有的水分;二是反应过程中氢、氧元素反应生成的水分。由于热解焦油具有资源化利用潜力,且为热解液相产物的主要组分,因此本研究中所讲述的热解液相产物主要指热解焦油部分。

8.5.2 厌氧消化污泥热解气相产物分析

(1) 热解气相产物产率分析

厌氧消化污泥和生污泥低温热解气相产物产率如图8-67所示。与热解液相产物不同,厌氧消化污泥的热解气相产物产率比生污泥高,其热解气相产物产率随热解温度升高呈现递增的趋势。

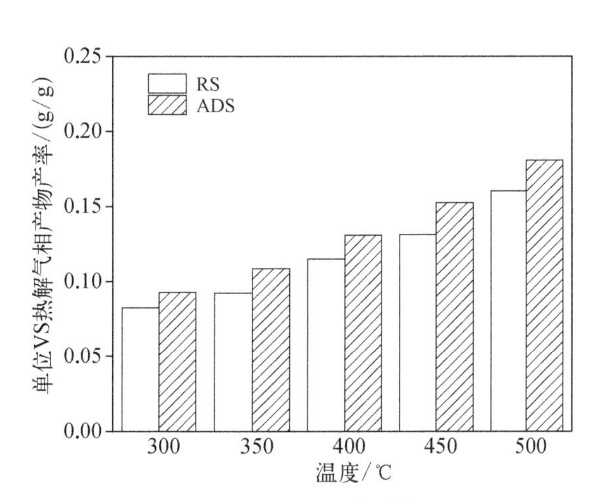

图8-67 生污泥(RS)和厌氧消化污泥(ADS)热解气相产物产率

厌氧消化污泥热解气相产物产率高于同等温度下生污泥热解气产率,这可能因为生污泥经过厌氧消化处理后,一部分易被微生物利用的有机物被首先利用生成甲烷气体,而剩余较难微生物降解的有机物在热解情况下较易生成气体产物。也有学者认为是污泥中的无机质(如重金属)可起到催化作用，在催化作用下，可降低污泥有机质的热解温度，从而使污泥热解可在较低温度下进行(Fonts et al.,2009)。

(2) 热解气相产物组成分析

污泥热解气相产物成分复杂，包含许多的小分子烃类和无机气体，其中 H_2、CO、CO_2 和 CH_4 是主要的气体成分(Jaramillo-Arango et al.,2016)，因此作者采用气相色谱仪重点监测这四种主要成分，按照公式计算出热解气中各成分的体积百分含量，生污泥和厌氧消化污泥低温热解气相产物随温度的变化情况如图 8-68 所示。

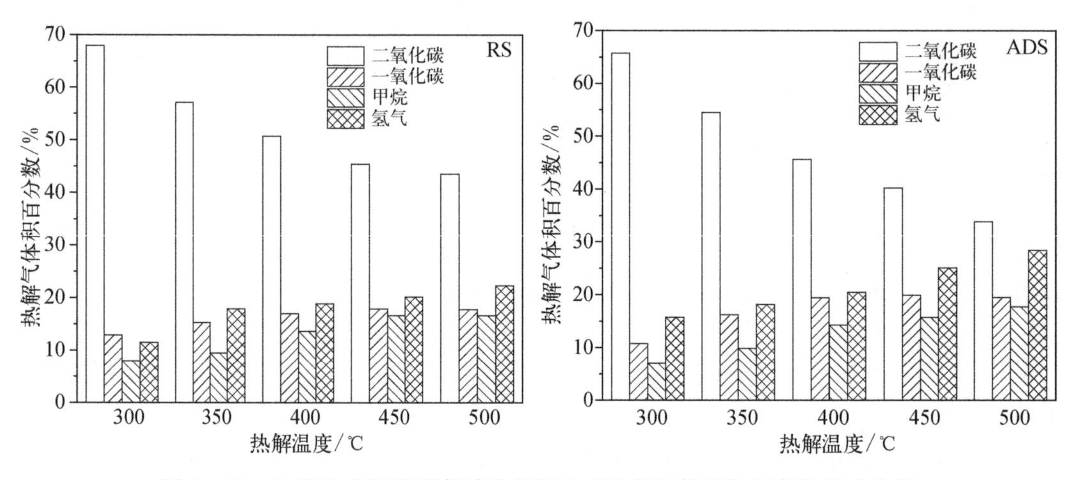

图 8-68 生污泥(RS)和厌氧消化污泥(ADS)低温热解气相产物组成分析

总体而言，生污泥和厌氧消化污泥热解气相产物组分随热解温度的变化趋势较为相似，其中 CO_2 和 H_2 受温度影响变化较大。随热解温度的升高，CO_2 所占的比例呈逐渐下降趋势，生污泥和厌氧消化污泥分别从 300℃的 68.0%和 66.0%降低到 500℃时的 43.5%和 34.0%。与 CO_2 的变化趋势不同，热解气中 H_2 含量随热解温度的升高逐渐升高，生污泥中氢气的比例从 11.5%增加到 22.1%，厌氧消化污泥中氢气的比例从 15.9%增加到 28.6%。两种污泥热解气中 CO 的含量随热解温度呈先增加后趋于平稳的变化趋势，含量分别保持在 16.9%~17.8%和 19.5%~20.0%。在污泥热解过程中，当热解温度较低时，污泥中有机质的羧基(—COOH)和羰基(—C=O)裂解生成大量的 CO_2 和 CO，此后随着热解温度的提高，热解气体中 CO_2 的体积分数开始下降；而 H_2 和 CO 的含量开始上升。CH_4 的生成和 H_2 的生成相似，低温热解阶段主要为有机物的脱甲基和脱氢反应，高温阶段主要为一次反应析出的挥发分在高温下的二次裂解反应及二次芳香化反应。同时热解温度升高，会促进碳链的断裂、烯烃的环化和芳香化反应，使更多的 H 转移到气态产物中，H_2 和 CH_4 的含量逐渐增长。由于芳香烃和小分子烃等热解一次产物的脱氢等二次反应在高温作用下加剧，进一步促进了 H_2 等小分子气体的生成，有研究(Dai et al.,2000)认为焦油的二次裂解反应促进了 H_2 的迅速生成，因此热解气中氢气含量变化趋势可以用来表征热解焦油的二次裂解反应和转化的程度。

(3) 热解气相产物热值分析

生污泥和厌氧消化污泥热解气相产物热值随热解温度的变化情况如表 8-29 所示。

随着热解温度的增加,热解气相产物热值呈逐渐增加的趋势,这可能与热解气相产物的组成变化有重要关系,随着热解温度的增加,热解气中 CO、CH_4 和 H_2 等可燃气体的百分比呈逐渐增加的趋势(图 8-68),因此两种污泥样品的热解气相产物热值均呈增加趋势。与生污泥相比,厌氧消化污泥的热解气相产物的热值均较高,且随着热解温度的增加,两者的差值呈增大的趋势。这与热解气相产物组成同样有重要关系。如图 8-68 所示,与生污泥相比,厌氧消化污泥热解气相产物中 H_2 等可燃气体含量均较高,且随热解温度升高的增长幅度也较大。

表 8-29 生污泥(RS)和厌氧消化污泥(ADS)热解气热值变化情况

样品	不同热解温度条件下热解气热值/(MJ/m^3)				
	300℃	350℃	400℃	450℃	500℃
RS	6.7	8.7	10.6	12.0	12.7
ADS	7.0	9.1	11.4	12.9	14.7
差值	0.3	0.4	0.8	0.9	2.0

为进一步考察污泥热解气相产物能源化利用价值,作者将热解气相产物产率及热值进行综合分析,如图 8-69 所示。300℃热解条件下,每千克生污泥热解气的能源化利用价值仅为 0.26 MJ,每千克厌氧消化污泥热解气的能源化利用价值为 0.25 MJ;而当热解温度提高到 500℃时,每千克生污泥热解气的能源化利用价值达到 1.20 MJ,每千克厌氧消化污泥热解气的能源化利用价值增至 1.41 MJ,表明随着热解温度增加,污泥热解气的能源化利用价值呈增加的趋势。与此同时,在低温热解条件下,厌氧消化污泥热解气能源化利用价值低于生污泥,但是随着热解温度的增加,这种现象会出现反转,在 400℃以上时,厌氧消化污泥的热解气能源化利用价值高于生污泥,这表明就热解气利用价值而言,厌氧消化污泥适宜的热解温度高于生污泥。

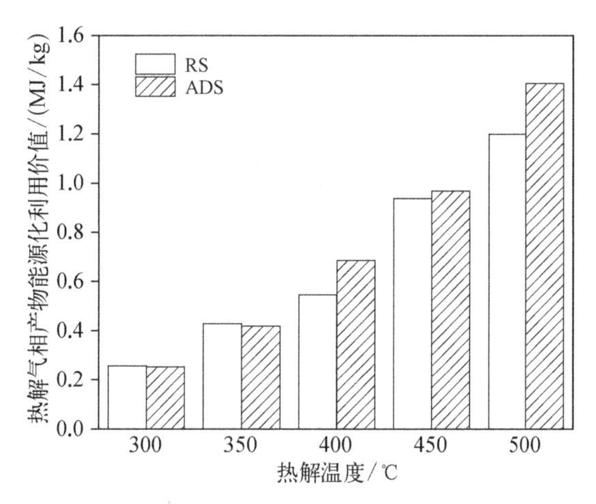

图 8-69 生污泥(RS)和厌氧消化污泥(ADS)热解气相产物能源化利用价值

8.5.3 厌氧消化污泥热解液相产物分析

(1) 热解液相产物(焦油)产率分析

厌氧消化污泥和生污泥低温热解液相产物(焦油)产率如图 8-70 所示。与生污泥相比,厌氧消化污泥的热解焦油产率较低,且随着热解温度的上升,热解焦油的产率逐渐上升,在 450~500℃条件下达到峰值。厌氧消化污泥热解焦油产物产率低于同等温度下生污泥热解焦油产率,这可能因为是污泥经过厌氧消化后有机物组分发生了改变,造成了焦

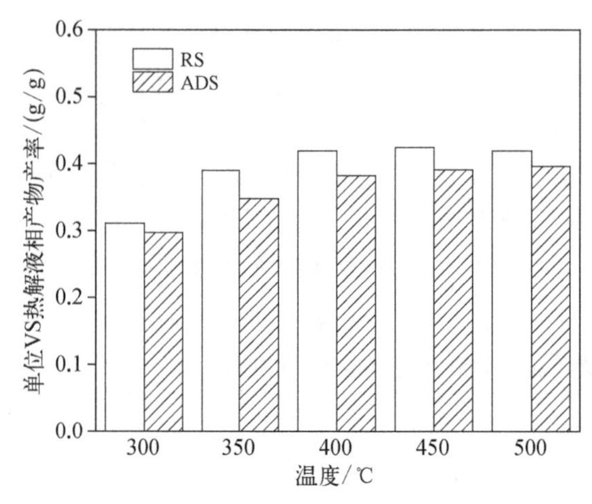

图 8-70 生污泥(RS)和厌氧消化污泥(ADS)热解焦油产率

油产率的下降。有学者认为生污泥中具有更多的焦油前驱物,而经过厌氧消化过程这些焦油前驱物被破坏(Campbell and Bridle,1988),造成污泥单位有机物的热解焦油产率较低。

(2) 热解液相产物热值分析

生污泥和厌氧消化污泥热解液相产物热值随热解温度的变化情况如表 8-30 所示。除 300℃ 外,其他热解温度条件下厌氧消化污泥的液相产物热值均高于生污泥,这表明经厌氧消化处理后,污泥的热解液相产物热值有所增加。随着热解温度的增加,两种污泥样品的液相产物热值呈波动变化,表明热解温度对污泥液相产物热值的影响较小。

表 8-30 生污泥(RS)和厌氧消化污泥(ADS)热解液相产物的热值变化情况

样 品	不同热解温度条件下热解液相产物热值/(MJ/kg)				
	300℃	350℃	400℃	450℃	500℃
RS	31.40	29.58	29.95	29.12	30.26
ADS	30.26	30.02	31.49	30.01	31.86

为进一步考察污泥热解液相产物能源化利用价值,作者将热解液相产物产率及热值进行综合分析,结果如图 8-71 所示。随着热解温度的增加,两种污泥热解液相产物能源化利用价值呈逐渐增加的趋势。与生污泥相比,厌氧消化污泥热解液相产物能源化利用价值较低,这主要是因为厌氧消化污泥热解液相产物产率较低。

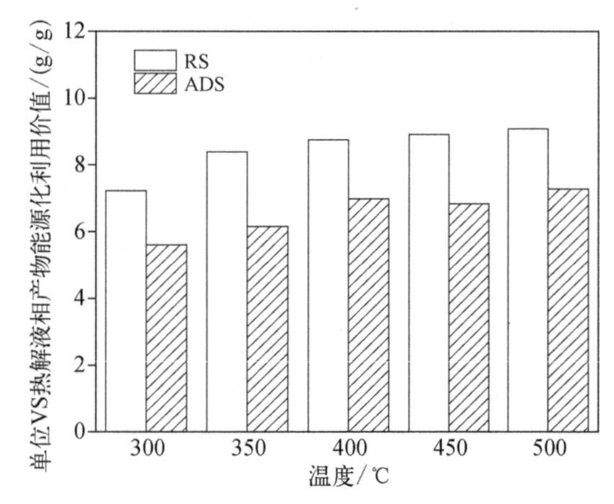

图 8-71 生污泥(RS)和厌氧消化污泥(ADS)热解液相产物能源化利用价值

8.5.4 厌氧消化污泥热解固相产物分析

(1) 热解固相产物产率及成分分析

生污泥(RS)和厌氧消化污泥(ADS)分别在 300℃ 和 500℃ 热解条件下获得的生物碳理化特性如表 8-31 所示。与 RS 生物碳相比,ADS 相应生物碳的产率均较高,表明 ADS 进行热解可获得较多的生物碳,与此同时 P、K 等元素含量也均较高,表明 ADS 生物碳中营养元素含量较高,表现出更好的土地利用潜力,然而其电导率、灰分也较高,表明 ADS 生物碳进行土地利用可能会引入较多的盐分,因此其生物碳的使用剂量需要进行控制,有待于进一步研究。与热解前 ADS 相比，ADS 热解后生物碳具有较低的 pH、电导率，较高的 P、K 等营养元素含量，表明经过热解处理后 ADS 进行土地利用可补充更多的营养元素。总之，ADS 生物碳具有较高的土地利用价值。

表 8－31　生污泥(RS)和厌氧消化污泥(ADS)及不同热解温度条件下生物碳的理化特性

样　品	产率/%	pH	电导率/(μm/cm)	灰分/%	P/(mg/kg)	K/(mg/kg)
RS－热解前	—	7.6	1 130	40.50±0.35	2 272±279	1 872±44
RS－300	80.50	6.5	480	49.68±0.12	3 539±641	2 123±292
RS－500	52.98	6.8	363	75.89±0.70	5 296±429	3 193±88
ADS－热解前	—	8.4	1 840	52.60±0.04	2 962±46	1 750±120
ADS－300	83.30	6.4	790	61.86±0.29	3 609±379	2 621±86
ADS－500	60.44	6.6	860	81.26±2.91	4 804±109	3 302±78

(2) 热解固相产物的热值分析

生污泥和厌氧消化污泥热解固相产物热值随热解温度的变化情况如表 8－32 所示。与生污泥相比，厌氧消化污泥热解固相产物的热值较低，表明厌氧消化会降低污泥热解固相产物(生物炭)作为燃料的潜力。随着热解温度的降低，两种污泥样品固相产物(生物炭)的热值均呈下降的趋势，这可能是因为随着热解温度的增加，污泥样品中更多有机质被热解挥发。与此同时，厌氧消化污泥热解固相产物(生物炭)的能源化利用价值也较低(图 8－72)。总体而言，这些结果表明热解温度的增加会降低生污泥和厌氧消化污泥热解固相产物作为燃料的潜力，因此，采用厌氧消化污泥制成的生物炭作为潜在燃料是不太可行的。

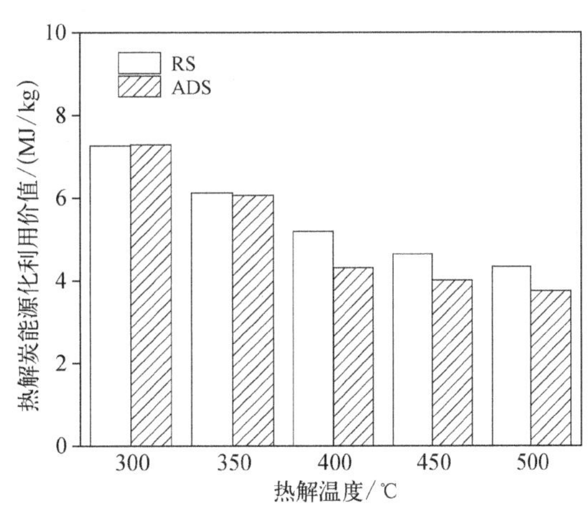

图 8－72　生污泥(RS)和厌氧消化污泥(ADS)热解炭能源化利用价值

表 8－32　生污泥(RS)和厌氧消化污泥(ADS)热解固相产物热值分析

(单位：MJ/kg)

	300℃	350℃	400℃	450℃	500℃
RS 热解炭热值	12.21	10.97	10.15	10.01	9.67
ADS 热解炭热值	10.13	8.88	7.24	6.95	6.77

(3) 热解固相产物吸附潜力分析

污泥基生物质热解炭可作为土壤改良剂来提高土壤性质，也可作为低成本吸附剂的原料，用于去除污水中的污染物(Inyang　et al.，2010)。因此本节选取了 300℃、400℃和 500℃热解条件下生污泥和厌氧消化污泥基生物炭进行 BET 测试，结果如表 8－33 所示。与生污泥相比，厌氧消化污泥热解炭的比表面积 S_{BET} 较低，但是总孔容积 V_t 较高，表明厌氧消化会导致污泥孔隙结构的增加，这可能是因为污泥厌氧消化后，其腐殖质程度增加，而腐殖质的增加会促进生物炭孔隙结构的发展(Yao et al.,2011)。与商业活性炭的总孔隙和比表面积相比,污泥基热解炭要远远低于商业活性炭,但有研究证明,针对一些水体污染物,厌氧消化污泥热解炭的吸附能力可以超过商业热解炭(程伟凤等,2016)。

表 8-33 生污泥(RS)和厌氧消化污泥(ADS)热解生物炭的比表面积和孔容积分析

	RS-300	RS-400	RS-500	ADS-300	ADS-400	ADS-500
S_{BET}	2.1	5.8	7.3	1.5	2.6	4.1
V_t	0.19	0.22	0.30	0.25	0.37	0.43

注:RS-300、RS-400、RS-500 和 ADS-300、ADS-400、ADS-500 代表生污泥和厌氧消化污泥在 300℃、400℃、500℃下的热解炭;S_{BET} 是比表面积/(m^2/m^3);V_t 是总孔容积/(cm^3/g)。

8.5.5 厌氧消化污泥热解过程中金属元素迁移转化行为

厌氧消化污泥热解炭的能源化利用价值不高,但其 P、K 等营养元素含量较高(表 8-31),表明其具有较高的土地利用价值。若考虑污泥热解炭的土地利用,首先要分析污泥热解炭中重金属的潜在环境风险。有学者研究表明污泥炭化后可有效降低重金属的毒性,促使污泥中可交换态和碳酸盐结合态重金属向稳定态转化,进而降低污泥中重金属的环境风险。污泥经厌氧消化后,有机质减少,进而有可能会对热解过程中重金属的转化产生影响。许多文献对污泥热解过程中重金属的迁移转化行为进行了研究,而对在热解过程中厌氧消化污泥重金属的迁移转化行为鲜有报道,因此,作者对比分析厌氧消化前后污泥热解生物炭中重金属(Cu、Zn、Cr、Cd、Pb)的形态特征,以期为厌氧消化污泥热解生物炭的处理处置提供科学依据和技术支撑。

(1) 厌氧消化前后污泥热解生物炭的重金属总量分布

生污泥和厌氧消化污泥中 Cu、Zn、Cd、Cr、Pb 五种重金属元素含量的分布情况如表 8-34 所示,它们的含量多少依次为:Zn>Cu>Cr>Pb>Cd。一般而言我国污泥中含有较高浓度的 Zn 和 Cu,较低浓度的 Cd(Liu and Sun,2013)。与生污泥相比,厌氧消化污泥及其热解生物炭中相应重金属元素的含量较高,表明经厌氧消化处理后,污泥及其热解生物炭中重金属含量有所增加。这是因为经厌氧消化处理后,污泥中易生物降解有机质含量减少,导致污泥总固体重量的减少,由此使重金属元素含量相对增加。随着热解温度的增加,生污泥和厌氧消化污泥中重金属元素含量均有所增加,表明热解及其温度的增加会导致其中重金属元素的相对富集。因此污泥基热解生物炭在土地利用时,应该控制它的施用量,以防止其引起土壤中重金属含量的过度增加。

表 8-34 生污泥(RS)和厌氧消化污泥(ADS)热解生物炭中重金属含量分布

样 品	重金属/(mg/kg)				
	Cu	Zn	Cd	Cr	Pb
RS	161.5	1 023.9	4.2	120.5	63.1
RS-300	208.4	1 655.0	7.6	125.0	82.7
RS-400	258.9	1 828.1	5.2	134.2	100.2

续　表

样　品	重金属/(mg/kg)				
	Cu	Zn	Cd	Cr	Pb
RS-500	287.2	1 987.3	6.4	157.8	119.2
DS	231.6	1 863.3	7.0	167.1	86.3
ADS-300	300.9	2 324.5	7.6	209.7	90.2
ADS-400	363.9	2 979.2	8.4	264.9	102.1
ADS-500	405.9	3 314.4	8.0	306.3	112.8

注：RS-300、RS-400、RS-500 和 ADS-300、ADS-400、ADS-500 分别代表生污泥和消化污泥 300℃、400℃、500℃下的热解炭。

(2) 热解过程中厌氧消化污泥重金属形态的迁移转化行为

重金属元素存在多种形态，包括可交换态和碳酸盐结合态（F1）、铁锰氧化物结合态（F2）、有机结合态和硫化物结合态（F3）以及残渣态（F4）等，其中前两种形态稳定性差，容易被植物吸收利用，而后两种形态稳定性强，不易释放到环境中。因此为进一步解析生污泥和厌氧消化污泥热解过程中重金属的迁移转化行为，作者探讨了不同热解温度下两种污泥样品热解炭中重金属不同形态的变化情况，以考察污泥基热解生物炭中重金属元素的稳定性及生物毒性。生污泥和厌氧消化污泥及其热解炭中五种重金属元素的形态分布如图 8-73 所示。

图 8-73(a)表明生污泥和厌氧消化污泥中 Cu 元素主要以 F3 态为主，而 F1 和 F2 态含量均较低，这与 Yuan 等（Leng et al.，2015）的结果较为一致，他们发现 Cu 能够与有机物形成较强的有机配体，使 Cu 的有机结合态占据主导地位，这表明污泥中 Cu 的迁移转化能力较弱。经热解处理后，污泥中 F3 或 F4 态 Cu 的百分比均有不同程度的增加，而 F1 和 F2 态则有所减少，表明经热解处理后污泥中 Cu 的稳定化程度有所增加。与生污泥相比，厌氧消化污泥及其热解炭中 Cu F3 态均较高，这表明厌氧消化处理有利于促进 Cu 向稳定态方向转化，这可能是因为厌氧条件有利于促进含硫化合物在硫酸盐还原菌的作用下生成 S^{2-}，导致厌氧消化污泥中硫化铜形态的增加。

图 8-73(b)表明生污泥和厌氧消化污泥中 Zn 含有较高比例的 F1 态和 F2 态，分别为 16.8%、23.3%和 14.9%、21.5%，表明污泥中 Zn 具有较高的迁移转化能力，这与 Yang 等（2017）的研究结果较为一致。经热解处理后，污泥中 F1 态和 F2 态 Zn 均有所下降，这与 Cu 的变化情况较为一致。随着热解温度的增加，生污泥热解炭中稳定态（F3 态和 F4 态）Zn 的比例呈增加趋势，但厌氧消化污泥热解炭中稳定态 Zn 的比例呈下降趋势，表明生污泥和厌氧消化污泥中 Zn 受热解温度的影响不同。与生污泥相比，厌氧消化污泥热解炭中稳定态 Zn 的比例较低，这主要与 F4 态 Zn 比例的减少有重要关系。

与 Zn 相似，生污泥和厌氧消化污泥中 Cd 也含有较高比例的 F1 态和 F2 态[图 8-73(c)]，表明污泥中 Cd 也具有较高的迁移转化能力。与 Cu、Zn 等一致，热解处理也有利于提高污泥中 Cd 的稳定性。与 Zn 的变化规律不同的是，随着热解温度的增加，生污泥热解炭中稳定态（F3 态和 F4 态）Cd 的比例呈增加趋势，这与王君等（2015）的研究结果较为一致。与生污泥相比，厌氧消化污泥热解炭中稳定态 Cd（F3 态和 F4 态）的比例较低，表

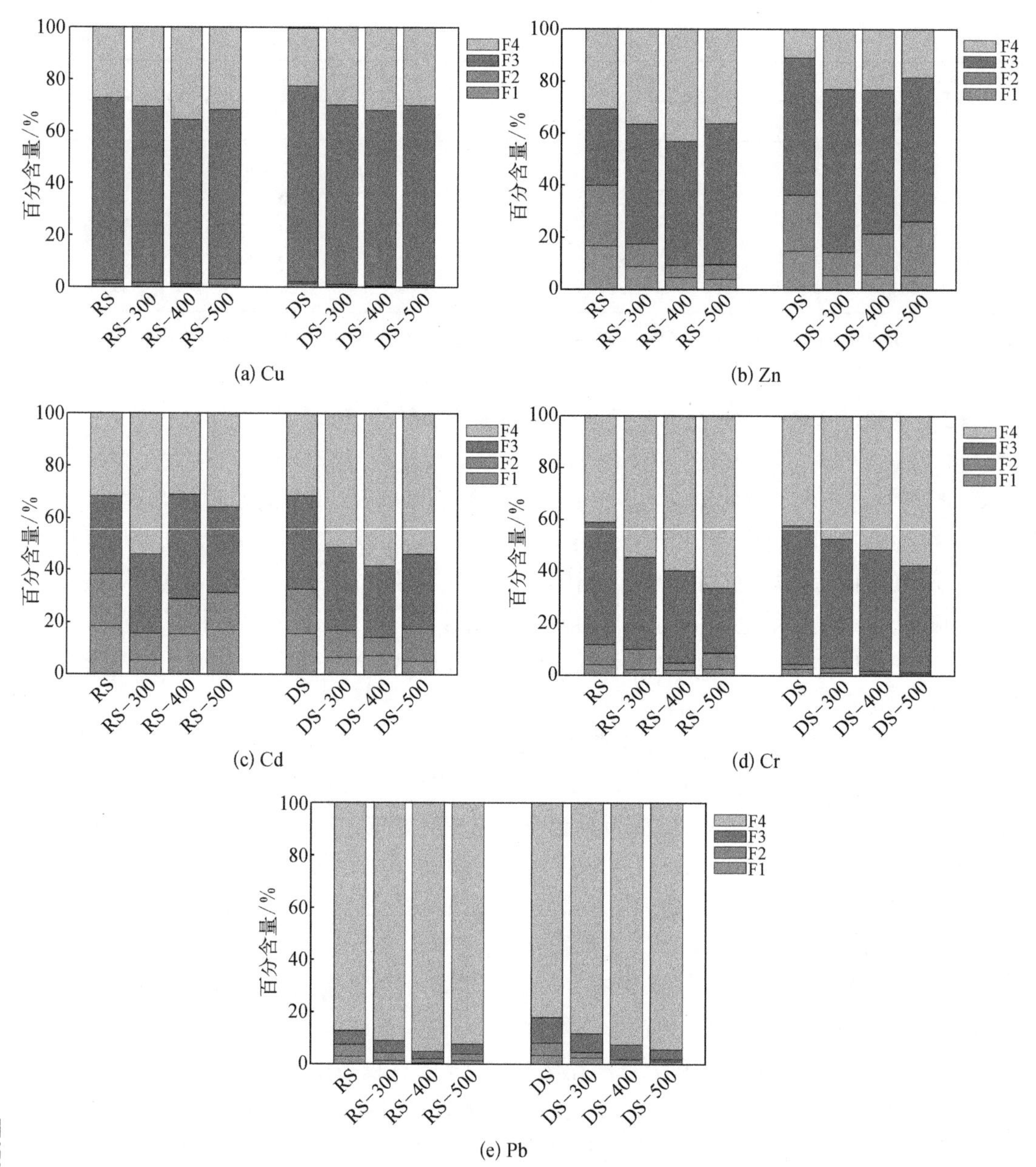

图 8-73　生污泥(RS)和厌氧消化污泥(DS)及其热解炭中五种重金属元素的形态转化。300、400 和 500,分别代表热解温度 300℃、400℃和 500℃条件下的热解炭

明厌氧消化处理有利于提高污泥中 Cd 的稳定性。Yang 等(2017)也发现经过厌氧消化稳定后的污泥中可交换态 Cd 含量从 34.2%降低到 22.5%,厌氧消化能够降低污泥中 Cd 的迁移转化能力。

图 8-73(d)表明生污泥和厌氧消化污泥中 Cr 含有较高比例的 F3 态和 F4 态,说明污泥样品中 Cr 的迁移转化能力较弱。经热解处理后,污泥中非稳态 Cr(F1 态和 F2 态)逐渐减少,表明热解也有利于降低污泥中 Cr 的迁移转化能力。与生污泥相比,厌氧消化污泥及其热解炭中 F3 态 Cr 比例较高,而 F1、F2 和 F4 态比例均较低,这可能与厌氧消化过

程污泥有机物的降低以及硫酸盐还原形成 S^{2-} 导致金属硫化物的增加有关。总体而言，厌氧消化过程也有利于提高污泥中 Cr 的稳定性。

Pb 与以上四种金属离子的情况不同的是污泥中 F4 态所占比例最高，可达 80%以上 [图 8 - 73(e)]，与以上四种金属离子变化规律相似的是热解和厌氧消化处理均可提高污泥中 Pb 的稳定性，降低其迁移转化能力，随着热解温度的提高，作用更加明显。

总体而言，经厌氧消化处理后污泥制成的热解生物炭，尽管金属元素含量相对富集，但它们的迁移转化能力均较低，稳定程度较高。

(3) 厌氧消化前后污泥基热解生物炭的重金属风险评价

为进一步评价厌氧消化污泥热解生物炭的重金属风险，作者采用风险评价准则(risk assessment code，RAC)来进行评判，RAC 方法是常用的沉积物中重金属风险表征手段，以 F1 态的重金属占重金属总量的质量百分数来表征(Leng et al.，2014)。采用 RAC 评价沉积物中重金属风险，还可以反映重金属赋存形态的生物有效性。风险评价准则(RAC)将重金属中 F1 态所占百分数分为五个等级(Huang et al.，2011)，分别为：无风险(RAC<1，NR)；低风险(1<RAC<10，LR)；中等风险(11<RAC<30，MR)；高风险(31<RAC<50，HR)；非常高风险(RAC>50)。厌氧消化前后污泥基热解生物炭的重金属风险评价如表 8 - 35 所示。

表 8 - 35　生污泥(RS)和厌氧消化污泥(ADS)及其生物炭中重金属风险评价值

	Cu	Zn	Cd	Cr	Pb
RS	1.3/LR	16.9/MR	18.5/MR	4.2/LR	3/LR
RS - 300	0.3/NR	8.9/LR	5.3/LR	2.2/LR	1.3/LR
RS - 400	0.4/NR	4.5/LR	15.3/MR	2.0/LR	0.3/NR
RS - 500	0.7/NR	4.0/LR	17.1/MR	2.6/LR	1.3/LR
ADS	1.2/LR	14.9/MR	15.7/MR	2.4/LR	3.4/LR
ADS - 300	0.5/NR	5.6/LR	6.6/LR	1.1/LR	2.5/LR
ADS - 400	0.4/NR	5.7/LR	7.1/LR	0.71/NR	0.1/NR
ADS - 500	0.6/NR	5.5/LR	5/LR	0.7/NR	1.1/LR

注：NR、LR、MR 分别代表无风险、低风险、中等风险。

污泥样品中 Cu、Cr 和 Pb 均表现为低风险，而 Zn 和 Cd 均表现出中等风险。经过热解处理后污泥样品中环境风险水平均有所降低，转变为低风险或无风险，但在 400℃ 和 500℃ 下的生污泥热解炭中 Cd 的环境风险仍较高，处于中等风险，可见针对 Cd 含量较高的物料热解温度不宜过高，以免导致污泥中不稳态金属含量的增加。与生污泥相比，厌氧消化污泥热解生物炭中各金属的环境风险均处于低风险和无风险，表明其具有较低的生物有效性，表现出良好的土地利用潜力。

8.5.6　厌氧消化污泥热解动力学研究

(1) 热重分析

热重损失(TG)曲线可用于表征热解过程中污泥物理和化学特征的变化情况，而示差热重法可更清晰地表征主要挥发分的热解过程(Ceylan and Kazan，2015)。升温速率为

5 K/min 时,RS 和 ADS 样品的 TG 和 DTG 曲线如图 8－74 所示,它们的特征参数如表 8－36 所示。污泥样品的示差热重曲线(DTG)可划分为三个阶段:第一阶段的热解温度范围为 50~180℃,热重损失分别为 8.45%和 8.85%,主要是由样品中水的蒸发引起的;第二阶段的热解温度范围为 180~550℃,热重损失分别为 28.34%和 47.78%,主要是由污泥中蛋白质、半纤维素和纤维素等有机物分解引起的(Zhou et al.,2015a)。与生污泥相比,厌氧消化污泥 ADS 有较低重量损失量和损失率,这与先前的研究结果较为接近(Cuetos et al.,2010;Gómez et al.,2007a)。研究表明厌氧消化基质的较低挥发分含量可能是由于有机组分的不可利用性和木质素的屏蔽效应引起的(Gómez et al.,2007b)。所有样品在 270~307℃均只含有一个主要峰值(T_2)。与生污泥相比,厌氧消化污泥样品有较低的 T_2 温度,表明厌氧消化可降低污泥有机物的热解温度,这可能是因为某些大分子量有机物被生物降解转化为小分子量有机物,这些小分子量有机物可能具有较低的热分解温度。

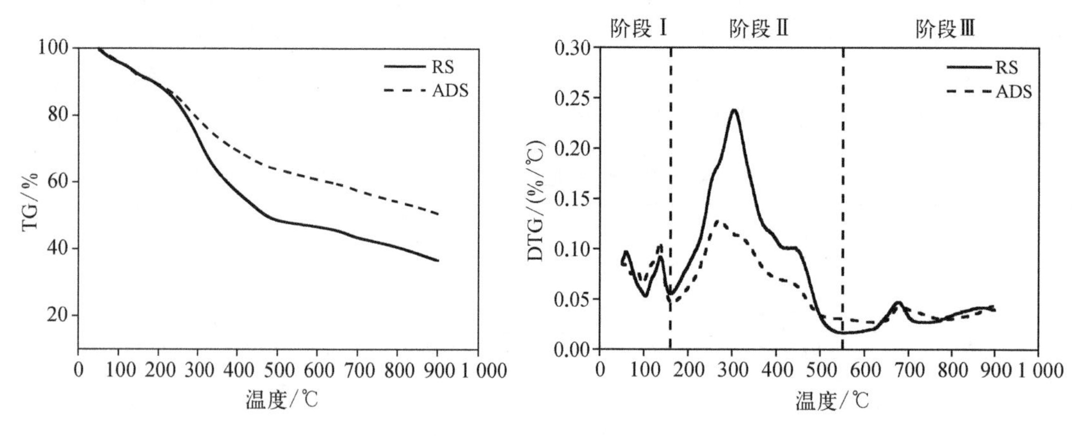

图 8－74 生污泥(RS)和厌氧消化污泥(ADS)的热重(TG)和示差热重(DTG)曲线(升温速率为 5 K/min)

表 8－36 生污泥(RS)和厌氧消化污泥(ADS)的示差热重(DTG)曲线(升温速率为 5 K/min)

	参　数	RS	ADS
阶段Ⅰ	T_1/℃	141	138
	DTG_1/(%/℃)	0.09	0.11
	WL_1/%	8.40	8.85
阶段Ⅱ	T_2/℃	307	270
	DTG_2/(%/℃)	0.24	0.13
	T_3/℃	ND	ND
	DTG_3/(%/℃)	ND	ND
	WL_2/%	47.78	28.84
阶段Ⅲ	T_4/℃	679	684
	DTG_4/(%/℃)	0.05	0.04
	WL_3/%	6.84	11.60

续　表

	参　数	RS	ADS
SR	%	36.70	50.63
$R_M \times 10^3$	%/(min·℃)	4.28	2.70

注：T_1、T_2、T_3、T_4，分别为第一、二、三、四峰的温度；DTG_1、DTG_2、DTG_3、DTG_4，分别为第一、二、三、四峰的重量损失率；WL_1、WL_2、WL_3，分别为第一、二、三阶段的重量损失率；SR 为样品的残留重量（sample residues）；R_M 为平均反应活性。

第三热解阶段主要发生550~900℃，生污泥和厌氧消化污泥分别有6.84%和11.60%的热重损失，这可能主要是由无机物（如碳酸钙）分解引起的（Otero　et al.，2011；Scott et al.，2006），也可能是由惰性有机物（如部分木质素和大分子量有机物）的部分热解引起的。与生污泥相比，厌氧消化污泥的热重损失较高，这与先前的研究结果较为接近（Cuetos　et al.，2010；Gómez　et al.，2007a）。这些发现表明，厌氧消化污泥中具有较高比例的无机物和难生物降解有机物，这可能是由于厌氧消化过程中易降解机物被生物分解。

为了进一步综合分析污泥样品的热分解特征，Ghetti 等（1996）引入了平均反应活性（R_M）的概念，之后这个概念被许多研究人员引用（Bhavanam and Sastry，2015；Yi　et al.，2013）。众所周知，示差热重峰的高度（R）与反应活性直接相关，与此同时与峰高相对应的热解温度（T_P）跟反应活性成反比。因此，平均反应活性指数（R_M）被认为是除湿度峰之外的所有峰（R/T_P）值的总和。较高的 R_M 表明更高的热解反应活性，生污泥和厌氧消化污泥的 R_M 值如表8-36所示。与生污泥相比，厌氧消化污泥的 R_M 值有所下降，这表明厌氧消化污泥的热反应活性下降，更趋于稳定，这与 FTIR 和 XPS 等化学分析结果较为接近。

（2）第二热解阶段的拟合组分

以上研究结果表明生污泥和厌氧消化污泥的第二热解阶段是有机物分解和重量损失的主要阶段。由于污泥样品中含有各种复杂的有机物，因此其有机物热分解涉及许多平行和连续的反应过程。然而，热重曲线仅可反映有机物分解反应的整体动力学特征，不能表征单个反应的变化特征（Ma　et al.，2013）。因此，探讨单个有机物组分的热分解特征对于清晰表征有机物的转化过程以及设计更加合理有效的热解反应器具有重要意义（Cai et al.，2013）。

本研究中第二热解阶段为了便于数学解析，假定各有机组分热解反应符合高斯分布，因此高斯拟合峰模型（GFPM）可用于这些 DTG 数据的拟合（Guo，2011），拟合结果如图8-75和表8-37所示，生污泥和厌氧消化污泥的相关系数 R^2 分别为0.997和0.999，简化卡方检验分别为 1.09×10^{-5} 和 5.03×10^{-7}，这表明拟合曲线与实测数据吻合度良好。

生污泥和厌氧消化污泥分别可拟合出4个和3个拟合组分。四个拟合组分的峰值温度分别为254~263℃、299~310℃、390℃和440~446℃。与生污泥相比，厌氧消化污泥的各组分均具有较低的峰高和峰面积，这可能是因为污泥有机物在厌氧消化过程中被或多或少的降解。此外，厌氧消化污泥的第一、三、四拟合组分的百分比均较低，而第二拟合组分的百分比均较高，这表明厌氧消反应器中第一、三、四拟合组分较第二组分更易降解。

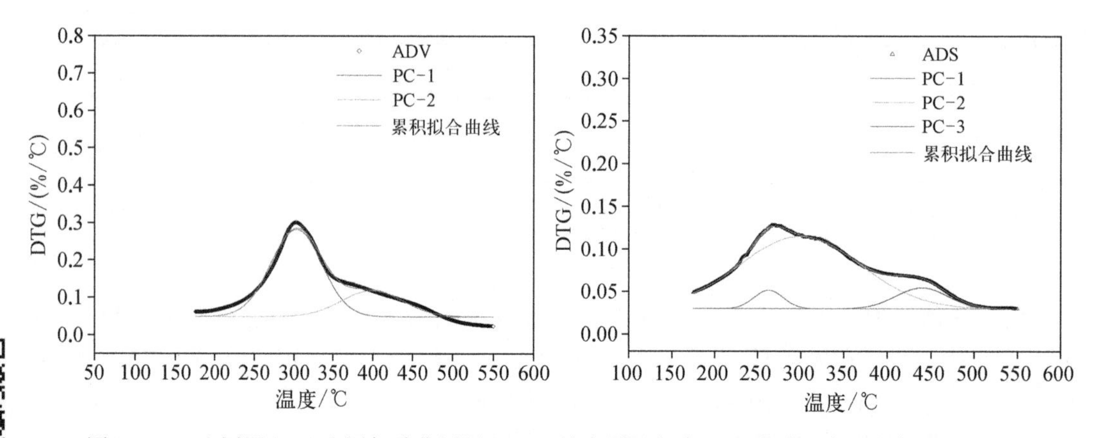

图 8-75　生污泥(RS)和厌氧消化污泥(ADS)的实测及拟合 DTG 曲线(升温速率 5 K/min)

表 8-37　生污泥和厌氧消化污泥热解拟合组分的相关参数

样　品	峰面积 /%	百分比 /%	峰温 /℃	峰宽 /℃	峰高 /(%/℃)	R^2	简化卡方检验
生污泥							
PC-1	14.8	38.0	254	142	0.08	0.997	1.09×10^{-5}
PC-2	15.4	39.6	310	82	0.15		
PC-3	2.6	6.8	390	44	0.05		
PC-4	6.1	15.7	446	62	0.08		
厌氧消化污泥							
PC-1	0.9	5.2	263	34	0.02	0.999	5.03×10^{-7}
PC-2	14.9	84.4	299	140	0.09		
PC-3	1.8	10.4	440	59	0.03		

注：表中 PC 代表拟合组分。

(3) 热解动力学分析

研究表明热解动力学可通过不同升温速率下的热重损失曲线推导出动力学参数(Ma et al.,2013)。本研究中升温速率分别设为 20 K/min、50 K/min 和 100 K/min,有机物转化率为 0.1~0.7,用于估计表观活化能随热解转化率的变化情况。$\ln(a/T^2)$和 $1/T$ 的阿仑尼乌斯图如图 8-76 所示,根据阿伦尼乌斯方程(Bhavanam and Sastry,2015)即可推导出特定转化率 V/V^* 所对应的反应活化能(E)。反应活化能(E)可通过三个不同升温速率获得的拟合曲线斜率和截距进行计算,结果如图 8-77 所示。

生污泥的反应活化能范围为 32~154 kJ/mol,这与 Font 等(2005)和 Thipkhunthod 等(2006)的研究结果较为相似,但略低于 Scott 等(2006)和 Soria-Verdugo 等(2013)的研究结果,这可能的原因是污泥样品来源不同以及使用的热解动力学模型不同。反应活化能可反映克服能量屏障和启动反应所需临界能量(Lin et al.,2014)。表观活化能较低的反应破坏原子间化学键位所需的能量较低(Ceylan and Kazan,2015)。

图 8-77 表明随着转化率的增加,生污泥和厌氧消化污泥的反应活化能呈逐渐增加

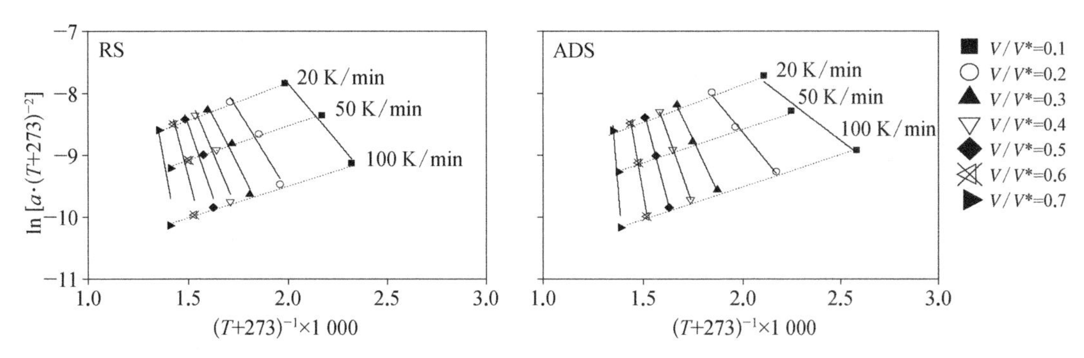

图8-76　生污泥和厌氧消化污泥的 $\ln(a/T^2)$ 和 $1/T$ 阿仑尼乌斯图

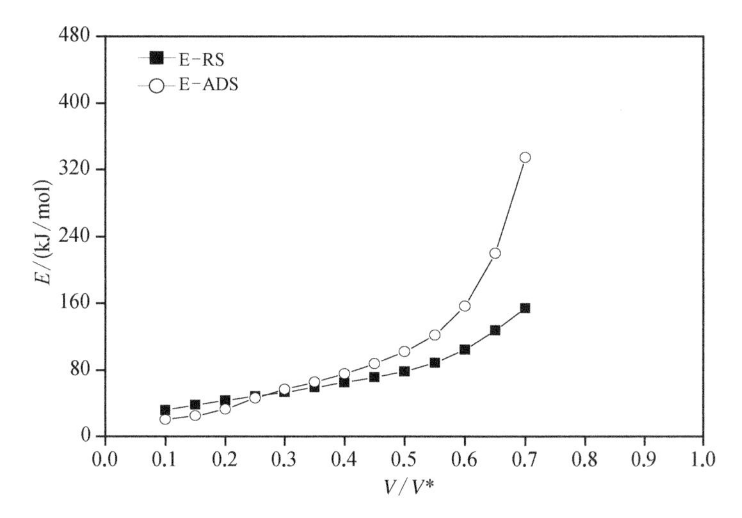

图8-77　生污泥和厌氧消化污泥的反应活化能(E)随有机物转化率(V/V^*)的变化情况

的趋势,这与先前的研究结果较为相似(Ceylan and Kazan,2015;Cao et al.,2014)。当转化率低于30%时,生污泥的反应活化能高于厌氧消化污泥;而当转化率高于30%时,则前者低于后者,这表明厌氧消化可促进低转化率条件下有机物反应活化能的降低。这可能是因为较高含量的低分子量有机物,如挥发性脂肪酸(Li et al.,2015a;Bustamante et al.,2012),仍存在于厌氧消化污泥中,而低分子量有机物通常具有较低的反应活化能。

为了进一步探讨生污泥和厌氧消化污泥的平均反应活化能情况,反应活化能分布曲线 $f(E)$ 被进一步分析,结果如图8-78和表8-38所示。与生污泥相比,厌氧消化污泥的平均活化能(E_0)较高,这表明厌氧消化可导致污泥反应活化能的增加,进一步说明经过厌氧消化处理后,污泥的稳定化程度进一步增加。

(4) 热解动力学的预测

为了进一步预测热解曲线,本研究使用了 Ceylan 和 Kazan(2015)和 Bhavanam 和 Sastry(2015)所报道的简化分布式反应活化能(DAEM)。图8-79表明 $\ln[1/(T+273)^2]$ 和 $1/(T+273)$ 在不同升温速率条件下呈显著的线性相关关系,因此采用如下线性方程式对两者关系进行表征:

$$\ln[1/(T+273)^2]=m/(T+273)+n \tag{8-14}$$

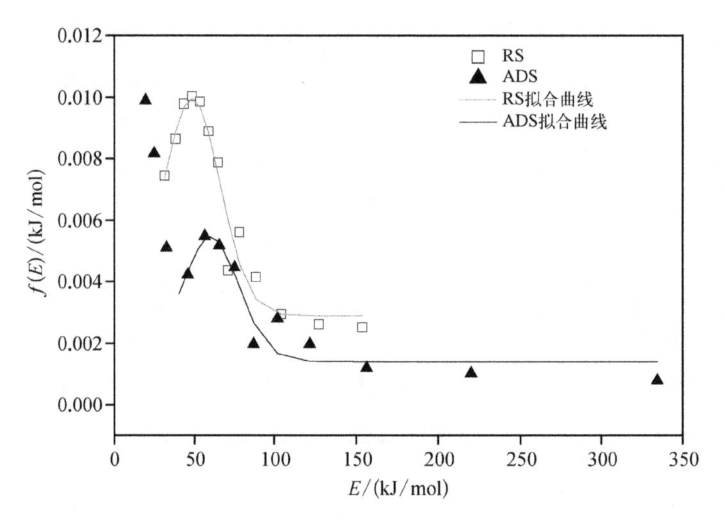

图 8－78 生污泥和厌氧消化污泥的活化能分布曲线 $f(E)$

表 8－38 对活化能分布曲线进行 Gaussian 拟合获得的平均活化能(E_0)和标准差(σ)

样 品	拟 合 峰		R^2	简化的卡方检验
	E_0	σ		
RS	48.48±4.07	24.97±0.03	0.95	5.27×10^{-7}
ADS	60.27±2.01	25.02±3.74	0.92	3.22×10^{-7}

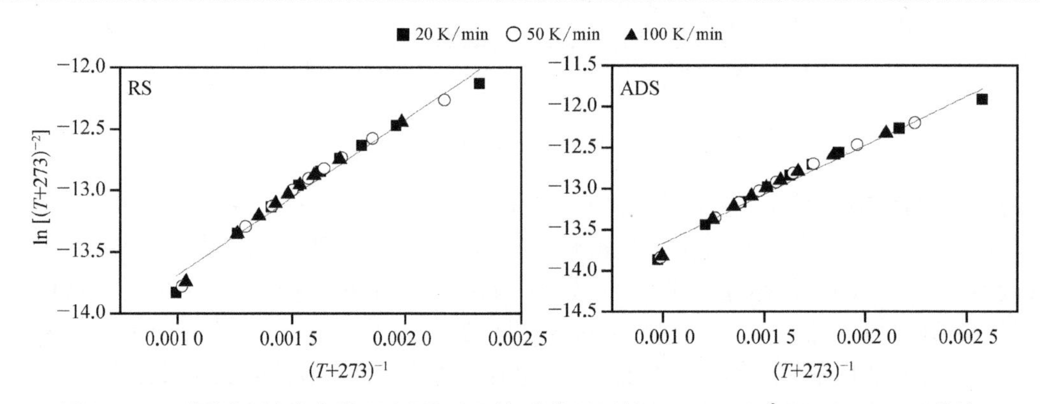

图 8－79 不同升温速率条件下生污泥和厌氧消化污泥的 $\ln(T+273)^{-2}$ 和 $1/(T+273)$ 曲线

式中，m 和 n 分别为特定升温速率条件下 $\ln[1/(T+273)^2]$ 和 $1/(T+273)$ 线性图的斜率和截距，结果如表 8－39 所示。

根据阿伦尼乌斯方程(Bhavanam 和 Sastry，2015)和式(8－14)，可得有机转化率与热解温度的关系：

$$T=\frac{m+\dfrac{E}{R}}{\ln\left(\dfrac{k_0R}{E}\right)+0.6075-(\ln a+n)} \tag{8-15}$$

表 8－39　不同升温速率条件下 ln(T+273)$^{-2}$ 和 1/(T+273) 线性化的相关参数

参数/(K/min)		RS	ADS
20	m(斜率)	1 265±69	1 191±73
	n(截距)	−14. 95±0. 12	−14. 86±0. 13
	R^2(相关系数)	0. 98	0. 97
50	m(斜率)	1 300±66	1 284±68
	n(截距)	−15. 00±0. 11	−14. 98±0. 11
	R^2(相关系数)	0. 98	0. 98
100	m(斜率)	1 358±60	1 331±65
	n(截距)	−15. 07±0. 09	−15. 04±0. 10
	R^2(相关系数)	0. 98	0. 98

根据式(8－15),有机转化率对应的热解温度与实测所得热解温度的比较情况如图 8－80 所示。结果表明采用 DAEM 模型拟合所得的热重曲线与实验实际测定的数据非常吻合,说明简化的 DAEM 模型适用且可有效预测生污泥与厌氧消化污泥的热解动力学和失重特征。

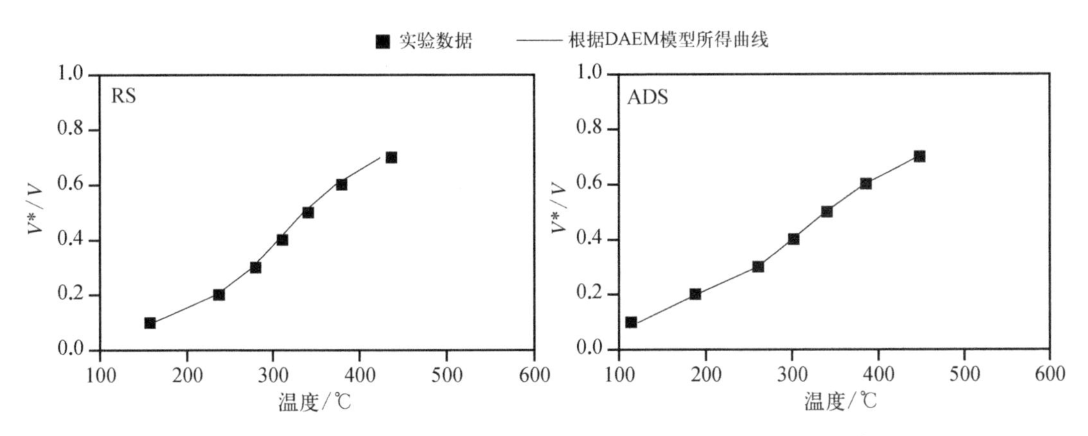

图 8－80　实测所得热重曲线与根据 DAEM 模型所得曲线的比较

(5) 本研究的意义

已有不少研究人员关注厌氧消化和热解联合工艺。然而,有关厌氧消化对后续热解动力学的影响研究尚未见报道。研究结果表明,厌氧消化可导致污泥热解的反应活化能增加,说明厌氧消化会导致后续污泥热解所需能量增加,这似乎与农业废弃物的研究结果存在一定差异,即厌氧消化没有改善后续热解产物的特性(Liang　et al. ,2015;Monlau et al. ,2015b;Wang　et al. ,2014)。这说明有机物组成差异对于厌氧消化的影响具有重要影响。污泥有机物由微生物细胞为主(Li　et al. ,2014),具有高蛋白质和低碳水化合物特点(Jung　et al. ,2013),而农业废弃物以纤维素、半纤维素和木质素为主,具有高碳水化合物和低蛋白质的特点(Barrera　et al. ,2014;Rapatsa and Moyo,2013;Bhattacharyya　et al. ,2012),这可能因为类蛋白质和类碳水化合物在厌氧消化过程中表现出不同的降解特性,与先前的研究结果较为相似(Li et al.,2014)。因此就反应活化能而言,与生污泥相比,厌氧消化污泥热解所需的反应能量较高。

8.5.7 厌氧消化污泥热解能源化利用模型分析

本节选取500℃热解条件下的厌氧消化污泥和生污泥热解过程中的质量和能量平衡进行探究。对污泥的基本理化性质和热解所得固体、焦油、热解气、水及水溶性有机物进行分析,建立质量平衡;再进行能量平衡计算。

(1) 消化污泥热解质量平衡

对于整个污泥热解系统而言,进入系统的污泥质量与输出系统的气—液—固相产物质量总和是相等的。根据以上研究结果,以1 kg干污泥为例,其热解输入与输出的质量衡算结果如表8-40所示。该表中热解水包括物料本身含有水分、物料热解过程中本身生成的水分以及一些水溶性有机物,此外,热解焦油产物是采用二氯甲烷将热解液相产物进行收集,而后经蒸馏获得的,因此在蒸馏过程中会有部分小分子焦油类物质随二氯甲烷蒸汽蒸发,造成焦油产量低于理论产量。

表8-40 污泥热解系统质量衡算 (单位: kg)

样 品	输入质量	输 出 质 量			
		热解炭	热解焦油	热解气体	热解水及水溶性有机物
厌氧消化污泥	1.0	0.60	0.23	0.10	0.07
生污泥	1.0	0.45	0.35	0.11	0.09

(2) 厌氧消化污泥热解能量平衡

污泥热解能量衡算是指在特定的条件下,对进出物料热解系统的热力学能进行计算,从而确定热解过程中能量传递的情况。本部分的能量衡算对热解系统的能量输入和输出进行分析,能量平衡体系如图8-81所示。

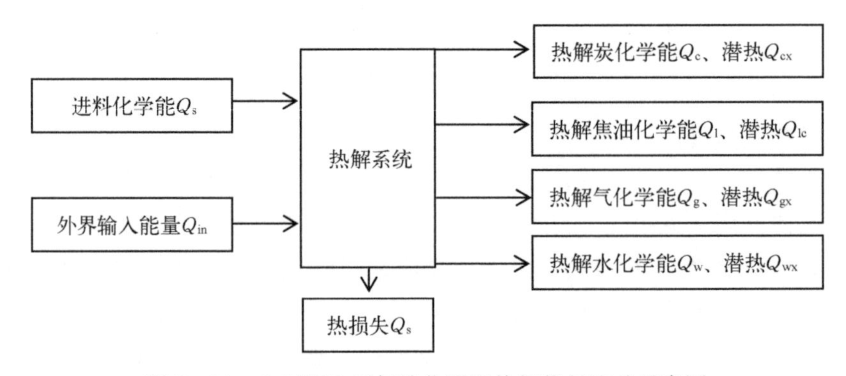

图8-81 生污泥和厌氧消化污泥热解能量流动示意图

对于整个热解系统而言,输入的能量是污泥本身含有的能量Q_{ds}和外界输入的能量Q_{in},而整个系统输出的能量有五种:① 热解炭化学能Q_c、潜热Q_{cx};② 热解焦油化学能Q_l、潜热Q_{lc};③ 热解气化学能Q_g、潜热Q_{gx};④ 热解水化学能Q_w、潜热Q_{wx},热解水的主要成分是冷凝水及少量水溶性有机物，其化学能可忽略不计；⑤ 系统散热等因素造成的热损失 Q_s，本系统中不考虑热损失，即设备热效率为 100%。在稳定的热解工况条件下，污泥热解系统存在以下能量平衡关系：

$$Q_{in} + Q_s = Q_c + Q_{cx} + Q_l + Q_{lx} + Q_g + Q_{gx} + Q_{wx} \tag{8-16}$$

1）热解过程能量输出

热解气相产物的热值如表 8－29 所示；焦油和热解炭的热值通过氧弹量热仪进行检测，热解炭的可燃组分含量较低，无法直接进行热值检测，通过添加辅助燃料进行测试，如表 8－30 和表 8－32 所示。因此，干重为 1 kg 的污泥热解能量输出计算参数如表 8－41 所示（熊思江，2010；赖艳华等，2005；万云，2004）。

表 8－41　生污泥（RS）和厌氧消化污泥（ADS）热解能量平衡计算参数

项　目	符　号	参数/数值	
		厌氧消化污泥	生 污 泥
样品进样温度/℃	T_0	20	20
样品出口温度/℃	T_1	500	500
进料重量/kg	M_s	1.0	1.0
热解炭产量/kg	M_c	0.602	0.445
热解焦油产量/kg	M_l	0.234	0.352
热解气产量/m³	V_g	0.106	0.123
热解水及水溶性有机物产量/kg	M_w	0.070	0.092
水的比热容/[kJ/(kg·℃)]	C_w	4.18	4.18
焦油的比热容/[kJ/(kg·℃)]	C_l	1.46	1.46
热解炭的比热容/[kJ/(kg·℃)]	C_c	1.1	1.1
水的汽化潜热/(kJ/kg)	H_w	2 256.60	2 256.6
焦油的汽化潜热/(kJ/kg)	ΔH_l	355	355
热解炭热值/(kJ/kg)	q_c	6 770	9 669
热解焦油热值/(kJ/kg)	q_l	31 860	30 255
热解气热值/(kJ/m³)	q_g	14 690	12 730

① 污泥热解炭化学热

热解炭化学热采用如下公式：

$$Q_c = M_c \times q_c \tag{8-17}$$

由此可知，厌氧消化污泥和生污泥热解炭所含有的化学热量分别为 4 075.54 kJ 和 4 302.71 kJ。

② 污泥热解炭潜热

热解炭潜热按如下公式计算：

$$Q_{cx} = M_c \times C_c \times (T_1 - T_0) \tag{8-18}$$

由此可知，厌氧消化污泥和生污泥热解炭的潜热分别为 317.86 kJ 和 234.96 kJ。

③ 污泥热解焦油化学热

焦油化学热采用如下公式计算：

$$Q_1 = M_1 \times q_1 \quad (8-19)$$

由此可知,厌氧消化污泥和生污泥热解焦油所含有的化学热分别为 7 455. 24 kJ 和 10 649. 76 kJ。

④ 污泥热解焦油潜热

焦油潜热采用如下公式计算:

$$Q_{lx} = M_1 \times \Delta H_1 + M_1 \times C_1 \times (T_1 - T_0) \quad (8-20)$$

焦油在生成时以气态形式存在,经过冷凝装置后形成焦油液体,因此焦油所带走的潜热应包括焦油本身的潜热和焦油从气体冷凝为液体所包含的热量。经过计算得出厌氧消化污泥和生污泥热解焦油所含有的潜热分别为 247. 06 kJ 和 371. 64 kJ。

⑤ 污泥热解气化学热

污泥热解气化学热采用如下公式计算:

$$Q_g = V_g \times q_g \quad (8-21)$$

计算得出,厌氧消化污泥和生污泥热解气的化学热分别为 1 557. 14 kJ 和 1 693. 09 kJ。

⑥ 污泥热解气潜热

热解气在热解装置出口处为 500℃,经过冷凝装置后冷却至室温,随后进入气体收集装置,根据下式对热解气潜热进行计算:

$$Q_{gx} = V_g \times k_i \times \sum (500 \times C_{P,i,500℃} - 25 \times C_{P,i,20℃}) \quad (8-22)$$

式中,V_g 为热解气在 20℃、标准大气压下的总体积;k_i 是四种热解气所占的体积百分比;$C_{P,i,500℃}$ 为四种热解气体在 500℃、1 个标准大气压下的平均定压比热容 kJ/(m^3·℃);$C_{P,i,20℃}$ 为四种热解气体在 20℃、1 个标准大气压下的平均定压比热容 kJ/(m^3·℃)。厌氧消化污泥在 500℃热解条件下热解气的热物性参数如表 8-42 所示。

表 8-42 四种热解气的热物性参数 [单位: kJ/(m^3·℃)]

	H_2	CH_4	CO	CO_2
$C_{P,i,500℃}$	1. 305	2. 141	1. 342	1. 995
$C_{P,i,20℃}$	1. 279	1. 570	1. 301	1. 628

由此可知,厌氧消化污泥和生污泥热解气所带走的热量分别为 86. 79 kJ 和 112. 24 kJ。

⑦ 本节中热解水通过差减法求得,同时为了简化计算,在此将热解水视为一般水分。厌氧消化污泥热解水在整个热解装置中的流程可以分为三个阶段:首先,热解生成/释放出的水蒸气由 500℃降至 100℃;然后,100℃的蒸气释放热量又继续转化为 100℃的水;最后,热解水通过冷却作用冷却至 20℃。具体计算公式如下:

$$Q_{wx} = M_w \times (500 \times C_{P,500℃} - 100 \times C_{P,100℃}) + M_w \times \Delta H_w + M_w \times C_w \times (100 - 20) \quad (8-23)$$

式中，$C_{P,500℃}$ 代表 500℃水蒸气的平均定压比热容，为 1.954 kJ/(kg·℃)；$C_{P,100℃}$ 代表 100℃时水蒸气的平均定压比热容，为 1.873 kJ/(kg·℃)。由此可知，厌氧消化污泥和生污泥热解水带出的热量分别为 236.65 kJ 和 311.02 kJ。

2）热解过程能量输入

污泥热解过程的能量输入主要是指污泥本身的化学能和外界输入的能量，外界输入能量包括设备散热等因素损失掉的能量，以及转化为热解产物潜热被带走的能量。因此，厌氧消化污泥热解过程中的实际能量是指完成整个热解过程所必须吸收/释放的能量，即整个热解反应的反应热（Q_P），它是确保整个反应过程能够顺利进行的最小热量。而化学反应热的大小与反应的途径没有关系，只与反应状态的始末相关。因此厌氧消化污泥热解前后符合以下平衡关系。

$$Q_P + Q_{ds} = Q_c + Q_l + Q_g \tag{8-24}$$

热解系统中输入的能量中 Q_0 可以通过消化污泥的质量和热值求得。由于是干物料进行热解，可以不考虑干燥耗能，因此 Q_P 则指热解耗能。热解耗能又包括两部分：一部分是将物料加热到目标温度所需能量（Q_{target}）；另一部分是用于提供物料热解所需要的能量（$Q_{pyrolysis}$）。

$$Q_P = Q_{target} + Q_{pyrolysis} \tag{8-25}$$

式中，Q_{target} 可以通过公式计算而得。然而实际热解过程中，热解耗能的准确计算却是一个难题，这是由于消化污泥成分的复杂性以及热解过程本身的复杂性，造成一些计算参数的缺失。目前在计算生物质热解能耗时，都是采用污泥热容和反应热效应来进行计算（于清航，2008；Janse et al.，2000）。

$$Q_{target} = M_{ds} \times C_{P,sludge} \times \Delta T_{target} \tag{8-26}$$

式中，ΔT_{targrt} 表示消化污泥的温度差（物料从 20℃加热到 500℃的温度差）；$C_{P,sludge}$ 表示物料的比热容。污泥因其组成的不同，比热容也不尽相同，已有的文献通常根据工业分析数据对物料比热容进行选取计算。传统的有机物比热容的大致为 2.1~2.6 kJ/(kg·℃)，无机物比热容的大概范围为 0.8~1.3 kJ/(kg·℃)（Kim and Parker，2008），本研究中污泥有机物和无机物的比热容分别取为 2.32 kJ/(kg·℃)和 1.10 kJ/(kg·℃)，根据厌氧消化污泥有机物（VM）和无机物含量（1-VM），其比热容的计算公式如下：

$$C_{P,sludge} = \mathrm{VM} \cdot 2.32\ \mathrm{kJ/(kg \cdot ℃)} + (1 - \mathrm{VM}) \times - \mathrm{VM} \cdot 1.10\ \mathrm{kJ/(kg \cdot ℃)} \tag{8-27}$$

由此可知，厌氧消化污泥和生污泥的比热容分别是 1.75 kJ/(kg·℃)的 1.94 kJ/(kg·℃)，因此，厌氧消化污泥和生污泥中 Q_{target} 的值分别为 840 kJ 和 931.68 kJ。

目前还不能精确获得 $Q_{pyrolysis}$ 的值，因此作者通过公式计算出 1 kg 污泥热解所需要的能量。

$$Q_{pyrolysis} = Q_c + Q_l + Q_g - Q_{ds} - Q_{target} \tag{8-28}$$

对于厌氧消化污泥，$Q_c = M_c \times q_c = 4\,075.54$ kJ；$Q_l = M_l \times q_l = 7\,455.24$ kJ；$Q_g = V_g \times q_g = 1\,557.14$ kJ；$Q_{ds} = 11\,372$ kJ；$Q_{target} = 840$ kJ，由此可得 $Q_{pyrolysis} = 875.92$ kJ。

对于生污泥，$Q_c = M_c \times q_c = 4\,302.71$ kJ；$Q_l = M_l \times q_l = 10\,649.76$ kJ；$Q_g = V_g \times q_g = 1\,693.09$ kJ；$Q_{ds} = 14\,573$ kJ；$Q_{target} = 931.68$ kJ，由此可得 $Q_{pyrolysis} = 1\,140.88$ kJ。

综上，假设此热解条件下热解设备的热效率为100%，则根据上述公式可以计算出最小理论外加热量 Q_{in}，如表8－43所示。与生污泥相比，厌氧消化污泥所需的 Q_{in} 较小，表明其所需外加热量值较低。

表8－43　生污泥(RS)和厌氧消化污泥(ADS)热解能量平衡表

项　目	符　号	热量/(kJ/kg,DS)	
		生　污　泥	厌氧消化污泥
污泥化学能	Q_{ds}	14 573	11 372
升温耗能	Q_{target}	932	840
热解耗能	$Q_{pyrolysis}$	1 141	858
热解炭化学能	Q_c	4 303	4 075
热解炭潜热	Q_{cx}	235	318
热解焦油化学能	Q_l	10 650	7 455
热解焦油潜热	Q_{lx}	372	247
热解气化学能	Q_g	1 693	1 557
热解气潜热	Q_{gx}	112	87
热解水潜热	Q_{wx}	311.02	233.65
热解总产能	$Q_{produce}$	16 646	13 088
热解产物总潜热	$Q_{produce,\ x}$	1 030	888
最小理论外加热量	Q_{in}	3 102	2 604

(3) 基于厌氧消化+热解耦合的污泥能源化利用效能研究

厌氧消化是实现污水厂污泥减量化、稳定化、资源化的有效途径，但其污泥有机质的降解率通常低于50%，污泥沼渣中仍含有超过50%的有机质未能源化利用。采用热解工艺进一步回收厌氧消化污泥中残余的有机质被认为是较为可行的技术路线。在此，作者对生污泥直接热解工艺及经厌氧消化处理后热解两条技术路线的能源化利用效能进行对比分析。

1) 工艺路线技术分析

技术路线一，对污水厂剩余污泥进行脱水干化处理后，直接进行热解回收能量，此工艺路线的能源化产物主要是热解焦油和热解气。技术路线二，基于厌氧消化污泥的间接热解，此路线是先将污泥进行厌氧消化处理，接着对厌氧消化后污泥进行脱水干化，然后再采用热解工艺继续回收能量，此工艺路线的能源化产物主要是沼气、热解焦油和热解气(图8－82)。

2) 工艺路线能源化效率分析

为了更好地对比两条不同工艺路线的能源化效率，做如下假设：

① 假设生污泥的干重为1 000 kg，即整个工艺的原料进料量为1 000 kg(DS)。

② 热解温度设500℃，产物产率及热值数据来源于实测数据，如表8－44和表8－45所示。

③ 污泥厌氧消化过程中无机组分不变，降解有机质VS全部转化生物气。

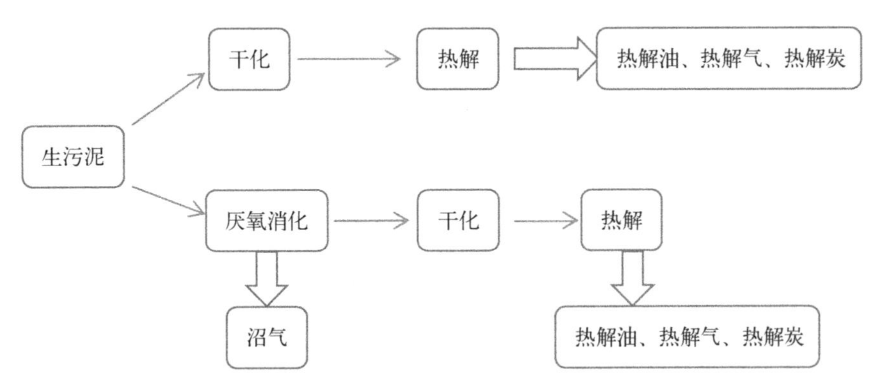

图 8－82　两种工艺路线的流程图

表 8－44　生污泥(RS)和厌氧消化污泥(ADS)热解产物产率

项　　目		生　污　泥	厌氧消化污泥
进　料	VS(干重,%)	69.4	54.0
	热值/(MJ/kg)	14.6	11.4
热解产物产率/%	热解油	35.2	23.4
	热解气	11.1	9.8
	热解炭	44.5	60.2

表 8－45　生污泥(RS)和厌氧消化污泥(ADS)热解产物热值

项　　目		生　污　泥	厌氧消化污泥
热解产物热值/(MJ/kg)	热解油	30.3	31.9
	热解气	11.9	14.2
	热解炭	9.7	6.8

厌氧消化过程性能指标：

$$W_{ADS} = \frac{W_{RS} \times (1 - VS_{RS})}{1 - VS_{ADS}} \tag{8-29}$$

$$Y_{biogas} = SBP_{biogas} \times (W_{RS} - W_{ADS}) \tag{8-30}$$

式中，W_{RS} 和 W_{ADS} 是生污泥和厌氧消化污泥的干基质量；VS_{RS}(%)和 VS_{ADS}(%)是生污泥和消化污泥中 VS 含量；Y_{biogas} 是厌氧消化过程中沼气产量；SBP_{biogas} 是沼气产率系数，单位为 m^3/kg。一般而言，稳定运行条件下，污泥厌氧消化沼气产气系数一般在 0.8～1.2 m^3/kg，在本节中 SBP_{biogas} 选为 1.0 m^3/kg，由此可得生物气产量 Y_{biogas}。假定沼气中甲烷比例为 65%，且标准状态下甲烷热值为 35.9 MJ/m^3，由此可知污泥厌氧消化产气所得的总生物能量。

为了更好地对比两种工艺的产物能源化利用价值进行评价和对比，采用了 AEE 和 GEE 两个性能指标进行计算和评价(Cao and Pawlowski，2012)。其中 AEE(apparent energy efficiency)是目标产物(热解气和热解焦油)所含有的能量占物料原本所蕴含能量的百分比。

$$AEE = \frac{CV_{targeted-product} \times W_{targeted-product}}{CV_{sludge} \times W_{sludge}} \tag{8-31}$$

式中,$CV_{targeted-product}$ 和 $W_{targeted-product}$ 分别为整个工艺过程中目标产物的热值和产量;CV_{sludge} 和 W_{sludge} 分别为原料(干基)的热值和质量。

综上所述,两条工艺路线的质量和能量分析结果如表 8-46 所示。与污泥直接热解(RS 与污泥)相比,污泥厌氧消化后再热解(RS 比,污泥厌氧)工艺路线具有更高的 AEE,表明其具有更高的能源化利用效率。

表 8-46 两条工艺路线的质量和能量分析

1 000 kg 的生污泥(VS=69.4%;消化污泥产量为 665 kg,VS=54.0%)	路径 1:RS=54 生污泥直接热解	路径 2:RS 直接热解% 污泥厌氧消化后再热解	
		RS 厌氧消化	AD 厌氧消化
产物产量	352 kg(热解油) 133 m³(热解气) 445 kg(热解炭)	336 m³(沼气)	156 kg(热解油) 71(热解气) 400 kg(热解炭)
能量输出/MJ	10 649(热解油) 1 693(热解气) 4 302(热解炭)	7 829(沼气)	4 958(热解油) 1 035(热解气) 2 710(热解炭)
AEE/%	84.7	94.8	

参考文献

程伟凤,李慧,杨艳琴,等.2016.城市污泥厌氧发酵残渣热解制备生物炭及其氮磷吸附研究.化工学报,67(4):1541-1548.

金正宇,张国臣,王凯军.2012.热解技术资源化处理城市污泥的研究进展.化工进展,31(1):1-9.

赖艳华,马春元,施明恒.2005.生物质燃料层热解过程的传热传质模型研究.热科学与技术,4(3):219-223.

李海英.2006.生物污泥热解资源化技术研究.天津:天津大学博士学位论文.

李海英,张书廷,赵新华.2006.城市污水污泥热解温度对产物分布的影响.太阳能学报,27(8):835-840.

李小伟.2012.蚯蚓生物滤池处理污泥系统有机物降解机制及生态调控.上海:同济大学博士学位论文.

欧晓霞,何小慧,杨名,等.2010.腐殖酸的光化学行为研究进展.安徽农业科学,38(20):10809-10810.

唐景春,孙青,王如刚,等.2010.堆肥过程中腐殖酸的生成演化及应用研究进展.环境污染与防治,32(5):73－77.

万云.2004.固体废弃物的热解技术研究.重庆:重庆大学硕士学位论文.

王君,陈娴,桂丕,等.2015.污泥炭化温度和时间对重金属形态及作物累积的影响.华南农业大学学报,36(5):54－60.

熊思江.2010.污水污泥热解制取富氢燃气实验及机制研究.武汉:华中科技大学博士学位论文.

于清航.2008.油泥热解特性基础研究.沈阳:沈阳航空工业学院硕士学位论文.

郑照明,刘常敬,郑林雪,等.2014.不同粒径的厌氧氨氧化颗粒污泥脱氮性能研究.中国环境科学,34(12):3078－3085.

Abdulla H A N, Minor E C, Dias R F, et al. 2010a. Changes in the compound classes of dissolved organic matter along an estuarine transect: a study using FTIR and C-13 NMR. Geochimica Et Cosmochimica Acta, 74(13): 3815－3838.

Abdulla H A N, Minor E C, Hatcher P G. 2010b. Using two-dimensional correlations of ^{13}C NMR and FTIR to investigate changes in the chemical composition of dissolved organic matter along an estuarine transect. Environmental Science & Technology, 44(21): 8044－8049.

Ahn H K, Richard T L, Choi H L. 2007. Mass and thermal balance during composting of a poultry manure — wood shavings mixture at different aeration rates. Process Biochemistry, 42(2): 215－223.

Ali S, Bharwana S A, Rizwan M, et al. 2015. Fulvic acid mediates chromium (Cr) tolerance in wheat (Triticum aestivum L.) through lowering of Cr uptake and improved antioxidant defense system. Environmental Science and Pollution Research, 22: 10601－10609.

An P, Xu X, Yang F, et al. 2013. Comparison of the characteristics of anammox granules of different sizes. Biotechnology and Bioprocess Engineering, 18(3): 446－454.

Artz R R, Chapman S J, Robertson A J, et al. 2008. FTIR spectroscopy can be used as a screening tool for organic matter quality in regenerating cutover peatlands. Soil Biology and Biochemistry, 40(2): 515－527.

Banegas V, Moreno J, Moreno J, et al. 2007. Composting anaerobic and aerobic sewage sludges using two proportions of sawdust. Waste Management, 27(10): 1317－1327.

Banjade S. 2008. Anaerobic/aerobic digestion for enhanced solids and nitrogen removal. Blackburg: Virginia Polytechnic Institute and State University.

Barker D J, Stuckey D C. 1999. A review of soluble microbial products (SMP) in wastewater treatment systems. Water Research, 33(14): 3063－3082.

Barrera E L, Spanjers H, Romero O, et al. 2014. Characterization of the sulfate reduction process in the anaerobic digestion of a very high strength and sulfate rich vinasse. Chemical Engineering Journal, 248: 383－393.

Bhattacharyya A, Pramanik A, Maji S K, et al. 2012. Utilization of vinasse for production of poly－3－(hydroxybutyrate-co-hydroxyvalerate) by Haloferax mediterranei. AMB Express, 2: 34.

Bhavanam A, Sastry R C. 2015. Kinetic study of solid waste pyrolysis using distributed activation energy model. Bioresource Technology, 178: 126 – 131.

Biniak S, Szymański G, Siedlewski J, et al. 1997. The characterization of activated carbons with oxygen and nitrogen surface groups. Carbon, 35(12): 1799 – 1810.

Bustamante M A, Alburquerque J A, Restrepo A P, et al. 2012. Co-composting of the solid fraction of anaerobic digestates, to obtain added-value materials for use in agriculture. Biomass and Bioenergy, 43: 26 – 35.

Cai J, Wu W, Liu R, et al. 2013. A distributed activation energy model for the pyrolysis of lignocellulosic biomass. Green Chemistry, 15(5): 1331 – 1340.

Campbell H W, Bridle T R. 1988. Conversion of sludge to oil: a novel approach to sludge management. Water Pollution Research & Control Brighton, 21(10 – 11): 1467 – 1475.

Campitelli P, Ceppi S. 2008. Effects of composting technologies on the chemical and physicochemical properties of humic acids. Geoderma, 144(1): 325 – 333.

Cao H, Xin Y, Wang D, et al. 2014. Pyrolysis characteristics of cattle manures using a discrete distributed activation energy model. Bioresource Technology, 172: 219 – 225.

Cao S, Du R, Li B, et al. 2016. High-throughput profiling of microbial community structures in an anammox-UASB reactor treating high-strength wastewater. Appllied Microbiology and Biotechnology, 100(14): 6457 – 6467.

Cao Y, Pawlowski A. 2013. Life cycle assessment of two emerging sewage sludge-to-energy systems: evaluating energy and greenhouse gas emissions implications. Bioresource Technology, 127: 81 – 91.

Cao Y, Pawlowski A. 2012. Sewage sludge-to-energy approaches based on anaerobic digestion and pyrolysis: brief overview and energy efficiency assessment. Renewable and Sustainable Energy Reviews, 16(3): 1657 – 1665.

Carvajal-Arroyo J M, Puyol D, Li G, et al. 2014. Starved anammox cells are less resistant to NO_2 inhibition. Water Research, 65: 170 – 176.

Ceylan S, Kazan D. 2015. Pyrolysis kinetics and thermal characteristics of microalgae Nannochloropsis oculata and Tetraselmis sp. Bioresource Technology, 187: 1 – 5.

Chen J, Le Boeuf E J, Dai S, et al. 2003a. Fluorescence spectroscopic studies of natural organic matter fractions. Chemosphere, 50: 639 – 647.

Chen W, Westerhoff P, Leenheer J A, et al. 2003b. Fluorescence excitation-emission matrix regional integration to quantify spectra for dissolved organic matter. Environmental Science & Technology, 37(24): 5701 – 5710.

Chica A, Mohedo J J, Martin M A, et al. 2003. Determination of the stability of MSW compost using a respirometric technique. Compost Science & Utilization, 11: 169 – 175.

Chu Z R, Wang K, Li X K, et al. 2015. Microbial characterization of aggregates within a one-stage nitritation-anammox system using high-throughput amplicon sequencing. Chemical Engineering Journal, 262: 41 – 48.

Cuetos M J, Gómez X, Otero M, et al. 2010. Anaerobic digestion of solid slaughterhouse waste: study of biological stabilization by Fourier Transform infrared spectroscopy and thermogravimetry combined with mass spectrometry. Biodegradation, 21(4): 543-556.

Dai X, Wu C, Haibin L, et al. 2000. The fast pyrolysis of biomass in CFB reactor. Energy & Fuels, 14(3): 552-557.

Dang Y, Lei Y, Liu Z, et al. 2016. Impact of fulvic acids on bio-methanogenic treatment of municipal solid waste incineration leachate. Water Research, 106: 71-78.

de Gannes V, Eudoxie G, Hickey W J. 2013. Prokaryotic successions and diversity in composts as revealed by 454-pyrosequencing. Bioresource Technology, 133: 573-580.

Duan N, Dong B, Wu B, et al. 2012. High-solid anaerobic digestion of sewage sludge under mesophilic conditions: feasibility study. Bioresource Technology, 104: 150-156.

Fels L E, Zamama M, Asli A E, et al. 2014. Assessment of biotransformation of organic matter during co-composting of sewage sludge-lignocelullosic waste by chemical, FTIR analyses, and phytotoxicity tests. International Biodeterioration & Biodegradation, 87(1): 128-137.

Fernandez-Gomez B, Richter M, Schuler M, et al. 2013. Ecology of marine Bacteroidetes: a comparative genomics approach. The ISME Journal, 7(5): 1026-1037.

Font R, Fullana A, Conesa J. 2005. Kinetic models for the pyrolysis and combustion of two types of sewage sludge. Journal of Analytical and Applied Pyrolysis, 74(1): 429-438.

Fonts I, Azuara M, Gea G, et al. 2009. Study of the pyrolysis liquids obtained from different sewage sludge. Journal of Analytical & Applied Pyrolysis, 85(1): 184-191.

Fonts I, Gea G, Azuara M, et al. 2012. Sewage sludge pyrolysis for liquid production: a review. Renewable and Sustainable Energy Reviews, 16(5): 2781-2805.

Gómez X, Cuetos M, García A, et al. 2007a. An evaluation of stability by thermogravimetric analysis of digestate obtained from different biowastes. Journal of Hazardous Materials, 149(1): 97-105.

Gómez X, Diaza M C, Coopera M, et al. 2007b. Study of biological stabilization processes of cattle and poultry manure by thermogravimetric analysis and ^{13}C NMR. Chemosphere, 68(10): 1889-1897.

Gamage I H, Jonker A, Zhang X, et al. 2014. Non-destructive analysis of the conformational differences among feedstock sources and their corresponding co-products from bioethanol production with molecular spectroscopy. Spectrochimica Acta Part A: Molecular and Biomolecular Spectroscopy, 118: 407-421.

Gao D, Liu L, Liang H, et al. 2011. Aerobic granular sludge: characterization, mechanism of granulation and application to wastewater treatment. Critical Reviews in Biotechnology, 31(2): 137-152.

Gao D W, Tao Y. 2011. Versatility and application of anaerobic ammonium-oxidizing bacteria. Applied Microbiology and Biotechnology, 91(4): 887-894.

Gao Y, Liu Z, Liu F, et al. 2012. Mechanical shear contributes to granule formation resulting in quick start-up and stability of a hybrid anammox reactor. Biodegradation, 23(3): 363-72.

Gea T, Barrena R, Artola A, et al. 2007. Optimal bulking agent particle size and usage for heat retention and disinfection in domestic wastewater sludge composting. Waste Management, 27(9): 1108-1116.

Ghetti P, Ricca L, Angelini L. 1996. Thermal analysis of biomass and corresponding pyrolysis products. Fuel, 75(5): 565-573.

Giustinianovich E A, Campos J L, Roeckel M D. 2016. The presence of organic matter during autotrophic nitrogen removal: problem or opportunity? Separation and Purification Technology, 166: 102-108.

Gu Z, Li Y, Yang Y, et al. 2018. Inhibition of anammox by sludge thermal hydrolysis and metagenomic insights. Bioresource Technology, 270: 46-54.

Guo H. 2011. A simple algorithm for fitting a Gaussian function. IEEE Signal Processing Magazine, 28(5): 134-137.

Hait S, Tare V. 2011. Vermistabilization of primary sewage sludge. Bioresource Technology, 102(3): 2812-2820.

Helms J R, Stubbins A, Ritchie J D, et al. 2008. Absorption spectral slopes and slope ratios as indicators of molecular weight, source, and photobleaching of chromophoric dissolved organic matter. Limnology and Oceanography, 53(3): 955-969.

Holm-Nielsen J B, Al Seadi T, Oleszkiewicz-Popiel P. 2009. The future of anaerobic digestion and biogas utilization. Bioresource Technology, 100(22): 5478-5484.

Huang H, Yuan X, Zeng G, et al. 2011. Quantitative evaluation of heavy metals' pollution hazards in liquefaction residues of sewage sludge. Bioresource Technology, 102(22): 10346-10351.

Inyang M, Gao B, Pullammanappallil P, et al. 2010. Biochar from anaerobically digested sugarcane bagasse. Bioresource Technology, 101(22): 8868-8872.

Inyang M D, Gao B, Ding W C, et al. 2011. Enhanced lead sorption by biochar derived from anaerobically digested sugarcane bagasse. Separation Science and Technology, 46(12): 1950-1956.

Isaka K, Date Y, Sumino T, et al. 2006. Growth characteristic of anaerobic ammonium-oxidizing bacteria in an anaerobic biological filtrated reactor. Applied Microbiology and Biotechnology, 70(1): 47-52.

Liu J Y, Sun S Y. 2013. Total concentrations and different fractions of heavy metals in sewage sludge from Guangzhou, China. Transactions of Nonferrous Metals Society of China, 23(8): 2397-2407.

Janse A M C, Westerhout R W J, Prins W. 2000. Modelling of flash pyrolysis of a single wood particle. Chemical Engineering & Processing Process Intensification, 39(3): 239-252.

Jaramillo-Arango A, Fonts I, Chejne F, et al. 2016. Product compositions from sewage sludge pyrolysis in a fluidized bed and correlations with temperature. Journal of Analytical & Applied Pyrolysis, 121: 287 - 296.

Jenni S, Vlaeminck S E, Morgenroth E, et al. 2014. Successful application of nitritation/anammox to wastewater with elevated organic carbon to ammonia ratios. Water Research, 49: 316 - 326.

Jiang G, Gutierrez O, Sharma K R, et al. 2010. Effects of nitrite concentration and exposure time on sulfide and methane production in sewer systems. Water Research, 44(14): 4241 - 4251.

Jin R C, Yang G F, Zhang Q Q, et al. 2013. The effect of sulfide inhibition on the anammox process. Water Research, 47(3): 1459 - 1469.

Jung K W, Moon C, Cho S K, et al. 2013. Conversion of organic solid waste to hydrogen and methane by two-stage fermentation system with reuse of methane fermenter effluent as diluting water in hydrogen fermentation. Bioresource Technology, 139: 120 - 127.

Kampschreur M J, van der Star W R, Wielders H A, et al. 2008. Dynamics of nitric oxide and nitrous oxide emission during full-scale reject water treatment. Water Research, 42(3): 812 - 826.

Karri R R, Sahu J N, Chimmiri V. 2018. Critical review of abatement of ammonia from wastewater. Journal of Molecular Liquids, 261: 21 - 31.

Kartal B, de Almeida N M, Maalcke W J, et al. 2013. How to make a living from anaerobic ammonium oxidation. FEMS Microbiol Reviews, 37(3): 428 - 461.

Kaster K M, Voordouw G. 2006. Effect of nitrite on a thermophilic, methanogenic consortium from an oil storage tank. Applied Microbiology Biotechnology, 72(6): 1308 - 1315.

Keluskar R, Nerurkar A, Desai A. 2013. Development of a simultaneous partial nitrification, anaerobic ammonia oxidation and denitrification (SNAD) bench scale process for removal of ammonia from effluent of a fertilizer industry. Bioresource Technology, 130: 390 - 397.

Kim Y, Parker W. 2008. A technical and economic evaluation of the pyrolysis of sewage sludge for the production of bio-oil. Bioresource Technology, 99(5): 1409 - 1416.

Kindaichi T, Tsushima I, Ogasawara Y, et al. 2007. In situ activity and spatial organization of anaerobic ammonium-oxidizing (anammox) bacteria in biofilms. Applied and Environmental Microbiology, 73(15): 4931 - 4939.

Kindaichi T, Yuri S, Ozaki N, et al. 2012. Ecophysiological role and function of uncultured Chloroflexi in an anammox reactor. Water Science & Technology, 66(12): 2556 - 2561.

Kosari S F, Rezania B, Lo K V, et al. 2014. Operational strategy for nitrogen removal from centrate in a two-stage partial nitrification — anammox process. Environmental Technology, 35(9 - 12): 1110 - 1120.

Kumar N. 2006. Sequential anaerobic-aerobic digestion: a new process technology for biosolids product quality improvement. Blackburg: Virginia Polytechnic Institute and State University.

Lacroix N, Rousse D R, Hausler R. 2014. Anaerobic digestion and gasification coupling for wastewater sludge treatment and recovery. Waste Management Research, 32(7): 608-613.

Lalucat J, Bennasar A, Bosch R, et al. 2006. Biology of pseudomonas stutzeri. Microbiology and Molecular Biology Reviews, 70(2): 510-547.

Landry C, Tremblay L. 2012. Compositional differences between size classes of dissolved organic matter from freshwater and seawater revealed by an HPLC - FTIR system. Environmental Science & Technology, 46(3): 1700-1707.

Lawson N M, Mason R P, Laporte J M. 2001. The fate and transport of mercury, methylmercury, and other trace metals in Chesapeake Bay tributaries. Water Research, 35(2): 501-515.

Leal C D, Pereira A D, Nunes F T, et al. 2016. Anammox for nitrogen removal from anaerobically pre-treated municipal wastewater: effect of COD/N ratios on process performance and bacterial community structure. Bioresource Technology, 211: 257-266.

Leng L, Yuan X, Huang H, et al. 2014. The migration and transformation behavior of heavy metals during the liquefaction process of sewage sludge. Bioresource Technology, 167(3): 144-150.

Leng L J, Yuan X Z, Huang H J, et al. 2015. Characterization and application of bio-chars from liquefaction of microalgae, lignocellulosic biomass and sewage sludge. Fuel Processing Technology, 129: 8-14.

Li H, Chen S, Mu B Z, et al. 2010. Molecular detection of anaerobic ammonium-oxidizing (anammox) bacteria in high-temperature petroleum reservoirs. Microbial Ecology, 60(4): 771-783.

Li H, Xu X, Chen H, et al. 2013. Molecular analyses of the functional microbial community in composting by PCR - DGGE targeting the genes of the β - glucosidase. Bioresource Technology, 134: 51-58.

Li X, Dai X, Dai L, et al. 2015a. Two-dimensional FTIR correlation spectroscopy reveals chemical changes in dissolved organic matter during the biodrying process of raw sludge and anaerobically digested sludge. RSC Advances, 5(100): 82087-82096.

Li X, Dai X, Takahashi J, et al. 2014. New insight into chemical changes of dissolved organic matter during anaerobic digestion of dewatered sewage sludge using EEM - PARAFAC and two-dimensional FTIR correlation spectroscopy. Bioresource Technology, 159: 412-420.

Li X, Xing M, Yang J, et al. 2011. Compositional and functional features of humic acid-like fractions from vermicomposting of sewage sludge and cow dung. Journal of Hazardous Materials, 185(2): 740-748.

Li X R, Du B, Fu H X, et al. 2009. The bacterial diversity in an anaerobic ammonium-oxidizing (anammox) reactor community. Systematical and Applied Microbiology, 32(4): 278-289.

Li X W, Dai X H, Yuan S J, et al. 2015b. Thermal analysis and 454 pyrosequencing to evaluate the performance and mechanisms for deep stabilization and reduction of high-solid anaerobically digested sludge using biodrying process. Bioresource Technology, 175: 245 - 253.

Li Z, Kechen X, Yongzhen P. 2018. Composition characterization and transformation mechanism of refractory dissolved organic matter from an ANAMMOX reactor fed with mature landfill leachate. Bioresour Technol, 250: 413 - 421.

Liang J J, Lin Y Q, Wu S B, et al. 2015. Enhancing the quality of bio-oil and selectivity of phenols compounds from pyrolysis of anaerobic digested rice straw. Bioresource Technology, 181: 220 - 223.

Lin Y S, Ma X Q, Yu Z S, et al. 2014. Investigation on thermochemical behavior of co-pyrolysis between oil-palm solid wastes and paper sludge. Bioresource Technology, 166: 444 - 450.

Liu H, Luo G Q, Hu H Y, et al. 2012. Emission characteristics of nitrogen and sulfur-containing odorous compounds during different sewage sludge chemical conditioning processes. Journal of Hazardous Materials, 235 - 236(20): 298 - 306.

Lotti T, Kleerebezem R, Abelleira-Pereira J M, et al. 2015. Faster through training: the anammox case. Water Research, 81: 261 - 268.

Ma F Y, Zeng Y L, Wang J J, et al. 2013. Thermogravimetric study and kinetic analysis of fungal pretreated corn stover using the distributed activation energy model. Bioresource Technology, 128: 417 - 422.

Maeda K, Hanajima D, Morioka R, et al. 2010. Characterization and spatial distribution of bacterial communities within passively aerated cattle manure composting piles. Bioresource Technology, 101(24): 9631 - 9637.

Mardanov A V, Beletsky A V, Nikolaev Y, et al. 2017. Metagenome of the microbial community of anammox granules in a nitritation/anammox wastewater treatment system. Genome Announcements, 5(42): e01115 - 17.

Martins L F, Antunes L P, Pascon R C, et al. 2013. Metagenomic analysis of a tropical composting operation at the São Paulo Zoo Park reveals diversity of biomass degradation functions and organisms. PLOS One, 8(4): 61928.

Mason I. 2009. Predicting biodegradable volatile solids degradation profiles in the composting process. Waste Management, 29(2): 559 - 569.

Matysiak K, Kaczmarek S, Krawczyk R. 2011. Influence of seaweed extracts and mixture of humic and fulvic acids on germination and growth of Zea Mays L. Acta Scientiarum Polonorum Agricultura, 10(1): 33 - 45.

Meng D, Li J, Liu T, et al. 2019. Effects of redox potential on soil cadmium solubility: insight into microbial community. Journal of Environmental Sciences, 75: 224 - 232.

Meng L W, Li X K, Wang K, et al. 2015. Influence of the amoxicillin concentration on organics removal and microbial community structure in an anaerobic EGSB reactor treating with antibiotic wastewater. Chemical Engineering Journal, 274: 94 – 101.

Monlau F, Sambusiti C, Antoniou N, et al. 2015a. Pyrochars from bioenergy residue as novel bio-adsorbents for lignocellulosic hydrolysate detoxification. Bioresour Technology, 187: 379 – 386.

Monlau F, Sambusiti C, Ficara E, et al. 2015b. New opportunities for agricultural digestate valorization: current situation and perspectives. Energy & Environmental Science, 8(9): 2600 – 2621.

Montalvo S, Huiliñir C, Gálvez D, et al. 2016. Autotrophic denitrification with sulfide as electron donor: effect of zeolite, organic matter and temperature in batch and continuous UASB reactors. International Biodeterioration & Biodegradation, 108: 158 – 165.

Muller M, Jimenez J, Antonini M, et al. 2014. Combining chemical suequential extractions with 3D fluorescence spectroscopy to characterize sludge organic matter. Waste Management, 34: 2572 – 2580.

Nakasaki K, Tran L T H, Idemoto Y, et al. 2009. Comparison of organic matter degradation and microbial community during thermophilic composting of two different types of anaerobic sludge. Bioresource Technology, 100(2): 676 – 682.

Negre M, Monterumici C M, Vindrola D, et al. 2011. Changes in chemical and biological parameters during co-composting of anaerobically digested sewage sludges with lignocellulosic material. Journal of Environmental Science and Health Part A-Toxic/Hazardous Substances & Environmental Engineering, 46(5): 509 – 517.

Nemati M, Mazutinec T J, Jenneman G E, et al. 2001. Control of biogenic H_2S production with nitrite and molybdate. Jounal of Industrial Microbiology and Biotechnology, 26(6): 350 – 355.

Ni S Q, Meng J. 2011. Performance and inhibition recovery of anammox reactors seeded with different types of sludge. Water Science & Technology, 63(4): 710 – 718.

Noda I, Ozaki Y. 2005. Two-dimensional correlation spectroscopy: applications in vibrational and optical spectroscopy. Hoboken: John Wiley & Sons.

Novak J T, Banjade S, Murthy S N. 2011. Combined anaerobic and aerobic digestion for increased solids reduction and nitrogen removal. Water Research, 45(2): 618 – 624.

Novak J T, Park C. 2004. Chemical conditioning of sludge. Water Science & Technology, 49(10): 73 – 80.

Opatokun S A, Strezov V, Kan T. 2015. Product based evaluation of pyrolysis of food waste and its digestate. Energy, 92: 349 – 354.

Otero M, Lobato A, Cuetos M J, et al. 2011. Digestion of cattle manure: thermogravimetric kinetic analysis for the evaluation of organic matter conversion. Bioresource Technology, 102(3): 3404 – 3410.

Polak J, Sułkowski W, Bartoszek M, et al. 2005. Spectroscopic studies of the progress of humification processes in humic acid extracted from sewage sludge. Journal of Molecular Structure, 744: 983 – 989.

Provenzano M R, Malerba A D, Pezzolla D, et al. 2014. Chemical and spectroscopic characterization of organic matter during the anaerobic digestion and successive composting of pig slurry. Waste Management, 34(3): 653 – 660.

Ramirez W A, Domene X, Ortiz O, et al. 2008. Toxic effects of digested, composted and thermally-dried sewage sludge on three plants. Bioresource Technology, 99: 7168 – 7175.

Rapatsa M M, Moyo N A G. 2013. Performance evaluation of chicken, cow and pig manure in the production of natural fish food in aquadams stocked with Oreochromis mossambicus. Physics and Chemistry of the Earth, 66: 68 – 74.

Romero E, Plaza C, Senesi N, et al. 2007. Humic acid-like fractions in raw and vermicomposted winery and distillery wastes. Geoderma, 139(3): 397 – 406.

Said-Pullicino D, Erriquens F G, Gigliotti G. 2007. Changes in the chemical characteristics of water-extractable organic matter during composting and their influence on compost stability and maturity. Bioresource Technology, 98: 1822 – 1831.

Scaglione D, Ficara E, Corbellini V, et al. 2015. Autotrophic nitrogen removal by a two-step SBR process applied to mixed agro-digestate. Bioresource Technology, 176: 98 – 105.

Scaglione D, Lotti T, Ficara E, et al. 2017. Inhibition on anammox bacteria upon exposure to digestates from biogas plants treating the organic fraction of municipal solid waste and the role of conductivity. Waste Management, 61: 213 – 219.

Scott S A, Dennis J S, Davidson J F, et al. 2006. Thermogravimetric measurements of the kinetics of pyrolysis of dried sewage sludge. Fuel, 85(9): 1248 – 1253.

Shao Z, He P, Zhang D, et al. 2009. Characterization of water-extractable organic matter during the biostabilization of municipal solid waste. Journal of Hazardous Materials, 164: 1191 – 1197.

Sharma S. 2003. Municipal solid waste management through vermicomposting employing exotic and local species of earthworms. Bioresource Technology, 90(2): 169 – 173.

Shu D, He Y, Yue H, et al. 2016a. Metagenomic and quantitative insights into microbial communities and functional genes of nitrogen and iron cycling in twelve wastewater treatment systems. Chemical Engineering Journal, 290: 21 – 30.

Shu D, He Y, Yue H, et al. 2016b. Effects of Fe(II) on microbial communities, nitrogen transformation pathways and iron cycling in the anammox process: kinetics, quantitative molecular mechanism and metagenomic analysis. RSC Advances, 6(72): 68005 – 68016.

Slobodkin A, Tourova T, Kostrikina N, et al. 2006. Tepidimicrobium ferriphilum gen. nov., sp. nov., a novel moderately thermophilic, Fe (III)-reducing bacterium of the order Clostridiales. International Journal of Systematic and Evolutionary Microbiology, 56(2): 369 – 372.

Soria-Verdugo A, Garcia-Hernando N, Garcia-Gutierrez L M, et al. 2013. Analysis of biomass and sewage sludge devolatilization using the distributed activation energy model. Energy Conversion and Management, 65: 239 - 244.

Sousa D Z, Pereira, Alves J I, et al. 2007. Anaerobic microbial LCFA degradation in bioreactors//Session PP3A-Bio-electrochemical Processes of 11th IWA World Congress on Anaerobic Digestion Brisbane, Australia.

Speth D R, In't Zandt M H, Guerrero-Cruz S, et al. 2016. Genome-based microbial ecology of anammox granules in a full-scale wastewater treatment system. Nature Communication, 7: 11172.

Strous M, Pelletier E, Mangenot S, et al. 2006. Deciphering the evolution and metabolism of an anammox bacterium from a community genome. Nature, 440(7085): 790 - 794.

Sundberg C, Al-Soud W A, Larsson M, et al. 2013. 454 pyrosequencing analyses of bacterial and archaeal richness in 21 full-scale biogas digesters. FEMS Microbiology Ecology, 85(3): 612 - 626.

Tang C J, Zheng P, Wang C H, et al. 2010. Suppression of anaerobic ammonium oxidizers under high organic content in high-rate Anammox UASB reactor. Bioresource Technology, 101(6): 1762 - 1768.

Teglia C, Tremier A, Martel J L. 2011. Characterization of solid digestates: part 1, review of existing indicators to assess solid digestates agricultural use. Waste and Biomass Valorization, 2(1): 43 - 58.

Thipkhunthod P, Meeyoo V, Rangsunvigit P, et al. 2006. Pyrolytic characteristics of sewage sludge. Chemosphere, 64(6): 955 - 962.

Ueda K, Yamashita A, Ishikawa J, et al. 2004. Genome sequence of Symbiobacterium thermophilum, an uncultivable bacterium that depends on microbial commensalism. Nucleic Acids Research, 32(16): 4937 - 4944.

van der Star W R, Abma W R, Blommers D, et al. 2007. Startup of reactors for anoxic ammonium oxidation: experiences from the first full-scale anammox reactor in Rotterdam. Water Research, 41(18): 4149 - 4163.

Walker L, Charles W, Cord-Ruwisch R. 2009. Comparison of static, in-vessel composting of MSW with thermophilic anaerobic digestion and combinations of the two processes. Bioresource Technology, 100(16): 3799 - 3807.

Wang D, Liu B, Ding X, et al. 2017. Performance evaluation and microbial community analysis of the function and fate of ammonia in a sulfate-reducing EGSB reactor. Applied Microbiology Biotechnology, 101(20): 7729 - 7739.

Wang K, Li W, Guo J, et al. 2011. Spatial distribution of dynamics characteristic in the intermittent aeration static composting of sewage sludge. Bioresource Technology, 102(9): 5528 - 5532.

Wang T, Ye X, Yin J, et al. 2014. Effects of biopretreatment on pyrolysis behaviors of corn stalk by methanogen. Bioresource Technology, 164: 416 - 419.

Ward N L, Challacombe J F, Janssen P H, et al. 2009. Three genomes from the phylum Acidobacteria provide insight into the lifestyles of these microorganisms in soils. Applied and Environmental Microbiology, 75(7): 2046 - 2056.

Xing M, Li X, Yang J, et al. 2012. Changes in the chemical characteristics of water-extracted organic matter from vermicomposting of sewage sludge and cow dung. Journal of Hazardous Materials, 205: 24 - 31.

Yamada T, Sekiguchi Y, Hanada S, et al. 2006. Anaerolinea thermolimosa sp. nov., Levilinea saccharolytica gen. nov., sp. nov. and Leptolinea tardivitalis gen. nov., sp. nov., novel filamentous anaerobes, and description of the new classes Anaerolineae classis nov. and Caldilineae classis nov. in the bacterial phylum Chloroflexi. International Journal of Systematic and Evolutionary Microbiology, 56(Pt 6): 1331 - 1340.

Yamashita Y, Jaffé R. 2008. Characterizing the interactions between trace metals and dissolved organic matter using excitation-emission matrix and parallel factor analysis. Environmental Science & Technology, 42(19): 7374 - 7379.

Yang K, Zhu Y, Shan R, et al. 2017. Heavy metals in sludge during anaerobic sanitary landfill: Speciation transformation and phytotoxicity. Journal of Environmental Management, 189: 58 - 66.

Yao Y, Gao B, Inyang M, et al. 2011. Biochar derived from anaerobically digested sugar beet tailings: characterization and phosphate removal potential. Bioresource Technology, 102(10): 6273 - 6278.

Ye L, Shao M F, Zhang T, et al. 2011. Analysis of the bacterial community in a laboratory-scale nitrification reactor and a wastewater treatment plant by 454 - pyrosequencing. Water Research, 45(15): 4390 - 4398.

Yi Q, Qi F, Cheng G, et al. 2013. Thermogravimetric analysis of co-combustion of biomass and biochar. Journal of Thermal Analysis and Calorimetry, 112(3): 1475 - 1479.

Yu G H, Tang Z, Xu Y C, et al. 2011. Multiple fluorescence labeling and two dimensional FTIR ^{13}C NMR heterospectral correlation spectroscopy to characterize extracellular polymeric substances in biofilms produced during composting. Environmental Science & Technology, 45(21): 9224 - 9231.

Yu G H, Wu M J, Wei G R, et al. 2012. Binding of organic ligands with Al(Ⅲ) in dissolved organic matter from soil: implications for soil organic carbon storage. Environmental Science & Technology, 46(11): 6102 - 6109.

Yuan S J, Dai X H. 2015. Heteroatom-doped porous carbon derived from "all-in-one" precursor sewage sludge for electrochemical energy storage. RSC Advances, 5: 45827.

Zambra C, Rosales C, Moraga N, et al. 2011. Self-heating in a bioreactor: coupling of heat and mass transfer with turbulent convection. International Journal of Heat and Mass Transfer, 54(23): 5077 - 5086.

Zhang L, Narita Y, Gao L, et al. 2017. Maximum specific growth rate of anammox bacteria revisited. Water Research, 116: 296 - 303.

Zhang L, Yang J, Hira D, et al. 2011. High-rate partial nitrification treatment of reject water as a pretreatment for anaerobic ammonium oxidation (anammox). Bioresource Technology, 102(4): 3761 - 3767.

Zhang Q, Vlaeminck S E, DeBarbadillo C, et al. 2018. Supernatant organics from anaerobic digestion after thermal hydrolysis cause direct and/or diffusional activity loss for nitritation and anammox. Water Research, 143: 270 - 281.

Zhang T, Shao M F, Ye L. 2012. 454 Pyrosequencing reveals bacterial diversity of activated sludge from 14 sewage treatment plants. The ISME Journal, 6(6): 1137 - 1147.

Zhao L, Gu W M, He P J, et al. 2011. Biodegradation potential of bulking agents used in sludge bio-drying and their contribution to bio-generated heat. Water Research, 45(6): 2322 - 2330.

Zhao L, Gu W M, He P J, et al. 2010. Effect of air-flow rate and turning frequency on bio-drying of dewatered sludge. Water Research, 44(20): 6144 - 6152.

Zheng H, Hanaki K, Matsuo T. Production of nitrous oxide gas during nitrification of wastewater. Water Science and Technology, 1994, 30(6): 133 - 141.

Zhou H, Long Y Q, Meng A H, et al. 2015a. A novel method for kinetics analysis of pyrolysis of hemicellulose, cellulose, and lignin in TGA and macro-TGA. RSC Advances, 5 (34): 26509 - 26516.

Zhou J, Zhang Z, Wei X, et al. 2015b. Nitrogen-doped hierarchical porous carbon materials prepared from meta-aminophenol formaldehyde resin for supercapacitor with high rate performance. Electrochimica Acta, 153: 68 - 75.

Ziganshin A M, Liebetrau J, Pröter J, et al. 2013. Microbial community structure and dynamics during anaerobic digestion of various agricultural waste materials. Applied Microbiology and Biotechnology, 97(11): 5161 - 5174.

Zmora-Nahum Z, Markovitch O, Tarchitzky J, et al. 2005. Dissovled organic carbon (DOC) as a parameter of compost maturity. Soil Biology & Biochemistry, 37: 2109 - 2116.

第9章　污泥高含固厌氧消化工程示范案例

作者团队的多年研究成果，在以下两个典型示范工程中得到了应用，为我国高含固污泥厌氧消化及协同厌氧消化理论和技术的推广应用提供了科技支撑。

9.1　长沙市污水处理厂污泥集中处置项目

9.1.1　项目概况

长沙市污水处理厂污泥集中处置工程位于长沙市望城区黑糜峰垃圾填埋场内（图9－1），项目处理规模为500 t/d(含水率80%)，用来解决长沙市各污水处理厂的污泥最终处置问题。项目设计处理能力为500 t/d，其中污泥434 t/d，预处理后的餐厨垃圾66 t/d。处理后污泥满足《城镇污水处理厂污泥处置混合填埋用泥质》(GB/T 23485－2009)中污泥用作垃圾填埋场覆盖土添加料的指标要求。

图9－1　长沙市污水处理厂污泥处理处置工程全景

9.1.2 工艺特点

（1）污泥与城市有机质厌氧共发酵，提高产气性能

长沙市各污水处理厂污泥有机质含量总体较低，VS/TS 在 50%以下，作为共消化物料的餐厨垃圾等，VS/TS 含量在 80%以上，可以形成很好的补充。联合厌氧消化可以大幅度提高产气效率，增加产气量，提高能源的回收利用率。

（2）热水解——高含固高温厌氧消化，提高厌氧消化能效

本项目前段采用热水解处理技术进行厌氧消化前的预处理（图 9-2），污泥温度较高，在冷却过程中，为充分利用其中的热量，采用高温厌氧消化技术。整体系统进泥含固率高达 8%~12%，由于高温厌氧消化效率高，且污泥已经前期充分预处理，因此污泥所需停留时间短，较传统工艺的 20~22 d，本项目厌氧消化所需停留时间为 17 d，大大提高了厌氧消化效率。

图 9-2　长沙市污水处理厂污泥处理处置工程热水解系统

（3）多点除砂，提高效率

国内污水处理厂含砂量较高，影响了污泥有机质含量，过高的含砂量还会影响厌氧消化产气效率。因此，砂的去除在整体系统中有较为重要的意义。本项目中，在热水解和厌氧消化等工艺段多点进行除砂，从而有效降低含砂量，防止砂对整体系统产生不利影响。

（4）自主创新的热水解系统可多工况运行，能量利用效率高

热水解系统采用自主创新技术，可根据不同工况要求采用不同温度，温度可在 70~170℃之间调节。热水解过程采用全自动控制，高温蒸汽在系统中进行梯级利用，系统能量得到充分的回收与利用，热利用效率高。热水解系统前段采用机械混合浆化，可使热量快速传递至污泥中；后段采用高压蒸汽迅速将污泥温度提高至目标温度，实现高温高压水解。

热水解系统一方面实现了彻底的卫生化和无害化；另一方面大幅度提高了厌氧消化过程中污泥的降解率和产气率，提高了厌氧消化的反应速率，从而减少消化池池容。并且，本系统独创性的开发了污泥除砂功能，降低高含砂污泥的含砂量，减轻对后续消化系统的影响。

(5) 沼液厌氧氨氧化,高效节能

厌氧消化沼液处理之前在国内尚没有成功的案例,排到污水处理厂则氨氮浓度过高对污水厂冲击很大。本项目采用厌氧氨氧化技术进行脱氮处理,预计氨氮去除率高达90%以上,总氮去除率在80%以上。厌氧氨氧化技术是一项国际领先的创新技术,由于其跟传统硝化反硝化原理上的不同,能节约60%以上的曝气能耗;同时,该过程不需要投加外加碳源,是一项高效节能的脱氮技术。

(6) 产物全面资源化利用

高含固厌氧消化产生的生物沼气主要含有甲烷和二氧化碳等,甲烷含量通常在55%~65%左右,部分用于自身热水解和干化使用,其余沼气进行发电自用。

沼渣干化后用作垃圾填埋场覆盖土,大大减少了黑糜峰垃圾填埋场的土方需求量,充分实现了资源化。

沼液经过水处理系统处理后分级分质回用,最大限度实现了资源的循环利用,并且实现了"不耗清水、不排污水"的目标。

9.1.3 工程设计

(1) 全厂工艺路线设计

项目采用高温高压热水解+高温厌氧消化+板框脱水+带式干化的污泥处理工艺路线(图9-3)。消化池产生的生物质能源(沼气)一部分供给锅炉产生蒸汽用于热水解系统

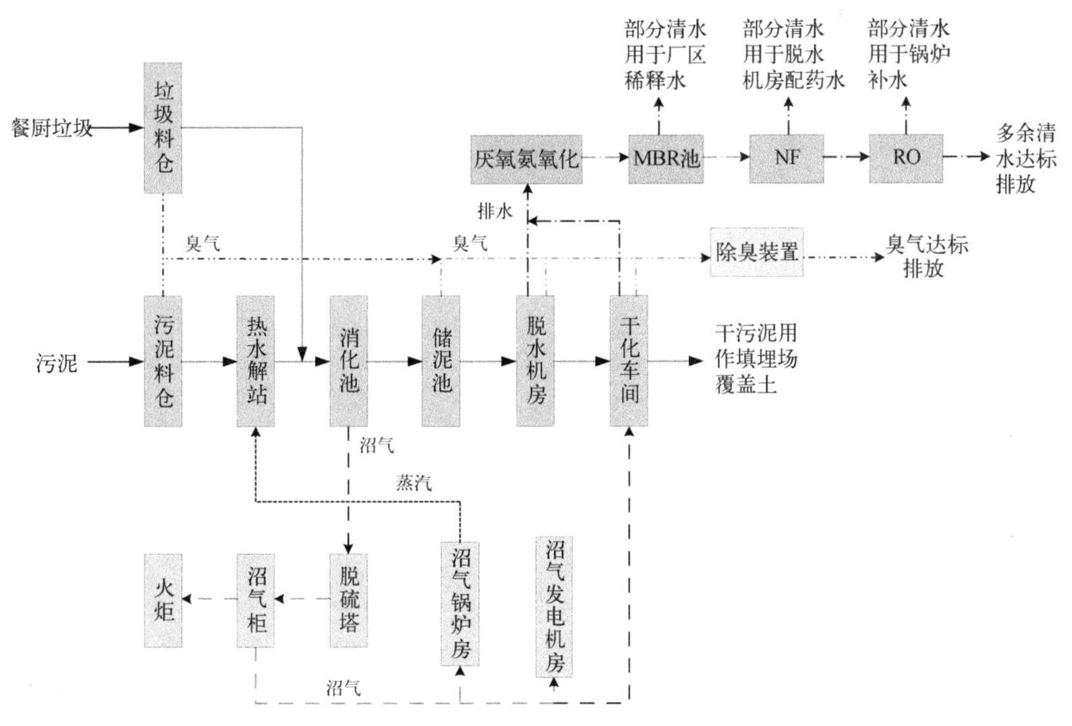

图9-3 长沙市污水处理厂污泥处理处置工艺流程图

给污泥加热，另一部分供干化机用来干化污泥，多余的沼气进行沼气发电供项目自身使用。污泥脱水产生的滤液通过厌氧氨氧化+MBR+NF+RO 工艺处理后，分级分质回用。

脱水污泥进入料仓后，由柱塞泵输送至污泥螺旋浆化机，再由浆化机进入污泥热水解系统进行热水解预处理，热水解系统反应温度从 70℃到 170℃灵活可调，同时采取能量回收措施回收热量，进行循环利用。热水解之后的污泥性状得到了很大程度的改善，流动性大大提高，有机质大量溶出，便于后续消化反应。

污泥经热交换降温至约 58℃后进入污泥缓存池，与餐厨垃圾一起分别进入 2 座单体有效容积 10 000 m^3 左右的混凝土厌氧消化罐，设计停留时间约 22 天，进料含固率可高达 12%。充分厌氧消化后的污泥经高压板框压滤机脱水，形成含固率约 40%的泥饼和高负荷的滤液。泥饼进入带式干化机，以沼气和发电机烟气作为热源对污泥进行干化。干化后的污泥含固率高于 60%，然后卡车外运用作填埋场覆盖土。

滤液通过厌氧氨氧化工艺进行脱氮处理，厌氧氨氧化工艺是一种国际上先进的脱氮预处理工艺，可脱除约 90%的氨氮、80%的总氮和 50%的 COD，经过厌氧氨氧化处理后的废水再经 MBR+NF+RO 工艺处理，最后达到污水排放一级标准的 A 标准，处理达标的中水回用至锅炉房进行分级分质回用，回用水主要用途包括污泥稀释水、配药用水和锅炉补水。

产生的沼气经净化后，主要用于锅炉产蒸汽，补给整个系统热源；多余部分通过沼气发电机产生电能供本项目内部使用。发电机的余热通过余热锅炉进一步回收利用。

（2）物料平衡和能量平衡设计

如图 9－4 所示，示范工程设计规模为脱水污泥 500 t/d，来料为各污水处理厂的脱水污泥，含水率按照平均 80%计算，污泥 VS 含量按照平均 50%计算。来料污泥经调理和高温热水解处理后，含水率达到 87.1%，经稀释调理后以约 10%的含固率进入厌氧消化系统。厌氧消化采用 55℃高温厌氧消化。系统厌氧消化按照降解率 45%计算，日沼气产量可达 19 125 Nm^3。污泥经厌氧消化系统降解后，含水率达到 92.13%。按照前期中试研究结果，示范工程脱水采用 PAM 和 30%浓度的 $FeCl_3$ 溶液，经弹性隔膜板框脱水机脱水后，污泥含水率降至约 60%。板框出泥再经过带式干化机干化，含水率进一步降至约 40%，用于紧邻的生活垃圾填埋场覆盖土添加。板框脱水产生的滤液经水处理和膜系统处理后，可用于厂内中水回用。产生的沼气经干式脱硫后储存到双膜沼气储囊，可用于锅炉产蒸汽、发电机发电或干化加热。

此外，本项目预留了处理餐厨垃圾或其他产气量高的城市有机废弃物的能力，在有这些有机质补充的情况下，系统可以达到能量自足。

（3）污泥热水解系统设计

为了实现示范项目污泥热水解耦合高含固厌氧消化的工艺，在前期研究的基础上，参与开发形成了具有自主知识产权的热水解装备和系统。示范工程热水解系统由浆化系统、热水解罐和热交换系统组成，如图 9－5 所示。

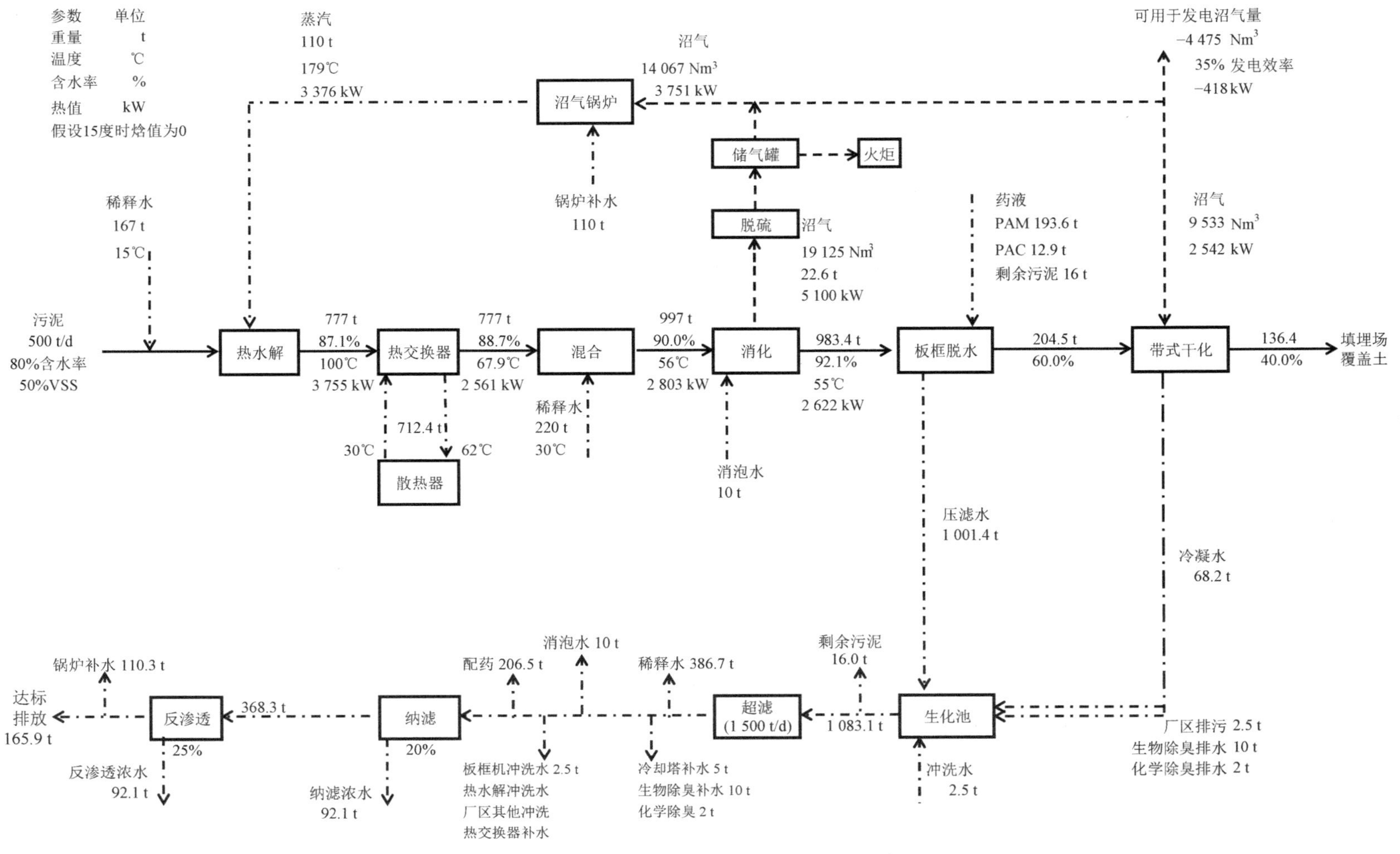

图 9－4　示范工程物料平衡和能量平衡设计

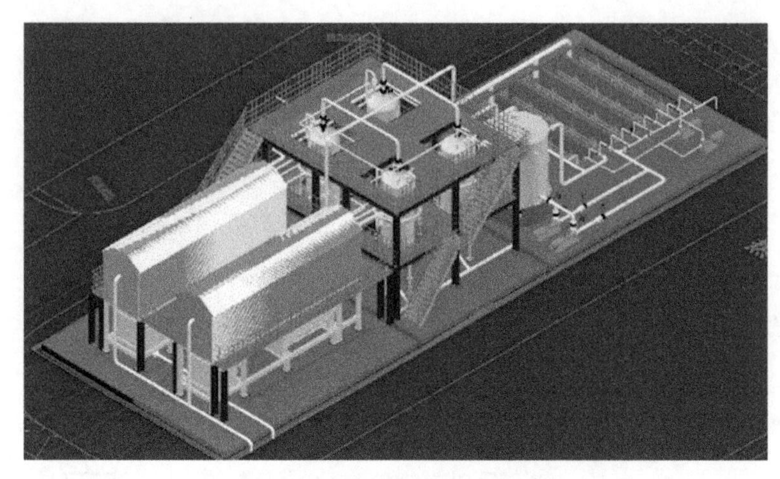

图 9-5　污泥热水解系统布置图

如图 9-6 所示，脱水污泥含水率约为 80%，流动性能差，热传导困难。为了提高污泥的流动和传热性能，在浆化预调理阶段，污泥被蒸汽加热，并通过双轴搅拌，快速升温并均质化，从而使黏度降低，成为流动态。

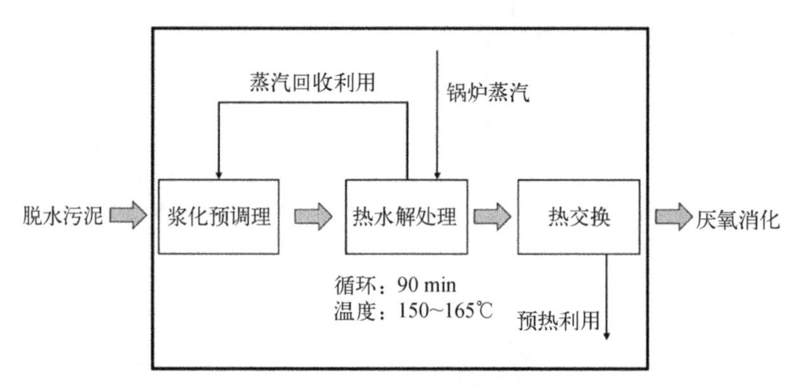

图 9-6　示范工程热水解流程图

经浆化预处理的污泥由泵输送到热水解罐中进行高温热水解处理。单个热水解罐依次经历进泥、升温、保温、释压、排泥五个过程，序批式运行；多个热水解罐并列，可保证进泥连续性。污泥升温采用 180℃ 饱和蒸汽直接注射入污泥的方法，加温迅速。由于污泥经过浆化均质后流动和传热性能好，因此在热水解罐中无搅拌设施，利用蒸汽喷射角度，可以起到水力搅拌作用。一个循环过程为 90 min，根据本研究成果，采用保温的时间为 30 min，温度为 150~165℃。热水解释压时，有大量余热蒸汽释出，必须加以利用。该部分余热蒸汽经过管道，用于前段浆化预处理供热，进行能量回收。

热水解后出料污泥的温度很高，必须经过热交换系统降温后，方能进入后续厌氧消化系统。示范工程设计采用了不易堵塞的套管式泥水换热器，中心物料为污泥，套管内为水，泥和水相向流动，进行换热。热交换系统的水可以循环冷却后再利用，带走的余热可以用于冬季采暖。

(4) 运行工况及参数分析

示范工程于2012年开始建设，并于2014年启动调试。

厌氧消化系统采用脱水污泥原位培养驯化后开始产气，消化温度55℃，厌氧消化系统启动后，热水解系统(图9-7)投入运行，全厂工艺路线贯通后，运行的具体参数如表9-1和表9-2所示。

图9-7 示范工程热水解系统图

表9-1 示范工程厌氧消化指标

	进泥			厌氧消化池出泥			厌氧消化性能					
	料仓进泥量/t	料仓进泥TS含量/%	料仓进泥VS含量/%	出泥量/t	出泥TS含量/%	出泥VS含量/%	容积负荷/[kg/(m^3·d)]	降解率/%	实际产气量/m^3	CH_4含量/%	H_2S含量/ppm	单位有机质降解产气率/(m^3/t)
1月	229.4	17.7	50.0	530.6	4.2	32.6	1.03	68.9	12 058	68.1	282	982
2月	295.7	18.5	46.0	642.4	5.5	34.7	1.26	51.3	10 805	68.1	205	839
3月	362.2	15.4	42.9	826.8	6.4	32.3	1.26	34.5	13 464	66.0	119	1 548
4月	368.6	20.1	40.6	821.0	7.4	28.9	1.50	41.8	14 153	66.8	114	1 129
5月	372.0	21.4	36.2	811.6	8.2	27.7	1.54	41.8	12 713	67.7	120	987
6月	360.6	21.3	36.0	827.7	8.6	27.8	1.46	34.4	11 647	67.9	131	1 157
7月	382.5	21.3	39.8	866.1	8.6	28.3	1.63	35.2	12 073	66.7	126	1 054
8月	351.9	19.8	41.1	713.8	8.8	30.6	1.52	39.5	11 112	66.7	135	926
平均值	340.4	20.0	41.2	755.0	7.4	29.6	1.40	42.0	12 253	67.3	154	1 040

表9-2 示范工程出水水质

	消化液氨氮/(mg/L)	消化液COD/(mg/L)	消化液TP/(mg/L)	压滤液氨氮/(mg/L)	压滤液COD/(mg/L)	压滤液TP/(mg/L)
1月	1 129.7	5 182.3	213.2	1 175.7	2 716.4	16.0
2月	1 852.6	9 493.3	294.8	1 555.3	3 205.6	13.7
3月	2 312.6	10 455.2	287.5	1 766.6	4 023.6	9.8
4月	1 913.2	10 009.1	226.1	1 753.1	4 258.5	9.6
5月	1 817.7	9 533.2	205.4	1 634.3	3 602.1	6.6
6月	1 654.5	9 058.6	214.7	1 548.0	3 136.4	4.1
7月	1 579.9	9 191.0	198.0	1 429.2	2 858.8	3.9
8月	1 771.7	10 207.2	238.3	1 711.1	2 893.8	3.0
平均值	1 754.0	9 706.8	234.8	1 571.6	3 336.9	8.4

整个示范项目主体工艺占地约 2 hm^2，项目运行正常，实际投泥含固率达到 12%以上，抗冲击能力较强，即使在进泥 VS 含量在 40%的情况下，平均 VS 降解率达到 42%以上，单位降解 VS 产气率达到 1.04 m^3/kg，且沼气中甲烷含量高（66.0%~68.1%），硫化氢浓度很低（114~282 ppm），污泥处理后最终干化的产物被用作垃圾填埋场覆盖土的添加土及园林用土（图 9-8）进行资源化利用。

图 9-8 示范工程干化产物园林利用图

9.2 镇江污水处理厂污泥集中处置示范项目

9.2.1 项目概况

镇江污水处理厂污泥集中处置项目一期建设规模为 260 t/d，其中餐厨废弃物 140 t/d［餐厨垃圾 120 t/d（含水率以 85%计），废弃油脂 20 t/d］，生活污泥 120 t/d（以含水率 80%计）。总占地面积 45 亩（1 亩≈666.7 m^2）。餐厨废弃物收集范围为主城区及句容、丹阳、扬中三市，生活污泥服务范围为主城区的 3 个污水处理厂。餐厨废弃物及污水处理厂污泥特性如表 9-3 所示。

表 9-3 餐厨废弃物及脱水污泥特性

项 目	TS/%	VS/%	pH	总碱度/(mg/L)	SCOD/(mg/L)
餐厨废弃物	15.6	92.3	—	—	—
市政污泥	13.2	53.4	7.1	1 971	1 870

9.2.2 工艺特点

（1）市政污泥与餐厨废弃物协同厌氧消化

餐厨垃圾是一种典型的已酸化物料，在厌氧消化过程中往往出现酸累积、氯化钠含量过高而导致系统不稳定，甚至抑制厌氧消化过程，严重影响产气速率和累积产气量。此外，我国剩余污泥普遍具有含砂量高、有机质含量低（VS/TS＝30%～50%）的特点，单独厌氧消化普遍存在营养不足、产气率低的难题，且污泥厌氧消化过程所产生的高氨氮也对其厌氧消化过程具有一定的抑制作用。市政污泥与餐厨废弃物协同厌氧消化具有可缓冲抑制性物质，提高厌氧消化设施利用率等优点。将餐厨废弃物与污泥进行联合厌氧消化，不仅可以增大消化底物中有机物含量、提高厌氧消化沼气产量，还能有效解决餐厨废弃物带来的环境污染问题。

（2）污泥热水解+高含固/协同厌氧消化

本项目前段采用热水解处理技术进行污泥厌氧消化前的预处理（图9－9）。进泥含固率高达10%～12%，由于污泥前期已经充分预处理，污泥所需停留时间短，且大大提高了厌氧消化效率。

图9－9　镇江污水厂污泥集中处置示范项目热水解系统

（3）沼气/沼渣资源化利用

市政污泥与餐厨废弃物协同厌氧消化产生的生物沼气主要含有甲烷和二氧化碳等，甲烷含量通常在55%～65%左右，部分用于自身热水解使用，其余沼气经预处理、提纯、压缩后，生产的压缩天然气纳入管网，其品质应达到民用天然气中二类气的指标要求。

沼渣干化后可作为生物碳土进行园林绿化利用（图9－10），具有一定的经济效益，解决了污染废弃物的处置问题。

9.2.3　工程设计

（1）全厂工艺路线设计

本工程采用的工艺技术路线为：餐厨垃圾预处理+污泥热水解+高含固/协同厌氧消化+沼渣深度脱水干化土地利用+沼气净化提纯制天然气，具体工艺流程见图9－11。

图 9-10 镇江污水厂污泥集中处置示范项目沼渣资源化利用

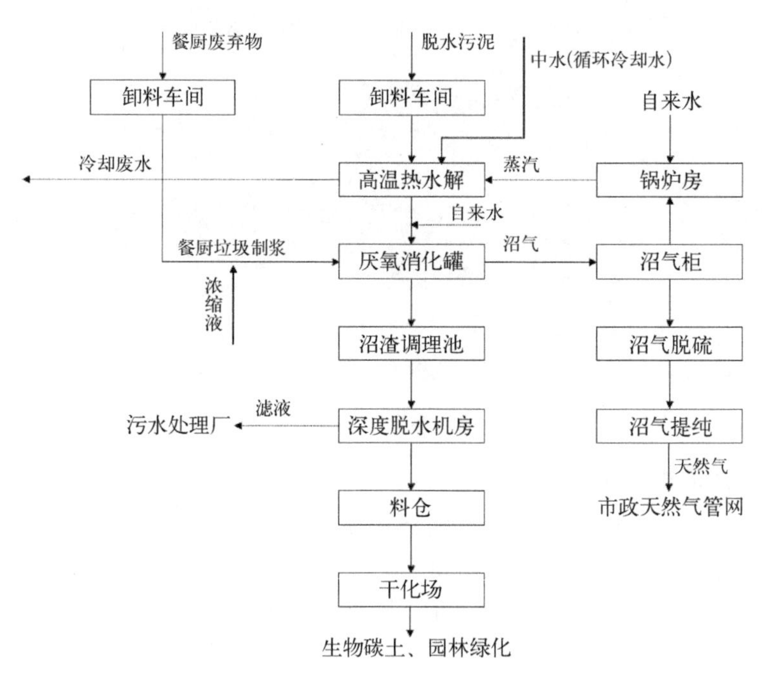

图 9-11 镇江污水厂污泥集中处置示范项目工艺流程

城区污水处理厂的80%含水率的脱水污泥由车辆运输至该处理中心，餐厨废弃物由一体化分选—打浆预处理车运输至该处理中心，餐厨废弃物及污泥由磅秤称重后，卸入卸料站。污泥经螺杆泵提升至高温热水解系统。高温热水解排出的污泥换热冷却后与预处理后的餐厨废弃物、消化池的循环污泥混合，提升入消化池（其中包含一级酸化功能）。有机物在厌氧消化池内分解，产生沼气。消化池使用机械搅拌混合方式。厌氧消化设计温度38℃，停留时间25 d。经消化后的沼渣流入沼渣调理池，暂时储存调理。沼渣通过提升泵进入沼渣脱水机房。采用脱水机将沼渣含水率降至60%。脱水沼渣输送至太阳能干化场干化至含水率40%。沼渣脱水过程中产生的沼液，首先排入京口污水处理厂(可消纳160 t/d)。消化池产生的沼气进入膜式气柜贮存，部分用于蒸汽锅炉，产生蒸汽用于热水解反应增温，部分经脱硫净化、提纯后制取天然气，进入市政天然气管网。

(2) 物料平衡和能量平衡设计

如图9-12所示，镇江污水厂污泥集中处置示范项目设计规模为260 t/d，其中餐厨废弃物140 t/d[餐厨垃圾120 t/d(含水率以85%计)，废弃油脂20 t/d]，生活污泥120 t/d(以含水率80%计)。来料污泥经调理和高温热水解处理后，含水率达到85.1%，经换热、稀释调理后以约12%的含固率与预处理后的餐厨废弃物、消化池的循环污泥混合提升入消化池。厌氧消化按照污泥降解率40%、餐厨降解率70%计算，日沼气产量可达9 946 Nm^3。污泥经厌氧消化系统降解后，含水率达到91.3%。经深度脱水后，污泥含水率降至约60%。出泥再经过太阳能干化，含水率进一步降至约40%，用于园林绿化。产生的沼气入膜式气柜贮存，部分用于蒸汽锅炉，产生蒸汽用于热水解反应增温，其余沼气经预处理、提纯、压缩后，生产的压缩天然气纳入市政天然气管网。

(3) 主要构筑物及设计参数

1) 餐厨收运预处理系统

餐厨废弃物采用源头打浆、分离一体化收运车进行预处理，收运车辆密闭性好、可自动装卸、具有保温功能。收集装置采用与餐厨废弃物收集车配套的标准方桶。车上设有挂桶机构，将垃圾标准桶提升至车厢顶部，再通过翻料机构将垃圾倒入车厢内，厢体内设压缩推卸装置、自动破碎分选装置、制浆装置和固渣贮存箱。车下部有大容积污水箱，可贮存压缩沥出的油水，实现固液的初步分离，后密封盖采用液压装置开启和关闭，特殊的结构和密封材料可有效防止污水的跑漏现象。此外，垃圾浆液输送口与餐厨垃圾处理设备对接，实现密封排放。

2) 卸料车间

卸料车间外形尺寸：$B\times L\times H$=25 m×17.4 m×11.5 m，其中地下部分19.2 m×17.4 m×4.5 m。卸料间分独立两格——污泥卸料池和餐厨垃圾卸料池。污泥卸料池设2座污泥料斗，容量总共120 m^3，外形尺寸为8.4 m×4.2 m×9.5 m。卸料池下设置螺旋输送机。卸料车间内设有2台自动分选机，对餐厨废弃物中的塑料、织物及硬质不易破碎的无机物进行分离，平均处理能力6~10 t/h。

为减少卸料产生的气味外溢，卸料池设置液压启闭盖，卸料厅设电动堆积门，卸料厅和卸料池通过臭气收集系统保持负压，此外，料斗区域和预处理车间其他区域通过隔离墙分割，对此区域重点设置臭气收集系统。

3) 污泥热水解站

由于微生物细胞壁和细胞膜的天然屏障作用，其他活的微生物所分泌的水解酶对这部分有机物进行水解的速率低，因此水解是污泥的厌氧生化降解的控制性步骤。本工程采用热水解作为改善污泥厌氧消化性能的预处理技术。

热水解设备占地：$L\times B$=36.8 m×13.4 m，处理量(以DS计)不小于24 t/d(120 t/d，含水率80%计)，经过热水解系统后的物料动力黏度应不大于800 mPa·s。满足污泥预浆化及高温热水解反应的要求，可实现150~170℃高温1 MPa高压热水解，兼顾70~100℃中

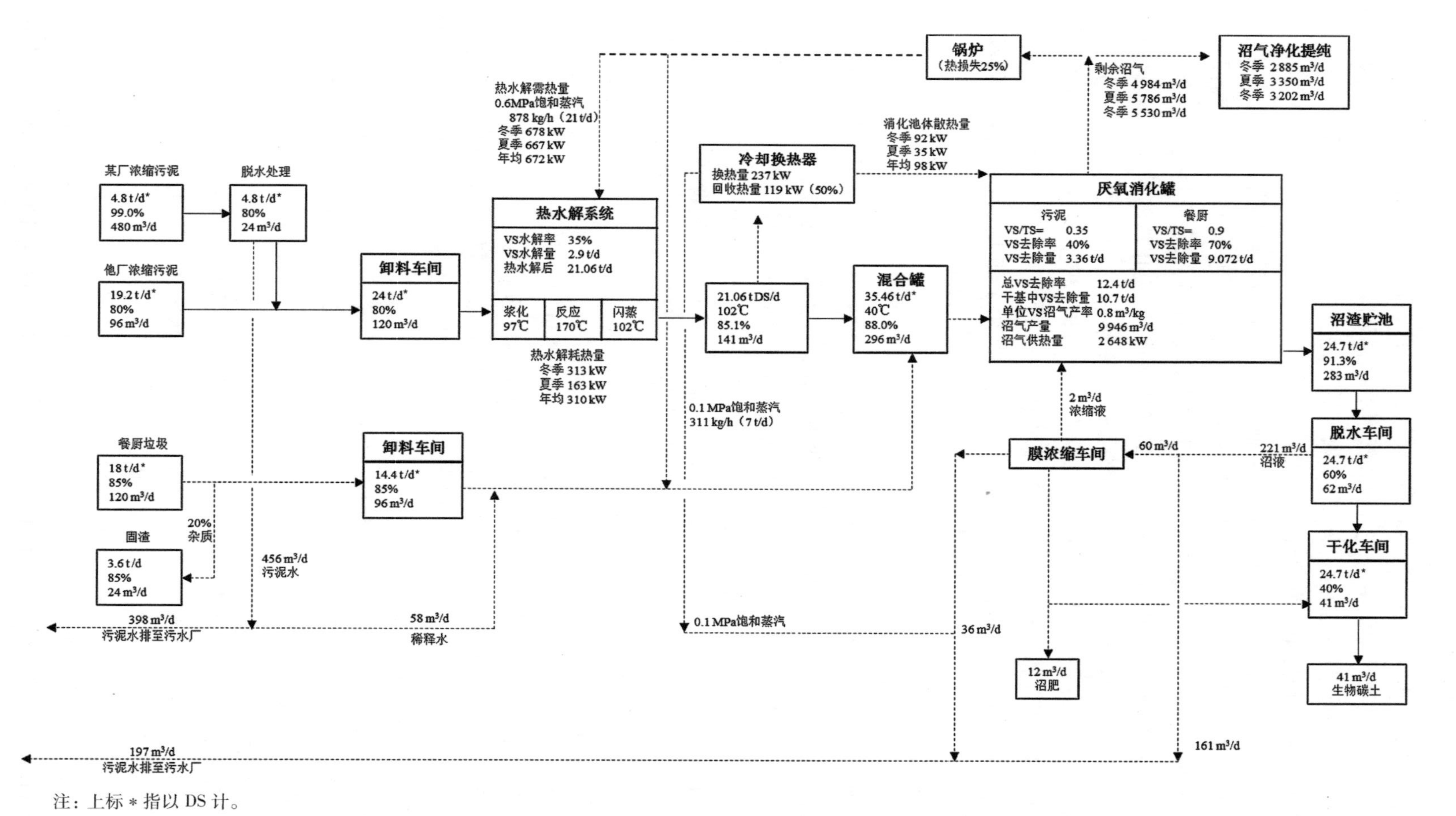

注：上标*指以DS计。

图9-12 镇江污水厂污泥集中处置示范项目物料平衡和能量平衡设计

温热水解的反应需求。配备浆化热水解一体化装置2套及4台出料泵($Q=20\ m^3/h$,$H=60\ m$,2用2备)。

4)厌氧消化罐

厌氧消化单元是沼气工程的核心单元。厌氧消化工艺包括进料单元、厌氧消化单元、保温增温单元等。污泥、餐厨废弃物经预处理后,由螺杆泵向厌氧消化单元分批进料。

共建成4座消化罐,设计尺寸$\phi 16\ m \times 16\ m$,有效水位14 m,单座厌氧罐体总容积3 200 m^3,有效容积为2 800 m^3。工作温度为35~38℃。每天处理量为410 t,物料停留时间25 d。为使进料均匀分布于罐内并充分与厌氧微生物接触,保证罐内温度均匀,每座厌氧反应器内设置推进机械搅拌器和消化液循环泵。安装有罐底推进器,罐顶部泵进料,罐体上部溢流出料。

5)综合脱水车间

脱水系统主要用于消化稳定后的沼渣,进行深度脱水处理,包括沼渣调理池、沼渣进料系统、旋转挤压式脱水机、直接压滤式脱水机等。

建成综合脱水车间一座,$L \times B \times H=54.5\ m \times 18.9\ m \times 12\ m$,结构形式为框架结构,分为两层。一层放置压滤机配套辅助设备,二层布置旋转挤压式脱水机和直接压滤式脱水机操作台。出泥由下部螺旋输送机输送至沼渣料仓。

6)沼渣干化厂

进一步通过太阳能干化达到含水率40%的要求。干化场由暖房(干化棚)、翻抛机、通风设备、地热、测试仪器和电控系统等部分组成。沼渣在此干化,降低沼渣含水率,以减少沼渣体积。干化棚$L \times B \times H=140\ m \times 13\ m \times 4.2\ m$,有效摊晒面积1 540 m^2,摊晒高度5 cm。

7)沼气柜及沼气净化提纯

本工程设双膜沼气柜一座,双层膜球型结构,直径16 m,有效容积2 000 m^3/座。甲烷渗透度<3 $cm^3/(m^2 \cdot 24\ h \cdot kPa)$。

沼气净化提纯利用系统包括沼气预处理系统和提纯及余热利用系统。发酵产生的沼气经预处理、提纯、压缩后,生产的压缩天然气纳入管网,其品质应达到民用天然气中二类气的指标要求,如表9-4所示。工艺路线为:干法脱硫→预处理(→火炬)→沼气压缩→胺法脱碳→法脱碳变温吸附脱水→加臭→缓冲罐→天然气管网。

表9-4 天然气技术指标

项 目	一 类	二 类	三 类
高位发热量[a]/(MJ/m^3)≥	36.0	31.4	31.4
总硫(以硫计)[a]/(mg/m^3)≤	60	200	350
硫化氢[a]/(mg/m^3)	6	20	350
二氧化碳/%	2.0	3.0	—
水露点[b,c]/℃	在交接点压力下,水露点应比输送条件下最低环境温度低5℃		

a 本标准中气体体积的标准参比条件是101.35 kPa,20℃。

b 在输送条件,当管道管顶埋地温度为0℃时,水露点应不高于-5℃。

c 进入输气管道的天然气,水露点的压力应该是最高输送压力。

(4) 运行工况及参数分析

该工程于 2016 年 6 月开始工程设备调试，2016 年 9 月厌氧消化段培菌结束，2016 年 12 月底前完成太阳能干化、沼气处理等系统调试运行，各工艺段调试成功后试运行。

如图 9-13 所示，现污泥平均来泥量为 86 t/d(TS=15.6%)，餐厨垃圾平均收运量为 56 t/d(TS=13%)。其中餐厨垃圾的收运量不足设计处理量的 50%，且日间波动较大。这反映了我国餐厨垃圾集中收运的困境，在集中式处理收运过程中，一些餐饮单位为了不法利益，私下把废油脂、泔水卖给非法收运者，而让正规企业遭遇“无米下锅”的尴尬境地，很多餐厨垃圾处理厂均存在“吃不饱”的现象。

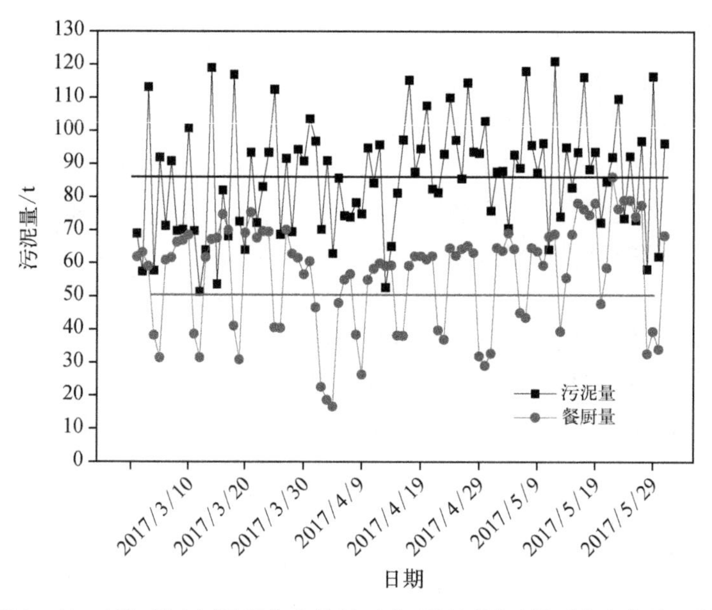

图 9-13 镇江污水厂污泥集中处置示范项目污泥及餐厨废弃物处理量

从图 9-14 可以看出，餐厨物料经打浆、分离一体化收运车及自动分选机预处理后均质化良好，无塑料、织物及硬质不易破碎的无机物，可达到较好的预处理效果。

如图 9-15 和图 9-16 所示，本工程 2017 年 3 月到 5 月厌氧消化月平均总产气量呈递增趋势，依次为 5 336.5 m^3/d、5 985.5 m^3/d 和 6 425.7 m^3/d，沼气中平均甲烷含量为 63.64%，VS 平均降解率为 53.5%，单位 VS 投加产气率为 0.45 m^3/kg(单位 VS 投加甲烷产率为 0.28 mL/g)，单位 VS 去除产气率为 0.84 m^3/kg(单位 VS 去除甲烷产率为 0.53 mL/g)，可见餐厨废弃物和污泥协同厌氧消化可稳定运行，污泥浆化—热水解处理技术可显著提高混合物料厌氧消化效率，沼气产率提高，沼气中甲烷含量也处于较高水平。

图 9-17 为稳定运行期对 H_2S 的去除情况。进口 H_2S 浓度平均为 22.06 mg/L，出口 H_2S 平均浓度 6.40 mg/m^3，处理后沼气满足天然气二类标准中 H_2S 浓度<20 mg/m^3 的要求。

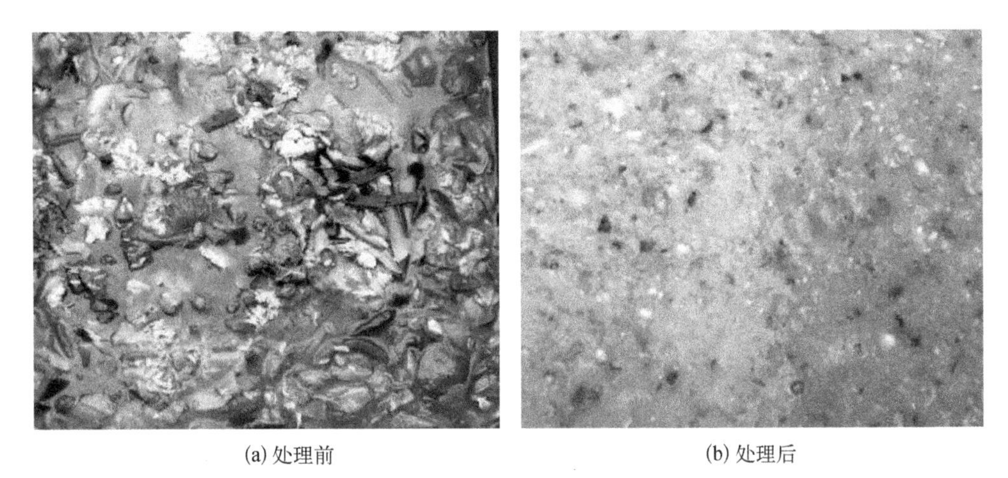

图9－14　镇江污水厂污泥集中处置示范项目餐厨废弃物预处理效果

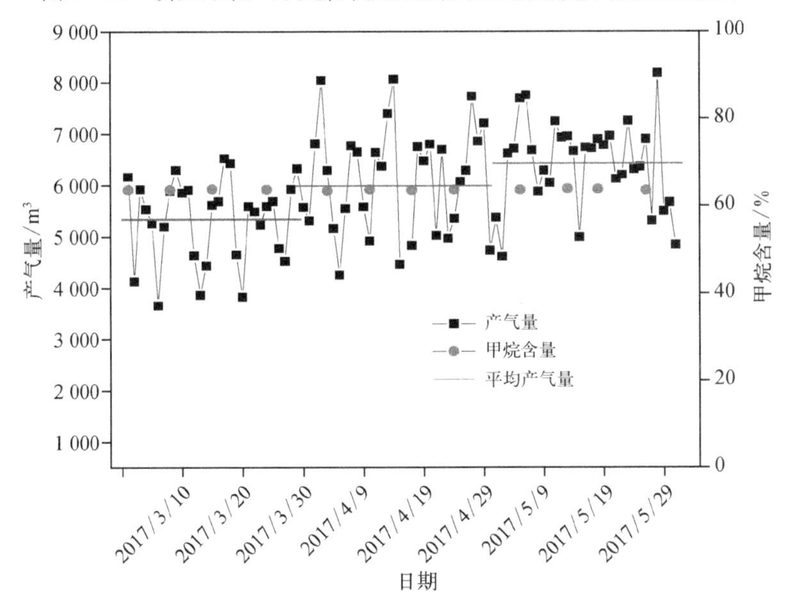

图9－15　镇江污水厂污泥集中处置示范项目厌氧消化总产气量和沼气甲烷含量

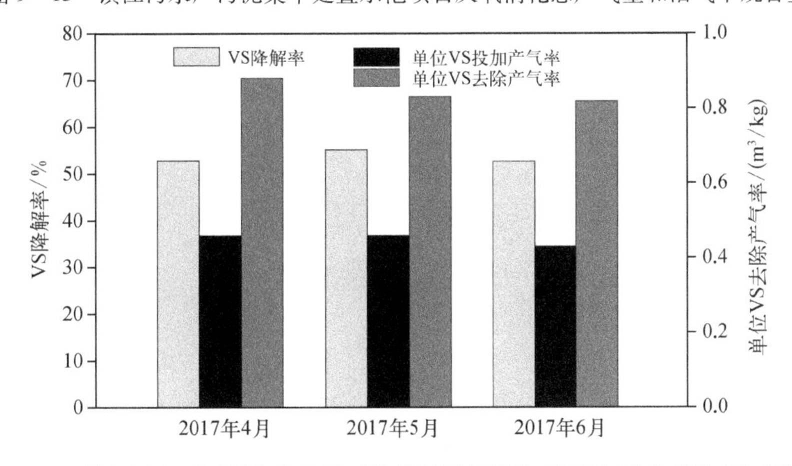

图9－16　镇江污水厂污泥集中处置示范项目厌氧消化VS降解率和单位VS产气率

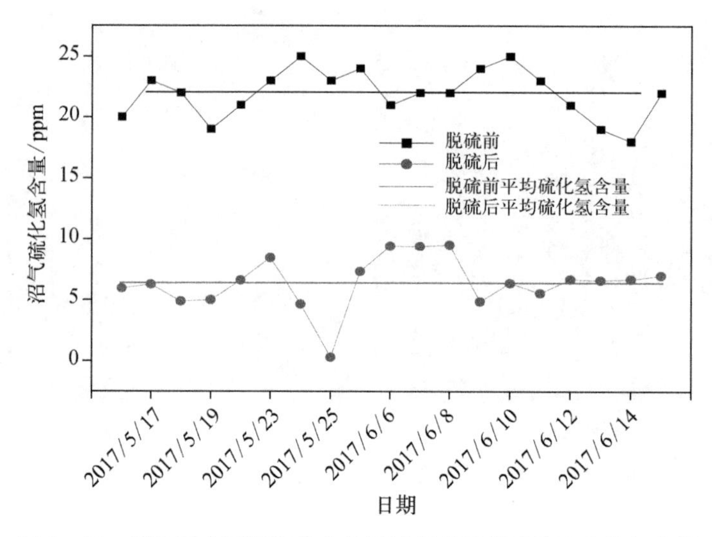

图 9-17 镇江污水厂污泥集中处置示范项目脱硫前后硫化氢含量

主要缩写对照表

AAE, apparent activation energy, 表观活化能
AD, anaerobic digestion, 厌氧消化
ADS, anaerobically digested sludge, 厌氧消化后污泥
AMP, adenosine monophosphate, 单磷酸腺苷
AOB, ammonia oxidizing bacteria, 氨氧化细菌
APS, adenosine phosphosulphate, 腺嘌呤磷酰硫酸盐
ATP, adenosine triphosphate, 三磷酸腺苷
B_0, 生化产甲烷潜势
BAP, biomass associated products, 微生物有关产物
BES, bromoethane sulfonic acid sodium salt, 2-溴乙烷磺酸钠
BMP, biochemical methane potential, 生化产甲烷潜势
BOD_5, five-day biochemical oxygen demand, 五日生化需氧量
BSA, bovine serum albumin, 牛血清蛋白
COD, chemical oxygen demand, 化学需氧量
CTS, 离心脱水后含固率
DAEM, distributed activation energy model, 分布式活化能模型
DCOD, dissolved chemical oxygen demand, 溶解性化学需氧量
DMDS, dimethyl disulfide, 二甲基二硫醚
DMS, dimethyl sulfide, 甲硫醚
DOC, dissolved organic carbon, 溶解性有机碳
DOM, dissolved organic matters, 溶解性有机质
DS, dried sludge, 干污泥
DTG, differential thermogravimetric analysis, 示差热重
DTN, dissolved total nitrogen, 溶解性总氮
E4/E6, 波长 465 nm 和 665 nm 处的光密度比
EC, electrical conductivity, 电导率
EDTA, ethylene Diamine Tetraacetic Acid, 乙二胺四乙酸
EEM, excitation-emission matrix spectroscopy, 三维荧光光谱
EOS, extracellular organic substance, 胞外有机质
EPS, extracellular polymeric substances, 胞外聚合物

ES,剩余污泥组
ES - MSSP,剩余污泥+微米级砂粒组
Ex/EM,excitation wavelength/Emission wavelength,激发波/发射波
FA,fulvic acid,富里酸
FAC,fatty acid carbon,富里酸-碳
FAN,free ammonia nitrogen,游离氨氮
FRI,fluorescence regional integration,荧光区域积分指数法
FTIR,Fourier transform infrared spectrometer,傅里叶变换红外光谱仪
GPC,gel filtration chromatography,凝胶色谱
HA,humic acid,腐殖酸
HAC,humic acid carbon,腐殖酸-碳
HM,humin,胡敏素
HRT,hydraulic retention time,水力停留时间
HTHCS,high-temperature thermal hydrolysis centrifugal sludge,高温热水解离心污泥
HTHS,high-temperature thermal hydrolysis sludge,高温热水解污泥
ISS,inorganic suspended solid,无机悬浮固体
LB - EPS,loosely bound EPS,黏性聚合物
LCFA,long chain fatty acids,长链脂肪酸
LTHCS,low-temperature thermal hydrolysis centrifugal sludge,低温热水解离心污泥
MG - SGI,seed germination index of morning glory,牵牛花的种子发芽指数
MLSS,mixed liquor suspended solids,混合液悬浮固体颗粒
MLVSS,mixed liquor volatile suspended solids,混合液挥发性悬浮固体颗粒
MM,methyl mercaptan,甲硫醇
MPS,median particle size,中值颗粒粒径
MS,模拟生活污水培养的剩余活性污泥样品,视为不含或重金属含量较低
MS+M,加入重金属离子后 MS 样品
MS - MSSP,模拟污泥+微米级砂粒组
MSSP,micron-sized silica particles,微米级砂粒
MW,molecular weight,分子量
NADP,nicotinamide adenine dinucleotide phosphate,烟酰胺腺嘌呤二核苷酸磷酸
NCMP,net cumulative methane production,净累积甲烷产量
NGO,氧化石墨烯
NH_4^+,铵根
NOB,nitrite oxidizing bacteria,亚硝酸盐氧化菌
OB - Al,Al bound to organic matter,有机结合态铝
OB - Ca,Ca bound to organic matter,有机结合态钙
OB - Fe,Fe bound to organic matter,有机结合态铁
OB - Mg,Mg bound to organic matter,有机结合态镁

OLR,organic loading rate,有机负荷
OMB,metal bound to organic matter,有机结合态金属
OPR,oxidation-reduction potential,氧化还原电位
OUT,operational taxonomic units,可操作分类单元
PAM,polyacrylamide,聚丙烯酰胺
PARAFAC,parallel factor,平行因子
RDP,ribosomal database project,核糖体数据库项目
RS,raw sludge,原污泥
SCFAs,short chain fatty acids,短链脂肪酸
SCOD,soluble chemical oxygen demand,溶解性化学需氧量
SEM,scanning electron microscope,扫描电镜
SFI,specific fluorescence intensity,特定荧光强度
SF - SGI,seed germination index of sunflower,向日葵种子发芽指数
Slime - EPS,黏液层 EPS
SMP,soluble microbial products,溶解性微生物产物
SRB,sulfate-reducing bacteria,硫酸盐还原菌
SRT,solid retention time,固体停留时间
SS,suspended solid,悬浮固体
SSD,surface site density,表面位点密度
SS - M,采用乙二胺四乙酸(EDTA)络合去除金属离子的污泥样品
STOC,soluble total organic carbon,溶解性总有机碳
$SUVA_{254}$,specific Ultraviolet Absorbance at 254 nm,254 nm 处单位溶度的紫外吸光值
$SUVA_{280}$,specific Ultraviolet Absorbance at 280 nm,280 nm 处单位溶度的紫外吸光值
TA,total alkalinity,总碱度
TAN,total ammonia nitrogen,总氨氮
TB - EPS,tightly bound EPS,胞囊聚合物
TEC,total extractable carbon,可提取碳
THP,thermal hydrolysis process,热水解工艺
TN,total nitrogen,总氮
TP,total phosphorus,总磷
TS,total solid,固体含量
UAP,utilization associated products,基质利用相关产物
VFA,volatile fatty acid,挥发性脂肪酸
VS,volatile solid,挥发性固体含量
VSCs,volatile sulfur compounds,挥发性硫化物
WR,wheat residues,小麦残余物
XRD,X - Ray diffraction,X 射线衍射